本系列图书微信、微博

微信号：ldjjhwx

@朗道集结号

ISBN: 978-7-04-023069-7

ISBN: 978-7-04-036960-1

1932年诺贝尔物理学奖获得者
WERNER HEISENBERG 著作选译
DIE PHYSIKALISCHEN PRINZIPIEN DER QUANTENTHEORIE
量子论的物理原理
海森伯

ISBN: 978-7-04-039141-1

1997年诺贝尔物理学奖获得者

C. COHEN-TANNOUDJI 著作选译 第一辑

MÉCANIQUE QUANTIQUE

TOME Ⅰ

LIANGZI LIXUE (DI YI JUAN)

量子力学（第一卷）

C. Cohen-Tannoudji B. Diu F. Laloë 著 刘家谟 陈星奎 译

高等教育出版社·北京

图字：01-2013-6056 号

Mécanique Quantique I
by Claude Cohen-Tannoudji, Bernard Diu and Franck Laloë

图书在版编目（CIP）数据

量子力学．第 1 卷 /（法）塔诺季，（法）迪于，（法）拉洛埃著；刘家谟，陈星奎译．-- 北京：高等教育出版社，2014. 7（2023. 11 重印）
ISBN 978-7-04-039670-6

Ⅰ. ①量…　Ⅱ. ①塔…　②迪…　③拉…　④刘…　⑤陈…　Ⅲ. ①量子力学－高等学校－教材　Ⅳ. ① O413.1

中国版本图书馆 CIP 数据核字（2014）第 083897 号

策划编辑　王　超　　责任编辑　王　超　　封面设计　王　洋　　版式设计　余　杨
插图绘制　杜晓丹　　责任校对　张小镝　　责任印制　沈心怡

出版发行　高等教育出版社
社　　址　北京市西城区德外大街4号
邮政编码　100120
印　　刷　涿州市星河印刷有限公司
开　　本　787mm×1092mm　1/16
印　　张　58.5
字　　数　1 100 千字
购书热线　010-58581118
咨询电话　400-810-0598
网　　址　http://www.hep.edu.cn
　　　　　http://www.hep.com.cn
网上订购　http://www.landraco.com
　　　　　http://www.landraco.com.cn
版　　次　2014 年 7 月第 1 版
印　　次　2023 年 11 月第 6 次印刷
定　　价　139.00 元

物 料 号　39670-00

常用单位定义

埃	Angstrom	$1\text{Å}=10^{-10}$ m	(原子尺度)
费米	Fermi	$1\ \text{F}=10^{-15}$ m	(原子核尺度)
靶恩	Barn	$1\ \text{b}=10^{-28}\ \text{m}^2=(10^{-4}\ \text{Å})^2=(10\ \text{F})^2$	
电子伏特	Electron Volt	$1\ \text{eV}=1.602\ 189(5)\times10^{-19}$ J	

常用数据

$$\begin{cases}\text{电子静能：}\ m_{\rm e}c^2\simeq 0.5\ \text{MeV} & [0.511\ 003(1)\times10^6\ \text{eV}]\\ \text{质子静能：}\ M_{\rm p}c^2\simeq 1\ 000\ \text{MeV} & [938.280(3)\times10^6\ \text{eV}]\\ \text{中子静能：}\ M_{\rm n}c^2\simeq 1\ 000\ \text{MeV} & [939.573(3)\times10^6\ \text{eV}]\end{cases}$$

1 eV 对应:

$$\begin{cases}\text{频率}\ \nu\simeq 2.4\times10^{14}\ \text{Hz} & \text{通过关系式}\ E=h\nu\ \text{相联系} & [2.417\ 970(7)\times10^{14}\ \text{Hz}]\\ \text{波长}\ \lambda\simeq 12\ 000\ \text{Å} & \text{通过关系式}\ \lambda=c/\nu\ \text{相联系} & [12\ 398.52(4)\text{Å}]\\ \text{波数}\ \dfrac{1}{\lambda}\simeq 8\ 000\ \text{cm}^{-1} & & [8\ 065.48(2)\text{cm}^{-1}]\\ \text{温度}\ T\simeq 12\ 000\ \text{K} & \text{通过关系式}\ E=k_{\rm B}T\ \text{相联系} & [11\ 604.5(4)\text{K}]\end{cases}$$

在 1 Gs (10^{-4}T) 磁场中:

$$\begin{cases}\text{电子回旋频率}\quad \nu_{\rm c}=\omega_{\rm c}/2\pi=-qB/2\pi m_{\rm e}\\ \qquad\simeq 2.8\ \text{MHz}\qquad [2.799\ 225(8)\times10^6\ \text{Hz}]\\ \text{轨道拉莫尔频率}\ \nu_{\rm L}=\omega_{\rm L}/2\pi=-\mu_{\rm B}B/h=\nu_{\rm c}/2\\ \qquad\simeq 1.4\ \text{MHz}\qquad [1.399\ 612(4)\times10^6\ \text{Hz}]\\ \qquad(\text{根据定义, 它对应朗德}\ g\ \text{因子}: g=1)\end{cases}$$

部分普适物理常量

普朗克常量	$\begin{cases} h = 6.626\ 18(4) \times 10^{-34}\ \mathrm{J \cdot s} \\ \hbar = \dfrac{h}{2\pi} = 1.054\ 589(6) \times 10^{-34}\ \mathrm{J \cdot s} \end{cases}$
光速 (真空中)	$c = 2.997\ 924\ 58(1) \times 10^{8}\ \mathrm{m/s}$
电子电荷	$q = -1.602\ 189(5) \times 10^{-19}\ \mathrm{C}$
电子质量	$m_{\mathrm{e}} = 9.109\ 53(5) \times 10^{-31}\ \mathrm{kg}$
质子质量	$M_{\mathrm{p}} = 1.672\ 65(1) \times 10^{-27}\ \mathrm{kg}$
中子质量	$M_{\mathrm{n}} = 1.674\ 95(1) \times 10^{-27}\ \mathrm{kg}$
	$\dfrac{M_{\mathrm{p}}}{m_{\mathrm{e}}} = 1\ 836.151\ 5(7)$
电子康普顿波长	$\begin{cases} \lambda_{\mathrm{c}} = h/m_{\mathrm{e}}c = 2.426\ 309(4) \times 10^{-2}\ \text{Å} \\ \bar{\lambda}_{\mathrm{c}} = \hbar/m_{\mathrm{e}}c = 3.861\ 591(7) \times 10^{-3}\ \text{Å} \end{cases}$
精细结构常数 (无量纲)	$\alpha = \dfrac{q^2}{4\pi\varepsilon_0\hbar c} = \dfrac{e^2}{\hbar c} = \dfrac{1}{137.036\ 0(1)}$
玻尔半径	$a_0 = \dfrac{\bar{\lambda}_{\mathrm{c}}}{\alpha} = 0.529\ 177\ 1(5)\ \text{Å}$
氢原子电离能 (不考虑质子反冲效应)	$-E_{I_\infty} = \alpha^2 m_{\mathrm{e}} c^2/2 = 13.605\ 80(5)\ \mathrm{eV}$
里德伯常量	$R_\infty = -E_{I_\infty}/hc = 1.097\ 373\ 18(8) \times 10^{5}\ \mathrm{cm^{-1}}$
"经典" 电子半径	$r_{\mathrm{e}} = \dfrac{q^2}{4\pi\varepsilon_0 m_{\mathrm{e}} c^2} = 2.817\ 938(7)\mathrm{fm}$
玻尔磁子	$\mu_{\mathrm{B}} = q\hbar/2m_{\mathrm{e}} = -9.274\ 08(4) \times 10^{-24}\mathrm{J/T}$
电子自旋 g 因子	$g_{\mathrm{e}} = 2 \times 1.001\ 159\ 657(4)$
核磁子	$\mu_{\mathrm{n}} = -q\hbar/2M_{\mathrm{p}} = 5.050\ 82(2) \times 10^{-27}\ \mathrm{J/T}$
玻尔兹曼常量	$k_{\mathrm{B}} = 1.380\ 66(4) \times 10^{-23}\ \mathrm{J/K}$
阿伏伽德罗常量	$N_{\mathrm{A}} = 6.022\ 05(3) \times 10^{23}$

坐标系

	直角坐标	柱坐标	球坐标
定义	$U=U(x,y,z)$ $\boldsymbol{A}=A_x\boldsymbol{e}_x+A_y\boldsymbol{e}_y+A_z\boldsymbol{e}_z$ $A_x=A_x(x,y,z)$ $A_y=A_y(x,y,z)$ $A_z=A_z(x,y,z)$	$U=U(\rho,\varphi,z)$ $\boldsymbol{A}=A_\rho\boldsymbol{e}_\rho+A_\varphi\boldsymbol{e}_\varphi+A_z\boldsymbol{e}_z$ $A_\rho=A_x\cos\varphi+A_y\sin\varphi$ $A_\varphi=-A_x\sin\varphi+A_y\cos\varphi$	$U=U(r,\theta,\varphi)$ $\boldsymbol{A}=A_r\boldsymbol{e}_r+A_\theta\boldsymbol{e}_\theta+A_\varphi\boldsymbol{e}_\varphi$ $A_r=A_\rho\sin\theta+A_z\cos\theta$ $A_\theta=A_\rho\cos\theta-A_z\sin\theta$ $A_\varphi=-A_x\sin\varphi+A_y\cos\varphi$
梯度	$\nabla U=(\partial U/\partial x)\boldsymbol{e}_x$ $+(\partial U/\partial y)\boldsymbol{e}_y$ $+(\partial U/\partial z)\boldsymbol{e}_z$	$(\nabla U)_\rho=\partial U/\partial\rho$ $(\nabla U)_\varphi=[\partial U/\partial\varphi]/\rho$ $(\nabla U)_z=\partial U/\partial z$	$(\nabla U)_r=\partial U/\partial r$ $(\nabla U)_\theta=[\partial U/\partial\theta]/r$ $(\nabla U)_\varphi=[\partial U/\partial\varphi]/(r\sin\theta)$
拉普拉斯算符	$\Delta U=\dfrac{\partial^2U}{\partial x^2}+\dfrac{\partial^2U}{\partial y^2}+\dfrac{\partial^2U}{\partial z^2}$	$\Delta U=\dfrac{1}{\rho}\dfrac{\partial}{\partial\rho}\left(\rho\dfrac{\partial U}{\partial\rho}\right)+\dfrac{1}{\rho^2}\dfrac{\partial^2U}{\partial\varphi^2}+\dfrac{\partial^2U}{\partial z^2}$	$\Delta U=\dfrac{1}{r}\dfrac{\partial^2}{\partial r^2}(rU)+\dfrac{1}{r^2\sin\theta}\dfrac{\partial}{\partial\theta}\left(\sin\theta\dfrac{\partial U}{\partial\theta}\right)$ $+\dfrac{1}{r^2\sin^2\theta}\dfrac{\partial^2U}{\partial\varphi^2}$
散度	$\nabla\cdot\boldsymbol{A}=\dfrac{\partial A_x}{\partial x}+\dfrac{\partial A_y}{\partial y}+\dfrac{\partial A_z}{\partial z}$	$\nabla\cdot\boldsymbol{A}=\dfrac{1}{\rho}\dfrac{\partial}{\partial\rho}(\rho A_\rho)+\dfrac{1}{\rho}\dfrac{\partial A_\varphi}{\partial\varphi}+\dfrac{\partial A_z}{\partial z}$	$\nabla\cdot\boldsymbol{A}=\dfrac{1}{r^2}\dfrac{\partial}{\partial r}(r^2A_r)+\dfrac{1}{r\sin\theta}\dfrac{\partial}{\partial\theta}(\sin\theta A_\theta)$ $+\dfrac{1}{r\sin\theta}\dfrac{\partial A_\varphi}{\partial\varphi}$
旋度	$\nabla\times\boldsymbol{A}=(\partial A_z/\partial y-\partial A_y/\partial z)\boldsymbol{e}_x$ $+(\partial A_x/\partial z-\partial A_z/\partial x)\boldsymbol{e}_y$ $+(\partial A_y/\partial x-\partial A_x/\partial y)\boldsymbol{e}_z$	$(\nabla\times\boldsymbol{A})_\rho=(\partial A_z/\partial\varphi)/\rho-\partial A_\varphi/\partial z$ $(\nabla\times\boldsymbol{A})_\varphi=\partial A_\rho/\partial z-\partial A_z/\partial\rho$ $(\nabla\times\boldsymbol{A})_z=[\partial(\rho A_\varphi)/\partial\rho-\partial A_\rho/\partial\varphi]/\rho$	$(\nabla\times\boldsymbol{A})_r=[\partial(\sin\theta A_\varphi)/\partial\theta-\partial A_\theta/\partial\varphi]/(r\sin\theta)$ $(\nabla\times\boldsymbol{A})_\theta=[\partial A_r/\partial\varphi-\sin\theta\partial(rA_\varphi)/\partial r]/(r\sin\theta)$ $(\nabla\times\boldsymbol{A})_\varphi=[\partial(rA_\theta)/\partial r-\partial A_r/\partial\theta]/r$

常用恒等式

U: 标量场; $\boldsymbol{A}, \boldsymbol{B}, \cdots$: 矢量场

$$\nabla \times (\nabla U) = 0 \qquad \nabla \cdot (\nabla U) = \Delta U$$

$$\nabla \cdot (\nabla \times \boldsymbol{A}) = 0 \qquad \nabla \times (\nabla \times \boldsymbol{A}) = \nabla(\nabla \cdot \boldsymbol{A}) - \Delta \boldsymbol{A}$$

$$\boldsymbol{L} = \frac{\hbar}{\mathrm{i}} \boldsymbol{r} \times \nabla$$

$$\nabla = \frac{\boldsymbol{r}}{r} \frac{\partial}{\partial r} - \frac{\mathrm{i}}{\hbar r^2} \boldsymbol{r} \times \boldsymbol{L}$$

$$\Delta = \frac{1}{r} \frac{\partial^2}{\partial r^2} r - \frac{\boldsymbol{L}^2}{\hbar^2 r^2}$$

$$\boldsymbol{A} \times (\boldsymbol{B} \times \boldsymbol{C}) = (\boldsymbol{A} \cdot \boldsymbol{C})\boldsymbol{B} - (\boldsymbol{A} \cdot \boldsymbol{B})\boldsymbol{C}$$

$$\boldsymbol{A} \times (\boldsymbol{B} \times \boldsymbol{C}) + \boldsymbol{B} \times (\boldsymbol{C} \times \boldsymbol{A}) + \boldsymbol{C} \times (\boldsymbol{A} \times \boldsymbol{B}) = \boldsymbol{0}$$

$$(\boldsymbol{A} \times \boldsymbol{B}) \cdot (\boldsymbol{C} \times \boldsymbol{D}) = (\boldsymbol{A} \cdot \boldsymbol{C})(\boldsymbol{B} \cdot \boldsymbol{D}) - (\boldsymbol{A} \cdot \boldsymbol{D})(\boldsymbol{B} \cdot \boldsymbol{C})$$

$$\begin{aligned}(\boldsymbol{A} \times \boldsymbol{B}) \times (\boldsymbol{C} \times \boldsymbol{D}) &= [(\boldsymbol{A} \times \boldsymbol{B}) \cdot \boldsymbol{D}]\boldsymbol{C} - [(\boldsymbol{A} \times \boldsymbol{B}) \cdot \boldsymbol{C}]\boldsymbol{D} \\ &= [(\boldsymbol{C} \times \boldsymbol{D}) \cdot \boldsymbol{A}]\boldsymbol{B} - [(\boldsymbol{C} \times \boldsymbol{D}) \cdot \boldsymbol{B}]\boldsymbol{A}\end{aligned}$$

$$\nabla(UV) = U\nabla V + V\nabla U$$

$$\Delta(UV) = U\Delta V + 2(\nabla U) \cdot (\nabla V) + V\Delta U$$

$$\nabla \cdot (U\boldsymbol{A}) = U\nabla \cdot \boldsymbol{A} + \boldsymbol{A} \cdot \nabla U$$

$$\nabla \times (U\boldsymbol{A}) = U\nabla \times \boldsymbol{A} + (\nabla U) \times \boldsymbol{A}$$

$$\nabla \cdot (\boldsymbol{A} \times \boldsymbol{B}) = \boldsymbol{B} \cdot (\nabla \times \boldsymbol{A}) - \boldsymbol{A} \cdot (\nabla \times \boldsymbol{B})$$

$$\nabla(\boldsymbol{A} \cdot \boldsymbol{B}) = \boldsymbol{A} \times (\nabla \times \boldsymbol{B}) + \boldsymbol{B} \times (\nabla \times \boldsymbol{A}) + \boldsymbol{B} \cdot \nabla \boldsymbol{A} + \boldsymbol{A} \cdot \nabla \boldsymbol{B}$$

$$\nabla \times (\boldsymbol{A} \times \boldsymbol{B}) = \boldsymbol{A}(\nabla \cdot \boldsymbol{B}) - \boldsymbol{B}(\nabla \cdot \boldsymbol{A}) + \boldsymbol{B} \cdot \nabla \boldsymbol{A} - \boldsymbol{A} \cdot \nabla \boldsymbol{B}$$

注意: $\boldsymbol{B} \cdot \nabla \boldsymbol{A}$ 矢量场, 其分量为:

$$(\boldsymbol{B} \cdot \nabla \boldsymbol{A})_i = B_j \partial_j A_i = \sum_j B_j \frac{\partial}{\partial x_j} A_i \quad (i = x, y, z)$$

使用说明

本书由紧密相关而又截然分开的两部分 (即正文与补充材料) 组成.

——正文讲述基本概念. 这一部分相当于攻读物理学硕士的学生的教材, 只是内容有所增补和调整.

正文共十四章,自成体系, 可以脱离补充材料单独使用.

——补充材料编排在每章之后, 它们的顺序用字母的顺序来表示, 字母的下标是该章的编号 (例如, 第 V 章后面的补充材料顺序记作: A_V, B_V, C_V 等等), 而且在每页的上角印有记号 ●, 因此很容易识别. 在每章的正文之后印有补充材料的目录, 材料的数量从两篇到十四篇不等. 目录附有一些评述, 因此, 也可作为阅读指南.

补充材料有各种类型: 有些材料是为了帮助读者理解正文，或是为了更细致地讨论某些问题; 还有些材料则是简述具体的物理应用, 或是指出通向物理学某些领域的关联之处. 补充材料之一 (通常是最后一篇) 汇集了一些练习.

补充材料的深浅不一; 但学过了正文之后, 每篇材料都是可以为读者所理解的. 有一些材料不过是简单的应用或推广; 也有一些材料是比较困难的 (其中甚至有属于研究生水平的).

我们绝不主张读者将每一章的补充材料顺序念完. 读者应根据自己的特殊需要和兴趣, 少量选读 (譬如两三篇), 再选作几个练习; 其余的补充材料可以留待以后再看.

最后, 不论在正文中或补充材料中, 凡是初学时可以不看的段落均用小字排印.

作者简介

Claude Cohen-Tannoudji, 法兰西学院教授, 生于 1933 年. 他的科学研究工作开始于 1960 年在巴黎高等师范学院物理研究所由卡斯特勒 (Kastler) 和布罗塞尔 (Brossel) 所领导的研究组, 其主要方向是研究光抽运和物质与辐射的相互作用.①

巴黎高等师范学院, 物理研究所, 75005, 巴黎

Bernard Diu, 巴黎第七大学教授, 生于 1935 年. 他的科学研究工作基本上是在理论和高能物理研究所做的, 主要从事粒子间强相互作用的理论研究.

巴黎第七大学, 理论和高能物理研究所, 75005, 巴黎

Franck Laloë, 1940 年生, 相继为巴黎第六大学讲师和国家科学研究中心研究员. 从 1964 年起他在巴黎高等师范学院的卡斯特勒和布罗塞尔研究组工作, 研究贡献主要是稀有气体原子和离子的光抽运.

巴黎高等师范学院, 物理研究所, 75005, 巴黎

① Kastler 于 1966 年因发明和发展研究原子射频谱的光抽运方法而获得诺贝尔物理学奖; Cohen-Tannoudji 因发展激光冷却与陷俘原子的方法与朱棣文和 W. D. Phillips 共享 1997 年诺贝尔物理学奖. —— 编者注

译者序

原著初版出于 1973 年, 第二版出于 1977 年, 英译本同时出版. 本书的第一位作者 Claude Cohen-Tannoudji 是法兰西学院的教授, 第二位作者 Bernard Diu 是巴黎第七大学教授; 第三位作者 Franck Laloë 是巴黎第六大学的讲师. 他们曾多次讲授量子力学, 积累了丰富的材料和教学经验, 最终写成本书.

本书有三个特点. 第一, 它是以学生为读者对象的, 因此, 文字叙述比较详细, 推演步骤很少省略, 还对学习方法和参考书的选择提出一些具体建议. 第二, 它将基本内容和补充材料分开编排, 这既便于初学者抓住要点, 又便于适应各类读者的需要. 第三, 本书在引论之后就开始讲授态空间和狄拉克符号, 使读者尽早掌握数学工具.

译者三年来在量子力学选修课的讲授中, 从本书得益不少, 希望本书的中文版将对教材改革提供一些参考. 中文版是根据法文第二版译出的. 译者水平有限, 译文中不妥或错误之处在所难免, 请读者批评指正.

刘家谟　陈星奎

于云南大学物理系

1984 年 10 月

第二版序言

在本书的第二版中，我们已对原文进行了一些修改；这一版的英、法文本是同时出版的. 除改正了一些印刷上的错误以外，有些段落已经重新写过. 这一版与第一版的最大差别是在每卷之末附上了足够详尽的参考书目. 在每一章和大部分补充材料之末，我们对阅读参考书提出了一些建议，目的是想更具体地引导那些好学的读者去查阅有关的著作.

对于提出各种评论使我们从中受到教益的那些读者以及指出第一版中的错误的那些读者，我们表示感谢. 我们要特别提到尼可尔和丹·奥斯特洛夫斯基在英文版的编辑过程中提出的宝贵意见，以志铭谢. 我们还要对高等师范学校物理实验室图书管理员奥都安夫人在编辑参考书目时的大力协助表示感谢.

C.Cohen-Tannoudji

B.Diu

F.Laloë

目　录

第一卷

绪　论

本书的结构和程度

量子力学在现代物理学和现代化学中的极端重要性是无需争辩的. 这种重要性理所当然地体现在教学计划中. 例如, 法国现行教学计划规定: 从大学第二年起就要定性介绍一些基本的量子概念; 然后, 在攻读物理学硕士学位① (即获得 C3 证书) 的最后一年再详细讲授量子力学和它的一些最重要的应用.

作者曾在巴黎理学院的两个并行的专业, 后来又在巴黎第六和第七大学为攻读硕士学位最后一年的学生讲授过量子力学, 本书就是多年教学经验的成果. 我们认为, 将这些年教学中不同的但是相互补充的两个方面 (正课和辅导课) 在本书中截然分开是很重要的. 因此, 本书分为两个不同的部分 (参看本书开头的 "使用说明"). 一部分, 是各章的正文, 其中的材料是根据在巴黎理学院的两个专业上课的讲义经过比较、讨论和加工后编辑而成的. 另一部分是 "补充材料", 来源于辅导课、补充讲义、为学生拟定的练习和习题、一些学生所作的报告或短文, 此外, 还包括在其他场合, 为其他水平的人员 (特别是第三循环的研究生) 讲课的内容. 在 "使用说明" 中已经提到, 在我们看来, 各章的正文略作改动或删减就是一本教科书了. 我们打算向大学四年级② 或同等程度的学生讲授这本教材. 当然, 不能指望在一年的时间里就涉猎所有这些经过多年逐步积累起来的补充材料; 使用本书的教师或学生, 可以根据自己的侧重点、兴趣和目的加以选择, 甚至可以删去.

在编写本书的过程中, 我们经常留意向攻读物理学硕士的学生 (比如过去几年里我们教过的那些学生) 征询意见, 尽量注意学生在理解和掌握量子力

① 从 20 世纪 60 年代到 2006 年, 法国大学分三个循环, 第一循环是二年, 毕业后取得普通大学教育证书 (D. E. U. G.), 第二循环也是二年, 毕业后取得硕士学位 (Maitrise), 第三循环是三年, 毕业后取得博士学位. 此后还可继续学习三年或更长时间, 获得国家博士学位 (Doctorat d'état). —— 译者注

② 即攻读硕士学位的最后一年. —— 译者注

学时遇到的困难, 以及学生提出的各种疑问, 同时又注意不使本书超过既定的深度 (少数补充材料除外). 当然, 我们希望本书也适用于其他读者 (工科高等学校的学生、研究生、刚做研究工作的人、中学教师等等).

阅读本书并不需要具备量子物理的初步知识, 除少数几个例外, 我们所教的学生都没有这方面的知识. 但是, 我们觉得, 为了进行我们所建议的这种量子力学教学 (参看下一段 "编写本书的一般原则"), 还是有必要补充一门更富于描述性的, 更具体地联系实验的原子物理课程 (广义的).

编写本书的一般原则

我们认为, 要想熟悉量子力学, 最好的办法是应用它去解决一些具体问题. 正因为这样, 我们才尽量提前 (从第三章起) 讲述量子力学的假设, 以便在本书的其他地方可以应用. 我们的教学经验证明, 开始时就将这些假设集中起来讲要比分成几个阶段介绍好. 同样, 我们还认为, 最好一开始就用态空间和狄拉克符号. 如果起先只用波函数来建立波动力学, 然后再讲左矢 (即刁) 和右矢 (即刃) 的普遍理论, 那就难免会有重复; 特别是, 符号改变得晚了, 容易使学生迷惑不解, 使他们觉得好像刚刚学过但还未掌握的那些概念, 又成问题了.

第一章是量子概念的定性介绍, 其目的是通过简单的光学类比使读者熟悉这些新概念, 然后采用综合的方法介绍数学工具 (第二章) 和量子力学的假定 (第三章). 在第三章中, 综合的方法不仅应用于阐述假定, 同时也用来讨论这些假定的物理含义. 这样可以使读者一开始便对这些新假定的物理结果有一个全面的认识. 从第四章开始 (实际上是从第三章的补充材料开始), 我们就从最简单的问题 (二能级体系, 线性谐振子等) 着手进入实际应用, 然后逐步深入研究复杂问题 (氢原子, 近似方法等). 我们始终着意利用取自不同领域 (原子物理、分子物理、固体物理等) 的大量例子来说明量子力学. 当然, 在这些例子中, 我们主要是关注现象的量子特征, 而不是详细论述从这些例子引出的各种具体问题 (这是专著的任务). 只要有可能, 我们总要将量子力学的结果与经典的结果进行对比, 通过指出两者的异同来使读者逐渐形成关于量子效应的具体印象.

由于这种实质上是演绎的观点, 我们没有按历史顺序来引入量子概念, 也就是说, 没有介绍和讨论迫使人们重新审度经典概念的那些实验事实. 于是我们放弃了归纳的方法. 然而, 物理学是一门要经受实验事实检验并在检验中不断发展的科学, 要得到这样一门科学的可靠图像, 归纳法还是必要的; 不过我们认为这种方法更适合于原子物理学或较低程度的 (例如适用于第一循环的学生的) 量子物理学导论.

此外, 我们有意识地撇开了关于量子力学的哲学意义和其他解释①的讨论. 虽然这类讨论是很有意义的, 但它似乎是另一种水平上的工作了; 事实上, 我们感到, 要能有效地讨论这些问题, 必须事先掌握 "正统的" 量子理论. 这套理论, 由于它在物理学和化学的各个领域中所取得的巨大成就, 已为人们所接受.

致谢

本书所总结出的教学经验是大家从事多年相关工作后的集体智慧结晶. 我们想在此感谢那些各有专长的团队的成员们, 特别是 Jacques Dupont-Roc 和 Serge Haroche, 感谢与他们开展的无间合作, 进行为期数周的会议中那些富有成效的讨论, 以及他们针对诸多问题和练习给出的想法. 没有他们的热忱且卓有成效的帮助, 我们是无法着手和完成这本书的编写的.

我们同时也没忘记当初赏识我们还带领我们开展研究的两位物理学家: Alfred Kastler 和 Jean Brossel, Maurice Lévy 是第三位. 在他们的实验室里, 我们领略到了量子力学的美感与威力. 我们也不会忘记当初在 C. E. A (法国原子能委员会) 跟随 Albert Messiah, Claude Bloch 和 Anatole Abragam 研习近代物理学的重要性. 那时的法国大学体制中还未开设第三循环的博士课程. ②

我们也向协助此书稿编写的 Ms.Aucher, Baudtit, Boy, Brodschi, Emo, Heyvaerts, Lemirre, Touzeau 诸位表达诚挚的感谢.

---

① 见参考书目第 5 节.

② 这里提到的 Messiah 等人在法国原子能委员会开设的近代物理课程是在 20 世纪 50 年代, 结合第 1 页第 1 条译者注, 所以说是 "还未开设第三循环的博士课程". 在那个年代, 法国人都是大学四年学习完成后, 找份工作, 然后一边工作一边写博士论文的. 所以只是说没有严格意义上开给研究生的课程而已, 不是没有研究生教育. 那个年代高级课程是对全社会开放的, 不是专门开给讲课人所在单位的学生的. 像 Messiah 第一次在法国开设介于本科生和研究生水平之间的量子力学课程, 听众就有很多来自巴黎大学 (法国原子能委员在巴黎远郊, 当时巴黎大学专门安排了班车, 接送学生上课). —— 校者注

第一章 [7]

波和粒子;
量子力学的基本概念

[8]

第一章提纲

在科学知识的现阶段, 就对自然现象的描述和理解而言, 量子力学可以说 [9]
是一门基础学科. 事实上, 很多自然现象发生在十分微小的尺度上 (原子或亚原子尺度上), 因此, 只有在量子物理学的范围内这些现象才能得到解释; 例如, 原子的存在和性质、化学键、电子在晶体中的运动等等, 从经典物理学来看都是不可理解的. 即使我们感兴趣的只是宏观的物理客体 (就是说, 它们的大小与日常生活中所见物体的大小可相比拟), 从原则上说, 也应当从研究客体内原子、离子及电子的行为着手, 才有可能全面地、科学地描述它们. 正是在这个意义上, 可以说量子力学是现阶段我们理解各种自然现象 (包括传统上属于化学、生物学等等学科的现象) 的基础. 此外, 已经证实, 在宏观尺度上, 明显地表现出量子行为的宏观现象也是很多的.

从历史的观点来看, 由于量子概念将物质粒子的性质和辐射的性质等同地联系在一起, 从而导致基础物理学中各种概念的高度统一. 实际上, 在 19 世纪末, 从各种物理现象中人们已经认识到有两种客体: 一是实物, 一是辐射, 而且掌握了关于这两类客体的完全不同的规律. 为了预言物体的运动, 人们使用牛顿力学的规律 (参看附录 III), 牛顿力学的成就虽已古老, 但它给人们的印象却并未因此而稍减. 关于辐射, 由于建立了麦克斯韦方程组, 电磁理论使人们对原先属于不同领域的, 如电学、磁学、光学中的大量现象得到了一个统一的理解; 特别是辐射的电磁理论, 由于赫兹发现电磁波而得到了出色的实验证实. 最后, 根据洛伦兹力可得到对辐射与物质相互作用的令人满意的解释. 这些规律把物理学带进了这样一种状况: 就当时的实验数据来看, 这样的物理理论已很令人满意了.

可是一进入 20 世纪, 物理学就受到了一些影响深远的震动, 这些震动导致了相对论力学和量子力学的出现. 相对论 "革命" 和量子论 "革命" 在很大程度上是彼此无关的, 因为这两种理论是从不同角度来怀疑经典物理的: 对运动速度高到可以与光速相比拟的物体而言, 经典的规律不再有效 (这属于相对论领域); 再者, 在原子或亚原子尺度上, 经典规律也不成立 (这属于量子论领域). 然而重要的是, 应该注意在这两种情况下, 经典物理学都表现为新理论的近似结果, 对于日常尺度上的大部分现象, 这种近似都是有效的. 例如, 只要一个物体不是相对论性的 (速度甚小于光速), 而且是宏观的 (线度甚大于原子的线度), 牛顿力学就可以准确地预言它的运动. 可是从根本上看, 量子理论终究是必不可少的. 例如, 只有量子理论才能使我们理解固体的存在以及与之相关的各种宏观参数的大小 (密度、比热容、弹性等). 目前, 我们还没有一套既是量子论的又是相对论的完全令人满意的理论, 因为在这个领域中出现了许多困难. 不过大部分原子现象和分子现象用非相对论量子力学就可以解释了. [10]
在本书中我们就研究这种理论.

这一章其实就是初步接触一下量子概念和 "词汇". 在这里谈不上严格和完整. 基本的目的是要激发读者的好奇心, 要描述一些现象, 这些现象动摇了像轨道概念那样一些牢固地确立在读者心目中的概念; 要用简单的定性方法来说明量子力学怎样解决在原子尺度上遇到的问题, 从而使这种理论显得 "还算是合理的". 今后在数学体系中 (第二章) 或在物理问题中 (第三章), 我们还要回到本章里引入的这些概念, 以使它们精确化.

在第一节 (§A) 里, 我们首先依靠一些有名的光学实验来引入一些最基本的量子概念 (波粒二象性、测量的机理); 然后, 说明 (在 §B 里) 怎样将这些概念推广到物质微粒 (波函数、薛定谔方程); 随后, 我们将详细研究与一个粒子相联系的 "波包" 的特性, 并引入海森伯不确定度关系 (§C); 最后, 通过一些简单的例子来讨论几种典型的量子效应 (§D).

§A. 电磁波与光子

1. 光量子与普朗克–爱因斯坦关系

牛顿将光看作一束粒子, 譬如, 在镜面上反射时这些粒子是被弹回去的. 在 19 世纪上半叶, 已经证实了光的波动性 (干涉、衍射), 后来, 正是这种性质使人们把光学归并到电磁理论中. 在这个理论的范畴中, 光速 c 是与电磁常数相联系的, 而光的偏振现象则被解释为电场的矢量特性的表现.

可是, 对于电磁理论无法解释的黑体辐射的研究, 引导普朗克提出了能量量子化的假说 (1900 年): 对于频率为 ν 的电磁波, 可能的能量只能是量子 $h\nu$ 的整数倍, 这里 h 是一个新的基本常量. 后来, 爱因斯坦赋予这个假说以更加普遍的意义, 他建议回到微粒说去 (1905 年): 光是由一束光子组成的, 每个光子具有能量 $h\nu$. 爱因斯坦说明了光子的引入如何很容易地就解释了当时还无法解释的光电效应的某些特性. 差不多二十年后, 康普顿效应 (1924 年) 才直接证实光子是一个个的微粒.

上述结果导致下面的结论: 电磁波和物质的相互作用是在不可再分割的基元过程中实现的, 在这种过程中辐射显得是由粒子即光子构成的. 粒子性参量 (光子的能量 E 和动量 $\boldsymbol{p}$) 与波动性参量 (角频率 $\omega = 2\pi\nu$ 和波矢量 $\boldsymbol{k}$, 此处
[11] $|\boldsymbol{k}| = \dfrac{2\pi}{\lambda}$, ν 是频率, λ 是波长) 由下面的基本关系联系:

$$\boxed{\begin{aligned} E &= h\nu = \hbar\omega \\ \boldsymbol{p} &= \hbar\boldsymbol{k} \end{aligned}} \quad \text{(普朗克–爱因斯坦关系)} \tag{A–1}$$

其中 $\hbar = h/2\pi$ 由普朗克常量确定,

$$h \simeq 6.62 \times 10^{-34}\ \mathrm{J \cdot s} \tag{A–2}$$

在每一个基元过程中, 总能量和总动量都是守恒的.

2. 波粒二象性

在上一节中, 我们又回到了光的粒子概念. 这是不是说应该放弃波动理论呢? 当然不是. 我们将会看到, 已经由干涉、衍射实验证实了的典型的波动现象, 在纯微粒说的范围内是无法解释的. 在分析有名的杨氏双狭缝实验时, 我们将会得到下述结论: 只有同时保留光的波动性方面和粒子性方面 (尽管这两方面先天地就显得不可调和), 才能得到对这些现象的完整的解释. 接着, 我们将说明这个内在矛盾怎样由于引入基本的量子概念而得到解决.

a. 对杨氏双狭缝实验的分析

这个实验的装置概略地绘于图 1–1: 由光源 $\mathscr{S}$ 发出的单色光投射到不透明的板 $\mathscr{P}$ 上, 板上开有两条很窄的缝 F_1 和 F_2, 透过狭缝的光照射着观察屏 $\mathscr{E}$ (例如, 一张照相底片). 如果关闭 F_2, 在 $\mathscr{E}$ 上便得到光强的一种分布 $I_1(x)$, 这就是 F_1 的衍射图; 类似地, 若关闭 F_1, 便得到可用 $I_2(x)$ 来表示的 F_2 的衍射图. 当两条狭缝 F_1 和 F_2 都打开时, 我们便在屏上观察到一组干涉条纹. 特别值得注意的是, 与这组条纹相应的强度分布 $I(x)$ 并不是 F_1 和 F_2 单独产生

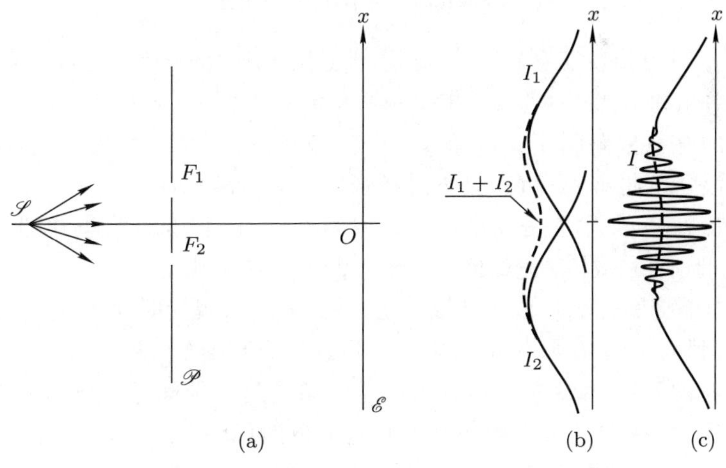

图 1–1 杨氏双狭缝光干涉实验示意图 (图 a). 在屏 $\mathscr{E}$ 上狭缝 F_1 和 F_2 分别产生衍射图, 相应的强度分布是 $I_1(x)$ 及 $I_2(x)$(图 b 中的实线). 当两个狭缝 F_1 和 F_2 都打开时, 屏上的强度分布 $I(x)$ 并不等于和 $I_1(x) + I_2(x)$(图 b 和图 c 中的虚线), 而是呈现出周期性的起伏, 这是 F_1 和 F_2 所辐射的电场相互干涉的结果 (图 c 中的实线).

的强度分布之和, 即

$$I(x) \neq I_1(x) + I_2(x) \tag{A-3}$$

用微粒理论 (它的必要性已见于前一段) 怎样才能解释刚才描述的实验结果呢? 对于两个狭缝中只有一个打开时出现的衍射图, 譬如说, 可以用光子冲击狭缝边缘所产生的影响来解释. 这样一种解释当然有待于精确化, 而更仔细的研究表明这种解释是不能令人满意的. 既然如此, 我们还是把注意力集中在干涉现象上. 也许有人想借助一种相互作用, 即通过狭缝 F_1 的光子和通过狭缝 F_2 的光子之间的相互作用来解释这个现象. 然而这种解释会导致下述预
[12] 言: 如果把光源 $\mathscr{S}$的强度减弱 (即减少每秒钟发出的光子数), 那么光子间的相互作用也应该减弱, 当光源 $\mathscr{S}$ 的强度减弱到光子实际上是一个一个地通过狭缝而到达屏上这种极端情况时, 由于光子间的相互作用消失, 干涉条纹也就应该消失了.

在说明实验结果以前, 我们当能想起正是波动理论提供了对干涉条纹的很自然的解释. 屏 $\mathscr{E}$ 上某一点的光强正比于该点的电场振幅的平方. 采用复数记号, 若 $E_1(x)$ 和 $E_2(x)$ 分别表示狭缝 F_1 和 F_2 在点 x 处产生的电场 (两条狭缝充当次级光源), 那么当 F_1 和 F_2 都打开时, 该处的总电场为①:

$$E(x) = E_1(x) + E_2(x) \tag{A-4}$$

利用复数记号, 便有

$$I(x) \propto |E(x)|^2 = |E_1(x) + E_2(x)|^2 \tag{A-5}$$

另一方面, 因为强度 $I_1(x)$ 和 $I_2(x)$ 分别正比于 $|E_1(x)|^2$ 和 $|E_2(x)|^2$, 故 (A-5) 式表明 $I(x)$ 和 $[I_1(x) + I_2(x)]$ 相差一个干涉项, 这一项依赖于 E_1 与 E_2 的相位差, 它的存在便解释了干涉条纹. 于是, 波动理论预言: 如果减小光源 $\mathscr{S}$ 的强度, 干涉条纹将继续存在, 只不过在强度上有所减弱而已.

[13] 当光源 $\mathscr{S}$ 实际上是一个一个地发射光子时, 情况将是怎样的呢? 这时, 波动理论的预言和微粒理论的预言都没有得到证实. 事实上:

(i) 如果将照相底片覆盖在屏 $\mathscr{E}$ 上, 并充分延长曝光时间, 使每一张底片总可以接收到大量的光子, 则显影之后便可证实干涉条纹并未消失, 于是就应该放弃纯微粒论的解释, 因为按照这种理论干涉条纹是光子间相互作用的结果.

(ii) 反之, 我们也可以使照相底片曝光的时间充分短, 以致底片只能接收到若干个光子, 这时可以看到每一个光子都在屏 $\mathscr{E}$ 上产生一次 "局部的冲击", 而不是产生强度极弱的干涉图, 因而也应该放弃纯波动的解释.

① 这里所说的实验是用非偏振光进行的, 故电场的矢量特性在这里无关紧要. 为简便起见, 在这一节里我们不考虑它.

其实, 当光子陆续到达底片上时, 就会发生这样的现象: 光子对屏 $\mathscr{E}$ 的冲击是随机分布的, 而且只有当到达屏上的光子数量极多时, 冲击点的分布才显出是连续的. 在屏 $\mathscr{E}$ 上某点处的冲击点的密度对应于干涉条纹在该处的强度, 即在亮纹处密度最大, 在暗纹处密度为零①. 于是我们可以说, 干涉图是由陆续到达的大量光子造成的.

这个实验的结果显然导致一个矛盾, 譬如在微粒理论的范围内可以把这个矛盾陈述为: 既然排除了光子间的相互作用, 我们就应该分别考虑一个一个的光子, 但是我们不理解, 打开一条狭缝与打开两条狭缝所得到的现象为什么会大不相同. 也就是说, 对于通过某一条狭缝的光子而言, 另一条狭缝是开着还是关着为什么会产生决定性的影响呢?

在讨论这个问题以前, 应当注意, 在上述实验中, 我们并不试图判断屏所接收的每一个光子到底通过的是哪一条狭缝. 要得到这个答案, 可以设想将探测器 (光电倍增管) 放在 F_1 和 F_2 的后面, 于是便很容易证实: 如果光子一个一个地到达, 那么一个光子通过了哪一条狭缝是完全明确的 (我们或者从 F_1 后面的探测器得到讯号, 或者从 F_2 后面的探测器得到讯号, 但不会从两个探测器同时得到讯号). 然而非常明显, 被探测到的光子将被吸收, 因而不能到达屏上. 现在撤去一个光电倍增管, 例如, 撤去 F_1 后面的, 那么 F_2 后面的探测器将会告诉我们, 当光子总数很大时, 通过 F_2 的约占一半. 由此可知, 那些能够到达屏上的光子必是通过 F_1 的; 但是这些光子在屏上渐渐造成的图形并不是干涉图, 因为 F_2 已被堵住了, 这只是 F_1 的衍射图.

b. 光的两个方面的量子统一

上面的分析表明, 我们要是偏执光的两方面中的某一方面, 粒子的一面或波动的一面, 就不可能解释所观察到的全部现象. 然而这两方面又显得是互相排斥的. 要想克服这个困难, 就必须以批判的方式重新审查经典物理的概念. 必须承认, 虽然日常经验告诉我们这些概念是完全成立的, 但在现在所说的新领域 (即 "微观的" 领域) 中, 这些概念可能不再有效. 例如, 当我们 [14]
将计数器放在杨氏双狭缝后面时, 这个新领域的一种本质特征就表现出来了: 每当我们对一个微观体系进行一次测量时, 我们便从根本上干扰了它. 这是一种新的性质, 因为在宏观领域中我们从来都认为, 人们总可以设想出这样的测量仪器, 它们对体系的干扰实际上要多小就有多小. 对经典物理的这种批判性的修正是由实验决定的, 当然也要由实验来引导.

首先, 让我们回到前面说过的, 关于光子的 "矛盾"——这个光子通过一条狭缝, 但其行为却依另一条狭缝是开着还是关着而大不相同. 我们已经看到, 若要在光子通过狭缝时探测它们, 便会妨碍它们到达屏上. 更一

① 实际上这里所说的 "亮纹" 和 "暗纹" 是指冲洗后的正片上的情况.——译者注

般地讲, 对这些实验所作的仔细分析表明: 既要知道每个光子通过了哪条狭缝, 同时又要观察到干涉图, 那是不可能的 (参看补充材料 D_I). 于是为了解决这个矛盾, 我们不得不放弃光子必然通过某一条确定的狭缝这样一个概念. 这样一来, 经典物理学的一个基本概念——粒子的轨道就成了问题.

另一方面, 当光子一个一个地来到时, 它们对屏的冲击逐渐积累而形成干涉图. 这就意味着, 就一个特定的光子而言, 我们事先不能确切知道它将冲击屏上的哪一点. 但是, 这些光子是在完全相同的条件下发射出来的. 这样一来, 初始条件可以完全决定粒子后来的运动这样一个经典概念就不再成立了. 我们只能说, 光子一旦发射出来, 它冲击屏上 x 点的概率就正比于按波动理论算出的强度 $I(x)$, 即正比于 $|E(x)|^2$.

经过反复探索 (详情不在此赘述), 人们形成了波粒二象性的概念, 我们可以将它概述如下①:

(i) 光的粒子性方面和波动性方面是不可分割的, 光同时表现为波和粒子流, 波可以用来计算粒子出现的概率.

(ii) 对光子行为的预言只能是概率性的.

(iii) 波 $E(\boldsymbol{r},t)$ 提供一个光子在 t 时刻的信息, 它是麦克斯韦方程组的解; 我们说这个波表征光子在 t 时刻的状态. 我们将 $E(\boldsymbol{r},t)$ 解释为一个光子在 t 时刻出现于 $\boldsymbol{r}$ 点的概率幅. 这就意味着相应的概率正比于 $|E(\boldsymbol{r},t)|^2$.

附注:

(i) 因为麦克斯韦方程组是线性的和齐次的, 故可对它应用叠加原理: 若 E_1 和 E_2 是方程组的两个解, 则 $E = \lambda_1 E_1 + \lambda_2 E_2$ (此处 λ_1 和 λ_2 为
[15] 常数) 也是它的解. 正是这个叠加原理在经典光学中解释了波动型的现象 (干涉、衍射). 在量子物理中, 既然也有波动型的现象, 那么将 $E(\boldsymbol{r},t)$ 作为概率幅来解释, 便是必要的了.

(ii) 理论只能计算某一特定事件发生的概率. 实验证明则要依靠大量全同实验的重复 (在上述实验中, 必须不断发射在同样条件下产生的大量光子, 才能形成干涉图, 这个图才是算得的概率的实际表现).

(iii) 为了能够在下面的 §B 中建立 $E(\boldsymbol{r},t)$ 和描述粒子的量子态的波函数 $\psi(\boldsymbol{r},t)$ 之间的类比, 我们在这里提到了 “光子的态”. 这种 “光学类比” 是颇有成效的. 特别是, 它可以使我们不经计算就较易定性地理解物质粒子的一些量子特性, 这一点我们将在 §D 中见到. 然而又不能将这种类比推广得太远, 而且不应使人们认为 $E(\boldsymbol{r},t)$ 表征光子的量子态这种看法是严格正确的.

① 必须指出, 对物理现象的这种解释, 虽然在当代已被普遍认为是 “正统的”, 但至今某些物理学家对此仍有异议.

此外, 我们将会看到, $\psi(\boldsymbol{r},t)$ 应为复函数, 这在量子力学中具有实质性的意义, 而在光学中使用复数记号 $E(\boldsymbol{r},t)$ 不过是为了方便 (只是它的实部才有物理意义). 只有在量子电动力学 (一种既是量子论的又是相对论的理论) 的范畴内, 才能给辐射的 (复) 量子态下一个精确的定义. 在这里我们不讨论这些问题 (在补充材料 $\mathrm{K_V}$ 中我们讲了一个梗概).

3. 谱分解原理

具备了在 §A–2 中引进的那些概念之后, 现在我们来讨论另一个简单的光学实验, 这一次感兴趣的是光的偏振. 这个现象使我们引入有关物理量测量的一些基本概念.

在此实验中, 把一单色平面偏振光束投射到检偏器 A 上; Oz 表示这束光的传播方向, $\boldsymbol{e}_p$ 是标志偏振方向的单位矢 (参看图 1–2), 检偏器 A 只允许平行于 Ox 偏振的光通过, 而吸收平行于 Oy 偏振的光.

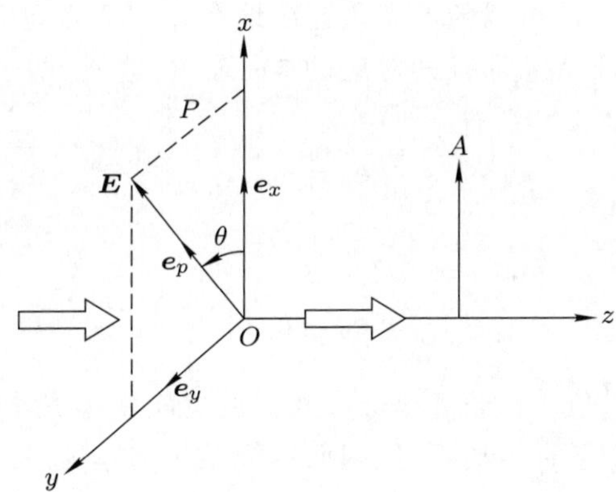

图 1–2 测量光波的偏振的简单实验. 一束光沿 Oz 方向传播, 并先后通过起偏器 P 和检偏器 A; θ 是 Ox 和已通过 P 的光波的电矢量之间的夹角; 通过 A 以后的振动平行于 Ox.

对于这个实验的经典描述 (光强度充分大时这种描述才有效) 如下. 平面偏振光由下列形式的电场来描述:

$$\boldsymbol{E}(\boldsymbol{r},t)=E_0\boldsymbol{e}_p\mathrm{e}^{\mathrm{i}(kz-\omega t)} \tag{A–6}$$

式中 E_0 是一常量; 光强 I 正比于 $|E_0|^2$. 它通过检偏器 A 以后, 便成为沿 Ox 方向偏振的平面波

$$\boldsymbol{E}'(\boldsymbol{r},t)=E_0'\boldsymbol{e}_x\mathrm{e}^{\mathrm{i}(kz-\omega t)} \tag{A–7}$$

这个波的强度 I' 正比于 $|E_0'|^2$; 马吕斯定律给出: [16]

$$I' = I\cos^2\theta \tag{A–8}$$

[$\boldsymbol{e}_x$ 是 Ox 轴上的单位矢, $\theta = (\boldsymbol{e}_x, \boldsymbol{e}_p)$].

在量子水平上, 也就是说当强度 I 充分小, 以致光子是一个一个地到达检偏器时, 情况将会怎样呢? (这时要在检偏器的后面安置一个光子探测器.) 首先, 探测器绝不会记录到 “一个光子的一部分”, 光子或者通过检偏器, 或者整个地被检偏器吸收. 其次 (除了我们即将考查的特殊情况外), 我们不可能准确地预言来到的那个光子是通过去还是被吸收; 我们只能知道相应的概率. 最后, 当一个一个地到达的光子数 N 很大时, 在检偏器后面实际探测到的光子数就成为 $N\cos^2\theta$, 在这个意义上, 我们又得到了经典规律.

从这种描述, 我们得到下面的概念:

(i) 测量仪器 (在这里是检偏器) 只能给出某些特殊的结果, 我们称之为本征结果①. 在上述实验中只有两种可能的结果: 光子通得过或通不过检偏器, 我们说在这里测量结果是量子化的. 这与经典的情况相反 [参看 (A–8) 式], 在那里, 透射光的强度 I' 可以随着 θ 角连续地在 0 与 I 之间变化.

[17] (ii) 每一个本征结果都有其对应的本征态, 在这里, 两个本征态由下列关系式描述:

$$\boldsymbol{e}_p = \boldsymbol{e}_x$$

或 (A–9)

$$\boldsymbol{e}_p = \boldsymbol{e}_y$$

($\boldsymbol{e}_y$ 是 Oy 轴上的单位矢). 若 $\boldsymbol{e}_p = \boldsymbol{e}_x$, 我们便确实知道光子将通过检偏器; 反之, 若 $\boldsymbol{e}_p = \boldsymbol{e}_y$, 则光子肯定通不过. 因而本征结果与本征态之间的对应是这样的: 如果测量以前粒子处于本征态之一, 那么这次测量的结果便是确定的, 它只能是与这个本征态对应的本征结果.

(iii) 如果测量前的状态是任意的, 那么我们只能预言测得各种本征结果的概率. 为了求得这些概率, 我们将粒子的态分解为各本征态的线性组合. 在这里, 对于任意的 $\boldsymbol{e}_p$, 我们写出:

$$\boldsymbol{e}_p = \boldsymbol{e}_x\cos\theta + \boldsymbol{e}_y\sin\theta \tag{A–10}$$

于是, 得到某一本征结果的概率正比于该本征态的系数的模的平方 (所有这些概率的总和为 1, 用此条件即可确定比例常数). 从 (A–10) 式可以推知, 每个光子通过检偏器的概率为 $\cos^2\theta$, 被检偏器吸收的概率为 $\sin^2\theta$ (当然 $\cos^2\theta + \sin^2\theta = 1$), 这一点实际上在前面就已经说明过了. 这个法则在量子力学中叫

① 采用这个名称的理由见第三章.

做谱分解原理. 必须注意, 分解的方式依赖于我们所考虑的测量仪器的类型, 这是因为我们必须使用与它相应的各种本征态. 在公式 (A–10) 中 Ox 和 Oy 轴的选择是由检偏器决定的.

(iv) 光通过检偏器后, 成为沿 $\boldsymbol{e}_x$ 方向的全偏振光. 若在第一个检偏器后面安置光轴与它平行的另一个检偏器 A', 那么凡是通过 A 的光子都将通过 A'. 根据刚才讲过的第 (ii) 点, 这就表明, 通过 A 以后, 光子的态是用 $\boldsymbol{e}_x$ 来描述的本征态. 在这里, 粒子的态发生了突变: 测量以前, 光子的态是由与 $\boldsymbol{e}_p$ 共线的矢量 $\boldsymbol{E}(\boldsymbol{r},t)$ 来确定的; 测量以后, 我们得到一项补充信息 (光子已通过), 为了表达这个信息, 我们引入另一个矢量, 这一次是同 $\boldsymbol{e}_x$ 共线的矢量, 来描述光子的态. 这便说明了在 §A–2 中提到过的事实: 测量从根本上干扰了微观体系 (这里是指光子).

附注:

当 $\boldsymbol{e}_p=\boldsymbol{e}_x$ (或 $\boldsymbol{e}_p=\boldsymbol{e}_y$) 时, 光子通过检偏器的概率等于 1(或光子被检偏器吸收的概率等于 1), 因而结局是可以准确预言的, 这只是一种特殊情况. 但是某一个光子能 (或不能) 通过检偏器这一事件, 并不由 $\boldsymbol{e}_p=\boldsymbol{e}_x$ (或 $\boldsymbol{e}_p=\boldsymbol{e}_y$) 来表达, 故为了证实上述预言, 就必须证实所有的光子都通得过 (或都通不过), 于是必须进行次数极多的实验.

§B. 物质粒子与物质波 [18]

1. 德布罗意关系

与光子的发现相并行, 对原子的发射光谱和吸收光谱的研究证实了一个经典物理学不可能说明的基本事实——这些光谱是由谱线构成的; 换句话说, 就是一种特定的原子只能发射或吸收具有某些确定频率 (或者能量) 的光子. 如果我们承认原子的能量是量子化的, 就是说承认原子的能量只能取某些离散的值 $E_i(i=1,2,\cdots,n,\cdots)$, 则这个事实便很容易解释如下: 伴随着一个光子的发射或吸收, 原子的能量便从一个允许值 E_i "突变" 到另一个允许值 E_j; 于是由能量守恒便可推知光子应具有这样的频率 ν_{ij}:

$$h\nu_{ij}=|E_i-E_j| \tag{B–1}$$

故只有满足 (B–1) 式的那些频率才能被原子所发射或吸收.

这种离散能级的存在是由弗兰克和赫兹独立地用实验证实的. 玻尔用特殊的电子轨道来进行解释, 并和索末菲一起提出了一个经验规则, 我们可以用它来计算氢原子中的轨道. 但是这种量子化规则的根本原因仍然是不清楚的.

1923 年, 德布罗意提出了下述假说: 完全和光子一样, 物质微粒也具有波动性的一面. 作为这个假说的推论, 他重新导出了玻尔–索末菲的量子化规则和各个容许能级, 这些能级的存在类似于振动弦或谐振腔的简正模式. 电子衍射实验 (戴维孙和革末, 1927 年) 表明, 利用物质微粒, 例如电子, 也可以得到干涉图, 这就出色地证实了物质的波动性的存在.

于是, 一个能量为 E、动量为 $\boldsymbol{p}$ 的物质粒子, 可以同一个波相联系, 这种波的角频率 $\omega = 2\pi\nu$ 及波矢 $\boldsymbol{k}$ 由适用于光子的同样关系式给出 (参看 §A–1):

$$\begin{cases} E = h\nu = \hbar\omega \\ \boldsymbol{p} = \hbar\boldsymbol{k} \end{cases} \tag{B–2}$$

换言之, 对应的波长是:

$$\lambda = \frac{2\pi}{|\boldsymbol{k}|} = \frac{h}{|\boldsymbol{p}|} \ (\text{德布罗意关系式}) \tag{B–3}$$

附注:

普朗克常量 h 的值非常小, 这就说明了为什么在宏观尺度上很难显示物质粒子的波动性. 在本章的补充材料 $\mathrm{A_I}$ 中讨论了与不同的物质粒子相联系的德布罗意波长的数量级.

[19]

2. 波函数; 薛定谔方程

按照德布罗意的假说, 我们将把在 §A 中引入的关于光子的那些概念推广到所有的物质粒子. 将这一节的每一个结论重述一次, 我们便得到下面的要点:

(i) 必须用与时间 t 有关的态的概念代替经典的轨道概念. 一个粒子, 例如电子①, 它的量子态是由波函数 $\psi(\boldsymbol{r}, t)$ 来描述的, 这个函数包含了关于这个粒子可能得到的一切信息.

(ii) 我们将 $\psi(\boldsymbol{r}, t)$ 解释为粒子出现的概率幅. 由于粒子的可能位置构成连续统, 所以 t 时刻在 $\boldsymbol{r}$ 处的体积元 $\mathrm{d}^3r = \mathrm{d}x\mathrm{d}y\mathrm{d}z$ 中找到粒子的概率应该正比于 d^3r, 因而是一个无穷小量 $\mathrm{d}\mathscr{P}(\boldsymbol{r}, t)$. 于是我们将 $|\psi(\boldsymbol{r}, t)|^2$ 解释为相应的概率密度, 同时令

$$\mathrm{d}\mathscr{P}(\boldsymbol{r}, t) = C|\psi(\boldsymbol{r}, t)|^2\mathrm{d}^3r \tag{B–4}$$

此处的 C 是归一化因子 (参看 §B–2 末尾的附注 (i)).

(iii) 谱分解原理适用于任意物理量 $\mathscr{A}$ 的测量:

① 此处暂不考虑电子的自旋 (参看第九章).

(a) 所得结果一定属于本征结果的集合 $\{a\}$.

(b) 每一个本征值 a 都有一个本征态和它相联系, 即都有一个相应的本征函数 $\psi_a(\boldsymbol{r})$.$\psi_a(\boldsymbol{r})$ 是这样一个函数, 如果 $\psi(\boldsymbol{r},t_0)=\psi_a(\boldsymbol{r})$ (t_0 是进行测量的时刻), 则测量结果一定是 a.

(c) 如果 $\psi(\boldsymbol{r},t)$ 是任意的, 进行测量的时刻为 t_0, 则测得本征值 a 的概率 $\mathscr{P}_a$ 可计算如下: 将 $\psi(\boldsymbol{r},t_0)$ 按函数 $\psi_a(\boldsymbol{r})$ 展开为

$$\psi(\boldsymbol{r},t_0)=\sum_a c_a\psi_a(\boldsymbol{r}) \tag{B–5}$$

于是

$$\mathscr{P}_a=\frac{|c_a|^2}{\displaystyle\sum_a |c_a|^2} \tag{B–6}$$

(分母的出现便足以保证总概率为 1, 即 $\displaystyle\sum_a \mathscr{P}_a=1$).

(d) 若测得的结果就是 a, 那么刚刚测量之后粒子的波函数为

$$\psi'(\boldsymbol{r},t_0)=\psi_a(\boldsymbol{r}) \tag{B–7}$$

(iv) 还要写出 $\psi(\boldsymbol{r},t)$ 的演变所遵循的方程. 利用普朗克和德布罗意关系式, 可以很自然地引入这个方程. 但是我们不可能证明这个基本方程, 即所 [20]
谓薛定谔方程; 我们只是把它提出来, 然后讨论它的一些推论 (正是这些推论的实验证明肯定了它的正确性). 此外, 到了第三章, 我们还要回过头来更详细地探讨这个方程.

如果粒子 (质量为 m) 受到势① $V(\boldsymbol{r},t)$ 的作用, 则它的波函数 $\psi(\boldsymbol{r},t)$ 遵从薛定谔方程

$$\boxed{\mathrm{i}\hbar\frac{\partial}{\partial t}\psi(\boldsymbol{r},t)=-\frac{\hbar^2}{2m}\Delta\psi(\boldsymbol{r},t)+V(\boldsymbol{r},t)\psi(\boldsymbol{r},t)} \tag{B–8}$$

此处 Δ 是拉普拉斯算符: $\Delta=\dfrac{\partial^2}{\partial x^2}+\dfrac{\partial^2}{\partial y^2}+\dfrac{\partial^2}{\partial z^2}$. 我们立即可以看出, 这个方程对于 ψ 是线性的、齐次的; 因而对于物质粒子来说, 叠加原理也成立. 对 ψ 的概率幅的解释和这个原理结合起来, 便会给出波动型的结果. 此外, 还要注意, 微分方程 (B–8) 对于时间是一阶的; 如果粒子在 t_0 时刻的状态 [由 $\psi(\boldsymbol{r},t_0)$ 表征] 能决定它以后的状态, 则这个条件是必需的.

由此可见, 在实物和辐射之间存在着深刻的相似: 在这两种情况下, 要正确地描述各种现象, 都必须引入量子概念, 特别是波粒二象性概念.

① 这里的 $V(\boldsymbol{r},t)$ 表示势能, 例如, 它可能是电势与粒子电荷的乘积. 在量子力学中通常称 $V(\boldsymbol{r},t)$ 为势.

附注:

(i) 对于单粒子体系, 在时刻 t, 在空间内不论什么地方找到粒子的总概率等于 1:

$$\int \mathrm{d}\mathscr{P}(\boldsymbol{r},t)=1 \tag{B–9}$$

这里的 $\mathrm{d}\mathscr{P}(\boldsymbol{r},t)$ 由 (B–4) 式给出, 因此得到一个结论: 波函数 $\psi(\boldsymbol{r},t)$ 必须是平方可积的, 即

$$\int |\psi(\boldsymbol{r},t)|^2\mathrm{d}^3r \text{ 为有限值.} \tag{B–10}$$

因而出现在 (B–4) 中的归一化因子 C 由下式给出:

$$\frac{1}{C}=\int |\psi(\boldsymbol{r},t)|^2\mathrm{d}^3r \tag{B–11}$$

(我们以后将会看到, 由薛定谔方程的形式便可推知 C 与时间无关). 通常, 我们使用已归一化的波函数, 即满足关系式

$$\int |\psi(\boldsymbol{r},t)|^2\mathrm{d}^3r=1 \tag{B–12}$$

的波函数, 此时常数 C 等于 1.

(ii) 要注意经典态与量子态这两种概念之间的重大区别. 一个粒子在
[21] 时刻 t 的经典态是由描述粒子在时刻 t 的位置和速度的六个参量 $x,y,z;v_x,v_y,v_z$ 确定的; 一个粒子的量子态则是由无穷多个参数所确定的, 这些参数就是与该粒子相联系的波函数 $\psi(\boldsymbol{r},t)$ 在空间各点的数值. 轨道这个经典概念, 亦即经典粒子在相继各时刻的那些态, 应该代之以和粒子相联系的波的传播的概念. 例如, 再回想前面描述的用光子进行的杨氏双狭缝实验, 这种实验从原则上说对于物质微粒 (如电子) 也是可行的. 在观察干涉图时, 如果还要知道每个粒子通过的是哪条狭缝, 这是没有意义的, 因为与粒子相联系的波同时通过了两条狭缝.

(iii) 必须指出, 光子在实验中可能被发射或被吸收, 物质微粒则不一样, 它们既不能被产生也不能被消灭: 被加热的灯丝发射出电子, 这些电子是原来就存在于灯丝中的; 同样, 被计数器吸收的电子并未消失, 它又回到了某个原子中或参与形成电流. 实际上, 相对论告诉我们, 物质粒子的产生和湮没是可能的. 例如, 一个能量充分大的光子穿过原子近旁时, 可以实物化而成为电子–正电子对; 反过来, 正电子碰撞电子时便和电子一起湮没而产生光子. 但是, 在这一章开头我们就声明过, 本书的范围只限于非相对论量子力学, 并且事实上我们已经按不对称的方式处理了时间和空间坐标. 在非相对论量子力学的范畴内, 物质微粒既不会产生也不

会湮没. 我们将会看到, 这个守恒定律占有头等重要的地位; 而放弃这个定律的必要性正是人们在建立相对论量子力学时遇到的重大困难之一.

§C. 对一个粒子的量子描述; 波包

在前一节里, 我们已经引入了对一个粒子进行量子描述所需的基本概念. 在这一节里, 我们将熟悉这些概念, 并由此导出一些十分重要的性质. 我们从研究一个非常简单的特例 (即自由粒子的情况) 开始.

1. 自由粒子

若一个粒子在空间各点的势能都为零 (或为常值), 则这个粒子未受力的作用, 我们说它是自由的.

当 $V(\boldsymbol{r},t)=0$ 时, 薛定谔方程变为 [22]

$$\mathrm{i}\hbar\frac{\partial}{\partial t}\psi(\boldsymbol{r},t)=-\frac{\hbar^2}{2m}\Delta\psi(\boldsymbol{r},t) \tag{C-1}$$

显然, 这个微分方程具有下列形式的解:

$$\psi(\boldsymbol{r},t)=A\mathrm{e}^{\mathrm{i}(\boldsymbol{k}\cdot\boldsymbol{r}-\omega t)} \tag{C-2}$$

(式中 A 为常数), 其中 $\boldsymbol{k}$ 与 ω 之间必须有下列关系:

$$\omega=\frac{\hbar\boldsymbol{k}^2}{2m} \tag{C-3}$$

请注意, 引用德布罗意关系式 [见 (B–2) 式], 便可以从条件 (C–3) 得到一个自由粒子的能量 E 和动量 $\boldsymbol{p}$ 的关系式

$$E=\frac{\boldsymbol{p}^2}{2m} \tag{C-4}$$

这是经典力学中一个熟知的关系式. 到后面 (§C–3) 我们再来讨论 (C–2) 式所表示的态的物理意义; 不过在这里我们已经看到, 由于

$$|\psi(\boldsymbol{r},t)|^2=|A|^2 \tag{C-5}$$

所以一个这种类型的平面波代表这样一个粒子, 它在空间各点出现的概率都一样 (参看后面的附注).

叠加原理告诉我们, 适合 (C–3) 式的各平面波的一切线性组合, 也是方程 (C–1) 的解. 这样的叠加可以写作

$$\psi(\boldsymbol{r},t)=\frac{1}{(2\pi)^{3/2}}\int g(\boldsymbol{k})\mathrm{e}^{\mathrm{i}[\boldsymbol{k}\cdot\boldsymbol{r}-\omega(k)t]}\mathrm{d}^3k \tag{C-6}$$

(按定义, d^3k 表示 $\boldsymbol{k}$ 空间的体积元 $dk_x dk_y dk_z$); $g(\boldsymbol{k})$ 可以是复函数, 但必须是充分正规的, 以保证可以在积分号下求它的微商. 此外, 我们可以证明, 方程 (C–1) 的一切平方可积的解都可以写成 (C–6) 式的形式.

形如 (C–6) 式的波函数, 即平面波的叠加, 叫做一个三维 "波包". 为简单起见, 以后我们常常要研究一维波包的情况 ①. 平行于 Ox 轴传播的诸平面波的叠加便是一维波包, 因而它的波函数只依赖于 x 和 t, 即

$$\psi(x,t)=\frac{1}{\sqrt{2\pi}}\int_{-\infty}^{+\infty}g(k)\mathrm{e}^{\mathrm{i}[kx-\omega(k)t]}\mathrm{d}k \tag{C–7}$$

[23] 在下一节里, 我们将讨论波包在指定时刻的形状. 若将这个时刻选作时间的起点, 则波函数应为:

$$\psi(x,0)=\frac{1}{\sqrt{2\pi}}\int g(k)\mathrm{e}^{\mathrm{i}kx}\mathrm{d}k \tag{C–8}$$

我们看到, $g(k)$ 其实就是 $\psi(x,0)$ 的傅里叶变换 (参看附录 I), 即

$$g(k)=\frac{1}{\sqrt{2\pi}}\int \psi(x,0)\mathrm{e}^{-\mathrm{i}kx}\mathrm{d}x \tag{C–9}$$

因而, 公式 (C–8) 的适用范围并不限于自由粒子. 就是说, 不论存在什么样的势, 都可以将 $\psi(x,0)$ 写成这种形式. 因而, 以后在 §C–2 和 §C–3 中, 我们由此引出的一些推论完全具有普遍性. 只有到了 §C–4, 我们才回过头来具体讨论自由粒子的情况.

附注:

(C–2) 式这种类型的平面波, 它的模在空间处处为常数 [见 (C–5) 式], 这种函数并不是平方可积的; 严格说来, 它不能表示粒子的物理状态 (同样, 在光学中, 一个单色平面波在物理上是不能实现的). 反之, 平面波的叠加, 如 (C–7) 式, 却完全是平方可积的.

2. 波包在指定时刻的形状

等式 (C–8) 中的 $\psi(x,0)$ 对 x 的依赖关系决定着波包的形状. 假设 $g(k)$ 的形状如图 1–3 所示, 该曲线具有一个明显的高峰, 极大值位于 $k=k_0$ 处, 它的宽度 (例如, 可将它定义为半高度处的宽度) 为 Δk.

先考虑一个很简单的特例, 以便着手定性地研究 $\psi(x,0)$ 的行为. 假设 $\psi(x,0)$ 不是像公式 (C–8) 中那样的无穷多个平面波 $\mathrm{e}^{\mathrm{i}kx}$ 的叠加, 而仅仅是三

① 在补充材料 E_I 中有一个二维波包的简单模型. 在补充材料 F_I 中, 我们研究了三维波包的一些普遍特性; 在那里我们还证明了在某些情况下怎样把一个三维问题化为一系列一维问题.

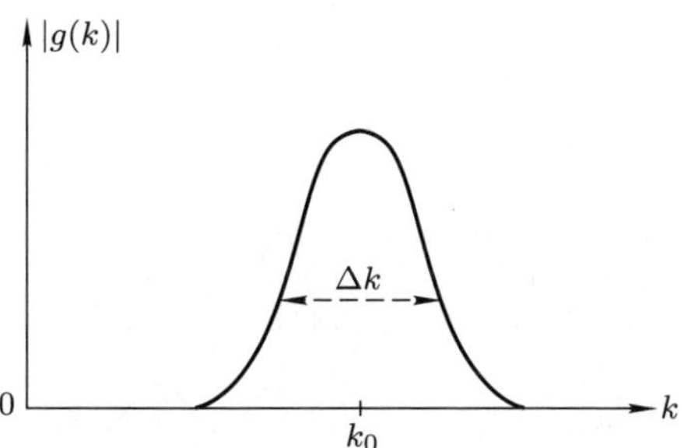

图 1–3 函数 $|g(k)|$[即 $\psi(x,0)$ 的傅里叶变换的模] 的形状. 假设此函数有一个峰, 其宽度为 Δk, 宽度的中心在 $k=k_0$ 处.

个平面波之和; 这些平面波的波矢为 k_0, $k_0-\dfrac{\Delta k}{2}$, $k_0+\dfrac{\Delta k}{2}$, 它们的振幅分别正 [24]
比于 1, $\dfrac{1}{2}$ 和 $\dfrac{1}{2}$. 于是我们有:

$$\psi(x)=\frac{g(k_0)}{\sqrt{2\pi}}\left[\mathrm{e}^{\mathrm{i}k_0x}+\frac{1}{2}\mathrm{e}^{\mathrm{i}\left(k_0-\frac{\Delta k}{2}\right)x}+\frac{1}{2}\mathrm{e}^{\mathrm{i}\left(k_0+\frac{\Delta k}{2}\right)x}\right]$$

$$=\frac{g(k_0)}{\sqrt{2\pi}}\mathrm{e}^{\mathrm{i}k_0x}\left[1+\cos\left(\frac{\Delta k}{2}x\right)\right] \tag{C–10}$$

容易看出, 在 $x=0$ 处 $|\psi(x)|$ 有极大值. 造成这个结果的原因是下述事实: 当 x 取这个值的时候, 三个波是同相位的, 因而它们的干涉是相长的, 如图 1–4 所示. 在 x 逐渐偏离 0 值以后, 三个波的相位便互有差异, 于是 $|\psi(x)|$ 便减小了. 当 $\mathrm{e}^{\mathrm{i}k_0x}$ 和 $\mathrm{e}^{\mathrm{i}\left(k_0\mp\frac{\Delta k}{2}\right)x}$ 之间的相位差等于 $\pm\pi$ 时, 它们的干涉便是完全相消的; 当 $x=\pm\dfrac{\Delta x}{2}$ 时, $\psi(x)$ 等于零, Δx 由

$$\Delta x\cdot\Delta k=4\pi \tag{C–11}$$

给出. 此式表明, 函数 $|g(k)|$ 的宽度 Δk 越小, 函数 $|\psi(x)|$ 的宽度 Δx($|\psi(x)|$ 的两个零点间的距离) 就越大.

附注: [25]

公式 (C–10) 表明, $|\psi(x)|$ 对于 x 具有周期性, 因而具有一系列极大和极小, 其原因在于, $\psi(x)$ 是有限多个 (这里是三个) 波的叠加; 若是无限多个波的连续叠加 (像在公式 (C–8) 中那样), 便不会出现这样的现象, 而 $|\psi(x,0)|$ 只会有一个极大值.

现在回到公式 (C–8) 所示的一般的波包, 它的形状也是干涉现象的结果: 当各平面波相长干涉时, $|\psi(x,0)|$ 成为极大值.

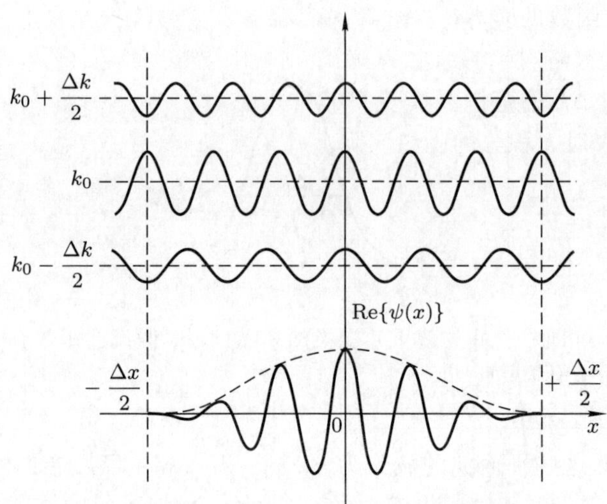

图 1–4 三个波 [公式 (C–10) 中的函数 $\psi(x)$ 是这三个波的和] 的实部. 在 $x=0$ 处, 三个波的相位相同, 它们的干涉是相长的; 偏离 $x=0$ 后, 三个波的相位便互有差异, 到了 $x=\pm\frac{\Delta x}{2}$ 处, 它们的干涉便是完全相消的. 下图所绘的是 $\mathrm{Re}\{\psi(x)\}$. 用虚线描出的曲线对应于函数 $\left[1+\cos\left(\frac{\Delta k}{2}x\right)\right]$, 根据公式 (C–10), 这个函数决定 $|\psi(x)|$ (也就是决定波包的形状).

事实上, 假设函数 $g(k)$ 的辐角为 $\alpha(k)$, 即

$$g(k)=|g(k)|\mathrm{e}^{\mathrm{i}\alpha(k)} \tag{C–12}$$

如果在 $|g(k)|$ 有明显值的区间 $\left[k_0-\frac{\Delta k}{2},k_0+\frac{\Delta k}{2}\right]$ 上, $\alpha(k)$ 的变化是充分正规的, 则当 Δk 充分小时, 我们可在 $k=k_0$ 附近将 $\alpha(k)$ 展开:

$$\alpha(k)\simeq\alpha(k_0)+(k-k_0)\left[\frac{\mathrm{d}\alpha}{\mathrm{d}k}\right]_{k=k_0} \tag{C–13}$$

利用此式, 可将 (C–8) 式重写为下列形式:

$$\psi(x,0)\simeq\frac{\mathrm{e}^{\mathrm{i}[k_0x+\alpha(k_0)]}}{\sqrt{2\pi}}\int_{-\infty}^{+\infty}|g(k)|\mathrm{e}^{\mathrm{i}(k-k_0)(x-x_0)}\mathrm{d}k \tag{C–14}$$

其中

$$x_0=-\left[\frac{\mathrm{d}\alpha}{\mathrm{d}k}\right]_{k=k_0} \tag{C–15}$$

要研究 $|\psi(x,0)|$ 随 x 的变化, 用公式 (C–14) 比较方便: 当 $|x-x_0|$ 很大时, 积分号下 k 的函数在区间 Δk 中有很多次摆动; 于是我们看到 (参看图 1–5–a,

图中画出了此函数的实部), 相继各次摆动对积分的贡献互相抵消而使对 k 积分的结果可以忽略. 换句话说, 在远离 x_0 的固定点 x 处, 构成 $\psi(x,0)$ 的各平面波的相位在 Δk 的范围内变化得非常迅速, 这些波便因干涉而相消. 反之, 若 $x \simeq x_0$, 则应对 k 积分的函数实际上并未摆动 (参看图 1–5–b), 因而 $|\psi(x,0)|$ 有极大值.

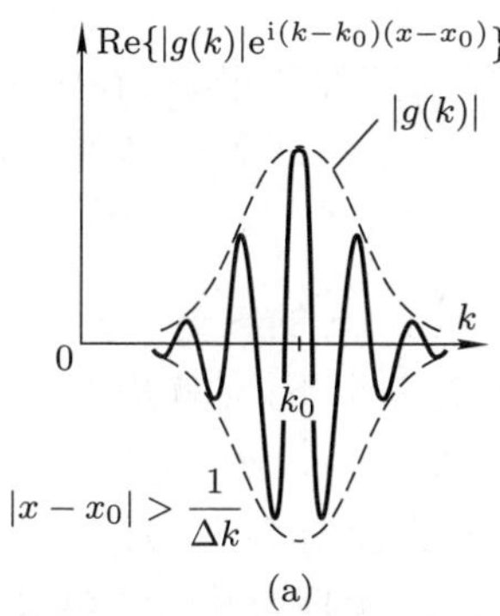

(a)

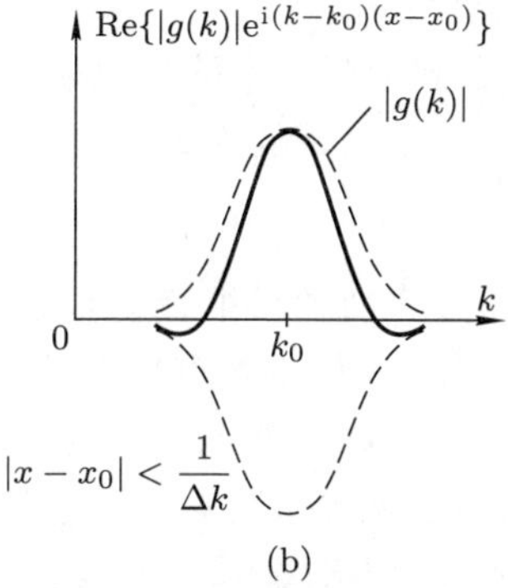

(b)

图 1–5 为了得到 $\psi(x,0)$ 而需对 k 积分的那个函数随 k 变化的情况. 在图 a 中将 x 固定在 $|x-x_0| > \dfrac{1}{\Delta k}$ 的数值, 被积函数在区间 Δk 中摆动若干次. 在图 b 中将 x 固定在 $|x-x_0| < \dfrac{1}{\Delta k}$ 的数值, 被积函数实际上不再摆动, 以致对 k 积分的结果具有相当大的值; 因而波包的中心 [即 $|\psi(x,0)|$ 有极大值的点] 位于 $x = x_0$ 处.

于是波包中心的位置 $x_M(0)$ 为:

$$x_M(0) = x_0 = -\left[\frac{\mathrm{d}\alpha}{\mathrm{d}k}\right]_{k=k_0} \tag{C–16}$$

实际上经过简单的推理也可以得到 (C–16) 式的结果: 如果振幅最大的那些波, 也就是和 k_0 附近的 k 值对应的那些波, 是相长干涉的话, 那么, 像公式 (C–8) 中的那种积分将有极大值 (指模而言). 相长干涉发生于下述情况: 这些波的依赖于 k 的相位在 $k = k_0$ 附近实际上没有变化. 为了得到波包的中心, 我们可以认为, 相位对 k 的导数在 $k = k_0$ 处等于零 (稳定相位条件). 在我们所讲的特例中, 和 k 对应的波的相位是 $kx + \alpha(k)$, 使得导数 $x + \dfrac{\mathrm{d}\alpha}{\mathrm{d}k}$ 在 $k = k_0$ 处等于零的 x 的值就是 $x_M(0)$.

当 x 偏离值 x_0 时, $|\psi(x,0)|$ 减小; 在下述情况中, 这种减小更加显著, 这种情况是: 当 k 取遍区间 Δk 中的值时, 函数 $\mathrm{e}^{\mathrm{i}(k-k_0)(x-x_0)}$ 大约摆动一次, 这种情况对应于 [26]

$$\Delta k \cdot (x - x_0) \simeq 1 \tag{C–17}$$

如果波包的宽度近似地为 Δx, 便有

$$\Delta k \cdot \Delta x \gtrsim 1 \tag{C–18}$$

这样, 我们重又得到了两个互为傅里叶变换的函数的宽度之间的经典关系. 重要的是, 乘积 $\Delta x \cdot \Delta k$ 是有下界的, 下界的精确数值当然依赖于宽度 Δx 和 Δk 的精确定义.

因而, 公式 (C–7) 中的波包表示一个粒子的这样一个态: 在时刻 $t=0$, 在以 x_0 为中心, 近似宽度为 Δx 的区间以外, 该粒子出现的概率实际上为零.

附注:

上面的推理可能使人们以为乘积 $\Delta x \cdot \Delta k$ 的数量级永远为 1 [参看 (C–17) 式]. 我们要着重指出: 这里涉及的是一个下限, 就是说, 虽然不可能构成一个波包, 使得与其对应的乘积 $\Delta x \cdot \Delta k$ 比 1 小得多, 但完全能够构成一个波包, 使得与其对应的这种乘积要多大就有多大 [例如, 可以参看补充材料 G_{I}, 特别是其中 §3–c 的附注 (ii)]. 这就是为什么要将公式 (C–18) 写成不等式的原因.

[27] 3. 海森伯不确定度关系

在量子力学中, 不等式 (C–18) 具有极端重要的物理意义. 现在我们就来讨论这个问题 (为简单起见, 仍限于一维模型的范围).

我们已经看到, 与一个平面波 $e^{i(k_0x-\omega_0t)}$ 对应的概率密度在任何时刻 t 在 Ox 轴上各点是恒定的. 粗糙一点, 不妨将这个结果说成相应于平面波的 Δx 为无限大. 但是这里只有一个角频率 ω_0 和一个波矢 k_0. 根据德布罗意关系式, 这表示粒子的能量和动量都是完全确定的: $E=\hbar\omega_0, \boldsymbol{p}=\hbar\boldsymbol{k}_0$. 此外, 这样的一个平面波可以看作是公式 (C–7) 的一个特例, 在这个特例中 $g(k)$ 是一个 "δ 函数" (附录 Ⅱ):

$$g(k)=\delta(k-k_0) \tag{C–19}$$

于是相应的 Δk 值为零.

应用谱分解原理 (参看 §A–3 和 §B–2), 我们还可将这个性质解释如下: 譬如说, 在 $t=0$ 时由 $\psi(x,0)=Ae^{ikx}$ 描述的一个粒子具有完全确定的动量, 就是说, 在这个时刻去测量它的动量一定得到 $p=\hbar k$. 由此可知, e^{ikx} 描述对应于 $p=\hbar k$ 的本征态; 另一方面, 对 k 的每一个实数值都存在一个平面波, 因此, 对于在任意态下的一次动量测量, 我们预期得到的本征值应包括所有的实数值 (在这种情况下, 可能的结果并不是量子化的; 和经典力学一样, 动量的一切值都是允许的).

现在来研究公式 (C–8). 在该式中, $\psi(x,0)$ 表现为动量本征函数的线性叠加, $\mathrm{e}^{\mathrm{i}kx}$ 的系数就是 $g(k)$. 于是我们自然要将 $|g(k)|^2$ (撇开常数因子不计) 解释为: 在时刻 $t=0$ 测量 $\psi(x,t)$ 所描述的粒子的动量, 得到的结果为 $p=\hbar k$ 的概率. 但是, 实际上 p 的可能值像 x 的可能值一样, 组成一个连续的数集, 而 $|g(k)|^2$ 则正比于一种**概率密度**: 测得 p 的数值介于 $\hbar k$ 和 $\hbar(k+\mathrm{d}k)$ 之间的概率 $\overline{\mathrm{d}\mathscr{P}}(k)$, 除去常因子不计时, 就是 $|g(k)|^2\mathrm{d}k$. 更确切地说, 如果将公式 (C–8) 改写为下列形式

$$\psi(x,0)=\frac{1}{\sqrt{2\pi\hbar}}\int\overline{\psi}(p)\mathrm{e}^{\mathrm{i}px/\hbar}\mathrm{d}p \tag{C–20}$$

我们就知道, $\overline{\psi}(p)$ 和 $\psi(x,0)$ 满足贝塞尔–帕塞瓦尔关系式 (附录 I):

$$\int_{-\infty}^{+\infty}|\psi(x,0)|^2\mathrm{d}x=\int_{-\infty}^{+\infty}|\overline{\psi}(p)|^2\mathrm{d}p \tag{C–21}$$

将这两个积分的值记作 C, 那么 $\mathrm{d}\mathscr{P}(x)=\dfrac{1}{C}|\psi(x,0)|^2\mathrm{d}x$ 就是在 $t=0$ 时, 在 x 和 $x+\mathrm{d}x$ 之间找到粒子的概率; 同样,

$$\overline{\mathrm{d}\mathscr{P}}(p)=\frac{1}{C}|\overline{\psi}(p)|^2\mathrm{d}p \tag{C–22}$$

就是测量动量得到的结果介于 p 和 $p+\mathrm{d}p$ 之间的概率 [等式 (C–21) 保证得到 [28]
任意值的总概率等于 1].

现在回到不等式 (C–18), 我们可以将它写作:

$$\Delta x\cdot\Delta p\geqslant\hbar \tag{C–23}$$

($\Delta p=\hbar\cdot\Delta k$ 是表示 $|\overline{\psi}(p)|$ 的曲线的宽度). 我们来考虑一个其状态由波包 (C–20) 所确定的粒子; 我们知道, 在 $t=0$ 时这个粒子的位置概率仅在 x_0 附近宽度为 Δx 的区间内才有显著的值, 这就意味着, 我们知道的位置带有不确定度 Δx. 如果我们在同一时刻测量该粒子的动量, 则可能得到介于 $p_0+\dfrac{1}{2}\Delta p$ 与 $p_0-\dfrac{1}{2}\Delta p$ 之间的一个数值, 这是因为在此区间之外, $|\overline{\psi}(p)|^2$ 实际上等于零, 于是动量的不确定度为 Δp, 因而对 (C–23) 式的解释如下: 在任一指定时刻, 要以任意高的精确度同时确定粒子的位置和动量, 是不可能的; 当达到 (C–23) 式所规定的下限时, 提高确定位置的精确度 (减小 Δx) 就意味着降低确定动量的精确度 (Δp 增大), 反之亦然. 这个关系叫做**海森伯不确定度关系**.

在经典力学中没有这样的情况. (C–23) 式给出的极限来源于 h 不为零这样一个事实. 但从宏观尺度来看, h 是非常之小的, 正因为如此, 在经典力学中这个极限就完全可以略去 (在补充材料 $\mathrm{B_I}$ 中详细讨论了一个例子).

附注:

我们的出发点, 即不等式 (C–18), 就其本身而言, 并没有什么典型的量子意义. 它只不过表示傅里叶变换的一个普遍性质 (在经典物理学中已有这个性质的很多应用, 例如大家都知道, 在无线电理论中不存在人们能够以无限的精确度同时确定其位置和波长的电磁波波列); 真正有量子意义的只是: 将波和物质粒子联系起来, 并规定波长和动量要满足德布罗意关系式.

4. 自由波包随时间的演变

直到现在, 我们只涉及波包在某一指定时刻的形状; 在这一节里, 我们将研究波包随时间的演变. 我们还是回到一个自由粒子的情况, 这种粒子的态由一维波包 (C–7) 描述.

沿 Ox 轴传播的某一平面波 $\mathrm{e}^{\mathrm{i}(kx-\omega t)}$ 的速度为

$$V_\varphi(k) = \frac{\omega}{k} \tag{C–24}$$

这是因为平面波只能通过宗量 $\left(x - \dfrac{\omega}{k}t\right)$ 而依赖于 x 和 t; $V_\varphi(k)$ 叫做平面波的**相速度**.

[29] 我们知道, 对于在真空中传播的电磁波, V_φ 与 k 无关并且等于光速 c. 构成波包的所有的波都以同样的速度传播, 结果, 整个波包也以速度 c 传播而保持其形状不变. 与此相反, 我们又知道在色散介质中情况就不一样, 这时相速度由下式给出:

$$V_\varphi(k) = \frac{c}{n(k)} \tag{C–25}$$

$n(k)$ 是介质的折射率, 它随波长而变.

我们现在所说的情况就相当于色散介质, 这是因为相速度 [参看方程 (C–3)] 为

$$V_\varphi(k) = \frac{\hbar k}{2m} \tag{C–26}$$

我们将会看到, 当不同的波具有不同的相速度时, 与我们可能预期的相反, 波包极大值的位置 x_{M} 移动的速度并不是平均相速度 $\dfrac{\omega_0}{k_0} = \dfrac{\hbar k_0}{2m}$.

和上面一样, 在采取更普遍的观点以前, 我们首先力求定性地了解一下所发生的情况. 我们再回到在 §C–2 中讲过的三个波的叠加. 对于任意的 t, $\psi(x,t)$

应由下式给出:

$$\psi(x,t)=\frac{g(k_0)}{\sqrt{2\pi}}\left\{\mathrm{e}^{\mathrm{i}[k_0x-\omega_0t]}+\frac{1}{2}\mathrm{e}^{\mathrm{i}\left[\left(k_0-\frac{\Delta k}{2}\right)x-\left(\omega_0-\frac{\Delta\omega}{2}\right)t\right]}+\frac{1}{2}\mathrm{e}^{\mathrm{i}\left[\left(k_0+\frac{\Delta k}{2}\right)x-\left(\omega_0+\frac{\Delta\omega}{2}\right)t\right]}\right\}$$
$$=\frac{g(k_0)}{\sqrt{2\pi}}\mathrm{e}^{\mathrm{i}(k_0x-\omega_0t)}\left[1+\cos\left(\frac{\Delta k}{2}x-\frac{\Delta\omega}{2}t\right)\right] \tag{C–27}$$

于是我们看到, $|\psi(x,t)|$ 的极大值在 $t=0$ 时位于 $x=0$ 处, 而现在则位于

$$x_{\mathrm{M}}(t)=\frac{\Delta\omega}{\Delta k}t \tag{C–28}$$

处, 而不是在 $x=\dfrac{\omega_0}{k_0}t$ 处. 这个结果的物理原因绘于图 1–6. 其中图 a 表示三个波的实部的三个相邻的极大值 (1), (2), (3) 在 $t=0$ 时的位置; 编号为 (2) 的三个极大值在 $x=0$ 处重合, 于是在这一点发生相长干涉, 这一点就是 $|\psi(x,0)|$ 的极大值的位置. 因为相速度随 k 的增大而增大 [见公式 (C–26)], 所以波数为 $\left(k_0+\dfrac{\Delta k}{2}\right)$ 的那个波的极大值 (3) 将逐渐赶上波数为 (k_0) 的那个波的极大值 (3), 而后者又逐渐赶上波数为 $\left(k_0-\dfrac{\Delta k}{2}\right)$ 的那个波的极大值 (3). 到了某个时刻, 必将出现图 1–6–b 所示的情况, 这时互相重合的是编号为 (3) 的三个极大值, 重合点就是 $|\psi(x,t)|$ 的极大值的位置 $x_{\mathrm{M}}(t)$. 在图上可以清楚地看到, $x_{\mathrm{M}}(t)$并不等于 $\dfrac{\omega_0}{k_0}t$, 并且简单地计算一下, 又可以得出公式 (C–28). [30]

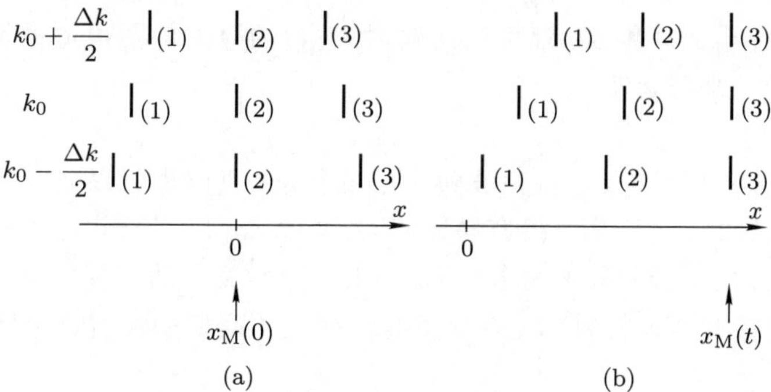

图 1–6 图 1–4 的三个波的极大值的位置. 图 a 是 $t=0$ 时的位置, 图 b 是后来在时刻 t 的位置. 在 $t=0$ 时, 相长干涉的是位于 $x=0$ 处的三个极大值 (2), 因此波包中心的位置是 $x_{\mathrm{M}}(0)=0$. 在时刻 t, 由于三个波已经以各不相同的相速度 V_φ 向前传播, 故这时相长干涉的是三个极大值 (3), 而波包中心的位置是 $x=x_{\mathrm{M}}(t)$, 可以看出, 波包中心的速度 (群速度) 不同于三个波的相速度.

利用 “稳定相位” 的方法同样可以求得波包 (C–7) 的中心的位移. 其实, 在自由波包的公式 (C–7) 中, 我们就可以看出, 要从 $\psi(x,0)$ 过渡到 $\psi(x,t)$, 只需将 $g(k)$ 换成 $g(k)\mathrm{e}^{-\mathrm{i}\omega(k)t}$ 即可. §C–2 中的推理仍然有效, 但需将 $g(k)$ 的辐角 $\alpha(k)$ 代之以

$$\alpha(k)-\omega(k)t \tag{C–29}$$

由条件 (C–16) 得到:

$$x_{\mathrm{M}}(t)=\left[\frac{\mathrm{d}\omega}{\mathrm{d}k}\right]_{k=k_0}t-\left[\frac{\mathrm{d}\alpha}{\mathrm{d}k}\right]_{k=k_0} \tag{C–30}$$

于是我们又得到结果 (C–28); 而波包极大值的速度则为:

$$V_{\mathrm{G}}(k_0)=\left[\frac{\mathrm{d}\omega}{\mathrm{d}k}\right]_{k=k_0} \tag{C–31}$$

$V_{\mathrm{G}}(k_0)$ 叫做波包的群速度. 利用 (C–3) 式中的色散关系, 便得到

$$V_{\mathrm{G}}(k_0)=\frac{\hbar k_0}{m}=2V_{\varphi}(k_0) \tag{C–32}$$

[31] 这是一个重要的结果, 因为在经典描述适用的情况下, 这个式子使我们又得到对自由粒子的经典描述. 实际上, 如果涉及的是一个宏观粒子 (在补充材料 $\mathrm{B_I}$ 中关于尘埃的例子, 说明了一个宏观粒子可能小到什么程度), 则确定其位置和动量的精确度, 并不受不确定度关系的明显影响. 这就意味着, 为了对这样的粒子进行量子描述, 我们能够作出其特征宽度 Δx 和 Δp 都可忽略的波包; 于是便可以使用粒子的位置 $x_{\mathrm{M}}(t)$ 和动量 p_0 这样的经典术语. 但是, 这样一来, 它的速度就应该是 $v=\dfrac{p_0}{m}$. 这正好是在量子描述中得到的公式 (C–32) 所表示的意义: 当 Δx 和 Δp 都可以忽略时, 波包的极大值便像遵循经典力学规律的一个粒子那样运动.

附注:

这一节的重点是自由波包中心的移动; 我们也可以研究波包的形状怎样随着时间而变化. 很容易证明, 若宽度 Δp 是一个运动常量, 则 Δx 将随时间而变, 若时间充分长, 它将无限增大 (波包的扩展). 对这个现象的讨论可参看补充材料 $\mathrm{G_I}$, 在那里我们研究了高斯型波包这个特例.

§D. 在与时间无关的标量势场中的粒子

在 §C 中我们已经看到, 当普朗克常量 h 可以忽略时, 对一个粒子的量子描述怎样转化为经典描述. 在经典近似中, 波动性显示不出来, 这是因为与粒

子相联系的波长 $\lambda=\dfrac{h}{p}$ 甚小于粒子运动的特征长度. 这种情况和我们在光学中遇到的相似. 如果光波的波长相对于问题中涉及的长度而言可以忽略, 则不考虑光的波动性的几何光学便是一种很好的近似. 所以经典力学相对于量子力学的地位就相当于几何光学相对于波动光学的地位.

在这一节, 我们准备研究的是处在一个与时间无关的势场中的粒子. 刚才的说明告诉我们, 如果在比波长短的路程上, 势的变化是显著的, 那么, 就应该出现典型的量子效应 (即起因于波动性的量子效应), 这时波长已是不可忽略的了. 正因为如此, 所以我们要研究处于各种 "方形势" 中的量子性粒子的行为. 所谓方形势, 就是其变化呈 "阶梯" 状的势, 如图 1–7–a 所示的那样. 既然这种势是不连续的, 那么, 不论波长多么短, 它在与波长同数量级的区间上一定有显著的变化, 因此, 量子效应总是会表现出来的. 在研究这个问题以前, 我们先讨论当势与时间无关时薛定谔方程的一些重要性质.

1. 变量的分离. 定态 [32]

如果一个粒子的势能 $V(\boldsymbol{r})$ 与时间无关, 则它的波函数满足薛定谔方程:

$$\mathrm{i}\hbar\frac{\partial}{\partial t}\psi(\boldsymbol{r},t)=-\frac{\hbar^2}{2m}\Delta\psi(\boldsymbol{r},t)+V(\boldsymbol{r})\psi(\boldsymbol{r},t) \tag{D–1}$$

a. 定态解的存在

我们要研究这个方程有没有下列形式的解:

$$\psi(\boldsymbol{r},t)=\varphi(\boldsymbol{r})\chi(t) \tag{D–2}$$

将 (D–2) 式代入 (D–1) 式, 得到

$$\mathrm{i}\hbar\varphi(\boldsymbol{r})\frac{\mathrm{d}\chi(t)}{\mathrm{d}t}=\chi(t)\left[-\frac{\hbar^2}{2m}\Delta\varphi(\boldsymbol{r})\right]+\chi(t)V(\boldsymbol{r})\varphi(\boldsymbol{r}) \tag{D–3}$$

若用乘积 $\varphi(\boldsymbol{r})\chi(t)$ 去除上式两端, 便得到

$$\frac{\mathrm{i}\hbar}{\chi(t)}\frac{\mathrm{d}\chi(t)}{\mathrm{d}t}=\frac{1}{\varphi(\boldsymbol{r})}\left[-\frac{\hbar^2}{2m}\Delta\varphi(\boldsymbol{r})\right]+V(\boldsymbol{r}) \tag{D–4}$$

此式表明, 只含 t 的函数 (左端) 等于只含 $\boldsymbol{r}$ 的函数 (右端), 若要这个等式成立, 这两个函数实际上必须是同一常数, 我们令此常数为 $\hbar\omega$, 此处的 ω 具有角频率的量纲.

令左端等于 $\hbar\omega$, 得到关于 $\chi(t)$ 的一个微分方程, 此方程很容易积分, 结果是:

$$\chi(t)=A\mathrm{e}^{-\mathrm{i}\omega t} \tag{D–5}$$

类似地, $\varphi(\boldsymbol{r})$ 应满足下列方程:

$$-\frac{\hbar^2}{2m}\Delta\varphi(\boldsymbol{r})+V(\boldsymbol{r})\varphi(\boldsymbol{r})=\hbar\omega\varphi(\boldsymbol{r}) \tag{D–6}$$

若在方程 (D–5) 中令 $A=1$ (这是允许的, 因为我们可将常数 A 归并到 $\varphi(\boldsymbol{r})$ 中去), 便得到这样的结果:

$$\psi(\boldsymbol{r},t)=\varphi(\boldsymbol{r})\mathrm{e}^{-\mathrm{i}\omega t} \tag{D–7}$$

这个函数是薛定谔方程的解, 条件是 $\varphi(\boldsymbol{r})$ 应为方程 (D–6) 的解. 到这一步, 我们就说已将时间与空间这两种变量分离开了.

形如 (D–7) 的波函数叫做薛定谔方程的定态解, 由此函数得到的概率密度 $|\psi(\boldsymbol{r},t)|^2=|\varphi(\boldsymbol{r})|^2$ 与时间无关. 定态波函数只含一个角频率 ω, 故根据普朗克–爱因斯坦关系式, 定态就是对应的能量为确定值 $E=\hbar\omega$ 的态 (即能量的本征态). 在经典力学中, 若势能与时间无关, 总能量就是一个运动常量; 在量子力学中则存在着能量完全确定的态.

[33] 于是可以将 (D–6) 写作

$$\left[-\frac{\hbar^2}{2m}\Delta+V(\boldsymbol{r})\right]\varphi(\boldsymbol{r})=E\varphi(\boldsymbol{r}) \tag{D–8}$$

或者再写作

$$\boxed{H\varphi(\boldsymbol{r})=E\varphi(\boldsymbol{r})} \tag{D–9}$$

H 是下面的微分算符

$$\boxed{H=-\frac{\hbar^2}{2m}\Delta+V(\boldsymbol{r})} \tag{D–10}$$

H 是一个线性算符, 因为, 若 λ_1 和 λ_2 都是常数, 则有

$$H[\lambda_1\varphi_1(\boldsymbol{r})+\lambda_2\varphi_2(\boldsymbol{r})]=\lambda_1 H\varphi_1(\boldsymbol{r})+\lambda_2 H\varphi_2(\boldsymbol{r}) \tag{D–11}$$

方程 (D–9) 便是线性算符 H 的本征值方程: 就是说, 如果将 H 作用于 “本征函数” $\varphi(\boldsymbol{r})$, 结果仍然得到这个函数, 不过要乘以对应的 “本征值” E. 因此, 能量的可能值就是算符 H 的本征值. 在后面我们将会看到, 仅仅对于 E 的某些值, 方程 (D–9) 的解 $\varphi(\boldsymbol{r})$ 才是平方可积的 (参看 §D–2–c 及补充材料 $\mathrm{H_I}$ 的 §2–c), 这就是能量量子化的起因.

附注:

与真正的 “依赖于时间的薛定谔方程” (D–1) 相对照, 有时也把方程 (D–8) [或 (D–9)] 叫做 “与时间无关的薛定谔方程”. 我们当然要强调两者的本质差异: 方程 (D–1) 是一个普遍的方程, 它给出波函数的演变情况, 而不问粒子的态如何; 本征值方程 (D–9) 则可用来寻找在一切可能的态中属于定态的那些态.

b. 定态的叠加

为了区别能量 E 的各个可能的值和相应的各个本征函数 $\varphi(\boldsymbol{r})$, 我们给它们附以下标 n, 于是有

$$H\varphi_n(\boldsymbol{r}) = E_n\varphi_n(\boldsymbol{r}) \tag{D–12}$$

而粒子的定态波函数为:

$$\psi_n(\boldsymbol{r},t) = \varphi_n(\boldsymbol{r})\mathrm{e}^{-\mathrm{i}E_nt/\hbar} \tag{D–13}$$

$\psi(\boldsymbol{r},t)$ 是薛定谔方程 (D–1) 的解; 因为这个方程是线性的, 所以各个解的线性组合也是方程的解:

$$\psi(\boldsymbol{r},t) = \sum_n c_n\varphi_n(\boldsymbol{r})\mathrm{e}^{-\mathrm{i}E_nt/\hbar} \tag{D–14}$$

式中的系数 c_n 是任意的复常数. 特别地, 我们有 [34]

$$\psi(\boldsymbol{r},0) = \sum_n c_n\varphi_n(\boldsymbol{r}) \tag{D–15}$$

反过来, 假设我们已经知道 $\psi(\boldsymbol{r},0)$, 就是说, 已知粒子在初时刻的态. 在下面我们将会看到, 不论 $\psi(\boldsymbol{r},0)$ 是什么函数, 我们总可以将它按 H 的本征函数展开, 就像 (D–15) 式那样, 系数 c_n 则要由 $\psi(\boldsymbol{r},0)$ 决定. 于是薛定谔方程的对应的解 $\psi(\boldsymbol{r},t)$ 便由公式 (D–14) 给出, 而要得到这个解, 只需用因子 $\mathrm{e}^{-\mathrm{i}E_nt/\hbar}$ 乘 (D–15) 式中的每一项, 此处 E_n 是与 $\varphi_n(\boldsymbol{r})$ 对应的本征值. 我们要强调一点: 各项的相因子是不一样的; 只有在定态的情况下, 对时间 t 的依赖关系才仅仅含有一个指数函数 [公式 (D–13)].

2. 一维 “方形” 势. 定性研究

在 §D 的开头, 我们已经指出, 要证实量子效应, 就应该考虑在很短的距离上便有显著变化的势. 在这里我们只限于定性研究, 以便将注意力集中在简单的物理概念上. 更详细的研究放在本章的补充材料中 (补充材料 $\mathrm{H_I}$). 为了将问题简化, 我们将讨论一维模型, 其中的势能只依赖于 x (这种模型的合理性将在补充材料 $\mathrm{F_I}$ 中加以说明).

a. “方形” 势的物理意义

现在我们考虑一维情况下形状如图 1–7–a 所示的那种势: Ox 轴被分成几个区域, 每个区域中的势都是常数, 但在相邻两区域的边界上, 势发生突变 (即间断). 实际上, 这样一种函数不能真正代表物理上的势, 因为物理上的势应该是连续的. 我们利用这种函数只是为了近似地表示实际形状像图 1–7–b 那样的势能 $V(x)$: 它并不间断, 但在 x 的某些值附近, $V(x)$ 变化得很快. 如果 $V(x)$

在其中出现迅速变化的那些区间的长度甚小于问题中涉及的各种长度 (特别是与粒子相联系的波长), 我们就可以用图 1–7–a 中的方形势代替实际的势. 这是一种近似, 只有当粒子的能量非常大, 波长非常短时, 这种近似才会失效.

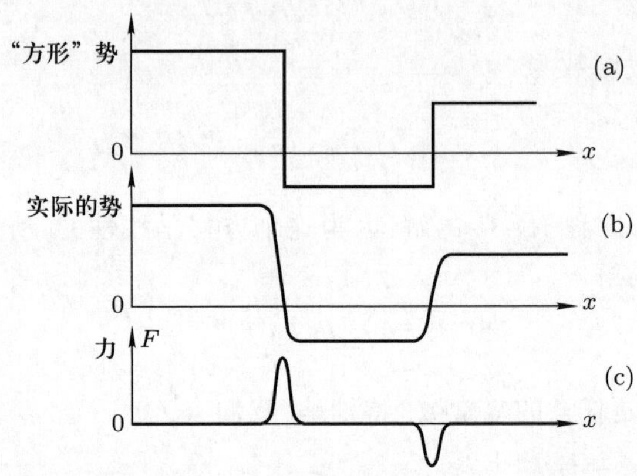

图 1–7 用方形势 (图 a) 近似地表示实际的势 (图 b). 对应的力的变化示于图 c.

一个粒子处于例如图 1–7 所示的势场中时, 经典力学对它的行为的预言是不难得到的. 例如, 我们可以设想 $V(x)$ 就是重力场中的势能, 这时图 1–7–b 便表示物体在其上运动的地面的侧视图, 而不连续的地方则相当于两段平地之间的陡坡. 请注意, 如果固定粒子的总能量 E, 则 Ox 轴上凡是 $V > E$ 的区域对粒子来说都是禁区 (粒子的动能 $E_{\mathrm{c}} = E - V$ 应该是正值).

[35] **附注:**

作用于粒子上的力是 $F(x) = -\dfrac{\mathrm{d}V(x)}{\mathrm{d}x}$; 在图 1–7–c 中已经画出这个力, 它是从图 1–7–b 中的势 $V(x)$ 得到的. 我们看到, 在势并无变化的所有区域内, 粒子不受任何力的作用, 因而它的速度是恒定的. 只在陡坡附近才有力作用于粒子, 并按情况的不同使它加速或减速.

b. 光学类比

现在我们要讨论的是处在一维 "方形" 势中的粒子的定态 (§D–1).

在势为常数 V 的区域中, 本征值方程 (D–9) 成为:

$$\left[-\frac{\hbar^2}{2m}\frac{\mathrm{d}^2}{\mathrm{d}x^2} + V\right]\varphi(x) = E\varphi(x) \qquad \text{(D–16)}$$

或将它写作:

$$\left[\frac{\mathrm{d}^2}{\mathrm{d}x^2} + \frac{2m}{\hbar^2}(E - V)\right]\varphi(x) = 0 \qquad \text{(D–17)}$$

在光学中有一个与它非常相似的方程. 我们考虑一种透明介质, 它的折射率 n 既不依赖于 $\boldsymbol{r}$ 也不依赖于时间. 可以在这种介质中传播的电磁波, 其电场 $\boldsymbol{E}(\boldsymbol{r},t)$ 与 y 及 z 无关, 其形式为:

$$\boldsymbol{E}(\boldsymbol{r},t)=\boldsymbol{e}E(x)\cdot \mathrm{e}^{-\mathrm{i}\Omega t} \tag{D–18}$$

其中 $\boldsymbol{e}$ 是垂直于 Ox 轴的单位矢. $E(x)$ 应满足方程 [36]

$$\left[\frac{\mathrm{d}^2}{\mathrm{d}x^2}+\frac{n^2\Omega^2}{c^2}\right]E(x)=0 \tag{D–19}$$

我们看到, 如果令

$$\frac{2m}{\hbar^2}(E-V)=\frac{n^2\Omega^2}{c^2} \tag{D–20}$$

则方程 (D–17) 将和方程 (D–19) 完全一样.

另一方面, 在势能 V [因而式 (D–20) 给出的折射率 n] 发生间断的点 $x, \varphi(x)$ 和 $E(x)$ 的衔接条件是一样的, 即这两个函数以及它们的一阶导数都应保持连续 (参看补充材料 $\mathrm{H_I}$ 的 §1-b). 由于方程 (D–17) 和 (D–19) 的结构类似, 对应于图 1–7–a 中的势的量子力学问题就可类比于下述的光学问题, 即角频率为 ω 的电磁波在折射率 n 呈现同样间断性的介质中的传播问题. 根据公式 (D–20), 光学参量和力学参量之间的关系为:

$$n(\Omega)=\frac{1}{\hbar\Omega}\sqrt{2mc^2(E-V)} \tag{D–21}$$

对于光波来说, $E>V$ 的区域对应于折射率为实数的透明介质, 因而波的形式为 $\mathrm{e}^{\mathrm{i}kx}$.

若 $V>E$, 情况又如何呢? 这时公式 (D–20) 给出的折射率是纯虚数, 使公式 (D–19) 中的 n^2 成为负的, 因此解的形式为 $\mathrm{e}^{-\rho x}$, 这类似于 "隐失波"; 这种情况的某些方面使我们回想起电磁波在金属中的传播 ①.

于是, 我们可以将波动光学中熟知的结果转借到这里要研究的问题. 然而必须充分理解这仅仅是一种类比, 我们对波函数的解释与经典波动光学对电磁波的解释本质上是不同的.

c. 例子

α. 势阶和势垒

考虑一个能量为 E 的粒子, 它从 x 为负值的区域来到一个高度为 V_0 的势阶, 如图 1–8 所示.

① 但是这个类比不能推广得太远; 金属介质的折射率 n 并不是纯虚数. 也有实部 (在金属中, 光波继续振荡同时发生衰减).

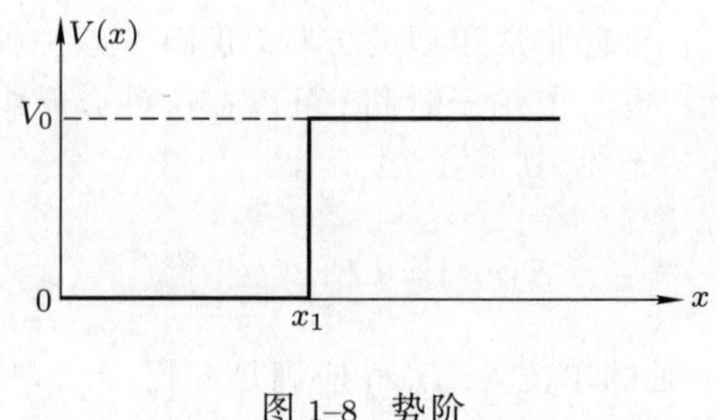

图 1–8 势阶

当 $E > V_0$ 时 (如果是经典粒子, 它就可以越过势阶, 然后以较小的速度继续向右行进), 光学类比是这样的: 光波从左向右传播, 介质的折射率为

$$n_1 = \frac{c}{\hbar \Omega}\sqrt{2mE}; \tag{D–22}$$

[37] 在 $x = x_1$ 处, 光波遇到一个平折光面, 当 $x > x_1$ 时, 折射率为

$$n_2 = \frac{c}{\hbar \Omega}\sqrt{2m(E - V_0)} \tag{D–23}$$

我们知道, 来自左边的入射波在这里将分为反射波和透射波. 将这个结果借用到量子力学中来, 那就是说, 粒子有一定的被吸收的概率 $\mathscr{P}$, 而继续向右行进的概率只是 $1 - \mathscr{P}$. 这个结果与经典力学的预期是相反的.

如果 $E < V_0$, 和区域 $x > x_1$ 对应的折射率 n_2 变为纯虚数, 入射光波全部被反射. 这时, 量子的预言与经典力学的预言相符. 可是在 $x > x_1$ 的区域中隐失波的存在则表明, 量子性粒子在这个区域中出现的概率并不等于零.

在势垒 (图 1–9) 的情况下, 隐失波的作用就更为明显. 当 $E < V_0$ 时, 经典粒子总是要折回去的. 但在对应的光学问题中, 这就相当于在透明介质中插入一个折射率为虚数、具有有限厚度的薄片, 只要这个厚度不比隐失波的穿透深度 $\frac{1}{\rho}$ 大很多, 那么, 入射波的一部分就将透射到 $x > x_2$ 的区域中去. 因此, 即使 $E < V_0$, 我们仍发现粒子穿过势垒的概率并不等于零, 这就是通常所说的 "隧道效应".

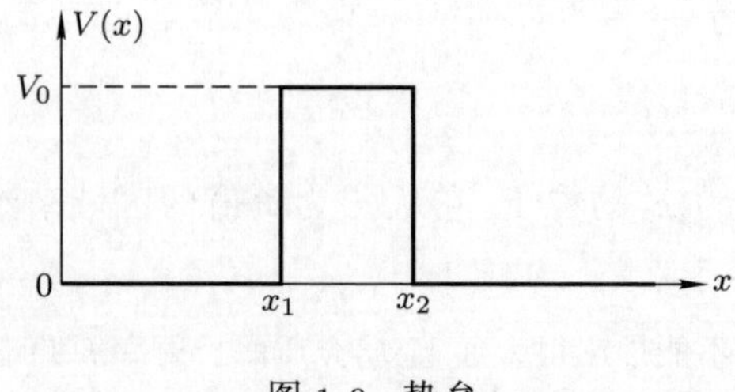

图 1–9 势垒

β. 势阱

现在 $V(x)$ 的形状如图 1–10 所示. 经典力学的预言是这样的: 如果粒子的能量 E 是负的但大于 $-V_0$, 则它只能以动能 $E_c = E + V_0$ 在 x_1 和 x_2 之间 [38] 振动; 如果粒子的能量是正的, 而且它是从左边过来的, 那么, 它将在 x_1 处突然得到一个加速度, 而在 x_2 处得到一个数值相等的负加速度, 然后继续向右运动.

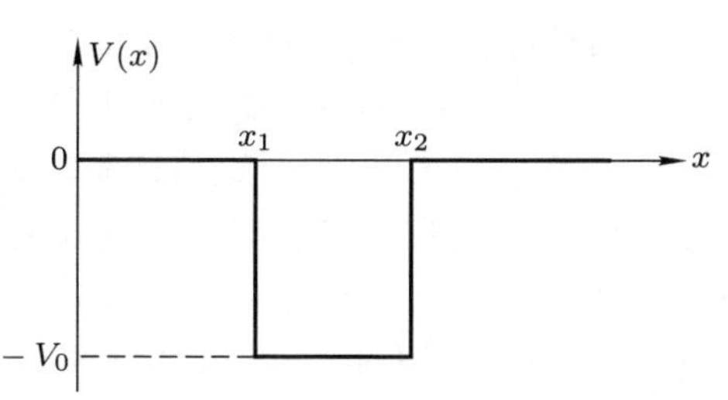

图 1–10 势阱

在光学类比中, 当 $-V_0 < E < 0$ 时, 和 $x < x_1$ 与 $x > x_2$ 这两个区域对应的折射率 n_1 与 n_3 都是虚数, 和区间 $[x_1, x_2]$ 对应的折射率 n_2 则是实数. 这就相当于在两种反射介质之间有一层空气. 各种波在 x_1 处和 x_2 处相继反射, 由于干涉而相消, 只对某些完全确定的频率 (“简正模式”), 才能建立稳定的驻波. 将这个结果转借到量子力学中去, 那就是说, **负能量是量子化的**①, 而在经典力学看来, 则认为在 $-V_0$ 到 0 之间的一切数值都是可能的.

当 $E > 0$ 时, 折射率 n_1, n_2 和 n_3 都是实数:

$$n_1 = n_3 = \frac{c}{\varOmega}\frac{1}{\hbar}\sqrt{2mE} \tag{D–24}$$

$$n_2 = \frac{c}{\varOmega}\frac{1}{\hbar}\sqrt{2m(E + V_0)} \tag{D–25}$$

由于 n_2 大于 n_1 和 n_3, 整个情况就相当于在空气中放了一片玻璃. 为了得到在区域 $x < x_1$ 中的反射波或在区域 $x > x_2$ 中的透射波, 必须将在 x_1 处和 x_2 处相继反射的无限多个波叠加起来 (类似于法布里–珀罗干涉仪的多波束干涉仪). 在这种情况下我们知道, 对入射波的某些频率, 波将完全透射; 从量子的观点来看, 这就是说, 粒子被反射的概率一般不为零, 但是存在着一些能值, 叫做**谐振能**, 对于取这些能值的粒子, 透射概率为 1, 因而反射概率为零.

---

① 能量的容许值不是由下述熟知的条件给出: $x_2 - x_1 = k\dfrac{\lambda_2}{2}$, 因为还要考虑隐失波的存在, 这些波在 $x = x_1$ 和 $x = x_2$ 处反射时发生相位的改变 (参看补充材料 $\mathrm{H_I}$ 的 §2–c).

这几个例子说明了量子力学的预言与经典力学的预言有多大的出入, 而且突出了势的间断性 (它概略表示迅速的变化) 的重要意义.

[39] 结束语

在这一章里, 我们已经引入并定性地用直观的方法讨论了量子力学中的一些基本概念. 以后 (第三章) 我们还要回到这些概念上来, 目的是要将它们精确化和系统化. 然而, 已经可以看出, 对物理体系的量子描述根本不同于经典力学中的描述 (虽然后者在很多情况下是极好的近似). 这一章只讨论了由一个粒子构成的物理体系. 在经典力学中, 对这些体系在某一时刻的态的描述是以六个参量的数据为基础的, 这些参量就是粒子的位置 $\boldsymbol{r}(t)$ 和速度 $\boldsymbol{v}(t)$ 的分量; 给出 $\boldsymbol{r}(t)$ 和 $\boldsymbol{v}(t)$, 所有的力学变量 (如能量、动量、角动量等) 就都决定了. 根据牛顿定律, 函数 $\boldsymbol{r}(t)$ 可以从以时间为自变量的二阶微分方程解出, 从而, 知道了 $\boldsymbol{r}(t)$ 和 $\boldsymbol{v}(t)$ 在初始时刻的值, 便可以确定它们在任意时刻 t 的值.

量子力学对现象的描述更加复杂: 一个粒子在指定时刻的动力学状态由波函数来表述. 它不再只依赖于六个参量, 而是依赖于无限多个参量 [$\psi(\boldsymbol{r},t)$ 在空间所有各点 $\boldsymbol{r}$ 处的数值]. 此外, 对测量结果的预言只能是概率性的 (即只能给出测量一个力学变量时得到某一预期结果的概率). 波函数是薛定谔方程的解, 知道了 $\psi(\boldsymbol{r},0)$, 就可用这个方程来计算 $\psi(\boldsymbol{r},t)$; 这个方程蕴含着导致波动型效应的叠加原理.

实验使我们的力学观念受到了这样的震动: 在原子层次上, 物质的结构和行为在经典力学的范畴内是不可理解的. 在量子力学中, 理论失去一些简明性, 但是由于使用同一个方案 (波粒二象性) 去描述物质和辐射, 却大大提高了理论的统一性. 我们要强调一个事实: 这套方案本身完全是首尾一致的; 尽管它与人们从研究宏观领域得来的那些观念和习惯相抵触, 但从来没有谁曾成功地想象出一个能使不确定度关系失效的实验 (参看本章的补充材料 $\mathrm{D_I}$). 说得更广泛一些, 直到现在, 还没有任何观测结果是与量子力学的基本原理相抵触的. 可是, 关于既是相对论性又是量子性的现象, 目前还没有一套总的理论, 既然如此, 再来一次震动也是可能的.

参考文献和阅读建议:

关于需要引入量子概念的物理现象: 见参考书目第 1 节中的《导论性著作——量子物理》那一部分, 特别是 Wichmann (1.1) 和 Feynman Ⅲ (1.2) 的第 1, 2 章.

量子力学概念形成的历史: 见参考书目第 4 节中的资料, 特别是 Jammer (4.8); 还可参看《Resource Letter》(5.11) 和 Jammer (5.12), 其中列举了大量的原始文献.

[40] 关于基础实验: 参考书目的第 3 节列举了有关的原始文献.

量子力学中有关解释的问题: 见参考书目的第 5 节, 特别是《Resource Letter》(5.11) 其中有大量文献的分类索引. 还可参看 Jammer (5.12).

物质波与电磁波之间的类似和差异: 见 Bohm (5.1) 的第 4 章, 特别是该章末尾的表 "Summary on Probabilities".

还可参看下列文献: Schrödinger (1.25), Gamov (1.26), Born 和 Biem (1.28), Scully 和 Sargent (1.30).

[41]

第一章补充材料　　阅读指南

A_I: 与物质粒子相联系的波长的数量级 **B_I: 不确定度关系施加的限制** **C_I: 不确定度关系和原子的参量**	在 A_I, B_I, C_I 中, 对量子性参量的数量级作了极其简单但很重要的讨论
D_I: 说明不确定度关系的一个实验	在 D_I 中, 讨论了一个想象中的简单实验, 人们试图用它来否定光的粒子性和波动性之间的并协性 (简易材料, 可留待以后学习).
E_I: 关于二维波包的简单讨论 **F_I: 一维问题和三维问题之间的关系** **G_I: 一维高斯型波包; 波包的扩展**	E_I, F_I, G_I 都是关于波包 (第一章 §C) 的补充材料. 在 E_I 中用简单的定性的方法说明二维波包的横向扩展与波矢量的角向弥散之间的关系 (简易材料). F_I 是第一章 §C 中的结果在三维情况下的推广, 其中说明了对三维空间中的粒子的研究在某些情况下是怎样简化为一维问题的 (这段材料稍难). G_I 详细讨论波包的一种特殊情况, 在这种情况下, 我们可以准确地计算它的性质和演变规律 (这段材料的原理并不难, 但计算较难).
H_I: 一维方形势中粒子的定态	在 H_I 中对第一章 §D–2 中的问题进行了严格的定量研究. 我们竭力推荐这篇材料: 为了简明地解释量子力学的意义, 人们常常要用到方形势 (后面的一些补充材料和练习都需引用 H_I 中的结果).
J_I: 波包在势阶处的行为 **K_I: 练习**	在 J_I 中通过特例更精确地研究了一个粒子在方形势场中的量子行为; 粒子在空间是充分定域的 (波包), 因此我们可以跟踪它的 "运动"(这篇材料不太难, 所得结果的物理解释很重要).

补充材料 $\mathrm{A_I}$

与物质粒子相联系的波长的数量级 [42]

德布罗意关系式

$$\lambda = \frac{h}{p} \tag{1}$$

表明, 对于质量为 m、速率为 v 的粒子, m 和 v 愈小, 对应的波长便愈长.

为了说明实物的波动性不可能在宏观领域里显示出来, 我们举一个尘埃微粒作例子, 设粒子的直径为 1μm, 质量 $m \simeq 10^{-15}$ kg, 对于如此微小的质量和 $v \simeq 1$ mm/s 的速率 (1) 式仍给出:

$$\lambda \simeq \frac{6.6 \times 10^{-34}}{10^{-15} \times 10^{-3}}\ \mathrm{m} = 6.6 \times 10^{-16}\ \mathrm{m} = 6.6 \times 10^{-6}\ \text{Å} \tag{2}$$

与尘埃微粒的线度相比, 这样短的波长是完全可以忽略的.

另一方面, 再看热中子 ($m_{\mathrm{n}} \simeq 1.67 \times 10^{-27}$ kg), 即这样的中子, 它的速率 v 决定于绝对温度为 T 时热运动的平均能量. v 由下式给出:

$$\frac{1}{2} m_{\mathrm{n}} v^2 = \frac{p^2}{2m_{\mathrm{n}}} \simeq \frac{3}{2} kT \tag{3}$$

式中 k 是玻尔兹曼常量 ($k \simeq 1.38 \times 10^{-23}$ J/K), 和这样大的速率对应的热中子的德布罗意波长是:

$$\lambda = \frac{h}{p} = \frac{h}{\sqrt{3 m_{\mathrm{n}} kT}} \tag{4}$$

在 $T \simeq 300$ K 时, 其值为

$$\lambda \simeq 1.4\ \text{Å} \tag{5}$$

这个长度和晶格中原子间的距离同数量级. 因此, 投射到晶体上的一束热中子将会产生衍射现象, 类似于用 X 射线时我们所观察到的现象.

现在我们来考察与电子 ($m_{\mathrm{e}} \simeq 0.9 \times 10^{-30}$ kg) 相联系的德布罗意波长的数量级. 如果我们用电势差 V(以伏量度) 来加速一束电子, 则每个电子得到的动能是:

$$E = qV = 1.6 \times 10^{-19} V \mathrm{J} \tag{6}$$

($q = 1.6 \times 10^{-19}$ C 是电子的电荷), 因为 $E = \dfrac{p^2}{2m_{\mathrm{e}}}$, 故对应的波长是:

$$\lambda = \frac{h}{p} = \frac{h}{\sqrt{2 m_{\mathrm{e}} E}} \tag{7}$$ [43]

将数值代入, 则得

$$\begin{aligned}\lambda &= \frac{6.6\times10^{-34}}{\sqrt{2\times0.9\times10^{-30}\times1.6\times10^{-19}V}}\mathrm{m}\\ &\simeq \frac{12.3}{\sqrt{V}}\ \text{Å}\end{aligned} \tag{8}$$

在这个例子中, 若用几百伏的电势差, 则电子的波长就可以和 X 射线的波长相比拟, 于是用晶体或结晶粉末便能显示出衍射现象.

目前人们拥有的大型加速器可以使粒子得到相当大的能量, 这已超出本书至今不曾逾越的非相对论性领域. 例如, 我们可以轻易地得到能量超过 $1\ \mathrm{GeV} = 10^9\ \mathrm{eV}(1\ \mathrm{eV} = 1.6\times10^{-19}\ \mathrm{J})$ 的电子束, 而电子的静止质量等价于 $m_{\mathrm{e}}c^2 \simeq 0.5\times10^6\ \mathrm{eV}$, 这就表明这时电子的速率已非常接近光速 c. 因此本书所讲的非相对论量子力学已不适用. 但是在相对论领域内下列关系

$$E = h\nu \tag{9–a}$$

$$\lambda = \frac{h}{p} \tag{9–b}$$

仍然成立. 至于 (7) 式则应加以修正, 因为在相对论领域中静止质量为 m_0 的粒子, 其能量 E 不再是 $\dfrac{p^2}{2m_0}$ 而是

$$E = \sqrt{p^2c^2 + m_0^2c^4} \tag{10}$$

在上面所举的例子中 (能量为 1 GeV 的电子), $m_{\mathrm{e}}c^2$ 与 E 相较可以略去, 于是得到

$$\lambda \simeq \frac{hc}{E} = \frac{6.6\times10^{-34}\times3\times10^{8}}{1.6\times10^{-10}}\mathrm{m} = 1.2\times10^{-15}\mathrm{m} = 1.2\ \text{费米} \tag{11}$$

(1 费米 $= 10^{-15}$m). 已被加速到这种程度的电子可以用来探索原子核的结构, 特别是质子的结构; 这是因为原子核的线度的数量级约为 1 费米.

附注:

(i) 我们要指出在计算 $m_0 \neq 0$ 的物质粒子的波长时, 常见的一个错误. 假定已知粒子的能量 E. 这种错误的算法是: 从 (9–a) 式算出频率 ν,
[44] 然后仿照电磁波的情况, 取 c/ν 作为德布罗意波长. 显然, 正确的算法应该是: 例如, 根据 (10) 式 $\left(\text{在非相对论领域中则根据关系式 } E = \dfrac{p^2}{2m}\right)$ 算出对应于能量 E 的动量 p, 再用 (9–b) 式算出 λ.

(ii) 按照 (9–a) 式, 频率 ν 的值与能量原点的选择有关. 相速 $V_\varphi =$

$\frac{\omega}{k} = \nu\lambda$ 也与此有关; 反之, 群速 $V_G = \frac{\mathrm{d}\omega}{\mathrm{d}k} = 2\pi\frac{\mathrm{d}\nu}{\mathrm{d}k}$ 则与能量原点的选择无关, 这对于 V_G 的物理解释是很重要的.

(iii) 严格说来, 不论粒子的质量如何, 只要速率趋近于零, 由 (1) 式得到的波长就是趋向无穷大的. 另一方面, 我们再来看一看最初讲过的尘埃微粒, 对于这样的粒子, 如果其德布罗意波长与它的直径 (1μm) 同数量级, 那么它的速率就不应该超过 $v \approx 10^{-9}\mathrm{mm/s} = 10^{-6}\mathrm{\mu m/s}$. 显然, 要判断一个尘埃微粒的速率是否小于这个极限几乎是不可能的, 因此, 即使这个微粒几乎是静止的, 相关的波长也是可以忽略的. 反之, 诸如中子、电子这样的粒子, 它们的量子效应则非常容易表现出来 (参看下面的补充材料).

参考文献和阅读建议:

Wichmann (1.1) 第 5 章; Eisberg 和 Resnick (1.3), §3.1.

补充材料 B_I

[45]

不确定度关系施加的限制

1. 宏观体系
2. 微观体系

在第一章 §C–3 中, 我们已经看到: 不可能以任意高的精确度同时确定粒子的位置和动量, 对应的不确定度 Δx 和 Δp 满足不确定度关系式

$$\Delta x \cdot \Delta p \gtrsim \hbar \tag{1}$$

在这里, 我们打算从数值上估量一下这个限制的重要性, 从而证明: 这个限制在宏观领域内是完全可以忽略的, 但在微观尺度上却具有决定性的意义.

1. 宏观体系

我们再回到尘埃微粒的例子 (见补充材料 A_I), 微粒直径约为 1μm, 质量 $m \approx 10^{-15}$kg, 速率 $v = 10^{-3}$m/s. 它的动量为

$$p = mv \simeq 10^{-18}\text{J} \cdot \text{s/m} \tag{2}$$

如果对其位置的测量, 譬如说, 可以精确到 0.01μm, 则动量的不确定度 Δp 必须适合下式

$$\Delta p \simeq \frac{\hbar}{\Delta x} \simeq \frac{10^{-34}}{10^{-8}}\text{J} \cdot \text{s/m} = 10^{-26}\text{J} \cdot \text{s/m} \tag{3}$$

故不确定度关系在这种情况下实际上并没有施加任何限制, 因为测量仪器实际上不可能以 10^{-8} 的相对精度测出动量.

用量子力学术语来说, 这个尘埃微粒可用一个波包来描述, 此波包的群速 $v = 10^{-3}$m/s, 平均动量 $p = 10^{-18}\text{J} \cdot \text{s/m}$. 但是, 可以取这个波包的宽度 Δx 和动量的偏差 Δp 都十分微小以致可以忽略, 于是波包的峰便标示尘埃微粒的位置而它的运动则和经典粒子的运动完全一样.

2. 微观体系

现在考虑原子中的电子. 在玻尔模型中, 电子被当作经典粒子来描述, 它的容许轨道由先验的量子化条件来规定. 例如电子的圆形轨道的半径 r 和它 [46]
的动量 $p = mv$ 应适合下式:

$$pr = n\hbar \tag{4}$$

此处的 n 是一整数.

为了能够用经典术语来谈论电子的轨道, 电子的位置和动量的不确定度就应分别远小于 r 和 p:

$$\Delta x \ll r \tag{5–a}$$

$$\Delta p \ll p \tag{5–b}$$

这就是说, 应有

$$\frac{\Delta x}{r} \cdot \frac{\Delta p}{p} \ll 1 \tag{6}$$

另一方面不确定度关系为

$$\frac{\Delta x}{r} \cdot \frac{\Delta p}{p} \gtrsim \frac{\hbar}{rp} \tag{7}$$

如果按照 (4) 式, 将 (7) 式右端的 rp 换为 $n\hbar$, 则上列不等式成为

$$\frac{\Delta x}{r} \cdot \frac{\Delta p}{p} \gtrsim \frac{1}{n} \tag{8}$$

现在我们看到, 除非 $n \gg 1$, (8) 式和 (6) 式总是不相容的. 因此, 不确定度关系迫使我们放弃玻尔轨道的半经典图像.

参考文献和阅读建议:

Bohm (5.1), 第 5 章 §14.

补充材料 C_I

[47]
不确定度关系和原子的参量

不确定度关系解除了玻尔轨道概念的全部物理上的真实性 (参看补充材料 B_I). 我们以后 (第七章) 要研究氢原子的量子理论, 在这里先来说明: 怎样通过不确定度关系去理解原子的稳定性, 甚至简单地估算氢原子大小的数量级和它的基态能量.

我们来考虑在质子的库仑场中运动的一个电子, 并且假定质子静止于坐标系的原点. 当两粒子间的距离为 r 时, 电子的势能为:

$$V(r) = -\frac{q^2}{4\pi\varepsilon_0}\frac{1}{r} \tag{1}$$

式中 q 是电子电荷 (与质子电荷异号). 我们令

$$\frac{q^2}{4\pi\varepsilon_0} = e^2 \tag{2}$$

假设电子的态由一个具有球对称性的波函数来描述, 用 r_0 表示该函数的空间展延度 (这个词表示: 在两三倍 r_0 之外的地方, 电子出现的概率实际上等于零), 于是在这个态中势能的数量级为

$$\overline{V} \simeq -\frac{e^2}{r_0} \tag{3}$$

为了使 $\overline{V}$ 尽可能低, 必须使 r_0 尽可能小, 也就是说, 仅在质子附近波函数才有显著的值 (图 1–11).

当然, 我们还要同时考虑动能. 正是在这里显示出不确定性原理的作用: 实际上, 如果电子局限在线度为 r_0 的区域中, 那么, 其动量的不确定度 Δp 的数量级至少是 $\hbar/r_0$. 换句话说, 即使平均动量为零, 对应于上述状态的动能 $\overline{T}$ 也不等于零, 而是:

$$\overline{T} \gtrsim \overline{T}_{\min} = \frac{1}{2m}(\Delta p)^2 \simeq \frac{\hbar^2}{2mr_0^2} \tag{4}$$

如果为了降低势能而减小 r_0, 那么 (4) 式中的最小动能将增大.

因此, 要想不违反不确定度关系, 最小的总能量应是函数

$$E_{\min} = \overline{T}_{\min} + \overline{V} = \frac{\hbar^2}{2mr_0^2} - \frac{e^2}{r_0} \tag{5}$$

的极小值. 得到极小值的条件是 [48]

$$r_0 = a_0 = \frac{\hbar^2}{me^2} \tag{6}$$

极小值为

$$E_0 = -\frac{me^4}{2\hbar^2} \tag{7}$$

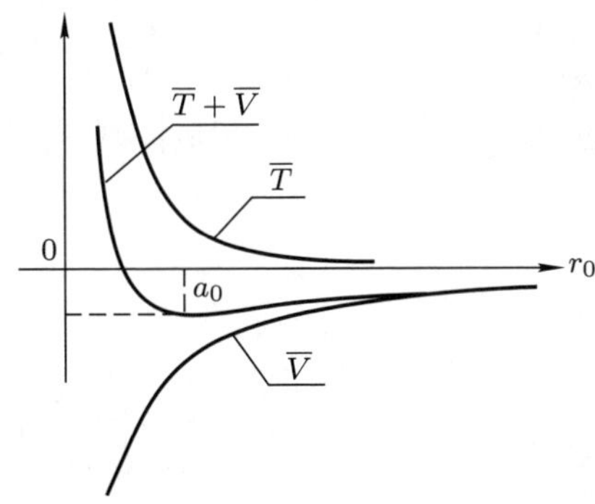

图 1–11　氢原子的势能 $\overline{V}$、动能 $\overline{T}$ 及总能 $(\overline{T}+\overline{V})$ 随 r_0(波函数的空间展延度) 变化的情况. 函数 $\overline{T}$ 与 $\overline{V}$ 沿相反的方向变化, 因而总能有一极小值, r_0 的对应值 a_0 给出了氢原子大小的数量级.

(6) 式也就是利用玻尔模型求得的第一轨道半径, 而 (7) 式正确地给出了氢原子的基态能量 (参看第七章; 基态波函数实际上是 e^{-r/a_0}). 这种数量上的一致不过是巧合而已, 因为我们所考虑的仅仅是数量级. 尽管如此, 前面的计算还是揭示了一个重要的物理观念: 由于不确定度关系的限制, 波函数的空间展延度越小, 电子的动能就越大; 而原子的基态则是动能与势能折中的结果.

我们还要强调一个事实: 以不确定度关系为基础的这种折中与我们在经典力学中所指望的那种折中是完全不相同的. 事实上, 假设电子在半径为 r_0 的经典的圆形轨道上运动, 它的势能应为

$$V_{cl} = -\frac{e^2}{r_0} \tag{8}$$

令静电力等于离心力① 便得到对应的动能:

$$\frac{e^2}{r_0^2} = m\frac{v^2}{r_0} \tag{9}$$

此式给出: [49]

① 其实, 经典电磁学理论已经指出, 一个被加速的电子发出辐射, 这一点就已经否定了稳定轨道的存在.

$$T_{cl} = \frac{1}{2}mv^2 = \frac{1}{2}\frac{e^2}{r_0} \tag{10}$$

于是总能应为:

$$E_{cl} = T_{cl} + V_{cl} = -\frac{1}{2}\frac{e^2}{r_0} \tag{11}$$

就能量而言, 最稳定的情况出现在 $r_0 = 0$ 时, 但这时结合能就成为无穷大了. 我们可以说, 正是依靠不确定度关系, 人们才理解了原子的稳定存在.

参考文献和阅读建议:

Feynman Ⅲ (1.2), §2–4. 应用于分子的同样的讨论, 见 Schiff (1.18) §49 的第一段.

补充材料 D_I

说明不确定度关系的一个实验 [50]

在第一章 §A–2 中分析过的杨氏双狭缝实验, 使我们得到这样的结论: 一方面为了解释所观察到的现象, 光的波动性和粒子性都是不可少的; 另一方面, 要确定每一个光子通过哪一条狭缝, 而且这样做时又不致破坏干涉图, 这是不可能的; 在这种意义上, 它们似乎又是互相排斥的. 因此, 我们有时说波动性和粒子性是并协的.

为了说明并协性和不确定度关系是怎样密切相关的, 我们再回到杨氏双狭缝实验上来. 若要试图否定并协性这个概念, 我们可以将实验装置想象得比以前的更巧妙一些 (在第一章中我们曾设想在狭缝后面安置光电倍增管). 下面我们来分析这类装置中的一种.

假定已开有两条狭缝的障板 $\mathscr{P}$ 可以在其自身的平面内垂直地运动, 因此传递给它的动量的垂直分量是可以测量出来的. 我们来考查 (图 1–12) 投射到屏 $\mathscr{E}$ 上 M 点处的一个光子 (为简单起见, 假设光源 $\mathscr{P}$ 在无限远处). 这个光子在穿过障板 $\mathscr{P}$ 时其动量有所改变, 根据动量守恒原理, 动量的改变量应被障板所吸收. 但是, 传递给障板 $\mathscr{P}$ 的动量与光子的路径有关, 其值视光子通过狭缝 F_1 还是 F_2 而为

$$p_1 = -\frac{h\nu}{c}\sin\theta_1 \tag{1}$$

或 [51]

$$p_2 = -\frac{h\nu}{c}\sin\theta_2 \tag{2}$$

$\left(\dfrac{h\nu}{c}\right.$ 是光子的动量, θ_1 及 θ_2 分别为 F_1M 及 F_2M 与入射方向的夹角$\left.\right)$.

设想光子一个一个地到达, 逐渐在屏 $\mathscr{E}$ 上形成干涉图. 对于每一个光子我们都测出障板 $\mathscr{P}$ 所得到的动量, 据此就可以判断该光子通过的是哪条狭缝. 这样一来, 我们似乎就既能确知每一个光子通过的是哪条狭缝又能在屏上持续地观察到干涉现象了.

其实, 根本就不是这么一回事. 我们将会发现, 采用这套装置根本就看不到什么干涉条纹. 上述推理的错误在于: 我们假设了只有光子才具有量子特性. 实际上, 不应忘记, 量子力学同样适用于障板 $\mathscr{P}$ (宏观物体). 如果要知道一个光子通过哪条狭缝, 那么, 障板 $\mathscr{P}$ 的垂直动量的不确定度 Δp 就必须充

分小, 这样我们才能测量 p_1 与 p_2 之差:

$$\Delta p \ll |p_2 - p_1| \tag{3}$$

但是根据不确定度关系, 这时确定障板 $\mathscr{P}$ 的位置就只能精确到下式中的 Δx:

$$\Delta x \gtrsim \frac{h}{|p_2 - p_1|} \tag{4}$$

若用 a 表示两狭缝间的距离, 用 d 表示 $\mathscr{P}$ 与屏 $\mathscr{E}$ 间的距离, 并设 θ_1 和 θ_2 很小 $\left(即\ \dfrac{d}{a} \gg 1\right)$, 则有 (图 1–12):

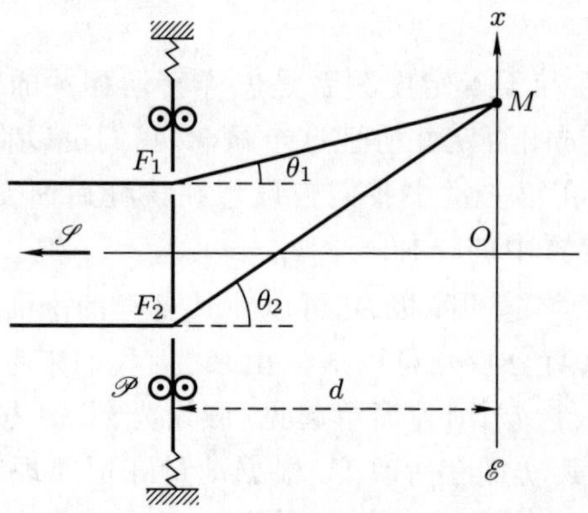

图 1–12 装置的简图, 其中 $\mathscr{P}$ 是一个可动的障板, 在光子通过以前及以后它的动量都能测出, 以便推知光子在到达屏上的 M 点以前通过的是狭缝 F_1 还是狭缝 F_2.

$$\begin{aligned} \sin\theta_1 \simeq \theta_1 \simeq \frac{x - a/2}{d} \\ \sin\theta_2 \simeq \theta_2 \simeq \frac{x + a/2}{d} \end{aligned} \tag{5}$$

(x 表示光子在屏 $\mathscr{E}$ 上之冲击点 M 的位置). (1), (2) 两式给出

$$|p_2 - p_1| \simeq \frac{h\nu}{c}|\theta_2 - \theta_1| \simeq \frac{h}{\lambda}\frac{a}{d} \tag{6}$$

其中 $\lambda = \dfrac{c}{\nu}$ 是光的波长. 将这个结果代入 (4) 式, 便得到

$$\Delta x \gtrsim \frac{\lambda d}{a} \tag{7}$$

[52] 但 $\lambda d/a$ 正是我们希望在屏 $\mathscr{E}$ 上出现的干涉条纹的间隔. 如果确定两条狭缝

F_1 和 F_2 的垂直位置时, 其不确定度已超过了干涉条纹的间隔, 那就不可能观察到干涉图了.

上面的讨论表明, 不可能建立适用于光但不适用于实物体系的量子理论而又不陷入严重的矛盾. 例如, 在上面的例子中, 如果确实可以把障板 $\mathscr{P}$ 看作经典的实物体系, 那么就否定了光的两个方面的并协性, 从而也就否定了辐射的量子理论. 反之, 只能适用于实物的量子理论也将遇到类似的困难. 于是为了使整个理论协调一致, 就必须将量子概念应用于一切物理体系.

参考文献和阅读建议:

Bohm (5.1), 第 5, 6 章; Messiah (1.17) 第 Ⅳ 章 §Ⅲ; Schiff (1.18) §4; 还可参看 Bohr (5.7) 以及 Jammer (5.12) 第 4, 5 章.

补充材料 E_I

[53] 关于二维波包的简单讨论

1. 引言

在第一章的 §C–2 里, 我们讨论过一维波包的形状, 这种波包是沿同一方向传播的所有平面波叠加的结果 [公式 (C–7)]. 如果这个传播方向就是 Ox 轴的方向, 则所得函数与 y、z 无关, 这种波包在 Ox 方向上的宽度是有限的, 但在垂直方向上不受限制, 即在平行于 yOz 的平面上该函数的值相同.

下面我们要考察另一种简单的波包: 参与叠加的那些平面波的波矢量都是共面的, 它们的模实际上相等, 但方向却有微小的差异. 我们的目的是要说明: 在垂直于平均波矢量的方向上, 波包是怎样受到角向弥散的限制的.

在第一章的 §C–2 里, 研究了一维波包中三个特定平面波的叠加, 通过研究这个问题, 我们懂得了现象的实质, 特别是知道了如何推导第一章的基本关系式 (C–18). 下面我们仍然只讨论这种简化的模型. 在这里得到的结果同样可以用第一章中的方法加以推广 (还可参看补充材料 F_I.)

2. 角向弥散和横向扩展

我们来考虑三个平面波, 它们的波矢量 $\boldsymbol{k}_1, \boldsymbol{k}_2$ 和 $\boldsymbol{k}_3$ 都已画在图 1–13 中: 三个波矢量都在 xOy 平面上, $\boldsymbol{k}_1$ 沿 Ox 轴; $\boldsymbol{k}_2, \boldsymbol{k}_3$ 相对于 $\boldsymbol{k}_1$ 为对称, 并与它相交成微小角度 $\Delta\theta$; 此外, $\boldsymbol{k}_1, \boldsymbol{k}_2$ 及 $\boldsymbol{k}_3$ 在 Ox 轴上的投影是相等的:

$$k_{1x} \simeq k_{2x} = k_{3x} \simeq |\boldsymbol{k}_1| = k \tag{1}$$

三个波矢量的模只差 $\Delta\theta$ 的一个二次项, 可以略去不计. 它们在 Oy 轴上的分量为

$$\begin{cases} k_{1y} = 0 \\ k_{2y} = -k_{3y} \simeq k\Delta\theta \end{cases} \tag{2}$$

像在第一章 §C–2 中一样, 我们取振幅 $g(\boldsymbol{k})$ 为实函数并使它满足关系 [54]

$$g(\boldsymbol{k}_2) = g(\boldsymbol{k}_3) = \frac{1}{2}g(\boldsymbol{k}_1) \tag{3}$$

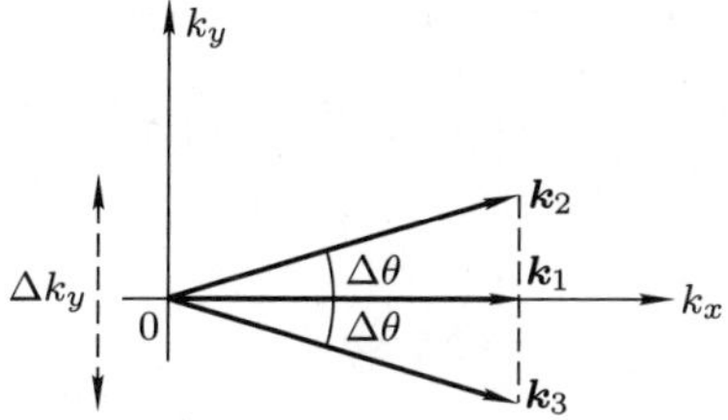

图 1–13 三个平面波的波矢量 $\boldsymbol{k}_1, \boldsymbol{k}_2$ 及 $\boldsymbol{k}_3$ 的相对关系. 我们将把这三个波叠加起来构成一个二维波包.

这个模型概略地表示一种更为复杂的情况, 即按第一章 (C–6) 式那样叠加而获得的真实的波包. 它具有下述特点: 所有的波矢量都垂直于 Oz 轴, 而在 Ox 轴上的投影彼此相等 (只有在 Oy 轴上的分量会变化); 函数 $|g(\boldsymbol{k})|$ 随唯一的自变量 k_y 而变化的规律见图 1–14, 图中曲线的宽度 Δk_y 与角向弥散 $2\Delta\theta$ 之间有一个很简单的关系:

$$\Delta k_y = 2k\Delta\theta \tag{4}$$

将上面定义的这三个波叠加起来, 得到

$$\begin{aligned}\psi(x, y) &= \sum_{i=1}^{3} g(\boldsymbol{k}_i)\mathrm{e}^{\mathrm{i}\boldsymbol{k}_i\cdot\boldsymbol{r}} \\ &= g(\boldsymbol{k}_1)[\mathrm{e}^{\mathrm{i}kx} + \frac{1}{2}\mathrm{e}^{\mathrm{i}(kx+k\Delta\theta y)} + \frac{1}{2}\mathrm{e}^{\mathrm{i}(kx-k\Delta\theta y)}] \\ &= g(\boldsymbol{k}_1)\mathrm{e}^{\mathrm{i}kx}[1+\cos(k\Delta\theta y)]\end{aligned} \tag{5}$$

(这个结果与 z 无关, 所以我们称它为二维波包).

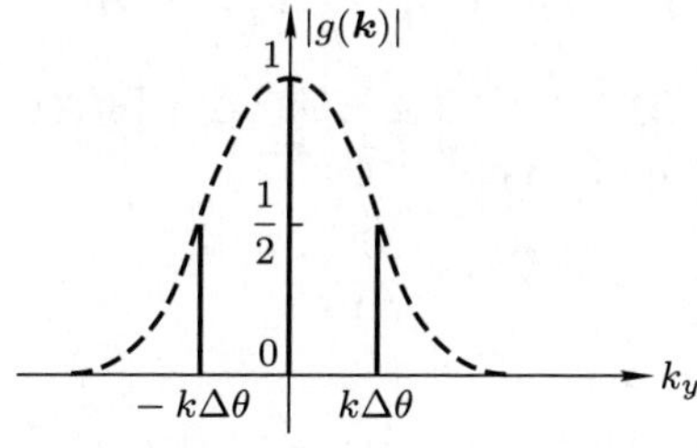

图 1–14 为 k_y 选定的三个值使我们能够定性地了解, 当 k_y 变化时, 具有峰值的函数 $|g(\boldsymbol{k})|$ 的大概情况.

[55] 为了理解所发生的过程, 可以利用图 1–15, 图上画出了三个波中每一个的相位差为 2π 的诸等相面. 函数 $|\psi(x,y)|$ 在 $y=0$ 时达到极大值, 这就是说, 在 Ox 轴上三个波是相长干涉的. 离开了这条轴线, $|\psi(x,y)|$ 便逐渐减小 (三个波在相位上的差异逐渐增大), 若将 $|\psi(x,y)|$ 减小到零时的 y 记作 $\pm\dfrac{\Delta y}{2}$, 则 Δy 由

$$\cos\left(k\Delta\theta\frac{\Delta y}{2}\right) = -1 \tag{6}$$

给出, 也就是

$$k\Delta\theta\Delta y = 2\pi \tag{7}$$

这时 ($\boldsymbol{k}_2$) 和 ($\boldsymbol{k}_3$) 这两个波的相位恰与 ($\boldsymbol{k}_1$) 那个波的相位相反 (图 1–15). 利用 (4) 式, 可以将 (7) 式改写成类似于第一章 (C–11) 式的形式:

$$\Delta y \cdot \Delta k_y = 4\pi \tag{8}$$

由此可见, 波矢量的角向弥散限制了波包的横向扩展, 这种限制在数量上便表现为不确定度关系式 [(7) 式和 (8) 式].

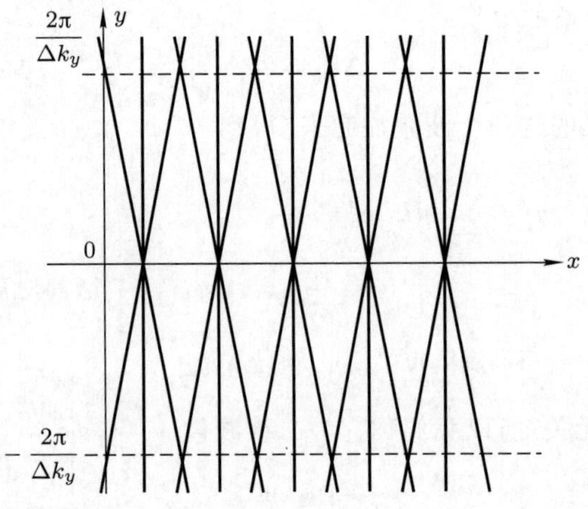

图 1–15 三个波的等相面 (这三个波的波矢量已绘于图 1–13): 在 $y=0$ 处这些波的相位相同, 但在 $y=\pm 2\pi/\Delta k_y$ 处, 它们相消干涉.

3. 讨论

现在考虑沿 Ox 轴传播的一个平面波, 其波矢量为 $\boldsymbol{k}$, 若试图在垂直于 Ox 轴的方向上限制波的扩展, 就一定会引起角向弥散, 也就是说, 一定会使平面波变成与上述情况相似的波包.

例如, 设想在平面波的途程中插入一个屏, 其上开着一条宽度为 Δy 的狭 [56]
缝, 于是便产生了衍射波 (参看图 1–16). 我们知道, 衍射图的角宽度决定于

$$2\Delta\theta \simeq 2\frac{\lambda}{\Delta y} \tag{9}$$

式中 $\lambda = \dfrac{2\pi}{|\boldsymbol{k}|}$ 是入射波的波长. 于是我们又回到了前面所说的情况, 因为 (7), (9) 两式是完全一样的.

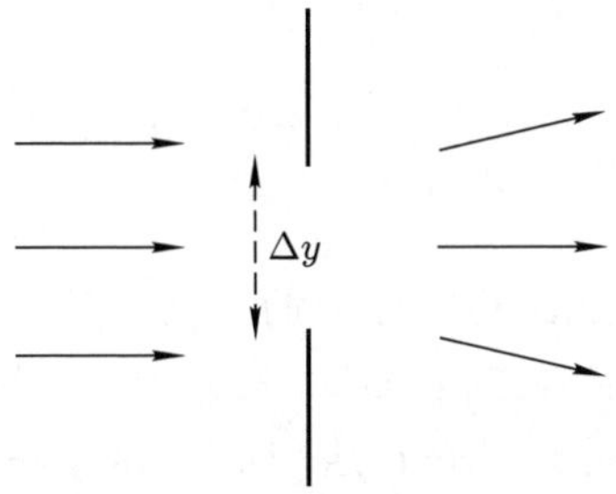

图 1–16 减小不确定度 Δy, 则入射波在单狭缝上的衍射将使不确定度 Δk_y 增大.

补充材料 $\mathrm{F_I}$

[57] # 一维问题和三维问题之间的关系

经典粒子或量子粒子在其中运动的空间当然是三维的. 正因为如此, 我们在第一章中列出的薛定谔方程 (D–1) 是关于波函数 $\psi(\boldsymbol{r})$ 的方程, 这个函数依赖于 $\boldsymbol{r}$ 的三个分量 x, y, z. 可是在这一章, 我们却一再使用只涉及一个变量 x 的一维模型, 而没有认真研究这种模型是否合理. 因此, 这篇材料有两个目的: 首先 (§1), 将第一章 §C 中的结果推广到三维情况; 然后 (§2), 说明在某些情况下, 怎样严格证明一维模型的合理性.

1. 三维波包

a. 简单情况

我们首先考虑符合下述两个假设的简单情况:

(1) 波包是自由的 $[V(\boldsymbol{r}) \equiv 0]$, 因此可以将它写成第一章 (C–6) 式的形式

$$\psi(\boldsymbol{r}, t) = \frac{1}{(2\pi)^{3/2}} \int g(\boldsymbol{k}) \mathrm{e}^{\mathrm{i}[\boldsymbol{k}\cdot\boldsymbol{r} - \omega(\boldsymbol{k})t]} \mathrm{d}^3 k \tag{1}$$

(2) 此外, 函数 $g(\boldsymbol{k})$ 的形式为

$$g(\boldsymbol{k}) = g_1(k_x) \times g_2(k_y) \times g_3(k_z) \tag{2}$$

重新写出 $\omega(\boldsymbol{k})$ 的表示式

$$\omega(\boldsymbol{k}) = \frac{\hbar \boldsymbol{k}^2}{2m} = \frac{\hbar}{2m}(k_x^2 + k_y^2 + k_z^2) \tag{3}$$

将 (2) 式和 (3) 式代入 (1) 式后, 关于 k_x, k_y 及 k_z 的三个积分可以分开, 于是得到

$$\psi(\boldsymbol{r}, t) = \psi_1(x, t) \times \psi_2(y, t) \times \psi_3(z, t) \tag{4}$$

其中 [58]

$$\begin{cases}\psi_1(x,t)=\dfrac{1}{\sqrt{2\pi}}\displaystyle\int_{-\infty}^{+\infty}g_1(k_x)\mathrm{e}^{\mathrm{i}[k_x x-\omega(k_x)t]}\mathrm{d}k_x\\ \omega(k_x)=\dfrac{\hbar k_x^2}{2m}\end{cases}\tag{5}$$

关于 $\psi_2(y,t)$ 及 $\psi_3(z,t)$ 也有类似的式子.

$\psi_1(x,t)$ 恰好具有一维波包的形式. 在这种特殊情况下, 按照 (4) 式, 三个一维波包的乘积就是 $\psi(\boldsymbol{r},t)$, 而这三个波包的演变则是各自独立的.

b. 一般情况

在一般情况下, 势 $V(\boldsymbol{r})$ 为任意函数, 公式 (1) 不再成立. 这时有必要引入函数 $\psi(\boldsymbol{r},t)$ 的三维傅里叶变换 $g(\boldsymbol{k},t)$

$$\psi(\boldsymbol{r},t)=\frac{1}{(2\pi)^{3/2}}\int g(\boldsymbol{k},t)\mathrm{e}^{\mathrm{i}\boldsymbol{k}\cdot\boldsymbol{r}}\mathrm{d}^3k\tag{6}$$

我们不妨认为函数 $g(\boldsymbol{k},t)$ 对 t 的依赖关系 [涉及 $V(\boldsymbol{r})$] 可以是任意的. 此外, 一般说来, 没有理由把 $g(\boldsymbol{k},t)$ 写成像 (2) 式那样的乘积. 为了推广第一章 §C–2 中的结果, 我们把这个函数对 $\boldsymbol{k}$ 的依赖关系假设为: $|g(\boldsymbol{k},t)|$ (在指定的时刻 t) 是这样一个函数, 它在 $\boldsymbol{k}$ 非常靠近 $\boldsymbol{k}_0$ 的那些点有显著的峰值; 一旦矢量 $\boldsymbol{k}$ 的末端离开中心在 $\boldsymbol{k}_0$, 棱长为 $\Delta k_x,\Delta k_y,\Delta k_z$ 的区域 D_k, 它便可以忽略. 和前面一样, 我们写出

$$g(\boldsymbol{k},t)=|g(\boldsymbol{k},t)|\mathrm{e}^{\mathrm{i}\alpha(\boldsymbol{k},t)}\tag{7}$$

于是由矢量 $\boldsymbol{k}$ 决定的波的相位便可写作

$$\xi(\boldsymbol{k},\boldsymbol{r},t)=\alpha(\boldsymbol{k},t)+k_x\cdot x+k_y\cdot y+k_z\cdot z\tag{8}$$

我们可以仿照第一章 §C–2 那样进行推理. 首先, 当 $\boldsymbol{k}$ 的末端都在 D_k 内的所有那些波的相位实际上相同时, 也就是说, 当 ξ 在 D_k 内变化很小时, 波包呈现极大值. 在一般情况下, 我们可以将 $\xi(\boldsymbol{k},\boldsymbol{r},t)$ 在 $\boldsymbol{k}_0$ 附近展开, 函数在 $\boldsymbol{k}_0$ 与 $\boldsymbol{k}$ 之间的改变量 (限于一级小量 $\delta\boldsymbol{k}=\boldsymbol{k}-\boldsymbol{k}_0$) 为:

$$\begin{aligned}\delta\xi(\boldsymbol{k},\boldsymbol{r},t)\simeq\ &\delta k_x\left[\frac{\partial}{\partial k_x}\xi(\boldsymbol{k},\boldsymbol{r},t)\right]_{\boldsymbol{k}=\boldsymbol{k}_0}+\delta k_y\left[\frac{\partial}{\partial k_y}\xi(\boldsymbol{k},\boldsymbol{r},t)\right]_{\boldsymbol{k}=\boldsymbol{k}_0}\\&+\delta k_z\left[\frac{\partial}{\partial k_z}\xi(\boldsymbol{k},\boldsymbol{r},t)\right]_{\boldsymbol{k}=\boldsymbol{k}_0}\end{aligned}\tag{9}$$

[59] 写成简洁的形式①并利用 (8) 式, 此式成为

$$\begin{aligned}\delta\xi(\boldsymbol{k},\boldsymbol{r},t) &\simeq \delta\boldsymbol{k}\cdot[\nabla_{\boldsymbol{k}}\xi(\boldsymbol{k},\boldsymbol{r},t)]_{\boldsymbol{k}=\boldsymbol{k}_0}\\ &\simeq \delta\boldsymbol{k}\cdot[\boldsymbol{r}+[\nabla_{\boldsymbol{k}}\alpha(\boldsymbol{k},t)]_{\boldsymbol{k}=\boldsymbol{k}_0}]\end{aligned} \tag{10}$$

从 (10) 式可以看出, 如果

$$\boldsymbol{r}=\boldsymbol{r}_M(t)=-[\nabla_{\boldsymbol{k}}\alpha(\boldsymbol{k},t)]_{\boldsymbol{k}=\boldsymbol{k}_0} \tag{11}$$

则函数 $\xi(\boldsymbol{k},\boldsymbol{r},t)$ 在区域 D_k 内的改变量将为极小值. 我们已经说过, 在这些条件下, $|\psi(\boldsymbol{r},t)|$ 具有极大值; 因此, (11) 式决定了波包中心的位置 $\boldsymbol{r}_M(t)$, 这个公式也就是第一章 (C–15) 式在三维情况下的推广.

在多大的区域 D_r (中心点在 $\boldsymbol{r}_M$ 处, 棱长为 $\Delta x,\Delta y,\Delta z$) 内, 表示波包的函数 (6) 才具有显著的数值呢? 如果波矢量 $\boldsymbol{k}$ 各不相同的那些波因干涉而相消, 也就是说, 如果 $\xi(\boldsymbol{k},\boldsymbol{r},t)$ 在区域 D_k 中的改变量与 2π 同数量级 (粗略地说, 与 1 弧度同数量级), 则 $|\psi(\boldsymbol{r},t)|$ 就远小于 $|\psi(\boldsymbol{r}_M,t)|$. 令 $\delta\boldsymbol{r}=\boldsymbol{r}-\boldsymbol{r}_M$, 并注意到 (11) 式, 便可将 (10) 式写作

$$\delta\xi(\boldsymbol{k},\boldsymbol{r},t)\simeq\delta\boldsymbol{k}\cdot\delta\boldsymbol{r} \tag{12}$$

于是, 根据条件 $\delta\xi(\boldsymbol{k},\boldsymbol{r},t)\gtrsim 1$, 立即得到 D_r 的大小和 D_k 的大小之间的关系

$$\begin{cases}\Delta x\cdot\Delta k_x\gtrsim 1\\ \Delta y\cdot\Delta k_y\gtrsim 1\\ \Delta z\cdot\Delta k_z\gtrsim 1\end{cases} \tag{13}$$

又因为 $\boldsymbol{p}=\hbar\boldsymbol{k}$, 由此便立即得到海森伯不确定度关系式:

$$\begin{cases}\Delta x\cdot\Delta p_x\gtrsim \hbar\\ \Delta y\cdot\Delta p_y\gtrsim \hbar\\ \Delta z\cdot\Delta p_z\gtrsim \hbar\end{cases} \tag{14}$$

这些不等式就是第一章的 (C–23) 式在三维情况下的推广.

最后, 我们指出: 求 (11) 式对 t 的导数便可得到波包的群速度:

$$\boldsymbol{V}_{\mathrm{G}}=-\frac{\mathrm{d}}{\mathrm{d}t}[\nabla_{\boldsymbol{k}}\alpha(\boldsymbol{k},t)]_{\boldsymbol{k}=\boldsymbol{k}_0} \tag{15}$$

在自由波包 [但不一定满足 (2) 式] 的特殊情况下, 我们有:

$$\alpha(\boldsymbol{k},t)=\alpha(\boldsymbol{k},0)-\omega(\boldsymbol{k})t \tag{16}$$

---

① 记号 ∇ 表示 "梯度", 按定义, $\nabla f(x,y,z)$ 是一个矢量, 其分量是 $\partial f/\partial x$, $\partial f/\partial y$, $\partial f/\partial z$. $\nabla\boldsymbol{k}$ 中的下标 $\boldsymbol{k}$ 表示应分别对 k_x,k_y 及 k_z 求导数, 如 (9) 式中那样.

这里的 $\omega(\boldsymbol{k})$ 由 (3) 式定义, 于是公式 (15) 给出

$$\boldsymbol{V}_{\mathrm{G}} = [\nabla_{\boldsymbol{k}}\omega(\boldsymbol{k})]_{\boldsymbol{k}=\boldsymbol{k}_0} = \frac{\hbar \boldsymbol{k}_0}{m} \tag{17}$$

这就是第一章 (C–31) 式的推广.

2. 一维模型的合理性 [60]

在第一章 §D–1 中我们已经看到, 如果势与时间无关, 就可以使薛定谔方程中的时间变量与空间变量分离开, 从而导致本征值方程 (D–8). 下面我们来说明, 在某些情况下, 怎样将这种方法推进一步, 并将 (D–8) 式中的变量 x, y, z 也分离开来.

假设势能 $V(\boldsymbol{r})$ 可以写作:

$$V(\boldsymbol{r}) = V(x, y, z) = V_1(x) + V_2(y) + V_3(z) \tag{18}$$

我们要问: 本征值方程 (D–8) 是否具有下列形式的解:

$$\varphi(x, y, z) = \varphi_1(x) \times \varphi_2(y) \times \varphi_3(z) \tag{19}$$

仿照第一章 (§D–1–a) 中阐述的方法进行推导, 可以证明, 要得到上述形式的解, 必须有

$$\left[-\frac{\hbar^2}{2m}\frac{\mathrm{d}^2}{\mathrm{d}x^2} + V_1(x)\right]\varphi_1(x) = E_1\varphi_1(x) \tag{20}$$

以及将 x 换成 y (或 z), 将 V_1 换成 V_2 (或 V_3), 将 E_1 换成 E_2 (或 E_3) 而得到的另外两个类似的式子. 此外, 还必须有关系

$$E = E_1 + E_2 + E_3 \tag{21}$$

方程 (20) 形式上和 (D–8) 式一样, 不过是一维的; 变量 x, y, z 已经被分离.①

如果粒子的势能 $V(\boldsymbol{r})$ 只依赖于 x, 情况会怎样呢? 这时可以将 $V(\boldsymbol{r})$ 写作 (18) 式的形式, 不过 $V_1 = V$ 而 $V_2 = V_3 = 0$. 形如方程 (20) 的关于 y 及 z 的两个方程对应于在第一章 §C–1 中研究过的情况, 即一维空间的自由粒子; 这两个方程的解是平面波 $\mathrm{e}^{\mathrm{i}k_y \cdot y}$ 及 $\mathrm{e}^{\mathrm{i}k_z \cdot z}$. 于是剩下的事情就只是解方程 (20) 了, 而这本身也只是一个一维问题; 不过, 在三维空间中运动的粒子的总能量现在是

$$E = E_1 + \frac{\hbar^2}{2m}[k_y^2 + k_z^2] \tag{22}$$

① 可以证明 (参看第二章 §F–4–a–β), 若 $V(\boldsymbol{r})$ 具有 (18) 式的形式, 则本征值方程 (D–8) 的一切解都是此处得到的解的线性组合.

于是可以看出, 在第一章中研究过的一维模型实际上对应于在只依赖于 x 的三维势场 $V(\boldsymbol{r})$ 中运动的粒子; $\varphi_2(y), \varphi_3(z)$ 这两个解很简单, 它们分别对应于"沿 Oy 方向自由的" 粒子和 "沿 Oz 方向自由的" 粒子. 我们一直着重研究只与 x 有关的方程, 原因就在这里.

补充材料 G_I

一维高斯型波包; 波包的扩展 [61]

1. 高斯型波包的定义
2. Δx 和 Δp 的计算; 不确定度关系式
3. 波包的演变
   a. $\psi(x,t)$ 的计算
   b. 波包移动的速度
   c. 波包的扩展

在这篇材料中, 我们要研究一个特殊的一维自由波包, 它的函数 $g(\boldsymbol{k})$ 是高斯型的. 这个例子的意义在于: 对于这个波包, 我们可以将精确的计算进行到底. 因此, 就这种特殊情况, 我们首先可以证明在第一章 §C 中提到过的波包的那些性质, 然后再利用这些性质去研究波包的宽度随时间的演变, 并揭示波包随时间而扩展的现象.

1. 高斯型波包的定义

在一维模型中, 我们考虑一个自由粒子 $[V(x) \equiv 0]$. 它的波函数在 $t=0$ 时的形式为

$$\psi(x,0) = \frac{\sqrt{a}}{(2\pi)^{3/4}} \int_{-\infty}^{+\infty} \mathrm{e}^{-\frac{a^2}{4}(k-k_0)^2} \mathrm{e}^{\mathrm{i}kx} \mathrm{d}k \tag{1}$$

这个波包可以由很多像 $\mathrm{e}^{\mathrm{i}kx}$ 这样的平面波叠加而成, 各平面波前面的系数是

$$\frac{1}{\sqrt{2\pi}} g(k,0) = \frac{\sqrt{a}}{(2\pi)^{3/4}} \mathrm{e}^{-\frac{a^2}{4}(k-k_0)^2} \tag{2}$$

这对应于一个中心在 $k=k_0$ 处的高斯函数 (还乘上一个使波函数归一化的数值系数). 因此, 我们说 (1) 式表示的波包是高斯型的.

在后面的计算中, 我们将一再遇到下列形式的积分

$$I(\alpha,\beta) = \int_{-\infty}^{+\infty} \mathrm{e}^{-\alpha^2(\xi+\beta)^2} \mathrm{d}\xi \tag{3}$$

[62] 其中 α 和 β 都是复数 [为使积分 (3) 收敛, 必须取 $\text{Re}\alpha^2 > 0$]. 用留数方法可以证明这个积分与 β 无关, 即

$$I(\alpha,\beta) = I(\alpha,0) \tag{4}$$

而且可以证明, 若满足条件 $-\dfrac{\pi}{4} < \text{Arg}\alpha < +\dfrac{\pi}{4}$ (只要 $\text{Re}\alpha^2 > 0$, 这个条件总是可以满足的), $I(\alpha,0)$ 便可由下式给出:

$$I(\alpha,0) = \frac{1}{\alpha} I(1,0) \tag{5}$$

所以只要计算 $I(1,0)$ 就行了. 按照经典的方法, 利用极坐标计算 xOy 平面上的二重积分, 便得到

$$I(1,0) = \int_{-\infty}^{+\infty} \mathrm{e}^{-\xi^2} \mathrm{d}\xi = \sqrt{\pi} \tag{6}$$

从而得到: 当 $-\dfrac{\pi}{4} < \text{Arg}\alpha < +\dfrac{\pi}{4}$ 时,

$$\int_{-\infty}^{+\infty} \mathrm{e}^{-\alpha^2(\xi+\beta)^2} \mathrm{d}\xi = \frac{\sqrt{\pi}}{\alpha} \tag{7}$$

现在来计算 $\psi(x,0)$. 为此, 将 (1) 式的指数中含有 k 的项归并一下, 写成下列形式的完全平方:

$$-\frac{a^2}{4}(k-k_0)^2 + \mathrm{i}kx = -\frac{a^2}{4}\left[k - k_0 - \frac{2\mathrm{i}x}{a^2}\right]^2 + \mathrm{i}k_0 x - \frac{x^2}{a^2} \tag{8}$$

于是便可以利用 (7) 式算出:

$$\psi(x,0) = \left(\frac{2}{\pi a^2}\right)^{1/4} \mathrm{e}^{\mathrm{i}k_0 x} \mathrm{e}^{-x^2/a^2} \tag{9}$$

于是我们又证明了高斯型函数的傅里叶变换还是高斯型函数 (参看附录 I).

因此, 在 $t=0$ 时, 粒子的概率密度由下式给出

$$|\psi(x,0)|^2 = \sqrt{\frac{2}{\pi a^2}} \cdot \mathrm{e}^{-2x^2/a^2} \tag{10}$$

表示 $|\psi(x,0)|^2$ 的曲线就是经典的钟形曲线. 波包的中心 [$|\psi(x,0)|^2$ 的极大值] 位于点 $x=0$ 处. 如果应用第一章的普遍公式 (C–16) 来计算, 我们仍然应该得到这个结果, 因为在这个特例中 $g(k)$ 是实函数.

2. Δx 和 Δp 的计算; 不确定度关系式 [63]

研究高斯函数 $f(x)=\mathrm{e}^{-x^2/b^2}$ 时, 为方便起见, 将它的宽度明确规定为

$$\Delta x=\frac{b}{\sqrt{2}} \tag{11}$$

当 x 从 0 变到 $\pm\Delta x$ 的时候, 函数的值缩小为原来的 $1/\sqrt{\mathrm{e}}$; 这种规定虽是任意的, 但却有一个优点, 就是它与变量 x 的 "方均根偏差" 一致 (参看第三章 §C–5).

按照这个规定, 可以算出 (10) 式中的波包的宽度 Δx 是:

$$\Delta x=\frac{a}{2} \tag{12}$$

由于 $|g(k,0)|^2$ 也是一个高斯型函数, 可以用同样的方法计算它的宽度 Δk, 结果得到

$$\Delta k=\frac{1}{a} \tag{13–a}$$

或写作:

$$\Delta p=\frac{\hbar}{a} \tag{13–b}$$

从而得到

$$\Delta x\cdot\Delta p=\frac{\hbar}{2} \tag{14}$$

这个结果与海森伯不确定度关系是完全一致的.

3. 波包的演变

a. $\psi(x,t)$ 的计算

为了计算 t 时刻的波函数 $\psi(x,t)$, 只需利用第一章的普遍公式 (C–6), 它给出自由粒子的波函数; 我们得到:

$$\psi(x,t)=\frac{\sqrt{a}}{(2\pi)^{3/4}}\int_{-\infty}^{+\infty}\mathrm{e}^{-\frac{a^2}{4}(k-k_0)^2}\mathrm{e}^{\mathrm{i}[kx-\omega(k)t]}\mathrm{d}k \tag{15}$$

其中 $\omega(k)=\dfrac{\hbar k^2}{2m}$ (自由粒子的色散关系). 我们将会看到, 在 t 时刻, 波包仍保持为高斯型的. 实际上, 和前面一样, 将指数中与 k 有关的项归并一下, 组成完全平方, 再利用 (7) 式, 便可将 (15) 式变为

$$\psi(x,t)=\left(\frac{2a^2}{\pi}\right)^{1/4}\frac{\mathrm{e}^{\mathrm{i}\varphi}}{\left(a^4+\dfrac{4\hbar^2t^2}{m^2}\right)^{1/4}}\mathrm{e}^{\mathrm{i}k_0x}\exp\left\{-\frac{\left[x-\dfrac{\hbar k_0}{m}t\right]^2}{a^2+\dfrac{2\mathrm{i}\hbar t}{m}}\right\} \tag{16–a}$$ [64]

其中 φ 是与 x 无关的实数:

$$\varphi = -\theta - \frac{\hbar k_0^2}{2m}t \quad 而 \quad \tan 2\theta = \frac{2\hbar t}{ma^2} \tag{16–b}$$

我们再计算 t 时刻粒子的概率密度 $|\psi(x,t)|^2$, 结果是

$$|\psi(x,t)|^2 = \sqrt{\frac{2}{\pi a^2}} \frac{1}{\sqrt{1+\dfrac{4\hbar^2 t^2}{m^2 a^4}}} \exp\left\{-\frac{2a^2\left(x-\dfrac{\hbar k_0}{m}t\right)^2}{a^4+\dfrac{4\hbar^2 t^2}{m^2}}\right\} \tag{17}$$

现在来证明, 波包的模方 $\int_{-\infty}^{+\infty} |\psi(x,t)|^2 \mathrm{d}x$ 与时间无关 (在第三章中, 我们将会看到, 这个性质来源于粒子的哈密顿算符的厄米性). 为此, 我们本来可以再次利用 (7) 式去求 (17) 式从 $-\infty$ 到 $+\infty$ 的积分. 但是, 这个计算可以大为简化, 我们只需注意: 由 (15) 式可以看出, $\psi(x,t)$ 的傅里叶变换就是

$$g(k,t) = \mathrm{e}^{-\mathrm{i}\omega(k)t} g(k,0) \tag{18}$$

显然, $g(k,t)$ 和 $g(k,0)$ 具有相同的模方, 可是贝塞尔–帕塞瓦尔等式表明, 正如 $\psi(x,0)$ 和 $g(k,0)$ 具有相同的模方一样, $\psi(x,t)$ 和 $g(k,t)$ 也具有相同的模方. 据此便可推断 $\psi(x,t)$ 和 $\psi(x,0)$ 具有相同的模方.

b. 波包移动的速度

从 (17) 式可以看出, 概率密度 $|\psi(x,t)|^2$ 也是一个高斯型函数, 它的中心在 $x = V_0 t$ 处, 速度 V_0 由下式给出

$$V_0 = \frac{\hbar k_0}{m} \tag{19}$$

这正是第一章中表示群速度 V_G 的一般公式 (C–32) 所预示的结果.

c. 波包的扩展

再回到公式 (17), 根据定义 [(11) 式], 波包在 t 时刻的宽度 $\Delta x(t)$ 应为:

$$\Delta x(t) = \frac{a}{2}\sqrt{1+\frac{4\hbar^2 t^2}{m^2 a^4}} \tag{20}$$

[65] 由此可见 (参看图 1–17), 波包的演变并不只是以速率 V_0 移动, 它的形状也在变化. 当 t 从 $-\infty$ 增加到 0 时, 波包的宽度不断减小, 以致在 $t=0$ 时减到最小; 然后宽度便随着 t 的增大而不断增大 (波包在扩展).

从 (17) 式还可以看出, 波包的高度也在变化, 不过与宽度变化的趋势相反, 从而使 $\psi(x,t)$ 的模方保持不变.

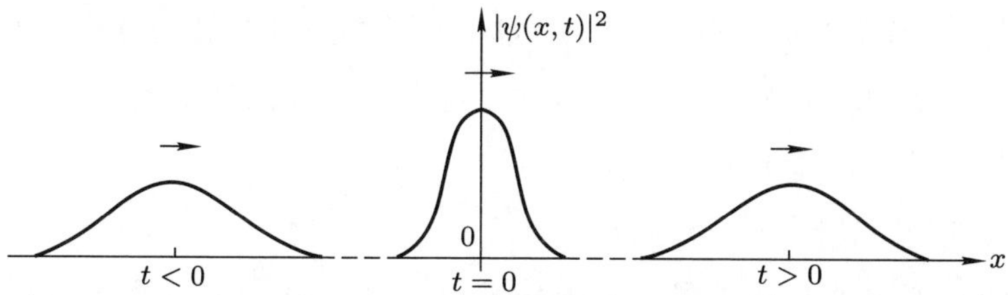

图 1–17　当 t 为负值时, 高斯型波包在前进中宽度逐渐变小. 在 $t=0$ 时, 变成一个 "最窄的" 波包, 这时 Δx 和 Δp 的乘积等于 $\frac{\hbar}{2}$. 当 $t>0$ 时, 波包又在前进中扩展开来.

函数 $g(k,t)$ 的性质则完全不同, 这是因为 [参看 (18) 式]:

$$|g(k,t)| = |g(k,0)| \tag{21}$$

因此, 波包的平均动量 ($\hbar k_0$) 及其动量弥散 ($\hbar\Delta k$) 都不随时间而变. 在后面 (参看第三章) 我们将会看到, 这个结果的原因在于: 自由粒子的动量是一个运动常量. 从物理上看这是很清楚的, 因为自由粒子不会遭遇任何障碍, 所以动量的分布也就不会改变.

由于存在着动量的弥散 $\Delta p = \hbar\Delta k = \hbar/a$, 确定粒子的速度就只能精确到 $\Delta v = \dfrac{\Delta p}{m} = \dfrac{\hbar}{ma}$. 我们设想一群经典粒子, 在 $t=0$ 时, 它们从 $x=0$ 点出发, 速度的弥散为 Δv; 到了时刻 t, 这些粒子的位置的弥散将是 $\delta x_{cl} = \Delta v|t| = \dfrac{\hbar|t|}{ma}$; 这种弥散是随 t 线性增大的, 如图 1–18 所示. 在同一图中, 还画出 $\Delta x(t)$ 随时间变化的曲线, 当 t 趋向无穷大时, $\Delta x(t)$ 与 δx_{cl} 实际上是重合的 [对应于 δx_{cl} 的直线就是对应于 $\Delta x(t)$ 的双曲线单支的渐近线]. 因此我们可以说, 当 t 很大时, 可以对宽度 Δx 作出准经典的解释. 反之, t 越是接近于 0, $\Delta x(t)$ 的值与

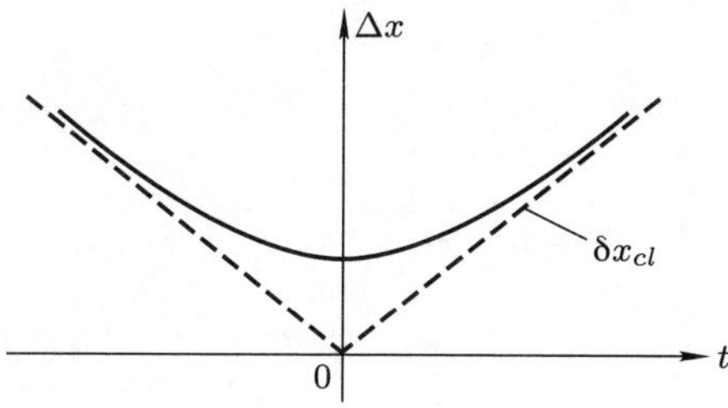

图 1–18　图 1–17 中波包的宽度 Δx 随时间变化的情况. t 很大时, Δx 接近于一群经典粒子的位置弥散 δx_{cl}, 这群粒子在 $t=0$ 时一齐从 $x=0$ 点出发, 它们的速度弥散是 $\dfrac{\Delta p}{m}$.

δx_{cl} 的值的差别就越大. 实际上, 一个量子粒子必须时时满足海森伯不确定度
[66] 关系式 $\Delta x \cdot \Delta p \geqslant \dfrac{\hbar}{2}$, 现在 Δp 是固定的, 这个不等式便确定了 Δx 的下限. 这一点可以从图 1–18 看出.

附注:

(i) 自由波包的扩展是一个普遍现象, 并不限于这里所研究的特殊情况. 可以证明, 对于一个任意的自由波包, 其宽度随时间变化的趋势仍如图 1–18 所示 (参看补充材料 L_{III} 中的练习 4).

(ii) 在第一章中, 经过简单的推理, 我们便在 (C–17) 式中得到了 $\Delta x \cdot \Delta k \simeq 1$, 当时并没有对 $g(k)$ 提出什么特殊的假定, 只说 $g(k)$ 具有宽度为 Δk 的峰, 它的形状绘于图 1–3 (实际上也就是这篇补充材料所说的情况). 那么, 譬如就高斯型波包来说, 在 t 很大时, 为什么竟然得到不等式 $\Delta x \Delta k \gg 1$ 呢?

当然, 这只是一个表面上的矛盾. 在第一章中, 为了得到 $\Delta x \Delta k \simeq 1$, 我们曾在 (C–13) 式中假设 $g(k)$ 的辐角 $\alpha(k)$ 在 Δk 的范围内可以近似地取为线性函数. 因此, 我们就在暗中引入了这样的补充假设: 非线性项在 Δk 的范围内对 $g(k)$ 的相位几乎没有贡献. 例如, 关于 $(k - k_0)$ 的二次项, 应该设

$$\Delta k^2 \left[\frac{\mathrm{d}^2\alpha}{\mathrm{d}k^2}\right]_{k=k_0} \ll 2\pi \tag{22}$$

反之, 如果在 Δk 的范围内, 相位 $\alpha(k)$ 不能用误差甚小于 2π 的线性函数来近似地表示, 而继续按第一章的过程推算下去, 实际上, 我们将会发现波包应比 (C–17) 式所预示的更宽.

对于这篇材料所研究的高斯型波包, 我们有 $\Delta k \simeq \dfrac{1}{a}$ 及 $\alpha(k) = -\dfrac{\hbar k^2 t}{2m}$; 因而条件 (22) 可以写作 $\left(\dfrac{1}{a}\right)^2 \dfrac{\hbar t}{m} \ll 2\pi$; 根据 (20) 式, 可以证明, 只要这个条件得以满足, 乘积 $\Delta x \cdot \Delta k$ 便近似地等于 1.

补充材料 H_I

一维方形势中粒子的定态 [67]

1. 定态波函数 $\varphi(x)$ 的行为
   a. 势能为常数的区域
   b. $\varphi(x)$ 在势能的间断点处的行为
   c. 计算步骤
2. 一些简单情况的研究
   a. 势阶
   b. 势垒
   c. 束缚态; 方势阱

在第一章 (参看 §D–2) 中, 我们已经看到, 研究一个粒子在 "方形势" 中的运动是很有意义的: 势函数在 x 取某些值时发生跃变所引起的效应纯粹是量子性的. 我们曾通过光学类比推测过粒子的定态波函数的形状, 这种类比使我们很容易理解这些新的物理效应是怎样产生的.

在这篇材料里, 我们介绍定量地计算粒子定态的步骤; 给出一些简单情况下的计算结果, 并对这些结果的物理含义进行讨论. 但我们只讨论一维模型 (参看补充材料 F_I).

1. 定态波函数 $\varphi(x)$ 的行为

a. 势能为常数的区域

在方形势中, $V(x)$ 在空间的某些区域内为常数 $[V(x)=V]$. 在这样的区域中, 第一章的方程 (D–8) 可以写作:

$$\frac{\mathrm{d}^2}{\mathrm{d}x^2}\varphi(x)+\frac{2m}{\hbar^2}(E-V)\varphi(x)=0 \tag{1}$$

我们分别讨论下面几种情况:

(i) $E>V$

引入由下式所定义的正常数 k

$$E-V=\frac{\hbar^2k^2}{2m} \tag{2}$$

于是方程 (1) 的解为

$$\varphi(x) = A\mathrm{e}^{\mathrm{i}kx} + A'\mathrm{e}^{-\mathrm{i}kx} \tag{3}$$

式中 A 及 A' 为复常数.

[68] (ii) $E < V$

这个条件所表示的空间区域是经典力学规律禁止粒子进入的区域. 此时我们引入由下式定义的正常数 ρ:

$$V - E = \frac{\hbar^2\rho^2}{2m} \tag{4}$$

于是方程 (1) 的解为

$$\varphi(x) = B\mathrm{e}^{\rho x} + B'\mathrm{e}^{-\rho x} \tag{5}$$

式中 B 及 B' 是复常数.

(iii) $E = V$

在这种特殊情况下, $\varphi(x)$ 是 x 的线性函数.

b. $\varphi(x)$ 在势能的间断点处的行为

在势能 $V(x)$ 的间断点 $x = x_1$ 处, 波函数的行为如何? 我们可能会臆断波函数在这里具有奇异性, 譬如说, 它也是间断的. 这一段的目的就是要说明情况并不是这样的: 在点 $x = x_1$ 处, $\varphi(x)$ 和 $\mathrm{d}\varphi/\mathrm{d}x$ 仍然连续, 不连续的只是二阶导数 $\mathrm{d}^2\varphi/\mathrm{d}x^2$.

我们试图说明这个性质, 而不予严格证明. 为此, 我们提醒一下 (参看第一章 §D–2–a): 应当将方形势看作函数 $V_\varepsilon(x)$ 在 $\varepsilon \to 0$ 时的极限, 这个函数在区间 $[x_1-\varepsilon, x_1+\varepsilon]$ 外等同于 $V(x)$, 在此区间内是连续的. 现在来考虑下列方程

$$\frac{\mathrm{d}^2}{\mathrm{d}x^2}\varphi_\varepsilon(x) + \frac{2m}{\hbar^2}[E - V_\varepsilon(x)]\varphi_\varepsilon(x) = 0 \tag{6}$$

我们假定, 不论 ε 如何, 式中的 $V_\varepsilon(x)$ 在区间 $[x_1-\varepsilon, x_1+\varepsilon]$ 内总是有界的. 我们取这样一个解 $\varphi_\varepsilon(x)$, 它在 $x < x_1 - \varepsilon$ 时全同于 (1) 式的一个解. 现在的问题是要证明, 当 $\varepsilon \to 0$ 时, $\varphi_\varepsilon(x)$ 逼近一个连续函数 $\varphi(x)$, 而且在点 $x = x_1$ 处, 它是可导的. 我们可以认定: 在点 $x = x_1$ 的邻域内, 不论 ε 多么小, $\varphi_\varepsilon(x)$ 始终保持有界①; 从物理上说, 这就意味着概率密度保持有限值. 从 $x_1 - \eta$ 到 $x_1 + \eta$ 积分 (6) 式, 便得到

$$\left.\frac{\mathrm{d}\varphi_\varepsilon}{\mathrm{d}x}\right|_{x_1+\eta} - \left.\frac{\mathrm{d}\varphi_\varepsilon}{\mathrm{d}x}\right|_{x_1-\eta} = \frac{2m}{\hbar^2}\int_{x_1-\eta}^{x_1+\eta}[V_\varepsilon(x) - E]\varphi_\varepsilon(x)\mathrm{d}x \tag{7}$$

在 $\varepsilon \to 0$ 的极限情况下, 根据我们在上面假定的性质, 上式右端被积分的函数保持有界, 因而, 随着 η 趋于零, 积分也趋向于零. 从而

① 根据微分方程 (1) 的性质, 可以从数学上证明这一点.

$$\left.\frac{\mathrm{d}\varphi}{\mathrm{d}x}\right|_{x_1+\eta}-\left.\frac{\mathrm{d}\varphi}{\mathrm{d}x}\right|_{x_1-\eta}\xrightarrow[\eta\to 0]{}0 \tag{8}$$

即在极限情况下, $\mathrm{d}\varphi/\mathrm{d}x$ 在点 $x=x_1$ 处是连续的, 当然 $\varphi(x)$ 也是连续的 (一个连续函数的原函数是连续的). 但是 $\mathrm{d}^2\varphi/\mathrm{d}x^2$ 却是不连续的, 而且从 (1) 式可以直接看出, 它在点 $x=x_1$ 处的跳跃量是 $\frac{2m}{\hbar^2}\varphi(x_1)\sigma_V$[$\sigma_V$ 表示 $V(x)$ 在点 $x=x_1$ 处的跳跃量]. [69]

附注:

在上面的讨论中, $V_\varepsilon(x)$ 保持有界这一点是很必要的. 例如, 在补充材料 K_I 的一些练习中, 要考虑无界函数 $V(x)=\alpha\delta(x)$ 的情况, 但这个函数的积分仍是有限的, 在这种情况下, $\varphi(x)$ 仍是连续的而 $\mathrm{d}\varphi/\mathrm{d}x$ 则不然.

c. 计算步骤

计算 “方形势” 中的定态的步骤如下: 在 $V(x)$ 为常数的所有各区域中, 看情况取 (3) 式或 (5) 式为 $\varphi(x)$; 在 $V(x)$ 的间断点处, 按照对 $\varphi(x)$ 及 $\mathrm{d}\varphi/\mathrm{d}x$ 的连续性的要求, 将各函数的值衔接起来.

2. 一些简单情况的研究

现在我们就按照上述方法来定量地计算粒子在第一章 §D–2–c 中讨论过的那几种 $V(x)$ 中的定态. 这样我们就可以证实各个解的形式, 正是根据光学类比可以预见的形式.

a. 势阶 (图 1–19)

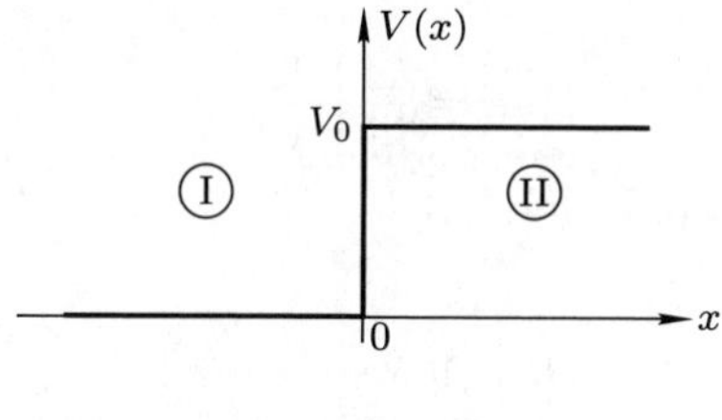

图 1–19　势阶

α. $E>V_0$ 的情况; 部分反射

令

$$\sqrt{\frac{2mE}{\hbar^2}}=k_1 \tag{9}$$

$$\sqrt{\frac{2m(E-V_0)}{\hbar^2}}=k_2 \tag{10}$$

在区域 I$(x<0)$ 和 II$(x>0)$ 中, (1) 式的解具有 (3) 式的形式: [70]

$$\varphi_{\text{I}}(x) = A_1 e^{ik_1x} + A'_1 e^{-ik_1x} \tag{11}$$

$$\varphi_{\text{II}}(x) = A_2 e^{ik_2x} + A'_2 e^{-ik_2x} \tag{12}$$

因为方程 (1) 是齐次的, 利用 §1–c 的方法只能决定比值 $A'_1/A_1, A_2/A_1$ 及 A'_2/A_1. 事实上, 在 $x = 0$ 处的两个衔接条件还不足以决定这三个比值. 因此, 我们取 $A'_2 = 0$, 这相当于只考虑粒子从 $x = -\infty$ 处向势阶入射的情况. 于是衔接条件给出:

$$\frac{A'_1}{A_1} = \frac{k_1 - k_2}{k_1 + k_2} \tag{13}$$

$$\frac{A_2}{A_1} = \frac{2k_1}{k_1 + k_2} \tag{14}$$

$\varphi_{\text{I}}(x)$ 是两个波的叠加, 第一个波 (含 A_1 的项) 对应于一个入射粒子, 它以动量 $p = \hbar k_1$ 从左向右运动; 第二个波 (含 A'_1 的项) 对应于一个反射粒子, 其动量为 $-\hbar k_1$, 运动方向与前一个粒子相反. 因为我们已经取 $A'_2 = 0$, 故 φ_{II} 仅由一个波构成, 这个波对应于一个透射粒子. 在第三章 (参看 §D–1–c–β), 我们会看到如何应用概率流的概念来定义势阶的透射系数 T 及反射系数 R(还可参看补充材料 B_{III} 的 §2); 这些系数给出来自 $x = -\infty$ 的粒子到达 $x = 0$ 处的势阶时, 越过它的概率以及遭到反射的概率. 结果将为:

$$R = \left|\frac{A'_1}{A_1}\right|^2 \tag{15}$$

以及 T①为

$$T = \frac{k_2}{k_1}\left|\frac{A_2}{A_1}\right|^2 \tag{16}$$

利用 (13) 式和 (14) 式便得到

$$R = 1 - \frac{4k_1k_2}{(k_1 + k_2)^2} \tag{17}$$

$$T = \frac{4k_1k_2}{(k_1 + k_2)^2} \tag{18}$$

很容易验证 $R + T = 1$: 可以肯定粒子或者透射过去或者反射回来. 与经典力学的预言相反, 入射粒子遭到反射的概率并不为零. 在第一章中, 应用光学类
[71] 比和考虑光波在两种介质 $(n_1 > n_2)$的平分界面上的反射, 已经解释过这一点. 而且, 在光学中我们知道, 这样的反射并不引起相位的滞后; (13) 式和 (14) 式确实表明, $A'_1/A_1, A_2/A_1$ 这两个比值都是实数. 因此, 量子粒子在反射或透射

① T 的表示式中的因子 k_2/k_1 在物理上的起因将在补充材料 J_{I} 的 §2 中讨论.

时都没有相位滞后 (参看补充材料 J_I 的 §2). 最后, 利用 (9) 式, (10) 式和 (18) 式, 很容易检验: 如果 $E \gg V_0$, 则 $T \simeq 1$; 这就是说, 如果入射粒子的能量足够大, 以致可略去势阶的高度, 则粒子将一跃而过, 好像势阶不存在似的.

β. $E < V_0$ 的情况; 全反射

这时将 (10) 式及 (12) 式分别代之以

$$\sqrt{\frac{2m(V_0 - E)}{\hbar^2}} = \rho_2 \tag{19}$$

$$\varphi_{\mathrm{II}}(x) = B_2 \mathrm{e}^{\rho_2 x} + B_2' \mathrm{e}^{-\rho_2 x} \tag{20}$$

为了使这个解在 $x \to +\infty$ 时保持有限, 应取

$$B_2 = 0 \tag{21}$$

现在 $x = 0$ 处的衔接条件给出:

$$\frac{A_1'}{A_1} = \frac{k_1 - \mathrm{i}\rho_2}{k_1 + \mathrm{i}\rho_2} \tag{22}$$

$$\frac{B_2'}{A_1} = \frac{2k_1}{k_1 + \mathrm{i}\rho_2} \tag{23}$$

于是反射系数 R 为:

$$R = \left|\frac{A_1'}{A_1}\right|^2 = \left|\frac{k_1 - \mathrm{i}\rho_2}{k_1 + \mathrm{i}\rho_2}\right|^2 = 1 \tag{24}$$

如同在经典力学中一样, 粒子只能返回 (全反射). 但是这里仍有一个重要的差别 (在第一章中也曾指出), 这就是: 由于存在着一个隐失波 $\mathrm{e}^{-\rho_2 x}$, 粒子出现在经典理论不允许它进入的空间区域的概率并不等于零, 这个概率随 x 按指数规律减小; 如果 x 超过隐失波的 "穿透深度" $1/\rho_2$, 这个概率便可忽略. 同时, 我们还要注意, 比值 A_1'/A_1 是复数, 因此反射时将出现相位的改变; 从物理上看, 这是由于粒子透入 $x > 0$ 的区域时发生了延迟 (参看补充材料 J_I 的 §1 及 B_{III} 的 §3). 这种相位改变可类比于光被金属反射时的相位改变, 但在经典力学中没有这种类比.

附注:

若 $V_0 \to +\infty$, 则 $\rho_2 \to +\infty$, 于是由 (22) 式及 (23) 式得到:

$$\begin{cases} A_1' \to -A_1 \\ B_2' \to 0 \end{cases} \tag{25}$$

在 $x > 0$ 的区域中, 穿透深度为无限小的那个波也趋向于零. 由于 $(A_1 +$ [72]

$A_1') \to 0$, 故在 $x=0$ 处波函数变为零, 从而保持了它在这个点的连续性; 而它的导数既然从 $2\mathrm{i}kA_1$ 突变为零, 就不再是连续的了. 这是因为在 $x=0$ 处势函数的跳跃度为无穷大, (7) 式中的积分在 η 趋于零时不再趋于零.

b. 势垒

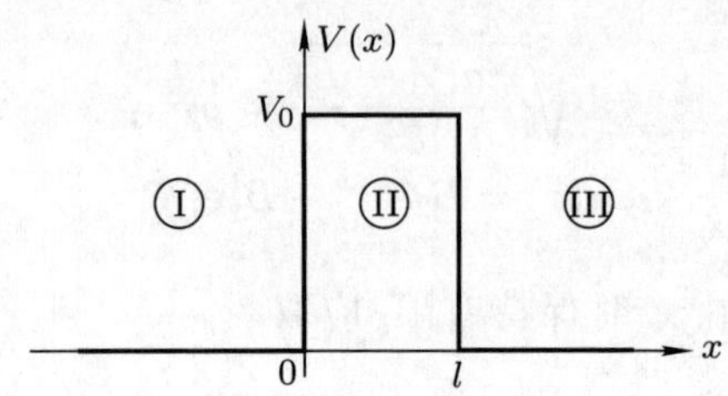

图 1–20　方势垒

α. $E > V_0$① 的情况; 共振

沿用 (9) 式和 (10) 式中的记号, 在区域 Ⅰ$(x<0)$, Ⅱ$(0<x<l)$ 及 Ⅲ$(x>l)$ 中, 我们得到

$$\varphi_{\mathrm{I}}(x) = A_1 \mathrm{e}^{\mathrm{i}k_1 x} + A_1' \mathrm{e}^{-\mathrm{i}k_1 x} \tag{26–a}$$

$$\varphi_{\mathrm{II}}(x) = A_2 \mathrm{e}^{\mathrm{i}k_2 x} + A_2' \mathrm{e}^{-\mathrm{i}k_2 x} \tag{26–b}$$

$$\varphi_{\mathrm{III}}(x) = A_3 \mathrm{e}^{\mathrm{i}k_1 x} + A_3' \mathrm{e}^{-\mathrm{i}k_1 x} \tag{26–c}$$

和上面一样, 我们取 $A_3'=0$ (入射粒子来自 $x=-\infty$ 处). $x=l$ 处的衔接条件将 A_2 和 A_2' 表示为 A_3 的函数, $x=0$ 处的衔接条件将 A_1 和 A_1' 表示为 A_2 和 A_2' 的函数, 从而也表示为 A_3 的函数, 于是我们得到:

$$\begin{aligned} A_1 &= \left[\cos k_2 l - \mathrm{i}\frac{k_1^2+k_2^2}{2k_1k_2}\sin k_2 l\right]\mathrm{e}^{\mathrm{i}k_1 l}A_3 \\ A_1' &= \mathrm{i}\frac{k_2^2-k_1^2}{2k_1k_2}\sin k_2 l\,\mathrm{e}^{\mathrm{i}k_1 l}A_3 \end{aligned} \tag{27}$$

用 A_1'/A_1 和 A_3/A_1 可以算出势垒的反射系数 R 和透射系数 T, 结果是:

$$R = \left|\frac{A_1'}{A_1}\right|^2 = \frac{(k_1^2-k_2^2)^2\sin^2 k_2 l}{4k_1^2k_2^2 + (k_1^2-k_2^2)^2\sin^2 k_2 l} \tag{28–a}$$

[73]

$$T = \left|\frac{A_3}{A_1}\right|^2 = \frac{4k_1^2k_2^2}{4k_1^2k_2^2 + (k_1^2-k_2^2)^2\sin^2 k_2 l} \tag{28–b}$$

很容易验证 $R+T=1$. 利用 (9) 式和 (10) 式于 (28–b) 式, 我们得到:

---

① V_0 可以是正的 (像图 1–20 中所示势垒的情况) 也可以是负的 (势阱).

$$T = \frac{4E(E-V_0)}{4E(E-V_0) + V_0^2 \sin^2[\sqrt{2m(E-V_0)}l/\hbar]} \tag{29}$$

透射系数 T 随 l 变化的情况绘于图 1–21 (E 和 V_0 都已取定); T 在其极小值 $\left[1+\dfrac{V_0^2}{4E(E-V_0)}\right]^{-1}$ 与其极大值 (= 1) 之间周期性地振荡. 这个函数类似于描述法布里–珀罗干涉仪的透射的函数; 如同在光学中那样, 当 l 等于粒子在区域 Ⅱ 中的半波长的整数倍时, 便发生共振 (共振出现在 $T=1$ 时, 也就是 $k_2 l = n\pi$ 时). 如果 $E > V_0$, 在势函数的每个间断点处, 粒子的反射不会引起波函数的相位的改变 (参看 §2–a–α); 正因为如此, 共振条件 $k_2 l = n\pi$ 所对应的 l 值就是可以在区域 Ⅱ 中建立起一系列驻波的宽度. 反之, 如果远离共振点, 则在 $x=0$ 及 $x=l$ 处反射的那些波将因干涉而相消, 于是波函数的值变得很小. 研究了波包的传播 (类似于补充材料 $\mathrm{J_I}$ 中的讨论), 便可以证明, 如果共振条件得到满足, 则波包通过区域 Ⅱ 需费较长的时间; 这个现象在量子力学中叫做**共振散射**.

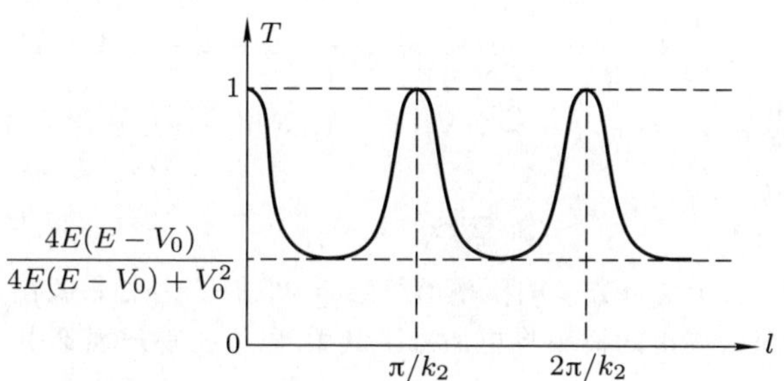

图 1–21　势垒的透射系数 T 随势垒宽度变化的情况 (势垒的高度 V_0 及粒子的能量 E 均已取定). 每当 l 等于区域 Ⅱ 中半波长 π/k_2 的整数倍时, 便发生共振.

β. $E < V_0$ 的情况; 隧道效应

现在应该用 (20) 式代替 (26–b) 式, ρ_2 仍由 (19) 式定义. 利用 $x=0$ 处及 $x=l$ 处的衔接条件, 可以算出势垒的透射系数. 其实, 不必重新计算, 只要在前面 §α 中得到的各式中将 k_2 换成 $-\mathrm{i}\rho_2$ 即可. 这样, 便得到:

$$T = \left|\frac{A_3}{A_1}\right|^2 = \frac{4E(V_0-E)}{4E(V_0-E) + V_0^2 \sinh^2[\sqrt{2m(V_0-E)}l/\hbar]} \tag{30}$$

当然, 仍有 $R = 1-T$. 当 $\rho_2 l \gg 1$ 时,我们有: [74]

$$T \simeq \frac{16E(V_0-E)}{V_0^2}\mathrm{e}^{-2\rho_2 l} \tag{31}$$

在第一章中我们已经看到, 为什么和经典的预言相反, 粒子越过势垒的概率不等于零. 在区域 Ⅱ 中, 波函数并不为零, 而是表现为穿透深度为 $1/\rho_2$ 的 “隐失波"; 当 $l \leqslant 1/\rho_2$ 时, 粒子以 "隧道效应" 穿过势垒的概率便相当大了. 这个效应在物理上有很多应用, 诸如: 氨分子的反转 (参看补充材料 G_{IV}), 隧道二极管, 约瑟夫森效应, 某些原子核的 α 衰变, 等等.

对于电子, 隐失波的穿透深度为

$$\left(\frac{1}{\rho_2}\right)_{电子} \simeq \frac{1.96}{\sqrt{V_0 - E}}\text{Å} \tag{32}$$

式中 E 和 V_0 的单位都是 eV [在补充材料 A_I 的 (8) 式中, 用 $2\pi/\rho_2$ 代替 $\lambda = 2\pi/k$, 便立即得到这个公式]. 现在来考虑一个能量为 1eV 的电子, 它遇到一个 $V_0 = 2\text{eV}, l = 1\text{Å}$ 的势垒, 于是其隐失波的穿透深度为 1.96Å, 与 l 同数量级, 因而电子越过势垒的概率应该是相当大的. 实际上, 在这种情况下, 公式 (30) 确实给出:

$$T \simeq 0.78 \tag{33}$$

它表明量子结果与经典结果根本不同: 电子穿过势垒的概率约为每十次中有八次.

现在假设入射粒子是一个质子 (它的质量约为电子质量的 1840 倍), 其穿透深度 $1/\rho_2$ 应为

$$\left(\frac{1}{\rho_2}\right)_{质子} \simeq \frac{1.96}{\sqrt{1840(V_0 - E)}}\text{Å} \simeq \frac{4.6}{\sqrt{V_0 - E}}10^{-2}\text{Å} \tag{34}$$

如果沿用上列数据: $E = 1\text{eV}, V_0 = 2\text{eV}, l = 1\text{Å}$, 则现在的穿透深度 $1/\rho_2$ 甚小于 l, 于是公式 (31) 给出:

$$T \simeq 4 \times 10^{-19} \tag{35}$$

即在这些条件下, 质子越过势垒的概率已可忽略. 更进一步, 如果我们竟然将 (31) 式应用于宏观物体, 那么算出的概率将更加微乎其微, 以致在物理现象中不起任何作用.

c. 束缚态; 方势阱

α. 深度有限的势阱 (图 1–22)

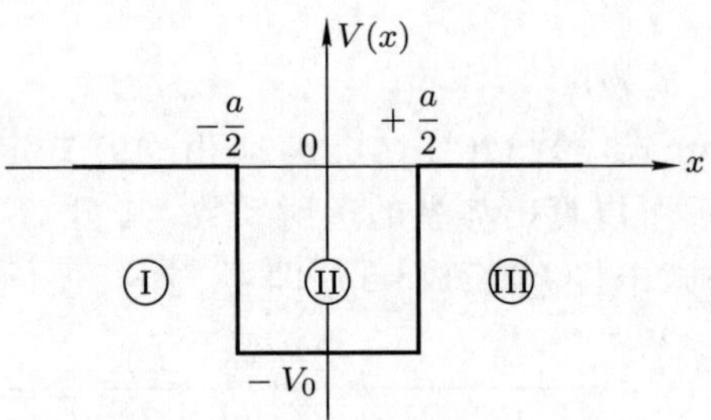

图 1–22　方势阱

在这里我们只研究一种情况: $-V_0 < E < 0$ ($E > 0$ 的情况已包含在前面 b–α 那一段的计算中).

[75] 在区域 Ⅰ $\left(x < -\dfrac{a}{2}\right)$, Ⅱ $\left(-\dfrac{a}{2} \leqslant x \leqslant \dfrac{a}{2}\right)$, Ⅲ $\left(x > \dfrac{a}{2}\right)$ 中, 分别有:

$$\varphi_{\mathrm{I}}(x) = B_1 \mathrm{e}^{\rho x} + B_1' \mathrm{e}^{-\rho x} \tag{36–a}$$

$$\varphi_{\mathrm{II}}(x) = A_2 \mathrm{e}^{\mathrm{i}kx} + A_2' \mathrm{e}^{-\mathrm{i}kx} \tag{36–b}$$

$$\varphi_{\mathrm{III}}(x) = B_3 \mathrm{e}^{\rho x} + B_3' \mathrm{e}^{-\rho x} \tag{36–c}$$

式中

$$\rho = \sqrt{-\frac{2mE}{\hbar^2}} \tag{37}$$

$$k = \sqrt{\frac{2m(E+V_0)}{\hbar^2}} \tag{38}$$

由于 $\varphi(x)$ 在区域 I 中应是有限的, 故应取

$$B_1' = 0 \tag{39}$$

于是在 $x = -\frac{a}{2}$ 处的衔接条件给出

$$\begin{aligned} A_2 &= \mathrm{e}^{(-\rho+\mathrm{i}k)a/2} \frac{\rho+\mathrm{i}k}{2\mathrm{i}k} B_1 \\ A_2' &= -\mathrm{e}^{-(\rho+\mathrm{i}k)a/2} \frac{\rho-\mathrm{i}k}{2\mathrm{i}k} B_1 \end{aligned} \tag{40}$$

在 $x = \frac{a}{2}$ 处的衔接条件又给出:

$$\begin{aligned} \frac{B_3}{B_1} &= \frac{\mathrm{e}^{-\rho a}}{4\mathrm{i}k\rho}[(\rho+\mathrm{i}k)^2 \mathrm{e}^{\mathrm{i}ka} - (\rho-\mathrm{i}k)^2 \mathrm{e}^{-\mathrm{i}ka}] \\ \frac{B_3'}{B_1} &= \frac{\rho^2+k^2}{2k\rho} \sin ka \end{aligned} \tag{41}$$

但是 $\varphi(x)$ 在区域 Ⅲ 中也必须是有限的, 故应取 $B_3 = 0$, 这相当于

$$\left(\frac{\rho-\mathrm{i}k}{\rho+\mathrm{i}k}\right)^2 = \mathrm{e}^{2\mathrm{i}ka} \tag{42}$$ [76]

由于 ρ 和 k 依赖于 E, 因此方程 (42) 只能被 E 的某些值所满足. 由此可见, 规定了 $\varphi(x)$ 应处处有限, 便导致能量的量子化. 更详细一些, 应分为两种可能的情况:

(i) 如果

$$\frac{\rho-\mathrm{i}k}{\rho+\mathrm{i}k} = -\mathrm{e}^{\mathrm{i}ka} \tag{43}$$

便有

$$\frac{\rho}{k} = \tan\left(\frac{ka}{2}\right) \tag{44}$$

令

$$k_0=\sqrt{\frac{2mV_0}{\hbar^2}}=\sqrt{k^2+\rho^2} \tag{45}$$

我们便得到

$$\frac{1}{\cos^2\left(\frac{ka}{2}\right)}=1+\tan^2\frac{ka}{2}=\frac{k^2+\rho^2}{k^2}=\left(\frac{k_0}{k}\right)^2 \tag{46}$$

于是方程 (43) 就等价于下列方程组:

$$\begin{cases}\left|\cos\left(\frac{ka}{2}\right)\right|=\frac{k}{k_0} & \text{(47–a)}\\ \tan\left(\frac{ka}{2}\right)>0 & \text{(47–b)}\end{cases}$$

[77] 由此可见, 能级决定于斜率为 $1/k_0$ 的直线与余弦曲线 (用长划虚线绘于图 1–23 中) 的交点. 于是, 我们可以求得若干个能级, 与它们对应的波函数都是偶函数; 实际上, 若将 (43) 式代入 (40) 式及 (41) 式, 便很容易证明: $B_3'=B_1, A_2=A_2'$, 从而便知 $\varphi(-x)=\varphi(x)$.

(ii) 如果

$$\frac{\rho-\mathrm{i}k}{\rho+\mathrm{i}k}=\mathrm{e}^{\mathrm{i}ka} \tag{48}$$

用同样的算法, 可以得到

$$\begin{cases}\left|\sin\left(\frac{ka}{2}\right)\right|=\frac{k}{k_0} & \text{(49–a)}\\ \tan\left(\frac{ka}{2}\right)<0 & \text{(49–b)}\end{cases}$$

由此可见, 能级决定于上述那条直线与正弦曲线 (用短划虚线绘于图 1–23 中) 的交点. 这样求得的能级位于在 (i) 中求得的诸能级之间; 很容易证明, 与它们对应的波函数都是奇的.

附注:

如果 $k_0\leqslant\frac{\pi}{a}$, 也就是说, 如果

$$V_0\leqslant V_1=\frac{\pi^2\hbar^2}{2ma^2} \tag{50}$$

则由图 1–23 可以看出, 这时粒子只有一个束缚态, 对应于偶波函数, 然后, 如果 $V_1\leqslant V_0<4V_1$, 便出现第一个奇能级, 照此类推: V_0 继续增大时, 偶能级与奇能级便交替出现. 如果 $V_0\gg V_1$, 则图 1–23 中那条直线的斜率 $1/k_0$ 便非常小, 对于那些最低的能级, 我们实际上有

$$k=\frac{n\pi}{a} \tag{51}$$

式中 n 为整数, 因而便有

$$E = \frac{n^2\pi^2\hbar^2}{2ma^2} - V_0 \tag{52}$$

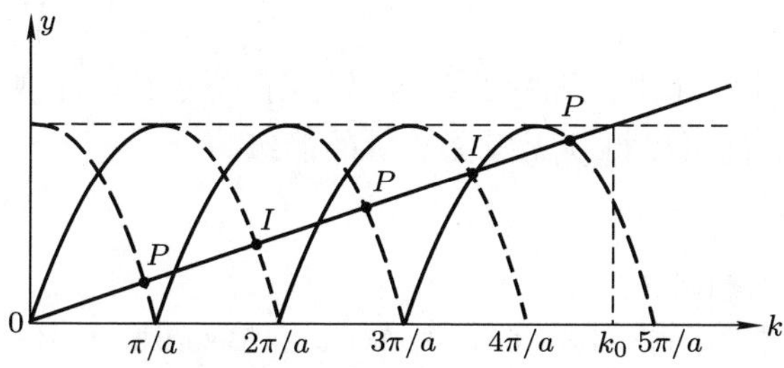

图 1–23 用作图法解方程 (42), 得到方势阱中粒子的束缚态能量. 在图中所示的情况下有五个束缚态, 三个对应于偶波函数 (图中的 P 点), 两个对应于奇波函数 (图中的 I 点)

β. 无限深势阱

假设在区间 $0 < x < a$ 内 $V(x)$ 为零, 在其他各点, $V(x)$ 为无限大. 令

$$k = \sqrt{\frac{2mE}{\hbar^2}} \tag{53}$$

根据这篇材料的 §2–a–β 中的附注, $\varphi(x)$ 在区间 $[0,a]$ 之外为零, 在 $x=0$ 及 $x=a$ 处连续. 但在区间 $0 \leqslant x \leqslant a$ 上, 有 [78]

$$\varphi(x) = A\mathrm{e}^{\mathrm{i}kx} + A'\mathrm{e}^{-\mathrm{i}kx} \tag{54}$$

由于 $\varphi(0)=0$, 可以导出 $A'=-A$, 从而:

$$\varphi(x) = 2\mathrm{i}A\sin kx \tag{55}$$

又因 $\varphi(a)=0$, 从而得到

$$k = \frac{n\pi}{a} \tag{56}$$

式中 n 为任意正整数. 若将函数 (55) 归一化, 并利用 (56) 式, 便得到定态波函数:

$$\varphi_n(x) = \sqrt{\frac{2}{a}}\sin\left(\frac{n\pi x}{a}\right) \tag{57}$$

对应的能量是

$$E_n = \frac{n^2\pi^2\hbar^2}{2ma^2} \tag{58}$$

因此, 在这种情况下, 能级的量子化规律特别简单.

附注:

(i) (56) 式简洁地表明, 决定定态的条件是: 势阱的宽度 a 应为半波长 π/k 的整数倍. 但若势阱的深度是有限的, 则结果并不如此 (参看前面的 §α), 两种情况的差异来源于粒子受势阶反射时其波函数的相位的改变 (参看 §2–a–β).

(ii) 利用 (51) 式和 (52) 式很容易证明, 若令有限深势阱的深度 V_0 无限增大, 我们便可以得到无限深势阱的能级.

参考文献和阅读建议:

Eisberg 和 Resnik (1.3) 第 6 章; Ayant 和 Belorizky (1.10) 第 4 章; Messiah (1.17) 第 3 章; Merzbacher (1.16) 第 6 章; Valentin (16.1) 附录 V.

补充材料 J_I

波包在势阶处的行为 [79]

1. 全反射: $E < V_0$
2. 部分反射: $E > V_0$

在补充材料 H_I 中, 我们求出了受 “方形” 势作用的粒子的定态. 在某些情况下, 譬如势函数呈阶梯形状时, 我们所得到的定态是由无限延伸的平面波 (入射波, 反射波及透射波) 构成的. 当然, 由于这些波函数不能归一化, 它们并不真正表示粒子的物理状态. 但是, 我们可以将这些波线性叠加起来以获得可以归一化的波包. 此外, 由于这样一个波包可以直接按定态波函数展开, 我们便很容易研究它随时间的演变; 为此, 只要给展开式中的每一个系数乘上角频率 $E/\hbar$ 为确定值的虚指数函数 $\mathrm{e}^{-\mathrm{i}Et/\hbar}$ 即可 (第一章 §D–1–b).

在这篇材料中, 我们要组成这样的波包, 并研究它随时间的演变, 所涉及的势呈 “阶梯” 形, 高度为 V_0, 如补充材料 H_I 的图 1–19 所示. 知道了波包的运动及变形的情况, 便可以精确地描述与它相联系的粒子遇到势阶时的量子行为. 此外, 根据这些知识, 只要研究定态, 我们便可以证明在补充材料 H_I 中得到的那些结果 (反射系数, 透射系数, 反射时的延迟, ……).

我们令

$$\sqrt{\frac{2mE}{\hbar^2}} = k$$
$$\sqrt{\frac{2mV_0}{\hbar^2}} = K_0 \tag{1}$$

并且像在补充材料 H_I 中那样, 把 k 小于或大于 K_0 这两种情况分开讨论.

1. 全反射: $E < V_0$

在这种情况下, 定态波函数由补充材料 H_I 中的 (11) 式和 (20) 式给出 (在这里将 k_1 记为 k), 此两式中的系数 A_1, A_1' 及 B_2, B_2' 由 H_I 的 (21)、(22) 及 (23) 式联系.

我们现在就从这些定态波函数出发, 用线性叠加的方法来做一个波包. 我们只取比 K_0 小的 k 值; 这样一来, 组成波包的那些波便都是遭到全反射的波
[80] 了. 为此, 当 $k > K_0$ 时, 描述波包特性的函数 $g(k)$的值应取作零. 我们着重考虑 x 为负值的区域, 即势阶的左侧. 在补充材料 $\mathrm{H_I}$ 中, (22) 式表明, 这个区域中的定态波函数的表示式 (11) 中的系数 A_1, A_1' 的模相等. 因此, 可以令

$$\frac{A_1'(k)}{A_1(k)} = \mathrm{e}^{-2\mathrm{i}\theta(k)} \tag{2}$$

而且有 [参看 $\mathrm{H_I}$ 的 (19) 式]:

$$\tan\theta(k) = \frac{\sqrt{K_0^2 - k^2}}{k} \tag{3}$$

于是, 在 $t = 0$ 时, 对于负的 x, 可将我们构成的波包写作:

$$\psi(x,0) = \frac{1}{\sqrt{2\pi}}\int_0^{K_0} \mathrm{d}k g(k)[\mathrm{e}^{\mathrm{i}kx} + \mathrm{e}^{-2\mathrm{i}\theta(k)}\mathrm{e}^{-\mathrm{i}kx}] \tag{4}$$

如同在第一章的 §C 中那样, 我们假设 $|g(k)|$ 在 $k = k_0 < K_0$ 附近宽度为 Δk 的范围内具有显著的峰值.

为了得到任意时刻 t 的波函数 $\psi(x,t)$ 的表示式, 只需应用第一章的普遍公式 (D–14):

$$\psi(x,t) = \frac{1}{\sqrt{2\pi}}\int_0^{K_0} \mathrm{d}k g(k)\mathrm{e}^{\mathrm{i}[kx-\omega(k)t]} + \frac{1}{\sqrt{2\pi}}\int_0^{K_0} \mathrm{d}k g(k)\mathrm{e}^{-\mathrm{i}[kx+\omega(k)t+2\theta(k)]} \tag{5}$$

式中 $\omega(k) = \hbar k^2/2m$. 按照我们的做法, 这个公式只适用于负的 x. 它的第一项表示入射波包, 第二项表示反射波包. 为简单起见, 假设 $g(k)$ 是实函数. 利用稳定相位条件 (参看第一章 §C–2) 可以算出入射波包中心的位置 x_i; 为此, 只需令第一个指数函数的辐角对 k 的导数在 $k = k_0$ 时的值等于零, 这样便得到:

$$x_\mathrm{i} = t\left[\frac{\mathrm{d}\omega}{\mathrm{d}k}\right]_{k=k_0} = \frac{\hbar k_0}{m}t \tag{6}$$

同样, 从第二个指数函数的辐角的导数便可以得到反射波包中心的位置 x_r, 先微分 (3) 式, 得到:

$$\begin{aligned}[1+\tan^2\theta]\mathrm{d}\theta &= \left[1 + \frac{K_0^2-k^2}{k^2}\right]\mathrm{d}\theta \\ &= -\frac{\mathrm{d}k}{k^2}\sqrt{K_0^2-k^2} - \frac{\mathrm{d}k}{\sqrt{K_0^2-k^2}}\end{aligned} \tag{7}$$

[81] 或写作

$$\frac{K_0^2}{k^2}\mathrm{d}\theta = -\frac{K_0^2}{k^2}\frac{1}{\sqrt{K_0^2-k^2}}\mathrm{d}k \tag{8}$$

于是求得

$$x_{\mathrm{r}} = -\left[t\frac{\mathrm{d}\omega}{\mathrm{d}k}+2\frac{\mathrm{d}\theta}{\mathrm{d}k}\right]_{k=k_0} = -\frac{\hbar k_0}{m}t+\frac{2}{\sqrt{K_0^2-k_0^2}} \tag{9}$$

对于局限在以 x_{i} 或 x_{r} 为中心的微小范围 Δx 内的粒子, 可以用 (6) 式或 (9) 式精确地描述其运动.

我们首先考虑 t 为负值的情况. 这时入射波包的中心 x_{i} 以恒定速度 $\hbar k_0/m$ 从左向右运动. 另一方面, 从 (9) 式可以看出, 这时 x_{r} 是正的, 也就是说, x_{r} 在 $x<0$ 的区域 [在这个区域中, 波函数的表示式 (5) 成立] 以外, 由此可见, 对于 x 的一切负值, 在 (5) 式第二项中参与叠加的那些波是相消干涉的: 对于负的 t, 没有反射波包, 只有入射波包, 这和第一章 §C 中所讨论的情况相似.

入射波包的中心在 $t=0$ 时到达势阶. 在 $t=0$ 前后的一小段时间内, 波包位于势阶所在的 $x\simeq 0$ 处的邻近区域中, 它的形状是比较复杂的. 但是, 当 t 充分大时, 从 (6) 式和 (9) 式可以看出, 消失了的正是入射波包, 而只剩下反射波包了; 因为现在 x_{i} 变成正的, x_{r} 反而变成负的了. 这就是说, 对于 x 的一切负值, 构成入射波包的那些波是相消干涉的, 而构成反射波包的那些波在 $x=x_{\mathrm{r}}<0$ 处则是相长干涉的. 反射波包以速度 $-\hbar k_0/m$ 向左运动, 这与入射波包在遇到势阶以前的速度相反, 波包的形状保持不变① (不考虑对称性). 此外 (9) 式表明, 反射引起了延迟 τ, 其值为

$$\tau = -2\left[\frac{\mathrm{d}\theta/\mathrm{d}k}{\mathrm{d}\omega/\mathrm{d}k}\right]_{k=k_0} = \frac{2m}{\hbar k_0\sqrt{K_0^2-k^2}} \tag{10}$$

和经典力学的预言相反, 粒子的反射不是瞬时实现的; 要注意, 对于给定的 k 值, 延迟 τ 和入射波与反射波之间的相位差 $2\theta(k)$ 有关; 但是波包的延迟又不是简单地正比于 $\theta(k_0)$[无限延伸的平面波才是这样], 而是正比于导数 $\mathrm{d}\theta/\mathrm{d}k$ 在 $k=k_0$ 时的值. 从物理上看, 延迟的起因是: 在靠近零的时刻 t, 粒子出现在经典理论所不容的区域 $x>0$ 内的概率并不为零 [隐失波, 参看下面的附注 (i)]; 说得形象化一点, 在这个区域中, 粒子在反转其运动方向之前耗费了一段时
间, 其数量级为 τ. 公式 (10) 表明, 波包的平均能量 $\hbar^2k_0^2/2m$ 越是接近势阶的 [82]
高度 V_0, 延迟 τ 就越长.

附注:

(i) 在上面, 我们专门研究了在 $x<0$ 的区域中的波包, 当然, 也可以研究

① 假设 Δk 充分小, 以便忽略在我们所考虑的时间间隔内波包的扩展.

$x>0$ 的情况. 事实上, 在这个区域中, 可以将波包写作

$$\psi(x,t)=\frac{1}{\sqrt{2\pi}}\int_0^{K_0}\mathrm{d}k g(k)B_2'(k)\mathrm{e}^{-\rho(k)x}\mathrm{e}^{-\mathrm{i}\omega(k)t} \tag{11}$$

式中

$$\rho(k)=\sqrt{K_0^2-k^2} \tag{12}$$

$B_2'(k)$ 仍由补充材料 $\mathrm{H_I}$ 中的 (23) 式给出, 不过在该式中要将 A_1 换成 1, 将 k_1 换成 k, 将 ρ_2 换成 ρ. 于是, 仿照第一章 §C–2 中的推理, 可以证明, 如果要对 k 积分的函数的相位是恒定的, 则 (11) 式的模 $|\psi(x,t)|$ 为极大值. 但是根据 $\mathrm{H_I}$ 中的 (22) 式和 (23) 式, B_2' 的辐角是 A_1' 的一半, 而后者按 (2) 式应为 $-2\theta(k)$. 因此, 如果将 $\omega(k)$ 和 $\theta(k)$ 在 $k=k_0$ 的邻域中展开, 我们便得到 (11) 式中要对 k 积分的函数的相位:

$$\left\{-\left[\frac{\mathrm{d}\theta}{\mathrm{d}k}\right]_{k=k_0}-\left[\frac{\mathrm{d}\omega}{\mathrm{d}k}\right]_{k=k_0}t\right\}(k-k_0)=-\frac{\hbar k_0}{m}(k-k_0)\left(t-\frac{\tau}{2}\right) \tag{13}$$

[在这里引用了 (10) 式, 并注意到已经假定 $g(k)$ 是实函数]. 由此可以推知, $t=\dfrac{\tau}{2}$ 时①, 在 $x>0$ 的区域中 $|\psi(x,t)|$ 为极大值. 由此可见, 波包在 $\tau/2$ 这个时刻反向, 由此又可求出前面已经得到的反射延迟 τ. 从 (13) 式还可以看出, 一旦 $\left|t-\dfrac{\tau}{2}\right|$ 超过下式中的 Δt:

$$\frac{\hbar k_0}{m}\Delta k\Delta t\simeq 1 \tag{14}$$

[此处的 Δk 是 $g(k)$ 的宽度], 组成波包的那些波的相位将各不相同, 用以决定 $|\psi(x,t)|$ 的 (11) 式就可以忽略了. 因此, 在数量级为

$$\Delta t=\frac{1/\Delta k}{\hbar k_0/m} \tag{15}$$

的一段时间 Δt 内, 整个波包仍然在 $x>0$ 的区域中; 这段时间大约相当于波包在 $x<0$ 的区域中走过可以与其宽度相比拟的距离 $1/\Delta k$ 所需的时间.

(ii) 由于已经假设 Δk 小于 k_0 和 K_0, 比较 (10) 式和 (15) 式便可看出:

$$\Delta t\gg\tau \tag{16}$$

[83] 因此, 波包的反射延迟发生在甚小于其宽度的一段路程中.

2. 部分反射: $E>V_0$

现在我们来考虑这样一个函数 $g(k)$, 其宽度 Δk 的中心是 $k=k_0>K_0$, 而且当 $k<K_0$ 时, 其值为零. 在这种情况下, 将乘以系数 $g(k)$ 的定态波函数叠

① 注意: 在 (13) 式中相位与 x 无关, 这和第一章中自由波包的情况相反; 由此可以推知, 在 $x>0$ 的区域内, $|\psi(x,t)|$ 并无随着时间而推移的明显峰值.

加起来就得到波包, 波函数的表示式就是补充材料 $\mathrm{H_I}$ 中的 (11) 式和 (12) 式. 我们取 $A_2'=0$, 也就是说, 粒子遇到势阶以前来自 $x<0$ 的区域; 还取 $A_1=1$. 用补充材料 $\mathrm{H_I}$ 中的 (13) 式和 (14) 式 (将其中的 A_1 换成 1, k_1 换成 k, k_2 换成 $\sqrt{k^2-K_0^2}$) 可以求得系数 $A_1'(k)$ 和 $A_2(k)$. 为了将波包写成一个式子而又能适用于 x 的所有数值, 可以利用亥维赛的 "阶跃函数", 其定义如下:

$$\begin{aligned} &\theta(x)=0 \quad (\text{当 } x<0 \text{ 时})\\ &\theta(x)=1 \quad (\text{当 } x>0 \text{ 时}) \end{aligned} \tag{17}$$

于是可将所讨论的波包写作

$$\begin{aligned} \psi(x,t)=\theta(-x)\frac{1}{\sqrt{2\pi}}&\int_{K_0}^{+\infty}\mathrm{d}k\,g(k)\mathrm{e}^{\mathrm{i}[kx-\omega(k)t]}\\ +\theta(-x)\frac{1}{\sqrt{2\pi}}&\int_{K_0}^{+\infty}\mathrm{d}k\,g(k)A_1'(k)\mathrm{e}^{-\mathrm{i}[kx+\omega(k)t]}\\ +\theta(x)\frac{1}{\sqrt{2\pi}}&\int_{K_0}^{+\infty}\mathrm{d}k\,g(k)A_2(k)\mathrm{e}^{\mathrm{i}[\sqrt{k^2-K_0^2}x-\omega(k)t]} \end{aligned} \tag{18}$$

现在有三个波包: 入射的、反射的以及透射的. 像在上面的 §1 中那样, 这些波包中心的位置 $x_{\mathrm{i}}, x_{\mathrm{r}}, x_{\mathrm{t}}$ 都取决于稳定相位条件. 由于 $A_1'(k)$ 和 $A_2(k)$ 是实数, 可以求得:

$$x_{\mathrm{i}}=\frac{\hbar k_0}{m}t \tag{19–a}$$

$$x_{\mathrm{r}}=-\frac{\hbar k_0}{m}t \tag{19–b}$$

$$x_{\mathrm{t}}=\frac{\hbar\sqrt{k_0^2-K_0^2}}{m}t \tag{19–c}$$

类似于对 (6) 式和 (9) 式的讨论导致下述结论: 对于负的 t 值, 只存在入射波包; 对于正的充分大的 t 值, 只存在反射波包和透射波包 (图 1–24). 注意: 在这里既没有反射延迟也没有透射延迟 [原因在于 $A_1'(k)$ 和 $A_2(k)$ 是实数].

入射波包和反射波包分别以速度 $\hbar k_0/m$ 和 $-\hbar k_0/m$ 运动. 假设 Δk 充分小, 以致在区间 $\left[k_0-\dfrac{\Delta k}{2}, k_0+\dfrac{\Delta k}{2}\right]$ 内与 $g(k)$ 的变化相较, 可以不考虑 $A_1'(k)$ [84]
的变化; 于是在 (18) 式的第二项中 $A_1'(k)$ 可代之以 $A_1'(k_0)$, 并可将它提到积分号外. 由此很容易看出, 反射波包的形状 (除对称性以外) 和入射波包的一样, 但它的高度降低了. 这是因为 (根据补充材料 $\mathrm{H_I}$ 中的 (13) 式) $A_1'(k_0)$ 是小于 1 的. 按定义, 反射系数就是在反射波包中找到粒子的总概率和在入射波包中找到粒子的总概率之比, 因而有 $R=|A_1'(k_0)|^2$, 与补充材料 $\mathrm{H_I}$ 的 (15) 式一致 [注意, 我们已经取 $A_1(k_0)=1$].

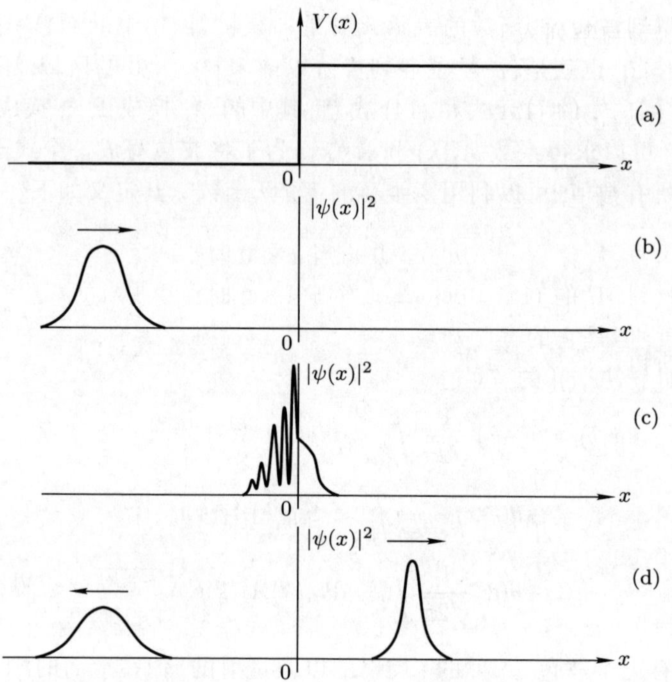

图 1–24 $E > V_0$ 时波包在势阶处的行为. 势函数绘于图 a. 在图 b 中, 波包正向着势阶前进. 图 c 表示过渡期间的波包, 这时波包分裂为两部分. 在区域 $x < 0$ 中的那一部分, 波包呈现多次起伏, 这是入射波与反射波干涉所致. 过了一段时间之后 (图 d), 出现两个波包. 第一个 (反射波包) 返回左方, 它的高度小于入射波包, 但宽度不变. 第二个 (透射波包) 向右方前进, 其高度稍大于入射波包, 但宽度缩小了.

对于透射波包, 情况就不一样了. 事实上, 我们仍然可以利用 Δk 甚小这
[85] 一前提去简化它的表示式. 将 $A_2(k)$代之以 $A_2(k_0)$, 将 $\sqrt{k^2-K_0^2}$ 代之以下列近似值:

$$\sqrt{k^2-K_0^2} \simeq \sqrt{k_0^2-K_0^2} + (k-k_0)\left[\frac{\mathrm{d}\sqrt{k^2-K_0^2}}{\mathrm{d}k}\right]_{k=k_0}$$
$$\simeq q_0 + (k-k_0)\frac{k_0}{q_0} \tag{20}$$

其中

$$q_0 = \sqrt{k_0^2-K_0^2} \tag{21}$$

于是可将透射波包写作:

$$\psi_{\mathrm{t}}(x,t) \simeq A_2(k_0)\mathrm{e}^{\mathrm{i}q_0 x}\frac{1}{\sqrt{2\pi}}\int_{K_0}^{+\infty}\mathrm{d}k g(k)\mathrm{e}^{\mathrm{i}[(k-k_0)\frac{k_0}{q_0}x-\omega(k)t]} \tag{22}$$

比较这个式子与下列入射波包的式子

$$\psi_{\rm i}(x,t)={\rm e}^{{\rm i}k_0x}\frac{1}{\sqrt{2\pi}}\int_{K_0}^{+\infty}{\rm d}k g(k){\rm e}^{{\rm i}[(k-k_0)x-\omega(k)t]} \tag{23}$$

我们可以看出:

$$|\psi_{\rm t}(x,t)|\simeq A_2(k_0)\left|\psi_{\rm i}\left(\frac{k_0}{q_0}x,t\right)\right| \tag{24}$$

根据补充材料 H_I 的 (14) 式, $A_2(k_0)$ 大于 1, 因而透射波包的高度略大于入射波包的高度; 但是它的宽度却较小, 这是因为: 如果 $|\psi_{\rm i}(x,t)|$ 的宽度为 Δx, 则 (24) 式表明 $|\psi_{\rm t}(x,t)|$ 的宽度为:

$$(\Delta x)_{\rm t}=\frac{q_0}{k_0}\Delta x \tag{25}$$

因而透射系数 (粒子出现在透射波包中的总概率与粒子出现在入射波包中的总概率之比) 可以表示为两个因子的乘积:

$$T=\frac{q_0}{k_0}|A_2(k_0)|^2 \tag{26}$$

这个结果和补充材料 H_I 中的 (16) 式完全一致 (注意已取 $A_1(k_0)=1$). 最后, 我们指出, 考虑到沿 Ox 轴运动的透射波包的收缩, 可以求得它的速度是

$$V_{\rm t}=\frac{\hbar k_0}{m}\times\frac{q_0}{k_0}=\frac{\hbar q_0}{m} \tag{27}$$

参考文献和阅读建议:

Schiff (1.18) 第 5 章, 图 16, 17, 18, 19; Eisberg 和 Resnick (1.3) §6–3, 图 6–8; 还可参看文献 (1.32).

补充材料 K_I

[86] 练习

1. 将能量为 E、具有同一恒定速度的中子 (其质量 $M_n \simeq 1.67\times10^{-27}$kg) 构成的中子束, 投射到图 1–25 中所示的由原子核 (譬如, 线性长分子中的那些核) 规则排列而成的列阵上. 用 l 表示相邻两核之间的距离, d 表示核的线度 ($d \ll l$), 在与中子入射方向成 θ 角的方向上很远的地方安置着一个中子探测器 D.

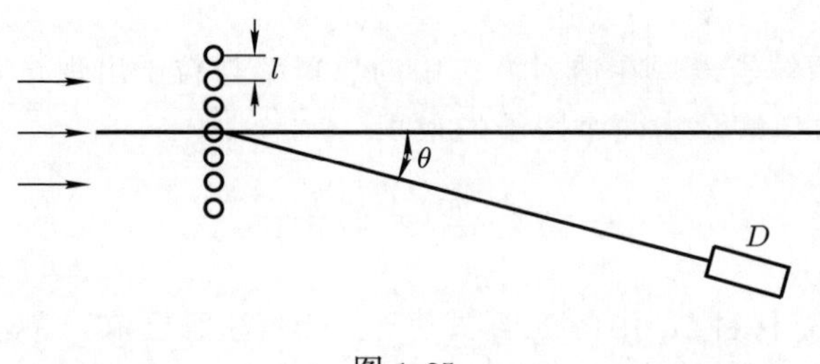

图 1–25

a. 试定性地描述当入射中子的能量 E 变化时, 在 D 中观察到的现象.

b. 作为 E 的函数的计数率在 $E = E_1$ 附近呈现共振式的变化. 已知在 $E < E_1$ 的范围内没有其他共振点, 试证: 据此便可以确定 l. 若给定 $\theta = 30°$, $E_1 = 1.3\times10^{-20}$ J, 试计算 l 的值.

c. 从多大的 E 值开始才需要考虑核的有限线度?

2. 在 "δ 函数型" 势阱中的粒子的束缚态

考虑一个粒子, 它的哈密顿算符 [由第一章公式 (D–10) 所定义的算符] 可以写作

$$H = -\frac{\hbar^2}{2m}\frac{\mathrm{d}^2}{\mathrm{d}x^2} - \alpha\delta(x)$$

式中 α 是一个正常数, 它的量纲待定.

a. 试从 $-\varepsilon$ 到 $+\varepsilon$ 积分 H 的本征值方程; 令 ε 趋于 0, 试证本征函数 $\varphi(x)$ 的导数在 $x = 0$ 处是不连续的, 并将其跃度表示为 α、m 及 $\varphi(0)$ 的函数.

b. 假设粒子的能量 E 是负的 (束缚态). 此时可将 $\varphi(x)$ 写作:

$$x < 0 \quad \varphi(x) = A_1\mathrm{e}^{\rho x} + A_1'\mathrm{e}^{-\rho x}$$

$$x > 0 \quad \varphi(x) = A_2\mathrm{e}^{\rho x} + A_2'\mathrm{e}^{-\rho x}$$

式中 ρ 是一个常数, 试将它表示为 E 和 m 的函数. 利用上题的结果计算由下式定义的矩阵 M:

$$\begin{pmatrix} A_2 \\ A_2' \end{pmatrix} = M \begin{pmatrix} A_1 \\ A_1' \end{pmatrix}$$ [87]

注意到 $\varphi(x)$ 应是平方可积的, 试由此求出能量的可能值. 算出对应的归一化的波函数.

c. 试描绘这些波函数的曲线并求出它们的宽度 Δx 的数量级.

d. 当粒子处于上面算出的某一个归一化的定态时, 测量其动量得到的结果介于 p 和 $p+\mathrm{d}p$ 之间的概率 $\overline{\mathrm{d}\mathscr{P}}(p)$ 如何? 使这个概率取极大值的 p 值如何? 在哪一个区域中 (长度为 Δp), 这个概率具有显著的数值? 乘积 $\Delta x \cdot \Delta p$ 的数量级是多大?

3. "δ 函数型" 势垒的透射

假设粒子所在的势场与上题相同, 但现在粒子沿 Ox 轴从左向右运动时其能量 E 是正的.

a. 试证粒子的一个定态可以写作

$$\begin{cases} \text{当 } x < 0 \text{ 时} \quad \varphi(x) = \mathrm{e}^{\mathrm{i}kx} + A\mathrm{e}^{-\mathrm{i}kx} \\ \text{当 } x > 0 \text{ 时} \quad \varphi(x) = B\mathrm{e}^{\mathrm{i}kx} \end{cases}$$

式中 k、A 及 B 都是常数, 试将它们表为 E、m 及 α 的函数 (注意, 在 $x=0$ 处 $\mathrm{d}\varphi/\mathrm{d}x$ 是不连续的).

b. 令 $-E_L = -m\alpha^2/2\hbar^2$ (粒子的束缚态的能量). 试求势垒的反射系数 R 和透射系数 T, 将它们表为无量纲参量 E/E_L 的函数. 这些系数如何随 E 而变? $E \to \infty$ 时结果如何? 怎样解释? 试证: 若将 T 的表示式推广到 E 为负值的情况, 则当 $E \to -E_L$ 时, 结果是发散的; 怎样解释这个结果?

4. 利用傅里叶变换重做练习 2.

a. 写出 H 的本征值方程及其傅里叶变换式. 试由此直接导出 $\varphi(x)$ 的傅里叶变换 $\overline{\varphi}(p)$, 将它表示为 p、E、α 及 $\varphi(0)$ 的函数. 证明负的 E 只可能取一个值. 因此用这种方法只能求出粒子的束缚态, 而不能求出非束缚态, 这是为什么? 然后计算 $\varphi(x)$ 并证明用这种方法可以求出练习 2 中的全部结果.

b. 粒子的平均动能可以写作 (参看第三章)

$$E_c = \frac{1}{2m}\int_{-\infty}^{+\infty} p^2 |\overline{\varphi}(p)|^2 \mathrm{d}p$$

试证: 若 $\overline{\varphi}(p)$ 是 "充分正规" 的函数, 便有 [88]

$$E_c = -\frac{\hbar^2}{2m}\int_{-\infty}^{+\infty}\varphi^*(x)\frac{\mathrm{d}^2\varphi}{\mathrm{d}x^2}\mathrm{d}x$$

这些公式使我们可以用两种不同的方法求得粒子处于 a) 中已算出的束缚态时的能量 E_c, 所得结果如何? 注意, 在题设的情况下, $\varphi(x)$ 在 $x=0$ 处是不正规的, 在该点其导数是间断的. 于是必须在分布的意义下求 $\varphi(x)$ 的导数. 结果使得间断点 $x=0$ 对所求的平均值是有贡献的. 试就下述情况解释这项贡献的物理意义: 我们考虑一个方势阱, 其中心在 $x=0$ 处, 其宽度 a 趋向零而深度 V_0 趋向无穷大 (但保持 $aV_0=\alpha$), 并讨论波函数在这个势阱中的行为.

5. 两个 δ 函数构成的势阱

考虑一个质量为 m 的粒子, 它的势能为

$$V(x) = -\alpha\delta(x) - \alpha\delta(x-l) \quad \alpha > 0$$

式中 l 是一个给定的长度.

a. 令 $E = -\dfrac{\hbar^2\rho^2}{2m}$, 试求粒子的束缚态; 证明能量的可能值由下式给出:

$$\mathrm{e}^{-\rho l} = \pm\left(1 - \frac{2\rho}{\mu}\right)$$

式中 $\mu = 2m\alpha/\hbar^2$; 用图解法求此方程的解.

(i) 基态. 试证这是一个偶态 (在相对于 $x=l/2$ 点对称之处函数值不变) 而且其能量 E_s 小于练习 3 中引入的能量 $-E_L$. 试从物理上解释这个结果. 作出对应的波函数的曲线.

(ii) 激发态. 试证当 l 超过某一待定数值时, 就存在一个奇的激发态, 其能量 E_A 超过 $-E_L$; 试画出对应的波函数.

(iii) 试说明怎样利用上面的计算来建立下述模型: 一个已电离的双原子分子 (例如 H_2^+), 其中两原子核间的距离是 l. 上述两个能级的能量怎样随 l 变化? 当 $l\to 0$ 以及 $l\to\infty$ 时, 情况如何? 若将两个核的斥力考虑在内, 这体系的总能量怎样表示? 试证: 如此求出的能量随 l 变化的曲线, 可以用来预言在某些情况下存在着 H_2^+ 的束缚态, 并可用来确定平衡时 l 的值 (这样, 我们便得到了化学键的一个初步模型).

b. 将两个 δ 函数势垒看作一个整体, 试计算其反射系数和透射系数. 讨论它们如何随 l 变化; 共振现象是否发生在 l 等于粒子的德布罗意波长的整数倍的时候? 为什么?

[89] **6.** 考虑一个宽度为 a, 深度为 V_0 的方势阱 (在这个练习里, 采用补充材

料 H_I 的 §2–c–α 中的各种记号). 我们要研究的是: 当宽度 a 趋向零时, 势阱中粒子的束缚态的性质.

a. 试证实际上只有一个束缚态并计算其能量 E (结果是 $E \simeq -\dfrac{mV_0^2a^2}{2\hbar^2}$, 可见能量随势阱面积 aV_0 的平方而变化).

b. 试证: $\rho \to 0$ 及 $A_2 = A_2' \simeq B_1/2$. 由此推证: 处于束缚态时, 在势阱外面找到粒子的概率趋于 1.

c. 如果像练习 2 那样, 粒子所在的势场为 $V(x) = -\alpha\delta(x)$, 怎样应用上面的各项结果?

7. 假设粒子所在的势场为:

$$V(x) = 0 \quad (\text{若 } x \geqslant a)$$
$$V(x) = -V_0 \quad (\text{若 } 0 \leqslant x < a)$$

且当 x 取负值时 $V(x)$ 为无穷大. 设 $\varphi(x)$ 是粒子的定态波函数. 试证 $\varphi(x)$ 可以开拓为一个奇波函数, 它所对应的是粒子在宽度为 $2a$、深度为 V_0 的势阱中的定态 (参看补充材料 H_I 的 §2–c–α). 试讨论粒子的束缚态的数目 (将它看作 a 和 V_0 的函数); 是否会像在对称的方势阱中那样, 至少存在一个这样的态呢?

8. 在二维问题中, 考虑一个粒子在一势阶上的斜反射, 这势阶由下式定义:

$$V(x,y) = 0 \quad (\text{若 } x < 0)$$
$$V(x,y) = V_0 \quad (\text{若 } x > 0)$$

试研究波包中心的运动. 在全反射的情况下, 如何从物理上解释波包中心的径迹和经典径迹 (反射时的横向偏移) 的差异? 试证: 当 $V_0 \to +\infty$ 时, 量子径迹成为经典径迹的渐近线.

第二章

量子力学的数学工具 [91]

[92] 第二章提纲

§A. 一个粒子的波函数空间

1. 波函数空间 $\mathscr{F}$ 的结构
   a. $\mathscr{F}$ 是一个矢量空间
   b. 标量积
   c. 线性算符
2. $\mathscr{F}$ 中的离散的正交归一基 $\{u_i(\boldsymbol{r})\}$
   a. 定义
   b. 波函数在基 $\{u_i(\boldsymbol{r})\}$ 中的分量
   c. 将标量积表示为诸分量的函数
   d. 封闭性关系式
3. 引入不属于 $\mathscr{F}$ 的 "基"
   a. 平面波的例子
   b. "δ 函数" 的例子
   c. 推广: 连续的 "正交归一" 基

§B. 态空间; 狄拉克符号

1. 引言
2. "右" 矢和 "左" 矢
   a. $\mathscr{E}$ 空间的元素: 右矢
   b. $\mathscr{E}$ 的对偶空间 $\mathscr{E}^*$ 的元素: 左矢
   c. 右矢和左矢之间的对应关系
3. 线性算符
   a. 定义
   b. 线性算符的例子: 投影算符
4. 厄米共轭
   a. 线性算符对左矢的作用
   b. 线性算符 A 的伴随算符 $A^\dagger$
   c. 一个算符与其伴随算符之间的对应关系的性质
   d. 狄拉克符号的厄米共轭
   e. 厄米算符

§C. 态空间中的表象

1. 引言
   a. 表象的定义
   b. §C 的目的
2. 一个正交归一基的特征关系式
   a. 正交归一关系式
   b. 封闭性关系式
3. 右矢和左矢的表示法
   a. 右矢的表示法
   b. 左矢的表示法

4. 算符的表示法
   a. 用方阵表示 A
   b. 右矢 $|\psi'\rangle = A|\psi\rangle$ 的矩阵表示
   c. 数 $\langle\varphi|A|\psi\rangle$ 的矩阵表示
   d. A 的伴随算符 $A^\dagger$ 的矩阵表示
5. 表象的变换 [93]
   a. 问题的梗概
   b. 右矢分量的变换
   c. 左矢分量的变换
   d. 算符的矩阵元的变换

§D. 本征值方程; 观察算符

1. 算符的本征值和本征矢
   a. 定义
   b. 求算符的本征值和本征矢
2. 观察算符
   a. 厄米算符的本征值和本征矢的性质
   b. 观察算符的定义
   c. 例子: 投影算符 P_ψ
3. 可对易观察算符的集合
   a. 重要定理
   b. 可对易观察算符的完全集合

§E. 表象和观察算符的两个重要例子

1. $\{|\boldsymbol{r}\rangle\}$ 表象和 $\{|\boldsymbol{p}\rangle\}$ 表象
   a. 定义
   b. 正交归一关系式和封闭性关系式
   c. 右矢的分量
   d. 两个矢量的标量积
   e. 从 $\{|\boldsymbol{r}\rangle\}$ 表象变换到 $\{|\boldsymbol{p}\rangle\}$ 表象
2. 算符 $\boldsymbol{R}$ 和算符 $\boldsymbol{P}$
   a. 定义
   b. $\boldsymbol{R}$ 和 $\boldsymbol{P}$ 都是厄米算符
   c. $\boldsymbol{R}$ 及 $\boldsymbol{P}$ 的本征矢
   d. $\boldsymbol{R}$ 和 $\boldsymbol{P}$ 都是观察算符

§F. 态空间的张量积

1. 引言
2. 张量积的定义和性质
   a. 张量积空间 $\mathscr{E}$
   b. 算符的张量积
   c. 符号
3. 张量积空间中的本征值方程
   a. 延伸算符的本征值和本征矢
   b. $\mathscr{E}$ 空间中可对易观察算符的完全集合
4. 应用举例
   a. 在一维及三维空间中一个粒子的态
   b. 双粒子体系的态

[94] 本章专门介绍量子力学所用的基本数学工具的全貌.有的读者也许不太熟悉这些工具,下面的讲述便是针对这部分读者的,目的是想通过扼要的复习使他们能顺利地学习以后各章.我们不打算在这里提出一整套严格的数学体系;我们认为较好的办法还是着眼于实用,在一章里集中讲授各种在量子力学中有用的数学概念.为了便于进行以后要遇到的各种运算,我们要特别强调狄拉克符号带来的方便.

按照这种意图,我们打算最大限度地简化有关的论述,凡是只有数学家才能满意的那些普遍定义和严格证明,这里一概从略.例如,遇到无限多维空间时,我们将把它当作有限多维空间来分析;此外,我们将按照物理学所约定的意义来使用术语(如平方可积函数、基、……),而这种意义与纯数学所赋予它们的并不完全一致.

在 §A 中,我们介绍关于波函数空间 $\mathscr{F}$ 的一些常用概念;在 §B 中,我们要推广物理体系的态的概念,再利用狄拉克符号引入体系的态空间 $\mathscr{E}$.§C 专门研究表象的概念.以后会经常用到将算符对角化的运算,§D 的内容是特别为不太熟悉这种运算的读者而写的.在 §E 中,我们分析关于表象的两个重要例题.最后于 §F,我们将引入张量积的概念(在补充材料 $\mathrm{D_{IV}}$ 中,我们再通过一个简单的例子比较具体地说明这个概念).

§A. 一个粒子的波函数空间

在前一章中已经提出了一个粒子的波函数 $\psi(\boldsymbol{r},t)$ 的概率解释:$|\psi(\boldsymbol{r},t)|^2\mathrm{d}^3r$ 表示 t 时刻在 $\boldsymbol{r}$ 点周围的体积元 $\mathrm{d}^3r=\mathrm{d}x\mathrm{d}y\mathrm{d}z$ 中找到粒子的概率.由于在整个空间找到粒子的总概率等于 1,故应有

$$\int \mathrm{d}^3r|\psi(\boldsymbol{r},t)|^2=1 \tag{A–1}$$

式中的积分遍及整个空间.

由此可见,我们必须研究平方可积函数的集合,也就是能使积分 (A–1) 收敛的那些函数①.

从物理的观点看来,L^2 这个集合实在是太广泛了.既然已经给定了 $|\psi(\boldsymbol{r},t)|^2$ 的意义,那么,实际上使用的那些波函数就应该具备一些正规的性质.我
[95] 们可以只考虑这样一类函数 $\psi(\boldsymbol{r},t)$,它们是处处确定的,处处连续的,而且是任意多次可微分的(譬如,某函数在空间某点确实不连续,这种说法就没有任何物理意义;因为任何实验也不可能使我们知道在很小的,例如 $10^{-30}\mathrm{m}$ 的尺

① 数学家把这个函数集合记作 L^2,它的结构就是希尔伯特空间的结构.

度上的实际现象究竟如何). 我们还可以只考虑有界区域中的波函数 (我们确信粒子处在空间的有限范围内, 譬如实验室内). 在这里, 我们不打算就普遍情况来精确地陈述这些补充条件; 我们将称由 L^2 中的充分正规函数构成的波函数集合为 $\mathscr{F}$ ($\mathscr{F}$ 是 L^2 的子空间).

1. 波函数空间 $\mathscr{F}$ 的结构

a. $\mathscr{F}$ 是一个矢量空间

很容易证明 $\mathscr{F}$ 具备一个矢量空间的全部性质. 例如:

若 $\psi_1(\boldsymbol{r}) \in \mathscr{F}, \psi_2(\boldsymbol{r}) \in \mathscr{F}$, 便有

$$\psi(\boldsymbol{r}) = \lambda_1\psi_1(\boldsymbol{r}) + \lambda_2\psi_2(\boldsymbol{r}) \in \mathscr{F} \tag{A–2}$$

式中 λ_1 和 λ_2 是任意复数.

为了要证明 $\psi(\boldsymbol{r})$ 是平方可积的, 可以展开 $|\psi(\boldsymbol{r})|^2$:

$$|\psi(\boldsymbol{r})|^2 = |\lambda_1|^2|\psi_1(\boldsymbol{r})|^2+|\lambda_2|^2|\psi_2(\boldsymbol{r})|^2+\lambda_1^*\lambda_2\psi_1^*(\boldsymbol{r})\psi_2(\boldsymbol{r})+\lambda_1\lambda_2^*\psi_1(\boldsymbol{r})\psi_2^*(\boldsymbol{r}) \tag{A–3}$$

此式中最后两项的模相同; 它们的和不会大于

$$|\lambda_1||\lambda_2|[|\psi_1(\boldsymbol{r})|^2 + |\psi_2(\boldsymbol{r})|^2]$$

由于 ψ_1 和 ψ_2 都是平方可积的, 因而就有一个大于 $|\psi(\boldsymbol{r})|^2$ 的函数, 它的积分是收敛的, 所以 $\psi(\boldsymbol{r})$ 是平方可积的.

b. 标量积

α. 定义

对于 $\mathscr{F}$ 中的任意一对顺序为 $\varphi(\boldsymbol{r})$ 及 $\psi(\boldsymbol{r})$ 的函数, 我们引入一个相关的复数, 记作 (φ,ψ), 它的定义是:

$$\boxed{(\varphi,\psi) = \int \mathrm{d}^3r\varphi^*(\boldsymbol{r})\psi(\boldsymbol{r})} \tag{A–4}$$

(φ,ψ) 叫做 $\varphi(\boldsymbol{r})$ 与 $\psi(\boldsymbol{r})$ 的标量积 [只要 φ 和 ψ 属于 $\mathscr{F}$, 这个积分总是收敛的].

β. 性质

从定义 (A–4) 可以得到

$$(\varphi,\psi) = (\psi,\varphi)^* \tag{A–5}$$

$$(\varphi,\lambda_1\psi_1+\lambda_2\psi_2) = \lambda_1(\varphi,\psi_1)+\lambda_2(\varphi,\psi_2) \tag{A–6}$$

$$(\lambda_1\varphi_1+\lambda_2\varphi_2,\psi) = \lambda_1^*(\varphi_1,\psi)+\lambda_2^*(\varphi_2,\psi) \tag{A–7}$$

[96]

我们说一对函数的标量积与其第二个因子的关系是线性的, 与其第一个因子的关系是反线性的. 如果 $(\varphi, \psi) = 0$, 我们就说 $\varphi(\boldsymbol{r})$ 和 $\psi(\boldsymbol{r})$ 是正交的.

$$\boxed{(\psi, \psi) = \int \mathrm{d}^3 r |\psi(\boldsymbol{r})|^2} \tag{A–8}$$

是一个正实数, 当而且仅当 $\psi(\boldsymbol{r}) = 0$ 时, 它才为零.

$\sqrt{(\psi, \psi)}$ 叫做 $\psi(\boldsymbol{r})$ 的模 [很容易证明这个数具备模的所有性质]. 利用上面引入的标量积便可以定义 $\mathscr{F}$ 空间中的模.

最后提一下 (参看补充材料 $\mathrm{A_{II}}$) 施瓦茨不等式:

$$|(\psi_1, \psi_2)| \leqslant \sqrt{(\psi_1, \psi_1)} \cdot \sqrt{(\psi_2, \psi_2)} \tag{A–9}$$

当而且仅当 ψ_1 与 ψ_2 成正比时, 式中的等号才能成立.

c. 线性算符

α. 定义

按定义, 线性算符 A 是一种数学实体, 它使每一个函数 $\psi(\boldsymbol{r}) \in \mathscr{F}$ 都有与之对应的另一个函数 $\psi'(\boldsymbol{r}) \in \mathscr{F}$, 而且它们的对应关系是线性的:

$$\psi'(\boldsymbol{r}) = A\psi(\boldsymbol{r}) \tag{A–10–a}$$

$$A[\lambda_1 \psi_1(\boldsymbol{r}) + \lambda_2 \psi_2(\boldsymbol{r})] = \lambda_1 A\psi_1(\boldsymbol{r}) + \lambda_2 A\psi_2(\boldsymbol{r}) \tag{A–10–b}$$

我们举线性算符的几个例子: 宇称算符 $\varPi$, 它的定义是

$$\varPi\psi(x, y, z) = \psi(-x, -y, -z) \tag{A–11}$$

表示乘以 x 的倍乘算符, 记作 X, 其定义是

$$X\psi(x, y, z) = x\psi(x, y, z) \tag{A–12}$$

最后, 对 x 求导数的算符, 记作 D_x, 其定义是

$$D_x \psi(x, y, z) = \frac{\partial \psi(x, y, z)}{\partial x} \tag{A–13}$$

[算符 X 和 D_x, 作用于函数 $\psi(\boldsymbol{r}) \in \mathscr{F}$ 后, 也许会将它变换为一个不再平方可积的函数].

[97] β. 算符的乘积

两个线性算符 A 和 B 的乘积 AB 由下式定义:

$$\boxed{(AB)\psi(\boldsymbol{r}) = A[B\psi(\boldsymbol{r})]} \tag{A–14}$$

即先将 B 作用于 $\psi(\boldsymbol{r})$, 得到 $\varphi(\boldsymbol{r}) = B\psi(\boldsymbol{r})$, 再将 A 作用于所得的函数 $\varphi(\boldsymbol{r})$.

一般说来, $AB \neq BA$, 我们定义:

$$\boxed{[A,B] = AB - BA} \tag{A–15}$$

并把算符 $[A,B]$ 称为 A 与 B 的对易子.

作为例子, 我们来计算对易子 $[X, D_x]$. 为此, 任取一个函数 $\psi(\boldsymbol{r})$:

$$\begin{aligned}[X,D_x]\psi(\boldsymbol{r}) &= \left(x\frac{\partial}{\partial x} - \frac{\partial}{\partial x}x\right)\psi(\boldsymbol{r}) \\ &= x\frac{\partial}{\partial x}\psi(\boldsymbol{r}) - \frac{\partial}{\partial x}[x\psi(\boldsymbol{r})] \\ &= x\frac{\partial}{\partial x}\psi(\boldsymbol{r}) - \psi(\boldsymbol{r}) - x\frac{\partial}{\partial x}\psi(\boldsymbol{r}) \\ &= -\psi(\boldsymbol{r})\end{aligned} \tag{A–16}$$

由于这个结果对于任何 $\psi(\boldsymbol{r})$ 都成立, 于是得到:

$$[X, D_x] = -1 \tag{A–17}$$

2. $\mathscr{F}$ 中的离散的正交归一基: $\{u_i(\boldsymbol{r})\}$

a. 定义

设有 $\mathscr{F}$ 空间中的一个可列的函数集合; 这集合中的函数可用离散的指标 $i(i = 1, 2, \cdots, n, \cdots)$ 来标记:

$$u_1(\boldsymbol{r}) \in \mathscr{F}, \quad u_2(\boldsymbol{r}) \in \mathscr{F}, \quad \cdots, \quad u_i(\boldsymbol{r}) \in \mathscr{F}, \quad \cdots$$

—— 如果

$$(u_i, u_j) = \int \mathrm{d}^3 r u_i^*(\boldsymbol{r}) u_j(\boldsymbol{r}) = \delta_{ij} \tag{A–18}$$

[式中 δ_{ij} 是克罗内克符号, 当 $i = j$ 时, 其值为 1; 当 $i \neq j$ 时, 其值为 0], 则集合 $\{u_i(\boldsymbol{r})\}$ 是正交归一的.

—— 如果每一个函数 $\psi(\boldsymbol{r}) \in \mathscr{F}$ 都可以唯一地按全体 $u_i(\boldsymbol{r})$ 展开:

$$\boxed{\psi(\boldsymbol{r}) = \sum_i c_i u_i(\boldsymbol{r})} \tag{A–19}$$

则这个集合 $\{u_i(\boldsymbol{r})\}$ 构成一个基①.

[98] b. 波函数在基 $\{u_i(\boldsymbol{r})\}$ 中的分量

用 $u_j^*(\boldsymbol{r})$ 乘 (A–19) 式两端再对整个空间积分, 根据 (A–6) 式及 (A–18) 式, 有②:

$$(u_j,\psi)=\left(u_j,\sum_i c_i u_i\right)=\sum_i c_i(u_j,u_i)$$
$$=\sum_i c_i\delta_{ij}=c_j \tag{A–20}$$

这就是说:

$$\boxed{c_i=(u_i,\psi)=\int \mathrm{d}^3 r u_i^*(\boldsymbol{r})\psi(\boldsymbol{r})} \tag{A–21}$$

因此, $\psi(\boldsymbol{r})$ 在 $u_i(\boldsymbol{r})$ 上的分量 c_i 等于 $u_i(\boldsymbol{r})$ 与 $\psi(\boldsymbol{r})$ 的标量积. 基 $\{u_i(\boldsymbol{r})\}$ 一旦选定, 给出 $\psi(\boldsymbol{r})$ 或给出它在诸基函数上的分量 c_i 的集合是等价的. 我们说数 c_i 的集合表示基 $\{u_i(\boldsymbol{r})\}$ 中的 $\psi(\boldsymbol{r})$.

附注:

(i) 上面所说的基可以类比于普通三维空间 R^3 中的正交归一基 $\{\boldsymbol{e}_1,\boldsymbol{e}_2,\boldsymbol{e}_3\}$. $\boldsymbol{e}_1,\boldsymbol{e}_2,\boldsymbol{e}_3$ 互相正交而且都具有单位长度这一事实可以表示为

$$\boldsymbol{e}_i\cdot\boldsymbol{e}_j=\delta_{ij}\quad(i,j=1,2,3) \tag{A–22}$$

R^3 中的每一个矢量 $\boldsymbol{V}$ 都可以按基 $\{\boldsymbol{e}_i\}$ 展开, 即

$$\boldsymbol{V}=\sum_{i=1}^{3}v_i\boldsymbol{e}_i \tag{A–23}$$

其中

$$v_i=\boldsymbol{e}_i\cdot\boldsymbol{V} \tag{A–24}$$

因此可以说, 公式 (A–18)、(A–19) 和 (A–21) 推广了我们所熟悉的公式 (A–22), (A–23) 和 (A–24). 但须注意, 这里的 v_i 都是实数, 而前面的 c_i 都是复数.

(ii) 同一个函数 $\psi(\boldsymbol{r})$ 在两个不同的基中的分量显然是不同的. 以后我们还要研究基变换的问题.

(iii) 在基 $\{u_i(\boldsymbol{r})\}$ 中, 我们也可以用一些能够排列成矩阵的数来表示一个线性算符 A. 等到引入了狄拉克符号之后, 我们在 §C 中再来研究这个问题.

① 若集合 $\{u_i(\boldsymbol{r})\}$ 构成一个基, 我们有时称它为一个完全的函数集合; 但须注意, 这里 “完全” 一词的含意和数学中惯用的含意并不相同.

② 严格说来, $\sum_i$ 和 $\int \mathrm{d}^3 r$ 能不能交换是需要证明的, 但是, 这类问题我们都置而不论.

c. 将标量积表示为诸分量的函数

设 $\varphi(\boldsymbol{r})$ 和 $\psi(\boldsymbol{r})$ 是两个波函数, 它们的展开式为:

$$\begin{aligned}\varphi(\boldsymbol{r}) &= \sum_i b_i u_i(\boldsymbol{r}) \\ \psi(\boldsymbol{r}) &= \sum_j c_j u_j(\boldsymbol{r})\end{aligned} \tag{A–25}$$

我们可以用 (A–6), (A–7) 和 (A–18) 式来计算两者的标量积: [99]

$$\begin{aligned}(\varphi, \psi) &= \left(\sum_i b_i u_i(\boldsymbol{r}), \sum_j c_j u_j(\boldsymbol{r})\right) \\ &= \sum_{i,j} b_i^* c_j (u_i, u_j) \\ &= \sum_{i,j} b_i^* c_j \delta_{ij}\end{aligned}$$

这就是说

$$\boxed{(\varphi, \psi) = \sum_i b_i^* c_i} \tag{A–26}$$

特别地

$$\boxed{(\psi, \psi) = \sum_i |c_i|^2} \tag{A–27}$$

可见两个波函数的标量积 (或一个波函数的模平方) 可以很简单地表示为这些函数在基 $\{u_i(\boldsymbol{r})\}$ 中的分量的函数.

附注:

设 $\boldsymbol{V}$ 和 $\boldsymbol{W}$ 是 R^3 空间中的两个矢量, 它们的分量分别为 v_i 和 w_j; 如所周知, 两者的标量积的分解式为

$$\boldsymbol{V} \cdot \boldsymbol{W} = \sum_{i=1}^{3} v_i w_i \tag{A–28}$$

因此, 可以把公式 (A–26) 看作是 (A–28) 式的推广.

d. 封闭性关系式

(A–18) 式 (下文中叫做正交归一关系式) 表明, 集合 $\{u_i(\boldsymbol{r})\}$ 中的每一个函数都已归一化为 1, 而且这些函数两两正交. 我们现在要建立另一个关系式 —— 封闭性关系式, 它表明这个集合构成一个基.

如果 $\{u_i(\boldsymbol{r})\}$ 是 $\mathscr{F}$ 中的一个基, 那么对于每一个函数 $\psi(\boldsymbol{r}) \in \mathscr{F}$, 都存在一个形如 (A–19) 式的展开式. 现将诸分量 c_i 的表示式 (A–21) 代回 (A–19) 式 [由于 $\boldsymbol{r}$ 已经出现在 (A–19) 式中, 故须将积分变量的符号改变一下]:

$$\begin{aligned}\psi(\boldsymbol{r}) &= \sum_i c_i u_i(\boldsymbol{r}) \\ &= \sum_i (u_i, \psi) u_i(\boldsymbol{r}) \\ &= \sum_i \left[\int \mathrm{d}^3 r' u_i^*(\boldsymbol{r}') \psi(\boldsymbol{r}')\right] u_i(\boldsymbol{r})\end{aligned} \tag{A–29}$$

交换 $\sum\limits_i$ 和 $\int \mathrm{d}^3 r'$ 后得到:

$$\psi(\boldsymbol{r}) = \int \mathrm{d}^3 r' \psi(\boldsymbol{r}') \left[\sum_i u_i(\boldsymbol{r}) u_i^*(\boldsymbol{r}')\right] \tag{A–30}$$

[100] 可见 $\sum\limits_i u_i(\boldsymbol{r}) u_i^*(\boldsymbol{r}')$ 应为 $\boldsymbol{r}$ 和 $\boldsymbol{r}'$ 的这样一个函数 $F(\boldsymbol{r}, \boldsymbol{r}')$, 它使得对于每一个函数 $\psi(\boldsymbol{r})$ 都有:

$$\psi(\boldsymbol{r}) = \int \mathrm{d}^3 \boldsymbol{r}' \psi(\boldsymbol{r}') F(\boldsymbol{r}, \boldsymbol{r}') \tag{A–31}$$

方程 (A–31) 正是函数 $\delta(\boldsymbol{r} - \boldsymbol{r}')$ 的一个性质 (参看附录 Ⅱ). 由此我们得到:

$$\boxed{\sum_i u_i(\boldsymbol{r}) u_i^*(\boldsymbol{r}') = \delta(\boldsymbol{r} - \boldsymbol{r}')} \tag{A–32}$$

反之, 如果一个正交归一集合 $\{u_i(\boldsymbol{r})\}$ 满足封闭性关系式 (A–32), 则此集合构成一个基. 这是因为, 我们可以将任意函数 $\psi(\boldsymbol{r})$ 写成下列形式:

$$\psi(\boldsymbol{r}) = \int \mathrm{d}^3 r' \psi(\boldsymbol{r}') \delta(\boldsymbol{r} - \boldsymbol{r}') \tag{A–33}$$

将 $\delta(\boldsymbol{r} - \boldsymbol{r}')$ 的表示式 (A–32) 代入此式, 便得到 (A–30) 式, 只要将累加号和积分号再交换一次, 我们就回到了 (A–29) 式. 所以, 这个方程表明 $\psi(\boldsymbol{r})$ 总是可以按诸函数 $u_i(\boldsymbol{r})$ 展开的, 而且给出全体展开系数.

附注:

在 §C 中, 我们还要利用狄拉克符号来研究封闭性关系式, 我们将会看到, 这个关系式具有简单的几何意义.

3. 引入不属于 $\mathscr{F}$ 的 "基"

上面所说的基 $\{u_i(\boldsymbol{r})\}$ 是由平方可积函数构成的. 引入另一种 "基" 也是方便的, 虽然这种 "基" 中的函数既不属于 $\mathscr{F}$ 也不属于 L^2, 但每个波函数 $\psi(\boldsymbol{r})$ 仍然可以按这种基展开. 下面我们列举这种基的几个例子, 并说明怎样把前节中已经建立的那些重要公式推广到这种基.

a. 平面波的例子

为简单起见, 我们只考虑一维的情况. 我们来研究只依赖于变量 x 的平方可积函数 $\psi(x)$. 在第一章中, 我们已经看到引入 $\psi(x)$ 的傅里叶变换 $\overline{\psi}(p)$ 有很多好处. $\psi(x)$ 的傅里叶变换为:

$$\psi(x)=\frac{1}{\sqrt{2\pi\hbar}}\int_{-\infty}^{+\infty}\mathrm{d}p\overline{\psi}(p)\mathrm{e}^{\mathrm{i}px/\hbar} \tag{A–34–a}$$

$$\overline{\psi}(p)=\frac{1}{\sqrt{2\pi\hbar}}\int_{-\infty}^{+\infty}\mathrm{d}x\psi(x)\mathrm{e}^{-\mathrm{i}px/\hbar} \tag{A–34–b}$$

考虑函数 $v_p(x)$, 其定义为:

$$\boxed{v_p(x)=\frac{1}{\sqrt{2\pi\hbar}}\mathrm{e}^{\mathrm{i}px/\hbar}} \tag{A–35}$$ [101]

$v_p(x)$ 是一个平面波, 波矢量为 $p/\hbar$, 但 $|v_p(x)|^2=\dfrac{1}{2\pi\hbar}$ 遍及整个 Ox 轴的积分是发散的. 因此, $v_p(x)\notin\mathscr{F}_x$. 我们用 $\{v_p(x)\}$ 表示所有的平面波的集合, 也就是对应于 p 的一切数值的函数 $v_p(x)$ 的集合. 我们可以把从 $-\infty$ 连续变化到 $+\infty$ 的 p 看作一种连续指标, 用它来标记集合 $\{v_p(x)\}$ 中的一切函数 [提醒一下, 在前面已经研究过的集合 $\{u_i(\boldsymbol{r})\}$ 中, 指标 i 是离散的].

利用 (A–35) 式, 可将 (A–34) 式改写为:

$$\psi(x)=\int_{-\infty}^{+\infty}\mathrm{d}p\overline{\psi}(p)v_p(x) \tag{A–36}$$

$$\overline{\psi}(p)=(v_p,\psi)=\int_{-\infty}^{+\infty}\mathrm{d}x v_p^*(x)\psi(x) \tag{A–37}$$

我们可以将这两个公式和 (A–19) 及 (A–21) 式对比一下. (A–36) 式表示, 每一个函数 $\psi(x)\in\mathscr{F}_x$ 都可以按全体 $v_p(x)$ 唯一地展开, 也就是按平面波展开. 由于指标 p 不是离散的, 而是连续变化的, 所以 (A–19) 式中的累加号 $\sum\limits_i$ 换成了对 p 的积分. (A–37) 式和 (A–21) 式一样, 以标量积① (v_p,ψ) 的形式给出了

① 我们只定义过两个平方可积函数的标量积, 但此定义不难推广到现在的情况, 只要有关的积分收敛即可.

$\psi(x)$ 在 $v_p(x)$ 上的分量 $\overline{\psi}(p)$; 对应于 p 的一切可能值的全体分量的集合构成了 p 的函数 $\overline{\psi}(p)$, 它就是 $\psi(x)$ 的傅里叶变换.

因而 $\overline{\psi}(p)$ 类比于 c_i. 这两个复数, 一个依赖于 p, 一个依赖于 i, 分别表示同一个函数 $\psi(x)$ 在两个不同的基 $\{v_p(x)\}$ 及 $\{u_i(x)\}$ 中的分量.

这一点在计算 $\psi(x)$ 的模平方时同样是明显的. 根据帕塞瓦尔等式 [附录 I 的公式 (45)], 实际上我们有

$$\boxed{(\psi,\psi)=\int_{-\infty}^{+\infty}\mathrm{d}p|\overline{\psi}(p)|^2} \tag{A–38}$$

此式和 (A–27) 式是相似的, 只是 c_i 换成 $\overline{\psi}(p)$, $\sum\limits_i$ 换成 $\int\mathrm{d}p$.

我们现在来证明, $v_p(x)$ 满足一个封闭性关系式. 实际上, 利用下列公式 [参看附录 Ⅱ, (34) 式]:

$$\frac{1}{2\pi}\int_{-\infty}^{+\infty}\mathrm{d}k\mathrm{e}^{\mathrm{i}ku}=\delta(u) \tag{A–39}$$

[102] 可以求得

$$\boxed{\int_{-\infty}^{+\infty}\mathrm{d}p v_p(x)v_p^*(x')=\frac{1}{2\pi}\int\frac{\mathrm{d}p}{\hbar}\mathrm{e}^{\mathrm{i}\frac{p}{\hbar}(x-x')}=\delta(x-x')} \tag{A–40}$$

此式与 (A–32) 式是相似的, 也只是将 $\sum\limits_i$ 换成 $\int\mathrm{d}p$.

最后, 我们来计算标量积 $(v_p, v_{p'})$, 以便判断是否存在着相当于正交归一关系式的式子. 再利用 (A–39) 式, 我们得到

$$(v_p,v_{p'})=\int_{-\infty}^{+\infty}\mathrm{d}x v_p^*(x)v_{p'}(x)$$

即

$$\boxed{(v_p,v_{p'})=\frac{1}{2\pi}\int\frac{\mathrm{d}x}{\hbar}\mathrm{e}^{\mathrm{i}\frac{x}{\hbar}(p'-p)}=\delta(p-p')} \tag{A–41}$$

比较 (A–41) 式和 (A–18) 式: 原来的离散指标 i 和 j 以及克罗内克符号 δ_{ij} 现在换成了连续指标 p 和 p' 以及两指标之差的 δ 函数 $\delta(p-p')$. 注意, 若令 $p=p'$, 则标量积 $(v_p, v_{p'})$ 是发散的; 于是我们又看到 $v_p(x)\notin\mathscr{F}_x$. 以后我们仍然称 (A–41) 式为 “正交归一关系式”, 虽然这个名称并不妥当. 有时我们说 $v_p(x)$“在狄拉克意义下正交归一化”.

以上结果不难推广到三维情况. 我们考虑平面波:

$$v_{\boldsymbol{p}}(\boldsymbol{r})=\left(\frac{1}{2\pi\hbar}\right)^{3/2}\mathrm{e}^{\mathrm{i}\boldsymbol{p}\cdot\boldsymbol{r}/\hbar} \tag{A–42}$$

现在, 基 $\{v_{\boldsymbol{p}}(\boldsymbol{r})\}$ 中的函数依赖于三个连续指标 p_x, p_y, p_z, 可将它们缩并为记号 $\boldsymbol{p}$. 很容易证明下列各公式:

$$\psi(\boldsymbol{r}) = \int \mathrm{d}^3 p \overline{\psi}(\boldsymbol{p}) v_{\boldsymbol{p}}(\boldsymbol{r}) \tag{A–43}$$

$$\overline{\psi}(\boldsymbol{p}) = (v_{\boldsymbol{p}}, \psi) = \int \mathrm{d}^3 r v_{\boldsymbol{p}}^*(\boldsymbol{r}) \psi(\boldsymbol{r}) \tag{A–44}$$

$$(\varphi, \psi) = \int \mathrm{d}^3 p \overline{\varphi}^*(\boldsymbol{p}) \overline{\psi}(\boldsymbol{p}) \tag{A–45}$$

$$\int \mathrm{d}^3 p v_{\boldsymbol{p}}(\boldsymbol{r}) v_{\boldsymbol{p}}^*(\boldsymbol{r}') = \delta(\boldsymbol{r} - \boldsymbol{r}') \tag{A–46}$$

$$(v_{\boldsymbol{p}}, v_{\boldsymbol{p}'}) = \delta(\boldsymbol{p} - \boldsymbol{p}') \tag{A–47}$$

它们就是 (A–36), (A–37), (A–38), (A–40) 和 (A–41) 式的推广.

因此,我们可以认为, $v_{\boldsymbol{p}}(\boldsymbol{r})$ 构成一个 “连续基”. 在前面, 对于离散基 $\{u_i(\boldsymbol{r})\}$ [103]
已经建立的所有公式都可以推广到现在的连续基中去, 为此, 只须利用表 (Ⅱ–1) 中的对应关系:

表 (Ⅱ–1)

$i \longleftrightarrow \boldsymbol{p}$
$\sum\limits_i \longleftrightarrow \int \mathrm{d}^3 p$
$\delta_{ij} \longleftrightarrow \delta(\boldsymbol{p} - \boldsymbol{p}')$

b. “δ 函数” 的例子

同样, 我们也可以引入 $\boldsymbol{r}$ 的函数的一个集合 $\{\xi_{\boldsymbol{r}_0}(\boldsymbol{r})\}$, 其中的函数是以连续指标 $\boldsymbol{r}_0$ (x_0, y_0, z_0 的缩并记号) 为标记的, 它们的定义是:

$$\boxed{\xi_{\boldsymbol{r}_0}(\boldsymbol{r}) = \delta(\boldsymbol{r} - \boldsymbol{r}_0)} \tag{A–48}$$

因此, $\{\xi_{\boldsymbol{r}_0}(\boldsymbol{r})\}$ 表示以空间的不同点 $\boldsymbol{r}_0$ 为中心的 δ 函数的集合; $\xi_{\boldsymbol{r}_0}(\boldsymbol{r})$ 显然不是平方可积的, 即 $\xi_{\boldsymbol{r}_0}(\boldsymbol{r}) \notin \mathscr{F}$.

现在来考虑对于空间 $\mathscr{F}$ 中的一切函数 $\psi(\boldsymbol{r})$ 都能成立的下列等式:

$$\psi(\boldsymbol{r}) = \int \mathrm{d}^3 r_0 \psi(\boldsymbol{r}_0) \delta(\boldsymbol{r} - \boldsymbol{r}_0) \tag{A–49}$$

$$\psi(\boldsymbol{r}_0) = \int \mathrm{d}^3 r \delta(\boldsymbol{r}_0 - \boldsymbol{r}) \psi(\boldsymbol{r}) \tag{A–50}$$

根据 (A–48) 式, 可将此两式改写为下列形式:

$$\boxed{\begin{aligned} &\psi(\boldsymbol{r}) = \int \mathrm{d}^3 r_0 \psi(\boldsymbol{r}_0) \xi_{\boldsymbol{r}_0}(\boldsymbol{r}) && \text{(A–51)} \\ &\psi(\boldsymbol{r}_0) = (\xi_{\boldsymbol{r}_0}, \psi) = \int \mathrm{d}^3 r \xi_{\boldsymbol{r}_0}^*(\boldsymbol{r}) \psi(\boldsymbol{r}) && \text{(A–52)} \end{aligned}}$$

(A–51) 式表示, 每一个函数 $\psi(\boldsymbol{r}) \in \mathscr{F}$ 都可以按诸函数 $\xi_{\boldsymbol{r}_0}(\boldsymbol{r})$ 唯一地展开. (A–52) 式表示, $\psi(\boldsymbol{r})$ 在函数 $\xi_{\boldsymbol{r}_0}(\boldsymbol{r})$ 上的分量 (在这里我们遇到的是实的基函数) 刚好等于 $\psi(\boldsymbol{r})$ 在点 $\boldsymbol{r}_0$ 处的值 $\psi(\boldsymbol{r}_0)$. (A–51) 和 (A–52) 式类似于 (A–19) 和 (A–21) 式: 只是将离散指标 i 换成了连续指标 $\boldsymbol{r}_0$, 将 $\sum\limits_i$ 换成了 $\int \mathrm{d}^3 r_0$.

因而, $\psi(\boldsymbol{r}_0)$ 的意义和 c_i 的相同, 是 c_i 的相当量; 这两个复数, 一个依赖于 $\boldsymbol{r}_0$, 一个依赖于 i, 表示同一个函数 $\psi(\boldsymbol{r})$ 在 $\{\xi_{\boldsymbol{r}_0}(\boldsymbol{r})\}$ 及 $\{u_i(\boldsymbol{r})\}$ 这两个不同的基中的坐标 (即分量 —— 译者).

[104] 现在 (A–26) 式变为

$$\boxed{(\varphi, \psi) = \int \mathrm{d}^3 r_0 \varphi^*(\boldsymbol{r}_0) \psi(\boldsymbol{r}_0)} \tag{A–53}$$

由此可见, 标量积的定义 (A–4) 式其实就是将 (A–26) 式应用到连续基 $\{\xi_{\boldsymbol{r}_0}(\boldsymbol{r})\}$ 而得的结果.

最后我们指出, 诸函数 $\xi_{\boldsymbol{r}_0}(\boldsymbol{r})$ 所满足的 "正交归一关系式" 与封闭性关系式, 和 $v_{\boldsymbol{p}}(\boldsymbol{r})$ 所满足的那些关系式相同; 事实上, 我们有 [附录 Ⅱ 公式 (28)]:

$$\boxed{\begin{aligned}\int \mathrm{d}^3 r_0 \xi_{\boldsymbol{r}_0}(\boldsymbol{r}) \xi^*_{\boldsymbol{r}_0}(\boldsymbol{r}') &= \int \mathrm{d}^3 r_0 \delta(\boldsymbol{r} - \boldsymbol{r}_0) \delta(\boldsymbol{r}' - \boldsymbol{r}_0) \\ &= \delta(\boldsymbol{r} - \boldsymbol{r}')\end{aligned}} \tag{A–54}$$

和

$$\boxed{\begin{aligned}(\xi_{\boldsymbol{r}_0}, \xi_{\boldsymbol{r}'_0}) &= \int \mathrm{d}^3 r \delta(\boldsymbol{r} - \boldsymbol{r}_0) \delta(\boldsymbol{r} - \boldsymbol{r}'_0) \\ &= \delta(\boldsymbol{r}_0 - \boldsymbol{r}'_0)\end{aligned}} \tag{A–55}$$

因此, 对于离散基 $\{u_i(\boldsymbol{r})\}$ 已经建立的所有公式都可以推广到连续基 $\{\xi_{\boldsymbol{r}_0}(\boldsymbol{r})\}$ 中去, 为此只须利用表 (Ⅱ–2) 中的对应关系:

表 (Ⅱ–2)

$$\boxed{\begin{aligned} & i \longleftrightarrow \boldsymbol{r}_0 \\ & \sum_i \longleftrightarrow \int \mathrm{d}^3 r_0 \\ & \delta_{ij} \longleftrightarrow \delta(\boldsymbol{r}_0 - \boldsymbol{r}'_0)\end{aligned}}$$

重要附注:

上面引入的连续基的用途在后面将会显得更清楚. 但是, 绝不能忘记这一点: 和某一物理状态对应的总是一个平方可积的波函数. 在任何情况下,

$v_{\boldsymbol{p}}(\boldsymbol{r})$ 或 $\xi_{\boldsymbol{r}_0}(\boldsymbol{r})$ 都不能表示粒子的态. 这些函数仅仅是在对波函数 $\psi(\boldsymbol{r})$ 进行运算时, 很方便的一些工具, 而波函数才是描述物理状态的函数.

在经典光学中我们也遇到过类似的情况, 在那里, 单色平面波是一种极为方便的模型, 但在物理上它是永远不能实现的; 即使选择性最好的滤光片所滤过的也是某一频带 $\Delta\nu$ 中的光, 这个频带可能很窄, 但绝不为零.

对于函数 $\xi_{\boldsymbol{r}_0}(\boldsymbol{r})$ 来说, 也是一样. 我们可以设想一个平方可积的波函数, 它定域在点 $\boldsymbol{r}_0$ 附近, 例如 $\xi_{\boldsymbol{r}_0}^{(\varepsilon)}(\boldsymbol{r}) = \delta^{(\varepsilon)}(\boldsymbol{r} - \boldsymbol{r}_0) = \delta^{(\varepsilon)}(x - x_0)\delta^{(\varepsilon)}(y - y_0)\delta^{(\varepsilon)}(z - z_0)$, 其中 $\delta^{(\varepsilon)}$ 是这样一种函数: 它的中心在点 x_0 (或 y_0, 或 z_0) [105]
处, 它具有宽度为 ε、高度为 $\dfrac{1}{\varepsilon}$ 的峰, 并保持 $\displaystyle\int_{-\infty}^{+\infty} \delta^{(\varepsilon)}(x - x_0)\mathrm{d}x = 1$ (这种函数的例子见附录 II 的 §1–b). 当 $\varepsilon \to 0$ 时, $\xi_{\boldsymbol{r}_0}^{(\varepsilon)}(\boldsymbol{r}) \to \xi_{\boldsymbol{r}_0}(\boldsymbol{r})$, 但后者不再是平方可积的了. 实际上, 对应于这种极限情况的物理状态是不可能实现的; 不管粒子处于位置多么确切的物理状态, ε 也绝不等于零.

c. 推广: 连续的 “正交归一” 基

α. 定义

将前面两节的结果加以推广, 我们称 $\boldsymbol{r}$ 的函数的一个集合 $\{w_\alpha(\boldsymbol{r})\}$ 为连续的 “正交归一” 基, 它以连续指标 α 为标记, 并满足下列的所谓正交归一和封闭性关系式

$$(w_\alpha, w_{\alpha'}) = \int \mathrm{d}^3 r\, w_\alpha^*(\boldsymbol{r}) w_{\alpha'}(\boldsymbol{r}) = \delta(\alpha - \alpha') \tag{A–56}$$

$$\int \mathrm{d}\alpha\, w_\alpha(\boldsymbol{r}) w_\alpha^*(\boldsymbol{r}') = \delta(\boldsymbol{r} - \boldsymbol{r}') \tag{A–57}$$

附注:

(i) 如果 $\alpha = \alpha'$, 则 (w_α, w_α) 是发散的, 故 $w_\alpha(\boldsymbol{r}) \notin \mathscr{F}$.

(ii) 和前面例子中的 $\boldsymbol{r}_0$ 和 $\boldsymbol{p}$ 相似, α 可以代表若干个指标.

(iii) 我们也可以设想这样一个基, 它既包含用离散指标做标记的函数 $u_i(\boldsymbol{r})$, 又包含用连续指标做标记的函数 $w_\alpha(\boldsymbol{r})$. 这时, $u_i(\boldsymbol{r})$ 的集合并不构成一个基, 为了构成一个基还必须补充以 $w_\alpha(\boldsymbol{r})$ 的集合.

我们举出这种情况的一个例子. 再考虑第一章 §D–2–c 中研究过的方势阱 (亦可参看补充材料 $\mathrm{H_I}$). 以后我们将会看到, 粒子在与时间无关的势场中运动时, 其定态波函数的集合便构成一个基. 当 $E < 0$ 时, 能级是离散的, 与它对应的是平方可积的波函数, 用离散的指标来标记. 但是, 可能的定态并不只是这一类, 因为第一章的方程 (D–17), 对于一切 $E > 0$ 的值, 也有有界的解, 这些解延伸到整个空间, 它们不是平方可积的.

在由离散基和连续基构成的一个 “混合的” 基 $\{u_i(\boldsymbol{r}), w_\alpha(\boldsymbol{r})\}$ 中, 正交归一关

系式为:

$$(u_i, u_j) = \delta_{ij}$$
$$(w_\alpha, w_{\alpha'}) = \delta(\alpha - \alpha') \tag{A–58}$$
$$(u_i, w_\alpha) = 0$$

封闭性关系式则为

$$\sum_i u_i(\boldsymbol{r})u_i^*(\boldsymbol{r}') + \int \mathrm{d}\alpha w_\alpha(\boldsymbol{r}) w_\alpha^*(\boldsymbol{r}') = \delta(\boldsymbol{r} - \boldsymbol{r}') \tag{A–59}$$

[106] β. 波函数 $\psi(\boldsymbol{r})$ 的分量

我们总可以写

$$\psi(\boldsymbol{r}) = \int \mathrm{d}^3 r' \psi(\boldsymbol{r}') \delta(\boldsymbol{r} - \boldsymbol{r}') \tag{A–60}$$

将 (A–57) 式中的 $\delta(\boldsymbol{r} - \boldsymbol{r}')$ 代入此式, 并且承认 $\int \mathrm{d}^3 r'$ 和 $\int \mathrm{d}\alpha$ 可以交换, 便得到

$$\psi(\boldsymbol{r}) = \int \mathrm{d}\alpha \left[\int \mathrm{d}^3 r' w_\alpha^*(\boldsymbol{r}') \psi(\boldsymbol{r}') \right] w_\alpha(\boldsymbol{r})$$

或将它写作

$$\boxed{\psi(\boldsymbol{r}) = \int \mathrm{d}\alpha c(\alpha) w_\alpha(\boldsymbol{r})} \tag{A–61}$$

式中

$$\boxed{c(\alpha) = (w_\alpha, \psi) = \int \mathrm{d}^3 r' w_\alpha^*(\boldsymbol{r}') \psi(\boldsymbol{r}')} \tag{A–62}$$

公式 (A–61) 表示, 每一个波函数 $\psi(\boldsymbol{r})$ 都可唯一地按诸函数 $w_\alpha(\boldsymbol{r})$ 展开, 按照公式 (A–62), $\psi(\boldsymbol{r})$ 在 $w_\alpha(\boldsymbol{r})$ 上的分量 $c(\alpha)$ 等于标量积 (w_α, ψ).

γ. 将标量积和模方表示为分量的函数

假设 $\varphi(\boldsymbol{r})$ 和 $\psi(\boldsymbol{r})$ 是两个平方可积函数, 它们在 $w_\alpha(\boldsymbol{r})$ 上的分量是已知的

$$\varphi(\boldsymbol{r}) = \int \mathrm{d}\alpha b(\alpha) w_\alpha(\boldsymbol{r}) \tag{A–63}$$

$$\psi(\boldsymbol{r}) = \int \mathrm{d}\alpha' c(\alpha') w_{\alpha'}(\boldsymbol{r}) \tag{A–64}$$

它们的标量积可计算如下:

$$\begin{aligned}(\varphi, \psi) &= \int \mathrm{d}^3 r \varphi^*(\boldsymbol{r}) \psi(\boldsymbol{r}) \\ &= \int \mathrm{d}\alpha \int \mathrm{d}\alpha' b^*(\alpha) c(\alpha') \int \mathrm{d}^3 r w_\alpha^*(\boldsymbol{r}) w_{\alpha'}(\boldsymbol{r})\end{aligned} \tag{A–65}$$

其中最后一个积分可用 (A–56) 式表示, 于是

$$(\varphi,\psi)=\int\mathrm{d}\alpha\int\mathrm{d}\alpha' b^*(\alpha)c(\alpha')\delta(\alpha-\alpha')$$

也就是

$$\boxed{(\varphi,\psi)=\int\mathrm{d}\alpha b^*(\alpha)c(\alpha)}\tag{A–66}$$

作为一个特例, 有

$$\boxed{(\psi,\psi)=\int\mathrm{d}\alpha|c(\alpha)|^2}\tag{A–67}$$ [107]

因此, §A–2 中的所有公式都可以推广, 为此只须利用表 (Ⅱ–3) 中的对应关系.

表 (Ⅱ–3)

$$i\longleftrightarrow\alpha$$

$$\sum_i\longleftrightarrow\int\mathrm{d}\alpha$$

$$\delta_{ij}\longleftrightarrow\delta(\alpha-\alpha')$$

我们将 §A 中已经建立的最重要的公式集中在表 (Ⅱ–4) 中. 其实, 没有必要按这种形式来记忆; 因为以后我们会知道, 引入狄拉克符号后, 就很容易将它们重新推导出来.

表 (Ⅱ–4)

	离散基 $\{u_i(\boldsymbol{r})\}$	连续基 $\{w_\alpha(\boldsymbol{r})\}$
正交归一关系式	$(u_i,u_j)=\delta_{ij}$	$(w_\alpha,w_{\alpha'})=\delta(\alpha-\alpha')$
封闭性关系式	$\sum_i u_i(\boldsymbol{r})u_i^*(\boldsymbol{r}')=\delta(\boldsymbol{r}-\boldsymbol{r}')$	$\int\mathrm{d}\alpha w_\alpha(\boldsymbol{r})w_\alpha^*(\boldsymbol{r}')=\delta(\boldsymbol{r}-\boldsymbol{r}')$
波函数 $\psi(\boldsymbol{r})$ 的展开式	$\psi(\boldsymbol{r})=\sum_i c_i u_i(\boldsymbol{r})$	$\psi(\boldsymbol{r})=\int\mathrm{d}\alpha c(\alpha)w_\alpha(\boldsymbol{r})$
$\psi(\boldsymbol{r})$ 的分量	$c_i=(u_i,\psi)=\int\mathrm{d}^3r u_i^*(\boldsymbol{r})\psi(\boldsymbol{r})$	$c(\alpha)=(w_\alpha,\psi)=\int\mathrm{d}^3r w_\alpha^*(\boldsymbol{r})\psi(\boldsymbol{r})$
标量积	$(\varphi,\psi)=\sum_i b_i^*c_i$	$(\varphi,\psi)=\int\mathrm{d}\alpha b^*(\alpha)c(\alpha)$
模方	$(\psi,\psi)=\sum_i\|c_i\|^2$	$(\psi,\psi)=\int\mathrm{d}\alpha\|c(\alpha)\|^2$

[108]

§B. 态空间; 狄拉克符号

1. 引言

在第一章, 我们曾经提出下述假设: 粒子在指定时刻的量子态由波函数 $\psi(\boldsymbol{r})$ 确定. 波函数的概率解释要求该函数必须是平方可积的. 这个要求促使我们去研究 $\mathscr{F}$ 空间 (§A). 特别是, 我们发现同一个函数 $\psi(\boldsymbol{r})$ 可以用几种不同的分量集合来表示, 每一种分量集合对应于一个选定的基 [表 (Ⅱ–5)]. 这个结果可以解释如下: 只要已经指明所使用的基, 则对应的集合 $\{c_i\}$ 或函数 $\overline{\psi}(\boldsymbol{p})$ 或函数 $c(\alpha)$ 都可以用来描述同一个粒子的状态, 这种描述和采用波函数 $\psi(\boldsymbol{r})$ 来描述是等效的. 此外, 在表 (Ⅱ–5) 中, $\psi(\boldsymbol{r})$ 本身也出现在 $\{c_i\}$、$\overline{\psi}(\boldsymbol{p})$ 和 $c(\alpha)$ 那一行中, 这就是说, 波函数在空间某点 $\boldsymbol{r}_0$ 处的值 $\psi(\boldsymbol{r}_0)$ 可以看作这个波函数在一个特殊的基 [δ 函数基, 参看 (A–48) 式] 中的特定函数 $\xi_{\boldsymbol{r}_0}(\boldsymbol{r})$ 上的分量.

表 (Ⅱ–5)

基	$\psi(\boldsymbol{r})$ 的分量
$u_i(\boldsymbol{r})$	$c_i, i=1,2,\cdots,n,\cdots$
$v_{\boldsymbol{p}}(\boldsymbol{r})$	$\overline{\psi}(\boldsymbol{p})$
$\xi_{\boldsymbol{r}_0}(\boldsymbol{r})$	$\psi(\boldsymbol{r}_0)$
$w_\alpha(\boldsymbol{r})$	$c(\alpha)$

上述情况类似于在普通空间 R^3 中我们已熟知的情况: 空间一点的位置可以用三个数的集合来表示, 这三个数就是该点在事先选定的坐标系中的坐标; 如果变换坐标系, 则对应于同一点的将是坐标的另一个集合. 但是, 几何矢量的概念和矢量的运算可以不涉及坐标系, 这就大大简化了很多公式和论证.

下面我们将要采用的正是这种方法: 粒子的每个量子态将用一个态矢量来描述, 这种矢量属于一种抽象空间 $\mathscr{E}_{\boldsymbol{r}}$, 我们称它为粒子的态空间. 由 $\mathscr{F}$ 空间是 L^2 的子空间可以推知 $\mathscr{E}_{\boldsymbol{r}}$ 是希尔伯特空间的子空间. 在下面, 我们要定义 $\mathscr{E}_{\boldsymbol{r}}$ 中的矢量运算的各种符号和法则.

其实, 态矢量和态空间的引入不但使理论体系得到简化, 还可以使它得以推广. 事实上, 确有一些物理体系是不可能用波函数来进行量子描述的; 在第四章和第九章中, 我们将会看到, 即使就单个粒子而论, 只要将自旋自由度也考
[109] 虑在内, 就属于上述情况. 因此, 我们在第三章中将要提出的第一个假定就是: 任何物理体系的量子态由一个态矢量来描述, 态矢量属于 $\mathscr{E}$ 空间, 即体系的态空间.

因此, 在下面, 我们要建立 $\mathscr{E}$ 空间中的矢量运算法. 我们即将引入的那些概念和即将得到的那些结果, 适用于任何物理体系. 不过, 为了说明这些概念

和结果, 还是要将它们应用于无自旋的单个粒子的简单情况, 因为我们一直都在研究这种粒子.

在这一节里, 我们先定义狄拉克符号, 它在以后要处理的形式运算中是非常方便的.

2. "右" 矢和 "左" 矢

a. $\mathscr{E}$ 空间的元素: 右矢

α. 符号

$\mathscr{E}$ 空间中的任何一个元素, 或矢量, 都叫做右矢, 用符号 $|\ \rangle$ 来表示, 在它里面填写一个标志性的记号, 以此来区别这个右矢和其他一切右矢, 例如 $|\psi\rangle$.

特别地, 由于我们已经熟悉了波函数的概念, 我们这样定义一个粒子的态空间 $\mathscr{E}_{\boldsymbol{r}}$, 使得每一个平方可积函数 $\psi(\boldsymbol{r})$ 都有 $\mathscr{E}_{\boldsymbol{r}}$ 中的一个右矢 $|\psi\rangle$ 和它对应:

$$\psi(\boldsymbol{r}) \in \mathscr{F} \Longleftrightarrow |\psi\rangle \in \mathscr{E}_{\boldsymbol{r}} \tag{B–1}$$

以后, 我们就把在 $\mathscr{F}$ 空间中定义过的各种运算移植到 $\mathscr{E}_{\boldsymbol{r}}$ 空间中来. 虽然 $\mathscr{F}$ 和 $\mathscr{E}_{\boldsymbol{r}}$ 是同构的, 但为避免混淆和顾及 §B–1 中提到的可能的推广, 我们还是要细心地区别它们. 我们还要强调一点: 符号 $|\psi\rangle$ 不再包含对 $\boldsymbol{r}$ 的依赖关系, 只包含一个字母 ψ, 它提醒我们这个右矢和哪一个函数对应; 以后 (§E), 我们将把 $\psi(\boldsymbol{r})$ 解释为右矢 $|\psi\rangle$ 在某一个基中的分量的集合, $\boldsymbol{r}$ 则起着指标的作用 [参看 §A–3–b 及表 (Ⅱ–5)]. 因而, 为了确定一个矢量, 我们的做法是: 先用这个矢量在某一特定坐标系中的分量来表示这个矢量, 然后把这个特定坐标系放在和一切其他坐标系相同的地位上研究.

一维空间中的一个无自旋粒子的态空间记作 $\mathscr{E}_x$, 即如 (B–1) 式中构成的那种抽象空间, 不过利用只依赖于变量 x 的波函数.

β. 标量积

对于每一对顺序为 $|\varphi\rangle$ 和 $|\psi\rangle$ 的右矢, 我们引入一个相关的复数, 这就是两者的标量积 $(|\varphi\rangle, |\psi\rangle)$, 它具备 (A–5), (A–6) 和 (A–7) 式所表示的那些性质; 引入 "左矢" 的概念以后, 我们将用狄拉克符号将这些等式重写出来. [110]

在 $\mathscr{E}_{\boldsymbol{r}}$ 中, 两个右矢的标量积就是前面定义过的两个对应波函数的标量积.

b. $\mathscr{E}$ 的对偶空间 $\mathscr{E}^*$ 的元素: 左矢

α. 对偶空间 $\mathscr{E}^*$ 的定义

首先提醒一下什么叫做定义在 $\mathscr{E}$ 中的右矢 $|\psi\rangle$ 上的线性泛函. 线性泛函

χ 是一种线性运算, 它将每一个右矢 $|\psi\rangle$ 和一个复数联系起来:

$$|\psi\rangle \in \mathscr{E} \xrightarrow{\chi} \text{数 } \chi(|\psi\rangle)$$

$$\chi(\lambda_1|\psi_1\rangle + \lambda_2|\psi_2\rangle) = \lambda_1\chi(|\psi_1\rangle) + \lambda_2\chi(|\psi_2\rangle) \tag{B–2}$$

绝不要把线性泛函与线性算符混为一谈. 虽然两者都涉及线性运算, 但是前者给每一个右矢联系上一个复数, 而后者给每一个右矢联系上另一个右矢.

可以证明, 定义在右矢 $|\psi\rangle \in \mathscr{E}$ 上的线性泛函的集合构成一个矢量空间, 叫做 $\mathscr{E}$ 的对偶空间, 记作 $\mathscr{E}^*$.

β. $\mathscr{E}^*$ 中的矢量的左矢符号

$\mathscr{E}^*$ 空间中的每一个元素, 或矢量, 都叫做左矢, 我们用符号 $\langle\,|$ 来表示它. 例如, 左矢 $\langle\chi|$ 表示线性泛函 χ, 并且今后将线性泛函 $\langle\chi| \in \mathscr{E}^*$ 作用于右矢 $|\psi\rangle \in \mathscr{E}$ 得到的那个数记作 $\langle\chi|\psi\rangle$:

$$\boxed{\chi(|\psi\rangle) = \langle\chi|\psi\rangle} \tag{B–3}$$

在英语中, 称符号 $\langle\,|\,\rangle$ 为 "bracket" (中文称做括号), 因此称括号的左半为 "bra" (中文称为左矢), 称括号的右半为 "ket" (中文称为右矢).

c. 右矢和左矢之间的对应关系

α. 每一个右矢都对应着一个左矢

由于 $\mathscr{E}$ 空间中存在着标量积, 这就使得我们可以证明, 对于每一个右矢 $|\varphi\rangle \in \mathscr{E}$, 都有 $\mathscr{E}^*$ 中的一个元素, 即左矢, 和它相联系; 我们把这个左矢记作 $\langle\varphi|$.

事实上, 右矢 $|\varphi\rangle$ 可以决定这样一个线性泛函, 它按线性方式使得每一个右矢 $|\psi\rangle \in \mathscr{E}$ 都有一个对应的复数, 而且这个复数就是 $|\varphi\rangle$ 和 $|\psi\rangle$ 的标量积 $(|\varphi\rangle, |\psi\rangle)$. 假设 $\langle\varphi|$ 就是这个线性泛函, 那么它应由下式所决定

$$\boxed{\langle\varphi|\psi\rangle = (|\varphi\rangle, |\psi\rangle)} \tag{B–4}$$

[111] β. 这个对应关系是反线性的

在 $\mathscr{E}$ 空间中, 标量积对于第一个矢量是反线性的, 用 (B–4) 式中的符号, 可将这个性质写作:

$$\begin{aligned}(\lambda_1|\varphi_1\rangle + \lambda_2|\varphi_2\rangle, |\psi\rangle) &= \lambda_1^*(|\varphi_1\rangle, |\psi\rangle) + \lambda_2^*(|\varphi_2\rangle, |\psi\rangle) \\ &= \lambda_1^*\langle\varphi_1|\psi\rangle + \lambda_2^*\langle\varphi_2|\psi\rangle \\ &= (\lambda_1^*\langle\varphi_1| + \lambda_2^*\langle\varphi_2|)|\psi\rangle \end{aligned} \tag{B–5}$$

从 (B–5) 式可以看出, 和右矢 $\lambda_1|\varphi_1\rangle + \lambda_2|\varphi_2\rangle$ 相联系的左矢为 $\lambda_1^*\langle\varphi_1| + \lambda_2^*\langle\varphi_2|$:

$$\boxed{\lambda_1|\varphi_1\rangle + \lambda_2|\varphi_2\rangle \Longrightarrow \lambda_1^*\langle\varphi_1| + \lambda_2^*\langle\varphi_2|} \tag{B–6}$$

因此, 我们说右矢 $\Longrightarrow$ 左矢的对应关系是反线性的.

附注:

若 λ 是一个复数, $|\psi\rangle$ 是一个右矢, 则 $\lambda|\psi\rangle$ 也是一个右矢 ($\mathscr{E}$ 是矢量空间). 有时我们将它记作 $|\lambda\psi\rangle$:

$$|\lambda\psi\rangle = \lambda|\psi\rangle \tag{B–7}$$

但是要注意, $\langle\lambda\psi|$ 表示与右矢 $|\lambda\psi\rangle$ 相联系的左矢. 由于右矢和左矢间的对应关系是反线性的, 故有

$$\langle\lambda\psi| = \lambda^*\langle\psi| \tag{B–8}$$

γ. 标量积的狄拉克符号

关于 $|\varphi\rangle$ 和 $|\psi\rangle$ 的标量积, 我们现在已有两种不同的符号: $(|\varphi\rangle, |\psi\rangle)$ 或 $\langle\varphi|\psi\rangle$, 这里的 $\langle\varphi|$ 是右矢 $|\varphi\rangle$ 的对应左矢. 今后我们只用一种符号: $\langle\varphi|\psi\rangle$, 即狄拉克符号. 在 §A–1–b 中已给出的标量积的性质, 可用狄拉克符号归纳在表 (Ⅱ–6) 中.

表 (II–6)

$\langle\varphi\|\psi\rangle = \langle\psi\|\varphi\rangle^*$	(B–9)
$\langle\varphi\|\lambda_1\psi_1 + \lambda_2\psi_2\rangle = \lambda_1\langle\varphi\|\psi_1\rangle + \lambda_2\langle\varphi\|\psi_2\rangle$	(B–10)
$\langle\lambda_1\varphi_1 + \lambda_2\varphi_2\|\psi\rangle = \lambda_1^*\langle\varphi_1\|\psi\rangle + \lambda_2^*\langle\varphi_2\|\psi\rangle$	(B–11)
$\langle\psi\|\psi\rangle$ 为正实数, 当而且仅当 $\|\psi\rangle = 0$ 时, 其值为零.	(B–12)

δ. 每一个左矢都有对应的右矢吗?

假设每一个右矢都对应着一个左矢, 那么, 选自 $\mathscr{F}$ 空间的两个例子表明, 我们可以找到一些没有对应右矢的左矢. 然后我们再说明, 为什么这个困难在量子力学中对我们并无妨碍.

(i) 选自 $\mathscr{F}$ 空间的反例

为简单起见, 我们只讨论一维问题.

假设 $\xi_{x_0}^{(\varepsilon)}(x)$ 是一个充分正规的实函数, 它满足 $\int_{-\infty}^{+\infty} \mathrm{d}x \xi_{x_0}^{(\varepsilon)}(x) = 1$, 它有一个峰, [112]
其宽度为 ε, 高度为 $\frac{1}{\varepsilon}$, 中心在点 $x = x_0$ 处 [参看图 2-1; $\xi_{x_0}^{(\varepsilon)}(x)$ 可以是附录Ⅱ §1–b 中举出的函数之一]. 如果 $\varepsilon \neq 0$, 则 $\xi_{x_0}^{(\varepsilon)}(x) \in \mathscr{F}_x$ (此函数的模平方的数量级为 $\frac{1}{\varepsilon}$); 用 $|\xi_{x_0}^{(\varepsilon)}\rangle$ 表示对应的右矢:

$$\xi_{x_0}^{(\varepsilon)}(x) \Longleftrightarrow |\xi_{x_0}^{(\varepsilon)}\rangle \tag{B–13}$$

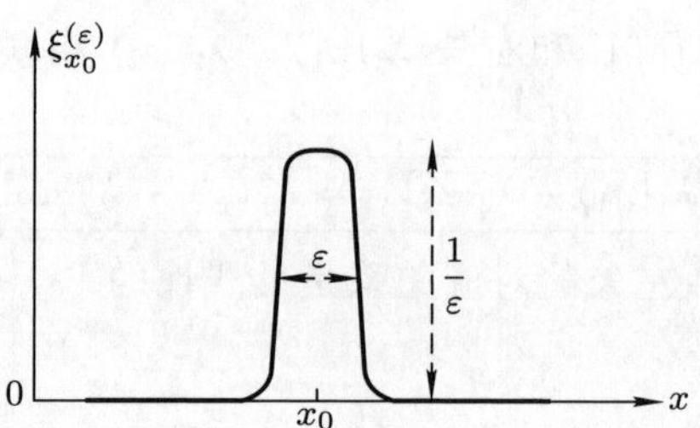

图 2–1 函数 $\xi_{x_0}^{(\varepsilon)}(x)$ 在 $x=x_0$ 处呈现一个高峰 (宽度为 ε, 高度为 $\frac{1}{\varepsilon}$) 它在 $-\infty$ 到 $+\infty$ 之间的积分等于 1.

如果 $\varepsilon \neq 0$, 则 $|\xi_{x_0}^{(\varepsilon)}\rangle \in \mathscr{E}_x$. 假设这个右矢的对应左矢为 $\langle\xi_{x_0}^{(\varepsilon)}|$, 则对于每一个 $|\psi\rangle \in \mathscr{E}_x$, 我们有:

$$\langle\xi_{x_0}^{(\varepsilon)}|\psi\rangle = (\xi_{x_0}^{(\varepsilon)}, \psi) = \int_{-\infty}^{+\infty} \mathrm{d}x \xi_{x_0}^{(\varepsilon)}(x)\psi(x) \tag{B–14}$$

现在令 ε 趋向于零, 一方面我们有:

$$\lim_{\varepsilon\to 0} \xi_{x_0}^{(\varepsilon)}(x) = \xi_{x_0}(x) \notin \mathscr{F}_x \tag{B–15}$$

[$\xi_{x_0}^{(\varepsilon)}(x)$ 的模平方的数量级为 $\frac{1}{\varepsilon}$, 当 $\varepsilon \to 0$ 时, 它是发散的]; 因而

$$\lim_{\varepsilon\to 0} |\xi_{x_0}^{(\varepsilon)}\rangle \notin \mathscr{E}_x \tag{B–16}$$

另一方面, 当 $\varepsilon \to 0$ 时, 积分 (B–14) 趋向一个完全确定的极限 $\psi(x_0)$ [因为对于充分小的 ε, 可以将 (B–14) 式中的 $\psi(x)$ 换成 $\psi(x_0)$, 而后者又可提到积分号外]. 因而, $\langle\xi_{x_0}^{(\varepsilon)}|$ 趋向一个左矢, 我们将它记作 $\langle\xi_{x_0}|$, 而 $\langle\xi_{x_0}|$ 就是这样一个线性泛函, 它使相关的波函数在点 x_0 处的值 $\psi(x_0)$ 对应于每一个右矢 $|\psi\rangle \in \mathscr{E}_x$:

$$\lim_{\varepsilon\to 0} \langle\xi_{x_0}^{(\varepsilon)}| = \langle\xi_{x_0}| \in \mathscr{E}_x^*$$

如果 $|\psi\rangle \in \mathscr{E}_x$, 则有

$$\langle\xi_{x_0}|\psi\rangle = \psi(x_0) \tag{B–17}$$

于是我们看到,左矢 $\langle\xi_{x_0}|$ 是存在的, 但是没有和它对应的右矢.

同样, 我们考虑一个平面波, 截去它在长度为 L 的区间以外的部分:

$$v_{p_0}^{(L)}(x) = \frac{1}{\sqrt{2\pi\hbar}} \mathrm{e}^{\mathrm{i}p_0 x/\hbar} \qquad \left(-\frac{L}{2} \leqslant x \leqslant +\frac{L}{2}\right) \tag{B–18}$$

在这个区间之外, 函数 $v_{p_0}^{(L)}(x)$ 应迅速减小到零 (但又保持连续和可导). 将对应于 $v_{p_0}^{(L)}(x)$ 的右矢记作 $|v_{p_0}^{(L)}\rangle$:

$$v_{p_0}^{(L)}(x) \in \mathscr{F}_x \Longleftrightarrow |v_{p_0}^{(L)}\rangle \in \mathscr{E}_x \tag{B–19}$$

[113] $v_{p_0}^{(L)}$ 的模平方实际上等于 $L/2\pi\hbar$, 当 $L \to \infty$ 时, 它是发散的. 因而

$$\lim_{L\to\infty}|v_{p_0}^{(L)}\rangle \notin \mathscr{E}_x \tag{B–20}$$

现在来看对应于 $|v_{p_0}^{(L)}\rangle$ 的左矢 $\langle v_{p_0}^{(L)}|$. 对于每一个 $|\psi\rangle\in\mathscr{E}_x$, 有

$$\langle v_{p_0}^{(L)}|\psi\rangle = (v_{p_0}^{(L)},\psi) \simeq \frac{1}{\sqrt{2\pi\hbar}}\int_{-\frac{L}{2}}^{+\frac{L}{2}}\mathrm{d}x\mathrm{e}^{-\mathrm{i}p_0x/\hbar}\psi(x) \tag{B–21}$$

当 $L\to\infty$ 时, $\langle v_{p_0}^{(L)}|\psi\rangle$ 有一极限, 这个极限为 $\psi(x)$ 的傅里叶变换 $\overline{\psi}(p)$ 在 $p=p_0$ 时的值 $\overline{\psi}(p_0)$. 因此, $L\to\infty$ 时, $\langle v_{p_0}^{(L)}|$ 趋向一个完全确定的左矢 $\langle v_{p_0}|$:

$$\lim_{L\to\infty}\langle v_{p_0}^{(L)}| = \langle v_{p_0}| \in \mathscr{E}_x^*$$

如果 $|\psi\rangle\in\mathscr{E}_x$, 则

$$\langle v_{p_0}|\psi\rangle = \overline{\psi}(p_0) \tag{B–22}$$

这里的结果也一样:没有任何右矢对应于左矢 $\langle v_{p_0}|$.

(ii) 在物理上怎样解决上述困难

右矢和左矢之间的对应关系中的这种不对称, 如前面的例子所示, 是和 $\mathscr{F}_x$ 空间中存在着 “连续基” 有关的. 因为构成 “基” 的那些函数并不属于 $\mathscr{F}_x$, 在 $\mathscr{E}_x$ 中当然不存在与它们对应的右矢. 可是那些函数与 $\mathscr{F}_x$ 中的任意函数的标量积是确定的, 因此, 它们可以和 $\mathscr{E}_x$ 中的某个线性泛函相联系, 也就是说, 在 $\mathscr{E}_x^*$ 中存在着对应的左矢. 我们之所以要使用这一类 “连续基”, 是因为它们在一些实际运算中比较方便. 同样的理由 (这些理由在后面将会显得更清楚) 要求我们在右矢和左矢之间建立一种对称的关系, 办法是引入 “广义右矢”, 它们由并不平方可积的函数所确定, 但这些函数与 $\mathscr{F}_x$ 空间中任一函数的标量积都存在; 因此以后我们就具备了诸如 $|\xi_{x_0}\rangle$ 或 $|v_{p_0}\rangle$ 这样的 “右矢”, 分别对应于 $\xi_{x_0}(x)$ 或 $v_{p_0}(x)$. 但是, 不要忘记, 严格说来, 这些广义的 “右矢” 不能表示物理状态, 只有 $\mathscr{E}_x$ 空间中的真正右矢才表示实际存在的量子态; 广义右矢只不过是在包含右矢的某些运算中的一种比较方便的工具而已.

这种办法在数学上引起了一些问题, 这些问题是可以回避的. 为此, 我们提出下述的物理观点: $|\xi_{x_0}\rangle$ (或 $|v_{p_0}\rangle$) 实际上表示 $|\xi_{x_0}^{(\varepsilon)}\rangle$ (或 $|v_{p_0}^{(L)}\rangle$), 其中的长度 ε 甚小于 (或其中的长度 L 甚大于) 该问题所涉及的一切其他长度. 在出现 $|\xi_{x_0}^{(\varepsilon)}\rangle$ (或 $|v_{p_0}^{(L)}\rangle$) 的所有中间运算步骤中, 不要过渡到极限 $\varepsilon=0$ (或 $L\to\infty$), 因而, 所有这些运算都在 $\mathscr{E}_x$ 空间内. 只要 ε 和其他一切长度相比是充分小的, 那么, 计算到最后所得的物理结果对 ε 的依赖程度是很小的; 于是在最后结果中就可以略去 ε, 也就是说, 可以令 $\varepsilon=0$ (在含有 L 的计算中, 做法是类似的).

可能有人反对说: 和 $\{\xi_{x_0}(x)\}$ 及 $\{v_{p_0}(x)\}$ 不一样, $\{\xi_{x_0}^{(\varepsilon)}(x)\}$ 及 $\{v_{p_0}^{(L)}(x)\}$ 并不真是 $\mathscr{F}_x$ 空间中的基, 因为它们并不严格满足封闭性关系式. 实际上, 它们是近似地满足这个关系式的. 例如, 可以看出 $\int\mathrm{d}x_0\xi_{x_0}^{(\varepsilon)}(x)\xi_{x_0}^{(\varepsilon)}(x')$ 是 $(x-x')$ 的函数, 这就是 $\delta(x-x')$ 的一个很好的近似; 这个函数的图形实际上是一个三角形, 其底为 2ε, 高为 $\dfrac{1}{\varepsilon}$, 中心点

在 $x-x'=0$ 处 (附录Ⅱ §1–c–iv); 如果和问题中的一切其他长度相比, ε 可以忽略, 那么, 这个函数和 $\delta(x-x')$ 的差异从物理上看就是微不足道的.

[114] 一般地说, 态空间 $\mathscr{E}$ 和它的对偶空间 $\mathscr{E}^*$ 并不是同构的 (当然, 除非 $\mathscr{E}$ 是有限多维的)①, 这就是说, 如果对于每一个右矢 $|\psi\rangle\in\mathscr{E}$, 对应着一个左矢 $\langle\psi|\in\mathscr{E}^*$, 那么, 相反的对应关系并不存在. 但是, 我们约定, 除了使用 $\mathscr{E}$ 空间的矢量 (它们的模方是有限的) 以外, 还可以使用广义右矢, 它们的模方虽是无限的, 但它们与 $\mathscr{E}$ 空间中任何右矢的标量积却都是有限的. 这样一来, 对于每一个左矢 $\langle\varphi|\in\mathscr{E}^*$, 就都对应着一个右矢. 但是广义右矢并不表示体系的物理状态.

3. 线性算符

a. 定义

这些定义和 §A–1–c 中所说的相同.

线性算符 A 使每一个右矢 $|\psi\rangle\in\mathscr{E}$ 都有一个对应的右矢 $|\psi'\rangle\in\mathscr{E}$, 而且这种对应关系是线性的:

$$|\psi'\rangle=A|\psi\rangle \tag{B–23}$$

$$A(\lambda_1|\psi_1\rangle+\lambda_2|\psi_2\rangle)=\lambda_1A|\psi_1\rangle+\lambda_2A|\psi_2\rangle \tag{B–24}$$

两个线性算符 A 和 B 的乘积, 记作 AB, 按下列方式定义:

$$(AB)|\psi\rangle=A(B|\psi\rangle) \tag{B–25}$$

即先将 B 作用于 $|\psi\rangle$ 以得到右矢 $B|\psi\rangle$; 再将 A 作用于右矢 $B|\psi\rangle$. 一般说来, $AB\neq BA$. A 与 B 的对易子算符 $[A,B]$ 的定义是:

$$[A,B]=AB-BA \tag{B–26}$$

设 $|\varphi\rangle$ 与 $|\psi\rangle$ 是两个右矢. 我们称下列的标量积为 A 在 $|\varphi\rangle$ 和 $|\psi\rangle$ 之间的矩阵元:

$$\langle\varphi|(A|\psi\rangle) \tag{B–27}$$

因而, 这是一个数, 它线性地依赖于 $|\psi\rangle$, 反线性地依赖于 $|\varphi\rangle$.

① 我们知道, 希尔伯特空间 L^2 和它的对偶空间是同构的; 可是我们已经取 L^2 的一个子空间作为波函数空间 $\mathscr{F}$, 这就说明了为什么 $\mathscr{F}^*$ 比 $\mathscr{F}$"更大".

b. 线性算符的例子: 投影算符

α. 关于狄拉克符号的重要注解

根据前面所讲的内容, 我们已经开始体会到狄拉克体系的简洁和方便. 例如, $\langle\varphi|$ 表示一个线性泛函 (一个左矢), 而 $\langle\psi_1|\psi_2\rangle$ 则表示右矢 $|\psi_1\rangle$ 和 $|\psi_2\rangle$ 的标量积. 线性泛函 $\langle\varphi|$ 给任意右矢 $|\psi\rangle$ 联系上一个数, 这个数写起来很简单, 只要将两个符号 $\langle\varphi|$ 和 $|\psi\rangle$ 并置在一起就行了: $\langle\varphi|\psi\rangle$; 这就是与 $\langle\varphi|$ 对应的右矢 $|\varphi\rangle$ 和 $|\psi\rangle$ 的标量积 (由此可以看出, 建立右矢和左矢之间的一一对应关系是很有用的).

现在试将 $\langle\varphi|$ 和 $|\psi\rangle$ 的顺序颠倒一下, 写成 [115]

$$|\psi\rangle\langle\varphi| \tag{B-28}$$

如果我们沿用将两个符号并置在一起的写法, 那么这个式子表示一个算符. 实际上, 取一个任意的右矢 $|\chi\rangle$, 考虑下式:

$$|\psi\rangle\langle\varphi|\chi\rangle \tag{B-29}$$

已知 $\langle\varphi|\chi\rangle$ 是一个复数, 因此, (B–29) 式是一个右矢, 是用标量 $\langle\varphi|\chi\rangle$ 去乘右矢 $|\psi\rangle$ 而得到的. 既然将 $|\psi\rangle\langle\varphi|$ 作用于任何一个右矢就得到另一个右矢, 可见它是一个算符.

于是我们看到, 这些符号的先后顺序具有决定性的意义. 只有复数的位置可以变动而不出问题, 这是因为空间 $\mathscr{E}$ 和我们所使用的算符都是线性的, 也就是说, 如果 λ 是一个数, 那么便有

$$\begin{cases} |\psi\rangle\lambda = \lambda|\psi\rangle \\ \langle\psi|\lambda = \lambda\langle\psi| \\ A\lambda|\psi\rangle = \lambda A|\psi\rangle \ (A \text{ 是一个线性算符}) \\ \langle\varphi|\lambda|\psi\rangle = \lambda\langle\varphi|\psi\rangle = \langle\varphi|\psi\rangle\lambda \end{cases} \tag{B-30}$$

但是, 遇到右矢、左矢和算符, 我们就应始终保持它们在公式中的顺序, 这就是狄拉克体系的简洁性要求我们付出的代价.

β. 右矢 $|\psi\rangle$ 上的投影算符 P_ψ

假设 $|\psi\rangle$ 是归一化的右矢, 即

$$\langle\psi|\psi\rangle = 1 \tag{B-31}$$

考虑由下式定义的算符 P_ψ:

$$P_\psi = |\psi\rangle\langle\psi| \tag{B-32}$$

将此算符作用于任一右矢 $|\varphi\rangle$:

$$P_\psi|\varphi\rangle = |\psi\rangle\langle\psi|\varphi\rangle \tag{B–33}$$

这就是说, 将 P_ψ 作用于任一右矢 $|\varphi\rangle$ 便得到一个与 $|\psi\rangle$ 成正比的右矢, 比例系数就是 $|\psi\rangle$ 和 $|\varphi\rangle$ 的标量积 $\langle\psi|\varphi\rangle$.

现在, P_ψ 的 "几何" 意义就很清楚了: 它是在右矢 $|\psi\rangle$ 上进行 "垂直投影" 的算符.

这种解释还可以为 $P_\psi^2 = P_\psi$ 这一事实所证实 (此式表示在某一矢量上相继投影两次相当于只投影一次). 事实上,

$$P_\psi^2 = P_\psi P_\psi = |\psi\rangle\langle\psi|\psi\rangle\langle\psi| \tag{B–34}$$

其中 $\langle\psi|\psi\rangle$ 是一个数, 其值为 1 [见 (B–31) 式], 于是

$$P_\psi^2 = |\psi\rangle\langle\psi| = P_\psi \tag{B–35}$$

[116] γ. 子空间上的投影算符

假设有 q 个已归一化的、两两正交的矢量: $|\varphi_1\rangle, |\varphi_2\rangle, \cdots, |\varphi_q\rangle$:

$$\langle\varphi_i|\varphi_j\rangle = \delta_{ij}; \quad i, j = 1, 2, \cdots, q \tag{B–36}$$

这 q 个矢量在 $\mathscr{E}$ 空间中所张成的子空间记作 $\mathscr{E}_q$.

假设 P_q 是一个线性算符, 其定义是:

$$P_q = \sum_{i=1}^{q} |\varphi_i\rangle\langle\varphi_i| \tag{B–37}$$

我们来计算 P_q 的平方

$$P_q^2 = \sum_{i=1}^{q}\sum_{j=1}^{q} |\varphi_i\rangle\langle\varphi_i|\varphi_j\rangle\langle\varphi_j| \tag{B–38}$$

利用 (B–36) 式, 得到

$$P_q^2 = \sum_{i=1}^{q}\sum_{j=1}^{q} |\varphi_i\rangle\langle\varphi_j|\delta_{ij} = \sum_{i=1}^{q} |\varphi_i\rangle\langle\varphi_i| = P_q \tag{B–39}$$

可见 P_q 是一个投影算符. 容易看出, P_q 是在子空间 $\mathscr{E}_q$ 上进行投影的. 事实上, 对任意的 $|\psi\rangle \in \mathscr{E}$, 我们有

$$P_q|\psi\rangle = \sum_{i=1}^{q} |\varphi_i\rangle\langle\varphi_i|\psi\rangle \tag{B–40}$$

由此可见, 将 P_q 作用于 $|\psi\rangle$ 上, 得到 $|\psi\rangle$ 在这些 $|\varphi_i\rangle$ 上的投影的线性组合, 这也就是 $|\psi\rangle$ 在子空间 $\mathscr{E}_q$ 上的投影.

4. 厄米共轭

a. 线性算符对左矢的作用

在此以前, 我们只定义过线性算符 A 对右矢的作用, 现在我们即将看到, 同样也可以定义 A 对左矢的作用.

假设 $\langle\varphi|$ 是一个完全确定的左矢, 我们考虑全体右矢 $|\psi\rangle$ 的集合. 对于每一个右矢, 我们都可以给它联系上一个复数 $\langle\varphi|(A|\psi\rangle)$; 以前已将这个数定义为 A 在 $|\varphi\rangle$ 和 $|\psi\rangle$ 之间的矩阵元. 由于 A 是线性的, 而且标量积线性地依赖于右矢, 所以这个数 $\langle\varphi|(A|\psi\rangle)$ 也线性地依赖于 $|\psi\rangle$. 既然 $\langle\varphi|$ 和 A 是确定的, 我们就可以给每一个右矢 $|\psi\rangle$ 联系上一个线性地依赖于 $|\psi\rangle$ 的数. 于是, 确定的 $\langle\varphi|$ 和确定的 A 便在 $\mathscr{E}$ 空间中的右矢上定义一个新的线性泛函, 也就是属于 $\mathscr{E}^*$ 空间的新的左矢. 我们将这个新左矢记作 $\langle\varphi|A$, 则它的定义式便可写作

$$\boxed{(\langle\varphi|A)|\psi\rangle = \langle\varphi|(A|\psi\rangle)} \tag{B–41}$$

算符 A 给每一个左矢 $\langle\varphi|$ 联系上一个新左矢 $\langle\varphi|A$. 现在来证明它们之间 [117]
的对应关系是线性的. 为此, 我们考虑 $\langle\varphi_1|$ 和 $\langle\varphi_2|$ 的线性组合:

$$\langle\chi| = \lambda_1\langle\varphi_1| + \lambda_2\langle\varphi_2| \tag{B–42}$$

(这就是表示 $\langle\chi|\psi\rangle = \lambda_1\langle\varphi_1|\psi\rangle + \lambda_2\langle\varphi_2|\psi\rangle$). 根据 (B–41) 式, 我们有

$$\begin{aligned}(\langle\chi|A)|\psi\rangle &= \langle\chi|(A|\psi\rangle)\\ &= \lambda_1\langle\varphi_1|(A|\psi\rangle) + \lambda_2\langle\varphi_2|(A|\psi\rangle)\\ &= \lambda_1(\langle\varphi_1|A)|\psi\rangle + \lambda_2(\langle\varphi_2|A)|\psi\rangle\end{aligned} \tag{B–43}$$

因为 $|\psi\rangle$ 是任意的, 由此便得到

$$\begin{aligned}\langle\chi|A &= (\lambda_1\langle\varphi_1| + \lambda_2\langle\varphi_2|)A\\ &= \lambda_1\langle\varphi_1|A + \lambda_2\langle\varphi_2|A\end{aligned} \tag{B–44}$$

因此, 方程 (B–41) 定义了关于左矢的线性运算. 左矢 $\langle\varphi|A$ 就是线性算符 A 作用于左矢 $\langle\varphi|$ 得到的结果.

附注:

(i) 观察 $\langle\varphi|A$ 的定义式 (B–41), 我们发现, 在表示 A 在 $|\varphi\rangle$ 和 $|\psi\rangle$ 之间的矩阵元的符号中, 圆括号的位置无关紧要. 因此, 以后我们就将矩阵元记作 $\langle\varphi|A|\psi\rangle$, 就是说:

$$\langle\varphi|A|\psi\rangle = (\langle\varphi|A)|\psi\rangle = \langle\varphi|(A|\psi\rangle) \tag{B–45}$$

(ii) 在符号 $\langle\varphi|A$ 中, $\langle\varphi|$ 和 A 的顺序极为重要 (参看 §3–b–α). 一定要将它写作 $\langle\varphi|A$, 不能写作 $A\langle\varphi|$. 因为将 $\langle\varphi|A$ 作用于右矢 $|\psi\rangle$ 便得到一个数 $\langle\varphi|A|\psi\rangle$, 可见 $\langle\varphi|A$ 是一个左矢. 反之, 将 $A\langle\varphi|$ 作用于右矢 $|\psi\rangle$ 则得到 $A\langle\varphi|\psi\rangle$, 这是一个算符 (就是用数 $\langle\varphi|\psi\rangle$ 去乘一个算符), 我们从来不曾定义过这样的算符. 因此, $A\langle\varphi|$ 是没有意义的.

b. 线性算符 A 的伴随算符 $A^\dagger$

我们即将看到, §B–2–c 中研究过的右矢和左矢之间的对应关系允许我们给每一个线性算符 A 联系上另一个线性算符 $A^\dagger$, 这个算符叫做 A 的伴随算符 (或厄米共轭算符).

用 $|\psi\rangle$ 表示 $\mathscr{E}$ 空间中的任一右矢, 算符 A 给它联系上另一个右矢 $|\psi'\rangle = A|\psi\rangle \in \mathscr{E}$ (图 2–2)

[118]

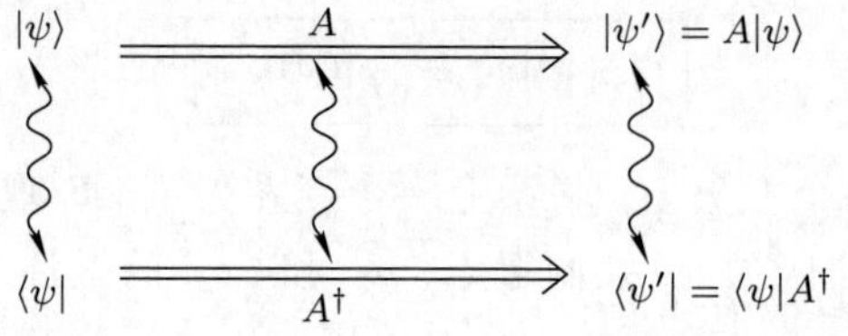

$|\psi\rangle$ A $|\psi'\rangle = A|\psi\rangle$

$\langle\psi|$ $A^\dagger$ $\langle\psi'| = \langle\psi|A^\dagger$

图 2–2 从右矢和左矢之间的对应关系来定义算符 A 的伴随算符 $A^\dagger$.

对于右矢 $|\psi\rangle$, 对应着一个左矢 $\langle\psi|$; 同样, 对于 $|\psi'\rangle$ 则对应着一个 $\langle\psi'|$. 右矢和左矢之间的这种对应关系允许我们将算符 $A^\dagger$ 对左矢的作用定义如下: 算符 $A^\dagger$ 给左矢 $\langle\psi|$ (它对应于右矢 $|\psi\rangle$) 联系上另一个左矢 $\langle\psi'|$ (它对应于右矢 $|\psi'\rangle = A|\psi\rangle$); 这种联系可以记作 $\langle\psi'| = \langle\psi|A^\dagger$.

现在来证明关系式 $\langle\psi'| = \langle\psi|A^\dagger$ 是线性关系. 实际上, 对于左矢 $\lambda_1\langle\psi_1| + \lambda_2\langle\psi_2|$, 对应着右矢 $\lambda_1^*|\psi_1\rangle + \lambda_2^*|\psi_2\rangle$ (左矢和右矢之间的对应是反线性的). 算符 A 将 $\lambda_1^*|\psi_1\rangle + \lambda_2^*|\psi_2\rangle$ 变换为 $\lambda_1^*A|\psi_1\rangle + \lambda_2^*A|\psi_2\rangle = \lambda_1^*|\psi_1'\rangle + \lambda_2^*|\psi_2'\rangle$. 最后, 对于这个右矢, 又对应着一个左矢 $\lambda_1\langle\psi_1'| + \lambda_2\langle\psi_2'| = \lambda_1\langle\psi_1|A^\dagger + \lambda_2\langle\psi_2|A^\dagger$, 由此得到

$$(\lambda_1\langle\psi_1| + \lambda_2\langle\psi_2|)A^\dagger = \lambda_1\langle\psi_1|A^\dagger + \lambda_2\langle\psi_2|A^\dagger \tag{B–46}$$

因此, $A^\dagger$ 是一个线性算符, 由下列公式所定义:

$$\boxed{|\psi'\rangle = A|\psi\rangle \Longleftrightarrow \langle\psi'| = \langle\psi|A^\dagger} \tag{B–47}$$

从 (B–47) 式很容易导出算符 $A^\dagger$ 所满足的另一个重要关系式. 根据标量积的性质, 我们总可以写出:

$$\langle\psi'|\varphi\rangle = \langle\varphi|\psi'\rangle^* \tag{B–48}$$

式中 $|\varphi\rangle$ 是 $\mathscr{E}$ 空间中的任意右矢. 利用关于 $|\psi'\rangle$ 和 $\langle\psi'|$ 的关系式 (B–47), 得到

$$\boxed{\langle\psi|A^\dagger|\varphi\rangle = \langle\varphi|A|\psi\rangle^*} \tag{B–49}$$

此式对任意的 $|\varphi\rangle$ 和 $|\psi\rangle$ 都成立.

关于符号的附注:

在前面我们曾经提到两个容易混淆的记号: $|\lambda\psi\rangle$ 和 $\langle\lambda\psi|$, 其中 λ 是标量 [公式 (B–7) 和 (B–8)]. 对于记号 $|A\psi\rangle$ 和 $\langle A\psi|$ (其中 A 是线性算符) 也会出现同样的问题. $|A\psi\rangle$ 就是右矢 $A|\psi\rangle$ 的另一种记法:

$$|A\psi\rangle = A|\psi\rangle \tag{B–50}$$

但 $\langle A\psi|$ 则是对应于右矢 $|A\psi\rangle$ 的左矢. 利用 (B–50) 式和 (B–47) 式, 可以看出:

$$\langle A\psi| = \langle\psi|A^\dagger \tag{B–51}$$

这就是说, 如果要把一个线性算符 A 从左矢的符号中提出去, 就必须将它放到该左矢符号的右边并且换成它的伴随算符 $A^\dagger$.

c. 一个算符与其伴随算符之间的对应关系的性质 [119]

利用 (B–47) 式或 (B–49) 式, 很容易证明:

$$(A^\dagger)^\dagger = A \tag{B–52}$$

$$(\lambda A)^\dagger = \lambda^* A^\dagger \ (\lambda \text{ 是一个数}) \tag{B–53}$$

$$(A+B)^\dagger = A^\dagger + B^\dagger \tag{B–54}$$

最后, 我们来计算 $(AB)^\dagger$. 为此, 我们考虑右矢 $|\varphi\rangle = AB|\psi\rangle$. 再将此式写作 $|\varphi\rangle = A|\chi\rangle$, 也就是令 $|\chi\rangle = B|\psi\rangle$, 于是

$$\langle\varphi| = \langle\psi|(AB)^\dagger = \langle\chi|A^\dagger = \langle\psi|B^\dagger A^\dagger$$

最后一步用到了关系式 $\langle\chi| = \langle\psi|B^\dagger$. 由上式可以推出

$$\boxed{(AB)^\dagger = B^\dagger A^\dagger} \tag{B–55}$$

注意, 取算符之积的伴随算符时, 两因子的顺序要颠倒.

附注:

由于 $(A^\dagger)^\dagger = A$, 根据 (B–51) 式, 可以写

$$\langle A^\dagger\varphi| = \langle\varphi|(A^\dagger)^\dagger = \langle\varphi|A$$

因此, 我们就可以将 (B–41) 式的左端改写为 $\langle A^\dagger\varphi|\psi\rangle$. 同样, 该式的右端, 采用 (B–50) 式中的记号, 又可以写作 $\langle\varphi|A\psi\rangle$. 由此便得到下列关系:

$$\langle A^\dagger\varphi|\psi\rangle = \langle\varphi|A\psi\rangle \tag{B–56}$$

有时便用这个式子作为 A 的伴随算符 $A^\dagger$ 的定义.

d. 狄拉克符号的厄米共轭

在上一段中, 我们利用右矢和左矢之间的对应关系引入了伴随算符的概念. 我们说右矢 $|\psi\rangle$ 和对应的左矢 $\langle\psi|$ 是彼此 "厄米共轭" 的. 在图 2–2 中, 曲线箭头所表示的运算就是厄米共轭的运算; 我们看到 $A^\dagger$ 与 A 就是通过这种运算互相联系的. 由于这个原因, $A^\dagger$ 又叫做 A 的厄米共轭算符.

厄米共轭的运算使参与运算的对象改变顺序. 从图 2–2 我们看到 $A|\psi\rangle$ 变成了 $\langle\psi|A^\dagger$; 就是说, 右矢 $|\psi\rangle$ 变成了左矢 $\langle\psi|, A$ 变成了 $A^\dagger$, 而且顺序也颠倒了. 同样, 从 (B–55) 式我们看到, 两个算符之积的厄米共轭等于两个厄米共轭算符的反序乘积. 最后, 我们证明

$$(|u\rangle\langle v|)^\dagger = |v\rangle\langle u| \tag{B–57}$$

(就是将 $|u\rangle$ 换成 $\langle u|$, 将 $\langle v|$ 换成 $|v\rangle$, 再颠倒顺序). 事实上, 将关系式 (B–49) 应用于算符 $|u\rangle\langle v|$, 便有

$$\langle\psi|(|u\rangle\langle v|)^\dagger|\varphi\rangle = [\langle\varphi|(|u\rangle\langle v|)|\psi\rangle]^* \tag{B–58}$$

[120] 再利用标量积的性质 (B–9):

$$\begin{aligned}[\langle\varphi|(|u\rangle\langle v|)|\psi\rangle]^* &= \langle\varphi|u\rangle^*\langle v|\psi\rangle^* = \langle\psi|v\rangle\langle u|\varphi\rangle \\ &= \langle\psi|(|v\rangle\langle u|)|\varphi\rangle\end{aligned} \tag{B–59}$$

比较 (B–58) 式和 (B–59) 式, 便得到 (B–57) 式.

我们再看对常数进行厄米共轭运算得到什么结果. 从 (B–6) 式和 (B–53) 式可以看出, 这种运算不过是将 λ 变成 λ^* (复数共轭); 这个结果完全符合 $\langle\varphi|\psi\rangle^* = \langle\psi|\varphi\rangle$ 这一事实.

因此, 一个右 (左) 矢的厄米共轭是一个左 (右) 矢; 一个算符的厄米共轭是它的伴随算符; 一个数的厄米共轭是它的共轭复数. 采用狄拉克符号, 厄米共轭运算是很容易进行的, 只要应用下面的规则即可:

规则

当一个式子中含有常数、右矢、左矢及算符时, 要得到这个式子的厄米共轭式 (或伴随式), 必须:

★代换:

$$\begin{cases}\text{将常数换成其共轭复数}\\ \text{将右矢换成其对应的左矢}\\ \text{将左矢换成其对应的右矢}\\ \text{将算符换成其伴随算符}\end{cases}$$

★反序: 即颠倒各因子的顺序 (但常数的位置无关紧要).

例子:

$\lambda\langle u|A|v\rangle|w\rangle\langle\psi|$ 是一个算符 (因为 λ 和 $\langle u|A|v\rangle$ 都是数). 它的伴随算符可以用上述规则得到: $|\psi\rangle\langle w|\langle v|A^\dagger|u\rangle\lambda^*$, 将 λ^* 和 $\langle v|A^\dagger|u\rangle$ 这两个数的位置改动一下, 就得到 $\lambda^*\langle v|A^\dagger|u\rangle|\psi\rangle\langle w|$.

同样, $\lambda|u\rangle\langle v|w\rangle$ 是一个右矢 (因为 λ 和 $\langle v|w\rangle$ 都是数), 它的共轭左矢为 $\langle w|v\rangle\langle u|\lambda^*$, 又可将它写作 $\lambda^*\langle w|v\rangle\langle u|$.

e. 厄米算符

如果算符 A 等于它的伴随算符, 即

$$A = A^\dagger \tag{B–60}$$

我们就称它为厄米算符.

将 (B–60) 式代入 (B–49) 式, 便知厄米算符满足下列关系式:

$$\langle\psi|A|\varphi\rangle = \langle\varphi|A|\psi\rangle^* \tag{B–61}$$

此式对任意的 $|\varphi\rangle$ 和 $|\psi\rangle$ 都成立.

最后, 对于厄米算符, (B–56) 式变为:

$$\langle A\varphi|\psi\rangle = \langle\varphi|A\psi\rangle \tag{B–62}$$

以后, 在关于本征值和本征矢的问题中, 我们还要回头详细讨论厄米算 [121]
符; 此外, 到第三章, 我们将会看到厄米算符在量子力学中有着根本的重要性.

如果在公式 (B–57) 中令 $|u\rangle = |v\rangle = |\psi\rangle$, 我们便可看出投影算符 $P_\psi = |\psi\rangle\langle\psi|$ 也是厄米算符.

$$P_\psi^\dagger = |\psi\rangle\langle\psi| = P_\psi \tag{B–63}$$

附注:

两个厄米算符 A 和 B 的乘积, 仅当 $[A,B]=0$ 时, 才是厄米算符. 事实上, 如果 $A=A^\dagger, B=B^\dagger$, 则由 (B–55) 式可以推出: $(AB)^\dagger=B^\dagger A^\dagger=BA$, 若要此结果等于 AB, 必须 $[A,B]=0$.

§C. 态空间中的表象

1. 引言

a. 表象的定义

选择一种表象就是在态空间 $\mathscr{E}$ 中选择一个离散的或连续的正交归一基. 在选定的基中, 矢量和算符都是用数来表示的: 对于矢量, 这些数就是它的分量; 对于算符, 这些数就是它的矩阵元. 在 §B 中引入的矢量运算就变成了对这些数进行矩阵运算. 从原则上说, 表象的选择是任意的; 实际上, 当然要看所研究的问题而定, 在每一个问题中, 都以最大限度地简化运算为目的来进行选择.

b. §C 的目的

下面我们再回到在 §A–2 和 §A–3 中引入的 $\mathscr{F}$ 空间中的离散基或连续基的全部概念上去, 但现在采用的是狄拉克符号, 而且将对任意的 $\mathscr{E}$ 空间进行讨论.

我们将用狄拉克符号写出一个基的两个特征关系式, 即正交归一关系式和封闭性关系式. 然后我们将阐明, 从这两个关系式出发, 怎样在一种表象中解决各种具体问题, 又怎样从一种表象变换到另一种表象.

2. 一个正交归一基的特征关系式

a. 正交归一关系式

我们说右矢的离散集合 $\{|u_i\rangle\}$ 或连续集合 $\{|w_\alpha\rangle\}$ 是正交归一的, 其条件是集合中的右矢满足下列的正交归一关系式

$$\boxed{\langle u_i|u_j\rangle=\delta_{ij}} \tag{C–1}$$

[122] 或

$$\boxed{\langle w_\alpha|w_{\alpha'}\rangle=\delta(\alpha-\alpha')} \tag{C–2}$$

我们要注意, 对于连续集合来说, $\langle w_\alpha|w_\alpha\rangle$ 并不存在, 就是说 $|w_\alpha\rangle$ 的模为无穷大, 故它并不属于 $\mathscr{E}$ 空间. 但是我们却可以将 $\mathscr{E}$ 空间中的矢量按这些 $|w_\alpha\rangle$ 展开, 因而将这些 $|w_\alpha\rangle$ 看作广义右矢是有用的 (可参看 §A–3 和 §B–2–c).

b. 封闭性关系式

离散集合 $\{|u_i\rangle\}$ 或连续集合 $\{|w_\alpha\rangle\}$ 构成一个基的条件是: $\mathscr{E}$ 空间中的每一个右矢 $|\psi\rangle$ 都可唯一地按 $|u_i\rangle$ 或按 $|w_\alpha\rangle$ 展开:

$$|\psi\rangle = \sum_i c_i |u_i\rangle \tag{C-3}$$

$$|\psi\rangle = \int \mathrm{d}\alpha c(\alpha) |w_\alpha\rangle \tag{C-4}$$

此外, 再假设基是正交归一的. 用 $\langle u_j|$ 乘 (C-3) 式两端, 或用 $\langle w_{\alpha'}|$ 乘 (C-4) 式两端, 并利用 (C-1) 式或 (C-2) 式, 便得到分量 c_j 或 $c(\alpha')$ 的表示式:

$$\langle u_j|\psi\rangle = c_j \tag{C-5}$$

$$\langle w_{\alpha'}|\psi\rangle = c(\alpha') \tag{C-6}$$

将 (C-3) 式中的 c_i 换成 $\langle u_i|\psi\rangle$, 将 (C-4) 式中的 $c(\alpha)$ 换成 $\langle w_\alpha|\psi\rangle$, 便有

$$\begin{aligned} |\psi\rangle &= \sum_i c_i |u_i\rangle = \sum_i \langle u_i|\psi\rangle |u_i\rangle \\ &= \sum_i |u_i\rangle\langle u_i|\psi\rangle = \left(\sum_i |u_i\rangle\langle u_i|\right)|\psi\rangle \end{aligned} \tag{C-7}$$

$$\begin{aligned} |\psi\rangle &= \int \mathrm{d}\alpha c(\alpha)|w_\alpha\rangle = \int \mathrm{d}\alpha \langle w_\alpha|\psi\rangle |w_\alpha\rangle \\ &= \int \mathrm{d}\alpha |w_\alpha\rangle\langle w_\alpha|\psi\rangle = \left(\int \mathrm{d}\alpha |w_\alpha\rangle\langle w_\alpha|\right)|\psi\rangle \end{aligned} \tag{C-8}$$

[这是因为在 (C-7) 式中, 我们可以将数 $\langle u_i|\psi\rangle$ 放到右矢 $|u_i\rangle$ 的右侧; 同样, 在 (C-8) 式中, 可以将数 $\langle w_\alpha|\psi\rangle$ 放到右矢 $|w_\alpha\rangle$ 的右侧].

于是我们看到, 出现了两个算符: $\sum_i |u_i\rangle\langle u_i|$ 和 $\int \mathrm{d}\alpha |w_\alpha\rangle\langle w_\alpha|$, 将它们作用于 $\mathscr{E}$ 空间中的任意右矢 $|\psi\rangle$, 仍然得到该右矢 $|\psi\rangle$. 既然 $|\psi\rangle$ 是任意的, 便可 [123]
以得到:

$$P_{\{u_i\}} = \sum_i |u_i\rangle\langle u_i| = \mathbb{1} \tag{C-9}$$

$$P_{\{w_\alpha\}} = \int \mathrm{d}\alpha |w_\alpha\rangle\langle w_\alpha| = \mathbb{1} \tag{C-10}$$

式中 $\mathbb{1}$ 表示 $\mathscr{E}$ 空间中的恒等算符. 关系式 (C-9) 或 (C-10) 就叫做**封闭性关系式**. 反之, 我们再来证明关系式 (C-9) 和 (C-10) 表示集合 $\{|u_i\rangle\}$ 和集合 $\{|w_\alpha\rangle\}$ 构

成基. 事实上, 对于 $\mathscr{E}$ 空间中的每一个右矢 $|\psi\rangle$, 我们都可以写出:

$$\begin{aligned} |\psi\rangle = \mathbb{1}|\psi\rangle = P_{\{u_i\}}|\psi\rangle &= \sum_i |u_i\rangle\langle u_i|\psi\rangle \\ &= \sum_i c_i|u_i\rangle \end{aligned} \tag{C–11}$$

式中

$$c_i = \langle u_i|\psi\rangle \tag{C–12}$$

同样, 我们有

$$\begin{aligned} |\psi\rangle = \mathbb{1}|\psi\rangle = P_{\{w_\alpha\}}|\psi\rangle &= \int \mathrm{d}\alpha|w_\alpha\rangle\langle w_\alpha|\psi\rangle \\ &= \int \mathrm{d}\alpha c(\alpha)|w_\alpha\rangle \end{aligned} \tag{C–13}$$

式中

$$c(\alpha) = \langle w_\alpha|\psi\rangle \tag{C–14}$$

以上结果表明, 每一个右矢 $|\psi\rangle$ 都可以唯一地按 $|u_i\rangle$ 或按 $|w_\alpha\rangle$ 展开. 因此, 这两个集合都构成基, 一个是离散的, 另一个是连续的. 我们还可以看到, 利用 (C–9) 式或 (C–10) 式, 用不着死记, 马上就可以重新导出分量 c_i 和 $c(\alpha)$ 的表示式 (C–12) 和 (C–14).

附注:

(i) 以后 (§E) 我们会看到, 在 $\mathscr{F}$ 空间中, 关系式 (A–32) 和 (A–57) 很容易从 (C–9) 式和 (C–10) 式导出.

(ii) 封闭性关系式的几何意义

根据 §B–3–b 中的讨论, $\sum\limits_i |u_i\rangle\langle u_i|$ 是一个投影算符, 是在由 $|u_1\rangle, |u_2\rangle, \cdots,$ $|u_i\rangle, \cdots$ 所张成的子空间 $\mathscr{E}'$ 上的投影算符. 如果这些 $|u_i\rangle$ 构成一个基, 那么 $\mathscr{E}$ 空间中的每一个右矢都可以按这些 $|u_i\rangle$ 展开, 于是子空间 $\mathscr{E}'$ 就和 $\mathscr{E}$ 空间本身重合
[124] 了. 因而, 算符 $\sum\limits_i |u_i\rangle\langle u_i|$ 自然成为一个恒等算符; 这是因为, 将 $\mathscr{E}$ 空间中的右矢投影到 $\mathscr{E}$ 空间上并没有改变这个右矢. 关于 $\int \mathrm{d}\alpha|w_\alpha\rangle\langle w_\alpha|$ 也可以进行同样的分析.

对于普通的三维空间 R^3, 我们也能找出和封闭性关系式相当的式子. 设 $\boldsymbol{e}_1, \boldsymbol{e}_2, \boldsymbol{e}_3$ 是这个空间中的三个正交归一矢量, 而 P_1, P_2, P_3 是在这三个矢量上的投影算符. $\{\boldsymbol{e}_1, \boldsymbol{e}_2, \boldsymbol{e}_3\}$ 构成 R^3 空间中的一个基这一事实由下式表示:

$$P_1 + P_2 + P_3 = \mathbb{1} \tag{C–15}$$

另一方面, $\{\boldsymbol{e}_1, \boldsymbol{e}_2\}$ 构成一个正交归一集合, 但并不构成 R^3 空间的一个基. 这可以由下述事实来说明: 投影算符 $P_1 + P_2$ (它在由 $\boldsymbol{e}_1, \boldsymbol{e}_2$ 所张成的平面上投影) 并不等于 $\mathbb{1}$; 例如 $(P_1 + P_2)\boldsymbol{e}_3 = 0$.

为了能够在表象 $\{|u_i\rangle\}$ 或表象 $\{|w_\alpha\rangle\}$ 中进行全部的运算, 必须记住的最基本的公式归纳在表 (Ⅱ–7) 中.

表 (Ⅱ–7)

表象 $\{\|u_i\rangle\}$	表象 $\{\|w_\alpha\rangle\}$
$\langle u_i \| u_j\rangle = \delta_{ij}$	$\langle w_\alpha \| w_{\alpha'}\rangle = \delta(\alpha - \alpha')$
$P_{\{u_i\}} = \sum_i \|u_i\rangle\langle u_i\| = \mathbb{1}$	$P_{\{w_\alpha\}} = \int \mathrm{d}\alpha \|w_\alpha\rangle\langle w_\alpha\| = \mathbb{1}$

3. 右矢和左矢的表示法

a. 右矢的表示法

在基 $\{|u_i\rangle\}$ 中, 右矢 $|\psi\rangle$ 是用其分量的集合来表示的, 也就是用数 $c_i = \langle u_i|\psi\rangle$ 的集合来表示. 现在将所有这些数沿垂直方向排列起来, 组成一个列矩阵 (其行数一般是可数的无穷大):

$$\begin{pmatrix} \langle u_1|\psi\rangle \\ \langle u_2|\psi\rangle \\ \vdots \\ \langle u_i|\psi\rangle \\ \vdots \end{pmatrix} \tag{C–16}$$

在连续基 $\{|w_\alpha\rangle\}$ 中, 右矢 $|\psi\rangle$ 是用连续的无穷多个数 $c(\alpha) = \langle w_\alpha|\psi\rangle$ 来表示的, 也就是用 α 的一个函数来表示的. 我们可以作一条纵轴, 将 α 的各个可能值标记在上面, 使其中每一个值都对应于一个数 $\langle w_\alpha|\psi\rangle$:

$$\alpha\downarrow \begin{pmatrix} \vdots \\ \langle w_\alpha|\psi\rangle \\ \vdots \end{pmatrix} \tag{C–17}$$ [125]

b. 左矢的表示法

设 $\langle\varphi|$ 是一个任意的左矢. 在基 $\{|u_i\rangle\}$ 中, 可将它写作:

$$\langle\varphi| = \langle\varphi|\mathbb{1} = \langle\varphi|P_{\{u_i\}} = \sum_i \langle\varphi|u_i\rangle\langle u_i| \tag{C–18}$$

可见 $\langle\varphi|$ 可以唯一地按这些左矢 $\langle u_i|$ 展开; $\langle\varphi|$ 的诸分量 $\langle\varphi|u_i\rangle$ 就是与 $\langle\varphi|$ 相联系的右矢 $|\varphi\rangle$ 的诸分量 $b_i = \langle u_i|\varphi\rangle$ 的共轭复数.

同样, 在基 $\{|w_\alpha\rangle\}$ 中, 可以得到:

$$\langle\varphi| = \langle\varphi|\mathbb{1} = \langle\varphi|P_{\{w_\alpha\}} = \int \mathrm{d}\alpha\langle\varphi|w_\alpha\rangle\langle w_\alpha| \tag{C-19}$$

$\langle\varphi|$ 的诸分量 $\langle\varphi|w_\alpha\rangle$ 就是与 $\langle\varphi|$ 相联系的右矢 $|\varphi\rangle$ 的诸分量 $b(\alpha)=\langle w_\alpha|\varphi\rangle$ 的共轭复数.

我们已经约定将一个右矢的诸分量沿垂直方向排列起来. 在说明怎样排列一个左矢的分量之前, 我们先说明, 怎样利用封闭性关系式很简单地求得两个右矢的标量积作为分量的函数的表示式. 事实上, 我们总可以在标量积的表示式中将 $\mathbb{1}$ 插在 $\langle\varphi|$ 和 $|\psi\rangle$ 之间:

$$\begin{aligned}\langle\varphi|\psi\rangle &= \langle\varphi|\mathbb{1}|\psi\rangle = \langle\varphi|P_{\{u_i\}}|\psi\rangle \\ &= \sum_i \langle\varphi|u_i\rangle\langle u_i|\psi\rangle = \sum_i b_i^* c_i\end{aligned} \tag{C-20}$$

同样:

$$\begin{aligned}\langle\varphi|\psi\rangle &= \langle\varphi|\mathbb{1}|\psi\rangle = \langle\varphi|P_{\{w_\alpha\}}|\psi\rangle \\ &= \int \mathrm{d}\alpha\langle\varphi|w_\alpha\rangle\langle w_\alpha|\psi\rangle = \int \mathrm{d}\alpha b^*(\alpha)c(\alpha)\end{aligned} \tag{C-21}$$

我们将左矢 $\langle\varphi|$ 的诸分量 $\langle\varphi|u_i\rangle$ 沿水平方向排列起来, 构成一个行矩阵 (包含一行和无穷多列):

$$(\langle\varphi|u_1\rangle \quad \langle\varphi|u_2\rangle\cdots\cdots\langle\varphi|u_i\rangle\cdots\cdots) \tag{C-22}$$

采用这种记法, 从矩阵的观点看来, 乘积 $\langle\varphi|\psi\rangle$ 就是表示 $\langle\varphi|$ 的行矩阵与表示 $|\psi\rangle$ 的列矩阵的矩阵乘积, 所得的乘积矩阵只有一行一列, 也就是一个数.

在基 $\{|w_\alpha\rangle\}$ 中, $\langle\varphi|$ 有连续的无穷多个分量 $\langle\varphi|w_\alpha\rangle$. 我们可以作一条横轴, 将 α 的各个值标记在上面, 其中每一个值都对应于 $\langle\varphi|$ 的一个分量 $\langle\varphi|w_\alpha\rangle$:

[126]

$$\underset{\alpha}{\underrightarrow{(\cdots\cdots\cdots\langle\varphi|w_\alpha\rangle\cdots\cdots\cdots)}} \tag{C-23}$$

附注:

在一种指定的表象中, 表示右矢 $|\psi\rangle$ 的矩阵和表示对应的左矢 $\langle\psi|$ 的矩阵互为厄米共轭矩阵. 这就是说, 将一个矩阵中的行列互易, 并将每个矩阵元换成其共轭复数, 这样便得到它的厄米共轭矩阵.

4. 算符的表示法

a. 用方阵表示 A

如果线性算符 A 已经给定, 那么, 在基 $\{|u_i\rangle\}$ 或 $\{|w_\alpha\rangle\}$ 中, 我们可以给它联系上一个数列, 其定义是

$$\boxed{A_{ij} = \langle u_i|A|u_j\rangle} \tag{C–24}$$

或

$$\boxed{A(\alpha,\alpha') = \langle w_\alpha|A|w_{\alpha'}\rangle} \tag{C–25}$$

这些数依赖于两个指标, 因而可将它们排列成一个方阵, 其行数与列数是可数的无穷大或连续的无穷大. 习惯上, 以第一个指标为行指标, 第二个指标为列指标. 因此, 在基 $\{|u_i\rangle\}$ 中, 算符 A 可表示为下列矩阵:

$$\begin{pmatrix} A_{11} & A_{12} & \cdots & A_{1j} & \cdots \\ A_{21} & A_{22} & \cdots & A_{2j} & \cdots \\ \vdots & \vdots & & \vdots & \\ A_{i1} & A_{i2} & \cdots & A_{ij} & \cdots \\ \vdots & \vdots & & \vdots & \end{pmatrix} \tag{C–26}$$

可以看出, 其中的第 j 列就是基矢 $|u_j\rangle$ 的变换 $A|u_j\rangle$ 在基 $\{|u_i\rangle\}$ 中的诸分量.

对于连续基, 我们可以作两条互相正交的轴, 使横坐标为 α', 纵坐标为 α 的点对应于一个数 $A(\alpha,\alpha')$:

$$\alpha \downarrow \overset{\xrightarrow{\alpha'}}{\begin{pmatrix} & \vdots \\ \cdots\cdots & A(\alpha,\alpha') \end{pmatrix}} \tag{C–27}$$

现在利用封闭性关系式来计算算符 AB 在基 $\{|u_i\rangle\}$ 中的矩阵元: [127]

$$\begin{aligned} \langle u_i|AB|u_j\rangle &= \langle u_i|A\mathbb{1}B|u_j\rangle \\ &= \langle u_i|AP_{\{u_k\}}B|u_j\rangle \\ &= \sum_k \langle u_i|A|u_k\rangle\langle u_k|B|u_j\rangle \end{aligned} \tag{C–28}$$

前面约定的数 A_{ij} [或 $A(\alpha,\alpha')$] 的排列规则和两矩阵的乘法规则是一致的; 这是因为, (C–28) 式表明, 表示算符 AB 的矩阵就是表示 A 的矩阵和表示 B 的矩阵的乘积.

b. 右矢 $|\psi'\rangle = A|\psi\rangle$ 的矩阵表示

现在的问题是: 在一种给定的表象 (即一个给定的基) 中, 右矢 $|\psi\rangle$ 的分量及 A 的矩阵元都是已知的, 怎样计算 $|\psi'\rangle = A|\psi\rangle$ 在同一表象中的分量?

在基 $\{|u_i\rangle\}$ 中, $|\psi'\rangle$ 的坐标 (即 $|\psi'\rangle$ 在 $\{|u_i\rangle\}$ 中的分量) c_i' 由下式表示:

$$c_i' = \langle u_i|\psi'\rangle = \langle u_i|A|\psi\rangle \tag{C–29}$$

只要将封闭性关系式插入 A 与 $|\psi\rangle$ 之间, 就可以得到:

$$\begin{aligned} c_i' &= \langle u_i|A\mathbb{1}|\psi\rangle = \langle u_i|AP_{\{u_j\}}|\psi\rangle \\ &= \sum_j \langle u_i|A|u_j\rangle\langle u_j|\psi\rangle \\ &= \sum_j A_{ij}c_j \end{aligned} \tag{C–30}$$

对于基 $\{|w_\alpha\rangle\}$, 按同样的方式可以得到:

$$\begin{aligned} c'(\alpha) &= \langle w_\alpha|\psi'\rangle = \langle w_\alpha|A|\psi\rangle \\ &= \int \mathrm{d}\alpha' \langle w_\alpha|A|w_{\alpha'}\rangle\langle w_{\alpha'}|\psi\rangle \\ &= \int \mathrm{d}\alpha' A(\alpha,\alpha')c(\alpha') \end{aligned} \tag{C–31}$$

现在要写出 $|\psi'\rangle = A|\psi\rangle$ 的矩阵就很简单了. 例如, 从 (C–30) 式就可以看出, 表示 $|\psi'\rangle$ 的列矩阵就是表示 A 的方阵与表示 $|\psi\rangle$ 的列矩阵的乘积:

[128]

$$\begin{pmatrix} c_1' \\ c_2' \\ \vdots \\ c_i' \\ \vdots \\ \vdots \end{pmatrix} = \begin{pmatrix} A_{11} & A_{12} & \cdots & A_{1j} & \cdots \\ A_{21} & A_{22} & \cdots & A_{2j} & \cdots \\ \vdots & \vdots & & \vdots & \\ A_{i1} & A_{i2} & \cdots & A_{ij} & \cdots \\ \vdots & \vdots & & \vdots & \\ \vdots & \vdots & & \vdots & \end{pmatrix} \begin{pmatrix} c_1 \\ c_2 \\ \vdots \\ \vdots \\ c_j \\ \vdots \end{pmatrix} \tag{C–32}$$

c. 数 $\langle\varphi|A|\psi\rangle$ 的矩阵表示

在 $\langle\varphi|A|\psi\rangle$ 的 $\langle\varphi|$ 和 A 之间以及 A 和 $|\psi\rangle$ 之间分别插入封闭性关系式, 便可得到:

— 对于基 $\{|u_i\rangle\}$:

$$\begin{aligned} \langle\varphi|A|\psi\rangle &= \langle\varphi|P_{\{u_i\}}AP_{\{u_j\}}|\psi\rangle \\ &= \sum_{i,j} \langle\varphi|u_i\rangle\langle u_i|A|u_j\rangle\langle u_j|\psi\rangle \\ &= \sum_{i,j} b_i^* A_{ij} c_j \end{aligned} \tag{C–33}$$

— 对于基 $\{|w_\alpha\rangle\}$:

$$\begin{aligned}\langle\varphi|A|\psi\rangle &= \langle\varphi|P_{\{w_\alpha\}}AP_{\{w_{\alpha'}\}}|\psi\rangle \\ &= \iint \mathrm{d}\alpha\mathrm{d}\alpha'\langle\varphi|w_\alpha\rangle\langle w_\alpha|A|w_{\alpha'}\rangle\langle w_{\alpha'}|\psi\rangle \\ &= \iint \mathrm{d}\alpha\mathrm{d}\alpha' b^*(\alpha)A(\alpha,\alpha')c(\alpha') \qquad \text{(C–34)}\end{aligned}$$

从矩阵的观点来看, 这些公式可以解释如下: $\langle\varphi|A|\psi\rangle$ 是一个数, 也就是只有一行一列的矩阵; 依次用表示 $\langle\varphi|$ 的行矩阵去乘表示 A 的方阵, 再乘表示 $|\psi\rangle$ 的列矩阵, 便得到这个数. 例如, 在基 $\{|u_i\rangle\}$ 中;

$$\langle\varphi|A|\psi\rangle = (b_1^*b_2^*\cdots b_i^*\cdots)\begin{pmatrix} A_{11} & A_{12} & \cdots & A_{1j} & \cdots \\ A_{21} & A_{22} & \cdots & A_{2j} & \cdots \\ \vdots & \vdots & & \vdots & \\ \vdots & \vdots & & \vdots & \\ A_{i1} & A_{i2} & & A_{ij} & \cdots \\ \vdots & \vdots & & \vdots & \end{pmatrix}\begin{pmatrix} c_1 \\ c_2 \\ \vdots \\ c_j \\ \vdots \\ \vdots \end{pmatrix} \qquad \text{(C–35)}$$

附注: [129]

(i) 同样可以证明, 左矢 $\langle\varphi|A$ 由一个行矩阵表示, 这个行矩阵就是表示 $\langle\varphi|$ 的行矩阵与表示 A 的方阵的乘积 [(C–35) 式右端前两个矩阵的乘积]. 我们再一次看到, 符号的顺序是很重要的; 例如, $A\langle\varphi|$ 这个东西就没有对应的矩阵运算 (用方阵乘行矩阵的运算没有定义).

(ii) 从矩阵的观点来看, 定义 $\langle\varphi|A$ 的等式 (B–41) 仅仅表示 (C–35) 式中三个矩阵的乘积的结合律.

(iii) 采用前面约定的规则, 算符 $|\psi\rangle\langle\psi|$ 可以用一个方阵来表示, 事实上:

$$\begin{pmatrix} c_1 \\ c_2 \\ \vdots \\ c_i \\ \vdots \end{pmatrix}(c_1^*c_2^*\cdots c_j^*\cdots) = \begin{pmatrix} c_1c_1^* & c_1c_2^* & \cdots & c_1c_j^* & \cdots \\ c_2c_1^* & c_2c_2^* & \cdots & c_2c_j^* & \cdots \\ \vdots & \vdots & & \vdots & \\ c_ic_1^* & c_ic_2^* & \cdots & c_ic_j^* & \cdots \\ \vdots & \vdots & & \vdots & \end{pmatrix} \qquad \text{(C–36)}$$

这个结果确实是一个算符; 而 $\langle\psi|\psi\rangle$ 是一行矩阵与一列矩阵之积, 是一个数.

d. A 的伴随算符 $A^\dagger$ 的矩阵表示

利用 (B–49) 式, 很容易得到

$$(A^\dagger)_{ij} = \langle u_i|A^\dagger|u_j\rangle = \langle u_j|A|u_i\rangle^* = A_{ji}^* \qquad \text{(C–37)}$$

或得到

$$A^{\dagger}(\alpha,\alpha')=\langle w_{\alpha}|A^{\dagger}|w_{\alpha'}\rangle=\langle w_{\alpha'}|A|w_{\alpha}\rangle^{*}=A^{*}(\alpha',\alpha) \tag{C–38}$$

因此, 在指定的表象中, 表示 A 和 $A^{\dagger}$ 的两个矩阵互为厄米共轭矩阵; 就是说, 将其中一个矩阵的行与列互易, 并将每个矩阵元都换成其共轭复数, 便得到另一个矩阵.

如果 A 是厄米算符, 即 $A^{\dagger}=A$, 我们可以将 (C–37) 式中的 $(A^{\dagger})_{ij}$ 换成 A_{ij}, 将 (C–38) 式中的 $A^{\dagger}(\alpha,\alpha')$ 换成 $A(\alpha,\alpha')$, 于是得到:

$$A_{ij}=A^{*}_{ji} \tag{C–39}$$

$$A(\alpha,\alpha')=A^{*}(\alpha',\alpha) \tag{C–40}$$

因此, 一个厄米算符由厄米矩阵来表示, 在这种矩阵中, 相对于主对角线对称的任意一对元素互为共轭复数. 特别地, 若 $i=j$ 或 $\alpha=\alpha'$, 则 (C–39) 式和 (C–40) 式变为:

$$A_{ii}=A^{*}_{ii} \tag{C–41}$$

$$A(\alpha,\alpha)=A^{*}(\alpha,\alpha) \tag{C–42}$$

这就是说, 厄米矩阵的对角元素必是实数.

[130] 5. 表象的变换

a. 问题的梗概

在一种指定的表象中, 一个右矢 (或左矢, 或算符) 用一个矩阵来表示. 如果换一种表象, 也就是换一个基, 则同一右矢 (或左矢, 或算符) 将由另一个矩阵来表示. 这两个矩阵是怎样联系起来的呢?

在这里, 为简单起见, 我们假定从一个离散的正交归一基 $\{|u_i\rangle\}$ 变换到另一个离散的正交归一基 $\{|t_k\rangle\}$. 到 §E, 我们再举例说明怎样从一个连续的基变换到另一个连续的基.

给出了新基的每一个右矢在旧基的每一个右矢上的分量 $\langle u_i|t_k\rangle$, 就确定了基的变换. 现令

$$S_{ik}=\langle u_i|t_k\rangle \tag{C–43}$$

S 是基的变换矩阵, 它的厄米共轭矩阵 $S^{\dagger}$ 为

$$(S^{\dagger})_{ki}=(S_{ik})^{*}=\langle t_k|u_i\rangle \tag{C–44}$$

在下面的步骤中, 只需利用两个封闭性关系式以及两个正交归一关系式:

$$P_{\{u_i\}} = \sum_i |u_i\rangle\langle u_i| = \mathbb{1} \tag{C-45}$$

$$P_{\{t_k\}} = \sum_k |t_k\rangle\langle t_k| = \mathbb{1} \tag{C-46}$$

$$\langle u_i|u_j\rangle = \delta_{ij} \tag{C-47}$$

$$\langle t_k|t_l\rangle = \delta_{kl} \tag{C-48}$$

计算就很简单, 用不着死记.

附注:

基的变换矩阵 S 是一个幺正矩阵 (参看补充材料 C_{II}), 即它满足条件:

$$S^\dagger S = SS^\dagger = I \tag{C-49}$$

此处的 I 是单位矩阵. 确定, 我们看到:

$$\begin{aligned}(S^\dagger S)_{kl} &= \sum_i S^\dagger_{ki} S_{il} = \sum_i \langle t_k|u_i\rangle\langle u_i|t_l\rangle \\ &= \langle t_k|t_l\rangle = \delta_{kl}\end{aligned} \tag{C-50}$$

同样:

$$\begin{aligned}(SS^\dagger)_{ij} &= \sum_k S_{ik} S^\dagger_{kj} = \sum_k \langle u_i|t_k\rangle\langle t_k|u_j\rangle \\ &= \langle u_i|u_j\rangle = \delta_{ij}\end{aligned} \tag{C-51}$$

b. 右矢分量的变换 [131]

为了由右矢 $|\psi\rangle$ 在旧基中的分量 $\langle u_i|\psi\rangle$ 得出它在新基中的分量 $\langle t_k|\psi\rangle$, 只需将 (C–45) 式插在 $\langle t_k|$ 和 $|\psi\rangle$ 之间即可:

$$\begin{aligned}\langle t_k|\psi\rangle &= \langle t_k|\mathbb{1}|\psi\rangle = \langle t_k|P_{\{u_i\}}|\psi\rangle \\ &= \sum_i \langle t_k|u_i\rangle\langle u_i|\psi\rangle \\ &= \sum_i S^\dagger_{ki}\langle u_i|\psi\rangle\end{aligned} \tag{C-52}$$

利用 (C–46) 式, 还可以得到与此相反的公式:

$$\begin{aligned}\langle u_i|\psi\rangle &= \langle u_i|\mathbb{1}|\psi\rangle = \langle u_i|P_{\{t_k\}}|\psi\rangle \\ &= \sum_k \langle u_i|t_k\rangle\langle t_k|\psi\rangle \\ &= \sum_k S_{ik}\langle t_k|\psi\rangle\end{aligned} \tag{C-53}$$

c. 左矢分量的变换

计算的原则完全一样, 例如

$$
\begin{aligned}
\langle\psi|t_k\rangle &= \langle\psi|\mathbb{1}|t_k\rangle = \langle\psi|P_{\{u_i\}}|t_k\rangle \\
&= \sum_i \langle\psi|u_i\rangle\langle u_i|t_k\rangle \\
&= \sum_i \langle\psi|u_i\rangle S_{ik}
\end{aligned} \tag{C–54}
$$

d. 算符的矩阵元的变换

在 $\langle t_k|A|t_l\rangle$ 中, 将 (C–45) 式分别插在 $\langle t_k|$ 与 A 之间以及 A 与 $|t_l\rangle$ 之间, 可以得到

$$
\begin{aligned}
\langle t_k|A|t_l\rangle &= \langle t_k|P_{\{u_i\}}AP_{\{u_j\}}|t_l\rangle \\
&= \sum_{i,j} \langle t_k|u_i\rangle\langle u_i|A|u_j\rangle\langle u_j|t_l\rangle
\end{aligned} \tag{C–55}
$$

或写作

$$
A_{kl} = \sum_{i,j} S^{\dagger}_{ki} A_{ij} S_{jl} \tag{C–56}
$$

同样:

$$
\begin{aligned}
A_{ij} &= \langle u_i|A|u_j\rangle = \langle u_i|P_{\{t_k\}}AP_{\{t_l\}}|u_j\rangle \\
&= \sum_{k,l} \langle u_i|t_k\rangle\langle t_k|A|t_l\rangle\langle t_l|u_j\rangle \\
&= \sum_{k,l} S_{ik} A_{kl} S^{\dagger}_{lj}
\end{aligned} \tag{C–57}
$$

[132]

§D. 本征值方程; 观察算符

1. 算符的本征值和本征矢

a. 定义

如果

$$
\boxed{A|\psi\rangle = \lambda|\psi\rangle} \tag{D–1}
$$

式中 λ 是一个复数, 则我们称 $|\psi\rangle$ 为线性算符 A 的本征矢 (或本征右矢); 称方程 (D–1) 为线性算符 A 的本征值方程, 我们将研究此方程的一些性质. 一般说来, 只有当 λ 取某些特殊值, 即所谓 A 的本征值时, 这个方程才有解. 这些本征值的集合叫做 A 的谱.

注意, 如果 $|\psi\rangle$ 是 A 的属于本征值 λ 的本征矢, 那么, $\alpha|\psi\rangle$ (α 为任意复数) 也是 A 的属于同一本征值的本征矢:

$$A(\alpha|\psi\rangle) = \alpha A|\psi\rangle = \alpha\lambda|\psi\rangle = \lambda(\alpha|\psi\rangle) \tag{D–2}$$

为了避免这种不确定性, 我们可以约定将本征矢归一化为 1, 即取

$$\langle\psi|\psi\rangle = 1 \tag{D–3}$$

但是这种做法并没有完全消除不确定性, 因为 $\mathrm{e}^{\mathrm{i}\theta}|\psi\rangle$ (θ 为任意实数) 和 $|\psi\rangle$ 具有相同的模方. 以后我们将会看到, 在量子力学中, 从 $|\psi\rangle$ 和从 $\mathrm{e}^{\mathrm{i}\theta}|\psi\rangle$ 得到的物理预言是一样的.

如果本征值 λ 只对应于一个本征矢 (除一个倍乘因子以外), 也就是说与 λ 对应的全体本征矢是共线的, 我们便称这个本征值是非简并的 (或简单的). 反之, 如果至少有两个线性无关的右矢都是 A 的属于同一本征值的本征矢, 我们便称这个本征值是简并的; 属于这个本征值的线性无关本征矢的个数, 叫做该本征值的简并度 (一个本征值的简并度可以是有限的, 也可以是无限的). 例如, 假设 λ 是 g 重简并的, 那么, 和它对应的就有 g 个线性无关的右矢 $|\psi^i\rangle(i = 1, 2, \cdots, g)$, 它们都满足方程:

$$A|\psi^i\rangle = \lambda|\psi^i\rangle \tag{D–4}$$

此外, 具有如下形式的所有右矢 $|\psi\rangle$

$$|\psi\rangle = \sum_{i=1}^{g} c_i|\psi^i\rangle \tag{D–5}$$

都是 A 的属于本征值 λ 的本征矢, 而不论系数 c_i 如何; 这是因为:

$$A|\psi\rangle = \sum_{i=1}^{g} c_i A|\psi^i\rangle = \lambda \sum_{i=1}^{g} c_i|\psi^i\rangle = \lambda|\psi\rangle \tag{D–6}$$

因而, A 的属于 λ 的本征右矢的集合构成一个 g 维矢量空间 (g 也可能是无穷大), 我们称它为本征值 λ 的本征子空间. 特别地, 说 λ 是非简并的, 或说它的简并度 $g = 1$, 这两种说法是等价的.

为了说明这些定义, 我们举投影算符 (§B–3–b) 为例: $P_\psi = |\psi\rangle\langle\psi|$ (取 $\langle\psi|\psi\rangle = 1$). [133]
它的本征值方程可以写作:

$$P_\psi|\varphi\rangle = \lambda|\varphi\rangle$$

或

$$|\psi\rangle\langle\psi|\varphi\rangle = \lambda|\varphi\rangle \tag{D–7}$$

此式左端的右矢永远和 $|\psi\rangle$ 共线, 或者为零. 因而, P_ψ 的本征矢有两种, 一种就是 $|\psi\rangle$ 本身, 它属于本征值 $\lambda = 1$; 另一种是一切与 $|\psi\rangle$ 正交的 $|\varphi\rangle$, 它们属于本征值 $\lambda = 0$.

于是 P_ψ 的谱只包含两个数: 1 和 0. 前者是非简并的, 后者的简并度为无穷大 (如果待研究的态空间是无限多维的). 对应于 $\lambda = 0$ 的本征子空间就是 $|\psi\rangle$ 的补空间① (参看 §D–2–C)

附注:

(i) 将方程 (D–1) 两端都换成厄米共轭式, 便得到:

$$\langle\psi|A^\dagger = \lambda^*\langle\psi| \tag{D–8}$$

此式表明, 如果 $|\psi\rangle$ 是 A 的属于本征值 λ 的本征右矢, 那么, 我们也可以说 $\langle\psi|$ 是 $A^\dagger$ 的属于本征值 λ^* 的本征左矢. 但是, 必须强调指出: 除非 A 是厄米算符 (§D–2–a), 否则, 关于 $\langle\psi|A$ 这个符号, 我们自然无从解释.

(ii) 严格地说, 我们应该在 $\mathscr{E}$ 空间中求解本征值方程 (D–1), 也就是说, 只应该考虑具有有限模方的那些本征矢 $|\psi\rangle$. 事实上, 我们却不得不使用这样一些算符, 它们的本征右矢并不满足这个条件 (§E). 因此, 我们不排除方程 (D–1) 的解可以是 "广义右矢".

b. 求算符的本征值和本征矢

如果线性算符 A 已给出, 怎样去求它的全体本征值和对应的本征矢呢? 在这里, 我们只从实用的观点来考虑这个问题. 下面, 我们只讨论态空间是有限的 N 维空间的情况, 并假定所得的结果可以推广到无限多维态空间.

我们选定一种表象, 例如 $\{|u_i\rangle\}$, 并将矢量方程 (D–1) 投影到正交归一的各个基右矢 $|u_i\rangle$ 上去:

$$\langle u_i|A|\psi\rangle = \lambda\langle u_i|\psi\rangle \tag{D–9}$$

在 A 与 $|\psi\rangle$ 之间插入封闭性关系式, 得到

$$\sum_j \langle u_i|A|u_j\rangle\langle u_j|\psi\rangle = \lambda\langle u_i|\psi\rangle \tag{D–10}$$

[134] 用通常的记号:

$$\begin{aligned} \langle u_i|\psi\rangle &= c_i \\ \langle u_i|A|u_j\rangle &= A_{ij} \end{aligned} \tag{D–11}$$

① 矢量空间 $\mathscr{E}$ 的两个子空间 $\mathscr{E}_1$ 和 $\mathscr{E}_2$ 成为补空间的条件是: 每一个右矢 $|\psi\rangle \in \mathscr{E}$ 都可以写作 $|\psi\rangle = |\psi_1\rangle + |\psi_2\rangle$, 其中 $|\psi_1\rangle$ 和 $|\psi_2\rangle$ 分别属于 $\mathscr{E}_1$ 和 $\mathscr{E}_2$, 而且 $\mathscr{E}_1$ 和 $\mathscr{E}_2$ 是不相交的 (意指没有非零的公共右矢, 从而分解式 $|\psi\rangle = |\psi_1\rangle + |\psi_2\rangle$ 是唯一的). 对于一个指定的子空间 $\mathscr{E}_1$, 和它互补的子空间 $\mathscr{E}_2$ 实际上有无穷多个. 但我们可以规定 $\mathscr{E}_2$ 必须和 $\mathscr{E}_1$ 正交, 这样便选出一个 $\mathscr{E}_2$ (正交补). 本书始终这样规定, 所以 "正交补" 前面的 "正交" 一词就常常省去.

例如, 在普通的三维空间中, 如果 $\mathscr{E}_1$ 是一个平面 P, 那么, $\mathscr{E}_2$ 可以是 P 以外的任意一条直线. 通过原点而且垂直于 P 的那条直线就是 P 的正交补.

可将方程 (D–10) 写作

$$\sum_j A_{ij} c_j = \lambda c_i \tag{D–12}$$

或写作:

$$\sum_j [A_{ij} - \lambda \delta_{ij}] c_j = 0 \tag{D–13}$$

我们可以将 (D–13) 式看作一个方程组, 其中的未知数就是本征矢在选定表象中的诸分量 c_j, 这是一个线性齐次的方程组.

α. 特征方程

方程组 (D–13) 共含 N 个方程 ($i = 1, 2, \cdots, N$), N 个未知数 c_j($j = 1, 2, \cdots, N$). 由于它是线性齐次的, 当而且仅当它的系数行列式为零时, 它才有非平凡解 (全体 c_j 都为零是平凡解). 这个条件可以写作:

$$\boxed{\text{Det}[\mathscr{A} - \lambda I] = 0} \tag{D–14}$$

式中 $\mathscr{A}$ 是以 A_{ij} 为元素的 $N \times N$ 矩阵, I 是单位矩阵.

方程 (D–14) 叫做特征方程 (或久期方程), 它决定算符 A 的全体本征值, 即 A 的谱. 写得明显一些, 方程 (D–14) 就是:

$$\begin{vmatrix} A_{11} - \lambda & A_{12} & A_{13} & \cdots & A_{1N} \\ A_{21} & A_{22} - \lambda & A_{23} & \cdots & A_{2N} \\ \vdots & \vdots & \vdots & & \vdots \\ A_{N1} & A_{N2} & A_{N3} & \cdots & A_{NN} - \lambda \end{vmatrix} = 0 \tag{D–15}$$

这是关于 λ 的 N 次方程式, 它应有 N 个根, 可包括实根、虚根, 互异根、重根. 此外, 进行一次任意的基变换, 便很容易证明, 特征方程和我们所选用的表象无关. 因此, **一个算符的本征值就是它的特征方程的根**.

β. 求本征矢

我们选定一个本征值 λ_0, 即特征方程 (D–14) 的一个解, 现在来求对应的本征矢. 下面分两种情况讨论:

(i) 首先讨论 λ_0 是特征方程的单根的情况. 这时, 可以证明, 当 $\lambda = \lambda_0$ 时, 方程组 (D–13) 中实际上只有 $(N-1)$ 个方程是独立的, 剩下的一个方程可以
由其他方程组合而得. 由于共有 N 个未知数, 所以方程组必有无穷多个解, 但 [135]
是全体 c_j 都可唯一地表示为它们当中的某一个 (例如 c_1) 的函数. 事实上, 如果固定 c_1, 我们就得到关于其他 $(N-1)$ 个 c_j 的 $(N-1)$ 个方程, 这个方程组是线性非齐次的 (每个方程式的右端都是含有 c_1 的项), 它的行列式不等于零 [因为这 $(N-1)$ 个方程是彼此独立的]. 这个方程组的解具有下列形式:

$$c_j = \alpha_j^0 c_1 \tag{D–16}$$

这是因为原来的方程组 (D–13) 是线性齐次的. 按照前面的约定, α_1^0 当然等于 1, 其他的 $(N-1)$ 个系数 $\alpha_j^0 (j \neq 1)$ 由矩阵元 A_{ij} 和 λ_0 决定. 属于 λ_0 的那些本征矢的差别只在于我们为 c_1 选定的值, 它们都可以由下式表出:

$$|\psi_0(c_1)\rangle = \sum_j \alpha_j^0 c_1 |u_j\rangle = c_1 |\psi_0\rangle \tag{D–17}$$

式中

$$|\psi_0\rangle = \sum_j \alpha_j^0 |u_j\rangle \tag{D–18}$$

因此, 在 λ_0 为特征方程的单根时, 只有一个本征矢 (除一个倍乘因子以外) 和它对应, 也就是说, 这个本征值是非简并的.

(ii) 当 λ_0 是特征方程的 q 重根 $(q > 1)$ 时, 有两种可能:

— 一般说来, 方程组 (D–13) 在 $\lambda = \lambda_0$ 时仍然包含 $(N-1)$ 个独立的方程. 于是, 属于本征值 λ_0 的本征矢只有一个. 在这种情况下, 算符 A 不可能对角化, 这是因为算符 A 的本征矢的数目较少, 不足以构成态空间的一个基.

— 但是, 可能出现这种情况, 方程组 (D–13) 在 $\lambda = \lambda_0$ 时只包含 $(N-p)$ 个独立的方程 (p 大于 1 但不能大于 q). 于是对应于本征值 λ_0 的是一个 p 维的本征子空间, 而 λ_0 则是一个 p 重简并的本征值. 例如, 假设方程组 (D–13) 在 $\lambda = \lambda_0$ 时只包含 $(N-2)$ 个线性无关的方程, 则利用这些方程可以将诸系数 c_j 表示为它们当中的某两个 (例如 c_1, c_2) 的函数, c_1、c_2 则是任意的:

$$c_j = \beta_j^0 c_1 + \gamma_j^0 c_2 \tag{D–19}$$

(显然, $\beta_1^0 = \gamma_2^0 = 1; \gamma_1^0 = \beta_2^0 = 0$); 于是属于 λ_0 的全体本征矢具有下列形式:

$$|\psi_0(c_1, c_2)\rangle = c_1 |\psi_0^1\rangle + c_2 |\psi_0^2\rangle \tag{D–20}$$

其中

$$|\psi_0^1\rangle = \sum_j \beta_j^0 |u_j\rangle$$
$$|\psi_0^2\rangle = \sum_j \gamma_j^0 |u_j\rangle \tag{D–21}$$

[136] 因而全体矢量 $|\psi_0(c_1, c_2)\rangle$ 构成一个二维矢量空间, 这是二重简并本征值的特性.

对于厄米算符, 可以证明, 本征值 λ 的简并度 p 总是等于特征方程的重根的重数 q. 以后, 大多数情况下, 由于我们只研究厄米算符, 于是, 只要知道方程 (D–14) 的每一个根的重数, 立刻就可以知道对应的本征子空间的维数. 因此, 在维数 N 为有限的空间中, 一个厄米算符永远具有 N 个线性无关的本征矢 (以后将会看到, 我们可以使它们正交归一化, 因而这种算符是可以对角化的 (§D–2–b).

2. 观察算符

a. 厄米算符的本征值和本征矢的性质

现在我们来考虑在量子力学中极为重要的一种情况, 即 A 为厄米算符的情况:

$$A^{\dagger} = A \tag{D–22}$$

(i) 厄米算符的本征值都是实数

用 $|\psi\rangle$ 按标量积的乘法去乘本征值方程 (D–1), 得到

$$\langle\psi|A|\psi\rangle = \lambda\langle\psi|\psi\rangle \tag{D–23}$$

但若 A 是厄米算符, 则 $\langle\psi|A|\psi\rangle$ 是一个实数; 事实上:

$$\langle\psi|A|\psi\rangle^* = \langle\psi|A^{\dagger}|\psi\rangle = \langle\psi|A|\psi\rangle \tag{D–24}$$

这里的最后一步来自 (D–22) 式的假设. 既然 $\langle\psi|A|\psi\rangle$ 和 $\langle\psi|\psi\rangle$ 都是实数, 那么, 方程 (D–23) 就表明 λ 也是实数.

如果 A 是厄米算符, 则在 (D–8) 式中, 可以将 $A^{\dagger}$ 换成 A, 将 λ^* 换成 λ (因为我们刚刚证明过 λ 是实数), 这样就得到:

$$\langle\psi|A = \lambda\langle\psi| \tag{D–25}$$

此式表明, $\langle\psi|$ 是算符 A 的本征左矢, 也属于实本征值 λ. 于是, 不论 $|\varphi\rangle$ 是任何右矢, 都有

$$\langle\psi|A|\varphi\rangle = \lambda\langle\psi|\varphi\rangle \tag{D–26}$$

于是我们说, 在 (D–26) 式中, 厄米算符 A 是向左作用的.

(ii) 厄米算符的属于两个互异本征值的本征矢互相正交.

我们考虑厄米算符 A 的两个本征矢 $|\psi\rangle$ 和 $|\varphi\rangle$:

$$A|\psi\rangle = \lambda|\psi\rangle \tag{D–27–a}$$

$$A|\varphi\rangle = \mu|\varphi\rangle \tag{D–27–b}$$

由于 A 是厄米算符, 可将 (D–27–b) 式写作: [137]

$$\langle\varphi|A = \mu\langle\varphi| \tag{D–28}$$

用 $\langle\varphi|$ 左乘 (D–27–a) 式, 用 $|\psi\rangle$ 右乘 (D–28) 式, 得到

$$\langle\varphi|A|\psi\rangle = \lambda\langle\varphi|\psi\rangle \tag{D–29–a}$$

$$\langle\varphi|A|\psi\rangle = \mu\langle\varphi|\psi\rangle \tag{D-29-b}$$

由 (D–29–a) 减 (D–29–b), 得到

$$(\lambda-\mu)\langle\varphi|\psi\rangle = 0 \tag{D-30}$$

因而, 如果 $(\lambda-\mu)\neq 0$, 则 $|\varphi\rangle$ 与 $|\psi\rangle$ 正交.

b. 观察算符的定义

在 §D–1–b 中, 我们已经看到: 如果 $\mathscr{E}$ 是有限多维空间, 就一定可以用一个厄米算符的全体本征矢来构成一个基. 如果 $\mathscr{E}$ 是无限多维空间, 情况就未必如此. 正因为这样, 引入一个新概念 —— 观察算符, 将是很有用的.

我们考虑一个厄米算符 A. 为简单起见, 假设它的本征值集合构成一个离散谱: $\{a_n; n=1,2,\cdots\}$, 以后我们再讨论当这个谱的一部或全部为连续谱时, 应该进行哪些修正. 本征值 a_n 的简并度记为 g_n (如果 $g_n=1$, 则 a_n 就是非简并的), 再用 $|\psi_n^i\rangle(i=1,2,\cdots,g_n)$ 表示从 a_n 的本征子空间 $\mathscr{E}_n$ 中选出的 g_n 个线性无关的矢量:

$$A|\psi_n^i\rangle = a_n|\psi_n^i\rangle;\quad i=1,2,\cdots,g_n \tag{D-31}$$

刚才我们证明过, $\mathscr{E}_n$ 中的每一个矢量都正交于另一个本征子空间 $\mathscr{E}_{n'}$ 中的每一个矢量 ($\mathscr{E}_{n'}$ 对应于 $a_{n'}\neq a_n$); 故有:

$$\langle\psi_n^i|\psi_{n'}^j\rangle = 0;\quad \text{对于 } n\neq n' \text{ 和任意的 } i,j. \tag{D-32}$$

在每一个子空间 $\mathscr{E}_n$ 的内部, 我们总可选择诸矢量 $|\psi_n^i\rangle$, 使得它们是正交归一的, 即使得:

$$\langle\psi_n^i|\psi_n^j\rangle = \delta_{ij} \tag{D-33}$$

实现了这样的选择, 就建立了算符 A 的本征矢的正交归一系: 诸矢量 $|\psi_n^i\rangle$ 满足下列关系:

$$\boxed{\langle\psi_n^i|\psi_{n'}^{i'}\rangle = \delta_{nn'}\delta_{ii'}} \tag{D-34}$$

将 (D–32) 式和 (D–33) 式结合起来, 就得到这个式子.

按定义, 如果本征矢的这个正交归一系在态空间中构成一个基, 厄米算符 A 就是一个观察算符. 构成基这一事实可以用封闭性关系式来表示:

$$\boxed{\sum_{n=1}^{\infty}\sum_{i=1}^{g_n}|\psi_n^i\rangle\langle\psi_n^i| = \mathbb{1}} \tag{D-35}$$

附注: [138]

(i) g_n 个矢量 $|\psi_n^i\rangle(i=1,2,\cdots,g_n)$ 张成 a_n 的本征子空间 $\mathscr{E}_n$, 由于这些矢量是正交归一的, 因此, 在这个子空间 $\mathscr{E}_n$ 上的投影算符 P_n 可以写作 (参看 §B–3–b–γ):

$$P_n = \sum_{i=1}^{g_n} |\psi_n^i\rangle\langle\psi_n^i| \tag{D–36–a}$$

于是观察算符 A 可用下式表示

$$A = \sum_n a_n P_n \tag{D–36–b}$$

(很容易证明, 将这个等式的两端分别作用在所有的右矢 $|\psi_n^i\rangle$ 上, 结果是相同的).

(ii) 利用表 (Ⅱ–3) 中的规则, 可以将 (D–35) 式推广到本征值谱为连续谱的情况. 例如, 考虑这样一个厄米算符, 它的谱有一部分是离散的 $\{a_n$ (简并度为 $g_n)\}$, 还有一部分是连续的 $a(\nu)$ (假设是非简并的):

$$A|\psi_n^i\rangle = a_n|\psi_n^i\rangle; \quad n=1,2,\cdots \quad i=1,2,\cdots,g_n \tag{D–37–a}$$

$$A|\psi_\nu\rangle = a(\nu)|\psi_\nu\rangle; \quad \nu_1 < \nu < \nu_2 \tag{D–37–b}$$

我们总可以适当选择这些矢量以至构成一个 “正交归一” 系:

$$\begin{aligned}\langle\psi_n^i|\psi_{n'}^{i'}\rangle &= \delta_{nn'}\delta_{ii'}\\ \langle\psi_\nu|\psi_{\nu'}\rangle &= \delta(\nu-\nu')\\ \langle\psi_n^i|\psi_\nu\rangle &= 0\end{aligned} \tag{D–38}$$

如果这个矢量系构成一个基, 也就是说,

如果:

$$\sum_n \sum_{i=1}^{g_n} |\psi_n^i\rangle\langle\psi_n^i| + \int_{\nu_1}^{\nu_2} \mathrm{d}\nu |\psi_\nu\rangle\langle\psi_\nu| = \mathbb{1} \tag{D–39}$$

我们就说 A 是一个观察算符.

c. 例子: 投影算符 P_ψ

我们来证明 $P_\psi = |\psi\rangle\langle\psi|$ (约定 $\langle\psi|\psi\rangle = 1$) 是一个观察算符. 我们曾经指出 (§B–4–e), P_ψ 是一个厄米算符, 它的本征值为 1 和 0 (§D–1–a), 前一个本征值是非简并的 (对应的本征矢为 $|\psi\rangle$), 后一个是无限多重简并的 (对应的本征矢为与 $|\psi\rangle$ 正交的一切右矢).

现在考虑态空间中的任一右矢 $|\varphi\rangle$, 我们总可以将它写作:

$$|\varphi\rangle = P_\psi|\varphi\rangle + (\mathbb{1} - P_\psi)|\varphi\rangle \tag{D–40}$$

[139] 容易证明, $P_\psi|\varphi\rangle$ 是 P_ψ 的本征右矢, 属于本征值 1, 事实上, 由于 $P_\psi^2 = P_\psi$, 故有:

$$P_\psi(P_\psi|\varphi\rangle) = P_\psi^2|\varphi\rangle = P_\psi|\varphi\rangle \tag{D–41}$$

还容易证明, $(\mathbb{1} - P_\psi)|\varphi\rangle$ 也是 P_ψ 的本征右矢, 属于本征值零, 这是因为:

$$P_\psi(\mathbb{1} - P_\psi)|\varphi\rangle = (P_\psi - P_\psi^2)|\varphi\rangle = 0 \tag{D–42}$$

(D–40) 式表明, 每一个右矢 $|\varphi\rangle$ 都可以按 P_ψ 的本征右矢展开, 所以 P_ψ 是一个观察算符.

在 §E–2 中, 我们将讨论观察算符的另外两个重要例子.

3. 可对易观察算符的集合

a. 重要定理

α. 定理 I

如果两个算符 A 和 B 是可对易的, 而且 $|\psi\rangle$ 是 A 的一个本征矢, 则 $B|\psi\rangle$ 也是 A 的本征矢, 且属于同一本征值.

事实上, 如果 $|\psi\rangle$ 是 A 的本征矢, 便有

$$A|\psi\rangle = a|\psi\rangle \tag{D–43}$$

将算符 B 作用于此式的两端, 有:

$$BA|\psi\rangle = aB|\psi\rangle \tag{D–44}$$

根据假设, A 与 B 是可对易的, 可将此式左端的 BA 换成 AB:

$$A(B|\psi\rangle) = a(B|\psi\rangle) \tag{D–45}$$

此式表明 $B|\psi\rangle$ 是 A 的本征矢, 属于本征值 a; 于是定理得证.

下面讨论两种可能的情况:

(i) 假设 a 是非简并的本征值, 则按定义, 属于它的全体本征矢是共线的, 因而 $B|\psi\rangle$ 必然正比于 $|\psi\rangle$, 可见 $|\psi\rangle$ 也是 B 的本征矢.

(ii) 如果 a 是简并的本征值, 我们就只能说 $B|\psi\rangle$ 属于算符 A 的对应于本征值 a 的本征子空间 $\mathscr{E}_a$. 因此, 对于任意的 $|\psi\rangle \in \mathscr{E}_a$, 有

$$B|\psi\rangle \in \mathscr{E}_a \tag{D–46}$$

因此, 我们说本征子空间 $\mathscr{E}_a$ 在算符 B 的作用下是整体不变的 (或稳定的); 于是定理 I 还可以用另一种方式来陈述:

定理 I′: 如果两个算符 A 与 B 是可对易的, 那么, A 的所有本征子空间在 B 的作用下都是整体不变的.

β. 定理 II

如果两个观察算符 A 与 B 是可对易的, 又若 $|\psi_1\rangle$ 和 $|\psi_2\rangle$ 是 A 的两个本征矢, 属于不同的本征值, 则矩阵元 $\langle\psi_1|B|\psi_2\rangle$ 等于零.

事实上,如果 $|\psi_1\rangle$ 和 $|\psi_2\rangle$ 是 A 的本征矢, 则我们可以写出: [140]

$$A|\psi_1\rangle = a_1|\psi_1\rangle$$
$$A|\psi_2\rangle = a_2|\psi_2\rangle \tag{D–47}$$

根据定理 I, 既然 A 与 B 是可对易的, 那么, $B|\psi_2\rangle$ 也是 A 的本征矢, 属于本征值 a_2. 于是 (参看 §D–2–a), $B|\psi_2\rangle$ 正交于 $|\psi_1\rangle$ [这是属于 $a_1(a_1 \neq a_2)$ 的本征矢], 也就是说:

$$\langle\psi_1|B|\psi_2\rangle = 0 \tag{D–48}$$

于是定理得证. 我们还可以用另一种方法来证明, 而不必引用定理 I. 由于算符 $[A, B] = 0$, 便有

$$\langle\psi_1|(AB - BA)|\psi_2\rangle = 0 \tag{D–49}$$

利用 (D–47) 式和 A 的厄米性 [参看方程 (D–25)], 可以得到:

$$\langle\psi_1|AB|\psi_2\rangle = a_1\langle\psi_1|B|\psi_2\rangle$$
$$\langle\psi_1|BA|\psi_2\rangle = a_2\langle\psi_1|B|\psi_2\rangle \tag{D–50}$$

于是 (D–49) 式可以改写为:

$$(a_1 - a_2)\langle\psi_1|B|\psi_2\rangle = 0 \tag{D–51}$$

根据假设, $(a_1 - a_2)$ 不为零, 于是便得到 (D–48) 式.

γ. 定理 Ⅲ (基本定理)

如果两个观察算符 A 与 B 可对易, 则 A 和 B 的共同本征矢构成态空间的一个正交归一基.

考虑两个对易的观察算符 A 与 B. 为了简化符号, 我们假设这两个算符的谱完全是离散的. 因为 A 是一个观察算符, 所以至少有一个 A 的正交归一本征矢的集合可以用来构成态空间 $\mathscr{E}$ 的基. 将这些本征矢记作 $|u_n^i\rangle$:

$$A|u_n^i\rangle = a_n|u_n^i\rangle; \qquad n = 1, 2, \cdots$$
$$i = 1, 2, \cdots, g_n \tag{D–52}$$

g_n 是本征值 a_n 的简并度, 也就是对应的本征子空间 $\mathscr{E}_n$ 的维数. 我们有:

$$\langle u_n^i | u_{n'}^{i'} \rangle = \delta_{nn'} \delta_{ii'} \tag{D–53}$$

在基 $\{|u_n^i\rangle\}$ 中, 表示 B 的矩阵的形式如何呢? 我们知道 (参看定理Ⅱ), 当 $n \neq n'$ 时, 矩阵元 $\langle u_n^i|B|u_{n'}^{i'}\rangle$ 为零 (反之, 如果 $n = n'$ 而 $i \neq i'$, 情况如何, 我们事先是一无所知的). 我们将基矢量 $|u_n^i\rangle$ 按下列顺序排列起来:

$$|u_1^1\rangle, |u_1^2\rangle, \cdots, |u_1^{g_1}\rangle; \quad |u_2^1\rangle, |u_2^2\rangle, \cdots, |u_2^{g_2}\rangle; \quad |u_3^1\rangle, \cdots$$

[141] 从而可以推知, B 的矩阵是一个 “分块对角” 矩阵, 其形状如下:

	$\mathscr{E}_1$	$\mathscr{E}_2$	$\mathscr{E}_3$	$\cdots$
$\mathscr{E}_1$		0	0	0
$\mathscr{E}_2$	0		0	0
$\mathscr{E}_3$	0	0		0
$\vdots$	0	0	0	

(D–54)

(只在画线影的那些部分, 才有非零矩阵元). 各个本征子空间 $\mathscr{E}_n$ 在 B 的作用下是整体不变的 (参看 §α), 这一事实明显地表现在这个矩阵中.

可能出现的情况有两种:

(i) 如果 a_n 是 A 的非简并的本征值, 则 A 只有一个本征矢 $|u_n\rangle$ 属于本征值 a_n, (在 $|u_n\rangle$ 中不必再加上标 i); $\mathscr{E}_n$ 的维数 g_n 等于 1. 于是在矩阵 (D–54) 中, 对应的 “子块” 化为一个 1×1 的矩阵, 即一个数. 在对应于 $|u_n\rangle$ 的那一列中, 其他矩阵元都是零. 这种情况表明 (参看 §α – i)$|u_n\rangle$ 是 A 和 B 的共同本征矢.

(ii) 如果 a_n 是 A 的一个简并的本征值 ($g_n > 1$), 那么, 在 $\mathscr{E}_n$ 空间中表示 B 的那个 “子块”, 一般说来, 不是对角的, 诸右矢 $|u_n^i\rangle$ 一般并不是 B 的本征矢.

但是, 可以看出, 由于将 A 作用于 g_n 个矢量 $|u_n^i\rangle$ 中的每一个, 所得结果不过是该矢量的 a_n 倍, 所以在表示 A 的矩阵中和本征子空间 $\mathscr{E}_n$ 对应的那一部分等于 a_nI (此处 I 是 $g_n \times g_n$ 的单位矩阵). 这就表明, $\mathscr{E}_n$ 空间中的任意一个右矢都是 A 的属于本征值 a_n 的本征矢. 因而, 在 $\mathscr{E}_n$ 空间中, 诸如 $\{|u_n^i\rangle, i = 1, 2, \cdots, g_n\}$ 这样的基的选择是任意的, 不论这是一个什么样的基, 在 $\mathscr{E}_n$ 中表示 A 的矩阵永远是对角的, 而且等于 a_nI. 下面, 我们就利用这个性质在 $\mathscr{E}_n$ 空间中建立一个由 A 和 B 的共同本征矢构成的基.

如果所选的基是:

$$\{|u_n^i\rangle; i = 1, 2, \cdots, g_n\}$$

则在 $\mathscr{E}_n$ 中表示 B 的矩阵的元素为:

$$\beta_{ij}^{(n)} = \langle u_n^i|B|u_n^j\rangle \tag{D–55}$$

因为 B 是一个厄米算符, 所以这个矩阵是厄米矩阵 (即 $\beta_{ji}^{(n)*} = \beta_{ij}^{(n)}$), 因而是可以对角化的, 也就是说,我们可以在子空间 $\mathscr{E}_n$ 中找到一个新的基 $\{|v_n^i\rangle; i = 1, 2, \cdots, g_n\}$, 在这个基中, 表示 B 的矩阵是对角的:

$$\langle v_n^i|B|v_n^j\rangle = \beta_i^{(n)}\delta_{ij} \tag{D–56}$$

这个结果表明, 在子空间 $\mathscr{E}_n$ 中, 所有新的基矢量都是 B 的本征矢: [142]

$$B|v_n^i\rangle = \beta_i^{(n)}|v_n^i\rangle \tag{D–57}$$

正如我们在上面已经看到的, 由于这些矢量属于子空间 $\mathscr{E}_n$, 它们当然是 A 的属于本征值 a_n 的本征矢. 我们要强调一个事实: A 的属于简并本征值的本征矢不一定是 B 的本征矢; 刚才证明的结论是: 在 A 的每一个本征子空间中, 总可以选出这样一个基, 它是由 A 和 B 的共同本征矢构成的.

在每一个本征子空间 $\mathscr{E}_n$ 中都实现了这样的选择, 我们就得到了 $\mathscr{E}$ 空间中的一个由 A 和 B 的共同本征矢构成的基. 于是定理 Ⅲ 证完.

附注:

(i) 从现在起, 我们用记号 $|u_{n,p}^i\rangle$ 来表示 A 和 B 的共同本征矢:

$$\begin{aligned} A|u_{n,p}^i\rangle &= a_n|u_{n,p}^i\rangle \\ B|u_{n,p}^i\rangle &= b_p|u_{n,p}^i\rangle \end{aligned} \tag{D–58}$$

$|u_{n,p}^i\rangle$ 中的指标 n 和 p 用来标记 A 和 B 的本征值 a_n 和 b_p, 同属于本征值 a_n 和 b_p 的各基矢可以用上标 i 加以区别 (参看下面的 §b).

(ii) 很容易证明定理 Ⅲ 的逆定理: 如果存在由 A 和 B 的共同本征矢构成的一个基, 则这两个观察算符是对易的. 事实上, 由 (D–58) 式容易推导出:

$$\begin{aligned} AB|u_{n,p}^i\rangle &= b_pA|u_{n,p}^i\rangle = b_pa_n|u_{n,p}^i\rangle \\ BA|u_{n,p}^i\rangle &= a_nB|u_{n,p}^i\rangle = a_nb_p|u_{n,p}^i\rangle \end{aligned} \tag{D–59}$$

将此两等式相减得:

$$[A, B]|u_{n,p}^i\rangle = 0 \tag{D–60}$$

不论 i, n, p 如何, 这个等式都成立; 根据假设, 全体 $|u_{n,p}^i\rangle$ 都是基矢, 因此, 由 (D–60) 式得到 $[A, B] = 0$.

(iii) 以后会遇到求解这样一种观察算符 C 的本征值方程的问题, 其中的观察算符 C 是可对易的观察算符 A 与 B 之和, 即

$$C = A + B \quad \text{而且}\ [A, B] = 0 \tag{D–61}$$

如果我们找到了由 A 和 B 的共同本征矢构成的一个基 $\{|u_{n,p}^i\rangle\}$, 问题就解决了. 因为, 我们立即可以看到 $|u_{n,p}^i\rangle$ 也是 C 的本征矢, 属于本征值 $a_n + b_p$. 矢量集合 $\{|u_{n,p}^i\rangle\}$ 构成一个基这一点显然十分重要. 例如, 据此我们很容易证明 C 的全体本征值都具有 $a_n + b_p$ 的形式.

[143] b. 可对易观察算符的完全①集合 (法文缩写 ECOC, 英文缩写 CSCO)②

我们来考虑一个观察算符 A 和 $\mathscr{E}$ 空间中的一个基, 它是由 A 的全体本征矢 $|u_n^i\rangle$ 构成的. 如果 A 的每一个本征值都是非简并的, 那么 $\mathscr{E}$ 空间中的那些基矢就可以用本征值 a_n 来标记 (这时 $|u_n^i\rangle$ 中的上标可以不要). 在此情况下, 每一个本征子空间 $\mathscr{E}_n$ 都是一维的, 故给出了本征值就唯一地决定了对应的本征矢 (除一个倍乘因子以外). 换句话说, 在 $\mathscr{E}$ 空间中, 由 A 的本征矢构成的基只有一个 (我们认为对应基矢成比例的两个基是没有区别的). 在这种情况下, 我们说观察算符 A 本身单独构成一个 ECOC.

反之, 如果 A 的本征值有简并 (即使只有一个简并的本征值), 情况就不一样了. 这时给出了本征值 a_n, 不见得能确定基矢, 因为对应于简并本征值的独立矢量有很多个. 在这种情况下, 由 A 的本征矢构成的基, 显然不是唯一的, 这是因为, 在维数大于 1 的每一个本征子空间 $\mathscr{E}_n$ 内, 基是可以随意选择的.

于是取另一个观察算符 B, 它可以和 A 对易; 我们用 A 和 B 的共同本征矢构成一个正交归一基. 如果这个基是唯一的 (对每个基矢来说, 可以相差一个相位因子), 我们就说 A 和 B 构成一个 ECOC. 这个条件也可以叙述为: 如果对于本征值的每一对可能的数值 (a_n, b_p), 只有一个对应的基矢, 则 A 和 B 构成一个 ECOC.

附注:

在 §a 中, 我们在每一个本征子空间 $\mathscr{E}_n$ 中解出了 B 的本征值方程, 从而建立了一个由 A 和 B 的共同本征矢构成的基. 要使 A 和 B 构成一个 ECOC, 必须而且只需在每一个子空间内, B 的 g_n 个本征值互不相同. 这是因为 $\mathscr{E}_n$ 空间中的全体矢量对应于 A 的同一个本征值 a_n, 那么 g_n 个矢量 $|v_n^i\rangle$ 就要由 B 的 (与这些矢量对应的) 本征值来区别. 注意, B 的本征值不必都是非简并的, 也就是说, 在两个

---

① 在这里, "完全" 一词的意义和 §A–2–a 脚注中所说的毫无关系. 这个词现在的用法是量子力学中的习惯用法.

② 为了很好地理解这一节里引入的重要概念, 建议读者掌握一个具体的例子, 例如, 在补充材料 $\mathrm{H_{II}}$ 中所讨论的例子 (已经解出的练习 11 和 12).

互异子空间中的一些矢量 $|v_n^i\rangle$, 可能属于 B 的同一本征值. 此外, 如果 B 的全体本征值都是非简并的, 那么 B 本身就足以单独构成一个 ECOC.

如果, 至少对于 $\{a_n, b_p\}$ 的可能数组中的一组, 存在着若干个独立矢量, 它们都是 A 和 B 的属于这一组本征值的本征矢, 则集合 $\{A, B\}$ 就是不完全的. 这时, 我们给这个集合增添第三个观察算符 C, 它同时和 A, B 对易. 然后我们仿照 §a 中的讨论, 进行如下的推广: 如果和 $\{a_n, b_p\}$ 的一个数组对应的矢量只有一个, 那么它一定是 C 的本征矢; 如果对应的矢量有若干个, 则它们张成一个本征子空间 $\mathscr{E}_{n,p}$, 在这个空间中, 我们可以选出这样一个基, 使构成它的矢量同时也是 C 的本征矢. 这样一来, 我们就在态空间中构成了这样一个正交归一基, 构成它的矢量是 A, B, C 的共同本征矢. 如果这个基是唯一的 (除倍乘因子以外). 也就是说, 如果给出了 A, B, C 的本征值的一个可能的数组 $\{a_n, b_p, c_r\}$, 对应的基矢只有一个, 那么 A, B, C 就构成一个 ECOC. 如果情 [144]
况并非如此, 我们也许可以在 A, B, C 之外再增添一个观察算符 D, 它同时和前三个算符对易; 如此类推. 推广到一般情况, 我们可以说:

按定义, 把观察算符 A, B, $C\cdots$ 的一个集合叫做可对易观察算符的完全集合的条件是:

(i) 所有的这些观察算符 A, B, $C\cdots$ 是两两对易的;

(ii) 给出了全体算符 A, B, $C\cdots$ 的本征值的一个数组, 便足以决定唯一的一个共同本征矢 (除倍乘因子以外).

还有一个等价的说法是:

观察算符 A, B, $C\cdots$ 的一个集合成为可对易观察算符的完全集合的条件是: 存在着由共同本征矢构成的一个正交归一基, 而且这个基是唯一的 (除相位因子以外).

ECOC 在量子力学中起着很重要的作用. 以后我们将会看到很多例子 (特别参看 §E–2–d).

附注:

(i) 如果 $\{A, B\}$ 是一个 ECOC, 我们给它增添任意一个和 A, B 都可对易的观察算符 C, 便可以得到另一个 ECOC. 但是, 我们通常约定只考虑 "最小的" 集合, 就是说, 如果从中去掉任意一个观察算符, 它就不成其为完全集合了.

(ii) 假设 $\{A, B, C, \cdots\}$ 是可对易观察算符的完全集合. 因为给出了本征值 $a_n, b_p, c_r \cdots$ 的一个可能的数组, 便足以决定一个对应的基右矢 (除一个倍乘因子以外), 所以有时我们将这个右矢记作 $|a_n, b_p, c_r, \cdots\rangle$.

(iii) 对于一个给定的物理体系, 可对易观察算符的完全集合不止一个. 在 §E–2–d 中, 我们将看到一个特殊的例子.

§E. 表象和观察算符的两个重要例子

在这一段里, 我们再回到一个粒子的波函数空间 $\mathscr{F}$, 说得更准确一点, 是回到与它相联系的态空间 $\mathscr{E}_{\boldsymbol{r}}$, 我们可按下述方式来定义这种空间: 对于每一个波函数 $\psi(\boldsymbol{r})$, 我们取 $\mathscr{E}_{\boldsymbol{r}}$ 空间中的一个右矢 $|\psi\rangle$ 和它对应, 使这种对应关系是线性的; 而且使两个右矢的标量积和两个对应函数的标量积一致, 即

$$\langle\varphi|\psi\rangle = \int \mathrm{d}^3 r \varphi^*(\boldsymbol{r})\psi(\boldsymbol{r}) \tag{E–1}$$

[145] 这样的 $\mathscr{E}_{\boldsymbol{r}}$ 就是一个无自旋粒子的态空间.

下面我们将要定义和研究这种空间中特别重要的两种表象及两种算符. 到第三章, 我们将把被研究的粒子的位置与动量和它们联系起来. 此外, 具备了这些知识, 我们就可以应用并说明前几段里引入的那些概念.

1. $\{|\boldsymbol{r}\rangle\}$ 表象和 $\{|\boldsymbol{p}\rangle\}$ 表象

a. 定义

在 §A–3–a 和 §A–3–b 里, 我们曾在 $\mathscr{F}$ 空间中引入了两个特殊的 "基": $\{\xi_{\boldsymbol{r}_0}(\boldsymbol{r})\}$ 和 $\{v_{\boldsymbol{p}_0}(\boldsymbol{r})\}$. 它们并不是由 $\mathscr{F}$ 空间中的函数构成的:

$$\xi_{\boldsymbol{r}_0}(\boldsymbol{r}) = \delta(\boldsymbol{r} - \boldsymbol{r}_0) \tag{E–2–a}$$

$$v_{\boldsymbol{p}_0}(\boldsymbol{r}) = (2\pi\hbar)^{-3/2}\mathrm{e}^{\frac{\mathrm{i}}{\hbar}\boldsymbol{p}_0\cdot\boldsymbol{r}} \tag{E–2–b}$$

但是, 每一个充分正规的平方可积函数都可以按这两个 "基" 中的任何一个展开.

正因为如此, 以后我们可以取消引号, 并用右矢去和构成基的每一个函数对应 (参看 §B–2–c). 对应于 $\xi_{\boldsymbol{r}_0}(\boldsymbol{r})$ 的右矢就简单地记作 $|\boldsymbol{r}_0\rangle$, 对应于 $v_{\boldsymbol{p}_0}(\boldsymbol{r})$ 的记作 $|\boldsymbol{p}_0\rangle$:

$$\boxed{\begin{aligned} \xi_{\boldsymbol{r}_0}(\boldsymbol{r}) &\Longleftrightarrow |\boldsymbol{r}_0\rangle \qquad \text{(E–3–a)} \\ v_{\boldsymbol{p}_0}(\boldsymbol{r}) &\Longleftrightarrow |\boldsymbol{p}_0\rangle \qquad \text{(E–3–b)} \end{aligned}}$$

于是, 从 $\mathscr{F}$ 空间中的基 $\{\xi_{\boldsymbol{r}_0}(\boldsymbol{r})\}$ 和 $\{v_{\boldsymbol{p}_0}(\boldsymbol{r})\}$ 出发, 我们在 $\mathscr{E}_{\boldsymbol{r}}$ 空间中定义了两种表象: $\{|\boldsymbol{r}_0\rangle\}$ 表象及 $\{|\boldsymbol{p}_0\rangle\}$ 表象. 就第一种表象而言, 一个基矢决定于三个 "连续指标" x_0, y_0, z_0, 也就是三维空间中一个点的坐标; 就第二种而言, 三个指标也是一个普通矢量的分量.

b. 正交归一关系式和封闭性关系式

我们来计算 $\langle \boldsymbol{r}_0|\boldsymbol{r}_0'\rangle$, 根据 $\mathscr{E}_{\boldsymbol{r}}$ 空间中标量积的定义:

$$\langle \boldsymbol{r}_0|\boldsymbol{r}_0'\rangle = \int \mathrm{d}^3 r \xi_{\boldsymbol{r}_0}^*(\boldsymbol{r})\xi_{\boldsymbol{r}_0'}(\boldsymbol{r}) = \delta(\boldsymbol{r}_0 - \boldsymbol{r}_0') \tag{E–4–a}$$

在这里我们已经使用了 (A–55) 式. 同样, 根据 (A–47) 式, 有

$$\langle \boldsymbol{p}_0|\boldsymbol{p}_0'\rangle = \int \mathrm{d}^3 r v_{\boldsymbol{p}_0}^*(\boldsymbol{r})v_{\boldsymbol{p}_0'}(\boldsymbol{r}) = \delta(\boldsymbol{p}_0 - \boldsymbol{p}_0') \tag{E–4–b}$$

因此, 广义地说, 刚才定义的基是正交归一的. [146]

$|\boldsymbol{r}_0\rangle$ 的集合或 $|\boldsymbol{p}_0\rangle$ 的集合构成 $\mathscr{E}_{\boldsymbol{r}}$ 空间中的基这一事实, 可以用 $\mathscr{E}_{\boldsymbol{r}}$ 空间中的封闭性关系式来表示, 这个关系式可以仿照 (C–10) 式的形式写出, 不过, 现在需对三个变量积分.

于是我们得到下面的基本关系式:

$$\boxed{\begin{array}{ll|ll} \langle \boldsymbol{r}_0|\boldsymbol{r}_0'\rangle = \delta(\boldsymbol{r}_0 - \boldsymbol{r}_0') & \text{(a)} & \langle \boldsymbol{p}_0|\boldsymbol{p}_0'\rangle = \delta(\boldsymbol{p}_0 - \boldsymbol{p}_0') & \text{(c)} \\ \int \mathrm{d}^3 r_0 |\boldsymbol{r}_0\rangle\langle \boldsymbol{r}_0| = \mathbb{1} & \text{(b)} & \int \mathrm{d}^3 p_0 |\boldsymbol{p}_0\rangle\langle \boldsymbol{p}_0| = \mathbb{1} & \text{(d)} \end{array}} \tag{E–5}$$

c. 右矢的分量

我们考虑一个任意的右矢 $|\psi\rangle$, 它对应于波函数 $\psi(\boldsymbol{r})$. 利用上面的封闭性关系式, 可将它写成下列两种形式之一:

$$|\psi\rangle = \int \mathrm{d}^3 r_0 |\boldsymbol{r}_0\rangle\langle \boldsymbol{r}_0|\psi\rangle \tag{E–6–a}$$

$$|\psi\rangle = \int \mathrm{d}^3 p_0 |\boldsymbol{p}_0\rangle\langle \boldsymbol{p}_0|\psi\rangle \tag{E–6–b}$$

系数 $\langle \boldsymbol{r}_0|\psi\rangle$ 和 $\langle \boldsymbol{p}_0|\psi\rangle$ 可以用下列公式计算:

$$\langle \boldsymbol{r}_0|\psi\rangle = \int \mathrm{d}^3 r \xi_{\boldsymbol{r}_0}^*(\boldsymbol{r})\psi(\boldsymbol{r}) \tag{E–7–a}$$

$$\langle \boldsymbol{p}_0|\psi\rangle = \int \mathrm{d}^3 r v_{\boldsymbol{p}_0}^*(\boldsymbol{r})\psi(\boldsymbol{r}) \tag{E–7–b}$$

于是得到:

$$\boxed{\langle \boldsymbol{r}_0|\psi\rangle = \psi(\boldsymbol{r}_0)} \tag{E–8–a}$$

$$\boxed{\langle \boldsymbol{p}_0|\psi\rangle = \overline{\psi}(\boldsymbol{p}_0)} \tag{E–8–b}$$

式中 $\overline{\psi}(\boldsymbol{p})$ 是 $\psi(\boldsymbol{r})$ 的傅里叶变换.

由此可见, 波函数在点 $\boldsymbol{r}_0$ 处的值 $\psi(\boldsymbol{r}_0)$ 就是右矢 $|\psi\rangle$ 在 $\{|\boldsymbol{r}_0\rangle\}$ 表象中的基矢 $|\boldsymbol{r}_0\rangle$ 上的分量; "动量空间中的波函数" $\overline{\psi}(\boldsymbol{p})$ 也可以得到类似的解释. 因而, 用 $\psi(\boldsymbol{r})$ 表征 $|\psi\rangle$, 这种可能性不过是 §C–3–a 的结果的一个特例.

例如, 对于 $|\psi\rangle = |\boldsymbol{p}_0\rangle$, 公式 (E–8–a) 给出:

$$\langle \boldsymbol{r}_0|\boldsymbol{p}_0\rangle = v_{\boldsymbol{p}_0}(\boldsymbol{r}_0) = (2\pi\hbar)^{-3/2}\mathrm{e}^{\frac{\mathrm{i}}{\hbar}\boldsymbol{p}_0\cdot\boldsymbol{r}_0} \tag{E–9}$$

[147] 对于 $|\psi\rangle = |\boldsymbol{r}'_0\rangle$,结果和正交归一关系式 (E–5–a) 完全一致:

$$\langle \boldsymbol{r}_0|\boldsymbol{r}'_0\rangle = \xi_{\boldsymbol{r}'_0}(\boldsymbol{r}_0) = \delta(\boldsymbol{r}_0 - \boldsymbol{r}'_0) \tag{E–10}$$

既然我们已经重新解释过波函数 $\psi(\boldsymbol{r})$ 及其傅里叶变换 $\overline{\psi}(\boldsymbol{p})$, 我们将用 $|\boldsymbol{r}\rangle$ 和 $|\boldsymbol{p}\rangle$ 代替 $|\boldsymbol{r}_0\rangle$ 和 $|\boldsymbol{p}_0\rangle$ 来表示我们在这里所研究的两种表象的基矢. 于是公式 (E–8) 可以写作:

$$\langle \boldsymbol{r}|\psi\rangle = \psi(\boldsymbol{r}) \tag{E–8–a}$$

$$\langle \boldsymbol{p}|\psi\rangle = \overline{\psi}(\boldsymbol{p}) \tag{E–8–b}$$

正交归一关系式和封闭性关系式 (E–5) 可以写作:

$$\begin{aligned} &\langle \boldsymbol{r}|\boldsymbol{r}'\rangle = \delta(\boldsymbol{r} - \boldsymbol{r}') \quad \text{(a)} \quad \langle \boldsymbol{p}|\boldsymbol{p}'\rangle = \delta(\boldsymbol{p} - \boldsymbol{p}') \quad \text{(c)} \\ &\int \mathrm{d}^3 r |\boldsymbol{r}\rangle\langle \boldsymbol{r}| = \mathbb{1} \qquad \text{(b)} \quad \int \mathrm{d}^3 p |\boldsymbol{p}\rangle\langle \boldsymbol{p}| = \mathbb{1} \qquad \text{(d)} \end{aligned} \tag{E–5}$$

当然, 在这里我们总是把 $\boldsymbol{r}$ 及 $\boldsymbol{p}$ 看作分别在两种表象中标记基右矢的连续指标 $\{x, y, z\}$ 及 $\{p_x, p_y, p_z\}$ 的两个集合.

设 $\{u_i(\boldsymbol{r})\}$ 是 $\mathscr{F}$ 空间中的一个正交归一基. 我们给每一个 $u_i(\boldsymbol{r})$ 联系上 $\mathscr{E}_{\boldsymbol{r}}$ 空间中的一个右矢 $|u_i\rangle$. 集合 $\{|u_i\rangle\}$ 便构成 $\mathscr{E}_{\boldsymbol{r}}$ 空间中的一个正交归一基; 因此它满足封闭性关系式:

$$\sum_i |u_i\rangle\langle u_i| = \mathbb{1} \tag{E–11}$$

我们取 (E–11) 式两端在 $|\boldsymbol{r}\rangle$ 和 $|\boldsymbol{r}'\rangle$ 之间的矩阵元, 便有

$$\sum_i \langle \boldsymbol{r}|u_i\rangle\langle u_i|\boldsymbol{r}'\rangle = \langle \boldsymbol{r}|\mathbb{1}|\boldsymbol{r}'\rangle = \langle \boldsymbol{r}|\boldsymbol{r}'\rangle \tag{E–12}$$

根据 (E–8–a) 式和 (E–5–a) 式, 这个等式又可写作:

$$\sum_i u_i(\boldsymbol{r})u_i^*(\boldsymbol{r}') = \delta(\boldsymbol{r} - \boldsymbol{r}') \tag{E–13}$$

因此, 集合 $\{u_i(\boldsymbol{r})\}$ 的封闭性关系式 [公式 (A–32)] 其实就是矢量型的封闭性关系式 (E–11) 在 $\{|\boldsymbol{r}\rangle\}$ 表象中的具体形式.

d. 两个矢量的标量积

我们已经规定 $\mathscr{E}_{\boldsymbol{r}}$ 空间中两个右矢的标量积和 $\mathscr{F}$ 空间中两个对应波函数的标量积相同 [方程 (E–1)]. 根据上面 §c 中的讨论, 这个公式只不过是公式 (C–21) 的一个特殊情况. 实际上, 我们只要在 $\langle\varphi|$ 和 $|\psi\rangle$ 之间插入封闭性关系式 (E–5–b), 就可以重新得到 (E–1) 式:

$$\langle\varphi|\psi\rangle=\int \mathrm{d}^3r\langle\varphi|\boldsymbol{r}\rangle\langle\boldsymbol{r}|\psi\rangle \tag{E–14}$$

在这里仍和在 (E–8–a) 式中一样来解释此式中的分量 $\langle\boldsymbol{r}|\psi\rangle$ 和 $\langle\boldsymbol{r}|\varphi\rangle$. [148]

同样的问题若在 $\{|\boldsymbol{p}\rangle\}$ 表象中, 我们就可以重新证明傅里叶变换的一个众所周知的性质 (附录 I, §2–c):

$$\begin{aligned}\langle\varphi|\psi\rangle&=\int \mathrm{d}^3p\langle\varphi|\boldsymbol{p}\rangle\langle\boldsymbol{p}|\psi\rangle\\&=\int \mathrm{d}^3p\overline{\varphi}^*(\boldsymbol{p})\overline{\psi}(\boldsymbol{p})\end{aligned} \tag{E–15}$$

e. 从 $\{|\boldsymbol{r}\rangle\}$ 表象变换到 $\{|\boldsymbol{p}\rangle\}$ 表象

变换可以按照 §C–5 中所说的方法进行; 唯一的差别在于, 现在我们所涉及的两个基都是连续的. 基的变换要用到下面的数:

$$\langle\boldsymbol{r}|\boldsymbol{p}\rangle=\langle\boldsymbol{p}|\boldsymbol{r}\rangle^*=(2\pi\hbar)^{-3/2}\mathrm{e}^{\frac{\mathrm{i}}{\hbar}\boldsymbol{p}\cdot\boldsymbol{r}} \tag{E–16}$$

一个给定的右矢 $|\psi\rangle$ 在 $\{|\boldsymbol{r}\rangle\}$ 表象中由 $\langle\boldsymbol{r}|\psi\rangle=\psi(\boldsymbol{r})$ 表示, 在 $\{|\boldsymbol{p}\rangle\}$ 表象中由 $\langle\boldsymbol{p}|\psi\rangle=\overline{\psi}(\boldsymbol{p})$ 来表示. 我们已经知道 [公式 (E–7–b)], $\psi(\boldsymbol{r})$ 和 $\overline{\psi}(\boldsymbol{p})$ 是由傅里叶变换联系起来的. 表象变换公式给出的结果正是这样的:

$$\langle\boldsymbol{r}|\psi\rangle=\int \mathrm{d}^3p\langle\boldsymbol{r}|\boldsymbol{p}\rangle\langle\boldsymbol{p}|\psi\rangle$$

或

$$\psi(\boldsymbol{r})=(2\pi\hbar)^{-3/2}\int \mathrm{d}^3p\mathrm{e}^{\frac{\mathrm{i}}{\hbar}\boldsymbol{p}\cdot\boldsymbol{r}}\overline{\psi}(\boldsymbol{p}) \tag{E–17}$$

反过来, 又有:

$$\langle\boldsymbol{p}|\psi\rangle=\int \mathrm{d}^3r\langle\boldsymbol{p}|\boldsymbol{r}\rangle\langle\boldsymbol{r}|\psi\rangle$$

这也就是:

$$\overline{\psi}(\boldsymbol{p})=(2\pi\hbar)^{-3/2}\int \mathrm{d}^3r\mathrm{e}^{-\frac{\mathrm{i}}{\hbar}\boldsymbol{p}\cdot\boldsymbol{r}}\psi(\boldsymbol{r}) \tag{E–18}$$

应用普遍公式 (C–56), 很容易将算符 A 在 $\{|\boldsymbol{r}\rangle\}$ 表象中的矩阵元 $\langle\boldsymbol{r}'|A|\boldsymbol{r}\rangle=A(\boldsymbol{r}',\boldsymbol{r})$ 变换为它在 $\{|\boldsymbol{p}\rangle\}$ 表象中的矩阵元 $\langle\boldsymbol{p}'|A|\boldsymbol{p}\rangle=A(\boldsymbol{p}',\boldsymbol{p})$:

$$A(\boldsymbol{p}',\boldsymbol{p})=(2\pi\hbar)^{-3}\int \mathrm{d}^3r\int \mathrm{d}^3r'\mathrm{e}^{\frac{\mathrm{i}}{\hbar}(\boldsymbol{p}\cdot\boldsymbol{r}-\boldsymbol{p}'\cdot\boldsymbol{r}')}A(\boldsymbol{r}',\boldsymbol{r}) \tag{E–19}$$

从 $A(\boldsymbol{p}',\boldsymbol{p})$ 出发计算 $A(\boldsymbol{r}',\boldsymbol{r})$, 也有类似的公式.

[149] ## 2. 算符 $\boldsymbol{R}$ 和算符 $\boldsymbol{P}$

a. 定义

假设 $|\psi\rangle$ 是 $\mathscr{E}_{\boldsymbol{r}}$ 空间中的一个任意右矢, 则 $\langle\boldsymbol{r}|\psi\rangle=\psi(\boldsymbol{r})\equiv\psi(x,y,z)$ 表示对应的波函数. 按算符 X 的定义, 右矢

$$|\psi'\rangle=X|\psi\rangle \tag{E–20}$$

在基 $\{|\boldsymbol{r}\rangle\}$ 中由函数 $\langle\boldsymbol{r}|\psi'\rangle=\psi'(\boldsymbol{r})\equiv\psi'(x,y,z)$ 来表示; 这里

$$\psi'(x,y,z)=x\psi(x,y,z) \tag{E–21}$$

因此, 在 $\{|\boldsymbol{r}\rangle\}$ 表象中, X 算符与表示 "乘以 x" 的倍乘算符一致. 虽然这里是通过波函数的变换来引入算符 X 的, 但 X 是在态空间 $\mathscr{E}_{\boldsymbol{r}}$ 中起作用的算符. 类似地, 我们还可以引入 Y 和 Z 这两个算符. 于是我们就用以下关系式:

$$\boxed{\begin{aligned}\langle\boldsymbol{r}|X|\psi\rangle&=x\langle\boldsymbol{r}|\psi\rangle \quad &(\text{E–22–a})\\ \langle\boldsymbol{r}|Y|\psi\rangle&=y\langle\boldsymbol{r}|\psi\rangle \quad &(\text{E–22–b})\\ \langle\boldsymbol{r}|Z|\psi\rangle&=z\langle\boldsymbol{r}|\psi\rangle \quad &(\text{E–22–c})\end{aligned}}$$

来定义态空间中的算符 X,Y,Z; 这里的 x,y,z 正是标记右矢 $|\boldsymbol{r}\rangle$ 的三个指标. 我们将把 X,Y,Z 看作 "矢量算符" $\boldsymbol{R}$ 的三个 "分量"; 普通矢量 $\boldsymbol{r}$ 的分量为 x,y,z 这一事实提示我们, 不妨暂时把这个算符简单地当作一个缩并的记号.

在 $\{|\boldsymbol{r}\rangle\}$ 表象中, 算符 X,Y,Z 的运算特别简单. 例如, 若要计算矩阵元 $\langle\varphi|X|\psi\rangle$, 只需在 $\langle\varphi|$ 和 X 之间插入封闭性关系式 (E–5–b), 并利用 (E–22) 式:

$$\begin{aligned}\langle\varphi|X|\psi\rangle&=\int\mathrm{d}^3r\langle\varphi|\boldsymbol{r}\rangle\langle\boldsymbol{r}|X|\psi\rangle\\ &=\int\mathrm{d}^3r\varphi^*(\boldsymbol{r})x\psi(\boldsymbol{r})\end{aligned} \tag{E–23}$$

我们同样可以通过定义分量 P_x,P_y,P_z 来定义矢量算符 $\boldsymbol{p}$; 在 $\{|\boldsymbol{p}\rangle\}$ 表象中, 这些分量的作用如下:

$$\boxed{\begin{aligned}\langle\boldsymbol{p}|P_x|\psi\rangle&=p_x\langle\boldsymbol{p}|\psi\rangle \quad &(\text{E–24–a})\\ \langle\boldsymbol{p}|P_y|\psi\rangle&=p_y\langle\boldsymbol{p}|\psi\rangle \quad &(\text{E–24–b})\\ \langle\boldsymbol{p}|P_z|\psi\rangle&=p_z\langle\boldsymbol{p}|\psi\rangle \quad &(\text{E–24–c})\end{aligned}}$$

式中 p_x,p_y,p_z 就是包含在右矢 $|\boldsymbol{p}\rangle$ 中的三个指标.

[150] 现在来考虑算符 $\boldsymbol{P}$ 在 $\{|\boldsymbol{r}\rangle\}$ 表象中如何起作用. 为此 (参看 §C–5–d) 只需

利用封闭性关系式 (E–5–d) 和基变换矩阵 (E–16):

$$\begin{aligned}\langle \boldsymbol{r}|P_x|\psi\rangle &= \int \mathrm{d}^3p\langle \boldsymbol{r}|\boldsymbol{p}\rangle\langle \boldsymbol{p}|P_x|\psi\rangle \\ &= (2\pi\hbar)^{-3/2}\int \mathrm{d}^3p\mathrm{e}^{\frac{\mathrm{i}}{\hbar}\boldsymbol{p}\cdot\boldsymbol{r}}p_x\overline{\psi}(\boldsymbol{p}) \end{aligned} \tag{E–25}$$

可以看出, (E–25) 式就是 $p_x\overline{\psi}(\boldsymbol{p})$ 的逆傅里叶变换, 也就是 $\dfrac{\hbar}{\mathrm{i}}\dfrac{\partial}{\partial x}\psi(\boldsymbol{r})$ [附录 I, (38–a) 式]. 因此, 可以得到

$$\langle \boldsymbol{r}|\boldsymbol{P}|\psi\rangle = \frac{\hbar}{\mathrm{i}}\nabla\langle \boldsymbol{r}|\psi\rangle \tag{E–26}$$

可见, 在 $\{|\boldsymbol{r}\rangle\}$ 表象中, 算符 $\boldsymbol{P}$ 与作用在波函数上的微分算符 $\dfrac{\hbar}{\mathrm{i}}\nabla$ 一致. 因此, 在 $\{|\boldsymbol{r}\rangle\}$ 表象中, 诸如 $\langle\varphi|P_x|\psi\rangle$ 这样的矩阵元, 可以计算如下:

$$\begin{aligned}\langle\varphi|P_x|\psi\rangle &= \int \mathrm{d}^3r\langle\varphi|\boldsymbol{r}\rangle\langle \boldsymbol{r}|P_x|\psi\rangle \\ &= \int \mathrm{d}^3r\varphi^*(\boldsymbol{r})\left[\frac{\hbar}{\mathrm{i}}\frac{\partial}{\partial x}\right]\psi(\boldsymbol{r})\end{aligned} \tag{E–27}$$

在 $\{|\boldsymbol{r}\rangle\}$ 表象中, 也可以计算算符 X, Y, Z, P_x, P_y, P_z 之间的对易子. 例如

$$\begin{aligned}\langle \boldsymbol{r}|[X, P_x]|\psi\rangle &= \langle \boldsymbol{r}|(XP_x - P_xX)|\psi\rangle \\ &= x\langle \boldsymbol{r}|P_x|\psi\rangle - \frac{\hbar}{\mathrm{i}}\frac{\partial}{\partial x}\langle \boldsymbol{r}|X|\psi\rangle \\ &= \frac{\hbar}{\mathrm{i}}x\frac{\partial}{\partial x}\langle \boldsymbol{r}|\psi\rangle - \frac{\hbar}{\mathrm{i}}\frac{\partial}{\partial x}x\langle \boldsymbol{r}|\psi\rangle \\ &= \mathrm{i}\hbar\langle \boldsymbol{r}|\psi\rangle\end{aligned} \tag{E–28}$$

上面的计算对于任意右矢 $|\psi\rangle$ 和任意一个基右矢 $|\boldsymbol{r}\rangle$ 都成立, 因此便得到①:

$$[X, P_x] = \mathrm{i}\hbar \tag{E–29}$$

用同样的方法可以得到 $\boldsymbol{R}$ 的诸分量和 $\boldsymbol{P}$ 的诸分量之间的其他对易子. 我们将结果归纳在下面:

$$\boxed{\left.\begin{aligned}&[R_i, R_j] = 0 \\ &[P_i, P_j] = 0 \\ &[R_i, P_j] = \mathrm{i}\hbar\delta_{ij}\end{aligned}\right\} i, j = 1, 2, 3} \tag{E–30}$$

式中 R_1, R_2, R_3 和 P_1, P_2, P_3 分别代表 X, Y, Z 和 P_x, P_y, P_z. 公式 (E–30) 叫 [151]
做**正则对易关系式**.

① 对易子 $[X, P_x]$ 是一个算符, 严格说来, 应该将公式 (E–29) 写作 $[X, P_x] = \mathrm{i}\hbar\mathbb{1}$. 以后我们经常用数 1 代替恒等算符 $\mathbb{1}$, 只在十分必要时才将两者区分开来.

b. $\boldsymbol{R}$ 和 $\boldsymbol{P}$ 都是厄米算符

例如, 要证明 X 是厄米算符, 只需利用公式 (E–23):

$$\begin{aligned}\langle\varphi|X|\psi\rangle &= \int \mathrm{d}^3r\varphi^*(\boldsymbol{r})x\psi(\boldsymbol{r}) \\ &= \left[\int \mathrm{d}^3r\psi^*(\boldsymbol{r})x\varphi(\boldsymbol{r})\right]^* \\ &= \langle\psi|X|\varphi\rangle^* \end{aligned} \tag{E–31}$$

根据 §B–4–e 中的讨论, 等式 (E–31) 正是厄米算符的特性.

经过类似的演算, 可以证明 Y 和 Z 也都是厄米算符. 对于 P_x, P_y, P_z, 可以利用 $\{|\boldsymbol{p}\rangle\}$ 表象算法和前面的类似.

从表示 $\boldsymbol{P}$ 在 $\{|\boldsymbol{r}\rangle\}$ 表象中的作用的 (E–26) 式出发, 来证明 $\boldsymbol{P}$ 是厄米算符, 是很有意思的. 例如, 我们再取 (E–27) 式, 并将它分部积分:

$$\begin{aligned}\langle\varphi|P_x|\psi\rangle &= \frac{\hbar}{\mathrm{i}}\int \mathrm{d}y\mathrm{d}z\int_{-\infty}^{+\infty}\mathrm{d}x\varphi^*(\boldsymbol{r})\frac{\partial}{\partial x}\psi(\boldsymbol{r}) \\ &= \frac{\hbar}{\mathrm{i}}\int \mathrm{d}y\mathrm{d}z\left\{\left[\varphi^*(\boldsymbol{r})\psi(\boldsymbol{r})\right]_{x=-\infty}^{x=+\infty} - \int_{-\infty}^{+\infty}\mathrm{d}x\psi(\boldsymbol{r})\frac{\partial}{\partial x}\varphi^*(\boldsymbol{r})\right\}\end{aligned} \tag{E–32}$$

由于表示标量积 $\langle\varphi|\psi\rangle$ 的积分是收敛的, 故当 $x \to \pm\infty$ 时, 乘积 $\varphi^*(\boldsymbol{r})\psi(\boldsymbol{r})$ 趋于零; 从而已经积分的部分为零,因而有

$$\begin{aligned}\langle\varphi|P_x|\psi\rangle &= -\frac{\hbar}{\mathrm{i}}\int \mathrm{d}^3r\psi(\boldsymbol{r})\frac{\partial}{\partial x}\varphi^*(\boldsymbol{r}) \\ &= \left[\frac{\hbar}{\mathrm{i}}\int \mathrm{d}^3r\psi^*(\boldsymbol{r})\frac{\partial}{\partial x}\varphi(\boldsymbol{r})\right]^* \\ &= \langle\psi|P_x|\varphi\rangle^*\end{aligned} \tag{E–33}$$

由此可见, 虚数 i 的存在是很重要的. 作用在 $\mathscr{F}$ 空间中的函数上的微分算符 $\dfrac{\partial}{\partial x}$ 并不是厄米算符, 这是因为经过分部积分, 符号改变了; 反之, $\mathrm{i}\dfrac{\partial}{\partial x}$ 则和 $\dfrac{\hbar}{\mathrm{i}}\dfrac{\partial}{\partial x}$ 一样, 也是一个厄米算符.

c. $\boldsymbol{R}$ 及 $\boldsymbol{P}$ 的本征矢

考虑算符 X 对右矢 $|\boldsymbol{r}_0\rangle$ 的作用, 根据 (E–22–a) 式, 我们有:

$$\langle\boldsymbol{r}|X|\boldsymbol{r}_0\rangle = x\langle\boldsymbol{r}|\boldsymbol{r}_0\rangle = x\delta(\boldsymbol{r}-\boldsymbol{r}_0) = x_0\delta(\boldsymbol{r}-\boldsymbol{r}_0) = x_0\langle\boldsymbol{r}|\boldsymbol{r}_0\rangle \tag{E–34}$$

[152] 这个等式表明, 右矢 $X|\boldsymbol{r}_0\rangle$ 在 $\{|\boldsymbol{r}\rangle\}$ 表象中的坐标, 等于右矢 $|\boldsymbol{r}_0\rangle$ 的坐标的 x_0 倍, 因此, 我们有:

$$X|\boldsymbol{r}_0\rangle = x_0|\boldsymbol{r}_0\rangle \tag{E–35}$$

根据同样的道理, 不难证明右矢 $|\boldsymbol{r}_0\rangle$ 也是算符 Y 和 Z 的本征矢; 现在下标"零"已无必要, 将它略去, 便得到:

$$\boxed{\begin{aligned}X|\boldsymbol{r}\rangle &= x|\boldsymbol{r}\rangle\\ Y|\boldsymbol{r}\rangle &= y|\boldsymbol{r}\rangle\\ Z|\boldsymbol{r}\rangle &= z|\boldsymbol{r}\rangle\end{aligned}} \tag{E–36}$$

于是, 右矢 $|\boldsymbol{r}\rangle$ 是算符 X, Y, Z 的共同本征右矢; 现在可以说明, 为什么一开始要选用 $|\boldsymbol{r}\rangle$ 这个符号: 这是由于, 每一个本征矢都是由矢量 $\boldsymbol{r}$ 来标记的, $\boldsymbol{r}$ 的坐标 x, y, z 就是对应于 X, Y, Z 的本征值的三个连续指标.

对于算符 $\boldsymbol{P}$, 我们应该在 $\{|\boldsymbol{p}\rangle\}$ 表象中去讨论, 这样便能建立起类似的概念和公式. 我们可以得到:

$$\boxed{\begin{aligned}P_x|\boldsymbol{p}\rangle &= p_x|\boldsymbol{p}\rangle\\ P_y|\boldsymbol{p}\rangle &= p_y|\boldsymbol{p}\rangle\\ P_z|\boldsymbol{p}\rangle &= p_z|\boldsymbol{p}\rangle\end{aligned}} \tag{E–37}$$

附注:

我们也可以从方程 (E–26) 出发来证明这个结果, 那个方程表示 $\boldsymbol{P}$ 在 $\{|\boldsymbol{r}\rangle\}$ 表象中的作用. 利用 (E–9) 式可以求得:

$$\begin{aligned}\langle\boldsymbol{r}|P_x|\boldsymbol{p}\rangle &= \frac{\hbar}{\mathrm{i}}\frac{\partial}{\partial x}\langle\boldsymbol{r}|\boldsymbol{p}\rangle = \frac{\hbar}{\mathrm{i}}\frac{\partial}{\partial x}(2\pi\hbar)^{-3/2}\mathrm{e}^{\frac{\mathrm{i}}{\hbar}\boldsymbol{p}\cdot\boldsymbol{r}}\\ &= p_x(2\pi\hbar)^{-3/2}\mathrm{e}^{\frac{\mathrm{i}}{\hbar}\boldsymbol{p}\cdot\boldsymbol{r}} = p_x\langle\boldsymbol{r}|\boldsymbol{p}\rangle\end{aligned} \tag{E–38}$$

这就是说, 右矢 $P_x|\boldsymbol{p}\rangle$ 在 $\{|\boldsymbol{r}\rangle\}$ 表象中的分量等于 $|\boldsymbol{p}\rangle$ 的分量乘上常数 p_x; 也就是说: $|\boldsymbol{p}\rangle$ 是 P_x 的属于征值 p_x 的本征右矢.

d. $\boldsymbol{R}$ 和 $\boldsymbol{P}$ 都是观察算符

公式 (E–5–b) 和 (E–5–d) 已经表明: 集合 $\{|\boldsymbol{r}\rangle\}$ 中的矢量和集合 $\{|\boldsymbol{p}\rangle\}$ 中的矢量都分别构成 $\mathscr{E}_{\boldsymbol{r}}$ 空间中的基. 因此, $\boldsymbol{R}$ 和 $\boldsymbol{P}$ 都是观察算符.

此外, 给出了 X, Y, Z 的三个本征值 x_0, y_0, z_0, 就唯一地决定了一个对应的本征矢 $|\boldsymbol{r}_0\rangle$, 它在 $\{|\boldsymbol{r}\rangle\}$ 表象中的坐标是 $\delta(x-x_0)\delta(y-y_0)\delta(z-z_0)$. 因此, 三个算符 X, Y, Z 的集合构成 $\mathscr{E}_{\boldsymbol{r}}$ 空间中的一个 ECOC.

同样可以证明, $\boldsymbol{P}$ 的三个分量 P_x, P_y, P_z 也构成 $\mathscr{E}_{\boldsymbol{r}}$ 空间中的一个 ECOC. [153]

要注意, 在 $\mathscr{E}_{\boldsymbol{r}}$ 空间中, 仅仅 X 本身还不能构成一个 ECOC: 即使将 x_0 固定, y_0, z_0 还可以取任意实数值, 因此, 每一个本征值 x_0 都是无穷多重简并的. 反之, 在一维问题的态空间 $\mathscr{E}_{\boldsymbol{r}}$ 中, X 构成一个 ECOC, 因为此时本征值 x_0 唯一地确定了一个对应的本征右矢 $|x_0\rangle$, 它在 $\{|x\rangle\}$ 表象中的坐标是 $\delta(x-x_0)$.

附注:

在 $\mathscr{E}_{\boldsymbol{r}}$ 空间中, 我们已找到两个 ECOC: $\{X,Y,Z\}$ 和 $\{P_x,P_y,P_z\}$, 以后我们还会遇到别的 ECOC. 例如, 我们可以提出这样一个集合: $\{X,P_y,P_z\}$: 这三个观察算符是可对易的 [方程 (E–30)], 而且, 如果固定三个本征值 x_0,p_{0_y},p_{0_z}, 则对应的右矢只有一个, 与这个右矢相联系的波函数可以写作:

$$\psi_{x_0,p_{0_y},p_{0_z}}(x,y,z)=\delta(x-x_0)\frac{1}{2\pi\hbar}\mathrm{e}^{\frac{\mathrm{i}}{\hbar}(p_{0_y}y+p_{0_z}z)} \tag{E–39}$$

§F. 态空间的张量积[①]

1. 引言

前面, 我们从一个粒子的波函数的概念出发, 引入一个物理体系的态空间的概念. 不过, 我们有时是就一维情况, 有时是就三维情况来讨论波函数的. 但是, 平方可积函数的函数空间对于一个变量的函数 $\psi(x)$ 和对于三个变量的函数 $\psi(\boldsymbol{r})$ 来说, 显然是不一样的; 因此 $\mathscr{E}_{\boldsymbol{r}}$ 空间和 $\mathscr{E}_x$ 空间是不同的空间. $\mathscr{E}_{\boldsymbol{r}}$ 空间实质上是 $\mathscr{E}_x$ 空间的推广. 那么, 这两种空间之间是否存在一种更精确的关系呢?

在这一节里, 我们要定义和研究矢量空间的张量积[②]并将它应用于态空间. 特别地, 它可以回答我们刚才提出的问题: 从 $\mathscr{E}_x$ 和其他两个空间 $\mathscr{E}_y$ 和 $\mathscr{E}_z$ 出发, 可以得到和它们同构的空间 $\mathscr{E}_{\boldsymbol{r}}$ (参看下面的 §F–4–a).

按同样的方式, 到后面 (第四章和第九章), 对某些粒子来说, 我们还要考虑一种固有的角动量即自旋的存在. 就是说, 不但要考虑用定义在空间 $\mathscr{E}_{\boldsymbol{r}}$ 中的可观察量 $\boldsymbol{R}$ 和 $\boldsymbol{P}$ 来处理的外部自由度 (位置、动量), 还要考虑内部自由度, 并引入自旋这一观察算符, 它在自旋态空间 $\mathscr{E}_{\boldsymbol{s}}$ 中起作用. 因而, 一个有自旋的粒子的态空间 $\mathscr{E}$ 就是 $\mathscr{E}_{\boldsymbol{r}}$ 和 $\mathscr{E}_{\boldsymbol{s}}$ 的张量积.

[154] 最后, 态空间的张量积概念可以解决下述问题: 假设有两个孤立的物理体系 (S_1) 和 (S_2) (例如, 两者相距充分远, 以致它们的相互作用完全可以忽略), 对应于 (S_1) 和 (S_2) 的态空间分别为 $\mathscr{E}_1$ 和 $\mathscr{E}_2$; 现在假定我们要把这两个体系的集合看作一个物理体系 (当两个体系距离充分近, 以致发生相互作用时, 这种看法是必要的), 那么总体系 (S) 的态空间是什么?

---

① 为了阅读第三章, 这一段 (F) 的内容并不是必需的. 读者可以在以后必须使用张量积时 (补充材料 $\mathrm{D_{III}}$ 和 $\mathrm{D_{IV}}$ 或第九章) 再阅读这一段.

② 张量积又叫做 “克罗内克乘积”.

由此可以看出, 在这一节中引入的那些定义和导出的各个结果在量子力学中是多么有用.

2. 张量积的定义和性质

假设有两个空间①, $\mathscr{E}_1$ 是 N_1 维的, $\mathscr{E}_2$ 是 N_2 维的 (N_1、N_2 可以是有限的或无限的). 有关的各矢量和各算符, 根据它们属于空间 $\mathscr{E}_1$ 或 $\mathscr{E}_2$, 分别用 (1) 或 (2) 来标记.

a. 张量积空间 $\mathscr{E}$

α. 定义

按定义, 矢量空间 $\mathscr{E}$ 叫做 $\mathscr{E}_1$ 和 $\mathscr{E}_2$ 的**张量积**:

$$\mathscr{E} = \mathscr{E}_1 \otimes \mathscr{E}_2 \tag{F–1}$$

的条件是: 对于每一对矢量 $|\varphi(1)\rangle \in \mathscr{E}_1, |\chi(2)\rangle \in \mathscr{E}_2$, 都有 $\mathscr{E}$ 空间中的一个矢量与之对应. 我们将这个矢量记作②

$$|\varphi(1)\rangle \otimes |\chi(2)\rangle \tag{F–2}$$

并称它为 $|\varphi(1)\rangle$ 和 $|\chi(2)\rangle$ 的张量积, 这种对应关系应满足下列条件:

(i) 对于用复数来倍乘, 张量积运算是**线性的**:

$$\begin{aligned}
[\lambda|\varphi(1)\rangle] \otimes |\chi(2)\rangle &= \lambda[|\varphi(1)\rangle \otimes |\chi(2)\rangle] \\
|\varphi(1)\rangle \otimes [\mu|\chi(2)\rangle] &= \mu[|\varphi(1)\rangle \otimes |\chi(2)\rangle]
\end{aligned} \tag{F–3}$$

(ii) 对于矢量的加法, 张量积运算是**可分配的**:

$$\begin{aligned}
|\varphi(1)\rangle \otimes [|\chi_1(2)\rangle + |\chi_2(2)\rangle] &= |\varphi(1)\rangle \otimes |\chi_1(2)\rangle + |\varphi(1)\rangle \otimes |\chi_2(2)\rangle \\
[|\varphi_1(1)\rangle + |\varphi_2(1)\rangle] \otimes |\chi(2)\rangle &= |\varphi_1(1)\rangle \otimes |\chi(2)\rangle + |\varphi_2(1)\rangle \otimes |\chi(2)\rangle
\end{aligned} \tag{F–4}$$

(iii) 若在空间 $\mathscr{E}_1$ 中选定了一个基 $\{|u_i(1)\rangle\}$, 在空间 $\mathscr{E}_2$ 中选定了一个基
$\{|v_l(2)\rangle\}$; 则诸矢量 $|u_i(1)\rangle \otimes |v_l(2)\rangle$ 的集合构成空间 $\mathscr{E}$ 中的一个基. 若 N_1 和 [155]
N_2 是有限的, 则 $\mathscr{E}$ 的维数等于 $N_1 N_2$.

① 下面的定义不难推广到有限多个空间的张量积.

② 这个矢量可以记作 $|\varphi(1)\rangle \otimes |\chi(2)\rangle$ 或 $|\chi(2)\rangle \otimes |\varphi(1)\rangle$; 两个矢量的顺序是无关紧要的.

β. $\mathscr{E}$ 空间中的矢量

(i) 我们首先考虑张量积矢量 $|\varphi(1)\rangle \otimes |\chi(2)\rangle$. 任意的 $|\varphi(1)\rangle$ 和 $|\chi(2)\rangle$ 都可以分别在基 $\{|u_i(1)\rangle\}$ 和 $\{|v_l(2)\rangle\}$ 中展开:

$$|\varphi(1)\rangle = \sum_i a_i |u_i(1)\rangle$$
$$|\chi(2)\rangle = \sum_l b_l |v_l(2)\rangle \tag{F-5}$$

根据在 §α 中所说的性质, 矢量 $|\varphi(1)\rangle \otimes |\chi(2)\rangle$ 在基 $\{|u_i(1)\rangle \otimes |v_l(2)\rangle\}$ 中的展开式可以写作:

$$|\varphi(1)\rangle \otimes |\chi(2)\rangle = \sum_{i,l} a_i b_l |u_i(1)\rangle \otimes |v_l(2)\rangle \tag{F-6}$$

于是, 一个张量积矢量的分量就是该乘积中的两个矢量的分量之积.

(ii) 在 $\mathscr{E}$ 空间中, 存在着这样的矢量, 它们并不是 $\mathscr{E}_1$ 空间中的矢量和 $\mathscr{E}_2$ 空间中的矢量的张量积. 事实上, 根据假设, $\{|u_i(1)\rangle \otimes |v_l(2)\}$ 是 $\mathscr{E}$ 空间中的一个基, 因此, $\mathscr{E}$ 空间中最普遍的矢量可表示为:

$$|\psi\rangle = \sum_{i,l} c_{i,l} |u_i(1)\rangle \otimes |v_l(2)\rangle \tag{F-7}$$

任意给定了 $N_1 N_2$ 个复数 $c_{i,l}$, 我们不一定能将它们写成 N_1 个数 a_i 和 N_2 个数 b_l 的乘积 $a_i b_l$ 的形式, 因此, 一般说来, 并不存在这样的矢量 $|\varphi(1)\rangle$ 和 $|\chi(2)\rangle$, 它们的张量积刚好就是 $|\psi\rangle$. 但是 $\mathscr{E}$ 空间中的任意一个矢量总可以分解为张量积矢量的线性组合, 如公式 (F–7) 所示.

γ. $\mathscr{E}$ 空间中的标量积

在 $\mathscr{E}_1$ 空间和 $\mathscr{E}_2$ 空间中存在着标量积, 这就使我们可以同样定义 $\mathscr{E}$ 空间中的标量积. 首先, 我们定义矢量 $|\varphi(1)\chi(2)\rangle = |\varphi(1)\rangle \otimes |\chi(2)\rangle$ 和矢量 $|\varphi'(1)\chi'(2)\rangle = |\varphi'(1)\rangle \otimes |\chi'(2)\rangle$ 的标量积为:

$$\langle\varphi'(1)\chi'(2)|\varphi(1)\chi(2)\rangle = \langle\varphi'(1)|\varphi(1)\rangle\langle\chi'(2)|\chi(2)\rangle \tag{F-8}$$

对于 $\mathscr{E}$ 空间中的任意两个矢量, 由于其中的每一个都是张量积矢量的线性组合, 因此, 可以直接应用标量积的基本性质 [方程 (B–9), (B–10) 和 (B–11)].

特别地, 我们注意, 如果每一个基 $\{|u_i(1)\rangle\}$ 和 $\{|v_l(2)\rangle\}$ 都是正交归一的, 那么基 $\{|u_i(1)v_l(2)\rangle = |u_i(1)\rangle \otimes |v_l(2)\rangle\}$ 也是正交归一的, 即

$$\begin{aligned}\langle u_{i'}(1)v_{l'}(2)|u_i(1)v_l(2)\rangle &= \langle u_{i'}(1)|u_i(1)\rangle\langle v_{l'}(2)|v_l(2)\rangle \\ &= \delta_{ii'}\delta_{ll'}\end{aligned} \tag{F-9}$$

b. 算符的张量积 [156]

(i) 我们首先考虑定义在 $\mathscr{E}_1$ 空间中的一个线性算符 $A(1)$. 现在给这个算符联系上 $\mathscr{E}$ 空间中的一个线性算符 $\widetilde{A}(1)$, 叫做 $A(1)$ 在 $\mathscr{E}$ 空间中的延伸算符, 它的定义如下: 将 $\widetilde{A}(1)$ 作用于一个张量积矢量 $|\varphi(1)\rangle \otimes |\chi(2)\rangle$ 的结果是:

$$\widetilde{A}(1)[|\varphi(1)\rangle \otimes |\chi(2)\rangle] = [A(1)|\varphi(1)\rangle] \otimes |\chi(2)\rangle \tag{F–10}$$

$\widetilde{A}(1)$ 是线性的这个假设, 就足以完全确定它. 这是因为 $\mathscr{E}$ 空间中的任意一个矢量 $|\psi\rangle$ 都可以写成 (F–7) 的形式. 根据定义式 (F–10) 可以推知 $\widetilde{A}(1)$ 对 $|\psi\rangle$ 的作用:

$$\widetilde{A}(1)|\psi\rangle = \sum_{i,l} c_{i,l}[A(1)|u_i(1)\rangle] \otimes |v_l(2)\rangle \tag{F–11}$$

按同样的方式, 我们可以得到最初定义在 $\mathscr{E}_2$ 空间中的算符 $B(2)$ 的延伸算符 $\widetilde{B}(2)$.

(ii) 假设 $A(1)$ 和 $B(2)$ 分别为在 $\mathscr{E}_1$ 空间和 $\mathscr{E}_2$ 空间中起作用的两个线性算符.张量积$A(1) \otimes B(2)$ 是 $\mathscr{E}$ 空间中的一个线性算符, 它的定义就是规定它对张量积矢量的作用的下列关系式:

$$[A(1) \otimes B(2)][|\varphi(1)\rangle \otimes |\chi(2)\rangle] = [A(1)|\varphi(1)\rangle] \otimes [B(2)|\chi(2)] \tag{F–12}$$

和上面一样, 这个定义就足以完全确定 $A(1) \otimes B(2)$.

附注:

(i) 算符的延伸是张量积的一个特例: 如果 $\mathbb{1}(1)$ 和 $\mathbb{1}(2)$ 分别为 $\mathscr{E}_1$ 空间和 $\mathscr{E}_2$ 空间中的恒等算符, 则 $\widetilde{A}(1)$ 和 $\widetilde{B}(2)$ 可以写作:

$$\begin{aligned}\widetilde{A}(1) &= A(1) \otimes \mathbb{1}(2)\\ \widetilde{B}(2) &= \mathbb{1}(1) \otimes B(2)\end{aligned} \tag{F–13}$$

反之, 张量积 $A(1) \otimes B(2)$ 和 $\mathscr{E}$ 空间中两个算符 $\widetilde{A}(1), \widetilde{B}(2)$ 的普通乘积是一样的:

$$A(1) \otimes B(2) = \widetilde{A}(1)\widetilde{B}(2) \tag{F–14}$$

(ii) 容易证明, 像 $\widetilde{A}(1)$ 和 $\widetilde{B}(2)$ 这样的两个算符, 在 $\mathscr{E}$ 空间中是对易的:

$$[\widetilde{A}(1), \widetilde{B}(2)] = 0 \tag{F–15}$$

要证明这个关系, 只需证明将 $\widetilde{A}(1)\widetilde{B}(2)$ 和 $\widetilde{B}(2)\widetilde{A}(1)$ 作用于基 $\{|u_i(1)\rangle \otimes |v_l(2)\rangle\}$ 中的任一矢量所得结果都相同:

$$\begin{aligned}\widetilde{A}(1)\widetilde{B}(2)|u_i(1)\rangle \otimes |v_l(2)\rangle &= \widetilde{A}(1)\big[|u_i(1)\rangle \otimes [B(2)|v_l(2)\rangle]\big]\\ &= [A(1)|u_i(1)\rangle] \otimes [B(2)|v_l(2)\rangle]\end{aligned} \tag{F–16}$$

$$\begin{aligned}\widetilde{B}(2)\widetilde{A}(1)|u_i(1)\rangle \otimes |v_l(2)\rangle &= \widetilde{B}(2)\big[[A(1)|u_i(1)\rangle] \otimes |v_l(2)\rangle\big]\\ &= [A(1)|u_i(1)\rangle] \otimes [B(2)|v_l(2)\rangle]\end{aligned} \tag{F–17}$$

(iii) 张量积矢量 $|\varphi(1)\chi(2)\rangle = |\varphi(1)\rangle \otimes |\chi(2)\rangle$ 上的投影算符是 $\mathscr{E}$ 空间的一种算符, 也就是 $|\varphi(1)\rangle$ 上及 $|\chi(2)\rangle$ 上的两个投影算符的张量积:

$$|\varphi(1)\chi(2)\rangle\langle\varphi(1)\chi(2)| = |\varphi(1)\rangle\langle\varphi(1)| \otimes |\chi(2)\rangle\langle\chi(2)| \tag{F-18}$$

[157] 根据 $\mathscr{E}$ 空间中的标量积定义立即可以导出此式.

(iv) 和矢量的情况相似, 在 $\mathscr{E}$ 空间中存在着这样的算符, 它们并不是 $\mathscr{E}_1$ 中的算符和 $\mathscr{E}_2$ 中的算符的张量积.

c. 符号

在量子力学中通常所用的符号比前面定义的简单一些, 我们将采用这些简化的符号, 不过重要的是, 要按前面的定义来解释它们.

首先, 我们取消表示张量积的符号 $\otimes$, 而将要按张量积相乘的矢量或算符简单地并列在一起, 如:

$$|\varphi(1)\rangle|\chi(2)\rangle \text{ 表示 } |\varphi(1)\rangle \otimes |\chi(2)\rangle \tag{F-19}$$

$$A(1)B(2) \text{ 表示} A(1) \otimes B(2) \tag{F-20}$$

此外, 将 $\mathscr{E}_1$ 空间或 $\mathscr{E}_2$ 空间中的算符本身以及它们在 $\mathscr{E}$ 空间中的延伸算符用同样的符号来表示:

$$A(1) \text{ 表示 } \widetilde{A}(1) \text{ 或 } A(1) \tag{F-21}$$

(F–19) 式不会引起什么误解, 因为我们还从来没有像这里这样将两个右矢并列起来写. 特别要注意的是, 如果 $|\psi\rangle$ 和 $|\varphi\rangle$ 属于同一空间 $\mathscr{E}$, 则表示式 $|\psi\rangle|\varphi\rangle$ 在 $\mathscr{E}$ 空间中没有定义, 因为它表示 $\mathscr{E}$ 空间与其自身做成的张量积空间中的一个矢量.

反之, (F–20) 式和 (F–21) 式倒是有点含混不清, 特别是后一式, 在那里一个符号表示着两个不同的算符. 但是在实际问题中, 只要看这种符号应用在什么矢量上就可以分清它究竟表示哪一种算符: 如果它作用在 $\mathscr{E}$ 空间的矢量上, 它就表示 $\widetilde{A}(1)$; 如果它作用在 $\mathscr{E}_1$ 空间的矢量上, 它就是 $A(1)$ 本身. 至于 (F–20) 式, 在 $\mathscr{E}_1$ 和 $\mathscr{E}_2$ 是两个不同的空间时, 是不会出问题的, 因为我们直到现在都只定义过同一空间中的算符之积. 此外, 如果 $A(1)$ 和 $B(2)$ 实际上表示的就是 $\widetilde{A}(1)$ 和 $\widetilde{B}(2)$, 那么就可以把 $A(1)B(2)$ 看作是 $\mathscr{E}$ 空间的算符的普通乘积 [公式 (F–14)].

3. 张量积空间中的本征值方程

$\mathscr{E}$ 空间的一些矢量, 可以表示为 $\mathscr{E}_1$ 空间的矢量和 $\mathscr{E}_2$ 空间的矢量的张量积, 这些矢量在前面所述的理论中是很重要的. 我们将会看到, $\mathscr{E}_1$ 和 $\mathscr{E}_2$ 中的算符的延伸算符也同样是重要的.

a. 延伸算符的本征值和本征矢

α. $A(1)$ 的本征值方程

考虑一个算符 $A(1)$, 在 $\mathscr{E}_1$ 空间中, 它的全体本征值和本征矢都是已知的. [158]
我们将假设 $A(1)$ 的谱完全是离散的:

$$A(1)|\varphi_n^i(1)\rangle = a_n|\varphi_n^i(1)\rangle; \quad i = 1, 2, \cdots, g_n \tag{F–22}$$

我们希望在 $\mathscr{E}$ 空间中求解 $A(1)$ 的延伸算符的本征值方程:

$$A(1)|\psi\rangle = \lambda|\psi\rangle; \quad |\psi\rangle \in \mathscr{E} \tag{F–23}$$

根据 (F–10) 式, 我们立即可以看到, 不论 $|\chi(2)\rangle$ 是什么矢量, 形如 $|\varphi_n^i(1)\rangle|\chi(2)\rangle$ 的一切矢量都是 $A(1)$ 的属于本征值 a_n 的本征矢. 事实上:

$$\begin{aligned} A(1)|\varphi_n^i(1)\rangle|\chi(2)\rangle &= [A(1)|\varphi_n^i(1)\rangle]|\chi(2)\rangle \\ &= a_n|\varphi_n^i(1)\rangle|\chi(2)\rangle \end{aligned} \tag{F–24}$$

我们来证明: 如果 $A(1)$ 是 $\mathscr{E}_1$ 空间中的一个观察算符, 那么 (F–23) 式的全体解都可以像这样求得. 现在 $|\varphi_n^i(1)\rangle$ 的集合构成 $\mathscr{E}_1$ 空间的一个基, 若 $\mathscr{E}_2$ 空间的一个基是 $\{|v_l(2)\rangle\}$, 那么, 由矢量

$$|\psi_n^{i,l}\rangle = |\varphi_n^i(1)\rangle|v_l(2)\rangle \tag{F–25}$$

构成的正交归一系就构成 $\mathscr{E}$ 空间的一个基. 于是我们就找到了 $\mathscr{E}$ 空间中的一个由 $A(1)$ 的本征矢构成的正交归一基, 这个结果表示方程 (F–23) 已经解出.

由此还可以导出下述结论:

(a) 若 $A(1)$ 是 $\mathscr{E}_1$ 空间中的一个观察算符, 则它也是 $\mathscr{E}$ 空间中的观察算符. 得到这个结论的理由是: $A(1)$ 的延伸算符也是厄米算符, 而且 $\{|\psi_n^{i,l}\rangle\}$ 构成 $\mathscr{E}$ 空间中的一个基.

(b) $A(1)$ 在 $\mathscr{E}$ 空间中的谱和它在 $\mathscr{E}_1$ 空间中的谱一样; 这是因为 (F–22) 式和 (F–24) 式中的本征值同样都是 a_n.

(c) 但是, 在 $\mathscr{E}_1$ 空间中 g_n 度简并的本征值 a_n 在 $\mathscr{E}$ 空间中的简并度为 $N_2 \times g_n$. 事实上, 对应于 a_n 的本征子空间在 $\mathscr{E}$ 空间中是由诸右矢 $|\psi_n^{i,l}\rangle = |\varphi_n^i(1)\rangle|v_l(2)\rangle$ 所张成的, 这里的 n 是固定的, 而 $i = 1, 2, \cdots, g_n, l = 1, 2, \cdots, N_2$. 因此, 即使 a_n 在 $\mathscr{E}_1$ 中是非简并的, 它在 $\mathscr{E}$ 中却是 (N_2 度) 简并的.

在对应于 a_n 的本征子空间上的投影算符在 $\mathscr{E}$ 空间中可以写作 [参看 (F–18) 式]:

$$\begin{aligned} \sum_{i,l} |\psi_n^{i,l}\rangle\langle\psi_n^{i,l}| &= \sum_{i,l} |\varphi_n^i(1)\rangle\langle\varphi_n^i(1)| \otimes |v_l(2)\rangle\langle v_l(2)| \\ &= \sum_i |\varphi_n^i(1)\rangle\langle\varphi_n^i(1)| \otimes \mathbb{1}(2) \end{aligned} \tag{F–26}$$

这里应用了 $\mathscr{E}_2$ 空间的关于基 $\{|v_l(2)\rangle\}$ 的封闭性关系式. 这就是在 $\mathscr{E}_1$ 空间中对应于 a_n 的投影算符 $P_n(1) = \sum_i |\varphi_n^i(1)\rangle\langle\varphi_n^i(1)|$ 的延伸算符.

β. $A(1) + B(2)$ 的本征值方程

以后, 我们经常需要在像 $\mathscr{E}$ 这样的张量积空间中求解形状为

$$C = A(1) + B(2) \tag{F–27}$$

[159] 的算符的本征值方程, 式中的 $A(1)$ 和 $B(2)$ 分别为 $\mathscr{E}_1$ 空间和 $\mathscr{E}_2$ 空间中的观察算符, 它们的本征值和本征矢都是已知的:

$$\begin{aligned} A(1)|\varphi_n(1)\rangle &= a_n|\varphi_n(1)\rangle \\ B(2)|\chi_p(2)\rangle &= b_p|\chi_p(2)\rangle \end{aligned} \tag{F–28}$$

[为书写简便起见, 假设 $A(1)$ 和 $B(2)$ 各自在 $\mathscr{E}_1$ 空间和 $\mathscr{E}_2$ 空间中的谱是离散的, 而且是非简并的].

$A(1)$ 和 $B(2)$ 是可对易的 [公式 (F–16) 和 (F–17)], 而且构成 $\mathscr{E}$ 空间的基的诸矢量 $|\varphi_n(1)\rangle|\chi_p(2)\rangle$ 是 $A(1)$ 和 $B(2)$ 的共同本征矢:

$$\begin{aligned} A(1)|\varphi_n(1)\rangle|\chi_p(2)\rangle &= a_n|\varphi_n(1)\rangle|\chi_p(2)\rangle \\ B(2)|\varphi_n(1)\rangle|\chi_p(2)\rangle &= b_p|\varphi_n(1)\rangle|\chi_p(2)\rangle \end{aligned} \tag{F–29}$$

它们也是 C 的本征矢:

$$C|\varphi_n(1)\rangle|\chi_p(2)\rangle = (a_n + b_p)|\varphi_n(1)\rangle|\chi_p(2)\rangle \tag{F–30}$$

这个式子直接给出 C 的本征值方程的解.

因此, $C = A(1)+B(2)$ 的本征值是 $A(1)$ 的一个本征值与 $B(2)$ 的一个本征值之和; 我们可以得到由 C 的本征矢构成的一个基, 其中的基矢是 $A(1)$ 的一个本征矢和 $B(2)$ 的一个本征矢的张量积.

附注:

方程 (F–30) 表明, C 的本征值都属于 $c_{np} = a_n + b_p$ 这种形式. 如果不存在 n 和 p 的两个互异的数组可以给出同一个数 c_{np}, 这个本征值就是非简并的 (提醒一下, 前面假设过, 分别在 $\mathscr{E}_1$ 及 $\mathscr{E}_2$ 空间中, a_n 及 b_p 都是非简并的); 那么, C 的本征矢必然就是张量积 $|\varphi_n(1)\rangle|\chi_p(2)\rangle$. 反之, 如果本征值 c_{np}, 譬如, 是二重简并的 (即存在着这样的 m 和 q 使得 $c_{mq} = c_{np}$), 那么, 我们只能推断 C 的对应于这个本征值的每个本征矢都可以写作:

$$\lambda|\varphi_n(1)\rangle|\chi_p(2)\rangle + \mu|\varphi_m(1)\rangle|\chi_q(2)\rangle \tag{F–31}$$

式中 λ 与 μ 是任意复数; 在这种情况下, C 的本征矢中有一些并不是张量积.

b. $\mathscr{E}$ 空间中的可对易观察算符的完全集合

最后我们来证明, 如果我们在每一个空间 $\mathscr{E}_1$ 和 $\mathscr{E}_2$ 中选定了一个 ECOC, 由此立即就可以得到 $\mathscr{E}$ 空间中的一个 ECOC.

为使概念明确起见, 假设 $\mathscr{E}_1$ 空间中的 $A(1)$ 本身就是一个 ECOC, 而 $\mathscr{E}_2$ 空间中的 ECOC 则包含两个观察算符 $B(2)$ 与 $C(2)$. 这就是说 (参看 §D–3–b), $A(1)$ 的全体本征值 a_n 在 $\mathscr{E}_1$ 中都是非简并的:

$$A(1)|\varphi_n(1)\rangle = a_n|\varphi_n(1)\rangle \tag{F–32}$$

除倍乘因子以外, 右矢 $|\varphi_n(1)\rangle$ 是唯一的; 反之, 在 $\mathscr{E}_2$ 中, $B(2)$ 的某些本征值 b_p
及 $C(2)$ 的某些本征值 c_r 是简并的; 但是在 $\mathscr{E}_2$ 中, 由 $B(2)$ 与 $C(2)$ 的共同本征
矢构成的基是唯一的, 这是因为对于本征值 b_p 与 c_r 的确定值来说, 只存在唯 [160]
一的一个右矢 (除倍乘因子以外), 它既是 $B(2)$ 的属于 b_p 的本征矢又是 $C(2)$
的属于 c_r 的本征矢:

$$\begin{cases} B(2)|\chi_{pr}(2)\rangle = b_p|\chi_{pr}(2)\rangle \\ C(2)|\chi_{pr}(2)\rangle = c_r|\chi_{pr}(2)\rangle \\ \text{除倍乘因子以外}, |\chi_{pr}(2)\rangle \text{ 是唯一的} \end{cases} \tag{F–33}$$

在 $\mathscr{E}$ 空间中, 本征值 a_n 中的每一个都是 N_2 重简并的 (参看 §F–3–a); 于是, $A(1)$ 本身不再单独成为一个 ECOC. 同样, 对于本征值 b_p 与 c_r 来说, 存在着 $B(2)$ 和 $C(2)$ 的 N_1 个线性无关的本征矢, 因而集合 $\{B(2), C(2)\}$ 也不再成为完全集合. 然而, 在 §F–3–a 中我们已经看到, 三个对易观察算符 $A(1)$、$B(2)$ 和 $C(2)$ 的共同本征矢为 $|\varphi_n(1)\chi_{pr}(2)\rangle = |\varphi_n(1)\rangle|\chi_{pr}(2)\rangle$:

$$\begin{aligned} A(1)|\varphi_n(1)\chi_{pr}(2)\rangle &= a_n|\varphi_n(1)\chi_{pr}(2)\rangle \\ B(2)|\varphi_n(1)\chi_{pr}(2)\rangle &= b_p|\varphi_n(1)\chi_{pr}(2)\rangle \\ C(2)|\varphi_n(1)\chi_{pr}(2)\rangle &= c_r|\varphi_n(1)\chi_{pr}(2)\rangle \end{aligned} \tag{F–34}$$

由于 $\{|\varphi_n(1)\rangle\}$ 与 $\{|\chi_{pr}(2)\rangle\}$ 分别为 $\mathscr{E}_1$ 与 $\mathscr{E}_2$ 中的基, 因此, 集合 $\{|\varphi_n(1)\chi_{pr}(2)\rangle\}$ 构成 $\mathscr{E}$ 中的一个基. 此外, 如果取定本征值的一个数组 $\{a_n, b_p, c_r\}$, 那么与此对应的只有一个矢量 $|\varphi_n(1)\chi_{pr}(2)\rangle$; 因此 $A(1)$、$B(2)$ 与 $C(2)$ 便构成 $\mathscr{E}$ 空间中的一个 ECOC.

上述结论不难推广如下:**若在 $\mathscr{E}_1$ 与 $\mathscr{E}_2$ 中各有一个可对易观察算符的完全集合, 则将此两集合合并起来便得到 $\mathscr{E}$ 中的一个可对易观察算符的完全集合.**

4. 应用举例

a. 在一维及三维空间中一个粒子的态

α. 态空间

根据前面的讨论, 我们来考虑在引言 (§F–1) 中提出的问题: $\mathscr{E}_x$ 与 $\mathscr{E}_{\boldsymbol{r}}$ 是怎样联系起来的?

$\mathscr{E}_x$ 是一维空间中一个粒子的态空间, 也就是与波函数 $\varphi(x)$ 相联系的态空间. 在 §E–2 中研究过的观察算符 X 本身就构成 $\mathscr{E}_x$ 空间中的一个 ECOC (§E–2–d); 它的本征矢是 $\{|x\rangle\}$ 表象中的基右矢. 在这种表象中, $\mathscr{E}_x$ 中的一个矢量 $|\varphi\rangle$ 对应于波函数 $\varphi(x)=\langle x|\varphi\rangle$; 特别地, 基矢 $|x_0\rangle$ 对应于 $\xi_{x_0}(x)=\delta(x-x_0)$.

同样地, 从波函数 $\chi(y)$ 和 $\omega(z)$ 出发, 也可以引入 $\mathscr{E}_y$ 和 $\mathscr{E}_z$ 空间. 观察算符 Y 构成 $\mathscr{E}_y$ 中的一个 ECOC; 同样, Z 则是 $\mathscr{E}_z$ 中的 ECOC. 对应的本征矢分别为 $\mathscr{E}_y$ 与 $\mathscr{E}_z$ 中的表象 $\{|y\rangle\}$ 与 $\{|z\rangle\}$ 的基矢. $\mathscr{E}_y$ 中的一个矢量 $|\chi\rangle$ (或 $\mathscr{E}_z$ 中的 $|\omega\rangle$) 在表象 $\{|y\rangle\}$ 中 (或 $\{|z\rangle\}$ 中) 是由波函数 $\chi(y)=\langle y|\chi\rangle$ (或 $\omega(z)=\langle z|\omega\rangle$) 来描述的; 对应于基右矢 $|y_0\rangle$ (或 $|z_0\rangle$) 的函数是 $\delta(y-y_0)$ [或 $\delta(z-z_0)$].

[161] 现在, 我们做一个张量积:

$$\mathscr{E}_{xyz}=\mathscr{E}_x\otimes\mathscr{E}_y\otimes\mathscr{E}_z \tag{F–35}$$

由基 $\{|x\rangle\}$、$\{|y\rangle\}$ 和 $\{|z\rangle\}$ 的张量积可以得到 $\mathscr{E}_{xyz}$ 中的一个基, 我们将它记作 $\{|x,y,z\rangle\}$ 而

$$|x,y,z\rangle=|x\rangle|y\rangle|z\rangle \tag{F–36}$$

这些基右矢是算符 X、Y、Z 在 $\mathscr{E}_{xyz}$ 空间中的延伸算符的共同本征矢:

$$\begin{aligned}X|x,y,z\rangle&=x|x,y,z\rangle\\Y|x,y,z\rangle&=y|x,y,z\rangle\\Z|x,y,z\rangle&=z|x,y,z\rangle\end{aligned} \tag{F–37}$$

因此, $\mathscr{E}_{xyz}$ 空间与三维空间中的一个粒子的态空间 $\mathscr{E}_{\boldsymbol{r}}$ 完全一致, 而 $|x,y,z\rangle$ 就是 $|\boldsymbol{r}\rangle$:

$$|x,y,z\rangle\equiv|\boldsymbol{r}\rangle=|x\rangle|y\rangle|z\rangle \tag{F–38}$$

式中 x,y,z 正是 $\boldsymbol{r}$ 在直角坐标系中的分量.

在 $\mathscr{E}_{\boldsymbol{r}}$ 空间中存在着这样一些右矢 $|\varphi\chi\omega\rangle=|\varphi\rangle|\chi\rangle|\omega\rangle$, 它们是三个右矢 (一个取自 $\mathscr{E}_x$, 一个取自 $\mathscr{E}_y$, 一个取自 $\mathscr{E}_z$) 的张量积. 因而, 它们在表象 $\{|\boldsymbol{r}\rangle\}$ 中的分量为 [参看公式 (F–8)]:

$$\langle\boldsymbol{r}|\varphi\chi\omega\rangle=\langle x|\varphi\rangle\langle y|\chi\rangle\langle z|\omega\rangle \tag{F–39}$$

与它们相联系的波函数是可分解因子的: $\varphi(x)\chi(y)\omega(z)$. 这种情况也出现在基矢本身:

$$\langle \boldsymbol{r}|\boldsymbol{r}_0\rangle = \delta(\boldsymbol{r}-\boldsymbol{r}_0) = \delta(x-x_0)\delta(y-y_0)\delta(z-z_0) \tag{F–40}$$

但须注意, $\mathscr{E}_{\boldsymbol{r}}$ 空间中最普遍的态并不是这种形式, 而是

$$|\psi\rangle = \int \mathrm{d}x\mathrm{d}y\mathrm{d}z\psi(x,y,z)|x,y,z\rangle \tag{F–41}$$

函数 $\psi(x,y,z)=\langle x,y,z|\psi\rangle$ 对 x、y、z 的依赖关系一般不能分解为因子: 与 $\mathscr{E}_{\boldsymbol{r}}$ 中的右矢相联系的波函数都是三个变量的波函数.

于是, §F–3 的结果可以使我们理解为什么 X 在 $\mathscr{E}_x$ 中可以单独构成一个 ECOC, 而在 $\mathscr{E}_{\boldsymbol{r}}$ 中却不能 (参看 §F–2–d): 它在 $\mathscr{E}_{\boldsymbol{r}}$ 中的延伸算符的本征值和在 $\mathscr{E}_x$ 中的一样, 但由于 $\mathscr{E}_y$ 和 $\mathscr{E}_z$ 都是无限多维空间, 这些本征值都变成了无限多重简并的. 从 $\mathscr{E}_x,\mathscr{E}_y$ 和 $\mathscr{E}_z$ 中的一个 ECOC 出发, 我们可以构成 $\mathscr{E}_{\boldsymbol{r}}$ 中的一个 ECOC, 例如 $\{X,Y,Z\}$; 而且 $\{P_x,Y,Z\}$ 也是一个 ECOC, 因为 P_x 在 $\mathscr{E}_x$ 中就是一个 ECOC; 还有 $\{P_x,P_y,Z\}$, 等等.

β. 一个重要应用

设有如下的算符 H:

$$H = H_x + H_y + H_z \tag{F–42}$$

其中 H_x、H_y、H_z 分别为 $\mathscr{E}_x$、$\mathscr{E}_y$、$\mathscr{E}_z$ 空间中的观察算符的延伸算符 (我们将会 [162]
看到, 譬如, H_x 其实是 $\mathscr{E}_x$ 中的一个观察算符的延伸算符, 因为它只由 X 和 P_x 这两个算符构成); 如果我们要在 $\mathscr{E}_{\boldsymbol{r}}$ 空间中求解这个算符的本征值方程, 可以利用 §F–3–a–β 中的理论. 首先, 我们要求出 H_x 在 $\mathscr{E}_x$ 中, H_y 在 $\mathscr{E}_y$ 中以及 H_z 在 $\mathscr{E}_z$ 中的本征值和本征矢:

$$\begin{aligned} H_x|\varphi_n\rangle &= E_x^n|\varphi_n\rangle \\ H_y|\chi_p\rangle &= E_y^p|\chi_p\rangle \\ H_z|\omega_r\rangle &= E_z^r|\omega_r\rangle \end{aligned} \tag{F–43}$$

于是 H 的全体本征值都具有下列形式:

$$E^{n,p,r} = E_x^n + E_y^p + E_z^r \tag{F–44}$$

而对应于 $E^{n,p,r}$ 的本征矢是张量积 $|\varphi_n\rangle|\chi_p\rangle|\omega_r\rangle$ (和这个矢量相联系的波函数是一个乘积 $\varphi_n(x)\chi_p(y)\omega_r(z)=\langle x|\varphi_n\rangle\langle y|\chi_p\rangle\langle z|\omega_r\rangle$).

在补充材料 $\mathrm{F_I}$ (§2) 中, 为了说明研究一维模型的合理性, 我们曾经考虑过这种情况, 当时涉及的是作用在波函数上的微分算符

$$H = -\frac{\hbar^2}{2m}\Delta + V(\boldsymbol{r}) \tag{F–45}$$

这个算符在势能可以写成下列形式

$$V(\boldsymbol{r}) = V_1(x) + V_2(y) + V_3(z) \tag{F–46}$$

的特殊情况下, 可以像 (F–42) 那样拆开.

b. 双粒子体系的态

现在考虑由两个无自旋的粒子组成的物理体系, 两者分别称为粒子 (1), 粒子 (2). 为了对这个体系进行量子描述, 可以将针对单粒子情况引入的波函数概念加以推广: 体系在某一时刻的态可以用含有六个空间变量的函数 $\psi(\boldsymbol{r}_1, \boldsymbol{r}_2) = \psi(x_1, y_1, z_1; x_2, y_2, z_2)$ 来描述. 这种双粒子波函数的概率解释可陈述如下: 在指定时刻, 在点 $\boldsymbol{r}_1$ 周围的体积元 $\mathrm{d}^3r_1 = \mathrm{d}x_1\mathrm{d}y_1\mathrm{d}z_1$ 中找到粒子 (1)并且在点 $\boldsymbol{r}_2$ 周围的体积元 $\mathrm{d}^3r_2 = \mathrm{d}x_2\mathrm{d}y_2\mathrm{d}z_2$ 中找到粒子 (2) 的概率 $\mathrm{d}\mathscr{P}(\boldsymbol{r}_1, \boldsymbol{r}_2)$ 由下式给出:

$$\mathrm{d}\mathscr{P}(\boldsymbol{r}_1, \boldsymbol{r}_2) = C|\psi(\boldsymbol{r}_1, \boldsymbol{r}_2)|^2\mathrm{d}^3r_1\mathrm{d}^3r_2 \tag{F–47}$$

总概率应等于 1 (粒子数守恒; 参看第一章 §B–2), 根据这个条件就可以得出归一化常数 C:

$$\frac{1}{C} = \int \mathrm{d}^3r_1\mathrm{d}^3r_2|\psi(\boldsymbol{r}_1, \boldsymbol{r}_2)|^2 \tag{F–48}$$

[163] 此式表明 $\psi(\boldsymbol{r}_1, \boldsymbol{r}_2)$ (在六维空间中) 是平方可积的.

现在, 我们在粒子 (1) 的态空间 $\mathscr{E}_{\boldsymbol{r}_1}$ 中确定一个表象 $\{|\boldsymbol{r}_1\rangle\}$, 并取观察算符 X_1、Y_1、Z_1; 同样, 在粒子 (2) 的态空间 $\mathscr{E}_{\boldsymbol{r}_2}$ 中确定一个表象 $\{|\boldsymbol{r}_2\rangle\}$, 并取观察算符 X_2、Y_2、Z_2. 再做如下的张量积:

$$\mathscr{E}_{\boldsymbol{r}_1\boldsymbol{r}_2} = \mathscr{E}_{\boldsymbol{r}_1} \otimes \mathscr{E}_{\boldsymbol{r}_2} \tag{F–49}$$

矢量的集合

$$|\boldsymbol{r}_1, \boldsymbol{r}_2\rangle = |\boldsymbol{r}_1\rangle|\boldsymbol{r}_2\rangle \tag{F–50}$$

构成 $\mathscr{E}_{\boldsymbol{r}_1\boldsymbol{r}_2}$ 中的一个基. 因而, 这个空间中的任何右矢 $|\psi\rangle$ 都可以写作:

$$|\psi\rangle = \int \mathrm{d}^3r_1\mathrm{d}^3r_2\psi(\boldsymbol{r}_1, \boldsymbol{r}_2)|\boldsymbol{r}_1, \boldsymbol{r}_2\rangle \tag{F–51}$$

其中

$$\psi(\boldsymbol{r}_1, \boldsymbol{r}_2) = \langle\boldsymbol{r}_1, \boldsymbol{r}_2|\psi\rangle \tag{F–52}$$

此外, $|\psi\rangle$ 的模方为:

$$\langle\psi|\psi\rangle = \int \mathrm{d}^3r_1\mathrm{d}^3r_2|\psi(\boldsymbol{r}_1, \boldsymbol{r}_2)|^2 \tag{F–53}$$

为使模保持有限, $\psi(\boldsymbol{r}_1,\boldsymbol{r}_2)$ 必须是平方可积的. 因此, $\mathscr{E}_{\boldsymbol{r}_1\boldsymbol{r}_2}$ 空间中的每一个右矢都联系着一个波函数 $\psi(\boldsymbol{r}_1,\boldsymbol{r}_2)$: 双粒子体系的态空间是对应于每个粒子的态空间的张量积. 作为 ECOC 的例子, 将 X_1,Y_1,Z_1 和 X_2,Y_2,Z_2 合并起来, 便得到 $\mathscr{E}_{\boldsymbol{r}_1\boldsymbol{r}_2}$ 空间中的一个 ECOC.

假设体系的态可以用张量积右矢

$$|\psi\rangle=|\psi_1\rangle|\psi_2\rangle \tag{F–54}$$

来描述. 于是, 对应的波函数可分解因子为:

$$\psi(\boldsymbol{r}_1,\boldsymbol{r}_2)=\langle\boldsymbol{r}_1,\boldsymbol{r}_2|\psi\rangle=\langle\boldsymbol{r}_1|\psi_1\rangle\langle\boldsymbol{r}_2|\psi_2\rangle=\psi_1(\boldsymbol{r}_1)\psi_2(\boldsymbol{r}_2) \tag{F–55}$$

在这种情况下, 我们说两个粒子之间没有联系. 到后面 (补充材料 $\mathrm{D_{III}}$) 我们再分析这种情况的物理后果.

上面得到的结论可以推广: 如果一个物理体系由两个或更多的简单体系组合而成, 则它的态空间就是对应于每一个组分体系的态空间的张量积.

参考文献和阅读建议:

参考书目的第 10 节列举了一些数学方面的参考书, 并已按小标题分类; 在每一小标题下又尽可能按由易到难的顺序排列. 还可参看 (书目第 1, 2 节的) 量子力学方面的著作, 这些著作涉及程度深浅不同的数学问题, 并列举了其他一些参考文献.

希望通过简单途径来学习第二章所需的基本数学概念的读者, 例如, 可以参看: Arfken (10.4) 第 4 章; Bak 和 Lichtenberg (10.3) 第 1 章; Bass (10.1) 第 I 卷第 II 至 V 章. 有些著作较明确地联系到量子力学, 如: Jackson(10.5) (特别是其中的第 5 章), 或 Butkow (10.8) 第 10 章 (有限多维矢量空间) 和第 11 章 (无限多维矢量空间, 函数空间). 还可参看 Meijer 和 Bauer (2.18) 第 1 章, 特别是该章末尾的表.

[164]

第二章补充材料　　阅读指南

A_{II}: 施瓦茨不等式 **B_{II}: 复习线性算符的常用性质** **C_{II}: 幺正算符**	A_{II}, B_{II}, C_{II} 三篇材料 (在初等水平上) 复习一些有用的数学定义和结果. 这是专为不大熟悉这些概念的读者写的, 供他们将来参考 (特别是 B_{II}).
D_{II}: 对 $\{\|\boldsymbol{r}\rangle\}$ 表象和 $\{\|\boldsymbol{p}\rangle\}$ 表象的详细研究 **E_{II}: 对易子等于 $i\hbar$ 的两个观察算符 Q 和 P 的一些普遍性质**	D_{II}、E_{II} 是对第二章 §E 的补充. D_{II} 仍属于第二章的水平, 可以紧接着 §E 学习 在 E_{II} 中采用了更为普遍和较注重形式的观点; 尤其是, 引入了位移算符; 这篇材料可以留待以后再学习.
F_{II}: 宇称算符	在 F_{II} 中, 我们讨论在量子力学中特别重要的宇称算符; 同时, 通过简单的例子说明第二章中的一些概念. 由于这两项内容的重要性, 我们将这篇材料推荐给读者.
G_{II}: 张量积的性质的应用: 二维无限深势阱	G_{II} 的内容是张量积的简单应用 (参看第二章 §F); 这篇材料可以看作一个例题.
H_{II}: 练习	在 H_{II} 中, 练习 11 和 12 已经解出; 其目的在于通过一个很简单的特例使读者熟悉对易观察算符的性质和 ECOC 的概念; 我们建议读者在阅读第二章 §D–3 后就做一做这些练习.

补充材料 A_{II}

施瓦茨不等式 [165]

对于态空间 $\mathscr{E}$ 中的任意右矢 $|\psi\rangle$, 有

$$\langle\psi|\psi\rangle = \text{实数} \geqslant 0 \tag{1}$$

只当 $|\psi\rangle$ 为零矢量时, $\langle\psi|\psi\rangle$ 才等于零 [参看第二章方程 (B–12)]. 我们将会看到, 从不等式 (1) 可以导出施瓦茨不等式; 后者表示, 若 $|\varphi_1\rangle$ 与 $|\varphi_2\rangle$ 是 $\mathscr{E}$ 中的任意右矢, 则

$$\boxed{|\langle\varphi_1|\varphi_2\rangle|^2 \leqslant \langle\varphi_1|\varphi_1\rangle\langle\varphi_2|\varphi_2\rangle} \tag{2}$$

当而且仅当 $|\varphi_1\rangle$ 与 $|\varphi_2\rangle$ 成正比时, 等号才成立.

事实上, 假设 $|\varphi_1\rangle$ 与 $|\varphi_2\rangle$ 已经给定, 考虑一个右矢 $|\psi\rangle$, 其定义为:

$$|\psi\rangle = |\varphi_1\rangle + \lambda|\varphi_2\rangle \tag{3}$$

式中 λ 是一个任意参量. 不论 λ 如何, 都有

$$\langle\psi|\psi\rangle = \langle\varphi_1|\varphi_1\rangle + \lambda\langle\varphi_1|\varphi_2\rangle + \lambda^*\langle\varphi_2|\varphi_1\rangle + \lambda\lambda^*\langle\varphi_2|\varphi_2\rangle \geqslant 0 \tag{4}$$

我们给 λ 选择一个数值:

$$\lambda = -\frac{\langle\varphi_2|\varphi_1\rangle}{\langle\varphi_2|\varphi_2\rangle} \tag{5}$$

于是在 (4) 式右端, 第二、三两项相等并且与第四项异号, 故 (4) 式变为:

$$\langle\varphi_1|\varphi_1\rangle - \frac{\langle\varphi_1|\varphi_2\rangle\langle\varphi_2|\varphi_1\rangle}{\langle\varphi_2|\varphi_2\rangle} \geqslant 0 \tag{6}$$

由于 $\langle\varphi_2|\varphi_2\rangle$ 是一个正数, 我们可以用它去乘上列不等式而得到:

$$\langle\varphi_1|\varphi_1\rangle\langle\varphi_2|\varphi_2\rangle \geqslant \langle\varphi_1|\varphi_2\rangle\langle\varphi_2|\varphi_1\rangle \tag{7}$$

这正是 (2) 式. 在 (7) 式中, 仅当 $\langle\psi|\psi\rangle = 0$ 时 [根据 (3) 式, 这就意味着 $|\varphi_1\rangle = -\lambda|\varphi_2\rangle$, 亦即两右矢 $|\varphi_1\rangle$ 与 $|\varphi_2\rangle$ 成正比], 等号才成立.

参考文献:

Bass I (10.1), §5–3; Arfken (10.4), §9–4.

补充材料 B_{II}

[166] 复习线性算符的常用性质

这篇材料的目的是复习线性算符的一些定义和常用性质.

1. 算符的迹

a. 定义

算符 A 的迹, 记作 $\operatorname{Tr} A$, 是其矩阵中的对角元素之和.

如果为 $\mathscr{E}$ 空间选取一个离散的正交归一基 $\{|u_i\rangle\}$, 那么, 按定义应有:

$$\operatorname{Tr} A = \sum_i \langle u_i|A|u_i\rangle \tag{1}$$

若这个正交归一基是一个连续的基 $\{|w_\alpha\rangle\}$, 则有:

$$\operatorname{Tr} A = \int \mathrm{d}\alpha \langle w_\alpha|A|w_\alpha\rangle \tag{2}$$

若 $\mathscr{E}$ 是无限多维空间, 则仅当 (1) 式与 (2) 式收敛时, 算符 A 的迹才有定义.

b. 迹是一个不变量 [167]

在一个任意的基中, 表示算符 A 的矩阵的对角元之和与这个基无关.

我们可以通过基的变换来证明这个性质. 譬如, 变换是从一个离散的正交归一基 $\{|u_i\rangle\}$ 过渡到另一个离散的正交归一基 $\{|t_k\rangle\}$. 我们有:

$$\sum_i \langle u_i|A|u_i\rangle = \sum_i \langle u_i| \left[\sum_k |t_k\rangle\langle t_k|\right] A|u_i\rangle \tag{3}$$

(这里应用了关于诸态 $|t_k\rangle$ 的封闭性关系式). (3) 式的右端等于:

$$\sum_{i,k} \langle u_i|t_k\rangle\langle t_k|A|u_i\rangle = \sum_{i,k} \langle t_k|A|u_i\rangle\langle u_i|t_k\rangle \tag{4}$$

(因为一个乘积中的两个数的顺序是可以变换的). 现在, 将 (4) 式中的$\sum\limits_i |u_i\rangle\langle u_i|$ 换成 $\mathbb{1}$ (基 $\{|u_i\rangle\}$ 的封闭性关系式), 于是最后得到:

$$\sum_i \langle u_i|A|u_i\rangle = \sum_k \langle t_k|A|t_k\rangle \tag{5}$$

在我们所选定的特殊情况下, 这个等式确切地表达了所要证明的不变性.

附注:

如果算符 A 是一个观察算符, 我们就可以在由 A 的本征矢构成的基中去计算 $\operatorname{Tr} A$. 这时矩阵的对角元素就是 A 的诸本征值 a_n (它的简并度是 g_n), 因而算符的迹可以写作:

$$\operatorname{Tr} A = \sum_n g_n a_n \tag{6}$$

c. 重要性质

$$\operatorname{Tr} AB = \operatorname{Tr} BA \tag{7–a}$$

$$\operatorname{Tr} ABC = \operatorname{Tr} BCA = \operatorname{Tr} CAB \tag{7–b}$$

一般地说, 对于若干算符的各种循环排列, 这些算符之积的迹是不变的.

作为例子, 我们来证明 (7–a) 式. 我们有:

$$\begin{aligned}\operatorname{Tr} AB &= \sum_i \langle u_i|AB|u_i\rangle = \sum_{i,j}\langle u_i|A|u_j\rangle\langle u_j|B|u_i\rangle \\ &= \sum_{i,j}\langle u_j|B|u_i\rangle\langle u_i|A|u_j\rangle = \sum_j \langle u_j|BA|u_j\rangle \\ &= \operatorname{Tr} BA \end{aligned} \tag{8}$$

(这里曾两次使用基 $\{|u_i\rangle\}$ 的封闭性关系式), 于是等式 (7–a) 得证; 它的推广 (7–b) 式也不难证明.

[168]

2. 对易子的代数运算

a. 定义

按定义, 两个算符 A, B 的对易子 $[A, B]$ 是:

$$[A,B] = AB - BA \tag{9}$$

b. 性质

$$[A,B] = -[B,A] \tag{10}$$

$$[A,(B+C)] = [A,B] + [A,C] \tag{11}$$

$$[A,BC] = [A,B]C + B[A,C] \tag{12}$$

$$[A,[B,C]] + [B,[C,A]] + [C,[A,B]] = 0 \tag{13}$$

$$[A,B]^\dagger = [B^\dagger, A^\dagger] \tag{14}$$

这些性质都不难证明: 只要将等式的两端展开, 进行比较就行了.

3. 一个算符在子空间上的限制算符

设 P_q 是在 q 个正交归一矢量 $|\varphi_i\rangle$ 张成的 q 维子空间 $\mathscr{E}_q$ 上的投影算符:

$$P_q = \sum_{i=1}^{q} |\varphi_i\rangle\langle\varphi_i| \tag{15}$$

我们定义: 算符 A 在子空间 $\mathscr{E}_q$ 上的限制算符 $\hat{A}_q$ 为

$$\hat{A}_q = P_q A P_q \tag{16}$$

若 $|\psi\rangle$ 是一个任意右矢, 由上式可以得出:

$$\hat{A}_q|\psi\rangle = P_q A|\hat{\psi}_q\rangle \tag{17}$$

其中

$$|\hat{\psi}_q\rangle = P_q|\psi\rangle \tag{18}$$

是 $|\psi\rangle$ 在 $\mathscr{E}_q$ 上的正投影. 因而, 将 $\hat{A}_q$ 作用于任意右矢 $|\psi\rangle$ 的步骤是: 先将这个右矢投影到 $\mathscr{E}_q$ 上, 然后将算符 A 作用在此投影上, 最后再取所得右矢在 $\mathscr{E}_q$ 上的投影. 算符 $\hat{A}_q$ 将 $\mathscr{E}_q$ 中的任一右矢变换为同一子空间中的另一个右矢, 所以它是一个只限于在子空间 $\mathscr{E}_q$ 中起作用的算符.

那么, 表示 $\hat{A}_q$ 的矩阵是一种什么矩阵呢? 我们选择这样一个基 $\{|u_k\rangle\}$, 它的前 q 个矢量属于 $\mathscr{E}_q$ (例如, 就是全体 $|\varphi_i\rangle$), 其他矢量属于补子空间. 我们有:

$$\langle u_i|\hat{A}_q|u_j\rangle = \langle u_i|P_q A P_q|u_j\rangle \tag{19}$$

也就是说, [169]

$$\langle u_i|\hat{A}_q|u_j\rangle = \begin{cases} \langle u_i|A|u_j\rangle, & \text{若 } i,j \leqslant q \\ 0, & \text{若两指标之一 } (i \text{ 或 } j) \text{ 大于 } q \end{cases} \tag{20}$$

由此可见, 表示 $\hat{A}_q$ 的矩阵可以说是从表示 A 的矩阵中 "划分" 出来的, 就是说, 在 A 的矩阵中. 只取和 $\mathscr{E}_q$ 中的基矢 $|u_i\rangle$ 与 $|u_j\rangle$ 相关的那些矩阵元, 其他矩阵元都换为零.

4. 算符的函数

a. 定义; 简单性质

我们考虑一个任意的线性算符 A; A^n 是不难定义的; 它是表示算符 A 相继作用 n 次的算符. 算符 A^{-1} (即 A 的逆算符) 的定义是大家所熟知的, 即 A^{-1} (如果存在的话) 就是满足下列等式的算符:

$$A^{-1}A = AA^{-1} = \mathbb{1} \tag{21}$$

怎样更普遍地定义一个算符的任意函数呢? 为此, 我们考虑一个变量 z 的函数 F. 假设在一定的区间内可以将 F 展成 z 的幂级数:

$$F(z) = \sum_{n=0}^{\infty} f_n z^n \tag{22}$$

按定义, 算符 A 的对应函数是算符 $F(A)$, 它是以上式中的 f_n 为系数的 A 的幂级数

$$F(A) = \sum_{n=0}^{\infty} f_n A^n \tag{23}$$

例如, 算符 e^A 由下式定义:

$$e^A = \sum_{n=0}^{\infty} \frac{1}{n!} A^n = \mathbb{1} + A + \frac{1}{2!} A^2 + \cdots + \frac{1}{n!} A^n + \cdots \tag{24}$$

我们不讨论级数 (23) 的收敛问题, 它的收敛性依赖于 A 的本征值和级数 (22) 的收敛半径.

注意, 若 $F(z)$ 是实函数, 则全体系数都是实数; 再进一步, 若 A 又是厄米算符, 则从 (23) 式可以看出, $F(A)$ 也是厄米算符.

假设 $|\varphi_a\rangle$ 是算符 A 的属于本征值 a 的本征矢:

$$A|\varphi_a\rangle = a|\varphi_a\rangle \tag{25}$$

将算符 A 再相继作用 $n-1$ 次, 便得到

$$A^n|\varphi_a\rangle = a^n|\varphi_a\rangle \tag{26}$$

[170] 现将级数 (23) 作用于 $|\varphi_a\rangle$, 便得到:

$$F(A)|\varphi_a\rangle = \sum_{n=0}^{\infty} f_n a^n |\varphi_a\rangle = F(a)|\varphi_a\rangle \tag{27}$$

于是便导出了下述规则: 若 $|\varphi_a\rangle$ 是算符 A 的本征矢, 属于本征值 a, 则 $|\varphi_a\rangle$ 也是算符 $F(A)$ 的本征矢, 属于本征值 $F(a)$.

有了这个性质, 我们就可以提出算符函数的第二个定义: 我们考虑一个可对角化的算符 A (只要 A 是观察算符, 这总是可以的), 现在取这样一个基, 在其中表示 A 的矩阵是对角的 (因而非零矩阵元就是 A 的诸本征值 a_i); 按定义, $F(A)$ 是这样一个算符, 它在这同一个基中由元素为 $F(a_i)$ 的对角矩阵表示.

例如, 若 σ_z 是下列矩阵:

$$\sigma_z = \begin{pmatrix} 1 & 0 \\ 0 & -1 \end{pmatrix} \tag{28}$$

则立即可以得到

$$e^{\sigma_z} = \begin{pmatrix} e & 0 \\ 0 & 1/e \end{pmatrix} \tag{29}$$

附注:

应用算符函数时, 必须注意算符的顺序. 例如, 若 A 和 B 都是算符而不是数, 则一般说来算符 $e^A e^B$, $e^B e^A$ 以及 e^{A+B} 是不相等的. 事实上, 我

们有:

$$e^A e^B = \sum_p \frac{A^p}{p!} \sum_q \frac{B^q}{q!} = \sum_{p,q} \frac{A^p B^q}{p!q!} \tag{30}$$

$$e^B e^A = \sum_q \frac{B^q}{q!} \sum_p \frac{A^p}{p!} = \sum_{p,q} \frac{B^q A^p}{q!p!} \tag{31}$$

$$e^{A+B} = \sum_p \frac{(A+B)^p}{p!} \tag{32}$$

若 A 和 B 是任意算符, 我们就没有理由认为 (30)、(31) 和 (32) 式的右端是相等的 (参看补充材料 H_{II} 的练习 7). 反之,若A和B是可对易的, 那么, 很简单

$$[A, B] = 0 \Longrightarrow e^A e^B = e^B e^A = e^{A+B} \tag{33}$$

(此外, 在以 A 和 B 的共同本征矢为基矢的一个基中, 观察表示 e^A 及 e^B 的两个对角矩阵, 也可以看出上面的关系).

b. 一个重要例子: 势能算符 [171]

在一维问题中, 我们常常要考虑 "势能" 算符 $V(X)$ (这样称呼它, 是因为它对应于力场中粒子的经典势能 $V(x)$), 它是位置算符 X 的函数.

由前段可知, $V(X)$ 是以 X 的本征矢 $|x\rangle$ 为本征矢的. 而且可以直接写出:

$$V(X)|x\rangle = V(x)|x\rangle \tag{34}$$

因此, $V(X)$ 在表象 $\{|x\rangle\}$ 中的矩阵元为

$$\langle x|V(X)|x'\rangle = V(x)\delta(x - x') \tag{35}$$

利用 (34) 式和 $V(X)$ 的厄米性 ($V(x)$ 是实函数), 便得到:

$$\langle x|V(X)|\psi\rangle = V(x)\langle x|\psi\rangle = V(x)\psi(x) \tag{36}$$

这个等式告诉我们, 在表象 $\{|x\rangle\}$ 中, 算符 $V(X)$ 的作用仅仅是用 $V(x)$ 倍乘.

不难将 (34)、(35) 及 (36) 式推广到三维问题; 在三维情况下, 我们有:

$$V(\boldsymbol{R})|\boldsymbol{r}\rangle = V(\boldsymbol{r})|\boldsymbol{r}\rangle \tag{37}$$

$$\langle \boldsymbol{r}|V(\boldsymbol{R})|\boldsymbol{r}'\rangle = V(\boldsymbol{r})\delta(\boldsymbol{r} - \boldsymbol{r}') \tag{38}$$

$$\langle \boldsymbol{r}|V(\boldsymbol{R})|\psi\rangle = V(\boldsymbol{r})\psi(\boldsymbol{r}) \tag{39}$$

c. 含有算符函数的对易子

(23) 式中的定义表明, 算符 A 与 A 的任何函数都是对易的:

$$[A, F(A)] = 0 \tag{40}$$

同样, 若 A 与 B 是对易的, 则 $F(A)$ 与 B 也是对易的:

$$[B, A] = 0 \Longrightarrow [B, F(A)] = 0 \tag{41}$$

那么, 一个算符和一个同它不可对易的算符的函数的对易子又是怎样的呢? 在这里, 我们只考虑关于算符 X 和 P 的情况, 它们的对易子是:

$$[X, P] = \mathrm{i}\hbar \tag{42}$$

利用 (12) 式, 可以算出:

$$[X, P^2] = [X, PP] = [X, P]P + P[X, P] = 2\mathrm{i}\hbar P \tag{43}$$

一般地, 我们来证明:

$$[X, P^n] = \mathrm{i}\hbar n P^{n-1} \tag{44}$$

如果假定这个等式成立, 就应该得到

$$\begin{aligned}[X, P^{n+1}] &= [X, PP^n] = [X, P]P^n + P[X, P^n] \\ &= \mathrm{i}\hbar P^n + \mathrm{i}\hbar n P P^{n-1} = \mathrm{i}\hbar(n+1)P^n\end{aligned} \tag{45}$$

[172] 因此, 根据数学归纳法, (44) 式是成立的.

下面来计算对易子 $[X, F(P)]$.

$$[X, F(P)] = \sum_n [X, f_n P^n] = \sum_n \mathrm{i}\hbar n f_n P^{n-1} \tag{46}$$

若 $F'(z)$ 表示函数 $F(z)$ 的导数, 则 (46) 式已经含有算符 $F'(P)$ 的定义了, 于是得到

$$\boxed{[X, F(P)] = \mathrm{i}\hbar F'(P)} \tag{47}$$

用类似的方法可以得到一个对称的关系式:

$$\boxed{[P, G(X)] = -\mathrm{i}\hbar G'(X)} \tag{48}$$

附注:

(i) 前面的论证建立在这样的事实上, 即 $F(P)$ (或 $G(X)$) 只依赖于 P (或 X). 某些对易子, 诸如 $[X, \Phi(X,P)]$, 其中的 $\Phi(X,P)$ 是同时依赖于 X 和 P 的算符, 计算起来是很困难的, 困难的原因在于 X 和 P 是不可对易的.

(ii) 方程 (47) 与 (48) 可以推广到两算符 A 与 B 都可以和它们的对易子对易的情况. 事实上, 模仿前面的推理, 就可以证明: 如果

$$[A,C]=[B,C]=0 \tag{49}$$

其中

$$C=[A,B] \tag{50}$$

则有

$$[A,F(B)]=[A,B]F'(B) \tag{51}$$

5. 算符的导数

a. 定义

设 $A(t)$ 是依赖于任一变量 t 的算符. 按定义, $A(t)$ 对于 t 的导数 $\frac{\mathrm{d}A}{\mathrm{d}t}$ 为下列极限 (如果此极限存在):

$$\frac{\mathrm{d}A}{\mathrm{d}t}=\lim_{\Delta t\to 0}\frac{A(t+\Delta t)-A(t)}{\Delta t} \tag{52}$$

在基矢 $|u_i\rangle$ 与 t 无关的任意一个基中, $A(t)$ 的矩阵元是 t 的函数:

$$\langle u_i|A|u_j\rangle=A_{ij}(t) \tag{53}$$

我们称 $\left(\frac{\mathrm{d}A}{\mathrm{d}t}\right)_{ij}=\left\langle u_i\left|\frac{\mathrm{d}A}{\mathrm{d}t}\right|u_j\right\rangle$ 为 $\frac{\mathrm{d}A}{\mathrm{d}t}$ 的矩阵元; 很容易证明下列关系式: [173]

$$\left(\frac{\mathrm{d}A}{\mathrm{d}t}\right)_{ij}=\frac{\mathrm{d}}{\mathrm{d}t}A_{ij} \tag{54}$$

于是我们得到一个很简单的规则: 要得到表示 $\frac{\mathrm{d}A}{\mathrm{d}t}$ 的矩阵的各元素, 只须将表示 A 的矩阵中的各元素求导 (但不改变元素的位置).

b. 求导法则

这些法则和我们熟知的普通函数的求导法则相似:

$$\frac{\mathrm{d}}{\mathrm{d}t}(F+G)=\frac{\mathrm{d}F}{\mathrm{d}t}+\frac{\mathrm{d}G}{\mathrm{d}t} \tag{55}$$

$$\frac{\mathrm{d}}{\mathrm{d}t}(FG)=\frac{\mathrm{d}F}{\mathrm{d}t}G+F\frac{\mathrm{d}G}{\mathrm{d}t} \tag{56}$$

但是必须注意, 公式 (56) 中算符的顺序不能改动.

作为例子, 我们来证明第二个等式. FG 的矩阵元为

$$\langle u_i|FG|u_j\rangle = \sum_k \langle u_i|F|u_k\rangle\langle u_k|G|u_j\rangle \tag{57}$$

我们已经知道, $\dfrac{\mathrm{d}(FG)}{\mathrm{d}t}$ 的矩阵元就是 (FG) 的矩阵元对 t 的导数; 于是, 求 (57) 式右端的导数, 就得到

$$\begin{aligned}\left\langle u_i\left|\frac{\mathrm{d}}{\mathrm{d}t}(FG)\right|u_j\right\rangle &= \sum_k\left[\left\langle u_i\left|\frac{\mathrm{d}F}{\mathrm{d}t}\right|u_k\right\rangle\langle u_k|G|u_j\rangle + \langle u_i|F|u_k\rangle\left\langle u_k\left|\frac{\mathrm{d}G}{\mathrm{d}t}\right|u_j\right\rangle\right]\\ &= \left\langle u_i\left|\frac{\mathrm{d}F}{\mathrm{d}t}G + F\frac{\mathrm{d}G}{\mathrm{d}t}\right|u_j\right\rangle\end{aligned} \tag{58}$$

此式对任意的 i, j 都成立, 于是公式 (56) 得证.

c. 例子

我们来计算算符 e^{At} 的导数. 按定义, 我们有:

$$e^{At} = \sum_{n=0}^{\infty}\frac{(At)^n}{n!} \tag{59}$$

[174] 将级数逐项求导, 便得到

$$\begin{aligned}\frac{\mathrm{d}}{\mathrm{d}t}e^{At} &= \sum_{n=0}^{\infty} n\frac{t^{n-1}A^n}{n!}\\ &= A\sum_{n=1}^{\infty}\frac{(At)^{n-1}}{(n-1)!}\\ &= \left[\sum_{n=1}^{\infty}\frac{(At)^{n-1}}{(n-1)!}\right]A\end{aligned} \tag{60}$$

可以看出, 括号中的级数就是 e^{At} 的定义式 (取求和指标为 $p = n - 1$), 故结果为:

$$\frac{\mathrm{d}}{\mathrm{d}t}e^{At} = Ae^{At} = e^{At}A \tag{61}$$

在这个简单的例子中只有一个算符, 因为 e^{At} 和 A 是对易的, 所以不必考虑两个因子的顺序.

但是涉及某些算符 (诸如 $e^{At}e^{Bt}$) 的导数时, 情况就不一样了; 因为利用 (56) 式和 (61) 式, 我们将得到:

$$\frac{\mathrm{d}}{\mathrm{d}t}(e^{At}e^{Bt}) = Ae^{At}e^{Bt} + e^{At}Be^{Bt} \tag{62}$$

我们可以将这个等式的右端变为,诸如 $e^{At}Ae^{Bt}+e^{At}Be^{Bt}$ 或 $e^{At}Ae^{Bt}+e^{At}e^{Bt}B$ 的形式; 但是, 无论如何也不能得到像 $(A+B)e^{At}e^{Bt}$ 这样的式子 (除非 A 与 B 是对易的). 在这种情况下, 算符的顺序就很重要.

附注:

即使函数只包含一个算符, 按照普通函数的求导法则, 也未必能求出它的导数. 例如, 假设 $A(t)$ 按任意的方式依赖于 t, 则导数 $\dfrac{\mathrm{d}}{\mathrm{d}t}e^{A(t)}$ 一般说来并不等于 $\dfrac{\mathrm{d}A}{\mathrm{d}t}e^{A(t)}$; 事实上, 将 $e^{A(t)}$ 展开成 $A(t)$ 的幂级数之后就可以看出, 要使两者相等, $A(t)$ 必须与 $\dfrac{\mathrm{d}A}{\mathrm{d}t}$ 对易.

d. 应用: 一个有用的公式

假设两个算符 A 与 B 都可以和它们的对易子对易. 现在来证明下列关系:

$$e^{A}e^{B}=e^{A+B}e^{\frac{1}{2}[A,B]} \tag{63}$$

(此式有时叫做格劳伯 (Glauber) 公式).

事实上, 如果我们定义实变量 t 的一个算符函数 $F(t)$ 为:

$$F(t)=e^{At}e^{Bt} \tag{64}$$

我们便有: [175]

$$\frac{\mathrm{d}F}{\mathrm{d}t}=Ae^{At}e^{Bt}+e^{At}Be^{Bt}=(A+e^{At}Be^{-At})F(t) \tag{65}$$

因为 A 与 B 都和它们的对易子对易, 我们可以利用公式 (51) 来计算:

$$[e^{At},B]=t[A,B]e^{At} \tag{66}$$

于是

$$e^{At}B=Be^{At}+t[A,B]e^{At} \tag{67}$$

用 e^{-At} 右乘此式两端, 将所得结果代入 (65) 式, 便得到:

$$\frac{\mathrm{d}F}{\mathrm{d}t}=(A+B+t[A,B])F(t) \tag{68}$$

根据假设, 算符 $A+B$ 和算符 $[A,B]$ 是对易的, 于是可以将 $A+B$ 和 $[A,B]$ 看作数, 积分微分方程 (68), 结果是

$$F(t)=F(0)\mathrm{e}^{(A+B)t+\frac{1}{2}[A,B]t^{2}} \tag{69}$$

令 $t=0$ 可以看出 $F(0)=\mathbb{1}$, 而

$$F(t)=\mathrm{e}^{(A+B)t+\frac{1}{2}[A,B]t^{2}} \tag{70}$$

现在取 $t=1$, 便得到等式 (63), 于是证毕.

附注:

若算符 A 和 B 是任意的, 则等式 (63) 一般是不成立的; 要使它成立, 必须使 A 和 B 都与 $[A,B]$ 对易. 这个条件似乎很苛刻, 其实在量子力学中我们经常遇到这样一些算符, 它们的对易子是一个数, 例如, X 和 P, 或谐振子的算符 a 与 $a^\dagger$ (参看第五章).

参考文献:

参考书目第 10 节中 "一般著作" 及 "线性代数 —— 希尔伯特空间" 两小标题下的各书.

补充材料 C_{II}

幺正算符 [176]

1. 幺正算符的一般性质

a. 定义; 简单性质

我们定义: 如果一个算符 U 的逆算符 U^{-1} 等于它的伴随算符 $U^\dagger$, 即

$$U^\dagger U = UU^\dagger = \mathbb{1} \tag{1}$$

则称 U 为幺正算符.

考虑 $\mathscr{E}$ 空间中两个任意矢量 $|\psi_1\rangle$ 和 $|\psi_2\rangle$, 在 U 的作用下它们分别变为 $|\widetilde{\psi}_1\rangle$ 和 $|\widetilde{\psi}_2\rangle$:

$$\begin{aligned} |\widetilde{\psi}_1\rangle &= U|\psi_1\rangle \\ |\widetilde{\psi}_2\rangle &= U|\psi_2\rangle \end{aligned} \tag{2}$$

计算标量积 $\langle\widetilde{\psi}_1|\widetilde{\psi}_2\rangle$, 我们得到

$$\langle\widetilde{\psi}_1|\widetilde{\psi}_2\rangle = \langle\psi_1|U^\dagger U|\psi_2\rangle = \langle\psi_1|\psi_2\rangle \tag{3}$$

这就是说, 和 U 相联系的幺正变换保持 $\mathscr{E}$ 空间中的标量积不变 (因而模方也不变). 而且, 如果 $\mathscr{E}$ 是有限多维空间, 这个性质也是幺正算符的特征.

附注:

(i) 若 A 是厄米算符, 则 $T = e^{\mathrm{i}A}$ 是幺正算符; 因为, 我们有:

$$T^\dagger = e^{-\mathrm{i}A^\dagger} = e^{-\mathrm{i}A} \tag{4}$$

从而

$$T^\dagger T = e^{-\mathrm{i}A}e^{\mathrm{i}A} = \mathbb{1}$$
$$TT^\dagger = e^{\mathrm{i}A}e^{-\mathrm{i}A} = \mathbb{1} \tag{5}$$

(这是因为, $-\mathrm{i}A$ 与 $\mathrm{i}A$ 显然是可对易的)

[177] (ii) 两个幺正算符的乘积也是幺正算符.事实上,若 U 和 V 都是幺正的, 则有:

$$U^\dagger U = UU^\dagger = \mathbb{1}$$
$$V^\dagger V = VV^\dagger = \mathbb{1} \tag{6}$$

据此可以算出下面的结果:

$$(UV)^\dagger(UV) = V^\dagger U^\dagger UV = V^\dagger V = \mathbb{1}$$
$$(UV)(UV)^\dagger = UVV^\dagger U^\dagger = UU^\dagger = \mathbb{1} \tag{7}$$

这个等式表明, 乘积 UV 作为一个算符也是幺正的. 此外, 这个性质也是可以预料到的: 既然两个变换都保持标量积不变, 那么相继应用这两个变换也应保持标量积不变.

(iii) 在三维实矢量的普通空间中, 我们也知道某些算符保持模方和标量积不变. 例如, 表示旋转的算符, 表示相对于某点或某平面对称的算符, 等等. 在这种情况下 (实空间), 我们说这些算符是正交的; 幺正算符则是正交算符在 (任意多维) 复空间中的推广.

b. 幺正算符与基的变换

α. 假设 $\{|v_i\rangle\}$ 是态空间 $\mathscr{E}$ 中的一个离散的正交归一基. 我们称 $|\widetilde{v}_i\rangle$ 是在算符 U 作用下矢量 $|v_i\rangle$ 的变换:

$$|\widetilde{v}_i\rangle = U|v_i\rangle \tag{8}$$

由于算符 U 是幺正的, 应有

$$\langle\widetilde{v}_i|\widetilde{v}_j\rangle = \langle v_i|v_j\rangle = \delta_{ij} \tag{9}$$

因此, 诸矢量 $|\widetilde{v}_i\rangle$ 也是正交归一的. 我们来证明这些矢量也构成 $\mathscr{E}$ 中的一个基. 为此, 我们考虑 $\mathscr{E}$ 中的任一矢量 $|\psi\rangle$, 由于集合 $\{|v_i\rangle\}$ 是一个基, 我们可以将矢量 $U^\dagger|\psi\rangle$ 按这些 $|v_i\rangle$ 展开:

$$U^\dagger|\psi\rangle = \sum_i c_i|v_i\rangle \tag{10}$$

将算符 U 作用于此式的两端, 得到

$$UU^\dagger|\psi\rangle = \sum_i c_i U|v_i\rangle \tag{11}$$

也就是

$$|\psi\rangle = \sum_i c_i|\widetilde{v}_i\rangle \tag{12}$$

此式表明, 任意矢量 $|\psi\rangle$ 可以按全体 $|\widetilde{v}_i\rangle$ 展开, 因此这些矢量构成一个基. 于是我们可以陈述下面的结果: 算符 U 为幺正算符的必要条件是, U 将 $\mathscr{E}$ 中的正交归一基矢变换为另一个正交归一基矢.

β. 反过来, 我们再证明: 这个条件也是充分的. 根据假设, 有: [178]

$$\begin{aligned} |\widetilde{v}_i\rangle &= U|v_i\rangle \\ \langle\widetilde{v}_i|\widetilde{v}_j\rangle &= \delta_{ij} \\ \sum_i |\widetilde{v}_i\rangle\langle\widetilde{v}_i| &= \mathbb{1} \end{aligned} \tag{13}$$

并且还有:

$$\langle v_j|U^\dagger = \langle\widetilde{v}_j| \tag{14}$$

我们来计算:

$$\begin{aligned} U^\dagger U|v_i\rangle = U^\dagger|\widetilde{v}_i\rangle &= \sum_j |v_j\rangle\langle v_j|U^\dagger|\widetilde{v}_i\rangle \\ &= \sum_j |v_j\rangle\langle\widetilde{v}_j|\widetilde{v}_i\rangle = \sum_j |v_j\rangle\delta_{ij} \\ &= |v_i\rangle \end{aligned} \tag{15}$$

对于任意的 i, (15) 式都成立, 这就表示算符 $U^\dagger U$ 是一个恒等算符. 同样可以证明, $UU^\dagger = \mathbb{1}$, 为此, 我们来考虑 $U^\dagger$ 对矢量 $|v_i\rangle$ 的作用:

$$\begin{aligned} U^\dagger|v_i\rangle &= \sum_j |v_j\rangle\langle v_j|U^\dagger|v_i\rangle \\ &= \sum_j |v_j\rangle\langle\widetilde{v}_j|v_i\rangle \end{aligned} \tag{16}$$

从而有:

$$\begin{aligned} UU^\dagger|v_i\rangle &= \sum_j U|v_j\rangle\langle\widetilde{v}_j|v_i\rangle \\ &= \sum_j |\widetilde{v}_j\rangle\langle\widetilde{v}_j|v_i\rangle \\ &= |v_i\rangle \end{aligned} \tag{17}$$

由此可见, $UU^\dagger = \mathbb{1}$; 因此, U 是幺正算符.

c. 幺正矩阵

假设

$$U_{ij} = \langle v_i|U|v_j\rangle \tag{18}$$

是 U 的矩阵元, 怎样从表示 U 的矩阵来判断 U 是否幺正算符呢?

(1) 式给出:

$$\langle v_i|U^\dagger U|v_j\rangle = \sum_k \langle v_i|U^\dagger|v_k\rangle\langle v_k|U|v_j\rangle \tag{19}$$

也就是

$$\sum_k U_{ki}^* U_{kj} = \delta_{ij} \tag{20}$$

[179] 如果一个矩阵是幺正的, 那么, 一列元素与另一列的对应元素的共轭复数的乘积之和:

— 等于零 (若这两列是不同的).

— 等于 1 (若这两列是相同的).

现在, 我们举出容易证实上述规则的几个例子.

例子:

(i) 在普通三维空间中, 围绕 Oz 轴转过角度 θ 的旋转矩阵:

$$R(\theta) = \begin{bmatrix} \cos\theta & -\sin\theta & 0 \\ \sin\theta & \cos\theta & 0 \\ 0 & 0 & 1 \end{bmatrix} \tag{21}$$

(ii) 在自旋为 $\dfrac{1}{2}$ 的粒子的态空间中 (参看第九章) 的旋转矩阵:

$$R^{(1/2)}(\alpha,\beta,\gamma) = \begin{bmatrix} \mathrm{e}^{-\frac{\mathrm{i}}{2}(\alpha+\gamma)}\cos\dfrac{\beta}{2} & -\mathrm{e}^{\frac{\mathrm{i}}{2}(\gamma-\alpha)}\sin\dfrac{\beta}{2} \\ \mathrm{e}^{\frac{\mathrm{i}}{2}(\alpha-\gamma)}\sin\dfrac{\beta}{2} & \mathrm{e}^{\frac{\mathrm{i}}{2}(\alpha+\gamma)}\cos\dfrac{\beta}{2} \end{bmatrix} \tag{22}$$

d. 幺正算符的本征值及本征矢

假设 $|\psi_u\rangle$ 是幺正算符 U 的已归一化的本征矢, 属于本征值 u:

$$U|\psi_u\rangle = u|\psi_u\rangle \tag{23}$$

矢量 $U|\psi_u\rangle$ 的模方为:

$$\langle\psi_u|U^\dagger U|\psi_u\rangle = u^*u\langle\psi_u|\psi_u\rangle = u^*u \tag{24}$$

因为幺正算符保持模方不变, 故必有 $u^*u=1$. 因此, 幺正算符的本征值只能是模为 1 的复数, 即

$$u=\mathrm{e}^{\mathrm{i}\varphi_u}, \text{ 其中 } \varphi_u \text{ 为实数} \tag{25}$$

再考虑 U 的两个本征矢 $|\psi_u\rangle$ 和 $|\psi_{u'}\rangle$, 我们有:

$$\langle\psi_u|\psi_{u'}\rangle=\langle\psi_u|U^\dagger U|\psi_{u'}\rangle=u^*u'\langle\psi_u|\psi_{u'}\rangle=\mathrm{e}^{\mathrm{i}(\varphi_{u'}-\varphi_u)}\langle\psi_u|\psi_{u'}\rangle \tag{26}$$

如果本征值 u 和 u' 不相等, 则从 (26) 式可以看出, 标量积 $\langle\psi_u|\psi_{u'}\rangle$ 应为零. 这就是说, 幺正算符的属于互异本征值的两个本征矢是正交的.

2. 算符的幺正变换 [180]

在 §1–b 中我们已经看到, 幺正算符 U 可以从 $\mathscr{E}$ 中的一个正交归一基 $\{|v_i\rangle\}$ 构成另一个基 $\{|\widetilde{v}_i\rangle\}$. 在这一段里, 我们要定义一种变换, 它不是施行在矢量上, 而是施行在算符上的.

我们定义算符 A 的变换 $\widetilde{A}$ 是这样一个算符: 它在基 $\{|\widetilde{v}_i\rangle\}$ 中的矩阵元等于算符 A 在基 $\{|v_i\rangle\}$ 中的对应矩阵元, 即

$$\langle\widetilde{v}_i|\widetilde{A}|\widetilde{v}_j\rangle=\langle v_i|A|v_j\rangle \tag{27}$$

将 (8) 式代入此式, 得到:

$$\langle v_i|U^\dagger\widetilde{A}U|v_j\rangle=\langle v_i|A|v_j\rangle \tag{28}$$

因为 i 和 j 是任意的, 于是得到

$$U^\dagger\widetilde{A}U=A \tag{29}$$

用 U 左乘, 同时用 $U^\dagger$ 右乘此式, 可将它写作

$$\widetilde{A}=UAU^\dagger \tag{30}$$

等式 (30) 式可以看作经过幺正变换 U 而得到的算符 A 的变换 $\widetilde{A}$ 的定义. 在量子力学中, 我们经常要用到这样的变换, 第一个例子请参看本章的补充材料 F_{II} (§2–a).

那么, 怎样从 A 的本征矢求出 $\widetilde{A}$ 的本征矢呢? 我们来考虑 A 的一个本征矢 $|\varphi_a\rangle$, 它属于本征值 a:

$$A|\varphi_a\rangle=a|\varphi_a\rangle \tag{31}$$

假设经过算符 U 的作用, $|\varphi_a\rangle$ 变换为 $|\widetilde{\varphi}_a\rangle$, 即 $|\widetilde{\varphi}_a\rangle = U|\varphi_a\rangle$, 于是有:

$$\begin{aligned}\widetilde{A}|\widetilde{\varphi}_a\rangle &= (UAU^\dagger)U|\varphi_a\rangle = UA(U^\dagger U)|\varphi_a\rangle \\ &= UA|\varphi_a\rangle = aU|\varphi_a\rangle \\ &= a|\widetilde{\varphi}_a\rangle \end{aligned} \tag{32}$$

由此可见, $|\widetilde{\varphi}_a\rangle$ 是 $\widetilde{A}$ 的本征矢, 属于本征值 a. 一般地说, 我们得到下述规则: A 的变换 $\widetilde{A}$ 的本征矢就是 A 的本征矢 $|\varphi_a\rangle$ 的变换 $|\widetilde{\varphi}_a\rangle$; 本征值不变.

附注:

(i) 在 U 的作用下 A 的变换 $\widetilde{A}$ 的伴随算符就是在 U 的作用下 $A^\dagger$ 的变换:

$$(\widetilde{A})^\dagger = (UAU^\dagger)^\dagger = UA^\dagger U^\dagger = \widetilde{A}^\dagger \tag{33}$$

特别地, 由此可以推知, 若 A 是厄米算符, 则 $\widetilde{A}$ 也是厄米算符.

(ii) 类似地, 我们有:

$$(\widetilde{A})^2 = UAU^\dagger UAU^\dagger = UAAU^\dagger = \widetilde{A}^2$$

[181] 一般地, 我们有

$$(\widetilde{A})^n = \widetilde{A^n} \tag{34}$$

用补充材料 $\mathrm{B_{II}}$ 中的定义式 (23), 很容易证明:

$$\widetilde{F}(A) = F(\widetilde{A}) \tag{35}$$

式中 $F(A)$ 是算符 A 的函数.

3. 无限小幺正算符

假设 $U(\varepsilon)$ 是依赖于无限小实变量 ε 的一个幺正算符, 而且当 $\varepsilon \to 0$ 时, $U(\varepsilon) \to \mathbb{1}$, 我们将 $U(\varepsilon)$ 展成 ε 的幂级数:

$$U(\varepsilon) = \mathbb{1} + \varepsilon G + \cdots \tag{36}$$

从而有

$$U^\dagger(\varepsilon) = \mathbb{1} + \varepsilon G^\dagger + \cdots \tag{37}$$

以及

$$U(\varepsilon)U^\dagger(\varepsilon) = U^\dagger(\varepsilon)U(\varepsilon) = \mathbb{1} + \varepsilon(G + G^\dagger) + \cdots \tag{38}$$

由于 $U(\varepsilon)$ 是幺正的, (38) 式右端 ε 的一次幂的系数应为零, 于是便有

$$G + G^{\dagger} = 0 \tag{39}$$

这个等式表明, G 是一个反厄米算符. 为方便起见, 令

$$F = \mathrm{i}G \tag{40}$$

于是便得到一个方程式:

$$F - F^{\dagger} = 0 \tag{41}$$

此式表示 F 是一个厄米算符. 于是一个无限小幺正算符可以写成下列形式:

$$U(\varepsilon) = \mathbb{1} - \mathrm{i}\varepsilon F \tag{42}$$

式中 F 是一个厄米算符.

将 (42) 式代回 (30) 式, 我们得到:

$$\widetilde{A} = (\mathbb{1} - \mathrm{i}\varepsilon F)A(\mathbb{1} + \mathrm{i}\varepsilon F^{\dagger}) = (\mathbb{1} - \mathrm{i}\varepsilon F)A(\mathbb{1} + \mathrm{i}\varepsilon F) \tag{43}$$

或写作

$$\widetilde{A} - A = -\mathrm{i}\varepsilon[F, A] \tag{44}$$

这就是说, 经过 U 的变换, 算符 A 的改变量 (精确到 ε 的一次幂) 正比于对易子 $[F, A]$.

补充材料 D_{II}

[182] 对 $\{|\boldsymbol{r}\rangle\}$ 表象和 $\{|\boldsymbol{p}\rangle\}$ 表象的详细研究

1. $\{|\boldsymbol{r}\rangle\}$ 表象

a. $\boldsymbol{R}$ 算符和 $\boldsymbol{R}$ 的函数

现在我们来计算算符 X, Y, Z 在$\{|\boldsymbol{r}\rangle\}$表象中的矩阵元, 利用第二章的公式 (E–36) 与诸右矢 $|\boldsymbol{r}\rangle$ 的正交归一关系式, 立即可以得到:

$$\begin{aligned}\langle\boldsymbol{r}|X|\boldsymbol{r}'\rangle &= x\delta(\boldsymbol{r}-\boldsymbol{r}')\\ \langle\boldsymbol{r}|Y|\boldsymbol{r}'\rangle &= y\delta(\boldsymbol{r}-\boldsymbol{r}')\\ \langle\boldsymbol{r}|Z|\boldsymbol{r}'\rangle &= z\delta(\boldsymbol{r}-\boldsymbol{r}')\end{aligned} \tag{1}$$

这三个方程可以缩并为一个:

$$\langle\boldsymbol{r}|\boldsymbol{R}|\boldsymbol{r}'\rangle = \boldsymbol{r}\delta(\boldsymbol{r}-\boldsymbol{r}') \tag{2}$$

函数 $F(\boldsymbol{R})$ 在 $\{|\boldsymbol{r}\rangle\}$ 表象中的矩阵元也很简单 [参看补充材料 B_{II} 的公式 (27)]:

$$\langle\boldsymbol{r}|F(\boldsymbol{R})|\boldsymbol{r}'\rangle = F(\boldsymbol{r})\delta(\boldsymbol{r}-\boldsymbol{r}') \tag{3}$$

b. $\boldsymbol{P}$ 算符和 $\boldsymbol{P}$ 的函数

我们来计算矩阵元 $\langle\boldsymbol{r}|P_x|\boldsymbol{r}'\rangle$:

$$\begin{aligned}\langle\boldsymbol{r}|P_x|\boldsymbol{r}'\rangle &= \int \mathrm{d}^3p\langle\boldsymbol{r}|P_x|\boldsymbol{p}\rangle\langle\boldsymbol{p}|\boldsymbol{r}'\rangle \\ &= \int \mathrm{d}^3p p_x\langle\boldsymbol{r}|\boldsymbol{p}\rangle\langle\boldsymbol{p}|\boldsymbol{r}'\rangle \\ &= (2\pi\hbar)^{-3}\int \mathrm{d}^3p p_x \mathrm{e}^{\frac{\mathrm{i}}{\hbar}\boldsymbol{p}\cdot(\boldsymbol{r}-\boldsymbol{r}')} \\ &= \left[\frac{1}{2\pi\hbar}\int_{-\infty}^{+\infty}\mathrm{d}p_x p_x \mathrm{e}^{\frac{\mathrm{i}}{\hbar}p_x(x-x')}\right]\times\left[\frac{1}{2\pi\hbar}\int_{-\infty}^{+\infty}\mathrm{d}p_y \mathrm{e}^{\frac{\mathrm{i}}{\hbar}p_y(y-y')}\right] \\ &\quad\times\left[\frac{1}{2\pi\hbar}\int_{-\infty}^{+\infty}\mathrm{d}p_z \mathrm{e}^{\frac{\mathrm{i}}{\hbar}p_z(z-z')}\right] \qquad (4)\end{aligned}$$

利用 “δ 函数” 的积分形式和它的导数 [参看附录 II, 方程 (34) 与 (53)] 便可将 [183]
上式写作:

$$\langle\boldsymbol{r}|P_x|\boldsymbol{r}'\rangle = \frac{\hbar}{\mathrm{i}}\delta'(x-x')\delta(y-y')\delta(z-z') \qquad (5)$$

$\boldsymbol{P}$ 的其他分量的矩阵元可以用类似的方法得到.

下面我们来证明, 从公式 (5) 出发确实可以推知 P_x 在 $\{|\boldsymbol{r}\rangle\}$ 表象中的作用. 为此, 我们来计算

$$\langle\boldsymbol{r}|P_x|\psi\rangle = \int \mathrm{d}^3r'\langle\boldsymbol{r}|P_x|\boldsymbol{r}'\rangle\langle\boldsymbol{r}'|\psi\rangle \qquad (6)$$

根据 (5) 式

$$\langle\boldsymbol{r}|P_x|\psi\rangle = \frac{\hbar}{\mathrm{i}}\int\delta'(x-x')\mathrm{d}x'\int\delta(y-y')\mathrm{d}y'\int\delta(z-z')\psi(x',y',z')\mathrm{d}z' \qquad (7)$$

利用关系式

$$\int\delta'(-u)f(u)\mathrm{d}u = -\int\delta'(u)f(u)\mathrm{d}u = f'(0) \qquad (8)$$

并令此式中的 $u=x-x'$, 便得到:

$$\langle\boldsymbol{r}|P_x|\psi\rangle = \frac{\hbar}{\mathrm{i}}\frac{\partial}{\partial x}\psi(x,y,z) \qquad (9)$$

于是我们又得到了第二章的公式 (E–26).

那么, $\boldsymbol{P}$ 算符的函数 $G(\boldsymbol{P})$ 的矩阵元 $\langle\boldsymbol{r}|G(\boldsymbol{P})|\boldsymbol{r}'\rangle$ 又等于什么呢? 类似的计算给出:

$$\begin{aligned}\langle\boldsymbol{r}|G(\boldsymbol{P})|\boldsymbol{r}'\rangle &= \int \mathrm{d}^3p\langle\boldsymbol{r}|G(\boldsymbol{P})|\boldsymbol{p}\rangle\langle\boldsymbol{p}|\boldsymbol{r}'\rangle \\ &= (2\pi\hbar)^{-3}\int \mathrm{d}^3pG(\boldsymbol{p})\mathrm{e}^{\frac{\mathrm{i}}{\hbar}\boldsymbol{p}\cdot(\boldsymbol{r}-\boldsymbol{r}')} \\ &= (2\pi\hbar)^{-3/2}\widetilde{G}(\boldsymbol{r}-\boldsymbol{r}') \qquad (10)\end{aligned}$$

式中的 $\widetilde{G}(\boldsymbol{r})$ 是函数 $G(\boldsymbol{p})$ 的傅里叶逆变换:

$$\widetilde{G}(\boldsymbol{r})=(2\pi\hbar)^{-3/2}\int \mathrm{d}^3p\,\mathrm{e}^{\frac{\mathrm{i}}{\hbar}\boldsymbol{p}\cdot\boldsymbol{r}}G(\boldsymbol{p}) \tag{11}$$

[184] c. $\{|\boldsymbol{r}\rangle\}$ 表象中的薛定谔方程

在第三章中我们将引入量子力学的一个基本方程, 即薛定谔方程:

$$\mathrm{i}\hbar\frac{\mathrm{d}}{\mathrm{d}t}|\psi(t)\rangle=H|\psi(t)\rangle \tag{12}$$

式中 H 是哈密顿算符, 到那时我们再给它下定义. 对于处在标量势场 $V(\boldsymbol{r})$ 中的一个无自旋粒子 [参看第三章方程 (B–42)]:

$$H=\frac{1}{2m}\boldsymbol{P}^2+V(\boldsymbol{R}) \tag{13}$$

我们试图找到这个方程在 $\{|\boldsymbol{r}\rangle\}$ 表象中的形式, 也就是说, 要使定义为

$$\psi(\boldsymbol{r},t)=\langle\boldsymbol{r}|\psi(t)\rangle \tag{14}$$

的波函数 $\psi(\boldsymbol{r},t)$ 出现在方程中. 将方程 (12) 投影到 $|\boldsymbol{r}\rangle$ 上, 当 H 由公式 (13) 给出时, 我们得到:

$$\mathrm{i}\hbar\frac{\partial}{\partial t}\langle\boldsymbol{r}|\psi(t)\rangle=\frac{1}{2m}\langle\boldsymbol{r}|\boldsymbol{P}^2|\psi(t)\rangle+\langle\boldsymbol{r}|V(\boldsymbol{R})|\psi(t)\rangle \tag{15}$$

这个等式中的各个量可以用 $\psi(\boldsymbol{r},t)$ 的函数来表示:

$$\frac{\partial}{\partial t}\langle\boldsymbol{r}|\psi(t)\rangle=\frac{\partial}{\partial t}\psi(\boldsymbol{r},t) \tag{16}$$

$$\langle\boldsymbol{r}|V(\boldsymbol{R})|\psi(t)\rangle=V(\boldsymbol{r})\psi(\boldsymbol{r},t) \tag{17}$$

注意到在 $\{|\boldsymbol{r}\rangle\}$ 表象中, $\boldsymbol{P}$ 的作用相当于 $\frac{\hbar}{\mathrm{i}}\nabla$, 就可以算出矩阵元 $\langle\boldsymbol{r}|\boldsymbol{P}^2|\psi\rangle$:

$$\begin{aligned}\langle\boldsymbol{r}|\boldsymbol{P}^2|\psi(t)\rangle&=\langle\boldsymbol{r}|(P_x^2+P_y^2+P_z^2)|\psi(t)\rangle\\&=-\hbar^2\left(\frac{\partial^2}{\partial x^2}+\frac{\partial^2}{\partial y^2}+\frac{\partial^2}{\partial z^2}\right)\psi(x,y,z,t)\\&=-\hbar^2\Delta\psi(\boldsymbol{r},t)\end{aligned} \tag{18}$$

于是薛定谔方程成为:

$$\boxed{\mathrm{i}\hbar\frac{\partial}{\partial t}\psi(\boldsymbol{r},t)=\left[-\frac{\hbar^2}{2m}\Delta+V(\boldsymbol{r})\right]\psi(\boldsymbol{r},t)} \tag{19}$$

这正是我们在第一章 (§B–2) 中引入的波动方程.

2. $\{|\boldsymbol{p}\rangle\}$ 表象 [185]

a. $\boldsymbol{P}$ 算符和 $\boldsymbol{P}$ 的函数

我们不难得到类似于 (2) 式和 (3) 式的公式:

$$\langle\boldsymbol{p}|\boldsymbol{P}|\boldsymbol{p}'\rangle = \boldsymbol{p}\delta(\boldsymbol{p}-\boldsymbol{p}') \tag{20}$$

$$\langle\boldsymbol{p}|G(\boldsymbol{P})|\boldsymbol{p}'\rangle = G(\boldsymbol{p})\delta(\boldsymbol{p}-\boldsymbol{p}') \tag{21}$$

b. $\boldsymbol{R}$ 算符和 $\boldsymbol{R}$ 的函数

仿照 §1 中的推证, 我们可以得到相当于 (5) 式和 (10) 式的公式:

$$\langle\boldsymbol{p}|X|\boldsymbol{p}'\rangle = \mathrm{i}\hbar\delta'(p_x-p_x')\delta(p_y-p_y')\delta(p_z-p_z') \tag{22}$$

和

$$\langle\boldsymbol{p}|F(\boldsymbol{R})|\boldsymbol{p}'\rangle = (2\pi\hbar)^{-3/2}\overline{F}(\boldsymbol{p}-\boldsymbol{p}') \tag{23}$$

其中

$$\overline{F}(\boldsymbol{p}) = (2\pi\hbar)^{-3/2}\int \mathrm{d}^3r\mathrm{e}^{-\frac{\mathrm{i}}{\hbar}\boldsymbol{p}\cdot\boldsymbol{r}}F(\boldsymbol{r}) \tag{24}$$

c. $\{|\boldsymbol{p}\rangle\}$ 表象中的薛定谔方程

我们用下面的式子来引入 "$\{|\boldsymbol{p}\rangle\}$表象中的波函数"

$$\overline{\psi}(\boldsymbol{p},t) = \langle\boldsymbol{p}|\psi(t)\rangle \tag{25}$$

现在利用 (12) 式来找表示 $\overline{\psi}(\boldsymbol{p},t)$ 随时间演变的方程式. 将 (12) 式投影到右矢 $|\boldsymbol{p}\rangle$ 上, 我们得到

$$\mathrm{i}\hbar\frac{\partial}{\partial t}\langle\boldsymbol{p}|\psi(t)\rangle = \frac{1}{2m}\langle\boldsymbol{p}|\boldsymbol{P}^2|\psi(t)\rangle + \langle\boldsymbol{p}|V(\boldsymbol{R})|\psi(t)\rangle \tag{26}$$

现在, 我们有:

$$\frac{\partial}{\partial t}\langle\boldsymbol{p}|\psi(t)\rangle = \frac{\partial}{\partial t}\overline{\psi}(\boldsymbol{p},t) \tag{27}$$

$$\langle\boldsymbol{p}|\boldsymbol{P}^2|\psi(t)\rangle = \boldsymbol{p}^2\overline{\psi}(\boldsymbol{p},t) \tag{28}$$

于是还有待计算的是

$$\langle\boldsymbol{p}|V(\boldsymbol{R})|\psi(t)\rangle = \int \mathrm{d}^3p'\langle\boldsymbol{p}|V(\boldsymbol{R})|\boldsymbol{p}'\rangle\langle\boldsymbol{p}'|\psi(t)\rangle \tag{29}$$

利用 (23) 式, 此式变为:

$$\langle\boldsymbol{p}|V(\boldsymbol{R})|\psi(t)\rangle = (2\pi\hbar)^{-3/2}\int \mathrm{d}^3p'\overline{V}(\boldsymbol{p}-\boldsymbol{p}')\overline{\psi}(\boldsymbol{p}',t) \tag{30}$$

[186] 其中 $\overline{V}(\boldsymbol{p})$ 是 $V(\boldsymbol{r})$ 的傅里叶变换:

$$\overline{V}(\boldsymbol{p})=(2\pi\hbar)^{-3/2}\int \mathrm{d}^3 r \mathrm{e}^{-\frac{\mathrm{i}}{\hbar}\boldsymbol{p}\cdot\boldsymbol{r}}V(\boldsymbol{r}) \tag{31}$$

于是 $\{|\boldsymbol{p}\rangle\}$ 表象中的薛定谔方程是:

$$\boxed{\mathrm{i}\hbar\frac{\partial}{\partial t}\overline{\psi}(\boldsymbol{p},t)=\frac{\boldsymbol{p}^2}{2m}\overline{\psi}(\boldsymbol{p},t)+(2\pi\hbar)^{-3/2}\int \mathrm{d}^3 p'\,\overline{V}(\boldsymbol{p}-\boldsymbol{p}')\overline{\psi}(\boldsymbol{p}',t)} \tag{32}$$

附注:

由于 $\overline{\psi}(\boldsymbol{p},t)$ 就是 $\psi(\boldsymbol{r},t)$ 的傅里叶变换 [参看第二章的公式 (E–18)], 因此, 在方程 (19) 中, 取两端的傅里叶变换也可以得到方程 (32).

补充材料 $\mathrm{E_{II}}$

对易子等于 $\mathrm{i}\hbar$ 的两个观察算符 Q 和 P 的一些普遍性质 [187]

在量子力学中, 我们常常遇到对易子等于 $\mathrm{i}\hbar$ 的一些算符. 例如, 对应于两个经典正则共轭量 q_i 和 p_i 的算符, 就属于这种情况 (q_i 是正交归一坐标系中的坐标, $p_i=\dfrac{\partial\mathscr{L}}{\partial\dot{q}_i}$ 是正则共轭动量). 在量子力学中与 q_i、p_i 相联系的算符是 Q_i、P_i, 它们满足关系

$$[Q_i,P_i]=\mathrm{i}\hbar \tag{1}$$

在第二章的 §E 中, 我们已经遇到过这类算符: X 和 P_x. 在这篇补充材料里, 我们将采取更普遍的观点, 并且证明, 关于对易子等于 $\mathrm{i}\hbar$ 的两个观察算符 P 和 Q, 我们可以建立起一整套重要性质. 所有这些性质都是唯一的一个对易关系式 (1) 的结果.

1. 算符 $S(\lambda)$: 定义, 性质

我们考虑观察算符 P 和 Q, 它们满足关系

$$[Q,P]=\mathrm{i}\hbar \tag{2}$$

我们定义依赖于实参数 λ 的算符 $S(\lambda)$ 为:

$$S(\lambda)=\mathrm{e}^{-\mathrm{i}\lambda P/\hbar} \tag{3}$$

这个算符是幺正的. 事实上, 很容易证明下列关系式:

$$S^{\dagger}(\lambda)=S^{-1}(\lambda)=S(-\lambda) \tag{4}$$

[188] 现在来计算对易子 $[Q,S(\lambda)]$. 由于 $[Q,P]=\mathrm{i}\hbar$ 可以和 Q 及 P 对易, 我们可以引用补充材料 B_{II} 中的公式 (51):

$$[Q,S(\lambda)]=\mathrm{i}\hbar\left(-\frac{\mathrm{i}\lambda}{\hbar}\right)\mathrm{e}^{-\mathrm{i}\lambda P/\hbar}=\lambda S(\lambda) \tag{5}$$

此式又可写作:

$$QS(\lambda)=S(\lambda)[Q+\lambda] \tag{6}$$

最后, 我们注意:

$$S(\lambda)S(\mu)=S(\lambda+\mu) \tag{7}$$

2. Q 的本征值及本征矢

a. Q 的谱

假设 Q 有一个非零本征矢 $|q\rangle$, 属于本征值 $\boldsymbol{q}$:

$$Q|\boldsymbol{q}\rangle=\boldsymbol{q}|\boldsymbol{q}\rangle \tag{8}$$

将等式 (6) 应用于矢量 $|q\rangle$, 便有

$$\begin{aligned}QS(\lambda)|q\rangle&=S(\lambda)(Q+\lambda)|q\rangle\\&=S(\lambda)(q+\lambda)|q\rangle=(q+\lambda)S(\lambda)|q\rangle\end{aligned} \tag{9}$$

这个等式表明, $S(\lambda)|q\rangle$ 是 Q 的另一个非零本征矢 ($S(\lambda)$ 是幺正的, 故 $S(\lambda)|q\rangle$ 不为零), 属于本征值 $(q+\lambda)$. 因此, 从 Q 的一个本征矢出发, 应用算符 $S(\lambda)$, 便可以构成 Q 的另一个本征矢, 属于任意的实本征值 (因为 λ 可以取一切实数值). 可见 Q 的谱是一个连续谱, 包含实轴上的一切可能值 ①.

① 由此可以看出, 在有限的 N 维空间 $\mathscr{E}$ 中, 不存在对易子等于 $\mathrm{i}\hbar$ 的观察算符 Q 和 P; 这是因为 Q 的本征值的个数不可能在小于或等于 N 的同时又是无穷大.

此外, 取 (2) 式的迹也可直接证明这个结果: $\operatorname{Tr}QP-\operatorname{Tr}PQ=\operatorname{Tr}\mathrm{i}\hbar$. 若 N 是有限的, 则此式左端的两个迹是存在的: 两项都是有限大的数, 而且相等. [参看补充材料 B_{II} 公式 (7-a). 于是该等式变为 $0=\operatorname{Tr}\mathrm{i}\hbar=N\mathrm{i}\hbar$, 这是不可能的.

b. 简并度

为简单起见, 从现在起我们假设 Q 的本征值 q 是非简并的 (下面我们将要证明的那些结果可以推广到 q 有简并的情况). 现在来证明, 若 q 是非简并的, 则 Q 的所有其他本征值也是非简并的. 例如, 如果本征值 $(q+\lambda)$ 是二重简并的, 那么由此就会产生矛盾. 因为这时有两个互相正交的本征矢 $|q+\lambda,\alpha\rangle$ 和 $|q+\lambda,\beta\rangle$ 对应于本征值 $q+\lambda$:

$$\langle q+\lambda,\beta|q+\lambda,\alpha\rangle=0 \tag{10}$$

我们再考虑两个矢量 $S(-\lambda)|q+\lambda,\alpha\rangle$ 和 $S(-\lambda)|q+\lambda,\beta\rangle$. 根据 (9) 式, 它们是 Q [189]
的两个本征矢, 属于本征值 $q+\lambda-\lambda=q$. 由于两者是正交的, 因而不会是共线的; 事实上, 注意到 $S(\lambda)$ 是幺正的, 便可将两者的标量积写作:

$$\langle q+\lambda,\beta|S^{\dagger}(-\lambda)S(-\lambda)|q+\lambda,\alpha\rangle=\langle q+\lambda,\beta|q+\lambda,\alpha\rangle=0 \tag{11}$$

于是我们得到这样的结论, q 至少是二重简并的, 这和我们最初的假设矛盾; 所以 Q 的全体本征值具有相同的简并度.

c. 本征矢

我们令

$$|q\rangle=S(q)|0\rangle \tag{12}$$

这样就固定了 Q 的各本征矢对于本征矢 $|0\rangle$ (属于本征值 0) 的相对相位.

将 $S(\lambda)$ 作用于 (12) 式的两端, 并利用 (7) 式, 便得到:

$$S(\lambda)|q\rangle=S(\lambda)S(q)|0\rangle=S(\lambda+q)|0\rangle=|q+\lambda\rangle \tag{13}$$

此式的伴式为

$$\langle q|S^{\dagger}(\lambda)=\langle q+\lambda| \tag{14}$$

利用 (4) 式, 并将 λ 换成 $-\lambda$, 又可将此式改写为:

$$\langle q|S(\lambda)=\langle q-\lambda| \tag{15}$$

3. $\{|q\rangle\}$ 表象

既然 Q 是一个观察算符, 它的本征矢的集合 $\{|q\rangle\}$ 便构成 $\mathscr{E}$ 空间的一个基. 于是, 每一个右矢都可以用它在 “$\{|q\rangle\}$ 表象中的波函数” 来描述:

$$\psi(q)=\langle q|\psi\rangle \tag{16}$$

a. Q 在 $\{|q\rangle\}$ 表象中的作用

在 $\{|q\rangle\}$ 表象中, 与右矢 $Q|\psi\rangle$ 相联系的波函数是

$$\langle q|Q|\psi\rangle = q\langle q|\psi\rangle = q\psi(q) \tag{17}$$

[这里应用了 (8) 式, 并已注意到 Q 是厄米算符]. 因此, Q 在 $\{|q\rangle\}$ 表象中的作用只是用 q 去倍乘.

[190] b. $S(\lambda)$ 在 $\{|q\rangle\}$ 表象中的作用; 位移算符

在 $\{|q\rangle\}$ 表象中, 与右矢 $S(\lambda)|\psi\rangle$ 相联系的波函数 [由公式 (15)] 是:

$$\langle q|S(\lambda)|\psi\rangle = \langle q-\lambda|\psi\rangle = \psi(q-\lambda) \tag{18}$$

因此, 算符 $S(\lambda)$ 在 $\{|q\rangle\}$ 表象中的作用就是将波函数平行于 q 轴移动一个量 λ①. 由于这个原因, 我们称 $S(\lambda)$ 为位移算符.

c. P 在 $\{|q\rangle\}$ 表象中的作用

用 ε 表示无穷小量, 我们有:

$$S(-\varepsilon) = \mathrm{e}^{\mathrm{i}\varepsilon P/\hbar} = \mathbb{1} + \mathrm{i}\frac{\varepsilon}{\hbar}P + O(\varepsilon^2) \tag{19}$$

从而有

$$\langle q|S(-\varepsilon)|\psi\rangle = \psi(q) + \mathrm{i}\frac{\varepsilon}{\hbar}\langle q|P|\psi\rangle + O(\varepsilon^2) \tag{20}$$

另一方面, 由公式 (18) 又有:

$$\langle q|S(-\varepsilon)|\psi\rangle = \psi(q+\varepsilon) \tag{21}$$

比较 (20) 和 (21) 式便知

$$\psi(q+\varepsilon) = \psi(q) + \mathrm{i}\frac{\varepsilon}{\hbar}\langle q|P|\psi\rangle + O(\varepsilon^2) \tag{22}$$

由此得到:

$$\begin{aligned}\langle q|P|\psi\rangle &= \frac{\hbar}{\mathrm{i}}\lim_{\varepsilon\to 0}\frac{\psi(q+\varepsilon)-\psi(q)}{\varepsilon} \\ &= \frac{\hbar}{\mathrm{i}}\frac{\mathrm{d}}{\mathrm{d}q}\psi(q)\end{aligned} \tag{23}$$

因此, P 在 $\{|q\rangle\}$ 表象中的作用和 $\dfrac{\hbar}{\mathrm{i}}\dfrac{\mathrm{d}}{\mathrm{d}q}$ 一样. 于是, 我们就推广了第二章的公式 (E–26).

① 函数 $f(x-a)$ 在 $x=x_0+a$ 处的值为 $f(x_0)$, 因此将 $f(x)$ 平移一个量 $+a$, 便得到该函数.

4. $\{|p\rangle\}$ 表象. 观察算符 P 和 Q 之间的对称性

有了关系式 (23), 我们就很容易求得在 $\{|q\rangle\}$ 表象中与 P 的属于本征值 p 的本征矢 $|p\rangle$ 相联系的波函数 $v_p(q)$

$$v_p(q) = \langle q|p\rangle = (2\pi\hbar)^{-1/2}\mathrm{e}^{\frac{\mathrm{i}}{\hbar}pq} \tag{24}$$

因而可以写 [191]

$$|p\rangle = (2\pi\hbar)^{-1/2}\int_{-\infty}^{+\infty}\mathrm{d}q\mathrm{e}^{\frac{\mathrm{i}}{\hbar}pq}|q\rangle \tag{25}$$

我们可以用一个右矢 $|\psi\rangle$"在 $\{|p\rangle\}$ 表象中的波函数" 来确定这个右矢:

$$\overline{\psi}(p) = \langle p|\psi\rangle \tag{26}$$

利用 (25) 式的伴式, 我们得到:

$$\overline{\psi}(p) = (2\pi\hbar)^{-1/2}\int_{-\infty}^{+\infty}\mathrm{d}q\mathrm{e}^{-\frac{\mathrm{i}}{\hbar}pq}\psi(q) \tag{27}$$

因而 $\overline{\psi}(p)$ 就是 $\psi(q)$ 的傅里叶变换.

算符 P 在 $\{|p\rangle\}$ 表象中的作用相当于用 p 去倍乘; 而算符 Q 的作用则相当于算符 $\mathrm{i}\hbar\dfrac{\mathrm{d}}{\mathrm{d}p}$, 用 (27) 式便很容易证明这一点.

于是, 在 $\{|q\rangle\}$ 表象中和在 $\{|p\rangle\}$ 表象中, 我们得到的结果是对称的. 这一点并不奇怪: 在我们提出的假设中, 只要将 (2) 式的对易子的符号一变, 就可以对调算符 P 和 Q. 因此, 相当于前面引入的 $S(\lambda)$, 这时可引入由下式定义的 $T(\lambda')$

$$T(\lambda') = \mathrm{e}^{\mathrm{i}\lambda' Q/\hbar} \tag{28}$$

这样, 我们就可以进行同样的推理, 只是处处将 P 换成 Q, 将 i 换成 $-$i.

参考文献:

Messiah (1.17) 第 I 卷 §Ⅷ–6; Dirac (1.13), §25; Merzbacher (1.16), 第 14 章, §7.

补充材料 $\mathbf{F_{II}}$

[192] # 宇称算符

1. 对宇称算符的讨论
   a. 定义
   b. Π 的简单性质
   c. Π 的本征子空间
2. 偶算符和奇算符
   a. 定义
   b. 选择定则
   c. 例子
   d. 算符的函数
3. 偶性观察算符 B_+ 的本征态
4. 在一种重要特殊情况中的应用

1. 对宇称算符的讨论

a. 定义

我们来考虑一个物理体系, 它的态空间是 $\mathscr{E}_{\boldsymbol{r}}$. 宇称算符 Π 是由它对 $\mathscr{E}_{\boldsymbol{r}}$ 中基矢 $|\boldsymbol{r}\rangle$ 的作用来定义的①:

$$\Pi|\boldsymbol{r}\rangle = |-\boldsymbol{r}\rangle \tag{1}$$

由此可知 Π 在 $\{|\boldsymbol{r}\rangle\}$ 表象中的矩阵元为:

$$\langle\boldsymbol{r}|\Pi|\boldsymbol{r}'\rangle = \langle\boldsymbol{r}|-\boldsymbol{r}'\rangle = \delta(\boldsymbol{r}+\boldsymbol{r}') \tag{2}$$

如果 $|\psi\rangle$ 是 $\mathscr{E}_{\boldsymbol{r}}$ 空间中的任意一个矢量, 则有

$$|\psi\rangle = \int \mathrm{d}^3 r \psi(\boldsymbol{r})|\boldsymbol{r}\rangle \tag{3}$$

① 注意不要混淆 $|-\boldsymbol{r}_0\rangle$ 和 $-|\boldsymbol{r}_0\rangle$. 前者是 $\boldsymbol{R}$ 的本征矢, 属于本征值 $-\boldsymbol{r}_0$, 对应于波函数 $\xi_{-\boldsymbol{r}_0}(\boldsymbol{r}) = \delta(\boldsymbol{r}+\boldsymbol{r}_0)$; 后者虽然也是 $\boldsymbol{R}$ 的本征矢, 但属于本征值 $\boldsymbol{r}_0$, 对应的波函数是 $-\xi_{\boldsymbol{r}_0}(\boldsymbol{r}) = -\delta(\boldsymbol{r}-\boldsymbol{r}_0)$.

若进行变量变换 $\boldsymbol{r}' = -\boldsymbol{r}$, 则 $|\psi\rangle$ 还可写作:

$$|\psi\rangle = \int \mathrm{d}^3 r' \psi(-\boldsymbol{r}')| - \boldsymbol{r}'\rangle \tag{4}$$

再计算 $\Pi|\psi\rangle$, 便得到:

$$\Pi|\psi\rangle = \int \mathrm{d}^3 r' \psi(-\boldsymbol{r}')|\boldsymbol{r}'\rangle \tag{5}$$

比较 (3), (5) 两式就可以看出: Π 在 $\{|\boldsymbol{r}\rangle\}$ 表象中的作用就是将 $\boldsymbol{r}$ 换成 $-\boldsymbol{r}$: [193]

$$\langle \boldsymbol{r}|\Pi|\psi\rangle = \psi(-\boldsymbol{r}) \tag{6}$$

我们考虑一个物理体系 $\mathscr{S}$, 它的态矢量是 $|\psi\rangle$; 于是 $\Pi|\psi\rangle$ 所描述的物理体系就是关于坐标原点与 $\mathscr{S}$ 对称的体系.

b. Π 的简单性质

算符 Π^2 是一个恒等算符. 事实上, 根据 (1) 式, 我们有:

$$\Pi^2|\boldsymbol{r}\rangle = \Pi(\Pi|\boldsymbol{r}\rangle) = \Pi| - \boldsymbol{r}\rangle = |\boldsymbol{r}\rangle \tag{7}$$

由于诸右矢 $|\boldsymbol{r}\rangle$ 构成 $\mathscr{E}_{\boldsymbol{r}}$ 空间的一个基, 故 (7) 式表明

$$\Pi^2 = \mathbb{1} \tag{8-a}$$

或写作

$$\Pi = \Pi^{-1} \tag{8-b}$$

递推下去, 很容易证明, 算符 Π^n

$$\begin{cases} \text{等于 } \mathbb{1}, & (\text{当 } n \text{ 为偶数时}) \\ \text{等于 } \Pi, & (\text{当 } n \text{ 为奇数时}) \end{cases}$$

我们可以将 (6) 式改写为下列形式:

$$\langle \boldsymbol{r}|\Pi|\psi\rangle = \langle -\boldsymbol{r}|\psi\rangle \tag{9}$$

由于此式对任意的 $|\psi\rangle$ 都成立, 于是得到

$$\langle \boldsymbol{r}|\Pi = \langle -\boldsymbol{r}| \tag{10}$$

此外, (1) 式的厄米共轭式可以写作

$$\langle \boldsymbol{r}|\Pi^\dagger = \langle -\boldsymbol{r}| \tag{11}$$

由于诸右矢 $|\boldsymbol{r}\rangle$ 构成一个基, 根据 (10) 式和 (11) 式, 可以推知 Π 也是厄米算符:

$$\Pi^\dagger = \Pi \tag{12}$$

将这个等式和 (8–b) 式结合起来, 我们得到

$$\Pi^{-1} = \Pi^{\dagger} \tag{13}$$

这就是说, Π 也是幺正算符.

c. Π 的本征子空间

设 $|\varphi_\pi\rangle$ 是 Π 的本征矢, 属于本征值 p_π. 应用 (8–a) 式, 我们得到:

$$|\varphi_\pi\rangle = \Pi^2|\varphi_\pi\rangle = p_\pi^2|\varphi_\pi\rangle \tag{14}$$

[194] 由此可知 $p_\pi^2 = 1$, 这就是说, Π 的本征值只能为 1 或 -1. 由于 $\mathscr{E}_{\boldsymbol{r}}$ 空间是无限多维的, 我们立即可以看到这两个本征值是简并的. 我们说 Π 的属于本征值 1 的本征矢是偶性本征矢, 属于本征值 -1 的是奇性本征矢.

我们考虑两个算符 P_+ 和 P_-, 它们的定义是:

$$\begin{aligned} P_+ &= \frac{1}{2}(\mathbb{1} + \Pi) \\ P_- &= \frac{1}{2}(\mathbb{1} - \Pi) \end{aligned} \tag{15}$$

两者都是厄米算符; 利用 (8–a) 式, 很容易证明下列等式:

$$\begin{aligned} P_+^2 &= P_+ \\ P_-^2 &= P_- \end{aligned} \tag{16}$$

因此, P_+ 和 P_- 是 $\mathscr{E}_{\boldsymbol{r}}$ 的两个子空间上的投影算符, 我们将这两个子空间记作 $\mathscr{E}_+$ 和 $\mathscr{E}_-$. 现在来计算乘积 P_+P_- 和 P_-P_+; 我们得到:

$$\begin{aligned} P_+P_- &= \frac{1}{4}(\mathbb{1} + \Pi - \Pi - \Pi^2) = 0 \\ P_-P_+ &= \frac{1}{4}(\mathbb{1} - \Pi + \Pi - \Pi^2) = 0 \end{aligned} \tag{17}$$

由此可知, 两子空间 $\mathscr{E}_+$ 和 $\mathscr{E}_-$ 是正交的. 我们再证明这两个子空间又是互补的. 事实上, 从定义 (15) 立即看出:

$$P_+ + P_- = \mathbb{1} \tag{18}$$

因此, 对任意的 $|\psi\rangle \in \mathscr{E}_{\boldsymbol{r}}$, 我们有

$$|\psi\rangle = (P_+ + P_-)|\psi\rangle = |\psi_+\rangle + |\psi_-\rangle \tag{19}$$

式中

$$\begin{aligned} |\psi_+\rangle &= P_+|\psi\rangle \\ |\psi_-\rangle &= P_-|\psi\rangle \end{aligned} \tag{20}$$

现在计算乘积 $\varPi P_+$ 和 $\varPi P_-$, 我们得到:

$$\begin{aligned}\varPi P_+ &= \frac{1}{2}\varPi(\mathbb{1}+\varPi) = \frac{1}{2}(\varPi+\mathbb{1}) = P_+\\ \varPi P_- &= \frac{1}{2}\varPi(\mathbb{1}-\varPi) = \frac{1}{2}(\varPi-\mathbb{1}) = -P_-\end{aligned} \tag{21}$$

具备了这些关系式, 我们便可证明在 (20) 式中引入的矢量 $|\psi_+\rangle$ 和 $|\psi_-\rangle$ 分别为偶性的及奇性的. 事实上,

$$\begin{aligned}\varPi|\psi_+\rangle &= \varPi P_+|\psi\rangle = P_+|\psi\rangle = |\psi_+\rangle\\ \varPi|\psi_-\rangle &= \varPi P_-|\psi\rangle = -P_-|\psi\rangle = -|\psi_-\rangle\end{aligned} \tag{22}$$

因此, $\mathscr{E}_+$ 和 $\mathscr{E}_-$ 是 $\varPi$ 的本征子空间, 分别属于本征值 $+1$ 和 -1. 在 $\{|\boldsymbol{r}\rangle\}$ 表象中, (22) 式可以写作:

$$\langle\boldsymbol{r}|\psi_+\rangle = \psi_+(\boldsymbol{r}) = \langle\boldsymbol{r}|\varPi|\psi_+\rangle = \psi_+(-\boldsymbol{r})$$ [195]

$$\langle\boldsymbol{r}|\psi_-\rangle = \psi_-(\boldsymbol{r}) = -\langle\boldsymbol{r}|\varPi|\psi_-\rangle = -\psi_-(-\boldsymbol{r}) \tag{23}$$

因此, 波函数 $\psi_+(\boldsymbol{r})$ 和 $\psi_-(\boldsymbol{r})$ 分别为偶函数及奇函数.

(19) 式表明, $\mathscr{E}_{\boldsymbol{r}}$ 中的一个任意右矢 $|\psi\rangle$ 可以分解为 $\varPi$ 的两个本征矢 $|\psi_+\rangle$ 与 $|\psi_-\rangle$ 之和, 这两个本征矢分别属于偶性子空间 $\mathscr{E}_+$ 及奇性子空间 $\mathscr{E}_-$. 因此 $\varPi$ 是一个观察算符.

2. 偶算符和奇算符

a. 定义

在补充材料 C_{II} 的 §2 中, 我们介绍过关于算符的幺正变换的概念. 在算符 $\varPi$ 的情况下 [$\varPi$ 也是幺正的, 见 (13) 式], 任意算符 B 经变换之后而得的算符可以写作:

$$\widetilde{B} = \varPi B \varPi \tag{24}$$

而且满足下列关系 [参看补充材料 C_{II} 的方程 (27)]:

$$\langle\boldsymbol{r}|\widetilde{B}|\boldsymbol{r}'\rangle = \langle-\boldsymbol{r}|B|-\boldsymbol{r}'\rangle \tag{25}$$

算符 $\widetilde{B}$ 叫做 B 的宇称变换算符.

特别地, 若 $\widetilde{B} = +B$, 则我们称 B 为偶算符;

若 $\widetilde{B} = -B$, 则我们称 B 为奇算符;

因此, 一个偶算符 B_+ 应该满足:

$$B_+ = \varPi B_+ \varPi \tag{26}$$

用 Π 左乘此式, 并利用 (8–a) 式, 得到

$$\Pi B_+ = B_+ \Pi \tag{27}$$

$$[\Pi, B_+] = 0 \tag{28}$$

因此, 偶算符是可以和 Π 对易的算符. 同样可以看出, 奇算符 B_- 是和 Π 反对易的算符:

$$\Pi B_- + B_- \Pi = 0 \tag{29}$$

b. 选择定则

假设 B_+ 是一个偶算符; 我们来计算矩阵元 $\langle\varphi|B_+|\psi\rangle$. 根据假设, 有:

$$\langle\varphi|B_+|\psi\rangle = \langle\varphi|\Pi B_+ \Pi|\psi\rangle = \langle\varphi'|B_+|\psi'\rangle \tag{30}$$

其中

$$\begin{aligned}|\varphi'\rangle &= \Pi|\varphi\rangle \\ |\psi'\rangle &= \Pi|\psi\rangle\end{aligned} \tag{31}$$

[196] 如果两个右矢 $|\varphi\rangle$ 和 $|\psi\rangle$ 中有一个是偶性的, 另一个是奇性的 (即 $|\varphi'\rangle = \pm|\varphi\rangle, |\psi'\rangle = \mp|\psi\rangle$), 则 (30) 式给出:

$$\langle\varphi|B_+|\psi\rangle = -\langle\varphi|B_+|\psi\rangle = 0 \tag{32}$$

由此便得到一个规则: 一个偶算符在宇称相反的矢量之间的矩阵元为零.

现设 B_- 是奇算符, 则 (30) 式变为:

$$\langle\varphi|B_-|\psi\rangle = -\langle\varphi'|B_-|\psi'\rangle \tag{33}$$

若 $|\varphi\rangle$ 和 $|\psi\rangle$ 都是偶性的, 或都是奇性的, 则上式为零. 由此又得到一个规则: 一个奇算符在宇称相同的矢量之间的矩阵元为零. 特别地, 矩阵的对角元 $\langle\psi|B_-|\psi\rangle$ (算符 B_- 在态 $|\psi\rangle$ 中的平均值; 参看第三章 §C–4) 在 $|\psi\rangle$ 具有确定的宇称时应为零.

c. 例子

α. 算符 X, Y, Z

在这种情况下, 我们有

$$\begin{aligned}\Pi X|\boldsymbol{r}\rangle &= \Pi X|x,y,z\rangle = x\Pi|x,y,z\rangle \\ &= x|-x,-y,-z\rangle = x|-\boldsymbol{r}\rangle\end{aligned} \tag{34}$$

以及

$$\begin{aligned} X\Pi|\boldsymbol{r}\rangle &= X|-\boldsymbol{r}\rangle = X|-x,-y,-z\rangle \\ &= -x|-x,-y,-z\rangle = -x|-\boldsymbol{r}\rangle \end{aligned} \tag{35}$$

将上面两式相加, 得到

$$(\Pi X + X\Pi)|\boldsymbol{r}\rangle = 0 \tag{36}$$

因为诸矢量 $|\boldsymbol{r}\rangle$ 构成一个基, 故得

$$\Pi X + X\Pi = 0 \tag{37}$$

因而 X 是奇算符.

对于 Y 和 Z 可进行同样的推证, 从而可知 $\boldsymbol{R}$ 是一个奇算符.

β. 算符 P_x, P_y, P_z

我们来计算右矢 $\Pi|\boldsymbol{p}\rangle$; 可以得到:

$$\begin{aligned} \Pi|\boldsymbol{p}\rangle &= (2\pi\hbar)^{-3/2}\int \mathrm{d}^3r \mathrm{e}^{\mathrm{i}\boldsymbol{p}\cdot\boldsymbol{r}/\hbar}\Pi|\boldsymbol{r}\rangle \\ &= (2\pi\hbar)^{-3/2}\int \mathrm{d}^3r \mathrm{e}^{\mathrm{i}\boldsymbol{p}\cdot\boldsymbol{r}/\hbar}|-\boldsymbol{r}\rangle \\ &= (2\pi\hbar)^{-3/2}\int \mathrm{d}^3r' \mathrm{e}^{-\mathrm{i}\boldsymbol{p}\cdot\boldsymbol{r}'/\hbar}|\boldsymbol{r}'\rangle \\ &= |-\boldsymbol{p}\rangle \end{aligned} \tag{38}$$

仿照 §α 中的推证, 我们得到: [197]

$$\begin{aligned} \Pi P_x|\boldsymbol{p}\rangle &= p_x|-\boldsymbol{p}\rangle \\ P_x\Pi|\boldsymbol{p}\rangle &= -p_x|-\boldsymbol{p}\rangle \end{aligned} \tag{39}$$

以及

$$\Pi P_x + P_x\Pi = 0 \tag{40}$$

因而 $\boldsymbol{P}$ 也是一个奇算符.

γ. 宇称算符

Π 显然和它本身对易, 因而它是一个偶算符.

d. 算符的函数

假设 B_+ 是一个偶算符, 利用 (8–a) 式可以得到:

$$\Pi B_+^n \Pi = \underbrace{(\Pi B_+\Pi)(\Pi B_+\Pi)\cdots\cdots(\Pi B_+\Pi)}_{n\ \text{个因子}} = B_+^n \tag{41}$$

这就是说, 一个偶算符的任意幂还是偶算符. 推而广之, 算符 $F(B_+)$ 也是偶算符.

设 B_- 是一个奇算符, 我们来计算算符 $\Pi B_-^n \Pi$:

$$\Pi B_-^n \Pi = \underbrace{(\Pi B_- \Pi)(\Pi B_- \Pi)\cdots(\Pi B_- \Pi)}_{n\text{ 个因子}} = (-1)^n (B_-)^n \tag{42}$$

这就是说, 一个奇算符的偶次幂是一个偶算符, 奇次幂是一个奇算符. 再考虑算符 $F(B_-)$; 当对应的函数 $F(z)$ 是偶函数时, 它是一个偶算符, 当 $F(z)$ 是奇函数时, 它是一个奇算符. 一般地说, $F(B_-)$ 没有确定的宇称.

3. 偶性观察算符 B_+ 的本征态

我们考虑一个任意的偶性观察算符 B_+, $|\varphi_b\rangle$ 是它的一个本征矢, 属于本征值 b. 既然 B_+ 是偶性的, 它就可以和 Π 对易, 应用第二章 §D–3–a 的定理, 我们得到下述结果:

α. 若 b 是非简并的本征值, 则 $|\varphi_b\rangle$ 一定是 Π 的本征矢; 因此, 这个矢量或是偶性的, 或是奇性的. 从而一切奇性观察算符 B_- (诸如 $\boldsymbol{R}$、$\boldsymbol{P}$ 等) 的平均值 $\langle\varphi_b|B_-|\varphi_b\rangle$ 都等于零.

β. 若 b 是简并的本征值, 对应本征子空间是 $\mathscr{E}_b$, 则空间 $\mathscr{E}_b$ 中的矢量不一定都有确定的宇称. 矢量 $\Pi|\varphi_b\rangle$ 和 $|\varphi_b\rangle$ 可能是不共线的; 但这个矢量仍属于同一本征值 b. 此外, 在每一个子空间 $\mathscr{E}_b$ 中都可以找到由 Π 和 B_+ 的共同本征矢构成的一个基.

[198] 4. 在一种重要特殊情况中的应用

以后, 我们经常要求在 $\mathscr{E}_{\boldsymbol{r}}$ 空间中起作用的形式如下的哈密顿算符 H 的本征态:

$$H = \frac{\boldsymbol{P}^2}{2m} + V(\boldsymbol{R}) \tag{43}$$

算符 $\boldsymbol{P}$ 是奇性的, 故 $\boldsymbol{P}^2$ 是偶性的, 因而, 若函数 $V(\boldsymbol{r})$ 也是偶性的 $[V(\boldsymbol{r}) = V(-\boldsymbol{r})]$, 则算符 H 便是偶性的. 根据刚才说过的道理, 我们可以找到 H 在偶性态中或奇性态中的本征态, 这往往使计算大为简化.

我们已经遇到过哈密顿算符为偶算符的几种情况, 如方势阱, 无限深势阱 (参看补充材料 $\mathrm{H_I}$); 我们还将研究属于这类情况的一些其他例子: 谐振子, 氢原子等. 在这些特例中, 前面举出的各种性质都很容易得到证实.

附注:

假设 H 是偶算符, 并设我们已经找到了它的一个没有确定宇称的本征态 $|\varphi_h\rangle$ (即矢量 $\Pi|\varphi_h\rangle$ 并不与 $|\varphi_h\rangle$ 共线), 那么, 我们就可以断言, 对应的本征值是简并的. 事实上, 由于 Π 可以和 H 对易, 因此, $\Pi|\varphi_h\rangle$ 是 H 的本征矢, 与 $|\varphi_h\rangle$ 同属一个本征值.

参考文献和阅读建议:

Schiff (1.18), §29; Roman (2.3); §5–3d; Feynman I (6.3), 第 52 章; Sakurai (2.7) 第 3 章; Morrison (2.28), Feinberg 和 Goldhaber (2.29) 及 Wigner (2.30) 等人的文章.

补充材料 G_{II}

[199] 张量积的性质的应用: 二维无限深势阱

1. 定义; 本征态
2. 能级的研究
   a. 基态能级
   b. 第一激发态的能量
   c. 系统的简并与偶然的简并

在补充材料 H_{I} (§2–c) 中, 我们曾经研究过处于一维无限深势阱中的粒子的定态. 利用张量积的概念 (参看第二章 §F), 可以将这种对一维问题的讨论推广到二维无限深势阱 (即使再引入第三维, 也不至于在原则上增加什么困难).

1. 定义; 本征态

设想有一个质量为 m 的粒子被限制在 xOy 平面上的边长为 a 的一个 "方盒" 内部, 只要粒子的一个坐标 (x 或 y) 越出区间 $[0, a]$, 它的势能 $V(x, y)$ 就变成无穷大:

$$V(x,y) = V_\infty(x) + V_\infty(y) \tag{1}$$

其中

$$\begin{aligned} V_\infty(u) &= 0 \quad (\text{当 } 0 \leqslant u \leqslant a \text{ 时}) \\ &= \infty \quad (\text{当 } u < 0 \text{ 或 } u > a \text{ 时}) \end{aligned} \tag{2}$$

因而这个量子粒子的哈密顿算符为 (参看第三章 §B–5):

$$H = \frac{1}{2m}(P_x^2 + P_y^2) + V_\infty(x) + V_\infty(y) \tag{3}$$

我们可以将它写作:

$$H = H_x + H_y \tag{4}$$

其中

$$H_x = \frac{1}{2m}P_x^2 + V_\infty(x)$$
$$H_y = \frac{1}{2m}P_y^2 + V_\infty(y) \tag{5}$$

于是, 现在的情况正是第二章 (§F–4–a–β) 中所说的重要特例, 我们可以去找 H 的形式如下的本征态:

$$|\Phi\rangle = |\varphi\rangle_x|\varphi\rangle_y \tag{6}$$

其中的 $|\varphi\rangle_x, |\varphi\rangle_y$ 满足关系 [200]

$$H_x|\varphi\rangle_x = E_x|\varphi\rangle_x;\quad |\varphi\rangle_x \in \mathscr{E}_x$$
$$H_y|\varphi\rangle_y = E_y|\varphi\rangle_y;\quad |\varphi\rangle_y \in \mathscr{E}_y \tag{7}$$

于是便有:

$$H|\Phi\rangle = E|\Phi\rangle$$

其中

$$E = E_x + E_y \tag{8}$$

由此可见, 我们从一个二维问题出发, 又回到了一个一维的问题; 而且这个一维问题是前面已经解过的 (参看补充材料 $\mathrm{H_I}$). 利用这篇补充材料中的结果以及 (7)、(8) 两式, 我们可以看出:

—H 的本征值具有如下形式:

$$E_{n,p} = \frac{1}{2ma^2}(n^2+p^2)\pi^2\hbar^2 \tag{9}$$

式中 n 和 p 都是正整数.

— 和这些能量对应的态是本征态 $|\Phi_{n,p}\rangle$, 我们可以将它写成张量积的形式:

$$|\Phi_{n,p}\rangle = |\varphi_n\rangle_x|\varphi_p\rangle_y \tag{10}$$

这个态的归一化波函数是:

$$\Phi_{n,p}(x,y) = \varphi_n(x)\varphi_p(y)$$
$$= \frac{2}{a}\sin\frac{n\pi x}{a}\sin\frac{p\pi y}{a} \tag{11}$$

很容易验明, 在势能为无穷大的 "方盒" 边缘 (x 或 y 等于 0 或 a) 处, 这些波函数都等于零.

2. 能级的研究

a. 基态能级

现在 n 和 p 都是正整数①. 当 $n=1, p=1$ 时, 便得到基态能级, 能量的数值为:

$$E_{1,1}=\frac{\pi^2\hbar^2}{ma^2} \tag{12}$$

这个数值只能在 $n=p=1$ 时出现, 故基态能级是非简并的.

[201] b. 第一激发态的能量

$n=1, p=2$ 时或 $n=2, p=1$ 时, 便得到第一激发态的能量

$$E_{1,2}=E_{2,1}=\frac{5}{2}\frac{\pi^2\hbar^2}{ma^2} \tag{13}$$

由于 $|\varPhi_{1,2}\rangle$ 和 $|\varPhi_{2,1}\rangle$ 是独立的, 故这个能级是二重简并的.

第二激发能级对应于 $n=p=2$; 这是一个非简并能级, 其能量为:

$$E_{2,2}=4\frac{\pi^2\hbar^2}{ma^2} \tag{14}$$

第三激发能级对应于 $n=1, p=3$ 和 $n=3, p=1$; 等等.

c. 系统的简并与偶然的简并

一般地说, 可以肯定凡对应于 $n\neq p$ 的能级都是简并的, 这是因为:

$$E_{n,p}=E_{p,n} \tag{15}$$

这种简并性是和问题中的对称性相关的. 事实上, 我们所研究的方势阱关于 xOy 平面的第一象限的平分线是对称的. 这一点可以从下述事实看出, 对于

$$\begin{aligned}X &\longleftrightarrow Y\\ P_x &\longleftrightarrow P_y\end{aligned} \tag{16}$$

这样的对换, 哈密顿算符 H 是不变的.(我们可以在态空间中定义一个算符, 它反映相对于第一象限平分线的对称性; 但可以证明, 在现在的问题中, 这个算符是可以和 H 对易的). 如果知道了 H 的一个本征态, 它的波函数是 $\varPhi(x,y)$, 那么, 对应于 $\varPhi'(x,y)=\varPhi(y,x)$ 的态也是 H 的属于同一本征值的本征态. 因而, 如果函数 $\varPhi(x,y)$ 关于 x 和 y 并不对称, 那么, 相关的本征值一定是简并的. 这就是 (15) 式所表示的简并性的原因: 当 $n\neq p$ 时, $\varPhi_{n,p}(x,y)$ 关于 x 和 y 是不对称的 [公式 (11)]. 这种解释可用下述事实来证实: 如果破坏对称性, 考虑这样一个势阱, 它在 Ox 轴上和 Oy 轴上的宽度不相等 (分别为 a 与 b), 那么简并就消失了; 这是因为, 这时公式 (9) 变为:

$$E_{n,p}=\frac{\pi^2\hbar^2}{2m}\left(\frac{n^2}{a^2}+\frac{p^2}{b^2}\right) \tag{17}$$

① $n=0$ 或 $p=0$ 将使波函数为零 (因而不可能归一化), 故须将它们舍弃.

由此可知

$$E_{p,n} \neq E_{n,p} \tag{18}$$

起源于问题中的对称性的简并, 叫做系统的简并.

附注:

二维方势阱的其他对称因素并不引起系统的简并, 这是因为 H 的各本征态对于其他对称因素来说都是不变的. 例如, 对于任意的 n 和 p, 若将 x 换成 $(a-x)$, 将 y 换成 $(a-y)$ (相对于势阱中心的对称性), 只不过相当于用一个相位因子去乘 $\Phi_{n,p}(x,y)$.

还可能出现一种简并, 它和问题的对称性没有直接联系, 我们称它为偶然的简并. 例如, 在上面所研究的问题中, $E_{5,5}=E_{7,1}$ 以及 $E_{7,4}=E_{8,1}$ 等等, 就是这种简并. [202]

补充材料 $\mathbf{H}_{\mathrm{II}}$

[203] # 练习

狄拉克符号. 对易子. 本征矢与本征值.

1. 我们用 $|\varphi_n\rangle$ 表示厄米算符 H 的本征态 (譬如, H 可以是任何物理体系的哈密顿算符), 假设全体 $|\varphi_n\rangle$ 构成一个离散的正交归一基. 算符 $U(m,n)$ 的定义是

$$U(m,n) = |\varphi_m\rangle\langle\varphi_n|$$

a. 计算 $U(m,n)$ 的伴随算符 $U^\dagger(m,n)$

b. 计算对易子 $[H, U(m,n)]$

c. 证明:

$$U(m,n)U^\dagger(p,q) = \delta_{n,q}U(m,p)$$

d. 计算算符 $U(m,n)$ 的迹 $\mathrm{Tr}\,\{U(m,n)\}$

e. 设 A 是一个算符, 它的矩阵元是 $A_{mn} = \langle\varphi_m|A|\varphi_n\rangle$; 试证:

$$A = \sum_{m,n} A_{mn}U(m,n)$$

f. 试证: $A_{pq} = \mathrm{Tr}\,\{AU^\dagger(p,q)\}$

2. 在一个二维矢量空间中, 考虑这样一个算符, 它在正交归一基 $\{|1\rangle, |2\rangle\}$ 中的矩阵为:

$$\sigma_y = \begin{bmatrix} 0 & -\mathrm{i} \\ \mathrm{i} & 0 \end{bmatrix}$$

a. σ_y 是厄米算符吗? 试计算它的本征值和本征矢 (要给出它们在基 $\{|1\rangle, |2\rangle\}$ 中的已归一化的展开式).

b. 计算在这些本征矢上的投影算符的矩阵, 然后证明它们满足正交归一关系式和封闭性关系式.

c. 同样是上面这些问题, 但矩阵为

$$M = \begin{bmatrix} 2 & \mathrm{i}\sqrt{2} \\ -\mathrm{i}\sqrt{2} & 3 \end{bmatrix}$$

及三维空间的矩阵 [204]

$$L_y = \frac{\hbar}{2\mathrm{i}}\begin{bmatrix} 0 & \sqrt{2} & 0 \\ -\sqrt{2} & 0 & \sqrt{2} \\ 0 & -\sqrt{2} & 0 \end{bmatrix}$$

3. 某一物理体系的态空间是三维的, 设 $\{|u_1\rangle, |u_2\rangle, |u_3\rangle\}$ 是这个空间中的一个正交归一基. $|\psi_0\rangle$ 和 $|\psi_1\rangle$ 是按下列关系定义的两个右矢:

$$|\psi_0\rangle = \frac{1}{\sqrt{2}}|u_1\rangle + \frac{\mathrm{i}}{2}|u_2\rangle + \frac{1}{2}|u_3\rangle$$

$$|\psi_1\rangle = \frac{1}{\sqrt{3}}|u_1\rangle + \frac{\mathrm{i}}{\sqrt{3}}|u_3\rangle$$

a. 这两个右矢是归一化的吗?

b. 计算矩阵 ρ_0 和 ρ_1 (它们分别表示在基 $\{|u_1\rangle, |u_2\rangle, |u_3\rangle\}$ 中在态 $|\psi_0\rangle$ 上及在态 $|\psi_1\rangle$ 上的投影算符); 并验证这些矩阵是厄米矩阵.

4. 设有算符 $K = |\varphi\rangle\langle\psi|$, 其中的 $|\varphi\rangle$ 和 $|\psi\rangle$ 是态空间中的两个矢量.

a. 在什么条件下 K 是厄米算符?

b. 计算 K^2. 在什么条件下 K 是投影算符?

c. 试证 K 总可以写成 $K = \lambda P_1 P_2$ 的形式, 其中的 λ 是待定常数, P_1 和 P_2 是投影算符.

5. 设 P_1 是子空间 $\mathscr{E}_1$ 上的正投影算符, P_2 是子空间 $\mathscr{E}_2$ 上的正投影算符. 试证: 为使乘积 P_1P_2 仍为一正投影算符, 必须而且只需 P_1 和 P_2 是可对易的; 这时 P_1P_2 是在哪个子空间上进行投影?

6. 矩阵 σ_x 的定义为:

$$\sigma_x = \begin{pmatrix} 0 & 1 \\ 1 & 0 \end{pmatrix}$$

试证:

$$\mathrm{e}^{\mathrm{i}\alpha\sigma_x} = I\cos\alpha + \mathrm{i}\sigma_x\sin\alpha$$

其中 I 是 2×2 单位矩阵.

7. 试就练习 2 中的矩阵 σ_y 建立类似于上题中关于 σ_x 已经证明过的关系式; 并将结果推广到下列形式的一切矩阵:

$$\sigma_u = \lambda\sigma_x + \mu\sigma_y$$

[205] 其中的 λ 和 μ 满足:

$$\lambda^2+\mu^2=1$$

试求表示 $\mathrm{e}^{2\mathrm{i}\sigma_x}, (\mathrm{e}^{\mathrm{i}\sigma_x})^2$ 及 $\mathrm{e}^{\mathrm{i}(\sigma_x+\sigma_y)}$ 的矩阵; 并判断 $\mathrm{e}^{2\mathrm{i}\sigma_x}$ 是否等于 $(\mathrm{e}^{\mathrm{i}\sigma_x})^2$? $\mathrm{e}^{\mathrm{i}(\sigma_x+\sigma_y)}$ 是否等于 $\mathrm{e}^{\mathrm{i}\sigma_x}\mathrm{e}^{\mathrm{i}\sigma_y}$?

8. 在一个一维的问题中, 一个粒子的哈密顿算符为

$$H=\frac{1}{2m}P^2+V(x)$$

这里的 X 和 P 是在第二章 §E 中定义过的算符, 而且两者满足关系式 $[X,P]=\mathrm{i}\hbar$. H 的本征矢用 $|\varphi_n\rangle$ 表示, 即有: $H|\varphi_n\rangle=E_n|\varphi_n\rangle$, 其中的 n 是离散指标.

a. 试证

$$\langle\varphi_n|P|\varphi_{n'}\rangle=\alpha\langle\varphi_n|X|\varphi_{n'}\rangle$$

式中的 α 是一个只依赖于 E_n 与 $E_{n'}$ 之差的系数. 试求 α (提示: 考虑对易子 $[X,H]$).

b. 利用封闭性关系式, 从上面的结果导出:

$$\sum_{n'}(E_n-E_{n'})^2|\langle\varphi_n|X|\varphi_{n'}\rangle|^2=\frac{\hbar^2}{m^2}\langle\varphi_n|P^2|\varphi_n\rangle$$

9. 设 H 是一个物理体系的哈密顿算符; $|\varphi_n\rangle$ 表示 H 的属于本征值 E_n 的本征矢:

$$H|\varphi_n\rangle=E_n|\varphi_n\rangle$$

a. 设 A 为一任意算符, 试证

$$\langle\varphi_n|[A,H]|\varphi_n\rangle=0$$

b. 考虑一个一维的问题, 其中的物理体系是一个质量为 m 的粒子, 其势能为 $V(X)$. 在这种情况下, H 可以写作

$$H=\frac{1}{2m}P^2+V(X)$$

α. 试将对易子 $[H,P],[H,X]$, 及 $[H,XP]$ 表示为 P、X 和 $V(X)$ 的函数.

β. 试证矩阵元 $\langle\varphi_n|P|\varphi_n\rangle$ 等于零 (在第三章中, 我们将把这种矩阵元解释为动量在 $|\varphi_n\rangle$ 态中的平均值).

γ. 试建立 $E_k=\left\langle\varphi_n\left|\frac{P^2}{2m}\right|\varphi_n\right\rangle$ (动能在 $|\varphi_n\rangle$ 态中的平均值) 和 $\left\langle\varphi_n\left|X\frac{\mathrm{d}V}{\mathrm{d}X}\right|\right.$

$\varphi_n\Big\rangle$ 之间的关系. 在 $|\varphi_n\rangle$ 态中, 势能的平均值为 $\langle\varphi_n|V(X)|\varphi_n\rangle$, 如果

$$V(X) = V_0 X^k \quad (k = 2, 4, 6, \cdots; V_0 > 0)$$

它的平均值与动能平均值的关系如何? [206]

10. 利用关系式 $\langle x|p\rangle = (2\pi\hbar)^{-1/2}\mathrm{e}^{\mathrm{i}px/\hbar}$, 试将 $\langle x|XP|\psi\rangle$ 和 $\langle x|PX|\psi\rangle$ 表为 $\psi(x)$ 的函数; 在 $\{|x\rangle\}$ 表象中, P 的作用相当于 $\dfrac{\hbar}{\mathrm{i}}\dfrac{\mathrm{d}}{\mathrm{d}x}$, 据此, 能不能直接求得这些结果?

对易观察算符的集合; ECOC

11. 考虑这样一个物理体系, 它的态空间是三维的, 三个正交归一的基右矢是 $|u_1\rangle, |u_2\rangle, |u_3\rangle$. 在按此顺序所取的这三个矢量所构成的基中, H 与 B 这两个算符由下面的矩阵表示:

$$H = \hbar\omega_0 \begin{bmatrix} 1 & 0 & 0 \\ 0 & -1 & 0 \\ 0 & 0 & -1 \end{bmatrix} B = b \begin{bmatrix} 1 & 0 & 0 \\ 0 & 0 & 1 \\ 0 & 1 & 0 \end{bmatrix}$$

其中 ω_0 和 b 都是实常数.

a. H 和 B 是厄米矩阵吗?

b. 试证 H 和 B 可以对易. 试用 H 和 B 的共同本征矢构成一个基.

c. 在算符集合 $\{H\}, \{B\}, \{H, B\}, \{H^2, B\}$ 中, 哪些可以构成 ECOC?

12. 态空间和上题的相同. 现在考虑另外两个算符 L_z 和 S, 它们的定义是:

$$L_z|u_1\rangle = |u_1\rangle \quad L_z|u_2\rangle = 0 \quad L_z|u_3\rangle = -|u_3\rangle$$
$$S|u_1\rangle = |u_3\rangle \quad S|u_2\rangle = |u_2\rangle \quad S|u_3\rangle = |u_1\rangle$$

a. 试求在基 $\{|u_1\rangle, |u_2\rangle, |u_3\rangle\}$ 中表示 L_z, L_z^2、S 及 S^2 的矩阵. 这些算符是观察算符吗?

b. 试求表示与 L_z 对易的算符的最一般的矩阵. 对于与 L_z^2 对易的算符、与 S^2 对易的算符, 解同样的问题.

c. L_z^2 与 S 是否构成 ECOC? 试给出一个由共同本征矢构成的基.

[207] **练习 11 的解**

a. H 和 B 都是厄米算符, 因为表示它们的矩阵是实的对称矩阵.

b. $|u_1\rangle$ 是 H 和 B 的一个共同本征矢, 因而显然有 $HB|u_1\rangle = BH|u_1\rangle$. 于是可以看出, 若要使 H 和 B 可以对易, 只要它们在 $|u_2\rangle$ 和 $|u_3\rangle$ 所张成的子空间 $\mathscr{E}_2$ 中的限制算符可以对易就行了. 但是在这个子空间中, 表示 H 的矩阵为 $-\hbar\omega_0 I$ (这里的 I 是 2×2 单位矩阵), 它可以和所有的 2×2 矩阵对易, 因此, H 和 B 可以对易 (当然, 直接计算矩阵 HB 和 BH 并证明两者相等, 也可得到这个结果) 算符 B 在 $\mathscr{E}_2$ 中的限制算符可以写作:

$$P_{\mathscr{E}_2} B P_{\mathscr{E}_2} = b\begin{pmatrix} 0 & 1 \\ 1 & 0 \end{pmatrix}$$

这个 2×2 矩阵的已归一化的本征矢很容易求出, 结果是

$$|p_2\rangle = \frac{1}{\sqrt{2}}[|u_2\rangle + |u_3\rangle] \quad (\text{对应于本征值 } +b)$$

$$|p_3\rangle = \frac{1}{\sqrt{2}}[|u_2\rangle - |u_3\rangle] \quad (\text{对应于本征值 } -b)$$

这些矢量其实就是 H 的本征矢, 因为 $\mathscr{E}_2$ 是算符 H 的对应于本征值 $-\hbar\omega_0$ 的本征子空间. 归结一下, H 和 B 的共同本征矢为

矢量	H 的本征值	B 的本征值
$\lvert p_1\rangle = \lvert u_1\rangle$	$\hbar\omega_0$	b
$\lvert p_2\rangle = \frac{1}{\sqrt{2}}[\lvert u_2\rangle + \lvert u_3\rangle]$	$-\hbar\omega_0$	b
$\lvert p_3\rangle = \frac{1}{\sqrt{2}}[\lvert u_2\rangle - \lvert u_3\rangle]$	$-\hbar\omega_0$	$-b$

H 和 B 的已归一化的共同本征矢总共就是这三个矢量 (当然, 相差一个相位因子的情况除外).

c. 从上面的表可以看出, H 有一个二重简并的本征值, 因此它不是一个 ECOC. 同样 B 也有一个二重简并的本征值, 它也不是一个 ECOC. 例如, 算符 B 的属于本征值 b 的本征矢可以是 $|p_1\rangle$ 或 $|p_2\rangle$ 或 $\frac{1}{\sqrt{3}}|u_1\rangle + \frac{1}{\sqrt{3}}|u_2\rangle + \frac{1}{\sqrt{3}}|u_3\rangle$. 可是, 两个算符 H 和 B 的集合却构成一个 ECOC. 事实上, 在上面的表中, 同时对于 H 和 B 来说, 没有哪两个矢量 $|p_j\rangle$ 是属于同一本征值的. 如前所述, 这说明了为什么 H 和 B 的已归一化的共同本征矢系是唯一的 (除相位因子外). 我们注意到, 在 H 的对应于本征值 $-\hbar\omega_0$ 的本征子空间 $\mathscr{E}_2$ 中, 算符 B 的本征
[208] 值是不同的 (一个是 b, 一个是 $-b$); 同样, 在由 $|p_1\rangle$ 和 $|p_2\rangle$ 所张成的 B 的本征

子空间中, H 的本征值也是不同的 (一个是 $\hbar\omega_0$, 一个是 $-\hbar\omega_0$).

H^2 的属于本征值 $\hbar^2\omega_0^2$ 的本征矢有 $|p_1\rangle, |p_2\rangle$ 和 $|p_3\rangle$. 很容易看出, H^2 和 B 并不构成一个 ECOC. 这是因为, 这两个线性无关的本征矢 $|p_1\rangle$ 和 $|p_2\rangle$ 对应于本征值组 $\{\hbar^2\omega_0^2, b\}$.

练习 12 的解

a. 利用构成算符的矩阵的规则:"在矩阵的第 n 列中, 写下第 n 个基矢经算符变换后所得的诸分量", 很容易得到:

$$L_z = \begin{bmatrix} 1 & 0 & 0 \\ 0 & 0 & 0 \\ 0 & 0 & -1 \end{bmatrix} \quad S = \begin{bmatrix} 0 & 0 & 1 \\ 0 & 1 & 0 \\ 1 & 0 & 0 \end{bmatrix}$$

$$L_z^2 = \begin{bmatrix} 1 & 0 & 0 \\ 0 & 0 & 0 \\ 0 & 0 & 1 \end{bmatrix} \quad S^2 = \begin{bmatrix} 1 & 0 & 0 \\ 0 & 1 & 0 \\ 0 & 0 & 1 \end{bmatrix}$$

这些都是实的对称矩阵, 因而是厄米矩阵. 因为态空间是有限多维的, 故这些矩阵可以对角化, 它们表示观察算符.

b. 假设 M 是可以和 L_z 对易的一个算符. 在 $|u_1\rangle$ 和 $|u_2\rangle$ 之间, 在 $|u_2\rangle$ 和 $|u_3\rangle$ 之间, 以及在 $|u_1\rangle$ 和 $|u_3\rangle$ 之间 (这些都是 L_z 的属于互异本征值的本征矢), 都没有 M 的矩阵元 (参看第二章 §D–3–a). 因而, 表示 M 的矩阵必定是对角的, 即应具有下列形式:

$$[M, L_z] = 0 \quad \Longleftrightarrow \quad M = \begin{bmatrix} m_{11} & 0 & 0 \\ 0 & m_{22} & 0 \\ 0 & 0 & m_{33} \end{bmatrix}$$

如果 N 是可以和 L_z^2 对易的算符, 那么在 $|u_1\rangle$ 和 $|u_3\rangle$ 之间 (两者是 L_z^2 的属于同一本征值的本征矢) 有 N 的矩阵元; 但在 $|u_2\rangle$ 和 $|u_1\rangle$ 之间, 在 $|u_2\rangle$ 和 $|u_3\rangle$ 之间都没有 N 的矩阵元. 因此, 应将 N 写作

$$[N, L_z^2] = 0 \quad \Longleftrightarrow \quad N = \begin{bmatrix} n_{11} & 0 & n_{13} \\ 0 & n_{22} & 0 \\ n_{31} & 0 & n_{33} \end{bmatrix}$$

因此, 使一个算符和 L_z^2 对易比使它和 L_z 对易要少受一些限制, 这就是说 N 不一定是对角矩阵. 在这种情况下, 我们只能说, 在 N 的矩阵中, 由 $|u_1\rangle$ 和 $|u_3\rangle$

所张成的子空间 $\mathscr{F}_2$ 中的矢量不会和由 $|u_2\rangle$ 所张成的一维子空间中的矢量混
[209] 杂起来. 如果在基 $\{|u_1\rangle, |u_3\rangle, |u_2\rangle\}$ 中 (即交换了基矢的顺序), 写出表示算符 N 的矩阵 N':

$$N' = \begin{bmatrix} n_{11} & n_{13} & 0 \\ n_{31} & n_{33} & 0 \\ 0 & 0 & n_{22} \end{bmatrix}$$

上述性质就很明显了. 最后, 由于 S^2 是一个单位矩阵, 因而, 任何 3×3 矩阵都可以和 S^2 对易, 这种矩阵的最一般的形式为:

$$[P, S^2] = 0 \quad \Longleftrightarrow \quad P = \begin{bmatrix} p_{11} & p_{12} & p_{13} \\ p_{21} & p_{22} & p_{23} \\ p_{31} & p_{32} & p_{33} \end{bmatrix}$$

c. $|u_2\rangle$ 是 L_z^2 和 S 的一个共同本征矢, 在 $|u_1\rangle$ 和 $|u_3\rangle$ 所张成的子空间 $\mathscr{F}_2$ 中, L_z^2 和 S 可以写作:

$$P_{\mathscr{F}_2} L_z^2 P_{\mathscr{F}_2} = \begin{bmatrix} 1 & 0 \\ 0 & 1 \end{bmatrix}$$

$$P_{\mathscr{F}_2} S P_{\mathscr{F}_2} = \begin{bmatrix} 0 & 1 \\ 1 & 0 \end{bmatrix}$$

第二个矩阵的本征矢为:

$$|q_2\rangle = \frac{1}{\sqrt{2}}[|u_1\rangle + |u_3\rangle]$$

$$|q_3\rangle = \frac{1}{\sqrt{2}}[|u_1\rangle - |u_3\rangle]$$

L_z^2 和 S 的共同本征矢所构成的基为:

矢量	L_z^2 的本征值	S 的本征值
$\|q_1\rangle = \|u_2\rangle$	0	1
$\|q_2\rangle = \frac{1}{\sqrt{2}}[\|u_1\rangle + \|u_3\rangle]$	1	1
$\|q_3\rangle = \frac{1}{\sqrt{2}}[\|u_1\rangle - \|u_3\rangle]$	1	−1

在这个表中, 在 L_z^2 和 S 的本征值中, 没有哪两行是相同的, 因此这两个算符构成一个 ECOC(但是, 单独取两者中的任何一个, 都不是 ECOC).

第三章

量子力学的假定 [211]

[212] # 第三章提纲

§A. 引言

§B. 假定的陈述

1. 体系的态的描述
2. 物理量的描述
3. 物理量的测量
   a. 可能的结果
   b. 谱分解原理
   c. 波包的收缩
4. 体系随时间的演变
5. 量子化规则
   a. 规则的陈述
   b. 重要例子

§C. 关于可观察量及其测量的假定的物理解释

1. 量子化规则与波函数的概率解释是一致的
2. 某些物理量的量子化
3. 测量的机制
4. 可观察量在指定态中的平均值
5. 方均根偏差
6. 可观察量的相容性
   a. 相容性与对易性
   b. 态的制备

§D. 薛定谔方程的物理意义

1. 薛定谔方程的普遍性质
   a. 物理体系的演变的确定性
   b. 叠加原理
   c. 概率守恒
   d. 可观察量的平均值的演变;与经典力学的联系
2. 保守体系的情况
   a. 薛定谔方程的解
   b. 定态
   c. 运动常量
   d. 体系的玻尔频率; 选择定则
   e. 时间–能量不确定度关系式

§E. 叠加原理和物理上的预言

1. 概率幅与干涉效应
   a. 态的线性叠加的物理意义
   b. 对中间态求和
   c. 结论: 概率幅概念的重要性
2. 若干个态与同一测量结果相联系的情况
   a. 简并的本征值
   b. 选择性能不佳的测量仪器
   c. 概要: 应该取概率幅之和还是取概率之和?
   d. 应用于对连续谱的处理

§A. 引言 [213]

在经典力学中, 如果某一物质体系中各点的位置 $\boldsymbol{r}(x,y,z)$ 及速度 $\boldsymbol{v}(\dot{x},\dot{y},\dot{z})$ 都是时间的已知函数, 则该体系的运动便是确定的. 在一般情况下 (参看附录Ⅲ), 为了描述这样一个体系, 我们引入广义坐标 $q_i(t)(i=1,2,\cdots,N)$, 它们对时间的导数 $\dot{q}_i(t)$ 是广义速度. 给出了全体 $q_i(t)$ 和 $\dot{q}_i(t)$, 就可算出体系中任一点在每一时刻的位置和速度. 我们通过拉格朗日函数 $\mathscr{L}(q_i,\dot{q}_i,t)$ 来定义和每一个广义坐标 q_i 对应的共轭动量 p_i :

$$p_i=\frac{\partial\mathscr{L}}{\partial\dot{q}_i} \tag{A–1}$$

全体 $q_i(t)$ 和 $p_i(t)(i=1,2,\cdots,N)$ 叫做基本的动力学变量. 一个体系的一切物理量 (诸如能量、角动量等等) 都可以表示为这些基本动力学变量的函数. 例如, 体系的总能量可由哈密顿函数 $\mathscr{H}(q_i,p_i,t)$ 给出. 我们研究一个体系的运动, 或者使用拉格朗日方程组, 或者使用哈密顿–雅可比正则方程组, 此方程组为 :

$$\frac{\mathrm{d}q_i}{\mathrm{d}t}=\frac{\partial\mathscr{H}}{\partial p_i} \tag{A–2–a}$$

$$\frac{\mathrm{d}p_i}{\mathrm{d}t}=-\frac{\partial\mathscr{H}}{\partial q_i} \tag{A–2–b}$$

在体系只包含一个质量为 m 的质点这一特殊情况下, 全体 q_i 其实就是该质点的三个坐标 ; 而全体 $\dot{q}_i$ 则是它的速度 $\boldsymbol{v}$ 的三个分量. 如果作用于该质点上的力可以从一个标量势 $V(\boldsymbol{r},t)$ 导出, 那么, 对应于其位置 $\boldsymbol{r}$ 的三个共轭动量 (即线动量 $\boldsymbol{p}$ 的三个分量) 等于机械动量 $m\boldsymbol{v}$ 的三个分量. 于是可将总能量写作:

$$E=\frac{\boldsymbol{p}^2}{2m}+V(\boldsymbol{r},t) \tag{A–3}$$

而对原点的角动量为:

$$\mathscr{L}=\boldsymbol{r}\times\boldsymbol{p} \tag{A–4}$$

在这种特殊情况下, 由于 $\mathscr{H}(\boldsymbol{r},\boldsymbol{p},t)=\dfrac{\boldsymbol{p}^2}{2m}+V(\boldsymbol{r},t)$, 因此, 哈密顿–雅可比方程 [214]
组 (A–2) 取熟知的形式

$$\frac{\mathrm{d}\boldsymbol{r}}{\mathrm{d}t}=\frac{\boldsymbol{p}}{m} \tag{A–5–a}$$

$$\frac{\mathrm{d}\boldsymbol{p}}{\mathrm{d}t}=-\nabla V \tag{A–5–b}$$

综上所述, 对一个物理体系的经典描述可以归结如下:

(i) 体系在确定时刻 t_0 的态, 决定于 N 个广义坐标 $q_i(t_0)$ 和 N 个共轭动量 $p_i(t_0)$ 的数值.

(ii) 如果知道了体系在指定时刻的态, 那么, 各物理量在该时刻的值便完全确定了. 这就是说, 知道了体系在 t_0 时刻的态, 我们就可以确切地预言在该时刻进行的任何一种测量的结果.

(iii) 体系的态随时间演变的规律由哈密顿–雅可比方程组来表达. 由于它是一个一阶微分方程组, 所以, 只要给定在指定时刻 t_0 的函数值 $\{q_i(t_0), p_i(t_0)\}$, 此方程组的解 $\{q_i(t), p_i(t)\}$ 就是唯一的. 这就是说, 只要知道了体系的初态, 便可以确定它在任意时刻的态.

对物理体系的量子描述是建立在一些假定的基础之上的, 在这一章中, 我们将研究这些假定. 在第一章, 我们曾以定性的、不全面的方式引入过这些假定; 现在, 我们要利用第二章所建立的数学体系来更准确地表述它们. 这些假定可以回答下列问题 (对应于上面关于经典描述所列举的那三点):

(i) 怎样从数学上描述一个量子体系在指定时刻的态?

(ii) 知道了体系的态, 怎样预言各种物理量的测量结果?

(iii) 知道了体系在 t_0 时刻的态, 怎样去找出它在任意时刻 t 的态?

一开始, 我们先陈述量子力学中的这些假定 (§B), 然后再分析它们的物理内容, 讨论它们的后果 (§§C、D、E).

§B. 假定的陈述

1. 体系的态的描述

在第一章中, 已经引入一个粒子的量子态的概念. 首先, 我们用一个平方可积波函数来描述粒子在指定时刻的态; 然后 (在第二章中), 我们用态空间 $\mathscr{E}_{\boldsymbol{r}}$ 中的一个右矢和每一个波函数联系起来: 给出 $\mathscr{E}_{\boldsymbol{r}}$ 空间中的右矢 $|\psi\rangle$ 等价于给
[215] 出对应的波函数 $\psi(\boldsymbol{r}) = \langle\boldsymbol{r}|\psi\rangle$. 因此, 一个粒子在确定时刻的量子态可由 $\mathscr{E}_{\boldsymbol{r}}$ 空间中的一个右矢来描述. 现在, 我们就以这种形式将态的概念推广到一个任意的物理体系.

> **第一个假定**: 在确定的时刻 t_0, 一个物理体系的态由态空间 $\mathscr{E}$ 中一个特定的右矢 $|\psi(t_0)\rangle$ 来确定.

从现在起就必须注意, 由于 $\mathscr{E}$ 是一个矢量空间, 因此第一个假定就隐含着叠加原理: 若干态矢量的线性组合也是一个态矢量. 到 §E 中, 我们还要讨论这个基本观点以及它与其他假定的关系.

2. 物理量的描述

在第一章的 §D–1 中, 我们曾使用一个微分算符 H, 它和处在标量势场中的一个粒子的总能量相联系. 这只不过是下述的第二个假定的一个特例.

> **第二个假定**: 每一个可以测量的物理量 $\mathscr{A}$ 都可以用在 $\mathscr{E}$ 空间中起作用的一个算符 A 来描述; 这个算符是一个观察算符.

附注:

(i) 到后面 (§3) 就可以看出, A 应当是观察算符 (参看第二章 §D–2) 这一点是十分重要的.

(ii) 与经典力学 (参看 §A) 对比, 量子力学是以本质上不同的方式来描述体系的态及有关物理量的: 态用矢量来表示, 物理量用算符来表示.

3. 物理量的测量

a. 可能的结果

在第一章 §D–1 中, 算符 H 和粒子的总能量之间的关系是这样的: 只有算符 H 的本征值才是能量的可能值. 现将这个关系推广到一切物理量.

> **第三个假定**: 每次测量物理量 $\mathscr{A}$, 可能得到的结果, 只能是对应的观察算符 A 的本征值之一.

附注:

(i) 按定义, A 是厄米算符, 所以测量 $\mathscr{A}$ 所得的结果总是实数.

(ii) 如果 A 的谱是离散的, 那么, 测量 $\mathscr{A}$ 可能得到的结果就是量子化 [216]
的 (§C–2).

b. 谱分解原理

在第一章 §A–3 中, 我们曾分析过关于偏振光子的一个简单实验, 现在要把在那里得到的结论精确化并加以推广.

考虑一个体系, 它在指定时刻的态由右矢 $|\psi\rangle$ 描述, 假设这个右矢已归一化为 1:

$$\langle\psi|\psi\rangle = 1 \tag{B–1}$$

我们想要预言在该时刻测量体系的物理量 $\mathscr{A}$ (它与观察算符 A 相联系) 所得的结果. 我们已经知道, 这种预言将是概率型的. 我们将给出一些规则, 用它们就可以算出得到 A 的任一个本征值的概率.

α. 离散谱的情况

首先假设 A 的谱纯粹是离散谱. 如果 A 的全体本征值 a_n 都是非简并的, 那么, 与一个本征值相联系的本征矢只有一个 (除相位因子以外), 即 $|u_n\rangle$:

$$A|u_n\rangle = a_n|u_n\rangle \tag{B–2}$$

由于 A 是观察算符, 故已归一化的 $|u_n\rangle$ 的集合构成 $\mathscr{E}$ 中的一个正交归一基, 于是态矢量 $|\psi\rangle$ 可以写作:

$$|\psi\rangle = \sum_n c_n|u_n\rangle \tag{B–3}$$

我们假定: 测量 $\mathscr{A}$ 时得到结果 a_n 的概率 $\mathscr{P}(a_n)$ 是

$$\mathscr{P}(a_n) = |c_n|^2 = |\langle u_n|\psi\rangle|^2 \tag{B–4}$$

> 第四个假定(非简并的离散谱的情况): 若体系处于已归一化的态 $|\psi\rangle$ 中, 则测量物理量 $\mathscr{A}$ 得到的结果为对应观察算符 A 的非简并本征值 a_n 的概率 $\mathscr{P}(a_n)$ 是:
>
> $$\mathscr{P}(a_n) = |\langle u_n|\psi\rangle|^2$$
>
> 式中 $|u_n\rangle$ 是 A 的已归一化的本征矢, 属于本征值 a_n.

如果某些本征值 a_n 是简并的, 那么与之对应的正交归一本征矢 $|u_n^i\rangle$ 就有若干个:

$$A|u_n^i\rangle = a_n|u_n^i\rangle, i = 1, 2, \cdots, g_n \tag{B–5}$$

这时 $|\psi\rangle$ 仍然可以按正交归一基 $\{|u_n^i\rangle\}$ 展开, 而有:

$$|\psi\rangle = \sum_n \sum_{i=1}^{g_n} c_n^i|u_n^i\rangle \tag{B–6}$$

[217] 在这种情况下, 概率 $\mathscr{P}(a_n)$ 变为:

$$\mathscr{P}(a_n) = \sum_{i=1}^{g_n} |c_n^i|^2 = \sum_{i=1}^{g_n} |\langle u_n^i|\psi\rangle|^2 \tag{B–7}$$

于是, 可以把 (B–7) 式作为一个普遍公式, 而把 (B–4) 式看作它的一个特例.

第四个假定(离散谱的情况): 若体系处于已归一化的态 $|\psi\rangle$ 中, 则测量物理量 $\mathscr{A}$ 得到的结果为对应观察算符 A 的本征值 a_n 的概率 $\mathscr{P}(a_n)$ 是:

$$\mathscr{P}(a_n)=\sum_{i=1}^{g_n}|\langle u_n^i|\psi\rangle|^2$$

式中 g_n 是 a_n 的简并度, 而 $\{|u_n^i\rangle\}(i=1,2,\cdots,g_n)$ 是一组正交归一矢量, 它们在对应于 A 的本征值 a_n 的本征子空间 $\mathscr{E}_n$ 中构成一个基.

这个假定要有意义, 在 a_n 有简并时, 概率 $\mathscr{P}(a_n)$ 就必须与 $\mathscr{E}_n$ 中基 $\{|u_n^i\rangle\}$ 的选择无关. 为了证实情况确定是这样的, 我们来考虑下列矢量:

$$|\psi_n\rangle=\sum_{i=1}^{g_n}c_n^i|u_n^i\rangle \tag{B–8}$$

这里的系数 c_n^i 就是 $|\psi\rangle$ 的展开式 (B–6) 中的那些系数,

$$c_n^i=\langle u_n^i|\psi\rangle \tag{B–9}$$

而 $|\psi_n\rangle$ 则是 $|\psi\rangle$ 在子空间 $\mathscr{E}_n$ 中的那一部分, 也就是 $|\psi\rangle$ 在 $\mathscr{E}_n$ 上的投影. 将 (B–9) 式代入 (B–8) 式, 也可以看出这一点:

$$\begin{aligned}|\psi_n\rangle&=\sum_{i=1}^{g_n}|u_n^i\rangle\langle u_n^i|\psi\rangle\\&=P_n|\psi\rangle\end{aligned} \tag{B–10}$$

式中

$$P_n=\sum_{i=1}^{g_n}|u_n^i\rangle\langle u_n^i| \tag{B–11}$$

是 $\mathscr{E}_n$ 上的投影算符 (参看第二章 §B–3–b). 我们再来计算 $|\psi_n\rangle$ 的模平方: 由方程 (B–8) 式有:

$$\langle\psi_n|\psi_n\rangle=\sum_{i=1}^{g_n}|c_n^i|^2 \tag{B–12}$$

由此可见, $\mathscr{P}(a_n)$ 就是 $|\psi_n\rangle=P_n|\psi\rangle$(即 $|\psi\rangle$ 在 $\mathscr{E}_n$ 上的投影) 的模平方. 从这个公式看来, $\mathscr{E}_n$ 中基的改变显然不会影响 $\mathscr{P}(a_n)$ 的值. 这个概率可以写作:

$$\mathscr{P}(a_n)=\langle\psi|P_n^\dagger P_n|\psi\rangle \tag{B–13}$$

或者利用 P_n 的厄米性 ($P_n^\dagger=P_n$), 并注意到它是投影算符 ($P_n^2=P_n$), 而将上 [218]
式变为:

$$\mathscr{P}(a_n)=\langle\psi|P_n|\psi\rangle \tag{B–14}$$

β. 连续谱的情况

现在假设 A 的谱是连续的, 为简单起见, 再假设没有简并. 这时 A 的广义上已正交归一化的本征矢集 $|v_\alpha\rangle$

$$A|v_\alpha\rangle = \alpha|v_\alpha\rangle \tag{B–15}$$

构成 $\mathscr{E}$ 空间中的一个连续基. 在这个基中可将任意右矢 $|\psi\rangle$ 分解为:

$$|\psi\rangle = \int \mathrm{d}\alpha c(\alpha)|v_\alpha\rangle \tag{B–16}$$

由于测量 $\mathscr{A}$ 的可能结果构成一个连续集合, 我们应该像在解释一个粒子的波函数时 (第一章 §B–2) 那样, 定义一个概率密度: 我们测得 $\mathscr{A}$ 的值介于 α 和 $\alpha + \mathrm{d}\alpha$ 之间的概率是:

$$\mathrm{d}\mathscr{P}(\alpha) = \rho(\alpha)\mathrm{d}\alpha$$

其中

$$\rho(\alpha) = |c(\alpha)|^2 = |\langle v_\alpha|\psi\rangle|^2 \tag{B–17}$$

> 第四个假定(非简并连续谱的情况): 测量处于已归一化的态 $|\psi\rangle$ 的体系的物理量 $\mathscr{A}$ 时, 得到介于 α 和 $\alpha + \mathrm{d}\alpha$ 之间的结果的概率 $\mathrm{d}\mathscr{P}(\alpha)$ 是:
>
> $$\mathrm{d}\mathscr{P}(\alpha) = |\langle v_\alpha|\psi\rangle|^2\mathrm{d}\alpha$$
>
> 其中 $|v_\alpha\rangle$ 是与 $\mathscr{A}$ 相联系的观察算符 A 的本征矢, 属于本征值 α.

附注:

(i) 我们可以直接验证, 在上面考虑过的每一种情况下, 总概率都等于 1. 例如, 从 (B–7) 式出发, 可以得到:

$$\sum_n \mathscr{P}(a_n) = \sum_n \sum_{i=1}^{g_n} |c_n^i|^2 = \langle\psi|\psi\rangle = 1 \tag{B–18}$$

这是因为 $|\psi\rangle$ 是归一化的. 因此, 为了保持以上各假定的陈述协调一致, 归一化这个条件是必不可少的, 但它并不具有实质性的意义; 如果这个条件得不到满足, 那么, 只需将 (B–7) 式和 (B–17) 式分别改为:

$$\mathscr{P}(a_n) = \frac{1}{\langle\psi|\psi\rangle}\left(\sum_{i=1}^{g_n} |c_n^i|^2\right) \tag{B–19}$$

[219]

$$\rho(\alpha) = \frac{1}{\langle\psi|\psi\rangle}|c(\alpha)|^2 \tag{B–20}$$

(ii) 为了保证第四个假定的严密性, 与任一物理量相联系的算符 A 都必须是一个观察算符; 这是因为任何一个态都应该能够按 A 的本征矢集展开.

(iii) 我们并没有按第四个假定的最普遍的形式来陈述它; 这是因为, 根据对已经考虑过的几种情况的讨论, 不难将谱分解原理推广到任意情况 (简并的连续谱, 部分连续部分离散的谱, $\cdots$). 在 §E 中, 然后在第四章中, 我们将应用第四个假定去处理几个例子, 特别是, 要探讨在 §B–1 中提到过的叠加原理的一些含意.

γ. 重要后果

考虑如下的两个右矢 $|\psi\rangle$ 和 $|\psi'\rangle$:

$$|\psi'\rangle = \mathrm{e}^{\mathrm{i}\theta}|\psi\rangle \tag{B–21}$$

这里 θ 为实数. 如果 $|\psi\rangle$ 是归一化的, 则 $|\psi'\rangle$ 也是归一化的:

$$\langle\psi'|\psi'\rangle = \langle\psi|\mathrm{e}^{-\mathrm{i}\theta}\mathrm{e}^{\mathrm{i}\theta}|\psi\rangle = \langle\psi|\psi\rangle \tag{B–22}$$

对于任意一次测量, 我们从 $|\psi\rangle$ 或 $|\psi'\rangle$ 得出的概率性预言是一样的; 这是因为, 对于任意的 $|u_n^i\rangle$, 我们有

$$|\langle u_n^i|\psi'\rangle|^2 = |\mathrm{e}^{\mathrm{i}\theta}\langle u_n^i|\psi\rangle|^2 = |\langle u_n^i|\psi\rangle|^2 \tag{B–23}$$

同样, 我们可以将 $|\psi\rangle$ 换成

$$|\psi''\rangle = \alpha\mathrm{e}^{\mathrm{i}\theta}|\psi\rangle \tag{B–24}$$

而不会改变任何物理结果: 这时在 (B–19) 式和 (B–20) 式的分子、分母中都含有一个因子 $|\alpha|^2$, 从而消去. 因此, 互成比例的两个态矢量表示同一个物理状态.

必须留意正确地解释这个结果. 例如, 假设

$$|\psi\rangle = \lambda_1|\psi_1\rangle + \lambda_2|\psi_2\rangle \tag{B–25}$$

这里的 λ_1 和 λ_2 都是复数. 不论 θ_1 是任何实数, $\mathrm{e}^{\mathrm{i}\theta_1}|\psi_1\rangle$ 和 $|\psi_1\rangle$ 确实表示同一个物理状态, $\mathrm{e}^{\mathrm{i}\theta_2}|\psi_2\rangle$ 和 $|\psi_2\rangle$ 也确实表示同一个态. 但是, 一般地说:

$$|\varphi\rangle = \lambda_1\mathrm{e}^{\mathrm{i}\theta_1}|\psi_1\rangle + \lambda_2\mathrm{e}^{\mathrm{i}\theta_2}|\psi_2\rangle \tag{B–26}$$

并不描述与 $|\psi\rangle$ 相同的态 (在 §E–1 中, 我们将会看到, 在态矢量的展开式中, 诸系数的相对相位起着重要的作用); 只有在 $\theta_1 = \theta_2 + 2n\pi$ 这个特殊情况下 $|\varphi\rangle$ 与 $|\psi\rangle$ 才表示同一个态, 这时

$$|\varphi\rangle = \mathrm{e}^{\mathrm{i}\theta_1}[\lambda_1|\psi_1\rangle + \lambda_2|\psi_2\rangle] = \mathrm{e}^{\mathrm{i}\theta_1}|\psi\rangle \tag{B–27}$$

[220] 换句话说, 总的相位因子对于物理预言没有影响, 但展开式中各系数的相对相位则是有影响的.

c. 波包的收缩

在第一章 §A–3 所描述的实验中, 讨论到关于光子偏振的测量时, 我们已经引入这个概念. 现在要将它推广, 不过我们只考虑离散谱的情况 (到 §E 再考虑连续谱的情况).

假设我们希望在指定的时刻测量物理量 $\mathscr{A}$, 如果我们已知刚要测量时描述体系状态的右矢 $|\psi\rangle$, 那么, 就可以按第四个假定来预言得到各种可能结果的概率. 但是在实际进行一次测量时, 我们所得到的结果显然只是这些可能结果中的一个. 刚测量之后, 就不能说 "得到这个结果或得到那个结果的概率" 了, 这是因为我们已经知道实际上得到的是哪一个结果了. 于是我们便具备了附加的信息, 而且很容易理解, 刚测量之后体系所处的状态 (这个态应当包含这种信息) 与 $|\psi\rangle$ 态是不同的.

我们首先考虑测量 $\mathscr{A}$ 得到的结果是观察算符 A 的一个非简并本征值 a_n 的情况. 这时, 我们假定在刚刚测量之后体系的态矢量是与 a_n 相联系的本征矢 $|u_n\rangle$:

$$|\psi\rangle \overset{(a_n)}{\Longrightarrow} |u_n\rangle \tag{B–28}$$

附注:

(i) 上面我们提到 "刚要测量时" 的态 ($|\psi\rangle$) 和 "刚测量之后" 的态 ($|u_n\rangle$). 这些说法的精确含意如下: 假设测量的动作发生在时刻 $t_0 > 0$, 我们已经知道体系在 $t = 0$ 时的态 $|\psi(0)\rangle$, 那么, 第六个假定 (参看 §4) 告诉我
[221] 们体系的态如何随时间演变, 也就是说, 按照这个假定, 我们可以由 $|\psi(0)\rangle$ 算出 "刚要测量时" 的态 $|\psi(t_0)\rangle$. 如果测量结果是非简并的本征值 a_n, 那么, 我们就应该由 "刚测量之后" 的态 $|\psi'(t_0)\rangle = |u_n\rangle$ 去计算在 $t_1 > t_0$ 这个时刻的态 $|\psi'(t_1)\rangle$, 而且利用第六个假定来确定态矢量在时刻 t_0 和 t_1 之间的演变 (图 3–1).

(ii) 如果紧接着第一次测量 (即在体系的态还来不及演变时) 再对 $\mathscr{A}$ 进行第二次测量, 那么, 一定得到同样的结果 a_n, 这是因为刚要进行第二次测量时, 体系的态不是 $|\psi\rangle$ 而是 $|u_n\rangle$.

如果测得的本征值 a_n 是简并的, 那么, 前面假定的 (B–28) 式可按下述方式推广: 如果刚要测量时的态 $|\psi\rangle$ 的展开式 (仍用 b 段的符号) 可以写作

$$|\psi\rangle = \sum_n \sum_{i=1}^{g_n} c_n^i |u_n^i\rangle \tag{B–29}$$

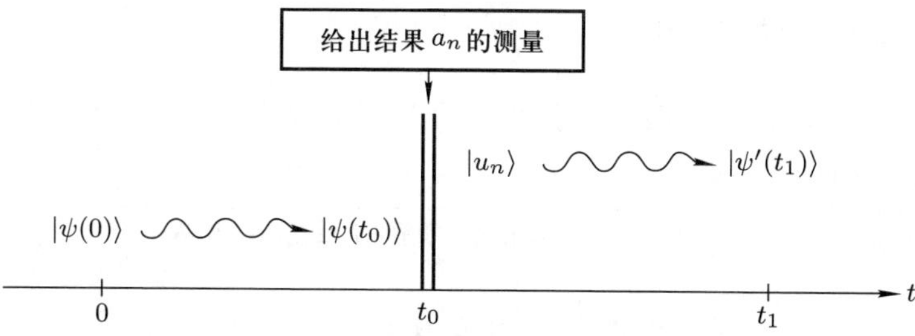

图 3–1 如果在 t_0 时刻测量物理量 $\mathscr{A}$ 得到结果 a_n, 则体系的态矢量经历一次跃变而成为 $|u_n\rangle$; 然后态矢量从这个新的初态开始继续演变.

那么, 测量所引起的态矢量的变化可写作:

$$|\psi\rangle \overset{(a_n)}{\Longrightarrow} \frac{1}{\sqrt{\sum_{i=1}^{g_n}|c_n^i|^2}}\sum_{i=1}^{g_n}c_n^i|u_n^i\rangle \tag{B–30}$$

$\sum_{i=1}^{g_n}c_n^i|u_n^i\rangle$ 是前面 [公式 (B–8)] 定义过的矢量 $|\psi_n\rangle$, 也就是 $|\psi\rangle$ 在属于 a_n 的本征子空间上的投影. 在 (B–30) 式中, 我们已将该矢量归一化, 这是因为始终采用模方为 1 的态矢量比较方便 [见前面 §b 中的附注 (i)]. 于是采用 (B–10) 式和 (B–11) 式中的符号, 可将 (B–30) 式写为:

$$|\psi\rangle \overset{(a_n)}{\Longrightarrow} \frac{P_n|\psi\rangle}{\sqrt{\langle\psi|P_n|\psi\rangle}} \tag{B–31}$$

> 第五个假定: 如果对处于 $|\psi\rangle$ 态的体系测量物理量 $\mathscr{A}$ 得到的结果是 a_n, 则刚测量之后体系的态是 $|\psi\rangle$ 在属于 a_n 的本征子空间上的归一化的投影 $\dfrac{P_n|\psi\rangle}{\sqrt{\langle\psi|P_n|\psi\rangle}}$.

因此, 在刚测量之后, 体系的态矢量一定是 A 的属于本征值 a_n 的本征矢. 但是我们要强调这样一个事实: 这个本征矢决不是子空间 $\mathscr{E}_n$ 中的任意右矢, 而是 $|\psi\rangle$ 的属于 $\mathscr{E}_n$ 的那一部分 (为方便起见, 已适当地归一化). 按照前面的 §3–b–γ, (B–28) 式实际上成了 (B–30) 式的一个特例; 因为当 $g_n = 1$ 时, 在 (B–30) 式中, 不必再对 i 求和, 该式变为:

$$\frac{1}{|c_n|}c_n|u_n\rangle = \mathrm{e}^{\mathrm{i}\operatorname{Arg}c_n}|u_n\rangle \tag{B–32}$$

这个右矢和 $|u_n\rangle$ 都描述同一个物理状态. [222]

4. 体系随时间的演变

在第一章 § B–2 中, 我们已提出一个粒子的薛定谔方程, 现在我们要在普遍情况下写出这个方程.

第六个假定: 态矢量 $|\psi(t)\rangle$ 随时间的演变遵从薛定谔方程:

$$i\hbar\frac{\mathrm{d}}{\mathrm{d}t}|\psi(t)\rangle = H(t)|\psi(t)\rangle$$

式中 $H(t)$ 是与体系的总能量相联系的观察算符.

H 叫做体系的哈密顿算符, 因为它是从经典的哈密顿函数 (参看附录 Ⅲ 和下面的 §5) 得来的.

5. 量子化规则

最后, 我们来说明, 对于经典力学中已定义的物理量 $\mathscr{A}$, 怎样构成在量子力学中描述该物理量的算符 A.

a. 规则的陈述

首先考虑由处在标量势场中的一个无自旋粒子构成的体系. 这时, 我们有下述规则:

与粒子的位置 $\boldsymbol{r}(x,y,z)$ 相联系的是观察算符 $\boldsymbol{R}(X,Y,Z)$.
与粒子的动量 $\boldsymbol{p}(p_x,p_y,p_z)$ 相联系的是观察算符 $\boldsymbol{P}(P_x,P_y,P_z)$.

提醒一下, $\boldsymbol{R}$ 和 $\boldsymbol{P}$ 的诸分量满足正则对易关系 [第二章 (E–30) 式]:

$$\begin{aligned}[R_i,R_j]&=[P_i,P_j]=0\\ [R_i,P_j]&=i\hbar\delta_{ij}\end{aligned} \tag{B–33}$$

粒子的任何一个物理量 $\mathscr{A}$ 都可以表示为基本力学变量 $\boldsymbol{r}$ 和 $\boldsymbol{p}$ 的函数:$\mathscr{A}(\boldsymbol{r},\boldsymbol{p},t)$. 要得到对应的观察算符 A, 可以简单地在 $\mathscr{A}(\boldsymbol{r},\boldsymbol{p},t)$ 的表示式中, 将变量 $\boldsymbol{r}$ 与 $\boldsymbol{p}$ 换成观察算符 $\boldsymbol{R}$ 与 $\boldsymbol{P}$①:

$$A(t)=\mathscr{A}(\boldsymbol{R},\boldsymbol{P},t) \tag{B–34}$$

[223] 但是, 在一般情况下, 这种做法可能引起混乱. 例如, 假设表达式 $\mathscr{A}(\boldsymbol{r},\boldsymbol{p},t)$ 含有如下形式的一项:

$$\boldsymbol{r}\cdot\boldsymbol{p}=xp_x+yp_y+zp_z \tag{B–35}$$

① 参看补充材料 $\mathrm{B_{II}}$ 中关于算符的函数的定义.

在经典力学中标量积 $\boldsymbol{r}\cdot\boldsymbol{p}$ 是可以对易的, 我们完全可以将此式写作:

$$\boldsymbol{p}\cdot\boldsymbol{r}=p_x x+p_y y+p_z z \tag{B–36}$$

但是如果将 $\boldsymbol{r}$ 和 $\boldsymbol{p}$ 换成对应的观察算符 $\boldsymbol{R}$ 和 $\boldsymbol{P}$, 则从 (B–35) 式得到的算符与从 (B–36) 式得到的算符是不相同的 [参看 (B–33) 式]:

$$\boldsymbol{R}\cdot\boldsymbol{P}\neq\boldsymbol{P}\cdot\boldsymbol{R} \tag{B–37}$$

此外, $\boldsymbol{R}\cdot\boldsymbol{P}$ 和 $\boldsymbol{P}\cdot\boldsymbol{R}$ 都不是厄米算符:

$$(\boldsymbol{R}\cdot\boldsymbol{P})^\dagger=(XP_x+YP_y+ZP_z)^\dagger=\boldsymbol{P}\cdot\boldsymbol{R} \tag{B–38}$$

有鉴于此, 我们再给上述的做法加上一条对称化规则. 例如, 和 $\boldsymbol{r}\cdot\boldsymbol{p}$ 相联系的观察算符将是

$$\frac{1}{2}(\boldsymbol{R}\cdot\boldsymbol{P}+\boldsymbol{P}\cdot\boldsymbol{R}) \tag{B–39}$$

这样的算符自然是厄米的. 遇到比 $\boldsymbol{R}\cdot\boldsymbol{P}$ 更复杂的观察算符也要类似地使它对称化.

> 要得到描述一个已有经典定义的物理量 $\mathscr{A}$ 的观察算符 A, 只需在 $\mathscr{A}$ 的经过适当对称化的表达式中, 将 $\boldsymbol{r}$ 与 $\boldsymbol{p}$ 分别换成观察算符 $\boldsymbol{R}$ 与 $\boldsymbol{P}$.

但是, 我们将会看到, 还存在着一些量子的物理量, 它们并没有对应的经典物理量; 这些量将由对应的观察算符直接定义 (例如, 粒子的自旋便属于这种情况).

附注:

上述这些规则, 特别是对易规则 (B–33), 只在直角坐标系中才成立. 我们可以将它们推广到其他坐标系, 但这样一来, 它们就不再具有上面的简单形式.

b. 重要例子

α. 标量势场中的粒子的哈密顿算符

考虑一个电荷为 q、质量为 m 的无自旋的粒子, 它处在可由标量势 $U(\boldsymbol{r})$ 导出的电场中. 这个粒子的势能为 $V(\boldsymbol{r})=qU(\boldsymbol{r})$, 对应的哈密顿函数可以写作 [附录 Ⅲ, 公式 (29)]:

$$\mathscr{H}(\boldsymbol{r},\boldsymbol{p})=\frac{\boldsymbol{p}^2}{2m}+V(\boldsymbol{r}) \tag{B–40}$$

其中 [224]

$$\boldsymbol{p}=m\frac{\mathrm{d}\boldsymbol{r}}{\mathrm{d}t}=m\boldsymbol{v} \tag{B–41}$$

式中的 $\boldsymbol{v}$ 是粒子的速度.

对应于 $\mathscr{H}$ 的量子算符 H 是不难构成的. 不需要任何对称化, 因为 $\boldsymbol{P}^2 = P_x^2 + P_y^2 + P_z^2$ 和 $V(\boldsymbol{R})$ 都不包含不可对易的算符之积. 于是便有

$$H = \frac{\boldsymbol{P}^2}{2m} + V(\boldsymbol{R}) \tag{B–42}$$

式中 $V(\boldsymbol{R})$ 是在函数 $V(\boldsymbol{r})$ 中将 $\boldsymbol{r}$ 换成 $\boldsymbol{R}$ 而得的算符 (参看补充材料 $\mathrm{B_{II}}$, §4).

在这种特殊情况下, 第六个假定提出的薛定谔方程成为:

$$\mathrm{i}\hbar\frac{\mathrm{d}}{\mathrm{d}t}|\psi(t)\rangle = \left[\frac{\boldsymbol{P}^2}{2m} + V(\boldsymbol{R})\right]|\psi(t)\rangle \tag{B–43}$$

β. 在矢量势场中的粒子的哈密顿算符

现在假设粒子处在任意的电磁场中, 则经典的哈密顿函数为 [附录 Ⅲ,(66) 式]:

$$\mathscr{H}(\boldsymbol{r},\boldsymbol{p}) = \frac{1}{2m}[\boldsymbol{p} - q\boldsymbol{A}(\boldsymbol{r},t)]^2 + qU(\boldsymbol{r},t) \tag{B–44}$$

式中 $U(\boldsymbol{r},t)$ 和 $\boldsymbol{A}(\boldsymbol{r},t)$ 是描述电磁场的标势及矢势, 而 $\boldsymbol{p}$ 由下式给出:

$$\boldsymbol{p} = m\frac{\mathrm{d}\boldsymbol{r}}{\mathrm{d}t} + q\boldsymbol{A}(\boldsymbol{r},t) = m\boldsymbol{v} + q\boldsymbol{A}(\boldsymbol{r},t) \tag{B–45}$$

在这里, 由于 $\boldsymbol{A}(\boldsymbol{r},t)$ 只依赖于 $\boldsymbol{r}$ 和参变量 t(而不依赖于 $\boldsymbol{p}$), 不难构成对应的量子算符 $\boldsymbol{A}(\boldsymbol{R},t)$; 于是哈密顿算符 H 由下式给出:

$$H(t) = \frac{1}{2m}[\boldsymbol{P} - q\boldsymbol{A}(\boldsymbol{R},t)]^2 + V(\boldsymbol{R},t) \tag{B–46}$$

式中

$$V(\boldsymbol{R},t) = qU(\boldsymbol{R},t) \tag{B–47}$$

从而薛定谔方程可以写作:

$$\mathrm{i}\hbar\frac{\mathrm{d}}{\mathrm{d}t}|\psi(t)\rangle = \left\{\frac{1}{2m}[\boldsymbol{P} - q\boldsymbol{A}(\boldsymbol{R},t)]^2 + V(\boldsymbol{R},t)\right\}|\psi(t)\rangle \tag{B–48}$$

[225] **附注:**

必须注意, 不要将 $\boldsymbol{p}$ (粒子的动量或称 $\boldsymbol{r}$ 的共轭动量) 与 $m\boldsymbol{v}$ (粒子的机械动量) 混淆起来. 在 (B–45) 式中, 两者的差异是很明显的. 在量子力学中当然也有和粒子速度相联系的算符, 在这里, 我们将它写作:

$$\mathscr{V} = \frac{1}{m}(\boldsymbol{P} - q\boldsymbol{A}) \tag{B–49}$$

于是 H 便成为:

$$H(t)=\frac{1}{2}m\mathscr{V}^2+V(\boldsymbol{R},t) \tag{B–50}$$

这是两项之和, 一项对应于粒子的动能, 一项对应于它的势能.

但是, 与量子力学中满足正则对易关系式 (B–33) 的算符 $\boldsymbol{P}$ 相对应的是共轭动量 $\boldsymbol{P}$ 而不是机械动量 $m\boldsymbol{v}$.

§C. 关于可观察量及其测量的假定的物理解释

1. 量子化规则与波函数的概率解释是一致的

将观察算符 $\boldsymbol{R}$ 与 $\boldsymbol{P}$(它们的作用已在第Ⅱ章 §E 中定义过) 分别和粒子的位置与动量联系起来是很自然的. 首先, 观察算符 X、Y、Z 和 P_x、P_y、P_z中的每一个都具有连续谱, 而经验又确已证明位置和动量这六个变量可以取一切实数值. 特别地, 若将第四个假定应用于这些观察算符, 我们便会重新得到关于波函数及其傅里叶变换的概率解释 (参看第一章 §B–2 和 §C–3).

为简单起见, 我们考虑一维问题. 假设粒子处在归一化的态 $|\psi\rangle$, 则测量粒子位置所得结果介于 x 和 $x+\mathrm{d}x$ 之间的概率是 [公式 (B–17)]:

$$\mathrm{d}\mathscr{P}(x)=|\langle x|\psi\rangle|^2\mathrm{d}x \tag{C–1}$$

式中 $|x\rangle$ 是 X 的本征右矢, 属于本征值 x. 我们再次见到, 波函数 $\psi(x)=\langle x|\psi\rangle$ 的模平方就是粒子出现的概率密度. 另一方面, 观察算符 P 的本征矢 $|p\rangle$ 对应 [226]
于一个平面波:

$$\langle x|p\rangle=\frac{1}{\sqrt{2\pi\hbar}}\mathrm{e}^{\mathrm{i}px/\hbar} \tag{C–2}$$

而且, 我们已经看到 (第一章的 §C–3), 根据德布罗意关系式, 有一个与此平面波相联系的完全确定的动量, 这个动量正是 p. 此外, 对于处在 $|\psi\rangle$ 态的粒子, 发现其动量介于 p 和 $p+\mathrm{d}p$ 之间的概率是:

$$\mathrm{d}\mathscr{P}(p)=|\langle p|\psi\rangle|^2\mathrm{d}p=|\overline{\psi}(p)|^2\mathrm{d}p \tag{C–3}$$

这正是我们在第一章 §C–3 中已经得到的结果.

2. 某些物理量的量子化

我们曾经指出, 根据第三个假定, 便可以解释某些物理量 (例如原子的能量) 的量子化. 但这并不是说所有的物理量都是量子化的, 因为还有一些观察算符的谱是连续的. 可见, 以第三个假定为依据的那些物理预言, 绝不是事先就是明显的. 例如, 以后 (第七章) 研究氢原子时, 我们将从电子在质子的库仑势场中的总能量出发导出哈密顿算符, 解出它的本征值方程后, 才会发现体系的束缚态只和要计算的某些离散能量值对应. 于是, 我们不但解释了氢原子能级的量子化, 而且预言了能量的可能值, 这些值就是实验中可能测得的结果. 不过, 我们要强调指出, 根据经典力学在宏观领域内使用的相互作用基本规律, 也可以得到这些结果.

3. 测量的机制

第四个和第五个假定提出了一些根本性的、我们不打算在这里进行讨论的问题. 尤其是怎样理解对量子体系的观察所引起的 "基本" 干扰的起源这样一个问题 (参看第一章 §A–2 与 §A–3). 这些问题的起因在于: 我们总是离开测量仪器去孤立地研究所观察的体系, 然而在观察过程中十分重要的正是体系和仪器之间的相互作用. 本来, 我们应该考虑体系和测量仪器的集合, 但是, 这样将会引起关于测量的详细机制的一些微妙的问题.

在这里, 我们只需指出这样一点就行了: 第四个和第五个假定的非决定性表述是和上面提到的那些问题有关的. 例如, 进行测量时一个态矢量跃变为另一个态矢量, 这就是前面提到的基本干扰的反映. 但是, 我们不能预言这种干扰究竟是怎样的, 因为它依赖于测量的结果, 而这个结果又是无法事先确知
[227] 的[1].

还应该指出, 在这里我们只考虑理想的测量. 为了理解这个概念的含意, 作为例子, 我们可以再次举出第一章 §A–3 中关于偏振光子的实验. 当我们说沿某一方向偏振的全体光子通过检偏器时, 我们显然假定这是一个理想的检偏器, 而实际的检偏器总会吸收一些它应容许通过的光子. 因此, 在一般情况下, 我们总是假设所用的测量仪器是理想的, 这就等于假设仪器引起的干扰完全来源于测量的量子机制. 当然, 我们实际使用的仪器总是不完善的, 它们对于测量和体系总是有影响的; 但是, 从原则上说, 我们总可以不断改善测量仪器, 从而不断逼近由前面那些假定所规定的理想极限.

4. 可观察量在指定态中的平均值

第四个假定所提供的预言是用概率来表示的. 为了证实这些预言, 必须实现在全同条件下进行的次数极多的测量. 也就是说, 必须对处在同样量子态的为数极多的体系测量同一个物理量. 如果这些预言是正确的, 我们应能证实: 在全同实验的总次数 N 中, 得到某一指定结果的次数所占的比例, 在

[1] 我们能确知测量结果的那些情况显然是例外 (概率等于 1, 测量对体系的态没有影响).

$N \to \infty$ 时, 非常逼近于理论上预言的该结果出现的概率 $\mathscr{P}$. 这种验证只能在 $N \to \infty$ 的极限情况下实现; 实际上, N 当然总是有限的, 为了解释所得的结果, 必须应用统计的方法.

在 $|\psi\rangle$ 这个态中, 可观察量① A 的平均值 [记作 $\langle A\rangle_\psi$ 或简记作 $\langle A\rangle$], 可以定义为在处于 $|\psi\rangle$ 这个态的诸体系中对这个可观察量进行很多次 (N 次) 测量所得结果的平均值. 如果 $|\psi\rangle$ 已经给定, 我们就知道了得到每个可能结果的概率, 从而也就可以预言平均值 $\langle A\rangle_\psi$. 我们将证明, 若 $|\psi\rangle$ 是已归一化的, 则 $\langle A\rangle_\psi$ 由下列公式给出:

$$\boxed{\langle A\rangle_\psi = \langle\psi|A|\psi\rangle} \tag{C–4}$$

我们首先考虑 A 的谱纯粹是离散谱的情况. 在对于 A 的 N 次测量中 (假设每次测量时, 体系都处在 $|\psi\rangle$ 这个态), 得到本征值 a_n 的次数为 $\mathscr{N}(a_n)$, 而

$$\frac{\mathscr{N}(a_n)}{N} \underset{N\to\infty}{\longrightarrow} \mathscr{P}(a_n) \tag{C–5}$$

并且 [228]

$$\sum_n \mathscr{N}(a_n) = N \tag{C–6}$$

这 N 次实验结果的平均值就是测得的一切值之和除以 N(当然, 如果有 $\mathscr{N}$ 次测量都给出同一结果, 则这个值在总和中就应该出现 $\mathscr{N}$ 次), 因而平均值等于:

$$\frac{1}{N}\sum_n a_n \mathscr{N}(a_n) \tag{C–7}$$

利用 (C–5) 式可以看出, $N \to \infty$ 时, 这个平均值趋近于:

$$\langle A\rangle_\psi = \sum_n a_n \mathscr{P}(a_n) \tag{C–8}$$

再将 $\mathscr{P}(a_n)$ 的表达式 (B–7) 代入此式, 便得到:

$$\langle A\rangle_\psi = \sum_n a_n \sum_{i=1}^{g_n} \langle\psi|u_n^i\rangle\langle u_n^i|\psi\rangle \tag{C–9}$$

由于

$$A|u_n^i\rangle = a_n|u_n^i\rangle \tag{C–10}$$

① 以后, 我们将使用 "可观察量" 这个词, 它既表示一物理量, 也表示与之相联系的观察算符.

还可将 (C–9) 写成:

$$\begin{aligned}\langle A\rangle_\psi &= \sum_n \sum_{i=1}^{g_n} \langle\psi|A|u_n^i\rangle\langle u_n^i|\psi\rangle \\ &= \langle\psi|A[\sum_n \sum_{i=1}^{g_n} |u_n^i\rangle\langle u_n^i|]|\psi\rangle\end{aligned} \tag{C–11}$$

因为集合 $\{|u_n^i\rangle\}$ 构成 $\mathscr{E}$ 空间的一个正交归一基, 故括号中的式子就是恒等算符 (封闭性关系式), 于是我们就得到 (C–4) 式.

在 A 的谱为连续谱的情况下 (为简单起见, 仍设它是非简并的), 推证完全相似. 我们考虑 N 次全同的实验, 将测得的结果介于 α 和 $\alpha+\mathrm{d}\alpha$ 之间的实验次数记为 $\mathrm{d}\mathscr{N}(\alpha)$, 则我们同样有:

$$\frac{\mathrm{d}\mathscr{N}(\alpha)}{N} \underset{N\to\infty}{\longrightarrow} \mathrm{d}\mathscr{P}(\alpha) \tag{C–12}$$

所测得的诸结果的平均值将为 $\dfrac{1}{N}\displaystyle\int \alpha\mathrm{d}\mathscr{N}(\alpha)$, 它在 $N\to\infty$ 时趋近于

$$\langle A\rangle_\psi = \int \alpha\mathrm{d}\mathscr{P}(\alpha) \tag{C–13}$$

将 $\mathrm{d}\mathscr{P}(\alpha)$ 的表达式 (B–17) 代入此式, 便有:

$$\langle A\rangle_\psi = \int \alpha\langle\psi|v_\alpha\rangle\langle v_\alpha|\psi\rangle\mathrm{d}\alpha \tag{C–14}$$

在这里, 仍然可以利用方程

$$A|v_\alpha\rangle = \alpha|v_\alpha\rangle \tag{C–15}$$

[229] 从而将 (C–14) 变换为:

$$\begin{aligned}\langle A\rangle_\psi &= \int \langle\psi|A|v_\alpha\rangle\langle v_\alpha|\psi\rangle\mathrm{d}\alpha \\ &= \langle\psi|A\left[\int \mathrm{d}\alpha|v_\alpha\rangle\langle v_\alpha|\right]|\psi\rangle\end{aligned} \tag{C–16}$$

再注意到诸 $|v_\alpha\rangle$ 所满足的封闭性关系式, 我们便又得到 (C–4) 式.

附注:

(i) $\langle A\rangle$ 是多次全同测量的全部结果的平均值, 在涉及与时间有关的现象时, 我们有时还要计算对时间的平均值; 切勿混淆这两类平均值.

(ii) 如果表示体系状态的右矢 $|\psi\rangle$ 未归一化, 则公式 (C–4) 应为 [参看 §B–3–b 的附注 (i)]:

$$\langle A\rangle_\psi = \frac{\langle\psi|A|\psi\rangle}{\langle\psi|\psi\rangle} \tag{C–17}$$

(iii) 实际上, 为了具体算出 $\langle A\rangle_\psi$, 我们通常要在一个确定的表象中作计算. 例如

$$\begin{aligned}\langle x\rangle_\psi &= \langle\psi|X|\psi\rangle \\ &= \int \mathrm{d}^3r\langle\psi|\boldsymbol{r}\rangle\langle\boldsymbol{r}|X|\psi\rangle \\ &= \int \mathrm{d}^3r\psi^*(\boldsymbol{r})x\psi(\boldsymbol{r})\end{aligned} \tag{C–18}$$

在这里引用了算符 X 的定义 [参看第二章的 (E–22) 式]. 类似地

$$\begin{aligned}\langle P_x\rangle_\psi &= \langle\psi|P_x|\psi\rangle \\ &= \int \mathrm{d}^3p\overline{\psi}^*(\boldsymbol{p})p_x\overline{\psi}(\boldsymbol{p})\end{aligned} \tag{C–19}$$

或者采用 $\{|\boldsymbol{r}\rangle\}$ 表象, 则有:

$$\begin{aligned}\langle P_x\rangle_\psi &= \int \mathrm{d}^3r\langle\psi|\boldsymbol{r}\rangle\langle\boldsymbol{r}|P_x|\psi\rangle \\ &= \int \mathrm{d}^3r\psi^*(\boldsymbol{r})\left[\frac{\hbar}{\mathrm{i}}\frac{\partial}{\partial x}\psi(\boldsymbol{r})\right]\end{aligned} \tag{C–20}$$

这是因为 $\boldsymbol{P}$ 可以用 $\frac{\hbar}{\mathrm{i}}\nabla$ 来表示 [第二章公式 (E–26)].

5. 方均根偏差 [230]

$\langle A\rangle$ 指出了体系处于 $|\psi\rangle$ 态时可观察量 A 的大小的数量级. 但是这个平均值丝毫也不能告诉我们测量 A 时我们可以指望得到的诸结果的离散程度. 例如, 假设 A 的谱是连续的, 而且在确定的态 $|\psi\rangle$ 中, 表示概率密度 $\rho(\alpha) = |\langle v_\alpha|\psi\rangle|^2$ 随 α 而变的曲线具有图 3–2 所示的形状. 对于处在 $|\psi\rangle$ 态的一个体系, 测量 A 时可能得到的那些数值实际上都在包含着 $\langle A\rangle$ 的宽度为 δA 的区间内. 这里的 δA 是曲线宽度的标志:δA 越小, 诸测量结果就越集中在 $\langle A\rangle$ 的周围.

在一般情况下, 怎样确定表示测量结果在 $\langle A\rangle$ 附近的离散程度的那个量呢? 我们可能臆想出来的一种办法是: 对于每一次测量, 都求出所得结果与 $\langle A\rangle$ 的差, 然后计算这些差的平均值, 也就是用测量次数 N 去除这些差的总和. 但是很容易看出, 这样得到的结果为零. 事实上, 显然有:

$$\langle A - \langle A\rangle\rangle = \langle A\rangle - \langle A\rangle = 0 \tag{C–21}$$

按照 $\langle A\rangle$ 的定义本身, 平均说来, 负偏差刚好抵消正偏差.

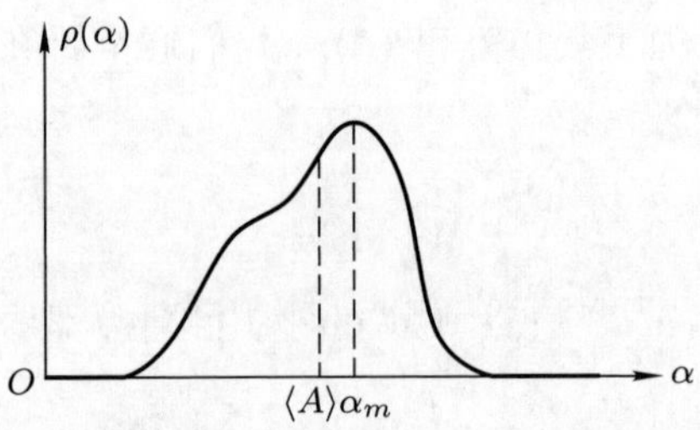

图 3–2 概率密度 $\rho(\alpha)$ 随 α 变化的情况. 平均值 $\langle A\rangle$ 是曲线下的面积的重心的横坐标(它不一定与函数的极大值的横坐标 α_m 一致).

为避免这种抵消作用, 只需定义 ΔA, 使 $(\Delta A)^2$ 等于偏差平方的平均值:

$$(\Delta A)^2 = \langle (A - \langle A\rangle)^2\rangle \tag{C–22}$$

现在引入方均根偏差 ΔA, 它的定义是

$$\boxed{\Delta A = \sqrt{\langle (A - \langle A\rangle)^2\rangle}} \tag{C–23}$$

根据 (C–4) 式中平均值的表达式, 我们有:

$$\Delta A = \sqrt{\langle\psi|(A - \langle A\rangle)^2|\psi\rangle} \tag{C–24}$$

[231] 这个关系式还可写成略微不同的形式. 由于

$$\begin{aligned}\langle (A - \langle A\rangle)^2\rangle &= \langle (A^2 - 2\langle A\rangle A + \langle A\rangle^2)\rangle \\ &= \langle A^2\rangle - 2\langle A\rangle^2 + \langle A\rangle^2 \\ &= \langle A^2\rangle - \langle A\rangle^2\end{aligned} \tag{C–25}$$

因此, 方均根偏差 ΔA 又可由下式给出:

$$\Delta A = \sqrt{\langle A^2\rangle - \langle A\rangle^2} \tag{C–26}$$

例如, 在上面考虑过的可观察量 A 具有连续谱的情况下, ΔA 由下式给出:

$$\begin{aligned}(\Delta A)^2 &= \int_{-\infty}^{+\infty} [\alpha - \langle A\rangle]^2 \rho(\alpha)\mathrm{d}\alpha \\ &= \int_{-\infty}^{+\infty} \alpha^2\rho(\alpha)\mathrm{d}\alpha - \left[\int_{-\infty}^{+\infty} \alpha\rho(\alpha)\mathrm{d}\alpha\right]^2\end{aligned} \tag{C–27}$$

如果将定义式 (C–23) 应用于可观察量 $\boldsymbol{R}$ 和 $\boldsymbol{P}$, 再利用它们之间的对易关系, 可以证明 (补充材料 C_{III}): 对于任意的态 $|\psi\rangle$, 有

$$\begin{cases} \Delta X \cdot \Delta P_x \geqslant \dfrac{\hbar}{2} \\ \Delta Y \cdot \Delta P_y \geqslant \dfrac{\hbar}{2} \\ \Delta Z \cdot \Delta P_z \geqslant \dfrac{\hbar}{2} \end{cases} \tag{C–28}$$

这就是说, 我们又得到海森伯的不确定度关系式, 不过下限是精确的, 这是由于不确定度已有精确定义.

6. 可观察量的相容性

a. 相容性与对易性

考虑两个对易的观察算符 A 和 B:

$$[A, B] = 0 \tag{C–29}$$

为简单起见, 假设两者的谱都是离散的. 根据在第二章 §D–3–a 中证明的定理, 在态空间中存在一个由 A 和 B 的共同本征右矢构成的基, 可将它记作 $|a_n, b_p, i\rangle$:

$$\begin{aligned} A|a_n, b_p, i\rangle &= a_n|a_n, b_p, i\rangle \\ B|a_n, b_p, i\rangle &= b_p|a_n, b_p, i\rangle \end{aligned} \tag{C–30}$$

(指标 i 的作用在于, 必要时可用它来区分对应于同一对本征值的不同的本征矢). 因此, 对于任意的 a_n 和 b_p(这两个数分别选自 A 的谱和 B 的谱), 至少存在这样一个态 $|a_n, b_p, i\rangle$, 在这个态中测量 A 一定得到 a_n 而测量 B 一定得到 b_p. 像 A、B 这样可以同时完全确定的可观察量, 叫做相容的可观察量.

反之, 若 A 与 B 是不可对易的, 那么一般说来①, 一个态矢量不可能同时 [232]
成为这两个观察算符的本征矢, 于是我们就说 A、B 这两个可观察量是不相容的.

现在我们更细致地研究一下, 对于处在任意 (归一化的) 初态 $|\psi\rangle$ 的体系, 测量两个相容可观察量的问题. 这个态总可以写作:

$$|\psi\rangle = \sum_{n,p,i} c_{n,p,i}|a_n, b_p, i\rangle \tag{C–31}$$

① 也许有一些右矢同时是 A 和 B 的本征矢, 但是这些矢量的个数不足以构成一个基, 这与 A、B 可以对易时的情况完全不同.

首先假设, 我们刚测量 A 之后 (在体系的态还来不及演变时) 就测量 B. 现在我们来计算在第一次测量中得到 a_n, 在第二次测量中得到 b_p 的概率 $\mathscr{P}(a_n, b_p)$. 一开始, 我们在 $|\psi\rangle$ 态中测量 A, 得到 a_n 的概率是:

$$\mathscr{P}(a_n) = \sum_{p,i} |c_{n,p,i}|^2 \tag{C-32}$$

接着测量 B 时, 体系已不再处于 $|\psi\rangle$ 态, 由于我们已经得到 a_n, 故体系应处于 $|\psi'_n\rangle$ 态:

$$|\psi'_n\rangle = \left[\sum_{p,i} c_{n,p,i}|a_n, b_p, i\rangle\right] \frac{1}{\sqrt{\sum_{p,i} |c_{n,p,i}|^2}} \tag{C-33}$$

所以, 在已知第一次测量得到的结果是 a_n 之后, 再得到 b_p 的概率是:

$$\mathscr{P}_{a_n}(b_p) = \frac{1}{\sum_{p,i} |c_{n,p,i}|^2} \sum_i |c_{n,p,i}|^2 \tag{C-34}$$

我们要计算的概率 $\mathscr{P}(a_n, b_p)$ 是一个 "复合事件" 的概率, 即首先要得到 a_n, 而在这一个愿望实现之后再得到 b_p 的概率. 于是

$$\mathscr{P}(a_n, b_p) = \mathscr{P}(a_n) \times \mathscr{P}_{a_n}(b_p) \tag{C-35}$$

将 (C–32) 及 (C–34) 式代入此式, 我们得到:

$$\mathscr{P}(a_n, b_p) = \sum_i |c_{n,p,i}|^2 \tag{C-36}$$

此外, 在刚刚完成第二次测量之后, 体系的态变为:

$$|\psi''_{n,p}\rangle = \frac{1}{\sqrt{\sum_i |c_{n,p,i}|^2}} \sum_i c_{n,p,i}|a_n, b_p, i\rangle \tag{C-37}$$

由此可以推知, 如果我们希望重新测量 A (或 B), 那么, 结果必为 a_n (或 b_p); 这是因为 $|\psi''_{n,p}\rangle$ 是 A 和 B 的共同本征矢, 属于 A 的本征值 a_n 和 B 的本征值 b_p.

下面仍然假设体系处于 $|\psi\rangle$ 态. 现在我们按相反的顺序 (先 B 后 A) 来测量这两个可观察量, 试问得到和前面相同的结果的概率 $\mathscr{P}(b_p, a_n)$ 是什么? 推证是一样的. 现在我们有:

$$\mathscr{P}(b_p, a_n) = \mathscr{P}(b_p) \times \mathscr{P}_{b_p}(a_n) \tag{C-38}$$

[233] 从 (C–31) 式, 我们看到:

$$\mathscr{P}(b_p) = \sum_{n,i} |c_{n,p,i}|^2 \tag{C-39}$$

在测量 B 得到 b_p 之后, 体系的态变为

$$|\varphi'_p\rangle = \frac{1}{\sqrt{\sum_{n,i} |c_{n,p,i}|^2}} \sum_{n,i} c_{n,p,i}|a_n, b_p, i\rangle \tag{C-40}$$

于是

$$\mathscr{P}_{b_p}(a_n) = \frac{1}{\sum\limits_{n,i} |c_{n,p,i}|^2} \sum_i |c_{n,p,i}|^2 \tag{C–41}$$

最后:

$$\mathscr{P}(b_p, a_n) = \sum_i |c_{n,p,i}|^2 \tag{C–42}$$

如果测得 b_p 之后又实现了得到 a_n 的测量, 则体系过渡到这样一个态:

$$|\varphi''_{p,n}\rangle = \frac{1}{\sqrt{\sum\limits_i |c_{n,p,i}|^2}} \sum_i c_{n,p,i} |a_n, b_p, i\rangle \tag{C–43}$$

如果两个可观察量是相容的, 那么, 不论测量这两个量的先后顺序如何, 物理上的预言都一样 (假设两次测量之间的时间间隔充分小). 先测得 a_n, 后测得 b_p, 或先测得 b_p, 后测得 a_n 的概率完全相同:

$$\mathscr{P}(a_n, b_p) = \mathscr{P}(b_p, a_n) = \sum_i |c_{n,p,i}|^2 = \sum_i |\langle a_n, b_p, i|\psi\rangle|^2 \tag{C–44}$$

此外, 在这两种情况下 (假设测量 A 和 B 的结果已分别是 a_n 和 b_p), 在两次测量刚刚实现之后, 体系的态是:

$$|\psi''_{n,p}\rangle = |\varphi''_{p,n}\rangle = \frac{1}{\sqrt{\sum\limits_i |c_{n,p,i}|^2}} \sum_i c_{n,p,i} |a_n, b_p, i\rangle \tag{C–45}$$

以后再测量 A 或 B 将必然得到和刚才相同的结果.

前面的讨论使我们得到下述结论: 如果两个可观察量 A 和 B 是相容的, 那么, 测量 A 所得到的信息不但不会因为对 B 的测量而遭受损失, 而且会因此得到补充; 反之亦然. 此外, 测量这两个可观察量 A 和 B 的顺序是无关紧要的. 最后这一点又使我们联想到同时测量 A 与 B 的问题. 由 (C–44) 式和 (C–45) 式可以看出, 第四个假定和第五个假定是可以推广到这样的同时测量的: 和测量结果 $\{a_n, b_p\}$ 对应的, 是正交归一本征矢 $|a_n, b_p, i\rangle$; 根据这一点,(C–44) 式和 (C–45) 式就可以看作是应用 (B–7) 式和 (B–30) 式这两个假定的结果.

反之, 如果 A 与 B 是不可对易的. 则前面的推理就不再成立了. 为了简单地说明这一点, 我们举一个例子, 假设态空间是二维的实矢量空间. 图3–3 中 [234]
的 $|u_1\rangle$ 与 $|u_2\rangle$ 都是 A 的本征矢, 分别属于本征值 a_1 和 a_2; $|v_1\rangle$ 与 $|v_2\rangle$ 都是 B 的本征矢, 分别属于本征值 b_1 和 b_2. 两个集合 $\{|u_1\rangle, |u_2\rangle\}$ 与 $\{|v_1\rangle, |v_2\rangle\}$ 中的每一个都构成 $\mathscr{E}$ 空间中的一个正交归一基. 因此, 在图 3–3 中, 我们用两对正

交单位矢来表示这两个基. A 与 B 不可对易这一事实意味着这两对矢量不会重合. 我们所研究的物理体系处于归一化的初态 $|\psi\rangle$, 在图中这个态可以用一个任意的单位矢表示. 我们测量 A, 假设得到 a_1, 则体系过渡到态 $|u_1\rangle$, 我们再测量 B, 假如得到 b_2, 则体系的态变为 $|v_2\rangle$;

$$|\psi\rangle \xRightarrow{(a_1)} |u_1\rangle \xRightarrow{(b_2)} |v_2\rangle \tag{C–46}$$

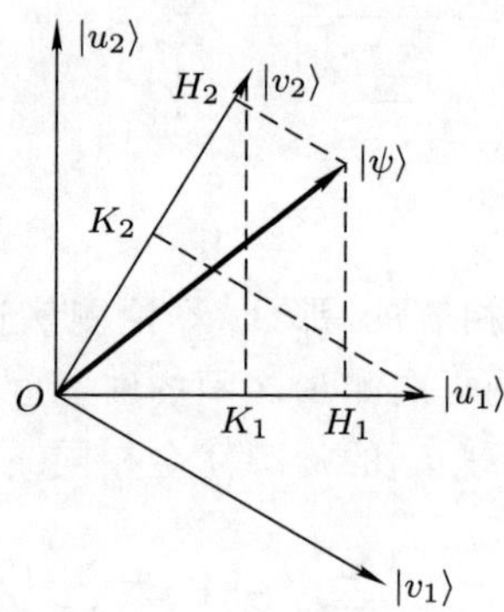

图 3–3 相继测量两个不相容可观察量 A 与 B 的示意图. 体系的态矢量为 $|\psi\rangle$, A 的本征矢为 $|u_1\rangle$ 及 $|u_2\rangle$ (对应的本征值为 a_1 与 a_2), 它们不同于 B 的本征矢 $|v_1\rangle$ 及 $|v_2\rangle$(对应的本征值为 b_1 与 b_2).

反之, 如果按相反的顺序进行测量而得到和上面一样的结果, 则

$$|\psi\rangle \xRightarrow{(b_2)} |v_2\rangle \xRightarrow{(a_1)} |u_1\rangle \tag{C–47}$$

在这两种情况下, 体系的终态并不相同. 从图 3–3 又可以看出:

$$\begin{aligned} \mathscr{P}(a_1, b_2) &= |OH_1|^2 \times |OK_2|^2 \\ \mathscr{P}(b_2, a_1) &= |OH_2|^2 \times |OK_1|^2 \end{aligned} \tag{C–48}$$

虽然 $|OK_1| = |OK_2|$, 但一般说来 $|OH_1| \neq |OH_2|$, 于是:

$$\mathscr{P}(b_2, a_1) \neq \mathscr{P}(a_1, b_2) \tag{C–49}$$

由此可见, 不相容的两个可观察量是不能同时测量的. 从 (C–46) 和 (C–47) 式可以看出, 第二次测量会使第一次测量所得信息失去. 例如, 在实现了 (C–46) 式所示的程序后, 我们重新测量 A, 结果将是不确定的, 因为 $|v_2\rangle$ 并不是 A 的本征矢. 可见第一次测量 A 所得的一切都消失了.

b. 态的制备 [235]

考虑处在 $|\psi\rangle$ 态的一个物理体系以及对可观察量 A 的测量 (假设这个量的谱是离散的).

假设测量所得的是一个非简并的本征值 a_n, 那么, 刚测量之后体系的态是对应的本征矢 $|u_n\rangle$. 在这种情况下, 知道了测量结果就足以毫不含糊地确定体系在这次测量之后的态; 不论初态 $|\psi\rangle$ 如何, 结局都是这样的. 正如在 §B − 3 − c 的末尾所说的那样, 这是因为 $\frac{c_n}{|c_n|}|u_n\rangle$ 和 $|u_n\rangle$ 本身在物理上表示完全相同的态.

如果测量所得的本征值 a_n 是简并的, 情况就不一样了. 在

$$|\psi'_n\rangle = \frac{1}{\sqrt{\sum_i |c_n^i|^2}} \sum_{i=1}^{g_n} c_n^i |u_n^i\rangle \tag{C–50}$$

中, 诸系数 c_n^i 的模及它们的相对相位是有影响的 (§B–3–b–γ). 因为全体 c_n^i 决定于特指的初态 $|\psi\rangle$, 因而测量之后的态 $|\psi'_n\rangle$ 是依赖于 $|\psi\rangle$ 的.

但是, 在前面的 §a 中我们已经看到, 两个相容的可观察量 A 和 B 是可以同时测量的. 如果在这样的复合测量中得到这样的结果 (a_n, b_p), 与之对应的只是 A 和 B 的一个共同本征矢 $|a_n, b_p\rangle$, 那么, 公式 (C–37) 中就不存在对 i 的累加, 该式变为:

$$|\psi''_{n,p}\rangle = \frac{c_{n,p}}{|c_{n,p}|}|a_n, b_p\rangle \tag{C–51}$$

这个态在物理上与 $|a_n, b_p\rangle$ 等同. 于是又出现了这种情况: 知道了测量结果就唯一地确定了体系的终态, 它与初态右矢 $|\psi\rangle$ 没有关系.

如果对应于 (a_n, b_p), 存在着 A 和 B 的若干个本征矢 $|a_n, b_p, i\rangle$, 那么, 我们可以重新推理, 并在测量 A 和 B 的同时, 测量与此两者都相容的第三个可观察量 C. 这样, 我们可以得到下述结论: 为使体系在测量之后的态毫无例外地由测量结果唯一地确定, 所测量的那些量必须是对易可观察量的完全集合(第二章 §D–3–b). 正是这个性质从物理上证实了引入 ECOC 这个概念的必要性.

因此, 制备一个处在完全确定的量子态的体系的方法, 从原则上说, 与得到偏振光的方法相似: 如果在一束光的途径中插入一个起偏器, 那么, 由此出来的光便是沿某一方向偏振的光, 这个方向决定于起偏器的特征, 因而所得偏振光与入射光的偏振状态没有关系. 同样地, 为了制备一个量子体系, 我们可以构成这样一种仪器, 它只允许一个态通过, 这个态对应于已经选定的完全集合中的每一个可观察量的一个特定本征值. 在第四章 (§B–1) 中, 我们要讨论制备量子体系的一个具体例子.

[236] **附注:**

对一个 ECOC 的测量只能制备与这个 ECOC 相联系的基矢态中的任意一个态. 然而, 要得到体系的其他的态, 只需改换可观察量的集合. 到第四章 §B–1 中, 通过一个具体的例子, 我们将会明显地看到, 像这样做就可以制备 $\mathscr{E}$ 空间中的任意一个态.

§D. 薛定谔方程的物理意义

薛定谔方程在量子力学中占有十分重要的地位, 因为根据前面陈述的第六个假定, 正是这个方程表达了物理体系随时间演变的规律. 在这一节 (§D) 中, 我们将详细研究这个方程的一些最重要的性质.

1. 薛定谔方程的普遍性质

a. 物理体系的演变的确定性

薛定谔方程

$$\mathrm{i}\hbar\frac{\mathrm{d}}{\mathrm{d}t}|\psi(t)\rangle = H(t)|\psi(t)\rangle \tag{D–1}$$

是关于 t 的一阶微分方程. 由此可知, 只要给出了初态 $|\psi(t_0)\rangle$ 就足以决定此后任意时刻 t 的态 $|\psi(t)\rangle$. 因此, 在物理体系随时间演变的过程中, 没有任何不确定性. 不确定性只出现在测量某个物理量的时候. 这时态矢量发生不可预料的跃变 (参看第五个假定). 但是, 在两次测量之间, 态矢量是按完全确定的方式, 即按方程 (D–1) 演变的.

b. 叠加原理

方程 (D–1) 是线性齐次的, 因而它的解是可以线性叠加的.

设 $|\psi_1(t)\rangle$ 和 $|\psi_2(t)\rangle$ 是方程 (D–1) 的两个解. 如果体系的初态是 $|\psi(t_0)\rangle = \lambda_1|\psi_1(t_0)\rangle + \lambda_2|\psi_2(t_0)\rangle$ (λ_1, λ_2 都是复常数), 与此对应的 t 时刻的态为: $|\psi(t)\rangle = \lambda_1|\psi_1(t)\rangle + \lambda_2|\psi_2(t)\rangle$. 因此, $|\psi(t_0)\rangle$ 和 $|\psi(t)\rangle$ 之间的对应关系是线性的. 以后 (补充材料 $\mathrm{F_{III}}$), 我们再研究线性算符 $U(t, t_0)$ 的性质, 这种算符将 $|\psi(t_0)\rangle$ 变为 $|\psi(t)\rangle$:

$$|\psi(t)\rangle = U(t, t_0)|\psi(t_0)\rangle \tag{D–2}$$

[237] c. 概率守恒

α. 态矢量的模方保持为常数

由方程 (D–1) 中的哈密顿算符 $H(t)$ 的厄米性可以推知, 态矢量的模方

$\langle\psi(t)|\psi(t)\rangle$ 与时间无关; 因为我们可以证明, $\dfrac{\mathrm{d}}{\mathrm{d}t}\langle\psi(t)|\psi(t)\rangle = 0$:

$$\frac{\mathrm{d}}{\mathrm{d}t}\langle\psi(t)|\psi(t)\rangle = \left[\frac{\mathrm{d}}{\mathrm{d}t}\langle\psi(t)|\right]|\psi(t)\rangle + \langle\psi(t)|\left[\frac{\mathrm{d}}{\mathrm{d}t}|\psi(t)\rangle\right] \tag{D–3}$$

但根据方程 (D–1), 我们可以写出

$$\frac{\mathrm{d}}{\mathrm{d}t}|\psi(t)\rangle = \frac{1}{\mathrm{i}\hbar}H(t)|\psi(t)\rangle \tag{D–4}$$

取此方程两端的厄米共轭式, 便有

$$\frac{\mathrm{d}}{\mathrm{d}t}\langle\psi(t)| = -\frac{1}{\mathrm{i}\hbar}\langle\psi(t)|H^\dagger(t) = -\frac{1}{\mathrm{i}\hbar}\langle\psi(t)|H(t) \tag{D–5}$$

最后一步利用了 $H(t)$ 的厄米性 (它是一个观察算符). 将 (D–4) 式和 (D–5) 式代入 (D–3) 式, 便得到

$$\begin{aligned}\frac{\mathrm{d}}{\mathrm{d}t}\langle\psi(t)|\psi(t)\rangle &= -\frac{1}{\mathrm{i}\hbar}\langle\psi(t)|H(t)|\psi(t)\rangle + \frac{1}{\mathrm{i}\hbar}\langle\psi(t)|H(t)|\psi(t)\rangle\\ &= 0\end{aligned} \tag{D–6}$$

模方的守恒性在量子力学中是很有用的. 例如, 为了将一个无自旋粒子的波函数的模平方 $|\psi(\boldsymbol{r},t)|^2$ 解释为粒子出现的概率密度, 就必须使用这个性质. 事实上, 粒子的态 $|\psi(t_0)\rangle$ 在时刻 t_0 是归一化的这一点可表示如下:

$$\langle\psi(t_0)|\psi(t_0)\rangle = \int \mathrm{d}^3r|\psi(\boldsymbol{r},t_0)|^2 = 1 \tag{D–7}$$

式中 $\psi(\boldsymbol{r},t_0) = \langle\boldsymbol{r}|\psi(t_0)\rangle$ 是与 $|\psi(t_0)\rangle$ 相联系的波函数. 等式 (D–7) 意味着在整个空间找到粒子的总概率等于 1. 刚才证明过的模方的守恒性可以用下列关系来表示:

$$\langle\psi(t)|\psi(t)\rangle = \int \mathrm{d}^3r|\psi(\boldsymbol{r},t)|^2 = \langle\psi(t_0)|\psi(t_0)\rangle = 1 \tag{D–8}$$

式中 $|\psi(t)\rangle$ 是方程 (D–1) 的对应于初态 $|\psi(t_0)\rangle$ 的解. 换句话说, 态随时间的演变并不会改变在整个空间找到粒子的总概率, 其值永远等于 1. 因此, 实际上就可以把 $|\psi(\boldsymbol{r},t)|^2$ 解释为概率密度.

β. 概率的局域守恒; 概率密度和概率流 [238]

在这一段里, 我们只考虑由无自旋的单个粒子构成的物理体系.

在这种情况下, 如果 $\psi(\boldsymbol{r},t)$ 是归一化的, 则

$$\rho(\boldsymbol{r},t) = |\psi(\boldsymbol{r},t)|^2 \tag{D–9}$$

表示概率密度, 就是说, 在时刻 t, 在点 $\boldsymbol{r}$ 周围的体积元 d^3r 中找到粒子的概率 $\mathrm{d}\mathscr{P}(\boldsymbol{r},t)$ 为:

$$\mathrm{d}\mathscr{P}(\boldsymbol{r},t)=\rho(\boldsymbol{r},t)\mathrm{d}^3r \tag{D–10}$$

刚才证明过, $\rho(\boldsymbol{r},t)$ 在整个空间的积分对时间来说是不变的 (在 ψ 归一化时, 其值为 1). 但不能因此就认为 $\rho(\boldsymbol{r},t)$ 在每一点 $\boldsymbol{r}$ 都应该与 t 无关. 这里的情况和电磁现象中的情况相似: 假设在一个孤立的物理体系中存在着电荷的空间分布, 其体密度是 $\rho(\boldsymbol{r},t)$, 总电荷 [即 $\rho(\boldsymbol{r},t)$ 在整个空间的积分] 对时间而言是守恒的, 但是电荷的空间分布是可能改变的, 这种变化将产生电流.

其实, 我们还可以继续类比下去. 电荷在整个空间中的守恒是以局域性的守恒为基础的. 如果固定的体积 V 所含有的电荷 Q 随时间改变, 则必有电流穿过限定 V 的闭曲面 S. 更精确地说, 在 $\mathrm{d}t$ 时间内, V 中电荷的改变量 $\mathrm{d}Q$ 等于 $-I\mathrm{d}t$, 这里 I 是穿过 S 的电流强度, 也就是穿出 S 的电流密度矢量 $\boldsymbol{J}(\boldsymbol{r},t)$ 的通量. 根据经典的矢量分析, 电荷的局域守恒可以表示为如下的形式:

$$\frac{\partial}{\partial t}\rho(\boldsymbol{r},t)+\mathrm{div}\boldsymbol{J}(\boldsymbol{r},t)=0 \tag{D–11}$$

现在我们来证明, 可以找到一个矢量 $\boldsymbol{J}(\boldsymbol{r},t)$, 称为概率流, 它满足全同于 (D–11) 式的方程. 这样一来, 就有概率的局域守恒. 所发生的情况犹如所涉及的是一种 “概率流体”, 它的密度和运动分别由 $\rho(\boldsymbol{r},t)$ 和 $\boldsymbol{J}(\boldsymbol{r},t)$ 来描述. 如果在点 $\boldsymbol{r}$ 附近的固定的体积元 d^3r 中找到粒子的概率随时间变化, 那么, 穿过限定该体积元的曲面的概率流便有不等于零的通量.

首先, 假设待研究的粒子只受标量势场 $V(\boldsymbol{r},t)$ 的作用, 则它的哈密顿算符为:

$$H=\frac{\boldsymbol{P}^2}{2m}+V(\boldsymbol{r},t) \tag{D–12}$$

而且, 若采用 $\{|\boldsymbol{r}\rangle\}$ 表象 (参看补充材料 $\mathrm{D_{II}}$), 则薛定谔方程应写作:

$$\mathrm{i}\hbar\frac{\partial}{\partial t}\psi(\boldsymbol{r},t)=-\frac{\hbar^2}{2m}\Delta\psi(\boldsymbol{r},t)+V(\boldsymbol{r},t)\psi(\boldsymbol{r},t) \tag{D–13}$$

[239] 为保证 H 是厄米算符, $V(\boldsymbol{r},t)$ 应该是实函数. 于是 (D–13) 式的共轭复数式为:

$$-\mathrm{i}\hbar\frac{\partial}{\partial t}\psi^*(\boldsymbol{r},t)=-\frac{\hbar^2}{2m}\Delta\psi^*(\boldsymbol{r},t)+V(\boldsymbol{r},t)\psi^*(\boldsymbol{r},t) \tag{D–14}$$

用 $\psi^*(\boldsymbol{r},t)$ 乘 (D–13) 式的两端, 用 $-\psi(\boldsymbol{r},t)$ 乘 (D–14) 式的两端, 然后将所得的两式相加, 便有

$$\mathrm{i}\hbar\frac{\partial}{\partial t}[\psi^*(\boldsymbol{r},t)\psi(\boldsymbol{r},t)]=-\frac{\hbar^2}{2m}[\psi^*\Delta\psi-\psi\Delta\psi^*] \tag{D–15}$$

或写成下列形式:

$$\frac{\partial}{\partial t}\rho(\boldsymbol{r},t)+\frac{\hbar}{2m\mathrm{i}}[\psi^*(\boldsymbol{r},t)\Delta\psi(\boldsymbol{r},t)-\psi(\boldsymbol{r},t)\Delta\psi^*(\boldsymbol{r},t)]=0 \tag{D–16}$$

如果我们令

$$\begin{aligned}\boldsymbol{J}(\boldsymbol{r},t)&=\frac{\hbar}{2m\mathrm{i}}[\psi^*\nabla\psi-\psi\nabla\psi^*]\\&=\frac{1}{m}\mathrm{Re}\left[\psi^*\left(\frac{\hbar}{\mathrm{i}}\nabla\psi\right)\right]\end{aligned} \tag{D–17}$$

那么, 等式 (D–16) 便可以写成 (D–11) 的形式; 因为

$$\begin{aligned}\mathrm{div}\boldsymbol{J}(\boldsymbol{r},t)&=\nabla\cdot\boldsymbol{J}\\&=\frac{\hbar}{2m\mathrm{i}}[(\nabla\psi^*)\cdot(\nabla\psi)+\psi^*(\nabla^2\psi)-(\nabla\psi)\cdot(\nabla\psi^*)-\psi(\nabla^2\psi^*)]\\&=\frac{\hbar}{2m\mathrm{i}}[\psi^*\Delta\psi-\psi\Delta\psi^*]\end{aligned} \tag{D–18}$$

于是我们证明了概率的局域守恒关系式, 并找到用归一化波函数 $\psi(\boldsymbol{r},t)$ 表示的概率流的表达式.

附注:

概率流公式 (D–17) 在物理上也是合理的. 事实上, 我们可以将 $\boldsymbol{J}(\boldsymbol{r},t)$ 看作由下式定义的算符 $\boldsymbol{K}(\boldsymbol{r})$

$$\boldsymbol{K}(\boldsymbol{r})=\frac{1}{2m}[|\boldsymbol{r}\rangle\langle\boldsymbol{r}|\boldsymbol{P}+\boldsymbol{P}|\boldsymbol{r}\rangle\langle\boldsymbol{r}|] \tag{D–19}$$

在 $|\psi(t)\rangle$ 这个态中的平均值. 但是算符 $|\boldsymbol{r}\rangle\langle\boldsymbol{r}|$ 的平均值为 $|\psi(\boldsymbol{r},t)|^2$, 也就是概率密度 $\rho(\boldsymbol{r},t)$, 而 $\boldsymbol{P}/m$ 为速度算符 $\mathscr{V}$. 因此, $\boldsymbol{K}$ 是一个量子算符, 它是由概率密度和粒子速度之积经过适当的对称化手续而构成的. 它正好和经典流体中的流密度矢量对应 (例如, 众所周知, 带电粒子流体的电流密度等于电荷的体密度和粒子的迁移速度的乘积).

如果粒子处在由势 $U(\boldsymbol{r},t)$ 和 $\boldsymbol{A}(\boldsymbol{r},t)$ 所描述的电磁场中, 我们可以从 (B– [240]
46) 式的哈密顿算符入手从头推证, 于是便可以得到, 在这种情况下

$$\boldsymbol{J}(\boldsymbol{r},t)=\frac{1}{m}\mathrm{Re}\left\{\psi^*\left[\frac{\hbar}{\mathrm{i}}\nabla-q\boldsymbol{A}\right]\psi\right\} \tag{D–20}$$

可以看出, 从 (D–17) 式出发, 采用处理哈密顿算符的规则: 将 $\boldsymbol{P}$ 换成 $\boldsymbol{P}-q\boldsymbol{A}$, 也可以得到这个结果.

平面波的例子. 我们考虑下列形式的波函数:

$$\psi(\boldsymbol{r},t)=A\mathrm{e}^{\mathrm{i}(\boldsymbol{k}\cdot\boldsymbol{r}-\omega t)} \tag{D–21}$$

其中 $\boldsymbol{k}$ 与 ω 之间的关系为 $\hbar\omega = \dfrac{\hbar^2\boldsymbol{k}^2}{2m}$. 对应的概率密度

$$\rho(\boldsymbol{r},t) = |\psi(\boldsymbol{r},t)|^2 = |A|^2 \tag{D–22}$$

在空间各处都一样, 而且与时间无关. $\boldsymbol{J}(\boldsymbol{r},t)$ 不难由 (D–17) 算出, 结果为:

$$\boldsymbol{J}(\boldsymbol{r},t) = |A|^2\frac{\hbar\boldsymbol{k}}{m} = \rho(\boldsymbol{r},t)\boldsymbol{v}_{\mathrm{G}} \tag{D–23}$$

这里的 $\boldsymbol{v}_{\mathrm{G}} = \dfrac{\hbar\boldsymbol{k}}{m}$ 是与动量 $\hbar\boldsymbol{k}$ 相联系的群速度 (第一章 §C-4). 于是我们再次看到, 概率流等于概率密度与粒子的群速度之积. 在这个例子中, ρ 和 $\boldsymbol{J}$ 都不依赖于时间, 这就是说, 与平面波相联系的概率流体的流动方式是稳定的 (又因 ρ 与 $\boldsymbol{J}$ 都与 $\boldsymbol{r}$ 无关, 故这种流动又是均匀的).

d. 可观察量的平均值的演变; 与经典力学的联系

用 A 表示一个可观察量. 假设体系的态 $|\psi(t)\rangle$ 是归一化的 (上面我们已看到, 在任何时刻 t 这个性质都保持不变), 在 t 时刻可观察量 A 的平均值① 为:

$$\langle A\rangle(t) = \langle\psi(t)|A|\psi(t)\rangle \tag{D–24}$$

我们看到, $\langle A\rangle(t)$ 是通过 $|\psi(t)\rangle$[和 $\langle\psi(t)|$] 而依赖于 t 的, 而态矢量又是按薛定谔方程 (D–4)[和 (D–5)] 随时间演变的. 此外, 可观察量 A 也可能明显地依赖于时间, 这是 $\langle A\rangle(t)$ 随 t 而变的另一个原因.

在这一段里, 我们打算研究 $\langle A\rangle(t)$ 的演变规律, 并且阐明对这个问题的研究怎样将经典力学和量子力学联系起来.

[241] α. 普遍公式

将 (D–24) 式对 t 求导, 我们得到

$$\frac{\mathrm{d}}{\mathrm{d}t}\langle\psi(t)|A(t)|\psi(t)\rangle = \left[\frac{\mathrm{d}}{\mathrm{d}t}\langle\psi(t)|\right]A(t)|\psi(t)\rangle + \langle\psi(t)|A(t)\left[\frac{\mathrm{d}}{\mathrm{d}t}|\psi(t)\rangle\right] + \langle\psi(t)|\frac{\partial A}{\partial t}|\psi(t)\rangle \tag{D–25}$$

分别用 (D–4) 式和 (D–5) 式来代替 $\dfrac{\mathrm{d}}{\mathrm{d}t}|\psi(t)\rangle$ 和 $\dfrac{\mathrm{d}}{\mathrm{d}t}\langle\psi(t)|$, 便得到

$$\frac{\mathrm{d}}{\mathrm{d}t}\langle\psi(t)|A(t)|\psi(t)\rangle = \frac{1}{\mathrm{i}\hbar}\langle\psi(t)|[A(t)H(t) - H(t)A(t)]|\psi(t)\rangle + \left\langle\psi(t)\left|\frac{\partial A}{\partial t}\right|\psi(t)\right\rangle \tag{D–26}$$

① 符号 $\langle A\rangle(t)$ 表示 A 的平均值 $\langle A\rangle$ 是一个依赖于 t 的值.

此式又可写作:

$$\boxed{\frac{\mathrm{d}}{\mathrm{d}t}\langle A\rangle=\frac{1}{\mathrm{i}\hbar}\langle[A,H(t)]\rangle+\left\langle\frac{\partial A}{\partial t}\right\rangle}\tag{D–27}$$

附注:

平均值 $\langle A\rangle$ 是一个数, 它只依赖于 t. 重要的是我们必须弄清楚这种依赖关系是怎样产生的. 为了解释得更具体, 我们讨论一个无自旋的粒子. 设 $\mathscr{A}(\boldsymbol{r},\boldsymbol{p},t)$ 是一个经典物理量; 在经典力学中 $\boldsymbol{r}$ 和 $\boldsymbol{p}$ 都依赖于时间 (它们按哈密顿方程随时间演变), 因此, $\mathscr{A}(\boldsymbol{r},\boldsymbol{p},t)$ 既明显地又通过 $\boldsymbol{r}$ 和 $\boldsymbol{p}$ 隐含地依赖于 t. 与经典量 $\mathscr{A}(\boldsymbol{r},\boldsymbol{p},t)$ 对应的, 是厄米算符 $A=\mathscr{A}(\boldsymbol{R},\boldsymbol{P},t)$, 为了得到它, 只需在 $\mathscr{A}(\boldsymbol{r},\boldsymbol{p},t)$ 中将 $\boldsymbol{r}$ 和 $\boldsymbol{p}$ 换成算符 $\boldsymbol{R}$ 和 $\boldsymbol{P}$ 即可 (量子化规则, 参看 §B–5). $\boldsymbol{R}$ 与 $\boldsymbol{P}$ 的本征态和本征值都与时间无关, 从而这些可观察量本身也并不依赖于时间. $\boldsymbol{r}$ 与 $\boldsymbol{p}$ 对时间的依赖性 (本来是经典的态随时间演变的特征), 现在不是转移到 $\boldsymbol{R}$ 和 $\boldsymbol{P}$ 中, 而是转移到量子态的态矢量 $|\psi(t)\rangle$ 中去了, 在 $\{|\boldsymbol{r}\rangle\}$ 表象中, 与这个态对应的是波函数 $\psi(\boldsymbol{r},t)=\langle\boldsymbol{r}|\psi(t)\rangle$. 在这种表象中, A 的平均值可以写作:

$$\langle A\rangle=\int\mathrm{d}^3r\psi^*(\boldsymbol{r},t)\mathscr{A}\left(\boldsymbol{r},\frac{\hbar}{\mathrm{i}}\nabla,t\right)\psi(\boldsymbol{r},t)\tag{D–28}$$

很显然, 对 $\boldsymbol{r}$ 积分之后得到一个数, 它只依赖于 t. 至于它和经典力学量的联系则是: 正是这个数 $\left[\text{而不是算符 }\mathscr{A}\left(\boldsymbol{r},\frac{\hbar}{\mathrm{i}}\nabla,t\right)\right]$ 应该和经典量 $A(\boldsymbol{r},\boldsymbol{p},t)$ 在 t 时刻的数值相比较 (参看下面的 §γ).

β. 应用到可观察量 $\boldsymbol{R}$ 和 $\boldsymbol{P}$ 上 (埃伦费斯特定理) [242]

现在我们将普遍公式 (D–27) 应用于可观察量 $\boldsymbol{R}$ 和 $\boldsymbol{P}$. 为简单起见, 我们考虑处在稳定标量势场 $V(\boldsymbol{r})$ 中的一个无自旋粒子. 在这种情况下, 有:

$$H=\frac{\boldsymbol{P}^2}{2m}+V(\boldsymbol{R})\tag{D–29}$$

从而, 可以写出

$$\frac{\mathrm{d}}{\mathrm{d}t}\langle\boldsymbol{R}\rangle=\frac{1}{\mathrm{i}\hbar}\langle[\boldsymbol{R},H]\rangle=\frac{1}{\mathrm{i}\hbar}\left\langle\left[\boldsymbol{R},\frac{\boldsymbol{P}^2}{2m}\right]\right\rangle\tag{D–30}$$

$$\frac{\mathrm{d}}{\mathrm{d}t}\langle\boldsymbol{P}\rangle=\frac{1}{\mathrm{i}\hbar}\langle[\boldsymbol{P},H]\rangle=\frac{1}{\mathrm{i}\hbar}\langle[\boldsymbol{P},V(\boldsymbol{R})]\rangle\tag{D–31}$$

利用正则对易关系, 很容易算出 (D–30) 式中的对易子; 我们得到:

$$\left[\boldsymbol{R},\frac{\boldsymbol{P}^2}{2m}\right]=\frac{\mathrm{i}\hbar}{m}\boldsymbol{P}\tag{D–32}$$

为了计算 (D–31) 式中的对易子, 必须使用公式 (B–33) 的推广了的结果 [参看补充材料 B_{II} 的公式 (48)]:

$$[\boldsymbol{P}, V(\boldsymbol{R})] = -\mathrm{i}\hbar\nabla V(\boldsymbol{R}) \tag{D–33}$$

此处的 $\nabla V(\boldsymbol{R})$ 表示在函数 $V(\boldsymbol{r})$ 的梯度的三个分量中将 $\boldsymbol{r}$ 换成 $\boldsymbol{R}$ 之后所得的三个算符的集合. 于是, 我们得到:

$$\frac{\mathrm{d}}{\mathrm{d}t}\langle\boldsymbol{R}\rangle = \frac{1}{m}\langle\boldsymbol{P}\rangle \tag{D–34}$$

$$\frac{\mathrm{d}}{\mathrm{d}t}\langle\boldsymbol{P}\rangle = -\langle\nabla V(\boldsymbol{R})\rangle \tag{D–35}$$

这两个方程就是埃伦费斯特定理的表达式. 它们所具有的这种形式使我们回想起关于一个粒子的哈密顿–雅可比的经典方程 (附录 III,§3):

$$\frac{\mathrm{d}}{\mathrm{d}t}\boldsymbol{r} = \frac{1}{m}\boldsymbol{p} \tag{D–36–a}$$

$$\frac{\mathrm{d}}{\mathrm{d}t}\boldsymbol{p} = -\nabla V(\boldsymbol{r}) \tag{D–36–b}$$

在这里的简单情况下, 这两个方程退化为熟知的牛顿方程:

$$\frac{\mathrm{d}\boldsymbol{p}}{\mathrm{d}t} = m\frac{\mathrm{d}^2\boldsymbol{r}}{\mathrm{d}t^2} = -\nabla V(\boldsymbol{r}) \tag{D–37}$$

γ. 对于埃伦费斯特定理的讨论; 经典极限

现在我们来分析埃伦费斯特定理 [即 (D–34) 和 (D–35) 式] 的物理意义. 假设描述粒子的态的波函数 $\psi(\boldsymbol{r},t)$ 是一个波包, 和第一章中研究过的相似.
[243] 于是 $\langle\boldsymbol{R}\rangle$ 表示依赖于时间的三类数值的集合 $\{\langle X\rangle, \langle Y\rangle, \langle Z\rangle\}$. 我们称坐标为 $\langle R\rangle(t)$ 的点为 t 时刻波包的中心①. 对应于相继各时刻 t 的这些点的集合便构成了波包中心所走过的轨道. 但是, 我们要提醒一下, 严格说来, 粒子本身是永远没有什么轨道可言的; 事实上, 粒子的态是由波包的整体来描述的, 而波包当然在空间占有一定的范围. 然而, 可以想见, 如果这个宽度和问题所涉及的其他长度相比是很小的, 我们就可以将波包近似地用其中心来代替, 在这种极限情况下, 对粒子的量子描述与经典描述就不应该有显著的差异了.

因而, 重要的是, 我们必须知道下述问题的答案: 波包中心的运动是否遵从经典规律? 埃伦费斯特定理就提供了这个问题的答案. 方程式 (D–34) 表明, 波包中心的速度等于波包的平均动量除以 m. 于是, (D–35) 式的左端可以写

① 波包的中心和波包的极大值一般是不相同的. 但若波包具有对称的形状, 则两者是重合的 (参看 §C–5, 图 3–2).

作 $m\frac{\mathrm{d}^2}{\mathrm{d}t^2}\langle\boldsymbol{R}\rangle$, 现在可以想见, 如果 (D–35) 式的右端等于作用在波包中心的经典力 $\boldsymbol{F}_{cl}$:

$$\boldsymbol{F}_{cl}=[-\nabla V(\boldsymbol{r})]_{\boldsymbol{r}=\langle\boldsymbol{R}\rangle} \tag{D–38}$$

那么, 上述问题的答案便是肯定的. 事实上,(D–35) 式的右端等于作用在整个波包上的力的平均值. 一般说来

$$\langle\nabla V(\boldsymbol{R})\rangle\neq[\nabla V(\boldsymbol{r})]_{\boldsymbol{r}=\langle\boldsymbol{R}\rangle} \tag{D–39}$$

(换句话说, 一个函数的平均值并不等于其自变量取平均值时的函数值). 因而, 严格说来, 上述问题的答案是否定的.

附注:

只要举一个具体的例子, 我们就很容易相信 (D–39) 式的正确性. 为简单起见, 我们考虑一维问题, 并假设

$$V(x)=\lambda x^n \tag{D–40}$$

这里的 λ 是一个实数, n 是正整数. 由这个式子可以得到与 $V(x)$ 相联系的算符:

$$V(X)=\lambda X^n. \tag{D–41}$$

(D–39) 式的左端现在应该写作 $\left(\text{将 }\nabla\text{ 换成 }\frac{\mathrm{d}}{\mathrm{d}x}\right)\lambda n\langle X^{n-1}\rangle$, 而其右端则应写作:

$$\left[\frac{\mathrm{d}V}{\mathrm{d}x}\right]_{x=\langle X\rangle}=[\lambda n x^{n-1}]_{x=\langle X\rangle}=\lambda n\langle X\rangle^{n-1} \tag{D–42}$$

但是我们知道, 一般说来, $\langle X^{n-1}\rangle\neq\langle X\rangle^{n-1}$. 例如 $n=3$ 时, $\langle X^2\rangle\neq\langle X\rangle^2$(这是因为, 在方均根偏差 ΔX 的计算中要用到此两数之差). [244]

但是必须注意, $n=1$ 或 2 时, $\langle X^{n-1}\rangle=\langle X\rangle^{n-1}$. 这时 (D–39) 式的两端便相等了. 此外, $n=0$ 时也是这样的, 这时两端都等于零. 对于自由粒子 ($n=0$), 对于处在均匀力场中的粒子 ($n=1$), 对于处在抛物形势阱中的粒子 ($n=2$, 即谐振子的情况), 波包中心的运动是严格遵从经典力学规律的. 对于自由粒子 ($n=0$), 我们已经在第一章 (参看 §C–4) 得到过这个结论.

虽然 (D–39) 式的两端一般并不相等, 但存在着一些情况 (我们称之为准经典的情况), 在这些情况中两数之差可以忽略; 这就是波包足够狭窄 (充分定域) 的情况. 为了看出这一点, 我们在 $\{|\boldsymbol{r}\rangle\}$ 表象中将该式的左端明显地写出来:

$$\begin{aligned}\langle\nabla V(\boldsymbol{R})\rangle&=\int\mathrm{d}^3r\psi^*(\boldsymbol{r},t)[\nabla V(\boldsymbol{r})]\psi(\boldsymbol{r},t)\\&=\int\mathrm{d}^3r|\psi(\boldsymbol{r},t)|^2\nabla V(\boldsymbol{r})\end{aligned} \tag{D–43}$$

假设波包非常狭窄, 更精确地说, 就是 $|\psi(\boldsymbol{r},t)|^2$ 具有显著值的区域的线度甚小于 $V(\boldsymbol{r})$ 有明显变化的距离. 于是在 $\langle\boldsymbol{R}\rangle$ 附近的区域内 $\nabla V(\boldsymbol{r})$ 实际上没有变化. 因此, 在 (D–43) 式中, 我们可以将 $\nabla V(\boldsymbol{r})$ 用它在 $\boldsymbol{r}=\langle\boldsymbol{R}\rangle$ 处的值来代替, 并将这个函数值提到积分号外, 而剩下的积分等于 1 [因为 $\psi(\boldsymbol{r},t)$ 是归一化的]. 这样一来, 对于充分狭窄的波包, 我们得到:

$$\langle\nabla V(\boldsymbol{R})\rangle \simeq [\nabla V(\boldsymbol{r})]_{\boldsymbol{r}=\langle\boldsymbol{R}\rangle} \tag{D–44}$$

在宏观极限下 (与势函数在其上有显著变化的距离相比, 德布罗意波长甚小①), 我们可以构成充分狭窄以致满足 (D–44) 式的波包, 而同时又将动量的不确定度保持在合理的限度之内, 于是波包的运动实际上就是处在势场 $V(\boldsymbol{r})$ 中的质量为 m 的经典粒子的运动. 我们在这里得到的结果是非常重要的, 因为这个结果可以用来证明, 在大多数宏观体系可以满足的某些极限条件下, 从薛定谔方程可以得到经典力学方程.

2. 保守体系的情况

如果一个物理体系的哈密顿函数不明显地依赖于时间, 我们就称该体系是保守的, 在经典力学中, 这种情况的最重要的后果就是 (对时间而言的)
[245] 能量守恒. 或者说体系的总能量是一个运动常量. 在这一节里, 我们将会看到, 在量子力学中情况也一样, 保守体系除了具备上一节所说的普遍性质外, 还具有一些特别重要的性质.

a. 薛定谔方程的解

我们首先考虑 H 的本征值方程

$$H|\varphi_{n,\tau}\rangle = E_n|\varphi_{n,\tau}\rangle \tag{D–45}$$

为简单起见, 假设 H 的谱是离散的. τ 是除 n 以外用来标示唯一的一个矢量 $|\varphi_{n,\tau}\rangle$ 所必须的各种指标的集合 (通常, 要用这些指标来标记与 H 一起构成一个 ECOC 的那些算符的本征值). 根据假设, H 不明显地依赖于时间, 故 t 既不出现在本征值 E_n 中, 也不出现在本征矢 $|\varphi_{n,\tau}\rangle$ 中.

首先, 我们来证明: 知道了诸 E_n 和相应的 $|\varphi_{n,\tau}\rangle$, 就可以很简单地解出薛定谔方程, 也就是说, 可以确定任意一个态随时间的演变. 事实上, 全体 $|\varphi_{n,\tau}\rangle$ 构成一个基 (因为 H 是一个观察算符), 所以对于 t 的每一个值, 我们都可以将体系的任意态 $|\psi(t)\rangle$ 按全体 $|\varphi_{n,\tau}\rangle$ 展开:

$$|\psi(t)\rangle = \sum_{n,\tau} c_{n,\tau}(t)|\varphi_{n,\tau}\rangle \tag{D–46}$$

① 关于与宏观体系相联系的德布罗意波长的数量级, 参看补充材料 $\mathrm{A_I}$.

式中

$$c_{n,\tau}(t) = \langle\varphi_{n,\tau}|\psi(t)\rangle \tag{D–47}$$

由于全体 $|\varphi_{n,\tau}\rangle$ 都与 t 无关, 故 $|\psi(t)\rangle$ 对时间的依赖性便包含在全体系数 $c_{n,\tau}(t)$ 中. 要计算全体 $c_{n,\tau}(t)$, 可以将薛定谔方程投影到每一个态 $|\varphi_{n,\tau}\rangle$ 上, 这样便有:

$$\mathrm{i}\hbar\frac{\mathrm{d}}{\mathrm{d}t}\langle\varphi_{n,\tau}|\psi(t)\rangle = \langle\varphi_{n,\tau}|H|\psi(t)\rangle^{①} \tag{D–48}$$

由于 H 是厄米算符, 从 (D–45) 式可以导出:

$$\langle\varphi_{n,\tau}|H = E_n\langle\varphi_{n,\tau}| \tag{D–49}$$

从而可将 (D–48) 式写成下列形式:

$$\mathrm{i}\hbar\frac{\mathrm{d}}{\mathrm{d}t}c_{n,\tau}(t) = E_n c_{n,\tau}(t) \tag{D–50}$$

直接积分这个方程, 得到

$$c_{n,\tau}(t) = c_{n,\tau}(t_0)\mathrm{e}^{-\mathrm{i}E_n(t-t_0)/\hbar} \tag{D–51}$$

因此, 知道了 $|\psi(t_0)\rangle$, 要求 $|\psi(t)\rangle$, 可按下列步骤进行: [246]

(i) 在由 H 的本征态构成的基中, 展开 $|\psi(t_0)\rangle$:

$$|\psi(t_0)\rangle = \sum_n\sum_\tau c_{n,\tau}(t_0)|\varphi_{n,\tau}\rangle \tag{D–52}$$

$c_{n,\tau}(t_0)$ 由通常的公式给出:

$$c_{n,\tau}(t_0) = \langle\varphi_{n,\tau}|\psi(t_0)\rangle \tag{D–53}$$

(ii) 对于任意的 t, 用 $\mathrm{e}^{-\mathrm{i}E_n(t-t_0)/\hbar}$ 去乘展开式 (D–52) 中的每一个系数 $c_{n,\tau}(t_0)$, 便得到 $|\psi(t)\rangle$:

$$\psi(t)\rangle = \sum_n\sum_\tau c_{n,\tau}(t_0)\mathrm{e}^{-\mathrm{i}E_n(t-t_0)/\hbar}|\varphi_{n,\tau}\rangle \tag{D–54}$$

式中的 E_n 是 H 的本征值, 与 $|\varphi_{n,\tau}\rangle$ 这个态对应.

以上的证明很容易推广到 H 具有连续谱的情况, 这时公式 (D–54) 变为 (各个符号的意义都是明显的):

$$|\psi(t)\rangle = \sum_\tau\int \mathrm{d}E c_\tau(E,t_0)\mathrm{e}^{-\mathrm{i}E(t-t_0)/\hbar}|\varphi_{E,\tau}\rangle \tag{D–55}$$

---

① 在 (D–48) 式中, 已经将 $\langle\varphi_{n,\tau}|$ 置于 $\frac{\mathrm{d}}{\mathrm{d}t}$ 的右侧, 这是因为 $\langle\varphi_{n,\tau}|$ 与 t 无关.

b. 定态

有一个特别重要的情况, 即 $|\psi(t_0)\rangle$ 本身就是 H 的本征态. 这时, $|\psi(t_0)\rangle$ 的展开式 (D–52) 只包含 H 的属于同一本征值 (例如 E_n) 的本征态:

$$|\psi(t_0)\rangle = \sum_{\tau} c_{n,\tau}(t_0)|\varphi_{n,\tau}\rangle \tag{D–56}$$

在这个公式中没有对于 n 的累加号, 要从 $|\psi(t_0)\rangle$ 得到 $|\psi(t)\rangle$, 只需要乘一个因子 $\mathrm{e}^{-\mathrm{i}E_n(t-t_0)/\hbar}$, 我们可将它提到对 τ 的累加号外:

$$\begin{aligned}|\psi(t)\rangle &= \sum_{\tau} c_{n,\tau}(t_0)\mathrm{e}^{-\mathrm{i}E_n(t-t_0)/\hbar}|\varphi_{n,\tau}\rangle \\ &= \mathrm{e}^{-\mathrm{i}E_n(t-t_0)/\hbar}\sum_{\tau} c_{n,\tau}(t_0)|\varphi_{n,\tau}\rangle \\ &= \mathrm{e}^{-\mathrm{i}E_n(t-t_0)/\hbar}|\psi(t_0)\rangle\end{aligned} \tag{D–57}$$

因此, $|\psi(t)\rangle$ 和 $|\psi(t_0)\rangle$ 的差别只在于一个总的相位因子 $\mathrm{e}^{-\mathrm{i}E_n(t-t_0)/\hbar}$. 这两个态在物理上是不可区分的 (参看 §B–3–b–γ 的讨论). 由此, 我们得到一个结论: 处在 H 的本征态中的体系的一切物理性质, 都不随时间而变; 由于这个原因, 我们称 H 的本征态为定态.

[247] 同样有意义的是, 分析一下在量子力学中保守体系的能量守恒是怎样出现的. 假设在时刻 t_0. 我们测量这个体系的能量, 譬如得到的结果是 E_k. 刚测量之后, 体系处于 H 的属于本征值 E_k 的一个本征态 (关于波包收缩的假定). 刚才我们看到, H 的本征态都是定态, 因此, 在第一次测量之后, 体系的态不再演变而总是保持在 H 的属于本征值 E_k 的本征态. 由此可以推知, 在以后的任一时刻 t, 第二次测量体系的能量, 必将总是得到和第一次相同的结果 E_k.

附注:

从 (D–52) 式过渡到 (D–54) 式, 要用 $\mathrm{e}^{-\mathrm{i}E_n(t-t_0)/\hbar}$ 去乘 (D–52) 式中的每一个系数 $c_{n,\tau}(t_0)$. 虽然 $\mathrm{e}^{-\mathrm{i}E_n(t-t_0)/\hbar}$ 是一个相位因子, 我们不能因此就认为 $|\psi(t)\rangle$ 和 $|\psi(t_0)\rangle$ 在物理上永远都是不可区分的. 实际上, 在一般情况下, 展开式 (D–52) 包含着 H 的若干个属于互异本征值的本征态. 和 E_n 的可能的互异值对应的, 是互不相同的相位因子, 它们修正了. 态矢量的展开式中诸系数的相对相位, 以致如此构成的态 $|\psi(t)\rangle$ 在物理上不同于 $|\psi(t_0)\rangle$ 态.

只有在下述情况下, 即在 (D–52) 式只含有 n 的一个值的情况下 [也就是 $|\psi(t_0)\rangle$ 为 H 的一个本征态时], 态随时间的演变是由一个单独的相位因子来表示的, 因而这个因子就是总的相位因子, 它在物理上是没有影响的. 换句话说, 只有在初态能量不能确知的情况下, 才会出现物理上的

随时间的演变. 以后 (参看 §D–2–e), 我们还要回到态随时间的演变与能量不确定度的关系上来.

c. 运动常量

按定义, 运动常量是这样一个可观察量 A, 它不明显地依赖于时间, 并且可以和 H 对易:

$$\begin{cases} \dfrac{\partial A}{\partial t} = 0 \\ [A, H] = 0 \end{cases} \tag{D–58}$$

由此可见, 对于保守体系来说, H 本身就是一个运动常量.

现在我们来证明运动常量的一些重要性质.

(i) 若将 (D–58) 式代入普遍公式 (D–27), 便得到:

$$\frac{\mathrm{d}}{\mathrm{d}t}\langle A\rangle = \frac{\mathrm{d}}{\mathrm{d}t}\langle\psi(t)|A|\psi(t)\rangle = 0 \tag{D–59}$$

不论物理体系处于什么态 $|\psi(t)\rangle$, 在这个态中 A的平均值不随时间而变 ("运动常量" 的名称便由此而来).

(ii) 由于 A 与 H 是两个对易的观察算符, 我们总可以找到它们的一个共 [248]
同本征矢的集合 $\{|\varphi_{n,p,\tau}\rangle\}$:

$$\begin{aligned} H|\varphi_{n,p,\tau}\rangle &= E_n|\varphi_{n,p,\tau}\rangle \\ A|\varphi_{n,p,\tau}\rangle &= a_p|\varphi_{n,p,\tau}\rangle \end{aligned} \tag{D–60}$$

为简单起见, 假设 H 与 A 的谱都是离散的; 指标 τ 用来标记与 H 和 A 一起构成一个 ECOC 的那些观察算符的本征值. $|\varphi_{n,p,\tau}\rangle$ 态既然是 H 的本征态, 当然都是定态. 如果在初时刻, 体系处于 $|\varphi_{n,p,\tau}\rangle$态, 那么它将一直处于这个态 (除一个总的相位因子以外). 但是态 $|\varphi_{n,p,\tau}\rangle$ 也是 A 的本征态, 当 A 为运动常量时, 物理体系便有这样一些定态 (即态 $|\varphi_{n,p,\tau}\rangle$), 在任何时刻 t, 这些态都保持为 A 的属于同一本征值 (a_p) 的本征态. 由于这个原因, 我们称 A 的本征值为好量子数.

(iii) 最后来证明, 在任意态 $|\psi(t)\rangle$ 中测量运动常量 A, 得到本征值 a_p 的概率是不随时间而变的. 事实上, 我们总可以在上面引入的基 $\{|\varphi_{n,p,\tau}\rangle\}$ 中展开 $|\psi(t_0)\rangle$:

$$|\psi(t_0)\rangle = \sum_n\sum_p\sum_\tau c_{n,p,\tau}(t_0)|\varphi_{n,p,\tau}\rangle \tag{D–61}$$

由此立刻得到:

$$|\psi(t)\rangle = \sum_n\sum_p\sum_\tau c_{n,p,\tau}(t)|\varphi_{n,p,\tau}\rangle \tag{D–62}$$

式中

$$c_{n,p,\tau}(t) = c_{n,p,\tau}(t_0)\mathrm{e}^{-\mathrm{i}E_n(t-t_0)/\hbar} \tag{D–63}$$

根据谱分解假定, 对于处在态 $|\psi(t_0)\rangle$ 的体系, 若在 t_0 时刻去测量 A, 则得到 a_p 的概率是:

$$\mathscr{P}(a_p, t_0) = \sum_n \sum_\tau |c_{n,p,\tau}(t_0)|^2 \tag{D–64}$$

同样地, 有:

$$\mathscr{P}(a_p, t) = \sum_n \sum_\tau |c_{n,p,\tau}(t)|^2 \tag{D–65}$$

但由 (D–63) 式可以看出, $c_{n,p,\tau}(t)$ 和 $c_{n,p,\tau}(t_0)$ 具有相同的模, 故 $\mathscr{P}(a_p, t) = \mathscr{P}(a_p, t_0)$, 这就证明了我们所说的性质.

附注:

如果除了 $\mathscr{P}(a_k, t_0)$ 以外, 其他的概率 $\mathscr{P}(a_p, t_0)$ 都等于零 (自然, $\mathscr{P}(a_k, t_0)$ 等于 1), 那么该物理体系在 t_0 时刻处于 A 的属于本征值 a_k 的本征态. 由于那些概率 $\mathscr{P}(a_p, t)$ 都与 t 无关, 故体系在 t 时刻的态仍然是 A 的属于本征值 a_k 的本征态.

[249] d. 体系的玻尔频率; 选择定则

假设 B 是所研究的体系的任意一个观察算符 (它不一定可以和 H 对易). 我们可以用公式 (D–27) 来计算 B 的平均值的导数 $\frac{\mathrm{d}}{\mathrm{d}t}\langle B\rangle$:

$$\frac{\mathrm{d}}{\mathrm{d}t}\langle B\rangle = \frac{1}{\mathrm{i}\hbar}\langle [B, H]\rangle + \left\langle \frac{\partial B}{\partial t} \right\rangle \tag{D–66}$$

对于保守体系来说, 我们已经知道 $|\psi(t)\rangle$ 的一般形式, 即 (D–54) 式. 因此, 在这种情况下, 我们可以明显地计算 $\langle\psi(t)|B|\psi(t)\rangle$ (而不止是计算 $\frac{\mathrm{d}}{\mathrm{d}t}\langle B\rangle$).

(D–54) 式的厄米共轭式 (将求和指标改变一下) 可以写作:

$$\langle\psi(t)| = \sum_{n'} \sum_{\tau'} c^*_{n',\tau'}(t_0)\mathrm{e}^{\mathrm{i}E_{n'}(t-t_0)/\hbar}\langle\varphi_{n',\tau'}| \tag{D–67}$$

于是在 $\langle\psi(t)|B|\psi(t)\rangle$ 中, 可用展开式 (D–54) 和 (D–67) 分别代替 $|\psi(t)\rangle$ 和 $\langle\psi(t)|$. 这样便得到:

$$\begin{aligned}\langle\psi(t)|B|\psi(t)\rangle &= \langle B\rangle(t)\\ &= \sum_n \sum_\tau \sum_{n'} \sum_{\tau'} c^*_{n',\tau'}(t_0)c_{n,\tau}(t_0)\langle\varphi_{n',\tau'}|B|\varphi_{n,\tau}\rangle\mathrm{e}^{\mathrm{i}(E_{n'}-E_n)(t-t_0)/\hbar}\end{aligned} \tag{D–68}$$

从现在起, 我们假设 B 并不明显地依赖于时间, 于是全体矩阵元 $\langle\varphi_{n',\tau'}|B|\varphi_{n,\tau}\rangle$ 都是常数. 从而, 公式 (D–68) 式表明, $\langle B\rangle(t)$ 随时间演变的规律是由一个级数来描述的, 级数中的各项都是振荡型的, 振荡频率为 $\dfrac{1}{2\pi}\dfrac{|E_{n'}-E_n|}{\hbar}=\left|\dfrac{E_{n'}-E_n}{h}\right|=\nu_{n'n}$, 其值决定于体系的特征, 与 B 及体系的初态无关. 这些频率 $\nu_{n'n}$ 叫做该体系的玻尔频率. 因此, 就一个原子而言, 所有物理量 (电偶极矩、磁偶极矩等等) 的平均值都以该原子的各种玻尔频率进行振荡. 我们不妨设想, 原子只可能发射或吸收这些频率的辐射. 这一点说明, 有助于我们直观地理解吸收或发射光谱的频率与原子的各能级级差之间的玻尔关系.

从 (D–68) 式还可以看出, 虽然在 $\langle B\rangle(t)$ 的演变过程中, 各频率与 B 无关, 但在 $\langle B\rangle$ 发生变化时, 各频率的权重却并不如此. 实际上, 各频率 $\nu_{n'n}$ 的权重依赖于矩阵元 $\langle\varphi_{n',\tau'}|B|\varphi_{n,\tau}\rangle$. 特别地, 如果对于 n 和 n' 的某些值这些矩阵元等于零, 那么, 不管体系的初态如何, 对应的频率 $\nu_{n'n}$ 就从 $\langle B\rangle(t)$ 的展开式中消失. 由此可以得出选择定则; 这个定则说明, 在给定的条件下, 哪些频率的辐射可以被发射或吸收. 要建立这些规则, 就必须研究原子的诸如电偶极子、磁偶极子等等算符的非对角的 $(n\neq n')$ 矩阵元.

最后一点, 各玻尔频率的权重还通过 $c^*_{n',\tau'}(t_0)c_{n,\tau}(t_0)$ 依赖于初态. 特别 [250]
地, 若初态是能量为 E_k 的定态, 则 $|\psi(t_0)\rangle$ 的展开式只含有 n 的一个值 $(n=k)$, 而 $c^*_{n',\tau'}(t_0)c_{n,\tau}(t_0)$ 只在 $n=n'=k$ 时才不等于零. 在这种情况下, $\langle B\rangle$ 与时间无关.

附注:

利用 (D–68) 式可以直接证明, 一个运动常量的平均值永远与时间无关. 事实上, 如果 B 可以和 H 对易, 那么, B 在 H 的属于互异本征值的两个本征态之间的矩阵元等于零 (参看第二章 §D–3–a). 就是说, 若 $n'\neq n$ 则 $\langle\varphi_{n',\tau'}|B|\varphi_{n,\tau}\rangle$ 等于零. 于是 $\langle B\rangle$ 的非零项都是常数.

e. 时间–能量不确定度关系式

我们即将看到, 就一个保守系而言, 如果关于其能量我们知道得越不准确, 那就说明体系的态随时间演变得越快. 更精确地说, 设 Δt 是一段时间间隔, 在这段时间的末尾, 体系的态已有明显的变化, 并用 ΔE 表示能量的不确定度, 则 Δt 和 ΔE 满足下列关系式:

$$\boxed{\Delta t\cdot\Delta E\gtrsim h}\tag{D–69}$$

首先假设体系处于 H 的一个本征态, 则其能量是完全确定的, 即 $\Delta E=0$. 但是我们已经知道这样的态是定态, 也就是说, 它是不会演变的. 于是我们可以说, 在这种情况下, 演变所需的时间为无穷大 [实际上, (D–69) 式表明, 当 $\Delta E = 0$ 时, Δt 应为无穷大].

现在假设 $|\psi(t_0)\rangle$ 是 H 的两个本征态的线性叠加, 这两个本征态是 $|\varphi_1\rangle$ 和 $|\varphi_2\rangle$, 属于不同的本征值 E_1 和 E_2:

$$|\psi(t_0)\rangle = c_1|\varphi_1\rangle + c_2|\varphi_2\rangle \tag{D–70}$$

于是

$$|\psi(t)\rangle = c_1\mathrm{e}^{-\mathrm{i}E_1(t-t_0)/\hbar}|\varphi_1\rangle + c_2\mathrm{e}^{-\mathrm{i}E_2(t-t_0)/\hbar}|\varphi_2\rangle \tag{D–71}$$

如果测量能量, 则得到的结果或是 E_1, 或是 E_2. 因而 E 的不确定度的数量级为①:

$$\Delta E \simeq |E_2 - E_1| \tag{D–72}$$

假设 B 是一个任意的可观察量, 它与 H 不可对易. 在 t 时刻测量 B, 得到与本征矢 $|u_m\rangle$ 对应的本征值 b_m(为简单起见, 假设 b_m 是非简并的) 的概率由下式给出:

$$\begin{aligned}\mathscr{P}(b_m,t) = |\langle u_m|\psi(t)\rangle|^2 = |c_1|^2|\langle u_m|\varphi_1\rangle|^2 + |c_2|^2|\langle u_m|\varphi_2\rangle|^2 \\ +2\mathrm{Re}[c_2^*c_1\mathrm{e}^{\mathrm{i}(E_2-E_1)(t-t_0)/\hbar}\langle u_m|\varphi_2\rangle^*\langle u_m|\varphi_1\rangle]\end{aligned} \tag{D–73}$$

[251] 这个等式表明, $\mathscr{P}(b_m,t)$ 以玻尔频率 $\nu_{21} = \dfrac{|E_2 - E_1|}{h}$ 在两个极值之间振荡. 因而这体系的特征演变时间是:

$$\Delta t \simeq \frac{h}{|E_2 - E_1|} \tag{D–74}$$

将此式和 (D–72) 式加以比较, 便得到 $\Delta E \cdot \Delta t \simeq h$.

现在假设 H 的谱是连续的 (但是没有简并). 最普遍的态 $|\psi(t_0)\rangle$ 可以写作:

$$|\psi(t_0)\rangle = \int \mathrm{d}E c(E)|\varphi_E\rangle \tag{D–75}$$

式中的 $|\varphi_E\rangle$ 是 H 的本征态, 属于本征值 E. 假设 $|c(E)|^2$ 只在 E_0 附近宽度为 ΔE 的区间内才有显著的数值 (图 3–4), 那么 ΔE 就表示体系的能量的不确定度. 利用 (D–55) 式可以得到 $|\psi(t)\rangle$:

$$|\psi(t)\rangle = \int \mathrm{d}E c(E)\mathrm{e}^{-\mathrm{i}E(t-t_0)/\hbar}|\varphi_E\rangle \tag{D–76}$$

① 如果用 §C–5 中精确定义的方均根偏差作为 ΔE, 在这里应该得到 $\Delta E = |E_2 - E_1||c_1c_2|$. 于是我们要假设 $|c_1|$ 和 $|c_2|$ 属于同一数量级.

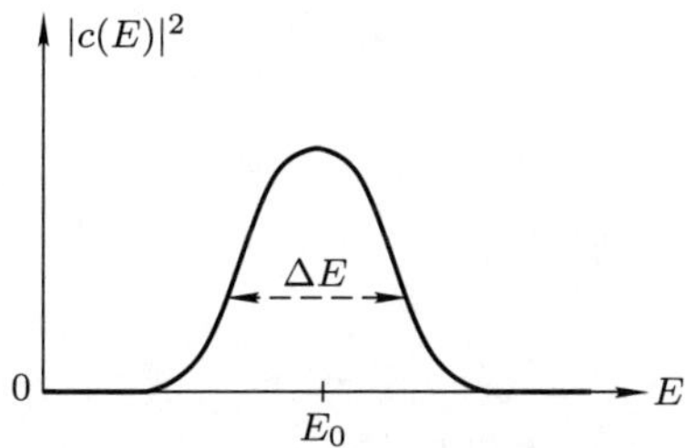

图 3-4　将各个乘有系数 $c(E)$ 的定态 $|\varphi_E\rangle$ 叠加起来, 便得到体系的这样一个态 $|\psi\rangle$, 在这个态, 能量不是完全确定的. 对应的不确定度 ΔE 由曲线 $|c(E)|^2$ 的宽度给出. 根据第四个不确定度关系式, 态 $|\psi(t)\rangle$ 将在满足 $\Delta E \cdot \Delta t \gtrsim \hbar$ 的这段时间 Δt 的末尾发生显著的变化.

上面引入的量 $\mathscr{P}(b_m,t)$, 它表示在体系处于态 $|\psi(t)\rangle$ 时测量可观察量 B, 得到本征值 b_m 的概率, 现在其值为:

$$\begin{aligned}\mathscr{P}(b_m,t) &= |\langle u_m|\psi(t)\rangle|^2 \\ &= \left|\int \mathrm{d}E c(E)\mathrm{e}^{-\mathrm{i}E(t-t_0)/\hbar}\langle u_m|\varphi_E\rangle\right|^2 \end{aligned} \tag{D–77}$$

在一般情况下, 当 E 在 E_0 附近变化时, $\langle u_m|\varphi_E\rangle$ 不会随 E 迅速变化. 如果 ΔE 充分小, 那么, 在 (D–77) 式的积分中, 和 $c(E)$ 的变化相比较, 可以略去 $\langle u_m|\varphi_E\rangle$ 的变化. 于是便有理由将 $\langle u_m|\varphi_E\rangle$ 换成 $\langle u_m|\varphi_{E_0}\rangle$, 并将它提到 (D–77) 式中的积分号外:

$$\mathscr{P}(b_m,t) \simeq |\langle u_m|\varphi_{E_0}\rangle|^2 \left|\int \mathrm{d}E c(E)\mathrm{e}^{-\mathrm{i}E(t-t_0)/\hbar}\right|^2 \tag{D–78}$$

如果这个近似是有效的, 那么我们可以看出, 除一个系数以外, $\mathscr{P}(b_m,t)$ 就是 [252]
$c(E)$ 的傅里叶变换的模平方. 因而, 根据傅里叶变换的性质 (参看附录 I,§2–b), 函数 $\mathscr{P}(b_m,t)$ 在 t 轴上的宽度, 或者说 Δt, 与 $|c(E)|^2$ 的宽度 ΔE 是通过 (D–69) 式联系起来的.

附注:

对于一维的自由波包, 我们可以直接建立 (D–69) 式. 对于该波包的动量不确定度 Δp, 我们可以用能量不确定度 $\Delta E = \frac{\mathrm{d}E}{\mathrm{d}p}\Delta p$ 和它相联系. 由于 $E = \hbar\omega$ 和 $p = \hbar k$, 便有 $\frac{\mathrm{d}E}{\mathrm{d}p} = \frac{\mathrm{d}\omega}{\mathrm{d}k} = v_{\mathrm{G}}$, 这个 v_{G} 就是波包的群速度 (第一章,§C–4). 因而

$$\Delta E = v_{\mathrm{G}}\Delta p \tag{D–79}$$

此外, 波包的特征演变时间 Δt 也就是波包以速度 v_{G}“通过” 空间某点所耗费的时间. 如果波包展布在空间的宽度是 Δx, 则

$$\Delta t \simeq \frac{\Delta x}{v_{\mathrm{G}}} \tag{D–80}$$

将 (D–79) 和 (D–80) 两式结合起来, 便得到

$$\Delta E \cdot \Delta t \simeq \Delta x \cdot \Delta p \gtrsim \hbar \tag{D–81}$$

(D–69) 式通常叫做第四海森伯不确定度关系式. 它和关于 $\boldsymbol{R}$ 与 $\boldsymbol{P}$ 的三个分量的那三个不确定度关系式显然不同 [参看补充材料F_I的公式 (14)]. 事实上, 在 (D–69) 式中, 只有能量才和 $\boldsymbol{R}$ 与 $\boldsymbol{P}$ 一样是物理量, 而 t 则是一个参变量, 在量子力学中没有任何算符和它相联系.

§E. 叠加原理和物理上的预言

现在还有待考察的就是第一个假定的物理意义. 按照这个假定, 一个物理体系的态属于一个矢量空间, 因而是可以线性叠加的.

第一个假定 (和其他假定结合起来时) 的重要后果之一, 就是出现了导致波粒二象性的那一类干涉现象 (第一章). 对这些现象的理解. 是以概率幅的概念为基础的, 在这里我们将通过一些简单的例子, 力求使这个概念精确化.

[253] 1. 概率幅与干涉效应

a. 态的线性叠加的物理意义

α. 线性叠加与统计混合的区别

假设 $|\psi_1\rangle$ 和 $|\psi_2\rangle$ 是两个正交归一的态:

$$\begin{aligned}\langle\psi_1|\psi_1\rangle &= \langle\psi_2|\psi_2\rangle = 1\\ \langle\psi_1|\psi_2\rangle &= 0\end{aligned} \tag{E–1}$$

(例如, $|\psi_1\rangle$ 和 $|\psi_2\rangle$ 可以是同一可观察量 B 的两个本征态, 属于不同的本征值 b_1 和 b_2).

如果物理体系处于态 $|\psi_1\rangle$, 那么, 测量指定的可观察量 A 所得各种结果的概率都可以计算出来. 例如, 若 $|u_n\rangle$ 是 A 的归一化的本征矢, 属于非简并本征值 a_n, 则在体系处于态 $|\psi_1\rangle$ 时, 测量 A 得到 a_n 的概率 $\mathscr{P}_1(a_n)$ 为:

$$\mathscr{P}_1(a_n) = |\langle u_n|\psi_1\rangle|^2 \tag{E–2}$$

对于态 $|\psi_2\rangle$, 我们也可以定义一个类似的量 $\mathscr{P}_2(a_n)$:

$$\mathscr{P}_2(a_n) = |\langle u_n|\psi_2\rangle|^2 \tag{E–3}$$

现在考虑一个归一化的态 $|\psi\rangle$, 它是 $|\psi_1\rangle$ 和 $|\psi_2\rangle$ 的线性叠加:

$$\begin{aligned}&|\psi\rangle = \lambda_1|\psi_1\rangle + \lambda_2|\psi_2\rangle\\&|\lambda_1|^2 + |\lambda_2|^2 = 1\end{aligned} \tag{E–4}$$

人们常说, 如果体系处于态 $|\psi\rangle$, 那么, 我们发现它处于态 $|\psi_1\rangle$ 的概率是 $|\lambda_1|^2$, 发现它处在态 $|\psi_2\rangle$ 的概率是 $|\lambda_2|^2$. 这种说法的精确含意如下: 由于 $|\psi_1\rangle$ 和 $|\psi_2\rangle$ 是可观察量 B 的属于互异本征值 b_1 和 b_2 的归一化的本征矢, 故测量 B 得到 b_1 的概率是 $|\lambda_1|^2$, 得到 b_2 的概率是 $|\lambda_2|^2$.

这种说法可能使我们认为 (下面即将指出, 这是错误的) 像 (E–4) 式中那样的态是两个态 ($|\psi_1\rangle$ 和 $|\psi_2\rangle$) 各自以权重 $|\lambda_1|^2$ 及 $|\lambda_2|^2$ 参与构成的统计混合态. 换句话说, 就是认为: 由 N 个 (N 甚大) 处于 (E–4) 式表示的态的全同体系构成的集合完全等价于由 $N|\lambda_1|^2$ 个处于态 $|\psi_1\rangle$、$N|\lambda_2|^2$ 个处于态 $|\psi_2\rangle$ 的 N 个全同体系构成的集合. 事实上, 关于态 $|\psi\rangle$ 的这种解释是错误的, 它将导致不正确的物理预言.

对于处在 (E–4) 式中的态 $|\psi\rangle$ 中的体系, 假设我们要计算测量可观察量 A 得到本征值 a_n 的概率 $\mathscr{P}(a_n)$. 如果把态 $|\psi\rangle$ 看作态 $|\psi_1\rangle$ 和态 $|\psi_2\rangle$ 各以权重 $|\lambda_1|^2$ 和 $|\lambda_2|^2$ 参与构成的统计混合态, 那么, $\mathscr{P}(a_n)$ 就应该等于上面已经得到的 $\mathscr{P}_1(a_n)$ 和 $\mathscr{P}_2(a_n)$[即公式 (E–2) 和 (E–3)] 的加权总和:

$$\mathscr{P}(a_n) \overset{?}{=\!=} |\lambda_1|^2\mathscr{P}_1(a_n) + |\lambda_2|^2\mathscr{P}_2(a_n) \tag{E–5}$$

事实上, 量子力学的假定已经明确指出应该怎样计算 $\mathscr{P}(a_n)$. 这个概率的正 [254]
确公式为:

$$\mathscr{P}(a_n) = |\langle u_n|\psi\rangle|^2 \tag{E–6}$$

因此, $\mathscr{P}(a_n)$ 就是概率幅 $\langle u_n|\psi\rangle$ 的模平方. 根据 (E–4) 式, 这个幅度是两项之和:

$$\langle u_n|\psi\rangle = \lambda_1\langle u_n|\psi_1\rangle + \lambda_2\langle u_n|\psi_2\rangle \tag{E–7}$$

于是我们得到

$$\begin{aligned}\mathscr{P}(a_n) &= |\lambda_1\langle u_n|\psi_1\rangle + \lambda_2\langle u_n|\psi_2\rangle|^2\\&= |\lambda_1|^2|\langle u_n|\psi_1\rangle|^2 + |\lambda_2|^2|\langle u_n|\psi_2\rangle|^2\\&\quad +2\mathrm{Re}\{\lambda_1\lambda_2^*\langle u_n|\psi_1\rangle\langle u_n|\psi_2\rangle^*\}\end{aligned} \tag{E–8}$$

考虑到 (E–2) 和 (E–3) 两式, 便可将 $\mathscr{P}(a_n)$ 的正确公式写作:

$$\mathscr{P}(a_n) = |\lambda_1|^2\mathscr{P}_1(a_n) + |\lambda_2|^2\mathscr{P}_2(a_n) + 2\mathrm{Re}\{\lambda_1\lambda_2^*\langle u_n|\psi_1\rangle\langle u_n|\psi_2\rangle^*\} \tag{E–9}$$

这个结果和 (E–5) 式不同.

因此, 将 $|\psi\rangle$ 看作态的统计混合是错误的, 因为这种解释丢掉了公式 (E–9) 中双重标量积所包含的全部干涉效应. 此外, 我们还看到, 起重要作用的不仅是 λ_1 和 λ_2 的模, λ_1 和 λ_2 的相对相位也有重要的作用, 因为相对相位通过 $\lambda_1\lambda_2^*$ 而明显地出现在物理预言中①.

β. 一个具体例子

考虑沿 Oz 轴传播的偏振光, 光子的偏振态由下列单位矢表示 (图 3–5):

$$\boldsymbol{e}=\frac{1}{\sqrt{2}}(\boldsymbol{e}_x+\boldsymbol{e}_y) \tag{E–10}$$

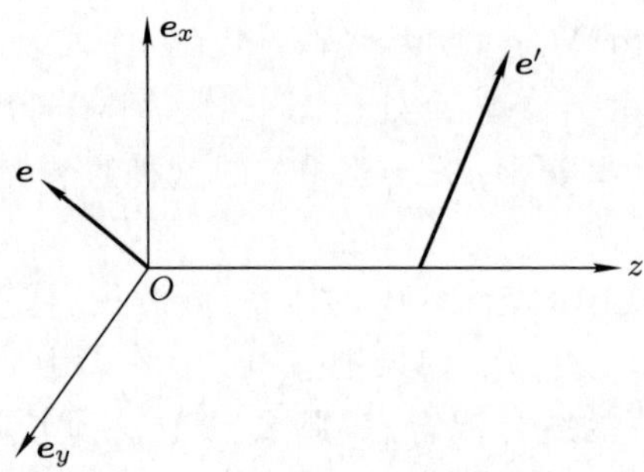

图 3–5 用来说明态的线性叠加与统计混合之间的差异的简单实验. 如果全体入射光子的偏振态都是

$$\boldsymbol{e}=\frac{1}{\sqrt{2}}(\boldsymbol{e}_x+\boldsymbol{e}_y)$$

就没有一个光子能通过轴线 $\boldsymbol{e}'$ 垂直于 $\boldsymbol{e}$ 的检偏器. 如果光子的态是统计混合态, 例如. 光子沿 $\boldsymbol{e}_x$ 方向偏振及沿 $\boldsymbol{e}_y$ 方向偏振的这两种偏振态以相同的比例混合 (即自然光), 那么, 应有半数的光子通过检偏器.

这个态是互相正交的两个偏振态 $\boldsymbol{e}_x$ 和 $\boldsymbol{e}_y$ 的线性叠加, 它表示在与 $\boldsymbol{e}_x$ 和 $\boldsymbol{e}_y$ 都成 45° 角的方向上的线偏振光. 如果认为处于态 $\boldsymbol{e}$ 的 N 个光子相当于处于态 $\boldsymbol{e}_x$ 的 $N\times\left|\dfrac{1}{\sqrt{2}}\right|^2=\dfrac{N}{2}$ 个光子和处于态 $\boldsymbol{e}_y$ 的 $N\times\left|\dfrac{1}{\sqrt{2}}\right|^2=\dfrac{N}{2}$ 个光子, 那显然是荒谬的. 事实上, 如果在光的途程中插入一个轴 $\boldsymbol{e}'$ 正交于 $\boldsymbol{e}$ 的检偏器, 那么, 我们知道, 处于态 $\boldsymbol{e}$ 的 N 个光子中, 没有一个能通过这个检偏器. 反之, 如果是统计混合态 $\left[\dfrac{N}{2}\text{ 个光子处于 }\boldsymbol{e}_x\text{ 态, }\dfrac{N}{2}\text{ 个光子处于 }\boldsymbol{e}_y\text{ 态}\right]$ 就会有半数的光子通过这个检偏器.

[255] 从这个具体例子可以看出, 诸如 (E–10) 式那样的线性叠加, 即在与 $\boldsymbol{e}_x$ 和

① 用一个总的相位因子 $\mathrm{e}^{\mathrm{i}\theta}$ 去乘 $|\psi\rangle$ 相当于将 λ_1 和 λ_2 变为 $\lambda_1\mathrm{e}^{\mathrm{i}\theta}$ 和 $\lambda_2\mathrm{e}^{\mathrm{i}\theta}$, 在 (E–9) 式中, 可以证实, 这样的运算对结果并无影响, 因为物理预言只依赖于 $|\lambda_1|^2, |\lambda_2|^2$ 和 $\lambda_1\lambda_2^*$.

$\boldsymbol{e}_y$ 都成 45° 角方向上的线偏振光, 是一回事;$\boldsymbol{e}_x$ 态和 $\boldsymbol{e}_y$ 态以相同的比例构成的统计混合态, 即自然光 (或非偏振光), 是另一回事; 这两种情况在物理上显然是不同的.

此外, 我们也可以分析一下态矢量的展开系数的相对相位的重要性. 例如, 考虑下列的四个态:

$$\boldsymbol{e}_1 = \frac{1}{\sqrt{2}}(\boldsymbol{e}_x + \boldsymbol{e}_y) \tag{E–11}$$

$$\boldsymbol{e}_2 = \frac{1}{\sqrt{2}}(\boldsymbol{e}_x - \boldsymbol{e}_y) \tag{E–12}$$

$$\boldsymbol{e}_3 = \frac{1}{\sqrt{2}}(\boldsymbol{e}_x + \mathrm{i}\boldsymbol{e}_y) \tag{E–13}$$

$$\boldsymbol{e}_4 = \frac{1}{\sqrt{2}}(\boldsymbol{e}_x - \mathrm{i}\boldsymbol{e}_y) \tag{E–14}$$

这些态的差别只在于系数的相对相位 (相位的数值分别为 $0, \pi, +\frac{\pi}{2}, -\frac{\pi}{2}$). 这四个态在物理上是全然不同的: 前两个表示沿角 $(\boldsymbol{e}_x, \boldsymbol{e}_y)$ 的等分线的线偏振光; 后两个表示圆偏振光 (一个右旋, 一个左旋).

b. 对中间态求和

α. 在两个简单实验中对测量结果的预言

(i) 实验 1. 假设在指定时刻我们对一个物理体系测量了可观察量 A, 得到非简并本征值 a. 如果与 a 对应的本征矢为 $|u_a\rangle$, 那么刚刚测量之后, 该体系处于 $|u_a\rangle$ 态.

在体系的态还来不及演变时, 我们接着测量另一个可观察量 C, C 与 A 是不可对易的. 利用在 §C–6–a 中引入的符号, 我们用 $\mathscr{P}_a(c)$ 来表示在第二次测量中得到的结果为 c 的概率. 刚刚要测量 C 时, 体系处于 $|u_a\rangle$ 这个态. 如果 C 的属于非简并本征值 c 的本征矢为 $|v_c\rangle$, 那么, 根据量子力学的假定, 我们可以断定: [256]

$$\mathscr{P}_a(c) = |\langle v_c|u_a\rangle|^2 \tag{E–15}$$

(ii) 实验 2. 现在我们设想另一个实验. 在这个实验中我们迅速地先后测量三个互不对易的可观察量 A、B、C (两次测量之间的时间间隔非常短, 以致体系还来不及演变). 我们用 $\mathscr{P}_a(b,c)$ 表示第一次测量结果已为 a, 第二次, 第三次测量结果分别为 b 和 c 的概率. $\mathscr{P}_a(b,c)$ 等于 $\mathscr{P}_a(b)$(测量 A 已得到 a, 再测量 B 而得到 b 的概率) 和 $\mathscr{P}_b(c)$ (测量 B 已得到 b, 再测量 C 而得到 c 的概率) 的乘积.

$$\mathscr{P}_a(b,c) = \mathscr{P}_a(b)\mathscr{P}_b(c) \tag{E–16}$$

假设 B 的全体本征值都是非简并的, 并用 $|w_b\rangle$ 表示各对应的本征矢, 那么 [将 (E–15) 那样的公式用于 $\mathscr{P}_a(b)$ 和 $\mathscr{P}_b(c)$] 便有:

$$\mathscr{P}_a(b,c) = |\langle v_c|w_b\rangle|^2 |\langle w_b|u_a\rangle|^2 \tag{E–17}$$

β. 这两个实验的基本差异

在上述两个实验中, 在测量可观察量 A 之后, 体系的态是 $|u_a\rangle$ (这一次测量所起的作用就是将这个初态固定下来), 在最后一次测量 (即对可观察量 C 的测量) 之后, 态变为 $|v_c\rangle$ (因此, 我们称 $|v_c\rangle$ 为 "末态"). 在这两种情况下, 我们都可以将刚要测量 C 时体系的态按 B 的诸本征态 $|w_b\rangle$ 分解, 并且可以说, 在态 $|u_a\rangle$ 和态 $|v_c\rangle$ 之间, 体系 "能够通过" 几个不同的 "中间态" $|w_b\rangle$; 每一个中间态都决定一条从初态 $|u_a\rangle$ 到末态 $|v_c\rangle$ 的可能的 "路径" (图 3–6).

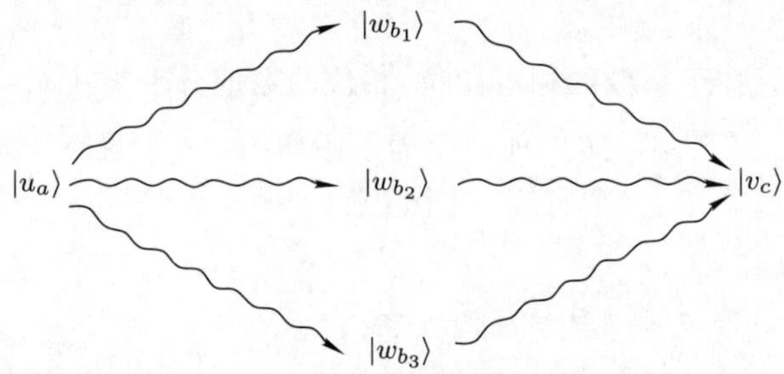

图 3–6 当体系自由地 (即不经受任何测量) 从初态 $|u_a\rangle$ 演变到末态 $|v_c\rangle$ 时, 体系的态矢量的各种可能的 "路径". 在这种情况下, 应该相加的量是和各种路径相联系的概率幅而不是概率.

[257] 上述两个实验的差异如下: 在第一个实验中, 我们并没有从实验上决定体系从 $|u_a\rangle$ 态过渡到 $|v_c\rangle$ 态所经历的路径 [我们只测量了从 $|u_a\rangle$ 态到 $|v_c\rangle$ 态的概率 $\mathscr{P}_a(c)$]; 反之, 在第二个实验中, 由于测量了可观察量 B, 因而便决定了路径 [经过这次测量, 我们得到体系从 $|u_a\rangle$ 态出发, 经过指定的中间态 $|w_b\rangle$ 到达末态 $|v_c\rangle$ 的概率 $\mathscr{P}_a(b,c)$].

为了建立 $\mathscr{P}_a(c)$ 与 $\mathscr{P}_a(b,c)$ 之间的联系, 我们很可能试图这样推想: 在实验 1 中, 体系可以 "自由通过" 所有的中间态 $|w_b\rangle$, 总概率 $\mathscr{P}_a(c)$ 似乎应该等于与每一条可能的 "路径" 相联系的所有的概率 $\mathscr{P}_a(b,c)$ 的总和. 那么, 难道不可以写出:

$$\mathscr{P}_a(c) \overset{?}{=} \sum_b \mathscr{P}_a(b,c) \tag{E–18}$$

我们即将看到, 这个公式是错误的. 事实上, 我们再回到给出 $\mathscr{P}_a(c)$ 的正确公式 (E–15), 利用关于态 $|w_b\rangle$ 的封闭性关系式, 可以将这个公式中的概率

幅 $\langle v_c|u_a\rangle$ 写成下列形式:

$$\langle v_c|u_a\rangle=\sum_b\langle v_c|w_b\rangle\langle w_b|u_a\rangle \tag{E–19}$$

将这个式子代到公式 (E–15) 中:

$$\begin{aligned}\mathscr{P}_a(c)&=\left|\sum_b\langle v_c|w_b\rangle\langle w_b|u_a\rangle\right|^2\\&=\sum_b|\langle v_c|w_b\rangle|^2|\langle w_b|u_a\rangle|^2\\&\quad+\sum_b\sum_{b'\neq b}\langle v_c|w_b\rangle\langle w_b|u_a\rangle\langle v_c|w_{b'}\rangle^*\langle w_{b'}|u_a\rangle^*\end{aligned} \tag{E–20}$$

再利用 (E–17) 式, 我们便得到

$$\mathscr{P}_a(c)=\sum_b\mathscr{P}_a(b,c)+\sum_b\sum_{b'\neq b}\langle v_c|w_b\rangle\langle w_b|u_a\rangle\langle v_c|w_{b'}\rangle^*\langle w_{b'}|u_a\rangle^* \tag{E–21}$$

这个公式有助于我们理解 (E–18) 式为什么是错误的, 总和 (E–19) 的模平方所含有的那些 “交叉相乘项” 都未包含在 (E–18) 式中, 这就是说,(E–18) 式丢掉了各条可能路径之间的全部干涉效应.

因此, 如果我们希望建立这两个实验之间的联系, 那么, 如我们已经看到的那样, 必须用概率幅来分析问题; 如果我们没有用实验来决定体系通过的是哪个中间态, 则应对概率幅求和, 而不是对概率求和.

此外, 我们如果正确应用第五个假定 (波包的收缩), 那么, 导致错误公式 (E–18) 的推理中的错误就很明显了. 事实上, 根据这个假定, 在第二个实验中, 可观察量 B 的测量只有在使待研究的体系受到扰动的情况下才能进行. 于是, [258]
测量时体系的态矢量发生跃变 (即投影到诸态 $|w_b\rangle$ 中的某一个态上); 正是这种不可避免的扰动消除了干涉效应. 反之, 在第一个实验中, 认为物理体系 “通过了诸态 $|w_b\rangle$ 中的这一个或那一个”, 则是完全错误的; 比较正确的说法应该是体系同时通过了所有诸态 $|w_b\rangle$.

附注:

(i) 前面的讨论使我们回想起在第一章 (§A–2–a) 中分析杨氏双狭缝实验时的每一细节. 为了决定从光源发出的一个光子到达屏上的指定点 M 的概率, 必须首先计算 M 点处的总电场. 在这个问题中电场的地位相当于概率幅. 如果我们并不试图决定光子通过的是哪一条狭缝, 那么, 为了得到 M 点处的总电场 (它的平方给出待求的概率), 应该相加的量是两条狭缝所辐射的电场而不是它们的光强. 换句话说, 经过某一条狭缝辐射

到 M 点的电场就表示发自光源的一个光子在到达 M 点以前通过该狭缝的概率幅.

(ii) 我们曾经假设, 在第一个实验中测量 A 和 C 之间的时间间隔和在第二个实验中测量 A、B、C 之间的时间间隔, 都非常短; 但这个假设很容易取消. 如果在两次测量之间体系的态有所改变, 那么, 只需利用薛定谔方程去计算经历演变后体系的新态即可 [参看补充材料 F_{III} 的 §2 的附注 (ii)].

c. 结论: 概率幅概念的重要性

在 §a 和 §b 中讨论过的两个例子说明概率幅这个概念的重要性. 公式 (E–5) 和 (E–18) 以及导致这两个公式的那些推理都是错误的, 这是因为在这种推理中, 人们试图直接计算概率而不先通过对应的概率幅. 在上述两种情况中, 正确公式 (E–8) 或 (E–20) 都表现为和的平方 (更准确地说, 是和的模的平方) 的形式, 可是错误公式 (E–5) 或 (E–18) 却只包含平方的和 (反映干涉效应的所有交叉相乘项都遗漏了).

从前面的讨论可以引申出下面的概念:

(i) 量子理论中的概率型预言一概得自概率幅, 计算时要取它的模的平方.

(ii) 在一个确定的实验中, 如果没有进行中间阶段的测量, 那么, 我们绝不能根据中间测量可能得到的各种结果的概率, 而应根据它们的概率幅来分析问题.

[259] (iii) 一个物理体系的态可以线性叠加, 这意味着: 一个概率幅往往表现为若干部分幅之和. 因而对应的概率等于若干项之和的模的平方, 而且那些部分幅是彼此相干的.

2. 若干个态与同一测量结果相联系的情况

在前一段里, 我们曾经强调并举例说明一个事实: 在某些情况下, 根据量子力学的假定求得的某一事件的概率表现为若干项之和的平方 (更精确地说, 是几项之和的模的平方). 另一方面, 第四个假定 [公式 (B–7)] 又告诉我们: 对于一个简并的本征值, 若要探求它被测得的概率就应该计算某些平方之和 (即模平方之和). 我们一定要懂得这两个规则不仅不矛盾而且是相辅相成的. 这是因为, 公式 (B–7) 的平方和中的每一项本身都可能是一个和的平方. 这一点是我们在这一段中首先要详细探讨的. 关于这个问题的讨论同时又可以对假设的陈述加以补充: 我们还要研究精度并非无限的测量仪器 (实际情况当然总是这样的), 并要研究怎样计算对各种可能结果的理论预言; 最后再将关于波包收缩的假定 (第五个假定) 推广到连续谱的情况.

a. 简并的本征值

在 §E–1 所讨论的例子中, 我们总是假设各种测量所得的结果都是各种对应可观察量的非简并本征值. 这个假设只是为了简化这些例子, 以便尽可能明显地突出干涉效应的起源.

现在来考虑某一可观察量 A 的一个简并的本征值 a_n. 与 a_n 相联系的那些本征矢构成一个 g_n 维的矢量子空间, 在这个空间内, 我们可以选择一个正交归一基 $\{|u_n^i\rangle; i=1,2,\cdots,g_n\}$.

§C–6–b 中的讨论表明, 知道了测量 A 所得结果为 a_n, 并不足以断定物理体系在这次测量之后的态. 我们可以说, 与同一个结果 a_n 相联系的末态可以有若干个: 如果初态 (即测量之前的态) 是给定的, 测量后的末态便是完全确定的; 但是如果改变了初态, 那么一般说来, 就会出现不同的末态 (对同一个测量结果 a_n 而言). 与 a_n 相联系的所有的末态都是 g_n 个正交归一矢量 $|u_n^i\rangle(i=1,2,\cdots,g_n)$ 的线性组合.

公式 (B–7) 明确指出如何计算对处于 $|\psi\rangle$ 态的体系测量 A 得到结果 a_n 的概率 $\mathscr{P}(a_n)$: 在对应于 a_n 的本征子空间中选好一个正交归一基, 例如 $\{|u_n^i\rangle; i=1,2,\cdots,g_n\}$, 算出体系处在这个基中的每一个态的概率 $|\langle u_n^i|\psi\rangle|^2$, 那么 $\mathscr{P}(a_n)$ 就是这 g_n 个概率的总和. 可是, 不要忘记, 每一个概率 $|\langle u_n^i|\psi\rangle|^2$ 都可能是若干 [260]
项之和的模的平方. 事实上, 譬如, 我们再研究一下在 §E–1–a–α 中讨论过的情况, 不过现在要假设可观察量 A 的本征值 a_n (我们正是要计算它出现的概率) 是 g_n 重简并的. 于是公式 (E–6) 应代之以:

$$\mathscr{P}(a_n)=\sum_{i=1}^{g_n}|\langle u_n^i|\psi\rangle|^2 \tag{E–22}$$

其中

$$\langle u_n^i|\psi\rangle=\lambda_1\langle u_n^i|\psi_1\rangle+\lambda_2\langle u_n^i|\psi_2\rangle \tag{E–23}$$

对于公式 (E–22) 中的每一项,§E–1–a–α 中的讨论都成立: 利用公式 (E–23) 求得的 $|\langle u_n^i|\psi\rangle|^2$ 是和的平方, 因而 $\mathscr{P}(a_n)$ 就是这些平方项之和. 同样, 我们也可以将 §E–1–b 中的讨论推广到待测可观察量具有简并本征值的情况.

在概括前面的讨论之前, 我们还要研究另一个重要的情况, 即有若干个末态对应于同一个测量结果的情况.

b. 选择性能不佳的测量仪器

α. 定义

假设对一个给定的物理体系, 我们要测量可观察量 A, 为此, 我们安置了一种仪器, 它是按如下方式工作的:

(i) 这个仪器只能给出两种不同的反应①, 为方便起见, 可称它们为 “是” 和 “否”.

(ii) 如果体系处于 A 的一个本征态, 对应的本征值属于实轴上的某一个指定的区间 Δ, 则仪器的反应一定是 “是”; 如果体系的态是 A 的诸本征态 (对应的本征值都在区间 Δ 内) 的任意的线性组合, 仪器的反应仍然如此.

(iii) 如果体系所处的态是 A 的某个本征态 (对应的本征值落在区间 Δ 之外) 或这类本征态的任意线性组合, 则仪器的反应一定是 “否”.

由此可见, Δ 就是我们所要讨论的这种测量仪器的分辨本领. 如果在区间 Δ 内只有 A 的一个本征值 a_n, 那么这就和分辨本领为无穷大的情况一样: 如果体系处于一个任意的态, 那么, 仪器的反应为 “是” 的概率 $\mathscr{P}$(是), 便等于测量 A 得到结果 a_n 的概率, 而仪器的反应为 “否” 的概率 $\mathscr{P}$(否), 显然等于 $1-\mathscr{P}$(是). 反之, 如果区间 Δ 包含 A 的若干个本征值, 那么, 仪器的分辨本领便不足以区别这些各不相同的本征值, 这时我们就说仪器的选择性能不佳. 我们即将研究在这种情况下, 怎样计算 $\mathscr{P}$(是) 和 $\mathscr{P}$(否).

为了便于讨论这样的测量使体系的态受到的扰动, 我们再增添下述的假设:A 的在区间 Δ 内的那些本征值所对应的诸本征态 (以及这些态的一切线性组合), 都可以为仪器所传输而不受扰动;A 的在区间 Δ 之外的那些本征值所对应的诸本征态 (以及这一类态的一切线性组合), 都将为仪器所 “阻止”. 这就是说, 对于一切与 Δ 内的本征值相联系的态来说, 这个仪器就像一个理想的过滤器.

[261] β. 例子

实际应用的大部分测量仪器都是选择性能不佳的.

例如, 电子沿 Oz 轴的方向前进 (图 3–7), 为了测量它的 x 坐标, 我们可以在 xOy(Oy 轴垂直于图面) 平面上安置一块障板, 其上开有一条狭缝, 狭缝的轴平行于 Oy 轴, 狭缝边缘的 x 坐标为 x_1 和 x_2. 于是我们可以看出, 整个地包含在平面 $x=x_1$ 和 $x=x_2$ 之间的任何一个波包 (即算符 X 的一些本征矢的叠加, 对应的本征值 x 属于区间 $[x_1,x_2]$) 都可以进入狭缝右侧的区域 (这相当于 “是” 的反应); 在这种情况下没有出现任何扰动. 反之, 在平面 $x=x_1$ 以下或在平面 $x=x_2$ 以上的任何波包, 都将被障板所阻挡而不能进入右侧的区域 (这相当于 “否” 的反应).

γ. 量子描述

就一个选择性能不佳的仪器来说, 进行一次测量得到了 “是” 的结果之后, 可能的末态就有若干个, 例如, 可能是 A 的 (本征值在区间 Δ 内的) 各个本

① 下面的讨论很容易推广到这种情况: 仪器可以作出多种不同的反应, 而这些反应都具备类似于 (ii) 与 (iii) 两项中所说的那些特点.

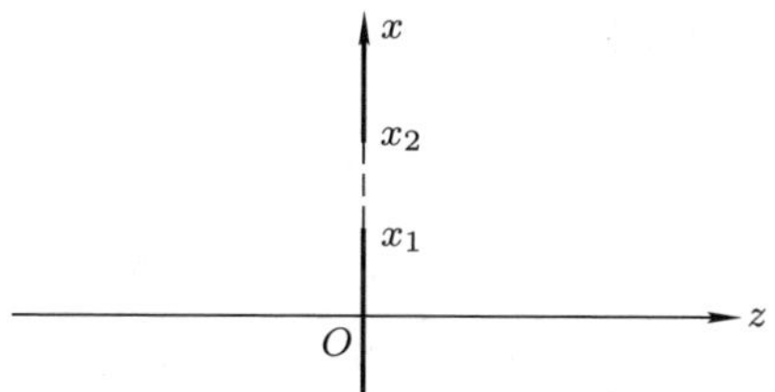

图 3–7 测量粒子坐标 x 的仪器的示意图. 由于区间 $[x_1, x_2]$ 必须不为零, 故这样的仪器必然是选择性能不佳的.

征态.

我们即将讨论的关于这种仪器的物理问题是: 如果将处在任意态的物理体系送入仪器, 怎样预言将会出现的反应. 例如, 就以图 3–7 的装置来说, 如果我们所指的波包不完全包含在平面 $x = x_1$ 和 $x = x_2$ 之间 (如果完全包含在此两平面之间, 反应肯定是 "是"), 也不完全在这个范围之外 (如果完全在这个范围之外, 反应肯定是 "否"), 情况将会怎样呢? 我们即将看到, 事实上, 我们又回到了测量一个具有简并本征值谱的可观察量的问题.

我们考虑由 A 的诸本征矢 (对应的诸本征值 a_n 在区间 Δ 中) 所张成的子空间 $\mathscr{E}_\Delta$, 这个子空间上的投影算符 P_Δ 可以写作 (参看第二章的 §B–3–b–γ):

$$P_\Delta = \sum_{a_n \in \Delta} \sum_{i=1}^{g_n} |u_n^i\rangle\langle u_n^i| \tag{E–24}$$

(区间 Δ 内的本征值 a_n 可能是简并的, 故还要使用一个指标 i, 并假设诸矢量 $|u_n^i\rangle$ 是正交归一的). 子空间 $\mathscr{E}_\Delta$ 是由得到 "是" 的测量结果之后, 体系的一切可能的态矢量张成的.

如果回想一下测量仪器的定义, 就会知道, 对于属于 $\mathscr{E}_\Delta$ 的每一个态, 也就是说, 对于 P_Δ 的属于本征值 1 的每一个本征态, 仪器的反应肯定是 "是"; 而对于属于 $\mathscr{E}_\Delta$ 的互补子空间的每一个态, 也就是说, 对于 P_Δ 的属于本征值 0 的每一个本征态, 仪器的反应肯定是 "否". 因而, 测量仪器所能给出的反应 "是" 和 "否" 便对应于可观察量 P_Δ 的本征值 +1 和 0; 可以说仪器实际测量的是可观察量 P_Δ, 而不是 A.

按照这种解释, 选择性能不佳的测量仪器可以纳入已经陈述过的那些假 [262]
定的范畴之内去研究. 于是, 得到 "是" 的反应的概率 $\mathscr{P}$(是) 便等于得到 P_Δ 的简并本征值 +1 的概率. 但是我们已经知道对应的本征子空间中的一个正交归一基, 它由诸态 $|u_n^i\rangle$ 的集合所构成, 其中的每一个态都是 A 的本征态, 对应的本征值都属于区间 Δ. 将公式 (B–7) 应用于可观察量 P_Δ 的本征值 +1,

对于处在 $|\psi\rangle$ 态的体系, 我们便得到:

$$\mathscr{P}(\text{是}) = \sum_{a_n \in \Delta} \sum_{i=1}^{g_n} |\langle u_n^i|\psi\rangle|^2 \tag{E–25}$$

因为只有两种可能的反应, 所以显然有

$$\mathscr{P}(\text{否}) = 1 - \mathscr{P}(\text{是}) \tag{E–26}$$

在对应于可观察量 P_Δ 的本征值 +1 的本征子空间上的投影算符就是 P_Δ 本身; 于是公式 (B–14) 现在给出:

$$\mathscr{P}(\text{是}) = \langle\psi|P_\Delta|\psi\rangle \tag{E–27}$$

[此式等价于 (E–25) 式].

同样地, 由于仪器不扰动属于子空间 $\mathscr{E}_\Delta$ 中的那些态, 而只会阻止属于 $\mathscr{E}_\Delta$ 的互补子空间中的那些态, 于是便可求出在得到结果为 "是" 的测量之后体系的态为:

$$|\psi'\rangle = \frac{1}{\sqrt{\displaystyle\sum_{a_n \in \Delta} \sum_{i=1}^{g_n} |\langle u_n^i|\psi\rangle|^2}} \sum_{a_n \in \Delta} \sum_{i=1}^{g_n} |u_n^i\rangle\langle u_n^i|\psi\rangle \tag{E–28}$$

也就是:

$$|\psi'\rangle = \frac{1}{\sqrt{\langle\psi|P_\Delta|\psi\rangle}} P_\Delta|\psi\rangle \tag{E–29}$$

如果 Δ 只包含一个本征值 a_n, P_Δ 就退化为 P_n, 从而公式 (B–14) 和 (B–31) 就成为公式 (E–27) 和 (E–29) 的特例.

c. 概要: 应该取概率幅之和还是取概率之和?

有这样一种情况 (§E–1), 为了计算概率, 要取和的平方, 因为有若干个概率幅要相加; 还有另一种情况 (§E–2), 要取平方的和, 因为有若干个概率要相加. 当然, 这两种情况不能混为一谈, 而且在具体情况下, 我们应该知道, 是取概率幅之和, 还是取概率本身之和.

杨氏双狭缝实验又为我们提供了例子, 用这个例子来说明和总结前面的讨论是很方便的. 假设我们要计算一个特定的光子投射到屏上坐标为 x_1 和 x_2 的两点 M_1 和 M_2 之间的概率 (图 3–8). 这个概率正比于屏上该区段所接收到的总光强, 因而这是 "平方的和"; 更精确地说, 这是光强 $I(x)$ 在 x_1 到 x_2 之间的积分. 但是这个和中的每一项 $I(x)$ 又是点 x 处电场 $\mathscr{E}(x)$ 的平方, 而该点的电场则等于从狭缝 A 和 B 辐射到该点的电场 $\mathscr{E}_A(x)$ 和 $\mathscr{E}_B(x)$ 之和; 因而, $I(x)$
[263] 正比于 $|\mathscr{E}_A(x)+\mathscr{E}_B(x)|^2$, 也就是正比于一个和的平方. 振幅 $\mathscr{E}_A(x)$ 和 $\mathscr{E}_B(x)$ 分

别对应于到达同一点 M 的两条可能的路径 SAM 和 SBM, 两者之和便是 M 点的总振幅, 这是因为我们不必追究光子通过的是哪条狭缝. 这样一来, 为了计算区间 M_1M_2 接收到的总光强, 我们须将到达该区段内各点的光强加起来.

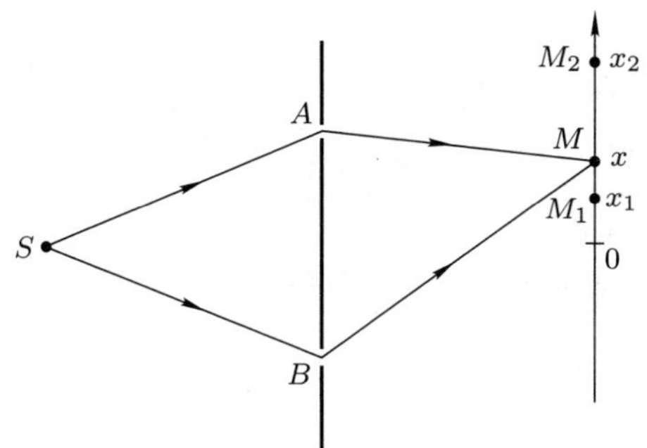

图 3–8 杨氏双狭缝实验. 为了计算在 M 点探测到光子的概率密度, 必须将狭缝 A 和 B 所辐射的电场加起来, 然后将所得结果平方 (即 "和的平方"). 在区间 $[x_1, x_2]$ 中找到光子的概率则等于在 x_1 和 x_2 之间各点的概率密度的总和 (即 "平方的和").

归结一下, 从 E 这一段的讨论中, 必须抓住的基本概念可以简要地叙述如下:

将对应于同一末态的诸概率幅相加, 然后将对应于正交末态的诸概率相加.

d. 应用于对连续谱的处理

如果要测量的可观察量具有连续谱, 我们就只能使用选择性能不佳的仪器; 因为我们不能设想出这样一套物理装置, 它竟然能够将某一个本征值从连续谱中孤立出来. 下面我们即将看到,§E–2–b 中的讨论怎样使已有的对具有连续谱的可观察量的处理方法精确化和完备化.

α. 例子: 一个粒子的位置的测量

假设 $\psi(\boldsymbol{r}) = \langle \boldsymbol{r}|\psi\rangle$ 是一个无自旋粒子的波函数. 利用如图 3–7 所示的测量仪器, 测得粒子的坐标在 x 轴上的区间 $[x_1, x_2]$ 内的概率是多大?

与上面所说的测量结果相联系的子空间 $\mathscr{E}_\Delta$ 是由满足不等式 $x_1 \leqslant x \leqslant x_2$ 的诸右矢 $|\boldsymbol{r}\rangle = |x, y, z\rangle$ 所张成的. 由于这些右矢是广义地正交归一化的, 应用上面 §c 中所说的规则, 便得到:

$$\begin{aligned}\mathscr{P}(x_1 \leqslant x \leqslant x_2) &= \int_{x_1}^{x_2} \mathrm{d}x \int_{-\infty}^{+\infty} \mathrm{d}y \int_{-\infty}^{+\infty} \mathrm{d}z |\langle x, y, z|\psi\rangle|^2 \\ &= \int_{x_1}^{x_2} \mathrm{d}x \int_{-\infty}^{+\infty} \mathrm{d}y \int_{-\infty}^{+\infty} \mathrm{d}z |\psi(\boldsymbol{r})|^2 \end{aligned} \qquad \text{(E–30)}$$

从公式 (E–27) 显然也可以导出同样的结果. 事实上, 这时可以把投影算符 P_Δ [264]

写作:

$$P_{\Delta}=\int_{x_1}^{x_2}\mathrm{d}x\int_{-\infty}^{+\infty}\mathrm{d}y\int_{-\infty}^{+\infty}\mathrm{d}z|x,y,z\rangle\langle x,y,z| \tag{E–31}$$

因而

$$\begin{aligned}\mathscr{P}(x_1\leqslant x\leqslant x_2)&=\langle\psi|P_{\Delta}|\psi\rangle\\&=\int_{x_1}^{x_2}\mathrm{d}x\int_{-\infty}^{+\infty}\mathrm{d}y\int_{-\infty}^{+\infty}\mathrm{d}z\langle\psi|x,y,z\rangle\langle x,y,z|\psi\rangle\end{aligned} \tag{E–32}$$

要知道经过一次测量得到 “是” 的结果之后粒子的态 $|\psi'\rangle$, 只需应用公式 (E–29):

$$\begin{aligned}|\psi'\rangle&=\frac{1}{N}P_{\Delta}|\psi\rangle\\&=\frac{1}{N}\int_{x_1}^{x_2}\mathrm{d}x'\int_{-\infty}^{+\infty}\mathrm{d}y'\int_{-\infty}^{+\infty}\mathrm{d}z'|x',y',z'\rangle\langle x',y',z'|\psi\rangle\end{aligned} \tag{E–33}$$

式中的归一化因子 $N=\sqrt{\langle\psi|P_{\Delta}|\psi\rangle}$ 是已知的 [公式 (E–32)]. 下面我们来计算与右矢 $|\psi'\rangle$ 相联系的波函数 $\psi'(\boldsymbol{r})=\langle\boldsymbol{r}|\psi'\rangle$

$$\langle\boldsymbol{r}|\psi'\rangle=\frac{1}{N}\int_{x_1}^{x_2}\mathrm{d}x'\int_{-\infty}^{+\infty}\mathrm{d}y'\int_{-\infty}^{+\infty}\mathrm{d}z'\langle\boldsymbol{r}|\boldsymbol{r}'\rangle\psi(\boldsymbol{r}') \tag{E–34}$$

这里的 $\langle\boldsymbol{r}|\boldsymbol{r}'\rangle=\delta(\boldsymbol{r}-\boldsymbol{r}')=\delta(x-x')\delta(y-y')\delta(z-z')$. 因此, 对 y' 和 z' 的积分可以直接得出, 只需将被积函数中的 y' 和 z' 换成 y 和 z 即可; 于是等式 (E–34) 变为:

$$\psi'(x,y,z)=\frac{1}{N}\int_{x_1}^{x_2}\mathrm{d}x'\delta(x-x')\psi(x',y,z) \tag{E–35}$$

如果点 $x'=x$ 位于积分区间 $[x_1,x_2]$ 之内, 结果就和从 $-\infty$ 到 $+\infty$ 积分的结果一样:

$$\psi'(x,y,z)=\frac{1}{N}\psi(x,y,z),\quad \text{对于 } x_1\leqslant x\leqslant x_2 \tag{E–36}$$

反之, 如果点 $x'=x$ 位于积分区间之外, 那么, 对于该区间内所有的值 x', $\delta(x-x')$ 都等于零, 故

$$\psi'(x,y,z)=0,\quad \text{对于 } x>x_2 \text{ 和 } x<x_1 \tag{E–37}$$

因而 $\psi(\boldsymbol{r})$ 的一部分 (就是与仪器所接受的那个区段对应的部分) 在刚测量之后是没有畸变的 $\left[\text{因子 }\dfrac{1}{N}\text{ 不过使 }\psi'(\boldsymbol{r})\text{ 仍保持为归一化的}\right]$; 而其余部分则被测量所抑制. 表示粒子初态的波包 $\psi(\boldsymbol{r})$ 好像被狭缝的边缘 “切削” 过.

附注:

(i) 通过这个例子可以更清楚地看出 "波包的收缩" 的具体含意.

(ii) 如果将处在同一状态 $|\psi\rangle$ 的大量粒子一个个地送入仪器, 那么我们得到的结果将忽而是 "是", 忽而是 "否"[各以概率 $\mathscr{P}$(是) 和 $\mathscr{P}$ (否) 出现]. 若结果是 [265]
"是", 则粒子将以 "切削" 过的新态继续前进, 若结果是 "否", 就表示粒子被障板吸收.

在这个例子中, x_2-x_1 越小, 测量仪器的选择性能就越好. 但是, 可以看出, 由于 X 的谱是连续的, 仪器决不可能具有理想的选择性: 不论狭缝多么窄, 由它所决定的区间 $[x_1, x_2]$ 总是包含着无穷多个本征值. 但是, 在狭缝宽度 Δx 无限减小的极限情况下, 我们得到的结果将是等价于公式 (B–17) 的, 我们把这个公式看作连续谱情况下的第四个假定的表达式. 事实上, 我们取 $x_1 = x_0 - \dfrac{\Delta x}{2}$ 和 $x_2 = x_0 + \dfrac{\Delta x}{2}$ (中心在点 x_0, 宽度为 Δx 的狭缝), 并且假设在区间 Δx 上波函数 $\psi(\boldsymbol{r})$ 变化很小. 于是在 (E–30) 式中, 可将 $|\psi(\boldsymbol{r})|^2$ 换为 $|\psi(x_0, y, z)|^2$, 对 x 积分, 便得到:

$$\mathscr{P}\left(x_0 - \frac{\Delta x}{2} \leqslant x \leqslant x_0 + \frac{\Delta x}{2}\right) \simeq \Delta x \int_{-\infty}^{+\infty} \mathrm{d}y \int_{-\infty}^{+\infty} \mathrm{d}z |\psi(x_0, y, z)|^2 \quad \text{(E–38)}$$

我们得到的概率等于 Δx 和一个正数的乘积, 这个正数表示点 x_0 处的概率密度. 它和公式 (B–17) 的差异在于: 后者适用于本征值谱虽然连续但无简并的情况, 可是现在 X 的本征值在 $\mathscr{E}_{\boldsymbol{r}}$ 空间中是无穷多重简并的; 正因为如此, 在 (E–38) 式中才会出现对 y 和对 z 的积分 (相当于对标志简并的指标求和).

β. 在连续谱情况下, 关于波包收缩的假定

在 §B–3–c 中, 陈述第五个假定时, 我们只限于考虑离散谱的情况. 公式 (E–33) 以及相关的讨论有助于我们理解当问题涉及连续谱时这个假定应取的形式: 这时, 我们只需应用 §E–2–b 中关于选择性能不佳的测量仪器的那些结果.

用 A 表示一个具有连续谱的可观察量 (为简单起见, 假设谱是非简并的), 并使用与 §B–3–b–β 中相同的符号.

假设对处于 $|\psi\rangle$ 态的体系测量 A, 得到的结果是 α_0, 偏差为 $\pm\dfrac{\Delta\alpha}{2}$, 则在刚测量之后, 体系的态由下式描述:

$$|\psi'\rangle = \frac{1}{\sqrt{\langle\psi|P_{\Delta\alpha}(\alpha_0)|\psi\rangle}} P_{\Delta\alpha}(\alpha_0)|\psi\rangle \quad \text{(E–39)}$$

其中

$$P_{\Delta\alpha}(\alpha_0) = \int_{\alpha_0-\frac{\Delta\alpha}{2}}^{\alpha_0+\frac{\Delta\alpha}{2}} \mathrm{d}\alpha |v_\alpha\rangle\langle v_\alpha| \tag{E–40}$$

这个论断可以用图 3–9–a 和图 3–9–b 来具体说明. 如果在基 $\{|v_\alpha\rangle\}$ 中表示 $|\psi\rangle$ 的函数 $\langle v_\alpha|\psi\rangle$ 具有图 3–9–a 所示的形式, 那么, 刚测量之后体系的态,
[266] 除一个归一化因子以外, 可用图 3–9–b 中的函数来表示 [所需的计算和利用 (E–33) 式得到 (E–36) 及 (E–37) 式的计算完全一样].

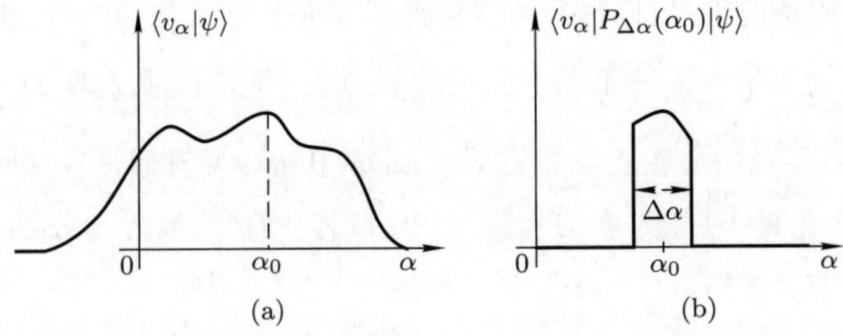

图 3–9 在连续谱情况下关于波包收缩的假定的图示说明. 我们测量可观察量 A, 它的本征矢是 $|v_\alpha\rangle$, 对应的本征值是 α. 测量仪器的选择性能可用 $\Delta\alpha$ 来表示. 如果测得的数值是 α_0, 偏差为 $\pm\dfrac{\Delta\alpha}{2}$, 那么, 测量对波函数 $\langle v_\alpha|\psi\rangle$ 的影响表现为该函数在数值 α_0 附近遭到 "切削"(为了使新的波函数归一化, 显然应该用一个比 1 大的因子去乘它).

我们看到, 即使 $\Delta\alpha$ 非常小, 我们也绝不可能实际上使体系处于态 $|v_{\alpha_0}\rangle$; 在基 $\{|v_\alpha\rangle\}$ 中, 这样的态是用 $\langle v_\alpha|v_{\alpha_0}\rangle = \delta(\alpha-\alpha_0)$ 来表示的. $\Delta\alpha$ 绝不会严格地等于零. 因此, 我们只能得到中心在 α_0 的一个狭窄的函数.

参考文献和阅读建议:

量子概念的形成: 参考书目第 4 节中各书, 特别是 Jammer (4.8).

对各假定及其意义的讨论: 参考书目第 5 节中各书; Von Neumann (10.10), 第 V 和第 VI 章; Feynman Ⅲ (1.2), §2.6, 第 3 章及 §8.3.

从泊松括号引出量子化规则: Dirac (1.13), §21; Schiff (1.18), §24.

概率和统计: 参考书目第 10 节对应小标题下各书.

第三章补充材料　　阅读指南 [267]

A$_{\rm III}$: 从物理上探讨无限深势阱中的粒子 **B$_{\rm III}$: 对一些特殊情况下的概率流的讨论**	A$_{\rm III}$, B$_{\rm III}$: 将第三章中的有关原理直接应用于一些简单情况, 侧重于从物理上讨论所得的结果 (这两篇都属于初等程度的材料).
C$_{\rm III}$: 两个共轭可观察量的方均根偏差	C$_{\rm III}$: 推证较多; 普遍地证明了海森伯不确定度关系式; 初读时可以跳过去.
D$_{\rm III}$: 对物理体系的一部分的测量	D$_{\rm III}$: 讨论对体系的一部分的测量, 是第三章的有关原理的简单应用, 但演算稍多; 初读时可跳过去.
E$_{\rm III}$: 密度算符 **F$_{\rm III}$: 演变算符** **G$_{\rm III}$: 薛定谔绘景与海森伯绘景** **H$_{\rm III}$: 规范不变性** **J$_{\rm III}$: 薛定谔方程的传播函数**	E$_{\rm III}$, F$_{\rm III}$, G$_{\rm III}$, H$_{\rm III}$, J$_{\rm III}$: 这几篇补充材料可以用作高等量子力学课程的导论; 除 F$_{\rm III}$ 比较简单以外, 这些材料比本书的其他部分更深一些 (属于研究生教材的水平), 但具备了第三章正文的基础后, 仍然可以看懂; 也可以留到以后再学习. E$_{\rm III}$: 讲述密度算符的定义和性质. 当体系的态不完全知道时 (态的统计混合), 可应用密度算符对它进行量子描述; 这个算符是量子统计力学的基本工具. F$_{\rm III}$: 引入演变算符, 它可以根据体系在 t_0 时刻的态确定体系在任意时刻 t 的态. G$_{\rm III}$: 采用不同于但等价于第三章的表述方式来描述一个量子体系的演变; 按照这种方式, 对时间的依赖关系不是出现在体系的态中而是出现在观察算符中. H$_{\rm III}$: 讨论体系处于电磁场作用下时的量子理论; 虽然对体系的描述涉及电磁势, 但物理性质只依赖于电场和磁场的强度, 如果改变描述电磁场的势, 物理性质仍保持不变. J$_{\rm III}$: 介绍表述量子力学的另一种方法的若干概念, 所根据的原理类似于经典波动光学中的惠更斯原理.

[268] **$K_{\rm III}$: 不稳定态. 寿命**	$K_{\rm III}$: 简单介绍不稳定性和寿命这两个重要物理概念; 这篇材料容易读, 但对以后的学习并非必需.
$L_{\rm III}$: 练习	
$M_{\rm III}$: 在任意形状的 "势阱" 中粒子的束缚态 **$N_{\rm III}$: 遇到任意形状的势阱或势垒时粒子的非束缚态** **$O_{\rm III}$: 一维周期势场中粒子的量子性质**	$M_{\rm III}$, $N_{\rm III}$, $O_{\rm III}$: 再次研究一维问题; 现在的观点比第一章正文及补充材料中的观点更普遍. $M_{\rm III}$: 将补充材料 $H_{\rm I}$ 的 §2–c 中的主要结果推广到任意形状的势阱; 我们推荐这篇材料是因为它比较容易读而且在物理上很重要. $N_{\rm III}$: 研究粒子在任意势场中的非束缚定态; 比较侧重数学推导; 这篇材料中的定义和结果是学习补充材料$O_{\rm III}$ 所必需的. $O_{\rm III}$: 介绍周期势场中的能带概念, 这是固体物理学的基本概念 (在补充材料 $F_{\rm XI}$ 中我们还要用另一种方法来探讨这个概念); 这篇材料比较难读, 可留到以后再学习.

补充材料 A_{III}
从物理上探讨无限深势阱中的粒子 [269]

在补充材料 H_I (§2–c–β) 中, 我们已经研究过一维无限深势阱中粒子的定态. 在这里, 我们打算从物理的观点再次探讨这个问题, 从而将第三章中的某些假定应用到具体问题中去; 我们特别感兴趣的是测量粒子的坐标或动量可能得到的结果.

1. 定态中动量值的分布

a. 函数 $\overline{\varphi}_n(p)$, $\langle P\rangle$ 及 ΔP 的计算

我们已经知道粒子的定态对应着能量①

$$E_n = \frac{n^2\pi^2\hbar^2}{2ma^2} \tag{1}$$

和波函数

$$\varphi_n(x) = \sqrt{\frac{2}{a}}\sin\left(\frac{n\pi x}{a}\right) \tag{2}$$

(两式中的 a 是势阱的宽度, n 是任意的正整数).

我们考虑一个处在能量为 E_n 的态 $|\varphi_n\rangle$ 中的粒子; 测量粒子的动量 P 得到的结果介于 p 和 $p+\mathrm{d}p$ 之间的概率是:

$$\overline{\mathscr{P}}_n(p)\mathrm{d}p = |\overline{\varphi}_n(p)|^2\mathrm{d}p \tag{3}$$

① 这里所用的符号与补充材料 H_I 中的相同.

式中

$$\overline{\varphi}_n(p)=\frac{1}{\sqrt{2\pi\hbar}}\int_0^a\sqrt{\frac{2}{a}}\sin\left(\frac{n\pi x}{a}\right)\mathrm{e}^{-\mathrm{i}px/\hbar}\mathrm{d}x \tag{4}$$

[270] 这个积分很容易计算, 结果是:

$$\begin{aligned}\overline{\varphi}_n(p)&=\frac{1}{2\mathrm{i}\sqrt{\pi\hbar a}}\int_0^a\left[\mathrm{e}^{\mathrm{i}\left(\frac{n\pi}{a}-\frac{p}{\hbar}\right)x}-\mathrm{e}^{-\mathrm{i}\left(\frac{n\pi}{a}+\frac{p}{\hbar}\right)x}\right]\mathrm{d}x\\&=\frac{1}{2\mathrm{i}\sqrt{\pi\hbar a}}\left[\frac{\mathrm{e}^{\mathrm{i}\left(\frac{n\pi}{a}-\frac{p}{\hbar}\right)a}-1}{\mathrm{i}\left(\dfrac{n\pi}{a}-\dfrac{p}{\hbar}\right)}-\frac{\mathrm{e}^{-\mathrm{i}\left(\frac{n\pi}{a}+\frac{p}{\hbar}\right)a}-1}{-\mathrm{i}\left(\dfrac{n\pi}{a}+\dfrac{p}{\hbar}\right)}\right]\end{aligned} \tag{5}$$

或写作

$$\overline{\varphi}_n(p)=\frac{1}{2\mathrm{i}}\sqrt{\frac{a}{\pi\hbar}}\mathrm{e}^{\mathrm{i}\left(\frac{n\pi}{2}-\frac{pa}{2\hbar}\right)}\left[F\left(p-\frac{n\pi\hbar}{a}\right)+(-1)^{n+1}F\left(p+\frac{n\pi\hbar}{a}\right)\right] \tag{6}$$

式中

$$F(p)=\frac{\sin(pa/2\hbar)}{pa/2\hbar} \tag{7}$$

除了比例系数以外, 函数 $\overline{\varphi}_n(p)$ 就是以 $p=\mp\dfrac{n\pi\hbar}{a}$ 为中心的两个 “衍射函数” $F\left(p\pm\dfrac{n\pi\hbar}{a}\right)$ 的和 (或差); 这两个函数的 “宽度”(与中心值对称的头两个零点之间的距离) 与 n 无关, 等于 $4\pi\hbar/a$; 它们的 “高度” 也与 n 无关.

(6) 式括号中的函数, 当 n 为奇数时是偶函数, 为 n 为偶数时是奇函数. 因而 (3) 式给出的概率密度 $\overline{\mathscr{P}}_n(p)$ 永远是 p 的偶函数, 从而

$$\langle P\rangle_n=\int_{-\infty}^{+\infty}\overline{\mathscr{P}}_n(p)p\mathrm{d}p=0 \tag{8}$$

这就是说, 处在能态 E_n 的粒子, 其动量的平均值等于零.

我们同样可以计算动量平方的平均值 $\langle P^2\rangle_n$, 注意到在 $\{|x\rangle\}$ 表象中 P 的作用相当于 $\dfrac{\hbar}{\mathrm{i}}\dfrac{\mathrm{d}}{\mathrm{d}x}$, 再作一次分部积分, 便得到①:

$$\begin{aligned}\langle P^2\rangle_n&=\hbar^2\int_0^a\left|\frac{\mathrm{d}\varphi_n}{\mathrm{d}x}\right|^2\mathrm{d}x\\&=\hbar^2\int_0^a\frac{2}{a}\left(\frac{n\pi}{a}\right)^2\cos^2\left(\frac{n\pi x}{a}\right)\mathrm{d}x\\&=\left(\frac{n\pi\hbar}{a}\right)^2\end{aligned} \tag{9}$$

① 利用 (6) 式, 计算积分 $\langle P^2\rangle_n=\int_{-\infty}^{+\infty}|\overline{\varphi}_n(p)|^2p^2\mathrm{d}p$ 也可以得到这个结果; 这种算法并无原则上的困难, 但比这里列举的算法更费事.

从 (8), (9) 两式, 可以得到 [271]

$$\Delta P_n = \sqrt{\langle P^2\rangle_n - \langle P\rangle_n^2} = \frac{n\pi\hbar}{a} \tag{10}$$

可见方均根偏差随着 n 线性地增长.

b. 讨论

对于不同的 n, 画出表示概率密度 $\overline{\mathscr{P}}_n(p)$ 的曲线. 为此, 我们先研究一下 (6) 式括号中的函数. 对于基态 $(n=1)$, 该函数是两个函数 F 之和. 这两个衍射函数的曲线的中心间距等于曲线宽度的一半 (图 3–10–a). 对于第一激发态 $(n=2)$, 两条曲线的中心间距增加为刚才的两倍, 而且这时须取两函数 F 之差 (图 3–11–a). 最后, 对应于很大 n 值的激发态, 两条衍射曲线的中心间距将比曲线的宽度大很多.

将已经画出的函数平方后, 便得到概率密度 $\overline{\mathscr{P}}_n(p)$ (参看图 3–10–b 和图 3–11–b). 此外, 我们还可以看出, 对于很大的 n, $F\left(p-\dfrac{n\pi\hbar}{a}\right)$ 和 $F\left(p+\dfrac{n\pi\hbar}{a}\right)$
之间的干涉项可以忽略 (因为两曲线的中心之间有一段距离), 这样便得到: [272]

$$\begin{aligned}\overline{\mathscr{P}}_n(p) &= \frac{a}{4\pi\hbar}\left[F\left(p-\frac{n\pi\hbar}{a}\right)+(-1)^{n+1}F\left(p+\frac{n\pi\hbar}{a}\right)\right]^2\\ &\simeq \frac{a}{4\pi\hbar}\left[F^2\left(p-\frac{n\pi\hbar}{a}\right)+F^2\left(p+\frac{n\pi\hbar}{a}\right)\right]\end{aligned} \tag{11}$$

函数 $\overline{\mathscr{P}}_n(p)$ 的形状如图 3–12 所示.

我们看到, 如果 n 很大, 概率密度呈现两个对称的高峰, 其宽度为 $4\pi\hbar/a$, 中心位于 $p=\pm\dfrac{n\pi\hbar}{a}$ 处; 因此, 我们几乎可以肯定地预言测量处于态 $|\varphi_n\rangle$ 的粒子的动量可能得到的结果: 我们得到的数值实际上或等于 $+\dfrac{n\pi\hbar}{a}$, 或等于 $-\dfrac{n\pi\hbar}{a}$, n 越大, 相对精度[①]越高 (两个相反的数值 $\pm\dfrac{n\pi\hbar}{a}$ 是同样概然的). 从另
一方面看, 也很容易理解结果应该是这样的; 事实上, 如果 n 很大, 正弦型 [273]
函数 $\varphi_n(x)$ 在势阱中发生很多次摆动, 所以我们可以将它看作以相反的动量 $p=\pm\dfrac{n\pi\hbar}{a}$ 传播的两个行波叠加的结果.

如果 n 减小, 那么, 我们将以较低的精确度预言动量的可能值. 例如, 从图 3–11–b 可以看到, 当 $n=2$ 时, 函数 $\overline{\mathscr{P}}_n(p)$ 呈现两个峰, 它们各自的宽度和各自的中心到原点的距离可以相比拟; 其实, 在这种情况下, 波函数在势阱中只摆动了一次, 那么对于在 $x=0$ 处和 $x=a$ 处被 "截取" 下来的这一段正弦曲

① 由于曲线的宽度永远是 $4\pi\hbar/a$, 所以绝对精确度与 n 无关.

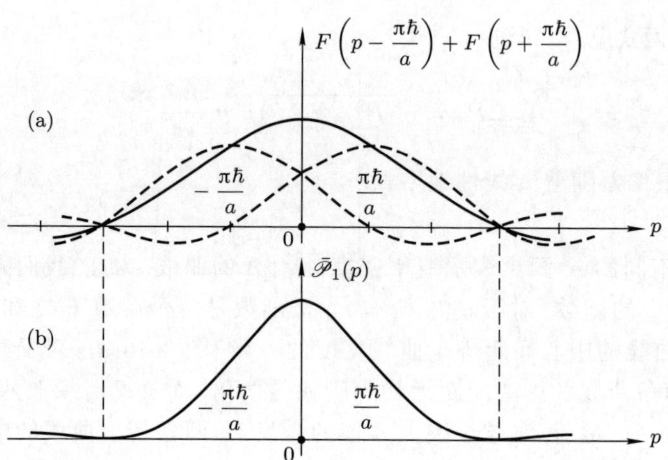

图 3–10 将两个衍射函数 F (图 a 中的虚线) 相加, 便得到无限深势阱中粒子的基态波函数在 $\{|p\rangle\}$ 表象中的形式 $\overline{\varphi}_1(p)$. 这两条曲线的中心间距等于曲线宽度的一半, 图 a 中的实线表示此两曲线之和的形状; 将这个和平方, 便得到与测量粒子的动量有关的概率密度 $\overline{\mathscr{P}}_1(p)$ (图 b).

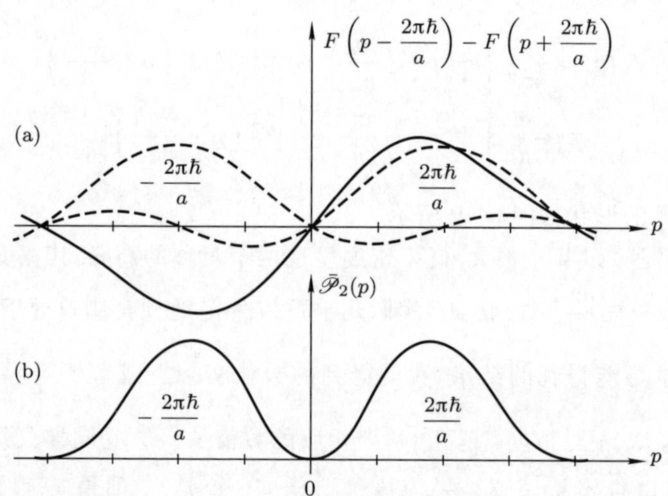

图 3–11 对于第一激发态, 函数 $\overline{\varphi}_2(p)$ 得自两函数 F 之差, 两曲线的宽度和图 3–10a 中的相同, 但两者的中心相距更远 (图 a 中的虚线); 图 a 中的实线表示所得的曲线. 现在概率密度 $\overline{\mathscr{P}}_2(p)$ 的曲线在点 $p=\pm\frac{2\pi\hbar}{a}$ 附近呈现两个极大值 (图 b)

线而言, 波长 (因而粒子的动量) 不太确定, 这就不足为奇了. 最后, 对于基态, 波函数成为正弦曲线的半个弧; 这时, 波长与粒子动量的相对值就知道得更加不确切了 (图 3–10–b).

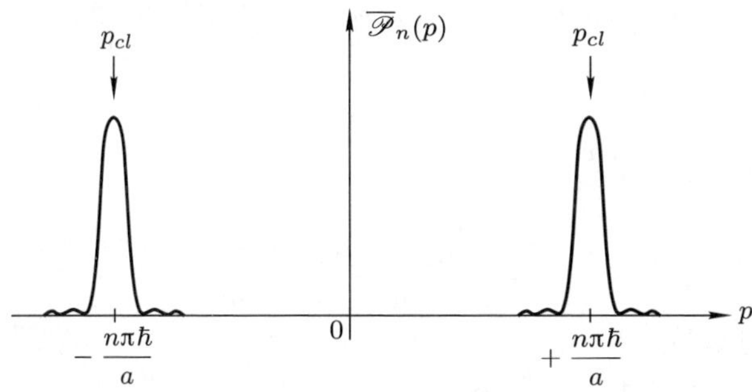

图 3–12 如果 n 很大 (高激发态), 则概率密度呈现两个突出的高峰, 中心位于点 $p = \pm\dfrac{n\pi\hbar}{a}$, 这个数值正好是粒子以同等能量作经典运动时的动量.

附注:

(i) 如果计算能量为 (1) 式中的 E_n 的经典粒子的动量, 便有:

$$\frac{p_{cl}^2}{2m} = \frac{n^2\pi^2\hbar^2}{2ma^2} \tag{12}$$

即

$$p_{cl} = \pm\frac{n\pi\hbar}{a} \tag{13}$$

因而, 当 n 很大时, $\overline{\mathscr{P}}_n(p)$ 的两个峰便对应于动量的经典数值.

(ii) 我们看到, 当 n 很大时, 动量的大小 (就相对值而言) 是确定的, 但 [274]
其符号是不确定的. 这就是 ΔP_n 很大的原因; 事实上, 对于如图 3–12 那样具有两个极大值的概率分布, 方均根偏差所反映的是两峰之间的距离, 而不再与峰的宽度有关.

2. 粒子的波函数的演变

每一个与波函数 $\varphi_n(x)$ 对应的右矢 $|\varphi_n\rangle$ 描述一个定态, 在这种状态下, 物理性质并不随时间演变. 随时间的演变只发生在态矢量为若干个右矢 $|\varphi_n\rangle$ 的线性组合的情况下. 在这里我们考虑一种很简单的情况, 即设 $t = 0$ 时的态矢量 $|\psi(0)\rangle$ 为:

$$|\psi(0)\rangle = \frac{1}{\sqrt{2}}[|\varphi_1\rangle + |\varphi_2\rangle] \tag{14}$$

a. t 时刻的波函数

应用第三章中的公式 (D–54), 我们立即得到:

$$|\psi(t)\rangle = \frac{1}{\sqrt{2}}\left[\mathrm{e}^{-\mathrm{i}\frac{\pi^2\hbar}{2ma^2}t}|\varphi_1\rangle + \mathrm{e}^{-2\mathrm{i}\frac{\pi^2\hbar}{ma^2}t}|\varphi_2\rangle\right] \tag{15}$$

或者, 取消 $|\psi(t)\rangle$ 的总的相位因子, 而写作:

$$|\psi(t)\rangle \propto \frac{1}{\sqrt{2}}[|\varphi_1\rangle + \mathrm{e}^{-\mathrm{i}\omega_{21}t}|\varphi_2\rangle] \tag{16}$$

其中

$$\omega_{21} = \frac{E_2 - E_1}{\hbar} = \frac{3\pi^2\hbar}{2ma^2} \tag{17}$$

b. 波包形状的演变

波包的形状决定于下列的概率密度:

$$|\psi(x,t)|^2 = \frac{1}{2}\varphi_1^2(x) + \frac{1}{2}\varphi_2^2(x) + \varphi_1(x)\varphi_2(x)\cos\omega_{21}t \tag{18}$$

由此可见, 概率密度随时间的变化来源于 $\varphi_1\varphi_2$ 的干涉项. 这里只有一个玻尔频率 $\nu_{21} = \dfrac{E_2 - E_1}{h}$, 这是因为初态 (14) 只包含两个态 $|\varphi_1\rangle$ 和 $|\varphi_2\rangle$. 表示函数 φ_1^2, φ_2^2 及 $\varphi_1\varphi_2$ 的变化情况的曲线绘于图 3–13–a、b 及 c.

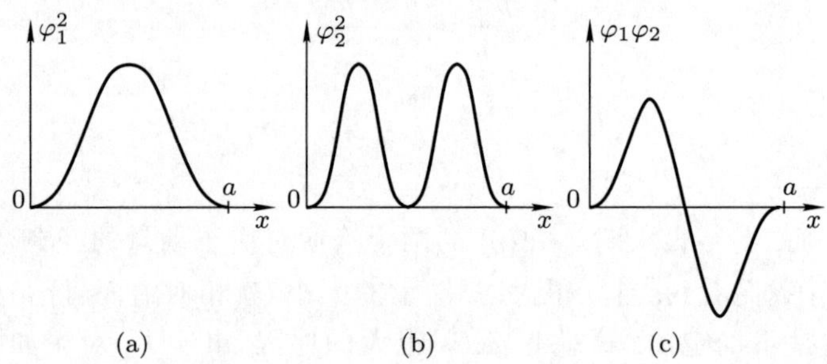

图 3–13 这些曲线分别表示函数 φ_1^2(粒子处于基态的概率密度)、φ_2^2(粒子处于第一激发态的概率密度) 及 $\varphi_1\varphi_2$(引起波包形状演变的交叉相乘项)

[275] 利用这些曲线和 (18) 式, 不难用图形表出波包的形状随时间演变的情况 (参看图 3–14); 所得的曲线都在势阱的两壁之间摆动.

[276] c. 波包中心的运动

现在我们来计算粒子在 t 时刻的位置平均值 $\langle X\rangle(t)$, 为方便起见, 令

$$X' = X - \frac{a}{2} \tag{19}$$

由于对称性, X' 的对角矩阵元都等于零.

$$\langle\varphi_1|X'|\varphi_1\rangle \propto \int_0^a \left(x - \frac{a}{2}\right)\sin^2\left(\frac{\pi x}{a}\right)\mathrm{d}x = 0$$

$$\langle\varphi_2|X'|\varphi_2\rangle \propto \int_0^a \left(x - \frac{a}{2}\right)\sin^2\left(\frac{2\pi x}{a}\right)\mathrm{d}x = 0 \tag{20}$$

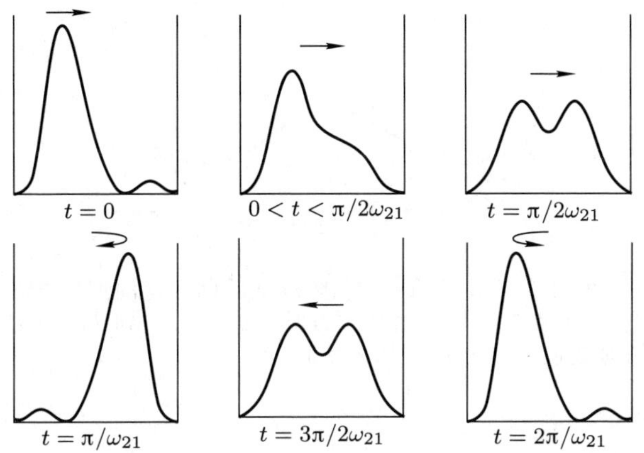

图 3–14　将无限深势阱中粒子的基态和第一激发态叠加起来得到的波包的周期性运动, 其频率就是玻尔频率 $\omega_{21}/2\pi$.

于是便有

$$\langle X'\rangle(t)=\mathrm{Re}\{\mathrm{e}^{-\mathrm{i}\omega_{21}t}\langle\varphi_1|X'|\varphi_2\rangle\} \tag{21}$$

这里

$$\begin{aligned}\langle\varphi_1|X'|\varphi_2\rangle &= \langle\varphi_1|X|\varphi_2\rangle-\frac{a}{2}\langle\varphi_1|\varphi_2\rangle\\ &= \frac{2}{a}\int_0^a x\sin\frac{\pi x}{a}\sin\frac{2\pi x}{a}\mathrm{d}x\\ &= -\frac{16a}{9\pi^2}\end{aligned} \tag{22}$$

故得

$$\langle X\rangle(t)=\frac{a}{2}-\frac{16a}{9\pi^2}\cos\omega_{21}t \tag{23}$$

$\langle X\rangle(t)$ 的变化情况绘于图 3–15; 虚线表示一个经典粒子以角频率 ω_{21} 在 [277]
势阱中来回一次的位置变化 (这个粒子只在阱壁处受到力的作用, 故在每半个周期内, 它的位置在 0 与 a 之间随时间 t 线性地变化).

我们立即可以看出经典运动与量子运动之间的明显差异. 波包的中心不是在阱壁处折回, 而是以较小的幅度运动, 在到达势能不为零的区域之前, 它就折回了. 于是, 在这里我们又得到了第一章 §D–2 的结果: 由于在 $x=0$ 处和 $x=a$ 处势场的变化无限迅速, 因而在与波包的线度同数量级的范围内, 势场的变化是不可忽略的, 从而波包中心的运动并不遵循经典规律 (还可参看第三章 §D–1–d–γ). 这个现象可以从物理上解释如下: 在波包中心接触阱壁之前, 势场对波包 "边缘" 的作用就足以使波包折回.

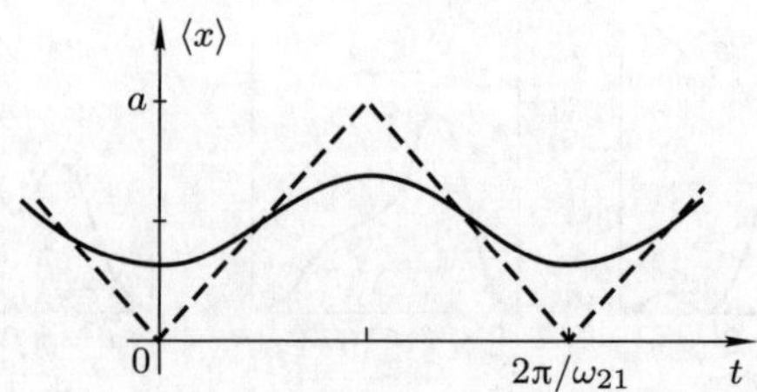

图 3–15 对应于图 3–14 中的波包的平均值 $\langle X \rangle$ 随时间变化的情况. 虚线表示以同样的周期运动的经典粒子的位置. 量子力学预言波包的中心在到达阱壁之前就要折回, 这一点可以用势场对波包 "边缘" 的作用来解释.

附注:

当粒子处在由 (15) 式算出的态 $|\psi(t)\rangle$ 时, 其能量的平均值很容易算出:

$$\langle H \rangle = \frac{1}{2}E_1 + \frac{1}{2}E_2 = \frac{5}{2}E_1 \tag{24}$$

以及

$$\langle H^2 \rangle = \frac{1}{2}E_1^2 + \frac{1}{2}E_2^2 = \frac{17}{2}E_1^2 \tag{25}$$

从而求得

$$\Delta H = \frac{3}{2}E_1 \tag{26}$$

特别注意, $\langle H \rangle$、$\langle H^2 \rangle$ 和 ΔH 都与时间无关; 因为 H 本来就是一个运动常量, 所以这是正常的. 此外, 根据上面的讨论, 可以看出经历了

$$\Delta t \simeq 1/\omega_{21} \tag{27}$$

这段时间波包已有显著变化.

利用 (26) 及 (27) 式得到

$$\Delta H \cdot \Delta t \simeq \frac{3}{2}E_1 \times \frac{\hbar}{3E_1} = \frac{\hbar}{2} \tag{28}$$

于是我们又得到了能量–时间不确定度关系式.

[278] 3. 位置测量所引起的扰动

现在考虑处于态 $|\varphi_1\rangle$ 的一个粒子. 假设我们在时刻 $t = 0$ 测量粒子的位置, 得到 $x = a/2$, 那么, 在刚刚实现这次测量之后, 再去测量能量, 可能得到的不同结果的概率如何?

我们必须注意下述的错误推理: 测量之后, 粒子处于 X 的对应于这个测量结果的本征态, 因而它的波函数正比于 $\delta\left(x - \dfrac{a}{2}\right)$; 这时, 如果测量粒子的能

量, 那么, 得到不同数值 E_n 的概率正比于:

$$\left|\int_0^a \mathrm{d}x\delta\left(x-\frac{a}{2}\right)\varphi_n^*(x)\right|^2=\left|\varphi_n\left(\frac{a}{2}\right)\right|^2$$
$$=\begin{cases}2/a, & \text{若 } n \text{ 为奇数}\\ 0, & \text{若 } n \text{ 为偶数}\end{cases} \tag{29}$$

按照这种错误的推理, 凡是 n 为奇数的所有的 E_n 值出现的概率都一样, 这显然是不合理的 (因为这些概率的总和将为无穷大).

上述推理的错误在于我们没有考虑到波函数的模方; 为了正确地应用第三章的第四个假定, 在第一次测量之后必须取归一化的波函数. 但是函数 $\delta\left(x-\frac{a}{2}\right)$① 是不可能归一化的, 因此上面提出的问题应该更精确地予以说明.

正如我们在第三章 §E–2–b 中曾经见到的那样, 测量具有连续谱的可观察量时, 实验结果绝不是无限精确的; 在目前的问题中, 我们只能说:

$$\frac{a}{2}-\frac{\varepsilon}{2}\leqslant x\leqslant\frac{a}{2}+\frac{\varepsilon}{2} \tag{30}$$

这里 ε 的大小随仪器而异, 但绝不为零.

假设 ε 甚小于测量前波函数的宽度 (即 a), 那么, 测量后的函数实际上是 $\sqrt{\varepsilon}\delta^{(\varepsilon)}\left(x-\frac{a}{2}\right)$ [$\delta^{(\varepsilon)}(x)$ 是在 (30) 式所确定的区间以外处处为零, 而在该区间之内为 $1/\varepsilon$ 的函数; 参看附录 Ⅱ 的 §1–a]. 这个波函数是归一化的, 因为:

$$\int \mathrm{d}x\left|\sqrt{\varepsilon}\delta^{(\varepsilon)}\left(x-\frac{a}{2}\right)\right|^2=1 \tag{31}$$

如果测量能量, 情况又怎样呢? 我们得到 E_n 这个值的概率是: [279]

$$\mathscr{P}(E_n)=\left|\int\varphi_n^*(x)\sqrt{\varepsilon}\delta^{(\varepsilon)}\left(x-\frac{a}{2}\right)\mathrm{d}x\right|^2$$
$$=\begin{cases}\dfrac{8a}{\varepsilon}\left(\dfrac{1}{n\pi}\right)^2\sin^2\left(\dfrac{n\pi\varepsilon}{2a}\right), & \text{若 } n \text{ 为奇数}\\ 0, & \text{若 } n \text{ 为偶数}\end{cases} \tag{32}$$

固定 ε 的值并取 n 为奇数时, $\mathscr{P}(E_n)$ 随 n 变化的情况绘于图 3–16. 图中的曲线表明, 当 n 甚大于 $\frac{a}{\varepsilon}$ 时, 概率 $\mathscr{P}(E_n)$ 变到小得可以忽略的程度; 因此, 不论 ε 多么小, 概率 $\mathscr{P}(E_n)$ 的分布总是和 ε 紧密相关的; 由此可以知道为什么按照第一种推理不能得到正确的结果, 因为在那里我们一开始就假设了 $\varepsilon=0$. 从图中还可以看出, ε 越小, $\mathscr{P}(E_n)$ 的曲线便向着 n 值越大的区域延伸.

① 通过这个例子, 我们可以具体地认识到 δ 函数不能表示物理上可以实现的态.

这个现象可以解释如下: 根据海森伯不确定度关系 (参看第一章的 §C–3), 如果粒子的位置测量得越准确, 则其动量受到的影响就越大; 也就是说, ε 越小, 我们 (在测量位置时) 传递给粒子的动能就越大.

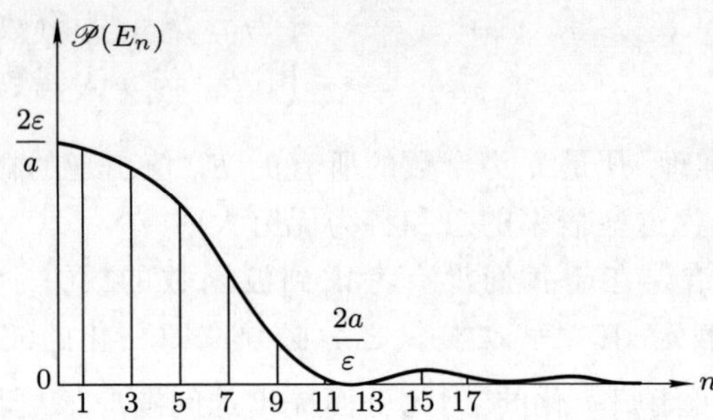

图 3–16 测得能量的数值为 E_n 的概率 $\mathscr{P}(E_n)$ 随 n 变化的情况. 能量的测量是在以 $\varepsilon(\varepsilon \ll a)$ 的精确度测得粒子的位置为 $\frac{a}{2}$ 以后进行的. ε 越小, 测得高能量的概率便越大.

补充材料 B_{III}

对一些特殊情况下的概率流的讨论 [280]

1. 在势能为常值的区域中概率流的表达式
2. 在势垒问题中的应用
   a. $E > V_0$ 的情况
   b. $E < V_0$ 的情况
3. 在二维势阶上发生反射时, 入射波和隐失波的概率流

与波函数为 $\varphi(\boldsymbol{r},t)$ 的粒子相联系的概率流, 在第三章中是用下式来定义的:

$$\boldsymbol{J}(\boldsymbol{r},t)=\frac{\hbar}{2m\mathrm{i}}[\psi^*(\boldsymbol{r},t)\nabla\psi(\boldsymbol{r},t)-\mathrm{c.c.}] \tag{1}$$

(c.c. 表示前一项的复共轭). 在这篇补充材料中, 我们将在一些特殊情况下, 如一维和二维 "方形" 势问题中, 更详细地研究概率流.

1. 在势能为常值的区域中概率流的表达式

在一维问题中, 考虑一个处在恒定势场 V_0 中能量为 E 的粒子. 在补充材料 H_I 中, 我们曾将这个问题区分为两种情况.

(i) $E > V_0$ 时, 波函数应为:

$$\psi(x)=A\mathrm{e}^{\mathrm{i}kx}+A'\mathrm{e}^{-\mathrm{i}kx} \tag{2}$$

在这里

$$E-V_0=\frac{\hbar^2k^2}{2m} \tag{3}$$

将 (2) 式代入 (1) 式, 我们得到:

$$J_x=\frac{\hbar k}{m}[|A|^2-|A'|^2] \tag{4}$$

这个结果的解释很简单: (2) 式中的波函数对应于两个平面波, 它们的动量相反, $p=\pm\hbar k$, 而概率密度分别为 $|A|^2$ 和 $|A'|^2$.

(ii) $E < V_0$ 时, 有

$$\psi(x) = Be^{\rho x} + B'e^{-\rho x} \tag{5}$$

这里

$$V_0 - E = \frac{\hbar^2 \rho^2}{2m} \tag{6}$$

[281] 将 (5) 式代入 (1) 式, 便得到:

$$J_x = \frac{\hbar \rho}{m}[\mathrm{i}B^* B' + \mathrm{c.c.}] \tag{7}$$

在这种情况下, 可以看出,两个指数规律的波的系数必须都不为零, 概率流才不至于等于零.

2. 在势垒问题中的应用

现将上面的结果应用于补充材料 $\mathrm{H_I}$ 和 $\mathrm{J_I}$ 中讨论过的势垒问题. 考虑一个质量为 m、能量为 E 的粒子, 它沿 Ox 方向前进, 而在 $x = 0$ 处遇到高度为 V_0 的势阶 (图 3–17).

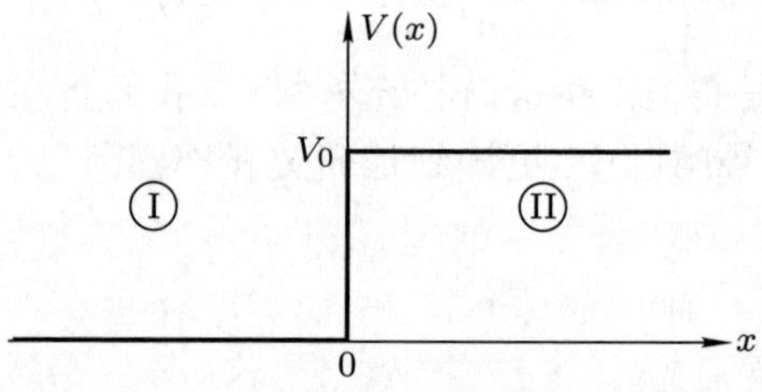

图 3–17 高度为 V_0 的势阶.

a. $E > V_0$ 的情况

现将公式 (4) 应用于补充材料 $\mathrm{H_I}$ 中的波函数 (11) 和 (12), 和在那里一样, 应令

$$A_2' = 0 \tag{8}$$

在区域 I 中, 概率流是:

$$J_{\mathrm{I}} = \frac{\hbar k_1}{m}[|A_1|^2 - |A_1'|^2] \tag{9}$$

在区域 Ⅱ 中,

$$J_{\mathrm{II}} = \frac{\hbar k_2}{m}|A_2|^2 \tag{10}$$

J_{I} 是两项之差, 第一项对应于入射概率流, 第二项对应于反射概率流. 这两个概率流之比给出势垒的反射系数 R:

$$R = \left|\frac{A_1'}{A_1}\right|^2 \tag{11}$$

这正是补充材料 H_{I} 中的公式 (15).

同样, 势垒的透射系数 T 就是透射概率流 J_{II} 与入射概率流之比. 因而我 [282]
们有:

$$T = \frac{k_2}{k_1}\left|\frac{A_2}{A_1}\right|^2 \tag{12}$$

于是又得到补充材料 H_{I} 中的公式 (16).

b. $E < V_0$ 的情况

由于波函数 $\varphi_1(x)$ 的表达式和 §a 中的相同, 故等式 (9) 仍然成立. 但在区域 Ⅱ 中, 波函数为:

$$\varphi_{\mathrm{II}}(x) = B_2' \mathrm{e}^{-\rho_2 x} \tag{13}$$

[这是因为在补充材料 H_{I} 的方程 (20) 中, $B_2 = 0$]. 利用 (7) 式, 便得到:

$$J_{\mathrm{II}} = 0 \tag{14}$$

透射概率流为零, 这与 H_{I} 中的等式 (24) 完全一致.

在区域 Ⅱ 中, 概率流等于零, 但粒子出现的概率并不等于零, 这怎样解释呢? 我们再回到补充材料 J_{I} 的 §1 中所得的结果: 我们已经看到, 入射波包的一部分可以进入被经典理论视为禁区的区域 Ⅱ, 并在其中反转方向之后再沿 x 轴的负向前进 (反射的延迟便归因于向区域 Ⅱ 中的穿透). 因此在稳定情况下, 区域 Ⅱ 中应有两种概率流: 一种是正概率流, 对应于入射波包的一部分向这个区域的穿透; 另一种是负概率流, 对应于波包的这一部分向区域 I 返回. 这两种概率流刚好抵消, 故我们所得的总结果等于零.

因而在一维问题中, 由于两种反向概率流互相抵消, 便看不出隐失波的概率流了. 正因为如此, 我们还要研究一下斜反射情况下的二维问题, 在这个问题中, 我们将得到不等于零的概率流, 它的成因也将得到解释.

3. 在二维势阶上发生反射时, 入射波和隐失波的概率流

我们来讨论下述的二维问题: 一个质量为 m 的粒子位于 xOy 平面上, 它的势能 $V(x,y)$ 与 y 无关, 并由下式给出:

$$\begin{aligned} V(x,y) &= 0, \text{若 } x < 0 \\ V(x,y) &= V_0, \text{若 } x > 0 \end{aligned} \tag{15}$$

我们这里讨论的情况相当于在补充材料 F_{I} 的 §2 中讨论过的情况, 即势 [283]
能 $V(x,y)$ 等于函数 $V_1(x)$ (一维势阶中的势能) 加 $V_2(y)$, 此函数现在为零. 因此, 我们可以将哈密顿算符的本征值方程的解写作形式如下的乘积:

$$\varphi(x,y) = \varphi_1(x)\varphi_2(y) \tag{16}$$

函数 $\varphi_1(x)$ 与 $\varphi_2(y)$ 满足分别对应于 $V_1(x)$、$V_2(y)$ 和能量 E_1、E_2 的两个一维的本征值方程, 并且能量之间有下列关系

$$E_1 + E_2 = E \text{ (粒子的总能量)} \tag{17}$$

现在假设 $E_1 < V_0$, 于是表示 $\varphi_1(x)$ 的方程便对应于一维问题中的全反射情况, 补充材料 H_I 中的公式 (11) 和 (20) 便可以应用; 至于函数 $\varphi_2(y)$ 则是立即可得的, 因为它对应于自由粒子的情况 ($V_2 = 0$), 故这是一个平面波. 综上所述, 在区域 $\text{I}(x < 0)$ 中, 我们有:

$$\varphi_\text{I}(x, y) = A\text{e}^{\text{i}(k_x x + k_y y)} + A'\text{e}^{\text{i}(-k_x x + k_y y)} \tag{18}$$

其中

$$k_x = \sqrt{\frac{2mE_1}{\hbar^2}}, k_y = \sqrt{\frac{2mE_2}{\hbar^2}} \tag{19}$$

而在区域 $\text{II}(x > 0)$ 中, 有:

$$\varphi_\text{II}(x, y) = B\text{e}^{-\rho_x x}\text{e}^{\text{i}k_y y} \tag{20}$$

其中

$$\rho_x = \sqrt{\frac{2m(V_0 - E_1)}{\hbar^2}} \tag{21}$$

补充材料 H_I 中的方程 (22) 与 (23) 给出比值 A'/A 与 B/A; 引入由下式定义的参变量 θ

$$\tan\theta = \frac{\rho_x}{k_x} = \sqrt{\frac{V_0 - E_1}{E_1}}; 0 \leqslant \theta \leqslant \frac{\pi}{2} \tag{22}$$

我们便可以得到

$$\frac{A'}{A} = \frac{k_x - \text{i}\rho_x}{k_x + \text{i}\rho_x} = \text{e}^{-2\text{i}\theta} \tag{23}$$

和

$$\frac{B}{A} = \frac{2k_x}{k_x + \text{i}\rho_x} = 2\cos\theta\text{e}^{-\text{i}\theta} \tag{24}$$

[284] 应用概率流的定义式 (1), 我们得到, 在区域 I 中:

$$\boldsymbol{J}_\text{I} = \begin{cases} (J_\text{I})_x = \dfrac{\hbar k_x}{m}[|A|^2 - |A'|^2] = 0 \\ (J_\text{I})_y = \dfrac{\hbar k_y}{m}|A\text{e}^{\text{i}k_x x} + A'\text{e}^{-\text{i}k_x x}|^2 \end{cases}$$
$$= \frac{\hbar k_y}{m}|A|^2[2 + 2\cos(2k_x x + 2\theta)] \tag{25}$$

而在区域 Ⅱ 中:

$$J_{\text{II}} = \begin{cases} (J_{\text{II}})_x = 0 \\ (J_{\text{II}})_y = \dfrac{\hbar k_y}{m}|B|^2 e^{-2\rho_x x} = \dfrac{\hbar k_y}{m} 4|A|^2 \cos^2\theta e^{-2\rho_x x} \end{cases} \tag{26}$$

在区域 I 中, 概率流只有一个分量 $(J_{\text{I}})_y$ 不等于零, 这个分量是两项之和: 正比于 $2|A|^2$ 的项来源于入射波和反射波的概率流之和 (参看图 3–18);

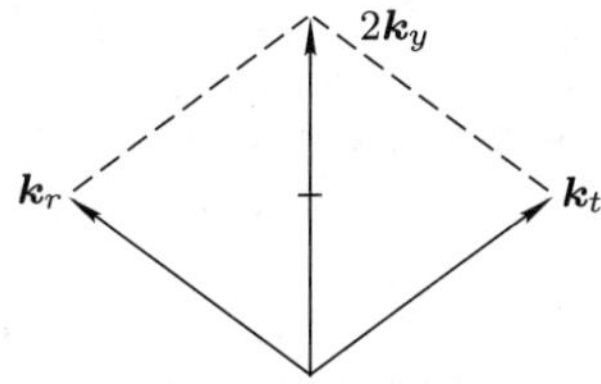

图 3–18 与入射波及反射波相联系的概率流之和给出平行于 Oy 轴的概率流.

含有 $\cos(2k_x x + 2\theta)$ 的项, 它表示两波之间的干涉效应并反映概率流随 x 振荡的情况 (参看图 3–19).

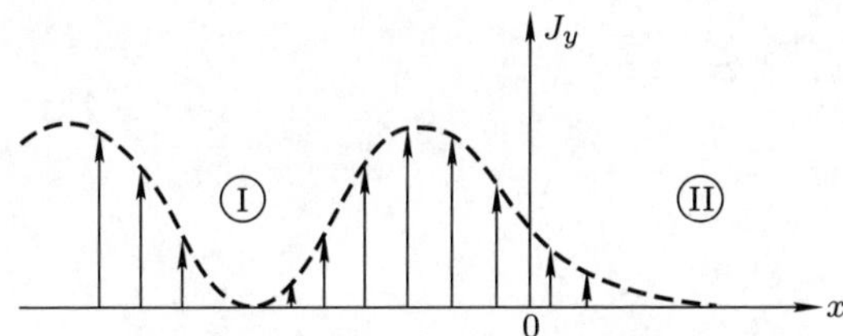

图 3–19 由于入射波和反射波之间的干涉效应, 区域 I 中的概率流是 x 的振荡型的函数; 在区域 Ⅱ 中, 概率流按指数律减小 (隐失波).

在区域 Ⅱ 中, 概率流同样是平行于 Oy 轴的, 它按指数律减小, 这反映了 [285] 隐失波的衰减. 这个概率流来源于波包向第二种介质的穿透 (参看图 3–20). 这个波包在反向之前, 在与反射延迟 τ 同数量级的一段时间内, 是沿 Oy 轴方向前进的 [参看补充材料 J_{I} 的方程 (8)], 穿透现象也与波包在反射时的侧向偏移有关 (参看图 3–20).

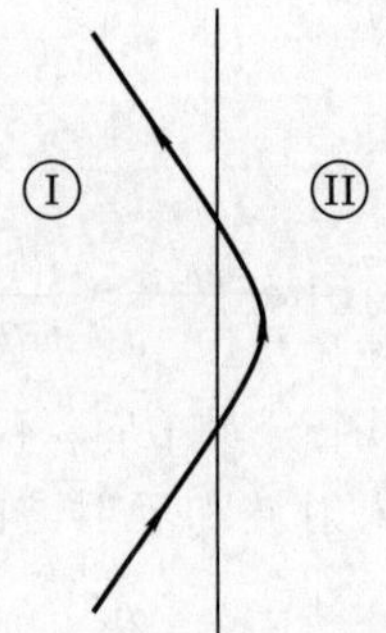

图 3-20 粒子向区域Ⅱ的穿透表现为反射时的侧向偏移.

补充材料 C_{III}
两个共轭可观察量的方均根偏差 [286]

1. 关于 P 和 Q 的不确定度关系
2.“极小” 波包

若两可观察量 P 和 Q 的对易子 $[Q, P]$ 等于 $\mathrm{i}\hbar$, 我们便称它们是共轭可观察量. 在这篇材料里, 我们要证明, 不论体系的态矢量如何, 方均根偏差 (参看第三章 §C–5) ΔP 和 ΔQ 满足关系式:

$$\Delta P \cdot \Delta Q \geqslant \frac{\hbar}{2} \tag{1}$$

然后, 我们再证明, 对于系统的某一个态, 如果 ΔP 与 ΔQ 之积刚好等于 $\hbar/2$, 则与这个态相联系的在 $\{|q\rangle\}$ 表象中的波函数是一个高斯型波包 (在 $\{|p\rangle\}$ 表象中的波函数也是这样的).

1. 关于 P 和 Q 的不确定度关系

考虑下面的右矢

$$|\varphi\rangle = (Q + \mathrm{i}\lambda P)|\psi\rangle \tag{2}$$

其中 λ 是一个任意的实参量. 不论 λ 的值如何, 模的平方 $\langle\varphi|\varphi\rangle$ 总是正的, 我们可将它写作:

$$\begin{aligned}
\langle\varphi|\varphi\rangle &= \langle\psi|(Q - \mathrm{i}\lambda P)(Q + \mathrm{i}\lambda P)|\psi\rangle \\
&= \langle\psi|Q^2|\psi\rangle + \langle\psi|(\mathrm{i}\lambda QP - \mathrm{i}\lambda PQ)|\psi\rangle + \langle\psi|\lambda^2 P^2|\psi\rangle \\
&= \langle Q^2\rangle - \lambda\hbar + \lambda^2\langle P^2\rangle \\
&\geqslant 0
\end{aligned} \tag{3}$$

这是关于 λ 的一个二次三项式, 它的判别式应为负数或零:

$$\hbar^2 - 4\langle P^2\rangle\langle Q^2\rangle \leqslant 0 \tag{4}$$

于是得到

$$\langle P^2\rangle\langle Q^2\rangle \geqslant \frac{\hbar^2}{4} \tag{5}$$

假设 $|\psi\rangle$ 已经给定, 现在引入两个可观察量 Q' 与 P', 它们的定义是:

$$\begin{aligned} P' &= P - \langle P\rangle = P - \langle\psi|P|\psi\rangle \\ Q' &= Q - \langle Q\rangle = Q - \langle\psi|Q|\psi\rangle \end{aligned} \tag{6}$$

[287] P' 和 Q' 也是共轭可观察量, 因为我们有:

$$[Q', P'] = [Q, P] = \mathrm{i}\hbar \tag{7}$$

因而, 上面关于 P 和 Q 已经得到的结果, 即 (5) 式, 同样适用于 P' 和 Q':

$$\langle P'^2\rangle\langle Q'^2\rangle \geqslant \frac{\hbar^2}{4} \tag{8}$$

另一方面, 根据方均根偏差的定义式 (C–23)(第三章), 并利用 (6) 式, 便可以看出:

$$\begin{aligned} \Delta P &= \sqrt{\langle P'^2\rangle} \\ \Delta Q &= \sqrt{\langle Q'^2\rangle} \end{aligned} \tag{9}$$

因而 (8) 式也可以写作:

$$\boxed{\Delta P\cdot\Delta Q \geqslant \frac{\hbar}{2}} \tag{10}$$

这就是说, 如果两个可观察量是共轭的 (例如与经典坐标 x_i 和它的共轭动量 p_i 对应的可观察量就属于这种情况), 乘积 $\Delta P\cdot\Delta Q$ 就有一个确定的下限. 这样, 我们就推广了海森伯不确定度关系

附注:

上面的论证很容易推广到两个任意的可观察量 A 和 B, 得到的结果是:

$$\Delta A\cdot\Delta B \geqslant \frac{1}{2}|\langle[A, B]\rangle| \tag{11}$$

2. “极小” 波包

当乘积 $\Delta P\cdot\Delta Q$ 达到极小值

$$\Delta P\cdot\Delta Q = \frac{\hbar}{2} \tag{12}$$

时, 我们就说, 对于可观察量 P、Q 而言, 态矢量 $|\psi\rangle$ 对应于一个极小波包.

根据前面的论证, 从等式 (12) 可以推知右矢

$$|\psi'\rangle=(Q'+\mathrm{i}\lambda P')|\psi\rangle \tag{13}$$

的模平方应为 λ 的二次式, 具有重根 λ_0. 因此, $\lambda=\lambda_0$ 时, 右矢 $|\varphi'\rangle$ 等于零

$$(Q'+\mathrm{i}\lambda_0 P')|\psi\rangle=[Q-\langle Q\rangle+\mathrm{i}\lambda_0(P-\langle P\rangle)]|\psi\rangle=0 \tag{14}$$

反之, 如果 $\Delta P\cdot\Delta Q>\dfrac{\hbar}{2}$, 则表示 $\langle\varphi'|\varphi'\rangle$ 的二次式永远不会等于零 (不论 λ 如何, 其值恒为正). [288]

由此可见, 乘积 $\Delta P\cdot\Delta Q$ 取极小值 $\hbar/2$ 的充要条件是右矢 $(Q-\langle Q\rangle)|\psi\rangle$ 正比于右矢 $(P-\langle P\rangle)|\psi\rangle$. 比例系数 $-\mathrm{i}\lambda_0$ 很容易算出, 事实上, 当 $\Delta P\Delta Q=\dfrac{\hbar}{2}$ 时, 方程

$$\langle\varphi'|\varphi'\rangle=\lambda^2(\Delta P)^2-\lambda\hbar+(\Delta Q)^2=0 \tag{15}$$

具有重根

$$\lambda_0=\frac{\hbar}{2(\Delta P)^2}=\frac{2(\Delta Q)^2}{\hbar} \tag{16}$$

现在我们要在表象 $\{|q\rangle\}$ 中写出 (14) 式 (为简单起见, 假设 Q 的本征值 q 是非简并的); 利用下述事实 (参看补充材料 $E_{Ⅱ}$) : 在这种表象中, P 的作用相当于 $\dfrac{\hbar}{\mathrm{i}}\dfrac{\mathrm{d}}{\mathrm{d}q}$, 这样便可以得到:

$$\left[q+\hbar\lambda_0\frac{\mathrm{d}}{\mathrm{d}q}-\langle Q\rangle-\mathrm{i}\lambda_0\langle P\rangle\right]\psi(q)=0 \tag{17}$$

其中

$$\psi(q)=\langle q|\psi\rangle \tag{18}$$

为了便于积分 (17) 式, 我们引入一个函数 $\theta(q)$, 其定义是:

$$\psi(q)=\mathrm{e}^{\mathrm{i}\langle P\rangle q/\hbar}\theta(q-\langle Q\rangle) \tag{19}$$

将 (19) 式代入 (17) 式, 便得到一个较简单的方程:

$$\left[q+\lambda_0\hbar\frac{\mathrm{d}}{\mathrm{d}q}\right]\theta(q)=0 \tag{20}$$

它的解是:

$$\theta(q)=C\mathrm{e}^{-q^2/2\lambda_0\hbar} \tag{21}$$

(C 是任意复常数). 将 (16) 式和 (21) 式代入 (19) 式, 得到:

$$\psi(q) = C\mathrm{e}^{\mathrm{i}\langle P\rangle q/\hbar}\mathrm{e}^{-\left[\frac{q-\langle Q\rangle}{2\Delta Q}\right]^2} \tag{22}$$

这个函数可以归一化, 为此只需令

$$C = [2\pi(\Delta Q)^2]^{-1/4} \tag{23}$$

于是我们得到下述结论: 当乘积 $\Delta P \cdot \Delta Q$ 取极小值 $\hbar/2$ 时, 在 $\{|q\rangle\}$ 表象中的波函数是一个高斯型波包, 利用高斯函数 $Q(q)$ 经过 (19) 式的变换就可得到这个波包 (这种变换其实是两次原点变换, 一次在 q 轴上, 一次在 p 轴上).

[289] **附注:**

上面在 $\{|q\rangle\}$ 表象中进行的论证也可以在 $\{|p\rangle\}$ 表象中进行, 这样便可以证实由下式确定的波函数

$$\overline{\psi}(p) = \langle p|\psi\rangle = \frac{1}{\sqrt{2\pi\hbar}}\int_{-\infty}^{+\infty} \mathrm{d}q\mathrm{e}^{-\mathrm{i}pq/\hbar}\psi(q) \tag{24}$$

也是一个高斯型函数, 其表达式如下:

$$\overline{\psi}(p) = [2\pi(\Delta P)^2]^{-1/4}\mathrm{e}^{-\mathrm{i}\langle Q\rangle p/\hbar}\mathrm{e}^{-\left[\frac{p-\langle P\rangle}{2\Delta P}\right]^2} \tag{25}$$

补充材料 $D_{Ⅲ}$

对物理体系的一部分的测量 [290]

1. 物理预言的计算
2. 张量积状态的物理意义
3. 非张量积状态的物理意义

我们曾经利用在第二章 §F 中引入的张量积概念, 说明了如何根据两个子体系的态空间构成总体系的态空间; 总体系是将两个子体系看作一个整体而形成的. 在这篇材料里, 我们打算对这个问题作进一步的研究, 并且准备应用第三章中的那些假定来探讨这样一个问题: 在已知总体系的态的条件下, 如果测量只涉及一个子体系, 可能得到怎样的结果呢?

1. 物理预言的计算

我们考虑一个物理体系, 它由 (1) 和 (2) 这两部分构成 (例如, 二电子体系). 如果 $\mathscr{E}(1)$ 与 $\mathscr{E}(2)$ 分别为子体系 (1) 与子体系 (2) 的态空间, 则总体系 (1)+(2) 的态空间就是张量积 $\mathscr{E}(1)\otimes\mathscr{E}(2)$. 例如, 一个二电子体系的态是用一个六元波函数 $\psi(x_1,y_1,z_1;x_2,y_2,z_2)$ 来描述的, 这个函数对应于空间 $\mathscr{E}_{\boldsymbol{r}}(1)\otimes\mathscr{E}_{\boldsymbol{r}}(2)$ 中的一个右矢 (参看第二章 §F–4–b).

我们可以设想只涉及总体系中一个子体系 [例如子体系 (1)] 的测量. 与这些测量对应的可观察量 $\widetilde{A}(1)$ 在 $\mathscr{E}(1)\otimes\mathscr{E}(2)$ 中是由只在 $\mathscr{E}(1)$ 空间中起作用的观察算符 $A(1)$ 的延伸算符来确定的① (参看第二章 §F–2–b).

$$A(1)\Longrightarrow\widetilde{A}(1)=A(1)\otimes\mathbb{1}(2) \tag{1}$$

其中的 $\mathbb{1}(2)$ 是空间 $\mathscr{E}(2)$ 中的恒等算符.

$\widetilde{A}(1)$ 在空间 $\mathscr{E}(1)\otimes\mathscr{E}(2)$ 中的谱和 $A(1)$ 在空间 $\mathscr{E}(1)$ 中的谱是一样的. 可是我们已经知道, 即使在 $\mathscr{E}(1)$ 中, $A(1)$ 的本征值都是非简并的, 但在 $\mathscr{E}(1)\otimes\mathscr{E}(2)$ 中, $\widetilde{A}(1)$ 的本征值却都是简并的 [当然, 假设 $\mathscr{E}(2)$ 的维数高于 1]. 如果我们只

① 为清楚起见, 在这篇材料中仍用记号 $\widetilde{A}(1)$ 来表示 $A(1)$ 的延伸算符.

对子体系 (1) 进行了一次测量, 那么不问测量结果如何, 在测量之后, 总体系的可能的态将有若干种 (测量之后的态不仅与测量结果有关, 而且与测量前的态有关). 从物理观点可以说明态的这种多重性: 它是与子体系 (2) 的自由度对应的, 在这个测量中, 我们没有企图从这个子体系得到任何信息.

[291] 将空间 $\mathscr{E}(1)$ 中与 $A(1)$ 的本征值 a_n 对应的本征子空间上的投影算符记作 $P_n(1)$:

$$P_n(1) = \sum_{i=1}^{g_n} |u_n^i(1)\rangle\langle u_n^i(1)| \tag{2}$$

其中的诸右矢 $|u_n^i(1)\rangle$ 是属于 a_n 的 g_n 个正交归一本征矢. 将空间 $\mathscr{E}(1)\otimes\mathscr{E}(2)$ 中与 $\widetilde{A}(1)$ 的同一本征值 a_n 对应的本征子空间上的投影算符记作 $\widetilde{P}_n(1)$, 则将 $P_n(1)$ 延伸到空间 $\mathscr{E}(1)\otimes\mathscr{E}(2)$ 中, 便可得到 $\widetilde{P}_n(1)$:

$$\widetilde{P}_n(1) = P_n(1)\otimes \mathbb{1}(2) \tag{3}$$

为了将空间 $\mathscr{E}(2)$ 中的恒等算符 $\mathbb{1}(2)$ 明显地写出来, 可以利用 $\mathscr{E}(2)$ 中的任意一个正交归一基 $\{|v_k(2)\rangle\}$ 的封闭性关系式:

$$\mathbb{1}(2) = \sum_k |v_k(2)\rangle\langle v_k(2)| \tag{4}$$

将 (4) 式代入 (3) 式, 并利用 (2) 式, 便有

$$\widetilde{P}_n(1) = \sum_{i=1}^{g_n}\sum_k |u_n^i(1)v_k(2)\rangle\langle u_n^i(1)v_k(2)| \tag{5}$$

于是, 知道了总体系的态 $|\psi\rangle$ (假设已归一化为 1), 就可以计算对于子体系 (1) 测量 $A(1)$ 所得结果为 a_n 的概率 $\mathscr{P}^{(1)}(a_n)$. 第三章的普遍公式 (B–14) 现在应为:

$$\mathscr{P}^{(1)}(a_n) = \langle\psi|\widetilde{P}_n(1)|\psi\rangle \tag{6}$$

利用此式, 我们得到:

$$\mathscr{P}^{(1)}(a_n) = \sum_{i=1}^{g_n}\sum_k |\langle u_n^i(1)v_k(2)|\psi\rangle|^2 \tag{7}$$

同样地, 我们也可以计算测量以后体系的态 $|\psi'\rangle$, 根据第三章的公式 (B–31), 这个态由下式给出:

$$|\psi'\rangle = \frac{\widetilde{P}_n(1)|\psi\rangle}{\sqrt{\langle\psi|\widetilde{P}_n(1)|\psi\rangle}} \tag{8}$$

再利用公式 (5), 便得到

$$|\psi'\rangle = \frac{\displaystyle\sum_{i=1}^{g_n}\sum_k |u_n^i(1)v_k(2)\rangle\langle u_n^i(1)v_k(2)|\psi\rangle}{\sqrt{\displaystyle\sum_{i=1}^{g_n}\sum_k |\langle u_n^i(1)v_k(2)|\psi\rangle|^2}} \tag{9}$$

附注:

(i) 在空间 $\mathscr{E}(2)$ 中, 正交归一基 $\{|v_k(2)\rangle\}$ 的选择是任意的. 从 (3)、(6) 及 (8) 式可以看出, 关于子体系 (1) 的物理预言与基的选择无关. 从物理上说, 我们知道, 如果对子体系 (2) 未曾进行任何测量, 那么, 它的任何态或态的集合都不会有特殊影响.

(ii) 如果测量之前的态 $|\psi\rangle$ 是一个张量积: [292]

$$|\psi\rangle = |\varphi(1)\rangle \otimes |\chi(2)\rangle \tag{10}$$

[$|\varphi(1)\rangle$ 与 $\chi(2)$ 分别为空间 $\mathscr{E}(1)$ 与 $\mathscr{E}(2)$ 中归一化的态],
那么, 根据 (3) 和 (8) 式, 很容易看出态 $|\psi'\rangle$ 也是一个张量积:

$$|\psi'\rangle = |\varphi'(1)\rangle \otimes |\chi(2)\rangle \tag{11}$$

其中

$$|\varphi'(1)\rangle = \frac{P_n(1)|\varphi(1)\rangle}{\sqrt{\langle\varphi(1)|P_n(1)|\varphi(1)\rangle}} \tag{12}$$

就是说子体系 (1) 的态已经变化, 但子体系 (2) 的态并无变化.

(iii) 如果在空间 $\mathscr{E}(1)$ 中, $A(1)$ 的本征值 a_n 是非简并的, 或者更普遍一些, 如果 $A(1)$ 实际上代表 $\mathscr{E}(1)$ 中的对易可观察量的完全集合, 那么在公式 (2) 和其后各式中, 指标 i 就不必要了. 于是, 我们可以看出, 在测量 a_n 之后, 体系的态总可以写成两矢量的张量积的形式. 实际上, 我们可将 (9) 式写成:

$$|\psi'\rangle = |u_n(1)\rangle \otimes |\chi'(2)\rangle \tag{13}$$

其中 $|\chi'(2)\rangle$ 是空间 $\mathscr{E}(2)$ 中的归一化矢量:

$$|\chi'(2)\rangle = \frac{\displaystyle\sum_k |v_k(2)\rangle\langle u_n(1)v_k(2)|\psi\rangle}{\sqrt{\displaystyle\sum_k |\langle u_n(1)v_k(2)|\psi\rangle|^2}} \tag{14}$$

由此可见, 在测量之前, 不论总体系的态 $|\psi\rangle$ 如何, 在对子体系 (1) 进行测量之后, 只要测量对于子体系 (1) 而言是完全的 [虽然对于总体系 (1)+(2) 来说是不完全的], 体系的态就一定是一个张量积.

2. 张量积状态的物理意义

为了看出一个乘积态的物理上表示什么, 我们将前一段的结果应用到一个特殊情况, 即总体系的初态为 (10) 式的情况. 利用 (6) 式和 (3) 式, 我们立即得到:

$$\mathscr{P}^{(1)}(a_n) = \langle \varphi(1)\chi(2)|P_n(1) \otimes \mathbb{1}(2)|\varphi(1)\chi(2)\rangle \tag{15}$$

根据张量积 $P_n(1) \otimes \mathbb{1}(2)$ 的定义和 $|\chi(2)\rangle$ 已归一化的事实, 就可以写出:

$$\begin{aligned}\mathscr{P}^{(1)}(a_n) &= \langle \varphi(1)|P_n(1)|\varphi(1)\rangle\langle\chi(2)|\mathbb{1}(2)|\chi(2)\rangle \\ &= \langle \varphi(1)|P_n(1)|\varphi(1)\rangle\end{aligned} \tag{16}$$

[293] $\mathscr{P}^{(1)}(a_n)$ 与 $|\chi(2)\rangle$ 无关, 只依赖于 $|\varphi(1)\rangle$. 如果总体系的态具有 (10) 式的形式, 那么, 关于两个子体系之一的全部物理预言与另一个子体系的态无关, 并且在子体系 (1)[或子体系 (2)] 单独被观测时, 完全能表示为 $|\varphi(1)\rangle$ [或 $|\chi(2)\rangle$] 的函数.

因此, 我们可以认为: 乘积态 $|\varphi(1)\rangle \otimes |\chi(2)\rangle$ 表示两个体系的简单并列, 其中一个处于态 $|\varphi(1)\rangle$, 另一个处于态 $|\chi(2)\rangle$. 我们还可以说, 处于这种态时, 两个体系是没有相互联系的 (更精确地说, 对一个体系或对另一个体系进行的两种测量的结果对应于独立的随机变量). 使两个体系分别处于态 $|\varphi(1)\rangle$ 和 $|\chi(2)\rangle$, 再将两者联合起来而又不使它们之间发生相互作用, 这样就实现了上述的状态.

3. 非张量积状态的物理意义

现在考虑另一种情况, 即总体系的态不是乘积态的情况; 也就是说, 态 $|\psi\rangle$ 不能写成 $|\varphi(1)\rangle \otimes |\chi(2)\rangle$ 的形式. 在这种情况下, 如果只对两个子体系之一进行测量, 那么, 关于测量结果的预言就不再能表示为子体系 (1)[或 (2)] 的态矢量 $|\varphi(1)\rangle$ [或 $|\chi(2)\rangle$] 的函数; 这时, 若要求得各种可能的结果出现的概率, 必须应用普遍公式 (6) 和 (7). 在这里, 我们指出 (但不予证明): 一般说来, 这样的状态反映了在子体系 (1) 和 (2) 之间存在着相互联系. [对子体系 (1) 或对子体系 (2) 进行测量的结果对应于不独立的随机变量, 因而, 这些测量结果就意味着有相互联系]. 例如, 我们可以证明, 两个体系之间的相互作用可以将原来的乘积态转变为非乘积态, 因而, 一般说来两个体系之间的任何相互作用都在两者之间建立起相互联系.

同样地, 我们还应该考虑这样一个问题: 如果总体系的态不是张量积 $|\varphi(1)\rangle \otimes |\chi(2)\rangle$, 我们就不能再使用右矢 $|\varphi(1)\rangle$[或 $|\chi(2)\rangle$], 那么这时应该怎样描述子体系 (1) 或 (2) 的态呢? 这个问题是十分重要的, 因为, 一般说来, 每一个物理体系过去都曾和其他体系发生过相互作用 (即使在我们研究它的那个时刻它已被孤立起来). 因而, 总体系 [即子体系 (1) 加上它过去曾与之有过相互作用的子体系 (2)] 的态一般都不是乘积态, 我们就不能只用一个态矢量 $|\varphi(1)\rangle$ 去描述子体系 (1). 为了解决这个困难, 不能再用态矢量, 而必须用一个算符, 即所谓密度算符, 去描述子体系 (1). 关于这方面的理论体系 (属于量子统计力学的基础) 的一些说明安排在补充材料 $E_{\text{Ⅲ}}$(§5–b) 中.

但是, 如果对子体系 (1) 进行过一组完全的测量, 那么, 我们总可以用一个态矢量来表示它的态. 事实上, 不论测量以前总体系 (1)+(2) 的态如何, 在上面我们已经看到 [参看公式 (13) 和 (14)], 对子体系 (1) 所实施的完全测量, 将使总体系处于乘积态, 这时, 与子体系 (1) 相联系的态矢量 (除倍乘因子以外) 是唯一的本征矢, 它与对该子体系所实施的一组完全测量的结果相联系. 因此, 这组测量便消除了两个子体系之间因以前的相互作用而形成的一切相互联系. 如果在进行测量的时刻, 子体系 (2) 已经远离子体系 (1), 以致它们之间不再发生相互作用, 那么我们就可以完全不考虑前者的存在.

附注: [294]

根据 (14) 式很容易推知, 如果测量以前的态 $|\psi\rangle$ 不是乘积态, 那么, 测量以后, 与子体系 (2) 相联系的态矢量 $|\chi'(2)\rangle$ 将依赖于对子体系 (1) 所实施的一组完全测量的结果 [注意, 当 $|\psi\rangle$ 为乘积态时, 情况并不是这样的, 参看 §1 的附注 (ii)]. 这就是说, 在对子体系 (1) 进行一组测量之后, 即使在测量的那一瞬间, 子体系 (2) 已经远离, 以致两者间已没有相互作用了, 但子体系 (2) 的态仍然与这些测量的结果有关. 乍一看来, 这个结果是很奇怪的. 某些物理学家曾详细地研究过这个问题, 与这个 "佯谬" 相联系的人名有爱因斯坦、波多尔斯基和罗森.

参考文献和阅读建议:

爱因斯坦、波多尔斯基和罗森佯谬: 参考书目第 5 节小标题 "隐变量和佯谬" 中各书; Bohm (5.1), §§22.15 到 22.19; d'Espagnet (5.3), 第七章.

电子偶素衰变时产生的光子: Feynman Ⅲ (1.2), §18.3; Dicke 和 Wittke, 第 7 章.

补充材料 $E_{Ⅲ}$

[295] 密度算符

1. 问题的梗概

至今我们所讨论的都是其状态已完全知道的体系. 我们还说明过怎样研究态随时间的演变, 怎样预言对这些体系进行的各种测量的结果. 为了确定体系在某一特定时刻的态, 只须对它进行对应于一个 ECOC 的一组测量. 例如, 在第一章 §A–3 研究过的实验中, 只要光束通过了检偏器, 光子的偏振态就完全知道了.

但是在实际问题中, 体系的态往往知道得不完全. 例如, 从自然光源 (非偏振光) 发出的光子的偏振态就属于这种情况; 从温度为 T 的炉子发射出来的原子束中各原子的态也属于这种情况, 这是因为我们只知道这些原子的动能的统计分布. 要对这一类体系进行量子描述, 我们遇到的问题是: 在我们的理论体系中, 怎样纳入我们对体系的态已取得的不完备的知识, 我们所作的预言才能最大限度地包含这些不完备的知识? 为了解决这个问题, 我们将在这篇材料中介绍一种很方便的数学工具, 即密度算符; 有了它, 我们就很容易同时应用量子力学的假定和概率计算的结果.

2. 态的统计混合的概念

不管在哪个领域中, 每当我们所具备的有关某一体系的知识不够完备时, 我们就只好求助于概率的概念. 例如, 从自然光源发出的一个光子, 它处于任何一种偏振态的概率都是一样的; 又如, 处于温度为 T 的热力学平衡的体系, [296]
它处在能量为 E_n 的态的概率正比于 $e^{-E_n/kT}$.

更一般地说, 在量子力学中, 我们所具备的关于某一体系的不完备的知识, 往往表现为如下的形式: 该体系的态或者是 $|\psi_1\rangle$ (它出现的概率是 p_1), 或者是 $|\psi_2\rangle$ (它出现的概率是 p_2), $\cdots$. 显然, 应有

$$p_1 + p_2 + \cdots = \sum_k p_k = 1 \tag{1}$$

因此, 我们所涉及的是概率分别为 $p_1, p_2, \cdots$ 的诸态 $|\psi_1\rangle, |\psi_2\rangle, \cdots$ 的统计混合.

现在我们来讨论, 如果设想对该体系进行测量, 关于测量结果的预言将会有什么变化. 假设体系的态是 $|\psi_k\rangle$, 利用第三章中的有关假定, 我们应该可以确定得到某一测量结果的概率; 因为这样一种可能情况 ($|\psi_k\rangle$ 态) 出现的概率是 p_k, 显然, 我们必须将所得的结果乘以权重 p_k, 然后对 k 的各个值求和, 也就是对统计混合中所有的态求和.

附注:

(i) 各种态 $|\psi_1\rangle, |\psi_2\rangle, \cdots$ 不一定是正交的; 但是我们总可以将它们取作归一化的. 在这篇材料中, 我们假设情况就是这样的.

(ii) 必须注意, 在我们现在所研究的问题中, 概率出现在两个不同的阶段:

首先, 出现在关于体系初态的知识中 (到此为止, 我们都不曾在这个阶段引入概率, 即我们认为态矢量是完全已知的, 就这种情况而言, 除了一个概率的值等于 1 以外, 所有其他的概率 p_k 都等于零);

其次, 出现在应用有关测量的假定时 (即使体系的初态是完全知道的, 这些假设也只导致概率型的预言). 因此, 在两个阶段都必须引入概率的理由是完全不同的: 一种理由是关于体系的态的初始知识不完备 (在经典统计力学中也考虑过这种情况). 另一种理由是与测量过程有关的 (特别是量子力学的) 不确定性.

(iii) 存在着这样一种体系, 与它有关的知识要用态的统计混合来表示 (态矢量为 $|\psi_k\rangle$ 的概率是 p_k); 还有另一种体系, 它的态 $|\psi\rangle$ 是诸 $|\psi_k\rangle$

态①的线性叠加:

$$|\psi\rangle = \sum_k c_k|\psi_k\rangle \tag{2}$$

这两种体系不可混为一谈. 事实上, 在量子力学中我们常说, 如果态矢量
[297] 是 (2) 式给出的右矢 $|\psi\rangle$, 那么 "体系处于 $|\psi_k\rangle$ 这个态的概率是 $|c_k|^2$". 更精确地说, 这句话的意思是: 如果我们所进行的一组测量对应于一个 ECOC, 它的本征矢之一是 $|\psi_k\rangle$, 那么, 得到与 $|\psi_k\rangle$ 相联系的本征值组的概率是 $|c_k|^2$. 但是在第三章 §E–1 中, 我们曾经强调指出, 处于由 (2) 式决定的态 $|\psi\rangle$ 的体系并不简单地相当于这样一个体系: 它处于 $|\psi_1\rangle$ 态的概率是 $|c_1|^2$, 处于 $|\psi_2\rangle$ 态的概率是 $|c_2|^2, \cdots$. 事实上, 对若干 $|\psi_k\rangle$ 的线性组合来说, 在这些态之间通常会出现在量子力学中具有重要意义的干涉效应 (由形如 $c_k c_{k'}^*$ 的交叉乘积项所产生, 取概率幅的模平方时就会出现这些项).

现在我们可以看出, 一般说来, 统计混合态是不可能用由诸 $|\psi_k\rangle$ 叠加而得的 "平均态矢量" 来描述的; 正如前面我们已经指出的, 如果构成概率的加权总和, 我们就永远也不会得到统计混合态中诸 $|\psi_k\rangle$ 态之间的干涉项.

3. 纯态的情况. 密度算符的引入

为了研究若干个态的统计混合的行为, 我们在上面考虑过一种方法: 计算与一种可能的 $|\psi_k\rangle$ 对应的物理预言, 用与这个态相关的概率 p_k 为权重去乘算得的结果, 再对 k 求和. 这种方法虽然原则上是正确的, 但是计算上往往不太方便. 后来我们又指出 [附注 (iii)], 不可能用一个 "平均态矢量" 去和一个体系相联系. 实际上, 不是用一个 "平均矢量" 而是要用一个 "平均算符", 即密度算符, 才能简单地描述若干态的统计混合.

在研究普遍情况之前, 在这一段里, 我们先回到简单情况, 即体系的态是完全知道的 (全部 p_k 中除一个以外, 其他的都等于零). 这时我们说体系处于纯态. 我们将证明, 用态矢量 $|\psi\rangle$, 或用在态空间中起作用的某种算符, 即密度算符, 去描述这个体系, 完全是等价的. 这个算符的优越性到 §4 就能看得很清楚, 在那里我们将证明, 几乎所有包含这个算符的 (在纯态情况下导出的) 公式, 对于描述态的统计混合仍然有效.

① 在这个附注 (iii) 里, 我们假设诸 $|\psi_k\rangle$ 态是正交归一的; 这个假设虽然不是必要的, 但有利于简化我们的讨论.

a. 运用态矢量的描述

我们考虑这样一个体系, 在时刻 t, 它的态矢量是:

$$|\psi(t)\rangle = \sum_n c_n(t)|u_n\rangle \tag{3}$$

在这里, 集合 $\{|u_n\rangle\}$ 构成态空间的一个正交归一基, 并假设它是离散的基 (不难推广到连续基的情况). 诸系数 $c_n(t)$ 满足关系式:

$$\sum_n |c_n(t)|^2 = 1 \tag{4}$$

此式表示 $|\psi(t)\rangle$ 是归一化的.

如果 A 是一个可观察量, 它的矩阵元是 [298]

$$\langle u_n|A|u_p\rangle = A_{np}, \tag{5}$$

则在时刻 t, A 的平均值为:

$$\langle A\rangle(t) = \langle\psi(t)|A|\psi(t)\rangle = \sum_{n,p} c_n^*(t)c_p(t)A_{np} \tag{6}$$

最后, $|\psi(t)\rangle$ 的演变方程就是薛定谔方程:

$$\mathrm{i}\hbar\frac{\mathrm{d}}{\mathrm{d}t}|\psi(t)\rangle = H(t)|\psi(t)\rangle \tag{7}$$

式中 H 是体系的哈密顿算符.

b. 运用密度算符的描述

从 (6) 式可以看出, 诸系数 $c_n(t)$ 是以形如 $c_n^*(t)c_p(t)$ 的二次项出现在平均值中的. 这些二次项正是右矢 $|\psi(t)\rangle$ 上的投影算符 $|\psi(t)\rangle\langle\psi(t)|$ 的矩阵元 (参看第二章,§B–3–b); 事实上, 根据 (3) 式便有:

$$\langle u_p|\psi(t)\rangle\langle\psi(t)|u_n\rangle = c_n^*(t)c_p(t) \tag{8}$$

于是, 我们很自然地会引入一个密度算符, 其定义是:

$$\rho(t) = |\psi(t)\rangle\langle\psi(t)| \tag{9}$$

在基 $\{|u_n\rangle\}$ 中, 密度算符是用一个矩阵来表示的, 我们称之为**密度矩阵**, 它的矩阵元是:

$$\rho_{pn}(t) = \langle u_p|\rho(t)|u_n\rangle = c_n^*(t)c_p(t) \tag{10}$$

我们来证明, 知道了 $\rho(t)$ 便足以描述体系的量子态; 这就是说, 凡是用 $|\psi(t)\rangle$ 可以算出的物理预言, 用密度算符也都可以计算出来. 为此, 我们把公

式 (4)、(6) 及 (7) 写成算符 $\rho(t)$ 的函数. 由 (10) 式可以知道,(4) 式表示密度矩阵的对角元之和等于 1:

$$\sum_n |c_n(t)|^2 = \sum_n \rho_{nn}(t) = \mathrm{Tr}\rho(t) = 1 \tag{11}$$

此外, 利用 (5) 式和 (10) 式, 可将公式 (6) 变换如下:

$$\begin{aligned}\langle A\rangle(t) &= \sum_{n,p}\langle u_p|\rho(t)|u_n\rangle\langle u_n|A|u_p\rangle \\ &= \sum_p \langle u_p|\rho(t)A|u_p\rangle \\ &= \mathrm{Tr}\{\rho(t)A\}\end{aligned} \tag{12}$$

[299] 最后, 从薛定谔方程 (7) 可以导出算符 $\rho(t)$ 随时间演变的规律:

$$\begin{aligned}\frac{\mathrm{d}}{\mathrm{d}t}\rho(t) &= \left(\frac{\mathrm{d}}{\mathrm{d}t}|\psi(t)\rangle\right)\langle\psi(t)| + |\psi(t)\rangle\left(\frac{\mathrm{d}}{\mathrm{d}t}\langle\psi(t)|\right) \\ &= \frac{1}{\mathrm{i}\hbar}H(t)|\psi(t)\rangle\langle\psi(t)| + \frac{1}{(-\mathrm{i}\hbar)}|\psi(t)\rangle\langle\psi(t)|H(t) \\ &= \frac{1}{\mathrm{i}\hbar}[H(t),\rho(t)]\end{aligned} \tag{13}$$

于是, 使用密度算符, 概率守恒的表达式就成为:

$$\mathrm{Tr}\,\rho(t) = 1 \tag{14}$$

可观察量 A 的平均值则用下列公式来计算:

$$\langle A\rangle(t) = \mathrm{Tr}\,\{A\rho(t)\} = \mathrm{Tr}\,\{\rho(t)A\} \tag{15}$$

而 $\rho(t)$ 随时间的演变则遵从下列方程

$$\mathrm{i}\hbar\frac{\mathrm{d}}{\mathrm{d}t}\rho(t) = [H(t),\rho(t)] \tag{16}$$

为了完整起见, 我们还必须说明: 在时刻 t 测量可观察量 A, 得到任一个结果 a_n 的概率 $\mathscr{P}(a_n)$, 怎样用 $\rho(t)$ 来计算. 在实际问题中, 可以应用公式 (15) 来计算. 其实, 我们知道 [参看第三章的方程 (B–14)], $\mathscr{P}(a_n)$ 可以写作一个算符的平均值, 这个算符就是与 a_n 相联系的本征子空间上的投影算符 P_n, 即:

$$\mathscr{P}(a_n) = \langle\psi(t)|P_n|\psi(t)\rangle \tag{17}$$

利用 (15) 式便得到:

$$\mathscr{P}(a_n) = \mathrm{Tr}\,\{P_n\rho(t)\} \tag{18}$$

c. 在纯态情况下密度算符的性质

在纯态情况下, 一个体系可以用态矢量来描述, 也可以用密度算符来描述, 但是后者具有若干优越之处.

首先, 从 (9) 式可以看出, 描述同一物理状态的两个态矢量 $|\psi(t)\rangle$ 和 $\mathrm{e}^{\mathrm{i}\theta}|\psi(t)\rangle$ (θ 为实数)对应着同一个密度算符; 因此, 使用这种算符就能够免除由于态矢量可以有一个任意的总相位因子而带来的麻烦. 此外, 从 (14)、(15) 及 (18) 式可以看出, 这些公式对于密度算符来说都是线性的; 而 (6) 式和 (17) 式则是 $|\psi(t)\rangle$ 的二次式; 这正是在以后很有用的一个重要性质.

最后, 我们列出 $\rho(t)$ 的一些性质, 这些性质都可以立即从定义式 (9) 导出: [300]

$$\rho^{\dagger}(t)=\rho(t) \tag{19}$$

(即密度算符是厄米算符)

$$\rho^{2}(t)=\rho(t) \tag{20}$$

$$\operatorname{Tr}\rho^{2}(t)=1 \tag{21}$$

这两个式子来源于 $\rho(t)$ 为投影算符这个事实, 此两式只在纯态情况下成立; 以后我们将会看到, 在态的统计混合情况下, 它们是不成立的.

4. 态的统计混合 (非纯态的情况)

a. 密度算符的定义

现在回到 §1 中说过的一般情况, 我们考虑的是这样一个体系,(在指定的时刻) 与它有关的各概率 $p_1,p_2,\cdots,p_k,\cdots$ 可以在满足下列关系的条件下任意取值. 这些关系是:

$$\begin{cases}0\leqslant p_1,p_2,\cdots,p_k,\cdots\leqslant 1\\ \displaystyle\sum_k p_k=1\end{cases} \tag{22}$$

在这些条件下, 怎样计算测量可观察量 A 得到结果 a_n 的概率 $\mathscr{P}(a_n)$ 呢?

假设态矢量为 $|\psi_k\rangle$ 时, 得到测量结果 a_n 的概率是:

$$\mathscr{P}_k(a_n)=\langle\psi_k|P_n|\psi_k\rangle \tag{23}$$

要得到所求的概率 $\mathscr{P}(a_n)$, 必须如前面已指出的那样, 以 p_k 为权重去乘 $\mathscr{P}_k(a_n)$, 再对 k 相加:

$$\mathscr{P}(a_n)=\sum_k p_k\mathscr{P}_k(a_n) \tag{24}$$

但据 (18) 式, 我们有:

$$\mathscr{P}_k(a_n) = \mathrm{Tr}\,\{\rho_k P_n\} \tag{25}$$

其中

$$\rho_k = |\psi_k\rangle\langle\psi_k| \tag{26}$$

是对应于态 $|\psi_k\rangle$ 的密度算符. 将 (25) 式代入 (24) 式, 便有:

$$\begin{aligned}\mathscr{P}(a_n) &= \sum_k p_k \mathrm{Tr}\,\{\rho_k P_n\} \\ &= \mathrm{Tr}\left\{\sum_k p_k \rho_k P_n\right\} \\ &= \mathrm{Tr}\,\{\rho P_n\}\end{aligned} \tag{27}$$

[301] 在这里, 我们已令

$$\rho = \sum_k p_k \rho_k \tag{28}$$

于是, 我们看到, 用密度算符表出的那些公式是线性的, 因此, 所有的物理预言都可以通过诸密度算符 ρ_k 的平均值 ρ 来表示; 这个 ρ 就叫做体系的密度算符.

b. 密度算符的一般性质

由于诸系数 p_k 都是实数, 显然, 和每一个 ρ_k 一样, ρ 也是一个厄米算符.

ρ 的迹可以计算如下:

$$\mathrm{Tr}\,\rho = \sum_k p_k \mathrm{Tr}\,\rho_k \tag{29}$$

但在 §3–b 中我们已经看到, ρ_k 的迹永远等于 1, 由此可知:

$$\mathrm{Tr}\,\rho = \sum_k p_k = 1 \tag{30}$$

于是, 我们便在一般情况下证明了 (14) 式.

我们已经在 (27) 式中给出了根据 ρ 来计算概率 $\mathscr{P}(a_n)$ 的表达式, 利用这个表达式, 就不难将 (15) 式推广到态的统计混合:

$$\begin{aligned}\langle A\rangle &= \sum_n a_n \mathscr{P}(a_n) = \mathrm{Tr}\left\{\rho \sum_n a_n P_n\right\} \\ &= \mathrm{Tr}\,\{\rho A\}\end{aligned} \tag{31}$$

[这里应用了第二章的公式 (D–36–b)].

现在我们来研究密度算符随时间的演变. 为此, 我们假设, 与体系的态相反, 它的哈密顿算符 $H(t)$ 是完全知道的. 由此可以推知, 如果体系在初始时刻 t_0 处于 $|\psi_k\rangle$ 态的概率是 p_k, 则它在以后某时刻 t 处于 $|\psi_k(t)\rangle$ 态的概率也是 p_k, 这个态 $|\psi_k(t)\rangle$ 由下式确定:

$$\begin{cases} \mathrm{i}\hbar\dfrac{\mathrm{d}}{\mathrm{d}t}|\psi_k(t)\rangle = H(t)|\psi_k(t)\rangle \\ |\psi_k(t_0)\rangle = |\psi_k\rangle \end{cases} \tag{32}$$

于是在时刻 t, 密度算符为:

$$\rho(t) = \sum_k p_k \rho_k(t) \tag{33}$$

式中

$$\rho_k(t) = |\psi_k(t)\rangle\langle\psi_k(t)| \tag{34}$$

根据 (16) 式, $\rho_k(t)$ 按下列方程随时间演变:

$$\mathrm{i}\hbar\frac{\mathrm{d}}{\mathrm{d}t}\rho_k(t) = [H(t), \rho_k(t)] \tag{35}$$

由于公式 (33) 和 (35) 对于 $\rho_k(t)$ 是线性的, 故可推知下式成立: [302]

$$\mathrm{i}\hbar\frac{\mathrm{d}}{\mathrm{d}t}\rho(t) = [H(t), \rho(t)] \tag{36}$$

至此可以看出, 除了 (20) 式和 (21) 式以外,§3 中的全部公式都可以推广到态的统计混合. 事实上, 由于 ρ 不再是投影算符, 故一般说来[①]

$$\rho^2 \neq \rho \tag{37}$$

从而

$$\mathrm{Tr}\,\rho^2 \leqslant 1 \tag{38}$$

然而, 为了断定体系确实处于纯态, 只要 (20) 和 (21) 式中任意一式得到满足就可以了.

最后, 从定义 (28) 可以看出, 不论 $|u\rangle$ 为任何右矢, 都有

$$\begin{aligned} \langle u|\rho|u\rangle &= \sum_k p_k \langle u|\rho_k|u\rangle \\ &= \sum_k p_k |\langle u|\psi_k\rangle|^2 \end{aligned} \tag{39}$$

① 例如. 假设诸态 $|\psi_k\rangle$ 是正交的. 在包含这些 $|\psi_k\rangle$ 的某一个正交归一基中, ρ 是对角矩阵, 其元素就是 p_k. 要得到 ρ^2 只需将 p_k 换成 p_k^2. 因为全体 p_k 恒小于 1(只有一个概率不为零的特例, 即纯态情况除外), 于是便得到 (37) 式和 (38) 式.

从而

$$\langle u|\rho|u\rangle \geqslant 0 \tag{40}$$

这就是说, ρ 是一个正算符.

c. 布居数; 相干元

在基 $\{|u_n\rangle\}$ 中, ρ 的矩阵元 ρ_{np} 有什么物理意义呢?

我们先来看对角元 ρ_{nn}, 根据 (28) 式, 我们有:

$$\rho_{nn} = \sum_k p_k [\rho_k]_{nn} \tag{41}$$

利用 (26) 式, 并引入 $|\psi_k\rangle$ 在基 $\{|u_n\rangle\}$ 中的分量

$$c_n^{(k)} = \langle u_n|\psi_k\rangle \tag{42}$$

便得到

$$\rho_{nn} = \sum_k p_k |c_n^{(k)}|^2 \tag{43}$$

式中 $|c_n^{(k)}|^2$ 是一个正实数, 它的物理意义如下: 如果体系处于态 $|\psi_k\rangle$, 那么这个正实数就是在测量中发现体系处于态 $|u_n\rangle$ 的概率. 根据 (41) 式, 并注意到
[303] 测量前态的不确定性, 可以看出 ρ_{nn} 表示发现体系处于态 $|u_n\rangle$ 的平均概率. 因此, 我们称 ρ_{nn} 为态 $|u_n\rangle$ 的布居数, 也就是说, 如果在同样的初始条件下, 进行极多次 (N 次) 同样的测量, 那么我们将会发现共有 $N\rho_{nn}$ 个体系处于态 $|u_n\rangle$. 从 (43) 式显然可以推知, ρ_{nn} 应是一个正实数, 只有当全体 $|c_n^{(k)}|^2$ 都等于零时, 它才等于零.

用类似的方法去计算, 可以得到非对角元 ρ_{np} 的表达式:

$$\rho_{np} = \sum_k p_k c_n^{(k)} c_p^{(k)*} \tag{44}$$

$c_n^{(k)} c_p^{(k)*}$ 是交叉乘积项, 与第三章 §E–1 所研究的相同. 这些项表示 $|u_n\rangle$ 态与 $|u_p\rangle$ 态之间的干涉效应; 如果 $|\psi_k\rangle$ 态是这些态的相干的线性叠加结果, 那么, 干涉效应就可能出现.(44) 式表明, ρ_{np} 是对态的统计混合中一切可能的态的交叉乘积项的平均值. 与布居数的性质相反, 即使所有的乘积 $c_n^{(k)} c_p^{(k)*}$ 都不为零, ρ_{np} 仍然可能为零, 这是因为 ρ_{np} 是一些复数的和, 而 ρ_{nn} 则是正实数 (或若干个零) 之和. 如果 ρ_{np} 等于零, 这就表示 $|u_n\rangle$ 和 $|u_p\rangle$ 之间所有的干涉效应通过求平均值 (44) 而互相抵消; 反之, 如果 ρ_{np} 不等于零, 那么在这些态之间就存在着一定的相干性. 正是由于这个原因, 我们常将 ρ 的非对角元叫做相干元.

附注:

(i) 布居数与相干元之间的差异显然依赖于态空间中基 $\{|u_n\rangle\}$ 的选择. 由于 ρ 是厄米算符, 我们总可以找到一个正交归一基 $\{|\chi_l\rangle\}$, 使 ρ 在其中成为对角的, 于是便可将 ρ 写作:

$$\rho = \sum_l \pi_l |\chi_l\rangle\langle\chi_l| \tag{45}$$

由于 ρ 是正的, 而且 $\operatorname{Tr}\rho = 1$, 从而可知:

$$\begin{cases} 0 \leqslant \pi_l \leqslant 1 \\ \displaystyle\sum_l \pi_l = 1 \end{cases} \tag{46}$$

因此, 我们可以认为, ρ 所描述的是概率为 π_l 的诸 $|\chi_l\rangle$ 态的统计混合 (诸 $|\chi_l\rangle$ 态之间没有相干元).

(ii) 如果诸右矢 $|u_n\rangle$ 是与时间无关的哈密顿算符 H 的本征矢:

$$H|u_n\rangle = E_n|u_n\rangle \tag{47}$$

根据 (36) 式, 我们立刻就得到:

$$\begin{cases} i\hbar \dfrac{d}{dt}\rho_{nn}(t) = 0 \\ i\hbar \dfrac{d}{dt}\rho_{np}(t) = (E_n - E_p)\rho_{np} \end{cases} \tag{48}$$

即 [304]

$$\begin{cases} \rho_{nn}(t) = \text{常数} \\ \rho_{np}(t) = e^{\frac{i}{\hbar}(E_p - E_n)t}\rho_{np}(0) \end{cases} \tag{49}$$

布居数都是常数, 而相干元则以体系的玻尔频率进行振荡.

(iii) 利用 (40) 式, 可以证明下列不等式:

$$\rho_{nn}\rho_{pp} \geqslant |\rho_{np}|^2 \tag{50}$$

由此可以推知, 例如, ρ 只可能在其布居数不为零的那些态之间具有相干元.

5. 密度算符应用举例

a. 处于热力学平衡的体系

我们要举的第一个例子取自量子统计力学. 我们来考虑这样一个体系, 它与绝对温度为 T 的热库保持热力学平衡. 可以证明, 这个体系的密度算符是:

$$\rho = Z^{-1}\mathrm{e}^{-H/kT} \tag{51}$$

式中 H 是体系的哈密顿算符, k 是玻尔兹曼常数, Z 是归一化因子, 其值的选择应使 ρ 的迹等于 1:

$$Z = \mathrm{Tr}\,(\mathrm{e}^{-H/kT}) \tag{52}$$

(Z 叫做 “配分函数”).

在由 H 的本征矢所组成的基 $\{|u_n\rangle\}$ 中, 我们有 (参看补充材料 B_{II} 的 §4-a):

$$\begin{aligned}\rho_{nn} &= Z^{-1}\langle u_n|\mathrm{e}^{-H/kT}|u_n\rangle \\ &= Z^{-1}\mathrm{e}^{-E_n/kT}\end{aligned} \tag{53}$$

以及

$$\begin{aligned}\rho_{np} &= Z^{-1}\langle u_n|\mathrm{e}^{-H/kT}|u_p\rangle \\ &= Z^{-1}\mathrm{e}^{-E_p/kT}\langle u_n|u_p\rangle \\ &= 0\end{aligned} \tag{54}$$

处于热力学平衡时, 诸定态的布居数是能量的指数衰减型的函数 (温度越低, 衰减越快), 而诸定态间的相干元都等于零.

[305] b. 对物理体系的一部分的单独描述. 部分迹的概念

现在让我们回到补充材料 $\mathrm{D}_{\mathrm{III}}$ 的 §3 中提到过的问题. 考虑两个不同的体系 (1) 和 (2) 以及由它们构成的总体系 (1)+(2). 总体系的态空间是下列张量积:

$$\mathscr{E} = \mathscr{E}(1)\otimes\mathscr{E}(2) \tag{55}$$

假设 $\{|u_n(1)\rangle\}$ 是 $\mathscr{E}(1)$ 中的一个基, $\{|v_p(2)\rangle\}$ 是 $\mathscr{E}(2)$ 中的一个基; 诸右矢 $|u_n(1)\rangle|v_p(2)\rangle$ 构成 $\mathscr{E}$ 中的一个基.

总体系的密度算符 ρ 是在 $\mathscr{E}$ 空间中起作用的一个算符. 在第二章 (参看 §F-2-b) 中, 我们已经知道怎样将一个只作用在空间 $\mathscr{E}(1)$ [或 $\mathscr{E}(2)$] 中的算符延伸到空间 $\mathscr{E}$. 在这里, 我们要说明怎样进行相反的运算; 也就是说, 怎样根据 ρ 来构成只在空间 $\mathscr{E}(1)$ [或 $\mathscr{E}(2)$] 中起作用的算符 $\rho(1)$ [或 $\rho(2)$], 这种算符能用来计算关于只对体系 (1) [或体系 (2)] 进行的测量的物理预言. 这种运算叫做对体系 (2) [或体系 (1)] 取部分迹.

我们引入算符 $\rho(1)$, 它的矩阵元是:

$$\langle u_n(1)|\rho(1)|u_{n'}(1)\rangle = \sum_p (\langle u_n(1)|\langle v_p(2)|)\rho(|u_{n'}(1)\rangle|v_p(2)\rangle) \tag{56}$$

按定义, 对于体系 (2) 取部分迹就从 ρ 得到 $\rho(1)$, 即

$$\rho(1) = \mathrm{Tr}_2\rho \tag{57}$$

同样, 算符

$$\rho(2) = \mathrm{Tr}_1\rho \tag{58}$$

的矩阵元为:

$$\langle v_p(2)|\rho(2)|v_{p'}(2)\rangle = \sum_n (\langle u_n(1)|\langle v_p(2)|)\rho(|u_n(1)\rangle|v_{p'}(2)\rangle) \tag{59}$$

为什么称这种运算为 "取部分迹" 呢? 这是很容易理解的, 因为 ρ 的 (总) 迹是

$$\mathrm{Tr}\,\rho = \sum_n\sum_p (\langle u_n(1)|\langle v_p(2)|)\rho(|u_n(1)\rangle|v_p(2)\rangle) \tag{60}$$

(60) 式和 (56) 式 [或 (59) 式] 的差别在于: 对于部分迹, 并不规定 n 等于 n'(或 p 等于 p'), 我们只须对 p(或 n) 求和. 此外, 还有下列关系:

$$\mathrm{Tr}\,\rho = \mathrm{Tr}_1(\mathrm{Tr}_2\rho) = \mathrm{Tr}_2(\mathrm{Tr}_1\rho) \tag{61}$$

因而, 与 ρ 一样, $\rho(1)$ 和 $\rho(2)$ 两个算符的迹都等于 1; 根据这两个算符的定义, 我们可以证明两者都是厄米算符, 我们还可以普遍地证明两者都具备密度算符所具备的全部性质 (参看 §4–b).

现在假设 $A(1)$ 是空间 $\mathscr{E}(1)$ 中的一个可观察量, 它在空间 $\mathscr{E}$ 中的延伸算符是 $\widetilde{A}(1) = A(1) \otimes \mathbb{1}(2)$, 利用 (31) 式, 我们就可以得到迹的定义以及在基 $\{|u_n(1)\rangle|v_p(2)\rangle\}$ 中的封闭性关系式;

$$\begin{aligned}\langle\widetilde{A}(1)\rangle &= \mathrm{Tr}\,\{\rho\widetilde{A}(1)\}\\ &= \sum_{n,p}\sum_{n',p'}(\langle u_n(1)|\langle v_p(2)|)\rho(|u_{n'}(1)\rangle|v_{p'}(2)\rangle)\\ &\quad\times(\langle u_{n'}(1)|\langle v_{p'}(2)|)A(1)\otimes\mathbb{1}(2)(|u_n(1)\rangle|v_p(2)\rangle)\\ &= \sum_{n,p,n',p'}(\langle u_n(1)|\langle v_p(2)|)\rho(|u_{n'}(1)\rangle|v_{p'}(2)\rangle)\\ &\quad\times\langle u_{n'}(1)|A(1)|u_n(1)\rangle\langle v_{p'}(2)|v_p(2)\rangle\end{aligned} \tag{62}$$

[306] 但是,

$$\langle v_{p'}(2)|v_p(2)\rangle = \delta_{pp'} \tag{63}$$

故可将 (62) 式写成下列形式:

$$\langle \widetilde{A}(1)\rangle = \sum_{n,n'}\left[\sum_p \langle u_n(1)v_p(2)|\rho|u_{n'}(1)v_p(2)\rangle\right]\langle u_{n'}(1)|A(1)|u_n(1)\rangle \tag{64}$$

此式右端括号中的量就是由 (56) 式定义的 $\rho(1)$ 的矩阵元, 故有

$$\begin{aligned}\langle \widetilde{A}(1)\rangle &= \sum_{n,n'}\langle u_n(1)|\rho(1)|u_{n'}(1)\rangle\langle u_{n'}(1)|A(1)|u_n(1)\rangle \\ &= \sum_n \langle u_n(1)|\rho(1)A(1)|u_n(1)\rangle \\ &= \mathrm{Tr}\,\{\rho(1)A(1)\}\end{aligned} \tag{65}$$

将这个结果和 (31) 式比较一下, 可以看出, 所有的平均值 $\langle \widetilde{A}(1)\rangle$ 都可以用部分迹 $\rho(1)$ 计算出来, 好像只有体系 (1) 而其密度算符为 $\rho(1)$. 将我们对公式 (17) 所作的说明应用到这里, 便可以看出, 我们也可以用 $\rho(1)$ 算出只对体系 (1) 进行测量时每一个测量结果出现的概率.

附注:

(i) 在补充材料 $D_{\text{Ⅲ}}$ 中, 我们已经看到, 如果总体系 {(1)+(2)}的态不是乘积态, 就不可能给体系 (1)[或体系 (2)] 指定一个态矢量. 现在我们看到, 密度算符是一个比态矢量简单得多的工具. 事实上, 在一切情况下 [不论总体系是处于乘积态或非乘积态, 也不论是纯态情况或统计混合的情况], 因为可以取部分迹, 我们总可以给子体系 (1)[或 (2)] 指定一个密度算符, 并可以用它去计算与该子体系有关的一切物理预言.

(ii) 即使 ρ 描述的是一个纯态 ($\mathrm{Tr}\,\rho^2 = 1$), 一般说来, 取 ρ 的部分迹所得的密度算符 $\rho(1)$ 和 $\rho(2)$ 并不描述纯态; 用 (56) 式 [或 (59) 式] 可以验证 $\mathrm{Tr}\,\{\rho^2(1)\}$ 一般不等于 1[$\mathrm{Tr}\,\{\rho^2(2)\}$ 的情况相同]; 这样, 我们就又从另一个角度看到了这一事实: 除总体系的态是一乘积态的情况之外, 一般说来, 不可能给体系 (1) [或体系 (2)] 指定一个态矢量.

(iii) 如果总体系的态是一个乘积态:

$$|\psi\rangle = |\varphi(1)\rangle|\chi(2)\rangle \tag{66}$$

我们立即可以证明, 对应的密度算符可以写作:

$$\rho = \sigma(1)\otimes\tau(2) \tag{67}$$

其中

$$\begin{aligned}\sigma(1) &= |\varphi(1)\rangle\langle\varphi(1)| \\ \tau(2) &= |\chi(2)\rangle\langle\chi(2)|\end{aligned} \tag{68}$$

更普遍一些, 我们还可以考虑总体系的这样一些态, 即其对应的密度算符 ρ 可以像 (67) 式那样分解为因子 [$\sigma(1)$ 和 $\tau(2)$ 可以对应于纯态, 也可以对应于态的统计混合]. 取部分迹便可得到:

$$\begin{aligned}\operatorname{Tr}_2\{\sigma(1)\otimes\tau(2)\} &= \sigma(1)\\ \operatorname{Tr}_1\{\sigma(1)\otimes\tau(2)\} &= \tau(2)\end{aligned} \tag{69}$$

因此, 像 (67) 那样的式子表示体系 (1) 和体系 (2) 的简单并列, 前者由密度算符 [307]
$\sigma(1)$ 所描述, 后者由密度算符 $\tau(2)$ 所描述.

(iv) 从一个任意的 [即不能像 (67) 式那样分解为因子的] 密度算符 ρ 出发, 我们先算出 $\rho(1) = \operatorname{Tr}_2\rho$ 和 $\rho(2) = \operatorname{Tr}_1\rho$, 再用它们构成下列的张量积:

$$\rho' = \rho(1)\otimes\rho(2) \tag{70}$$

现在的情况和附注 (iii) 中考虑过的情况不一样, 一般说来, ρ' 不同于 ρ. 因此, 如果密度算符不能像 (67) 那样分解, 那么在体系 (1) 和 (2) 之间便存在某种 “相互联系”, 而这种联系不再包含在公式 (70) 的算符 ρ' 中.

(v) 如果总体系的演变由方程 (36) 描述, 那么一般说来, 便不可能找到一个只与体系 (1) 有关系的哈密顿算符, 并用它来写出关于 $\rho(1)$ 的类似的方程. 通过 ρ 来定义每一时刻的 $\rho(1)$ 是容易的, 但要描述 $\rho(1)$ 的演变就困难得多.

参考文献和阅读建议:

Fano 的文章 (2.31) 和 Ter Haar 的文章 (2.32). 密度算符在弛豫现象研究中的应用: Abragam (14.1) 第 Ⅷ 章; Slichter (14.2), 第 5 章; Sargent, Scully 和 Lamb (15.5) 第 Ⅶ 章.

补充材料 F_{III}

[308] 演变算符

1. 一般性质
2. 保守系的情况

在第三章的 §D–1–b 中, 我们已经看到, 从 $|\psi(t_0)\rangle$ (初始时刻 t_0 的态矢量) 到 $|\psi(t)\rangle$ (任意时刻的态矢量) 的变换是线性的; 因而存在着一个线性算符 $U(t,t_0)$, 它使得

$$|\psi(t)\rangle = U(t,t_0)|\psi(t_0)\rangle \tag{1}$$

我们把 $U(t,t_0)$ 叫做体系的演变算符, 在这篇材料里将研究它的一些主要性质.

1. 一般性质

由于 $|\psi(t_0)\rangle$ 是任意右矢, 故首先就从 (1) 式得到:

$$U(t_0,t_0) = \mathbb{1} \tag{2}$$

此外, 将 (1) 式代入薛定谔方程, 又得到:

$$\mathrm{i}\hbar\frac{\partial}{\partial t}U(t,t_0)|\psi(t_0)\rangle = H(t)U(t,t_0)|\psi(t_0)\rangle \tag{3}$$

同样, 因为 $|\psi(t_0)\rangle$ 是任意的, 从上式可得:

$$\mathrm{i}\hbar\frac{\partial}{\partial t}U(t,t_0) = H(t)U(t,t_0) \tag{4}$$

一阶微分方程 (4), 连同初始条件 (2), 就完全确定了 $U(t,t_0)$. 此外, 我们注意到 (2) 式和 (4) 式还可以合并成一个积分方程:

$$U(t,t_0) = \mathbb{1} - \frac{\mathrm{i}}{\hbar}\int_{t_0}^{t} H(t')U(t',t_0)\mathrm{d}t' \tag{5}$$

现在把 $U(t,t_0)$ 中的参量 t_0 看作和 t 一样的变量 t'; 于是, 我们可将 (1) 式写成下列形式:

$$|\psi(t)\rangle = U(t,t')|\psi(t')\rangle \tag{6}$$

但是 $|\psi(t')\rangle$ 本身又可以从同一类型的公式得出:

$$|\psi(t')\rangle = U(t',t'')|\psi(t'')\rangle \tag{7}$$

将 (7) 式代入 (6) 式, 得: [309]

$$|\psi(t)\rangle = U(t,t')U(t',t'')|\psi(t'')\rangle \tag{8}$$

但是 $|\psi(t)\rangle = U(t,t'')|\psi(t'')\rangle$, 由于 $|\psi(t'')\rangle$ 是任意的, 由此得出:

$$U(t,t'') = U(t,t')U(t',t'') \tag{9}$$

很容易将此式推广为:

$$U(t_n,t_1) = U(t_n,t_{n-1})\cdots U(t_3,t_2)U(t_2,t_1) \tag{10}$$

其中的 $t_1, t_2, \cdots, t_n$ 都是任意的. 如果假设 $t_1 < t_2 < t_3 < \cdots < t_n$, 那么公式 (10) 可以得到一个简单的解释, 即要从 t_1 过渡到 t_n, 体系将顺次先从 t_1 过渡到 t_2, 再从 t_2 过渡到 $t_3, \cdots$, 最后从 t_{n-1} 过渡到 t_n.

在 (9) 式中令 $t'' = t$, 并结合 (2) 式, 便得到:

$$\mathbb{1} = U(t,t')U(t',t) \tag{11}$$

将 t 与 t' 对调后, 又有

$$\mathbb{1} = U(t',t)U(t,t') \tag{12}$$

于是, 我们得到:

$$U(t',t) = U^{-1}(t,t') \tag{13}$$

现在我们来计算在两个无限靠近的时刻之间的演变算符. 为此, 将薛定谔方程写成下列形式:

$$\begin{aligned} \mathrm{d}|\psi(t)\rangle &= |\psi(t+\mathrm{d}t)\rangle - |\psi(t)\rangle \\ &= -\frac{\mathrm{i}}{\hbar}H(t)|\psi(t)\rangle \mathrm{d}t \end{aligned} \tag{14}$$

这就是:

$$|\psi(t+\mathrm{d}t)\rangle = \left[\mathbb{1} - \frac{\mathrm{i}}{\hbar}H(t)\mathrm{d}t\right]|\psi(t)\rangle \tag{15}$$

于是, 利用 $U(t+\mathrm{d}t, t)$ 的定义, 我们便得到

$$U(t+\mathrm{d}t, t) = \mathbb{1} - \frac{\mathrm{i}}{\hbar} H(t)\mathrm{d}t \tag{16}$$

$U(t+\mathrm{d}t, t)$ 叫做无限小演变算符. 由于 $H(t)$ 是厄米算符, 故 $U(t+\mathrm{d}t, t)$ 是一个幺正算符 (参看补充材料 $\mathrm{C_{II}}$ 的 §3). 由此推知, $U(t, t')$ 也是幺正算符, 这是因为, 我们可以将区间 $[t, t']$ 分割为极多的无限小区间; 公式 (10) 表明 $U(t, t')$ 是若干个幺正算符的乘积, 因而它自己也是幺正算符. 此后, 我们就可以将 (13) 式写成下列形式:

$$U^{\dagger}(t, t') = U^{-1}(t, t') = U(t', t) \tag{17}$$

至于说 $U(t, t')$ 是一种幺正变换, 那就不足为奇了; 因为这就是说, 这种变换使
[310] 受它作用的矢量的模保持不变. 事实上, 在第三章 (参看 §D–1–c) 中我们已经看到, 态矢量的模是不随时间而变的.

2. 保守系的情况

如果 H 与时间无关, 便不难将方程 (4) 积分, 考虑到初始条件 (2), 便得到:

$$U(t, t_0) = \mathrm{e}^{-\mathrm{i}H(t-t_0)/\hbar} \tag{18}$$

我们可以就这个公式直接验证在 §1 中列举过的演变算符的全部性质.

利用 (18) 式很容易从第三章的 (D–52) 式过渡到 (D–54) 式; 实际上, 只要将算符 $U(t, t_0)$ 应用到 (D–52) 式两端, 并注意 $|\varphi_{n,\tau}\rangle$ 是 H 的本征矢, 属于本征值 E_n, 便有

$$\begin{aligned} U(t, t_0)|\varphi_{n,\tau}\rangle &= \mathrm{e}^{-\mathrm{i}H(t-t_0)/\hbar}|\varphi_{n,\tau}\rangle \\ &= \mathrm{e}^{-\mathrm{i}E_n(t-t_0)/\hbar}|\varphi_{n,\tau}\rangle \end{aligned} \tag{19}$$

附注:

(i) 若 H 依赖于时间, 我们也许会通过与公式 (18) 类比而认为演变算符是由下式定义的算符

$$V(t, t_0) = \mathrm{e}^{-\frac{\mathrm{i}}{\hbar}\int_{t_0}^{t} H(t')\mathrm{d}t'} \tag{20}$$

其实不然, 这是因为形如 $\mathrm{e}^{F(t)}$ 的算符的导数一般并不等于 $F'(t)\mathrm{e}^{F(t)}$ (参看补充材料 $\mathrm{B_{II}}$ 的 §5–c):

$$\mathrm{i}\hbar\frac{\partial}{\partial t}V(t, t_0) \neq H(t)V(t, t_0) \tag{21}$$

(ii) 让我们再回到在第三章 §E–1–b 中讨论过的实验. 正如我们已指出的那样 [§E–1–b–β 的附注 (ii)], 并不一定要假设对可观察量 A、B 及 C 的测量在时间上是一个紧接着一个进行的. 如果在前后两次测量之间, 体系的态来得及有所变化, 那么, 利用演变算符就很容易顾及态矢量的变化. 如果对 A、B、C 进行测量的时刻分别为 t_0、t_1、t_2, 我们就可以将 (E–15) 式及 (E–17) 式分别换为:

$$\mathscr{P}_a(c) = |\langle v_c|U(t_2, t_0)|u_a\rangle|^2 \tag{22}$$

$$\mathscr{P}_a(b, c) = |\langle v_c|U(t_2, t_1)|w_b\rangle|^2|\langle w_b|U(t_1, t_0)|u_a\rangle|^2 \tag{23}$$

利用 (9) 式, 我们便有: [311]

$$\begin{aligned}\langle v_c|U(t_2, t_0)|u_a\rangle &= \langle v_c|U(t_2, t_1)U(t_1, t_0)|u_a\rangle \\ &= \sum_b \langle v_c|U(t_2, t_1)|w_b\rangle\langle w_b|U(t_1, t_0)|u_a\rangle\end{aligned} \tag{24}$$

将 (24) 式代入 (22) 式, 就可以看出, 如同在 (E–21) 式中一样, $\mathscr{P}_a(c)$ 并不等于 $\sum\limits_b \mathscr{P}_a(b, c)$.

参考文献和阅读建议:

演变算符在碰撞理论和含时微扰理论中都很重要, 可分别参看第 Ⅷ 章和第 XIII 章中介绍的文献.

补充材料 G_{III}

[312] 薛定谔绘景与海森伯绘景

我们在第三章建立的理论体系中,与体系的可观察量对应的,一般都是与时间无关的算符 (参看第三章 §D–1–d). 例如, 粒子的位置算符、动量算符及动能算符都是不依赖于时间的. 体系的演变完全包含在态矢量 $|\psi(t)\rangle$[在这里将它记作 $|\psi_S(t)\rangle$, 理由见后] 的演变中, 而且这种演变可以用薛定谔方程求得. 因此, 我们称这种绘景为薛定谔绘景.

可是我们知道, 量子力学的一切预言 (概率、平均值) 都可以表为左矢和右矢的标量积的函数, 或者表为算符的矩阵元的函数: 而且, 如同我们在补充材料 C_{II} 中所看到的那样, 当我们对有关的右矢和算符进行同一种幺正变换时, 这些量都是不变量. 我们可以选择这样一种变换, 使得右矢 $|\psi_S(t)\rangle$ 的变换式成为一个与时间无关的右矢; 当然, 上面提到过的那些可观察量经过这样的变换将依赖于时间了. 这样我们便得到了海森伯绘景.

为了区别这两种绘景, 在这篇材料里, 我们始终给薛定谔绘景中的右矢和算符加上下标 S, 而在海森伯绘景中则采用下标 H. (由于本书只在这篇材料里论述第二种绘景, 所以在各章的正文和其他补充材料中, 就没有必要再使用下标 S).

t 时刻的态矢量 $|\psi_S(t)\rangle$, 由下列关系表示为 $|\psi_S(t_0)\rangle$ 的函数

$$|\psi_S(t)\rangle = U(t,t_0)|\psi_S(t_0)\rangle \tag{1}$$

式中 $U(t,t_0)$ 是演变算符 (参看补充材料 F_{III}). 由于 $U(t,t_0)$ 是一个幺正算符, 故要使变换后的右矢 $|\psi_H\rangle$ 是恒定的, 只需施行算符 $U^\dagger(t,t_0)$ 所表示的幺正变换:

$$\begin{aligned}|\psi_H\rangle &= U^\dagger(t,t_0)|\psi_S(t)\rangle \\ &= U^\dagger(t,t_0)U(t,t_0)|\psi_S(t_0)\rangle \\ &= |\psi_S(t_0)\rangle\end{aligned} \tag{2}$$

可见, 在海森伯绘景中, 恒定不变的态矢量就是在 t_0 这个时刻的 $|\psi_S(t)\rangle$.

算符 $A_S(t)$ 的变换式 $A_H(t)$, 则由下式给出 (补充材料 C_{II} 的 §2):

$$A_H(t) = U^\dagger(t,t_0)A_S(t)U(t,t_0) \tag{3}$$

正如在上面我们已指出的那样, $A_H(t)$ 一般是依赖于时间的, 即使 A_S 并不依赖于时间.

可是, 有一个重要的特例, 就是如果 A_S 与时间无关, 则 A_H 也与时间无关的情况; 也就是体系为保守系 (H_S 不依赖于时间) 而且 A_S 与 H_S 可对易的情况 (即 A_S 是一个运动常量, 参看第三章 §D–2–c); 在这种情况下, 我们有:

$$U(t,t_0)=\mathrm{e}^{-\mathrm{i}H_S(t-t_0)/\hbar} \tag{4}$$

如果算符 A_S 与 H_S 对易, 则它也与 $U(t,t_0)$ 对易 (参看补充材料 B_{II} 的 §4–c), [313]
从而

$$A_H(t)=U^\dagger(t,t_0)U(t,t_0)A_S=A_S \tag{5}$$

因此, 在这种情况下, 算符 A_S 和 A_H 其实是相等的 (特别是 $H_S=H_H$, 故哈密顿算符的下标 S 或 H 其实已无必要); 由于它们都不依赖于时间, 于是我们再次看出, 它们对应于运动常量.

假设 $A_S(t)$ 是任意的, 我们来研究算符 $A_H(t)$ 的演变. 利用补充材料 F_{III} 中的 (4) 式及其伴式, 可以得到:

$$\begin{aligned}\frac{\mathrm{d}}{\mathrm{d}t}A_H(t)=&-\frac{1}{\mathrm{i}\hbar}U^\dagger(t,t_0)H_S(t)A_S(t)U(t,t_0)+U^\dagger(t,t_0)\frac{\mathrm{d}A_S(t)}{\mathrm{d}t}U(t,t_0)\\&+\frac{1}{\mathrm{i}\hbar}U^\dagger(t,t_0)A_S(t)H_S(t)U(t,t_0)\end{aligned} \tag{6}$$

我们在这个式的第一项和最后一项中, 在 A_S 和 H_S 之间, 插入一个相当于恒等算符的乘积 $U(t,t_0)U^\dagger(t,t_0)$[补充材料 F_{III} 的公式 (17)], 而得

$$\begin{aligned}\frac{\mathrm{d}}{\mathrm{d}t}A_H(t)=&-\frac{1}{\mathrm{i}\hbar}U^\dagger(t,t_0)H_S(t)U(t,t_0)U^\dagger(t,t_0)A_S(t)U(t,t_0)\\&+U^\dagger(t,t_0)\frac{\mathrm{d}A_S(t)}{\mathrm{d}t}U(t,t_0)\\&+\frac{1}{\mathrm{i}\hbar}U^\dagger(t,t_0)A_S(t)U(t,t_0)U^\dagger(t,t_0)H_S(t)U(t,t_0)\end{aligned} \tag{7}$$

再根据定义式 (3), 最后我们得到:

$$\mathrm{i}\hbar\frac{\mathrm{d}}{\mathrm{d}t}A_H(t)=[A_H(t),H_H(t)]+\mathrm{i}\hbar\left(\frac{\mathrm{d}}{\mathrm{d}t}A_S(t)\right)_H \tag{8}$$

附注:

(i) 从历史上看, 第一种绘景是薛定谔创立的 (他根据这种绘景导出了以他的名字命名的方程), 第二种绘景则是海森伯创立的 (他推算了表示各种算符 $A_H(t)$ 的矩阵随时间的演变, 由此出现了 "矩阵力学" 这个名称). 以后, 人们才证明了这两种表述方式是等价的.

(ii) 利用 (8) 式, 我们可以直接得到第三章的方程 (D–27). 由于

$$\langle A\rangle(t) = \langle\psi_H|A_H(t)|\psi_H\rangle \tag{9}$$

因此, 我们也可以在海森伯绘景中计算平均值 $\langle A\rangle(t) = \langle\psi_S(t)|A_S(t)|\psi_S(t)\rangle$ 随时间的变化. 在 (9) 式右端, 只有 $A_H(t)$ 依赖于时间, 故只要计算导数
[314] 就可以直接得出 (D–27) 式. 但要注意, 方程 (8) 不是表示两个平均值 (即算符的两个矩阵元) 彼此相等, 而是表示两个算符彼此相等, 因此它就比 (D–27) 式更为普遍.

(iii) 如果我们所研究的体系只是一个受到势场作用的质量为 m 的粒子, 则方程 (8) 将变得非常简单. 在这种情况下 (只考虑一维问题), 我们有:

$$H_S(t) = \frac{P_S^2}{2m} + V(X_S, t) \tag{10}$$

因而 [参看补充材料 $\mathrm{C_{II}}$ 的公式 (35)]:

$$H_H(t) = \frac{P_H^2}{2m} + V(X_H, t) \tag{11}$$

将 (11) 式代入 (8) 式, 并注意到 $[X_H, P_H] = [X_S, P_S] = \mathrm{i}\hbar$, 仿照第三章 §D–1–d 的推证, 便得到

$$\begin{aligned} \frac{\mathrm{d}}{\mathrm{d}t}X_H(t) &= \frac{1}{m}P_H(t) \\ \frac{\mathrm{d}}{\mathrm{d}t}P_H(t) &= -\frac{\partial V(X_H, t)}{\partial X} \end{aligned} \tag{12}$$

这些方程推广了埃伦费斯特定理 [参看第三章的 (D–34) 和 (D–35) 式]; 它们类似于表示经典量 x 和 p 的演变的那些方程 [参看第三章的 (D–36–a) 和 (D–36–b) 式]. 因此, 海森伯绘景的一个优点就是在这种绘景中方程的形式与经典力学方程的形式相似.

参考文献和阅读建议:

关于相互作用绘景: Messiah (1.17) 第 Ⅷ 章 §14; Schiff (1.18), §24; Merzbacher (1.16) 第 18 章 §7.

补充材料 H_{III}

规范不变性 [315]

1. 问题的梗概: 电磁场的标势和矢势; 规范的概念

我们考虑一个电磁场, 每一时刻它在空间每一点的性质由电场 $\boldsymbol{E}(\boldsymbol{r},t)$ 和磁场 $\boldsymbol{B}(\boldsymbol{r},t)$ 描述; $\boldsymbol{E}(\boldsymbol{r},t)$ 和 $\boldsymbol{B}(\boldsymbol{r},t)$ 满足麦克斯韦方程组, 故它们并不是彼此无关的. 我们可以引入标势 $U(\boldsymbol{r},t)$ 和矢势 $\boldsymbol{A}(\boldsymbol{r},t)$ 来代替这两个矢量场, 这两个势满足下列关系式:

$$\begin{cases} \boldsymbol{E}(\boldsymbol{r},t) = -\nabla U(\boldsymbol{r},t) - \dfrac{\partial}{\partial t}\boldsymbol{A}(\boldsymbol{r},t) \\ \boldsymbol{B}(\boldsymbol{r},t) = \nabla \times \boldsymbol{A}(\boldsymbol{r},t) \end{cases} \tag{1}$$

根据麦克斯韦方程组, 可以证明 (参看附录 Ⅲ 的 §4–b–α) $U(\boldsymbol{r},t)$ 和 $\boldsymbol{A}(\boldsymbol{r},t)$ 这两个函数一定存在, 利用它们可将 $E(\boldsymbol{r},t)$ 和 $B(\boldsymbol{r},t)$ 表示为 (1) 式的形式. 因此, 所有的电磁场都可用标势和矢势来描述. 但是, 由给定的 $\boldsymbol{E}(\boldsymbol{r},t)$ 和 $\boldsymbol{B}(\boldsymbol{r},t)$ 却不能唯一地确定 $U(\boldsymbol{r},t)$ 和 $\boldsymbol{A}(\boldsymbol{r},t)$. 实际上, 很容易证明, 如果我们已经得到 $U(\boldsymbol{r},t)$ 和 $\boldsymbol{A}(\boldsymbol{r},t)$ 的一组可能值, 那么通过下列变换:

$$\begin{aligned} U'(\boldsymbol{r},t) &= U(\boldsymbol{r},t) - \frac{\partial}{\partial t}\chi(\boldsymbol{r},t) \\ \boldsymbol{A}'(\boldsymbol{r},t) &= \boldsymbol{A}(\boldsymbol{r},t) + \nabla\chi(\boldsymbol{r},t) \end{aligned} \tag{2}$$

[316] [其中 $\chi(\boldsymbol{r},t)$ 是 $\boldsymbol{r}$ 和 t 的任意函数], 就可以得到描述同一电磁场的另外两个势 $U'(\boldsymbol{r},t)$ 和 $\boldsymbol{A}'(\boldsymbol{r},t)$. 为了看出这一点, 只须在 (1) 式中用 $U'(\boldsymbol{r},t)$ 代替 $U(\boldsymbol{r},t)$, 用 $\boldsymbol{A}'(\boldsymbol{r},t)$ 代替 $\boldsymbol{A}(\boldsymbol{r},t)$, 再证明 $\boldsymbol{E}(\boldsymbol{r},t)$ 和 $\boldsymbol{B}(\boldsymbol{r},t)$ 并无变化. 此外, 还可以证明,(2) 式给出了一个特定电磁场的一切可能的标势和矢势.

当我们选择了一组特定的势来描述一个电磁场时, 我们就说已经实现了一种规范的选择. 正如刚才提到过的, 用 $\boldsymbol{E}(\boldsymbol{r},t)$ 和 $\boldsymbol{B}(\boldsymbol{r},t)$ 表征的同一电磁场, 可以用无穷多种不同的规范来描述. 当我们将一种规范改成另一种规范时, 就说我们进行了一次规范变换.

在物理学中常有这样的事: 一个体系的运动方程组不是包含场 $\boldsymbol{E}(\boldsymbol{r},t)$ 和 $\boldsymbol{B}(\boldsymbol{r},t)$, 而是包含势 $U(\boldsymbol{r},t)$ 和 $\boldsymbol{A}(\boldsymbol{r},t)$. 在第三章 §B–5–b 中, 在列出受电磁场作用的电荷为 q 的粒子的薛定谔方程时, 我们已经见到这样的例子 [参看这一章的 (B–48) 式]. 于是就出现了这样一个问题: 我们的理论所预见的物理结果是只依赖于空间各点的场 $\boldsymbol{E}(\boldsymbol{r},t)$ 和 $\boldsymbol{B}(\boldsymbol{r},t)$ 的值呢, 还是不仅如此, 同时又依赖于列出方程组所使用的规范呢? 如果后一种情况属实, 那么, 很明显, 为了使我们的理论有意义, 就必须明确在哪一种规范中场方程组才是有效的.

这篇材料的目的就是要回答这个问题. 我们将会看到, 无论是在经典力学中 (§2), 还是在量子力学中 (§3), 当我们进行规范变换时, 物理结果并不会受到修正. 这就是说, 标势和矢势可以看作运算工具, 实际上需要考虑的仅仅是空间各点的电场和磁场的值. 这个结论可以表述为: 经典力学和量子力学都具有规范不变性.

2. 经典力学中的规范不变性

a. 牛顿方程

在经典力学中, 一个电荷为 q、质量为 m 的粒子①在电磁场中的运动可由它所受的力 $\boldsymbol{f}$ 来计算. 这个力由洛伦兹公式给出:

$$\boldsymbol{f} = q[\boldsymbol{E}(\boldsymbol{r},t) + \boldsymbol{v} \times \boldsymbol{B}(\boldsymbol{r},t)] \tag{3}$$

其中的 $\boldsymbol{v}$ 是粒子的速度. 为了得到能够据以计算粒子在任意时刻 t 的位置 $\boldsymbol{r}(t)$ 的运动方程, 我们将上式代入动力学的基本方程 (牛顿方程):

$$m\frac{\mathrm{d}^2}{\mathrm{d}t^2}\boldsymbol{r}(t) = \boldsymbol{f} \tag{4}$$

在这样的表述方式中, 计算只涉及电场和磁场的值, 因此, 没有规范不变性的问题.

① 为简单起见, 在这篇材料的推证中, 假设所要研究的体系是由一个粒子构成的, 但这里的推证不难推广到在电磁场作用下的, 由多个粒子构成的复杂体系.

b. 哈密顿表述形式 [317]

我们也可以不采用前一段的表述方式, 而采用其他的运动方程, 即哈密顿–雅可比方程. 不难证明 (参看附录 Ⅲ), 这种方程完全等价于牛顿方程. 但是, 在第三章中, 我们正是根据哈密顿理论将物理体系量子化的, 因此研究一下在这套理论中怎样出现规范变换是很有意义的. 虽然牛顿方程不包含标势和矢势, 但要写出哈密顿方程组, 它们却是不可缺少的. 因此在后面这种表述中规范不变性就不很明显了.

α. 体系的力学变量和它们的演变

要研究在 (3) 式的洛伦兹力作用下粒子的运动, 可以利用拉氏函数①:

$$\mathscr{L}(\boldsymbol{r},\boldsymbol{v};t)=\frac{1}{2}m\boldsymbol{v}^2-q[U(\boldsymbol{r},t)-\boldsymbol{v}\cdot\boldsymbol{A}(\boldsymbol{r},t)] \tag{5}$$

这个式子可以用来算出 $\boldsymbol{p}$, 结果为:

$$\boldsymbol{p}=\nabla_{\boldsymbol{v}}\mathscr{L}(\boldsymbol{r},\boldsymbol{v};t)=m\boldsymbol{v}+q\boldsymbol{A}(\boldsymbol{r},t) \tag{6}$$

现在, 我们便可引入哈密顿函数, 其表达式为:

$$\mathscr{H}(\boldsymbol{r},\boldsymbol{p},t)=\frac{1}{2m}[\boldsymbol{p}-q\boldsymbol{A}(\boldsymbol{r},t)]^2+qU(\boldsymbol{r},t) \tag{7}$$

在哈密顿表述形式中, 粒子在某一指定时刻的态是由它的位置 $\boldsymbol{r}$ 和动量 $\boldsymbol{p}$ 来确定的 (这两个量叫做基本的力学变量), 而不是像上面的 §a (以及拉氏理论) 中那样由它的位置和速度来表示. 此外, 不可将动量 $\boldsymbol{p}$ (位置 $\boldsymbol{r}$ 的共轭动量) 和机械动量 $\boldsymbol{\pi}$ 混为一谈.

$$\boldsymbol{\pi}=m\boldsymbol{v} \tag{8}$$

这两个量是不一样的, 因为, 根据 (6) 式:

$$\boldsymbol{\pi}=\boldsymbol{p}-q\boldsymbol{A}(\boldsymbol{r},t) \tag{9}$$

只要知道了 $\boldsymbol{r}$ 和 $\boldsymbol{p}$, 就可以用这个公式去计算任何时刻的机械动量 (以及速度). 同样, 与粒子相关的其他一切物理量 (动能、角动量等), 在哈密顿表述形式中都可以表示为基本力学变量 $\boldsymbol{r}$ 和 $\boldsymbol{p}$ (或许还有时间) 的函数.

所研究的体系随时间的演变则遵从哈密顿方程组:

$$\begin{cases}\dfrac{\mathrm{d}}{\mathrm{d}t}\boldsymbol{r}(t)=\nabla_{\boldsymbol{p}}\mathscr{H}[\boldsymbol{r}(t),\boldsymbol{p}(t);t]\\[2mm]\dfrac{\mathrm{d}}{\mathrm{d}t}\boldsymbol{p}(t)=-\nabla_{\boldsymbol{r}}\mathscr{H}[\boldsymbol{r}(t),\boldsymbol{p}(t);t]\end{cases} \tag{10}$$

这里的 $\mathscr{H}$ 就是 (7) 式中写出的 $\boldsymbol{r}$ 和 $\boldsymbol{p}$ 的函数. 如果知道了基本力学变量在 [318]

① 这里只引用而不证明在附录 Ⅲ 中建立的分析力学的一些结果.

初始时刻的值, 由这个方程组就可以算出它们在任意时刻的值.

要列出方程组 (10), 就必须选用一种规范 $\mathscr{J}$, 即描述电磁场的一对势函数 $\{U(\boldsymbol{r},t),\boldsymbol{A}(\boldsymbol{r},t)\}$. 如果不用这种规范 $\mathscr{J}$, 而换成另一种规范 $\mathscr{J}'$, $\mathscr{J}'$ 由另外两个势 $U'(\boldsymbol{r},t)$ 和 $\boldsymbol{A}'(\boldsymbol{r},t)$ 表征, 但它描述的是同一电磁场 $\boldsymbol{E}(\boldsymbol{r},t)$ 和 $\boldsymbol{B}(\boldsymbol{r},t)$, 结果会怎样呢? 在规范 $\mathscr{J}'$ 中我们把与粒子运动有关的力学量都加上撇号, 以资区别. 在 §a 中我们已经指出, 牛顿方程表明, 不论在什么时刻, 位置 $\boldsymbol{r}$ 和速度 $\boldsymbol{v}$ 的值都与规范无关, 故有

$$\begin{cases}\boldsymbol{r}'(t)=\boldsymbol{r}(t) & \text{(11–a)}\\ \boldsymbol{\pi}'(t)=\boldsymbol{\pi}(t) & \text{(11–b)}\end{cases}$$

但据 (9) 式

$$\begin{aligned}\boldsymbol{\pi}(t)&=\boldsymbol{p}(t)-q\boldsymbol{A}[\boldsymbol{r}(t),t]\\ \boldsymbol{\pi}'(t)&=\boldsymbol{p}'(t)-q\boldsymbol{A}'[\boldsymbol{r}'(t),t]\end{aligned}\tag{12}$$

由此可见, 在规范 $\mathscr{J}$ 与 $\mathscr{J}'$ 中, 动量 $\boldsymbol{p}$ 与 $\boldsymbol{p}'$ 的值是不一样的, 它们应满足下式:

$$\boldsymbol{p}'(t)-q\boldsymbol{A}'[\boldsymbol{r}'(t),t]=\boldsymbol{p}(t)-q\boldsymbol{A}[\boldsymbol{r}(t),t]\tag{13}$$

如果 $\chi(\boldsymbol{r},t)$ 是在公式 (2) 中用来实现从规范 $\mathscr{J}$ 到 $\mathscr{J}'$ 的变换的那个函数, 那么进行规范变换时, 基本力学变量应按下列关系变换:

$$\begin{cases}\boldsymbol{r}'(t)=\boldsymbol{r}(t) & \text{(14–a)}\\ \boldsymbol{p}'(t)=\boldsymbol{p}(t)+q\nabla\chi[\boldsymbol{r}(t),t] & \text{(14–b)}\end{cases}$$

这就是说, 在哈密顿表述形式中, 描述某种运动的力学变量在任何时刻的值都依赖于我们所选用的规范 $\mathscr{J}$. 这个结论并不奇怪, 因为从 (7) 式和 (10) 式可以看出, 标势和矢势都明显地出现在表示位置和动量的演变的方程中.

β. "真实的物理量" 和 "非物理量"

(i) 定义

刚才我们看到, 譬如在 (14) 式中, 与粒子有关的量可以区别为两类: 一类如 $\boldsymbol{r}$ 和 $\boldsymbol{\pi}$, 不论在什么规范中, 它们在每一时刻的值都一样; 另一类, 如 $\boldsymbol{p}$, 它们的值依赖于我们所选用的规范. 因而我们要提出下述的普遍定义:

[319] — 所研究的体系的真实物理量是这样一些量, 它们在任意时刻的值 (就体系的某一特定运动而言) 都不依赖于用以描述电磁场的规范.

— 非物理量 则是这样一些量, 进行规范变换时, 它们的值要受到修正. 因此, 这一类量, 如同标势和矢势一样, 表现为一种计算工具, 而不是实际上可观察的量.

于是发生了这样一个问题, 在哈密顿表述形式中, 与一个体系相关的所有的量都表现为基本力学变量 $\boldsymbol{r}$ 和 $\boldsymbol{p}$ 的函数, 那么怎样判断这样一个函数是否对应于真实的物理量呢?

(ii) 真实物理量的特征关系

首先, 我们假设在规范 $\mathscr{J}$ 中, 与一个粒子相关的量是由 $\boldsymbol{r}$ 和 $\boldsymbol{p}$(它们也可能依赖于时间) 的一个函数来描述, 我们将它记作 $\mathscr{F}(\boldsymbol{r},\boldsymbol{p};t)$. 如果在另一种规范 $\mathscr{J}'$ 中这个量对应于同样的函数 $\mathscr{F}(\boldsymbol{r}',\boldsymbol{p}';t)$ 我们立即可以断言它不是一个真实的物理量 [函数 $\mathscr{F}$ 只依赖于 $\boldsymbol{r}$ 而不依赖于 $\boldsymbol{p}$ 这一特例除外; 见方程 (14)]. 实际上, 由于动量在两种规范 $\mathscr{J}$ 和 $\mathscr{J}'$ 中是不相同的, 函数 $\mathscr{F}$ 的值显然也不相同.

因此, 为了得到与一个体系相关的真实物理量, 我们应该考虑其形式随规范而异的函数 $\mathscr{G}_{\mathscr{J}}(\boldsymbol{r},\boldsymbol{p};t)$ [这正是我们给函数加下标 $\mathscr{J}$ 的原因]. 我们已经见过这种函数的一个例子: 机械动量 $\boldsymbol{\pi}$ 通过矢势 $\boldsymbol{A}$ 而成为 $\boldsymbol{r}$ 和 $\boldsymbol{p}$ 的函数 [见 (9) 式], 这个函数在两种不同的规范 $\mathscr{J}$ 和 $\mathscr{J}'$ 中是不同的, 这就是说它具有 $\boldsymbol{\pi}_{\mathscr{J}}(\boldsymbol{r},\boldsymbol{p};t)$ 的形式. 于是第 (i) 段中的定义暗示我们, 函数 $\mathscr{G}_{\mathscr{J}}(\boldsymbol{r},\boldsymbol{p};t)$ 所描述的量为真实物理量的条件是:

$$\mathscr{G}_{\mathscr{J}}[\boldsymbol{r}(t),\boldsymbol{p}(t);t]=\mathscr{G}_{\mathscr{J}'}[\boldsymbol{r}'(t),\boldsymbol{p}'(t);t] \tag{15}$$

其中 $\boldsymbol{r}(t)$ 和 $\boldsymbol{p}(t)$ 是位置和动量在规范 $\mathscr{J}$ 中的值;$\boldsymbol{r}'(t)$ 和 $\boldsymbol{p}'(t)$ 是它们在规范 $\mathscr{J}'$ 中的值. 若将 (14) 式代入 (15) 式, 便得到:

$$\mathscr{G}_{\mathscr{J}}[\boldsymbol{r}(t),\boldsymbol{p}(t);t]=\mathscr{G}_{\mathscr{J}'}[\boldsymbol{r}(t),\boldsymbol{p}(t)+q\nabla\chi(\boldsymbol{r}(t);t);t] \tag{16}$$

这个等式在任意时刻 t, 对于体系的一切可能的运动都必须得到满足. 由于将 t 固定时, 我们可以独立地选择位置和动量的值, 所以 (16) 式两端事实上必须是 $\boldsymbol{r}$ 和 $\boldsymbol{p}$ 的同样的函数, 可将它写作:

$$\mathscr{G}_{\mathscr{J}}[\boldsymbol{r},\boldsymbol{p};t]=\mathscr{G}_{\mathscr{J}'}[\boldsymbol{r},\boldsymbol{p}+q\nabla\chi(\boldsymbol{r},t);t] \tag{17}$$

这个关系式就是与真实物理量相联系的函数 $\mathscr{G}_{\mathscr{J}}[\boldsymbol{r},\boldsymbol{p};t]$ 的特征. 这就是说, 假若我们来考虑规范 $\mathscr{J}'$ 中的函数 $\mathscr{G}_{\mathscr{J}'}[\boldsymbol{r},\boldsymbol{p};t]$, 如果将其中的 $\boldsymbol{p}$ 换成 $\boldsymbol{p}+q\nabla\chi(\boldsymbol{r},t)$ [根据 (2) 式, 从规范 $\mathscr{J}$ 到规范 $\mathscr{J}'$ 的过渡由 $\chi(\boldsymbol{r},t)$ 确定], 由此得到的 $\boldsymbol{r}$ 和 $\boldsymbol{p}$ 的新函数应该与 $\mathscr{G}_{\mathscr{J}}$ $[\boldsymbol{r},\ \boldsymbol{p};t]$ 全同; 如若不然, 我们所考查的函数所对应的量便不是一个真实的物理量.

(iii) 例子 [320]

我们举几个描述真实物理量的函数 $\mathscr{G}_{\mathscr{J}}[\boldsymbol{r},\boldsymbol{p};t]$ 的例子. 这样的例子我们已经见到过两个: 一个是位置, 一个是机械动量. 前者就是 $\boldsymbol{r}$ 本身, 后者是:

$$\boldsymbol{\pi}_{\mathscr{J}}(\boldsymbol{r},\boldsymbol{p};t)=\boldsymbol{p}-q\boldsymbol{A}(\boldsymbol{r},t) \tag{18}$$

由于 (11) 式已经表明 $\boldsymbol{r}$ 和 $\boldsymbol{\pi}$ 是真实的物理量, 我们立即可以断定 (17) 式为对应的函数所满足.

但是, 为了熟悉这个关系式的使用, 我们还是直接验证一下. 关于 $\boldsymbol{r}$, 我们所涉及的函数与 $\boldsymbol{p}$ 无关, 而且它的形式又与规范无关①, 这便直接导至 (17) 式. 关于 $\boldsymbol{\pi}$, (18) 式给出:

$$\boldsymbol{\pi}_{\mathscr{J}'}(\boldsymbol{r},\boldsymbol{p};t)=\boldsymbol{p}-q\boldsymbol{A}'(\boldsymbol{r},t) \tag{19}$$

在这个函数中将 $\boldsymbol{p}$ 换成 $\boldsymbol{p}+q\nabla\chi(\boldsymbol{r},t)$, 便得到

$$\boldsymbol{p}+q\nabla\chi(\boldsymbol{r},t)-q\boldsymbol{A}'(\boldsymbol{r},t)=\boldsymbol{p}-q\boldsymbol{A}(\boldsymbol{r},t) \tag{20}$$

这个结果正是 $\boldsymbol{\pi}_{\mathscr{J}}(\boldsymbol{r},\boldsymbol{p},t)$; 可见 (17) 式是得以满足的.

属于真实物理量的, 还有动能

$$\gamma_{\mathscr{J}}(\boldsymbol{r},\boldsymbol{p},t)=\frac{1}{2m}[\boldsymbol{p}-q\boldsymbol{A}(\boldsymbol{r},t)]^2 \tag{21}$$

以及机械动量相对于坐标原点的矩:

$$\lambda_{\mathscr{J}}(\boldsymbol{r},\boldsymbol{p},t)=\boldsymbol{r}\times[\boldsymbol{p}-q\boldsymbol{A}(\boldsymbol{r},t)] \tag{22}$$

一般地说, 只要 $\boldsymbol{r}$ 和 $\boldsymbol{p}$ 的函数具有如下的形式

$$\mathscr{G}_{\mathscr{J}}(\boldsymbol{r},\boldsymbol{p},t)=F[\boldsymbol{r},\boldsymbol{p}-q\boldsymbol{A}(\boldsymbol{r},t)] \tag{23}$$

(此处 F 是一个函数其形式与所选择的规范 $\mathscr{J}$ 无关), 那么, 我们就得到一个真实的物理量②; 这个结果在物理上是令人满意的, 因为 (23) 式表明, 这个量所取的值可以得自 $\boldsymbol{r}$ 和 $\boldsymbol{\pi}$ 的值, 而我们知道这两个量是与规范无关的.

我们再列举几个描述非真实物理量的函数的例子. 除动量 $\boldsymbol{p}$ 以外, 还可以举出函数

$$\mathscr{C}(\boldsymbol{p})=\frac{\boldsymbol{p}^2}{2m} \tag{24}$$

[321] [不要将它同 (21) 式中的动能混为一谈]; 更普遍地说, 还有只依赖于 $\boldsymbol{p}$ 的 (可能也依赖于时间 t 的) 一切函数. 类似地, 角动量

$$\mathscr{L}(\boldsymbol{r},\boldsymbol{p})=\boldsymbol{r}\times\boldsymbol{p} \tag{25}$$

也应看作是非真实的物理量. 最后, 我们再举出经典的哈密顿函数, 按照 (7) 式, 它是两部分之和, 一部分是动能 $\gamma_{\mathscr{J}}(\boldsymbol{r},\boldsymbol{p},t)$ 它是真实的物理量, 另一部分是势能 qU[严格说来, 应当将它写作与规范有关的函数 $U_{\mathscr{J}}(\boldsymbol{r},t)$ 的形式], 它却不是真实的物理量, 因为它在空间每一点的值随规范的不同而不同.

---

① 此外, 不难普遍地证明, 任何函数 $\mathscr{G}(\boldsymbol{r},t)$, 如果它只依赖于 $\boldsymbol{r}$ (可能还有 t), 而且不论选用哪一种规范 $\mathscr{G}$, 它的形式都一样, 那么, 它所描述的一定是真实物理量.

② 我们还可以构成与真实物理量有关的其他一些函数, 它们对于势的依赖关系比 (23) 式中的更为复杂 (例如粒子的速度与粒子所在处的电场的标量积).

3. 量子力学中的规范不变性

在第三章中, 我们曾从经典力学的哈密顿表述形式出发引入了量子力学的假定. 在经典力学中, 因为有牛顿方程, 规范不变性的问题比较容易解决, 在量子力学表述形式中这个问题是否会更加复杂呢? 现在的问题是: 第三章中的那些假定是在任意一种规范 $\mathscr{J}$ 中都成立呢, 还是只在某种特定的规范中才成立?

为了回答这个问题, 我们可以参照前一段的结果. 遵照同样的步骤进行推证, 我们将会看到, 在经典的哈密顿表述形式中和在量子力学的表述形式中, 规范变换的结果是非常相似的. 这样一来, 我们就可以建立量子力学中的规范不变性.

为此, 我们首先考察 (§a) 在两种不同规范中以同样的方式应用量子化规则得到的结果. 然后 (§b), 我们将会看到, 以经典力学中进行规范变换时力学量的值一般都将改变一样, 应该用一个随规范而变的数学的态矢量 $|\psi\rangle$ 去描述一个给定的物理体系, 从一种规范 $\mathscr{J}$ 中的态矢量过渡到另一种规范 $\mathscr{J}'$ 中的态矢量, 要由幺正变换来实现; 但薛定谔方程的形式则永远保持不变 (正如在经典力学中哈密顿方程的形式保持不变一样). 最后, 我们考察在规范变换下与体系相联系的诸可观察量的行为 (§c). 我们将会看到, 态矢量和可观察量同时受到的修正将使得量子力学的物理内容与所选用的规范无关. 证明了概率密度和概率流具有规范不变性, 我们就可以具体证明这个结论.

a. 量子化规则

一个 (无自旋) 粒子的态空间永远是 $\mathscr{E}_{\boldsymbol{r}}$. 但是, 在得到了上面的 §2 的结果之后, 我们显然会预料到, 与某一个量相联系的算符在两种规范中可能是不一样的; 因此, 我们给算符附以下标 $\mathscr{J}$.

按照量子化规则, 对应于粒子的位置 $\boldsymbol{r}$ 与动量 $\boldsymbol{p}$ 的算符是在空间 $\mathscr{E}_{\boldsymbol{r}}$ 中 [322]
起作用的 $\boldsymbol{R}$ 与 $\boldsymbol{P}$, 它们应满足下列关系:

$$[X, P_x] = [Y, P_y] = [Z, P_z] = \mathrm{i}\hbar \tag{26}$$

[$\boldsymbol{R}$ 的分量与 $\boldsymbol{P}$ 的分量之间的所有其他对易子都等于零]. 在 $\{|\boldsymbol{r}\rangle\}$ 表象中, 算符 $\boldsymbol{R}$ 的作用相当于用 $\boldsymbol{r}$ 去倍乘, $\boldsymbol{P}$ 的作用相当于微分算符 $\dfrac{\hbar}{\mathrm{i}}\nabla$ 的作用. 这些规则在任何规范中都一样. 因此, 我们可以写:

$$\boldsymbol{R}_{\mathscr{J}'} = \boldsymbol{R}_{\mathscr{J}} \tag{27-a}$$

$$\boldsymbol{P}_{\mathscr{J}'} = \boldsymbol{P}_{\mathscr{J}} \tag{27-b}$$

这两个等式表明, 对于观察算符 $\boldsymbol{R}$ 和 $\boldsymbol{P}$ 来说, 下标 $\mathscr{J}$ 可以取消, 因此以后我们不再写这个下标.

与粒子有关的所有其他的量都可以利用上面的结果实现量子化: 在一种给定的规范中, 先取所要研究的那个量的经典表达式, 它是 $\boldsymbol{r}$ 和 $\boldsymbol{p}$ 的一个函数, 然后在这个函数中 (必要时可先进行对称化) 用算符 $\boldsymbol{R}$ 代替 $\boldsymbol{r}$, 用算符 $\boldsymbol{P}$ 代替 $\boldsymbol{p}$; 这样得到的算符便在我们所选用的规范中描述上面所说的那个量. 试看几个例子:

— 由 $\boldsymbol{r}\times\boldsymbol{p}$ 得到的角动量算符在任何规范中都一样:

$$\boldsymbol{L}_{\mathscr{J}'}=\boldsymbol{L}_{\mathscr{J}} \tag{28}$$

— 与上例相反, 与机械动量相联系的算符则依赖于所选用的规范. 在规范 $\mathscr{J}$ 中它由下式给出:

$$\boldsymbol{\Pi}_{\mathscr{J}}=\boldsymbol{P}-q\boldsymbol{A}(\boldsymbol{R},t) \tag{29}$$

若改变规范, 则上式变为:

$$\boldsymbol{\Pi}_{\mathscr{J}'}=\boldsymbol{P}-q\boldsymbol{A}'(\boldsymbol{R},t) \tag{30}$$

它在空间 $\mathscr{E}_{\boldsymbol{r}}$ 中的作用与 $\boldsymbol{\Pi}_{\mathscr{J}}$ 的作用不同, 因为:

$$\boldsymbol{\Pi}_{\mathscr{J}'}=\boldsymbol{\Pi}_{\mathscr{J}}-q\nabla\chi(\boldsymbol{R},t) \tag{31}$$

— 同样, 描述机械动量矩的算符①

$$\boldsymbol{\Lambda}_{\mathscr{J}}=\boldsymbol{R}\times\boldsymbol{\Pi}_{\mathscr{J}}=\boldsymbol{R}\times[\boldsymbol{P}-q\boldsymbol{A}(\boldsymbol{R},t)] \tag{32}$$

明显地含有我们所选用的矢势.

— 最后, 从公式 (7) 可以得到哈密顿算符:

$$H_{\mathscr{J}}=\frac{1}{2m}[\boldsymbol{P}-q\boldsymbol{A}(\boldsymbol{R},t)]^2+qU(\boldsymbol{R},t) \tag{33}$$

[323] 显然易见, 在别的规范中它将变成另一个算符, 因为

$$H_{\mathscr{J}'}=\frac{1}{2m}[\boldsymbol{P}-q\boldsymbol{A}'(\boldsymbol{R},t)]+qU'(\boldsymbol{R},t)\neq H_{\mathscr{J}} \tag{34}$$

b. 态矢量的幺正变换, 薛定谔方程的形式不变性

α. 幺正算符 $T_\chi(t)$

在经典力学中, 我们将两种不同的规范 $\mathscr{J}$ 和 $\mathscr{J}'$ 中的基本力学变量的值记作 $\{\boldsymbol{r}(t),\boldsymbol{p}(t)\}$ 和 $\{\boldsymbol{r}'(t),\boldsymbol{p}'(t)\}$, 它们描述粒子在这两种规范中的态. 在量

① 利用 $\boldsymbol{R}$ 和 $\boldsymbol{\Pi}_{\mathscr{J}}$ 之间的那些对易关系可以证明, (32) 式不需对称化.

子力学中, 我们将两种规范中的态矢量记作 $|\psi(t)\rangle$ 和 $|\psi'(t)\rangle$; 因而, 与 (14) 式类似的关系式便由平均值之间的关系来表示:

$$\langle\psi'(t)|\boldsymbol{R}_{\mathscr{J}'}|\psi'(t)\rangle = \langle\psi(t)|\boldsymbol{R}_{\mathscr{J}}|\psi(t)\rangle \tag{35–a}$$

$$\langle\psi'(t)|\boldsymbol{P}_{\mathscr{J}'}|\psi'(t)\rangle = \langle\psi(t)|\boldsymbol{P}_{\mathscr{J}} + q\nabla\chi(\boldsymbol{R},t)|\psi(t)\rangle \tag{35–b}$$

利用 (27) 式, 可立即看出, 仅当 $|\psi(t)\rangle$ 和 $|\psi'(t)\rangle$ 是两个互异的右矢时, 这些关系才可能成立. 因此, 我们应该找出一个可以从 $|\psi(t)\rangle$ 得到 $|\psi'(t)\rangle$ 的幺正变换 $T_\chi(t)$, 即:

$$|\psi'(t)\rangle = T_\chi(t)|\psi(t)\rangle \tag{36–a}$$

$$T_\chi^\dagger(t)T_\chi(t) = T_\chi(t)T_\chi^\dagger(t) = \mathbb{1} \tag{36–b}$$

考虑到 (27) 式, 可以看出,(35) 式对任意的 $|\psi(t)\rangle$ 都可以满足的条件是:

$$\begin{cases} T_\chi^\dagger(t)\boldsymbol{R}T_\chi(t) = \boldsymbol{R} & \text{(37–a)} \\ T_\chi^\dagger(t)\boldsymbol{P}T_\chi(t) = \boldsymbol{P} + q\nabla\chi(\boldsymbol{R},t) & \text{(37–b)} \end{cases}$$

用 $T_\chi(t)$ 左乘 (37–a) 式, 便有:

$$\boldsymbol{R}T_\chi(t) = T_\chi(t)\boldsymbol{R} \tag{38}$$

这就是说, 我们要找的幺正算符与 $\boldsymbol{R}$ 的三个分量是对易的, 因此, 可将这个算符写成下列形式:

$$T_\chi(t) = \mathrm{e}^{\mathrm{i}F(\boldsymbol{R},t)} \tag{39}$$

其中 $F(\boldsymbol{R},t)$ 是一个厄米算符. 于是可将补充材料 $\mathrm{B_{II}}$ 中的 (48) 式写作:

$$[\boldsymbol{P}, T_\chi(t)] = \hbar\nabla\{F(\boldsymbol{R},t)\}T_\chi(t) \tag{40}$$

用 $T_\chi^\dagger(t)$ 左乘此式, 再将结果代入 (37–b) 式, 便得到下列关系式:

$$\hbar\nabla\{F(\boldsymbol{R},t)\} = q\nabla\chi(\boldsymbol{R},t) \tag{41}$$

要使这个关系满足, 应取

$$F(\boldsymbol{R},t) = F_0(t) + \frac{q}{\hbar}\chi(\boldsymbol{R},t) \tag{42}$$

对于态矢量 $|\psi(t)\rangle$ 来说, $F_0(t)$ 对应于总的相位因子, 它在物理上并无影响, 故可略去, 于是我们就找到了算符 $T_\chi(t)$:

$$T_\chi(t) = \mathrm{e}^{\mathrm{i}\frac{q}{\hbar}\chi(\boldsymbol{R},t)} \tag{43}$$

如果 (36–a) 式中的 $T_\chi(t)$ 就是这个算符,(35) 式就会自动地满足.

附注: [324]

(i) 在 $\{|\boldsymbol{r}\rangle\}$ 表象中, 由 (36–a) 式和 (43) 式可以推知, 波函数 $\psi(\boldsymbol{r},t) = \langle\boldsymbol{r}|\psi(t)\rangle$ 和 $\psi'(\boldsymbol{r},t) = \langle\boldsymbol{r}|\psi'(t)\rangle$ 之间有下列关系:

$$\psi'(\boldsymbol{r},t) = \mathrm{e}^{\mathrm{i}\frac{q}{\hbar}\chi(\boldsymbol{r},t)}\psi(\boldsymbol{r},t) \tag{44}$$

因此, 对于波函数来说, 规范变换并不对应于乘上一个总的相位因子, 而是表现为随点而异的相位变化. 由此可见, 利用波函数 ψ 或 ψ' 得到的物理预言具有规范不变性, 这并非不证自明的.

(ii) 如果体系包含若干个粒子, 位置各为 $\boldsymbol{r}_1, \boldsymbol{r}_2, \cdots$, 电荷各为 q_1, $q_2, \cdots$, 则 (43) 式应代之以:

$$\begin{aligned} T_\chi(t) &= T_\chi^{(1)}(t) T_\chi^{(2)}(t) \cdots \\ &= \exp\left\{\frac{\mathrm{i}}{\hbar}[q_1\chi(\boldsymbol{R}_1, t) + q_2\chi(\boldsymbol{R}_2, t) + \cdots]\right\} \end{aligned} \tag{45}$$

β. 态矢量随时间的演变

现在我们来证明, 如果在规范 $\mathscr{J}$ 中右矢 $|\psi(t)\rangle$ 的演变遵从薛定谔方程:

$$\mathrm{i}\hbar\frac{\mathrm{d}}{\mathrm{d}t}|\psi(t)\rangle = H_{\mathscr{J}}(t)|\psi(t)\rangle \tag{46}$$

那么, 由 (36) 式给出的态矢量 $|\psi'(t)\rangle$ 在规范 $\mathscr{J}'$ 中满足同样形式的方程:

$$\mathrm{i}\hbar\frac{\mathrm{d}}{\mathrm{d}t}|\psi'(t)\rangle = H_{\mathscr{J}'}(t)|\psi'(t)\rangle \tag{47}$$

式中 $H_{\mathscr{J}'}(t)$ 由 (34) 式给出.

为此, 我们先计算 (47) 式的左端:

$$\begin{aligned} \mathrm{i}\hbar\frac{\mathrm{d}}{\mathrm{d}t}|\psi'(t)\rangle &= \mathrm{i}\hbar\frac{\mathrm{d}}{\mathrm{d}t}\{T_\chi(t)|\psi(t)\rangle\} \\ &= \mathrm{i}\hbar\left\{\frac{\mathrm{d}}{\mathrm{d}t}T_\chi(t)\right\}|\psi(t)\rangle + \mathrm{i}\hbar T_\chi(t)\frac{\mathrm{d}}{\mathrm{d}t}|\psi(t)\rangle \end{aligned} \tag{48}$$

根据 (43) 式和 (46) 式[①], 便有:

$$\begin{aligned} \mathrm{i}\hbar\frac{\mathrm{d}}{\mathrm{d}t}|\psi'(t)\rangle &= -q\left\{\frac{\partial}{\partial t}\chi(\boldsymbol{R}, t)\right\}T_\chi(t)|\psi(t)\rangle + T_\chi(t)H_{\mathscr{J}}(t)|\psi(t)\rangle \\ &= \left\{-q\frac{\partial}{\partial t}\chi(\boldsymbol{R}, t) + \widetilde{H}_{\mathscr{J}}(t)\right\}|\psi'(t)\rangle \end{aligned} \tag{49}$$

[325] 式中 $\widetilde{H}_{\mathscr{J}}$ 是幺正算符 $T_\chi(t)$ 对 $H_{\mathscr{J}}(t)$ 进行变换的结果:

$$\widetilde{H}_{\mathscr{J}} = T_\chi(t)H_{\mathscr{J}}(t)T_\chi^\dagger(t) \tag{50}$$

---

① 函数 χ 依赖于 $\boldsymbol{R}$, 但不依赖于 $\boldsymbol{P}$, 因此, $\chi(\boldsymbol{R}, t)$ 可以和 $\dfrac{\partial}{\partial t}\chi(\boldsymbol{R}, t)$ 对易. 由于这个原因, 微分 $T_\chi(t)$ 时可以将 $\chi(\boldsymbol{R}, t)$ 看作时间的普通函数, 而不将它看作算符 (参看补充材料 $\mathrm{B_{II}}$ 的 §5–c 的附注).

因此, 如果

$$H_{\mathscr{J}'}(t) = \widetilde{H}_{\mathscr{J}}(t) - q\frac{\partial}{\partial t}\chi(\boldsymbol{R}, t) \tag{51}$$

则方程 (47) 将被满足. 这时

$$\widetilde{H}_{\mathscr{J}}(t) = \frac{1}{2m}\left[\widetilde{\boldsymbol{P}} - q\boldsymbol{A}(\widetilde{\boldsymbol{R}}, t)\right]^2 + qU(\widetilde{\boldsymbol{R}}, t) \tag{52}$$

式中 $\widetilde{\boldsymbol{R}}$ 和 $\widetilde{\boldsymbol{P}}$ 是幺正算符 $T_\chi(t)$ 对 $\boldsymbol{R}$ 和对 $\boldsymbol{P}$ 进行变换的结果; 根据 (37) 式:

$$\widetilde{\boldsymbol{R}} = T_\chi(t)\boldsymbol{R}T_\chi^\dagger(t) = \boldsymbol{R} \tag{53–a}$$

$$\widetilde{\boldsymbol{P}} = T_\chi(t)\boldsymbol{P}T_\chi^\dagger(t) = \boldsymbol{P} - q\nabla\chi(\boldsymbol{R}, t) \tag{53–b}$$

将这些关系代入 (52) 式, 得到:

$$\widetilde{\boldsymbol{H}}_{\mathscr{J}}(t) = \frac{1}{2m}[\boldsymbol{P} - q\boldsymbol{A}(\boldsymbol{R}, t) - q\nabla\chi(\boldsymbol{R}, t)]^2 + qU(\boldsymbol{R}, t) \tag{54}$$

利用 (2) 式, 将规范 $\mathscr{J}$ 中的势换成规范 $\mathscr{J}'$ 中的势, 并注意到 (34) 式, 便得到 (51) 式. 因此, 不论选用哪一种规范, 薛定谔方程都可写成同样的形式.

c. 规范变换中物理预言的不变性

α. 可观察量的行为

经过 $T_\chi(t)$ 所进行的幺正变换, 任何可观察量 K 都能被变换为 $\widetilde{K}$:

$$\widetilde{K} = T_\chi(t)KT_\chi^\dagger(t) \tag{55}$$

在 (53) 式中我们已经看到, 虽然 $\widetilde{\boldsymbol{R}}$ 就是 $\boldsymbol{R}$, 但 $\widetilde{\boldsymbol{P}}$ 却不等于 $\boldsymbol{P}$. 同样, $\widetilde{\boldsymbol{\Pi}}_{\mathscr{J}}$ 也不同于 $\boldsymbol{\Pi}_{\mathscr{J}}$, 这是因为:

$$\begin{aligned}\widetilde{\boldsymbol{\Pi}}_{\mathscr{J}} &= \widetilde{\boldsymbol{P}} - q\boldsymbol{A}(\widetilde{\boldsymbol{R}}, t)\\ &= \boldsymbol{P} - q\nabla\chi(\boldsymbol{R}, t) - q\boldsymbol{A}(\boldsymbol{R}, t)\\ &= \boldsymbol{\Pi}_{\mathscr{J}} - q\nabla\chi(\boldsymbol{R}, t)\end{aligned} \tag{56}$$

考虑到 (27–a) 式及 (31) 式, 便可以想见 (53–a) 式和 (56) 式意味着: 与真实物理量位置和机械动量相联系的算符 $\boldsymbol{R}$ 和 $\boldsymbol{\Pi}_{\mathscr{J}}$ 是这样的可观察量, 它们满足关系:

$$\begin{cases}\widetilde{\boldsymbol{R}}_{\mathscr{J}} = \boldsymbol{R}_{\mathscr{J}'}\\ \widetilde{\boldsymbol{\Pi}}_{\mathscr{J}} = \boldsymbol{\Pi}_{\mathscr{J}'}\end{cases} \tag{57}$$

与此相反, 动量 $\boldsymbol{P}$ (并非真实的物理量) 并不满足类似的方程, 这是因为, 根据 (27–b) 式和 (53–b) 式, 我们有:

$$\widetilde{\boldsymbol{P}}_{\mathscr{J}} \neq \boldsymbol{P}_{\mathscr{J}'} \tag{58}$$

[326] 我们将会看到, 这实际上是一个普遍的结果: 在量子力学中, 与任何真实物理量相联系的算符 $G_{\mathscr{J}}(t)$ 都满足关系

$$\widetilde{G}_{\mathscr{J}}(t)=G_{\mathscr{J}'}(t) \tag{59}$$

这个等式就是经典关系式 (16) 的量子类比, 它表明: 除了 $\boldsymbol{R}$ 或只依赖于 $\boldsymbol{R}$ 的函数这种特殊情况以外, 与真实物理量对应的算符都依赖于规范 $\mathscr{J}$, 在 (29) 式和 (32) 式中我们已经见到过这样的例子.

为了证明 (59) 式, 只需将第三章中的量子化规则应用于函数 $\mathscr{G}_{\mathscr{J}}(\boldsymbol{r},\boldsymbol{p},t)$, 并利用描述经典的真实物理量的 (17) 式. 这就是说, 将 $\boldsymbol{r}$ 和 $\boldsymbol{p}$ 换成算符 $\boldsymbol{R}$ 和 $\boldsymbol{P}$(若有必要, 还应施行对称化手续), 我们便得到算符 $G_{\mathscr{J}}(t)$. 如果函数 $\mathscr{G}_{\mathscr{J}}$ 的形式与所用的规范有关, 则算符 $G_{\mathscr{J}}(t)$ 同样与规范 $\mathscr{J}$ 有关. 如果与 $\mathscr{G}_{\mathscr{J}}$ 相联系的量是真实的物理量. 则根据 (17) 式, 我们应有:

$$\mathscr{G}_{\mathscr{J}}[\boldsymbol{R},\boldsymbol{P},t]=\mathscr{G}_{\mathscr{J}'}[\boldsymbol{R},\boldsymbol{P}+q\nabla\chi(\boldsymbol{R},t);t] \tag{60}$$

用 $T_\chi(t)$ 对此式进行幺正变换便有:

$$\begin{aligned}\widetilde{\mathscr{G}}_{\mathscr{J}}[\boldsymbol{R},\boldsymbol{P},t]&=\widetilde{\mathscr{G}}_{\mathscr{J}'}[\boldsymbol{R},\boldsymbol{P}+q\nabla\chi(\boldsymbol{R},t),t]\\&=\mathscr{G}_{\mathscr{J}'}[\widetilde{\boldsymbol{R}},\widetilde{\boldsymbol{P}}+q\nabla\chi(\widetilde{\boldsymbol{R}},t),t]\end{aligned} \tag{61}$$

注意到 (53) 式, 便得到:

$$\widetilde{\mathscr{G}}_{\mathscr{J}}[\boldsymbol{R},\boldsymbol{P},t]=\mathscr{G}_{\mathscr{J}'}[\boldsymbol{R},\boldsymbol{P},t] \tag{62}$$

上式两端可能还要经过对称化, 最后便得到 (59) 式.

我们列举几个真实可观察量的例子. 除 $\boldsymbol{R}$ 和 $\boldsymbol{\Pi}_{\mathscr{J}}$ 以外, 还可以举出机械动量矩 $\boldsymbol{\Lambda}_{\mathscr{J}}$ [参看 (32) 式] 以及动能:

$$\boldsymbol{\Gamma}_{\mathscr{J}}=\frac{\boldsymbol{\Pi}^2_{\mathscr{J}}}{2m}=\frac{1}{2m}[\boldsymbol{P}-q\boldsymbol{A}(\boldsymbol{R},t)]^2 \tag{63}$$

反之, $\boldsymbol{P}$ 和 $\boldsymbol{L}$ 都不是真实可观察量, 哈密顿算符也属于这一类, 这是因为 (51) 式已经一般地表明:

$$\widetilde{H}_{\mathscr{J}}(t)\neq H_{\mathscr{J}'}(t) \tag{64}$$

附注:

在经典力学中, 我们都知道: 在不随时间变化的电磁场中运动的粒子的总能量是运动常量. 实际上, 在这种情况下, 我们可以只考虑也与时间无关的势; 于是, 根据 (51) 式, 我们得到:

$$\widetilde{H}_{\mathscr{J}}=H_{\mathscr{J}'} \tag{65}$$

在这个特殊情况下, $H_{\mathscr{J}}$ 确实是真实的可观察量. 因此, 我们可以将它解释为粒子的总能量.

β. 测量某一真实物理量时各种可能结果出现的概率 [327]

我们设想要在 t 时刻测量一个真实的物理量. 在规范 $\mathscr{J}$ 中, 体系在该时刻的态用右矢① $|\psi\rangle$ 描述, 该物理量则用观察算符 $G_{\mathscr{J}}$ 表示. 假设 $|\varphi_n\rangle$ 是 $G_{\mathscr{J}}$ 的一个本征矢, 属于本征值 g_n(为简单起见假设它是非简并的), 则有

$$G_{\mathscr{J}}|\varphi_n\rangle = g_n|\varphi_n\rangle \tag{66}$$

在上面所设想的测量中, 得到结果 g_n 的概率可以根据量子力学中的假定来计算, 在规范 $\mathscr{J}$ 中其值为:

$$\mathscr{P}_n = |\langle\varphi_n|\psi\rangle|^2 \tag{67}$$

规范变换时, 这个预言有什么变化呢? 根据 (59) 式, 在新规范 $\mathscr{J}'$ 中, 与所要讨论的那个量相联系的算符 $G_{\mathscr{J}'}$ 将以右矢

$$|\varphi'_n\rangle = T_\chi|\varphi_n\rangle \tag{68}$$

为本征矢, 它仍属于 (66) 式中的本征值 g_n. 即

$$\begin{aligned} G_{\mathscr{J}'}|\varphi'_n\rangle &= T_\chi G_{\mathscr{J}} T_\chi^\dagger T_\chi|\varphi_n\rangle \\ &= T_\chi g_n|\varphi_n\rangle \\ &= g_n|\varphi'_n\rangle \end{aligned} \tag{69}$$

因此, 在规范 $\mathscr{J}'$ 中, g_n 仍是可能的测量结果. 此外, 对应的概率也与规范 $\mathscr{J}$ 中的值一样, 这是因为, 根据 (36–a) 和 (68) 式:

$$\langle\varphi'_n|\psi'\rangle = \langle\varphi_n|T_\chi^\dagger T_\chi|\psi\rangle = \langle\varphi_n|\psi\rangle \tag{70}$$

于是, 我们便证明了, 从量子力学的假定得到的物理预言与规范无关; 也就是说, 任何测量的可能结果和对应的概率在规范变换下是不变的.

γ. 概率密度与概率流

现在, 我们根据第三章的 (D–9) 和 (D–20) 式来计算在两种规范 $\mathscr{J}$ 和 $\mathscr{J}'$ 中的概率密度 $\rho(\boldsymbol{r},t)$ 和概率流 $\boldsymbol{J}(\boldsymbol{r},t)$. 在第一种规范中, 有:

$$\rho(\boldsymbol{r},t) = |\psi(\boldsymbol{r},t)|^2 \tag{71}$$

① 我们不写出它对时间的依赖关系, 因为所有的量都应该取在进行测量的那一瞬间 t 的值.

和

$$\boldsymbol{J}(\boldsymbol{r},t)=\frac{1}{m}\mathrm{Re}\left\{\psi^*(\boldsymbol{r},t)\left[\frac{\hbar}{\mathrm{i}}\nabla-q\boldsymbol{A}(\boldsymbol{r},t)\right]\psi(\boldsymbol{r},t)\right\} \tag{72}$$

根据 (44) 式, 立即可以推知:

$$\rho'(\boldsymbol{r},t)=|\psi'(\boldsymbol{r},t)|^2=\rho(\boldsymbol{r},t) \tag{73}$$

[328] 此外, 从 (44) 式还可以推知:

$$\begin{aligned}\boldsymbol{J}'(\boldsymbol{r},t)&=\frac{1}{m}\mathrm{Re}\left\{\mathrm{e}^{-\mathrm{i}\frac{q}{\hbar}\chi(\boldsymbol{r};t)}\psi^*(\boldsymbol{r},t)\left[\frac{\hbar}{\mathrm{i}}\nabla-q\boldsymbol{A}'(\boldsymbol{r},t)\right]\mathrm{e}^{\mathrm{i}\frac{q}{\hbar}\chi(\boldsymbol{r},t)}\psi(\boldsymbol{r},t)\right\}\\&=\frac{1}{m}\mathrm{Re}\left\{\psi^*(\boldsymbol{r},t)\left[\frac{\hbar}{\mathrm{i}}\nabla-q\boldsymbol{A}'(\boldsymbol{r},t)+q\nabla\chi(\boldsymbol{r},t)\right]\psi(\boldsymbol{r},t)\right\}\end{aligned} \tag{74}$$

注意到 (2) 式, 则有

$$\boldsymbol{J}'(\boldsymbol{r},t)=\boldsymbol{J}(\boldsymbol{r},t) \tag{75}$$

由此可见, 在规范变换下, 概率密度和概率流是不变的. 其实, 从上面的 §β 中的结论也可以预见到这个结果; 因为 [参看第三章的关系式 (D–19)], $\rho(\boldsymbol{r},t)$ 和 $\boldsymbol{J}(\boldsymbol{r},t)$ 可以看作是算符 $|\boldsymbol{r}\rangle\langle\boldsymbol{r}|$ 和算符

$$\boldsymbol{K}_{\mathscr{J}}(\boldsymbol{r})=\frac{1}{2m}\left\{|\boldsymbol{r}\rangle\langle\boldsymbol{r}|\boldsymbol{\Pi}_{\mathscr{J}}+\boldsymbol{\Pi}_{\mathscr{J}}|\boldsymbol{r}\rangle\langle\boldsymbol{r}|\right\} \tag{76}$$

的平均值. 不难证明, 这两个算符都满足关系式 (59). 所以它们描述的是真实的物理量, 这些量的平均值具有规范不变性.

参考文献和阅读建议:

Messiah (1.17) 第 XXI 章 §§20 到 22; Sakurai (2.7), §8–1.

扩展到其他领域之后, 规范不变性最近在粒子物理中引起了人们很大的兴趣; 关于这个问题, 譬如, 可以参看 Abers 和 Lee 的文章 (16.35).

补充材料 $J_{Ⅲ}$

薛定谔方程的传播函数 [329]

1. 引言. 物理概念

我们来考虑由波函数 $\psi(\boldsymbol{r},t)$ 描述的一个粒子. 根据薛定谔方程可以计算 $\dfrac{\partial}{\partial t}\psi(\boldsymbol{r},t)$ 即 $\psi(\boldsymbol{r},t)$ 随 t 变化的快慢. 这个量从微分的观点反映了波函数 $\psi(\boldsymbol{r},t)$ 随时间演变的情况. 我们要问是否可能采取全局的观点 (虽则是等价的观点), 也就是说, 是否可以根据整个波函数在早先某一时刻 t' (不一定无限靠近 t) 的知识 $\psi(\boldsymbol{r},t')$ 直接确定波函数于时刻 t 在点 $\boldsymbol{r}_0$ 处的值 $\psi(\boldsymbol{r}_0,t)$.

研究这个问题的比较方便的办法, 是借鉴物理学的另一领域, 即电磁理论, 在这种理论中两种观点都是可能的. 麦克斯韦方程组 (即微分的观点) 给出电场和磁场的诸分量的变化速率; 惠更斯原理 (即全局的观点) 则使我们在知道了某一曲面 Σ 上的单色场后, 就可以直接算出任意一点 M 的场. 计算方法是: 将曲面 Σ 上各个假想的子波源 $N_1,N_2,N_3,\cdots$ 辐射到 M 点的场叠加起来; 而该点的振幅和位相则取决于 $N_1,N_2,N_3,\cdots$ 诸点的场的值 (图 3–21).

在这篇补充材料里, 我们试图证明在量子力学中也存在着惠更斯原理的类似物. 更具体地说, 对于 $t_2>t_1$, 我们可以写出: [330]

$$\psi(\boldsymbol{r}_2,t_2)=\int \mathrm{d}^3r_1 K(\boldsymbol{r}_2,t_2;\boldsymbol{r}_1,t_1)\psi(\boldsymbol{r}_1,t_1) \tag{1}$$

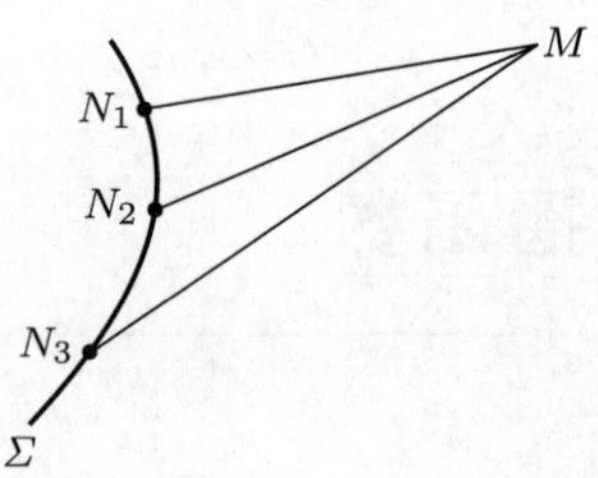

图 3–21 在衍射实验中, 根据惠更斯原理, 要算出 M 点的电场只需将曲面 Σ 上各子波源 $N_1, N_2, N_3, \cdots$ 辐射到该点的场叠加起来即可.

这个公式的物理解释是: 于时刻 t_2 在点 $\boldsymbol{r}_2$ 处找到粒子的概率幅, 等于在空–时中的曲面 $t = t_1$ 上的各个 "子波源" $(\boldsymbol{r}_1, t_1), (\boldsymbol{r}_1', t_1), \cdots$ 所 "辐射" 的所有振幅的总和, 各个子波源的贡献分别正比于 $\psi(\boldsymbol{r}_1, t_1), \psi(\boldsymbol{r}_1', t_1), \cdots$ (图 3–22). 我们要证明上面这个公式, 将 K(我们称它为薛定谔方程的传播函数)计算出来, 并要研究它的性质. 然后, 我们定性地说明: 怎样从 K 出发, 将全部量子力学表述出来 (即量子力学的拉格朗日表述; 费曼观点).

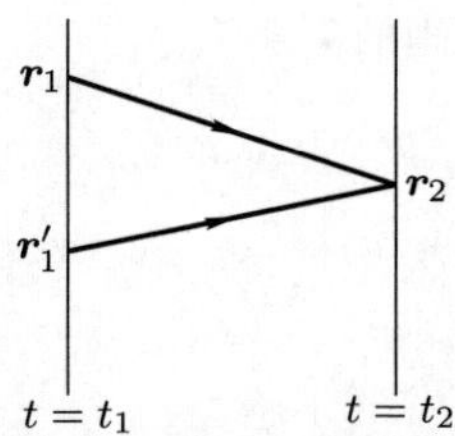

图 3–22 概率幅 $\psi(\boldsymbol{r}_2, t_2)$ 等于在早先某一时刻 t_1 各振幅 $\psi(\boldsymbol{r}_1, t_1), \psi(\boldsymbol{r}_1', t_1), \cdots$ 的贡献的总和. 图中每一个箭头都联系着一个 "传播函数" $K(\boldsymbol{r}_2, t_2; \boldsymbol{r}_1, t_1), K(\boldsymbol{r}_2, t_2; \boldsymbol{r}_1', t_1), \cdots$.

2. 传播函数 K(2,1) 的存在和性质

a. 传播函数的存在

现在的问题是要将体系在两个不同时刻的态直接联系起来. 利用在补充材料 $\mathrm{F_{III}}$ 中引入的演变算符, 这种联系是可能实现的. 这是因为我们可以写出:

$$|\psi(t_2)\rangle = U(t_2, t_1)|\psi(t_1)\rangle \tag{2}$$

从 $|\psi(t_2)\rangle$ 很容易得到波函数 $\psi(\boldsymbol{r}_2, t_2)$:

$$\psi(\boldsymbol{r}_2, t_2) = \langle \boldsymbol{r}_2|\psi(t_2)\rangle \tag{3}$$

将 (2) 式代入 (3) 式, 并在 $U(t_2, t_1)$ 和 $|\psi(t_1)\rangle$ 之间插入封闭性关系式:

$$\int \mathrm{d}^3 r_1 |\boldsymbol{r}_1\rangle\langle \boldsymbol{r}_1| = \mathbb{1} \tag{4}$$

便得到: [331]

$$\begin{aligned}\psi(\boldsymbol{r}_2,t_2) &= \int \mathrm{d}^3 r_1 \langle \boldsymbol{r}_2|U(t_2,t_1)|\boldsymbol{r}_1\rangle\langle\boldsymbol{r}_1|\psi(t_1)\rangle \\ &= \int \mathrm{d}^3 r_1 \langle \boldsymbol{r}_2|U(t_2,t_1)|\boldsymbol{r}_1\rangle\psi(\boldsymbol{r}_1,t_1)\end{aligned} \tag{5}$$

只要令

$$\langle \boldsymbol{r}_2|U(t_2,t_1)|\boldsymbol{r}_1\rangle = K(\boldsymbol{r}_2,t_2;\boldsymbol{r}_1,t_1)$$

我们便得到和 (1) 式相同的公式. 但是, 我们只需要在 $t_2 > t_1$ 的情况下使用 (1) 式这种类型的公式, 所以对于 $t_2 < t_1$ 的情况, 我们就取 $K = 0$, 故 K 的准确定义是:

$$K(\boldsymbol{r}_2,t_2;\boldsymbol{r}_1,t_1) = \langle \boldsymbol{r}_2|U(t_2,t_1)|\boldsymbol{r}_1\rangle\theta(t_2-t_1) \tag{6}$$

其中 $\theta(t_2-t_1)$ 是 "阶跃" 函数:

$$\begin{aligned}\theta(t_2-t_1) = 1, \quad \text{若 } t_2 > t_1 \\ \theta(t_2-t_1) = 0, \quad \text{若 } t_2 < t_1\end{aligned} \tag{7}$$

引入 $\theta(t_2-t_1)$, 在物理上和数学上都有好处. 从物理上说, 这只不过相当于规定在图 3–22 中的曲面 $t = t_1$ 上的那些子波源只向未来 "辐射". 由于这个原因, 我们称 (6) 式所定义的 $K(\boldsymbol{r}_2,t_2;\boldsymbol{r}_1,t_1)$ 为推迟传播函数. 从数学上说, 我们将会看到, 因为有了 $\theta(t_2-t_1)$ 这个因子, $K(\boldsymbol{r}_2,t_2;\boldsymbol{r}_1,t_1)$ 将满足一个偏微分方程, 其右端含有 δ 函数, 也就是说, 它将满足定义格林函数的方程.

附注:

(i) 但是, 要注意, 即使 $t_2 < t_1$, 方程 (5) 也是成立的. 此外, 我们还可以从数学上引入一个 "超前" 传播函数, 它只在 $t_2 < t_1$ 时才不为零, 而且它也满足定义格林函数的方程. 在目前这个阶段, 超前传播函数的物理意义还不能通过简单的方式表现出来, 在这里我们不研究它.

(ii) 在不致引起误会的情况下, 我们将 $K(\boldsymbol{r}_2,t_2;\boldsymbol{r}_1,t_1)$ 简单地记作 $K(2,1)$.

b. K(2,1) 的物理解释

从定义式 (6) 很容易推知 $K(2,1)$ 的物理解释: 它表示在时刻 t_1 从点 $\boldsymbol{r}_1$ 出发的粒子在此后的某时刻 t_2 到达点 $\boldsymbol{r}_2$ 的概率幅. 实际上, 可以取粒子定域在点 $\boldsymbol{r}_1$ 处的态作为时刻 t_1 的初态:

$$|\psi(t_1)\rangle = |\boldsymbol{r}_1\rangle \tag{8}$$

则在时刻 t_2, 态矢量变为: [332]

$$|\psi(t_2)\rangle = U(t_2, t_1)|\psi(t_1)\rangle = U(t_2, t_1)|\boldsymbol{r}_1\rangle \tag{9}$$

因而, 在这个时刻在点 $\boldsymbol{r}_2$ 处找到粒子的概率幅就是:

$$\langle \boldsymbol{r}_2|\psi(t_2)\rangle = \langle \boldsymbol{r}_2|U(t_2, t_1)|\boldsymbol{r}_1\rangle \tag{10}$$

c. 用 H 的本征态来表示 $K(2,1)$

假设哈密顿算符 H 不明显地依赖于时间, 用 $|\varphi_n\rangle$ 和 E_n 表示它的本征态和本征值:

$$H|\varphi_n\rangle = E_n|\varphi_n\rangle \tag{11}$$

根据 $\mathrm{F_{III}}$ 的公式 (18), 我们有

$$U(t_2, t_1) = \mathrm{e}^{-\mathrm{i}H(t_2-t_1)/\hbar} \tag{12}$$

利用封闭性关系

$$\sum_n |\varphi_n\rangle\langle\varphi_n| = \mathbb{1} \tag{13}$$

可将 (12) 式写成下列形式:

$$U(t_2, t_1) = \mathrm{e}^{-\mathrm{i}H(t_2-t_1)/\hbar}\sum_n |\varphi_n\rangle\langle\varphi_n| \tag{14}$$

注意到 (11) 式, 便可将上式写作:

$$U(t_2, t_1) = \sum_n \mathrm{e}^{-\mathrm{i}E_n(t_2-t_1)/\hbar}|\varphi_n\rangle\langle\varphi_n| \tag{15}$$

要计算 $K(2,1)$, 只需取 (15) 式两端在 $\langle\boldsymbol{r}_2|$ 和 $|\boldsymbol{r}_1\rangle$ 之间的矩阵元, 再乘以 $\theta(t_2-t_1)$. 由于

$$\langle\boldsymbol{r}_2|\varphi_n\rangle = \varphi_n(\boldsymbol{r}_2) \tag{16}$$

$$\langle\varphi_n|\boldsymbol{r}_1\rangle = \varphi_n^*(\boldsymbol{r}_1) \tag{17}$$

因而可以得到:

$$K(\boldsymbol{r}_2, t_2; \boldsymbol{r}_1, t_1) = \theta(t_2-t_1)\sum_n \varphi_n^*(\boldsymbol{r}_1)\varphi_n(\boldsymbol{r}_2)\mathrm{e}^{-\mathrm{i}E_n(t_2-t_1)/\hbar} \tag{18}$$

d. $K(2,1)$ 所满足的方程

$\varphi_n(\boldsymbol{r}_2)\mathrm{e}^{-\mathrm{i}E_nt_2/\hbar}$ 是薛定谔方程的解. 由此推知, 在 $\{|\boldsymbol{r}\rangle\}$ 表象中应有

$$\left[\mathrm{i}\hbar\frac{\partial}{\partial t_2} - H\left(\boldsymbol{r}_2, \frac{\hbar}{\mathrm{i}}\nabla_2\right)\right]\varphi_n(\boldsymbol{r}_2)\mathrm{e}^{-\mathrm{i}E_nt_2/\hbar} = 0 \tag{19}$$

(∇_2 是表示三个算符 $\dfrac{\partial}{\partial x_2}, \dfrac{\partial}{\partial y_2}, \dfrac{\partial}{\partial z_2}$ 的缩并记号). 下列算符

$$\mathrm{i}\hbar\frac{\partial}{\partial t_2} - H\left(\boldsymbol{r}_2, \frac{\hbar}{\mathrm{i}}\nabla_2\right)$$ [333]

只对变量 $\boldsymbol{r}_2$ 和 t_2 起作用. 现将这个算符作用于方程 (18) 的两端, 而且我们知道 [参看附录 Ⅱ 的 (44) 式]:

$$\frac{\partial}{\partial t_2}\theta(t_2 - t_1) = \delta(t_2 - t_1) \tag{20}$$

再利用 (19) 式, 就可以得到:

$$\begin{aligned}&\left[\mathrm{i}\hbar\frac{\partial}{\partial t_2} - H\left(\boldsymbol{r}_2, \frac{\hbar}{\mathrm{i}}\nabla_2\right)\right]K(\boldsymbol{r}_2, t_2; \boldsymbol{r}_1, t_1)\\ &= \mathrm{i}\hbar\delta(t_2 - t_1)\sum_n \varphi_n^*(\boldsymbol{r}_1)\varphi_n(\boldsymbol{r}_2)\mathrm{e}^{-\mathrm{i}E_n(t_2 - t_1)/\hbar}\end{aligned} \tag{21}$$

因为上式中含有 $\delta(t_2 - t_1)$, 故我们可以令此式右端累加号下的 $t_2 - t_1$ 为零. 于是指数函数便等于 1. 结果得到一个和 $\sum\limits_n \varphi_n(\boldsymbol{r}_2)\varphi_n^*(\boldsymbol{r}_1)$. 根据 (13)、(16) 及 (17) 式, 这个和应等于 $\delta(\boldsymbol{r}_2 - \boldsymbol{r}_1)$[只需取 (13) 式在 $\langle\boldsymbol{r}_2|$ 和 $|\boldsymbol{r}_1\rangle$ 之间的矩阵元即可看出]. 最后, K 满足的方程为:

$$\left[\mathrm{i}\hbar\frac{\partial}{\partial t_2} - H\left(\boldsymbol{r}_2, \frac{\hbar}{\mathrm{i}}\nabla_2\right)\right]K(\boldsymbol{r}_2, t_2; \boldsymbol{r}_1, t_1) = \mathrm{i}\hbar\delta(t_2 - t_1)\delta(\boldsymbol{r}_2 - \boldsymbol{r}_1) \tag{22}$$

方程 (22) 的右端正比于一个四维的 δ 函数, 它的解叫做**格林函数**. 可以证明, 要完全确定 $K(2,1)$, 还须给 (22) 式添上一个边界条件:

$$K(\boldsymbol{r}_2, t_2; \boldsymbol{r}_1, t_1) = 0, \text{ 若 } t_2 < t_1 \tag{23}$$

附带指出, 在某些情况下 (特别是在微扰理论中, 见第十一章), 方程 (22) 和 (23) 还有一些重要的发展.

3. 量子力学的拉格朗日表述

a. 空–时路径的概念

我们来考虑空–时中的坐标为 $(\boldsymbol{r}_1, t_1)$ 和 $(\boldsymbol{r}_2, t_2)$ 的两点 [参看图 3–23, 其中横轴表示 t, 纵轴笼统地表示空间的三个坐标轴]. 我们选择等间隔地分布在 t_1 和 t_2 之间的 N 个中间时刻 $t_{\alpha_i}(i = 1, 2, \cdots, N)$:

$$t_1 < t_{\alpha_1} < t_{\alpha_2} < \cdots < t_{\alpha_{N-1}} < t_{\alpha_N} < t_2 \tag{24}$$

其中的每一个时刻对应于空间的一个位置 $\boldsymbol{r}_{\alpha_i}$. 这样, 当 N 趋向无穷大时, 我 [334]

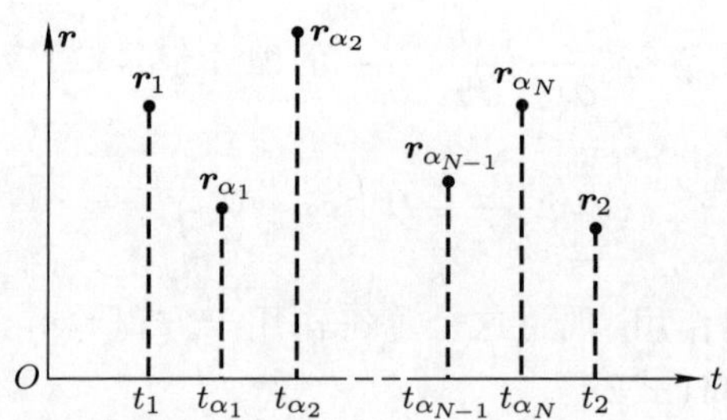

图 3–23 "空–时路径" 的示意图. 我们在 t_1 和 t_2 之间取 N 个均匀分布的中间时刻 $t_{\alpha_i}(i=1,2,\cdots,N)$, 并为每一个时刻取定 $\boldsymbol{r}$ 的一个值.

们便构成了一个函数 $\boldsymbol{r}(t)$(假设它是连续的) 它满足:

$$\boldsymbol{r}(t_1)=\boldsymbol{r}_1 \tag{25–a}$$

$$\boldsymbol{r}(t_2)=\boldsymbol{r}_2 \tag{25–b}$$

我们说 $\boldsymbol{r}(t)$ 确定了 $(\boldsymbol{r}_1,t_1)$ 和 $(\boldsymbol{r}_2,t_2)$ 之间的一条空–时路径. 我们不妨将它看作质点于时刻 t_1 从点 $\boldsymbol{r}_1$ 出发于时刻 t_2 到达点 $\boldsymbol{r}_2$ 所走过的路径.

b. 将 $K(2,1)$ 分解为部分幅的和

首先我们还是考虑中间时刻的数目 N 为有限大的情况. 根据补充材料 $\text{F}_{\text{Ⅲ}}$ 中的公式 (10), 可以写出:

$$U(t_2,t_1)=U(t_2,t_{\alpha_N})U(t_{\alpha_N},t_{\alpha_{N-1}})\cdots U(t_{\alpha_2},t_{\alpha_1})U(t_{\alpha_1},t_1) \tag{26}$$

取 (26) 式两端在 $\langle\boldsymbol{r}_2|$ 和 $|\boldsymbol{r}_1\rangle$ 之间的矩阵元, 并且对每一个中间时刻 t_{α_i}, 都插入 $\{|\boldsymbol{r}\rangle\}$ 表象中的封闭性关系式. 根据 (6) 式和 (24) 式, 我们便得到:

$$\begin{aligned}K(2,1)=&\int\mathrm{d}^3r_{\alpha_N}\int\mathrm{d}^3r_{\alpha_{N-1}}\cdots\int\mathrm{d}^3r_{\alpha_2}\int\mathrm{d}^3r_{\alpha_1}K(2,\alpha_N)\\&\times K(\alpha_N,\alpha_{N-1})\cdots K(\alpha_2,\alpha_1)K(\alpha_1,1)\end{aligned} \tag{27}$$

现在我们考察下面的乘积:

$$K(2,\alpha_N)K(\alpha_N,\alpha_{N-1})\cdots K(\alpha_2,\alpha_1)K(\alpha_1,1) \tag{28}$$

将 §2–b 中的解释加以推广, 我们可以将这个乘积解释为粒子从点 $1(\boldsymbol{r}_1,t_1)$ 出发, 顺次通过图 3–23 中诸点 $\alpha_i(\boldsymbol{r}_{\alpha_i},t_{\alpha_i})$ 而到达点 $2(\boldsymbol{r}_2,t_2)$ 的概率幅. 我们要注意, 在公式 (27) 中, 要对在每个时刻 t_{α_i} 的一切可能的位置 $\boldsymbol{r}_{\alpha_i}$ 求积分.

现在我们令 N 趋向无穷大①. 诸点 α_i 的一个序列便确定了空–时中从点 1 到点 2 的一条路径, 而与此相联系的乘积 (28) 就变成粒子遵循这条路径的

① 在这里我们无意追求数学上的严密性.

概率幅. 当然, 公式 (27) 便应含有无穷多个积分. 但是我们知道, 对于在每一 [335]
时刻的一组可能的位置求和相当于对一组可能的路径求和. 于是, $K(2,1)$ 就是这样一个和 (实际上是一个积分), 这个和对应于与点 1 和 2 之间的一切可能的空–时路径相联系的概率幅的相干叠加.

c. 费曼假设

利用传播函数的概念和空–时路径的概念, 我们可以重新表述关于物理体系随时间演变的假定. 在这里, 我们就无自旋粒子的情况来说明这种表述的一般概念.

我们直接将 $K(2,1)$ 定义为粒子于时刻 t_1 从点 $\boldsymbol{r}_1$ 出发, 于时刻 t_2 到达点 $\boldsymbol{r}_2$ 的概率幅. 现在, 我们假设:

(i) 空–时中的点 $(\boldsymbol{r}_1, t_1)$ 和点 $(\boldsymbol{r}_2, t_2)$ 之间的每一条路径都有一个对应的部分幅, $K(2,1)$ 就是这无限多个部分幅的总和.

(ii) 对应于某一条路径 $\boldsymbol{\Gamma}$ 的部分幅 $K_{\boldsymbol{\Gamma}}(2,1)$ 可按下述方式求得: 假设 $S_{\boldsymbol{\Gamma}}$ 是沿路径 $\boldsymbol{\Gamma}$ 计算出来的经典作用量, 即

$$S_{\boldsymbol{\Gamma}} = \int_{(\boldsymbol{\Gamma})} \mathscr{L}(\boldsymbol{r}, \boldsymbol{p}, t)\mathrm{d}t \tag{29}$$

式中 $\mathscr{L}(\boldsymbol{r}, \boldsymbol{p}, t)$ 是粒子的拉氏函数 (参看附录 Ⅲ); 则 $K_{\boldsymbol{\Gamma}}(2,1)$ 由下式确定:

$$K_{\boldsymbol{\Gamma}}(2,1) = N\mathrm{e}^{\frac{\mathrm{i}}{\hbar}S_{\boldsymbol{\Gamma}}} \tag{30}$$

其中 N 是归一化因子 (而且我们可以将它明显地表出).

可以证明, 薛定谔方程将是这两个假设的推论. 同样, 我们还可以由此推出可观察量 $\boldsymbol{R}$ 和 $\boldsymbol{P}$ 的诸分量之间的正则对易关系式. 因此, 从这两个假设可以构成量子力学的另一种表述, 它不同于但又等价于第三章中的表述.

d. 经典极限: 与哈密顿原理的关系

讨论到量子力学和经典力学之间的联系时, 我们刚才概述过的表述就显得特别有意义.

我们来考察作用量 $S_{\boldsymbol{\Gamma}}$ 甚大于 $\hbar$ 的情况. 这时, 在两条不同的路径之间作用量的改变量 $\Delta S_{\boldsymbol{\Gamma}}$(即使其相对值很小, 即 $\dfrac{\Delta S_{\boldsymbol{\Gamma}}}{S_{\boldsymbol{\Gamma}}} \ll 1$) 一般说来总是比 $\hbar$
大得多. 因而, $K_{\boldsymbol{\Gamma}}(2,1)$ 的相位变化得十分迅速, 绝大多数路径 $\boldsymbol{\Gamma}$ 对总幅度 [336]
$K(2,1)$ 的贡献便因干涉而互相抵消. 但是, 如果存在这样一条路径 $\boldsymbol{\Gamma}_0$, 与它对应的作用量是稳定的 (意思是说, 从 $\boldsymbol{\Gamma}_0$ 过渡到一条无限邻近的路径时, 在一级近似下, 作用量没有变化), 那么, 幅度 $K_{\boldsymbol{\Gamma}_0}(2,1)$ 将与靠近 $\boldsymbol{\Gamma}_0$ 的那些路径的幅度相长地相干, 这是因为现在它们的相位实际上是保持一致的. 因此, 如果作用量 $S_{\boldsymbol{\Gamma}}$ 甚大于 $\hbar$, 那么, 我们遇到的便是 "准经典的" 情况, 这时, 要得到

$K(2,1)$, 我们只需考虑 $\boldsymbol{\Gamma}_0$ 和与它无限邻近的路径, 其他路径都可忽略; 而且我们可以说, 在点 1 和点 2 之间粒子通过的路径就是 $\boldsymbol{\Gamma}_0$. 但是, 这里所说的路径正是经典意义下的路径, 因为哈密顿原理所确定的就是在其上作用量为极小值的路径. 由此可见, 费曼假设在经典极限下包含着哈密顿最小作用量原理. 这些假设为最小作用量原理提供一个假想的解释: 与粒子相联系的波, "试探"了各条可能的路径, 终于选出在其上作用量为最小的那条路径.

量子力学的拉格朗日表述还有很多其他优点, 我们不在这里详细讨论. 作为例子, 我们指出, 用这种表述方式很容易进行相对论性的推广, 这是因为我们可以在空–时中直接进行推证. 此外, 我们还可以将这种表述方式应用到受变分原理支配的一切经典体系 (不一定是力学体系, 例如可以是场).

但是, 这种表述方式在数学上却有一些不方便之处 (对无穷多条路径求和, $N \to \infty$ 时的极限, $\cdots$).

参考文献和阅读建议:

Feynman 的原始论文 (2.38); Feynman 和 Hibbs (2.25); Bjorken 和 Drell (2.6), 第 6, 7 章.

补充材料 K_{III} 不稳定态. 寿命 [337]

1. 引言

我们考虑一个保守系 (即哈密顿算符 H 与时间无关的体系). 假设 $t=0$ 时, 体系的态是哈密顿算符的一个本征态 $|\varphi_n\rangle$, 对应的能量是 E_n:

$$|\psi(0)\rangle = |\varphi_n\rangle \tag{1}$$

其中 $|\varphi_n\rangle$ 满足下式:

$$H|\varphi_n\rangle = E_n|\varphi_n\rangle \tag{2}$$

在这种情况下, 体系将无限期地停留在同一个态 (即定态, 参看第三章 §D–2–b).

到第七章, 我们将研究氢原子, 要解它的哈密顿算符的本征值方程, 这个问题中的哈密顿算符就是与时间无关的. 由这种方法所确定的氢原子的能级 (即其能量的各种可能值) 与实验上测得的能量值符合得很好. 可是, 我们知道, 大部分能级实际上是不稳定的, 如果 $t=0$ 时, 原子处于某一激发态, 即这样一个本征态 $|\varphi_n\rangle$, 与它对应的能量 E_n 高于基态 (最低能态) 的能量, 那么, 在一般情况下, 原子将 "落回" 基态, 同时发射出一个或若干个光子. 因此, 在这种情况下, 态 $|\varphi_n\rangle$ 并不真正是一个定态.

这个问题的起因在于: 在第七章中的那种类型的运算中, 我们是将所研究的体系 (氢原子) 当作完全孤立的体系来看待的: 其实, 体系和电磁场之间随时都有相互作用. 虽然 "原子 + 电磁场" 的总体系的演变, 可以由一个哈密顿算符完全描述, 但我们不可能严格地单独为氢原子定义一个哈密顿算符[参看补充材料 E_{III} 的 §5–b 的附注 (V)]. 不过, 原子和场之间的耦合凑巧是很弱的 (可以证明, 这种耦合的 "力" 是由精细结构常数 $\alpha \simeq \dfrac{1}{137}$ 来表征的; 在第七章将引入这个常数). 因此, 完全忽略电磁场的近似计算, 能给出很好的结果; 当然, 如果我们要专门去研究能态的不稳定性, 那就又当别论了.

[338] **附注:**

(i) 一个孤立的严格保守系的初态如果是若干定态的组合, 则体系的态将随时间演变, 因而它不会总是停留在同一个态. 但它的哈密顿函数是一个运动常量, 因而 (参看第三章 §D–2–c), 能量的任何一个值出现的概率, 如同能量的平均值一样, 是与时间无关的. 反之, 在非稳态的情况下, 在一个态和另一个态之间会发生不可逆的过渡, 同时体系的能量有所损失, 这部分能量被发射出去的光子所带走①.

(ii) 原子的激发态的不稳定性起因于光子的自发发射; 基态是稳定的, 因为没有比它更低的能态. 可是, 我们要注意, 原子也可能吸收光的能量, 而过渡到更高的能态.

在这篇材料里, 我们试图说明, 怎样唯象地考虑态的不稳定性. 由于我们继续将体系看作是孤立的, 因此我们不可能对此进行严格的描述, 而只能以很简单的方式将不稳定性纳入对体系的量子描述之中.

在补充材料 D_{XIII} 中我们对这个问题作了较精确的处理. 从那里可以看出, 这里的唯象描述是合理的.

2. 寿命的定义

实验证明, 常常可以只用一个具有时间量纲的参量 τ 来描述能态不稳定性; 我们称这个参量为能态的*寿命*. 更精确地说, 如果我们使体系在 $t=0$ 时处于非稳态 $|\varphi_n\rangle$, 那么, 可以验证: 在以后的某时刻 t, 体系仍然停留在这个态的概率 $\mathscr{P}(t)$ 应为:

$$\mathscr{P}(t)=\mathrm{e}^{-t/\tau} \tag{3}$$

这个结果也可以叙述如下: 如果使很多个 ($\mathscr{N}$ 个) 独立的全同体系, 在 $t=0$ 时都处于同一个态 $|\varphi_n\rangle$, 则到时刻 t, 仍然处于这个态的体系还有 $N(t)=\mathscr{N}\mathrm{e}^{-t/\tau}$ 个. 在时刻 t 到 $t+\mathrm{d}t$ 之间, 脱离了这个非稳定态的体系的数目为:

$$\mathrm{d}n(t)=N(t)-N(t+\mathrm{d}t)=-\frac{\mathrm{d}N(t)}{\mathrm{d}t}\mathrm{d}t=N(t)\frac{\mathrm{d}t}{\tau} \tag{4}$$

对于在时刻 t 仍然处于 $|\varphi_n\rangle$ 态的 $N(t)$ 个体系中的每一个, 我们可以定义一个概率:

$$\mathrm{d}w(t)=\frac{\mathrm{d}n(t)}{N(t)}=\frac{\mathrm{d}t}{\tau} \tag{5}$$

它表示这些体系在时刻 t 以后的一段时间 $\mathrm{d}t$ 内脱离这个态的概率. 我们看到 $\mathrm{d}w(t)$ 是与 t 无关的, 因此, 我们说: *每单位时间内体系脱离非稳态的概率是* $1/\tau$.

① 这些光子也可以带走动量和角动量.

附注: [339]

(i) 我们来计算体系停留在非稳态的时间的平均值, 其值为:

$$\int_0^\infty t\mathrm{e}^{-t/\tau}\frac{\mathrm{d}t}{\tau}=\tau \tag{6}$$

可见 τ 就是体系在态 $|\varphi_n\rangle$ 中度过的平均时间, 正因为如此, 我们才把它称为这个态的寿命.

对于稳定态来说, $\mathscr{P}(t)$ 永远等于 1, 寿命 τ 为无穷大.

(ii) 寿命 τ 有一个很值得注意的性质, 就是它与我们使体系进入非稳态的方法无关, 也就是说, 它与体系过去的 "历史" 无关. 因此, 寿命是非稳态本身的一个特征.

(iii) 根据时间–能量不确定度关系式 (第三章 §D–2–e), 表征非稳态演变的时间 τ, 与一能量不确定度 ΔE 相联系, 它由下式给出:

$$\Delta E\simeq\frac{\hbar}{\tau} \tag{7}$$

实际上, 我们发现不能以任意高的精确度去稳定非稳态的能量, 至少要带有数量级为 ΔE 的不确定度. 因此, 我们称 ΔE 为该能级的**自然宽度**. 就氢原子而言, 各能级的自然宽度和各能级间的间隔相比, 小到可以忽略, 因此在一级近似下我们可以把它们当作是稳定的.

3. 对态的非稳定性的唯象描述

首先考虑一个保守系, 假设在初始时刻, 我们将它的态制备在哈密顿算符 H 的本征态 $|\varphi_n\rangle$. 根据第三章的规则 (D–54), 到时刻 t, 态矢量将变为:

$$|\psi(t)\rangle=\mathrm{e}^{-\mathrm{i}E_nt/\hbar}|\varphi_n\rangle \tag{8}$$

在 t 时刻进行观测, 发现体系处于态 $|\varphi_n\rangle$ 的概率 $\mathscr{P}_n(t)$ 为:

$$\mathscr{P}_n(t)=|\mathrm{e}^{-\mathrm{i}E_nt/\hbar}|^2 \tag{9}$$

能量 E_n 是实数 (因为 H 是一个可观察量), 因此, 这个概率是不变的而且等于 1. 于是我们又看到 $|\varphi_n\rangle$ 是一个定态.

如果在 (9) 式中, 将能量 E_n 换成下列复数:

$$E'_n=E_n-\mathrm{i}\hbar\frac{\gamma_n}{2} \tag{10}$$

情况将会怎样呢? 这时概率 $\mathscr{P}_n(t)$ 变为:

$$\mathscr{P}'_n(t)=|\mathrm{e}^{-\mathrm{i}(E_n-\frac{1}{2}\mathrm{i}\hbar\gamma_n)t/\hbar}|^2=\mathrm{e}^{-\gamma_nt} \tag{11}$$

[340] 在这种情况下, 如同在公式 (3) 中那样, 我们发现体系处于态 $|\varphi_n\rangle$ 的概率按指数规律随时间衰减. 因此, 为了唯象地考虑寿命为 τ_n 的态 $|\varphi_n\rangle$ 的不稳定性, 只需如 (10) 式那样, 在这个态的能量上附加一个虚部, 并令

$$\gamma_n = \frac{1}{\tau_n} \tag{12}$$

附注:

如果将 E_n 换成 E'_n,(8) 式中的态矢量的模将变为 $\mathrm{e}^{-\gamma_n t/2}$, 它将随时间而变化. 这个结果并不奇怪, 在第三章 §D–1–c 中我们已经看到, 态矢量的模之所以不变化, 是因为哈密顿算符具有厄米性; 但是, 本征值为复数 (如 E'_n) 的算符不可能是厄米算符. 当然, 正如我们在 §1 中说过的那样, 原因在于我们所研究的体系是更大的体系的一部分 (该体系与电磁场有相互作用), 而且严格说来, 我们不可能用哈密顿算符来描述它的演变. 引入一个具有复本征值的 "哈密顿算符", 就能简单地说明这种体系的演变, 这是颇为引人注意的.

补充材料 L_{III}

练习 [341]

1. 在一维问题中, 假设有一个粒子, 它的波函数是

$$\psi(x) = N\frac{e^{ip_0x/\hbar}}{\sqrt{x^2+a^2}}$$

式中 a 和 p_0 都是实常数, N 是归一化系数.

a. 确定 N 的值以使 $\psi(x)$ 归一化.

b. 如果测量粒子的位置, 所得结果介于 $-\dfrac{a}{\sqrt{3}}$ 和 $+\dfrac{a}{\sqrt{3}}$ 之间的概率是多大?

c. 试计算粒子动量的平均值.

2. 在一维问题中, 考虑一个质量为 m 的粒子, 它的波函数在时刻 t 为 $\psi(x,t)$.

a. 设想在时刻 t 测量粒子到原点 O 的距离 d. 试以 $\psi(x,t)$ 的函数来表示测得的结果大于给定长度 d_0 的概率 $\mathscr{P}(d_0)$. 求 $\mathscr{P}(d_0)$ 在 $d_0 \to 0$ 及 $d_0 \to \infty$ 时的极限.

b. 不作 a 中的测量, 而测粒子在时刻 t 的速度 v. 试以 $\psi(x,t)$ 的函数来表示测得的结果大于给定值 v_0 的概率.

3. 在一维问题中, 自由粒子的波函数在 $t=0$ 时的表达式为:

$$\psi(x,0) = N\int_{-\infty}^{+\infty} dk e^{-|k|/k_0} e^{ikx}$$

式中 k_0 和 N 都是常量.

a. 设想在 $t=0$ 时测量粒子的动量, 试求所得结果介于 $-p_1$ 和 $+p_1$ 之间的概率 $\mathscr{P}(p_1,0)$. 简略地描绘函数 $\mathscr{P}(p_1,0)$.

b. 如果在时刻 t 进行测量, 概率 $\mathscr{P}(p_1,t)$ 变成什么函数? 试解释之.

c. 在 $t=0$ 时, 波包的形状如何? 试计算这个时刻的乘积 $\Delta X \cdot \Delta P$; 由此得出什么结论? 试定性地描述波包以后的演变.

[342] **4. 自由波包的扩展**

考虑一个自由粒子.

a. 应用埃伦费斯特定理, 证明:$\langle X\rangle$ 是时间的线性函数, 而平均值 $\langle P\rangle$ 则保持为常值.

b. 试写出平均值 $\langle X^2\rangle$ 和 $\langle XP+PX\rangle$ 演变的方程, 并积分这些方程.

c. 适当选择时间的原点, 试证: 方均根偏差 ΔX 可由下式给出:

$$(\Delta X)^2=\frac{1}{m^2}(\Delta P)_0^2t^2+(\Delta X)_0^2$$

式中 $(\Delta X)_0$ 和 $(\Delta P)_0$ 是初始时刻的方均根偏差.

波包的宽度怎样随时间变化 (参看补充材料 $\mathrm{G_I}$ 的 §3–c)? 试从物理上予以解释.

5. 受恒力作用的粒子

我们考虑一维问题中的一个粒子, 其势能为 $V(X)=-fX$, 此处 f 是一个正常数 [$V(X)$, 譬如, 来源于重力场或均匀电场].

a. 试就粒子的位置 X 和动量 P 的平均值写出埃伦费斯特定理; 积分这些方程, 并与经典运动作比较.

b. 试证方均根偏差 ΔP 不随时间改变.

c. 在 $\{|p\rangle\}$ 表象中, 写出薛定谔方程. 由此导出 $\dfrac{\partial}{\partial t}|\langle p|\psi(t)\rangle|^2$ 与 $\dfrac{\partial}{\partial p}|\langle p|\psi(t)\rangle|^2$ 之间的关系式; 积分由此得到的方程, 并从物理上予以解释.

6. 考虑下列的三维波函数

$$\psi(x,y,z)=N\mathrm{e}^{-\left[\frac{|x|}{2a}+\frac{|y|}{2b}+\frac{|z|}{2c}\right]}$$

其中的 a,b,c 是表示长度的正数.

a. 计算能使 ψ 归一化的 N.

b. 计算测量 X 得到的结果介于 0 与 a 之间的概率.

c. 计算同时测量 Y 及 Z 而得到的结果分别介于 $-b$ 与 $+b$ 以及 $-c$ 与 $+c$ 之间的概率.

d. 计算测量动量得到的结果在以点 $p_x=p_y=0; p_z=\dfrac{\hbar}{c}$ 为中心的元素 $\mathrm{d}p_x\mathrm{d}p_y\mathrm{d}p_z$ 内的概率.

[343] **7.** 假设 $\psi(x,y,z)=\psi(\boldsymbol{r})$ 是一个粒子的归一化的波函数. 试用 $\psi(\boldsymbol{r})$ 来表示下述各种情况下的概率:

a. 测量坐标 X, 得到的结果介于 x_1 与 x_2 之间.

b. 测量动量分量 P_x, 得到的结果介于 p_1 与 p_2 之间.

c. 同时测量 X 和 P_z, 得到

$$x_1 \leqslant x \leqslant x_2$$
$$p_z \geqslant 0$$

d. 同时测量 P_x, P_y, P_z, 得到

$$p_1 \leqslant p_x \leqslant p_2$$
$$p_3 \leqslant p_y \leqslant p_4$$
$$p_5 \leqslant p_z \leqslant p_6$$

试证: 如果 $p_3, p_5 \to -\infty; p_4, p_6 \to +\infty$, 就又得到与题 b 相同的结果.

e. 测量位置的组合量 $U = \dfrac{1}{\sqrt{3}}(X + Y + Z)$, 得到的结果介于 u_1 与 u_2 之间.

8. 假设质量为 m 的粒子的态由波函数 $\psi(\boldsymbol{r})$ 描述, 与此函数相联系的概率流为 $\boldsymbol{J}(\boldsymbol{r})$ [第三章, (D–17) 式和 (D–19) 式].

a. 试证

$$m\int \mathrm{d}^3 r \boldsymbol{J}(\boldsymbol{r}) = \langle \boldsymbol{P} \rangle$$

式中 $\langle \boldsymbol{P} \rangle$ 是动量的平均值.

b. 试考虑算符 $\boldsymbol{L}$(轨道角动量), 其定义为 $\boldsymbol{L} = \boldsymbol{R} \times \boldsymbol{P}$. 试问, $\boldsymbol{L}$ 的三个分量是不是厄米算符? 试建立关系式

$$m\int \mathrm{d}^3 r[\boldsymbol{r} \times \boldsymbol{J}(\boldsymbol{r})] = \langle \boldsymbol{L} \rangle$$

9. 我们试图证明: 给出了概率密度 $\rho(\boldsymbol{r}) = |\psi(\boldsymbol{r})|^2$ 和概率流 $\boldsymbol{J}(\boldsymbol{r})$, 就可以完全确定一个 (无自旋) 粒子的物理状态.

a. 假设 $\psi(\boldsymbol{r})$ 是已知的, 并设 $\xi(\boldsymbol{r})$ 是它的幅角, 即

$$\psi(\boldsymbol{r}) = \sqrt{\rho(\boldsymbol{r})} \cdot \mathrm{e}^{\mathrm{i}\xi(\boldsymbol{r})}$$

试证:

$$\boldsymbol{J}(\boldsymbol{r}) = \frac{\hbar}{m}\rho(\boldsymbol{r})\nabla\xi(\boldsymbol{r})$$

由此证明: 如果两个波函数给出同一个概率密度 $\rho(\boldsymbol{r})$ 和同一个概率流 $\boldsymbol{J}(\boldsymbol{r})$, [344]
则这两个函数只相差一个总的相位因子.

b. 假设 $\rho(\boldsymbol{r})$ 和 $\boldsymbol{J}(\boldsymbol{r})$ 是任意的已知函数, 试证: 只有当 $\nabla\times\boldsymbol{v}(\boldsymbol{r})=0$ 时, 才有一个量子态 $\psi(\boldsymbol{r})$ 与这两个函数相联系, 这里的 $\boldsymbol{v}(\boldsymbol{r})=\boldsymbol{J}(\boldsymbol{r})/\rho(\boldsymbol{r})$ 是与概率 "流体" 相联系的速度.

c. 现在假设粒子受到磁场 $\boldsymbol{B}(\boldsymbol{r})=\nabla\times\boldsymbol{A}(\boldsymbol{r})$ 的作用 [参看第三章中关于这种情况下的概率流的定义 (D–20) 式]. 试证:

$$\boldsymbol{J}=\frac{\rho(\boldsymbol{r})}{m}[\hbar\nabla\xi(\boldsymbol{r})-q\boldsymbol{A}(\boldsymbol{r})]$$

及

$$\nabla\times\boldsymbol{v}(\boldsymbol{r})=-\frac{q}{m}\boldsymbol{B}(\boldsymbol{r})$$

10. 位力定理

a. 考虑一维问题中的一个粒子, 它的哈密顿算符为:

$$H=\frac{P^2}{2m}+V(X)$$

其中

$$V(X)=\lambda X^n$$

试计算对易子 $[H,XP]$. 如果在势场 V 中存在一个或若干个定态 $|\varphi\rangle$, 试证: 在这些态中, 动能的平均值 $\langle T\rangle$ 和势能的平均值 $\langle V\rangle$ 满足关系式 $2\langle T\rangle=n\langle V\rangle$

b. 在一个三维问题中, H 可以写作:

$$H=\frac{\boldsymbol{P}^2}{2m}+V(\boldsymbol{R})$$

试计算对易子 $[H,\boldsymbol{R}\cdot\boldsymbol{P}]$. 假设 $V(\boldsymbol{R})$ 是变量 X,Y,Z 的 n 次齐次函数. 对于处在定态中的粒子, 平均动能和平均势能之间一定存在什么关系?

将所得结果应用于在势场 $V(r)=-\dfrac{e^2}{r}$ 中运动的一个粒子 (氢原子).

注意: 我们提示一下, 变量 x,y,z 的 n 次齐次函数的定义是:

$$V(\alpha x,\alpha y,\alpha z)=\alpha^nV(x,y,z)$$

这种函数满足欧拉恒等式:

$$x\frac{\partial V}{\partial x}+y\frac{\partial V}{\partial y}+z\frac{\partial V}{\partial z}=nV(x,y,z)$$

c. 设想一个体系含有 N 个粒子, 各粒子的位置为 $\boldsymbol{R}_i$, 动量为 $\boldsymbol{P}_i(i=1,2,\cdots,N)$. 如果体系的势能为全体分量 X_i,Y_i,Z_i 的 (n 次) 齐次函数, 上面得

到的结果是否可以推广到这种情况? 本题的结果可以用来研究一个任意的分子, 它由电荷为 $-Z_iq$ 的核与电荷为 q 的电子所组成. 这些粒子两两之间都有 [345]
库仑力相互作用. 当分子处于定态时, 全体粒子的动能与它们的相互作用势能之间存在着什么关系?

11. 两个粒子的波函数

在一维问题中, 设想由两个粒子 (1) 和 (2) 构成的体系, 与此体系相联系的波函数为 $\psi(x_1, x_2)$.

a. 测量两粒子的位置 X_1 和 X_2 时, 得到结果

$$x \leqslant x_1 \leqslant x + \mathrm{d}x$$
$$\alpha \leqslant x_2 \leqslant \beta$$

的概率如何?

b. 发现粒子 (1) 的位置介于 x 和 $x + \mathrm{d}x$ 之间的概率如何 [不对粒子 (2) 进行观测]?

c. 至少发现一个粒子的位置介于 α 和 β 之间的概率如何?

d. 发现一个而且只发现一个粒子的位置介于 α 和 β 之间的概率如何?

e. 测得粒子 (1) 的动量介于 p' 和 p'' 之间而且粒子 (2) 的位置介于 α 和 β 之间的概率如何?

f. 测量两个粒子的动量 P_1 和 P_2, 得到的结果为 $p' \leqslant p_1 \leqslant p''; p''' \leqslant p_2 \leqslant p''''$ 的概率如何?

g. 假设只测量第一个粒子的动量 P_1. 试先用题 e 的结果, 再用题 f 的结果来计算测量结果介于 p' 和 p'' 之间的概率, 并比较所得的两个结果.

h. 假设测量两粒子之间的距离的代数值 $X_1 - X_2$, 得到的结果介于 $-d$ 和 $+d$ 之间的概率如何? 求出这个距离的平均值.

12. 一维无限深势阱

考虑一个质量为 m 的粒子, 它所在的势场为:

$$V(x) = 0, \qquad 若\ 0 \leqslant x \leqslant a$$
$$V(x) = +\infty, \qquad 若\ x < 0\ 或\ x > a$$

用 $|\varphi_n\rangle$ 表示体系的哈密顿算符 H 的本征态, 属于本征值 $E_n = \dfrac{n^2\pi^2\hbar^2}{2ma^2}$ (参看补充材料 H_1). $t = 0$ 时, 粒子的态为:

$$|\psi(0)\rangle = a_1|\varphi_1\rangle + a_2|\varphi_2\rangle + a_3|\varphi_3\rangle + a_4|\varphi_4\rangle$$

[346] a. 如果测量粒子在 $|\psi(0)\rangle$ 这个态的能量, 得到的结果小于 $\dfrac{3\pi^2\hbar^2}{ma^2}$ 的概率如何?

b. 试求粒子在 $|\psi(0)\rangle$ 这个态中的能量的平均值和方均根偏差.

c. 试求在时刻 t 的态矢量 $|\psi(t)\rangle$. 在题 a 和题 b 中求得的 t=0 时的那些结果, 在任意时刻 t, 是否毫无变化?

d. 如果测量能量得到结果 $\dfrac{8\pi^2\hbar^2}{ma^2}$. 测量之后体系的态如何? 再次测量能量, 将得到什么结果?

13. 二维无限深势阱 (参看补充材料 G_{II})

在二维问题中, 考虑一个质量为 m 的粒子, 它的哈密顿算符是:

$$H = H_x + H_y$$

其中

$$H_x = \frac{P_x^2}{2m} + V(X), \qquad H_y = \frac{P_y^2}{2m} + V(Y)$$

若 x(或 y) 在区间 $[0, a]$ 以内, 势能 $V(x)$[或 $V(y)$] 为零, 在其他点, 势能均为无穷大.

a. 在下面这些算符集合

$$\{H\}, \{H_x\}, \{H_x, H_y\}, \{H, H_x\}$$

中, 哪些构成一个 ECOC?

b. 考虑这样一个粒子, 当 $0 \leqslant x \leqslant a, 0 \leqslant y \leqslant a$ 时, 其波函数为:

$$\psi(x, y) = N \cos\frac{\pi x}{a} \cos\frac{\pi y}{a} \sin\frac{2\pi x}{a} \sin\frac{2\pi y}{a}$$

而在其他点, 波函数均为零 (N 是一个常数).

α. 粒子能量的平均值 $\langle H\rangle$ 如何? 如果测量能量 H, 可能得到什么结果? 这些结果出现的概率如何?

β. 测量可观察量 H_x, 可能得到什么结果? 这些结果出现的概率如何? 若这个测量的结果是 $\dfrac{\pi^2\hbar^2}{2ma^2}$, 然后再测量 H_y, 将得到什么结果? 这些结果出现的概率如何?

γ. 取代上面的那些测量, 改为同时测量 H_x 和 P_y, 得到

$$E_x = \frac{9\pi^2\hbar^2}{2ma^2}$$

[347] 而且

$$p_0 \leqslant p_y \leqslant p_0 + \mathrm{d}p$$

的概率如何?

14. 我们考虑这样一个物理体系, 它的态空间是三维的. 其中的一个正交归一基是三个右矢 $|u_1\rangle, |u_2\rangle, |u_3\rangle$. 在这个基中, 体系的哈密顿算符以及两个可观察量 A 及 B 可以分别写作:

$$H = \hbar\omega_0 \begin{bmatrix} 1 & 0 & 0 \\ 0 & 2 & 0 \\ 0 & 0 & 2 \end{bmatrix}; \qquad A = a \begin{bmatrix} 1 & 0 & 0 \\ 0 & 0 & 1 \\ 0 & 1 & 0 \end{bmatrix}; \qquad B = b \begin{bmatrix} 0 & 1 & 0 \\ 1 & 0 & 0 \\ 0 & 0 & 1 \end{bmatrix}$$

其中 ω_0, a 及 b 都是正的实常数.

$t = 0$ 时, 体系处于态

$$|\psi(0)\rangle = \frac{1}{\sqrt{2}}|u_1\rangle + \frac{1}{2}|u_2\rangle + \frac{1}{2}|u_3\rangle$$

a. 在 $t = 0$ 时, 测量体系的能量, 我们将以多大的概率得到什么结果? 若体系处于态 $|\psi(0)\rangle$, 试计算平均值 $\langle H\rangle$ 和方均根偏差 ΔH.

b. 在 $t = 0$ 时, 不测量 H 而测量 A, 我们将以多大的概率得到什么结果? 刚刚测量之后的态矢量如何?

c. 计算体系在时刻 t 的态矢量 $|\psi(t)\rangle$.

d. 计算 A 及 B 在时刻 t 的平均值 $\langle A\rangle(t)$ 及 $\langle B\rangle(t)$; 对此应附加什么注解?

e. 若在时刻 t 测量可观察量 A, 将会得到什么结果? 如果测量 B 呢? 试解释所得结果.

15. 相互作用绘景

(我们建议读者在做这个练习之前先阅读补充材料 F_{III}, 必要时还要看 G_{III}).

我们考虑一个任意的物理体系, 用 $H_0(t)$ 表示它的哈密顿算符, 用 $U_0(t, t')$ 表示对应的演变算符:

$$\begin{cases} \mathrm{i}\hbar \dfrac{\partial}{\partial t} U_0(t, t_0) = H_0(t) U_0(t, t_0) \\ U_0(t_0, t_0) = \mathbb{1} \end{cases}$$

现在假设体系受到微小扰动, 以致它的哈密顿算符变为:

$$H(t) = H_0(t) + W(t)$$

[348] 在“相互作用绘景”中, 体系的态矢量 $|\psi_I(t)\rangle$ 是由薛定谔绘景中的态矢量 $|\psi_S(t)\rangle$ 通过下列关系式来定义的:

$$|\psi_I(t)\rangle = U_0^\dagger(t,t_0)|\psi_S(t)\rangle$$

a. 试证 $|\psi_I(t)\rangle$ 的演变由下式给出:

$$\mathrm{i}\hbar\frac{\mathrm{d}}{\mathrm{d}t}|\psi_I(t)\rangle = W_I(t)|\psi_I(t)\rangle$$

这里的 $W_I(t)$ 是 $W(t)$ 经 $U_0^\dagger(t,t_0)$ 实施幺正变换后所得的算符, 即

$$W_I(t) = U_0^\dagger(t,t_0)W(t)U_0(t,t_0)$$

试定性地解释: 为什么在微扰 $W(t)$ 甚小于 $H_0(t)$ 时, 矢量 $|\psi_I(t)\rangle$ 的演变比 $|\psi_S(t)\rangle$ 的演变慢得多?

b. 试证: 上列微分方程等价于下列积分方程:

$$|\psi_I(t)\rangle = |\psi_I(t_0)\rangle + \frac{1}{\mathrm{i}\hbar}\int_{t_0}^{t}\mathrm{d}t' W_I(t')\psi_I(t')\rangle$$

式中 $|\psi_I(t_0)\rangle = |\psi_S(t_0)\rangle$.

c. 用迭代法解出这个积分方程, 从而证明右矢 $|\psi_I(t)\rangle$ 可以按 W 的各次幂展开如下:

$$|\psi_I(t)\rangle = \left\{\mathbb{1} + \frac{1}{\mathrm{i}\hbar}\int_{t_0}^{t}\mathrm{d}t' W_I(t') + \frac{1}{(\mathrm{i}\hbar)^2}\int_{t_0}^{t}\mathrm{d}t' W_I(t')\int_{t_0}^{t'}\mathrm{d}t'' W_I(t'') + \cdots\right\}|\psi_I(t_0)\rangle.$$

16. 两个粒子间的相互关系

(我们建议读者在做这个练习中的题 e 之前, 先阅读补充材料 $\mathrm{E_{III}}$).

考虑一个物理体系, 其中有两个粒子 (1) 和 (2), 质量都是 m, 两者之间并无相互作用, 这两个粒子同在一个宽度为 a 的无限深势阱中 (参看补充材料 $\mathrm{H_I}$ 的 §2–c). 我们用 $H(1)$ 和 $H(2)$ 分别表示两个粒子的哈密顿算符; 用 $|\varphi_n(1)\rangle$ 与 $|\varphi_q(2)\rangle$ 表示第一粒子与第二粒子的本征态, 它们所对应的能量分别为 $\dfrac{n^2\pi^2\hbar^2}{2ma^2}$ 及 $\dfrac{q^2\pi^2\hbar^2}{2ma^2}$. 在总体系的态空间中, 我们选定由 $|\varphi_n\varphi_q\rangle$ 构成的基, 它的定义是:

$$|\varphi_n\varphi_q\rangle = |\varphi_n(1)\rangle \otimes |\varphi_q(2)\rangle.$$

a. 试求体系的总哈密顿算符 $H = H(1) + H(2)$ 的本征态和本征值. 给出两个最低能级的简并度.

b. 假设 $t=0$ 时, 体系处于态 [349]

$$|\psi(0)\rangle = \frac{1}{\sqrt{6}}|\varphi_1\varphi_1\rangle + \frac{1}{\sqrt{3}}|\varphi_1\varphi_2\rangle + \frac{1}{\sqrt{6}}|\varphi_2\varphi_1\rangle + \frac{1}{\sqrt{3}}|\varphi_2\varphi_2\rangle$$

α. 在时刻 t, 体系处于什么态?

β. 如果测量总能 H, 我们将以什么概率得到什么结果?

γ. 如果不测量 H 而测量 H_1, 又将以什么概率得到什么结果?

c. α. 试证 $|\psi(0)\rangle$ 是一个张量乘积态. 试计算当体系处于这个态时的下列平均值: $\langle H(1)\rangle, \langle H(2)\rangle$ 及 $\langle H(1)H(2)\rangle$. 试比较 $\langle H(1)\rangle, \langle H(2)\rangle$, 与 $\langle H(1)H(2)\rangle$; 怎样解释所得的结果?

β. 试证: 如果体系处于题 b 中算出的态 $|\psi(t)\rangle$, 上面的结果仍然成立.

d. 现设态 $|\psi(0)\rangle$ 由下式给出:

$$|\psi(0)\rangle = \frac{1}{\sqrt{5}}|\varphi_1\varphi_1\rangle + \sqrt{\frac{3}{5}}|\varphi_1\varphi_2\rangle + \frac{1}{\sqrt{5}}|\varphi_2\varphi_1\rangle$$

试证 $|\psi(0)\rangle$ 不可能写成张量积的形式, 这时题 c 中各问题的答案又如何?

e. α. 试在诸矢量 $|\varphi_n\varphi_p\rangle$ 构成的基中, 写出对应于题 b 中的 $|\psi(0)\rangle$ 的密度算符 $\rho(0)$ 的矩阵. 试求时刻 t 的密度矩阵 $\rho(t)$. 试计算 $t=0$ 时的部分迹:

$$\rho(1) = \mathrm{Tr}_2\rho \quad 和 \quad \rho(2) = \mathrm{Tr}_1\rho$$

密度算符 $\rho, \rho(1)$ 及 $\rho(2)$ 所描述的态是不是纯态? 试比较 ρ 和 $\rho(1)\otimes\rho(2)$, 并加以解释.

β. 取题 d 中的右矢作为 $|\psi(0)\rangle$, 再做本题 α 中的各题.

以下各题都与密度算符有关, 我们假设读者已经掌握补充材料 E_{III} 中的概念和结果.

17. 假设 ρ 是任一体系的密度算符, 用 $|\chi_l\rangle$ 和 π_l 表示 ρ 的本征矢和本征值. 试将 ρ 和 ρ^2 表示为 $|\chi_l\rangle$ 和 π_l 的函数; 如果 ρ 描述的是纯态, 在基 $\{|\chi_l\rangle\}$ 中表示这两个算符的矩阵的形式如何? 如果 ρ 描述的是态的统计混合, 这些矩阵的形式又如何?(应该证明: 对于纯态, ρ 只有一个对角元不等于零而等于 1; 对于态的统计混合, ρ 有好几个对角元在 0 和 1 之间). 试证: 当而且仅当 ρ^2 的迹等于 1 时, ρ 才对应于纯态.

18. 考虑密度算符为 $\rho(t)$ 的一个体系, 它在哈密顿算符 $H(t)$ 的影响下演变. 试证:ρ^2 的迹不随时间而变. 试问: 体系会不会交替地处于纯态与态的统计混合?

[350] **19.** 设总体系 (1)+(2) 由子体系 (1) 和 (2) 构成, A 和 B 是在态空间 $\mathscr{E}(1)\otimes\mathscr{E}(2)$ 中起作用的两个算符. 试证: 如果 A(或 B) 只在空间 $\mathscr{E}(1)$ 中起作用, 也就是说, 如果 A(或 B) 可以写作:

$$A = A(1)\otimes \mathbb{1}(2) \qquad [\text{或 } B = B(1)\times \mathbb{1}(2)]$$

那么, $\mathrm{Tr}_1\{AB\}$ 和 $\mathrm{Tr}_1\{BA\}$ 这两个部分迹相等.

应用: 如果总体系的哈密顿算符 H 是一个只在 $\mathscr{E}(1)$ 中起作用的算符与一个只在 $\mathscr{E}(2)$ 中起作用的算符之和, 即

$$H = H(1) + H(2)$$

试计算约化密度算符 $\rho(1)$ 的变化率 $\dfrac{\mathrm{d}}{\mathrm{d}t}\rho(1)$; 并从物理上解释所得结果.

练习 5 参考文献: Flügge (1.24), §40 和 §41; Landan 和 Lifshitz (1.19), §22.

练习 10 参考文献: Levine (12.3), 第 14 章; Eyring 等 (12.5), §18b.

练习 15 参考文献: 参看补充材料 $\mathrm{G_{III}}$ 中的文献.

再回到一维问题

[351]

现在我们已经比较熟悉量子力学的数学体系和物理内容了. 我们再将在第一章中得到的一些结果精确化, 并予以补充. 在下面的三篇补充材料中, 我们将对处在任意标量势场①作用下的粒子的量子性质进行一般性的研究. 为简单起见, 只讨论一维问题. 我们将顺序讨论粒子的束缚定态, 与此对应的能量构成离散谱 (补充材料 M_{III}); 以及非束缚态, 与此对应的能量构成连续谱 (补充材料 N_{III}). 此外, 我们还要考察在应用上, 特别是在固体物理中十分重要的一个特例, 即周期势的情况 (补充材料 O_{III}).

① 矢势 $\boldsymbol{A}$ 的作用放到以后 (主要是在补充材料 E_{VI} 中) 再去研究.

补充材料 M_{III} 在任意形状的“势阱”中粒子的束缚态

1. 束缚态能量的量子化
2. 基态能量的极小值

在补充材料 H_I 中, 我们对一种特殊情况 (有限深或无限深“方形”势阱) 研究了势阱中粒子的束缚态. 在那里, 我们发现了束缚态的一些性质: 能谱是离散的, 基态能量大于经典能量的极小值. 其实, 这些性质都是普遍的, 而且在物理上引起很多后果. 这些正是这篇材料所要说明的.

如果一个粒子的势能具有极小值, 如图 3-24-a 所示, 我们就说粒子处在一个“势阱”中①. 在定性地讨论处在这种势阱中的量子粒子的定态之前, 我们先回顾一下一个经典粒子在同样情况下是怎样运动的. 如果粒子的能量 E_{cl} 取可以允许的极小值 $E_{cl} = -V_0$(V_0 是势阱的深度), 那么, 它在坐标为 x_0 的点 M_0 处是不动的. 在 $-V_0 < E_{cl} < 0$ 的情况下, 粒子将在势阱中摆动, 摆动的幅度是 E_{cl} 的增函数. 最后, 如果 $E_{cl} > 0$, 则粒子将脱离势阱而奔向无限远处. 因此, 经典粒子的“束缚态”对应于从 $-V_0$ 到 0 的一切负能值.

[352] 就量子粒子而言, 情况就大不相同了. 完全确定的能态 E 都是定态, 这些态的波函数 $\varphi(x)$ 是哈密顿算符的本征值方程

$$\left[-\frac{\hbar^2}{2m}\frac{\mathrm{d}^2}{\mathrm{d}x^2} + V(x)\right]\varphi(x) = E\varphi(x) \tag{1}$$

的解. 不论为 E 选取什么值, 这个二阶微分方程都有无穷多个解; 这是因为任意取定了 $\varphi(x)$ 及其导数在某一点的值, 我们便可以通过开拓而求得每一点 x 处的 φ. 因此, 单凭方程 (1) 并不能限制能量的可能值. 但是我们即将证明, 如果再对 $\varphi(x)$ 提出某些边界条件, 那么只有 E 的某些值才是被允许的 (即能量的量子化).

1. 束缚态能量的量子化

如果波函数 $\varphi(x)$ 满足本征值方程 (1) 而且是平方可积的 [要使 $\varphi(x)$ 确能描述粒子的物理状态, 这个条件是不可少的], 我们便称这些函数所描述的态

① 当然, 势能只能确定到相差一个常数; 我们仍按惯例, 取无穷远处的势能为零.

为 "粒子的束缚态". 这些态都是定态; 对于这样的态, 粒子出现的概率密度 $|\varphi(x)|^2$ 只在空间的某一有限范围内才有显著的值 [为使积分 $\int_{-\infty}^{+\infty} \mathrm{d}x|\varphi(x)|^2$ 收敛, $|\varphi(x)|^2$ 在 $x \to \pm\infty$ 时必须充分快地趋于零]. 因此, 我们可以说, 束缚态类似于经典运动中粒子在势阱中摆动而永不逸出的情况, 也就是能量 E_{cl} 为负 (但仍大于 $-V_0$) 的情况.

在量子力学中, 我们将会看到, 由于规定了 $\varphi(x)$ 必须平方可积, 从而使得可能的能量值组成离散的集合, 但这些值仍然介于 $-V_0$ 和 0 之间. 为了说明这一点, 我们回到图 3–24–a 所示的势场. 为简单起见, 我们假设在区间 $[x_1, x_2]$ 之外, $V(x)$ 严格地等于零. 如果 $x < x_1$ (区域 I), 则 $V(x) = 0$, 于是可以立即写出方程 (1) 的解: [353]

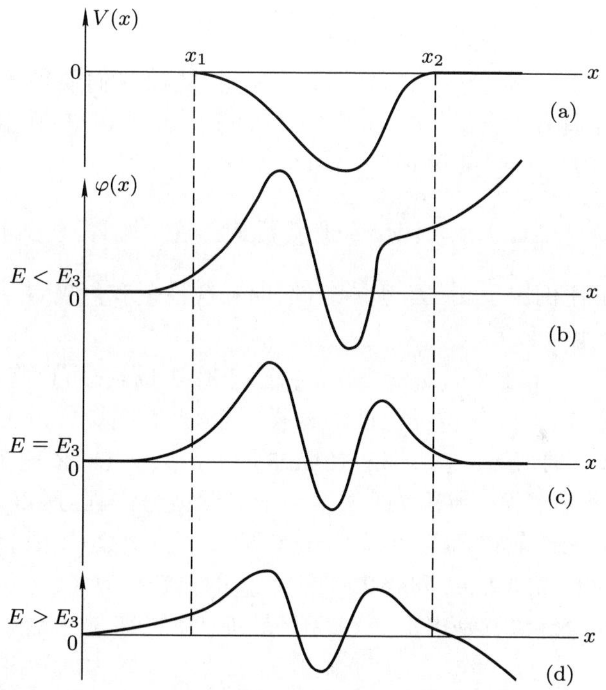

图 3–24 位于点 $x = x_1$ 和点 $x = x_2$ 之间的、深度为 V_0 的势阱 (图 a). 我们将 H 的本征值方程的解 $\varphi(x)$ 取作这样一个函数: 在 $x < x_1$ 的区域中, 若 $x \to -\infty$, 它按指数规律减小到零; 然后将这个解开拓到整个 x 轴上. 对于能量 E 的任意一个值, 当 $x \to +\infty$ 时, $\varphi(x)$ 按 $\widetilde{B}(E)e^{\rho x}$ 的规律发散; 图 b 表示 $\widetilde{B}(E) > 0$ 的情况, 图 d 表示 $\widetilde{B}(E) < 0$ 的情况. 但是, 如果选择能量 E 使得 $\widetilde{B}(E) = 0$, 则当 $x \to +\infty$ 时, $\varphi(x)$ 将按指数律趋于零 (图 c), 从而 $\varphi(x)$ 是平方可积的.

若 $E > 0$:

$$\varphi_{\mathrm{I}}(x) = A\mathrm{e}^{\mathrm{i}kx} + A'\mathrm{e}^{-\mathrm{i}kx} \tag{2}$$

式中

$$k = \sqrt{\frac{2mE}{\hbar^2}} \tag{3}$$

若 $E < 0$

$$\varphi_{\mathrm{I}}(x) = B\mathrm{e}^{\rho x} + B'\mathrm{e}^{-\rho x} \tag{4}$$

式中

$$\rho = \sqrt{-\frac{2mE}{\hbar^2}} \tag{5}$$

[354] 我们要找的是平方可积的解, 那就必须舍去 (2) 式, 因为这个等式中的 $\varphi_{\mathrm{I}}(x)$ 是振幅恒定的平面波的叠加, 故积分

$$\int_{-\infty}^{x_1} \mathrm{d}x |\varphi_{\mathrm{I}}(x)|^2 \tag{6}$$

是发散的. 于是只剩下 (4) 式这一种可能性, 从而我们便得到第一个结果: 粒子的束缚态都具有负能量. 在 (4) 式中, 我们还应舍去 $e^{-\rho x}$ 项, 因为它在 $x \to -\infty$ 时是发散的. 于是, 只剩下

$$\varphi_{\mathrm{I}}(x) = e^{\rho x} \quad 若\ x < x_1 \tag{7}$$

[我们已略去了比例因子 B, 因为方程 (1) 的齐次性使我们确定 $\varphi(x)$ 可以只确定到差一个倍乘系数].

为了得到 $\varphi(x)$ 在区间 $x_1 \leqslant x \leqslant x_2$(区域 II) 中的值, 可以将 $\varphi_{\mathrm{I}}(x)$ 开拓出去; 就是说, 我们应该找到方程 (1) 的这样一个解, 它在 $x = x_1$ 处的值为 $\mathrm{e}^{\rho x_1}$, 它的导数在该点的值为 $\rho\mathrm{e}^{\rho x_1}$. 按这方法求得的函数 $\varphi_{\mathrm{II}}(x)$ 依赖于 ρ, 当然也依赖于 $V(x)$ 的具体形式. 但因 (1) 式是一个二阶微分方程, 所以 $\varphi_{\mathrm{II}}(x)$ 由前述的边界条件唯一地确定; 而且可以看出, 它是一个实函数 (正因为如此, 我们才能作出像图 3–24–b, 3–24–c 和 3–24–d 中那样的曲线).

现在剩下的事情就是求出 $x > x_2$(区域 III) 时的解, 这个解可以写作:

$$\varphi_{\mathrm{III}}(x) = \widetilde{B}\mathrm{e}^{\rho x} + \widetilde{B'}\mathrm{e}^{-\rho x} \tag{8}$$

式中 $\widetilde{B}$ 和 $\widetilde{B'}$ 都是实常数, 决定于 $\varphi(x)$ 和 $\mathrm{d}\varphi/\mathrm{d}x$ 在 $x = x_2$ 处的两个连续性条件;$\widetilde{B}$ 和 $\widetilde{B'}$ 除依赖于函数 $V(x)$ 以外还依赖于 ρ.

于是, 我们便构成方程 (1) 的这样一个解, 如图 3–24–b 所示. 这个解是否平方可积呢? 从 (8) 式可以看出, 在一般情况下它不是平方可积的, 除非 $\widetilde{B} = 0$(图 3–24–c 中示出这种特殊情况). 但是, 对于一个给定的函数 $V(x)$ 来说, $\widetilde{B}$ 通过 ρ 而成为 E 的函数. 因此, 只有对应于束缚态的那些 E 值才是方程 $\widetilde{B}(E) = 0$ 的解. 这些解 $E_1, E_2, \cdots$ (参看图 3–25) 组成一个离散谱, 它当然依赖

于已选定的势函数 $V(x)$(在下一段中, 我们将会看到所有的能量值 E_i 都大于 $-V_0$).

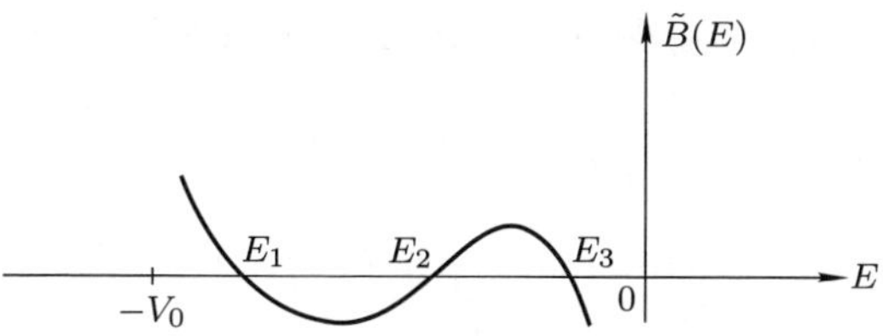

图 3–25　表示函数 $\widetilde{B}(E)$ 的曲线. $\widetilde{B}(E)$ 的零点给出 E 的一系列数值, 对于这些数值而言, $\varphi(x)$ 是平方可积的 (即对应于图 3–24–c 的情况); 也就是说, 这些数值就是束缚态的能量 $E_1, E_2, E_3, \cdots$; 这些能量值都介于 $-V_0$ 和 0 之间.

现在我们得到下述结果: 处于任意形状的势阱中的粒子, 其束缚态能量的可能值组成一个离散谱 (我们常说束缚态的能量是量子化的). 这个结果可以和空腔内电磁振荡模式的量子化相比较; 但是在经典力学中找不到类比, 因为我们已经看到, 在经典力学中从 $-V_0$ 到 0 的一切能量值都是允许的. 在量子力学中, 最低的能级 E_1 叫做基态能级, 次低的能级 E_2 叫第一激发 (态) 能级, 能级 E_3 叫做第二激发能级, 等等. 我们可以用下述的简图来表示这些能态: 在表示 $V(x)$ 的势阱的内部画一条横线, 它在垂直方向上的位置表示该能态的能量值,
它在势阱内的那一段长度则大体上标志波函数的空间展延的范围 (在坐标轴 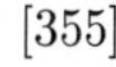 [355]
上和这段直线对应的所有各点就是具有相同能量的经典粒子可能到达的那些点). 对于这组能级, 我们得到图 3–26 那样的示意图.

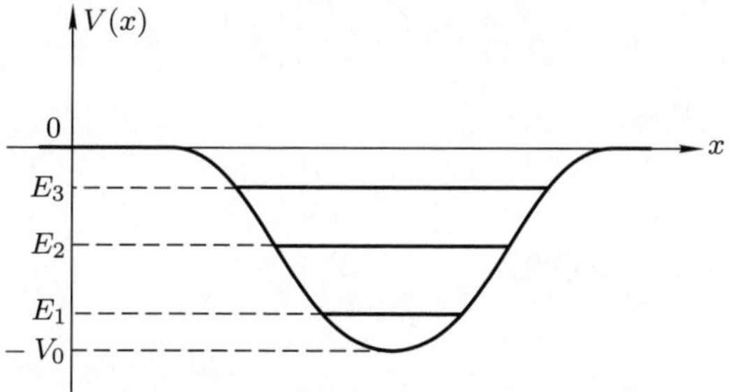

图 3–26　表示势阱中粒子的束缚态的示意图. 对于每一个这样的定态, 画一条横线, 使它的纵坐标等于对应的能量. 只保留这条横线被 $V(x)$ 的曲线截取的那一段; 也就是说, 只保留相同能量的经典运动所能覆盖的区段; 这个区段大体上标志波函数的展延范围.

在第一章中我们已经看到, 能量量子化的现象是导致人们建立量子力学的现象之一. 很多物理体系都有这种现象: 原子的离散能级 (参看第七章, 氢原子), 谐振子的能级 (参看第五章) 以及原子核的能级, 等等.

[356] ## 2. 基态能量的极小值

在这一段里, 我们要证明能量值 $E_1, E_2, \cdots$ 都大于势能 $V(x)$ 的最小值 $-V_0$; 以后我们将会看到, 以海森伯不确定度关系为依据, 这个结果是很容易理解的.

设 $\varphi(x)$ 是方程 (1) 的一个解; 我们用 $\varphi^*(x)$ 乘这个方程, 再积分所得的等式, 便得到:

$$-\frac{\hbar^2}{2m}\int_{-\infty}^{+\infty} \mathrm{d}x\varphi^*(x)\frac{\mathrm{d}^2}{\mathrm{d}x^2}\varphi(x) + \int_{-\infty}^{+\infty} \mathrm{d}xV(x)|\varphi(x)|^2 = E\int_{-\infty}^{+\infty} \mathrm{d}x|\varphi(x)|^2 \tag{9}$$

对于一个束缚态, 我们可将函数 $\varphi(x)$ 归一化, 因而 (9) 式可简单地写作:

$$E = \langle T\rangle + \langle V\rangle \tag{10}$$

其中

$$\langle T\rangle = -\frac{\hbar^2}{2m}\int_{-\infty}^{+\infty} \mathrm{d}x\varphi^*(x)\frac{\mathrm{d}^2}{\mathrm{d}x^2}\varphi(x) = \frac{\hbar^2}{2m}\int_{-\infty}^{+\infty} \mathrm{d}x\left|\frac{\mathrm{d}}{\mathrm{d}x}\varphi(x)\right|^2 \tag{11}$$

[在这里我们已经进行过一次分部积分, 并使用了 $|x| \to \pm\infty$ 时 $\varphi(x)$ 应为零这一条件]以及

$$\langle V\rangle = \int_{-\infty}^{+\infty} \mathrm{d}xV(x)|\varphi(x)|^2 \tag{12}$$

(10) 式简明地表示 E 是两项之和, 一项是动能的平均值:

$$\langle T\rangle = \left\langle \varphi\left|\frac{P^2}{2m}\right|\varphi\right\rangle \tag{13}$$

另一项是势能的平均值

$$\langle V\rangle = \langle\varphi|V(x)|\varphi\rangle \tag{14}$$

从 (11) 式和 (12) 式, 立即得到:

$$\langle T\rangle > 0 \tag{15}$$

$$\langle V\rangle \geqslant \int_{-\infty}^{+\infty} \mathrm{d}x(-V_0)|\varphi(x)|^2 = -V_0 \tag{16}$$

[357] 因而有

$$E = \langle T\rangle + \langle V\rangle > \langle V\rangle \geqslant -V_0 \tag{17}$$

但在 §1 中我们证明过 E 是负的, 于是我们看到: 和在经典力学中一样, 束缚态的能量永远介于 $-V_0$ 和 0 之间.

但是, 在经典现象和量子现象之间有一个重要的差别: 虽然在经典力学中, 粒子的能量可以等于 $-V_0$ (粒子静止于点 M_0 处的情况) 或略大于 $-V_0$ (微小摆动的情况), 但在量子力学中情况却不是这样, 在量子力学中, 能量的最低可能值是基态能量 E_1, 其值一定大于 $-V_0$ (参看图 3–26). 海森伯不确定度关系可以帮助我们理解这个结果的物理上的原因, 下面我们就来说明这一点.

如果我们试图为粒子构成这样一个态, 在这个态的平均势能为最小可能值, 那么, 从 (12) 式可以看出, 我们应该取这样一个波函数, 它实际上定域在 M_0 这一点. 这样一来, 方均根偏差 ΔX 将非常小, 从而 ΔP 一定非常大. 由于

$$\langle P^2\rangle = (\Delta P)^2 + \langle P\rangle^2 \geqslant (\Delta P)^2 \tag{18}$$

因而动能 $\langle T\rangle = \langle P^2\rangle/2m$ 也非常大. 这就是说, 如果粒子的势能逼近它的最小值, 那么, 它的动能将无限制地增大. 基态波函数便对应于这两种能量之和为极小值的折中情况. 因此, 量子粒子的基态总是由在空间有一定展延范围的波函数来描述的 (参看图 3–26), 而基态能量又总是大于 $-V_0$; 与在经典力学中发生的情况相反, 粒子 “静止” 在势阱底部的那种完全确定的能态, 在量子力学中是不存在的.

附注:

由于束缚态的能量介于 $-V_0$ 和 0 之间, 只有当势函数 $V(x)$ 在 Ox 轴上的某一个或某几个区段内取负值时, 这样的态才可能存在. 正因为如此, 在这篇材料中我们才列举出图 3–24–a 所描绘的那种 “势阱”(在下一篇材料中, 我们所考虑的情况就不限于势阱了).

但是, 这不排除对 x 的某些值 $V(x)$ 可能取正值的情况, 例如,“势阱” 可能坐落在两个 “势垒” 之间, 如图 3–27 所示 (我们总是假定无限远处的势能为零). 在这种情况下, 对于某些正的能量值, 经典粒子仍然有受束缚的运动, 但是在量子力学中, 仿照上面的分析, 可以证明束缚态的能量永远介于 $-V_0$ 和 0 之间. 从物理上看, 产生这种差别的原因在于: 具有有限高度的势垒决不能使量子粒子完全反射回去, 由于隧道效应, 粒子透过势垒的概率永远不会为零.

[358]

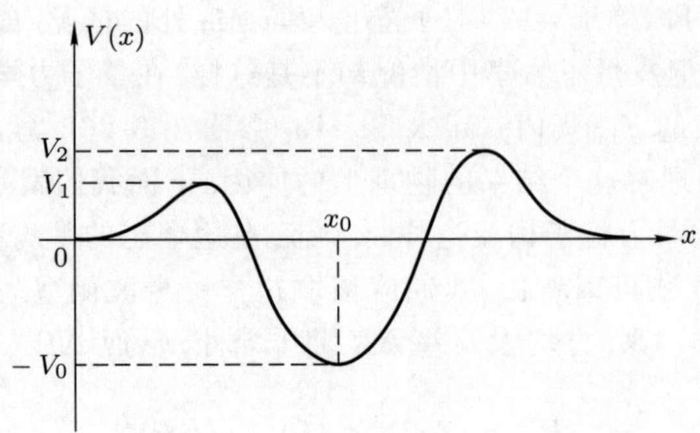

图 3–27 深度为 $-V_0$ 的势阱坐落在高度为 V_1 和 V_2 的两个势垒之间 (例如, 我们设 $V_1 \leqslant V_2$). 在经典力学中, 能量介于 $-V_0$ 和 V_1 之间的运动是存在的, 这种运动被限制在两个势垒之间. 在量子力学中, 能量介于 0 和 V_1 之间的粒子由于隧道效应可以贯穿势垒; 因而, 束缚态的能量永远介于 $-V_0$ 和 0 之间.

参考文献和阅读建议:

Feynman Ⅲ(1.2), §16–6; Messiah (1.17), 第 Ⅲ 章 §11; Ayant 和 Belorizky (1.10), 第 Ⅳ 章 §1, §2, §3; Schiff (1.18), §8.

补充材料 N_{III}

遇到任意形状的势阱或势垒时粒子的非束缚态 [359]

在补充材料 M_{III} 中, 我们已经证明: 在势场 $V(x)$ 的作用下, 粒子的束缚态对应于负能量[①], 而且只有当 $V(x)$ 为引力势 (即势阱, 在其中也可以出现受束缚的经典运动) 时, 这种态才存在. 由于在能量取正值时哈密顿算符的本征函数 $\varphi(x)$ 在无限远处为非平方可积的指数函数 $\mathrm{e}^{\pm ikx}$ 的叠加, 我们应该排除能量的正值. 但是, 早在第一章中我们就已看到, 将这些指数函数线性叠加, 可以构成一个平方可积的波函数 $\psi(x)$(即波包), 因而可以用它来表示粒子的物理状态. 当然, 这样得到的态含有 k 的 (亦即能量的) 若干个值, 因而这些态已不是定态; 因此, 波函数 $\psi(x)$ 随时间演变, 波包边传播边变形. 但是, 根据 $\psi(x)$ 可直接按诸本征函数 $\varphi_k(x)$ 展开这一事实, 很容易计算这种演变 [例如, 我们在补充材料 J_I 中正是这样做的: 根据 $\varphi_k(x)$ 的性质, 我们曾计算过势垒的透射系数和反射系数以及反射延迟, 等等]. 因此, 尽管每一个 $\varphi_k(x)$ 不能表示一物理状态, 但是研究 H 的属于正能值的本征函数[②] 还是有意义的, 正如我们在补充材料 H_I 中就某些方形势所研究过的一样.

在这篇材料里, 我们将普遍地研究 (但仍限于一维问题) 势 $V(x)$ 对属于正能值的本征函数 $\varphi_k(x)$ 的影响; 在这里我们假设 $V(x)$ 在 Ox 轴上的有限区间 $[x_1, x_2]$ 之外处处为零, 除此之外, 我们不再对 $V(x)$ 的形状做任何假设, 它可以呈现一个或多个势垒, 势阱等等. 我们将证明, 在所有这些情况下, $V(x)$ 对函数 $\varphi_k(x)$ 的影响都可以用一个 2×2 的矩阵 $M(k)$ 来描述, 这种矩阵具有一些普遍的性质. 我们将得到与所取的势 $V(x)$ 的形状无关的一些结果; 例如,

① 注意, 这样选择能量的原点, 以使 $V(x)$ 在无限远处为零.

② 我们也可以研究 H 的属于负能值的非平方可积的本征函数 (与它们对应的能量不属于在补充材料 M_{III} 中得到的离散谱). 但是这些函数在无限远处 (按指数律) 发散得非常快, 因而不可能把它们线性地叠加起来而得到平方可积的波包.

[360] 就一个 (对称的或不对称的) 势垒而言, 不论对于来自左方的粒子, 还是对于具有相同能量的来自右方的粒子, 其反射系数和透射系数都一样. 此外, 在补充材料 $O_{Ⅲ}$ 中, 我们将要研究处在周期势场 $V(x)$ 中的粒子的性质, $N_{Ⅲ}$ 这篇材料正是后面的运算的出发点.

1. 透射矩阵 $M(k)$

a. $M(k)$ 的定义

在一维情况下, 我们来考察一个势函数 $V(x)$, 在长度为 l 的区间 $[x_1, x_2]$ 以外, 其值为零; 在此区间内, 其变化情况是任意的 (图 3–28). 我们将 Ox 轴的原点取在区间 $[x_1, x_2]$ 的中点. 这样, $V(x)$ 的变化便出现在 $|x| < \frac{l}{2}$ 的区间内. 与能量为 E 的定态相联系的波函数 $\varphi(x)$ 所满足的方程为:

$$\left\{\frac{\mathrm{d}^2}{\mathrm{d}x^2} + \frac{2m}{\hbar^2}[E - V(x)]\right\}\varphi(x) = 0 \tag{1}$$

在这篇材料的下文中, 我们用一个参数 k 来代替能量, 其定义是:

$$k = \sqrt{\frac{2mE}{\hbar^2}} \tag{2}$$

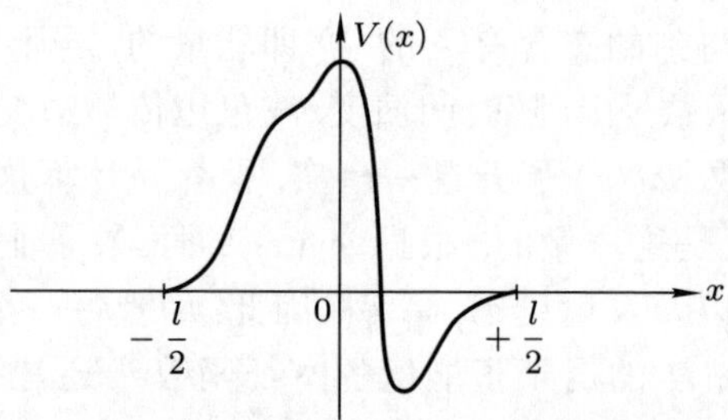

图 3–28 我们所要考虑的势函数在区间 $-\frac{l}{2} \leqslant x \leqslant \frac{l}{2}$ 内以任意方式变化, 在此区间外, 其值为零.

在 $x < -\frac{l}{2}$ 的区域中, 函数 $\mathrm{e}^{\mathrm{i}kx}$ 满足方程 (1); 我们将这方程的一个解记

[361] 作 $v_k(x)$, 它在 $x < -\frac{l}{2}$ 时与 $\mathrm{e}^{\mathrm{i}kx}$ 全同. 当 $x > \frac{l}{2}$ 时, 它必须是方程 (1) 的两个独立解 $\mathrm{e}^{\mathrm{i}kx}$ 和 $\mathrm{e}^{-\mathrm{i}kx}$ 的线性组合. 于是我们有:

$$\begin{cases} 若\ x < -\frac{l}{2} : v_k(x) = \mathrm{e}^{\mathrm{i}kx} & \text{(3–a)} \\ 若\ x > +\frac{l}{2} : v_k(x) = F(k)\mathrm{e}^{\mathrm{i}kx} + G(k)\mathrm{e}^{-\mathrm{i}kx} & \text{(3–b)} \end{cases}$$

式中系数 $F(k)$ 和 $G(k)$ 不仅依赖于势的形状而且依赖于 k. 同样, 我们也可以引入另一个解 $v'_k(x)$,它在 $x < -\dfrac{l}{2}$ 时等于 $\mathrm{e}^{-\mathrm{i}kx}$:

$$\begin{cases} 若\ x < -\dfrac{l}{2} : v'_k(x) = \mathrm{e}^{-\mathrm{i}kx} & (4\text{–a}) \\ 若\ x > +\dfrac{l}{2} : v'_k(x) = F'(k)\mathrm{e}^{\mathrm{i}kx} + G'(k)\mathrm{e}^{-\mathrm{i}kx} & (4\text{–b}) \end{cases}$$

对于 E 的 (亦即 k 的) 某一给定值, 方程 (1) (对于 x 是二阶的) 的最普遍的解应是 v_k 和 v'_k 的线性组合:

$$\varphi_k(x) = Av_k(x) + A'v'_k(x) \tag{5}$$

等式 (3–a) 和 (4–a) 告诉我们:

$$若\ x < -\frac{l}{2} : \varphi_k(x) = A\mathrm{e}^{\mathrm{i}kx} + A'\mathrm{e}^{-\mathrm{i}kx} \tag{6–a}$$

而等式 (3–b) 和 (4–b) 则告诉我们:

$$若\ x > +\frac{l}{2} : \varphi_k(x) = \widetilde{A}\mathrm{e}^{\mathrm{i}kx} + \widetilde{A}'\mathrm{e}^{-\mathrm{i}kx} \tag{6–b}$$

式中

$$\begin{aligned} \widetilde{A} &= F(k)A + F'(k)A' \\ \widetilde{A}' &= G(k)A + G'(k)A' \end{aligned} \tag{7}$$

我们定义一个 2×2 的矩阵 $M(k)$:

$$M(k) = \begin{pmatrix} F(k) & F'(k) \\ G(k) & G'(k) \end{pmatrix} \tag{8}$$

利用这个矩阵,可将 (7) 式写成下列的矩阵形式:

$$\begin{pmatrix} \widetilde{A} \\ \widetilde{A}' \end{pmatrix} = M(k) \begin{pmatrix} A \\ A' \end{pmatrix} \tag{9}$$

因此, $M(k)$ 使我们能够根据波函数在势场左侧的行为 (6–a), 推知它在势场右侧的行为 (6–b). 我们称 $M(k)$ 为势场的"透射矩阵".

附注: [362]

与波函数 $\varphi(x)$ 相联系的概率流为

$$J(x) = \frac{\hbar}{2m\mathrm{i}}\left[\varphi^*(x)\frac{\mathrm{d}\varphi}{\mathrm{d}x} - \varphi(x)\frac{\mathrm{d}\varphi^*}{\mathrm{d}x}\right] \tag{10}$$

将此式求导:

$$\frac{\mathrm{d}}{\mathrm{d}x}J(x)=\frac{\hbar}{2m\mathrm{i}}\left[\varphi^*(x)\frac{\mathrm{d}^2\varphi}{\mathrm{d}x^2}-\varphi(x)\frac{\mathrm{d}^2\varphi^*}{\mathrm{d}x^2}\right] \tag{11}$$

考虑到 (1) 式,便有:

$$\frac{\mathrm{d}}{\mathrm{d}x}J(x)=0 \tag{12}$$

由此可见,与定态相联系的概率流 $J(x)$ 在 Ox 轴上处处相同.此外,还可以看出, (12) 式不过是下列关系式

$$\mathrm{div}\boldsymbol{J}(\boldsymbol{r})=0 \tag{13}$$

在一维情况下的形式 [根据第三章的公式 (D–11), 对于在三维空间中运动的粒子的一切定态, 公式 (13) 都成立]. 由 (12) 式可知, $\varphi_k(x)$ 或取 (6–a) 的形式或取 (6–b) 的形式, 与 $\varphi_k(x)$ 相联系的概率流 $J_k(x)$ 在任意点 x 的值都可以计算出来:

$$J_k(x)=\frac{\hbar k}{m}[|A|^2-|A'|^2]=\frac{\hbar k}{m}[|\tilde{A}|^2-|\tilde{A}'|^2] \tag{14}$$

b. $M(k)$ 的性质

α. 函数 $V(x)$ 是一个实函数, 根据这一点便很容易证明: 如果 $\varphi(x)$ 是方程 (1) 的一个解, 那么, $\varphi^*(x)$ 也是它的一个解. 现在我们考虑函数 $v_k^*(x)$, 它是方程 (1) 的一个解; 比较 (3–a) 和 (4–a) 便可看出, 若 $x<-\frac{l}{2}$, 这个函数与 $v_k'(x)$ 全同. 因而, 对任意的 x, 我们有:

$$v_k^*(x)=v_k'(x) \tag{15}$$

将 (3–b) 和 (4–b) 代入此式, 便得到:

$$F^*(k)=G'(k) \tag{16}$$

$$G^*(k)=F'(k) \tag{17}$$

从而可将矩阵 $M(k)$ 写成下列简单形式:

$$M(k)=\begin{pmatrix}F(k) & G^*(k)\\ G(k) & F^*(k)\end{pmatrix} \tag{18}$$

β. 在前面 [见 (12) 式] 我们已经看到, 对于定态而言, 概率流 $J(x)$ 与 x 无关. 于是, 不论 A 与 A' 如何, 我们应有 [参看 (14) 式]:

$$|A|^2-|A'|^2=|\tilde{A}|^2-|\tilde{A}'|^2 \tag{19}$$

由 (9) 式和 (18) 式可以得到: [363]

$$\begin{aligned}|\tilde{A}|^2-|\tilde{A}'|^2&=[F(k)A+G^*(k)A'][F^*(k)A^*+G(k)A'^*]\\&\quad-[G(k)A+F^*(k)A'][G^*(k)A^*+F(k)A'^*]\\&=[|F(k)|^2-|G(k)|^2][|A|^2-|A'|^2]\end{aligned}\tag{20}$$

于是条件 (19) 等价于:

$$|F(k)|^2-|G(k)|^2=\mathrm{Det}M(k)=1\tag{21}$$

附注:

(i) 对于势函数的形状我们没有提出过任何特殊的假设. 如果它是一个偶函数, 即若 $V(x)=V(-x)$, 那么矩阵 $M(k)$ 还有一个附带的性质: 我们可以证明 $G(k)$ 是一个纯虚数.

(ii) 等式 (6) 表明, 系数 A 和 $\tilde{A}'$ 属于 "进来" 的平面波, 与这种波相联系的粒子分别来自 $x=-\infty$ 和 $x=+\infty$ 处并进入势场作用范围 (入射粒子); 另一方面, 系数 $\tilde{A}$ 和 A' 属于 "出去" 的平面波, 与这种波相联系的粒子是离开势场的 (即透射的和反射的粒子). 有趣的是, 我们可以引入一个矩阵 S, 它使我们能够根据入射波的振幅计算出射波的振幅:

$$\begin{pmatrix}\tilde{A}\\A'\end{pmatrix}=S(k)\begin{pmatrix}A\\\tilde{A}'\end{pmatrix}\tag{22}$$

$S(k)$ 不难表示为 $M(k)$ 的矩阵元的函数. 事实上, 由下列等式:

$$\tilde{A}=F(k)A+G^*(k)A'\tag{23–a}$$

$$\tilde{A}'=G(k)A+F^*(k)A'\tag{23–b}$$

可以推知

$$A'=\frac{1}{F^*(k)}[\tilde{A}'-G(k)A]\tag{24}$$

将这个等式代入 (23–a) 式, 便得到:

$$\tilde{A}=\frac{1}{F^*(k)}[\{F(k)F^*(k)-G(k)G^*(k)\}A+G^*(k)\tilde{A}']\tag{25}$$

注意到 (21) 式, 便可将矩阵 $S(k)$ 写作:

$$S(k)=\frac{1}{F^*(k)}\begin{pmatrix}1&G^*(k)\\-G(k)&1\end{pmatrix}\tag{26}$$

再用一次 (21) 式, 便很容易证明:

$$S(k)S^{\dagger}(k)=S^{\dagger}(k)S(k)=1 \tag{27}$$

这就是说, $S(k)$ 是幺正的. 这个矩阵在碰撞理论中是十分重要的. 其实, 我
[364] 们也可以根据演变算符 (参看补充材料 $\mathrm{F_{III}}$) 的幺正性来证明这个矩阵的幺正性; 而演变算符的幺正性实质上表示在 Ox 轴上任一点找到粒子的总概率 (波函数的模方) 对时间而言是守恒的.

2. 反射系数和透射系数

为了计算粒子遇到势场 $V(x)$ 时的反射系数和透射系数, 从原则上说, 我们应该像在补充材料 $\mathrm{J_I}$ 中那样, 用刚才研究过的 H 的本征函数构成一个波包. 例如, 我们来考虑一个能量为 E_i 的来自左方的入射粒子. 与它对应的波包就是取 $\tilde{A}'=0$ 时诸函数 $\varphi_k(x)$ 以 $g(k)$ 为系数叠加的结果, 而函数 $g(k)$ 在点 $k=k_i=\sqrt{2mE/\hbar^2}$ 附近具有显著的峰值. 详细的计算与补充材料 J_{I} 中的完全一样, 这里不再重复, 最后得到的反射系数和透射系数分别为 $|A'(k_i)/A(k_i)|^2$ 和 $|\tilde{A}(k_i)/A(k_i)|^2$.

由于 $\tilde{A}'=0$, 等式 (22) 和 (26) 给出:

$$\begin{aligned}\tilde{A}(k)&=\frac{1}{F^*(k)}A(k)\\A'(k)&=-\frac{G(k)}{F^*(k)}A(k)\end{aligned} \tag{28}$$

从而反射系数和透射系数为

$$R_1(k_i)=\left|\frac{A'(k_i)}{A(k_i)}\right|^2=\left|\frac{G(k_i)}{F(k_i)}\right|^2 \tag{29–a}$$

$$T_1(k_i)=\left|\frac{\tilde{A}(k_i)}{A(k_i)}\right|^2=\frac{1}{|F(k_i)|^2} \tag{29–b}$$

[很容易检验, 条件 (21) 保证 $R_1(k_i)+T_1(k_i)=1$].

如果粒子来自右方, 则应取 $A=0$, 于是得到:

$$\begin{aligned}\tilde{A}(k)&=\frac{G^*(k)}{F^*(k)}\tilde{A}'(k)\\A'(k)&=\frac{1}{F^*(k)}\tilde{A}'(k)\end{aligned} \tag{30}$$

现在透射系数和反射系数则为:

$$T_2(k)=\left|\frac{A'(k)}{\tilde{A}'(k)}\right|^2=\frac{1}{|F(k)|^2} \tag{31–a}$$

和

$$R_2(k) = \left|\frac{\tilde{A}(k)}{\tilde{A}'(k)}\right|^2 = \left|\frac{G(k)}{F(k)}\right|^2 \tag{31–b}$$

比较 (29) 式和 (31) 式可以看出, $T_1(k) = T_2(k)$ 而且 $R_1(k) = R_2(k)$; 这就是说, [365]
只要能量已经给定, 一个势垒 (不论是否对称) 的可穿透性对于来自左方与来自右方的粒子永远是一样的.

此外, 根据 (21) 式, 我们还有

$$|F(k)| \geqslant 1 \tag{32}$$

此式中的等号成立时, 反射系数等于零, 而透射系数等于 1(即共振). 但是与此相反的情况是不可能的, 因为 (21) 式告诉我们 $|F(k)| > |G(k)|$, 我们永远不会得到 $T = 0$ 和 $R = 1$ [$|F(k)|$ 和 $|G(k)|$ 同时趋于无限大的极限情况除外].

3. 例

我们再来考虑在补充材料 H_I 的 §2–b 中研究过的方形势: 在区域 $-\frac{l}{2} < x < \frac{l}{2}$ 中 $V(x)$ 等于常数 $V_0$①(参看图 3–29, 在图中我们取 V_0 为一正数).

首先假设 E 小于 V_0, 并令

$$\rho = \sqrt{\frac{2m}{\hbar^2}(V_0 - E)} \tag{33}$$

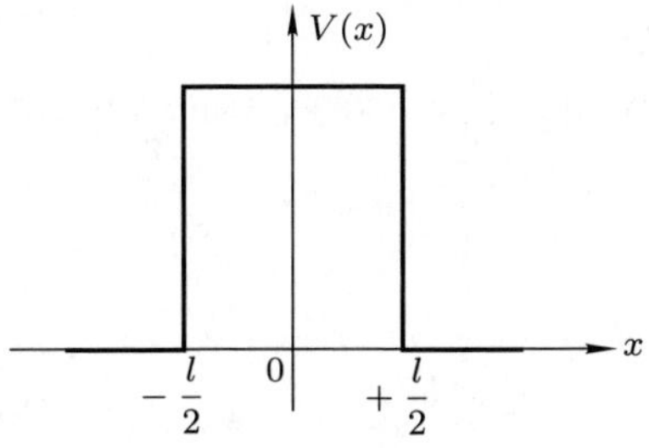

图 3–29 方形势垒

① 其实, 这里的势垒相对于补充材料 H_I 中的势垒平移了一段距离, 因为这里的势垒是在 $x = -\frac{l}{2}$ 与 $x = +\frac{l}{2}$ 之间, 而不是在 $x = 0$ 和 $x = l$ 之间.

进行类似于补充材料 $\mathrm{H_I}$ 中的一些初等运算, 可以得到:

$$M(k)=\begin{pmatrix}\left[\cos\mathrm{h}\rho l+\mathrm{i}\dfrac{k^2-\rho^2}{2k\rho}\sin\mathrm{h}\rho l\right]\mathrm{e}^{-\mathrm{i}kl} & -\mathrm{i}\dfrac{k_0^2}{2k\rho}\sin\mathrm{h}\rho l\\ \mathrm{i}\dfrac{k_0^2}{2k\rho}\sin\mathrm{h}\rho l & \left[\cos\mathrm{h}\rho l-\mathrm{i}\dfrac{k^2-\rho^2}{2k\rho}\sin\mathrm{h}\rho l\right]\mathrm{e}^{\mathrm{i}kl}\end{pmatrix} \tag{34}$$

[366] 式中

$$k_0=\sqrt{\frac{2mV_0}{\hbar^2}} \tag{35}$$

(我们已假设 $E<V_0$, 所以 V_0 一定是正数).

现在假定 $E>V_0$, 并令:

$$k'=\sqrt{\frac{2m}{\hbar^2}(E-V_0)} \tag{36}$$

及

$$k_0=\sqrt{\varepsilon\frac{2mV_0}{\hbar^2}} \tag{37}$$

(式中 $\varepsilon=+1$, 若 $V_0>0$; $\varepsilon=-1$, 若 $V_0<0$).

于是我们得到:

$$M(k)=\begin{pmatrix}\left[\cos k'l+\mathrm{i}\dfrac{k^2+k'^2}{2kk'}\sin k'l\right]\mathrm{e}^{-\mathrm{i}kl} & -\mathrm{i}\varepsilon\dfrac{k_0^2}{2kk'}\sin k'l\\ \mathrm{i}\varepsilon\dfrac{k_0^2}{2kk'}\sin k'l & \left[\cos k'l-\mathrm{i}\dfrac{k^2+k'^2}{2kk'}\sin k'l\right]\mathrm{e}^{\mathrm{i}kl}\end{pmatrix} \tag{38}$$

很容易根据 (34) 式和 (38) 式中的矩阵 $M(k)$ 来验证关系式 (16)、(17) 及 (21).

参考文献和阅读建议:

Merzbacher(1.16), 第 6 章, §5, §6, §8; 还可参看补充材料 $\mathrm{M_{III}}$ 中的参考文献.

补充材料 O_{III}
一维周期势场中粒子的量子性质 [367]

1. 顺次通过若干个相同的势垒
   a. 符号
   b. 衔接条件
   c. 迭代矩阵 $Q(\alpha)$
   d. $Q(\alpha)$ 的本征值
2. 讨论: 容许能带和禁戒能带的概念
   a. 波函数 $\varphi_\alpha(x)$ 的行为
   b. 布拉格反射: 周期势场中粒子的可能能量
3. 周期势场中能量的量子化; 边界条件的影响
   a. 施加于波函数的条件
   b. 容许能带; 晶格内部粒子的定态
   c. 禁戒能带; 定域在边界上的定态

在这篇材料里, 我们打算研究处于周期势场 $V(x)$ 中的粒子的量子性质. 我们将要考虑的函数不一定是严格意义下的周期函数, 只要它在 Ox 轴上一段有限区间内具有周期函数的形状即可 (图 3–30), 也就是说, 它可以是同一个图案顺次重复出现 N 次的结果 [仅在 N 为无限大的极限情况下, $V(x)$ 才是真正的周期函数].

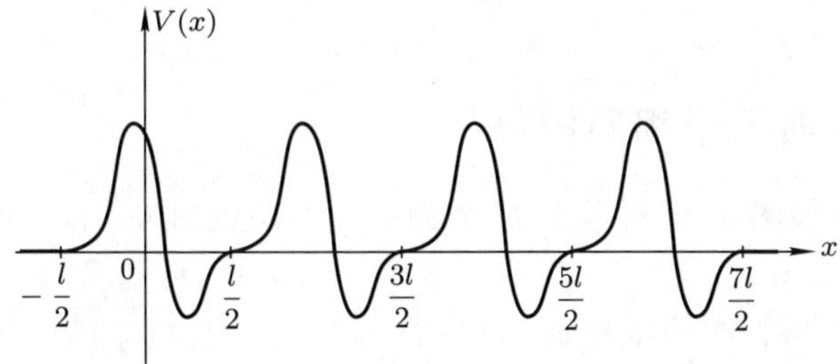

图 3–30　使同一型主重复 N 次 (图中取 $N = 4$), 便得到具有周期结构的势 $V(x)$.

譬如, 线性分子由 N 个全同原子 (或原子团) 在空间中等间距地排列而成. 在研究这类分子时, 我们就会遇到周期势. 又如在固体物理中, 若要通过一维模型来研究晶体中电子的能级图的形状, 也会遇到周期势. 如果 N 很大 [368]

(线性大分子或宏观晶体的情况), 那么, 在足够宽的空间区域中, 势 $V(x)$ 可以用一个周期函数来表示, 而且我们可以预期, 粒子在这种情况下的性质应与它在 $V(x)$ 确为周期函数时的性质几乎相同. 但是, 从物理的观点来看, N 为无穷大这种极限是永远达不到的, 因此, 我们只讨论 N 任意大的情况.

为了研究势场 $V(x)$ 对哈密顿算符 H 的属于本征值 E 的本征函数 $\varphi(x)$ 的影响, 我们将引入一个 2×2 的矩阵, 即所谓迭代矩阵 Q, 它是依赖于 E 的. 我们将证明, 函数 $\varphi(x)$ 的行为视迭代矩阵的本征值为实数或为复数而完全不同. 由于这些本征值依赖于已选定的能量值 E, 我们自然要区分对应于实本征值的能量范围, 与导致虚本征值的能量范围, 从而出现容许能带和禁戒能带的概念.

附注:

(i) 为方便起见, 我们用 "势垒" 这个词表示型主 (motif), 将型主重复 N 次, 便得到势 $V(x)$(图 3–30). 但是, 这个型主也可以是 "势阱", 或具有任意形状.

(ii) 与我们至今所循的惯例相反, 在固体物理中, 人们习惯于用字母 k 表示定态波函数中的一个参量, 这个参量并不简单地正比于能量的平方根. 为了适应这种用法, 下面我们把补充材料 $N_{Ⅲ}$ 中的符号略微改变一下, 即用 α 代替 k, 也就是令

$$\alpha=\sqrt{\frac{2mE}{\hbar^2}} \tag{1}$$

到后面, 我们再引入字母 k(我们将会看到, 若矩阵 Q 的本征值为复数, 则 k 与这些本征值直接相关).

1. 顺次通过若干个相同的势垒

我们考虑如图 3–30 所示由 N 个势垒并列而成的势 $V(x)$. 各个势垒的中点依次在点 $x=0, x=l, x=2l, \cdots, x=(N-1)l$ 处. 在这里, 我们打算研究通过所有这些势垒时, 本征函数 $\varphi_\alpha(x)$ 的行为如何; 这里的 $\varphi_\alpha(x)$ 是 H 的本征值方程

$$\left\{\frac{\mathrm{d}^2}{\mathrm{d}x^2}+\frac{2m}{\hbar^2}[E-V(x)]\right\}\varphi_\alpha(x)=0 \tag{2}$$

的解, 式中 E 和 α 由 (1) 式联系.

a. 符号 [369]

在 N 个势垒的左侧, 即在 $x \leqslant -\frac{l}{2}$ 的区域中, $V(x)$ 为零, 于是方程 (2) 的通解为:

$$\text{若 } x \leqslant -\frac{l}{2}, \text{ 则 } \varphi_\alpha(x) = A_0 e^{i\alpha x} + A'_0 e^{-i\alpha x} \tag{3-a}$$

像在补充材料 N_{III} 中的 §1–a 那样, 我们考虑两个函数 $v_k(x)$ 和 $v'_k(x)$, 现在应将它们记作 $v_\alpha(x)$ 和 $v'_\alpha(x)$. 在以点 $x=0$ 为中心的第一势垒的范围内, 可将 (2) 的通解写作:

$$\text{若 } -\frac{l}{2} \leqslant x \leqslant \frac{l}{2}, \text{ 则 } \varphi_\alpha(x) = A_1 v_\alpha(x) + A'_1 v'_\alpha(x) \tag{3-b}$$

同样, 在以点 $x=l$ 为中心的第二个势垒的范围内, 应得到:

$$\text{若 } \frac{l}{2} \leqslant x \leqslant \frac{3l}{2}, \text{ 则 } \varphi_\alpha(x) = A_2 v_\alpha(x-l) + A'_2 v'_\alpha(x-l) \tag{3-c}$$

依此类推, 在以点 $x=(n-1)l$ 为中心的第 n 个势垒的范围内, 应有:

$$\text{若 } (n-1)l-\frac{l}{2} \leqslant x \leqslant (n-1)l+\frac{l}{2}, \text{ 则 } \varphi_\alpha(x) = A_n v_\alpha[x-(n-1)l] + A'_n v'_\alpha[x-(n-1)l] \tag{3-d}$$

最后, 在 N 个势垒的右侧, 即在 $x \geqslant (N-1)l + \frac{l}{2}$ 的区域中, $V(x)$ 仍然等于零, 于是应有:

$$\text{若 } x \geqslant (N-1)l + \frac{l}{2}, \text{ 则 } \varphi_\alpha(x) = C_0 e^{i\alpha[x-(N-1)l]} + C'_0 e^{-i\alpha[x-(N-1)l]} \tag{3-e}$$

现在, 我们必须在 $x = -\frac{l}{2}, +\frac{l}{2}, \cdots, (N-1)l + \frac{l}{2}$ 这些点将 $\varphi_\alpha(x)$ 的这些表达式衔接起来, 这就是下一段要解决的问题.

b. 衔接条件

函数 $v_\alpha(x)$ 和 $v'_\alpha(x)$ 依赖于我们所选择的势的具体形式. 但是我们即将看到, 利用补充材料 N_{III} 中的结果, 很容易算出这两个函数以及它们的导数在每一个势垒的两个端点处的数值.

为了证明这一点, 我们设想除了中心在 $x=(n-1)l$ 处的第 n 个势垒以外, 其他势垒都已取消; 在这个势垒内部永远成立的解 (3–d) 式应该通过平面波的叠加向左右两侧开拓出去, 这些平面波可以得自 N_{III} 中的 (6–a) 式及 (6–b) [370]
式, 只须将 x 换成 $x-(n-1)l$, 将 k 换成 α, 并给 $A, A', \tilde{A}, \tilde{A}'$ 附以下标 n. 如果第 n 个势垒是孤立的, 那么这种做法将使我们得到: 在 $x \leqslant (n-1)l - \frac{l}{2}$ 时, 有

$$A_n e^{i\alpha[x-(n-1)l]} + A'_n e^{-i\alpha[x-(n-1)l]} \tag{4}$$

在 $x \geqslant (n-1)l+\dfrac{l}{2}$ 时, 有

$$\tilde{A}_n e^{i\alpha[x-(n-1)l]}+\tilde{A}'_n e^{-i\alpha[x-(n-1)l]} \tag{5}$$

诸系数之间有下列关系:

$$\begin{pmatrix}\tilde{A}_n\\ \tilde{A}'_n\end{pmatrix}=M(\alpha)\begin{pmatrix}A_n\\ A'_n\end{pmatrix} \tag{6}$$

在这里我们已经改变了符号, $M(\alpha)$ 就是在补充材料 $N_{\text{Ⅲ}}$ 中引入的矩阵 $M(k)$. 因而, 在第 n 个势垒的左端, 由 (3–d) 式所确定的函数 $\varphi_\alpha(x)$ 与平面波的叠加结果 (4) 具有相同的函数值和相同的导数值. 同样, 在这个势垒的右端, $\varphi_\alpha(x)$ 和 (5) 式有相同的函数值及相同的导数值. 我们利用这些结果就很容易写出周期势场中的衔接条件.

由此可见, 在第一个势垒的左端 $\left(\text{即在 } x=-\dfrac{l}{2} \text{ 处}\right)$, 只须注意 (3–a) 式中的函数应与 $A_1 e^{i\alpha x}+A'_1 e^{-i\alpha x}$ 具有相同的函数值和相同的导数值, 便得到:

$$\begin{cases}A_0=A_1\\ A'_0=A'_1\end{cases} \tag{7}$$

(从补充材料 $N_{\text{Ⅲ}}$ 看来, 这个结果是明显的).

在第一个势垒的右端, 也就是第二个势垒的左端, 只须注意 $\tilde{A}_1 e^{i\alpha x}+\tilde{A}'_1 e^{-i\alpha x}$ 与 $A_2 e^{i\alpha(x-l)}+A'_2 e^{-i\alpha(x-l)}$ 具有相同的函数值和相同的导数值, 便得到:

$$\begin{cases}A_2=\tilde{A}_1 e^{i\alpha l}\\ A'_2=\tilde{A}'_1 e^{-i\alpha l}\end{cases} \tag{8}$$

同样, 在第 n 个势垒和第 $(n+1)$ 个势垒的衔接点 $\left(x=nl-\dfrac{l}{2} \text{ 处}\right)$, 将 (4) 式中的 n 换成 $(n+1)$, 并令所得结果的函数值及导数值分别等于 (5) 式的函数值及导数值, 我们得到:

$$\begin{cases}A_{n+1}=\tilde{A}_n e^{i\alpha l}\\ A'_{n+1}=\tilde{A}'_n e^{-i\alpha l}\end{cases} \tag{9}$$

在最后一个势垒的右端 $\left[x=(N-1)l+\dfrac{l}{2}\right]$, 必须使 (5) 式中的 n 换为 N 所得结果的函数值及导数值分别等于 (3–e) 式的函数值及导数值, 于是得到:

$$\begin{cases}C_0=\tilde{A}_N\\ C'_0=\tilde{A}'_N\end{cases} \tag{10}$$

c. 迭代矩阵 $Q(\alpha)$ [371]

我们引入一个矩阵 $D(\alpha)$, 其定义是:

$$D(\alpha)=\begin{pmatrix}\mathrm{e}^{\mathrm{i}\alpha l} & 0\\ 0 & \mathrm{e}^{-\mathrm{i}\alpha l}\end{pmatrix} \tag{11}$$

利用这个矩阵可以将衔接条件 (9) 写成下列形式:

$$\begin{pmatrix}A_{n+1}\\ A'_{n+1}\end{pmatrix}=D(\alpha)\begin{pmatrix}\tilde{A}_n\\ \tilde{A}'_n\end{pmatrix} \tag{12}$$

考虑到 (6) 式, 又可将此式写作

$$\begin{pmatrix}A_{n+1}\\ A'_{n+1}\end{pmatrix}=D(\alpha)M(\alpha)\begin{pmatrix}A_n\\ A'_n\end{pmatrix} \tag{13}$$

迭代这个关系式, 并利用 (7) 式, 我们便得到:

$$\begin{aligned}\begin{pmatrix}A_{n+1}\\ A'_{n+1}\end{pmatrix}&=[D(\alpha)M(\alpha)]^n\begin{pmatrix}A_1\\ A'_1\end{pmatrix}\\ &=[D(\alpha)M(\alpha)]^n\begin{pmatrix}A_0\\ A'_0\end{pmatrix}\end{aligned} \tag{14}$$

最后, 利用 (6) 式和 (14) 式, 可以将衔接条件 (10) 变换为:

$$\begin{pmatrix}C_0\\ C'_0\end{pmatrix}=M(\alpha)\begin{pmatrix}A_N\\ A'_N\end{pmatrix}=M(\alpha)[D(\alpha)M(\alpha)]^{N-1}\begin{pmatrix}A_0\\ A'_0\end{pmatrix} \tag{15}$$

这也就是

$$\begin{pmatrix}C_0\\ C'_0\end{pmatrix}=\underbrace{M(\alpha)D(\alpha)M(\alpha)D(\alpha)\cdots D(\alpha)M(\alpha)}_{\text{共含 } N \text{ 个 } M(\alpha) \text{ 矩阵}}\begin{pmatrix}A_0\\ A'_0\end{pmatrix} \tag{16}$$

利用这个公式可以从 $\begin{pmatrix}A_0\\ A'_0\end{pmatrix}$ 过渡到 $\begin{pmatrix}C_0\\ C'_0\end{pmatrix}$, 上式中每一个矩阵 $M(\alpha)$ 与一个势垒相联系, 每一个矩阵 $D(\alpha)$ 与两相邻势垒之间的区间相联系.

(13) 式和 (14) 式表明矩阵

$$Q(\alpha)=D(\alpha)M(\alpha) \tag{17}$$

的重要性, 当我们希望从 $\begin{pmatrix}A_1\\ A'_1\end{pmatrix}$ 过渡到 $\begin{pmatrix}A_{n+1}\\ A'_{n+1}\end{pmatrix}$ 时, 也就是当我们将图形沿着周期结构平移一段距离 nl 时, 就会出现这个矩阵的 n 次幂. 因此, 我们称 $Q(\alpha)$ 为 "迭代矩阵". 利用补充材料 N$_{\text{III}}$ 中的公式 (18) 和 $D(\alpha)$ 的表达式 (11), 我们得到:

$$Q(\alpha)=\begin{pmatrix}\mathrm{e}^{\mathrm{i}\alpha l}F(\alpha) & \mathrm{e}^{\mathrm{i}\alpha l}G^*(\alpha)\\ \mathrm{e}^{-\mathrm{i}\alpha l}G(\alpha) & \mathrm{e}^{-\mathrm{i}\alpha l}F^*(\alpha)\end{pmatrix} \tag{18}$$

如果变换一下基, 使 $Q(\alpha)$ 成为对角形的, $[Q(\alpha)]^n$ 的计算就比较简单; 为此, 我们必须研究 $Q(\alpha)$ 的本征值.

[372] d. $Q(\alpha)$ 的本征值

用 λ 表示 $Q(\alpha)$ 的一个本征值. 矩阵 (18) 的特征方程可以写作:

$$[\mathrm{e}^{\mathrm{i}\alpha l}F(\alpha)-\lambda][\mathrm{e}^{-\mathrm{i}\alpha l}F^*(\alpha)-\lambda]-|G(\alpha)|^2=0 \tag{19}$$

注意到补充材料 $\mathrm{N_{III}}$ 中的关系式 (21), 上式也就是:

$$\lambda^2-2\lambda X(\alpha)+1=0 \tag{20}$$

式中 $X(\alpha)$ 是复数 $\mathrm{e}^{\mathrm{i}\alpha l}F(\alpha)$ 的实部:

$$X(\alpha)=\mathrm{Re}[\mathrm{e}^{\mathrm{i}\alpha l}F(\alpha)]=\frac{1}{2}\mathrm{Tr}\,Q(\alpha) \tag{21}$$

我们提醒一下 [参看补充材料 $\mathrm{N_{III}}$ 的 (21) 式], $F(\alpha)$ 的模大于 1; 因此, $\mathrm{e}^{\mathrm{i}\alpha l}F(\alpha)$ 的模也大于 1.

二次方程 (20) 的判别式为:

$$\Delta'=[X(\alpha)]^2-1 \tag{22}$$

这里有两种可能:

(i) 如果能量 E 的值使得

$$|X(\alpha)|\leqslant 1 \tag{23}$$

(以图 3–31 为例, α 介于 α_0 与 α_1 之间就属于这种情况); 我们可以令:

$$X(\alpha)=\cos[k(\alpha)l] \tag{24}$$

其中

$$0\leqslant k(\alpha)\leqslant\frac{\pi}{l} \tag{25}$$

[373] 简单的计算表明, $Q(\alpha)$ 的本征值由下式给出:

$$\lambda=\mathrm{e}^{\pm\mathrm{i}k(\alpha)l} \tag{26}$$

因此, 本征值是一对共轭复数, 其模等于 1.

(ii) 反之, 如果能量 E 所给出的 α 值使得

$$|X(\alpha)|>1 \tag{27}$$

(例如, 如果在图 3–31 中, α 介于 α_1 和 α_2 之间, 我们就令:

$$X(\alpha) = \varepsilon \cos \mathrm{h}[\rho(\alpha)l] \tag{28}$$

其中

$$\rho(\alpha) \geqslant 0 \tag{29}$$

而且, 如果 $X(\alpha)$ 为正, 则 $\varepsilon = +1$; 如果 $X(\alpha)$ 为负, 则 $\varepsilon = -1$. 于是我们得到:

$$\lambda = \varepsilon \mathrm{e}^{\pm\rho(\alpha)l} \tag{30}$$

在这种情况下, $Q(\alpha)$ 的两个本征值都是实数而且互为倒数.

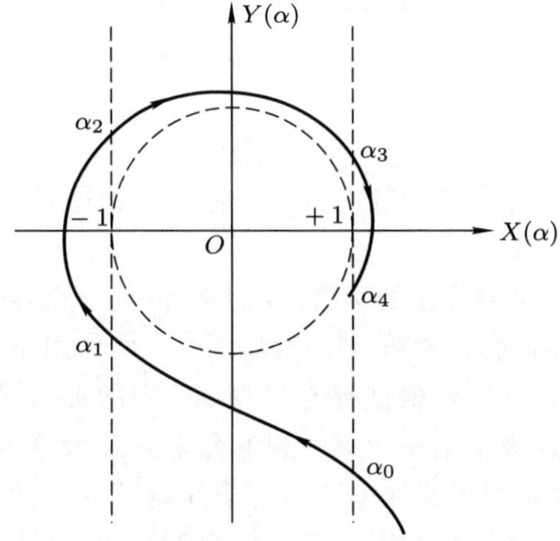

图 3–31　复数 $\mathrm{e}^{\mathrm{i}\alpha l}F(\alpha) = X(\alpha) + \mathrm{i}Y(\alpha)$ 随 α 变化的情况. 由于 $|F(\alpha)| > 1$, 所以在复平面上作出的曲线应在以 O 点为圆心的单位圆外. 正文中的讨论表明, 如果 $|X(\alpha)|$ 小于 1, 也就是说, 如果由已选定的 α 值所确定的曲线上的点位于图中的两条垂直虚线之间, 那么, 对应的能量便落在 “容许能带” 内; 反之, 对应的能量便落在 “禁戒能带” 内.

2. 讨论: 容许能带和禁戒能带的概念

a. 波函数 $\varphi_\alpha(x)$ 的行为

为了应用 (14) 式, 我们先计算与 $Q(\alpha)$ 的本征矢相联系的两个列矩阵 $\Lambda_1(\alpha)$ 和 $\Lambda_2(\alpha)$, 它们分别对应于本征值 λ_1 和 λ_2; 然后再将矩阵 $\begin{pmatrix} A_1 \\ A_1' \end{pmatrix}$ 分解为下列形式:

$$\begin{pmatrix} A_1 \\ A_1' \end{pmatrix} = c_1(\alpha)\Lambda_1(\alpha) + c_2(\alpha)\Lambda_2(\alpha) \tag{31}$$

从这个关系式立即可以得到:

$$\begin{pmatrix} A_n \\ A_n' \end{pmatrix} = \lambda_1^{n-1}c_1(\alpha)\Lambda_1(\alpha) + \lambda_2^{n-1}c_2(\alpha)\Lambda_2(\alpha) \tag{32}$$

从这个等式可以看出, 在我们涉及的能量范围内, $|X(\alpha)|$ 是小于还是大于 1, 将使波函数的行为大不相同. 事实上, 在前一种情况下, 公式 (26) 表明: 通过一连串势垒的效果在 (32) 式中表现为列矩阵 $\begin{pmatrix} A_n \\ A'_n \end{pmatrix}$ 的两个分量相对于 $\Lambda_1(\alpha)$ 和 $\Lambda_2(\alpha)$ 的相移. 这时 $\varphi_\alpha(x)$ 的行为类似于虚指数函数的叠加结果的行为. 反之, 如果能量的大小使得 $|X(\alpha)| > 1$, 则公式 (30) 表明: 两个本征值中只有一个 (例如 λ_1) 的模大于 1. 对于充分大的 n, 我们便有:

[374]
$$\begin{pmatrix} A_n \\ A'_n \end{pmatrix} \simeq \varepsilon^{n-1} \mathrm{e}^{(n-1)\rho(\alpha)l} c_1(\alpha) \Lambda_1(\alpha) \tag{33}$$

因而 A_n 和 A'_n 是按指数律随 n 增大的 [$c_1(\alpha) = 0$ 的特殊情况除外]; 由此可见, 顺次通过一个一个的势垒, 波函数 $\varphi_\alpha(x)$ 的模将变得越来越大, 它的行为很像实指数函数叠加结果的行为.

b. 布拉格反射: 周期势场中粒子的可能能量

根据 $\varphi_\alpha(x)$ 的行为像实指数函数还是像虚指数函数的叠加, 可以预期对应的现象可能是大不相同的.

例如, 对于 N 个全同势垒的集合, 我们来计算一下透射系数 $T_N(\alpha)$. 等式 (15) 表明, 对这个集合而言, 矩阵 $M(\alpha)[Q(\alpha)]^{N-1}$ 的作用相当于只有一个势垒时矩阵 $M(\alpha)$ 的作用. 但是, 根据补充材料 $\mathrm{N_{III}}$ 中的关系式 (29–b), 透射系数 $T(\alpha)$ 可以通过这个矩阵中第一行第一列的元素来表示 [$T(\alpha)$ 的倒数则等于这个矩阵元的模的平方]. 如果这样来选择粒子的能量 E, 使得 $Q(\alpha)$ 的本征值为实数, 亦即由 (30) 式所给出的结果, 情况将会怎样呢? 如果 N 充分大, 则本征值 $\lambda_1 = \varepsilon \mathrm{e}^{\rho(\alpha)l}$ 将占绝对优势, 而矩阵 $[Q(\alpha)]^{N-1}$ 则按指数律随 N 增大 [(33) 式所表示的就是这种情况]; 因而, 透射系数应按指数律减小:

$$T_N(\alpha) \propto \mathrm{e}^{-2N\rho(\alpha)l} \tag{34}$$

在这种情况下, 对于大的 N 值, 粒子实际上必然遭到这 N 个势垒的反射. 这个结果也可以解释如下: 在遭到各个势垒散射的波中, 透射的那些波完全是相消相干的, 而反射的那些波则是相长相干的. 因此, 我们可以将这个现象和布拉格反射相类比. 此外, 我们还要注意, 即使能量 E 大于势垒的高度 (在经典力学中, 这时粒子可以透过势垒), 透射波的相消干涉仍然可能发生.

但是, 我们可能注意到, 如果一个孤立势垒的透射系数非常接近 1, 我们便有 $|F(\alpha)| \simeq 1$ [例如在图 3–31 中, 如果 α(亦即能量) 趋于无穷大, 则 $|F(\alpha)| \to 1$], 这样一来, 表示复数 $\mathrm{e}^{\mathrm{i}\alpha l}F(\alpha)$ 的点将非常靠近以 O 点为中心的单位圆. 在图 3–31 中可以看到, 能量轴上 $|X(\alpha)| > 1$ 的那些区段, 亦即发生全反射的那些区段、是非常狭窄的, 实际上表现为孤立的能值. 在物理上可以解释如下: 如果

入射粒子的能量 E 远大于势 $V(x)$ 变化的幅度, 则粒子的动量 (如同对应的波长那样) 是完全确定的. 于是由布拉格条件 $l = n\dfrac{\lambda}{2}$ (n 为整数) 算出的能量是 [375]
完全确定的.

反之, 如果粒子的能量 E 落在本征值的模为 1 的范围内, 如在 (26) 式中那样, 矩阵 $[Q(\alpha)]^{N-1}$ 的元素就不再随 N 趋于无穷大. 在这些条件下, 势垒的数目增多时, 透射系数 $T_N(\alpha)$ 并不趋于零. 现在我们所涉及的现象仍然是纯量子性的, 是与波函数的振荡特性相关的, 由于这种特性, 波才能在规则的周期势场中传播而没有指数型衰减. 特别值得注意的是, 透射系数 $T_N(\alpha)$ 非常不同于各单个势垒的透射系数之积 (由于这个乘积中的每一个因子都比 1 小, 故 $N \to \infty$ 时这个乘积趋于零).

还有一个有趣的问题: 当粒子处在一连串规则排列的势阱中时, 也就是当粒子处在呈现周期性结构的势场 $V(x)$ 的作用下时, 能级的量子化问题; 这个问题主要是在固体物理中遇到的. 我们将在下面的 §3 中详细研究这个问题. 不过, 我们现在就可以推测到能谱的概况. 事实上, 如果我们假设粒子具有这样的能量, 它使得 $|X(\alpha)| > 1$, 则方程 (33) 表明, 当 $n \to \infty$ 时, 系数 A_n 和 A'_n 都趋向无穷大. 这时波函数不再保持为有界的, 我们显然应该排除这种可能性, 于是对应的能量便是被禁戒的; 因此, 我们称与 $|X(\alpha)| > 1$ 对应的能域为禁戒能带. 反之, 假设粒子的能量使得 $|X(\alpha)| < 1$, 则当 $x \to \infty$ 时, A_n 和 A'_n 都保持有界. 这时我们称能量轴上的对应区域为容许能带. 归结起来, 能谱由这两种区域相间而成: 一种有限区域中所有的能量值都是适合的 (即容许能带), 另一种区域中所有的能量值都是被禁止的.

3. 周期势场中能量的量子化; 边界条件的影响

我们考虑一个质量为 m 的粒子, 它处在图 3–32 所示势场 $V(x)$ 中. 在 $-\dfrac{l}{2} \leqslant x \leqslant Nl + \dfrac{l}{2}$ 的区域中, $V(x)$ 呈现周期函数的形状, 这个函数由 $N+1$ 个高度为 V_0 的势垒首尾相接而组成, 它们的中心顺次在点 $x = 0, l, 2l, \cdots, Nl$; 在这个区域之外, 在长度和 l 差不多大的区间中, $V(x)$ 的变化是任意的, 然后变为正常数 V_e. 在下文中, 我们称区间 $[0, Nl]$ 为 "晶格的内部", 而称点 $x \simeq -\dfrac{l}{2}$ 附近和 $x \simeq Nl + \dfrac{l}{2}$ 附近为 "晶格的端点 (或边缘)".

从物理上说, 这样的函数 $V(x)$ 可用来表示一个电子在线性分子中, 或在晶体中 (若取一维模型) 遇到的势场. 因而, 位于点 $x = \dfrac{l}{2}, \dfrac{3l}{2}, \cdots$ 处的那些势阱便对应于诸离子施于电子的引力; 远离晶体 (或分子) 的电子不再受到任何引力的作用. 因此, 一旦脱离区域 $-\dfrac{l}{2} \leqslant x \leqslant Nl + \dfrac{l}{2}$, $V(x)$ 就很快变为常数.

[376]

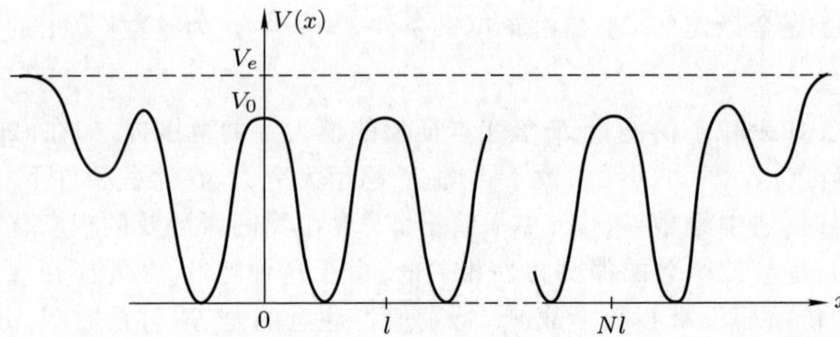

图 3-32 在“一维晶体”内部及其边缘处电子所遇到的势场随 x 变化的情况. 在晶体内部, 势具有周期结构; 在离子之间, $V(x)$ 取极大值 (即在点 $x=0,l,2l,\cdots$ 处的势垒), 而在离子的位置上 $V(x)$ 取极小值 $\left(\text{即在点 } x=\dfrac{l}{2},\dfrac{3l}{2},\cdots \text{ 处的势阱}\right)$. 在晶体的边缘, 在和 l 差不多大的距离上, $V(x)$ 的变化是比较复杂的, 然后就很快地趋向常数 V_e.

除了能量的原点有所改变以外, 我们现在所取的势 $V(x)$ 完全和补充材料 $M_{Ⅲ}$ 中的一致. 我们已经知道粒子的束缚态的能谱是小于 V_e 的能量所构成的离散谱. 但是, 我们现在所取的势 $V(x)$ 还有一个值得注意的特点, 就是它具有前面 §1 中研究过的那种周期结构; 我们将根据这一段的结果证明, 补充材料 $M_{Ⅲ}$ 中的那些结论在目前情况下具有特殊的形式. 例如, 在补充材料 $M_{Ⅲ}$ 中曾经强调过一点: 引起能量量子化的原因是边界条件 [$x\to\pm\infty$ 时, $\varphi(x)\to 0$]. 我们可能以为, 目前这个问题中的边界条件, 即势在晶格边缘的变化情况, 应该是决定能量的可能值的关键. 实际上, 完全不是这样. 我们可以证实, 这些能量实际上只依赖于 $V(x)$ 在它呈周期形状的区域内的值, 并不依赖于边缘效应 (当然, 必须假设势阱的数目非常多). 此外, 我们还可以证实在前面的 §2-b 中直观地得到的结果, 为此, 只须证明: 能量的大部分可能值都归并在容许能带之内, 只有若干个定域在边缘的定态与 $V(x)$ 在边缘附近的变化紧密相关, 并且对应的能量将落在禁戒能带之内.

下面的研究基本上仿照补充材料 $M_{Ⅲ}$ 中的进行. 首先, 我们要精确地考察一下加于定态波函数 $\varphi_\alpha(x)$ 上的条件.

a. 施加于波函数的条件

在 $V(x)$ 呈周期形状的区域内, 波函数 $\varphi_\alpha(x)$ 的形式由关系式 (3-d) 给出, 系数 A_n 和 A'_n 则由 (32) 式决定. 为了将后一等式写成较明显的形式, 我们令:

$$c_1(\alpha)\Lambda_1(\alpha)=\begin{pmatrix} f_1(\alpha) \\ f'_1(\alpha) \end{pmatrix}$$

$$c_2(\alpha)\Lambda_2(\alpha)=\begin{pmatrix} f_2(\alpha) \\ f'_2(\alpha) \end{pmatrix} \tag{35}$$

[377] 于是得到

$$\begin{aligned} A_n &= f_1(\alpha)\lambda_1^{n-1}+f_2(\alpha)\lambda_2^{n-1} \\ A'_n &= f'_1(\alpha)\lambda_1^{n-1}+f'_2(\alpha)\lambda_2^{n-1} \end{aligned} \tag{36}$$

现在我们来考察限制波函数 $\varphi_\alpha(x)$ 的边界条件. 首先, 在左边远离晶格的区域中, $V(x)$ 等于 V_e, 我们可将 $\varphi_\alpha(x)$ 写成下列形式:

$$\varphi_\alpha(x) = B\mathrm{e}^{\mu(\alpha)x} \tag{37–a}$$

其中

$$\mu(\alpha) = \sqrt{\frac{2m}{\hbar^2}(V_e - E)} \tag{37–b}$$

(我们舍去一个解 $e^{-\mu(\alpha)x}$, 因为它在 $x \to -\infty$ 时是发散的). 与 (37) 式中的函数相联系的概率流等于零 (参看补充材料 $B_{Ⅲ}$ 的 §1); 但对定态而言, 概率流是与 x 无关的 [参看补充材料 $N_{Ⅲ}$ 中的 (12) 式]; 因而, 在所有的点 x 处它都等于零, 自然在晶格内部也是这样. 根据补充材料 $N_{Ⅲ}$ 的 (14) 式可知, 系数 A_n 和 A'_n 必有相同的模. 因此, 如果我们要用含有系数 A_1 与 A'_1 的关系式来表示左端的边界条件 [也就是说, 如果我们要写出 $\varphi_\alpha(x)$ 在区间 $-\frac{l}{2} \leqslant x \leqslant \frac{l}{2}$ 内的表达式是波函数 (37) 的开拓], 那么, 我们可找到下列形式的等式:

$$\frac{A_1}{A'_1} = \mathrm{e}^{\mathrm{i}\chi(\alpha)} \tag{38–a}$$

式中 $\chi(\alpha)$ 是 α 的 (因而也是能量 E 的) 实函数, 它依赖于 $V(x)$ 在晶格左端边缘处的变化细节 [在下文中, 我们并不需要 $\chi(\alpha)$ 的具体表达式; 要紧的是, 左端的边界条件具有 (38–a) 的形式].

同样的推理显然也适用于右端 ($x \to +\infty$), 这一端的边界条件可以写作

$$\frac{A_{N+1}}{A'_{N+1}} = \mathrm{e}^{\mathrm{i}\chi'(\alpha)} \tag{38–b}$$

这里的实函数 $\chi'(\alpha)$ 依赖于 $V(x)$ 在晶格右端边缘处的变化情况.

总之, 我们可以按下述方法得到能量的量子化:

— 我们从满足 (38–a) 式的两个系数 A_1 和 A'_1 开始, 该式保证了当 $x \to -\infty$ 时 $\varphi_\alpha(x)$ 保持为有界. 由于 $\varphi_\alpha(x)$ 只能确定到差一个常数因子, 所以我们可以选择, 例如:

$$\begin{aligned} A_1 &= \mathrm{e}^{\mathrm{i}\chi(\alpha)/2}, \\ A'_1 &= \mathrm{e}^{-\mathrm{i}\chi(\alpha)/2} \end{aligned} \tag{39}$$

— 然后, 利用 (36) 式计算系数 A_n 和 A'_n, 以便将已经选定的波函数开拓到整个晶体中去. 注意, 条件 (39) 暗示我们, $\varphi_\alpha(x)$ 是实函数 (参看补充材料 $N_{Ⅲ}$ 的 §1–b), 因此, 计算 A_n 和 A'_n 一定得到:

$$A'_n = A^*_n \tag{40}$$

— 最后, 我们令系数 A_{N+1} 和 A_N 满足 (38–b) 式, 这个关系保证当 $x \to +\infty$ 时 $\varphi_\alpha(x)$ 保持为有界. 事实上, (40) 式表明, 比值 $\dfrac{A_{N+1}}{A'_{N+1}}$ 必然是模等于 1 的复数; 因此, 条 [378]
件 (38–b) 变成两个复数的幅角之间的关系式. 于是我们便得到一个关于 α 的实方程, 它有若干个实数解, 这些解便确定了容许的能量值.

我们将按 $Q(\alpha)$ 的本征值为实数 [$|X(\alpha)| > 1$] 或虚数 [$|X(\alpha)| < 1$] 两种情况来应用上述方法.

b. 容许能带; 晶格内部粒子的定态

首先假设能量 E 在 $|X(\alpha)| < 1$ 的值域.

α. 量子化方程的形式

考虑到 (26) 式, 便可将 (36) 式写作:

$$\begin{cases} A_n = f_1(\alpha)\mathrm{e}^{\mathrm{i}(n-1)k(\alpha)l} + f_2(\alpha)\mathrm{e}^{-\mathrm{i}(n-1)k(\alpha)l} \\ A'_n = f'_1(\alpha)\mathrm{e}^{\mathrm{i}(n-1)k(\alpha)l} + f'_2(\alpha)\mathrm{e}^{-\mathrm{i}(n-1)k(\alpha)l} \end{cases} \tag{41}$$

同时我们又看到, 不论 n 取什么值, 按 (39) 式选择 A_1 和 A'_1 便导致 $A'_n = A^*_n$. 但容易证明只有当

$$\begin{aligned} f^*_1(\alpha) &= f'_2(\alpha) \\ f^*_2(\alpha) &= f'_1(\alpha) \end{aligned} \tag{42}$$

时, 关系式 (41) 才给出一对共轭复数. 于是条件 (38–b) 可以写作:

$$\frac{f_1(\alpha)\mathrm{e}^{2\mathrm{i}Nk(\alpha)l} + f_2(\alpha)}{f^*_2(\alpha)\mathrm{e}^{2\mathrm{i}Nk(\alpha)l} + f^*_1(\alpha)} = \mathrm{e}^{\mathrm{i}\chi'(\alpha)} \tag{43}$$

关于 α 的这个方程就是确定能量量子化的关系式. 为了将它解出, 我们令

$$\Theta(\alpha) = \mathrm{Arg}\left\{\frac{f^*_1(\alpha)\mathrm{e}^{\mathrm{i}\chi'(\alpha)/2} - f_2(\alpha)\mathrm{e}^{-\mathrm{i}\chi'(\alpha)/2}}{f_1(\alpha)\mathrm{e}^{-\mathrm{i}\chi'(\alpha)/2} - f^*_2(\alpha)\mathrm{e}^{\mathrm{i}\chi'(\alpha)/2}}\right\} \tag{44}$$

[$\Theta(\alpha)$ 原则上可以从 $\chi(\alpha)$、$\chi'(\alpha)$ 及矩阵 $Q(\alpha)$ 算出]. 于是可将方程 (43) 写成很简单的形式:

$$\mathrm{e}^{2\mathrm{i}Nk(\alpha)l} = \mathrm{e}^{\mathrm{i}\Theta(\alpha)} \tag{45}$$

因此, 能级由下式给出:

$$k(\alpha) = \frac{\Theta(\alpha)}{2Nl} + p\frac{\pi}{Nl} \tag{46}$$

其中

$$p = 0, 1, 2, \cdots, (N-1) \tag{47}$$

[p 的其他数值应予排除, 因为现在条件 (25) 规定 $k(\alpha)$ 在长度为 π/l 的区间内变化]. 从现在起, 我们注意, 如果 N 非常大, 实际上可将方程 (46) 写成下面的简单形式:

$$k(\alpha) \simeq p\frac{\pi}{Nl} \tag{48}$$

[379] β. 作图求解; 能级的定位

如果将定义 $k(\alpha)$ 的 (24) 式代入 (46) 式, 我们便得到关于 α 的一个方程, 由它便可确定能量的容许值. 为了用图解法来解这个方程, 我们先作出表示函数 $X(\alpha) = \mathrm{Re}[\mathrm{e}^{\mathrm{i}\alpha l}F(\alpha)]$ 的曲线; 由于这里含有虚指数函数 $\mathrm{e}^{\mathrm{i}\alpha l}$, 可以料到这曲线具有图 3–33–a 所示的振荡特性. 由于 $|F(\alpha)|$ 比 1 大 [参看补充材料 $\mathrm{N_{III}}$ 的 (32) 式], 故振荡的幅度比 1 大, 以至于曲线与两直线 $X(\alpha) = \pm 1$ 相交于很多点, 交点处的 $\alpha = \alpha_0, \alpha_1, \alpha_2, \cdots$. 在 α 轴上这些交点之间的区域内, 如果条件 $|X(\alpha)| < 1$ 不成立, 我们便将这些区域一律舍去; 这样便得到曲线 $X(\alpha)$ 上的很多弧段, 利用这些弧便可将函数 $k(\alpha)$ 表示为:

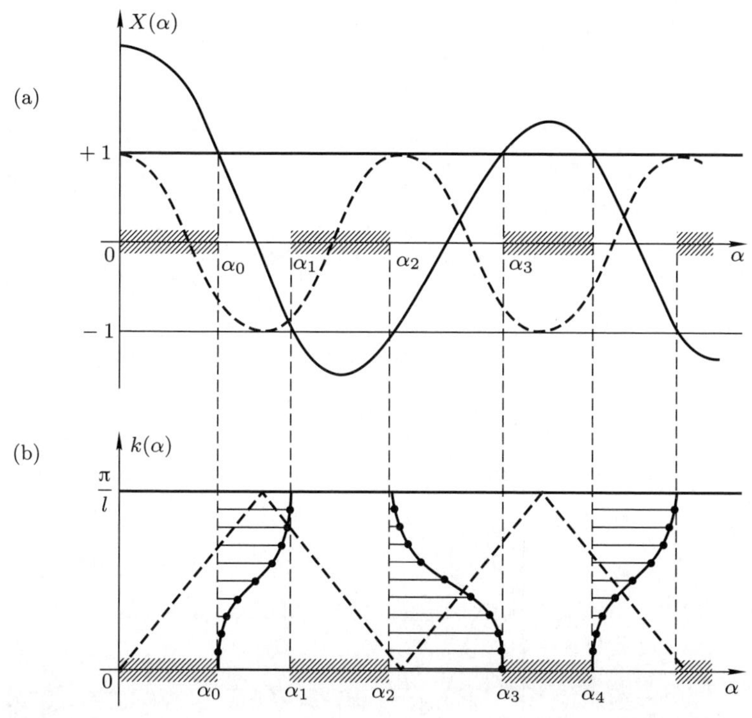

图 3–33 函数 $X(\alpha)=\mathrm{Re}[F(\alpha)\mathrm{e}^{\mathrm{i}\alpha l}]$ (参看图 3–31) 和函数 $k(\alpha)=\dfrac{1}{l}\mathrm{Arc}\cos[X(\alpha)]$ 随 α 变化的情况. 实际上 (若 $N\gg 1$), 由曲线 $k(\alpha)$ 与诸水平直线 $y=\dfrac{p\pi}{Nl}(p=0,1,2,\cdots,N-1)$ 的交点便可得到与定态相联系的 α 的值 (亦即能量 E 的值). 这样便出现容许能带 (在 $\alpha_0\leqslant\alpha\leqslant\alpha_1$ 等区间内), 每一能带包含 N 个非常靠近的能级; 以及禁戒能带 (在划阴影的 $\alpha_1\leqslant\alpha\leqslant\alpha_2$ 等区间内). 用虚线描绘的曲线对应于 $V(x)=0$ (自由粒子) 的特例.

$$k(\alpha)=\frac{1}{l}\mathrm{Arc}\ \cos X(\alpha) \tag{49}$$

注意到函数 Arc cos 的形状 (参看图 3–34), 我们便可得到如图 3–33–b 所示的曲线. 方 [380]
程 (46) 表明, 由这条曲线与曲线 $\dfrac{\Theta(\alpha)}{2Nl}+p\dfrac{\pi}{Nl}$ [若 $N\gg 1$, 这些曲线实际上是水平直线 $y=p\dfrac{\pi}{Nl}(p=0,1,2,\cdots,N-1)$] 的交点便可以决定各能级.

于是, 在由 $\alpha_0\leqslant\alpha\leqslant\alpha_1,\alpha_2\leqslant\alpha\leqslant\alpha_3,\cdots$ 等区间所限定的每一容许能带内, 出现 N 个能级, 这些能级对应于 $k(\alpha)$ 的诸等间隔数值; 禁戒能带则位于容许能带之间 (到 §c 我们再详细探讨禁戒能带的性质).

如果要考察某一个特定的容许能带, 我们可以用 $k(\alpha)$ 的值来标记对应的能级. 这种做法相当于取 k 为变量, 而将 α 从而能量 E 看作 k 的函数 $\alpha(k)$ 和 $E(k)$. 图 3–33–b 中的曲线直接给出 α 随 k 变化的规律, 因此, 由函数 $\dfrac{\hbar^2\alpha^2}{2m}$ 就可以得到能量 $E(k)$; 对应的曲线具有图 3–35 所示的形状.

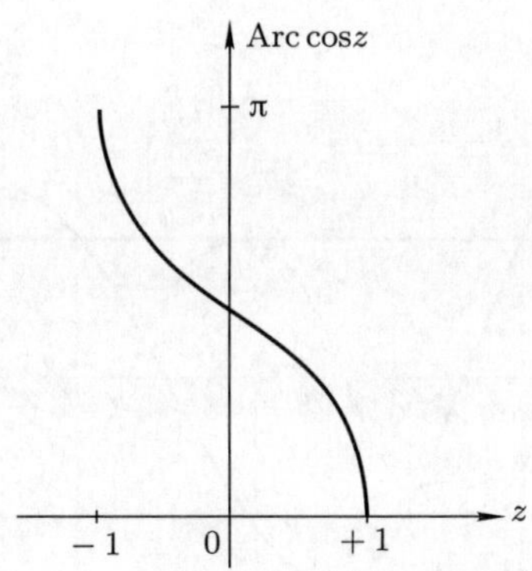

图 3–34 反余弦函数

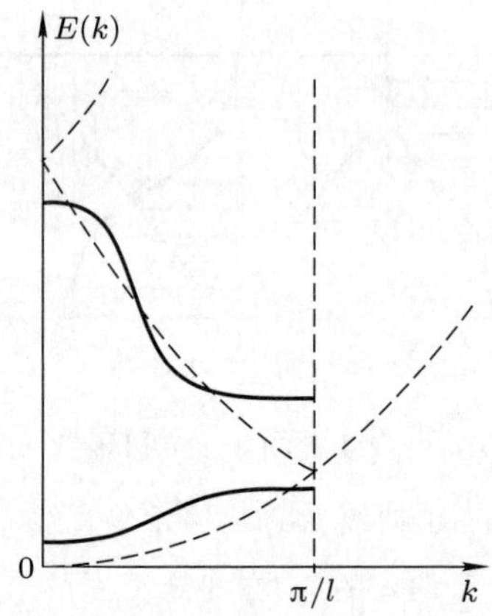

图 3–35 能量随参变量 k 变化的情况. 实曲线表示头两个容许能带中的能量 (确定各能级的 k 的值在 $0 \leqslant k \leqslant \dfrac{\pi}{l}$ 区间中是等间距的). 虚曲线对应于 $V(x)$ 为零 (自由粒子) 的特例; 这时容许能带邻接, 禁戒能带不复存在.

[381] **附注:**

从图 3–33–b 可以明显看出, 给定 k 的一个值, 便有 α 的若干个 (亦即能量的若干个) 对应值; 因此, 在图 3–35 中出现若干段弧线. 但是, 在某一指定的容许能带内, 如果 $X(\alpha)$ 不断从 -1 增加到 $+1$ (或不断从 $+1$ 减少到 -1), 那么, 在这个能带中, 与 k 的每一个值对应的能级只有一个, 因而, 这个能带包含 N 个能级.

γ. 讨论

前面的计算说明: 当 N 从 1 开始增加到很大的数值时, 我们是怎样从离散能级的集合过渡到容许能带的. 严格说来, 这些能带仍然是由离散能级构成的, 不过对于宏观晶体来说, 诸能级之间的间隔非常小, 以致实际上表现为连续分布. 如果取 k 作为参量, 那么态密度(在 k 的每单位间隔内可能的能级数) 是恒定的并等于 Nl/π; 这个颇为方便的性质说明为什么我们通常取 k 作变数.

从 (46) 式过渡到 (48) 式的时候, 我们就可以看出很重要的一点: 通过函数 $\chi(\alpha)$, $\chi'(\alpha)$ [在 (46) 式中则是通过 $\Theta(\alpha)$] 才能引入的晶格边缘的效应, 当 N 很大时不会产生任何影响; 为了确定可能的能量值, 只有晶格内部的周期势的形状才是重要的.

考虑下述两种极限情况是很有意义的:

(i) 若 $V(x)=0$(自由粒子), 我们有

$$\begin{cases} F(\alpha)=1 \\ X(\alpha)=\cos\alpha l \end{cases} \tag{50}$$

因而可以得到

$$\begin{cases} \text{若 } 0\leqslant\alpha\leqslant\pi/l: \quad k(\alpha)=\alpha \\[2ex] \text{若 } \dfrac{\pi}{l}\leqslant\alpha\leqslant\dfrac{2\pi}{l}: \quad k(\alpha)=\dfrac{2\pi}{l}-\alpha \end{cases} \tag{51}$$

(与此对应的折线在图 3–33–b 中用虚线画出). 等式 (50) 表明, 条件 $|X(\alpha)|\leqslant 1$ 是永远具备的, 于是我们再次看到, 就自由粒子而言, 禁戒能带是不存在的.

我们可以利用图 3–35 来观察势函数 $V(x)$ 对曲线 $E(k)$ 的影响. 在出现禁戒能带的同时, 表示能量的曲线在点 $k=0$ 及 $k=\pi/l$ 处 (容许能带的边缘) 的方向趋于水平方向. 与自由粒子的情况相反, 对于每一个能带而言, 都存在一个转折点, 在这里能量随 k 线性地变化.

(ii) 如果透射系数 $T(\alpha)$ 实际上等于零, 我们便有 [参看补充材料 $N_{\text{Ⅲ}}$ 中的方程 (29) 和 (21)]:

$$\begin{cases} |F(\alpha)|\gg 1 \\ |G(\alpha)|\gg 1 \end{cases} \tag{52}$$

在图 3–31 中, 表示复数 $e^{i\alpha l}F(\alpha)$ 的点离原点很远, 于是从这个图可以看出, α 轴上的符合条件 $|X(\alpha)|<1$ 的区域都非常窄. 因此, 如果基元势垒的透射系数减小, 那么容许能带就会变窄; 在透射系数为零的极限情况下, 这些能带就变成孤立势阱中的一个个的能级. 反之, 只要粒子通过隧道效应从一个势阱进入下一个势阱, 那么, **势阱中的每一个分立能级都产生一个能带, 透射系数越大, 能带越宽.** 在补充材料 F_{XI} 中, 我们还要讨论这个性质.

c. 禁戒能带; 定域在边界上的定态 [382]

α. 方程的形式; 能级

现设 α 属于 $|X(\alpha)|>1$ 的区间. 根据 (30) 式, 我们可将 (36) 式写作:

$$\begin{cases} A_n=\varepsilon^{n-1}[f_1(\alpha)e^{(n-1)\rho(\alpha)l}+f_2(\alpha)e^{-(n-1)\rho(\alpha)l}] \\ A'_n=\varepsilon^{n-1}[f'_1(\alpha)e^{(n-1)\rho(\alpha)l}+f'_2(\alpha)e^{-(n-1)\rho(\alpha)l}] \end{cases} \tag{53}$$

对任意的 n, $A'_n=A^*_n$ 这一事实现在必然导致

$$\begin{cases} f'_1(\alpha)=f^*_1(\alpha) \\ f'_2(\alpha)=f^*_2(\alpha) \end{cases} \tag{54}$$

于是量子化条件 (38–b) 应取下列形式:

$$\frac{A_{N+1}}{A'_{N+1}}=\frac{f_1(\alpha)+f_2(\alpha)e^{-2N\rho(\alpha)l}}{f^*_1(\alpha)+f^*_2(\alpha)e^{-2N\rho(\alpha)l}}=e^{i\chi'(\alpha)} \tag{55}$$

这就是说,

$$\mathrm{e}^{-2N\rho(\alpha)l} = L(\alpha) \tag{56}$$

实函数 $L(\alpha)$ 则由下式确定:

$$L(\alpha) = -\frac{f_1^*(\alpha)\mathrm{e}^{\mathrm{i}\chi'(\alpha)/2} - f_1(\alpha)\mathrm{e}^{-\mathrm{i}\chi'(\alpha)/2}}{f_2^*(\alpha)\mathrm{e}^{\mathrm{i}\chi'(\alpha)/2} - f_2(\alpha)\mathrm{e}^{-\mathrm{i}\chi'(\alpha)/2}} \tag{57}$$

我们考虑 $N \gg 1$ 的情况; 这时 $\mathrm{e}^{-2N\rho(\alpha)l} \simeq 0$, 而方程 (56) 变为:

$$L(\alpha) = 0 \tag{58}$$

因此, 禁戒能带中的能级决定于函数 $L(\alpha)$ 的零点 (参看图 3–36). 由于 N 既不出现在 (57) 式中, 也不出现在 (58) 式中, 所以这些能级的数目与 N 无关 (这与容许能带中的能级数相反). 因而, 当 $N \gg 1$ 时, 我们可以说, 实际上所有的能级都被纳入容许能带之中.

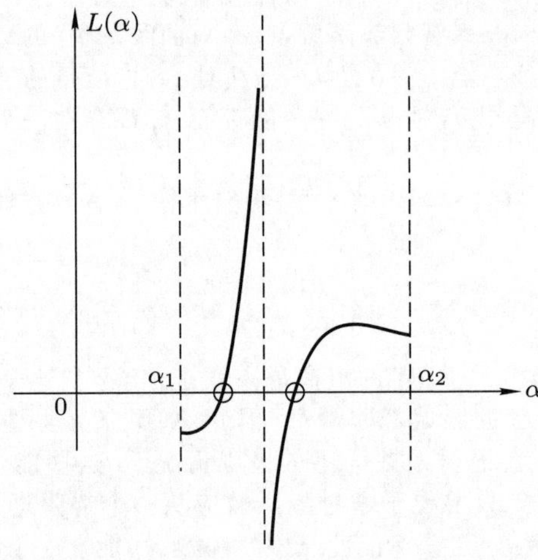

图 3–36 在一个禁戒能带中, $L(\alpha)$ 随 α 变化的情况. 定域在晶格边缘的定态, 由 $L(\alpha)$ 的零点确定.

β. 讨论

这里的情况与在前面的 §b 中遇到的情况, 是根本不同的. N 这个数, 亦即晶格的长度, 只要充分大, 是不起作用的; 反之, 定义 $L(\alpha)$ 的 (57) 式表明, 函数 $\chi(\alpha)$ 和 $\chi'(\alpha)$ 起着重要作用. 我们已经知道这些函数与 $V(x)$ 在晶格边缘上的行为有关, 因此, 可以预期得到定域在这些区域中的态.

情况正是这样. 实际上, 方程 (57) 和 (58) 提供两种可能:

(i) 如果 $f_1(\alpha) \neq 0$, 则 $L(\alpha)$ 为零的条件是:

$$\frac{f_1(\alpha)}{f_1^*(\alpha)} = \frac{f_1(\alpha)}{f_1'(\alpha)} = \mathrm{e}^{\mathrm{i}\chi'(\alpha)} \tag{59}$$

我们再回到定义 $f_1(\alpha)$ 及 $f_1'(\alpha)$ 的 (35) 式; 我们看到, (59) 式的意义其实是说由 $Q(\alpha)$ 的第一个本征矢所构成的波函数满足右端的边界条件. 这是很容易理解的: 如果我们

在 $x = 0$ 处从任意一个满足左端的边界条件的波函数着手, 则矩阵 $\begin{pmatrix} A_1 \\ A_1' \end{pmatrix}$ 的分量在 [383]
$Q(\alpha)$ 的两个本征矢上; 因而, 系数 A_{N+1} 和 A'_{N+1} 实际上 (只要 $N \gg 1$) 由 (33) 式确定, 此式表明矩阵 $\begin{pmatrix} A_{N+1} \\ A'_{N+1} \end{pmatrix}$ 正比于 $Q(\alpha)$ 的第一本征矢的列矩阵.

注意, 因为本征值 $\lambda_1(\alpha)$ 大于 1, 故当 x 增大时, 波函数将按指数律增长. 因此, 由 $Q(\alpha)$ 的第一本征矢给出的定态, 定域在晶格的右端.

(ii) 如果 $f_1(\alpha) = 0$, 则由 (54) 式得 $f_1'(\alpha) = 0$, 而由 (35) 式得出 $C_1(\alpha) = 0$. 可见对应的定态是与 $Q(\alpha)$ 的第二本征矢相联系的. 现在的定态定域在晶格左端, 除此以外, 在 (i) 中得到的结论仍然有效.

参考文献和阅读建议:

Merzbacher (1.16), 第 6 章, §7; Flügge (1.24), §28, §29; Landau 和 Lifshitz (1.19), §104; 还可以参看固体物理方面的著作 (参考书目第 13 节).

第四章 量子力学的假定在简单情况下的应用：自旋 $\frac{1}{2}$ 和二能级体系

[385]

[386] 第四章提纲

§A. 自旋为 $\frac{1}{2}$ 的粒子: 角动量的量子化

1. 实验显示
   a. 施特恩–格拉赫实验的装置
   b. 偏转的经典计算
   c. 结果和结论
2. 理论上的描述
   a. 可观察量 S_z 和自旋态空间
   b. 自旋的其他可观察量

§B. 就自旋为 $\frac{1}{2}$ 的情况说明量子力学的假定

1. 各自旋态的具体制备
   a. 自旋态 $|+\rangle$ 和 $|-\rangle$ 的制备
   b. 状态 $|\pm\rangle_x, |\pm\rangle_y$ 和 $|\pm\rangle_u$ 的制备
   c. 最普遍的态的制备
2. 自旋的测量
   a. 第一个实验
   b. 第二个实验
   c. 第三个实验
   d. 平均值
3. 自旋 $\frac{1}{2}$ 粒子的态在均匀磁场中的演变
   a. 相互作用的哈密顿算符和薛定谔方程
   b. 拉莫尔进动

§C. 二能级体系的一般研究

1. 问题的梗概
   a. 记号
   b. 耦合的后果
2. 静态方面: 耦合对体系的定态的影响
   a. H 的本征值及本征态的表示式
   b. 讨论
   c. 重要应用: 量子共振现象
3. 动态方面: 体系在两个未微扰态之间的振荡
   a. 态矢量的演变
   b. $\mathscr{P}_{12}(t)$ 的计算: 拉比公式
   c. 讨论
   d. 在两个态之间振荡的例子

在这一章, 我们打算通过一些例子来说明已经在第三章中陈述并讨论过 [387]
的那些量子力学假定; 我们将把这些假定应用于一些简单的具体问题, 这些问题涉及的态空间都是有限多维的, 确切地说是二维的. 这些例子之所以重要, 不仅因为它们在数学上很简洁, 而且因为通过这些例子我们可以更深刻地理解那些假定及其后果. 这些例子在物理上也是重要的, 因为它们展现了一些很容易为实验所证实的典型量子效应.

在 §A 和 §B 中, 我们要研究自旋为 $\frac{1}{2}$ 的情况 (到第九章我们还要更全面地研究这个问题). 首先 (§A–1), 我们描述一个基本实验, 这个实验可以显示一个简单的物理量 (角动量) 的量子化. 我们将会看到, 一个顺磁性中性原子的角动量 (或磁矩) 沿 Oz 方向的分量只能取某一离散集合中的若干个数值. 例如, 就一个基态的银原子而言, 其角动量的分量 S_z 只有两个可能值 $\left(+\frac{\hbar}{2}\text{和} -\frac{\hbar}{2}\right)$ 因此, 我们说一个基态银原子是自旋为 $\frac{1}{2}$ 的粒子. 然后 (§A–2), 我们将说明量子力学怎样描述这一类粒子的 “自旋变量”. 如果没有必要对 “外部参量” $\boldsymbol{r}$ 和 $\boldsymbol{p}$ 进行量子力学的处理, 那么粒子的态空间 (“自旋态空间”) 仅仅是二维的. 接着我们就在这种特别简单的情况下说明和讨论量子力学的假定 (§B): 我们将先说明, 在一个具体的实验中, 怎样制备处于事先指定的某一自旋态的银原子; 然后说明, 对银原子的自旋这个物理量的测量怎样从实验上证实量子力学的假定. 最后, 通过积分对应的薛定谔方程, 来研究自旋为 $\frac{1}{2}$ 的粒子在均匀磁场中的演变 (拉莫尔进动). 在 §C 中, 我们再研究二能级体系. 虽然一般说来, 它们并不是自旋为 $\frac{1}{2}$ 的体系, 但对它们的研究将导致与 §A、§B 中的计算非常相似的计算. 我们还将详细研究外界微扰对一个二能级体系的定态的影响, 并且通过这个非常简单的模型来阐明一些重要的物理效应.

§A. 自旋为 $\frac{1}{2}$ 的粒子: 角动量的量子化 [388]

1. 实验显示

我们首先来描述和分析施特恩–格拉赫实验, 这个实验显示了角动量分量的量子化 (有时叫做 “空间量子化”).

a. 施特恩–格拉赫实验的装置

实验的目的是观测顺磁性中性原子注 (在这种场合下用银原子) 在非常

不均匀的磁场中的偏转. 实验装置概略地绘于图 4–1[①].

高温炉 E 中的银原子经过一个小孔射出后, 在实验装置内部的高真空环境中沿直线前进. 准直狭缝 F 选出速度平行于某一指定方向 (在图中取此方向为 Oy 轴) 的原子; 这样构成的原子注穿过电磁铁 A 的磁极间隙, 最终冷凝在板 P 上.

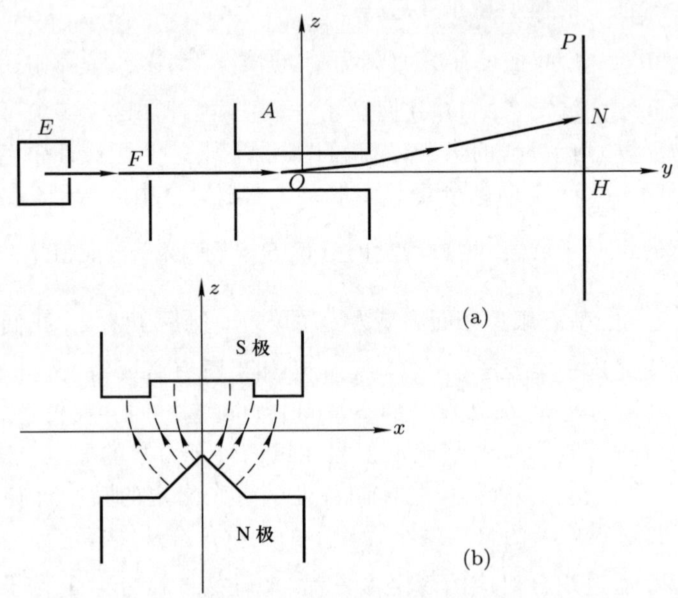

图 4–1 施特恩–格拉赫实验的示意图. 图 a 中画出从高温炉 E 中射出的一个银原子的径迹. 这个银原子受到电磁铁 A 的磁场梯度的偏转, 最后冷凝在板 P 上的 N 点. 图 b 是电磁铁 A 在 xOz 平面上的剖面图; 虚线表示磁场的力线. 图中设 B_z 是正的而 $\partial B_z/\partial z$ 是负的, 因而, 图 a 中的径迹所对应的磁矩分量 $\mathscr{M}_z$ 是负的, 也就是说, 对应的 φ_z 的分量是正的 (对于银原子来说, γ 是负的).

我们再将电磁铁 A 所产生的磁场 $\boldsymbol{B}$ 的特征叙述得精确一些. 磁场具有
[389] 一个对称面 (在图中取此平面为 yOz 面), 它包含着原子注的原始方向 Oy; 在磁极间隙中, 在平行于 Oy 轴的任何直线上的所有各点, 磁场都一样 (磁极的棱脊平行于 Oy 轴, 边缘效应可以忽略不计). 磁场 $\boldsymbol{B}$ 沿 Oy 方向没有分量, 其最大的分量在 Oz 方向上. 这个分量随 z 剧烈变化, 这个情况在图 4–1–b 中示出: 磁力线在北极附近比在南极附近更为密集. 当然, 由于磁场的通量保持恒定 ($\text{div}\boldsymbol{B} = 0$), 它在 Ox 方向上也应该有分量, 这个分量随着从对称面算起的距离 x 而变化.

① 在这里我们只突出这套设备中最重要的特点; 关于实验技术的详细描述请参看原子物理学方面的书籍.

b. 偏转的经典计算①

首先注意, 银原子是中性的, 它们不受拉普拉斯力的作用. 但是, 它们 (是顺磁性原子) 具有永久磁矩 $\mathscr{M}$, 由此而产生的力可以从势能

$$W = -\mathscr{M} \cdot \boldsymbol{B} \tag{A–1}$$

导出.

就一个原子而言, 电子磁矩 $\mathscr{M}$ 和角动量 $\mathscr{S}$ 的存在有两个来源: 一是电子绕核的运动 (电荷的旋转导致轨道磁矩的出现), 二是电子的内禀角动量或自旋 (参看第九章), 也有与之相联系的自旋磁矩. 我们可以证明 (但在这里不予证明), 在原子的一个特定的能级中, $\mathscr{M}$ 与 $\mathscr{S}$ 成正比②.

$$\mathscr{M} = \gamma \mathscr{S} \tag{A–2}$$

比例常数 γ 叫做该能级的旋磁比.

在银原子注通过电磁铁以前, 诸原子的磁矩的取向是无规的 (各向同性的). 我们来研究磁场对原子注中某一个原子的影响, 在磁极间隙的入口处, 这个原子的磁矩 $\mathscr{M}$ 有确定的方向. 从势能的表达式 (A–1) 很容易导出原子所受的合力为:

$$\boldsymbol{F} = \nabla(\mathscr{M} \cdot \boldsymbol{B}) \tag{A–3}$$

(如果磁场 $\boldsymbol{B}$ 是均匀的, 则此合力为零), 以及相对于原子位置的总矩:

$$\boldsymbol{\Gamma} = \mathscr{M} \times \boldsymbol{B} \tag{A–4}$$

角动量定理可以写作: [390]

$$\frac{\mathrm{d}\mathscr{S}}{\mathrm{d}t} = \boldsymbol{\Gamma} \tag{A–5}$$

亦即

$$\frac{\mathrm{d}\mathscr{S}}{\mathrm{d}t} = \gamma \mathscr{S} \times \boldsymbol{B} \tag{A–6}$$

由此可见, 原子的运动很像回转仪 (图 4–2): $\mathrm{d}\mathscr{S}/\mathrm{d}t$ 垂直于 $\mathscr{S}$, 角动量围绕着磁场旋转, $\mathscr{S}$ 与 $\boldsymbol{B}$ 之间的夹角 θ 则始终保持不变; 旋转的角速度等于旋磁比 γ 与磁场大小的乘积. $\mathscr{M}$ 的垂直于磁场的分量在零值上下摆动, 而平行于 $\boldsymbol{B}$ 的分量则保持不变.

---

① 这里只讲一个大概, 细节请参看原子物理学方面的书籍.

② 对于处在基态的银原子 (如原子注中的那些原子), 角动量 $\mathscr{S}$ 就是外电子的自旋, 因此, 只有这个电子关系到磁矩 $\mathscr{M}$ 的存在. 这是因为, 这个电子的轨道角动量等于零; 此外, 全体内层电子的轨道角动量和自旋角动量也都等于零; 最后, 在我们所达到的实验条件下, 核的自旋所引起的效应是完全可以忽略的. 这就说明了为什么基态的银原子像电子一样具有自旋 $\frac{1}{2}$.

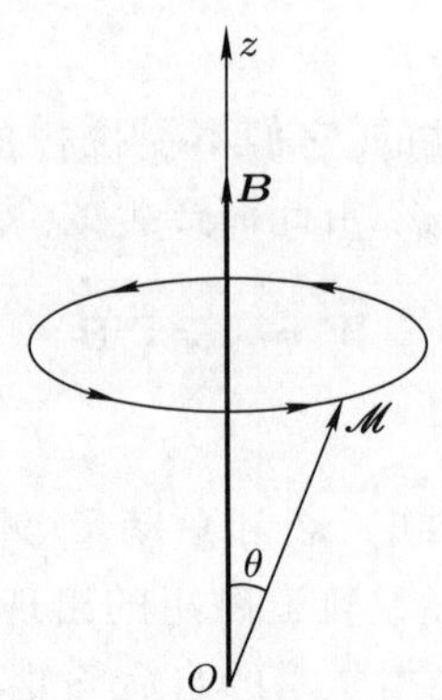

图 4–2 银原子具有磁矩 $\mathscr{M}$ 以及与之成比例的角动量 $\mathscr{S}$; 因而, 均匀磁场 $\boldsymbol{B}$ 的作用就是使 $\mathscr{M}$ 以恒定角速度围绕 $\boldsymbol{B}$ 旋转 (即拉莫尔进动).

为了计算力 $\boldsymbol{F}$ [公式 (A–3)], 可以略去 W 中正比于 $\mathscr{M}_x$ 与 $\mathscr{M}_y$ 的各项, 并将 $\mathscr{M}_z$ 取作常数, 这样可以得到很好的近似. 这是因为: 由于 $\mathscr{M}$ 的旋转而出现的振荡频率非常高, 以至于 $\mathscr{M}_x$ 和 $\mathscr{M}_y$ 只能以它们对时间的平均值出现在 W 中, 而这些平均值都等于零. 因此, 实际情况相当于原子只受下面这个力的作用:

$$\boldsymbol{F}' = \nabla(\mathscr{M}_z B_z) = \mathscr{M}_z \nabla B_z \tag{A–7}$$

另一方面, ∇B_z 沿 Ox 轴和 Oy 轴的分量都等于零: $\partial B_z/\partial y = 0$, 这是因为磁场与 y 无关 (参看上面的 §a); 此外, 在对称面 yOz 上各点 $\partial B_z/\partial x = 0$. 因此, 原子受到的力平行于 Oz 轴而正比于磁矩 $\mathscr{M}_z$. 使原子发生偏转 HN 的就是这个力 (图 4–1), 所以偏转量 HN 正比于 $\mathscr{M}_z$, 亦即正比于 $\mathscr{S}_z$; 由此可见, 测量 HN 就相当于测量 $\mathscr{M}_z$ 或 $\mathscr{S}_z$.

[391] 在磁极间隙的入口处, 原子注中诸原子的磁矩分布在一切方向上 ($\mathscr{M}_z$ 的大小可以是 $-|\mathscr{M}|$ 与 $|\mathscr{M}|$ 之间的任何数值), 因此我们预料原子注应该在板 P 上形成一个对称于 H 的图案. 从原则上说, 图案的上限 N_1 和下限 N_2 应分别对应于 $\mathscr{M}_z$ 的极大值 $|\mathscr{M}|$ 和极小值 $-|\mathscr{M}|$. 实际上, 由于速度的弥散以及狭缝 F 的有限宽度, $\mathscr{M}_z$ 为某一数值的那些原子并不凝聚在同一点, 而是形成一个斑点, 它的中心对应于原子以平均速度注入时形成的凝聚点.

c. 结果和结论

上述实验 (1922 年由施特恩和格拉赫首次完成) 的结果和前面的预言相反.

我们所观察到的并不是中心在 H 点的一个斑点, 而是两个斑点 (图 4–3), 其中心在对称于 H 点的 N_1 及 N_2 处 (斑点的宽度对应于速度的弥散和狭缝

的宽度 F). 由此可见, 经典预言已为实验所否定.

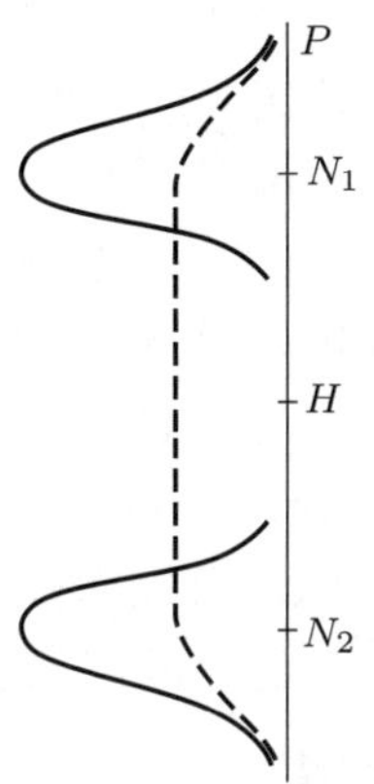

图 4–3 在施特恩–格拉赫实验中的板 P 上观察到的斑点. 从高温炉 E 中射出的原子的磁矩 $\mathscr{M}$ 在空间中的取向是无规的. 经典力学预言, 测量 $\mathscr{M}_z$ 得到 $-|\mathscr{M}|$ 和 $+|\mathscr{M}|$ 之间的一切值的概率相等. 因而我们应该只观察到一个斑点 (图中的虚线). 实际上, 实验结果完全不是这样, 我们观察到两个斑点, 其中心分别在 N_1 及 N_2 点. 这个结果表明, 测量 $\mathscr{M}_z$ 只能得到两种可能的结果 (测量结果是量子化的).

现在我们来看怎样解释上述结果. 我们可以将银原子的各种物理量分为两类: 一类对应于它的外部自由度 (也就是说, 这一类物理量都是位置 $\boldsymbol{r}$ 和动量 $\boldsymbol{p}$ 的函数), 另一类, 如 $\mathscr{M}$ 或 $\mathscr{S}$, 对应于它的内部自由度 (又叫做自旋自由度).

我们首先证明, 在此实验的条件下, 不必用量子力学来处理外部自由度. 为此, 我们将证明, 为了描述银原子的运动, 可以构成这样的波包, 其宽度 Δz 和动量的弥散 Δp_z 都是完全可以忽略的. 我们知道, Δz 和 Δp_z 应该满足不确定度关系式:

$$\Delta z \cdot \Delta p_z \gtrsim \hbar \tag{A–8}$$

具体地说, 银原子的质量 M 为 1.8×10^{-25}kg, Δz 和速度的不确定度 $\Delta v_z = \Delta p_z/M$ 应该满足下列条件: [392]

$$\Delta z \cdot \Delta v_z \gtrsim \frac{\hbar}{M} \simeq 10^{-9}\text{MKSA} \tag{A–9}$$

那么, 这个问题中涉及哪些相关的长度和速度呢? 狭缝 F 的宽度约为 0.1 mm, 两个斑点之间的间隔 N_1N_2 约为几 mm; 磁场在其上有显著变化的距离可以根据磁极间隙中央磁场的大小 ($B \simeq 10^4$ G) 和磁场的梯度 ($\partial B/\partial z \simeq 10^5$ G/cm) 导出, 结果是 $B/\dfrac{\partial B_z}{\partial z} \simeq 1$ mm. 此外, 从 1 000 K 的高温炉中射出的银原子, 其速度的数量级为 500m/s; 不论原子注的一致性多么好, 在 Oz 方向上, 速度的弥散也不会比几 m/s 少很多. 于是我们就很容易算出不确定度 Δz 和 Δv_z, 在它们满足 (A–9) 式的同时, 在上述实验的尺度下又是完全可以忽略的. 由此可见, 现在完全没有必要用量子力学来处理每一个原子的外部变量 $\boldsymbol{r}$ 和 $\boldsymbol{p}$; 我们只要利用沿经典轨迹前进的几乎呈点状的波包来进行分析就可以了. 因此, 可以正确地肯定测量偏转 HN 就相当于测量 $\mathscr{M}_z$ 或 $\mathscr{S}_z$.

根据实验结果, 我们只能作出下述结论: 如果测量基态银原子的内禀角动量分量 $\mathscr{S}_z$, 那么, 我们只能得到对应于偏转 HN_1 和 HN_2 的两个数值中的某一个. 因此, 我们不得不放弃矢量 $\boldsymbol{\mathscr{S}}$ 可以和磁场成任意角 θ 的经典图像, 而承认 $\mathscr{S}_z$ 是一个量子化的物理量, 它的离散谱只包含两个本征值, 将来 (第六章) 研究角动量的量子理论时, 我们将会看到, 这两个本征值是 $+\dfrac{\hbar}{2}$ 和 $-\dfrac{\hbar}{2}$ (在这里我们先承认这个结果); 现在我们说基态银原子的自旋是 $\dfrac{1}{2}$.

2. 理论上的描述

下面我们要说明量子力学怎样描述银原子 $\left(\text{即自旋为 } \dfrac{1}{2} \text{ 的粒子}\right)$ 的自由度.

现在我们还不具备提出自旋为 $\dfrac{1}{2}$ 的粒子的一套严格的演绎理论所必需的全部要素. 到第九章, 在关于角动量的普遍理论的范畴内, 我们再开展这方面的研究. 因此, 我们在这里不得不先承认要推迟到第九章才能证明的一些结论. 这样的安排是合理的, 因为本章的主要目的是为了使读者学会在简单的具体情况下应用量子力学的表述形式, 而不是为了专门研究自旋 $\dfrac{1}{2}$ 的角动量问题. 我们将举出右矢和可观察量的一些具体例子, 说明如何据此计算物理预言, 以及如何明确区分一个实验的各个阶段 (制备、演变、测量).

[393] 在第三章中我们已经看到, 在量子力学中, 我们应该为每一个可以测量的物理量联系上一个观察算符, 它是一个厄米算符, 它的全体本征矢可以构成态空间的一个基. 因而, 我们必须确定态空间, 以及对应于 $\boldsymbol{\mathscr{S}}$ 的诸分量 (即 $\mathscr{S}_x, \mathscr{S}_y, \mathscr{S}_z$; 一般地可以是 $\mathscr{S}_u = \boldsymbol{\mathscr{S}} \cdot \boldsymbol{u}, \boldsymbol{u}$ 表示一个任意的单位矢) 的观察算符是什么, 因为由 §1 我们已经知道这些分量都是可以测量的.

a. 可观察量 S_z 和自旋态空间

我们应该为 $\mathscr{S}_z$ 联系上一个观察算符 S_z, 根据 §1 所说的实验结果, S_z 具有两个相反的本征值 $+\dfrac{\hbar}{2}$ 和 $-\dfrac{\hbar}{2}$. 我们承认 (参看第九章) 这两个本征值都是

非简并的, 并且用 $|+\rangle$ 和 $|-\rangle$ 来表示对应的正交归一本征矢. 即

$$\begin{cases} S_z|+\rangle = +\dfrac{\hbar}{2}|+\rangle \\ S_z|-\rangle = -\dfrac{\hbar}{2}|-\rangle \end{cases} \tag{A–10}$$

而且

$$\begin{cases} \langle+|+\rangle = \langle-|-\rangle = 1 \\ \langle+|-\rangle = 0 \end{cases} \tag{A–11}$$

因此, S_z 本身就单独构成一个 ECOC, 而自旋态空间就是由它的本征矢 $|+\rangle$ 和 $|-\rangle$ 所张成的二维空间 $\mathscr{E}_S$. 这两个右矢构成 $\mathscr{E}_S$ 中的一个基这一事实, 可以由封闭性关系式

$$|+\rangle\langle+| + |-\rangle\langle-| = \mathbb{1} \tag{A–12}$$

来表示. 空间 $\mathscr{E}_S$ 中的最一般的 (归一化的) 右矢, 是 $|+\rangle$ 和 $|-\rangle$ 的某种线性叠加:

$$|\psi\rangle = \alpha|+\rangle + \beta|-\rangle \tag{A–13}$$

其中 α 与 β 应满足下列关系式:

$$|\alpha|^2 + |\beta|^2 = 1 \tag{A–14}$$

在基 $\{|+\rangle, |-\rangle\}$ 中, 表示 S_z 的矩阵显然是对角的, 可将它写作:

$$(S_z) = \frac{\hbar}{2}\begin{pmatrix} 1 & 0 \\ 0 & -1 \end{pmatrix} \tag{A–15}$$

b. 自旋的其他可观察量

观察算符 S_x 和 S_y 分别与 $\mathscr{S}$ 的分量 $\mathscr{S}_x$ 和 $\mathscr{S}_y$ 相联系. 在基 $\{|+\rangle, |-\rangle\}$ 中, 算符 S_x 和 S_y 应该用 2×2 的厄米矩阵来表示.

到第六章我们将会看到, 在量子力学中, 一个角动量的三个分量并不互相 [394]
对易, 而是满足完全确定的对易关系式. 根据这一点, 我们可以证明, 在目前所研究的自旋 $\dfrac{1}{2}$ 的情况下, 在 S_z 的本征矢 $|+\rangle$ 和 $|-\rangle$ 所构成的基中, S_x 和 S_y 的矩阵是:

$$(S_x) = \frac{\hbar}{2}\begin{pmatrix} 0 & 1 \\ 1 & 0 \end{pmatrix} \tag{A–16}$$

$$(S_y) = \frac{\hbar}{2}\begin{pmatrix} 0 & -\mathrm{i} \\ \mathrm{i} & 0 \end{pmatrix} \tag{A–17}$$

目前我们先承认这个结果.

在极角为 θ, φ 的单位矢 $\boldsymbol{u}$ 的方向上 (图 4–4), $\boldsymbol{\mathscr{S}}$ 的分量 $\mathscr{S}_u$ 应该写作:

$$\mathscr{S}_u = \boldsymbol{\mathscr{S}} \cdot \boldsymbol{u} = \mathscr{S}_x \sin\theta\cos\varphi + \mathscr{S}_y \sin\theta\sin\varphi + \mathscr{S}_z \cos\theta \tag{A–18}$$

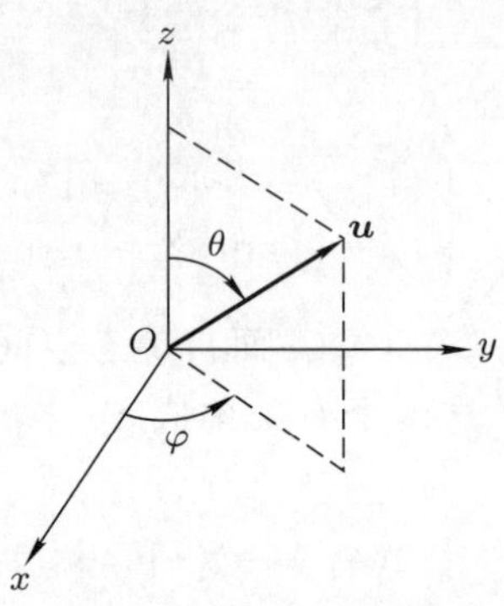

图 4–4　决定单位矢 $\boldsymbol{u}$ 的极角 θ 和 φ 的定义

利用 (A–15)、(A–16) 和 (A–17) 式, 很容易求得对应的观察算符 $S_u = \boldsymbol{S} \cdot \boldsymbol{u}$ 在基 $\{|+\rangle, |-\rangle\}$ 中的矩阵:

$$\begin{aligned}(S_u) &= (S_x)\sin\theta\cos\varphi + (S_y)\sin\theta\sin\varphi + (S_z)\cos\theta \\ &= \frac{\hbar}{2}\begin{pmatrix}\cos\theta & \sin\theta\mathrm{e}^{-\mathrm{i}\varphi} \\ \sin\theta\mathrm{e}^{\mathrm{i}\varphi} & -\cos\theta\end{pmatrix}\end{aligned} \tag{A–19}$$

以后, 我们还要用到观察算符 S_x、S_y 和 S_u 的本征值和本征矢. 利用矩阵 (A–16), (A–17), (A–19) 可以算出这些结果, 计算并不困难, 我们只给出结果.

算符 S_x, S_y 和 S_u 的本征值都与 S_z 的相同, 即 $+\dfrac{\hbar}{2}, -\dfrac{\hbar}{2}$. 从物理上看, 这个结果是可以预期的; 因为我们可以将施特恩–格拉赫实验的整个设备旋转一下, 使得由磁场确定的轴平行于 Ox 轴或 Oy 轴或 $\boldsymbol{u}$. 由于空间的一切方向的性质都相同, 这样旋转之后, 我们在仪器的板 P 上观察到的现象也应该是
[395] 一样的; 也就是说, 每次, 测量 $\mathscr{S}_x$ 或 $\mathscr{S}_y$ 或 $\mathscr{S}_u$ 只能得到 $+\dfrac{\hbar}{2}$ 和 $-\dfrac{\hbar}{2}$ 这两个结果中的一个.

我们将 S_x, S_y, S_u 的本征矢分别记作 $|\pm\rangle_x, |\pm\rangle_y, |\pm\rangle_u$ (右矢括号内的符号就是对应的本征值的符号). 这些右矢在 S_z 的本征矢 $|\pm\rangle$ 所构成的基中可以展开为:

$$|\pm\rangle_x = \frac{1}{\sqrt{2}}[|+\rangle \pm |-\rangle] \tag{A–20}$$

$$|\pm\rangle_y = \frac{1}{\sqrt{2}}[|+\rangle \pm \mathrm{i}|-\rangle] \tag{A–21}$$

$$\begin{cases} |+\rangle_u = \cos\dfrac{\theta}{2}\mathrm{e}^{-\mathrm{i}\varphi/2}|+\rangle + \sin\dfrac{\theta}{2}\mathrm{e}^{\mathrm{i}\varphi/2}|-\rangle & \text{(A–22–a)} \\ |-\rangle_u = -\sin\dfrac{\theta}{2}\mathrm{e}^{-\mathrm{i}\varphi/2}|+\rangle + \cos\dfrac{\theta}{2}\mathrm{e}^{\mathrm{i}\varphi/2}|-\rangle & \text{(A–22–b)} \end{cases}$$

§B. 就自旋为 $\frac{1}{2}$ 的情况说明量子力学的假定

具备了上面这一套概念和关系, 我们就准备将量子力学中的那些假定应用到若干实验, 这些实验都是可以利用施特恩–格拉赫的设备对银原子实际进行的. 这样, 我们就可以针对一种具体情况来讨论那些假定所带来的后果.

1. 各自旋态的具体制备

为了能够预言测量的结果, 我们必须知道刚刚要测量时体系的态 (这里指一个银原子的自由旋). 我们将会看到怎样实际地制备一种银原子注, 使其中的每个原子都处于指定的自旋态.

a. 自旋态 $|+\rangle$ 和 $|-\rangle$ 的制备

假设在图 4–1–a 所示仪器的板 P 上, 在原来以点 N_1 为中心的那个斑点的位置上, 开一个孔 (图 4–3). 那么, 向下偏转的那些原子仍然凝聚在点 N_2 的周围, 但向上偏转的一些原子将会穿过板 P (图 4–5). 于是, 在障板右侧, 原子注中的每一个原子都是这样一个物理体系——我们刚刚对这个体系测量过可观察量 S_z, 所得结果是 $+\dfrac{\hbar}{2}$. 根据第三章中的第 5 个假定, 这个原子应处在与此测量结果对应的本征态, 即态 $|+\rangle$ (由于 S_z 本身就构成一个 ECOC, 所以这个测量结果足以确定体系在这次测量之后的态). 由此可见, 利用图 4–5 的设备便可以制备这样一种原子注, 其中的每个原子都处于自旋态 $|+\rangle$. 因此这套设备对于原子所起的作用相当于普通起偏器对于光子所起的作用, 所以它具有 “原子起偏器” 的功能.

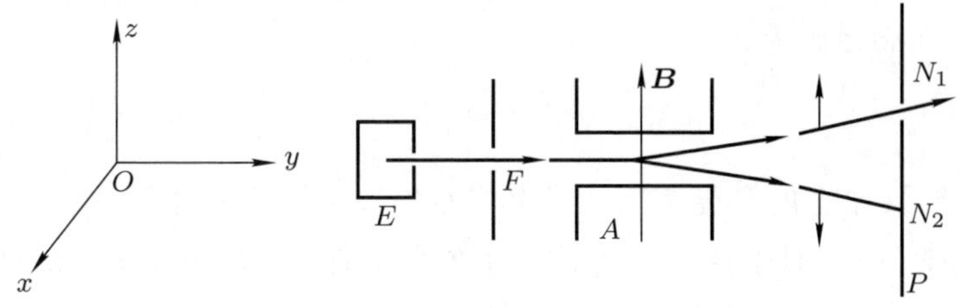

图 4–5 如果在板 P 上原来斑点 N_1 所在的位置开一个孔, 那么, 穿过这个孔的所有原子都处于自旋态 $|+\rangle$; 可见施特恩–格拉赫实验设备具有起偏器的功能.

[396] 当然, 若要得到由处于自旋态 $|-\rangle$ 的原子构成的原子注, 就应当在板上 N_2 点 (而不是在 N_1 点) 的周围开一个孔.

b. 状态 $|\pm\rangle_x$、$|\pm\rangle_y$ 和 $|\pm\rangle_u$ 的制备

由于可观察量 S_x 的每一个本征值都是非简并的, 所以它本身就构成一个 ECOC. 由此可知, 为了制备它的本征态中的某一个态, 只需在测量过 S_x 之后将下述那些原子挑选出来, 即在测量中对这些原子得出的结果等于待制备的那个态所属的本征值. 具体地说, 只需将图 4–5 中的设备绕着 Oy 轴旋转 $+\dfrac{\pi}{2}$, 我们就得到这样的原子注, 其中每个原子的自旋态都是 $|+\rangle_x$ (图 4–6).

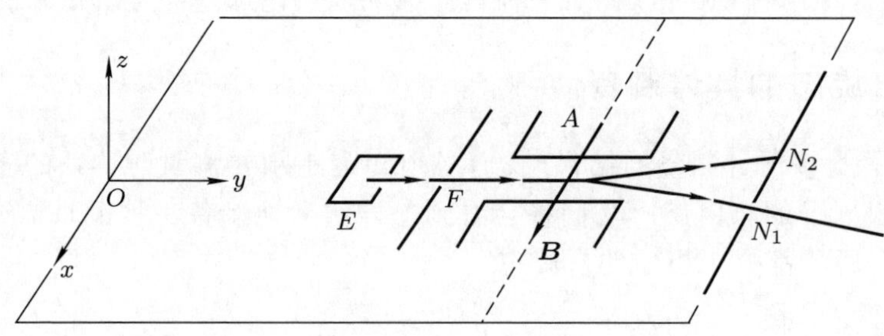

图 4–6 将图 4–5 中的设备绕 Oy 轴旋转 90°, 便得到一种起偏器, 它使每个原子都处于自旋态 $|+\rangle_x$.

[397] 这个方法马上可以推广: 调整施特恩–格拉赫设备的方位, 使磁场方向平行于任意单位矢 $\boldsymbol{u}$, 并在障板上的点 N_1 处或点 N_2 处开一个孔, 就可制备出处于自旋态 $|+\rangle_u$ 或 $|-\rangle_u$ 的银原子①.

c. 最普遍的态的制备

我们在前面已经指出, 自旋态空间中的归一化的最普遍的右矢具有下列形式:

$$|\psi\rangle = \alpha|+\rangle + \beta|-\rangle \tag{B–1}$$

其中 α 和 β 满足关系式:

$$|\alpha|^2 + |\beta|^2 = 1 \tag{B–2}$$

我们是否能将原子的自旋态制备成上列右矢 $|\psi\rangle$ 所描述的态呢?

我们来证明: 对于任意的 $|\psi\rangle$, 总存在这样的一个单位矢 $\boldsymbol{u}$, 可以使 $|\psi\rangle$ 与右矢 $|+\rangle_u$ 共线. 为此, 我们取满足条件 (B–2) 的两个复数 α 和 β, 除此以外没

① 原子注的方向不再一定是 Oy 轴, 但这对我们的问题无关紧要.

有其他限制. 从 (B–2) 式可以看出, 一定存在某一角度 θ 使得

$$\begin{cases}\cos\dfrac{\theta}{2}=|\alpha| \\ \sin\dfrac{\theta}{2}=|\beta|\end{cases} \tag{B–3}$$

此外, 如果我们限定:

$$0\leqslant\theta\leqslant\pi \tag{B–4}$$

θ 就由方程 $\tan\dfrac{\theta}{2}=\left|\dfrac{\beta}{\alpha}\right|$ 唯一地确定了. 我们已经知道, 与物理预言有关的仅是 α 和 β 的相位之差; 因此, 我们令

$$\varphi=\operatorname{Arg}\beta-\operatorname{Arg}\alpha \tag{B–5}$$

$$\chi=\operatorname{Arg}\beta+\operatorname{Arg}\alpha \tag{B–6}$$

于是, 便有

$$\begin{aligned}\operatorname{Arg}\beta&=\frac{1}{2}\chi+\frac{1}{2}\varphi \\ \operatorname{Arg}\alpha&=\frac{1}{2}\chi-\frac{1}{2}\varphi\end{aligned} \tag{B–7}$$

采用这些记号, 我们便可将右矢 $|\psi\rangle$ 写作: [398]

$$|\psi\rangle=\mathrm{e}^{\mathrm{i}\frac{\chi}{2}}\left[\cos\frac{\theta}{2}\mathrm{e}^{-\mathrm{i}\frac{\varphi}{2}}|+\rangle+\sin\frac{\theta}{2}\mathrm{e}^{\mathrm{i}\frac{\varphi}{2}}|-\rangle\right] \tag{B–8}$$

将此式与 (A–22–a) 式比较一下, 便可看出, $|\psi\rangle$ 与右矢 $|+\rangle_u$ (对应于由 θ 和 φ 所决定的单位矢 $\boldsymbol{u}$) 只差一个没有物理意义的相位因子 $\mathrm{e}^{\mathrm{i}\frac{\chi}{2}}$.

因此, 为了制备处于态 $|\psi\rangle$ 的银原子, 只须调整施特恩–格拉赫实验的设备 (板上的孔开在点 N_1 处), 使它的轴线和 $\boldsymbol{u}$ 一致, $\boldsymbol{u}$ 的极角则通过公式 (B–3) 和 (B–5) 由 α 和 β 确定.

2. 自旋的测量

从 §A 我们知道, 用施特恩–格拉赫设备可以测量银原子的角动量 $\mathscr{S}$ 在指定方向上的分量. 我们刚才在 §B–1 里又指出, 这套设备可以用来制备这样一种原子注, 其中所有的原子都处于指定的自旋态, 由此看来, 如果将两套施特恩–格拉赫电磁铁一前一后地安装在一起, 我们就可以用实验来检验根据量子力学假定得出的预言. 第一套设备用作 "起偏器": 由此射出的原子注含有大量的银原子, 每个原子都处于同样的自旋态. 这个原子注随即射入第二

套设备, 我们可以用它来测量角动量 $\mathscr{S}$ 的一个指定分量; 可以说这就是一个“检偏器” (注意它和第一章 §A-3 所述光学实验的相似性). 在 §B-2 这一段里, 我们将假设: 从原子注离开 “起偏器” 直到进入 “检偏器” (也就是说, 从制备到测量) 这段时间内, 每个原子的自旋态都不改变. 要取消这个假定也很容易, 只要用薛定谔方程来确定从制备的时刻到测量的时刻之间自旋态的演变即可 (参看 §B-3).

a. 第一个实验

我们使两套设备的轴线平行于 Oz 轴 (图 4-7). 第一套设备制备处于态 $|+\rangle$ 的原子, 第二套设备测量 $\mathscr{S}_z$. 我们在第二套设备的板上将会看到什么呢?

由于待研究的体系的态就是我们想要测量的可观察量 S_z 的本征态, 量子力学的假定告诉我们测量结果是确定的; 这就是说, 我们一定会得到对应的本征值 $\left(+\dfrac{\hbar}{2}\right)$. 因而, 所有的原子都应该在第二套设备的板上凝聚为一个斑点, 其位置对应于 $+\hbar/2$.

[399]

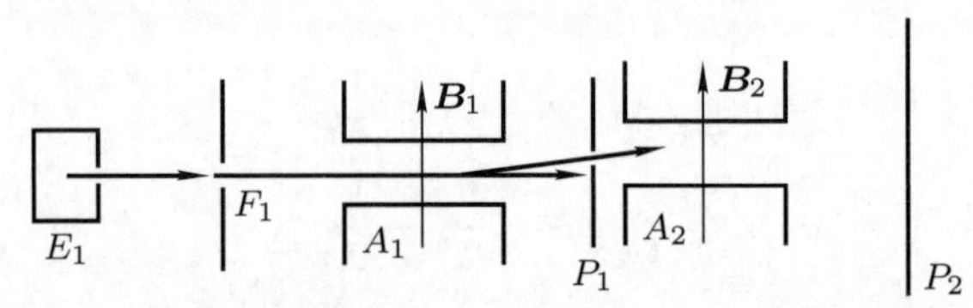

图 4-7　第一套设备 (一部分是原子注源, 包括高温炉 E_1 及准直狭缝 F_1; 另一部分是起偏器, 包括电磁铁 A_1 和开着孔的板 P_1) 制备处于态 $|+\rangle$ 的原子; 第二套设备 (由电磁铁 A_2 和板 P_2 组成的检偏器) 测量分量 $\mathscr{S}_z$. 测量结果是确定的 $\left(+\dfrac{\hbar}{2}\right)$.

实验结果正是如此: 所有的原子都落在第二块板的点 N_1 周围, 没有一个落在点 N_2 附近.

b. 第二个实验

现在调整第一套设备, 使其轴线平行于极角为 $\theta, \varphi = 0$ 的单位矢 $\boldsymbol{u}$ (因此, $\boldsymbol{u}$ 在 xOz 平面上); 保持第二套设备的轴线仍然平行于 Oz 轴 (图 4-8). 根据 (A-22-a) 式, 在原子从 “起偏器” 射出的时刻, 其自旋态为:

$$|\psi\rangle = \cos\frac{\theta}{2}|+\rangle + \sin\frac{\theta}{2}|-\rangle \tag{B-9}$$

“检偏器” 测量这些原子的 $\mathscr{S}_z$. 测得的结果如何呢?

这一次, 虽然所有原子的态都是以同样方式制备的, 我们却发现一些原子凝聚在点 N_1, 另一些原子则凝聚在点 N_2; 可见就每一个原子而言, 在测量时其个体的行为是带有不确定性的. 根据谱分解假定, 我们只能预言每一个原

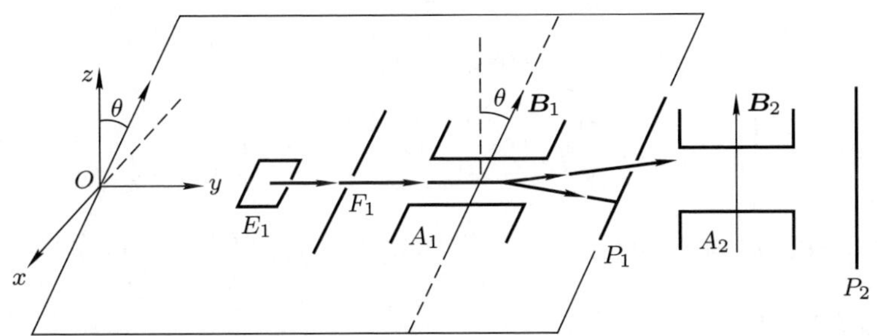

图 4–8 第一套设备制备处于态 $|+\rangle_u$ 的自旋 ($\boldsymbol{u}$ 是 xOz 平面上的单位矢, 它与 Oz 轴的夹角为 θ); 第二套设备测量分量 $\mathscr{S}_z$. 可能的结果是 $+\dfrac{\hbar}{2}$ $\left(\text{概率为 } \cos^2\dfrac{\theta}{2}\right)$ 和 $-\dfrac{\hbar}{2}$ $\left(\text{概率为 } \sin^2\dfrac{\theta}{2}\right)$.

子落到点 N_1 或点 N_2 的概率. 由于等式 (B–9) 就是原子的自旋态按所要测量的可观察量的本征态的展开式, 故由此立即可以看出两种结果的概率分别为 $\cos^2\dfrac{\theta}{2}$ 和 $\sin^2\dfrac{\theta}{2}$. 实际上, 如果凝聚在板上的原子数目足够多, 我们就可以证实 [400]
斑点 N_1 和 N_2 所对应的原子数分别正比于 $\cos^2\dfrac{\theta}{2}$ 和 $\sin^2\dfrac{\theta}{2}$.

附注:

因此, 不论角度 θ 的大小如何 (除了其值刚好为 0 或 π 以外), 测量 S_z 时, 我们总是得到两个结果: $+\dfrac{\hbar}{2}$ 和 $-\dfrac{\hbar}{2}$. 在某种程度上, 这个预言显得有点奇怪. 例如, 假设 θ 非常小, 那么, 在第一套设备的出口处, 自旋实际上指向 Oz 轴的方向. 但在测量 S_z 时, 我们不仅得到 $+\dfrac{\hbar}{2}$, 而且也会得到 $-\dfrac{\hbar}{2}$ $\left(\text{而在经典力学中结果应为 } \dfrac{\hbar}{2}\cos\theta \approx \dfrac{\hbar}{2}\right)$. 但是, θ 越小, 得到 $-\dfrac{\hbar}{2}$ 这个结果的概率也越小. 此外, 我们将会看到 [公式 (B–11)], 很多次全同实验所得结果的平均值为 $\langle S_z\rangle = \dfrac{\hbar}{2}\cos\theta$, 这是和经典结果一致的.

c. 第三个实验

我们仍将 “起偏器” 像上面 §2–b 所说的那样安置, 这就是说, 要将原子的态制备成 (B–9) 式中的态; 调整 “检偏器”, 使其轴线平行于 Ox 轴, 这就是说, 我们打算测量角动量分量 $\mathscr{S}_x$.

在这种情况下, 为了计算量子力学假定所作的预言, 我们应该将态 (B–9) 按可观察量 S_x 的本征态展开 [公式 (A–20)], 很容易求得:

$$\begin{cases} {}_x\langle +|\psi\rangle = \dfrac{1}{\sqrt{2}}\left(\cos\dfrac{\theta}{2}+\sin\dfrac{\theta}{2}\right)=\cos\left(\dfrac{\pi}{4}-\dfrac{\theta}{2}\right) \\ {}_x\langle -|\psi\rangle = \dfrac{1}{\sqrt{2}}\left(\cos\dfrac{\theta}{2}-\sin\dfrac{\theta}{2}\right)=\sin\left(\dfrac{\pi}{4}-\dfrac{\theta}{2}\right) \end{cases} \tag{B–10}$$

由此可以看出, 得到 S_x 的本征值 $+\dfrac{\hbar}{2}$ 的概率是 $\cos^2\left(\dfrac{\pi}{4}-\dfrac{\theta}{2}\right)$, 得到 $-\dfrac{\hbar}{2}$ 的概率是 $\sin^2\left(\dfrac{\pi}{4}-\dfrac{\theta}{2}\right)$.

我们可以检验这些预言. 为此, 只需测量安置在第二套施特恩–格拉赫设备出口处的障板上的两个斑点的强度.

附注:

这里出现 $\left(\dfrac{\pi}{4}-\dfrac{\theta}{2}\right)$ 是不足为奇的, 因为在 §2–b 中, 两套设备的轴线之间的夹角是 θ; 旋转第二套设备之后, 这个角度变成 $\left(\dfrac{\pi}{2}-\theta\right)$.

[401] d. 平均值

在 §2–b 的情况下, 从实验上我们已经知道, 当原子数 $\mathscr{N}$ 充分大时, 有 $\mathscr{N}\cos^2\dfrac{\theta}{2}$ 个原子落到点 N_1 处, 有 $\mathscr{N}\sin^2\dfrac{\theta}{2}$ 个原子落到点 N_2 处. 因此, 若测量 $\mathscr{S}_z$, 对前一类原子, 我们得到 $+\dfrac{\hbar}{2}$, 对后一类原子, 得到 $-\dfrac{\hbar}{2}$. 如果计算这些结果的平均值, 我们得到:

$$\begin{aligned}\langle S_z\rangle &= \frac{1}{\mathscr{N}}\left[\frac{\hbar}{2}\times\mathscr{N}\cos^2\frac{\theta}{2}-\frac{\hbar}{2}\times\mathscr{N}\sin^2\frac{\theta}{2}\right] \\ &= \frac{\hbar}{2}\cos\theta\end{aligned} \tag{B–11}$$

利用 (B–9) 式和 (A–10) 式, 很容易证实这个结果就是矩阵元 $\langle\psi|S_z|\psi\rangle$ 的值.

同样, 在 §2–c 的实验中, 测量结果的平均值为

$$\begin{aligned}\langle S_x\rangle &= \frac{1}{\mathscr{N}}\left[\frac{\hbar}{2}\times\mathscr{N}\cos^2\left(\frac{\pi}{4}-\frac{\theta}{2}\right)-\frac{\hbar}{2}\times\mathscr{N}\sin^2\left(\frac{\pi}{4}-\frac{\theta}{2}\right)\right] \\ &= \frac{\hbar}{2}\sin\theta\end{aligned} \tag{B–12}$$

为了计算矩阵元 $\langle\psi|S_x|\psi\rangle$, 我们可以利用在基 $\{|+\rangle, |-\rangle\}$ 中表示 S_x 的矩阵 (A–16). 在这个基中, 右矢 $|\psi\rangle$ 是用列矩阵 $\begin{pmatrix}\cos\theta/2\\ \sin\theta/2\end{pmatrix}$ 来表示的, 而左矢 $\langle\psi|$ 则用对

应的行矩阵来表示. 因而, 我们有:

$$
\begin{aligned}
\langle\psi|S_x|\psi\rangle &= \frac{\hbar}{2}\begin{pmatrix}\cos\frac{\theta}{2} & \sin\frac{\theta}{2}\end{pmatrix}\begin{pmatrix}0 & 1\\ 1 & 0\end{pmatrix}\begin{pmatrix}\cos\theta/2\\ \sin\theta/2\end{pmatrix}\\
&= \frac{\hbar}{2}\sin\theta
\end{aligned}
\tag{B–13}
$$

$\mathscr{S}_x$ 的平均值正好等于相关的可观察量 S_x 在态 $|\psi\rangle$ 中的矩阵元.

很有趣的是, 如果我们讨论的是模为 $\frac{\hbar}{2}$ 的经典角动量, 它的指向为 "起偏器" 的轴向, 那么, 它沿 Ox 轴及 Oz 轴的分量正好就是 $\frac{\hbar}{2}\sin\theta$ 及 $\frac{\hbar}{2}\cos\theta$. 更普遍地说, 如果我们计算 [算法和 (B–13) 式中相同] S_x, S_y, S_z 在态 $|+\rangle_u$ [公式 (A–22–a)] 中的平均值, 便会得到:

$$
\begin{cases}
{}_u\langle+|S_x|+\rangle_u = \dfrac{\hbar}{2}\sin\theta\cos\varphi\\
{}_u\langle+|S_y|+\rangle_u = \dfrac{\hbar}{2}\sin\theta\sin\varphi\\
{}_u\langle+|S_z|+\rangle_u = \dfrac{\hbar}{2}\cos\theta
\end{cases}
\tag{B–14}
$$

这些平均值等于一个经典角动量的诸分量, 这个角动量的模为 $\frac{\hbar}{2}$, 其取向沿极角为 θ、φ 的矢量 $\boldsymbol{u}$. 于是, 在这里, 我们通过平均值也可以建立经典力学和量子力学之间的联系. 但是不要忘记, 对一个给定的原子所作的测量 (譬如测 $\mathscr{S}_x$), [402]
绝不会得到 $\frac{\hbar}{2}\sin\theta\cos\varphi$; 可能得到的结果只是 $+\frac{\hbar}{2}$ 和 $-\frac{\hbar}{2}$. 只有计算许多次全同测量 (对于体系的同一个态, 在这里是 $|+\rangle_u$; 所测量的是同一个可观察量, 在这里是 S_x) 给出的结果的平均值时, 我们才会得到 $\frac{\hbar}{2}\sin\theta\cos\varphi$.

附注:

在这个阶段, 我们再讨论一下外部自由度 (位置、动量) 的问题是有益的.

如果进入第二套施特恩–格拉赫设备的一个银原子处于由 (B–9) 式所确定的自旋态 $|\psi\rangle$, 刚才我们已看到, 这个原子落在点 N_1 处还是落在点 N_2 处, 是不可能准确预言的. 这种不确定性似乎很难与经典的轨道概念协调一致, 因为知道了体系的初态, 经典轨道便是完全确定的了.

这个矛盾其实是表面上的. 我们说对外部自由度可以进行经典处理, 这只意味着我们可以构成一个其宽度远小于问题所涉及的一切线度的波包; 但这并不一定意味着粒子本身是沿着经典轨道运动的 (如我们将要看到的那样).

首先考虑进入仪器的、初始自旋态为 $|+\rangle$ 的一个银原子, 描述这个粒子的外部自由度的波函数是一个很窄的波包, 它的中心沿图 4–9–a 中的经典轨道前进.

相似地, 如果银原子处于自旋态 $|-\rangle$, 则与它相联系的波包的中心沿图 4–9–b 中的经典轨道前进.

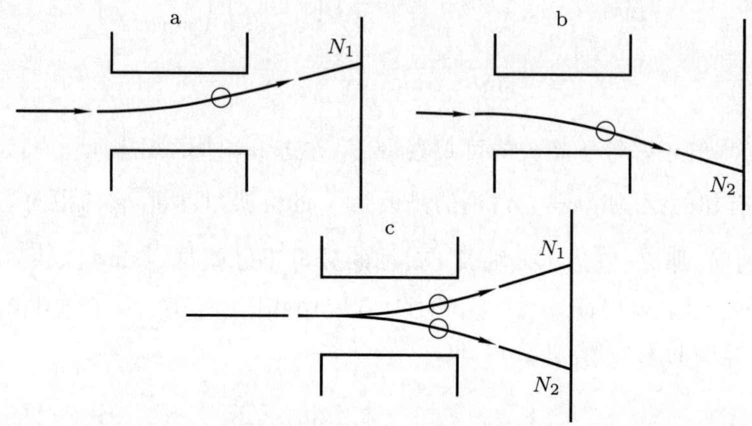

图 4–9 如果自旋态为 $|+\rangle$ (图 a) 或 $|-\rangle$(图 b), 则波包的中心将沿着可用经典方法计算的完全确定的轨道前进. 如果自旋态是态 $|+\rangle$ 和 $|-\rangle$ 的线性叠加, 则波包将分裂成两部分, 这时我们就不能再说原子是遵循经典轨道的了 (虽然每一个波包的线度仍然甚小于问题所涉及的特征长度).

[403] 如果进入仪器的原子处于 (B–9) 式所表示的自旋态 $|\psi\rangle$, 那么对应的初态就是上述两种初态的完全确定的线性叠加. 由于薛定谔方程是线性的, 所以, 在以后某时刻粒子的波函数 (图 4–9–c) 就是图 4–9–a 和图 4–9–b 中两个波包的线性叠加. 因而, 这个粒子处于两个波包中的这一个或者那一个中的概率幅是确定的. 于是我们看到, 粒子根本不是沿经典轨道前进的, 这和两个波包中心的运动完全不一样. 到达屏上时, 波函数的值仅在点 N_1 和 N_2 周围的两个很小的区域内, 才不等于零. 因而粒子或者出现在 N_1 附近或者出现在 N_2 附近, 至于究竟是哪种结局, 则不是我们事前所能准确预言的.

我们必须注意, 图 4–9–c 中的两个波包并不表示两个互异的粒子, 而是表示同一个粒子, 它的波函数包含两部分, 这两部分高度定域在两个不同点的周围. 此外, 这两个波包是从同一个初始波包衍生出来的, 而这个初始波包又是因磁场 $\boldsymbol{B}$ 的梯度的作用而分裂的, 所以这两个波包的相位之间有确定的关系. 我们还可以使这两个波包重新合并成一个波包, 办法是撤去障板 (也就是不进行测量了), 并使这两个波包通过另一个磁场梯度, 这个梯度的符号和前一磁场梯度相反.

3. 自旋 $\dfrac{1}{2}$ 粒子的态在均匀磁场中的演变

a. 相互作用的哈密顿算符和薛定谔方程

我们考虑一个放在均匀磁场 $\boldsymbol{B}_0$ 中的银原子, 并取 $\boldsymbol{B}_0$ 的方向沿 Oz 轴. 这

个原子的磁矩 $\boldsymbol{\mathscr{M}} = \gamma \boldsymbol{\mathscr{S}}$ 的经典势能为:

$$W = -\boldsymbol{\mathscr{M}} \cdot \boldsymbol{B}_0 = -\mathscr{M}_z B_0 = -\gamma B_0 \mathscr{S}_z \tag{B–15}$$

式中 B_0 是磁场的大小. 我们令

$$\omega_0 = -\gamma B_0 \tag{B–16}$$

很容易看出 ω_0 的量纲是时间的倒数, 也就是角频率的量纲.

由于在这里我们只将粒子的内部自由度量子化,故应该用算符 S_z 来代替 $\mathscr{S}_z$, 而 (B–15) 式的经典能量则变成下面的哈密顿算符 H:

$$H = \omega_0 S_z \tag{B–17}$$

它描述原子的自旋在磁场 $\boldsymbol{B}_0$ 中的演变.

由于这个算符与时间无关, 所以求解对应的薛定谔方程就归结为求解 H 的本征值方程. 我们立即看出 H 的本征矢就是 S_z 的本征矢:

$$\begin{aligned} H|+\rangle &= +\frac{\hbar\omega_0}{2}|+\rangle \\ H|-\rangle &= -\frac{\hbar\omega_0}{2}|-\rangle \end{aligned} \tag{B–18}$$

于是有两个能级: $E_+ = +\dfrac{\hbar\omega_0}{2}$ 和 $E_- = -\dfrac{\hbar\omega_0}{2}$ (图 4–10). 它们的间隔 $\hbar\omega_0$ 与磁 [404]
场成正比; 它们确定了唯一的 "玻尔频率":

$$\nu_{+-} = \frac{1}{h}(E_+ - E_-) = \frac{\omega_0}{2\pi} \tag{B–19}$$

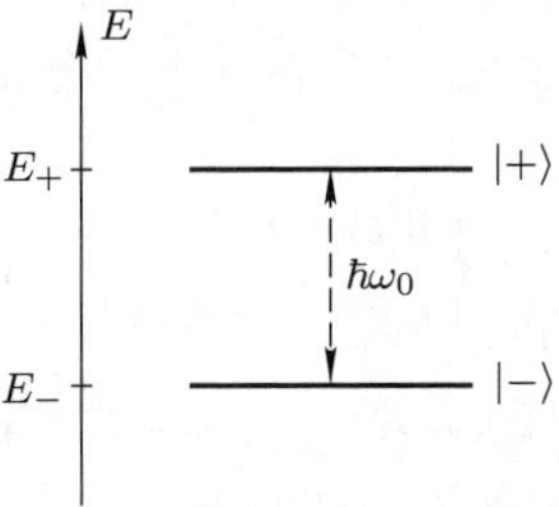

图 4–10　在平行于 Oz 轴的磁场 $\boldsymbol{B}_0$ 中自旋 $\frac{1}{2}$ 粒子的能级 (旋磁比为 γ); $\omega_0 = -\gamma B_0$.

附注:

(i) 若磁场 $\boldsymbol{B}_0$ 平行于极角为 θ、φ 的单位矢 $\boldsymbol{u}$, 则 (B–17) 应换成

$$H=\omega_0 S_u \tag{B–20}$$

式中的 S_u 是 $\boldsymbol{S}$ 在 $\boldsymbol{u}$ 方向上的分量: $S_u=\boldsymbol{S}\cdot\boldsymbol{u}$

(ii) 就银原子而言, γ 是负的, 因而按 (B–16) 式, ω_0 便是正的; 这就说明了图 4–10 中能级的相对位置是怎样确定的.

b. 拉莫尔进动

假设在 $t=0$ 时, 粒子的自旋态是

$$|\psi(0)\rangle=\cos\frac{\theta}{2}\mathrm{e}^{-\mathrm{i}\varphi/2}|+\rangle+\sin\frac{\theta}{2}\mathrm{e}^{\mathrm{i}\varphi/2}|-\rangle \tag{B–21}$$

(在 §B–1–c 中我们曾指出, 任意一个自旋态都可以写成这种形式). 为了计算任意时刻 $t>0$ 的态 $|\psi(t)\rangle$, 我们应用第三章中给出的法则 (D–54) 式. 在 (B–21) 式中, $|\psi(0)\rangle$ 已经按哈密顿算符的本征态展开, 因而我们得到:

$$|\psi(t)\rangle=\cos\frac{\theta}{2}\mathrm{e}^{-\mathrm{i}\varphi/2}\mathrm{e}^{-\mathrm{i}E_+t/\hbar}|+\rangle+\sin\frac{\theta}{2}\mathrm{e}^{\mathrm{i}\varphi/2}\mathrm{e}^{-\mathrm{i}E_-t/\hbar}|-\rangle \tag{B–22}$$

或利用 E_+ 和 E_- 的值, 将此式写作:

$$|\psi(t)\rangle=\cos\frac{\theta}{2}\mathrm{e}^{-\mathrm{i}(\varphi+\omega_0 t)/2}|+\rangle+\sin\frac{\theta}{2}\mathrm{e}^{\mathrm{i}(\varphi+\omega_0 t)/2}|-\rangle \tag{B–23}$$

由此可见, 磁场 $\boldsymbol{B}_0$ 的存在使得在右矢 $|+\rangle$ 和 $|-\rangle$ 的系数之间出现与时间成正比的相移.

[405] 比较 $|\psi(t)\rangle$ 的表达式 (B–23) 式和观察算符 $\boldsymbol{S}\cdot\boldsymbol{u}$ 的本征右矢 $|+\rangle_u$ 的表达式 [即 (A–22–a) 式], 就可以看出, 自旋在其上的分量肯定为 $+\dfrac{\hbar}{2}$ 的方向 $\boldsymbol{u}(t)$ 由下列极角确定:

$$\begin{cases}\theta(t)=\theta\\ \varphi(t)=\varphi+\omega_0 t\end{cases} \tag{B–24}$$

这就是说, $\boldsymbol{u}(t)$ 与 Oz 轴 (即磁场 $\boldsymbol{B}_0$ 的方向) 之间的夹角保持不变, 但 $\boldsymbol{u}(t)$ 却以 (正比于磁场的大小的) 角速度 ω_0 绕 Oz 轴旋转, 因而在量子力学中我们又遇到在 §A–1–b 中关于经典磁矩所描述过的现象, 这个现象叫做**拉莫尔进动**.

从哈密顿算符的表达式 (B–17) 可以看出, 可观察量 S_z 是一个运动常量. 利用 (B–23) 式, 我们可以证明, 对这个可观察量进行一次测量, 得到的结果为 $+\dfrac{\hbar}{2}$ 或 $-\dfrac{\hbar}{2}$ 的概率是与时间无关的; 这是因为 $\mathrm{e}^{\pm\mathrm{i}(\varphi+\omega_0 t)/2}$ 的模等于 1, 因而这

两个概率分别为 $\cos^2\dfrac{\theta}{2}$ 和 $\sin^2\dfrac{\theta}{2}$. S_z 的平均值也不依赖于时间:

$$\langle\psi(t)|S_z|\psi(t)\rangle = \frac{\hbar}{2}\cos\theta \tag{B–25}$$

可是, S_x 和 S_y 都不能与 H 对易 [这是很容易证实的; 为此, 只须利用 (A–15)、(A–16) 和 (A–17) 式所给出的表示 S_x、S_y 和 S_z 的矩阵]. 实际上, 公式 (B–14) 在这里变成:

$$\begin{aligned}\langle\psi(t)|S_x|\psi(t)\rangle &= \frac{\hbar}{2}\sin\theta\cos(\varphi+\omega_0 t)\\ \langle\psi(t)|S_y|\psi(t)\rangle &= \frac{\hbar}{2}\sin\theta\sin(\varphi+\omega_0 t)\end{aligned} \tag{B–26}$$

从这两个式子我们又得到体系的唯一的玻尔频率 $\omega_0/2\pi$. 此外, S_x、S_y 和 S_z 的平均值的行为和模为 $\hbar/2$ 的作拉莫尔进动的经典角动量的诸分量的行为一样.

§C. 二能级体系的一般研究

§B 中的计算之所以如此简单, 是因为态空间仅仅是二维的.

在物理学中还有很多别的问题, 如果只需一级近似, 也可用同样简单的方式来处理. 譬如, 我们考虑一个具有两种状态的物理体系, 对应于这两个状态的能量相差很小, 但这两个能量值与体系的一切其他状态的能量值却又相差很大. 现在我们希望计算外界微扰 (或以前被忽略了的内部相互作用) 对这两个能级的影响. 当扰动的强度足够弱时, 可以证明 (参看第十一章), 如果只需要一级近似, 那么要计算扰动对这两个能级的影响, 可以完全不考虑该体系的所有其他能级. 这样一来, 我们就可以在态空间的一个二维子空间中进行全部运算.

在这一节 (§C) 中, 我们要讨论二能级体系 (不一定是自旋 $\dfrac{1}{2}$ 的体系) 的 [406]
一些普遍性质. 讨论这个问题是很有意义的, 它使我们可以通过一个简单的数学模型来阐明一些普遍而又重要的物理观念 (例如量子共振, 两个能级之间的振荡, 等等).

1. 问题的梗概

a. 记号

我们考虑这样一个物理体系, 它的态空间是二维的 (前面已经指出, 这通常是一种近似, 即在某些条件下, 我们只需考虑态空间中的一个二维子空间).

我们选择哈密顿算符 H_0 的分别属于本征值 E_1 及 E_2 的两个本征态 $|\varphi_1\rangle$ 及 $|\varphi_2\rangle$ 作为基:

$$\begin{aligned} H_0|\varphi_1\rangle &= E_1|\varphi_1\rangle \\ H_0|\varphi_2\rangle &= E_2|\varphi_2\rangle \end{aligned} \tag{C–1}$$

这个基是正交归一的, 即

$$\langle\varphi_i|\varphi_j\rangle = \delta_{ij}; i,j = 1,2 \tag{C–2}$$

假设现在我们要考虑在 H_0 中原来忽略不计的外界微扰或体系内部的相互作用, 则哈密顿算符变为:

$$H = H_0 + W \tag{C–3}$$

我们用 $|\psi_\pm\rangle$ 和 $E_\pm$ 表示 H 的本征态和本征值:

$$\begin{aligned} H|\psi_+\rangle &= E_+|\psi_+\rangle \\ H|\psi_-\rangle &= E_-|\psi_-\rangle \end{aligned} \tag{C–4}$$

H_0 通常叫做未微扰的哈密顿算符, W 叫做微扰或耦合. 在这里, 我们假定 W 不依赖于时间. 在由 H_0 的本征态 (叫做未微扰的态) 组成的基 $\{|\varphi_1\rangle, |\varphi_2\rangle\}$ 中, W 由一个厄米矩阵表示:

$$(W) = \begin{pmatrix} W_{11} & W_{12} \\ W_{21} & W_{22} \end{pmatrix} \tag{C–5}$$

W_{11} 和 W_{22} 都是实数. 此外

$$W_{12} = W_{21}^* \tag{C–6}$$

没有耦合时, E_1 和 E_2 是体系的可能的能量值, 而态 $|\varphi_1\rangle$ 和 $|\varphi_2\rangle$ 都是定态 (就是说, 如果使体系处于这两个态中的一个, 则它将永远处于这个态). 现在的问题是要计算引入耦合 W 之后出现的修正.

[407] b. 耦合的后果

α. E_1 和 E_2 不再是体系的可能的能量值

如果测量体系的能量, 我们只能得到 H 的两个本征值 E_+ 和 E_- 中的某一个, 一般说来, 它们的数值不同于 E_1 和 E_2.

因此, 第一个问题是根据 E_1、E_2 和 W 的矩阵元 W_{ij} 计算 E_+ 和 E_-. 也就是要考察耦合对能级位置的影响.

β. $|\varphi_1\rangle$ 和 $|\varphi_2\rangle$ 不再是定态

一般说来, $|\varphi_1\rangle$ 和 $|\varphi_2\rangle$ 并不是总哈密顿算符 H 的本征态, 因而也不再是定态. 例如, 如果 $t=0$ 时体系处于态 $|\varphi_1\rangle$, 则这体系有一定的概率 $\mathscr{P}_{12}(t)$ 在 t 时刻处于态 $|\varphi_2\rangle$; 这就是说, W 引起两个未微扰的态之间的跃迁, 因此, 我们称 W 为 (态 $|\varphi_1\rangle$ 和态 $|\varphi_2\rangle$ 之间的) 耦合.

W 的作用的动态方面, 是我们要讨论的第二个问题.

附注:

在补充材料 $\mathrm{C_{IV}}$ 中引入假想自旋这个概念来探讨上面提出的两个问题. 实际上, 我们可以证明, 有待对角化的哈密顿算符 H 的形式和静磁场 $\boldsymbol{B}$ 中自旋 $\frac{1}{2}$ 粒子的哈密顿算符的形式一样 (磁场分量 B_x、B_y 及 B_z 可以简单地表示为 E_1、E_2 及矩阵元 W_{ij} 的函数). 换句话说, 我们可以把任何一个二能级体系当作一个处在静磁场 $\boldsymbol{B}$ 中的, 自旋 (即假想自旋) 为 $\frac{1}{2}$ 的粒子, 并且可以用同样的哈密顿算符来表示它. 在这一段中, 我们即将求得的关于二能级体系的全部结果, 都可以用磁矩、拉莫尔进动以及在本章的 §A 与 §B 中引入的关于自旋 $\frac{1}{2}$ 的那些概念来进行简单的几何解释. 这种几何解释将在补充材料 $\mathrm{C_{IV}}$ 中介绍.

2. 静态方面: 耦合对体系的定态的影响

a. H 的本征值及本征态的表示式

在基 $\{|\varphi_1\rangle, |\varphi_2\rangle\}$ 中, 我们可将 H 的矩阵写作:

$$(H)=\begin{pmatrix} E_1+W_{11} & W_{12} \\ W_{21} & E_2+W_{22} \end{pmatrix} \tag{C-7}$$

矩阵 (C–7) 的对角化并不困难 (在补充材料 $\mathrm{B_{IV}}$ 中, 这个问题已详细解出), 求得的本征值是:

$$\begin{aligned} E_+ &= \frac{1}{2}(E_1+W_{11}+E_2+W_{22})+\frac{1}{2}\sqrt{(E_1+W_{11}-E_2-W_{22})^2+4|W_{12}|^2} \\ E_- &= \frac{1}{2}(E_1+W_{11}+E_2+W_{22})-\frac{1}{2}\sqrt{(E_1+W_{11}-E_2-W_{22})^2+4|W_{12}|^2} \end{aligned} \tag{C-8}$$

(可以检验一下, 若令 $W=0$, 便知 E_+ 和 E_- 分别等于 E_1 和 $E_2$①). 对应于 E_+ [408]
及 E_- 的本征矢分别是:

$$|\psi_+\rangle=\cos\frac{\theta}{2}\mathrm{e}^{-\mathrm{i}\varphi/2}|\varphi_1\rangle+\sin\frac{\theta}{2}\mathrm{e}^{\mathrm{i}\varphi/2}|\varphi_2\rangle \tag{C-9-a}$$

① 若 $E_1>E_2$, 则当 W 趋于零时, E_+ 趋于 E_1 而 E_- 趋向 E_2; 反之, 若 $E_1<E_2$, 则 E_+ 趋向 E_2 而 E_- 趋向 E_1.

$$|\psi_-\rangle = -\sin\frac{\theta}{2}\mathrm{e}^{-\mathrm{i}\varphi/2}|\varphi_1\rangle + \cos\frac{\theta}{2}\mathrm{e}^{\mathrm{i}\varphi/2}|\varphi_2\rangle \tag{C–9–b}$$

式中 θ、φ 由下式确定:

$$\tan\theta = \frac{2|W_{12}|}{E_1 + W_{11} - E_2 - W_{22}} \quad (\text{其中 } 0 \leqslant \theta < \pi) \tag{C–10}$$

$$W_{21} = |W_{21}|\mathrm{e}^{\mathrm{i}\varphi} \tag{C–11}$$

b. 讨论

α. 耦合作用的图示

下面我们将要讨论的一切有趣的效应都起源于微扰 W 具有非对角矩阵元 $W_{12} = W_{21}^*$ (如果 $W_{12} = 0$, 那么, H 的本征态就和 H_0 的相同, 新的本征值就是 $E_1 + W_{11}$ 和 $E_2 + W_{22}$). 为简单起见, 我们从现在起假设矩阵 (W) 纯粹是非对角的, 也就是说, $W_{11} = W_{22} = 0$①. 这样一来, 公式 (C–8) 和 (C–10) 变为:

$$E_+ = \frac{1}{2}(E_1 + E_2) + \frac{1}{2}\sqrt{(E_1 - E_2)^2 + 4|W_{12}|^2}$$

$$E_- = \frac{1}{2}(E_1 + E_2) - \frac{1}{2}\sqrt{(E_1 - E_2)^2 + 4|W_{12}|^2} \tag{C–12}$$

$$\tan\theta = \frac{2|W_{12}|}{E_1 - E_2} \quad 0 \leqslant \theta < \pi \tag{C–13}$$

现在我们讨论耦合 W 对于能量 E_+ 及 E_- (作为 E_1 和 E_2 的函数) 的影响. 为此, 我们假设 W_{12} 是固定的, 并引入下列两个参量

$$E_m = \frac{1}{2}(E_1 + E_2)$$

$$\varDelta = \frac{1}{2}(E_1 - E_2) \tag{C–14}$$

从 (C–12) 式立即可以看出, E_+ 及 E_- 随 E_m 的变化是非常简单的: 改变 E_m 就归结为移动能量轴的原点. 此外, 根据 (C–9)、(C–10) 及 (C–11) 式可以证实
[409] 矢量 $|\psi_+\rangle$ 和 $|\psi_-\rangle$ 并不依赖于 E_m. 于是, 我们需要注意的仅仅是参量 $\varDelta$ 的影响. 我们将四个能量 E_1、E_2、E_+ 和 E_- 作为 $\varDelta$ 的函数画在同一张图上. 对于 E_1 和 E_2, 我们得到两条直线, 其斜率为 +1 和 −1 (图 4–11 中的虚线). 将 (C–14) 式代入 (C–12) 式, 便有:

$$E_+ = E_m + \sqrt{\varDelta^2 + |W_{12}|^2} \tag{C–15}$$

$$E_- = E_m - \sqrt{\varDelta^2 + |W_{12}|^2} \tag{C–16}$$

---

① 如果 W_{11} 和 W_{22} 不为零, 只需令 $\widetilde{E}_1 = E_1 + W_{11}$, $\widetilde{E}_2 = E_2 + W_{22}$ 即可. 若用 $\widetilde{E}_1$ 和 $\widetilde{E}_2$ 代替 E_1 和 E_2, 在这一段中得到的全部结果仍成立.

当 Δ 变化时, E_+ 和 E_- 的值描绘出相对于坐标轴为对称的双曲线的两支, 它们的渐近线就是对应于未微扰能级的两条直线, 它们的顶点间的距离为 $2|W_{12}|$ (图 4–11 中的实线)①.

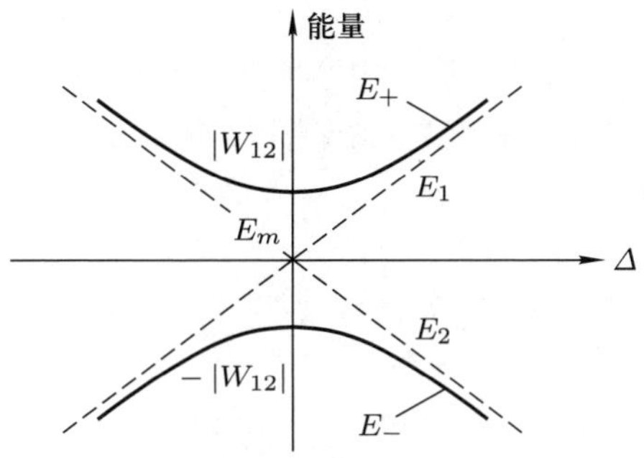

图 4–11 能量 E_+ 和 E_- 随能量差 $\Delta = (E_1 - E_2)/2$ 变化的情况. 耦合不存在时, 两能级在原点相交 (两条虚直线). 在非对角的耦合 W 的影响下, 两个受微扰的能级 "互相背离", 于是出现了 "反相交" 的情况: E_+ 和 E_- 随 Δ 而变化的曲线是双曲线的两支 (图中的实线), 它们的渐近线就是未微扰能级.

β. 耦合对能级位置的影响

没有耦合的时候, 两个能级的能量 E_1 和 E_2"相交" 于 $\Delta = 0$ 处. 在图 4–11 中可以明显看出, 在耦合的影响下, 两个能级 "互相背离", 也就是说, 两个能量值的差异增大. 因此, 我们常称图 4–11 中的实线图为反相交图.

此外, 我们还可以看出, 不论 Δ 的值如何, 恒有: [410]

$$|E_+ - E_-| > |E_1 - E_2|$$

于是我们得到在物理学其他领域中 (例如在电路理论中) 常见的一个规律: 耦合使固有频率互相远离.

在靠近渐近线的区域中, 即在 $|\Delta| \gg |W_{12}|$ 的区域中, 我们可以将 (C–15) 式及 (C–16) 式展开为 $|W_{12}/\Delta|$ 的幂级数:

$$E_+ = E_m + \Delta\left(1 + \frac{1}{2}\left|\frac{W_{12}}{\Delta}\right|^2 + \cdots\right)$$

$$E_- = E_m - \Delta\left(1 + \frac{1}{2}\left|\frac{W_{12}}{\Delta}\right|^2 + \cdots\right) \tag{C–17}$$

① 从图 4–11 可以很清楚地看出为什么当 $W \to 0$ 时:
若 $E_1 > E_2$, 则 $E_+ \to E_1, E_- \to E_2$;
若 $E_1 < E_2$, 则 $E_+ \to E_2, E_- \to E_1$.

反之, 在双曲线的中心, $E_2 = E_1(\varDelta = 0)$, 由 (C–15) 式和 (C–16) 式得到:

$$\begin{aligned} E_+ &= E_m + |W_{12}| \\ E_- &= E_m - |W_{12}| \end{aligned} \tag{C–18}$$

由此可见, 当两个未微扰能级的能量相等时, 耦合的影响尤其重要. 如 (C–18) 式所示, 在一级近似中这种影响就显露出来了; 但当 $\varDelta \gg |W_{12}|$ [公式 (C–17)] 时, 在二级近似中才能看出这种影响.

γ. 耦合对本征态的影响

利用 (C–14) 式, 我们可将 (C–13) 式写作:

$$\tan\theta = \frac{|W_{12}|}{\varDelta} \tag{C–19}$$

由此可以看出, 若 $\varDelta \ll |W_{12}|$ (强耦合), 则 $\theta \simeq \dfrac{\pi}{2}$; 反之, 若 $\varDelta \gg |W_{12}|$ (弱耦合), 则 $\theta \simeq 0$ (我们假设 $\varDelta \geqslant 0$).

在双曲线的中心, $E_2 = E_1(\varDelta = 0)$, 我们有:

$$\begin{aligned} |\psi_+\rangle &= \frac{1}{\sqrt{2}}[\mathrm{e}^{-\mathrm{i}\varphi/2}|\varphi_1\rangle + \mathrm{e}^{\mathrm{i}\varphi/2}|\varphi_2\rangle] \\ |\psi_-\rangle &= \frac{1}{\sqrt{2}}[-\mathrm{e}^{-\mathrm{i}\varphi/2}|\varphi_1\rangle + \mathrm{e}^{\mathrm{i}\varphi/2}|\varphi_2\rangle] \end{aligned} \tag{C–20}$$

而在靠近渐近线的区域中 (即若 $\varDelta \gg |W_{12}|$), 如果只写出 $|W_{12}|/\varDelta$ 的一次幂, 则两个态变为:

$$\begin{aligned} |\psi_+\rangle &= \mathrm{e}^{-\mathrm{i}\varphi/2}\left[|\varphi_1\rangle + \mathrm{e}^{\mathrm{i}\varphi}\frac{|W_{12}|}{2\varDelta}|\varphi_2\rangle + \cdots\right] \\ |\psi_-\rangle &= \mathrm{e}^{\mathrm{i}\varphi/2}\left[|\varphi_2\rangle - \mathrm{e}^{-\mathrm{i}\varphi}\frac{|W_{12}|}{2\varDelta}|\varphi_1\rangle + \cdots\right] \end{aligned} \tag{C–21}$$

换句话说, 对于弱耦合 $(E_1 - E_2 \gg |W_{12}|)$, 微扰态与未微扰态的差异不大. 实际上, 我们从 (C–21) 式可以看出, 除了总的相位因子 $\mathrm{e}^{-\mathrm{i}\varphi/2}$ 以外, $|\psi_+\rangle$ 几
[411] 乎等于 $|\varphi_1\rangle$, 因为态 $|\varphi_2\rangle$ 的微小贡献仅引起轻微的修正. 反之, 对于强耦合 $(E_1 - E_2 \ll |W_{12}|)$, 公式 (C–20) 表明, 态 $|\psi_+\rangle$ 和 $|\psi_-\rangle$ 完全不同于态 $|\varphi_1\rangle$ 和 $|\varphi_2\rangle$; 这是因为, 前者是后者的线性叠加, 其系数具有相同的模.

于是, 我们看到, 与能量的情况相似, 在两个未微扰态的交点附近, 本征态受到重大修正.

c. 重要应用: 量子共振现象

当 $E_1 = E_2 = E_m$ 时, H_0 对应的能量是二重简并的. 正如我们刚才所看到的, 耦合 W_{12} 将消除这种简并, 特别是, 出现了这样一个能级, 它的能量下降

了 $|W_{12}|$. 换句话说, 如果一个物理体系的基态是二重简并的 (而且对应的能级与其他所有能级相隔足够远), 那么, 这两个态之间的任何 (纯粹非对角的) 耦合都将降低体系基态的能量, 于是体系变得更加稳定.

作为这种现象的第一个例子, 可以举出苯分子 C_6H_6 如何因共振而达到稳定. 实验表明, 六个碳原子的位置在正六角形的顶点上, 而且我们可以料到基态包含相邻碳原子之间的三个双键. 图 4–12–a 和图 4–12–b 表示这些键的两种可能的配置. 由于核的质量很大, 在这里我们假设它们是固定的. 因此, 对应于图 4–12–a 和图 4–12–b 的电子态 $|\varphi_1\rangle$ 和 $|\varphi_2\rangle$ 是不同的. 如果图 4–12–a 的构型是唯一可能的, 则电子体系的基态能量应为 $E_m = \langle\varphi_1|H|\varphi_1\rangle$, 其中 H 是在核的势场中电子的哈密顿算符. 但是, 键的配置也可能如图 4–12–b 所示的那样. 由于对称的缘故, 显然应有 $\langle\varphi_2|H|\varphi_2\rangle = \langle\varphi_1|H|\varphi_1\rangle$, 因而我们可以推想分子的基态能级是二重简并的. 但是, 哈密顿算符 H 的非对角矩阵元 $\langle\varphi_2|H|\varphi_1\rangle$ 并不等于零. 由于态 $|\varphi_1\rangle$ 和态 $|\varphi_2\rangle$ 之间存在耦合, 将会出现两个不同的能级, 其中一个能级的能量低于 E_m. 因此, 苯分子比我们所预期的要稳定得多. 此外, 在实际的基态中, 分子的构型既不像图 4–12–a, 也不像图 4–12–b 那样, 这个态应是 $|\varphi_1\rangle$ 和 $|\varphi_2\rangle$ 的线性叠加 [叠加的系数, 如 (C–20) 式所示, 具有相同的模]. 在图 4–12 中, 化学家所常用的双箭头就表示这个意思.

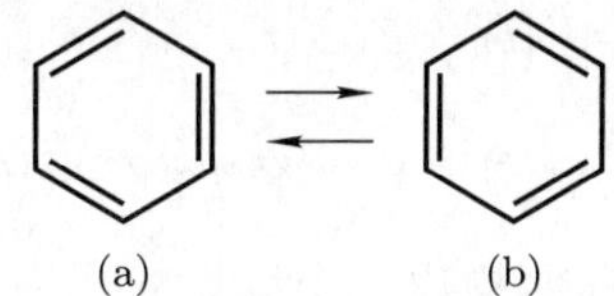

图 4–12　苯分子中双键的两种可能的配置

第二个例子是电离分子 H_2^+, 它含有两个质子 p_1、p_2 和一个电子. 由于质子的质量很大, 我们可以把它们看成是固定的. 我们把它们之间的距离记作 R, 而把电子定域在 p_1 周围的态和定域在 p_2 周围的态分别记作 $|\varphi_1\rangle$ 及 $|\varphi_2\rangle$, 对应的波函数就是以 p_1 为核或以 p_2 为核的氢原子的波函数 (图 4–13). 和上面的情况相似, 由于对称性, 哈密顿算符的对角元 $\langle\varphi_1|H|\varphi_1\rangle$ 和 $\langle\varphi_2|H|\varphi_2\rangle$ 是相等的, 可将它们记作 $E_m(R)$. 但因矩阵元 $\langle\varphi_1|H|\varphi_2\rangle$ 不等于零, 故 $|\varphi_1\rangle, |\varphi_2\rangle$ 这两个态并非定态. 在这个例子中, 仍然有一个低于 $E_m(R)$ 的能级, 而且在基态中, 电子的波函数是对应于图 4–13–a 和图 4–13–b 的波函数的线性组合. 因而, 电子不再仅仅定域在某一质子的周围; 这种离域性 (délocalization), 由于它降低了电子的势能, 正是化学键的成因①. [412]

① 对于电离分子 H_2^+ 的深入探讨, 请参看补充材料 G_{XI}.

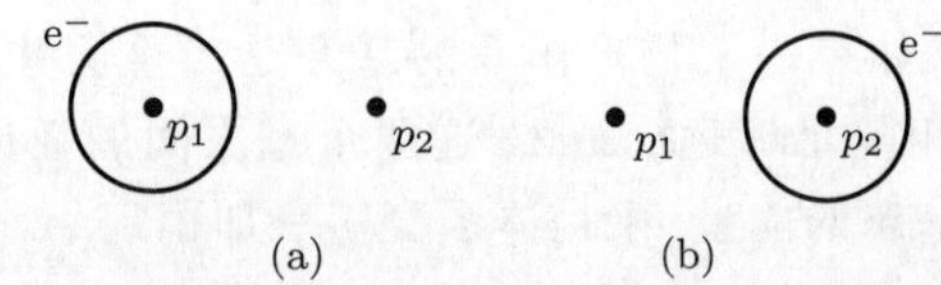

图 4–13 在 H_2^+ 离子中, 电子或定域在质子 p_1 周围 (图 a) 或定域在质子 p_2 周围 (图 b). 在离子的基态中, 电子的波函数是对应于图 a 和图 b 的波函数的线性叠加. 电子出现的概率相对于垂直平分 p_1p_2 的平面是对称的.

3. 动态方面: 体系在两个未微扰态之间的振荡

a. 态矢量的演变

假设

$$|\psi(t)\rangle = a_1(t)|\varphi_1\rangle + a_2(t)|\varphi_2\rangle \tag{C–22}$$

是体系在 t 时刻的态矢量. 存在着耦合 W 时, $|\psi(t)\rangle$ 的演变由薛定谔方程决定:

$$\mathrm{i}\hbar\frac{\mathrm{d}}{\mathrm{d}t}|\psi(t)\rangle = (H_0 + W)|\psi(t)\rangle \tag{C–23}$$

[413] 我们将这个方程投影到基矢 $|\varphi_1\rangle$、$|\varphi_2\rangle$ 上, 并利用 (C–5) 式 [已令其中的 $W_{11} = W_{22} = 0$] 和 (C–22) 式, 便得到:

$$\begin{aligned}\mathrm{i}\hbar\frac{\mathrm{d}}{\mathrm{d}t}a_1(t) &= E_1 a_1(t) + W_{12}a_2(t)\\ \mathrm{i}\hbar\frac{\mathrm{d}}{\mathrm{d}t}a_2(t) &= W_{21}a_1(t) + E_2 a_2(t)\end{aligned} \tag{C–24}$$

如果 $|W_{12}| \neq 0$, 这两个方程便构成一个线性齐次微分方程组. 解这个方程组的经典方法实际上归结为应用第三章的规则 (D–54): 求算符 $H = H_0 + W$ [它的矩阵元就是方程组 (C–24) 右端的系数] 的本征矢 $|\psi_+\rangle$ (属于本征值 E_+) 及 $|\psi_-\rangle$ (属于本征值 E_-), 并将 $|\psi(0)\rangle$ 分解到 $|\psi_+\rangle$ 及 $|\psi_-\rangle$ 上:

$$|\psi(0)\rangle = \lambda|\psi_+\rangle + \mu|\psi_-\rangle \tag{C–25}$$

(上式中的 λ 和 μ 由初始条件确定); 于是, 我们得到:

$$|\psi(t)\rangle = \lambda\mathrm{e}^{-\mathrm{i}E_+t/\hbar}|\psi_+\rangle + \mu\mathrm{e}^{-\mathrm{i}E_-t/\hbar}|\psi_-\rangle \tag{C–26}$$

[将 $|\psi(t)\rangle$ 投影到 $|\varphi_1\rangle$ 和 $|\varphi_2\rangle$ 上便可以得到 $a_1(t)$ 和 $a_2(t)$].

我们可以证明, 态矢量 $|\psi(t)\rangle$ 由 (C–26) 式给出的一个体系在两个未微扰的态 $|\varphi_1\rangle$ 和 $|\varphi_2\rangle$ 之间振荡. 为此, 我们假设在 $t = 0$ 时体系处在态 $|\varphi_1\rangle$:

$$|\psi(0)\rangle = |\varphi_1\rangle \tag{C–27}$$

然后, 我们来计算在 t 时刻发现体系处于态 $|\varphi_2\rangle$ 的概率 $\mathscr{P}_{12}(t)$.

b. $\mathscr{P}_{12}(t)$ 的计算: 拉比公式

像在 (C–25) 式中那样, 我们将 (C–27) 式给出的右矢 $|\psi(0)\rangle$ 在基 $\{|\psi_+\rangle, |\psi_-\rangle\}$ 中展开; 由 (C–9) 式我们得到:

$$|\psi(0)\rangle = |\varphi_1\rangle = \mathrm{e}^{\mathrm{i}\varphi/2}\left[\cos\frac{\theta}{2}|\psi_+\rangle - \sin\frac{\theta}{2}|\psi_-\rangle\right] \tag{C–28}$$

由上式和 (C–26) 式, 即可导出:

$$|\psi(t)\rangle = \mathrm{e}^{\mathrm{i}\varphi/2}\left[\cos\frac{\theta}{2}\mathrm{e}^{-\mathrm{i}E_+t/\hbar}|\psi_+\rangle - \sin\frac{\theta}{2}\mathrm{e}^{-\mathrm{i}E_-t/\hbar}|\psi_-\rangle\right] \tag{C–29}$$

于是, 在 t 时刻, 发现体系处于态 $|\varphi_2\rangle$ 的概率幅可以写作:

$$\begin{aligned}\langle\varphi_2|\psi(t)\rangle &= \mathrm{e}^{\mathrm{i}\varphi/2}\left[\cos\frac{\theta}{2}\mathrm{e}^{-\mathrm{i}E_+t/\hbar}\langle\varphi_2|\psi_+\rangle - \sin\frac{\theta}{2}\mathrm{e}^{-\mathrm{i}E_-t/\hbar}\langle\varphi_2|\psi_-\rangle\right] \\ &= \mathrm{e}^{\mathrm{i}\varphi}\sin\frac{\theta}{2}\cos\frac{\theta}{2}[\mathrm{e}^{-\mathrm{i}E_+t/\hbar} - \mathrm{e}^{-\mathrm{i}E_-t/\hbar}]\end{aligned} \tag{C–30}$$

这个式子可以用来计算$\mathscr{P}_{12}(t) = |\langle\varphi_2|\psi(t)\rangle|^2$. 我们求得: [414]

$$\begin{aligned}\mathscr{P}_{12}(t) &= \frac{1}{2}\sin^2\theta\left[1 - \cos\left(\frac{E_+ - E_-}{\hbar}t\right)\right] \\ &= \sin^2\theta\sin^2\left(\frac{E_+ - E_-}{2\hbar}t\right)\end{aligned} \tag{C–31}$$

利用 (C–12) 及 (C–13) 式, 又可将上式写作:

$$\mathscr{P}_{12}(t) = \frac{4|W_{12}|^2}{4|W_{12}|^2 + (E_1 - E_2)^2}\sin^2\left[\sqrt{4|W_{12}|^2 + (E_1 - E_2)^2}\frac{t}{2\hbar}\right] \tag{C–32}$$

(C-32) 式有时叫做拉比公式.

c. 讨论

从 (C–31) 式可以看出, $\mathscr{P}_{12}(t)$ 以 $(E_+ - E_-)/h$ 为频率随着时间振荡, 这个频率就是体系的唯一的玻尔频率. $\mathscr{P}_{12}(t)$ 在零和一个极大值之间变化, 根据 (C–31) 式, 极大值为 $\sin^2\theta$, 达到这个值的时刻是 $t = (2k+1)\pi\hbar/(E_+ - E_-)$, 此处 $k = 0, 1, 2, \cdots$ (图 4–14).

振荡频率 $(E_+ - E_-)/h$ 和 $\mathscr{P}_{12}(t)$ 的极大值 $\sin^2\theta$ 都是 $|W_{12}|$ 及 $E_1 - E_2$ 的函数. 现在我们来说明这些函数关系的基本特征.

当 $E_1 = E_2$ 时, $(E_+ - E_-)/h$ 等于 $2|W_{12}|/h$, 而且 $\sin^2\theta$ 也达到它的最大可能值 (即 1), 即在 $t = (2k+1)\pi\hbar/2|W_{12}|$ 这些时刻, 体系的态从初态 $|\varphi_1\rangle$ 演变到态 $|\varphi_2\rangle$. 因此, 两个能量相等的态之间的任何耦合总是使体系在这两个态

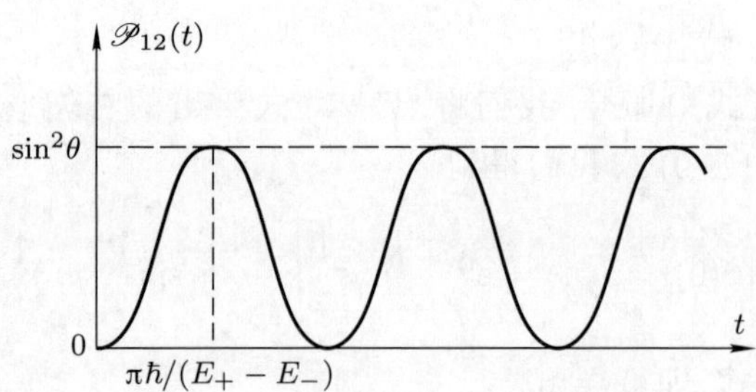

图 4–14 发现体系处于态 $|\varphi_2\rangle$ 的概率 $\mathscr{P}_{12}(t)$ 随时间变化的情况 (设体系的初态为 $|\varphi_1\rangle$). 如果态 $|\varphi_1\rangle$ 和 $|\varphi_2\rangle$ 具有相同的未微扰能量, 则概率 $\mathscr{P}_{12}(t)$ 可以达到 1.

之间以正比于耦合的频率进行完整的振荡①.

[415] 当 $E_1 - E_2$ 增大时, $(E_+ - E_-)/h$ 也增大, 而 $\sin^2\theta$ 却减小了. 对于弱耦合 $(E_1 - E_2 \gg W_{12})$, $E_+ - E_-$ 和 $E_1 - E_2$ 相差很小, $\sin^2\theta$ 则变得很小. 因为在弱耦合的情况下, 态 $|\varphi_1\rangle$ 非常接近定态 $|\psi_+\rangle$ [参看公式 (C–21)], 得到后一种结果就不足为奇了: 从初态 $|\varphi_1\rangle$ 出发, 体系的态只有十分微小的变化.

d. 在两个态之间振荡的具体例子

我们再回到离子 H_2^+ 的例子. 现在假设在某一时刻电子定域在质子 p_1 周围: 例如, 电子处于图 4–13–a 所示的态. 根据上一段的结果, 我们知道电子将在两个质子之间振荡, 其频率就是与离子的两个定态 $|\psi_+\rangle$ 和 $|\psi_-\rangle$ 相联系的玻尔频率. 在由图 4–13–a 和图 4–13-b 所表示的两个态之间的电子振荡对应着分子的电偶极矩的平均值的振荡 (当电子定域在两个质子之一的周围时, 偶极矩不等于零; 依所论的质子为 p_1 或 p_2, 偶极矩有不同的符号). 于是我们具体地看到, 当这离子的态并非定态时, 一个振荡的电偶极矩是怎样出现的. 我们知道, 这样一个振荡的偶极子可以和同频率的电磁波交换能量; 因此, 这个频率应该出现在 H_2^+ 离子的吸收谱和发射谱中.

在两个态之间振荡的其他例子, 将在补充材料 F_{IV}, G_{IV} 和 H_{IV} 中讨论.

参考文献和阅读建议:

Stern 和 Gerlach 的实验: 原始论文 (3.8); Cagnac 和 Pebay-Peyroula (11.2), 第 X 章; Eisberg 和 Resnick (1.3), §8–3; Bohm(5.1), §22.5 和 §22.6; Frisch (3.13).

二能级体系:Feynman Ⅲ (1.2) 第 6, 10 和 11 章; Valentin (16.1), 附录 Ⅻ (体系 $K_0 - \overline{K}_0$); Allen 和 Eberly (15.8), 特别是第 3 章.

---

① 在物理学的其他领域中也有类似的现象. 例如, 考虑悬挂在同一支撑物上的两个频率相同的全同摆 (1) 和 (2). 假设在 $t = 0$ 时, 我们只推动摆 (1), 由于共同支撑物所提供的耦合, 我们知道 (参看补充材料 H_V), 经过一段时间 (耦合越强, 这段时间越短), 将会出现互补的现象, 即摆 (2) 单独振荡起来, 其初始振幅与摆 (1) 的相同, 依此类推.

第四章补充材料　　阅读指南 [416]

第四章补充材料	阅读指南
$\mathrm{A_{IV}}$: 泡利矩阵 $\mathrm{B_{IV}}$: 2×2 厄米矩阵的对角化	$\mathrm{A_{IV}}$, $\mathrm{B_{IV}}$: 讨论 2×2 矩阵的技术问题; 虽然简单, 但是对于解决许多量子力学问题来说是很重要的.
$\mathrm{C_{IV}}$: 与二能级体系相联系的虚设的自旋 $\frac{1}{2}$	$\mathrm{C_{IV}}$: 为第四章的 §B 和 §C 建立一种密切的联系; 并为二能级体系的性质提供一个简单的几何解释 (容易理解, 但对以后来说并非必需).
$\mathrm{D_{IV}}$: 两个自旋 $\frac{1}{2}$ 的体系	$\mathrm{D_{IV}}$: 通过简单的例子来说明张量积和量子力学的假定 (可以看作是一组已经解出的一些习题).
$\mathrm{E_{IV}}$: 自旋 $\frac{1}{2}$ 的密度矩阵	$\mathrm{E_{IV}}$: 就自旋 $\frac{1}{2}$ 来说明在补充材料 $\mathrm{E_{III}}$ 中引入的那些概念.
$\mathrm{F_{IV}}$: 在静磁场及旋转磁场中的自旋 1/2: 磁共振	$\mathrm{F_{IV}}$: 讨论一种具有广泛应用的十分重要的物理现象: 磁共振; 可留到以后学习.
$\mathrm{G_{IV}}$: 用简单模型研究氨分子	$\mathrm{G_{IV}}$: 讲述一种物理体系的例子, 在一级近似下, 对这种体系的研究可以归结为对二能级体系的研究; 本篇属中等难度.
$\mathrm{H_{IV}}$: 稳态和不稳定态之间的耦合的影响	$\mathrm{H_{IV}}$: 讨论寿命不同的两个能级之间的耦合的影响; 本文不难理解, 但要用到在补充材料 $\mathrm{K_{III}}$ 中引入的一些概念.
$\mathrm{J_{IV}}$: 练习	

补充材料 $\mathrm{A_{IV}}$

[417] # 泡利矩阵

1. 定义: 本征值和本征矢
2. 简单性质
3. 2×2 矩阵空间中一个方便的基

在第四章 §A–2 中, 我们已经给出了在基 $\{|+\rangle, |-\rangle\}$ (S_z 的本征矢) 中表示自旋 $\boldsymbol{S}$ 的三个分量 S_x, S_y 及 S_z 的矩阵. 在量子力学中, 引入一个与 $\boldsymbol{S}$ 成正比而又无量纲的算符 $\boldsymbol{\sigma}$ 往往是很方便的, 这个算符的定义是:

$$\boldsymbol{S}=\frac{\hbar}{2}\boldsymbol{\sigma} \tag{1}$$

在基 $\{|+\rangle, |-\rangle\}$ 中, 表示 $\boldsymbol{\sigma}$ 的三个分量的矩阵叫做 "泡利矩阵".

1. 定义; 本征值和本征矢

我们再回到第四章的 (A–15), (A–16) 及 (A–17) 式, 利用 (1) 式, 可以看出泡利矩阵的定义是:

$$\sigma_x=\begin{pmatrix}0 & 1\\ 1 & 0\end{pmatrix},\quad \sigma_y=\begin{pmatrix}0 & -\mathrm{i}\\ \mathrm{i} & 0\end{pmatrix},\quad \sigma_z=\begin{pmatrix}1 & 0\\ 0 & -1\end{pmatrix} \tag{2}$$

这些都是厄米矩阵, 它们的特征方程都是:

$$\lambda^2-1=0 \tag{3}$$

因而 σ_x、σ_y 及 σ_z 的本征值都是:

$$\lambda=\pm 1 \tag{4}$$

从而, 我们再一次看到 S_x、S_y 及 S_z 的本征值都是 $\pm\dfrac{\hbar}{2}$.

根据 (2) 式中的定义, 我们很容易求得 σ_x、σ_y 及 σ_z 的本征矢, 它们分别与 S_x、S_y 及 S_z 的本征矢相同, 这些矢量已在第四章 §A–2 中引入:

$$\begin{aligned} \sigma_x|\pm\rangle_x &= \pm|\pm\rangle_x \\ \sigma_y|\pm\rangle_y &= \pm|\pm\rangle_y \\ \sigma_z|\pm\rangle &= \pm|\pm\rangle \end{aligned} \tag{5}$$

其中 [418]

$$|\pm\rangle_x = \frac{1}{\sqrt{2}}[|+\rangle \pm |-\rangle] \tag{6}$$
$$|\pm\rangle_y = \frac{1}{\sqrt{2}}[|+\rangle \pm \mathrm{i}|-\rangle]$$

2. 简单性质

我们从 (2) 式中的定义很容易看出, 泡利矩阵满足下列等式:

$$\mathrm{Det}(\sigma_j) = -1 \quad j = x, y \text{ 或 } z \tag{7}$$

$$\mathrm{Tr}\,(\sigma_j) = 0 \tag{8}$$

$$\sigma_x^2 = \sigma_y^2 = \sigma_z^2 = I \quad (I \text{ 表示 } 2\times 2 \text{ 单位矩阵}) \tag{9}$$

$$\sigma_x\sigma_y = -\sigma_y\sigma_x = \mathrm{i}\sigma_z, \quad \sigma_y\sigma_z = -\sigma_z\sigma_y = \mathrm{i}\sigma_x, \quad \sigma_z\sigma_x = -\sigma_x\sigma_z = \mathrm{i}\sigma_y. \tag{10}$$

有时我们将 (9)、(10) 两式缩并为下列形式:

$$\sigma_j\sigma_k = \mathrm{i}\sum_l \varepsilon_{jkl}\sigma_l + \delta_{jk}I \tag{11}$$

这里的 ε_{jkl} 对于三个指标中任意两个的交换都是反对称的, 它的数值为:

$$\varepsilon_{jkl} = \begin{cases} 0, & \text{若 } j,k,l \text{ 并非完全互异} \\ 1, & \text{若 } j,k,l \text{ 是 } x,y,z \text{ 的一个偶排列} \\ -1 & \text{若 } j,k,l \text{ 是 } x,y,z \text{ 的一个奇排列} \end{cases} \tag{12}$$

由 (10) 式立即可以得到

$$[\sigma_x, \sigma_y] = 2\mathrm{i}\sigma_z, \quad [\sigma_y, \sigma_z] = 2\mathrm{i}\sigma_x, \quad [\sigma_z, \sigma_x] = 2\mathrm{i}\sigma_y. \tag{13}$$

这些等式又给出:

$$\begin{aligned} [S_x, S_y] &= \mathrm{i}\hbar S_z, \\ [S_y, S_z] &= \mathrm{i}\hbar S_x \\ [S_z, S_x] &= \mathrm{i}\hbar S_y \end{aligned} \tag{14}$$

到后面我们将会看到 (参看第六章), (14) 式是角动量的特征关系式.

从 (10) 式还可看出:

$$\sigma_x\sigma_y + \sigma_y\sigma_x = 0 \tag{15}$$

(我们说这些矩阵 σ_i 彼此是反对易的); 考虑到 (9) 式, 还可得出:

$$\sigma_x\sigma_y\sigma_z = \mathrm{i}I \tag{16}$$

[419] 最后我们提出在量子力学中有时要用到的一个恒等式. 用 $\boldsymbol{A}$ 和 $\boldsymbol{B}$ 表示两个矢量, 它们的分量都是数 (或者是与在二维自旋态空间中起作用的所有算符都可对易的算符), 则:

$$(\boldsymbol{\sigma}\cdot\boldsymbol{A})(\boldsymbol{\sigma}\cdot\boldsymbol{B}) = \boldsymbol{A}\cdot\boldsymbol{B}I + \mathrm{i}\boldsymbol{\sigma}\cdot(\boldsymbol{A}\times\boldsymbol{B}) \tag{17}$$

实际上, 利用公式 (11), 并根据 $\boldsymbol{A}$、$\boldsymbol{B}$ 可以和 $\boldsymbol{\sigma}$ 对易这一事实, 我们可以写出:

$$\begin{aligned}(\boldsymbol{\sigma}\cdot\boldsymbol{A})(\boldsymbol{\sigma}\cdot\boldsymbol{B}) &= \sum_{j,k}\sigma_j A_j \sigma_k B_k\\ &= \sum_{j,k} A_j B_k\left[\mathrm{i}\sum_l \varepsilon_{jkl}\sigma_l + \delta_{jk}I\right]\\ &= \sum_l \mathrm{i}\sigma_l\left[\sum_{j,k}\varepsilon_{jkl}A_jB_k\right] + \sum_j A_jB_jI\end{aligned} \tag{18}$$

我们看出, 第二项就是标量积 $\boldsymbol{A}\cdot\boldsymbol{B}$; 此外, 根据 (12) 式可以看出 $\sum\limits_{j,k}\varepsilon_{jkl}A_jB_k$ 其实就是矢积 $\boldsymbol{A}\times\boldsymbol{B}$ 的第 l 个分量, 这样便证明了 (17) 式. 要注意, 如果 $\boldsymbol{A}$ 与 $\boldsymbol{B}$ 不可对易, 则它们在恒等式两端出现的顺序应该相同.

3. 2 × 2 矩阵空间中一个方便的基

我们来考虑一个任意的 2×2 矩阵

$$M = \begin{pmatrix} m_{11} & m_{12}\\ m_{21} & m_{22}\end{pmatrix} \tag{19}$$

我们总可以将它写作下列四个矩阵:

$$I, \sigma_x, \sigma_y, \sigma_z \tag{20}$$

的线性组合. 实际上, 利用 (2) 式, 我们可以直接验证:

$$M = \frac{m_{11}+m_{22}}{2}I + \frac{m_{11}-m_{22}}{2}\sigma_z + \frac{m_{12}+m_{21}}{2}\sigma_x + \mathrm{i}\frac{m_{12}-m_{21}}{2}\sigma_y \tag{21}$$

因此, 所有的 2×2 矩阵都可以写成下列形式:

$$M = a_0 I + \boldsymbol{a}\cdot\boldsymbol{\sigma} \tag{22}$$

其中系数 a_0, a_x, a_y, a_z 都是复数.

比较 (21) 式和 (22) 式, 可以看出, 当而且仅当系数 a_0 及 $\boldsymbol{a}$ 都是实数时, M 才是厄米矩阵. 利用矩阵 M, 我们可将这些系数在形式上写作:

$$a_0 = \frac{1}{2}\mathrm{Tr}\,(M) \tag{23–a}$$

$$\boldsymbol{a} = \frac{1}{2}\mathrm{Tr}\,(M\boldsymbol{\sigma}) \tag{23–b}$$

根据 (8)、(9) 及 (10) 式很容易证明这两个公式.

补充材料 B_{IV}

[420] 2×2 厄米矩阵的对角化

1. 引言

在量子力学中, 我们常常必须将一个 2×2 矩阵对角化. 当我们只需求本征值的时候, 解特征方程非常容易, 因为这个方程是二次的. 从原则上说, 要计算归一化的本征矢也非常简单, 但是如果刻板地去做, 就可能得到一些毫无必要地复杂化了的式子, 而不便使用.

这篇材料的目的就是要介绍一种简单的计算方法, 这种方法在各种场合下都可以应用. 我们首先变换起点, 以便计算本征值, 然后引入由矩阵元所确定的角度 θ 和 φ. 有了这两个角度就可以将归一化的本征矢写成简洁而又便于使用的形式. 从物理方面看, 引入角度 θ 和 φ 也是有益的. 在补充材料 C_{IV} 中我们将会看到, 为了研究二能级体系, 我们可以赋予它们以有趣的物理意义.

2. 变换计算本征值的起点

我们考虑一个厄米矩阵

$$(H)=\begin{pmatrix} H_{11} & H_{12} \\ H_{21} & H_{22} \end{pmatrix} \tag{1}$$

其中 H_{11} 与 H_{22} 都是实数, 而且

$$H_{12}=H_{21}^{*} \tag{2}$$

因此, 在一个正交归一基 $\{|\varphi_1\rangle,|\varphi_2\rangle\}$ 中, 矩阵 (H) 表示某一个厄米算符 H①.

引用对角元 H_{11} 与 H_{22} 的半和与半差, 可将 (H) 写作下列形式: [421]

$$(H)=\begin{pmatrix}\frac{1}{2}(H_{11}+H_{22}) & 0\\ 0 & \frac{1}{2}(H_{11}+H_{22})\end{pmatrix}+\begin{pmatrix}\frac{1}{2}(H_{11}-H_{22}) & H_{12}\\ H_{21} & -\frac{1}{2}(H_{11}-H_{22})\end{pmatrix} \tag{3}$$

由此可以想见算符 H 本身也可以分解为:

$$H=\frac{1}{2}(H_{11}+H_{22})\mathbb{1}+\frac{1}{2}(H_{11}-H_{22})K \tag{4}$$

其中 $\mathbb{1}$ 是恒等算符, K 是厄米算符, 在基 $\{|\varphi_1\rangle,|\varphi_2\rangle\}$ 中, 由下列矩阵表示:

$$(K)=\begin{pmatrix}1 & \dfrac{2H_{12}}{H_{11}-H_{22}}\\ \dfrac{2H_{21}}{H_{11}-H_{22}} & -1\end{pmatrix} \tag{5}$$

从 (4) 式可以明显看出, H 与 K 具有相同的本征矢; 如果用 $|\psi_\pm\rangle$ 表示这些本征矢, 并将对应于 H 与 K 的本征值记作 $E_\pm$ 与 $\kappa_\pm$, 即有:

$$H|\psi_\pm\rangle=E_\pm|\psi_\pm\rangle \tag{6}$$

$$K|\psi_\pm\rangle=\kappa_\pm|\psi_\pm\rangle \tag{7}$$

于是从 (4) 式立即得到:

$$E_\pm=\frac{1}{2}(H_{11}+H_{22})+\frac{1}{2}(H_{11}-H_{22})\kappa_\pm \tag{8}$$

最后, 我们看出, (3) 式右方的第一个矩阵是无关紧要的, 只要从新的起点 $\frac{1}{2}(H_{11}+H_{22})$ 来计算本征值, 这个矩阵就消失了②.

3. 本征值和本征矢的计算

a. 角度 θ 与 φ

我们用矩阵元 H_{ij} 按如下方式来定义 θ 与 φ:

$$\tan\theta=\frac{2|H_{21}|}{H_{11}-H_{22}}\quad(0\leqslant\theta<\pi) \tag{9}$$

$$H_{21}=|H_{21}|e^{i\varphi}\quad(0\leqslant\varphi<2\pi) \tag{10}$$

φ 也就是复数 H_{21} 的辐角; 根据 (2) 式, 应有 $|H_{12}|=|H_{21}|$ 以及 [422]

① 使用字母 H 是因为待对角化的厄米算符往往是哈密顿算符, 但是这篇材料所介绍的计算方法显然适用于任意的 2×2 厄米矩阵.

② 无论我们最初选择的是什么样的基 $\{|\varphi_1\rangle,|\varphi_2\rangle\}$, 这个新起点都一样; 这是因为, 变换正交归一基时 $H_{11}+H_{22}=\mathrm{Tr}\,(H)$ 是不变的.

$$H_{12} = |H_{12}|\mathrm{e}^{-\mathrm{i}\varphi} \tag{11}$$

如果利用 (9)、(10) 及 (11) 式, 则矩阵 (K) 变为:

$$(K) = \begin{pmatrix} 1 & \tan\theta\mathrm{e}^{-\mathrm{i}\varphi} \\ \tan\theta\mathrm{e}^{\mathrm{i}\varphi} & -1 \end{pmatrix} \tag{12}$$

b. K 的本征值

矩阵 (12) 的特征方程为:

$$\mathrm{Det}[(K) - \kappa I] = \kappa^2 - 1 - \tan^2\theta = 0 \tag{13}$$

由此方程立即可以求得 (K) 的本征值 κ_+ 和 κ_-:

$$\kappa_+ = +\frac{1}{\cos\theta} \tag{14–a}$$

$$\kappa_- = -\frac{1}{\cos\theta} \tag{14–b}$$

不难看出 κ_+, κ_- 都是实数 (这是厄米矩阵的性质, 参看第二章 §D–2–a). 如果要将 $\dfrac{1}{\cos\theta}$ 表示为 H_{ij} 的函数, 只需利用 (9) 式, 并注意当 $0 \leqslant \theta < \pi$ 时, $\cos\theta$ 与 $\tan\theta$ 同号, 于是得到:

$$\frac{1}{\cos\theta} = \frac{\sqrt{(H_{11} - H_{22})^2 + 4|H_{12}|^2}}{H_{11} - H_{22}} \tag{15}$$

c. H 的本征值

利用 (8)、(14) 及 (15) 式, 我们立即得到

$$E_+ = \frac{1}{2}(H_{11} + H_{22}) + \frac{1}{2}\sqrt{(H_{11} - H_{22})^2 + 4|H_{12}|^2} \tag{16–a}$$

$$E_- = \frac{1}{2}(H_{11} + H_{22}) - \frac{1}{2}\sqrt{(H_{11} - H_{22})^2 + 4|H_{12}|^2} \tag{16–b}$$

附注:

(i) 正如我们曾经指出的那样, (16) 式中的本征值也很容易从矩阵 (H) 的特征方程求出. 如果我们只需知道 (H) 的本征值, 那么, 就没有必要像上面那样引入角度 θ 和 φ. 但是, 在下一段中我们就会看到, 如果还需要使用 H 的归一化的本征矢, 则这个方法是很实用的.

(ii) 利用公式 (16), 我们立即可以证实:

$$E_+ + E_- = H_{11} + H_{22} = \mathrm{Tr}\,(H) \tag{17}$$

$$E_+E_- = H_{11}H_{22} - |H_{12}|^2 = \mathrm{Det}(H) \tag{18}$$

(iii) 如果要使 $E_+ = E_-$, 就必须使 $(H_{11}-H_{22})^2+4|H_{12}|^2=0$, 也就是应该使 $H_{11}=H_{22}$ 及 $H_{12}=H_{21}=0$. 由此可见, 具有简并本征值的 2×2 厄米矩阵一定和单位矩阵成正比. [423]

d. H 的归一化的本征矢

假设 $|\psi_+\rangle$ 在 $|\varphi_1\rangle$ 和 $|\varphi_2\rangle$ 上的分量是 a 和 b. 根据 (7), (12) 及 (14–a) 式, 它们应该满足下列关系:

$$\begin{pmatrix} 1 & \tan\theta\mathrm{e}^{-\mathrm{i}\varphi} \\ \tan\theta\mathrm{e}^{\mathrm{i}\varphi} & -1 \end{pmatrix}\begin{pmatrix} a \\ b \end{pmatrix} = \frac{1}{\cos\theta}\begin{pmatrix} a \\ b \end{pmatrix} \tag{19}$$

由此得到:

$$\left(1-\frac{1}{\cos\theta}\right)a+\tan\theta\mathrm{e}^{-\mathrm{i}\varphi}b=0 \tag{20}$$

上式又可写作:

$$-\left(\sin\frac{\theta}{2}\mathrm{e}^{\mathrm{i}\varphi/2}\right)a+\left(\cos\frac{\theta}{2}\mathrm{e}^{-\mathrm{i}\varphi/2}\right)b=0 \tag{21}$$

因而, 我们可将归一化的本征矢 $|\psi_+\rangle$ 写作:

$$|\psi_+\rangle=\cos\frac{\theta}{2}\mathrm{e}^{-\mathrm{i}\varphi/2}|\varphi_1\rangle+\sin\frac{\theta}{2}\mathrm{e}^{\mathrm{i}\varphi/2}|\varphi_2\rangle \tag{22}$$

类似的计算给出:

$$|\psi_-\rangle=-\sin\frac{\theta}{2}\mathrm{e}^{-\mathrm{i}\varphi/2}|\varphi_1\rangle+\cos\frac{\theta}{2}\mathrm{e}^{\mathrm{i}\varphi/2}|\varphi_2\rangle \tag{23}$$

可以验证, $|\psi_+\rangle$ 和 $|\psi_-\rangle$ 是正交的.

附注:

虽然利用矩阵元 H_{ij} 可以很简单地表示角 θ 的三角函数 [例如参看公式 (9) 和 (15)], 但是对于角 $\frac{\theta}{2}$, 情况就不一样了. 因此, 如果用 H_{ij} 的函数去表示 $\cos\frac{\theta}{2}$ 和 $\sin\frac{\theta}{2}$, 那么, 给出归一化本征矢 $|\psi_+\rangle$ 与 $|\psi_-\rangle$ 的公式 (22) 与 (23) 将变得非常复杂; 这样的公式是很不方便的. 在涉及 H 的归一化的本征矢的计算中, 较好的办法是直接使用 (22) 及 (23) 式, 并在计算中始终保留 $\cos\frac{\theta}{2}$ 和 $\sin\frac{\theta}{2}$. 此外, 计算的最后结果往往只包含角 θ 的函数 (例如, 参看第四章 §C–3–b 的计算), 因而可以简单地表为 H_{ij} 的函数. 由此可见, (22) 式及 (23) 式可以使我们较简洁地进行中间计算, 避免了一些复杂的式子, 最后的结果越简单, 那些复杂的式子就越显得是多余的. 这正是上述方法的长处. 还有一个物理上的长处, 将在下面的补充材料中讨论.

补充材料 C_{IV}

[424]
与二能级体系相联系的虚设的自旋 $\frac{1}{2}$

1. 引言

我们来考虑一个二能级体系, 它的哈密顿算符 H 在正交归一基 $\{|\varphi_1\rangle, |\varphi_2\rangle\}$ 中由厄米矩阵 (H) 来表示 [补充材料 B_{IV} 的公式 (1)][①]. 如果我们取 $\frac{1}{2}(H_{11}+H_{22})$ 作为计算能量的新起点, 则矩阵 (H) 应为:

$$(H)=\begin{pmatrix}\frac{1}{2}(H_{11}-H_{22}) & H_{12}\\ H_{21} & -\frac{1}{2}(H_{11}-H_{22})\end{pmatrix} \tag{1}$$

虽然我们所要讨论的二能级体系不一定是自旋 $\frac{1}{2}$, 但我们总可以给它联系上一个自旋 $\frac{1}{2}$, 在由这个自旋的分量 S_z 的本征矢所构成的基 $\{|+\rangle, |-\rangle\}$ 中, 此自旋的哈密顿算符 H 可用上面的矩阵 (H) 来表示. 我们即将看到, 可以将 (H) 解释为这个"虚设自旋"与静磁场 $\boldsymbol{B}$ 的相互作用能, 而这个磁场的大小和方向与前一篇材料中将 (H) 对角化时所引入的那些参量之间有简单的关系. 这样一来, 我们就可以赋予这些参量以简单的物理意义.

此外, 如果哈密顿算符 H 是两个算符之和: $H=H_0+W$, 那么, 我们将会看到, 这时就可以给 H、H_0 及 W 联系上三个磁场 $\boldsymbol{B}$、$\boldsymbol{B}_0$ 及 $\boldsymbol{b}$, 并且有 $\boldsymbol{B}=\boldsymbol{B}_0+\boldsymbol{b}$; 这就是说, 从虚设自旋的观点来看, 引入耦合 W, 相当于给 $\boldsymbol{B}_0$ 叠加上一个磁场 $\boldsymbol{b}$. 我们将会看到, 利用这个观点就可以很简单地解释在第四章 §C 中讨论过的那些效应.

① 此处所用符号与补充材料 B_{IV} 及第四章中的相同.

2. 用虚设自旋来解释哈密顿算符

在第四章中我们已经看到, 表示自旋 $\frac{1}{2}$ 和分量为 B_x、B_y、B_z 的磁场 $\boldsymbol{B}$ 之间的耦合的哈密顿算符可以写作:

$$\widetilde{H} = -\gamma \boldsymbol{B} \cdot \boldsymbol{S} = -\gamma(B_x S_x + B_y S_y + B_z S_z) \tag{2}$$

要计算与此算符相联系的矩阵, 只需将与 S_x、S_y、S_z 相联系的那些矩阵 [第四章 (A–15)、(A–16) 及 (A–17) 式] 代入上式, 于是立即得到: [425]

$$(\widetilde{H}) = -\frac{\gamma\hbar}{2}\begin{pmatrix} B_z & B_x - \mathrm{i}B_y \\ B_x + \mathrm{i}B_y & -B_z \end{pmatrix} \tag{3}$$

现在可以看出, 为了使矩阵 (1) 和矩阵 $(\widetilde{H})$ 全同, 只需引入一个 “虚设磁场”$\boldsymbol{B}$, 其分量由下式给出:

$$\begin{cases} B_x = -\dfrac{2}{\gamma\hbar}\mathrm{Re}H_{12} \\ B_y = \dfrac{2}{\gamma\hbar}\mathrm{Im}H_{12} \\ B_z = \dfrac{1}{\gamma\hbar}(H_{22} - H_{11}) \end{cases} \tag{4}$$

注意 $\boldsymbol{B}$ 在 xOy 平面上的投影 $\boldsymbol{B}_\perp$ 的模为

$$B_\perp = \frac{2}{\hbar}\left|\frac{H_{12}}{\gamma}\right| \tag{5}$$

根据补充材料 B$_{\text{IV}}$ 中的公式 (9) 和 (10), 与矩阵 (H)[亦即 (3) 式中的 $(\widetilde{H})$] 相联系的角 θ 及 φ 应由下式给出:

$$\begin{cases} \tan\theta = -\dfrac{|\gamma B_\perp|}{\gamma B_z} & 0 \leqslant \theta < \pi \\ -\gamma(B_x + \mathrm{i}B_y) = |\gamma B_\perp|\mathrm{e}^{\mathrm{i}\varphi} & 0 \leqslant \varphi < 2\pi \end{cases} \tag{6}$$

这里的旋磁比 γ 不过是计算中的一个辅助量, 它事先可以取定任意值. 如果我们约定 γ 取负值, 那么, (6) 式表明, 与矩阵 (H) 相联系的角 θ 和 φ 实际上就是磁场 $\boldsymbol{B}$ 的方向的极角 (如果假设 γ 取正值, 则方向刚好反过来).

最后, 可以看出, 我们可以忘却作为出发点的那个二能级体系, 而认为在 S_z 的本征态 $|+\rangle$ 和 $|-\rangle$ 构成的基中, 矩阵 (H) 所表示的就是磁场 $\boldsymbol{B}$ 中的自旋 $\frac{1}{2}$ 的哈密顿算符 $\widetilde{H}$, 而 $\boldsymbol{B}$ 的分量则由 (4) 式给出. 我们又可将 $\widetilde{H}$ 写作:

$$\widetilde{H} = \omega S_u \tag{7–a}$$

式中 S_u 是算符 $\boldsymbol{S}\cdot\boldsymbol{u}$, 它是自旋在极角为 θ、φ 的方向 $\boldsymbol{u}$ 上的分量, ω 是拉莫尔角频率:

$$\omega = |\gamma||\boldsymbol{B}| \tag{7–b}$$

[426] 下表中列出一个二能级体系和一个虚设自旋 $\frac{1}{2}$ 之间的各种对应关系.

二能级体系		虚设自旋 $\frac{1}{2}$
$\|\varphi_1\rangle$	$\longleftrightarrow$	$\|+\rangle$
$\|\varphi_2\rangle$	$\longleftrightarrow$	$\|-\rangle$
$\|\psi_+\rangle$	$\longleftrightarrow$	$\|+\rangle_u$
$\|\psi_-\rangle$	$\longleftrightarrow$	$\|-\rangle_u$
$E_+ - E_-$	$\longleftrightarrow$	$\hbar\omega$
在 B_{IV} 中引入的角 θ 和 φ	$\longleftrightarrow$	虚设磁场 $\boldsymbol{B}$ 的极角
$H_{11} - H_{22}$	$\longleftrightarrow$	$-\gamma\hbar B_z$
$\|H_{21}\|$	$\longleftrightarrow$	$-\gamma\hbar B_\perp/2$

3. 对第四章 §C 中讨论过的几种效应的几何解释

a. 与 H_0、W 及 H 相联系的虚设磁场

如同在第四章 §C 中那样, 我们假设 H 可以表示为两项之和:

$$H = H_0 + W \tag{8}$$

在基 $\{|\varphi_1\rangle, |\varphi_2\rangle\}$ 中, 无微扰时的哈密顿算符 H_0 由一个对角矩阵表示, 适当选择能量的起点之后, 可将这个矩阵写作:

$$(H_0) = \begin{pmatrix} \dfrac{E_1 - E_2}{2} & 0 \\ 0 & -\dfrac{E_1 - E_2}{2} \end{pmatrix} \tag{9}$$

至于耦合 W, 仍如在第四章 §C 中那样, 假设它是纯粹的非对角矩阵:

$$(W) = \begin{pmatrix} 0 & W_{12} \\ W_{21} & 0 \end{pmatrix} \tag{10}$$

根据上一段的讨论,我们可以给 (H_0) 和 (W) 联系上两个磁场 $\boldsymbol{B}_0$ 和 $\boldsymbol{b}$,使得 [参看公式 (4) 和 (5)]:

$$\begin{cases} B_{0z} = \dfrac{E_2 - E_1}{\gamma\hbar} \\ B_{0\perp} = 0 \end{cases} \tag{11}$$

$$\begin{cases} b_z = 0 \\ b_\perp = \dfrac{2}{\hbar}\left|\dfrac{W_{12}}{\gamma}\right| \end{cases} \tag{12}$$

这就是说, $\boldsymbol{B}_0$ 平行于 Oz 轴并正比于 $\dfrac{1}{2}(E_1 - E_2)$; $\boldsymbol{b}$ 则垂直于 Oz 轴并正比于 [427]
$|W_{12}|$. 由于 $(H) = (H_0) + (W)$, 故与总哈密顿算符相联系的磁场 $\boldsymbol{B}$ 是 $\boldsymbol{B}_0$ 与 $\boldsymbol{b}$ 的矢量和:

$$\boldsymbol{B} = \boldsymbol{B}_0 + \boldsymbol{b} \tag{13}$$

这三个磁场 $\boldsymbol{B}_0$、$\boldsymbol{b}$、$\boldsymbol{B}$ 都绘于图 4–15 中, 由于 $\boldsymbol{B}_0$ 平行于 Oz 轴, 故在第四章 §C–2–a 中引入的角 θ 就是 $\boldsymbol{B}_0$ 与 $\boldsymbol{B}$ 之间的角.

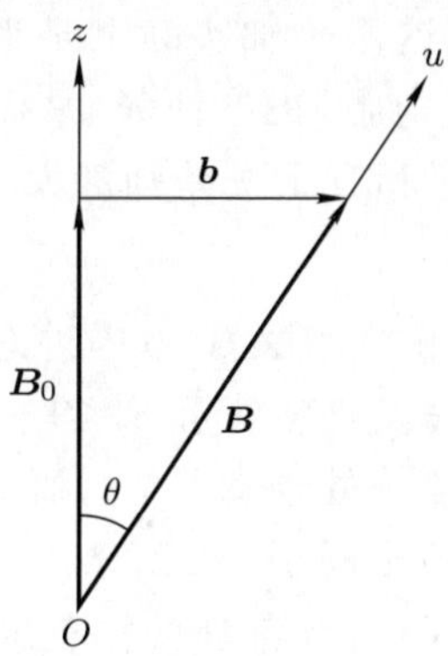

图 4–15 虚设磁场的相对取向. $\boldsymbol{B}_0$ 与 H_0 相联系, $\boldsymbol{b}$ 与 W 相联系, $\boldsymbol{B} = \boldsymbol{B}_0 + \boldsymbol{b}$ 与总哈密顿算符 $H = H_0 + W$ 相联系.

在第四章 §C–2 中引入的强耦合条件 ($|W_{12}| \gg |E_1 - E_2|$) 相当于 $|\boldsymbol{b}| \gg |\boldsymbol{B}_0|$ (图 4–16–a); 弱耦合条件 ($|W_{12}| \ll |E_1 - E_2|$) 则相当于 $|\boldsymbol{b}| \ll |\boldsymbol{B}_0|$ (图 4–16–b).

b. 耦合对哈密顿算符的本征值及本征矢的影响 [428]

$E_1 - E_2$ 和 $E_+ - E_-$ 分别对应于磁场 $\boldsymbol{B}_0$ 和 $\boldsymbol{B}$ 中的拉莫尔角频率 $\omega_0 = |\gamma||\boldsymbol{B}_0|$ 和 $\omega = |\gamma||\boldsymbol{B}|$. 在图 4–15 中我们看到, $\boldsymbol{B}_0$、$\boldsymbol{b}$ 及 $\boldsymbol{B}$ 构成一个直角三角形, 其斜边为 $\boldsymbol{B}$; 因而永远有 $|\boldsymbol{B}| \geqslant |\boldsymbol{B}_0|$, 从而我们再次证明了 $E_+ - E_-$ 永远大于 $|E_1 - E_2|$.

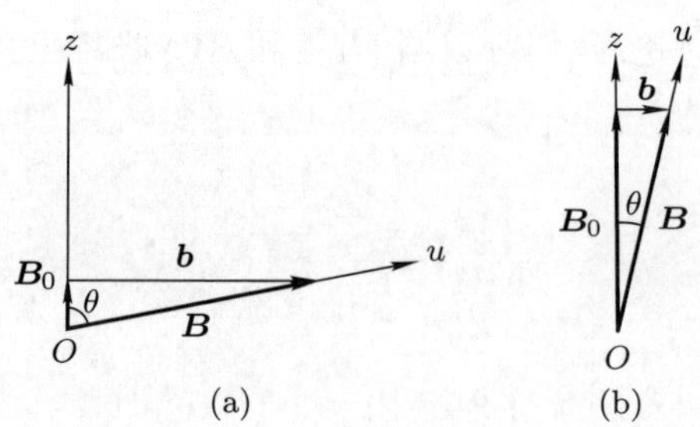

图 4–16 在强耦合 (图 a) 及弱耦合 (图 b) 情况下, 虚设磁场 $\boldsymbol{B}_0$、$\boldsymbol{b}$ 及 $\boldsymbol{B}$ 的相对取向.

在弱耦合的情况下 (图 4–16–b), $|\boldsymbol{B}|$ 与 $|\boldsymbol{B}_0|$ 之差的相对数值很小, 属于 $|\boldsymbol{b}|/|\boldsymbol{B}_0|$ 的二级小量. 由此我们立即推知, 就相对数值而言, $E_+ - E_-$ 与 $E_1 - E_2$ 之差属于 $|W_{12}|/(E_1 - E_2)$ 的二级小量. 反之, 在强耦合情况下 (图 4–16–a), $|\boldsymbol{B}|$ 甚大于 $|\boldsymbol{B}_0|$, 几乎等于 $|\boldsymbol{b}|$; 因而 $E_+ - E_-$ 也甚大于 $|E_1 - E_2|$, 实际上正比于 $|W_{12}|$. 这样我们就再次证明了第四章 §C–2 中的全部结果.

从图 4–15 和图 4–16 也可以很简单地理解耦合对本征矢的影响. 实际上, H 与 H_0 的本征矢分别与 $\boldsymbol{S}$ 在 Ou 轴及 Oz 轴上的分量的本征矢相联系. 在弱耦合情况下 (图 4–16–b), 这两个轴实际上是平行的; 在强耦合情况下 (图 4–16–a) 则是互相垂直的. S_u 与 S_z 的本征矢 (从而 H 与 H_0 的本征矢) 在前一种情况下非常接近, 在后一种情况下则差别甚大.

c. $\mathscr{P}_{12}(t)$ 的几何解释

利用虚设自旋的概念可将第四章 §C–3 中讨论过的问题陈述如下: 在 $t=0$ 时, 与二能级体系相联系的虚设自旋处于 S_z 的本征态 $|+\rangle$; 我们给 $\boldsymbol{B}_0$ 加上 $\boldsymbol{b}$; 现在要问: 在时刻 t 发现该自旋处于态 $|-\rangle$ 的概率 $\mathscr{P}_{+-}(t)$ 是多大? 根据表中列出的对应关系, $\mathscr{P}_{12}(t)$ 应该全同于 $\mathscr{P}_{+-}(t)$.

[429] 由于自旋随时间的演变归结为绕 $\boldsymbol{B}$ 的拉莫尔进动 (图 4–17), 于是 $\mathscr{P}_{+-}(t)$ 的计算就非常简单. 在进动过程中, 自旋与 $\boldsymbol{B}$ 的方向 Ou 之间的夹角 θ 保持不变. 在 t 时刻, 自旋指向方向 On, 而与 Oz 构成一个角 α; 平面 (Oz, Ou) 与平面 (Ou, On) 之间的二面角则等于 ωt. 根据球面三角学中的经典公式, 我们可以写出:

$$\cos\alpha = \cos^2\theta + \sin^2\theta\cos\omega t \tag{14}$$

而当自旋的方向与 Oz 轴的夹角为 α 时, 发现该自旋处于 S_z 的本征态 $|-\rangle$ 的概率等于 $\sin^2\dfrac{\alpha}{2} = (1-\cos\alpha)/2$ (参看第四章 §B–2–b). 由此, 并利用 (14) 式, 便可推知:

$$\mathscr{P}_{+-}(t) = \sin^2\frac{\alpha}{2} = \frac{1}{2}\sin^2\theta(1-\cos\omega t) \tag{15}$$

如果将这里的 ω 换成 $(E_+ - E_-)/\hbar$, 这个结果就与第四章的公式 (C–31)(即拉比公式) 完全一样. 以上所述便是对这个公式所作的一种纯几何解释.

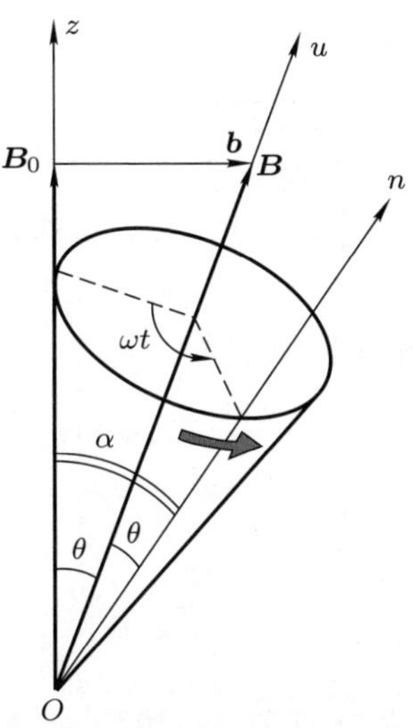

图 4–17 用虚设自旋对拉比公式作几何解释. 在耦合 (用 $\boldsymbol{b}$ 表示) 的影响下, 起初沿 Oz 轴的自旋绕 $\boldsymbol{B}$ 进动; 因而, 测量它在 Oz 轴上的分量 S_z 得到结果 $-\dfrac{\hbar}{2}$ 的概率是一个随时间振荡的函数.

参考文献和阅读建议:

Abragam (14.1), 第 Ⅱ 章 §F; Sargent 等 (15.5), §7–5; Allen (15.7), 第 2 章; 还可参看 Feynman 等人的论文 (1.33).

补充材料 D_{IV}

[430] # 两个自旋 $\frac{1}{2}$ 的体系

在这篇补充材料里, 我们打算利用在第四章 §A–2 里引入的那一套理论来描述自旋都是 $\frac{1}{2}$ 的两个粒子的体系. 这种情况并不比自旋为 $\frac{1}{2}$ 的单粒子体系更复杂. 从量子力学的那些假定的角度来看, 这个问题的意义在于: 每一个自旋观察算符本身都不再单独构成一个 ECOC (这与单个自旋的情况相反). 于是我们可以考察对一个具有简并谱的可观察量的测量, 或对两个可观察量的同时测量. 讨论这个问题还有另一个意义, 那就是通过一个非常简单的例子来阐明在第二章 §F 中引入的张量积概念. 如同在第四章中一样, 我们感兴趣的仅仅是内部自由度 (自旋态), 而且我们还要假设体系中的两个粒子不是全同的 (我们将在第十四章中对全同粒子体系进行普遍研究).

1. 量子描述

在第四章中我们已经看到如何描述一个自旋为 $\frac{1}{2}$ 的粒子的自旋量子态. 因此, 要知道如何描述两个自旋 $\frac{1}{2}$ 的体系, 只需应用第二章 §F 中的那些结果即可.

a. 态空间

我们用指标 1 和 2 来区分这两个粒子. 如果粒子 (1) 是孤立的, 那么, 它的自旋态应由二维态空间 $\mathscr{E}_S(1)$ 中的一个右矢来确定. 同样地, 孤立的粒子 (2) 的所有自旋态构成一个二维态空间 $\mathscr{E}_S(2)$. 我们用 $\boldsymbol{S}_1$ 和 $\boldsymbol{S}_2$ 分别表示粒子 (1)

和粒子 (2) 的自旋算符. 在态空间 $\mathscr{E}_S(1)$ 及 $\mathscr{E}_S(2)$ 中, 我们分别选取 S_{1z} 及 S_{2z} 的本征右矢作为基, 并将它们分别记作 $|1:+\rangle, |1:-\rangle$ 及 $|2:+\rangle, |2:-\rangle$. 于是, 我们可将态空间 $\mathscr{E}_S(1)$ 中的普遍的右矢写作:

$$|\varphi(1)\rangle = \alpha_1|1:+\rangle + \beta_1|1:-\rangle \tag{1}$$

在态空间 $\mathscr{E}_S(2)$ 中则有: [431]

$$|\chi(2)\rangle = \alpha_2|2:+\rangle + \beta_2|2:-\rangle \tag{2}$$

(α_1、β_1、α_2、β_2 都是任意复数).

如果使这两个粒子结合成一个体系, 则该体系的态空间 $\mathscr{E}_S$ 应为上列两个态空间的张量积:

$$\mathscr{E}_S = \mathscr{E}_S(1) \otimes \mathscr{E}_S(2) \tag{3}$$

首先, 这个等式指出, 用上面定义的 $\mathscr{E}_S(1)$ 与 $\mathscr{E}_S(2)$ 中的两个基作张量积, 便可得到态空间 $\mathscr{E}_S$ 中的基. 我们利用下列符号:

$$\begin{aligned}
|++\rangle &= |1:+\rangle|2:+\rangle \\
|+-\rangle &= |1:+\rangle|2:-\rangle \\
|-+\rangle &= |1:-\rangle|2:+\rangle \\
|--\rangle &= |1:-\rangle|2:-\rangle
\end{aligned} \tag{4}$$

譬如, 在态 $|+-\rangle$ 中, 粒子 (1) 的自旋在 Oz 轴上的分量确定地是 $+\dfrac{\hbar}{2}$, 粒子 (2) 的自旋在 Oz 轴上的分量确定地是 $-\dfrac{\hbar}{2}$. 现在我们约定用 $\langle+-|$ 来表示右矢 $|+-\rangle$ 的共轭左矢; 第一个符号总是对应于粒子 (1), 第二个符号总是对应于粒子 (2).

因此, 态空间 $\mathscr{E}_S$ 是四维的. 由于基 $\{|1:\pm\rangle\}$ 与基 $\{|2:\pm\rangle\}$ 分别为 $\mathscr{E}_S(1)$ 与 $\mathscr{E}_S(2)$ 中的正交归一基, 故基 (4) 在 $\mathscr{E}_S$ 中也是正交归一的:

$$\langle\varepsilon_1\varepsilon_2|\varepsilon_1'\varepsilon_2'\rangle = \delta_{\varepsilon_1\varepsilon_1'}\delta_{\varepsilon_2\varepsilon_2'} \tag{5}$$

(式中的 $\varepsilon_1, \varepsilon_2, \varepsilon_1', \varepsilon_2'$ 须看情况被换成 $+$ 或 $-$; 若 ε 与 ε' 相同, 则 $\delta_{\varepsilon\varepsilon'}$ 等于 1, 若 ε 与 ε' 不相同, 则 $\delta_{\varepsilon\varepsilon'}$ 等于 0). 矢量集合 (4) 还满足态空间 $\mathscr{E}_S$ 中的封闭性关系式:

$$\sum_{\varepsilon_1,\varepsilon_2}|\varepsilon_1\varepsilon_2\rangle\langle\varepsilon_1\varepsilon_2| = |++\rangle\langle++|+|+-\rangle\langle+-|+|-+\rangle\langle-+|+|--\rangle\langle--| = \mathbb{1} \tag{6}$$

b. 对易观察算符的完全集合

我们将原来定义在空间 $\mathscr{E}_S(1)$ 和 $\mathscr{E}_S(2)$ 中的观察算符 $\boldsymbol{S}_1$ 与 $\boldsymbol{S}_2$ 延伸到空间 $\mathscr{E}_S$ 中去 (如同在第二章 §F 中做过的那样, 我们继续用 $\boldsymbol{S}_1$ 和 $\boldsymbol{S}_2$ 表示延伸算符). 它们对基 (4) 中的右矢的作用很简单. 例如, $\boldsymbol{S}_1$ 的诸分量只对右矢中对应于粒子 (1) 的部分起作用. 特别地, (4) 式中的基矢都是 S_{1z} 与 S_{2z} 的共同本征矢:

$$
\begin{aligned}
S_{1z}|\varepsilon_1\varepsilon_2\rangle &= \frac{\hbar}{2}\varepsilon_1|\varepsilon_1\varepsilon_2\rangle \\
S_{2z}|\varepsilon_1\varepsilon_2\rangle &= \frac{\hbar}{2}\varepsilon_2|\varepsilon_1\varepsilon_2\rangle
\end{aligned}
\tag{7}
$$

[432] 对于 $\boldsymbol{S}_1$ 与 $\boldsymbol{S}_2$ 的其他分量, 我们可以应用第四章 §A–2 中的那些公式. 例如, 根据第四章的公式 (A–16), 我们便知道 S_{1x} 如何作用于右矢 $|1:\pm\rangle$:

$$
\begin{aligned}
S_{1x}|1:+\rangle &= \frac{\hbar}{2}|1:-\rangle \\
S_{1x}|1:-\rangle &= \frac{\hbar}{2}|1:+\rangle
\end{aligned}
\tag{8}
$$

由此可以推知 S_{1x} 对 (4) 式中的诸右矢的作用:

$$
\begin{aligned}
S_{1x}|++\rangle &= \frac{\hbar}{2}|-+\rangle \\
S_{1x}|+-\rangle &= \frac{\hbar}{2}|--\rangle \\
S_{1x}|-+\rangle &= \frac{\hbar}{2}|++\rangle \\
S_{1x}|--\rangle &= \frac{\hbar}{2}|+-\rangle
\end{aligned}
\tag{9}
$$

于是很容易证明, 尽管 $\boldsymbol{S}_1$ (或 $\boldsymbol{S}_2$) 的三个分量彼此不可对易, 但 $\boldsymbol{S}_1$ 的任一个分量和 $\boldsymbol{S}_2$ 的任一个分量都是可以对易的.

在空间 $\mathscr{E}_S(1)$ 中, 观察算符 S_{1z} 本身单独构成一个 ECOC; 空间 $\mathscr{E}_S(2)$ 中的 S_{2z} 也如此. 在空间 $\mathscr{E}_S$ 中, S_{1z} 与 S_{2z} 的本征值保持为 $\pm\dfrac{\hbar}{2}$, 但其中的每一个都是二重简并的; 例如, S_{1z} 的本征值 $+\dfrac{\hbar}{2}$ 对应于两个正交的态矢量 $|++\rangle$ 和 $|+-\rangle$[公式 (7)] 以及两者的全体线性组合. 因此, 在空间 $\mathscr{E}_S$ 中, 单独取 S_{1z} 或单独取 S_{2z} 都不能构成一个 ECOC. 反之, 从公式 (7) 可以看出, 集合 $\{S_{1z}, S_{2z}\}$ 是空间 $\mathscr{E}_S$ 中的一个 ECOC.

显然, 这并不是可能构成的唯一的一个 ECOC. 例如 $\{S_{1z}, S_{2x}\}$ 也是一个 ECOC, 这是因为, 我们在上面已经看到这两个观察算符是可对易的, 两者中的每一个都是原先在其中定义它的那个空间中的一个 ECOC. 用 S_{1z} 与 S_{2x} 各

自在空间 $\mathscr{E}_S(1)$ 与 $\mathscr{E}_S(2)$ 中的本征矢作张量积, 便可得到两者的共同本征矢; 利用第四章中的公式 (A–20), 我们得到

$$
\begin{aligned}
|1:+\rangle|2:+\rangle_x &= \frac{1}{\sqrt{2}}[|++\rangle+|+-\rangle] \\
|1:+\rangle|2:-\rangle_x &= \frac{1}{\sqrt{2}}[|++\rangle-|+-\rangle] \\
|1:-\rangle|2:+\rangle_x &= \frac{1}{\sqrt{2}}[|-+\rangle+|--\rangle] \\
|1:-\rangle|2:-\rangle_x &= \frac{1}{\sqrt{2}}[|-+\rangle-|--\rangle]
\end{aligned}
\tag{10}
$$

c. 最普遍的态 [433]

用空间 $\mathscr{E}_S(1)$ 中的一个右矢与空间 $\mathscr{E}_S(2)$ 中的一个右矢作张量积, 我们得到了 (4) 式中的矢量. 更普遍地, 取空间 $\mathscr{E}_S(1)$ 中的一个任意右矢 [诸如 (1) 式中的] 与空间 $\mathscr{E}_S(2)$ 中的一个任意右矢 [诸如 (2) 式中的] 我们可构成空间 $\mathscr{E}_S$ 中的一个右矢:

$$
|\varphi(1)\rangle|\chi(2)\rangle=\alpha_1\alpha_2|++\rangle+\alpha_1\beta_2|+-\rangle+\alpha_2\beta_1|-+\rangle+\beta_1\beta_2|--\rangle \tag{11}
$$

这样一个右矢在 (4) 式的基中的诸分量, 就是 $|\varphi(1)\rangle$ 与 $|\chi(2)\rangle$ 在空间 $\mathscr{E}_S(1)$ 与 $\mathscr{E}_S(2)$ 的两个基中的诸分量的乘积 [(4) 式则是由这两个基构成的].

但是, 空间 $\mathscr{E}_S$ 中的右矢并不都是张量积. 空间 $\mathscr{E}_S$ 中的最一般的右矢是基矢的任意的线性组合:

$$
|\psi\rangle=\alpha|++\rangle+\beta|+-\rangle+\gamma|-+\rangle+\delta|--\rangle \tag{12}
$$

如果要将 $|\psi\rangle$ 归一化, 我们应取

$$
|\alpha|^2+|\beta|^2+|\gamma|^2+|\delta|^2=1 \tag{13}
$$

如果给出一个 $|\psi\rangle$, 则一般说来不可能找到两个右矢 $|\varphi(1)\rangle$ 和 $|\chi(2)\rangle$, 它们的张量积就是 $|\psi\rangle$. 这是因为, 要使 (12) 式具有 (11) 式的形式, 特别地, 必须有:

$$
\frac{\alpha}{\beta}=\frac{\gamma}{\delta} \tag{14}
$$

但这个条件未必能够实现.

2. 关于测量结果的预言

现在我们来讨论对两个自旋 $\frac{1}{2}$ 构成的体系可能进行的几种测量, 并且根据量子力学的假定去计算关于各种测量结果的预言. 在每一种情况下, 我们总是假设刚要测量时体系的态由归一化的右矢 (12) 所描述.

a. 对两个自旋同时进行的测量

由于 $\boldsymbol{S}_1$ 的任意一个分量都可以和 $\boldsymbol{S}_2$ 的任意一个分量对易, 所以我们可以同时测量它们 (参看第三章 §C–6–a). 为了计算关于这类测量的预言, 我们只需利用两个观察算符的共同本征矢.

α. 第一个例子

我们首先考虑对 S_{1z} 和 S_{2z} 的同时测量. 我们可能得到的各种结果的概率如何?

[434] 由于集合 $\{S_{1z}, S_{2z}\}$ 是一个 ECOC, 因而与每一个测量结果相联系的, 只有一个态. 如果测量之前, 体系处于态 (12), 那么我们可以求得:

$$
\begin{aligned}
&\text{对于 } S_{1z} \text{ 得到 } +\frac{\hbar}{2}, \text{对于 } S_{2z} \text{ 得到 } +\frac{\hbar}{2} \text{ 的概率是 } |\langle ++|\psi\rangle|^2 = |\alpha|^2 \\
&\text{对于 } S_{1z} \text{ 得到 } +\frac{\hbar}{2}, \text{对于 } S_{2z} \text{ 得到 } -\frac{\hbar}{2} \text{ 的概率是 } |\langle +-|\psi\rangle|^2 = |\beta|^2 \\
&\text{对于 } S_{1z} \text{ 得到 } -\frac{\hbar}{2}, \text{对于 } S_{2z} \text{ 得到 } +\frac{\hbar}{2} \text{ 的概率是 } |\langle -+|\psi\rangle|^2 = |\gamma|^2 \\
&\text{对于 } S_{1z} \text{ 得到 } -\frac{\hbar}{2}, \text{对于 } S_{2z} \text{ 得到 } -\frac{\hbar}{2} \text{ 的概率是 } |\langle --|\psi\rangle|^2 = |\delta|^2
\end{aligned} \tag{15}
$$

β. 第二个例子

现在测量 S_{1y} 与 S_{2z}. 关于这两个可观察量所得结果都是 $+\frac{\hbar}{2}$ 的概率是多大?

现在集合 $\{S_{1y}, S_{2z}\}$ 仍是一个 ECOC. S_{1y} 与 S_{2z} 的对应于本征值 $+\frac{\hbar}{2}$ 与 $+\frac{\hbar}{2}$ 的共同本征矢, 是矢量 $|1:+\rangle_y$ 与 $|2:+\rangle$ 的张量积:

$$
|1:+\rangle_y|2:+\rangle = \frac{1}{\sqrt{2}}[|++\rangle + \mathrm{i}|-+\rangle] \tag{16}
$$

根据第三章的第四个假定, 可以算出待求的概率是:

$$
\mathscr{P} = \left|\frac{1}{\sqrt{2}}[\langle ++| - \mathrm{i}\langle -+|]|\psi\rangle\right|^2 = \frac{1}{2}|\alpha - \mathrm{i}\gamma|^2 \tag{17}
$$

可见这个结果表现为 “和的平方”①.

测量之后, 如果实际所得结果对 S_{1y} 为 $+\frac{\hbar}{2}$, 对 S_{2z} 为 $+\frac{\hbar}{2}$, 则这个体系就处于态 (16) 中.

① 从 (16) 式过渡到共轭左矢时, 必须注意改变 i 的符号; 如果忘记了这一点, 就会得到错误的结果 (由于 $\frac{\alpha}{\gamma}$ 一般说来并非实数, 故 $|\alpha+\mathrm{i}\gamma|^2 \neq |\alpha-\mathrm{i}\gamma|^2$).

b. 只对一个自旋进行的测量

显然, 我们也可以对两自旋之一的一个分量进行测量. 这时, 由于任何一个分量都不能单独构成一个 ECOC, 因此便有若干个本征矢对应于同一个测量结果, 从而对应的概率将是 "平方的和".

α. 第一个例子 [435]

我们只测量 S_{1z}, 将会得到什么结果? 这些结果出现的概率如何?

可能得到的结果是 S_{1z} 的本征值 $\pm\dfrac{\hbar}{2}$. 每一个本征值都是二重简并的. 在对应的本征子空间中, 我们选择一个正交归一基, 例如, 对应于 $+\dfrac{\hbar}{2}$, 可以取 $\{|++\rangle, |+-\rangle\}$, 对应于 $-\dfrac{\hbar}{2}$, 可以取 $\{|-+\rangle, |--\rangle\}$. 于是我们得到:

$$\begin{aligned}\mathscr{P}\left(+\frac{\hbar}{2}\right) &= |\langle++|\psi\rangle|^2 + |\langle+-|\psi\rangle|^2 \\ &= |\alpha|^2 + |\beta|^2 \\ \mathscr{P}\left(-\frac{\hbar}{2}\right) &= |\langle-+|\psi\rangle|^2 + |\langle--|\psi\rangle|^2 \\ &= |\gamma|^2 + |\delta|^2\end{aligned} \tag{18}$$

附注:

由于我们并未对自旋 (2) 进行任何测量, 故空间 $\mathscr{E}_S(2)$ 中的基可以随意选择. 例如, 在 S_{1z} 的本征值 $+\dfrac{\hbar}{2}$ 的对应本征子空间中, 作为基矢, 可以取:

$$|1:+\rangle|2:\pm\rangle_x = \frac{1}{\sqrt{2}}[|++\rangle \pm |+-\rangle] \tag{19}$$

由此仍然得到:

$$\begin{aligned}\mathscr{P}\left(+\frac{\hbar}{2}\right) &= \frac{1}{2}|\alpha+\beta|^2 + \frac{1}{2}|\alpha-\beta|^2 \\ &= |\alpha|^2 + |\beta|^2\end{aligned} \tag{20}$$

在本征值简并的情况下, 所得概率并不依赖于对应本征子空间中基的选择, 这个结论已在第三章 §B–3–b–2 中普遍地证明过.

β. 第二个例子

假设现在我们要测量的是 S_{2x}, 那么, 得到的结果为 $-\dfrac{\hbar}{2}$ 的概率如何呢?

对应于 S_{2x} 的本征值 $-\dfrac{\hbar}{2}$ 的本征子空间是二维的, 作为其中的基矢, 我们

选择:

$$|1:+\rangle|2:-\rangle_x = \frac{1}{\sqrt{2}}[|++\rangle - |+-\rangle]$$
$$|1:-\rangle|2:-\rangle_x = \frac{1}{\sqrt{2}}[|-+\rangle - |--\rangle] \tag{21}$$

据此可以求得:

$$\begin{aligned}\mathscr{P} &= \left|\frac{1}{\sqrt{2}}[\langle ++| - \langle +-|]|\psi\rangle\right|^2 + \left|\frac{1}{\sqrt{2}}[\langle -+| - \langle --|]|\psi\rangle\right|^2 \\ &= \frac{1}{2}|\alpha-\beta|^2 + \frac{1}{2}|\gamma-\delta|^2\end{aligned} \tag{22}$$

[436] 在这个结果中,"平方之和" 中的每一项又都是 "和的平方".

如果测量的实际结果是 $-\frac{\hbar}{2}$, 那么, 刚测量之后体系的态 $|\psi'\rangle$ 就是 $|\psi\rangle$ 在对应本征子空间中的归一化的投影. 我们刚才计算过 $|\psi\rangle$ 在这个本征子空间的基矢 (21) 上的分量, 结果分别为 $\frac{1}{\sqrt{2}}(\alpha-\beta)$ 及 $\frac{1}{\sqrt{2}}(\gamma-\delta)$, 因而便有:

$$\begin{aligned}|\psi'\rangle = &\frac{1}{\sqrt{\frac{1}{2}|\alpha-\beta|^2 + \frac{1}{2}|\gamma-\delta|^2}} \\ &\left[\frac{1}{2}(\alpha-\beta)(|++\rangle - |+-\rangle) + \frac{1}{2}(\gamma-\delta)(|-+\rangle - |--\rangle)\right]\end{aligned} \tag{23}$$

附注:

在这篇材料里, 我们只考虑了 $\boldsymbol{S}_1$ 与 $\boldsymbol{S}_2$ 在各坐标轴上的分量. 显然, 我们同样可以测量在任意单位矢 $\boldsymbol{u}$ 及 $\boldsymbol{v}$ 上的分量 $\boldsymbol{S}_1\cdot\boldsymbol{u}$ 及 $\boldsymbol{S}_2\cdot\boldsymbol{v}$; 推证的方法和上面的一样.

补充材料 E_{IV}

自旋 $\frac{1}{2}$ 的密度矩阵 [437]

1. 引言

这篇材料的目的是要通过一个简单的物理体系, 即自旋 $\frac{1}{2}$, 来说明我们在补充材料 E_{III} 中提出的一般理论. 我们将讨论在全偏振 (纯情况)、非偏振或部分偏振 (统计混合) 情况下描述自旋 $\frac{1}{2}$ 的密度矩阵. 然后, 我们才能够证实并解释在补充材料 E_{III} 中提出的那些普遍性质. 此外, 我们将会看到, 密度矩阵按泡利矩阵的展开式可以很简单地表示为自旋分量的平均值的函数.

2. 全偏振自旋 (纯情况) 的密度矩阵

我们考虑这样一个自旋 $\frac{1}{2}$, 它是从第四章 §B 所描述的那种 "原子起偏器" 中出来的. 它处于自旋分量 $\boldsymbol{S}\cdot\boldsymbol{u}$ 的属于本征值 $+\frac{\hbar}{2}$ 的本征态 $|+\rangle_u$ (提醒一下, 单位矢 $\boldsymbol{u}$ 的极角为 θ 和 φ). 因而自旋态是完全知道的, 并且可以写为 [参看第四章的公式 (A–22–a)]:

$$|\psi\rangle = \cos\frac{\theta}{2}\mathrm{e}^{-\mathrm{i}\varphi/2}|+\rangle + \sin\frac{\theta}{2}\mathrm{e}^{\mathrm{i}\varphi/2}|-\rangle \tag{1}$$

在补充材料 E_{III} 中我们已经看到, 按定义, 这种情况相当于纯情况. 我们说离开 "起偏器" 的粒子束是全偏振的. 此外, 我们再提醒一下, 每一个自旋的平均值 $\langle\boldsymbol{S}\rangle$ 等于 $\frac{\hbar}{2}\boldsymbol{u}$[第四章的 (B–14) 式]

在基 $\{|+\rangle, |-\rangle\}$ 中, 与 (1) 式的态对应的密度矩阵 $\rho(\theta,\varphi)$ 是很容易写出的. 我们写出在这个态上投影算符的矩阵:

$$\rho(\theta,\varphi)=\begin{pmatrix}\cos^2\dfrac{\theta}{2} & \sin\dfrac{\theta}{2}\cos\dfrac{\theta}{2}\mathrm{e}^{-\mathrm{i}\varphi}\\ \sin\dfrac{\theta}{2}\cos\dfrac{\theta}{2}\mathrm{e}^{\mathrm{i}\varphi} & \sin^2\dfrac{\theta}{2}\end{pmatrix} \tag{2}$$

[438] 一般说来, 它不是一个对角矩阵. “布居数” ρ_{++} 与 ρ_{--} 具有简单的物理意义: 两者之差为 $\cos\theta = 2\langle S_z\rangle/\hbar$ [参看第四章的方程 (B–14)], 而两者之和自然等于 1; 因而, 布居数与纵向偏振 $\langle S_z\rangle$ 相联系, 与此类似, “相干元”ρ_{+-} 及 ρ_{-+} 的模为 $|\rho_{+-}|=|\rho_{-+}|=\dfrac{1}{2}\sin\theta=\dfrac{1}{\hbar}|\langle \boldsymbol{S}_\perp\rangle|$ (式中 $\langle \boldsymbol{S}_\perp\rangle$ 表示 $\langle \boldsymbol{S}\rangle$ 在 xOy 平面上的投影); ρ_{-+} 的辐角为 φ, 也就是 $\langle \boldsymbol{S}_\perp\rangle$ 与 Ox 轴的夹角; 由此可见, 相干元是与横向偏振 $\langle \boldsymbol{S}_\perp\rangle$ 相联系的.

我们同样可以验证纯态的一个特征关系式:

$$[\rho(\theta,\varphi)]^2=\rho(\theta,\varphi) \tag{3}$$

3. 统计混合的例子: 非偏振自旋

我们现在感兴趣的是这样一个银原子的自旋, 这个原子从第四章图 4–1 中的高温炉射出, 但未穿过任何 “原子起偏器”(也就是说, 这个自旋并不处于经过制备的某一确定态). 因此, 关于这个自旋, 我们仅有的知识如下: 它原来可能指向空间的任何方向, 而且所有的方向是等概率的. 沿用补充材料 $\mathrm{E_{III}}$ 中的符号来表示, 这种情况相当于各个 $|+\rangle_u$ 态以同等的权重构成的态的统计混合. 和这种情况对应的密度矩阵 ρ 由补充材料 $\mathrm{E_{III}}$ 中的公式 (28) 所定义. 不过, 对诸离散项的求和 $\displaystyle\sum_k$ 现在应换为对一切可能方向的积分

$$\rho=\frac{1}{4\pi}\int \mathrm{d}\Omega\,\rho(\theta,\varphi)=\frac{1}{4\pi}\int_0^{2\pi}\mathrm{d}\varphi\int_0^{\pi}\sin\theta\mathrm{d}\theta\,\rho(\theta,\varphi) \tag{4}$$

(添入一个因子 $\dfrac{1}{4\pi}$, 是为了保证对应于各方向的概率归一化). 确定 ρ 的各矩阵元的积分是不难计算的, 结果如下:

$$\rho=\begin{pmatrix}\dfrac{1}{2} & 0\\ 0 & \dfrac{1}{2}\end{pmatrix} \tag{5}$$

由 (5) 式很容易得到 $\rho^2=\dfrac{\rho}{2}$, 这个结果明确表示: 在态的统计混合的情况下, ρ^2 不同于 ρ.

此外, 若用 (5) 式计算 S_x、S_y 和 S_z 的平均值, 则得:

$$\langle S_i \rangle = \mathrm{Tr}\,[\rho S_i] = \frac{1}{2}\mathrm{Tr}\,S_i = 0 \quad i = x, y, z \tag{6}$$

我们又看到, 这个自旋确实是非偏振的. 这是因为所有的方向都是等同的, 因而就平均值而言自旋为零.

附注: [439]

(i) 通过这个例子我们就比较容易理解, 在对统计混合中的诸态求和时, ρ 的非对角元 (相干元) 是怎样消失的; 如同我们在 §2 中已经看到的那样, 相干元 ρ_{+-} 与 ρ_{-+} 是与自旋的横向偏振 $\langle \boldsymbol{S}_\perp \rangle$ 相联系的. 将对应于 xOy 平面上的所有 (等概率的) 方向的矢量 $\langle \boldsymbol{S}_\perp \rangle$ 加起来, 结果显然为零.

(ii) 非偏振自旋的情况也有助于我们理解为什么不能用 "平均态矢量" 来描述态的统计混合. 实际上, 假设我们希望选择 α 与 β, 使得矢量

$$|\psi\rangle = \alpha|+\rangle + \beta|-\rangle \tag{7}$$

表示非偏振自旋态; 式中 α 与 β 还满足下列关系式:

$$|\alpha|^2 + |\beta|^2 = 1 \tag{8}$$

对于这个非偏振自旋, $\langle S_x \rangle$、$\langle S_y \rangle$ 和 $\langle S_z \rangle$ 都等于零. 经过简单的计算, 可以得到:

$$\begin{aligned} \langle S_x \rangle &= \frac{\hbar}{2}(\alpha^*\beta + \alpha\beta^*) \\ \langle S_y \rangle &= \frac{\hbar}{2i}(\alpha^*\beta - \alpha\beta^*) \\ \langle S_z \rangle &= \frac{\hbar}{2}(\alpha^*\alpha - \beta^*\beta) \end{aligned} \tag{9}$$

如果要使 $\langle S_x \rangle$ 等于零, 我们便应这样选择 α 和 β, 使得 $\alpha^*\beta$ 为纯虚数; 而为了使 $\langle S_y \rangle$ 等于零, $\alpha^*\beta$ 必须为实数, 于是我们必须使 $\alpha^*\beta = 0$, 这就是说:

或者选 $\alpha = 0$, 得到 $|\beta| = 1$ 及 $\langle S_z \rangle = -\dfrac{\hbar}{2}$

或者选 $\beta = 0$, 得到 $|\alpha| = 1$ 及 $\langle S_z \rangle = \dfrac{\hbar}{2}$

因此, 在 $\langle S_x \rangle$ 与 $\langle S_y \rangle$ 等于零的同时, $\langle S_z \rangle$ 不能为零. 因此态 (7) 不能表示一个非偏振自旋.

此外, 第四章的 §B-1-c 中的讨论表明, 不论适合 (8) 式的 α 与 β 是什么复数, 我们总可以给它们联系上标志某一方向 $\boldsymbol{u}$ 的两个角 θ 和 φ, 以

使 $|\psi\rangle$ 成为 $\boldsymbol{S}\cdot\boldsymbol{u}$ 的本征矢, 属于本征值 $+\frac{\hbar}{2}$. 于是我们可以直接看出, 诸如 (7) 式那样的态总是表示沿空间某一方向完全偏振的自旋.

(iii) 密度矩阵 (5) 表示诸态 $|+\rangle_u$ 的统计混合, 而所有的方向 $\boldsymbol{u}$ 都是等概率的 (我们正是这样得到它的). 但是我们还可以设想导致同一密度矩阵的其他统计混合. 例如: 占同等比例的态 $|+\rangle$ 与态 $|-\rangle$ 的统计混合; 占同等比例的三个态 $|+\rangle_u$ 的统计混合, 在这里, 三个对应矢量 $\boldsymbol{u}$ 的终端位于以 O 点为中心的等边三角形的顶点; 等等. 于是, 我们看到, 可以用不同的方法得到同一个密度矩阵. 事实上, 所有的物理预言都只依赖于密度矩阵, 因此, 我们不可能区分导致同一密度矩阵的各种统计混合. 它们应当被看作是关于这个体系我们所具有的不完备知识的不同的表达式.

[440]

4. 在静磁场中处于热力学平衡的自旋 $\frac{1}{2}$

现在我们来考虑处在平行于 Oz 轴的静磁场 $\boldsymbol{B}_0$ 中的一个自旋 $\frac{1}{2}$. 在第四章的 §B–3–a 中我们已经看到, 这个自旋的定态是态 $|+\rangle$ 及态 $|-\rangle$, 对应的能量为 $+\frac{\hbar\omega_0}{2}$ 及 $-\frac{\hbar\omega_0}{2}$ (此处 $\omega_0=-\gamma B_0, \gamma$ 是自旋的旋磁比). 如果我们只知道体系处在温度为 T 的热力学平衡中, 我们便可以断言体系处于态 $|+\rangle$ 的概率是 $Z^{-1}\mathrm{e}^{-\hbar\omega_0/2kT}$, 处于态 $|-\rangle$ 的概率是 $Z^{-1}\mathrm{e}^{+\hbar\omega_0/2kT}$, 这里的 $Z=\mathrm{e}^{-\hbar\omega_0/2kT}+\mathrm{e}^{+\hbar\omega_0/2kT}$ 是一个归一化因子 (叫做 "配分函数"). 这种情况是统计混合的另一个例子, 描述它的密度矩阵是:

$$\rho=Z^{-1}\begin{pmatrix}\mathrm{e}^{-\hbar\omega_0/2kT} & 0\\ 0 & \mathrm{e}^{+\hbar\omega_0/2kT}\end{pmatrix}\tag{10}$$

仍然很容易证实 $\rho^2\neq\rho$. 所有的非对角矩阵元之所以等于零, 是因为垂直于 $\boldsymbol{B}_0$ 的 (即垂直于 Oz 轴的), 由角 φ 确定的所有方向是等效的.

根据 (10) 式很容易算出:

$$\begin{aligned}\langle S_x\rangle&=\mathrm{Tr}\,(\rho S_x)=0\\ \langle S_y\rangle&=\mathrm{Tr}\,(\rho S_y)=0\\ \langle S_z\rangle&=\mathrm{Tr}\,(\rho S_z)=-\frac{\hbar}{2}\tanh\left(\frac{\hbar\omega_0}{2kT}\right)\end{aligned}\tag{11}$$

于是我们看到, 这个自旋沿着平行于它所在磁场的方向偏振; ω_0 的值越大 (即 B_0 的值越大), 温度 T 的值越小, 偏振便越强. 由于 $|\tanh x|<1$, 故这个偏振小于 $\frac{\hbar}{2}$, 这个数值对应于沿 Oz 轴完全偏振的自旋. 因此, 我们可以说, (10) 式所

描述的是沿 Oz 轴 "部分偏振" 的自旋.

附注:

磁化强度 $\langle M_z\rangle$ 等于 $\gamma\langle S_z\rangle$. 我们可以利用 (11) 式来计算自旋的顺磁磁化率 χ, 它是由下式定义的:

$$\langle M_z\rangle = \gamma\langle S_z\rangle = \chi B_0 \tag{12}$$

结果是 (布里渊公式):

$$\chi = \frac{\hbar\gamma}{2B_0}\tanh\left(\frac{\hbar\gamma B_0}{2kT}\right) \tag{13}$$

5. 将密度矩阵分解为泡利矩阵 [441]

在补充材料 A_{IV} 中我们已经看到, 单位矩阵 I 和泡利矩阵 $\sigma_x, \sigma_y, \sigma_z$ 一起, 构成一个基, 一个 2×2 的矩阵很容易在这个基中分解. 因此, 我们可以将自旋 $\frac{1}{2}$ 的密度矩阵 ρ 写作:

$$\rho = a_0 I + \boldsymbol{a}\cdot\boldsymbol{\sigma} \tag{14}$$

式中诸系数 a_i 由下列各式给出 [参看补充材料 A_{IV} 的 (23) 式]:

$$\begin{aligned}
a_0 &= \frac{1}{2}\mathrm{Tr}\,\rho\\
a_x &= \frac{1}{2}\mathrm{Tr}\,(\rho\sigma_x) = \frac{1}{\hbar}\mathrm{Tr}\,(\rho S_x)\\
a_y &= \frac{1}{2}\mathrm{Tr}\,(\rho\sigma_y) = \frac{1}{\hbar}\mathrm{Tr}\,(\rho S_y)\\
a_z &= \frac{1}{2}\mathrm{Tr}\,(\rho\sigma_z) = \frac{1}{\hbar}\mathrm{Tr}\,(\rho S_z)
\end{aligned} \tag{15}$$

于是便有:

$$a_0 = \frac{1}{2}; \quad \boldsymbol{a} = \frac{1}{\hbar}\langle\boldsymbol{S}\rangle \tag{16}$$

从而我们可将 ρ 写作:

$$\rho = \frac{1}{2}I + \frac{1}{\hbar}\langle\boldsymbol{S}\rangle\cdot\boldsymbol{\sigma} \tag{17}$$

由此可见, 自旋 $\frac{1}{2}$ 的密度矩阵 ρ 可以非常简便地表为自旋平均值 $\langle\boldsymbol{S}\rangle$ 的函数.

附注:

我们将 (17) 式平方, 并利用补充材料 A_{IV} 中的恒等式 (17), 可以得到:

$$\rho^2 = \frac{1}{4}I + \frac{1}{\hbar^2}\langle\boldsymbol{S}\rangle^2 I + \frac{1}{\hbar}\langle\boldsymbol{S}\rangle\cdot\boldsymbol{\sigma} \tag{18}$$

因而, 纯情况所特有的条件 $\rho^2=\rho$, 对于自旋 $\dfrac{1}{2}$ 来说, 等价于条件:

$$\langle \boldsymbol{S}\rangle^2=\frac{\hbar^2}{4} \tag{19}$$

[442] 对于一个非偏振的自旋而言 (这时 $\langle \boldsymbol{S}\rangle$ 等于零), 或对于一个处于热力学平衡的自旋而言 (在 §4 中我们已经看到, 这时 $|\langle \boldsymbol{S}\rangle|<\dfrac{\hbar}{2}$), 这个条件显然是不能实现的. 反之, 对于一个处在 (1) 式中的 $|\psi\rangle$ 态的自旋, 我们可以利用第四章的公式 (B–14) 证实 $\langle \boldsymbol{S}\rangle^2$ 的值确为 $\dfrac{\hbar^2}{4}$.

参考文献和阅读建议:

Abragam(14.1), 第 Ⅱ 章, §C.

补充材料 $\mathrm{F_{IV}}$

在静磁场及旋转磁场中的自旋 $\frac{1}{2}$：磁共振 [443]

在第四章中, 我们曾用量子力学讨论过一个处在静磁场中的自旋 $\frac{1}{2}$ 的演变. 在这篇材料中, 我们感兴趣的是自旋 $\frac{1}{2}$ 同时受到若干个磁场 (其中有些可能随时间而变化) 作用的情况, 如在磁共振实验中的情况. 我们首先简要地回顾一下得自经典力学的一些结果, 然后从量子力学的观点来探讨这个问题.

1. 经典处理; 旋转参考系

a. 在静磁场中的运动; 拉莫尔进动

我们考虑一个处在静磁场 $\boldsymbol{B}_0$ 中的体系, 它的角动量为 $\boldsymbol{j}$, 磁矩 $\boldsymbol{m} = \gamma\boldsymbol{j}$ 与 $\boldsymbol{j}$ 共线 (常数 γ 是体系的旋磁比); 磁场施于体系的力矩为 $\boldsymbol{m} \times \boldsymbol{B}_0$, 因而 $\boldsymbol{j}$ 的经典演变规律为:

$$\frac{\mathrm{d}\boldsymbol{j}}{\mathrm{d}t} = \boldsymbol{m} \times \boldsymbol{B}_0 \tag{1}$$

即

$$\frac{\mathrm{d}}{\mathrm{d}t}\boldsymbol{m}(t) = \gamma\boldsymbol{m}(t) \times \boldsymbol{B}_0 \tag{2}$$

先后用 $\boldsymbol{m}(t)$ 及 $\boldsymbol{B}_0$ 标乘上式两端, 我们得到:

$$\frac{\mathrm{d}}{\mathrm{d}t}[\boldsymbol{m}(t)]^2 = 0 \tag{3}$$

$$\frac{\mathrm{d}}{\mathrm{d}t}[\boldsymbol{m}(t)\cdot\boldsymbol{B}_0] = 0 \tag{4}$$

[444] 由此可见, 在 $\boldsymbol{m}(t)$ 的演变过程中, 它的模保持为常数, 它与 $\boldsymbol{B}_0$ 的夹角也保持不变. 因此, 我们只需将方程 (2) 投影到垂直于 $\boldsymbol{B}_0$ 的平面上, 便可看出 $\boldsymbol{m}(t)$ 围绕着 $\boldsymbol{B}_0$ 旋转 (即拉莫尔进动), 旋转的角速度 $\omega_0 = -\gamma\boldsymbol{B}_0$(如果 γ 是正的, 则旋转沿逆时针方向进行).

b. 旋转磁场的影响; 共振

现在假设除静磁场 $\boldsymbol{B}_0$ 以外, 我们再加上一个垂直于 $\boldsymbol{B}_0$ 的磁场 $\boldsymbol{B}_1(t)$, 它的模是常数, 它以角速度 ω 绕着 $\boldsymbol{B}_0$ 旋转 (参看图 4–18). 我们令

$$\begin{aligned}\omega_0 &= -\gamma B_0\\ \omega_1 &= -\gamma B_1\end{aligned} \tag{5}$$

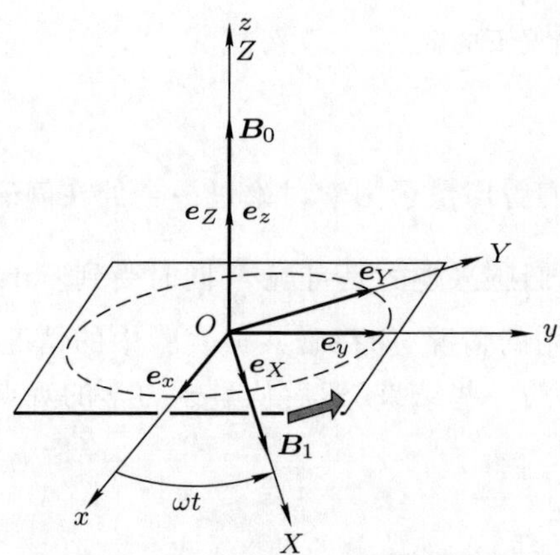

图 4–18 $Oxyz$ 是一个固定坐标系, Oz 轴与静磁场 $\boldsymbol{B}_0$ 的指向一致, 参考系 $OXYZ$ 以角速度 ω 围绕 Oz 轴旋转, 磁场 $\boldsymbol{B}_1(t)$ 沿 OX 轴.

我们用 $Oxyz$(单位矢为 $\boldsymbol{e}_x, \boldsymbol{e}_y, \boldsymbol{e}_z$) 表示固定坐标系, Oz 轴与静磁场 $\boldsymbol{B}_0$ 的指向一致, 用 $OXYZ$(单位矢为 $\boldsymbol{e}_X, \boldsymbol{e}_Y, \boldsymbol{e}_Z$) 表示另一个参考系, 它是从 $Oxyz$ 出发围绕 Oz 轴转过一个角 ωt 而形成的 [旋转磁场 $\boldsymbol{B}_1(t)$ 沿 OX 轴]. 在总磁场 $\boldsymbol{B}(t) = \boldsymbol{B}_0 + \boldsymbol{B}_1(t)$ 中, $\boldsymbol{m}(t)$ 的演变应遵循下列方程:

$$\frac{\mathrm{d}}{\mathrm{d}t}\boldsymbol{m}(t) = \gamma\boldsymbol{m}(t)\times[\boldsymbol{B}_0 + \boldsymbol{B}_1(t)] \tag{6}$$

为了便于解出这个方程，我们不用固定坐标系 $Oxyz$，而用旋转坐标系 $OXYZ$，矢量 $\boldsymbol{m}(t)$ 对于这个坐标系的相对速度是：

$$\left(\frac{\mathrm{d}\boldsymbol{m}}{\mathrm{d}t}\right)_{\mathrm{rel}} = \frac{\mathrm{d}\boldsymbol{m}}{\mathrm{d}t} - \omega\boldsymbol{e}_Z \times \boldsymbol{m}(t) \tag{7}$$

我们令 [445]

$$\Delta\omega = \omega - \omega_0 \tag{8}$$

再将 (6) 式代入 (7) 式，便得到：

$$\left(\frac{\mathrm{d}\boldsymbol{m}}{\mathrm{d}t}\right)_{\mathrm{rel}} = \boldsymbol{m}(t) \times [\Delta\omega\boldsymbol{e}_Z - \omega_1\boldsymbol{e}_X] \tag{9}$$

解这个方程比解 (6) 式要方便得多，因为此式右端的系数与时间无关. 此外，这个方程形式上与 (2) 式相似；这就是说，矢量 $\boldsymbol{m}(t)$ 的相对运动是围绕一个"有效场" $\boldsymbol{B}_{\mathrm{eff}}$ 的转动（对于旋转坐标系而言，这是一个静磁场），它由下式给出（参看图 4–19）：

$$\boldsymbol{B}_{\mathrm{eff}} = \frac{1}{\gamma}[\Delta\omega\boldsymbol{e}_Z - \omega_1\boldsymbol{e}_X] \tag{10}$$

为了得到 $\boldsymbol{m}(t)$ 的绝对运动，只需将围绕 $\boldsymbol{B}_{\mathrm{eff}}$ 的进动与角速度为 ω 的围绕 Oz 轴的转动相加即可.

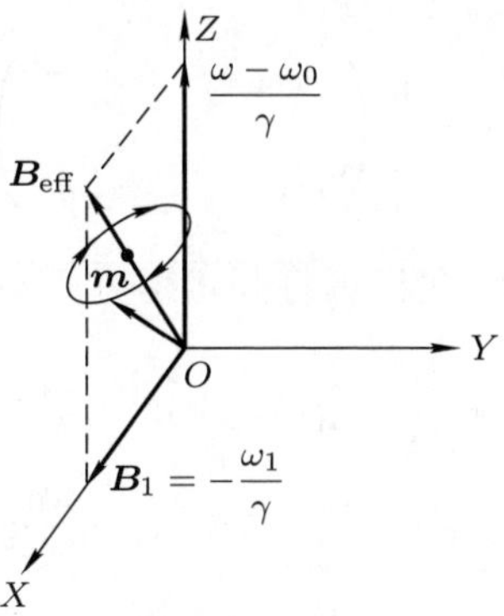

图 4–19 在旋转坐标系 $OXYZ$ 中，有效场 $\boldsymbol{B}_{\mathrm{eff}}$ 的方向是固定的；磁矩 $\boldsymbol{m}(t)$ 以恒定角速度围绕这个磁场的方向旋转（即旋转坐标系中的进动）.

这些初步结果已经足以使我们理解磁共振现象的本质了. 我们来考虑这样一个磁矩，在 $t = 0$ 时，它平行于磁场 $\boldsymbol{B}_0$（例如，处在温度很低的热力学平衡中的一个磁矩就属于这种情况，当存在磁场 $\boldsymbol{B}_0$ 时，这个磁矩处于可能的最低能态）. 如果我们施加一个微弱的旋转磁场 $\boldsymbol{B}_1(t)$，情况将会怎样呢？如果这个磁场的旋转频率 $\omega/2\pi$ 和固有频率 $\omega_0/2\pi$ 相差很大（更精确地说，如果

$\Delta\omega = \omega - \omega_0$ 甚大于 ω_1), 则有效场实际上与 Oz 轴重合. 因而 $\boldsymbol{m}(t)$ 围绕 $\boldsymbol{B}_{\text{eff}}$ 进动的振幅非常小, 几乎不改变磁矩的方向. 反之, 如果共振条件 $\omega \simeq \omega_0$ 能够实现 ($\Delta\omega \ll \omega_1$), 则磁场 $\boldsymbol{B}_{\text{eff}}$ 与 Oz 轴相交成一个很大的角, 于是磁矩进动的振幅也很大, 在共振时 ($\Delta\omega = 0$), 磁矩的方向甚至会完全颠倒.

[446] 2. 量子处理

a. 薛定谔方程

假设 $|+\rangle$ 和 $|-\rangle$ 是自旋在 Oz 轴上的投影 S_z 的两个本征矢, 分别属于本征值 $+\dfrac{\hbar}{2}$ 与 $-\dfrac{\hbar}{2}$. 这个体系的态矢量可以写作:

$$|\psi(t)\rangle = a_+(t)|+\rangle + a_-(t)|-\rangle \tag{11}$$

体系的哈密顿算符 $H(t)$ 为①:

$$H(t) = -\boldsymbol{M}\cdot\boldsymbol{B}(t) = \gamma\boldsymbol{S}\cdot[\boldsymbol{B}_0 + \boldsymbol{B}_1(t)] \tag{12}$$

将标量积展开后, 此式又可写作:

$$H(t) = \omega_0 S_z + \omega_1[\cos\omega t S_x + \sin\omega t S_y] \tag{13}$$

利用第四章的公式 (A–16) 和 (A–17), 便得到在基 $\{|+\rangle, |-\rangle\}$ 中表示 H 的矩阵:

$$H = \frac{\hbar}{2}\begin{pmatrix} \omega_0 & \omega_1 \mathrm{e}^{-\mathrm{i}\omega t} \\ \omega_1 \mathrm{e}^{\mathrm{i}\omega t} & -\omega_0 \end{pmatrix} \tag{14}$$

根据 (11) 式及 (14) 式, 我们可将薛定谔方程写作下列形式:

$$\begin{cases} \mathrm{i}\dfrac{\mathrm{d}}{\mathrm{d}t}a_+(t) = \dfrac{\omega_0}{2}a_+(t) + \dfrac{\omega_1}{2}\mathrm{e}^{-\mathrm{i}\omega t}a_-(t) \\ \mathrm{i}\dfrac{\mathrm{d}}{\mathrm{d}t}a_-(t) = \dfrac{\omega_1}{2}\mathrm{e}^{\mathrm{i}\omega t}a_+(t) - \dfrac{\omega_0}{2}a_-(t) \end{cases} \tag{15}$$

b. 过渡到旋转参考系

方程组 (15) 是一个线性齐次方程组, 其系数与时间有关. 比较方便的办法是进行一次函数变换, 我们令

$$\begin{aligned} b_+(t) &= \mathrm{e}^{\mathrm{i}\omega t/2}a_+(t) \\ b_-(t) &= \mathrm{e}^{-\mathrm{i}\omega t/2}a_-(t) \end{aligned} \tag{16}$$

① 在 (12) 式中, $\boldsymbol{M}\cdot\boldsymbol{B}(t)$ 表示标量积 $M_xB_x(t) + M_yB_y(t) + M_zB_z(t)$, 这里 M_x, M_y, M_z 都是算符 (该体系的可观察量), 而 $B_x(t), B_y(t), B_z(t)$ 都是数 (因为我们认为磁场是一个经典量. 它的值决定于外界设备, 与待研究的体系无关).

将 (16) 式代入 (15) 式, 便得到一个常系数方程组:

$$\begin{cases} \mathrm{i}\frac{\mathrm{d}}{\mathrm{d}t}b_+(t) = -\frac{\Delta\omega}{2}b_+(t) + \frac{\omega_1}{2}b_-(t) \\ \mathrm{i}\frac{\mathrm{d}}{\mathrm{d}t}b_-(t) = \frac{\omega_1}{2}b_+(t) + \frac{\Delta\omega}{2}b_-(t) \end{cases} \tag{17}$$

我们还可将此方程组写成下列形式: [447]

$$\mathrm{i}\hbar\frac{\mathrm{d}}{\mathrm{d}t}|\widetilde{\psi}(t)\rangle = \widetilde{H}|\widetilde{\psi}(t)\rangle \tag{18}$$

其中右矢 $|\widetilde{\psi}(t)\rangle$ 和算符 $\widetilde{H}$ 的定义是:

$$|\widetilde{\psi}(t)\rangle = b_+(t)|+\rangle + b_-(t)|-\rangle \tag{19}$$

$$\widetilde{H} = \frac{\hbar}{2}\begin{pmatrix} -\Delta\omega & \omega_1 \\ \omega_1 & \Delta\omega \end{pmatrix} \tag{20}$$

通过 (16) 式的变换, 我们导出了方程 (18), 它类似于这样一个薛定谔方程, 其中的算符 $\widetilde{H}$[由 (20) 式定义的] 相当于一个与时间无关的哈密顿算符. $\widetilde{H}$ 描述自旋与固定场的相互作用, 而这个场的诸分量正是上面在参考系 $OXYZ$ 中引入的有效场的诸分量 [公式 (10)]. 因此, 我们可以认为 (16) 式就是从固定参考系 $Oxyz$ 过渡到旋转参考系 $OXYZ$ 的量子力学的等效变换关系式.

这个结果也可以严格证明. 按照 (16) 式, 我们可以写出:

$$|\widetilde{\psi}(t)\rangle = R(t)|\psi(t)\rangle \tag{21}$$

其中 $R(t)$ 是一个幺正算符, 它的定义是:

$$R(t) = \mathrm{e}^{\mathrm{i}\omega t S_z/\hbar} \tag{22}$$

在后面 (参看补充材料 B_{VI}) 我们将会看到, $R(t)$ 表示坐标系围绕 Oz 轴转过一个角 ωt; 因此, (18) 式确为薛定谔方程在旋转参考系 $OXYZ$ 中的具体形式.

方程 (18) 的解是很容易求出的. 知道了 $|\widetilde{\psi}(0)\rangle$, 要确定 $|\widetilde{\psi}(t)\rangle$, 只需将 $|\widetilde{\psi}(0)\rangle$ 按 $\widetilde{H}$ 的本征矢 (它们是可以准确算出的) 展开, 然后应用第三章的规则 (D–54) (这是可行的, 因为 $\widetilde{H}$ 并不明显地依赖于时间). 最后, 利用公式 (16) 来实现从 $|\widetilde{\psi}(t)\rangle$ 到 $|\psi(t)\rangle$ 的变换.

c. 跃迁概率; 拉比公式

我们考虑这样一个自旋, 在时刻 $t = 0$, 它处于态 $|+\rangle$:

$$|\psi(0)\rangle = |+\rangle \tag{23}$$

根据 (16) 式, 这相当于

$$|\widetilde{\psi}(0)\rangle = |+\rangle \tag{24}$$

现在要问, 在 t 时刻发现这个自旋处于态 $|-\rangle$ 的概率 $\mathscr{P}_{+-}(t)$ 是多大? 由于 $a_-(t)$ 和 $b_-(t)$ 具有相同的模, 我们可以写出:

$$\mathscr{P}_{+-}(t) = |\langle -|\psi(t)\rangle|^2 = |a_-(t)|^2 = |b_-(t)|^2 = |\langle -|\widetilde{\psi}(t)\rangle|^2 \tag{25}$$

[448] 于是问题归结为 $|\langle -|\widetilde{\psi}(t)\rangle|^2$ 的计算. 这里的 $|\widetilde{\psi}(t)\rangle$ 则是方程 (18) 的适合初始条件 (24) 的解.

上面提出的问题已在第四章的 §C-3-b 中解决. 为了利用那里的结果, 只需进行下列替换:

$$\begin{aligned} |\varphi_1\rangle &\longrightarrow |+\rangle \\ |\varphi_2\rangle &\longrightarrow |-\rangle \\ E_1 &\longrightarrow -\frac{\hbar}{2}\Delta\omega \\ E_2 &\longrightarrow \frac{\hbar}{2}\Delta\omega \\ W_{12} &\longrightarrow \frac{\hbar}{2}\omega_1 \end{aligned} \tag{26}$$

于是拉比公式 [第四章方程 (C-32)] 成为

$$\mathscr{P}_{+-}(t) = \frac{\omega_1^2}{\omega_1^2 + (\Delta\omega)^2} \sin^2\left[\sqrt{\omega_1^2 + (\Delta\omega)^2}\,\frac{t}{2}\right] \tag{27}$$

概率 $\mathscr{P}_{+-}(t)$ 在 $t = 0$ 时当然等于零, 然后在 0 和 $\dfrac{\omega_1^2}{\omega_1^2 + (\Delta\omega)^2}$ 之间随时间按正弦型规律变化. 在这个问题中, 又出现共振现象; 实际上只要 $|\Delta\omega| \gg |\omega_1|$, $\mathscr{P}_{+-}(t)$ 总是几乎为零 (参看图 4-20-a); 反之, 接近共振时, $\mathscr{P}_{+-}(t)$ 振荡的振幅增大, 而在严格实现了 $\Delta\omega = 0$ 这个条件时, 我们将在时刻 $t = (2n+1)\pi/\omega_1$ 得到 $\mathscr{P}_{+-}(t) = 1$ (参看图 4-20-b).

[449] 于是我们又得到了用经典方法曾经得到的结果: 在共振时, 很弱的旋转磁场能够反转自旋的方向. 此外, 我们还要注意, $\mathscr{P}_{+-}(t)$ 的振荡角频率为 $\sqrt{\omega_1^2 + (\Delta\omega)^2} = |\gamma \boldsymbol{B}_{\text{eff}}|$; 这种振荡有时叫做 "拉比进动", 在旋转参考系中, 它对应于磁矩围绕有效场的进动在 Oz 轴上的投影 [还可参看补充材料 $\mathrm{C_{IV}}$ 的 §3-c 中关于 $\mathscr{P}_{+-}(t)$ 的计算].

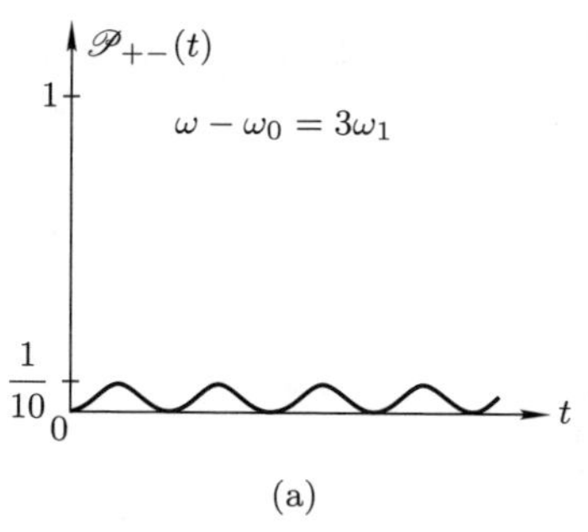

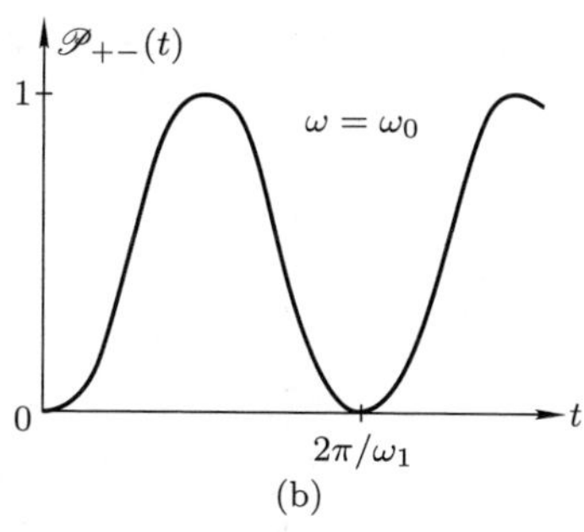

图 4–20　在旋转磁场 $\boldsymbol{B}_1(t)$ 的影响下, 在态 $|+\rangle$ 与态 $|-\rangle$ 之间的跃迁概率随时间变化的情况. 远离共振时 (图 a), 这个概率始终很小;共振时 (图 b), 不论磁场 $\boldsymbol{B}_1$ 多么弱, 总有一些时刻跃迁概率等于1.

d. 两个次能级都不稳定的情况

现在我们假设 $|\pm\rangle$ 这两个态对应于原子的某一激发态的两个次能级 (设该原子的角动量为 $\frac{1}{2}$). 我们在单位时间内使 n 个原子受到激发而处于态 $|+\rangle$①. 一个原子可能因自发辐射而脱离激发态 (退激发), 单位时间内退激发的概率为 $\frac{1}{\tau}$, 这个量对于两个次能级 $|\pm\rangle$ 而言都一样. 我们知道, 在这些条件下, 在 $-t$ 时刻已经受到激发的一个原子在时刻 $t=0$ 仍然处于激发态的概率是 $\mathrm{e}^{-t/\tau}$ (参看补充材料 $\mathrm{K_{III}}$).

我们假设实验的进行是很稳定的, 也就是说, 在磁场 $\boldsymbol{B}_0$ 和 $\boldsymbol{B}_1(t)$ 中, 每单位时间内被激发到态 $|+\rangle$ 的原子数都是 n. 现在要问: 经过了比寿命 τ 长得多的一段时间以后, 每单位时间脱离态 $|-\rangle$ 的原子数 N 是多少? 如果一个原子在 $-t$ 时刻受到激发, 则我们发现它在 $t=0$ 时处于态 $|-\rangle$ 的概率是 $\mathrm{e}^{-t/\tau}\mathscr{P}_{+-}(t)$ 这里的 $\mathscr{P}_{+-}(t)$ 由 (27) 式给出. 为了得到处于态 $|-\rangle$ 的原子的总数, 就要把以前各时刻 $-t$ 受到激发的原子数加起来, 即要计算积分:

$$\int_0^{\infty}\mathrm{e}^{-t/\tau}\mathscr{P}_{+-}(t)n\mathrm{d}t \tag{28}$$

这个计算并不困难. 如此求得的原子数乘以单位时间的退激发概率 $\frac{1}{\tau}$, 便得到:

$$N=\frac{n}{2}\frac{\omega_1^2}{(\Delta\omega)^2+\omega_1^2+\left(\dfrac{1}{\tau}\right)^2} \tag{29}$$

N 随 $\Delta\omega$ 变化的规律相当于一条洛伦兹曲线, 其半宽度是:

$$L=\sqrt{\omega_1^2+(1/\tau)^2} \tag{30}$$

① 譬如, 实际上可以用一束光照射原子来实现这种激发. 如果入射光子是偏振的, 则在某些情况下, 角动量守恒迫使吸收了这种光子的原子只能跃迁到态 $|+\rangle$ (而不是态 $|-\rangle$); 同样地, 检测受激原子所发射的光子的偏振态, 我们就可以知道该原子是从态 $|+\rangle$ 还是从态 $|-\rangle$ 回到基态的.

在上述实验中, 我们对于磁场 $\boldsymbol{B}_0$ 的不同数值 (也就是说, 假定 ω 固定, 对于 $\Delta\omega$ 的不同值), 来测量脱离能级 $|-\rangle$ 的原子数. 根据 (29) 式, 应该得到一条共振曲线, 其形状如图 4–21 所示.

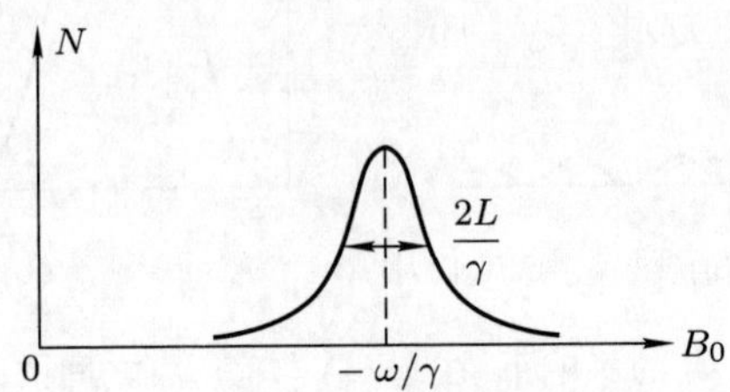

图 4–21 共振曲线. 为了显示共振现象, 我们在实验中使每单位时间有 n 个原子被激发到态 $|+\rangle$; 在频率为 $\omega/2\pi$ 的旋转磁场 $\boldsymbol{B}_1(t)$ 的影响下, 这些原子向态 $|-\rangle$ 跃迁. 在稳定情况下, 如果测出单位时间脱离态 $|-\rangle$ 的原子数 N, 则以 $-\omega/\gamma$ 为中心扫掠静磁场 B_0 时, 我们将得到一个共振的变化.

从实验上得到一条这样的曲线, 是很有意义的, 因为我们可以从这条曲线求得好几个参量:

— 如果 ω 是已知的, 而且测得磁场 B_0 的对应于曲线顶峰的值 B_0^m, 那么, 根据关系式 $\gamma = -\omega/B_0^m$, 就可以求得旋磁比的大小.

[450] — 有时, γ 也是已知的, 这时, 测出了对应于共振点的频率 $\omega/2\pi$, 就可以求得静磁场 B_0 的值. 这就是几种精度通常很高的磁强计的工作原理. 在某些情况下, 我们还可以从磁场的这种测量中得出一些很有意义的知识; 例如, 假设所要考虑的是分子中或晶格中的原子核的自旋, 我们就可以求得核所受到的局部场, 以及场随核的位置变化的情况, 等等.

— 如果画出 L^2 (半宽度的平方) 对 ω_1^2 的曲线, 我们将得到一条直线, 将它外推到 $\omega_1 = 0$, 便可求得激发能级的寿命 τ (参看图 4–22).

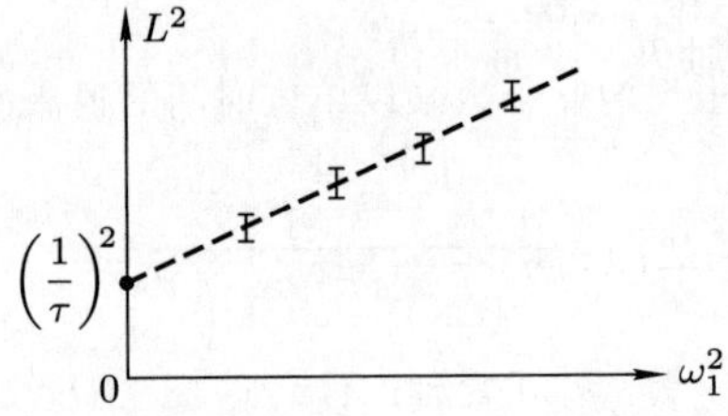

图 4–22 将图 4–21 中的共振曲线的半宽度 L 的平方外推到 $\omega_1 = 0$, 从而求得所研究的能级的寿命 τ.

3. 经典处理与量子处理之间的联系: $\langle \boldsymbol{M} \rangle$ 的演变

虽然我们在 §1 和 §2 中分别使用了经典力学与量子力学, 但得到的结果却非常相似. 现在我们要证明, 这种相似性不是偶然的, 它的根源在于: 处在任意磁场中的一个磁矩的平均值, 在量子力学中的演变方程与经典力学中的对应方程完全一样.

与自旋 $\frac{1}{2}$ 相联系的磁矩的平均值为:

$$\langle \boldsymbol{M} \rangle(t) = \gamma \langle \boldsymbol{S} \rangle(t) \tag{31}$$

为了得到 $\langle \boldsymbol{M} \rangle(t)$ 的变化规律, 我们利用第三章 (D–27) 式中的定理:

$$\mathrm{i}\hbar \frac{\mathrm{d}}{\mathrm{d}t} \langle \boldsymbol{M} \rangle(t) = \langle [\boldsymbol{M}, H(t)] \rangle \tag{32}$$

式中 $H(t)$ 是下列算符: [451]

$$H(t) = -\boldsymbol{M} \cdot \boldsymbol{B}(t) \tag{33}$$

例如, 我们来计算 $[M_x, H(t)]$. 注意到磁场分量 $B_y(t)$ 与 $B_z(t)$ 都是数 (参看 §2–a 的注), 便有:

$$\begin{aligned}[M_x, H(t)] &= -\gamma^2 [S_x, S_x B_x(t) + S_y B_y(t) + S_z B_z(t)] \\ &= -\gamma^2 B_y(t) [S_x, S_y] - \gamma^2 B_z(t) [S_x, S_z]\end{aligned} \tag{34}$$

利用补充材料 $\mathrm{A_{IV}}$ 中的关系式 (14), 得到:

$$[M_x, H(t)] = \mathrm{i}\hbar\gamma^2 [B_z(t) S_y - B_y(t) S_z] \tag{35}$$

将 (35) 式代入 (32), 得到:

$$\frac{\mathrm{d}}{\mathrm{d}t} \langle M_x \rangle(t) = \gamma [B_z(t) \langle M_y \rangle(t) - B_y(t) \langle M_z \rangle(t)] \tag{36}$$

利用循环排列, 对于 Oy 轴及 Oz 轴上的分量, 我们也可得到类似的关系式; 这三个方程可以缩并为一个式子:

$$\frac{\mathrm{d}}{\mathrm{d}t} \langle \boldsymbol{M} \rangle(t) = \gamma \langle \boldsymbol{M} \rangle(t) \times \boldsymbol{B}(t) \tag{37}$$

将 (37) 式与 (6) 式比较, 就可看到: 不论磁场 $\boldsymbol{B}(t)$ 如何随时间变化, 平均值 $\langle \boldsymbol{M} \rangle(t)$ 的演变总是严格遵循经典方程的.

4. 布洛赫方程

实际上, 在一个磁共振实验中, 所观测的并不是单个的自旋磁矩, 而是大量的全同自旋的磁矩 (正如前面 §2–d 中描述的实验中那样, 我们所测量的是脱离态 $|-\rangle$ 的原子数), 此外, 我们所要探讨的不仅是前面计算过的 $\mathscr{P}_{+-}(t)$ 这个量, 我们还可以测量待

测样品的总磁化强度 $\mathscr{M}$, 即对应于样品中每一个自旋的可观察量 $\boldsymbol{M}$ 的平均值的总和[①]. 因此, 导出 $\mathscr{M}$ 的演变方程是很有意义的; 所得结果叫做布洛赫方程.

为了便于理解这些方程中各个项的物理意义, 我们将从一个简单的具体情况来进行推导. 所得结果可以推广到其他更复杂的情况.

a. 讨论一个具体例子

我们来考虑一束原子, 它们发自第四章 §B-1-a 所述的那种原子起偏器, 因而这些原子[②]都处于自旋态 $|+\rangle$, 它们的磁矩都平行于 Oz 轴. 这些原子经过小孔进入一个空腔 (图 4–23), 它们在腔的内壁上遭到多次反射, 经过一定的时间, 它们又从同一小孔射出.

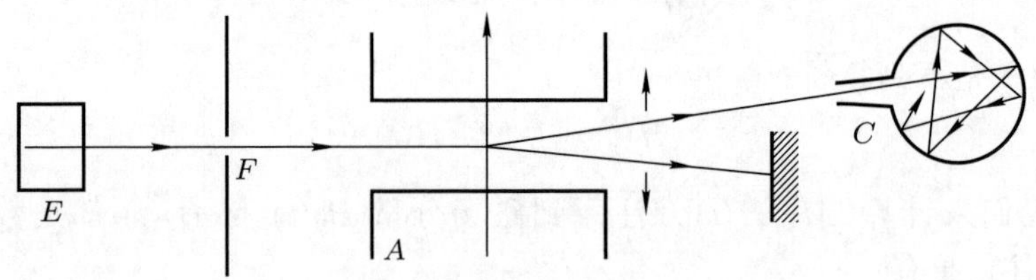

图 4–23 实验装置的示意图. 该装置用来向空腔 C 注入处在态 $|+\rangle$ 的原子.

[452] 我们用 n 表示单位时间内进入空腔的偏振原子数; n 的值通常很小, 而且空腔内的原子密度也很小, 以致我们可以略去原子间的相互作用. 此外, 如果空腔的内壁敷有适当的涂料, 我们便可以认为原子与腔壁的碰撞对于自旋态几乎没有影响[③]. 我们认为, 由一个偏振原子引入空腔的基元磁化强度每单位时间以一定的概率 $\dfrac{1}{T_{\mathrm{R}}}$ 消失; 消失的原因或许是由于与腔壁碰撞而使原子脱离原来的偏振态, 或许就是由于原子飞出空腔. T_{R} 叫做 "弛豫时间". 整个空腔处在磁场 $\boldsymbol{B}(t)$ 中, 磁场可能具有恒定分量和旋转分量. 现在的问题是要导出这样一个方程, 它表示在 t 时刻空腔内原子的总磁化强度 $\mathscr{M}(t)$ 的演变规律. 为此, 我们首先写出 $\mathscr{M}(t)$ 的准确的表示式:

$$\mathscr{M}(t)=\sum_{i=1}^{\mathscr{N}}\langle\psi^{(i)}(t)|\boldsymbol{M}|\psi^{(i)}(t)\rangle=\sum_{i=1}^{\mathscr{N}}\mathscr{M}^{(i)}(t) \tag{38}$$

上式中的求和遍及 $\mathscr{N}$ 个这样的自旋, 这些自旋都已进入空腔, 在 t 时刻它们尚未飞出空腔, 而且所经历的碰撞并未使它们脱离原来的偏振态. $|\psi^{(i)}(t)\rangle$ 就是这样的自旋 (i) 在 t 时刻的态矢量 [在 (38) 式中, 并未计入因碰撞而脱离原偏振态但尚未飞出空腔的那些自旋, 这是由于这些自旋的取向是任意的, 它们的总的贡献等于零].

在 t 到 $t+\mathrm{d}t$ 的时间内, $\mathscr{M}(t)$ 发生变化, 其原因有下述三点:

---

① 譬如, 我们可以测量由于 $\mathscr{M}$ 随时间变化而在一个线圈中出现的感生电势.

② 这些原子, 譬如, 可以是基态的银原子或氢原子. 为简单起见, 我们忽略一切与核的自旋有关的效应.

③ 譬如, 氢原子与聚四氟乙烯制成的腔壁碰撞时, 其磁矩须经几万次碰撞才会消取向.

(i) 在前述的 $\mathscr{N}$ 个自旋中，占 $\mathrm{d}t/T_\mathrm{R}$ 这样大一个比例的那些自旋由于碰撞脱离了原偏振态或已飞出空腔；这些自旋从 (38) 式的总和中消失了，因而 $\mathscr{M}(t)$ 减小了一个量：

$$\mathrm{d}\mathscr{M}(t) = -\frac{\mathrm{d}t}{T_\mathrm{R}}\mathscr{M}(t) \tag{39}$$

(ii) 其他的自旋在磁场 $\boldsymbol{B}(t)$ 中自由演变. 在前面的 §3 中我们已经看到，对于每一个这样的自旋，$\boldsymbol{M}$ 的平均值

$$\mathscr{M}^{(i)}(t) = \langle\psi^{(i)}(t)|\boldsymbol{M}|\psi^{(i)}(t)\rangle$$

的演变遵从下列经典规律：

$$\mathrm{d}\mathscr{M}^{(i)}(t) = \gamma\mathscr{M}^{(i)}(t)\times\boldsymbol{B}(t)\mathrm{d}t \tag{40}$$

此式右端对 $\mathscr{M}^{(i)}(t)$ 而言是线性的，这些自旋对 $\mathscr{M}(t)$ 的变化的贡献为：

$$\mathrm{d}\mathscr{M}(t) = \gamma\mathscr{M}(t)\times\boldsymbol{B}(t)\mathrm{d}t \tag{41}$$

(iii) 最后，还有 $n\mathrm{d}t$ 个新自旋进入了空腔，其中每一个对总磁化强度的贡献是 $\boldsymbol{\mu}_0$， [453]
它等于 $\boldsymbol{M}$ 在态 $|+\rangle$ 中的平均值 $\left(\boldsymbol{\mu}_0\text{ 平行于 } Oz \text{ 轴，而 } |\boldsymbol{\mu}_0| = |\gamma|\dfrac{\hbar}{2}\right)$；因而 $\mathscr{M}$ 增加了一个量：

$$\mathrm{d}\mathscr{M}(t) = n\boldsymbol{\mu}_0\mathrm{d}t \tag{42}$$

将 (39)、(41)、(42) 式相加，便得到 $\mathscr{M}$ 的总改变量，再除以 $\mathrm{d}t$，便得到表示 $\mathscr{M}(t)$ 的演变的方程 (布洛赫方程)：

$$\frac{\mathrm{d}}{\mathrm{d}t}\mathscr{M}(t) = n\boldsymbol{\mu}_0 - \frac{1}{T_\mathrm{R}}\mathscr{M}(t) + \gamma\mathscr{M}(t)\times\boldsymbol{B}(t) \tag{43}$$

我们是针对一种特殊情况并引入一些假定而导出方程 (43). 但这个方程的主要特征在许多其他实验中仍然有效. 在这些实验中，$\mathscr{M}(t)$ 的变化速度表现为下述三项之和的形式：

一项是源项 (这里是 $n\boldsymbol{\mu}_0$ 项)，它表示体系的制备. 事实上，如果自旋事先未经偏振化，我们就不可能观察到磁共振现象. 实现偏振的方法有：通过有梯度的磁场来进行选择 (如这里所讲的例子)，用偏振光激发 (如前面 §2–d 中讲过的例子)，在强静磁场中使样品冷却，等等.

一项是衰减项 $\left(\text{这里是 } -\dfrac{1}{T_\mathrm{R}}\mathscr{M}(t)\text{ 项}\right)$，它表示总磁化强度的消失或“弛豫”. 引起衰减的因素有：碰撞，原子飞出空腔，原子能级因自发发射而改变 (§2–d 中讲过的例子)，等等.

还有一项表示 $\mathscr{M}(t)$ 在磁场 $\boldsymbol{B}(t)$ 中的进动 [(43) 式中最后一项].

b. 在旋转磁场情况下的解

如果磁场 $\boldsymbol{B}(t)$ 是静磁场 $\boldsymbol{B}_0$ 与旋转磁场 $\boldsymbol{B}_1(t)$ 的和，如前面考虑过的那样，我们就可以准确解出方程 (43). 仍像在 §1 和 §2 中那样，我们利用旋转参考系 $OXYZ$，在这个参考系中 $\mathscr{M}(t)$ 的相对变化是：

$$\left(\frac{\mathrm{d}}{\mathrm{d}t}\mathscr{M}\right)_\mathrm{rel} = n\boldsymbol{\mu}_0 - \frac{1}{T_\mathrm{R}}\mathscr{M} + \gamma\mathscr{M}\times\boldsymbol{B}_\mathrm{eff} \tag{44}$$

[$\boldsymbol{B}_{\text{eff}}$ 由 (10) 式定义].

将这个方程投影到 OX, OY 及 OZ 轴上, 便得到包含三个式子的一个常系数线性微分方程组, 它的稳定解 (在甚大于 T_{R} 的时间中有效) 是:

$$
\begin{aligned}
(\mathscr{M}_X)_S &= -n\mu_0 T_{\text{R}} \frac{\omega_1 \Delta\omega}{(\Delta\omega)^2 + \omega_1^2 + (1/T_{\text{R}})^2} \\
(\mathscr{M}_Y)_S &= -n\mu_0 \frac{\omega_1}{(\Delta\omega)^2 + \omega_1^2 + (1/T_{\text{R}})^2} \\
(\mathscr{M}_Z)_S &= n\mu_0 T_{\text{R}} \left[1 - \frac{\omega_1^2}{(\Delta\omega)^2 + \omega_1^2 + (1/T_{\text{R}})^2}\right]
\end{aligned}
\tag{45}
$$

[454] 当磁场 $\boldsymbol{B}_0$ 变化时, 稳定磁化强度 $(\mathscr{M})_S$ 的三个分量的变化在 $B_0 = -\omega/\gamma$ 附近都出现共振 (参看图 4–24): 关于 $(\mathscr{M}_Y)_S$ 与 $(\mathscr{M}_Z)_S$ 的曲线是吸收曲线 (宽度为 $2\sqrt{\omega_1^2 + (1/T_{\text{R}})^2}/|\gamma|$ 的洛伦兹曲线); 关于 $(\mathscr{M}_X)_S$ 的曲线是具有同样宽度的色散曲线.

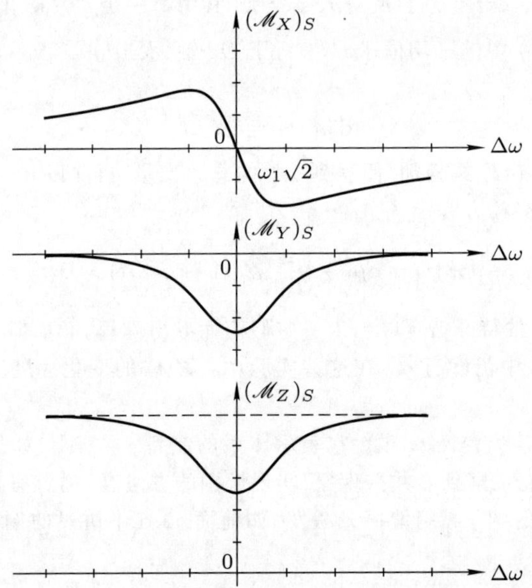

图 4–24 在旋转参考系中 $\mathscr{M}$ 的分量的稳定值随 $\Delta\omega = \omega - \omega_0$ 变化的情况. 关于 $(\mathscr{M}_X)_S$, 我们得到一条色散曲线; 关于 $(\mathscr{M}_Y)_S$ 与 $(\mathscr{M}_Z)_S$ 则得到吸收曲线. 三条曲线具有同样的宽度 $2\sqrt{\omega_1^2 + (1/T_{\text{R}})^2}/|\gamma|$, 其值随着 ω_1 的增大而增大. 这些曲线是在 $\omega_1 = 1/T_{\text{R}}$ (即 "半饱和") 的条件下绘出的.

参考文献和阅读建议:

Feynman II(7.2), 第 35 章;Cagnac 和 Pebay-Peyroula (11.2) 第 IX 章 §5, 第 X 章 §5, 第 XI 章 §2 至 §5, 第 XIX 章 §3; Kuhn (11.1), §VI,D. 还可参看参考书目第 14 节中的文献, 特别是: Abragam (14.1) 和 Slichter (14.2).

补充材料 G_{IV}

用简单模型研究氨分子 [455]

1. 模型的描述

在氨分子 NH_3 中, 三个氢原子构成角锥体的底, 氮原子则位于角锥的顶点 (参看图 4–25). 我们将根据一种简化模型来讨论氨分子, 这种模型具有下述特点: 氮原子比氢原子重得多, 是不动的; 三个氢原子构成一个边长不变的等边三角形; 三角形的轴永远通过氮原子. 因而, 这个体系的势能仅仅是一个参变量的函数. 这个参变量就是氮原子与氢原子所在平面之间的距离的代数值 x①. 势能函数 $V(x)$ 的形状在图 4–26 中用实线绘出. 这个问题相对于平面 $x=0$ 的对称性决定 $V(x)$ 是 x 的偶函数. $V(x)$ 的两个极小值对应于分子的两个对称组态, 从经典观点看, 处于这种组态的分子是稳定的. 我们这样来选择能量的起点, 使这种组态的能量等于零. 在 $x=0$ 处的高度为 V_1 的势垒表 [456]
示这样一个事实: 如果氮原子位于氢原子所在的平面上, 后者将遭到前者的推斥. 最后, 当 $|x|$ 大于 b 时, $V(x)$ 的增长对应于化学结合力, 正是这种力保证了分子的内聚性.

由此可见, 在这种模型中, 问题已归结为一维的, 即处在势 $V(x)$ 作用下的一个质量为 m 的虚设的粒子 (可以证明该体系的 “约化质量”m 等于 $3m_H\cdot m_N/(3m_H+m_N)$. 在这些条件下, 量子力学所预言的能级如何? 关于这个问题, 量子力学与经典力学的主要差别有二:

① 在这种一维模型中, 显然不必考虑与分子转动有关的一切效应.

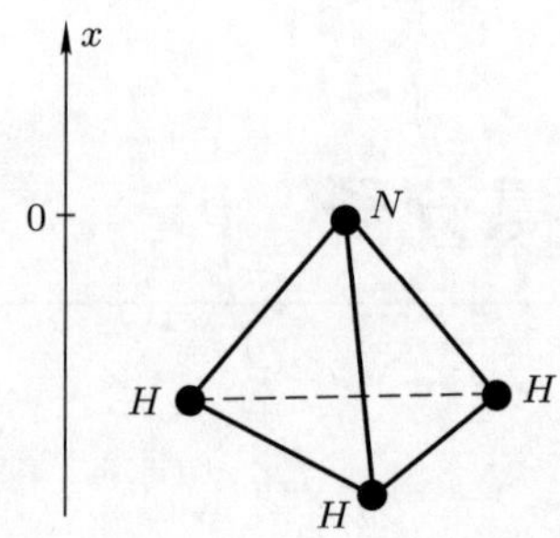

图 4–25 氨分子的示意图. x 表示氮原子 (设想它是不动的) 与氢原子所在平面之间的距离 (代数值).

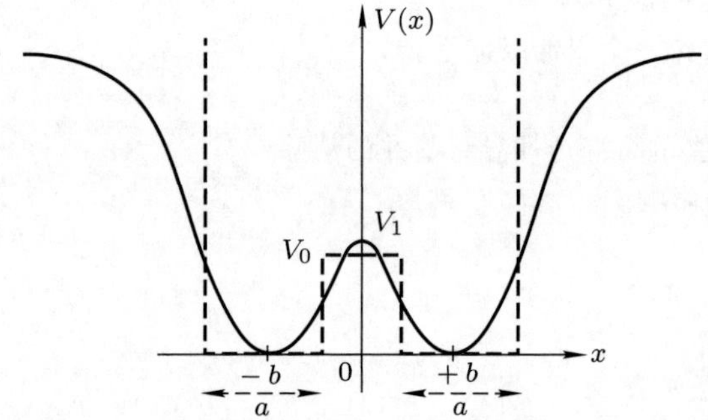

图 4–26 分子的势能 $V(x)$ 随 x 变化的情况. $V(x)$ 呈现两个极小值 (经典的平衡位置), 其间有一个势垒, 这是由于在 $|x|$ 甚小时氮原子和三个氢原子互相推斥而形成的. 用虚线绘出的 "方形势" 是用来近似地表示 $V(x)$ 的.

(i) 海森伯不确定度关系式不允许分子的能量等于 $V(x)$ 的极小值 $V_{\min}$(在现在的情况下 $V_{\min}=0$); 在补充材料 $\mathrm{C_I}$ 和 $\mathrm{M_{III}}$ 中我们已经看到这个能量为什么必须大于 $V_{\min}$.

(ii) 按照经典的观点, 能量小于 V_1 的粒子是不可能越过 $x=0$ 处的势垒的. 因此, 氮原子将永远停留在氢原子平面的某一侧, 整个分子的组态不可能反转. 按照量子力学的观点, 由于存在着隧道效应, 即使粒子的能量小于 V_1, 它也可以越过这个势垒 (参看第一章 §D–2–c); 因此, 分子组态的反转完全是可能的. 这种效应带来的后果正是我们下面要讨论的内容.

在这里, 我们只对物理现象进行定性的讨论而不进行精确的定量计算, 因
[457] 为对于这个近似模型而言, 定量计算的意义不大. 例如, 我们试图揭示氨分子有一个反转频率, 至于这个频率的值, 即便是近似值, 我们也不准备计算. 因此, 我们要将问题进一步简化, 即用图 4–26 中以虚线绘出的方形势代替函数 $V(x)$[这个方形势包括 $x=\pm(b+a/2)$ 处的两个无限势阶和一个势垒, 其高度

为 V_0, 中心在 $x=0$ 处, 宽度为 $(2b-a)$].

2. 哈密顿算符的本征函数和本征值

a. 无限势垒

我们暂时不考虑对应于图 4–26 的 "方形" 势的哈密顿算符的本征函数和本征值; 作为第一步, 我们先假设势垒 V_0 是无限的 (在这种情况下不可能出现隧道效应). 这种做法使我们以后更容易理解穿过图 4–26 的有限势垒的隧道效应的后果. 因此, 我们首先考虑处在势场 $\widetilde{V}(x)$ 中的粒子, 这个势场包括宽度为 a, 中心分别在 $x=\pm b$ 处的两个无限深势阱 (图 4–27). 如果粒子位于一个势阱中, 则它显然不可能进入另一个势阱.

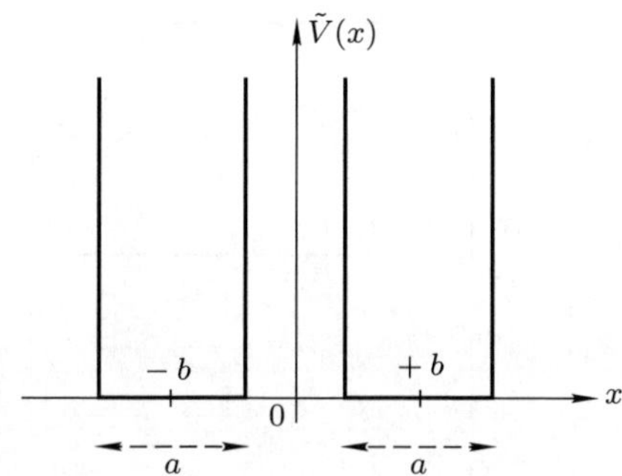

图 4–27 如果图 4–26 中的势垒高度 V_0 很大, 这种情况实际上相当于两个无限深势阱, 它们的宽度为 a, 中心间距为 $2b$.

图 4–27 中每一个势阱都类似于我们在补充材料 H_I 的 §2–c–β 中讨论过的势阱. 因此, 我们可以引用在那里得到的结果. 粒子能量的可能值为:

$$E_n=\frac{\hbar^2k_n^2}{2m} \tag{1}$$

其中

$$k_n=\frac{n\pi}{a} \tag{2}$$

(n 表示正整数). 能量的每一个值都对应着两个波函数: [458]

$$\varphi_1^n(x)=\begin{cases}\sqrt{\dfrac{2}{a}}\sin\left[k_n\left(b+\dfrac{a}{2}-x\right)\right] & 若\ b-\dfrac{a}{2}\leqslant x\leqslant b+\dfrac{a}{2}\\ 0 & 在其他各点\end{cases}$$

$$\varphi_2^n(x)=\begin{cases}\sqrt{\dfrac{2}{a}}\sin\left[k_n\left(b+\dfrac{a}{2}+x\right)\right] & 若\ b-\dfrac{a}{2}\leqslant -x\leqslant b+\dfrac{a}{2}\\ 0 & 在其他各点\end{cases} \tag{3}$$

因而能量的每一个值都是二重简并的. 处于态 $|\varphi_1^n\rangle$ 时, 粒子位于右边的无限深势阱中, 处于态 $|\varphi_2^n\rangle$ 时, 粒子位于左边的势阱中.

图 4–28 表示分子的头两个能级, 它们都是二重简并的. 如同我们在补充材料 $\mathrm{A_{III}}$ 的 §2–b 中已经看到的那样, 如果粒子的态是 $|\varphi_1^1\rangle$ 与 $|\varphi_1^2\rangle$ (或 $|\varphi_2^1\rangle$ 与 $|\varphi_2^2\rangle$) 的线性叠加, 那么, 与这两个能级相联系的玻尔频率 $(E_2-E_1)/h$ 对应于粒子在右边 (或左边) 势阱的两壁之间的往复运动. 从物理上看, 这种振荡表示三个氢原子所在的平面在其稳定平衡位置 $x=+b$ (或 $x=-b$) 附近的分子型振荡. 这种振动的频率落在红外波段.

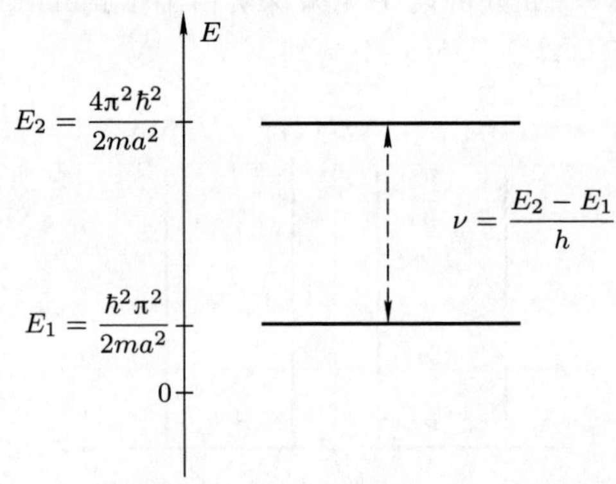

图 4–28　粒子位于图 4–27 的势阱内时, 它的头两个能级. 体系在两个势阱之一中以玻尔频率 $\nu=(E_2-E_1)/h$ 振荡, 意味着分子在它的两个经典的平衡位置之一附近振动.

在下面的计算中, 我们变换一下基, 采用粒子的哈密顿算符的每一个本征子空间, 这样比较方便. 由于 $V(x)$ 是偶函数, 故对应的哈密顿算符 H 可以和宇称算符 Π 对易 (参看补充材料 $\mathrm{F_{II}}$ 的 §4). 在这种情况下, 我们可以找到由 H 的偶的或奇的本征矢构成的一个基; 这些矢量所对应的波函数是对称的或
[459] 反对称的线性组合:

$$\varphi_s^n(x)=\frac{1}{\sqrt{2}}[\varphi_1^n(x)+\varphi_2^n(x)]$$
$$\varphi_a^n(x)=\frac{1}{\sqrt{2}}[\varphi_1^n(x)-\varphi_2^n(x)] \tag{4}$$

在态 $|\varphi_s^n\rangle$ 和 $|\varphi_a^n\rangle$, 我们可以发现粒子处于两个势阱的某一个中.

下面我们只讨论基态能级, 对应于这个能级的波函数 $\varphi_1^1(x)$、$\varphi_2^1(x)$、$\varphi_s^1(x)$ 及 $\varphi_a^1(x)$ 绘于图 4–29 中.

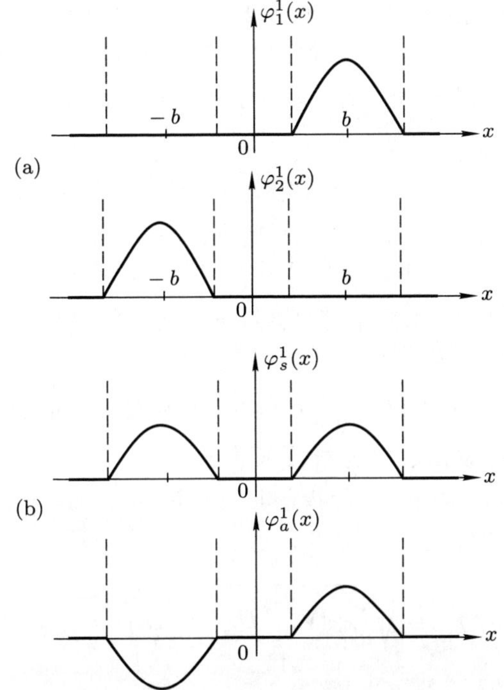

图 4–29　图 a 所示的态 $\varphi_1^1(x)$ 和 $\varphi_2^1(x)$ 是能量相同的定态, 两者分别定域在图 4–27 右边和左边的势阱中. 为了利用这个问题的对称性, 比较方便的办法是取由 $\varphi_1^1(x)$ 和 $\varphi_2^1(x)$ 线性组合而成的对称态 $\varphi_s^1(x)$ 和反对称态 $\varphi_a^1(x)$ 作为定态 (图 b).

b. 有限势垒 [460]

现在我们来看当 V_0 为有限值时, 头两个能级的本征函数的形状 (仍然假设 V_0 高于这些能级).

在两个 "方形" 势阱 (图 4–26 中的虚线) 的内部, $V(x) = 0$. 因而波函数具有下列形式:

$$\begin{aligned} \chi(x) &= A\sin\left[k\left(b+\frac{a}{2}-x\right)\right] \quad 若\ b-\frac{a}{2} \leqslant x \leqslant b+\frac{a}{2} \\ \chi(x) &= A'\sin\left[k\left(b+\frac{a}{2}+x\right)\right] \quad 若\ b-\frac{a}{2} \leqslant -x \leqslant b+\frac{a}{2} \end{aligned} \tag{5}$$

其中 k 与能级的能量 E 有下列关系:

$$E = \frac{\hbar^2 k^2}{2m} \tag{6}$$

正如在前节中那样, $\chi(x)$ 在 $x = \pm\left(b+\dfrac{a}{2}\right)$ 处等于零, 因为 $V(x)$ 在这两点成为无穷大. 反之, 在 $x = \pm\left(b-\dfrac{a}{2}\right)$ 处, 由于 V_0 是有限的, $\chi(x)$ 不再等于零; 因此, k 不再满足 (2) 式.

仍和前面一样, 由于 $V(x)$ 是偶函数, 我们可以求哈密顿算符的这样两个本征函数 $\chi_s(x)$ 和 $\chi_a(x)$, 前者是偶函数, 后者是奇函数. 我们用 A_s 与 A'_s, A_a 与 A'_a 来表示在 (5) 式中引入的、对应于 $\chi_s(x)$ 与 $\chi_a(x)$ 的系数 A 与 A' 的值. 显然:

$$\begin{aligned} A'_s &= A_s \\ A'_a &= -A_a \end{aligned} \tag{7}$$

对应于 χ_s 与 χ_a 的本征值将记作 E_s 与 E_a, 这样我们便可以利用 (6) 式来确定参数 k 的对应值 k_s 与 k_a.

在 $-\left(b-\dfrac{a}{2}\right) \leqslant x \leqslant \left(b-\dfrac{a}{2}\right)$ 区间中, 波函数不像前面那样等于零, 因为 V_0 是有限的. 这时, 波函数应为指数函数 $\mathrm{e}^{q_{s,a}x}$ 与 $\mathrm{e}^{-q_{s,a}x}$ 的线性组合, 组合的结果是偶函数或是奇函数, 依所指的是 χ_s 还是 χ_a 而定; 这里的 q_s 和 q_a 由 $E_{s,a}$ 和 V_0 通过下式确定:

$$q_{s,a} = \sqrt{\frac{2m}{\hbar^2}(V_0 - E_{s,a})} = \sqrt{\alpha^2 - k_{s,a}^2} \tag{8}$$

在这里, 我们已令

$$V_0 = \frac{\hbar^2\alpha^2}{2m} \tag{9}$$

因此, 在 $-\left(b-\dfrac{a}{2}\right) \leqslant x \leqslant \left(b-\dfrac{a}{2}\right)$ 区间内, 我们可将函数 χ_s 和 χ_a 写作,

$$\begin{aligned} \chi_s(x) &= B_s \mathrm{ch}(q_s x) \\ \chi_a(x) &= B_a \mathrm{sh}(q_a x) \end{aligned} \tag{10}$$

[461] 现在只剩下一件事, 就是要在 $x = \pm\left(b-\dfrac{a}{2}\right)$ 处将本征函数及它们的导数分别衔接起来. 偶函数解 $\chi_s(x)$ 应满足下列条件:

$$\begin{aligned} A_s \sin(k_s a) &= B_s \mathrm{ch}\left[q_s\left(b-\frac{a}{2}\right)\right] \\ -A_s k_s \cos(k_s a) &= B_s q_s \mathrm{sh}\left[q_s\left(b-\frac{a}{2}\right)\right] \end{aligned} \tag{11}$$

由于 A_s 和 B_s 不能同时为零, 我们可以取此两方程之比:

$$\tan(k_s a) = -\frac{k_s}{q_s}\mathrm{cth}\left[q_s\left(b-\frac{a}{2}\right)\right] \tag{12}$$

对于奇函数解 $\chi_a(x)$, 我们同样可以得到:

$$\tan(k_a a) = -\frac{k_a}{q_a}\mathrm{th}\left[q_a\left(b-\frac{a}{2}\right)\right] \tag{13}$$

若用 k_s 或 k_a 的函数来表示 q_s、q_a, 我们便可将 (12) 及 (13) 两式改写为:

$$\tan(k_s a) = -\frac{k_s}{\sqrt{\alpha^2 - k_s^2}} \operatorname{cth}\left[\sqrt{\alpha^2 - k_s^2}\left(b - \frac{a}{2}\right)\right] \tag{14}$$

及

$$\tan(k_a a) = -\frac{k_a}{\sqrt{\alpha^2 - k_a^2}} \operatorname{th}\left[\sqrt{\alpha^2 - k_a^2}\left(b - \frac{a}{2}\right)\right] \tag{15}$$

至此, 这个问题在原则上已经解出: (14) 式和 (15) 式便表示能量的量子化, 这是因为此两式给出了 k_s 与 k_a 的可能值, 从而利用 (6) 式便可以得到能量 E_s 与 E_a 的可能值 (只要它们小于 V_0). 超越方程 (14) 和 (15) 可以用图解法解出. 我们可以求得一系列的根: $k_s^1, k_s^2, \cdots, k_a^1, k_a^2, \cdots$. 由于方程 (14) 不同于方程 (15), 根 k_s^n 也不同于 k_a^n; 从而能量 E_s^n 与 E_a^n 是不相等的. 当然, 如果 V_0 变得很大, 则 k_s^n 和 k_a^n 就都趋向于前一段所求得的值 $n\pi/a$; 要看出这一点, 可以在 (14) 式和 (15) 式中令 α 趋于无穷大, 结果得到 $\tan(k_{s,a}a) = 0$, 此式与 (2) 式等价. 于是能量 E_s^n 和 E_a^n 趋于 $E_n = \hbar^2 n^2 \pi^2 / 2ma^2$, 这就是在前一段中当 V_0 趋于无穷大时得到的结果. 最后, 很容易看出, V_0 越大于 E_n, E_s^n 与 E_a^n 这两个能量值就越接近.

E_s^n 和 E_a^n 的精确值在这里对我们是无关紧要的. 我们只满足于作出图 4–30 中的能谱图; 在这个图中画出了在势垒高度 V_0 为有限值时图 4–28 中的能级 E_1、E_2 的情况. 我们看到, 穿过势垒的隧道效应消除了 E_1 及 E_2 的简并, 出现了双能级 (E_s^1, E_a^1) 及 (E_s^2, E_a^2) (当然, 我们假设这些能量值都比 V_0 小). 由于双能级 (E_s^1, E_a^1) 的位置最低, 可见 $|E_s^1 - E_a^1| < |E_s^2 - E_a^2|$. 最后, 双能级之间的距离比每一个双能级内部的间隔要大得多 (实验证明约为一千倍). 这些间隔又确定了新的玻尔频率: [462]

$$\Omega_1 = \frac{E_a^1 - E_s^1}{\hbar}, \quad \Omega_2 = \frac{E_a^2 - E_s^2}{\hbar}, \cdots$$

到下一段我们再来讨论它们的物理意义 (对应的跃迁在图 4–30 中用箭头标出).

最后, 一旦从方程 (14) 及 (15) 解出了 k_s^1 和 k_a^1, 我们便可以作出由 (5)、(7) 及 (10) 式所确定的本征函数 $\chi_s^1(x)$ 和 $\chi_a^1(x)$ 的曲线, 见图 4–31. 可以看出, 这些函数与图 4–29 中的函数 $\varphi_s^1(x)$ 和 $\varphi_a^1(x)$ 非常相似, 主要差别是现在的波函数在 $-\left(b - \frac{a}{2}\right) \leqslant x \leqslant \left(b - \frac{a}{2}\right)$ 区间中不再等于零. 此外, 我们还可以看出, 在前一段引入基 φ_s^1 和 φ_a^1 的好处: 有隧道效应时的本征函数 χ_s^1 和 χ_a^1 不大类似于 φ_1^1 和 φ_2^1, 却非常类似于 φ_s^1 和 φ_a^1.

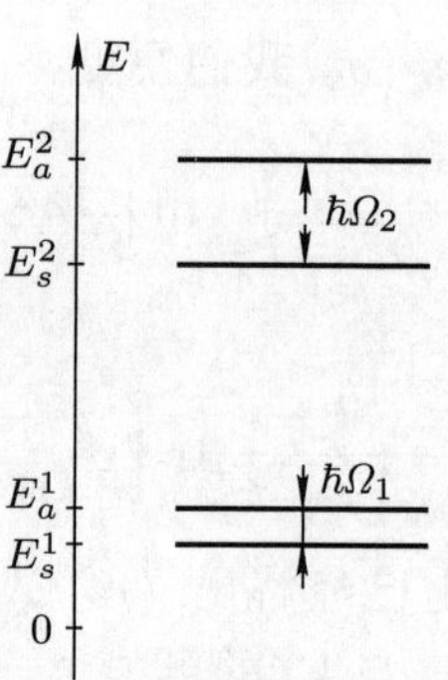

图 4–30 如果考虑到势垒的有限高度 V_0, 则我们发现图 4–28 中的能谱应加以修正: 每一个能级都分裂为两个不同的能级. 玻尔频率 $\Omega_1/2\pi$ 和 $\Omega_2/2\pi$ 对应于通过隧道效应从一个势阱到另一个势阱的过渡, 它们就是氨分子处于头两个振动能级时的反转频率. 在较高的那个振动能级中, 隧道效应更为显著, 故 $\Omega_2 > \Omega_1$.

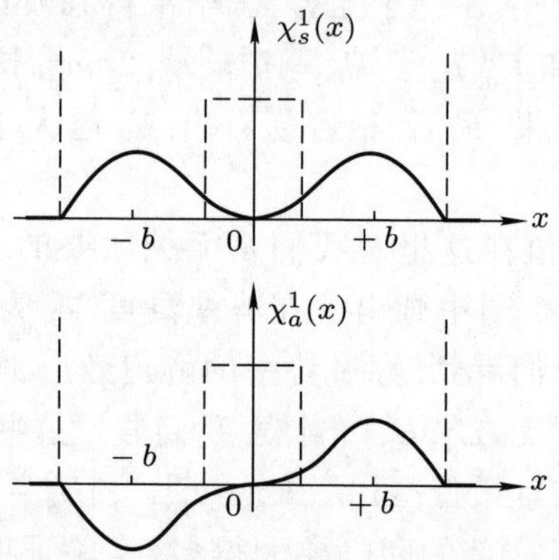

图 4–31 与图 4–30 中的能级 E_s^1 和 E_a^1 相联系的波函数. 容易看出, 它们与图 4–29–b 中的函数相似; 但是, 这些新的函数在 $-b+\dfrac{a}{2} \leqslant x \leqslant b-\dfrac{a}{2}$ 区间中并不等于零.

[463] c. 分子的演变, 反转频率

假设在 $t=0$ 时, 分子所处的态是:

$$|\psi(t=0)\rangle = \frac{1}{\sqrt{2}}[|\chi_s^1\rangle + |\chi_a^1\rangle] \tag{16}$$

利用第三章的普遍公式 (D–54), 我们可以求得 t 时刻的态矢量 $|\psi(t)\rangle$:

$$|\psi(t)\rangle = \frac{1}{\sqrt{2}}\mathrm{e}^{-\mathrm{i}(E_s^1+E_a^1)t/2\hbar}[\mathrm{e}^{+\mathrm{i}\Omega_1 t/2}|\chi_s^1\rangle + \mathrm{e}^{-\mathrm{i}\Omega_1 t/2}|\chi_a^1\rangle] \tag{17}$$

由此即可求得概率密度:

$$|\psi(x,t)|^2 = \frac{1}{2}[\chi_s^1(x)]^2 + \frac{1}{2}[\chi_a^1(x)]^2 + \cos(\Omega_1 t)\chi_s^1(x)\chi_a^1(x) \tag{18}$$

利用图 4–31 中的曲线, 很容易得到这个概率密度随时间变化的曲线. 这些曲线绘于图 4–32. 我们看到, 在 $t=0$ 时 (图 4–32–a), 已选定的初态 [即 (16) 式] 所对应的概率密度集中在右边的势阱中 (在左边的势阱中, 函数 χ_s^1 和 χ_a^1 的符号相反, 但绝对值很接近, 它们的总和实际上等于零). 因此, 我们可以说, 最初粒子实际上是在右边的势阱中. 在 $t=\pi/2\Omega_1$ 时 (图 4–32–b), 由于隧道效应, 它明显地进入了左边的势阱, 它在这里实际上驻留到 $t=\pi/\Omega_1$ 时 (图 4–32–c), [464]
然后进行反方向的运动 (图 4–32–d 和图 4–32–e).

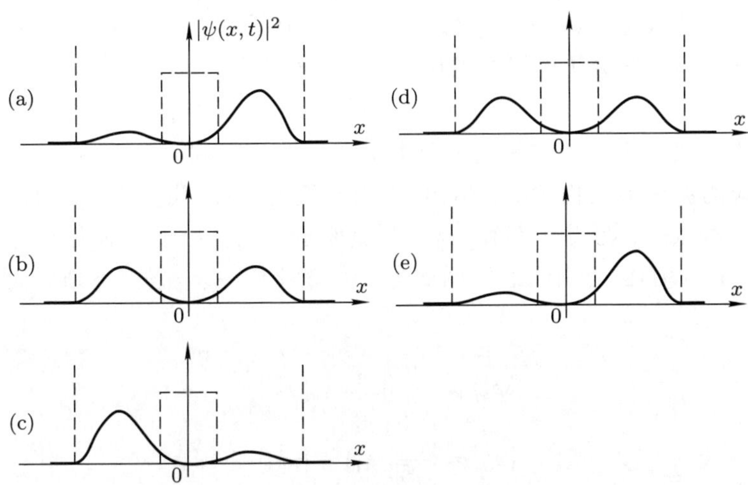

图 4–32 由图 4–31 中的两个定态波函数叠加而得的波包的演变. 粒子最初在右边的势阱中 (图 a), 由于隧道效应, 它进入左边的势阱 (图 b), 并在其中驻留一段时间 (图 c); 然后它又进入右边的势阱 (图 d), 并终于返回初态 (图 e), 以后就这样循环往复.

因此, 这个虚设的粒子以 $\Omega_1/2\pi$ 的频率往返穿过势垒, 这意味着氢原子所在的平面交替地位于氮原子的两侧; 因此, 我们称 $\Omega_1/2\pi$ 为氨分子的**反转频率**. 要注意, 这个反转频率是没有经典类比的, 因为它是和虚设粒子穿过势垒的隧道效应相联系的.

由于氮原子总是要将三个氢原子中的电子向自己这边吸引, 因此, 氨分子形成一个电偶极子, 其偶极矩正比于前面讨论过的虚设粒子的位置的平均值 $\langle X\rangle$. 在图 4–32 中, 我们看到这个偶极矩是一个随时间振荡的函数. 在这些条件下, 氨分子可以发射或吸收频率为 $\Omega_1/2\pi$ 的电磁辐射.

实验已经证实, 情况确实如此; Ω_1 的值落在厘米波段. 在射电天文学中, 人们已经证实了星际空间的氨分子对这个频率的电磁波的发射和吸收. 我们还要指出, 氨分子微波量子放大器的工作原理, 就是根据 NH_3 分子的这种电磁波的受激发射.

3. 将氨分子看作一个二能级体系

从图 4–30 可以看出, 现在的情况类似于我们在第四章的 §C 的引言中提到的情况, 即被研究的体系具有两个能级 E_s^1 和 E_a^1, 两者非常靠近却又远离所有其他能级 $E_s^2, E_a^2, \cdots$. 如果我们侧重于研究 E_s^1 和 E_a^1 这两个能级, 那么, 所有其他能级都可以 "置而不顾" (在第十一章的微扰理论中我们再证明这种近似是合理的).

下面, 我们将从略微不同的另一个观点重新研究前面的问题, 并将证明第四章关于二能级体系的一般考虑也适用于氨分子. 此外, 采用了这种观点, 关于外界静电场对氨分子的影响的研究就非常简单了.

a. 态空间

我们即将考虑的态空间是由两个正交矢量 $|\varphi_1^1\rangle$ 和 $|\varphi_2^1\rangle$ 张成的, 与这两个矢量对应的波函数已由 (3) 式给出; 上面已经说明过, 我们不考虑所有 $n>1$ 的态 $|\varphi_1^n\rangle$ 与 $|\varphi_2^n\rangle$. 在 $|\varphi_1^1\rangle$ 态和 $|\varphi_2^1\rangle$ 态, 氮原子或在氢原子平面之上或在其下. 在 (4) 式中, 我们已经引入态空间的另一个正交归一基, 它由下列偶矢和奇矢构成:

$$|\varphi_s^1\rangle = \frac{1}{\sqrt{2}}[|\varphi_1^1\rangle + |\varphi_2^1\rangle]$$
$$|\varphi_a^1\rangle = \frac{1}{\sqrt{2}}[|\varphi_1^1\rangle - |\varphi_2^1\rangle] \tag{19}$$

[465] 在这两个态中, 我们发现氮原子在氢原子平面之上或在其下的概率相等.

b. 能级. 势垒的可穿透性导致简并的消除

当势垒的高度 V_0 为无限大时, 态 $|\varphi_1^1\rangle$ 和态 $|\varphi_2^1\rangle$ (正如态 $|\varphi_s^1\rangle$ 和态 $|\varphi_a^1\rangle$ 那样) 具有相等的能量, 因此, 我们可将体系的哈密顿算符写作:

$$H_0 = E_1 \times \mathbb{1} \tag{20}$$

(式中 $\mathbb{1}$ 是二维态空间中的恒等算符).

为了唯象地考虑势垒并非无限高这个事实, 我们给 H_0 添上一个微扰项 W, 它在基 $\{|\varphi_1^1\rangle|\varphi_2^1\rangle\}$ 中由下列非对角矩阵表示:

$$W = -A\begin{pmatrix} 0 & 1 \\ 1 & 0 \end{pmatrix} \tag{21}$$

式中 A 是一个正实系数①

① 为了重新得到图 4–30 中的 E_s^1 和 E_a^1 的相对位置, 我们必须假设 $A>0$[见本征值 (23)].

如果我们要找到分子的诸定态, 就必须将总的哈密顿算符 $H = H_0 + W$ 对角化, 这个算符的矩阵可以写作:

$$H = \begin{pmatrix} E_1 & -A \\ -A & E_1 \end{pmatrix} \tag{22}$$

经过一些初等运算便可求得 H 的本征值和本征矢:

$$\begin{aligned} &E_1 + A \quad \text{对应于本征右矢 } |\varphi_a^1\rangle \\ &E_1 - A \quad \text{对应于本征右矢 } |\varphi_s^1\rangle \end{aligned} \tag{23}$$

我们看到, 在微扰 W 的影响下, 当 $A = 0$ 时简并的两个能级分开来了; 出现了能量差 $2A$, 新的本征态是 $|\varphi_s^1\rangle$ 和 $|\varphi_a^1\rangle$. 于是, 我们又得到 §2 的结果.

如果分子在 $t = 0$ 时的态是 $|\varphi_1^1\rangle$:

$$|\psi(t=0)\rangle = |\varphi_1^1\rangle = \frac{1}{\sqrt{2}}[|\varphi_s^1\rangle + |\varphi_a^1\rangle] \tag{24}$$

则 t 时刻的态矢量为:

$$\begin{aligned} |\psi(t)\rangle &= \frac{1}{\sqrt{2}}\mathrm{e}^{-\mathrm{i}E_1t/\hbar}[\mathrm{e}^{\mathrm{i}At/\hbar}|\varphi_s^1\rangle + \mathrm{e}^{-\mathrm{i}At/\hbar}|\varphi_a^1\rangle] \\ &= \mathrm{e}^{-\mathrm{i}E_1t/\hbar}\left[\cos\left(\frac{At}{\hbar}\right)|\varphi_1^1\rangle + \mathrm{i}\sin\left(\frac{At}{\hbar}\right)|\varphi_2^1\rangle\right] \end{aligned} \tag{25}$$

因此, 若在 t 时刻进行一次测量, 那么, 发现分子处在态 $|\varphi_1^1\rangle$ 的概率为 $\cos^2(At/\hbar)$ [466]
(氮原子在氢原子平面之上); 发现分子处在态 $|\varphi_2^1\rangle$ 的概率为 $\sin^2(At/\hbar)$ (氮原子在氢原子平面之下). 于是我们再次看到, 在耦合 W 的影响下, 氨分子周期性地进行反转.

附注:

用 (21) 式中的微扰 W 来唯象地描述有限高的势垒的影响并不如前面的描述那样精确; 这是因为, 我们现在得到的本征函数 $\varphi_s'(x)$ 和 $\varphi_a'(x)$ 在 $\left(-b+\dfrac{a}{2}\right) \leqslant x \leqslant \left(b-\dfrac{a}{2}\right)$ 区间中等于零, 这一点不同于 χ_s^1 与 χ_a^1 的情况. 但是这种非常简单的方法可以说明两个基本的物理效应: 能级 E_1 的简并的消除以及分子在 $|\varphi_1^1\rangle$ 与 $|\varphi_2^1\rangle$ 这两个态之间的周期性振荡 (即反转).

c. 静电场的影响

在上面我们已经看到, 处于态 $|\varphi_1^1\rangle$ 及态 $|\varphi_2^1\rangle$ 中的分子, 其电偶极矩所取的两个值是相反的, 我们将这两个值记作 $+\eta$ 和 $-\eta$. 如果我们用 D 表示与这

个物理量相联系的观察算符, 那么, 我们便可以假定在基 $\{|\varphi_1^1\rangle, |\varphi_2^1\rangle\}$ 中 D 是由一个对角矩阵来表示的, 该矩阵的本征值就是 $+\eta$ 和 $-\eta$:

$$D = \begin{pmatrix} \eta & 0 \\ 0 & -\eta \end{pmatrix} \tag{26}$$

如果将分子放在静电场 $\mathscr{E}$[①] 中, 则它与电场的相互作用能可以写作:

$$W'(\mathscr{E}) = -\mathscr{E} D \tag{27}$$

哈密顿算符中的这一项[②] 在基 $\{|\varphi_1^1\rangle, |\varphi_2^1\rangle\}$ 中由下列矩阵来表示:

$$W'(\mathscr{E}) = -\eta\mathscr{E} \begin{pmatrix} 1 & 0 \\ 0 & -1 \end{pmatrix} \tag{28}$$

现在我们可以写出分子的总哈密顿算符 $H_0 + W + W'(\mathscr{E})$ 在基 $\{|\varphi_1^1\rangle, |\varphi_2^1\rangle\}$ 中的矩阵:

$$H_0 + W + W'(\mathscr{E}) = \begin{pmatrix} E_1 - \eta\mathscr{E} & -A \\ -A & E_1 + \eta\mathscr{E} \end{pmatrix} \tag{29}$$

[467] 这个矩阵很容易对角化; 它的本征值 E_+ 和 E_- 及本征矢 $|\psi_+\rangle$ 和 $|\psi_-\rangle$ 由以下两式给出:

$$\begin{aligned} E_+ &= E_1 + \sqrt{A^2 + \eta^2\mathscr{E}^2} \\ E_- &= E_1 - \sqrt{A^2 + \eta^2\mathscr{E}^2} \end{aligned} \tag{30}$$

以及

$$\begin{aligned} |\psi_+\rangle &= \cos\frac{\theta}{2}|\varphi_1^1\rangle - \sin\frac{\theta}{2}|\varphi_2^1\rangle \\ |\psi_-\rangle &= \sin\frac{\theta}{2}|\varphi_1^1\rangle + \cos\frac{\theta}{2}|\varphi_2^1\rangle \end{aligned} \tag{31}$$

在这里我们已令:

$$\tan\theta = -\frac{A}{\eta\mathscr{E}} \quad 0 \leqslant \theta < \pi \tag{32}$$

[参看补充材料 B_{IV} 中的 (9)、(10)、(22) 及 (23) 式; 由于 A 为负实数, 那里引入的角度 φ 在这里等于 π].

---

① 为简单起见, 在这里我们假设电场平行于图 4–25 中的 Ox 轴 (即一维模型).

② 在 $W'(\mathscr{E})$ 中, D 是一个观察算符, 而 $\mathscr{E}$ 则是一个外加的经典物理量 (参看 448 页脚注).

若 $\mathscr{E}=0$, 则 $\theta=\dfrac{\pi}{2}$; 于是我们又得到了 §3–b 中的结果, 这是因为:

$$\begin{aligned}E_+(\mathscr{E}=0)&=E_1+A\\E_-(\mathscr{E}=0)&=E_1-A\end{aligned}\tag{33}$$

同时

$$\begin{aligned}|\psi_+(\mathscr{E}=0)\rangle&=|\varphi_a^1\rangle\\|\psi_-(\mathscr{E}=0)\rangle&=|\varphi_s^1\rangle\end{aligned}\tag{34}$$

由于 $\mathscr{E}$ 可以取任意值, 如果 A 等于零 (这相当于完全不能穿透的势垒), 我们便得到:

$$\begin{aligned}E_+(A=0)&=E_1+\eta|\mathscr{E}|\\E_-(A=0)&=E_1-\eta|\mathscr{E}|\end{aligned}\tag{35}$$

同时有 (若 $\mathscr{E}$ 为正)①:

$$\begin{aligned}|\psi_-(A=0)\rangle&=|\varphi_1^1\rangle\\|\psi_+(A=0)\rangle&=-|\varphi_2^1\rangle\end{aligned}\tag{36}$$

由此可见, 在这种情况下, 能量随 $\mathscr{E}$ 线性地变化 (参看图 4–33 中的虚直线). 从物理的角度来看, (35) 及 (36) 式的结果是不难理解的; 如果作用于分子上的仅仅是电场, 则它将把带正电的氢原子 “引向” 氮原子的上方或下方; 正因为如此, 定态才是 $|\varphi_1^1\rangle$ 和 $|\varphi_2^1\rangle$.

如果电场 $\mathscr{E}$ 和耦合常数 A 都是任意的, 那么, 态 $|\psi_+\rangle$ 和 $|\psi_-\rangle$ 便是 $|\varphi_1^1\rangle$ 和 $|\varphi_2^1\rangle$ 的线性组合 (也是 $|\varphi_s^1\rangle$ 和 $|\varphi_a^1\rangle$ 的线性组合); 将电场的作用与耦合 W 的作用折中一下, 便可得到这个结果, 因为前者的作用是将氢原子从氮原子的一侧引向另一侧, 而后者的作用则是使氮原子穿过势垒. 能量 E_+ 和 E_- 的变化情况绘于图 4–33, 从这个图我们可以看到耦合 W所引起的反相交 (参看第 [468]
四章的 §C–2–b) 现象: 能量 E_+ 和 E_- 对应于双曲线的两支, 它们的渐近线 (图中的虚线) 对应于无耦合时的能量.

最后, 我们还可以算出电偶极矩 D 在每一个定态 $|\psi_+\rangle$ 或 $|\psi_-\rangle$ 中的平均值:

$$\langle\psi_+|D|\psi_+\rangle=-\langle\psi_-|D|\psi_-\rangle=\eta\cos\theta\tag{37}$$

① 若 $\mathscr{E}$ 是负的, 则 $|\varphi_1^1\rangle$ 与 $|\varphi_2^1\rangle$ 在 (36) 式中的地位应该颠倒过来.

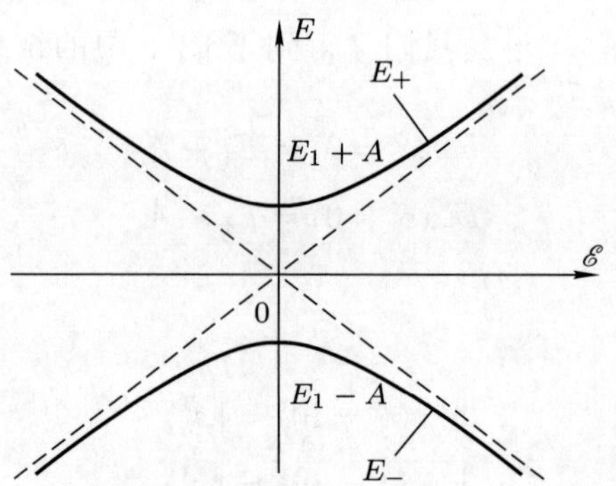

图 4–33 电场 $\mathscr{E}$ 对氨分子的头两个能级的影响 (没有电场时, 能级间的间隔 $2A$ 是由隧道效应的耦合所引起的). 当 $\mathscr{E}$ 很弱时,分子的偶极矩正比于 $\mathscr{E}$, 而且对应的能量随 $\mathscr{E}^2$ 变化. 当 $\mathscr{E}$ 很强时, 偶极矩趋于一个极限 (这相当于氮原子或在氢原子平面之上, 或在其下), 而且能量成为 $\mathscr{E}$ 的线性函数.

根据 (23) 式, 由此式可以得到:

$$\langle\psi_+|D|\psi_+\rangle = -\langle\psi_-|D|\psi_-\rangle = -\frac{\eta^2\mathscr{E}}{\sqrt{A^2+\eta^2\mathscr{E}^2}} \tag{38}$$

如果 $\mathscr{E}=0$, 这两个平均值都等于零. 与此对应的情况是: 在两个态 $|\varphi_{s,a}^1\rangle$ 中, 粒子位于任何一个势阱中的概率是相等的. 反之, 如果 $\eta\mathscr{E} \gg A$, 我们得到的偶极矩又是 $+\eta$(或 $-\eta$), 对应于态 $|\varphi_1^1\rangle$(或态 $|\varphi_2^1\rangle$).

如果电场很弱 ($\eta\mathscr{E} \ll A$), 我们可将公式 (38) 写成下列形式:

$$\langle\psi_+|D|\psi_+\rangle = -\langle\psi_-|D|\psi_-\rangle = -\frac{\eta^2}{A}\mathscr{E} \tag{39}$$

由此可见, 当分子处于定态 $|\psi_+\rangle$ (或 $|\psi_-\rangle$) 时, 它的电偶极矩与激励场 $\mathscr{E}$ 成正比. 如果我们通过关系

$$\langle\psi_-|D|\psi_-\rangle = \varepsilon_-\mathscr{E} \tag{40}$$

[469] 来定义处在态 $|\psi_-\rangle$ 的分子的电极化率, 则根据 (39) 式, 我们得到:

$$\varepsilon_- = \frac{\eta^2}{A} \tag{41}$$

(对于态 $|\psi_+\rangle$, 经过同样的计算, 得到 $\varepsilon_+ = -\varepsilon_-$).

附注:

在弱电场中, 我们可将 (30) 式展开为 $\eta\mathscr{E}/A$ 的幂级数:

$$E_- = E_1 - A - \frac{1}{2}\frac{\eta^2\mathscr{E}^2}{A} + \cdots \tag{42–a}$$

$$E_+ = E_1 + A + \frac{1}{2}\frac{\eta^2\mathscr{E}^2}{A} + \cdots \tag{42–b}$$

现在我们来考虑这样一种情况: 氨分子周围的电场 $\mathscr{E}$ 很弱, 但在沿分子轴线 Ox 的方向上, $\mathscr{E}^2$ 的梯度却很大:

$$\frac{\mathrm{d}}{\mathrm{d}x}(\mathscr{E}^2) = \lambda \tag{43}$$

根据 (42–a) 式, 处在态 $|\psi_-\rangle$ 的分子受到一个力, 其方向平行于 Ox 轴, 其值为:

$$F_- = -\frac{\mathrm{d}E_-}{\mathrm{d}x} = \frac{1}{2}\lambda\frac{\eta^2}{A} \tag{44}$$

关系式 (42–b) 表明, 处于态 $|\psi_+\rangle$ 的分子受到一个与此力相反的力, 这个力是:

$$F_+ = -\frac{\mathrm{d}E_+}{\mathrm{d}x} = -F_- \tag{45}$$

在氨分子微波量子放大器中, 用来将分子分类并挑选出处于较高能态的那些分子的方法, 就是以这个结果为依据的. 人们采用的装置与施特恩–格拉赫的装置类似: 使一束氨分子通过电场梯度很强的区域; 处于这种态的分子和处于那种态的分子有不同的径迹, 采用适当的膜片可以将处于两种态之一的分子分离出来.

参考文献和阅读建议:

Feynman Ⅲ (1.2), §8–6 和第 9 章; Alonso 和 Finn Ⅲ (1.4), §2–8; Vuylsteke 的文章 (1.34); Townes 和 Schawlow (12.10), 第 12 章; 查阅有关微波量子放大器的原始文献, 可看 (15.11); Lyons 的文章 (15.14), Gordon 的文章 (15.15) 和 Turner 的文章 (12.14).

还可参看 Encrenaz (12.11) 第 Ⅵ 章.

补充材料 H_{IV}

[470] 稳态和不稳定态之间的耦合的影响

1. 引言. 符号

能量为 E_1 与 E_2 的两个态 $|\varphi_1\rangle$ 与 $|\varphi_2\rangle$ 之间的耦合的影响, 已经在第四章 §C 中详细讨论过. 如果两个态中有一个 (例如 $|\varphi_1\rangle$) 是不稳定的, 应该引入哪些修正呢?

我们在补充材料 K_{III} 中已经引入不稳定态和寿命的概念. 在下面的讨论中, 我们假定 $|\varphi_1\rangle$ 是原子的激发态, 当原子处于这个态时, 它因自发地发射一个或几个光子而回到较低的能态, 单位时间内这种事件发生的概率是 $\dfrac{1}{\tau_1}, \tau_1$ 是不稳定态 $|\varphi_1\rangle$ 的寿命. 我们还假定耦合 W 不存在时 $|\varphi_2\rangle$ 是一个稳态 (寿命 τ_2 无限大).

在补充材料 K_{III} 中我们已经看到, 顾及态的不稳定性的一个简单办法是给对应的能量加上一个虚数项. 因此, $|\varphi_1\rangle$ 这个态的能量 E_1 将被代之以:

$$E_1' = E_1 - \mathrm{i}\frac{\hbar}{2}\gamma_1 \tag{1}$$

此处

$$\gamma_1 = \frac{1}{\tau_1} \tag{2}$$

(由于 τ_2 无限大, γ_2 为零, 于是 $E_2' = E_2$). 因此, 没有耦合的时候, 体系的 "哈密顿算符" H_0 在基 $\{|\varphi_1\rangle, |\varphi_2\rangle\}$ 中的矩阵可以写作:

$$H_0 = \begin{pmatrix} E_1' & 0 \\ 0 & E_2' \end{pmatrix} = \begin{pmatrix} E_1 - \mathrm{i}\frac{\hbar}{2}\gamma & 0 \\ 0 & E_2 \end{pmatrix}^{①} \tag{3}$$

① H_0 不是厄米算符, 因而不是真正的哈密顿算符 (参看补充材料 K_{III} 末尾的附注).

2. 弱耦合对不同能级的影响 [471]

如果我们像在第四章的 §C 中那样, 给 H_0 添上一个微扰项 W, 它在基 $\{|\varphi_1\rangle, |\varphi_2\rangle\}$ 中的矩阵为:

$$W = \begin{pmatrix} 0 & W_{12} \\ W_{21} & 0 \end{pmatrix} \tag{4}$$

那么, 各能级的能量和寿命将会怎样变化呢?

我们来计算下列矩阵的本征值 ε_1' 和 ε_2':

$$H = H_0 + W = \begin{pmatrix} E_1 - \mathrm{i}\frac{\hbar}{2}\gamma_1 & W_{12} \\ W_{21} & E_2 \end{pmatrix} \tag{5}$$

ε_1' 和 ε_2' 是下面这个关于 ε 的方程式的解:

$$\varepsilon^2 - \varepsilon\left(E_1 + E_2 - \mathrm{i}\frac{\hbar}{2}\gamma_1\right) + E_1E_2 - \mathrm{i}\frac{\hbar}{2}\gamma_1 E_2 - |W_{12}|^2 = 0 \tag{6}$$

为了减少计算的工作量, 我们只考虑弱耦合的情况 (即 $|W_{12}| \ll \sqrt{(E_1 - E_2)^2 + \frac{\hbar^2}{4}\gamma_1^2}$); 于是, 我们求得:

$$\begin{aligned} \varepsilon_1' &\simeq E_1 - \mathrm{i}\frac{\hbar}{2}\gamma_1 + \frac{|W_{12}|^2}{E_1 - E_2 - \mathrm{i}\frac{\hbar}{2}\gamma_1} \\ \varepsilon_2' &\simeq E_2 + \frac{|W_{12}|^2}{E_2 - E_1 + \mathrm{i}\frac{\hbar}{2}\gamma_1} \end{aligned} \tag{7}$$

耦合存在时, 本征态的能量是 ε_1' 与 ε_2' 的实部, 寿命则反比于它们的虚部. 从 (7) 式我们可以看出, 耦合的存在同时改变了能量和寿命, 改变量为 $|W_{12}|$ 的平方项. 特别地, 我们看到, 只要 $|W_{12}|$ 不等于零, 则 ε_1' 和 ε_2' 都是复数. 由此可见, 只要有耦合, 稳态就不复存在了. 我们可将 ε_2' 写成下列形式:

$$\varepsilon_2' = \varDelta_2 - \mathrm{i}\frac{\hbar}{2}\varGamma_2 \tag{8}$$

这里

$$\varDelta_2 = E_2 + \frac{(E_2 - E_1)|W_{12}|^2}{(E_2 - E_1)^2 + \frac{\hbar^2}{4}\gamma_1^2} \tag{9–a}$$

$$\varGamma_2 = \gamma_1 \frac{|W_{12}|^2}{(E_2 - E_1)^2 + \frac{\hbar^2}{4}\gamma_1^2} \tag{9–b}$$

由此我们看到, 在耦合的影响下, 态 $|\varphi_2\rangle$ 的寿命是有限的, (9–b) 式 (Bethe
[472] 公式) 就是这个寿命的倒数. 从物理上看, 这个结果是不难理解的: 如果 $t=0$ 时, 体系处于稳态 $|\varphi_2\rangle$, 则在此后的某一时刻 t, 我们发现体系处于态 $|\varphi_1\rangle$(在这个态体系的寿命是有限的) 的概率并不等于零. 有时, 我们形象化地说 "一个能级的一部分不稳定性通过耦合转移到另一个稳定能级中去了". 此外, 从 (7) 式我们还可以看出, 如同在第四章的 §C 中讨论过的情况那样, 未微扰时的能量 E_1 和 E_2 的差异越小, 微扰对能量和寿命的影响就越显著. 在下一段中, 我们还要讨论这个差异为零的情况.

3. 任意的耦合对同一能级的影响

当能量 E_1 和 E_2 相等时, 如果我们仍像在补充材料 B_{IV} 的 §2 中那样, 将矩阵的迹明显地表示出来, 那么, 我们应将算符 H 写成下列形式:

$$H=\left(E_1-\mathrm{i}\frac{\hbar}{4}\gamma_1\right)\mathbb{1}+K \tag{10}$$

这里的 $\mathbb{1}$ 是恒等算符, K 是另一个算符, 它在基 $\{|\varphi_1\rangle,|\varphi_2\rangle\}$ 中是矩阵:

$$(K)=\begin{pmatrix}-\mathrm{i}\frac{\hbar}{4}\gamma_1 & W_{12}\\ W_{12}^* & \mathrm{i}\frac{\hbar}{4}\gamma_1\end{pmatrix} \tag{11}$$

K 的本征值 k_1 与 k_2 是下列特征方程

$$k^2=|W_{12}|^2-\frac{\hbar^2}{16}\gamma_1^2 \tag{12}$$

的两个解. 由此可见, 两个根是异号的:

$$k_1=-k_2 \tag{13}$$

利用此式便可得到 H 的本征值:

$$\begin{aligned}\varepsilon_1'&=E_1-\mathrm{i}\frac{\hbar}{4}\gamma_1+k_1\\ \varepsilon_2'&=E_1-\mathrm{i}\frac{\hbar}{4}\gamma_1-k_1\end{aligned} \tag{14}$$

H 与 K 的本征矢相同; 经过简单计算就可得到矢量 $|\psi_1'\rangle$ 和 $|\psi_2'\rangle$①:

$$\begin{aligned}|\psi_1'\rangle&=W_{12}|\varphi_1\rangle+\left(k_1+\mathrm{i}\frac{\hbar}{4}\gamma_1\right)|\varphi_2\rangle\\ |\psi_2'\rangle&=W_{12}|\varphi_1\rangle+\left(-k_1+\mathrm{i}\frac{\hbar}{4}\gamma_1\right)|\varphi_2\rangle\end{aligned} \tag{15}$$

① 进行这样的计算. 不一定要将 $|\psi_1'\rangle$ 和 $|\psi_2'\rangle$ 归一化; 此外, 还要注意, 由于 H 并非厄米算符, $|\psi_1'\rangle$ 与 $|\psi_2'\rangle$ 并不正交.

我们假设在 $t=0$ 时, 体系处于态 $|\varphi_2\rangle$ (没有耦合时, 这是一个稳态): [473]

$$|\psi(t=0)\rangle = |\varphi_2\rangle = \frac{1}{2k_1}[|\psi_1'\rangle - |\psi_2'\rangle] \tag{16}$$

利用 (14) 式, 便得到 t 时刻的态矢量为:

$$|\psi(t)\rangle = \frac{1}{2k_1}\mathrm{e}^{-\mathrm{i}E_1 t/\hbar}\mathrm{e}^{-\frac{1}{4}\gamma_1 t}[\mathrm{e}^{-\mathrm{i}k_1 t/\hbar}|\psi_1'\rangle - \mathrm{e}^{\mathrm{i}k_1 t/\hbar}|\psi_2'\rangle] \tag{17}$$

我们发现体系在 t 时刻处于态 $|\varphi_1\rangle$ 的概率 $\mathscr{P}_{21}(t)$ 为:

$$\begin{aligned}\mathscr{P}_{21}(t) &= |\langle\varphi_1|\psi(t)\rangle|^2 \\ &= \frac{1}{4|k_1|^2}\mathrm{e}^{-\gamma_1 t/2}|\mathrm{e}^{-\mathrm{i}k_1 t/\hbar}\langle\varphi_1|\psi_1'\rangle - \mathrm{e}^{\mathrm{i}k_1 t/\hbar}\langle\varphi_1|\psi_2'\rangle|^2 \\ &= \frac{1}{4|k_1|^2}\mathrm{e}^{-\gamma_1 t/2}|W_{12}|^2|\mathrm{e}^{-\mathrm{i}k_1 t/\hbar} - \mathrm{e}^{\mathrm{i}k_1 t/\hbar}|^2\end{aligned} \tag{18}$$

下面, 我们再区分几种情况:

(i) 如果条件

$$|W_{12}| > \frac{\hbar}{4}\gamma_1 \tag{19}$$

得以满足, 利用 (12) 式, 我们立即可以得到:

$$k_1 = -k_2 = \sqrt{|W_{12}|^2 - \left(\frac{\hbar}{4}\gamma_1\right)^2} \tag{20}$$

而本征值 ε_1' 和 ε_2' 则由下式给出:

$$\begin{aligned}\varepsilon_1' &= E_1 + \sqrt{|W_{12}|^2 - \left(\frac{\hbar}{4}\gamma_1\right)^2} - \mathrm{i}\frac{\hbar}{4}\gamma_1 \\ \varepsilon_2' &= E_1 - \sqrt{|W_{12}|^2 - \left(\frac{\hbar}{4}\gamma_1\right)^2} - \mathrm{i}\frac{\hbar}{4}\gamma_1\end{aligned} \tag{21}$$

ε_1' 与 ε_2' 的虚部相同但实部不同. 因此, 态 $|\psi_1'\rangle$ 和 $|\psi_2'\rangle$ 的寿命相同, 均为 $2\tau_1$, 但能量不相等.

将 (20) 式代入 (18) 式, 得到:

$$\mathscr{P}_{21}(t) = \frac{|W_{12}|^2}{|W_{12}|^2 - \left(\frac{\hbar}{4}\gamma_1\right)^2}\mathrm{e}^{-\gamma_1 t/2}\sin^2\left(\sqrt{|W_{12}|^2 - \left(\frac{\hbar}{4}\gamma_1\right)^2}\frac{t}{\hbar}\right) \tag{22}$$

这个结果的形状使我们回想起拉比公式 [参看第四章的方程 (C–32)]. 函数 $\mathscr{P}_{21}(t)$ 的曲线是时间常数为 $2\tau_1$ 的衰减型正弦曲线 (图 4–34). 实际上, (19)

式中的条件表明耦合是足够强的, 以至于在态 $|\varphi_1\rangle$ 的不稳定性表现出来之前, 体系已经被迫在态 $|\varphi_1\rangle$ 和态 $|\varphi_2\rangle$ 之间振荡.

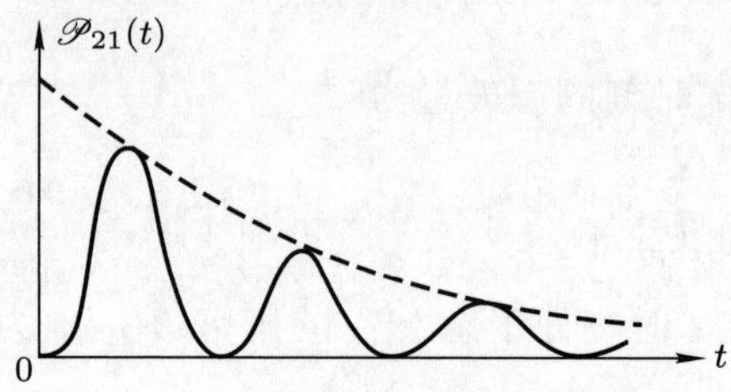

图 4–34 稳态 $|\varphi_2\rangle$ 与不稳定态 $|\varphi_1\rangle$ 之间的强耦合的影响. 如果体系的初态是 $|\varphi_2\rangle$, 那么, 在 t 时刻发现体系处于态 $|\varphi_1\rangle$ 的概率 $\mathscr{P}_{21}(t)$ 呈现衰减型的振荡.

[474] (ii) 和上面相反, 如果条件

$$|W_{12}| < \frac{\hbar}{4}\gamma_1 \tag{23}$$

得以满足, 便有:

$$k_1 = -k_2 = \mathrm{i}\sqrt{\left(\frac{\hbar}{4}\gamma_1\right)^2 - |W_{12}|^2} \tag{24}$$

以及

$$\begin{aligned}
\varepsilon_1' &= E_1 - \mathrm{i}\left[\frac{\hbar}{4}\gamma_1 - \sqrt{\left(\frac{\hbar}{4}\gamma_1\right)^2 - |W_{12}|^2}\right] \\
\varepsilon_2' &= E_1 - \mathrm{i}\left[\frac{\hbar}{4}\gamma_1 + \sqrt{\left(\frac{\hbar}{4}\gamma_1\right)^2 - |W_{12}|^2}\right]
\end{aligned} \tag{25}$$

由此可见, 态 $|\psi_1'\rangle$ 和态 $|\psi_2'\rangle$ 的能量相等, 但寿命不同, 公式 (18) 则变为:

$$\mathscr{P}_{21}(t) = \frac{|W_{12}|^2}{\left(\frac{\hbar}{4}\gamma_1\right)^2 - |W_{12}|^2}\mathrm{e}^{-\gamma_1 t/2}\mathrm{sh}^2\left(\sqrt{\left(\frac{\hbar}{4}\gamma_1\right)^2 - |W_{12}|^2}\frac{t}{\hbar}\right) \tag{26}$$

现在 $\mathscr{P}_{21}(t)$ 是衰减型的指数函数之和 (图 4–35).

从物理上看, 这个结果是不难理解的: 条件 (23) 表示寿命 τ_1 是足够短促的, 以至于耦合 W 还来不及迫使体系在两个态 $|\varphi_1\rangle$ 与 $|\varphi_2\rangle$ 之间振荡, 体系已遭到阻尼.

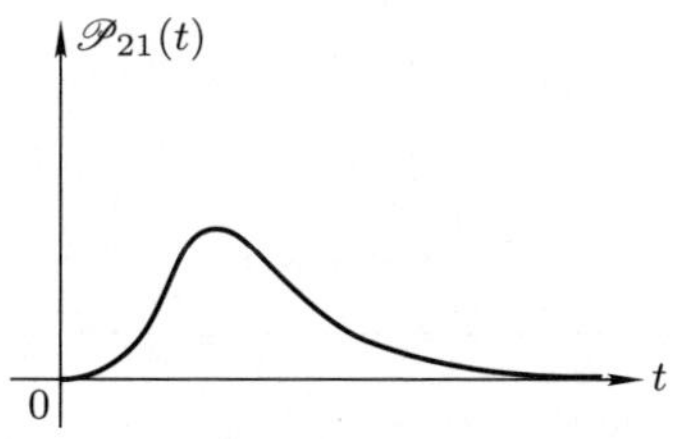

图 4–35 耦合很弱时, 在态 $|\varphi_1\rangle$ 和态 $|\varphi_2\rangle$ 之间的振荡就来不及发生.

(iii) 最后, 我们来看等号成立的情况: [475]

$$W_{12} = \frac{\hbar}{4}\gamma_1 \tag{27}$$

从 (14) 式可以看出, 这时态 $|\psi_1'\rangle$ 和态 $|\psi_2'\rangle$ 具有同样的能量 E_1 和同样的寿命 $2\tau_1$.

在这种情况下, 方程 (22) 和 (26) 都是不定型, 由此两式都可以得到:

$$\mathscr{P}_{21}(t) = \frac{|W_{12}|^2}{\hbar^2} t^2 \mathrm{e}^{-\gamma_1 t/2} \tag{28}$$

附注:

上面讨论的情况与有阻尼的谐振子的经典运动非常相似: 条件 (19)、(23) 及 (27) 分别对应于弱阻尼、强阻尼及临界阻尼的情况.

参考文献和阅读建议:

本文所讨论的现象有一个重要的应用, 就是利用电场来缩短亚稳态的寿命. 参看 Lamb 和 Retherford (3.11), 附录 Ⅱ; Sobel'man (11.12), 第 8 章, §28–5.

补充材料 $\mathrm{J_{IV}}$

[476]

练习

1. 考虑一个自旋为 $\frac{1}{2}$ 的粒子，其磁矩为 $\boldsymbol{M}=\gamma\boldsymbol{S}$. 算符 S_Z 的属于本征值 $+\frac{\hbar}{2}$ 与 $-\frac{\hbar}{2}$ 的本征矢为 $|+\rangle$ 与 $|-\rangle$, 我们取这两个矢量作为自旋态空间的基矢. $t=0$ 时, 体系的态为

$$|\psi(t=0)\rangle=|+\rangle$$

a. 若在 $t=0$ 时测量可观察量 S_x, 将得到什么结果? 这些结果出现的概率是多少?

b. 不进行上题所述的测量, 而让体系在平行于 Oy 轴的、数值为 B_0 的磁场影响下演变. 试以 $\{|+\rangle,|-\rangle\}$ 为基算出体系在 t 时刻的态.

c. 若在 t 时刻测量可观察量 S_x、S_y 及 S_z, 将得到什么结果? 这些结果出现的概率是多少? 如果这些测量之一的结果是确定的, 问 B_0 与 t 之间应有什么关系? 物理上怎样解释?

2. 仍然考虑上题的自旋为 $\frac{1}{2}$ 的粒子, 并沿用上题中的各符号.

a. 在 $t=0$ 时测量 S_y, 得到结果 $+\frac{\hbar}{2}$; 试确定刚测量之后的态矢量 $|\psi(0)\rangle$.

b. 紧接着这次测量, 我们施加一个平行于 Oz 轴并依赖于时间的均匀磁场. 于是粒子的哈密顿算符应为:

$$H(t)=\omega_0(t)S_z$$

假设在 $t<0$ 及 $t>T$ 时, 函数 $\omega_0(t)$ 为零, 而当 $0\leqslant t\leqslant T$ 时, 此函数线性地从 0 增大到 ω_0 (T 是一个已知参数, 具有时间的量纲). 试证: t 时刻的态矢量可以写作

$$|\psi(t)\rangle=\frac{1}{\sqrt{2}}[\mathrm{e}^{\mathrm{i}\theta(t)}|+\rangle+\mathrm{i}\mathrm{e}^{-\mathrm{i}\theta(t)}|-\rangle]$$

式中待定函数 $\theta(t)$ 是 t 的实函数.

c. 假设我们在时刻 $t=\tau>T$ 测量 S_y. 我们可能得到什么结果? 相应的概率是多少? 若测量结果是确定的, ω_0 与 T 之间应有什么关系? 物理上怎样解释?

3. 把一个自旋 $\frac{1}{2}$ 置于磁场 $\boldsymbol{B}_0$ 中, 此磁场的分量为:

$$\begin{cases} B_x = \frac{1}{\sqrt{2}}B_0 \\ B_y = 0 \\ B_z = \frac{1}{\sqrt{2}}B_0 \end{cases}$$

本题中所用的符号与第 1 题中的相同. [477]

a. 求体系的哈密顿算符 H 在基 $\{|+\rangle, |-\rangle\}$ 中的矩阵表示式.

b. 求 H 的本征值和本征矢.

c. 体系在 $t=0$ 时处于态 $|-\rangle$; 若在此时测量能量, 得到哪些结果? 这些结果出现的概率各有多大?

d. 求 t 时刻的态矢量 $|\psi(t)\rangle$; 若在此时刻测量 S_x, 试求可能得到的结果的平均值, 并对结果作出几何解释.

4. 在第四章 §B–2–b 所描述的实验装置 (参看图 4–8) 中, 一束自旋为 $\frac{1}{2}$ 的原子先通过第一套设备 (这套设备是使原子在 xOz 平面内沿与 Oz 轴成 θ 角的方向上偏振的 "起偏器"), 再通过第二套设备——"检偏器", 它可以测出自旋分量 S_z. 在本题中, 我们假设在起偏器和检偏器之间再加一个平行于 Ox 轴的均匀磁场 $\boldsymbol{B}_0$, 它的作用范围等于原子束的长度 L, 我们用 v 表示原子的速率, 于是 $T=L/v$ 就是原子受到磁场 B_0 作用的时间. 再令 $\omega_0=-\gamma B_0$.

a. 确定原子在进入检偏器的时刻其自旋态矢量 $|\psi_1\rangle$.

b. 试证: 若在检偏器中进行测量, 则所得结果为 $+\frac{\hbar}{2}$ 的概率是 $\frac{1}{2}(1+\cos\theta\cos\omega_0 T)$. 所得结果为 $-\frac{\hbar}{2}$ 的概率是 $\frac{1}{2}(1-\cos\theta\cos\omega_0 T)$, 并从物理上予以解释.

c. (这一小题和下一小题都涉及在补充材料 E_{III} 中定义过的密度算符的概念, 读者还可参看补充材料 E_{IV}). 试证: 进入检偏器的自旋的密度矩阵 ρ_1 在基 $\{|+\rangle, |-\rangle\}$ 中可以写作

$$\rho_1 = \frac{1}{2}\begin{pmatrix} 1+\cos\theta\cos\omega_0 T & \sin\theta + \mathrm{i}\cos\theta\sin\omega_0 T \\ \sin\theta - \mathrm{i}\cos\theta\sin\omega_0 T & 1-\cos\theta\cos\omega_0 T \end{pmatrix}$$

试计算 $\mathrm{Tr}\{\rho_1 S_x\}, \mathrm{Tr}\{\rho_1 S_y\}$ 及 $\mathrm{Tr}\{\rho_1 S_z\}$ 并予以解释. 又, 密度算符 ρ_1 是否表示纯态?

d. 现在假设一个原子的速率是随机变量, 从而 T 的数据便带有一个不确定度 ΔT. 再假设 B_0 的数值充分大, 以致 $\omega_0\Delta T \gg 1$. 于是, 乘积 $\omega_0 T$(模数为 2π) 的可能值就是 0 到 2π 之间的一切数值, 而且这些可能值都是等概率的.

在这种情况下, 试求在进入检偏器的时刻, 一个原子的密度算符 ρ_2. 这个 ρ_2 是否对应于纯态? 试计算 $\mathrm{Tr}\{\rho_2 S_x\}, \mathrm{Tr}\{\rho_2 S_y\}$ 及 $\mathrm{Tr}\{\rho_2 S_z\}$; 怎样解释所得结果? 密度算符在什么情况下描述完全偏振的自旋? 在什么情况下描述完全非偏振的自旋?

[478] 如果使 ω_0 的值从零增大到满足条件 $\omega_0 \Delta T \gg 1$ 的数值, 试定性地描述在检偏器出口处观察到的现象.

5. 自旋 $\frac{1}{2}$ 的演变算符 (参看补充材料 $\mathrm{F_{III}}$)

一个自旋为 $\frac{1}{2}$, 磁矩为 $\boldsymbol{M} = \gamma \boldsymbol{S}$ 的粒子, 处在磁场 $\boldsymbol{B}_0$ 中, $\boldsymbol{B}_0$ 的分量为 $B_x = -\omega_x/\gamma, B_y = -\omega_y/\gamma, B_z = -\omega_z/\gamma$. 我们令:

$$\omega_0 = -\gamma |\boldsymbol{B}_0|$$

a. 试证该自旋的演变算符可以写作:

$$U(t,0) = \mathrm{e}^{-\mathrm{i}Mt}$$

式中 M 是下列算符:

$$M = \frac{1}{\hbar}[\omega_x S_x + \omega_y S_y + \omega_z S_z] = \frac{1}{2}[\omega_x \sigma_x + \omega_y \sigma_y + \omega_z \sigma_z]$$

σ_x、σ_y 及 σ_z 是三个泡利矩阵 (参看补充材料 $\mathrm{A_{IV}}$).

在由 S_z 的本征矢构成的基 $\{|+\rangle, |-\rangle\}$ 中, 算出表示 M 的矩阵. 证明

$$M^2 = \frac{1}{4}[\omega_x^2 + \omega_y^2 + \omega_z^2] = \left(\frac{\omega_0}{2}\right)^2$$

b. 试将演变算符写成下列形式:

$$U(t,0) = \cos\left(\frac{\omega_0 t}{2}\right) - \frac{2\mathrm{i}}{\omega_0} M \sin\left(\frac{\omega_0 t}{2}\right)$$

c. 设一个自旋在 $t=0$ 时的态为 $|\psi(0)\rangle = |+\rangle$. 试证在 t 时刻发现它处在态 $|+\rangle$ 的概率是:

$$\mathscr{P}_{++}(t) = |\langle + | U(t,0) | + \rangle|^2$$

试导出下列关系式:

$$\mathscr{P}_{++}(t) = 1 - \frac{\omega_x^2 + \omega_y^2}{\omega_0^2} \sin^2\left(\frac{\omega_0 t}{2}\right)$$

并对此结果作出几何解释.

6. 设有一个体系包含两个自旋 $\frac{1}{2}$, $\boldsymbol{S}_1$ 和 $\boldsymbol{S}_2$; 取补充材料 D_{IV} 中定义的由四个矢量 $|\pm\pm\rangle$ 构成的基. $t=0$ 时体系的态为:

$$|\psi(0)\rangle = \frac{1}{2}|++\rangle + \frac{1}{2}|+-\rangle + \frac{1}{\sqrt{2}}|--\rangle$$

a. 在 $t=0$ 时测量 S_{1z}, 得到的结果为 $-\frac{\hbar}{2}$ 的概率是多少? 测量后的态矢 [479]
量如何? 如果随后再测量 S_{1x}, 我们将得到哪些结果? 对应的概率有多大? 对于测量 S_{1z} 得到的结果为 $+\frac{\hbar}{2}$ 的情况, 再解同样的问题.

b. 设体系处于上述的态 $|\psi(0)\rangle$, 若我们同时测量 S_{1z} 和 S_{2z}, 问得到相反的结果及相同的结果的概率各为若干?

c. 不进行上题中的测量, 而让体系在哈密顿算符

$$H = \omega_1 S_{1z} + \omega_2 S_{2z}$$

的影响下演变. 试求 t 时刻的态矢量 $|\psi(t)\rangle$. 试计算 t 时刻的平均值 $\langle \boldsymbol{S}_1 \rangle$ 和 $\langle \boldsymbol{S}_2 \rangle$, 并从物理上予以解释.

d. 试证矢量 $\langle \boldsymbol{S}_1 \rangle$ 与 $\langle \boldsymbol{S}_2 \rangle$ 的长度都小于 $\frac{\hbar}{2}$; 如果两者的长度都等于 $+\hbar/2$, 问 $|\psi(0)\rangle$ 应具什么形式?

7. 仍然考虑上题中由两个自旋 $\frac{1}{2}$ 构成的体系; 态空间的基仍由四个矢量 $|\pm\pm\rangle$ 构成.

a. 在这个基中, 试写出表示算符 S_{1y} 的 4×4 矩阵, 试求此矩阵的本征值和本征矢.

b. 体系的归一化的态矢量可以写作

$$|\psi\rangle = \alpha|++\rangle + \beta|+-\rangle + \gamma|-+\rangle + \delta|--\rangle$$

式中 α、β、γ 及 δ 都是已知的复数. 如果同时测量 S_{1x} 和 S_{2y}, 将得到哪些结果? 对应的概率是多少? 如果 $|\psi\rangle$ 是第一个自旋的态空间中的矢量与第二个自旋的态空间中的矢量的张量积, 问上述概率又是多少?

c. 测量 S_{1y} 和 S_{2y}, 再解同样的问题.

d. 不进行上述测量, 只测量 S_{2y}. 试先用题 b 的结果, 再用题 c 的结果, 去计算测得 $-\frac{\hbar}{2}$ 的概率.

8. 试考虑由三个等距离排列的原子构成的线性三原子分子中的一个电子 (图 4–36). 我们用 $|\varphi_A\rangle$、$|\varphi_B\rangle$、$|\varphi_C\rangle$ 表示该电子的三个正交归一态, 它们分

别对应于定域在原子 A、B、C 的核附近的三个波函数. 下面我们只考虑由 $|\varphi_A\rangle$、$|\varphi_B\rangle$ 和 $|\varphi_C\rangle$ 所张成的态空间中的子空间.

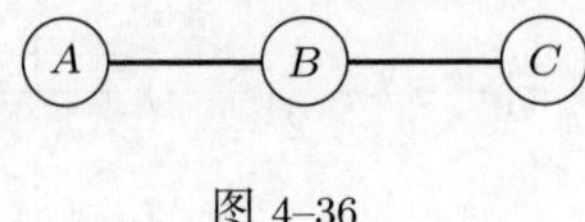

图 4–36

当我们不考虑电子从一个核跳到另一个核的可能性时, 它的能量可以由哈密顿算符 H_0 来表示, 这个算符的本征态为 $|\varphi_A\rangle$、$|\varphi_B\rangle$、$|\varphi_C\rangle$, 三者属于同一本征值 E_0. 三个态 $|\varphi_A\rangle$、$|\varphi_B\rangle$、$|\varphi_C\rangle$ 之间的耦合可用一个附加的哈密顿算符
[480] W 描述, 其定义是 (a 为正的实常数):

$$W|\varphi_A\rangle = -a|\varphi_B\rangle$$
$$W|\varphi_B\rangle = -a|\varphi_A\rangle - a|\varphi_C\rangle$$
$$W|\varphi_C\rangle = -a|\varphi_B\rangle$$

a. 试求哈密顿算符 $H = H_0 + W$ 的本征值和本征矢.

b. 电子在 $t = 0$ 时的态为 $|\varphi_A\rangle$, 试定性地讨论电子在此后的某一时刻 t 的定域情况. 是否存在这样的 t, 在该时刻电子完全定域在原子 A (或 B, 或 C) 的附近?

c. 设 D 是这样一个观察算符, 它的本征态为 $|\varphi_A\rangle$、$|\varphi_B\rangle$、$|\varphi_C\rangle$, 对应的本征值分别为 $-d$、0、d. 如果在 t 时刻测量可观察量 D, 我们将得到哪些结果? 相应的概率有多大?

d. 设电子的初态是任意的, 在 $\langle D\rangle$ 的演变过程中可能出现的玻尔频率如何? 试述 D 的物理意义; 这个分子所能吸收或发射的电磁波的频率如何?

9. 一个分子由排列成正六角形的六个全同原子 $A_1, A_2, \cdots, A_6$ 所构成 (图 4–37). 我们考虑这样一个电子, 它可以定域在每一个原子附近. 当它定域在第 n 个 ($n = 1, 2, \cdots, 6$) 原子附近时, 我们就用 $|\varphi_n\rangle$ 来表示它的态. 假设诸 $|\varphi_n\rangle$ 是正交归一的. 下面我们只考虑在这些 $|\varphi_n\rangle$ 张成的空间中的电子态.

a. 我们定义一个算符 R 如下:

$$R|\varphi_1\rangle = |\varphi_2\rangle; \quad R|\varphi_2\rangle = |\varphi_3\rangle; \cdots; \quad R|\varphi_6\rangle = |\varphi_1\rangle$$

试求 R 的本征值和本征态. 试证 R 的诸本征矢构成态空间的一个基.

b. 当不考虑电子从一个顶点跳到另一个顶点的可能性时, 它的能量可以由这样的哈密顿算符 H_0 来表示, 其本征态就是六个态 $|\varphi_n\rangle$, 它们对应于同一

本征值 E_0. 如同在上题中那样, 为了描述电子从一个原子跳到另一个原子的可能性, 我们给哈密顿算符 H_0 添上一个微扰项 W, 其定义是:

$$W|\varphi_1\rangle = -a|\varphi_6\rangle - a|\varphi_2\rangle; \quad W|\varphi_2\rangle = -a|\varphi_1\rangle - a|\varphi_3\rangle;$$
$$\cdots; \quad W|\varphi_6\rangle = -a|\varphi_5\rangle - a|\varphi_1\rangle$$

试证 R 可以和总哈密顿算符 $H = H_0 + W$ 对易. 根据这个结论求出 H 的本征态和本征值. 在这些本征态中, 电子是不是定域的? 试应用这些考虑去讨论苯分子.

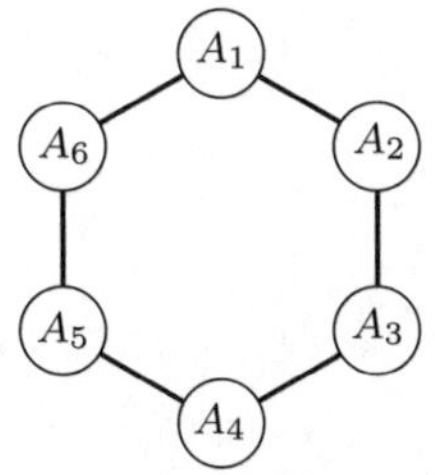

图 4–37

练习 9 参考文献: Feynman Ⅲ (1.2), §15–4.

第五章

一维谐振子 [481]

[482] 第五章提纲

§A. 引言	1. 谐振子在物理学中的重要性 2. 经典力学中的谐振子 3. 哈密顿算符的一般性质
§B. 哈密顿算符的本征值	1. 符号 a. 算符 $\widehat{X}$ 和 $\widehat{P}$ b. 算符 a, a^+ 及 N 2. 谱的确定 a. 引理 b. N 的谱由非负整数构成 c. 对算符 a 与 a^+ 的解释 3. 本征值的简并度 a. 基态能级是非简并的 b. 所有的能级都是非简并的
§C. 哈密顿算符的本征态	1. $\{\|\varphi_n\rangle\}$ 表象 a. 基矢量表为 $\|\varphi_0\rangle$ 的函数 b. 正交归一关系式和封闭性关系式 c. 各算符的作用 2. 与定态相联系的波函数
§D. 讨论	1. X 和 P 在态 $\|\varphi_n\rangle$ 中的平均值和方均根偏差 2. 基态的性质 3. 平均值随时间的变化

§A. 引言 [483]

1. 谐振子在物理学中的重要性

这一章专门讨论一种特别重要的物理体系: 一维谐振子.

这种体系的最简单的例子, 就是处在下述势场中的一个质量为 m 的粒子, 此势场只依赖于 x, 其形式为:

$$V(x)=\frac{1}{2}kx^2 \tag{A–1}$$

(k 是一个正的实常数). 粒子受到的恢复力为:

$$F_x=-\frac{\mathrm{d}V}{\mathrm{d}x}=-kx \tag{A–2}$$

这个力正比于粒子与平面 $x=0$ 之间的距离 x, 在这个力的作用下, 粒子总是被拉向平面 $x=0$[$V(x)$ 为极小值的位置, 对应于稳定平衡位置]. 我们知道, 在经典力学中, 此粒子的运动在 Ox 轴上的投影是围绕着点 $x=0$ 的正弦型振荡, 其角频率为:

$$\omega=\sqrt{\frac{k}{m}} \tag{A–3}$$

事实上, 很多体系都遵从 (至少近似地遵从) 谐振子的方程. 每当我们研究一个物理体系在稳定平衡位置附近的行为时, 所得的方程在微小振动的极限情况下就是谐振子的方程 (参看 §A–2). 因此, 我们在这一章里将要得到的那些结果都可以应用到一系列重要的物理现象; 例如, 分子中的原子在平衡位置附近的振动, 晶格中原子或离子的振荡 (声子)①.

谐振子也渗入了对电磁场的研究. 我们知道, 在空腔中存在着无穷多种可能的驻波 (即空腔的简正模式). 我们可以将电磁场按这些简正模式展开; 利用麦克斯韦方程组可以证明, 展开式的诸系数 (它们描述场在每一时刻的态) 各自所满足的微分方程都与谐振子方程相同, 其中的 ω 就是对应的简正模式的角频率. 换句话说, 电磁场在形式上相当于独立的谐振子的集合 (参看补充材料 $\mathrm{K_V}$). 只要将对应于空腔的各个简正模式的振子量子化, 就实现了场的量子化. 此外, 我们提醒一下, 正是对这些振子在热平衡下的行为的研究 (黑体辐
射问题) 引导普朗克在历史上首先把现在以他的名字命名的常数 h引入物理 [484]
学中. 实际上, 我们将会看到 (参看补充材料 $\mathrm{L_V}$), 在温度为 T 的热力学平衡中, 经典的与量子的谐振子的平均能量并不相等.

① 在补充材料 $\mathrm{A_V}$ 中定性地研究了谐振子的一些例子.

在描述处于同一量子态的全同粒子的集合时, 谐振子这个概念也起着重要的作用 (显然, 这里只涉及玻色子, 参看第十四章). 在后面我们将会看到, 这是因为谐振子的诸能级是等距的, 两个相邻能级间的距离都是 $\hbar\omega$. 对于指标为整数 n 的能级 (它在基态能级以上距离为 $n\hbar\omega$ 的位置上), 我们可以给它联系上一个含有 n 个能量都是 $\hbar\omega$ 的全同粒子 (或量子) 的集合. 振子从能级 n 跃迁到能级 $n+1$ 或能级 $n-1$, 便对应着一个能量子 $\hbar\omega$ 的产生或湮没. 我们在这一章里还要引入算符 $a^\dagger$ 和 a, 特地用它们来描述从能级 n 到能级 $n+1$ 或能级 $n-1$ 的过渡. 这两个算符分别叫做产生算符、湮没算符, 是量子统计力学和量子场论中经常用到的算符①.

因此, 从物理学的观点来看, 在量子力学中对谐振子进行详细研究是极为重要的. 此外, 这里涉及的是一个其薛定谔方程可以严格求解的量子体系. 除了在第四章研究过的自旋为 1/2 的粒子及双能级体系以外, 我们现在所要讨论的是另一个可以说明量子力学一般原理的简单例子. 特别地, 我们要阐明, 只用算符及其对易关系怎样求解本征值方程 (在第六章中对于角动量也将使用同样的方法). 我们还要详细探讨波包的运动, 特别是在经典极限下的情况 (参看讨论准经典态的补充材料 G_V).

在 §A-2 中, 我们复习一下经典振子的一些结果; 然后再叙述哈密顿算符 H 的本征值的一些普遍性质 (§A-3). 在 §B 和 §C 中, 我们通过产生算符和湮没算符的引入, 并且仅仅利用正则对易关系 $[X,P]=\mathrm{i}\hbar$ 的推论以及 H 的特殊形式, 来确定本征值和本征矢. 在 §D 中, 我们将从物理上讨论谐振子的定态, 以及由这些定态的线性叠加所构成的波包.

2. 经典力学中的谐振子

势能 $V(x)$ [公式 (A–1)] 如图 5–1 所示. 粒子的运动遵从下列的动力学方程:

$$m\frac{\mathrm{d}^2x}{\mathrm{d}t^2}=-\frac{\mathrm{d}V}{\mathrm{d}x}=-kx \tag{A–4}$$

[485] 这个方程的通解具有下列形式:

$$x=x_\mathrm{M}\cos(\omega t-\varphi) \tag{A–5}$$

式中 ω 由 (A–3) 式定义, 积分常数 x_M 和 φ 由运动的初始条件所确定. 由此可见, 粒子在原点 O 附近作正弦型振荡, 振幅是 x_M, 角频率是 ω.

① 量子场论的目的在于描述在相对论范畴内粒子间的相互作用, 特别是电子、正电子和光子间的相互作用. 容易想见, 粒子的产生算符或湮没算符是很重要的, 因为这一类过程 (光子的吸收与发射, 电子偶的产生, ……) 是可以在实验中具体观察到的.

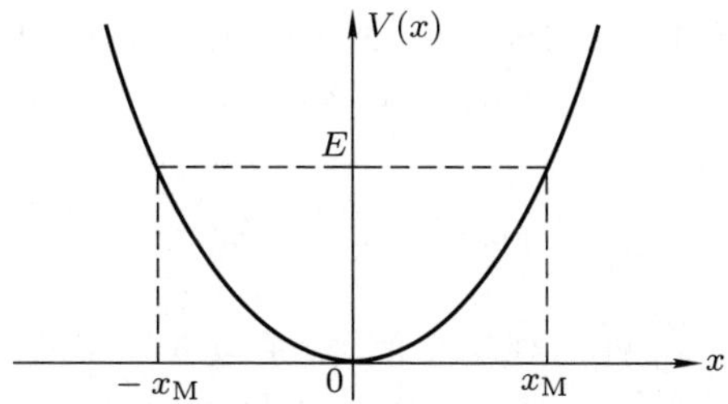

图 5–1　一维谐振子的势能 $V(x)$. 能量为 E 的经典运动的振幅为 x_{M}.

粒子的动能为

$$T=\frac{1}{2}m\left(\frac{\mathrm{d}x}{\mathrm{d}t}\right)^2=\frac{p^2}{2m} \tag{A–6}$$

其中 $p=m\dfrac{\mathrm{d}x}{\mathrm{d}t}$ 是粒子的动量. 因而总能量为:

$$E=T+V=\frac{p^2}{2m}+\frac{1}{2}m\omega^2x^2 \tag{A–7}$$

将解 (A–5) 代入上式, 便得到:

$$E=\frac{1}{2}m\omega^2x_{\mathrm{M}}^2 \tag{A–8}$$

由此可见, 粒子的能量与时间无关 (这是保守体系的普遍性质); 而且由于 x_{M} 可取任意值, 故能量可以为任意正数或零.

如果我们将总能量 E 的值固定, 那么, 在图 5–1 上就可以确定经典运动的范围 $x=\pm x_{\mathrm{M}}$, 为此, 只须找出高度为 E 的平行于 Ox 轴的直线与抛物线的交点. 在交点处, $x=\pm x_{\mathrm{M}}$, 势能达到极大值, 等于 E, 而动能为零; 反之, 在 $x=0$ 处, 势能为零而动能达到极大值.

附注:

我们来考虑任意的势 $V(x)$, 它的极小值位于 $x=x_0$ 处 (图 5–2). 将函数 $V(x)$ 在点 x_0 附近展为泰勒级数：

$$V(x)=a+b(x-x_0)^2+c(x-x_0)^3+\cdots \tag{A–9}$$

展开式的系数分别为： [486]

$$\begin{aligned}a&=V(x_0)\\ b&=\frac{1}{2}\left(\frac{\mathrm{d}^2V}{\mathrm{d}x^2}\right)_{x=x_0}\\ c&=\frac{1}{3!}\left(\frac{\mathrm{d}^3V}{\mathrm{d}x^3}\right)_{x=x_0}\end{aligned} \tag{A–10}$$

因为点 x_0 对应于 $V(x)$ 的极小值, 故 $(x-x_0)$ 的一次项等于零. 在点 x_0 附近, 从势函数 $V(x)$ 导出的力可以写作:

$$F_x = -\frac{\mathrm{d}V}{\mathrm{d}x} = -2b(x-x_0) - 3c(x-x_0)^2 + \cdots \tag{A–11}$$

由于 $V(x)$ 在 $x=x_0$ 处出现极小值, 故系数 b 是正的.

点 $x=x_0$ 就是粒子的稳定平衡位置. 这是因为, 在 $x=x_0$ 处, F_x 为零; 而且 b 是正数, 对于充分小的 $(x-x_0)$, F_x 与 $(x-x_0)$ 是反号的.

如果粒子在 x_0 附近运动的振幅足够小, 以致 (A–9) 式中的 $(x-x_0)^3$ 项 [从而, (A–11) 式中与之对应的 $(x-x_0)^2$ 项] 与前面的项相较可以忽略, 那么, 我们要处理的就是一个谐振子的问题了, 因为这时可将其动力学方程近似地写作:

$$m\frac{\mathrm{d}^2x}{\mathrm{d}t^2} \simeq -2b(x-x_0). \tag{A–12}$$

其角频率 ω 与 $V(x)$ 的二阶导数在 $x=x_0$ 处的值有关, 公式如下:

$$\omega = \sqrt{\frac{2b}{m}} = \sqrt{\frac{1}{m}\left(\frac{\mathrm{d}^2V}{\mathrm{d}x^2}\right)_{x=x_0}} \tag{A–13}$$

由于运动的振幅始终很小, 故谐振子的能量将是很小的.

[487] 如果能量 E 的值较大, 那么粒子将在两个极端位置 x_1 和 x_2 之间 (图 5–2) 进行周期性的但非正弦型的运动. 如果将表示粒子位置的函数 $x(t)$ 展为傅里叶级数, 我们得到的将不是一个而是一系列正弦项, 各项的频率都是前项频率的倍数. 这时我们称这体系为非谐性振子. 此外, 还要注意, 这时运动的周期一般不是 $2\pi/\omega$, 这里的 ω 是 (A–13) 式给出的值.

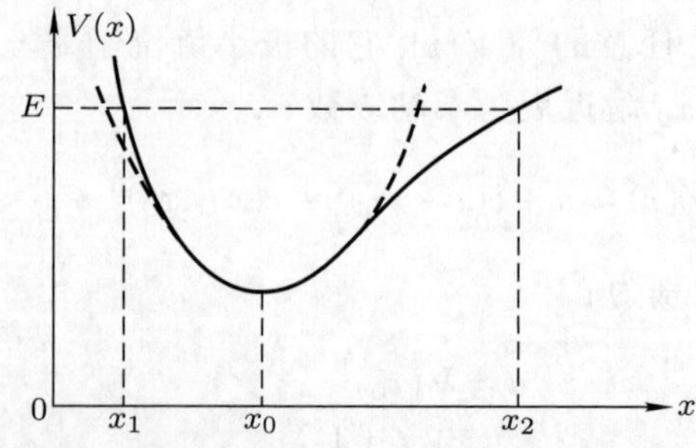

图 5–2 任何势 $V(x)$ 在它具有极小值的点 $x=x_0$ 附近都可近似地用一个抛物形势 (虚线) 来代替. 在势场 $V(x)$ 中, 一个能量为 E 的经典粒子将在 x_1 和 x_2 之间振荡.

3. 哈密顿算符的一般性质

在量子力学中, 经典量 x 和 p 应分别用观察算符 X 和 P 来代替, 它们满足关系:

$$[X, P] = \mathrm{i}\hbar \tag{A–14}$$

于是根据 (A–7) 式, 我们很容易得到体系的哈密顿算符:

$$H = \frac{P^2}{2m} + \frac{1}{2}m\omega^2 X^2 \tag{A–15}$$

由于 H 与时间无关 (保守体系), 对谐振子的量子研究便归结为求解本征值方程:

$$H|\varphi\rangle = E|\varphi\rangle \tag{A–16}$$

在 $\{|x\rangle\}$ 表象中, 此式可以写作:

$$\left[-\frac{\hbar^2}{2m}\frac{\mathrm{d}^2}{\mathrm{d}x^2} + \frac{1}{2}m\omega^2 x^2\right]\varphi(x) = E\varphi(x) \tag{A–17}$$

在详细研究方程 (A–16) 之前, 我们先指出可从形如 (A–1) 式的势函数得到的一些重要性质:

(i) 哈密顿算符的本征值都是正的. 事实上, 我们可以普遍证明 (参看补充材料 $\mathrm{M_{III}}$), 如果势函数 $V(x)$ 具有下界, 则哈密顿算符 $H = \dfrac{P^2}{2m} + V(x)$ 的各本征值都大于 $V(x)$ 的极小值, 即若

$$V(x) \geqslant V_{\mathrm{m}} \quad 则 \quad E > V_{\mathrm{m}} \tag{A–18}$$

对于现在所要讨论的谐振子, 我们已经选择能量的原点使得 V_{m} 为零.

(ii) H 的本征函数具有确定的宇称. 这是因为势 $V(x)$ 为一个偶函数:

$$V(-x) = V(x) \tag{A–19}$$

因此, 我们可以 (参看补充材料 $\mathrm{F_{II}}$ 和 $\mathrm{C_{V}}$) 在具有确定宇称的那些函数中去寻
找 H 在 $\{|x\rangle\}$ 表象中的本征函数 (事实上, 我们将会看到, H 的本征值都是非 [488]
简并的; 因而, 定态波函数一定或为偶函数或为奇函数).

(iii) 能谱是离散的. 实际上, 不论总能量的数值如何, 粒子的经典运动总是局限在 Ox 轴上的一个有界区间内 (图 5–1), 我们可以证明 (补充材料 $\mathrm{M_{III}}$), 在这种情况下, 哈密顿算符的本征值构成一个离散集合.

在下面几段的结果中, 我们将会明显地见到这些性质 (且表现为更具体的形式). 但是指出这样一点是很有意义的: 只要将一维问题的普遍定理应用于谐振子, 我们就会简单地得到这些性质.

§B. 哈密顿算符的本征值

现在我们着手研究本征值方程 (A–16), 首先, 仅仅利用正则对易关系 (A–14) 去求 (A–15) 式中的哈密顿算符的谱.

1. 符号

我们先引入一些即将显得很方便的符号.

a. 算符 $\widehat{X}$ 和 $\widehat{P}$

观察算符 X 和 P 显然是有量纲的 (前者具有长度的量纲, 后者具有动量的量纲). 我们已经知道, ω 的量纲是时间的倒数, $\hbar$ 的量纲是作用量 (能量和时间的乘积), 据此, 不难看出由以下两式定义的可观察量 $\widehat{X}$ 和 $\widehat{P}$ 是没有量纲的:

$$\begin{aligned}\widehat{X} &= \sqrt{\frac{m\omega}{\hbar}}X \\ \widehat{P} &= \frac{1}{\sqrt{m\hbar\omega}}P\end{aligned} \tag{B–1}$$

利用这两个新算符, 便可将正则对易关系式写作:

$$[\widehat{X}, \widehat{P}] = \mathrm{i} \tag{B–2}$$

而哈密顿算符则应写成下列形式:

$$H = \hbar\omega\widehat{H} \tag{B–3}$$

其中

$$\widehat{H} = \frac{1}{2}(\widehat{X}^2 + \widehat{P}^2) \tag{B–4}$$

[489] 于是, 我们即将求解的本征值方程为:

$$\widehat{H}|\varphi_\nu^i\rangle = \varepsilon_\nu|\varphi_\nu^i\rangle \tag{B–5}$$

这里的算符 $\widehat{H}$ 和本征值 ε_ν 都是无量纲的. 指标 ν 既可属于离散集合也可属于连续集合, 辅助指标 i 则用来区别属于同一本征值 ε_ν 的若干个互相正交的本征矢.

b. 算符 $a, a^\dagger$ 以及 N

如果 $\widehat{X}$ 和 $\widehat{P}$ 是数而不是算符, 那么, 我们应该可以将定义 $\widehat{H}$ 的 (B–4) 式中的和 $\widehat{X}^2 + \widehat{P}^2$ 写成两线性项的乘积: $(\widehat{X} - \mathrm{i}\widehat{P})(\widehat{X} + \mathrm{i}\widehat{P})$. 事实上, $\widehat{X}$ 和 $\widehat{P}$ 是

不可对易的算符, 因此 $\widehat{X}^2+\widehat{P}^2$ 并不等于 $(\widehat{X}-\mathrm{i}\widehat{P})(\widehat{X}+\mathrm{i}\widehat{P})$. 但是, 我们将表明, 只要引入与 $\widehat{X}+\mathrm{i}\widehat{P}$ 和与 $\widehat{X}-\mathrm{i}\widehat{P}$ 成正比的算符, 就可使求 $\widehat{H}$ 的本征值和本征矢的工作大大简化.

因此, 我们令①:

$$a=\frac{1}{\sqrt{2}}(\widehat{X}+\mathrm{i}\widehat{P}) \tag{B–6–a}$$

$$a^\dagger=\frac{1}{\sqrt{2}}(\widehat{X}-\mathrm{i}\widehat{P}) \tag{B–6–b}$$

由此两式立即可以求出用 $a, a^\dagger$ 表示 $\widehat{X}$ 和 $\widehat{P}$ 的式子:

$$\widehat{X}=\frac{1}{\sqrt{2}}(a^\dagger+a) \tag{B–7–a}$$

$$\widehat{P}=\frac{\mathrm{i}}{\sqrt{2}}(a^\dagger-a) \tag{B–7–b}$$

虽然 $\widehat{X}$ 和 $\widehat{P}$ 是厄米算符, a 和 $a^\dagger$ (由于因子 i) 却不是厄米算符, 但它们互为伴随算符.

利用 (B–6) 和 (B–2) 很容易算出 a 与 $a^\dagger$ 的对易子:

$$\begin{aligned}[a,a^\dagger]&=\frac{1}{2}[\widehat{X}+\mathrm{i}\widehat{P},\widehat{X}-\mathrm{i}\widehat{P}]\\&=\frac{\mathrm{i}}{2}[\widehat{P},\widehat{X}]-\frac{\mathrm{i}}{2}[\widehat{X},\widehat{P}]\end{aligned} \tag{B–8}$$

这就是说

$$[a,a^\dagger]=1 \tag{B–9}$$

这个关系式完全等价于正则对易关系式 (A–14).

最后, 我们推导几个在本章后面要用的简单公式. 首先计算 $a^\dagger a$: [490]

$$\begin{aligned}a^\dagger a&=\frac{1}{2}(\widehat{X}-\mathrm{i}\widehat{P})(\widehat{X}+\mathrm{i}\widehat{P})\\&=\frac{1}{2}(\widehat{X}^2+\widehat{P}^2+\mathrm{i}\widehat{X}\widehat{P}-\mathrm{i}\widehat{P}\widehat{X})\\&=\frac{1}{2}(\widehat{X}^2+\widehat{P}^2-1).\end{aligned} \tag{B–10}$$

与 (B–4) 比较, 我们看出:

$$\widehat{H}=a^\dagger a+\frac{1}{2}=\frac{1}{2}(\widehat{X}-\mathrm{i}\widehat{P})(\widehat{X}+\mathrm{i}\widehat{P})+\frac{1}{2} \tag{B–11}$$

---

① 直到现在, 我们都是用大写字母表示算符. 但是为了和习惯一致, 我们将用小写字母 a 和 $a^\dagger$ 表示 (B–6) 中的算符.

与经典情况不一样, 我们不可能将 $\widehat{H}$ 写成线性项的乘积. 在 (B–11) 的右端出现 1/2 这一项, 其原因就在于 $\widehat{X}$ 和 $\widehat{P}$ 的不可对易性. 同样可以证明

$$\widehat{H} = aa^\dagger - \frac{1}{2} \tag{B–12}$$

我们再引入一个算符 N, 其定义是:

$$N = a^\dagger a \tag{B–13}$$

这是一个厄米算符, 因为:

$$N^\dagger = a^\dagger (a^\dagger)^\dagger = a^\dagger a = N \tag{B–14}$$

此外, 根据 (B–11) 式:

$$\widehat{H} = N + \frac{1}{2} \tag{B–15}$$

由此可见, $\widehat{H}$ 的本征矢都是 N 的本征矢, 反之亦然.

最后我们再来计算 N 与 a 以及 N 与 $a^\dagger$ 的对易子:

$$\begin{aligned} [N, a] &= [a^\dagger a, a] = a^\dagger [a, a] + [a^\dagger, a] a = -a \\ [N, a^\dagger] &= [a^\dagger a, a^\dagger] = a^\dagger [a, a^\dagger] + [a^\dagger, a^\dagger] a = a^\dagger \end{aligned} \tag{B–16}$$

这就是说

$$[N, a] = -a \tag{B–17–a}$$

$$[N, a^\dagger] = a^\dagger \tag{B–17–b}$$

我们将以算符 $a, a^\dagger$ 及 N 的运算为基础来开展对谐振子的研究. 我们把最初以 (B–5) 的形式写出的 $\widehat{H}$ 的本征值方程, 换成 N 的本征值方程:

$$N|\varphi_\nu^i\rangle = \nu|\varphi_\nu^i\rangle \tag{B–18}$$

[491] 这个方程一旦解出, 我们将会知道 N 的本征矢 $|\varphi_\nu^i\rangle$ 也是 H 的对应于本征值 $E_\nu = (\nu + 1/2)\hbar\omega$ [公式 (B–3) 及 (B–15)] 的本征矢:

$$H|\varphi_\nu^i\rangle = (\nu + 1/2)\hbar\omega|\varphi_\nu^i\rangle \tag{B–19}$$

求解方程 (B–18) 要根据与最初的公式 (A–14) 等价的对易关系 (B–9), 以及由此推出的公式 (B–17).

2. 谱的确定

a. 引理

α. 引理 I (N 的本征值的性质)

算符 N 的本征值 ν 都是正数或零.

我们来考虑 N 的任意一个本征矢 $|\varphi_\nu^i\rangle$. 矢量 $a|\varphi_\nu^i\rangle$ 的模的平方为正数或零, 即

$$\|a|\varphi_\nu^i\rangle\|^2 = \langle\varphi_\nu^i|a^\dagger a|\varphi_\nu^i\rangle \geqslant 0 \tag{B–20}$$

利用 N 的定义 (B–13), 便有

$$\langle\varphi_\nu^i|a^\dagger a|\varphi_\nu^i\rangle = \langle\varphi_\nu^i|N|\varphi_\nu^i\rangle = \nu\langle\varphi_\nu^i|\varphi_\nu^i\rangle \tag{B–21}$$

由于 $\langle\varphi_\nu^i|\varphi_\nu^i\rangle$ 是正的, 比较 (B–20) 和 (B–21), 便知

$$\nu \geqslant 0 \tag{B–22}$$

β. 引理 II (矢量 $a|\varphi_\nu^i\rangle$ 的性质)

假设 $|\varphi_\nu^i\rangle$ 是 N 的非零本征矢, 属于本征值 ν.

—若 $\nu = 0$, 则右矢 $a|\varphi_{\nu=0}^i\rangle$ 为零.

—若 $\nu > 0$, 则右矢 $a|\varphi_\nu^i\rangle$ 是 N 的非零本征矢, 属于本征值 $\nu - 1$.

(i) 根据 (B–21) 式, 如果 $\nu = 0$, 那么, $a|\varphi_\nu^i\rangle$ 的模的平方等于零; 但是, 当而且仅当一个矢量为零时, 它的模才等于零. 因而, 如果 $\nu = 0$ 是 N 的本征值, 那么, 属于这个本征值的任何本征矢 $|\varphi_0^i\rangle$ 都满足下列等式:

$$a|\varphi_0^i\rangle = 0 \tag{B–23}$$

我们还可以证明, 等式 (B–23) 是这些本征矢的特征. 我们考虑一个矢量 $|\varphi\rangle$, 假设它满足关系

$$a|\varphi\rangle = 0 \tag{B–24}$$

用 $a^\dagger$ 左乘此式的两端有:

$$a^\dagger a|\varphi\rangle = N|\varphi\rangle = 0 \tag{B–25}$$

因而, 满足 (B–24) 的每一个矢量都是 N 的属于本征值 $\nu = 0$ 的本征矢. [492]

(ii) 现在假设 ν 确定地为正数, 根据 (B–21), 既然模的平方不等于零, 那么, $a|\varphi_\nu^i\rangle$ 也不等于零.

我们要证明 $a|\varphi_\nu^i\rangle$ 是 N 的本征矢. 为此, 我们将算符关系式 (B–17–a) 应用于矢量 $|\varphi_\nu^i\rangle$:

$$\begin{aligned}[N,a]|\varphi_\nu^i\rangle &= -a|\varphi_\nu^i\rangle \\ Na|\varphi_\nu^i\rangle &= aN|\varphi_\nu^i\rangle - a|\varphi_\nu^i\rangle \\ &= a\nu|\varphi_\nu^i\rangle - a|\varphi_\nu^i\rangle\end{aligned} \tag{B–26}$$

于是:

$$N[a|\varphi_\nu^i\rangle] = (\nu-1)[a|\varphi_\nu^i\rangle] \tag{B–27}$$

这就证明了 $a|\varphi_\nu^i\rangle$ 是 N 的本征矢, 属于本征值 $\nu-1$.

γ. 引理 Ⅲ (矢量 $a^\dagger|\varphi_\nu^i\rangle$ 的性质)

假设 $|\varphi_\nu^i\rangle$ 是 N 的一个非零本征矢, 属于本征值 ν,

—$a^\dagger|\varphi_\nu^i\rangle$ 永远不为零.

—$a^\dagger|\varphi_\nu^i\rangle$ 是 N 的本征矢, 属于本征值 $\nu+1$.

(i) 利用公式 (B–9) 和 (B–13) 很容易计算矢量 $a^\dagger|\varphi_\nu^i\rangle$ 的模的平方:

$$\begin{aligned}\|a^\dagger|\varphi_\nu^i\rangle\|^2 &= \langle\varphi_\nu^i|aa^\dagger|\varphi_\nu^i\rangle \\ &= \langle\varphi_\nu^i|(N+1)|\varphi_\nu^i\rangle \\ &= (\nu+1)\langle\varphi_\nu^i|\varphi_\nu^i\rangle\end{aligned} \tag{B–28}$$

根据引理 I, 由于 ν 是正数或零, 于是右矢 $a^\dagger|\varphi_\nu^i\rangle$ 的模永远不为零, 故该右矢也永远不为零.

(ii) 类似于引理 Ⅱ 的证明, 要证明 $a^\dagger|\varphi_\nu^i\rangle$ 是 N 的本征矢, 只需利用算符关系式 (B–17–b), 此式给出:

$$\begin{aligned}[N,a^\dagger]|\varphi_\nu^i\rangle &= a^\dagger|\varphi_\nu^i\rangle \\ Na^\dagger|\varphi_\nu^i\rangle &= a^\dagger N|\varphi_\nu^i\rangle + a^\dagger|\varphi_\nu^i\rangle = (\nu+1)a^\dagger|\varphi_\nu^i\rangle\end{aligned} \tag{B–29}$$

b. N 的谱由非负整数构成

我们考虑 N 的任意一个本征值 ν, 以及与它对应的非零本征矢 $|\varphi_\nu^i\rangle$.

根据引理 I, ν 一定是正数或零. 我们先假定 ν 不是整数, 然后证明这个假设与引理 I 相抵触, 因而应该被排除. 事实上, 如果 ν 不是整数, 则我们总能找到这样的整数 $n \geqslant 0$, 使得

$$n < \nu < n+1 \tag{B–30}$$

[493] 我们再来考虑下面的矢量序列:

$$|\varphi_\nu^i\rangle, a|\varphi_\nu^i\rangle, \cdots, a^n|\varphi_\nu^i\rangle \tag{B–31}$$

根据引理 Ⅱ, 这个序列中的每一个矢量 $a^p|\varphi_\nu^i\rangle(0 \leqslant p \leqslant n)$ 都不为零, 而且是 N 的本征矢, 属于本征值 $\nu - p$ (参看图 5–3), 我们采用迭代法来证明这一点, 根据假设 $|\varphi_\nu^i\rangle$ 不为零; $a|\varphi_\nu^i\rangle$ 也不为零 (因为 $\nu > 0$), 它对应于 N 的本征值 $\nu - 1, \cdots; a^{p-1}|\varphi_\nu^i\rangle$ 是 N 的本征矢, 属于本征值 $\nu - p + 1$, 这是一个严格的正数, 因为 $p \leqslant n$ 而且 $\nu > n$ [参看 (B–30)], 将 a 作用于 $a^{p-1}|\varphi_\nu^i\rangle$ 便得到 $a^p|\varphi_\nu^i\rangle$.

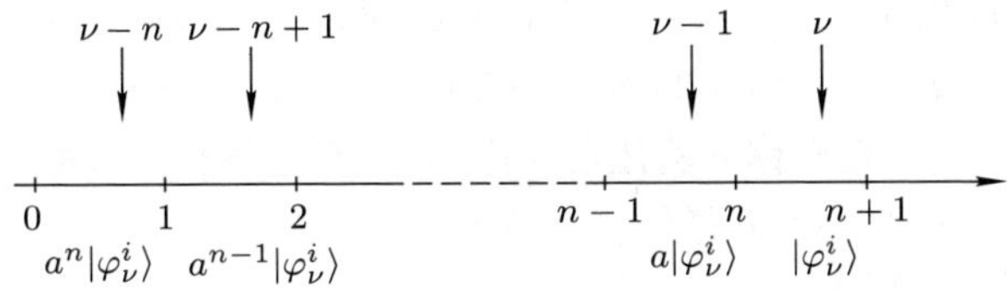

图 5–3 将算符 a 迭次作用于右矢 $|\varphi_\nu^i\rangle$, 便可以构成 N 的属于本征值 $\nu - 1, \nu - 2, \cdots$ 的本征矢.

现将算符 a 作用于右矢 $a^n|\varphi_\nu^i\rangle$. 根据 (B–30), $\nu - n > 0$, 故将 a 作用于 $a^n|\varphi_\nu^i\rangle$ (这是 N 的本征矢, 属于本征值 $(\nu - n > 0)$ 便得到一个非零矢量 (据引理 Ⅱ); 此外, 仍然根据引理 Ⅱ, $a^{n+1}|\varphi_\nu^i\rangle$ 也是 N 的本征矢, 属于本征值 $\nu - n - 1$, 根据 (B–30), 这是一个严格的负数. 因而, 如果 ν 不是整数, 我们便可以构成 N 的一个非零本征矢, 它所对应的本征值是严格的负数. 根据引理 I, 这是不可能的, 因此, 我们必须放弃 ν 不是整数的假设.

如果 n 是正整数或零, 而

$$\nu = n \tag{B–32}$$

结果又如何呢? 在矢量序列 (B–31) 中, $a^n|\varphi_\nu^i\rangle$ 不为零, 而且是 N 的本征矢, 属于本征值零. 于是, 根据引理 Ⅱ (§i), 我们有:

$$a^{n+1}|\varphi_n^i\rangle = 0 \tag{B–33}$$

由此可见, 若 n 是整数, 则将算符 a 迭次作用于 $|\varphi_n^i\rangle$ 所得到的矢量序列是有限的; 因此, 我们永远不可能得到 N 的属于负本征值的非零本征矢.

归结起来, ν 只能是非负整数 n.

现在我们便可以用引理 Ⅲ 来证明: N 的谱实际上包含全体正整数和零. 这是因为, 在上面我们已经构成了 N 的一个本征矢 $(a^n|\varphi_n^i\rangle)$, 它属于本征值零; 只需将算符 $(a^\dagger)^k$ 作用于这个矢量, 便可以得到 N 的属于本征值 k 的本征矢, 这里的 k 是一个任意的正整数.

如果参考公式 (B–19), 我们便可以肯定 H 的本征值应为: [494]

$$E_n=\left(n+\frac{1}{2}\right)\hbar\omega \tag{B–34}$$

其中 $n=0,1,2,\cdots$. 由此可见, 在量子力学中, 谐振子的能量是量子化的, 不能取任意的值; 此外, 我们还要注意, 最小可能值 (对应于基态) 并不等于零, 而是等于 $\hbar\omega/2$ (参看下面的 §D–2).

c. 对算符 a 与 $a^\dagger$ 的解释

将算符 a 作用于 H 的属于本征值 $E_n=(n+1/2)\hbar\omega$ 的本征矢 $|\varphi_n^i\rangle$, 我们便得到属于本征值 $E_{n-1}=(n+1/2)\hbar\omega-\hbar\omega$ 的一个本征矢; $a^\dagger$ 的作用则按同样方式给出能量 $E_{n+1}=(n+1/2)\hbar\omega+\hbar\omega$.

由于这个缘故, 我们称 a 为湮没算符, $a^\dagger$ 为产生算符; 实际上, 它们对 N 的本征矢的作用是使得一个能量子 $\hbar\omega$ 消失或出现.

3. 本征值的简并度

我们即将证明, 由公式 (B–34) 给出的一维谐振子的能级是非简并的.

a. 基态能级是非简并的

根据 §2–a–β 的引理 Ⅱ, H 的与本征值 $E_0=\hbar\omega/2$ 相联系的所有的本征态, 也就是说 N 的与本征值 $n=0$ 相联系的所有本征态, 都应满足下列方程:

$$a|\varphi_0^i\rangle=0 \tag{B–35}$$

因而, 为了考察能级 E_0 的简并度, 只须考察满足 (B–35) 的线性无关的右矢有多少个即可.

利用 a 的定义 (B–6–a) 及关系式 (B–1), 可将 (B–35) 写成下列形式:

$$\frac{1}{\sqrt{2}}\left[\sqrt{\frac{m\omega}{\hbar}}X+\frac{\mathrm{i}}{\sqrt{m\hbar\omega}}P\right]|\varphi_0^i\rangle=0 \tag{B–36}$$

在 $\{|x\rangle\}$ 表象中, 此式变为:

$$\left(\frac{m\omega}{\hbar}x+\frac{\mathrm{d}}{\mathrm{d}x}\right)\varphi_0^i(x)=0 \tag{B–37}$$

[495] 式中

$$\varphi_0^i(x)=\langle x|\varphi_0^i\rangle \tag{B–38}$$

于是我们必须求解这个一阶微分方程, 它的通解是:

$$\varphi_0^i(x)=c\mathrm{e}^{-\frac{1}{2}\frac{m\omega}{\hbar}x^2} \tag{B–39}$$

其中 c 是积分常数. 因此, 方程 (B–37) 的所有的解彼此成比例, 这就是说, 除一个倍乘因子以外, 满足 (B–35) 的右矢 $|\varphi_0\rangle$ 只有一个; 可见基态能级 $E_0=\hbar\omega/2$ 是非简并的.

b. 所有的能级都是非简并的

刚才我们已经看到基态能级是非简并的. 现在我们用递推的方法来证明所有其他能级也都是非简并的.

为此, 只需再证明: 如果能级 $E_n = (n + 1/2)\hbar\omega$ 是非简并的, 则能级 $E_{n+1} = (n + 1 + 1/2)\hbar\omega$ 也是非简并的. 因此, 我们假设, 除一个倍乘因子以外, 只有一个右矢 $|\varphi_n\rangle$ 可以满足关系:

$$N|\varphi_n\rangle = n|\varphi_n\rangle \tag{B–40}$$

再考虑对应于本征值 $n+1$ 的一个本征矢 $|\varphi^i_{n+1}\rangle$:

$$N|\varphi^i_{n+1}\rangle = (n+1)|\varphi^i_{n+1}\rangle \tag{B–41}$$

我们知道, 右矢 $a|\varphi^i_{n+1}\rangle$ 不为零, 而且是 N 的本征矢, 属于本征值 n (参看引理Ⅱ). 根据假设, 这个本征值是非简并的, 因而存在一个数 c^i, 使得

$$a|\varphi^i_{n+1}\rangle = c^i|\varphi_n\rangle \tag{B–42}$$

将算符 $a^\dagger$ 作用于此式两端便可将 $|\varphi^i_{n+1}\rangle$ 解出来:

$$a^\dagger a|\varphi^i_{n+1}\rangle = c^i a^\dagger|\varphi_n\rangle \tag{B–43}$$

考虑到 (B–13) 及 (B–41), 这也就是

$$|\varphi^i_{n+1}\rangle = \frac{c^i}{n+1}a^\dagger|\varphi_n\rangle \tag{B–44}$$

我们已经知道 $a^\dagger|\varphi_n\rangle$ 是 N 的本征矢属于本征值 $(n+1)$; 在这里我们看到, 属于本征值 $(n+1)$ 的所有的右矢 $|\varphi^i_{n+1}\rangle$ 都与 $a^\dagger|\varphi_n\rangle$ 成比例; 因而它们也互成比例; 这就是说, 本征值 $(n+1)$ 是非简并的.

最后, 由于本征值 $n=0$ 是非简并的 (参看 §a), 所以本征值 $n=1$ 也是非简并的, $n=2, \cdots$ 可以类推; 这就是说, N 的全体本征值, 从而 H 的全体本征值, 都是非简并的. 因此我们可以将 H 的属于本征值 $E_n = (n+1/2)\hbar\omega$ 的本征矢简单地记作 $|\varphi_n\rangle$.

§C. 哈密顿算符的本征态 [496]

在这一段里, 我们要研究算符 N 的本征态和哈密顿算符 H 的本征态的主要性质.

1. $\{|\varphi_n\rangle\}$ 表象

我们承认 N 和 H 都是观察算符, 也就是说, 它们各自的本征矢的集合都构成一维问题中的一个粒子的态空间 $\mathscr{E}_x$ 的一个基 (要证明这一点, 就须研究与 N 的本征态相联系的波函数, 我们将在下面的 §2 中计算这些波函数). 由于 N (或 H) 的每一个本征值都是非简并的 (参看 §B–3), 故 N (或 H) 本身就构成 $\mathscr{E}_x$ 空间中的一个 ECOC.

a. 基矢量表为 $|\varphi_0\rangle$ 的函数

与 $n=0$ 相联系的矢量 $|\varphi_0\rangle$ 是 $\mathscr{E}_x$ 空间中的矢量, 它满足关系

$$a|\varphi_0\rangle = 0 \tag{C–1}$$

除倍乘因子以外, 这个矢量是确定的, 我们假设 $|\varphi_0\rangle$ 已归一化, 则它的不确定性只限于一个形如 $\mathrm{e}^{\mathrm{i}\theta}$ 的全局相位因子*, 这里的 θ 是实数.

根据 §B–2–a 的引理 Ⅲ, 对应于 $n=1$ 的矢量 $|\varphi_1\rangle$ 与矢量 $a^\dagger|\varphi_0\rangle$ 成比例:

$$|\varphi_1\rangle = c_1 a^\dagger|\varphi_0\rangle \tag{C–2}$$

为了确定 c_1, 我们规定 $|\varphi_1\rangle$ 已归一化, 并选择 $|\varphi_1\rangle$ (相对于 $|\varphi_0\rangle$) 的相位使得 c_1 为正实数. 根据 (C-2) 式, $|\varphi_1\rangle$ 的模的平方为:

$$\begin{aligned}\langle\varphi_1|\varphi_1\rangle &= |c_1|^2\langle\varphi_0|aa^\dagger|\varphi_0\rangle \\ &= |c_1|^2\langle\varphi_0|(a^\dagger a+1)|\varphi_0\rangle\end{aligned} \tag{C–3}$$

在这里, 我们应用了 (B–9) 式. 由于 $|\varphi_0\rangle$ 是 $N=a^\dagger a$ 的属于本征值零的已归一化的本征矢, 故得:

$$\langle\varphi_1|\varphi_1\rangle = |c_1|^2 = 1 \tag{C–4}$$

按照上面我们对相位的规定, 应取 $c_1=1$, 因而

$$|\varphi_1\rangle = a^\dagger|\varphi_0\rangle \tag{C–5}$$

同样地, 我们也可以从 $|\varphi_1\rangle$ 出发去构成 $|\varphi_2\rangle$:

$$|\varphi_2\rangle = c_2 a^\dagger|\varphi_1\rangle \tag{C–6}$$

[497] 我们规定 $|\varphi_2\rangle$ 已归一化, 并选择它的相位使 c_2 为正实数:

* 全局相位因子是指 θ 与空间坐标 x 无关的情形, 当 $\theta=\theta(x)$ 时, 则不同空间位置的相位可以不同, 这时的相位称为局域相位.——中译本校者注

$$\begin{aligned}\langle\varphi_2|\varphi_2\rangle &= |c_2|^2\langle\varphi_1|aa^\dagger|\varphi_1\rangle \\ &= |c_2|^2\langle\varphi_1|(a^\dagger a+1)|\varphi_1\rangle \\ &= 2|c_2|^2 = 1\end{aligned} \tag{C–7}$$

于是, 如果考虑到 (C–5) 式, 便得到:

$$|\varphi_2\rangle = \frac{1}{\sqrt{2}}a^\dagger|\varphi_1\rangle = \frac{1}{\sqrt{2}}(a^\dagger)^2|\varphi_0\rangle \tag{C–8}$$

这种做法很容易推广. 如果我们知道了归一化的 $|\varphi_{n-1}\rangle$, 那么, 已归一化的矢量 $|\varphi_n\rangle$ 就可以写作:

$$|\varphi_n\rangle = c_n a^\dagger|\varphi_{n-1}\rangle \tag{C–9}$$

由于

$$\begin{aligned}\langle\varphi_n|\varphi_n\rangle &= |c_n|^2\langle\varphi_{n-1}|aa^\dagger|\varphi_{n-1}\rangle \\ &= n|c_n|^2 = 1\end{aligned} \tag{C–10}$$

按上面我们对相位的规定, 应该取

$$c_n = \frac{1}{\sqrt{n}} \tag{C–11}$$

相继地选择相位, 我们便可从 $|\varphi_0\rangle$ 出发得到所有的 $|\varphi_n\rangle$:

$$\begin{aligned}|\varphi_n\rangle &= \frac{1}{\sqrt{n}}a^\dagger|\varphi_{n-1}\rangle = \frac{1}{\sqrt{n}}\frac{1}{\sqrt{n-1}}(a^\dagger)^2|\varphi_{n-2}\rangle = \cdots \\ &= \frac{1}{\sqrt{n}}\frac{1}{\sqrt{n-1}}\cdots\frac{1}{\sqrt{2}}(a^\dagger)^n|\varphi_0\rangle\end{aligned} \tag{C–12}$$

或写作

$$|\varphi_n\rangle = \frac{1}{\sqrt{n!}}(a^\dagger)^n|\varphi_0\rangle \tag{C–13}$$

b. 正交归一关系式和封闭性关系式

H 既然是厄米算符, 那么, 与不同的 n 值对应的那些右矢 $|\varphi_n\rangle$ 必是互相正交的; 此外, 由于每个右矢都已归一化, 因此它们满足正交归一关系式:

$$\langle\varphi_{n'}|\varphi_n\rangle = \delta_{nn'} \tag{C–14}$$

另一方面, H 又是一个观察算符 (未经证明, 先予承认), 所以全体 $|\varphi_n\rangle$ 的集合构成 $\mathscr{E}_x$ 空间中的一个基, 这一点由封闭性关系式

$$\sum_n |\varphi_n\rangle\langle\varphi_n| = 1 \tag{C–15}$$

来表示.

附注:

我们也可以直接用 (C–13) 式来证明诸右矢 $|\varphi_n\rangle$ 是正交归一的:

$$\langle\varphi_{n'}|\varphi_n\rangle = \frac{1}{\sqrt{n!n'!}}\langle\varphi_0|a^{n'}a^{\dagger n}|\varphi_0\rangle \tag{C–16}$$

但是

$$\begin{aligned} a^{n'}a^{\dagger n}|\varphi_0\rangle &= a^{n'-1}(aa^\dagger)a^{\dagger n-1}|\varphi_0\rangle \\ &= a^{n'-1}(a^\dagger a+1)a^{\dagger n-1}|\varphi_0\rangle \\ &= na^{n'-1}a^{\dagger n-1}|\varphi_0\rangle \end{aligned} \tag{C–17}$$

(我们利用了这一事实: $a^{\dagger n-1}|\varphi_0\rangle$ 是 $N=a^\dagger a$ 的本征态, 属于本征值 $n-1$). 我们可以逐次降低 a 和 $a^\dagger$ 的指数, 最后得到:

如果 $n<n'$, 则

$$\langle\varphi_0|a^{n'}a^{\dagger n}|\varphi_0\rangle = n\times(n-1)\times\cdots\times 2\times 1\langle\varphi_0|a^{n'-n}|\varphi_0\rangle \tag{C–18–a}$$

如果 $n>n'$, 则

$$\langle\varphi_0|a^{n'}a^{\dagger n}|\varphi_0\rangle = n\times(n-1)\times\cdots\times(n-n'+1)\langle\varphi_0|(a^\dagger)^{n-n'}|\varphi_0\rangle \tag{C–18–b}$$

如果 $n=n'$, 则

$$\langle\varphi_0|a^{n'}a^{\dagger n}|\varphi_0\rangle = n\times(n-1)\times\cdots\times 2\times 1\langle\varphi_0|\varphi_0\rangle \tag{C–18–c}$$

因为 $a|\varphi_0\rangle=0$, 故 (C–18–a) 式等于零. 同样, 因为 $n>n'$ 时 $a^{n-n'}|\varphi_0\rangle$ 的对应左矢与 $|\varphi_0\rangle$ 的标量积等于零, 而 $\langle\varphi_0|(a^\dagger)^{n-n'}|\varphi_0\rangle$ 就是这个标量积, 故 (C–18–b) 式也等于零. 最后, 若将 (C–18–c) 式代入 (C–16) 式, 我们看出 $\langle\varphi_n|\varphi_n\rangle=1$.

c. 各算符的作用

观察算符 X 和 P 都是算符 a 和 $a^\dagger$ 的线性组合 [公式 (B–1) 和 (B–7)]. 因而所有的物理量都可以表为 a 和 $a^\dagger$ 的函数. 但是我们知道 (关于这一点, 下面还要详细说明), a 与 $a^\dagger$ 对于矢量 $|\varphi_n\rangle$ 的作用是特别简单的. 因而, 在大多数情况下, 为了计算各个可观察量的矩阵元和平均值, 我们总是宁肯使用 $\{|\varphi_n\rangle\}$ 这种表象.

沿用上面 §a 中关于相位的规定, 算符 a 与 $a^\dagger$ 对于表象 $\{|\varphi_n\rangle\}$ 中各基矢量的作用应由下列公式表示:

$$\boxed{\begin{aligned} a^\dagger|\varphi_n\rangle &= \sqrt{n+1}|\varphi_{n+1}\rangle \qquad \text{(C–19–a)} \\ a|\varphi_n\rangle &= \sqrt{n}|\varphi_{n-1}\rangle \qquad \text{(C–19–b)} \end{aligned}}$$

我们已经证明 (C–19–a): 这只需在 (C–9) 和 (C–11) 中用 $n+1$ 代替 n. 为了得到 (C–19–b), 我们用算符 a 左乘 (C–9) 的两端, 并利用 (C–11), 便有:

$$a|\varphi_n\rangle = \frac{1}{\sqrt{n}} a a^\dagger |\varphi_{n-1}\rangle = \frac{1}{\sqrt{n}}(a^\dagger a + 1)|\varphi_{n-1}\rangle = \sqrt{n}|\varphi_{n-1}\rangle \tag{C–20}$$

附注: [499]

(C–19–a) 式与 (C–19–b) 式的伴式为:

$$\langle\varphi_n|a = \sqrt{n+1}\langle\varphi_{n+1}| \tag{C–21–a}$$

$$\langle\varphi_n|a^\dagger = \sqrt{n}\langle\varphi_{n-1}| \tag{C–21–b}$$

要注意, 算符 a 的作用是使 n 减小 1 还是使 n 增加 1, 这要看它是作用在右矢 $|\varphi_n\rangle$ 上还是作用在左矢 $\langle\varphi_n|$ 上; 与此类似, 算符 $a^\dagger$ 使 n 增加 1 或减少 1, 这要看它是作用在右矢 $|\varphi_n\rangle$ 上还是作用在左矢 $\langle\varphi_n|$ 上.

从 (C–19) 式出发, 利用 (B–1) 及 (B–7) 式, 我们立即可以求得右矢 $X|\varphi_n\rangle$ 及右矢 $P|\varphi_n\rangle$ 的表示式:

$$\begin{aligned} X|\varphi_n\rangle &= \sqrt{\frac{\hbar}{m\omega}}\frac{1}{\sqrt{2}}(a^\dagger + a)|\varphi_n\rangle \\ &= \sqrt{\frac{\hbar}{2m\omega}}\left[\sqrt{n+1}|\varphi_{n+1}\rangle + \sqrt{n}|\varphi_{n-1}\rangle\right] \end{aligned} \tag{C–22–a}$$

$$\begin{aligned} P|\varphi_n\rangle &= \sqrt{m\hbar\omega}\frac{\mathrm{i}}{\sqrt{2}}(a^\dagger - a)|\varphi_n\rangle \\ &= \mathrm{i}\sqrt{\frac{m\hbar\omega}{2}}[\sqrt{n+1}|\varphi_{n+1}\rangle - \sqrt{n}|\varphi_{n-1}\rangle] \end{aligned} \tag{C–22–b}$$

从而, 算符 a, $a^\dagger$, X 及 P 在表象 $\{|\varphi_n\rangle\}$ 中的矩阵元分别为:

$$\langle\varphi_{n'}|a|\varphi_n\rangle = \sqrt{n}\delta_{n',n-1} \tag{C–23–a}$$

$$\langle\varphi_{n'}|a^\dagger|\varphi_n\rangle = \sqrt{n+1}\delta_{n',n+1} \tag{C–23–b}$$

$$\langle\varphi_{n'}|X|\varphi_n\rangle = \sqrt{\frac{\hbar}{2m\omega}}[\sqrt{n+1}\delta_{n',n+1} + \sqrt{n}\delta_{n',n-1}] \tag{C–23–c}$$

$$\langle\varphi_{n'}|P|\varphi_n\rangle = \mathrm{i}\sqrt{\frac{m\hbar\omega}{2}}[\sqrt{n+1}\delta_{n',n+1} - \sqrt{n}\delta_{n',n-1}] \tag{C–23–d}$$

表示 a 与 $a^\dagger$ 的矩阵确实互为厄米共轭矩阵, 因为它具有下列形式:

$$(a) = \begin{pmatrix} 0 & \sqrt{1} & 0 & 0 & \cdots\cdots\cdots\cdots & & \\ 0 & 0 & \sqrt{2} & 0 & \cdots\cdots\cdots\cdots & & \\ 0 & 0 & 0 & \sqrt{3} & \cdots\cdots\cdots\cdots & & \\ \vdots & \vdots & \vdots & \vdots & & & \\ 0 & 0 & 0 & 0 & 0 & \sqrt{n} & \cdots \\ \vdots & \vdots & \vdots & \vdots & \vdots & \vdots & \end{pmatrix} \tag{C–24–a}$$

[500]

$$(a^\dagger) = \begin{pmatrix} 0 & 0 & 0 & \cdots\cdots\cdots\cdots\cdots & & & \\ \sqrt{1} & 0 & 0 & \cdots\cdots\cdots\cdots\cdots & & & \\ 0 & \sqrt{2} & 0 & \cdots\cdots\cdots\cdots\cdots & & & \\ 0 & 0 & \sqrt{3} & \cdots\cdots\cdots\cdots\cdots & & & \\ \vdots & \vdots & \vdots & & & & \\ 0 & 0 & 0 & 0 & \sqrt{n+1} & 0 & \cdots \\ \vdots & \vdots & \vdots & \vdots & \vdots & \vdots & \end{pmatrix} \tag{C–24–b}$$

至于表示 X 与 P 的矩阵则都是厄米矩阵; 表示 X 的矩阵, 除一个倍乘因子以外, 就是上列两个矩阵之和; 表示 P 的矩阵则正比于上列两个矩阵之差, (C–22–b) 中的因子 i 保证了它的厄米性.

2. 与定态相联系的波函数

现在我们采用 $\{|x\rangle\}$ 表象, 并且记函数 $\varphi_n(x) = \langle x|\varphi_n\rangle$, 因此这些函数表示哈密顿函数的本征态.

我们已经求出函数 $\varphi_0(x)$, 它表示基态 $|\varphi_0\rangle$ (参看 §B–3–a):

$$\varphi_0(x) = \langle x|\varphi_0\rangle = \left(\frac{m\omega}{\pi\hbar}\right)^{1/4} \mathrm{e}^{-\frac{1}{2}\frac{m\omega}{\hbar}x^2} \tag{C–25}$$

指数函数前的常数正好保证了 $\varphi_0(x)$ 是归一化的.

为了求得与谐振子的其他定态相联系的波函数, 只需利用关于右矢 $|\varphi_n\rangle$ 的 (C–13), 并利用这样一个事实: 在表象 $\{|x\rangle\}$ 中, X 表示用 x 去倍乘, 而 P 则相当于 $\dfrac{\hbar}{\mathrm{i}}\dfrac{\mathrm{d}}{\mathrm{d}x}$ [公式 (B–6–b)], 因而 $a^\dagger$ 可以用 $\dfrac{1}{\sqrt{2}}\left[\sqrt{\dfrac{m\omega}{\hbar}}x - \sqrt{\dfrac{\hbar}{m\omega}}\dfrac{\mathrm{d}}{\mathrm{d}x}\right]$ 来表示. 这样一来, 我们便得到:

$$\begin{aligned} \varphi_n(x) = \langle x|\varphi_n\rangle &= \frac{1}{\sqrt{n!}}\langle x|(a^\dagger)^n|\varphi_0\rangle \\ &= \frac{1}{\sqrt{n!}}\frac{1}{\sqrt{2^n}}\left[\sqrt{\frac{m\omega}{\hbar}}x - \sqrt{\frac{\hbar}{m\omega}}\frac{\mathrm{d}}{\mathrm{d}x}\right]^n \varphi_0(x) \end{aligned} \tag{C–26}$$

或写作 [501]

$$\varphi_n(x) = \left[\frac{1}{2^n n!}\left(\frac{\hbar}{m\omega}\right)^n\right]^{1/2}\left(\frac{m\omega}{\pi\hbar}\right)^{1/4}\left[\frac{m\omega}{\hbar}x - \frac{\mathrm{d}}{\mathrm{d}x}\right]^n \mathrm{e}^{-\frac{1}{2}\frac{m\omega}{\hbar}x^2} \tag{C-27}$$

从这个表示式很容易看出, $\varphi_n(x)$ 就是函数 $\mathrm{e}^{-\frac{1}{2}\frac{m\omega}{\hbar}x^2}$ 与一个次数为 n、宇称为 $(-1)^n$ 的多项式的乘积, 我们称这个多项式为厄米多项式 [参看补充材料 B_V 和 C_V].

通过简单的计算可以得到函数 $\varphi_n(x)$ 的头两个:

$$\varphi_1(x) = \left[\frac{4}{\pi}\left(\frac{m\omega}{\hbar}\right)^3\right]^{1/4} x\mathrm{e}^{-\frac{1}{2}\frac{m\omega}{\hbar}x^2}$$

$$\varphi_2(x) = \left(\frac{m\omega}{4\pi\hbar}\right)^{1/4}\left[2\frac{m\omega}{\hbar}x^2 - 1\right]\mathrm{e}^{-\frac{1}{2}\frac{m\omega}{\hbar}x^2} \tag{C-28}$$

这些函数绘于图 5–4 中, 对应的概率密度绘于图 5–5 中; 图 5–6 则给出了 $n = 10$ 时波函数 $\varphi_n(x)$ 及概率密度 $|\varphi_n(x)|^2$ 的曲线.

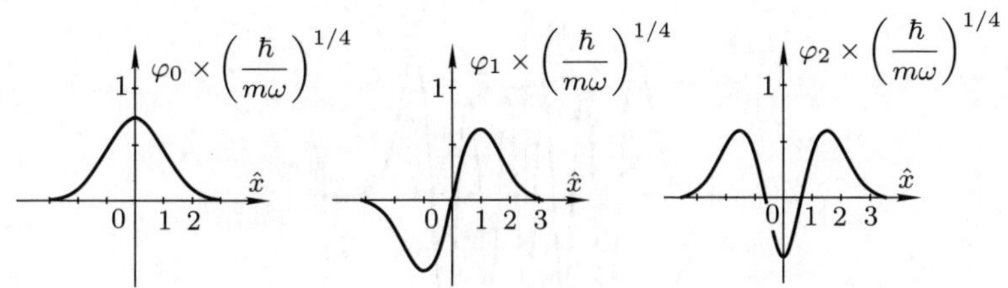

图 5–4 与谐振子的前三个能级相联系的波函数. [502]

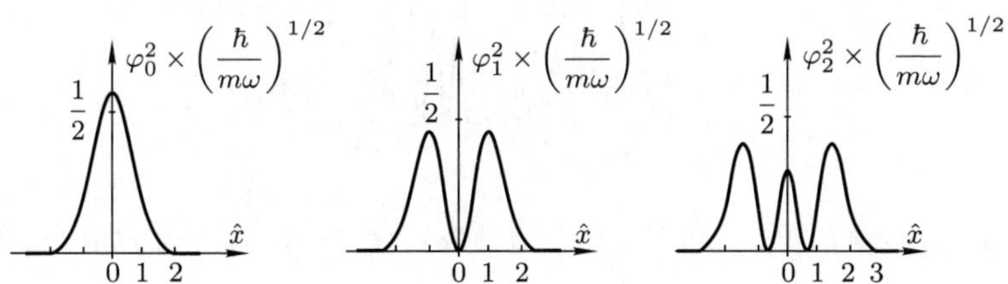

图 5–5 与谐振子的前三个能级相联系的概率密度.

在这些图中, 我们看到, 当 n 增大时, 在 Ox 轴上 $\varphi_n(x)$ 具有显著值的区间也越来越宽. 这相当于在经典力学中粒子运动的振幅随能量的增大而增大的情况 [参看图 5–1 和关系式 (A–8)]. 由此可以推知, 势能的平均值是随着 n 增大的 [参看 §D–1 的附注 (ii)], 这是因为对于大的 n 值, $\varphi_n(x)$ 才在 Ox 轴上 $V(x)$ 的数值很大的那段区间中有显著的值. 此外, 从这些图上还可看出, $\varphi_n(x)$

的零点的个数是 n (参看补充材料 $\mathrm{B_V}$, 其中有这个性质的证明), 由此又可以推知粒子的平均动能也是随着 n 增大的 [参看 §D–1 的附注 (ii)]; 事实上, 这个能量由下式给出:

$$\frac{1}{2m}\langle P^2\rangle = -\frac{\hbar^2}{2m}\int_{-\infty}^{+\infty}\varphi_n^*(x)\frac{\mathrm{d}^2}{\mathrm{d}x^2}\varphi_n(x)\mathrm{d}x \tag{C–29}$$

当 $\varphi_n(x)$ 的零点的个数增大时, 波函数的曲率也增大, 于是在 (C–29) 式中, 二阶导数 $\dfrac{\mathrm{d}^2}{\mathrm{d}x^2}\varphi_n(x)$ 的数值将越来越大.

最后, 我们看到 (例如从图 5–6 可以看出) n 越大概率密度 $|\varphi_n(x)|^2$ 在 $x \approx \pm x_\mathrm{M}$ 处的数值越显著 [x_M 表示能量为 E_n 的经典运动的振幅; 参看 (A–8) 式]. 这个结果使我们回想起经典力学所预言的一个运动特征: 在 $x = \pm x_\mathrm{M}$ 处, 经典粒子的速度为零; 因而, 平均说来, 粒子在这两点附近耗费的时间多于在区间 $-x_\mathrm{M} \leqslant x \leqslant x_\mathrm{M}$ 的中心耗费的时间.

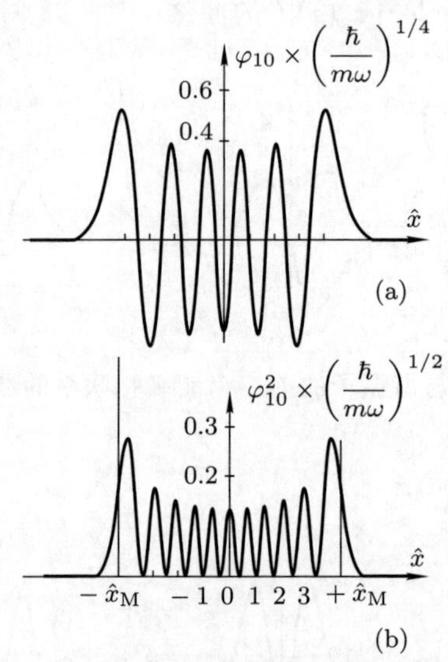

图 5–6 谐振子的对应于 $n = 10$ 的受激能级的波函数 (图 a) 和概率密度 (图 b) 的曲线.

[503]

§D. 讨论

1. X 和 P 在 $|\varphi_n\rangle$ 态中的平均值和方均根偏差

X 和 P 都不能与 H 对易, 因而 H 的诸本征态 $|\varphi_n\rangle$ 都不是 X 或 P 的本

征态. 由此可以想见, 如果谐振子处于某一定态 $|\varphi_n\rangle$, 那么, 测量可观察量 X 或可观测量 P 的结果便是任意的 (因为 X 和 P 的谱包含所有的实数值). 下面我们就来计算在这一个定态中 X 和 P 的平均值, 然后再计算它们的方均根偏差 ΔX 和 ΔP, 有了这两个量就可以验证不确定度关系式.

在 §C–1–c 中已经说过, 我们将借助算符 a 与 $a^\dagger$ 来进行这些计算. X 和 P 的平均值可以直接从公式 (C–22) 得到, 该式表明 X 和 P 都没有对角元:

$$\begin{aligned}\langle\varphi_n|X|\varphi_n\rangle &= 0\\ \langle\varphi_n|P|\varphi_n\rangle &= 0\end{aligned} \tag{D–1}$$

为了求得方均根偏差 ΔX 和 ΔP, 我们必须算出 X^2 和 P^2 的平均值:

$$\begin{aligned}(\Delta X)^2 &= \langle\varphi_n|X^2|\varphi_n\rangle - (\langle\varphi_n|X|\varphi_n\rangle)^2 = \langle\varphi_n|X^2|\varphi_n\rangle\\ (\Delta P)^2 &= \langle\varphi_n|P^2|\varphi_n\rangle - (\langle\varphi_n|P|\varphi_n\rangle)^2 = \langle\varphi_n|P^2|\varphi_n\rangle\end{aligned} \tag{D–2}$$

但是, 根据 (B–1) 和 (B–7) 式:

$$\begin{aligned}X^2 &= \frac{\hbar}{2m\omega}(a^\dagger + a)(a^\dagger + a)\\ &= \frac{\hbar}{2m\omega}(a^{\dagger^2} + aa^\dagger + a^\dagger a + a^2)\\ P^2 &= -\frac{m\hbar\omega}{2}(a^\dagger - a)(a^\dagger - a)\\ &= -\frac{m\hbar\omega}{2}(a^{\dagger^2} - aa^\dagger - a^\dagger a + a^2)\end{aligned} \tag{D–3}$$

a^2 和 $a^{\dagger^2}$ 这两项对于矩阵的对角元并无贡献, 这是因为 $a^2|\varphi_n\rangle$ 与 $|\varphi_{n-2}\rangle$ 成比例, 而 $a^{\dagger^2}|\varphi_n\rangle$ 又与 $|\varphi_{n+2}\rangle$ 成比例, 后两者都是与 $|\varphi_n\rangle$ 正交的. 反之:

$$\langle\varphi_n|(a^\dagger a + aa^\dagger)|\varphi_n\rangle = \langle\varphi_n|(2a^\dagger a + 1)|\varphi_n\rangle = 2n + 1 \tag{D–4}$$

于是, 我们得到

$$(\Delta X)^2 = \langle\varphi_n|X^2|\varphi_n\rangle = \left(n + \frac{1}{2}\right)\frac{\hbar}{m\omega} \tag{D–5–a}$$

$$(\Delta P)^2 = \langle\varphi_n|P^2|\varphi_n\rangle = \left(n + \frac{1}{2}\right)m\hbar\omega \tag{D–5–b}$$

从而乘积 $\Delta X \cdot \Delta P$ 为 [504]

$$\Delta X \cdot \Delta P = \left(n + \frac{1}{2}\right)\hbar \tag{D–6}$$

我们又一次看到 (参看补充材料 $\mathrm{C_{III}}$) 这个乘积确实大于或等于 $\hbar/2$; 实际上, $n = 0$ 时, 亦即在基态, 这个乘积便达到了它的下限 (参看下面的 §2).

附注:

(i) 如果 x_{M} 表示能量 $E_n=(n+1/2)\hbar\omega$ 时经典运动的振幅, 那么, 利用 (A–8) 式和 (D–5–a) 式, 很容易看出:

$$\Delta X=\frac{1}{\sqrt{2}}x_{\mathrm{M}} \tag{D–7}$$

同样, 如果 p_{M} 表示对应的经典动量的振荡的振幅, 即

$$p_{\mathrm{M}}=m\omega x_{\mathrm{M}} \tag{D–8}$$

则有

$$\Delta P=\frac{1}{\sqrt{2}}p_{\mathrm{M}} \tag{D–9}$$

ΔX 与在其中发生经典运动的区间 $[-x_{\mathrm{M}},+x_{\mathrm{M}}]$ 的数量级相同 (参看图 5–1), 这是不足为奇的, 正如我们在 §C 的末尾已经看到的那样, 近似地说, 正是在这个区间上 $\varphi_n(x)$ 才具有显著的函数值. 此外, 我们很容易理解为什么当 n 增大时, ΔX 也随着增大; 这是因为对于较大的 n, 在点 $x=\pm x_{\mathrm{M}}$ 处, 概率密度 $|\varphi_n(x)|^2$ 呈现两个对称的高峰. 即使这两个高峰都很窄, 方均根偏差也不会比两峰之间的距离小很多 (参看第三章的 §C–5 及补充材料 $\mathrm{A_{III}}$ 的 §1–b 中的讨论). 对于 ΔP 也可以进行类似的讨论 (参看补充材料 $\mathrm{D_V}$).

(ii) 粒子在 $|\varphi_n\rangle$ 态中的平均势能为:

$$\langle V(X)\rangle=\frac{1}{2}m\omega^2\langle X^2\rangle \tag{D–10}$$

但因 $\langle X\rangle=0$ [参看 (D–1) 式], 此式成为:

$$\langle V(X)\rangle=\frac{1}{2}m\omega^2(\Delta X)^2 \tag{D–11}$$

同样可以求得这个粒子的平均动能为:

$$\left\langle\frac{P^2}{2m}\right\rangle=\frac{1}{2m}(\Delta P)^2 \tag{D–12}$$

[505] 将 (D–5) 式代入 (D–11) 式和 (D–12) 式, 我们得到:

$$\begin{aligned}\langle V(X)\rangle&=\frac{1}{2}\left(n+\frac{1}{2}\right)\hbar\omega=\frac{E_n}{2}\\ \left\langle\frac{P^2}{2m}\right\rangle&=\frac{1}{2}\left(n+\frac{1}{2}\right)\hbar\omega=\frac{E_n}{2}\end{aligned} \tag{D–13}$$

可见平均势能和平均动能是相等的, 于是我们在一个特殊情况下得到了位力定理 (参看补充材料 $L_{Ⅲ}$ 的练习 10).

(iii) 定态 $|\varphi_n\rangle$ 没有任何经典类比; 这是因为, 定态的能量并不为零, 而平均值 $\langle X\rangle$ 和 $\langle P\rangle$ 却都等于零. 然而, 态 $|\varphi_n\rangle$ 可以和这样的经典运动类比, 在这种运动中, 粒子的位置由 (A–5) 式表示 [式中的 x_{M} 通过 (A–8) 式与能量 E_n 相关], 但运动的初位相 φ 是随机的 (这就是说, 它以同等的概率取从 0 到 2π 之间的一切数值, 在这种运动中 x 和 p 的平均值实际上等于零, 因为

$$\begin{cases} \overline{x}_{cl} = x_{\mathrm{M}}\dfrac{1}{2\pi}\displaystyle\int_0^{2\pi}\cos(\omega t-\varphi)\mathrm{d}\varphi = 0 \\ \overline{p}_{cl} = p_{\mathrm{M}}\dfrac{1}{2\pi}\displaystyle\int_0^{2\pi}\sin(\omega t-\varphi)\mathrm{d}\varphi = 0 \end{cases} \tag{D–14}$$

此外, 我们还可以求出位置和动量的方均根偏差, 结果与在态 $|\varphi_n\rangle$ 中的一样 [公式 (D–7) 和 (D–9)]; 事实上:

$$\begin{aligned} \overline{x_{cl}^2} &= x_{\mathrm{M}}^2\frac{1}{2\pi}\int_0^{2\pi}\cos^2(\omega t-\varphi)\mathrm{d}\varphi = \frac{x_{\mathrm{M}}^2}{2} \\ \overline{p_{cl}^2} &= p_{\mathrm{M}}^2\frac{1}{2\pi}\int_0^{2\pi}\sin^2(\omega t-\varphi)\mathrm{d}\varphi = \frac{p_{\mathrm{M}}^2}{2} \end{aligned} \tag{D–15}$$

这就是说

$$\begin{aligned} \delta x_{cl} &= \sqrt{\overline{x_{cl}^2} - (\overline{x}_{cl})^2} = \frac{x_{\mathrm{M}}}{\sqrt{2}} \\ \delta p_{cl} &= \sqrt{\overline{p_{cl}^2} - (\overline{p}_{cl})^2} = \frac{p_{\mathrm{M}}}{\sqrt{2}} \end{aligned} \tag{D–16}$$

2. 基态的性质

在经典力学中, 当谐振子静止在坐标原点时, 便可求得其最低能量 (动量、动能及势能都等于零). 在量子力学中, 情况完全不是这样: 最低能态是 $|\varphi_0\rangle$, 对应的能量并不等于零, 与此相联系的波函数具有一定的空间展延范围, 这个范围可以用方均根偏差 $\Delta X = \sqrt{\hbar/2m\omega}$ 作标志.

我们认为量子力学结果和经典结果之间的这种本质差异的根源在于不确 [506]
定度关系式, 因为不确定度关系式不容许动能与势能同时减小; 我们在补充材料 C_{I} 和 $M_{Ⅲ}$ 中已经指出, 基态对应于这两种能量的总和达到最小可能值的折中情况.

在谐振子这一特殊情况中, 我们可以将这些定性的描述半定量地表示出来; 从而得到基态中的能量和空间展延范围的数量级. 如果空间展延范围的

特征长度是 ξ, 那么, 平均势能的数量级将等于:

$$\overline{V} \simeq \frac{1}{2}m\omega^2\xi^2 \tag{D–17}$$

而 ΔP 近似地等于 $\hbar/\xi$, 于是平均动能便近似地等于:

$$\overline{T} = \frac{\overline{p^2}}{2m} \simeq \frac{\hbar^2}{2m\xi^2} \tag{D–18}$$

因此, 总能的数量级为:

$$\overline{E} = \overline{T} + \overline{V} \simeq \frac{\hbar^2}{2m\xi^2} + \frac{1}{2}m\omega^2\xi^2 \tag{D–19}$$

$\overline{T}$,$\overline{V}$ 和 $\overline{E}$ 随 ξ 变化的情况绘于图 5–7. ξ 的值较小时, $\overline{T}$ 超过 $\overline{V}$; ξ 的值较大时, 情况相反. 因而基态近似地对应于函数 (D–19) 的极小值; 很容易确定, 在

$$\xi_{\rm m} \simeq \sqrt{\frac{\hbar}{m\omega}} \tag{D–20}$$

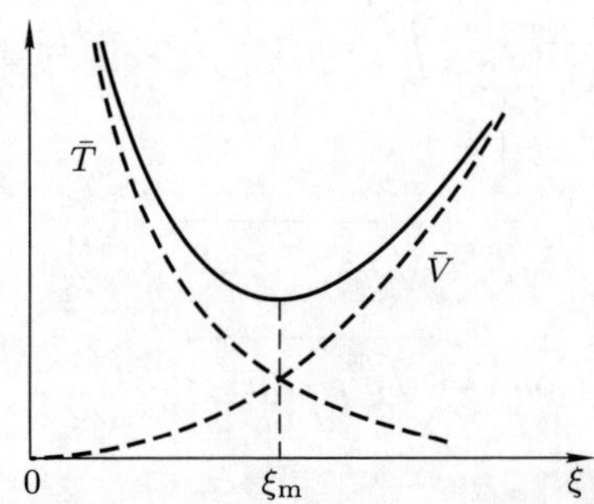

图 5–7 势能 $\overline{V}$ 及动能 $\overline{T}$ 随参变量 ξ 变化的情况, ξ 是波函数在点 $x=0$ 附近的空间展延范围的特征长度. 在 $x=0$ 处, 谐型的势达到极小值, 故 $\overline{V}$ 是 ξ 的增函数 ($\overline{V} \propto \xi^2$). 反之, 根据海森伯不确定度关系式, 动能 $\overline{T}$ 则是 ξ 的减函数. 在 $\xi = \xi_{\rm m}$ 处得到的总能量的最小可能值是总和 $\overline{T}+\overline{V}$ 为极小值的折中结果.

处, 函数取极小值, 其值为:

$$\overline{E}_{\rm m} \simeq \hbar\omega \tag{D–21}$$

于是我们又得到在 $|\varphi_0\rangle$ 态中 E_0 和 ΔX 的数量级.

[507] 谐振子具有这样的特殊性: 由于势函数 $V(x)$ 的那种形式, 在基态 $|\varphi_0\rangle$, 乘积 $\Delta X \cdot \Delta P$ 实际上达到了下限 $\hbar/2$ [公式 (D–6)]; 这种特殊性与基态波函数为高斯型函数有关 (参看补充材料 $\rm C_{III}$).

3. 平均值随时间的变化

我们考虑这样一个谐振子, 它在 $t=0$ 时的态可以写作:

$$|\psi(0)\rangle = \sum_{n=0}^{\infty} c_n(0)|\varphi_n\rangle \tag{D–22}$$

(假设 $|\psi(0)\rangle$ 已归一化). 振子在 t 时刻的态 $|\psi(t)\rangle$ 可以按照第三章的规则 (D–54) 求得:

$$\begin{aligned}|\psi(t)\rangle &= \sum_{n=0}^{\infty} c_n(0)\mathrm{e}^{-\mathrm{i}E_n t/\hbar}|\varphi_n\rangle \\ &= \sum_{n=0}^{\infty} c_n(0)\mathrm{e}^{-\mathrm{i}(n+1/2)\omega t}|\varphi_n\rangle\end{aligned} \tag{D–23}$$

于是, 任意物理量 A 的平均值, 作为时间的函数, 由下式给出:

$$\langle\psi(t)|A|\psi(t)\rangle = \sum_{m=0}^{\infty}\sum_{n=0}^{\infty} c_m^*(0)c_n(0)A_{mn}\mathrm{e}^{\mathrm{i}(m-n)\omega t} \tag{D–24}$$

其中

$$A_{mn} = \langle\varphi_m|A|\varphi_n\rangle \tag{D–25}$$

m 和 n 为整数, 因此, 平均值随时间的变化只涉及频率 $\omega/2\pi$ 及各次倍频, 这些频率也就是谐振子的玻尔频率.

我们还要特别讨论一下可观察量 X 和 P 的平均值. 根据公式 (C–22), 仅有的非零矩阵元 X_{mn} 和 P_{mn} 是适合 $m=n\pm1$ 的那些矩阵元. 因而, X 和 P 的平均值只有包含 $\mathrm{e}^{\pm\mathrm{i}\omega t}$ 的那些项, 而这些项都是以 ω 为角频率的正弦函数. 这个结果显然使我们回想起谐振子问题的经典解. 此外, 正如我们在讨论埃伦费斯特定理时曾经指出的那样 (第三章 §D–1–d–γ), 从谐振子势函数的形式可以推知, 在任意的态 $|\psi\rangle$, X 和 P 的平均值都严格地满足经典运动方程. 事实上, 根据第三章的普遍公式 (D–34) 和 (D–35), 我们有:

$$\frac{\mathrm{d}}{\mathrm{d}t}\langle X\rangle = \frac{1}{\mathrm{i}\hbar}\langle[X,H]\rangle = \frac{\langle P\rangle}{m} \tag{D–26–a}$$

$$\frac{\mathrm{d}}{\mathrm{d}t}\langle P\rangle = \frac{1}{\mathrm{i}\hbar}\langle[P,H]\rangle = -m\omega^2\langle X\rangle \tag{D–26–b}$$

如果积分这些方程式, 我们便得到: [508]

$$\begin{aligned}\langle X\rangle(t) &= \langle X\rangle(0)\cos\omega t + \frac{1}{m\omega}\langle P\rangle(0)\sin\omega t \\ \langle P\rangle(t) &= \langle P\rangle(0)\cos\omega t - m\omega\langle X\rangle(0)\sin\omega t\end{aligned} \tag{D–27}$$

所得结果仍然是公式 (D–24) 所表示的正弦规律.

附注:

必须注意, 只有在下述条件下才能和经典情况进行类比: $|\psi(0)\rangle$ 是 (D–22) 中那些 $|\varphi_n\rangle$ 的叠加, 其中几个系数 $c_n(0)$ 不等于零. 如果只有一个系数不等于零, 那么谐振子的态就是定态, 一切可观察量的平均值都是与时间无关的常量.

由此可知, 即使 n 很大 (达到了大量子数的极限), 谐振子在定态 $|\varphi_n\rangle$ 中的行为也与经典力学所预言的完全不同. 如果我们希望构成这样一个波包, 它的平均位置随着时间振荡, 就必须将各种态 $|\varphi_n\rangle$ 叠加起来 (参看补充材料 G_V).

参考文献和阅读建议:

Dirac (1.13), §34; Messiah (1.17), 第 XII 章.

第五章补充材料　　阅读指南 [509]

A_V: 谐振子的几个实例的研究	A_V: 通过取自不同领域的几个例子来说明量子谐振子在物理学中的重要性; 这篇材料是半定量的, 很容易理解; 建议读者先学习它.
B_V: 在 $\{\|x\rangle\}$ 表象中对定态的研究; 厄米多项式	B_V: 对谐振子的定态波函数作技术性研究. 供参考用.
C_V: 用多项式方法解谐振子的本征值方程	C_V: 介绍用来获得第五章的结果的另一种方法, 并说明能量的量子化与波函数在无限远处的行为之间有什么关系. 本文属于中等难度.
D_V: 在 $\{\|p\rangle\}$ 表象中对定态的研究	D_V: 说明在谐振子的定态中, 动量的概率分布与位置的概率分布具有同样的形式. 本文不难理解.
E_V: 各向同性的三维谐振子	E_V: 将第五章的结果推广到三维情况. 建议读者先学习这一篇; 本文的内容不难, 但很重要.
F_V: 匀强电场中的带电谐振子	F_V: 是第五章中那些结果的简单而又直接的应用 (§3 除外, 这里要用到补充材料 E_{II} 中引入的平移算符). 建议先读这篇材料.
G_V: 谐振子的相干 "准经典" 态	G_V: 详细讨论谐振子的 "准经典" 态, 这种态建立了量子力学和经典力学之间的联系. 这个概念可应用于辐射的量子理论, 因而是重要的. 本文属于中等难度, 初读时可以跳过去.
H_V: 两个耦合谐振子的简正振动模式	H_V: 通过两个耦合的谐振子这种非常简单的情况来研究一个体系的简正振动模式. 本文不难. 但很重要, 读者可以先学习.

[510]

J_V: 由耦合谐振子构成的无穷长直链的振动模式; 声子 **K_V: 连续物理体系的振动模式; 在辐射方面的应用; 光子**	J_V, K_V 通过简单的模型引入一些在物理上特别重要的概念. 这两篇材料比较难 (属于第三循环课程) 可以留到将来再学习. J_V: 研究耦合振子构成的直链的简正模式; 这个问题导致固体物理学中的一个基本概念——声子. K_V: 研究连续体系的简正振动模式; 它使我们易于理解在电磁场的量子理论中光子这个概念是怎样引入的.
L_V: 处于温度为 T 的热力学平衡的一维谐振子	L_V: 将密度算符 (已在补充材料 E_{III} 中引入) 应用到处在热力学平衡中的谐振子. 这个问题在物理上很重要, 但阅读此文需要 E_{III} 中的知识.
M_V: 练习	

补充材料 A_V

谐振子的几个实例的研究 [511]

在第五章的引言中, 我们曾经提到过, 从谐振子的研究所得到的那些结果可以应用到物理学中很多情况, 特别是体系围绕稳定平衡位置 (在此位置势能为极小值) 作微小振动的情况. 这篇补充材料的目的就是要描述这种振动的几个例子并说明它们在物理上的重要性. 这些例子有: 双原子分子中或晶格中核的振动, 分子的扭转振动, 以及 μ^- 子在重核内的运动. 当然, 在这里我们不准备深入到这些现象的细节, 而只限于简单的、定性的讨论.

1. 双原子分子的核的振动

a. 两个原子的相互作用能

两个中性原子可以结成一个分子的原因在于: 两原子间的相互作用势能 $V(r)$(r 表示两原子间的距离) 有极小值. 图 5–8 就是 $V(r)$ 的形状. 当 r 很大

时, 两原子间没有相互作用, $V(r)$ 趋向一个恒定值, 我们就取这个值作为能量的零点. 当 r 减小时, $V(r)$ 近似地按 $-1/r^6$ 的规律变化; 对应的引力是范德瓦尔斯力 (我们将在补充材料 C_{XI} 中讨论这种力). 当 r 变小到足以使两原子的电子的波函数交叠时, $V(r)$ 便迅速减小, 当 $r = r_e$ 时达到极小值, 然后再增大, 当 r 接近零时, 成为非常之大.

[512]

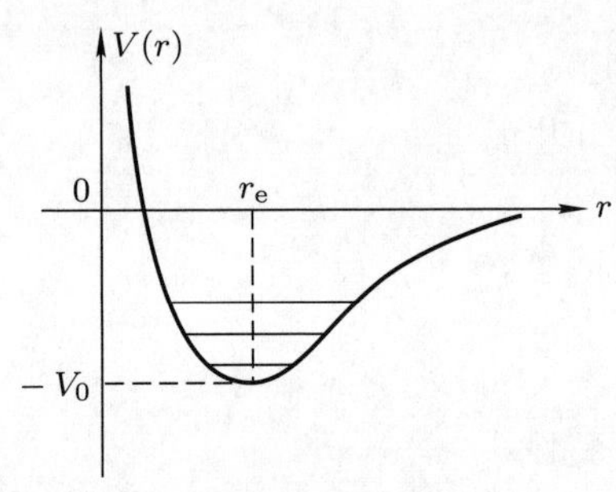

图 5–8 可以构成稳定分子的两原子之间的相互作用势. 按照经典的观点, V_0 是分子的离解能, r_e 是处于平衡位置时两个核之间的距离. 在量子力学中, 我们可以求得各振动能级 (势阱中的水平线), 其能量都大于 $-V_0$.

$V(r)$ 的极小值是在两原子之间出现化学键合现象的原因. 在第四章的 §C–2–c 中 (举 H_2^+ 离子为例时), 我们曾经指出, 能量降低的原因是电子态的离域现象 (量子共振), 这种现象使电子受到两核的强烈吸引. 在近距离处 $V(r)$ 的再度增大则是由两核间的互斥引起的.

如果两个核是经典粒子, 则它们应该具有相距 $r = r_e$ 的稳定平衡位置. 在 $r = r_e$ 处的势阱深度 V_0, 在经典物理中叫做分子的离解能, 也就是使两原子分离开来所需提供的能量. V_0 的数值越大, 分子就越稳定.

在原子物理和分子物理中, 从理论上和实验上来确定图 5–8 中的曲线, 是一个十分重要的问题. 我们将会看到, 通过对核振动的研究便可以取得关于这种曲线的一些知识.

附注 (玻恩–奥本海默近似):

对双原子分子进行量子描述所遇到的问题实际上是非常复杂的, 这要求我们找出由那些相互作用着的核和电子构成的粒子集合的各个定态. 一般说来, 这种体系的薛定谔方程是不可能严格求解的. 但是, 电子的质量甚小于核的质量, 以致电子的运动比核的运动快得多, 据此便可提出一种重要的简化: 在一级近似下, 可以分别研究这两种运动. 我们先对两核间的距离 r 的一个固定值去确定电子的运动, 这样我们便得到电子体系的一系列定态, 对应的能量为 $E_1(r), E_2(r), \cdots$. 然后, 我们再考虑电子体系的基态, 对应的能量为 $E_1(r)$. 当两个核运动时, r 发生变化, 但对于 r 的每一个值, 电子体系始终处于基态; 这就是说, 基态波函数随时都

能适应 r 的变化; 因此, 我们说这些非常机动的电子 "浸渐地" 追随着核的运动. 如果接着来研究核的运动, 则电子能量 $E_1(r)$ 便可看作两核之间的相互作用势能的一部分, 这部分能量依赖于两核之间的距离, 另一部分为核之间的静电互斥能量 $Z_1Z_2e^2/r(Z_1, Z_2$ 是两个核的原子序数; 我们已令 $e^2 = q^2/4\pi\varepsilon_0$, 这里的 q 是电 [513]
子电荷). 于是, 用来确定双核体系的运动的总势能 $V(r)$ 为:

$$V(r) = E_1(r) + \frac{Z_1Z_2e^2}{r} \tag{1}$$

图 5–8 所表示的正是这个函数.

b. 核的运动

α. 转动与振动的分离

我们的问题可以归结为质量为 m_1 与 m_2 的两个粒子的运动, 这两个粒子间的相互作用就是图 5–8 中的依赖于它们之间的距离的势能 $V(r)$. 这个问题仍然很复杂, 因为它涉及好几个自由度: 振动 (r 的变化) 与转动 (标志分子轴向的极角 θ 和 φ 的变化); 这些自由度又是互相耦合的, 这是因为当分子振动时, 它的转动惯量因 r 变化而随着变化, 因而转动能也受到修正.

如果只考虑微小振幅的振动, 那么, 我们可以证明振动自由度与转动自由度之间的耦合是可以忽略的, 这是因为在这样的振动过程中, 就相对数值而言, 转动惯量的变化是很小的. 于是, 我们的问题便归结为两个独立的问题了 (细节请参看补充材料 F_{VII}): 在第一个问题中, 待研究的是一个 "哑铃" 的转动, 它由距离固定为 r_e 的两个质量 m_1 和 m_2 所构成①; 第二个问题是一个假想粒子在图 5–8 所示势场 $V(r)$ 中的一维运动 (此问题只有一个变量 r), 这个假想粒子的质量 m 是 m_1 和 m_2 的约化质量 (参看第七章 §B):

$$m = \frac{m_1m_2}{m_1 + m_2} \tag{2}$$

因此, 我们必须解出本征值方程:

$$\left[-\frac{\hbar^2}{2m}\frac{\mathrm{d}^2}{\mathrm{d}r^2} + V(r)\right]\varphi(r) = E\varphi(r) \tag{3}$$

下面我们就专门讨论第二个问题.

β. 振动能级

如果只考虑微小振幅的振荡, 我们可以将 $V(r)$ 在它取极小值的 $r = r_e$ 处附近有限地展为:

$$V(r) = -V_0 + \frac{1}{2}V''(r_e)(r - r_e)^2 + \frac{1}{6}V'''(r_e)(r - r_e)^3 + \cdots \tag{4}$$

---

① 在引入角动量的概念之后, 我们将在补充材料 C_{VI} 中对这个体系 (又叫做 "刚性转子") 进行量子力学的处理.

[514] 第五章 §A–2 中的讨论表明, 如果略去 (4) 中高于二次的项, 我们就回到一维谐振子的方程, 这个振子的平衡位置在 $r = r_{\rm e}$ 处的角频率为:

$$\omega = \sqrt{\frac{V''(r_{\rm e})}{m}} \tag{5}$$

因而, 用图 5–8 中的水平线表示的振动态 $|\varphi_v\rangle$ 的能量值为:

$$E_v = \left(v + \frac{1}{2}\right)\hbar\omega - V_0 \tag{6}$$

式中 $v = 0, 1, 2, \cdots$ (在讨论分子振动时, 我们用 v 而不用 n).

根据第五章 §D–3 中的讨论, 两核之间距离的平均值 $\langle R\rangle$ 在 $r_{\rm e}$ 附近以频率 $\omega/2\pi$ 振荡, 因而这个频率也就是分子的振动频率.

附注:

(i) 在基态, 谐振子的波函数的展延范围也是有限的, 数量级为 $\sqrt{\hbar/2m\omega}$ (参看第五章的 §D–2). 因此, 在振动的基态, 分子中两核之间的距离最好也只能确定到 $\sqrt{\hbar/2m\omega}$ 的程度. 由此可见, 振动自由度和转动自由度没有耦合的重要条件是:

$$\sqrt{\frac{\hbar}{2m\omega}} \ll r_{\rm e} \tag{7}$$

(ii) 如果已经知道约化质量 m, 那么, 根据 (5) 式, 测得了 ω 的值便可以算出二阶导数 $V''(r_{\rm e})$ 的值. 当量子数 v 增大时, (4) 式中的 $(r-r_{\rm e})^3$ 项便不可忽略了 (也就是说, 势阱的形状与抛物线的差异已不可忽视). 这时振子不再是简谐的. 利用微扰理论对 (4) 式中的 $(r-r_{\rm e})^3$ 项的影响进行研究 (参看补充材料 $\mathrm{A_{III}}$) 之后, 我们发现两个相邻能级之间的差距 $E_{v+1} - E_v$ 对于 v 的较大值与 v 的较小值不再保持相等. 于是, 研究 $E_{v+1} - E_v$ 随 v 变化的规律便可以求得 $(r-r_{\rm e})^3$ 项的系数 $V'''(r_{\rm e})$. 因而, 通过对分子振动频率的研究, 我们就可以知道应该怎样修正 $V(r)$ 曲线在极小值附近的形状.

γ. 振动频率的数量级

分子的振动频率通常用 cm^{-1} 来量度, 也就是给出频率为 ν 的电磁辐射的波长 λ (以 cm 量度) 的倒数. 我们提醒一下: 1 cm^{-1} 对应于 3×10^{10}Hz 的频率, 又对应于 1.24×10^{-4}eV 的能量.

双原子分子的振动频率在几十到几千 cm^{-1} 之间. 因此, 对应的波长在几 μm 到几百 μm 之间, 处于红外波段.

从 (5) 式可以看出, m 越小, $V''(r_{\rm e})$ 越大 (也就是势阱在 $r = r_{\rm e}$ 处的曲率越大), ω 就越大. 由于 $r_{\rm e}$ 的数量级是不变的 (约几个Å), $V''(r_{\rm e})$ 随势阱深度 V_0 的增大而增大,
[515] 因此, 化学稳定性越高, ω 的值就越大. 为了说明上述各点, 我们举几个具体例子.

氢分子和氘分子 (H_2 和 D_2) 的振动频率分别为 (未计入对非谐性的校正):

$$\begin{aligned}\nu_{H_2} &= 4\ 401\text{cm}^{-1}\\ \nu_{D_2} &= 3\ 112\text{cm}^{-1}\end{aligned}\tag{8}$$

在这两种情况下, 曲线 $V(r)$ 是一样的: 两原子间的化学键只依赖于电子云, 但是 H_2 的约化质量等于 D_2 的约化质量的一半, 因此, 根据 (5) 式我们应有 $\nu_{H_2} = \sqrt{2}\nu_{D_2}$, 这一点已由 (8) 式中的实验数据所证实.

现在我们来看这样一个例子: 约化质量相近而化学稳定性大不相同的两个分子. 分子 $^{79}\text{Br}^{85}\text{Rb}$ 在化学上是稳定的 (卤素–碱金属键), 它的振动频率为 181 cm^{-1}. 最近在光泵实验中已经观察到一种分子 $^{84}\text{Kr}^{85}\text{Rb}$, 它的化学稳定性非常差, 这是因为从化学上来看稀有气体氪的惰性很大 (实际上, 分子的内聚力仅仅是范德瓦尔斯力). 对于这种分子, 我们求得的振动频率的数量级为 13 cm^{-1}; 与前一个数据相比, 差异颇大. 鉴于两者的约化质量所差不过百分之几实际上可以认为是相同的, 故振动频率的差异只表明两类分子的化学稳定性大不相同.

c. 核振动在实验上的显示

我们还要解释一下, 核的振动是怎样在实验上显示出来的, 特别是当分子与电磁波发生相互作用时是怎样显示出来的.

α. 红外吸收与发射

首先, 我们假设要讨论的分子是异极的, 也就是说, 它们是由两个不同的原子构成的. 由于电子被电负性较强的原子所吸引, 故分子一般都具有永久偶极矩 $D(r)$, 其值依赖于两核间的距离 r. 我们将 $D(r)$ 在平衡位置 $r = r_e$ 附近展开, 有:

$$D(r) = d_0 + d_1(r - r_e) + \cdots \tag{9}$$

式中 d_0 和 d_1 都是实常数.

当分子处在由若干振动定态线性叠加而成的态 $|\psi(t)\rangle$ 时, 其电偶极矩的平均值 $\langle\psi(t)|D(R)|\psi(t)\rangle$ 以频率 $\omega/2\pi$ 在常数 d_0 附近振荡. 振荡项来源于 (9) 式中的 $d_1(R - r_e)$ 这一项的平均值 (这个问题中的 $R - r_e$ 相当于第五章 §D–3 所讨论的谐振子的观察算符 X). 但是 $R - r_e$ 只在满足 $v - v' = \pm 1$ 的两个态 $|\varphi_v\rangle$ 与 $|\varphi'_v\rangle$ 之间才有非零矩阵元. 这个选择定则有助于我们理解在 $\langle D(R)\rangle(t)$ 的变化过程中为什么只出现一个玻尔频率 $\omega/2\pi$ [如果考虑到势函数的非谐性及展开式 (9) 中的高次项, 显然就会出现玻尔频率的若干倍频, 但这些频率的振荡都是非常微弱的].

电偶极矩的这种振荡说明了分子怎样与电磁场耦合从而吸收或发射频率为 ν 的辐射. 用光子的概念来说, 就是分子可以吸收一个能量为 $h\nu$ 的光子而 [516]

从态 $|\varphi_v\rangle$ 过渡到态 $|\varphi_{v+1}\rangle$ (图 5–9–a); 反过来, 分子从态 $|\varphi_v\rangle$ 过渡到态 $|\varphi_{v-1}\rangle$ 时, 发射一个光子 $h\nu$ (图 5–9–b).

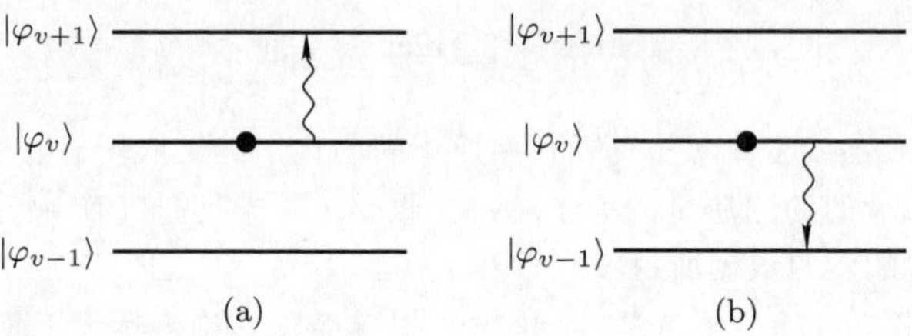

图 5–9　异极分子吸收 (图 a) 或发射 (图 b) 一个能量为 $h\nu$ 的光子并从振动态 $|\varphi_v\rangle$ 过渡到态 $|\varphi_{v+1}\rangle$ 或态 $|\varphi_{v-1}\rangle$.

β. 拉曼效应

现在我们来讨论同极分子, 即由两个相同的原子构成的分子. 由于对称的缘故, 不论 r 的大小如何, 分子的永久电偶极矩恒为零, 因而分子在红外波段中是不活泼的.

试设想我们向这样的分子投射一束频率为 $\Omega/2\pi$ 的光波. 由于这个频率比上面所涉及的那些频率高得多, 故光波能够激发分子中的电子群. 于是在光波的作用下, 电子进行受迫振动, 并向四周辐射同样频率的辐射. 这就是有名的光的分子散射 (瑞利散射) 现象①. 如果分子发生振动, 会出现什么新的现象呢?

关于所发生的现象, 我们可以定性地解释如下: 在一般情况下, 分子的电子极化率②是两核之间的距离 r 的函数. 当 r 变化时 (注意, 相对于电子的运动来说, 这个变化是很慢的), 以 $\Omega/2\pi$ 的频率进行振动的感生电偶极矩的幅度也将发生变化. 因而, 偶极矩对时间的依赖关系是正弦型的, 频率为 $\Omega/2\pi$, 幅
[517] 度则受到数值很小的分子振动频率 $\omega/2\pi$ 的调制 (图 5–10). 对此图所示的电偶极矩的振荡进行傅里叶分析, 便可以得到分子所发射的光波的频谱. 在图 5–11 中我们看到, 有一条频率为 $\Omega/2\pi$ 的中心谱线 (即瑞利散射) 及两侧的两条谱线, 一条谱线的频率是 $(\Omega-\omega)/2\pi$ (即拉曼 – 斯托克斯散射), 另一条谱线的频率是 $(\Omega+\omega)/2\pi$ (即拉曼 – 反斯托克斯散射).

这些谱线的出现可以由光子的概念得到简单的解释. 我们设想有一个能

---

① 在补充材料 $\mathrm{A_{XIII}}$ 中, 我们将用量子力学来处理原子中的电子在光照射下的受迫振动.

② 在入射光波的电场 $\boldsymbol{E}_0\mathrm{e}^{\mathrm{i}\Omega t}$ 的作用下, 分子中的电子云得到一个感生偶极矩 $\boldsymbol{D}$:

$$\boldsymbol{D}=\chi(\Omega)\boldsymbol{E}_0\mathrm{e}^{\mathrm{i}\Omega t}$$

式中的 $\chi(\Omega)$ 就定义为分子的电子极化率. 在这里重要的是 χ 与 r 有关.

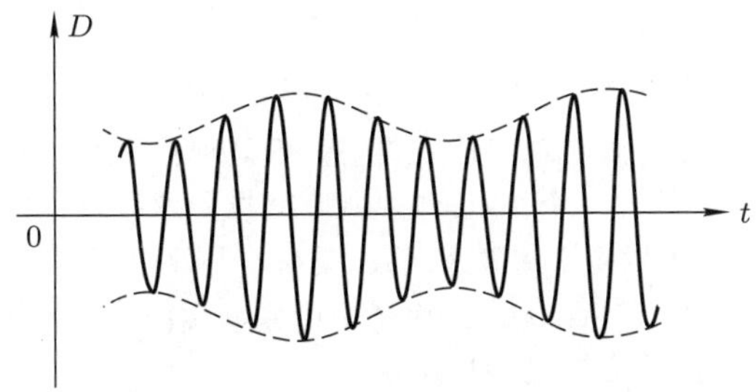

图 5–10 入射光波所感生的电偶极矩的幅度的振荡受到分子振动的调制.

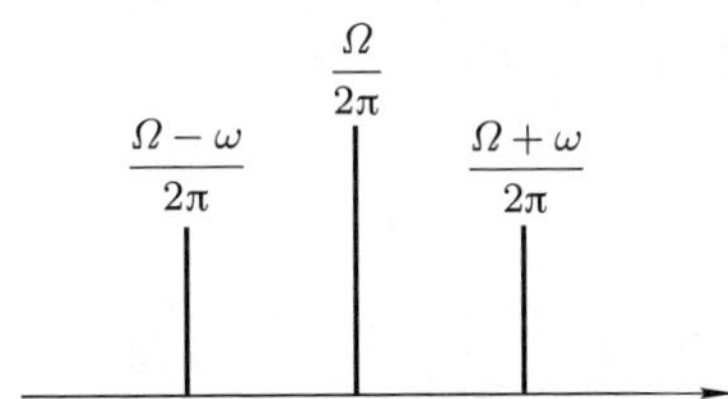

图 5–11 图 5–10 所示的振荡的频谱. 除了频率与入射光波相同的中心谱线 (瑞利线) 以外, 出现了两条偏移的谱线 (拉曼–斯托克斯线与拉曼–反斯托克斯线); 两者对中心线的偏移等于分子振动频率.

量为 $\hbar\Omega$ 的光子投射到处于态 $|\varphi_v\rangle$ 的分子上 (图 5–12–a). 如果在散射过程中, 分子的振动能级并无变化, 那么这就是弹性散射. 由于能量是守恒的, 因而散 [518]
射光子的能量等于入射光子的能量 (图 5–12–b, 瑞利线). 但是在散射过程中, 分子也可能从态 $|\varphi_v\rangle$ 过渡到态 $|\varphi_{v+1}\rangle$, 分子得到的能量 $\hbar\omega$ 就是散射光子失去的能量, 于是后者的能量为 $\hbar(\Omega-\omega)$ (图 5–12–c), 因此这是非弹性散射 (拉曼–斯托克斯线). 此外, 分子也可能从态 $|\varphi_v\rangle$ 过渡到态 $|\varphi_{v-1}\rangle$, 这时散射光子的能量为 $\hbar(\Omega+\omega)$ (图 5–12–d; 拉曼–反斯托克斯线).

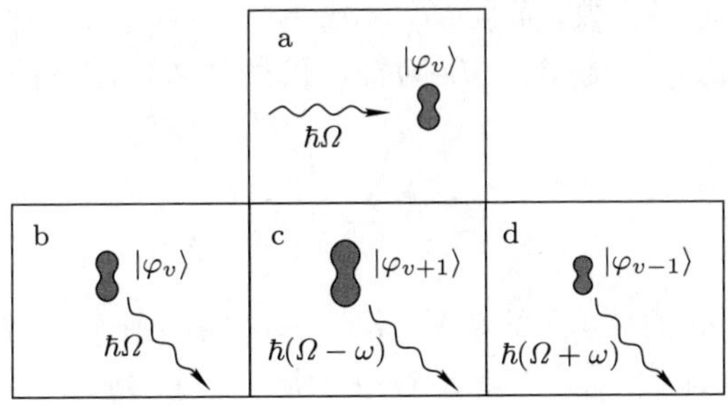

图 5–12 能量为 $\hbar\Omega$ 的光子受分子散射的示意图 [分子原来处于振动态 $\varphi_v\rangle$ (图 a)]: 振动态若无变化, 发生瑞利散射 (图 b); 若分子从态 $|\varphi_v\rangle$ 过渡到态 $\varphi_{v+1}\rangle$ 或 $|\varphi_{v-1}\rangle$, 便发生拉曼–斯托克斯散射 (图 c) 或拉曼–反斯托克斯散射 (图 d).

附注:

(i) 对于异极分子, 我们也可以观察到拉曼效应.

(ii) 近来激光光源的出现使拉曼效应重新受到了重视. 如果在频率为 $\Omega/2\pi$ 的激光器的谐振腔中放入一个小盒, 盒中盛有就拉曼效应而言较活泼的物质, 那么, 在某些情况下我们可以观察到放大现象 (受激拉曼效应) 并获得频率为 $(\Omega-\omega)/2\pi$ 的激光振荡 (拉曼激光), 此处的 ω 为盒中所盛物质的分子的振荡频率. 因而更换盒中的物质, 就可以改变激光的振荡频率.

(iii) 研究分子的拉曼光谱和红外光谱在化学上是很有价值的, 因为根据这些光谱可以鉴定复杂分子中的各种键. 例如, 两个碳原子所组成的一个集体, 其振荡频率就取决于两者间是单键、双键、还是三键.

2. 晶体中核的振动

a. 爱因斯坦模型

一块晶体是由大量原子 (或离子) 组成的, 这些粒子在空间规则地分布在周期性格子的格点上. 为简单起见, 我们考虑一维模型, 也就是一条原子链. 第 q 个原子核的平均位置是

$$x_q^0 = qd \tag{10}$$

式中 d 是相邻原子间的距离 (其数量级为几个Å).

假设晶体中全体原子核的势能为 $U(x_1, x_2, \cdots, x_q, \cdots)$, 它依赖于原子核的位置 $x_1, x_2, \cdots, x_q, \cdots$. 如果 $(x_q - x_q^0)$ 不太大, 也就是说, 如果每一个核偏离其平衡位置不太远, 则在某些情况下, $U(x_1, x_2, \cdots, x_q, \cdots)$ 具有下列简单形式:

$$U(x_1, x_2, \cdots, x_q, \cdots) \simeq U_0 + \sum_q \frac{1}{2}(x_q - x_q^0)^2 U_0'' + \cdots \tag{11}$$

式中 U_0 和 U_0'' 都是实常数 (而且 $U_0'' > 0$). 此式不含 $(x_q - x_q^0)$ 的一次项, 这说明 x_q^0 是核 (q) 的稳定平衡位置 (U 为极小值的位置). 体系的总动能为:

$$T = \sum_q \frac{p_q^2}{2m} \tag{12}$$

[519] 种中 p_q 是质量为 m 的核 (q) 的动量. 若将总动能加到 (11) 式上, 那么, 体系的总哈密顿函数 (除常数 U_0 外) 就是对应于每一个核 (q) 的一维谐振子的哈密顿函数的总和:

$$H = U_0 + \sum_q \left[\frac{p_q^2}{2m} + \frac{1}{2}(x_q - x_q^0)^2 U_0'' \right] \tag{13}$$

因此, 在这种简单模型中, 每一个核都独立地围绕其平衡位置振动, 而与其邻近的核无关. 振动的角频率为:

$$\omega = \sqrt{\frac{U_0''}{m}} \tag{14}$$

与双原子分子的情况相似, m 越小, 势能 (它使核趋向其平衡位置) 曲线的曲率越大, ω 就越大.

附注:

在上面所说的简单模型中, 每一个核都独立于其他的核而振动. 这是因为, 我们给出的势函数 U 不包含同时依赖于几个变量 x_q 的项, 这种项是反映不同核之间的相互作用的. 由于这种相互作用确实存在, 故这个模型并不切合实际. 在补充材料 J_V 中, 我们再介绍一种较复杂的模型, 在那里, 将考虑到每一个核与其左右两个邻近核之间的耦合. 我们将会看到, 在这种模型中, 整个体系的哈密顿函数仍能等于诸独立谐振子的哈密顿函数之和.

b. 晶体振动的量子特性

爱因斯坦模型虽然粗略, 它却有助于我们认识与晶体振动的量子特性有关的一些现象. 定容比热在低温下的品性, 从经典力学看来是不可理解的, 我们将在补充材料 L_V 中把这个问题作为处在热力学平衡中的谐振子的性质来研究. 这里专门讨论一种引人注目的效应, 它涉及与每一个原子的位置相联系的基态波函数的有限的展延范围.

在一个大气压和绝对零度的条件下, 除氦以外, 一切物质都处于固态. 为了使氦固化, 至少需要施加 25 个大气压的压强. 我们能不能解释这个奇特的现象呢?

首先, 我们试解释一下普通物质的熔化现象. 在绝对零度下, 所有的原子实际上都处在各自的平衡位置上; 它们的波函数在 x_q^0 附近展延的范围由下式给出 [参看第五章的公式 (D–5–a)]:

$$\Delta X \simeq \sqrt{\frac{\hbar}{2m\omega}} = \left[\frac{\hbar^2}{4mU_0''}\right]^{1/4} \tag{15}$$

[在这里, 我们利用了关于 ω 的公式 (14)]. ΔX 一般是很小的. 如果加热晶体, 则原子核将跃迁到越来越高的振动能级. 用经典的术语来说则是振动的幅度越来越大; 用量子的术语来说则是波函数的展延范围逐渐扩大 [随着振动量子数的平方根而增大; 参看第五章的公式 (D–5–a)]. 当这个展延范围和原子间距 d 相比已经不可忽略时, 晶体就熔化了 (参看补充材料 L_V 的 §4–c, 在那里我们将较为定量地讨论这个问题). [520]

氦在常压下不可能被固化, 这相当于下述事实: 即使在绝对零度, 由 (15) 式给出的波函数的展延范围与 d 相比仍然是不可忽略的. 这个事实的原因在于氦的质量很小, 它的化学亲和力也很小 (由于每一个势阱都很浅, 故势函数在每一个极小值附近的曲率 U_0'' 也很小). 在公式 (15) 中, 这两个因素的影响一致, 都是使展延范围 ΔX 增大. 增大压强的效果是使 U_0'' 增大, 从而使 ω 增大, 于是 ΔX 便减小了. 这是因为在高压强下, 每个氦原子都被其邻近原子所"夹紧", 压强越大, 相邻原子间的平均距离就越小, 于是在极小值附近势能曲线就越尖锐, 从而 U_0'' 就越大. 这样, 我们就理解了为什么增大压强就可以使氦固化.

3. 分子的扭转振荡: 乙烯的例子

a. 乙烯分子 C_2H_4 的结构

大家知道, 在乙烯分子 C_2H_4 中, 六个原子位于同一平面上 (图 5–13), 各个 C—H 键与 C—C 键之间的夹角接近 120°.

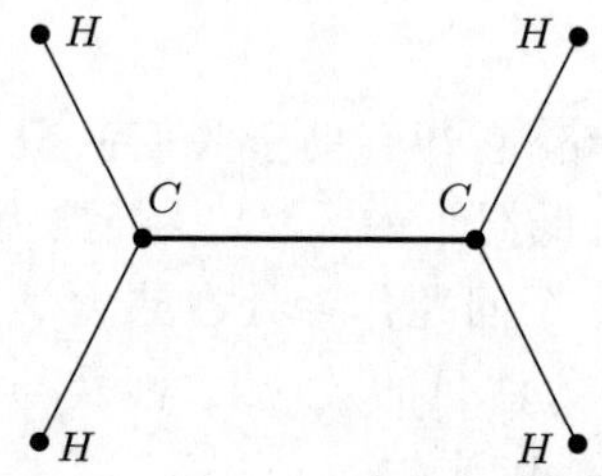

图 5–13 乙烯分子的平面结构

现在我们设想: 保持从每一个碳原子发出的那些键之间的相对位置不变, 而使一端的 CH_2 原子团相对于另一端围绕 C—C 轴旋转一个角度 α. 图 5–14 表示沿 C—C 轴看到的乙烯分子: 其中一个原子团 CH_2 中的两条键用实线画出, 另一个 CH_2 原子团的键用虚线画出. 我们要问, 分子的势能 $V(\alpha)$ 怎样随 α 变化呢?

[521]

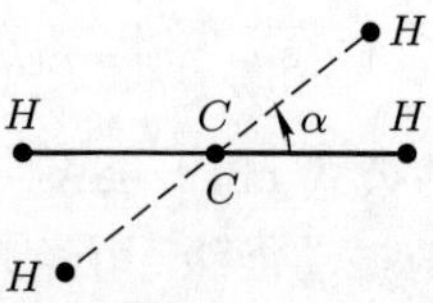

图 5–14 乙烯分子的扭转 (沿 C—C 轴看): 一个 CH_2 原子团相对于另一个原子团绕 C—C 轴转过了角度 α.

分子的稳定结构是平面结构, 所以角度 $\alpha = 0$ 应该对应于 $V(\alpha)$ 的极小值. 又因为对应于 $\alpha = 0$ 和 $\alpha = \pi$ 的两种结构是不可区分的, 可见 $\alpha = \pi$ 应该对应于 $V(\alpha)$ 的另一个极小值. 因而 $V(\alpha)$ 的曲线应具有图 5–15 所示的形状 [我们使 α 从 $-\pi/2$ 变到 $3\pi/2$, 并取 $V(0)$ 作为能量的原点].

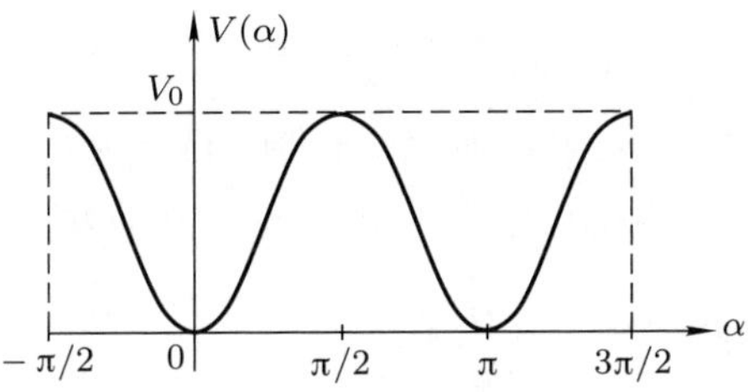

图 5–15　分子的势能依赖于扭转角度 α; 当 $\alpha = 0$ 和 $\alpha = \pi$ 时, $V(\alpha)$ 取极小值 (对平面结构而言).

两个稳定位置 $\alpha = 0$ 和 $\alpha = \pi$ 之间有一个高度为 V_0 的势垒. 我们通常用下列简单公式

$$V(\alpha) = \frac{V_0}{2}(1 - \cos 2\alpha) \tag{16}$$

来近似地表示图 5–15 的势函数.

附注:

量子力学可以说明上述的 C_2H_4 分子的全部特征. 在这个分子中, 每一个碳原子各有四个价电子. 我们发现, 其中的三个电子 (σ 电子) 的波函数具有对于三条共面直线的旋转对称性, 这三条直线相互间的夹角为 120°, 它们决定了化学键的方向 (图 5–13). 因而, 这些波函数覆盖邻近原子中的电子的波函数的现象就显得非常重要, 正是这种覆盖保证了 C—H 键和 C—C 键的一部分的稳定性 (这个现象叫做 “sp^2 杂化”, 在补充材料 E_{VII} 中, 我们再详细讨论这个问题). 每个碳原子中的最后一个价电子 (π 电子) 的波函数具有关于一直线的对称性, 这条直线通过 C 并垂直于 C 与其邻近的三个原子所在的平面. 当与 π 电子相联系的两条直线互相平行时, 也就是当分子中的六个原子都在同一平面上时, 这两个 π 电子的波函数的覆盖程度最大, 因而双键的化学稳定性也就达到了可能的最高程度. 这样一来, 我们就完满地解释了图 5–13 中的结构.

由于 $V(\alpha)$ 在其两个极小值附近可以用抛物线来逼近, 故分子将围绕它的两个稳定平衡位置进行扭转振荡, 这就是下面我们所要探讨的问题. 首先, 我们简略地复习一下有关的经典方程. [522]

b. 经典运动方程

我们用 α_1 和 α_2 表示两个 CH_2 原子团各自所在的平面与通过 C—C 轴的某一固定平面之间的夹角 (图 5–16). 于是图 5–14 中的角度 α 显然应为

$$\alpha = \alpha_1 - \alpha_2 \tag{17}$$

假设 I 是一个 CH_2 原子团相对于 C—C 轴的转动惯量, 由于势能只依赖于 $\alpha = \alpha_1 - \alpha_2$, 因此, 描述各个原子团的转动的动力学方程式应该写作:

$$\begin{cases} I\dfrac{\mathrm{d}^2\alpha_1}{\mathrm{d}t^2} = -\dfrac{\partial}{\partial\alpha_1}V(\alpha_1 - \alpha_2) = -\dfrac{\mathrm{d}}{\mathrm{d}\alpha}V(\alpha) \\ I\dfrac{\mathrm{d}^2\alpha_2}{\mathrm{d}t^2} = -\dfrac{\partial}{\partial\alpha_2}V(\alpha_1 - \alpha_2) = +\dfrac{\mathrm{d}}{\mathrm{d}\alpha}V(\alpha) \end{cases} \tag{18}$$

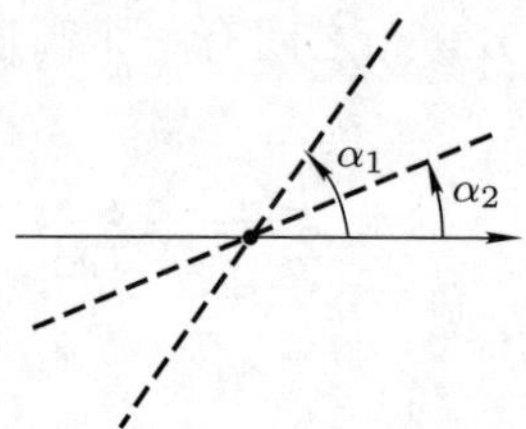

图 5–16 为了建立运动方程, 我们用 α_1 和 α_2 表示两个 CH_2 原子团各自所在的平面与某一固定平面的夹角.

将此两式相加、相减, 便得到:

$$\frac{\mathrm{d}^2}{\mathrm{d}t^2}(\alpha_1 + \alpha_2) = 0 \tag{19–a}$$

$$I\frac{\mathrm{d}^2\alpha}{\mathrm{d}t^2} = -2\frac{\mathrm{d}}{\mathrm{d}\alpha}V(\alpha) \tag{19–b}$$

方程 (19–a) 表明, 整个分子可以围绕 C—C 轴自由转动而不受扭转振动的牵制; $(\alpha_1 + \alpha_2)/2$ 决定两个 CH_2 原子团所在平面之间的等分角面, 而这个角度是时间的线性函数. 方程 (19–b) 描述扭转振动 (一个原子团相对于另一个原子团的转动). 我们来研究在稳定平衡位置之一的 $\alpha = 0$ 附近这些运动的情况. 我们将 (16) 式在 $\alpha = 0$ 的邻域中展开:

$$V(\alpha) \simeq V_0\alpha^2 \tag{20}$$

[523] 将 (20)式代入 (19–b) 式, 我们得到:

$$\frac{\mathrm{d}^2\alpha}{\mathrm{d}t^2} + \frac{4V_0}{I}\alpha = 0 \tag{21}$$

显然, 这就是一维 (只有 α 这一个变量) 谐振子的方程, 其角频率为

$$\omega_t = 2\sqrt{\frac{V_0}{I}} \tag{22}$$

就 C_2H_4 分子而言, ω_t 约为 825 cm^{-1}.

c. 量子力学的处理

在两个平衡位置 $\alpha = 0$ 与 $\alpha = \pi$ 的附近, 分子具有 "扭动态", 量子化的能量为 $E_n = (n + 1/2)\hbar\omega_t(n = 0, 1, 2, \cdots)$. 在一级近似下, 每一个能级 $E_n = (n + 1/2)\hbar\omega_t$ 都是二重简并的, 这是因为与每一个能级相对应的有两个态 $|\varphi_n\rangle$ 和 $|\varphi'_n\rangle$, 相关的波函数 $\varphi_n(\alpha)$ 与 $\varphi'_n(\alpha)$ 只有一点不同, 就是一个以 $\alpha = 0$ 为中心, 另一个以 $\alpha = \pi$ 为中心 (图 5–17–a 与图 5–17–b).

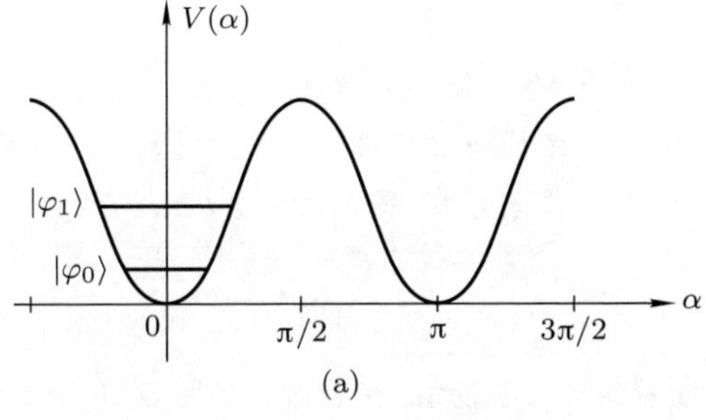

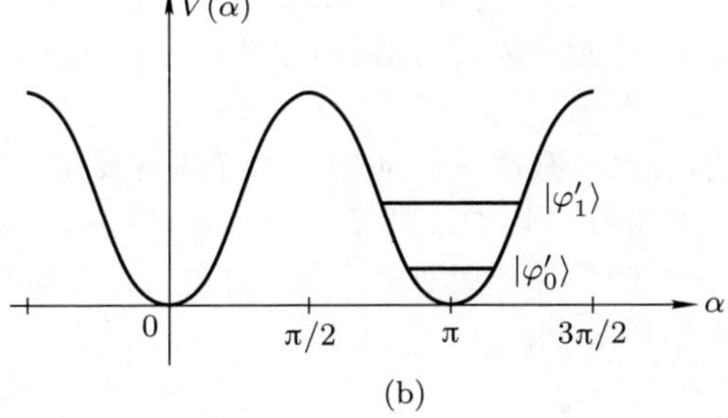

图 5–17 如果略去贯穿位于 $\alpha = \pi/2$ 处及 $\alpha = 3\pi/2$ 处的势垒的隧道效应, 我们便可以求得分子在以 $\alpha = 0$ (图 a) 和以 $\alpha = \pi$ (图 b) 为中心的势阱中的扭动态.

实际上, 我们还应该考虑一个典型的量子效应, 即贯穿两个极小值之间的势垒的隧道效应 (图 5–15). 在补充材料 G_{IV} 中, 讨论 NH_3 分子的反转时, 我们 [524]
已经遇到过这种情况. 在这里, 利用类似于那篇材料中的计算, 我们可以证明, 两个态 $|\varphi_n\rangle$ 与 $|\varphi'_n\rangle$ 之间的简并已被隧道效应所消除. 于是, 对于 n 的每一个值都出现两个定态 $|\psi_+^n\rangle$ 和 $|\psi_-^n\rangle$ (在一级近似下, 这两个态是 $|\varphi_n\rangle$ 与 $|\varphi'_n\rangle$ 的对称与反对称的线性组合), 对应能级间的间隔为 $\hbar\delta_n$; n 越大, 也就是说, 初始能

量越接近 V_0 (隧道效应越显著) 这个间隔就越大. 但是, $\hbar\delta_n$ 总是甚小于两个相邻简并能级 n 与 $n\pm 1$ 之间的间隔 $\hbar\omega_t$ 的 (图 5–18).

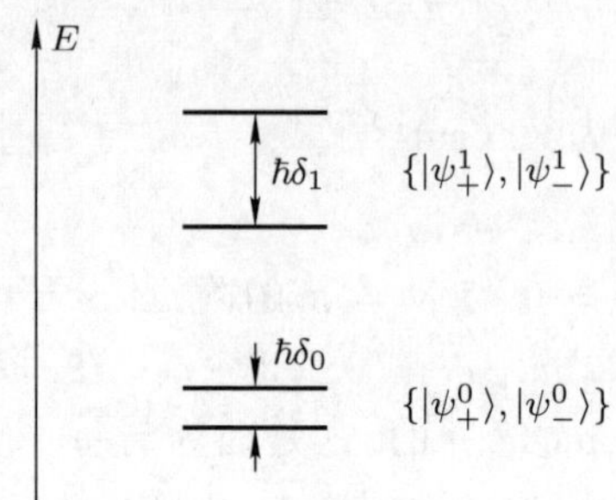

图 5–18 隧道效应消除了图 5–17 所示的能级的简并, 而且越是接近势垒的顶峰, 简并的分裂就越显著 ($\delta_1 > \delta_0$); $|\psi_+^0\rangle, |\psi_-^0\rangle|\psi_+^1\rangle$, 及 $|\psi_-^1\rangle$ 是新的定态.

关于角度 α 的平均值的变化, 量子力学的预言如下: 这个平均值以 ω_t 为角频率围绕 $\alpha = 0$ 或 $\alpha = \pi$ 迅速地振荡; 在这个振荡上还叠加着另一个振荡, 即在 $\alpha = 0$ 与 $\alpha = \pi$ 之间以玻尔频率 $\delta_0/2\pi, \delta_1/2\pi, \delta_2/2\pi, \cdots$ 进行的非常缓慢的振荡.

附注:

当然, 还存在着这样一些能级, 其能量大于图 5–15 中的势垒的最大高度 V_0. 这些能级对应于转动能, 这一能量很大, 以致我们可以认为一个 CH_2 原子团几乎是自由地相对于另一个原子团而转动 (但却受到图 5–15 中的势场的周期性加速和减速).

乙烷分子 C_2H_6 也具有这种行为. 这种分子没有 π 电子, 所以更容易发生一个 CH_3 原子团相对于另一个 CH_3 原子团的转动 (势垒 V_0 相当低). 在这种情况中, 倾向于抵制一个 CH_3 原子团对另一原子团的自由转动的势函数 $V(\alpha)$, 由于对称的缘故, 具有周期 $2\pi/3$.

4. 重 μ 原子

μ^- 子 (由于历史原因, 有时又叫 "μ 介子") 是性质和电子相同的一种粒子, 不过它的质量是电子质量的 207 倍①. 特别的是, 它对强相互作用并不敏
[525] 感, 它与核的耦合实质上是电磁相互作用. 物质中的一个慢速 μ^-子可以受原子核的库仑场吸引而与后者形成一个束缚态. 这样构成的体系就叫做 μ 原子.

① μ^- 子是不稳定的, 它将衰变为一个电子和两个中微子.

a. 与氢原子对比

我们将在第七章 (§C) 中讨论带有异性电荷的两个粒子的束缚态, 特别是氢原子的束缚态. 我们将会看到, 关于束缚态的能量, 量子力学的结果与玻尔模型的结果是一致的 (参看第七章的 §C–2). 同样, 描述这些束缚态的波函数的展延范围与玻尔轨道的半径属于同一数量级. 下面, 我们首先利用这个简单模型来计算 μ^- 子在重核 (例如铅, $Z = 82, A = 207$) 的库仑场中的前两个束缚态的能量及展延范围.

如果将核的质量视为无穷大, 则对应于第 n 个玻尔轨道的能量为:

$$E_n = -\frac{Z^2 me^4}{2\hbar^2}\frac{1}{n^2} \tag{23}$$

式中 Z 是核的原子序数, $e^2 = q^2/4\pi\varepsilon_0$ (q 是电子电荷), m 表示电子质量或 μ^- 子的质量, 视具体情况而定. 从氢原子过渡到这里所讨论的 μ^- 原子, 我们应给 E_n 乘上一个因子 $Z^2 m_\mu/m_e = (82)^2 \times 207 = 1.4 \times 10^6$. 由此可以推知, 对于 μ 原子而言, 有:

$$\begin{cases} E_1 = -19\text{MeV} \\ E_2 = -4.7\text{MeV} \end{cases} \tag{24}$$

第 n 个玻尔轨道的半径由下式给出

$$r_n = \frac{n^2\hbar^2}{Zme^2} \tag{25}$$

对于氢, $r_1 \simeq 0.5\text{Å}$, 现在这个数应除以 Zm_μ/m_e, 结果为:

$$\begin{cases} r_1 = 3 \times 10^{-13}\text{cm} \\ r_2 = 12 \times 10^{-13}\text{cm} \end{cases} \tag{26}$$

在上面的计算中, 我们已经暗自假设了原子核是点状的 (在玻尔模型及第七章的 §C 所介绍的理论中都将势能取作 $-Ze^2/r$). 我们得到的 r_1 和 r_2 是如此之小 [(26) 式], 这就说明对于重的 μ 原子而言, 点状核的观点根本不能成立. 实际上, 铅核的半径 ρ_0 约为 8.5×10^{-13}cm, 是不可忽略的 (提醒一下, 核的半径随 $A^{1/3}$ 变化). 于是, 上面的定性估算使人以为 μ^- 子的波函数的展延范围很可能比核的线度还要小①. 因此, 我们必须全部重新考察这个问题, 首先 [526]
必须计算 μ^- 子在核电荷分布区域的外部以及内部所 "看到" 的势.

① 对于氢原子, 波函数的展延范围的数量级为 1Å, 约为质子线度的 10^5 倍, 因此我们可以将质子看作质点. 我们在这里遇到的新情况起因于几个效果一致的因素: m 增大, Z 增大, 这表现为静电力增大和核半径增大.

b. 将重 μ 原子看作谐振子

现在, 我们设想一个粗糙的铅核模型: 假设它的电荷均匀分布在半径 $\rho_0 = 8.5 \times 10^{-13}\text{cm}$ 的球域中.

如果 μ^- 子与球心间的距离 r 大于 ρ_0, 则其势能由下式给出:

$$V(r) = -\frac{Ze^2}{r} \qquad (r \geqslant \rho_0) \tag{27}$$

如果 $r < \rho_0$, 我们可以用高斯定理来计算 μ^- 子受到的静电力, 这个力指向球心, 其大小为:

$$Ze^2 \left(\frac{r}{\rho_0}\right)^3 \frac{1}{r^2} = \frac{Ze^2}{\rho_0^3} r \tag{28}$$

这个力可以导自下面的势能:

$$V(r) = \frac{1}{2}\frac{Ze^2}{\rho_0^3} r^2 + C \qquad (r \leqslant \rho_0) \tag{29}$$

确定常数 C 的条件是: 在 $r = \rho_0$ 处, (27) 式与 (29) 式应该相等; 据此求得:

$$C = -\frac{3}{2}\frac{Ze^2}{\rho_0} \tag{30}$$

最后, 我们将 μ^- 子的势能随 r 变化的情况绘于图 5–19.

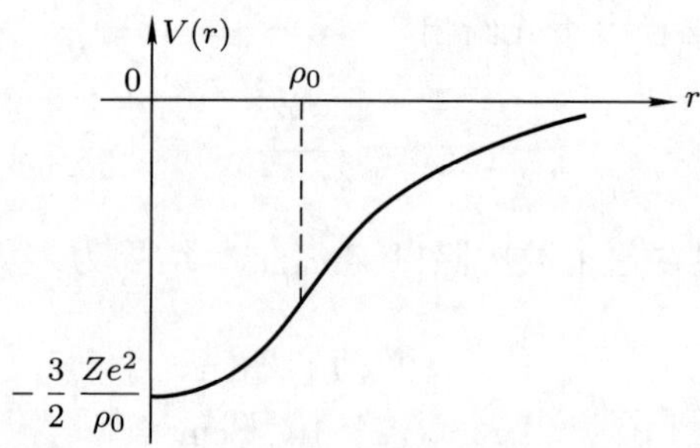

图 5–19 受到位于 $r = 0$ 处、半径为 ρ_0 的核吸引的 μ^- 子所 "看到" 的势 $V(r)$. 当 $r < \rho_0$ 时, 势的变化是抛物线形的 (假设核的电荷密度是均匀的); 当 $r > \rho_0$ 时, $V(r)$ 随 $1/r$ 变化 (库仑定律).

[527] 在核内, 势函数是抛物线形的. 我们在 §a 中已经算出的数量级表明, 对于铅的 μ 原子的基态来说, 将势函数取作纯粹的库仑势是不切实际的, 这是因为波函数实际上在势函数为抛物型的区域中才有显著的数值. 因此, 在这种情况下, 我们当然应该将对 μ^- 子的束缚看作 "弹性束缚"; 这样一来, 我们所要处理的便是一个三维谐振子 (参看补充材料 E_V), 它的角频率为:

$$\omega = \sqrt{\frac{Ze^2}{m_\mu \rho_0^3}} \tag{31}$$

实际上, 我们将会看到, 这个谐振子的基态波函数在核外并不为零, 因此谐近似也不是很理想的.

附注:

有趣的是, 这里所讲的物理体系和 J.J. 汤姆孙提出的第一个原子模型非常相似. 实际上, 这位物理学家认为, 原子的正电荷是分布在一个球域里面的, 球的半径约为几个Å; 他设想电子便在这种电荷分布下的抛物型势场中运动 (电子受到弹性束缚的模型). 有了卢瑟福的实验之后, 我们知道原子核是非常小的, 因此这种模型和原子的实际情况并不相符.

c. 能量及波函数的展延范围的数量级

在 (31) 式中代入下列数据:

$$Z = 82 \qquad c = 3\times10^8\text{m/s}$$
$$\frac{e^2}{\hbar c}\simeq\frac{1}{137} \qquad m_\mu = 207m_e = 1.86\times10^{-28}\text{kg}$$
$$\hbar\simeq1.05\times10^{-34}\text{J}\cdot\text{s} \qquad \rho_0 = 8.5\times10^{-15}\text{m}$$

我们得到

$$\omega\simeq1.3\times10^{22}\text{rad}\cdot\text{s}^{-1} \tag{32}$$

它所对应的能量 $\hbar\omega$ 为:

$$\hbar\omega\simeq8.4\text{MeV} \tag{33}$$

我们可将 $\hbar\omega$ 与势阱的总深度 $\dfrac{3}{2}\dfrac{Ze^2}{\rho_0}$ 比较一下, 后者的数值为

$$\frac{3}{2}\frac{Ze^2}{\rho_0}\simeq21\text{MeV} \tag{34}$$

我们看到 $\hbar\omega$ 小于这个深度, 但也没有小到可以完全略去 $V(r)$ 的非抛物线部分的程度.

同样, 如果势阱的形状是理想的抛物线, 则基态波函数的展延范围大约是: [528]

$$\sqrt{\frac{\hbar}{2m_\mu\omega}}\simeq4.7\times10^{-13}\text{cm} \tag{35}$$

这样便证实了 §4–a 中的定性的预言: μ^- 子的波函数的主要部分在核内. 但是我们也不能完全忽略核外的情况.

能量与波函数的精确计算当然比谐振子的情况要复杂得多. 我们必须解出对应于图 5–19 的势函数的薛定谔方程 (还要考虑自旋, 相对论修正, ⋯⋯). 我们知道这样的计算是很重要的: 研究重 μ 原子发射的光子的能量, 可以获得核结构的知识, 例如, 电荷在核内的实际分布.

附注:

对于普通原子 (核外是电子, 不是 μ⁻ 子), 势函数与 $-Ze^2/r$ 这种规律的偏离所带来的影响是完全可以忽略的. 利用微扰理论 (参看第十一章), 就可计入这种偏离. 我们将在补充材料 D_{XI} 中讨论原子核的这种 “体效应” 对原子能级的影响.

参考文献和阅读建议:

分子振动: Karplus 和 Porter (12.1) 第 7 章; Pauling 和 Wilson (1.9) 第 X 章; Herzberg (12.4), 第 I 卷, 第 Ⅲ 章 §1; Landau 和 Lifshitz (1.19), 第 XI 章及 XIII 章.

受激拉曼效应: Baldwin (15.19), §5.2; 还可参看 Schawlow 的论文 (15.17).

扭转振动: Herzberg (12.4) 第 Ⅱ 卷, 第 Ⅱ 章 §5d; Kondratiev (11.6)§37.

爱因斯坦模型: Kittel (13.2) 第 6 章; Seitz (13.4), 第 Ⅲ 章; Ziman (13.3) 第 2 章; 还可参看 Bertman 和 Guyer 的论文 (13.20).

μ 原子: Cagnac 和 Pebay-Peyroula (11.2), §XIX − 7; Weissenberg (16.19) §4–2; 还可参看 De Benedetti 的论文 (11.21).

补充材料 B_V

在 $\{|x\rangle\}$ 表象中对定态的研究; 厄米多项式 [529]

我们在这篇材料里, 将比在第五章的 §C–2 里更详细地研究与谐振子的定态 $|\varphi_n\rangle$ 相联系的波函数 $\varphi_n(x)=\langle x|\varphi_n\rangle$. 在着手研究以前, 我们先定义厄米多项式, 并指出它们的主要性质.

1. 厄米多项式

a. 定义和简单性质

我们来考虑高斯函数

$$F(z)=\mathrm{e}^{-z^2} \tag{1}$$

图 5–20 中的钟形曲线就表示这个函数. F 的各阶导数为:

$$F'(z)=-2z\mathrm{e}^{-z^2} \tag{2}$$

$$F''(z)=(4z^2-2)\mathrm{e}^{-z^2} \tag{3}$$

我们可以一般地证明 n 阶导数 $F^{(n)}(z)$ 可以写作: [530]

$$F^{(n)}(z)=(-1)^n H_n(z)\mathrm{e}^{-z^2} \tag{4}$$

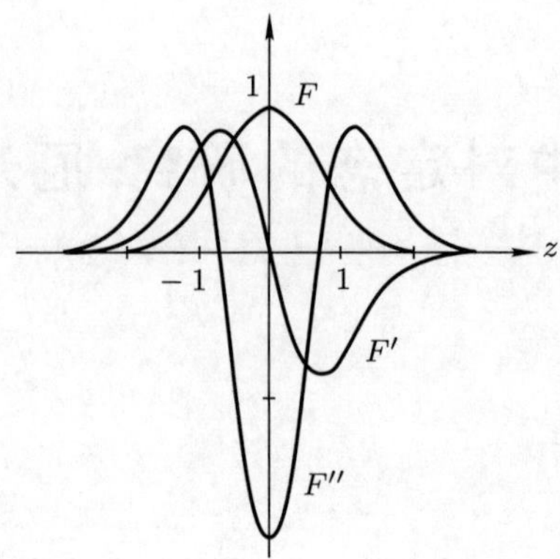

图 5–20 高斯函数 $F(z)$ 及其一、二阶导数 $F'(z), F''(z)$ 的形状.

这里 $H_n(z)$ 是 z 的 n 次多项式. 现用数学归纳法来证明. 对于 $n = 1, 2$, 上式显然成立 [参看方程 (2) 和 (3)], 我们假设它对于 $n-1$ 也成立:

$$F^{(n-1)}(z) = (-1)^{n-1} H_{n-1}(z) \mathrm{e}^{-z^2} \tag{5}$$

这里的 $H_{n-1}(z)$ 是 $n-1$ 次多项式. 直接微分此式, 便可以得到 (4) 式, 但须令:

$$H_n(z) = \left(2z - \frac{\mathrm{d}}{\mathrm{d}z}\right) H_{n-1}(z) \tag{6}$$

由于 $H_{n-1}(z)$ 是 z 的 $n-1$ 次多项式, 从这个式子可以看出, $H_n(z)$ 实际上是一个 n 次多项式. 多项式 $H_n(z)$ 叫做 *n 次厄米多项式*. 因此, 它的定义为:

$$H_n(z) = (-1)^n \mathrm{e}^{z^2} \frac{\mathrm{d}^n}{\mathrm{d}z^n} \mathrm{e}^{-z^2} \tag{7}$$

从 (2)、(3) 两式可以看出: $H_1(z)$ 和 $H_2(z)$ 分别为奇函数与偶函数. 此外 (6) 式表明, 如果 $H_{n-1}(z)$ 具有确定的宇称, $H_n(z)$ 便具有与之相反的宇称, 由此可以推知 $H_n(z)$ 的宇称是 $(-1)^n$.

$H_n(z)$ 的零点和函数 $F(z)$ 的 n 阶导数的零点是对应的. 我们将证明, $H_n(z)$ 有 n 个实零点, $H_{n-1}(z)$ 的零点则在 $H_n(z)$ 的零点之间. 其实, 从图 5–20 及 (1), (2), (3) 式可以看出, 对于 $n = 0, 1, 2$, 这个性质是成立的. 利用数学归纳法可以将这个结果推广: 假设 $H_{n-1}(z)$ 有 $n-1$ 个实零点; 如果 z_1 和 z_2 是 $H_{n-1}(z)$ 的 [因而也是 $F^{n-1}(z)$ 的] 两个相继的零点, 那么, 罗尔定理告诉我们, 在 z_1 和 z_2 之间的某点 z_3 处, $F^{(n-1)}(z)$ 的导数 $F^n(z)$ 必等于零, 于是便知 $H_n(z_3) = 0$. 此外, 由于 $z \to -\infty$ 和 $z \to +\infty$ 时, $F^{(n-1)}(z)$ 变为零, 故 $F^{(n)}(z)$ 和 $H_n(z)$ 至少有 n 个实零点 [不会更多, 因为 $H_n(z)$ 的次数为 n], 而 $H_{n-1}(z)$ 的零点便介于前者的零点之间.

b. 母函数

我们来考虑 z 和 λ 的一个函数:

$$F(z+\lambda) = \mathrm{e}^{-(z+\lambda)^2} \tag{8}$$

根据泰勒公式可以写出:

$$\begin{aligned} F(z+\lambda) &= \sum_{n=0}^{\infty} \frac{\lambda^n}{n!} F^{(n)}(z) \\ &= \sum_{n=0}^{\infty} \frac{\lambda^n}{n!} (-1)^n H_n(z) \mathrm{e}^{-z^2} \end{aligned} \tag{9}$$

用 e^{z^2} 乘此式, 并将 λ 换为 $-\lambda$, 我们便得到:

$$\mathrm{e}^{z^2} F(z-\lambda) = \sum_{n=0}^{\infty} \frac{\lambda^n}{n!} H_n(z) \tag{10}$$

将$F(z-\lambda)$ 的值代入, 便得 [531]

$$\mathrm{e}^{-\lambda^2+2\lambda z} = \sum_{n=0}^{\infty} \frac{\lambda^n}{n!} H_n(z) \tag{11}$$

由此可见, 将函数 $\mathrm{e}^{-\lambda^2+2\lambda z}$ 展开为 λ 的幂级数后, 便可得到厄米多项式, 因此, 我们称 $\mathrm{e}^{-\lambda^2+2\lambda z}$ 为厄米多项式的母函数.

(11) 式又为我们提供了多项式 $H_n(z)$ 的另一个定义:

$$H_n(z) = \left\{ \frac{\partial^n}{\partial \lambda^n} \mathrm{e}^{-\lambda^2+2\lambda z} \right\}_{\lambda=0} \tag{12}$$

c. 递推关系; 微分方程

(6) 式就是我们得到的第一个递推关系. 利用这个关系并微分 (11) 式, 便可得到其他递推关系. 对 z 求一阶导数, 有:

$$2\lambda \mathrm{e}^{-\lambda^2+2\lambda z} = \sum_{n=0}^{\infty} \frac{\lambda^n}{n!} \frac{\mathrm{d}}{\mathrm{d}z} H_n(z) \tag{13}$$

用展开式 (11) 代替此式中的 $\mathrm{e}^{-\lambda^2+2\lambda z}$, 再令 λ 的同幂项相等, 便得到:

$$\frac{\mathrm{d}}{\mathrm{d}z} H_n(z) = 2n H_{n-1}(z) \tag{14}$$

同样地, 将 (11) 式对 λ 求导数, 按类似的推理可得到:

$$H_n(z) = 2z H_{n-1}(z) - 2(n-1) H_{n-2}(z) \tag{15}$$

最后，我们不难得到多项式 $H_n(z)$ 所满足的微分方程. 实际上, 微分 (14) 式, 并利用 (6) 式, 便得到:

$$\begin{aligned}\frac{\mathrm{d}^2}{\mathrm{d}z^2}H_n(z) &= 2n\frac{\mathrm{d}}{\mathrm{d}z}H_{n-1}(z)\\ &= 2n[2zH_{n-1}(z) - H_n(z)]\end{aligned} \tag{16}$$

再用 (14) 式代替此式中的 $H_{n-1}(z)$, 最后得到:

$$\left[\frac{\mathrm{d}^2}{\mathrm{d}z^2} - 2z\frac{\mathrm{d}}{\mathrm{d}z} + 2n\right]H_n(z) = 0 \tag{17}$$

d. 例子

利用 (7) 式中的定义, 或与它相当的递推关系 (6), 很容易算出前几个厄米多项式:

$$\begin{aligned}H_0(z) &= 1\\ H_1(z) &= 2z\\ H_2(z) &= 4z^2 - 2\\ H_3(z) &= 8z^3 - 12z\end{aligned} \tag{18}$$

[532] 普遍公式为:

$$H_n(z) = \left(2z - \frac{\mathrm{d}}{\mathrm{d}z}\right)^n 1 \tag{19}$$

2. 谐振子的哈密顿算符的本征函数

a. 母函数

我们考虑下面的函数

$$K(\lambda, x) = \sum_{n=0}^{\infty}\frac{1}{\sqrt{n!}}\lambda^n\langle x|\varphi_n\rangle \tag{20}$$

利用下面的关系式 [参看第五章公式 (C–13)]:

$$|\varphi_n\rangle = \frac{1}{\sqrt{n!}}(a^\dagger)^n|\varphi_0\rangle \tag{21}$$

得到:

$$\begin{aligned}K(\lambda, x) &= \sum_{n=0}^{\infty}\left\langle x\left|\frac{(\lambda a^\dagger)^n}{n!}\right|\varphi_0\right\rangle\\ &= \langle x|\mathrm{e}^{\lambda a^\dagger}|\varphi_0\rangle\end{aligned} \tag{22}$$

像在第五章中那样, 引入无量纲算符 $\widehat{X}$ 和 $\widehat{P}$:

$$\begin{cases}\widehat{X} = \beta X \\ \widehat{P} = \dfrac{P}{\beta\hbar}\end{cases} \tag{23}$$

参量 β 的量纲是长度的倒数, 它的定义是:

$$\beta = \sqrt{\frac{m\omega}{\hbar}} \tag{24}$$

算符

$$\mathrm{e}^{\lambda a^\dagger} = \mathrm{e}^{\frac{\lambda}{\sqrt{2}}(\widehat{X}-\mathrm{i}\widehat{P})} \tag{25}$$

可以用补充材料 B_{II} 中的公式 (63) 来计算, 在此公式中应令:

$$\begin{cases}A = \dfrac{\lambda}{\sqrt{2}}\widehat{X} \\ B = -\dfrac{\mathrm{i}\lambda}{\sqrt{2}}\widehat{P}\end{cases} \tag{26}$$

于是得到:

$$\begin{aligned}\mathrm{e}^{\lambda a^\dagger} &= \mathrm{e}^{\frac{\lambda}{\sqrt{2}}\widehat{X}}\mathrm{e}^{-\frac{\mathrm{i}\lambda}{\sqrt{2}}\widehat{P}}\mathrm{e}^{\frac{\mathrm{i}}{4}\lambda^2[\widehat{X},\widehat{P}]} \\ &= \mathrm{e}^{\frac{\lambda}{\sqrt{2}}\widehat{X}}\mathrm{e}^{-\frac{\mathrm{i}\lambda}{\sqrt{2}}\widehat{P}}\mathrm{e}^{-\lambda^2/4}\end{aligned} \tag{27}$$

将此结果代入 (22) 式便得到: [533]

$$\begin{aligned}K(\lambda,x) &= \mathrm{e}^{-\lambda^2/4}\langle x|\mathrm{e}^{(\lambda/\sqrt{2})\widehat{X}}\mathrm{e}^{(-\mathrm{i}\lambda/\sqrt{2})\widehat{P}}|\varphi_0\rangle \\ &= \mathrm{e}^{-\lambda^2/4}\mathrm{e}^{\beta\lambda x/\sqrt{2}}\langle x|\mathrm{e}^{(-\mathrm{i}\lambda/\sqrt{2})P/\beta\hbar}|\varphi_0\rangle\end{aligned} \tag{28}$$

但我们已有 [参看补充材料 E_{II} 中的公式 (15)]:

$$\langle x|\mathrm{e}^{-\mathrm{i}\frac{\lambda P}{\beta\hbar\sqrt{2}}} = \langle x-\lambda/\beta\sqrt{2}| \tag{29}$$

于是可将 (28) 式写作:

$$\begin{aligned}K(\lambda,x) &= \mathrm{e}^{-\lambda^2/4}\mathrm{e}^{\beta\lambda x/\sqrt{2}}\langle x-\lambda/\beta\sqrt{2}|\varphi_0\rangle \\ &= \mathrm{e}^{-\lambda^2/4}\mathrm{e}^{\beta\lambda x/\sqrt{2}}\varphi_0(x-\lambda/\beta\sqrt{2})\end{aligned} \tag{30}$$

再利用第五章的公式 (C–25), 便得到:

$$K(\lambda,x) = \left(\frac{\beta^2}{\pi}\right)^{1/4}\exp\left\{-\frac{\beta^2x^2}{2} + \beta\lambda x\sqrt{2} - \frac{\lambda^2}{2}\right\} \tag{31}$$

根据定义 (20), 为了求得波函数 $\varphi_n(x)=\langle x|\varphi_n\rangle$, 我们只需将上式展开为 λ 的幂级数:

$$K(\lambda,x)=\sum_{n=0}^{\infty}\frac{\lambda^n}{\sqrt{n!}}\varphi_n(x) \tag{32}$$

我们称 $K(\lambda,x)$ 为 $\varphi_n(x)$ 的母函数.

b. 用厄米多项式表达 $\varphi_n(x)$

在公式 (11) 中, 用 $\lambda/\sqrt{2}$ 代替 λ, 用 βx 代替 z, 我们便得到:

$$\exp\left\{-\frac{\lambda^2}{2}+\beta\lambda x\sqrt{2}\right\}=\sum_{n=0}^{\infty}\left(\frac{\lambda}{\sqrt{2}}\right)^n\frac{1}{n!}H_n(\beta x) \tag{33}$$

将此式代入 (31) 式, 便有:

$$K(\lambda,x)=\left(\frac{\beta^2}{\pi}\right)^{1/4}\sum_{n=0}^{\infty}\left(\frac{\lambda}{\sqrt{2}}\right)^n\frac{1}{n!}\mathrm{e}^{-\beta^2x^2/2}H_n(\beta x) \tag{34}$$

令 (32) 式与 (34) 式中 λ 的同幂项的系数相等, 便得到:

$$\varphi_n(x)=\left(\frac{\beta^2}{\pi}\right)^{1/4}\frac{1}{\sqrt{2^n n!}}\mathrm{e}^{-\beta^2x^2/2}H_n(\beta x) \tag{35}$$

由此可见, 函数 $\varphi_n(x)$ 的曲线类似于 §1 中讲过的高斯函数 $F(x)$ 的 n 阶导数的曲线. 函数 $\varphi_n(x)$ 的宇称是 $(-1)^n$, 它有 n 个零点, 它们介于 $\varphi_{n+1}(x)$ 的零点之间. 在第五章的 §C–2 中, 我们曾经说过, 这个性质与 n 增大时态 $|\varphi_n\rangle$ 中的平均动能的增大有关系.

[534] c. 递推关系

我们要在 $\{|x\rangle\}$ 表象中写出下列方程:

$$\begin{cases}a|\varphi_n\rangle=\sqrt{n}|\varphi_{n-1}\rangle\\ a^\dagger|\varphi_n\rangle=\sqrt{n+1}|\varphi_{n+1}\rangle\end{cases} \tag{36}$$

根据 a 和 $a^\dagger$ 的定义 [参看第五章 (B–6) 式], 可以看出, 在 $\{|x\rangle\}$ 表象中它们的作用相当于

$$\begin{aligned}a&\Longrightarrow\frac{\beta}{\sqrt{2}}\left[x+\frac{1}{\beta^2}\frac{\mathrm{d}}{\mathrm{d}x}\right]\\ a^\dagger&\Longrightarrow\frac{\beta}{\sqrt{2}}\left[x-\frac{1}{\beta^2}\frac{\mathrm{d}}{\mathrm{d}x}\right]\end{aligned} \tag{37}$$

于是方程组 (36) 变为:

$$\begin{cases}\dfrac{\beta}{\sqrt{2}}\left[x+\dfrac{1}{\beta^2}\dfrac{\mathrm{d}}{\mathrm{d}x}\right]\varphi_n(x)=\sqrt{n}\varphi_{n-1}(x)\\ \dfrac{\beta}{\sqrt{2}}\left[x-\dfrac{1}{\beta^2}\dfrac{\mathrm{d}}{\mathrm{d}x}\right]\varphi_n(x)=\sqrt{n+1}\varphi_{n+1}(x)\end{cases} \tag{38}$$

将此两式相加、相减, 最后得到:

$$\begin{cases} x\beta\sqrt{2}\varphi_n(x) = \sqrt{n}\varphi_{n-1}(x) + \sqrt{n+1}\varphi_{n+1}(x) & (39) \\ \dfrac{\sqrt{2}}{\beta}\dfrac{\mathrm{d}}{\mathrm{d}x}\varphi_n(x) = \sqrt{n}\varphi_{n-1}(x) - \sqrt{n+1}\varphi_{n+1}(x) & (40) \end{cases}$$

附注:

在 (39) 和 (40) 式中, 将函数 $\varphi_n(x)$ 换成它们在 (35) 式中的形式, 经过简化 (并令 $\widehat{x} = \beta x$), 便得到:

$$2\widehat{x}H_n(\widehat{x}) = 2nH_{n-1}(\widehat{x}) + H_{n+1}(\widehat{x}) \tag{41}$$

$$2\left[-\widehat{x}H_n(\widehat{x}) + \frac{\mathrm{d}}{\mathrm{d}\widehat{x}}H_n(\widehat{x})\right] = 2nH_{n-1}(\widehat{x}) - H_{n+1}(\widehat{x}) \tag{42}$$

将此两式相加、相减, 便可得到 §1 中的 (6) 式及 (14) 式.

参考文献:

Messiah (1.17), 附录 B, §Ⅲ; Arfken (10.4), 第 13 章, §1; Angot (10.2), §7.8.

补充材料 C_V

[535] 用多项式方法解谐振子的本征值方程

在第五章 §B 中, 我们使用算符 a、$a^\dagger$ 和 N, 以及它们之间的对易关系, 算出了谐振子的定态 $|\varphi_n\rangle$ 的能量. 这个结果也可以得自完全不同的方法, 即求解哈密顿算符 H 在 $\{|x\rangle\}$ 表象中的本征值方程. 这就是本文要讲的方法.

1. 函数和变量的变换

在 $\{|x\rangle\}$ 表象中, H 的本征值方程可以写作:

$$\left[-\frac{\hbar^2}{2m}\frac{\mathrm{d}^2}{\mathrm{d}x^2}+\frac{1}{2}m\omega^2x^2\right]\varphi(x)=E\varphi(x) \tag{1}$$

像在第五章中那样, 我们引入无量纲的算符 $\widehat{X}$ 和 $\widehat{P}$:

$$\begin{cases}\widehat{X}=\beta X\\ \widehat{P}=\dfrac{P}{\beta\hbar}\end{cases} \tag{2}$$

式中参量 β 具有长度的倒数的量纲, 它的定义是:

$$\beta=\sqrt{\frac{m\omega}{\hbar}} \tag{3}$$

我们引用 $|\xi_{\widehat{x}}\rangle$ 表示算符 $\widehat{X}$ 的属于本征值 $\widehat{x}$ 的本征矢:

$$\widehat{X}|\xi_{\widehat{x}}\rangle=\widehat{x}|\xi_{\widehat{x}}\rangle \tag{4}$$

关于右矢 $|\xi_{\widehat{x}}\rangle$ 的正交归一关系式及封闭性关系式可以写作:

$$\langle\xi_{\widehat{x}}|\xi_{\widehat{x'}}\rangle = \delta(\widehat{x} - \widehat{x}') \tag{5}$$

$$\int_{-\infty}^{+\infty} \mathrm{d}\widehat{x}|\xi_{\widehat{x}}\rangle\langle\xi_{\widehat{x}}| = 1 \tag{6}$$

右矢 $|\xi_{\widehat{x}}\rangle$ 显然是算符 X 的属于本征值 $\widehat{x}/\beta$ 的本征矢; 当 [536]

$$\widehat{x} = \beta x \tag{7}$$

时, 右矢 $|x\rangle$ 便与右矢 $|\xi_{\widehat{x}}\rangle$ 成比例. 但两者并不相等; 实际上, 关于右矢 $|x\rangle$ 的封闭性关系式为:

$$\int_{-\infty}^{+\infty} \mathrm{d}x|x\rangle\langle x| = 1 \tag{8}$$

如果在这个积分中按 (7) 式进行变量代换, 我们便得到

$$\int_{-\infty}^{+\infty} \frac{\mathrm{d}\widehat{x}}{\beta}|x = \widehat{x}/\beta\rangle\langle x = \widehat{x}/\beta| = 1 \tag{9}$$

与 (6) 式比较便可看出, 例如, 我们可以令

$$|x = \widehat{x}/\beta\rangle = \sqrt{\beta}|\xi_{\widehat{x}}\rangle \tag{10}$$

这样便可使右矢 $|\xi_{\widehat{x}}\rangle$ 作为 $\widehat{x}$ 的函数是正交归一化的, 因为右矢 $|x\rangle$ 作为 x 的函数是正交归一化的.

用 $|\varphi\rangle$ 表示任意右矢, 它在 $\{|x\rangle\}$ 表象中的波函数为 $\varphi(x) = \langle x|\varphi\rangle$, 它在 $\{|\xi_{\widehat{x}}\rangle\}$ 表象中的波函数则为 $\widehat{\varphi}(\widehat{x}) = \langle\widehat{x}|\varphi\rangle$. 根据 (10) 式, 有:

$$\widehat{\varphi}(\widehat{x}) = \langle\xi_{\widehat{x}}|\varphi\rangle = \frac{1}{\sqrt{\beta}}\langle x = \widehat{x}/\beta|\varphi\rangle \tag{11}$$

也就是说:

$$\widehat{\varphi}(\widehat{x}) = \frac{1}{\sqrt{\beta}}\varphi(x = \widehat{x}/\beta) \tag{12}$$

如果 $|\varphi\rangle$ 已经归一化, 则可由 (8) 式得到:

$$\langle\varphi|\varphi\rangle = \langle\varphi|\left(\int_{-\infty}^{+\infty} \mathrm{d}x|x\rangle\langle x|\right)|\varphi\rangle = \int_{-\infty}^{+\infty} \varphi^*(x)\varphi(x)\mathrm{d}x = 1 \tag{13}$$

而 (6) 式给出

$$\langle\varphi|\varphi\rangle = \langle\varphi|\left(\int_{-\infty}^{+\infty} \mathrm{d}\widehat{x}|\xi_{\widehat{x}}\rangle\langle\xi_{\widehat{x}}|\right)|\varphi\rangle = \int_{-\infty}^{+\infty} \widehat{\varphi}^*(\widehat{x})\widehat{\varphi}(\widehat{x})\mathrm{d}\widehat{x} = 1 \tag{14}$$

由此可见, 波函数 $\varphi(x)$ 对于变量 x 来说是归一化的, 而波函数 $\widehat{\varphi}(\widehat{x})$ 对于变量 $\widehat{x}$ 来说是归一化的 [在积分 (13) 中按 (7) 式进行变量代换, 并利用 (12) 式, 也可以直接看出这一点].

现将 (7) 式和 (12) 式代入 (1) 式, 便得到:

$$\frac{1}{2}\left[-\frac{\mathrm{d}^2}{\mathrm{d}\widehat{x}^2}+\widehat{x}^2\right]\widehat{\varphi}(\widehat{x})=\varepsilon\widehat{\varphi}(\widehat{x}) \tag{15}$$

[537] 其中

$$\varepsilon=\frac{E}{\hbar\omega} \tag{16}$$

处理 (15) 式要比处理 (1) 式方便些, 因为式中各量都是无量纲的.

2. 多项式方法

a. $\widehat{\varphi}(\widehat{x})$ 的渐近形式

我们可将 (15) 式写为:

$$\left[\frac{\mathrm{d}^2}{\mathrm{d}\widehat{x}^2}-(\widehat{x}^2-2\varepsilon)\right]\widehat{\varphi}(\widehat{x})=0 \tag{17}$$

现在, 我们来直观地探讨 $\widehat{x}$ 非常大时 $\widehat{\varphi}(\widehat{x})$ 的行为, 为此, 我们考虑下面的函数:

$$G_{\pm}(\widehat{x})=\mathrm{e}^{\pm\widehat{x}^2/2} \tag{18}$$

它们是下列微分方程

$$\left[\frac{\mathrm{d}^2}{\mathrm{d}\widehat{x}^2}-(\widehat{x}^2\pm1)\right]G_{\pm}(\widehat{x})=0 \tag{19}$$

的解. 当 $\widehat{x}$ 趋向无穷大时:

$$\widehat{x}^2\pm1\sim\widehat{x}^2\sim\widehat{x}^2-2\varepsilon \tag{20}$$

于是方程 (17) 和 (19) 渐近于同一形式. 因此, 我们可以预期, 当 $\widehat{x}$ 很大时, 方程 (17) 的解的行为或与 $\mathrm{e}^{\widehat{x}^2/2}$ 相同或与 $\mathrm{e}^{-\widehat{x}^2/2}$ 相同①. 从物理上看, 有意义的只是处处有界的函数 $\widehat{\varphi}(\widehat{x})$, 也就是 (17) 式的. 行为与 $\mathrm{e}^{-\widehat{x}^2/2}$ 相同的那些解 (如果存在的话), 考虑到这一点, 我们令:

$$\widehat{\varphi}(\widehat{x})=\mathrm{e}^{-\widehat{x}^2/2}h(\widehat{x}) \tag{21}$$

① 当 $\widehat{x}\to\infty$ 时, 方程 (17) 的解不一定等价于 $\mathrm{e}^{\widehat{x}^2/2}$ 或 $\mathrm{e}^{-\widehat{x}^2/2}$, 这是因为, 上面的直观探讨并不排斥 $\widehat{\varphi}(\widehat{x})$ 等价于另一些函数, 例如 $\widehat{x}$ 的幂函数与 $\mathrm{e}^{\widehat{x}^2/2}$ 或与 $\mathrm{e}^{-\widehat{x}^2/2}$ 的乘积.

将 (21) 式代入 (17) 式, 我们得到:

$$\frac{d^2}{d\widehat{x}^2}h(\widehat{x}) - 2\widehat{x}\frac{d}{d\widehat{x}}h(\widehat{x}) + (2\varepsilon - 1)h(\widehat{x}) = 0 \tag{22}$$

下面我们先看怎样用 $h(\widehat{x})$ 的幂级数展开式来求这个方程的解, 然后使它成为物理上合理的解.

b. 用幂级数展开式计算 $h(\widehat{x})$ [538]

正如我们在第五章的 §A–3 中说过的那样, 方程 (1) 的解 [或 (17) 式的解也一样] 可以在偶函数类或奇函数类中去找. 由于 $e^{-\widehat{x}^2/2}$ 的偶函数, 因此, 我们可以令:

$$h(\widehat{x}) = \widehat{x}^p(a_0 + a_2\widehat{x}^2 + \cdots + a_{2m}\widehat{x}^{2m} + \cdots) \tag{23}$$

式中 $a_0 \neq 0$ (按定义, $a_0\widehat{x}^p$ 是展开式的第一个非零项).

再将 (23) 式写成下列形式:

$$h(\widehat{x}) = \sum_{m=0}^{\infty} a_{2m}\widehat{x}^{2m+p} \tag{24}$$

我们很容易得到

$$\frac{d}{d\widehat{x}}h(\widehat{x}) = \sum_{m=0}^{\infty}(2m+p)a_{2m}\widehat{x}^{(2m+p-1)} \tag{25}$$

及

$$\frac{d^2}{d\widehat{x}^2}h(\widehat{x}) = \sum_{m=0}^{\infty}(2m+p)(2m+p-1)a_{2m}\widehat{x}^{(2m+p-2)} \tag{26}$$

现将 (24)、(25) 及 (26) 式代入 (22) 式. 为使该方程得以满足, 其左端级数中的每一项都应等于零. 对于一般项 $\widehat{x}^{2m+p}$, 这个条件应写作:

$$(2m+p+2)(2m+p+1)a_{2m+2} = (4m+2p-2\varepsilon+1)a_{2m} \tag{27}$$

最低次项是 $\widehat{x}^{p-2}$, 其系数为零的条件是:

$$p(p-1)a_0 = 0 \tag{28}$$

由于 a_0 不为零, 于是或 $p=0$ [因而 $\varphi(x)$ 是偶函数] 或 $p=1$[$\varphi(x)$ 是奇函数].

(27) 式又可以写为:

$$a_{2m+2} = \frac{4m+2p+1-2\varepsilon}{(2m+p+2)(2m+p+1)}a_{2m} \tag{29}$$

这就是诸系数 a_{2m} 之间的递推关系. 因为 a_0 不为零, 所以, 根据 (29) 式, 我们便可用 a_0 来表示 a_2, 用 a_2 来表示 a_4, 等等.

这样一来, 对于任意的 ε, 我们得到子方程 (22) 的两个线性独立的幂级数解, 它们分别对应于 $p=0$ 和 $p=1$.

c. 能量的量子化

现在还要从上一段已经求得的解中选出这样一些解, 它们应满足 $\widehat{\varphi}(\widehat{x})$ 处处有界这个物理条件.

[539] 当 m 为零或任意正整数时, (29) 式的分子对于 ε 的大部分数值都不会成为零, 因而任何一个系数 a_{2m} 都不等于零, 故级数仍有无穷多项.

可以证明, 该级数的渐近行为使得它本身在物理上是不合理的. 实际上, 从 (29) 式可以看出:

$$\frac{a_{2m+2}}{a_{2m}} \underset{m\to\infty}{\sim} \frac{1}{m} \tag{30}$$

另一方面, 我们来看函数 $\mathrm{e}^{\lambda\widehat{x}^2}$ 的幂级数展开式 (λ 是一个实参数):

$$\mathrm{e}^{\lambda\widehat{x}^2} = \sum_{m=0}^{\infty} b_{2m}\widehat{x}^{2m} \tag{31}$$

其中

$$b_{2m} = \frac{\lambda^m}{m!} \tag{32}$$

在这个级数中, 我们有

$$\frac{b_{2m+2}}{b_{2m}} = \frac{m!}{(m+1)!}\frac{\lambda^{m+1}}{\lambda^m} = \frac{\lambda}{m+1} \underset{m\to\infty}{\sim} \frac{\lambda}{m} \tag{33}$$

如果选择参数 λ 的值使得:

$$0 < \lambda < 1 \tag{34}$$

那么, 从 (30) 和 (33) 式可以看出, 存在着这样一个整数 M, 若 $m > M$ 便有:

$$\frac{a_{2m+2}}{a_{2m}} > \frac{b_{2m+2}}{b_{2m}} > 0 \tag{35}$$

由此可以推知, 当条件 (34) 得到满足时, 则有:

$$\left|\widehat{x}^{-p}h(\widehat{x}) - P(\widehat{x})\right| \geqslant \left|\frac{a_{2M}}{b_{2M}}\right| \left|\mathrm{e}^{\lambda\widehat{x}^2} - Q(\widehat{x})\right| \tag{36}$$

式中 $P(\widehat{x})$ 和 $Q(\widehat{x})$ 都是 $2M$ 次多项式, 分别为级数 (23) 与级数 (31) 的前 $M+1$ 项. 当 $\widehat{x}$ 趋向无穷大时, (36) 式给出:

$$|h(\widehat{x})|_{\widehat{x}\to\infty} \geqslant \left|\frac{a_{2M}}{b_{2M}}\right| \widehat{x}^p \mathrm{e}^{\lambda\widehat{x}^2} \tag{37}$$

从而

$$|\widehat{\varphi}(\widehat{x})|_{\widehat{x}\to\infty} \geqslant \left|\frac{a_{2M}}{b_{2M}}\right| \widehat{x}^p \mathrm{e}^{(\lambda-1/2)\widehat{x}^2} \tag{38}$$

由于我们可以如此选择 λ:

$$1/2 < \lambda < 1 \tag{39}$$

因此, 当 $\widehat{x} \to \infty$ 时, $|\widehat{\varphi}(\widehat{x})|$ 并不是有界的. 这样的解没有物理意义, 应该舍去.

现在只剩下一种可能性, 那就是对于 m 的某一个数值 m_0, (29) 式的分子 [540]
等于零; 这样, 我们便有:

$$\begin{cases} a_{2m} \neq 0 & 若 m \leqslant m_0 \\ a_{2m} = 0 & 若 m > m_0 \end{cases} \tag{40}$$

这时 $h(\widehat{x})$ 的幂级数退化为 $2m_0 + p$ 次的多项式. $\widehat{\varphi}(\widehat{x})$ 在无穷远处的行为决定于指数函数 $\mathrm{e}^{-\widehat{x}^2/2}$, 于是 $\widehat{\varphi}(\widehat{x})$ 在物理上便是合理的 (平方可积的).

$m = m_0$ 时 (29) 式的分子为零, 这要求下列条件成立:

$$2\varepsilon = 2(2m_0 + p) + 1 \tag{41}$$

如果我们令

$$2m_0 + p = n \tag{42}$$

便可将 (41) 式写作

$$\varepsilon = \varepsilon_n = n + 1/2 \tag{43}$$

式中 n 为零或任意正整数 (因为 m 为零或任意正整数, 而 p 为 0 或 1). 条件 (43) 引入了谐振子能量的量子化, 因为此式给出 [参看 (16) 式]:

$$E_n = \left(n + \frac{1}{2}\right)\hbar\omega \tag{44}$$

于是我们又得到了第五章的公式 (B–34).

d. 定态波函数

用多项式方法也可以得到与各能级 E_n 相联系的本征函数, 其形式如下:

$$\widehat{\varphi}_n(\widehat{x}) = \mathrm{e}^{-\widehat{x}^2/2} h_n(\widehat{x}) \tag{45}$$

式中 $h_n(\widehat{x})$ 是一个 n 次多项式. 根据 (23) 及 (24) 式, n 为偶数时, $h_n(\widehat{x})$ 为偶函数; n 为奇数时, $h_n(\widehat{x})$ 为奇函数.

基态对应于 $n = 0$, 即对应于 $m_0 = p = 0$; 这时 $h_0(\widehat{x})$ 是一个常数, 于是

$$\widehat{\varphi}_0(\widehat{x}) = a_0 \mathrm{e}^{-\widehat{x}^2/2} \tag{46}$$

很容易算出, 为使 $\widehat{\varphi}_0(\widehat{x})$ 对于变量 $\widehat{x}$ 归一化, 只需取

$$a_0 = \pi^{-1/4} \tag{47}$$

再利用 (12) 式, 便得到:

$$\varphi_0(x) = \left(\frac{\beta^2}{\pi}\right)^{1/4} \mathrm{e}^{-\beta^2 x^2/2} \tag{48}$$

这正是第五章给出的式子 [公式 (C-25)].

[541] 第一激发态 $E_1 = \frac{3}{2}\hbar\omega$ 对应于 $n=1$; 即 $m_0 = 0, p = 1$; 这时 $h_1(\widehat{x})$ 只有一项, 与上面类似的计算给出:

$$\begin{cases} \widehat{\varphi}_1(\widehat{x}) = \left(\dfrac{4}{\pi}\right)^{1/4} \widehat{x}\mathrm{e}^{-\widehat{x}^2/2} \\ \varphi_1(x) = \left(\dfrac{4\beta^6}{\pi}\right)^{1/4} x\mathrm{e}^{-\beta^2 x^2/2} \end{cases} \tag{49}$$

若 $n=2$, 则 $m_0 = 1, p = 0$.(29) 式给出:

$$a_2 = -2a_0 \tag{50}$$

这个条件最终导致

$$\begin{cases} \widehat{\varphi}_2(\widehat{x}) = \left(\dfrac{1}{4\pi}\right)^{1/4} (2\widehat{x}^2 - 1)\mathrm{e}^{-\widehat{x}^2/2} \\ \varphi_2(x) = \left(\dfrac{\beta^2}{4\pi}\right)^{1/4} (2\beta^2 x^2 - 1)\mathrm{e}^{-\beta^2 x^2/2} \end{cases} \tag{51}$$

对于任意的 $n, h_n(\widehat{x})$ 就是方程 (22) 的多项式解; 考虑到量子化条件 (43), 我们可以将该方程写作:

$$\left[\frac{\mathrm{d}^2}{\mathrm{d}\widehat{x}^2} - 2\widehat{x}\frac{\mathrm{d}}{\mathrm{d}\widehat{x}} + 2n\right] h(\widehat{x}) = 0 \tag{52}$$

我们看出, 这正是厄米多项式 $H_n(\widehat{x})$ 所满足的微分方程 [参看补充材料 $\mathrm{B_V}$ 的 (17) 式]. 因此多项式 $h_n(\widehat{x})$ 正比于 $H_n(\widehat{x})$, 比例因子可以通过 $\widehat{\varphi}(\widehat{x})$ 的归一化来确定. 这样, 我们便可得到补充材料 $\mathrm{B_V}$ 的公式 (35).

参考文献:

微分方程的数学研究: Morse 与 Feshbach (10.13), 第 5、6 章; Courant 与 Hilbert (10.11), §V-11.

补充材料 D_V

在 $\{|p\rangle\}$ 表象中对定态的研究 [542]

一个处于态 $|\varphi_n\rangle$ 的粒子, 其可能动量的分布要由 $\{|p\rangle\}$ 表象中的波函数 $\overline{\varphi}_n(p)$ 来决定, 这个函数就是 $\{|x\rangle\}$ 表象中波函数 $\varphi_n(x)$ 的傅里叶变换. 在这篇材料里, 我们将证明, 在谐振子的情况下, 函数 φ_n 与 $\overline{\varphi}_n$ 是一样的 (除倍乘因子外); 这样一来, 在任一定态, 动量的概率分布和位置的概率分布便是相似的.

1. 动量空间中的波函数

a. 变量和函数的变换

在补充材料 C_V 中, 为了简化, 我们曾引入一个算符:

$$\widehat{X} = \beta X \tag{1}$$

其中

$$\beta = \sqrt{\frac{m\omega}{\hbar}} \tag{2}$$

和算符 $\widehat{X}$ 的本征右矢 $|\xi_{\widehat{x}}\rangle$, 以及 $\{|\xi_{\widehat{x}}\rangle\}$ 表象中的波函数 $\widehat{\varphi}(\widehat{x})$. 现在, 我们对于算符

$$\widehat{P} = \frac{P}{\beta\hbar} \tag{3}$$

来进行类似的计算. 我们用 $|\pi_{\widehat{p}}\rangle$ 来表示 $\widehat{P}$ 的本征右矢:

$$\widehat{P}|\pi_{\widehat{p}}\rangle = \widehat{p}|\pi_{\widehat{p}}\rangle \tag{4}$$

并用 $\widehat{\overline{\varphi}}(\widehat{p})$ 来表示 $\{|\pi_{\widehat{p}}\rangle\}$ 表象中的波函数:

$$\widehat{\overline{\varphi}}(\widehat{p}) = \langle\pi_{\widehat{p}}|\varphi\rangle \tag{5}$$

正如右矢 $|\xi_{\widehat{x}}\rangle$ 正比于右矢 $|x=\widehat{x}/\beta\rangle$ 那样, 右矢 $|\pi_{\widehat{p}}\rangle$ 则正比于右矢 $|p=\beta\hbar\widehat{p}\rangle$; 如果我们将 β 换成 $1/\beta\hbar$ [参看 (1) 式与 (3) 式], 则补充材料 $\mathrm{C_V}$ 的 (10) 式表明:

$$|\pi_{\widehat{p}}\rangle=\sqrt{\beta\hbar}|p=\beta\hbar\widehat{p}\rangle \tag{6}$$

[543] 因而 $\{|\pi_{\widehat{p}}\rangle\}$ 表象中的波函数 $\widehat{\overline{\varphi}}(p)$ 与 $\{|p\rangle\}$ 表象中的波函数 $\overline{\varphi}(p)$ 之间的关系为:

$$\widehat{\overline{\varphi}}(\widehat{p})=\sqrt{\beta\hbar}\overline{\varphi}(p=\beta\hbar\widehat{p}) \tag{7}$$

另一方面, 利用 (6) 式和补充材料 $\mathrm{C_V}$ 中的 (10) 式, 可以得到:

$$\langle\xi_{\widehat{x}}|\pi_{\widehat{p}}\rangle=\frac{\mathrm{e}^{\mathrm{i}\widehat{p}\widehat{x}}}{\sqrt{2\pi}} \tag{8}$$

于是, 利用 (5) 式的定义和关于基 $\{|\xi_{\widehat{x}}\rangle\}$ 的封闭性关系式, 我们便有:

$$\begin{aligned}\widehat{\overline{\varphi}}(\widehat{p})&=\int_{-\infty}^{+\infty}\langle\pi_{\widehat{p}}|\xi_{\widehat{x}}\rangle\langle\xi_{\widehat{x}}|\varphi\rangle\mathrm{d}\widehat{x}\\&=\frac{1}{\sqrt{2\pi}}\int_{-\infty}^{\infty}\mathrm{e}^{-\mathrm{i}\widehat{p}\widehat{x}}\widehat{\varphi}(\widehat{x})\mathrm{d}\widehat{x}\end{aligned} \tag{9}$$

由此可见, $\widehat{\overline{\varphi}}$ 就是 $\widehat{\varphi}$ 的傅里叶变换.

b. $\widehat{\overline{\varphi}}_n(\widehat{p})$ 的确定

我们已经看到 [参看补充材料 $\mathrm{C_V}$ 的方程 (15)], 谐振子的定态波函数 $\widehat{\varphi}(\widehat{x})$ 满足下列方程:

$$\frac{1}{2}\left[-\frac{\mathrm{d}^2}{\mathrm{d}\widehat{x}^2}+\widehat{x}^2\right]\widehat{\varphi}(\widehat{x})=\varepsilon\widehat{\varphi}(\widehat{x}) \tag{10}$$

但是, $\dfrac{\mathrm{d}^2}{\mathrm{d}\widehat{x}^2}\widehat{\varphi}(\widehat{x})$ 的傅里叶变换是 $-\widehat{p}^2\widehat{\overline{\varphi}}(\widehat{p}), \widehat{x}^2\widehat{\varphi}(\widehat{x})$ 的傅里叶变换是 $-\dfrac{\mathrm{d}^2}{\mathrm{d}\widehat{p}^2}\widehat{\overline{\varphi}}(\widehat{p})$; 因此, (10) 式的傅里叶变换式为:

$$\frac{1}{2}\left[\widehat{p}^2-\frac{\mathrm{d}^2}{\mathrm{d}\widehat{p}^2}\right]\widehat{\overline{\varphi}}(\widehat{p})=\varepsilon\widehat{\overline{\varphi}}(\widehat{p}) \tag{11}$$

比较 (10) 式和 (11) 式, 我们看到, 函数 $\widehat{\varphi}_n$ 与 $\widehat{\overline{\varphi}}_n$ 满足同样的微分方程. 此外, 我们又知道, 当 $\varepsilon=n+1/2$(n 为零或正整数), 这个方程只有一个平方可积的解 (全体本征值 ε_n 都是非简并的; 参看第五章的 §B–3). 因此, 我们可以肯定 $\widehat{\varphi}_n$ 与 $\widehat{\overline{\varphi}}_n$ 是成比例的. 由于这两个函数已经归一化, 故比例因子是模为 1 的一个复数, 这就是说:

$$\widehat{\overline{\varphi}}_n(\widehat{p})=\mathrm{e}^{\mathrm{i}\theta_n}\widehat{\varphi}_n(\widehat{x}=\widehat{p}) \tag{12}$$

式中 $\mathrm{e}^{\mathrm{i}\theta_n}$ 是一个相位因子, 我们将在下一段中计算它.

c. 相位因子的计算

基态波函数是 [参看补充材料 C_V 的 (46) 及 (47) 式]:

$$\widehat{\varphi}_0(\widehat{x}) = \pi^{-1/4}\mathrm{e}^{-\widehat{x}^2/2} \tag{13}$$

这是一高斯函数, 它的傅里叶变换为 [参看附录 I 的 (50) 式]: [544]

$$\widehat{\overline{\varphi}}_0(\widehat{p}) = \pi^{-1/4}\mathrm{e}^{-\widehat{p}^2/2} \tag{14}$$

由此可以推知 θ_0 应为零.

为了求得 θ_n, 我们要写出等式

$$a^\dagger|\varphi_n\rangle = \sqrt{n+1}|\varphi_{n+1}\rangle \tag{15}$$

在 $\{|\xi_{\widehat{x}}\rangle\}$ 表象和在 $\{|\pi_{\widehat{p}}\rangle\}$ 表象中的形式.

在 $\{|\xi_{\widehat{x}}\rangle\}$ 表象中, $\widehat{X}$ 和 $\widehat{P}$ 的作用分别相当于 $\widehat{x}$ 和 $\dfrac{1}{\mathrm{i}}\dfrac{\mathrm{d}}{\mathrm{d}\widehat{x}}$; 于是 $a^\dagger$ 的作用相当于 $\dfrac{1}{\sqrt{2}}\left(\widehat{x}-\dfrac{\mathrm{d}}{\mathrm{d}\widehat{x}}\right)$. 在 $\{|\pi_{\widehat{p}}\rangle\}$ 表象中, $\widehat{X}$ 的作用相当于 $\mathrm{i}\dfrac{\mathrm{d}}{\mathrm{d}\widehat{p}}$, 而 $\widehat{P}$ 则相当于 $\widehat{p}$; 于是 $a^\dagger$ 相当于 $\dfrac{\mathrm{i}}{\sqrt{2}}\left(\dfrac{\mathrm{d}}{\mathrm{d}\widehat{p}}-\widehat{p}\right)$.

因此, 在 $\{|\xi_{\widehat{x}}\rangle\}$ 表象中, (15) 式变为:

$$\widehat{\varphi}_{n+1}(\widehat{x}) = \frac{1}{\sqrt{2(n+1)}}\left(\widehat{x}-\frac{\mathrm{d}}{\mathrm{d}\widehat{x}}\right)\widehat{\varphi}_n(\widehat{x}) \tag{16}$$

而在 $\{|\pi_{\widehat{p}}\rangle\}$ 表象中, 该式则变为:

$$\widehat{\overline{\varphi}}_{n+1}(\widehat{p}) = \frac{\mathrm{i}}{\sqrt{2(n+1)}}\left(\frac{\mathrm{d}}{\mathrm{d}\widehat{p}}-\widehat{p}\right)\widehat{\overline{\varphi}}_n(\widehat{p}) \tag{17}$$

于是, 我们有:

$$\mathrm{e}^{\mathrm{i}\theta_{n+1}} = -\mathrm{i}\mathrm{e}^{\mathrm{i}\theta_n} \tag{18}$$

因为已知 $\theta_0 = 0$, 从而推知

$$\mathrm{e}^{\mathrm{i}\theta_n} = (-\mathrm{i})^n \tag{19}$$

最后我们得到:

$$\widehat{\overline{\varphi}}_n(\widehat{p}) = (-\mathrm{i})^n\widehat{\varphi}_n(\widehat{x}=\widehat{p}) \tag{20}$$

或者回到函数 φ_n 与 $\overline{\varphi}_n$, 这就是:

$$\overline{\varphi}_n(p) = (-\mathrm{i})^n\frac{1}{\beta\sqrt{\hbar}}\varphi_n\left(x=\frac{p}{\beta^2\hbar}\right) \tag{21}$$

2. 讨论

我们来考虑处在 $|\varphi_n\rangle$ 态的一个粒子. 如果测量粒子的坐标, 那么结果介于 x 和 $x+\mathrm{d}x$ 之间的概率是 $\rho_n(x)\mathrm{d}x$, 这里 $\rho_n(x)$ 由下式决定:

$$\rho_n(x) = |\varphi_n(x)|^2 \tag{22}$$

[545] 与此类似, 如果测量粒子的动量, 那么结果介于 p 和 $p+\mathrm{d}p$ 之间的概率是 $\overline{\rho}_n(p)\mathrm{d}p$, 其中

$$\overline{\rho}_n(p) = |\overline{\varphi}_n(p)|^2 \tag{23}$$

由 (21) 式, 我们得到:

$$\overline{\rho}_n(p) = \frac{1}{m\omega}\rho_n\left(x = \frac{p}{m\omega}\right) \tag{24}$$

此式表明, 在一个定态中, 动量分布和位置分布具有相同的形式.

譬如, 我们可以看到 (参看图 5–6), 如果 n 很大, 则 $\overline{\rho}_n(p)$ 呈现两个峰, 它们的位置为:

$$p = \pm m\omega x_{\mathrm{M}} = \pm p_{\mathrm{M}} \tag{25}$$

式中 p_{M} 是经典粒子以能量 E_n 在势阱中运动时的最大动量. 仿照第五章 §C–2 末尾所讲的那样进行分析, 便可理解这个结果. 当经典粒子的动量值为 $\pm p_{\mathrm{M}}$ 时, 其加速度为零 (速度是恒稳的), 就对于时间的平均而言, 动量值 $\pm p_{\mathrm{M}}$ 是最概然的. 第五章 §D–1 中关于概率密度 $\rho_n(x)$ 的附注 (i) 很容易被挪用到这里来; 譬如, 当 n 很大时, 我们可以将方均根偏差 ΔP 解释为函数 $\overline{\rho}_n(p)$ 在 $p = \pm p_{\mathrm{M}}$ 处的两峰之间距离的数量级.

此外, 从图 5–6–a 我们可以直接看出, 为什么当 n 很大时动量的这两个值是最概然的. 实际上, 波函数在极端的两峰之间进行了多次振荡, 很像正弦型振荡; 这是因为, 波函数所适合的微分方程 [参看第五章的公式 (A–17)] 在 $E \gg m\omega^2x^2/2$ 时, 变为:

$$\frac{\mathrm{d}^2}{\mathrm{d}x^2}\varphi(x) + \frac{2mE}{\hbar^2}\varphi(x) \simeq 0 \tag{26}$$

根据 p_{M} 的定义, 由此式可得:

$$\varphi(x) \simeq A\mathrm{e}^{\mathrm{i}p_{\mathrm{M}}\cdot x/\hbar} + A'\mathrm{e}^{-\mathrm{i}p_{\mathrm{M}}\cdot x/\hbar} \tag{27}$$

由此可见, 当 n 很大时, 在 Ox 轴上相当长的一段区间内, 波函数类似于波长为 $\hbar/p_{\mathrm{M}}$ 的正弦型曲线; 我们可以将此曲线看作两个行波之和 [见 (27) 式], 这两个波与相反的动量 $\pm p_{\mathrm{M}}$ 相联系 (对应于粒子在势阱中的往、返); 这样看来, 概率密度 $\overline{\rho}_n(p)$ 在 $p = \pm p_{\mathrm{M}}$ 附近数值很大就不足为奇了.

进行类似的分析, 我们也可以理解乘积 $\Delta X \cdot \Delta P$ 的数量级. 这个乘积为 [参看第五章的公式 (D–6), (D–7) 及 (D–9)]:

$$\Delta X \cdot \Delta P = \left(n + \frac{1}{2}\right)\hbar = \frac{x_{\mathrm{M}} \cdot p_{\mathrm{M}}}{2} \tag{28}$$

当 n 增大时, 振荡的振幅 x_{M} 与 p_{M} 也增大, 从而乘积 $\Delta X \cdot \Delta P$ 的值将远大于 [546]
它的极小值 $\hbar/2$. 人们不禁要问, 为什么会是这样呢? 我们不是在几个例子中见到过, 当函数的宽度 ΔX 增大时, 其傅里叶变换的宽度 ΔP 就减小吗? 其实, 那种情况对应于: 在波函数 $\varphi_n(x)$ 具有显著数值的区间 $-x_{\mathrm{M}} \leqslant x \leqslant +x_{\mathrm{M}}$ 中, 这些函数变化很缓慢, 例如只呈现一个极值的情况. 此外, 这也是 n 值较小的情况, 因而, 乘积 $\Delta X \cdot \Delta P$ 接近它的最小值. 反之, 当 n 很大时, 在区间 $-x_{\mathrm{M}} \leqslant x \leqslant +x_{\mathrm{M}}$ 中, $\varphi_n(x)$ 呈现很多次振荡, 它在这个区间中有 n 个零点; 因此, 我们可以给函数联系上一个波长, 其数量级为 $\lambda \simeq x_{\mathrm{M}}/n \simeq \Delta X/n$, 对应的粒子动量不超出下式定义的范围 ΔP:

$$\Delta P \simeq \frac{h}{\lambda} \simeq \frac{nh}{\Delta X} \tag{29}$$

于是我们又得到了

$$\Delta X \cdot \Delta P \simeq nh \tag{30}$$

这里的情况与我们在关于一维无限深势阱的补充材料 A_{III} 的 §1 中讨论过的情况很相似.

补充材料 E_V

[547] # 各向同性的三维谐振子

1. 哈密顿算符
2. 直角坐标系中变量的分离
3. 能级的简并度

在第五章中, 我们研究了一维谐振子. 在这篇材料里, 我们来看怎样利用已经得到的结果去处理三维谐振子.

1. 哈密顿算符

我们考虑一个无自旋粒子, 质量为 m, 可在三维空间中运动, 它受有心力 (永远指向坐标原点 O 的力) 的作用, 力的大小正比于粒子至 O 点的距离:

$$\boldsymbol{F} = -k\boldsymbol{r} \tag{1}$$

(k 为正常量).

这个力场导自下列势能:

$$V(\boldsymbol{r}) = \frac{1}{2}k\boldsymbol{r}^2 = \frac{1}{2}m\omega^2\boldsymbol{r}^2 \tag{2}$$

式中角频率 ω 的定义和一维谐振子的一样:

$$\omega = \sqrt{\frac{k}{m}} \tag{3}$$

于是, 经典的哈密顿函数为:

$$\mathscr{H}(\boldsymbol{r}, \boldsymbol{p}) = \frac{\boldsymbol{p}^2}{2m} + \frac{1}{2}m\omega^2\boldsymbol{r}^2 \tag{4}$$

根据量子化规则 (第三章的 §B–5), 由此式立即可以得到哈密顿算符:

$$H = \frac{\boldsymbol{P}^2}{2m} + \frac{1}{2}m\omega^2\boldsymbol{R}^2 \tag{5}$$

由于哈密顿算符与时间无关, 我们将求解它的本征值方程:

$$H|\psi\rangle = E|\psi\rangle \tag{6}$$

这里的 $|\psi\rangle$ 属于在三维空间中运动的粒子的态空间 $\mathscr{E}_{\boldsymbol{r}}$.

附注: [548]

由于 $V(\boldsymbol{r})$ 实际上只依赖于粒子到原点的距离 $r=|\boldsymbol{r}|$ [从而, 对于任意的旋转, $V(\boldsymbol{r})$ 都是不变的], 因此, 我们称这个谐振子是各向同性的. 但是, 下面的计算很容易推广到各向异性的谐振子, 对于这种谐振子

$$V(\boldsymbol{r}) = \frac{m}{2}(\omega_x^2 x^2 + \omega_y^2 y^2 + \omega_z^2 z^2) \tag{7}$$

其中三个常数 ω_x, ω_y 及 ω_z 是互不相同的.

2. 直角坐标系中变量的分离

提醒一下 (参看第二章的 §F), 我们可以将态空间 $\mathscr{E}_{\boldsymbol{r}}$ 看作一个张量积:

$$\mathscr{E}_{\boldsymbol{r}} = \mathscr{E}_x \otimes \mathscr{E}_y \otimes \mathscr{E}_z \tag{8}$$

式中 $\mathscr{E}_x$ 是沿 x 轴运动的粒子的态空间, 也就是与波函数 $\varphi(x)$ 相联系的空间, $\mathscr{E}_y, \mathscr{E}_z$ 的定义与此相似.

(5) 式中的哈密顿算符 H 又可写成下列形式:

$$\begin{aligned} H &= \frac{1}{2m}(P_x^2 + P_y^2 + P_z^2) + \frac{1}{2}m\omega^2(X^2 + Y^2 + Z^2) \\ &= H_x + H_y + H_z \end{aligned} \tag{9}$$

其中

$$H_x = \frac{P_x^2}{2m} + \frac{1}{2}m\omega^2 X^2 \tag{10}$$

H_y, H_z 的定义与此相似. H_x 只是 X 与 P_x 的函数, 因此, H_x 是实际上只在空间 $\mathscr{E}_x$ 中起作用的算符在空间 $\mathscr{E}_{\boldsymbol{r}}$ 中的延伸. 同样, H_y 与 H_z 分别只在空间 $\mathscr{E}_y$ 与空间 $\mathscr{E}_z$ 中起作用. 在空间 $\mathscr{E}_x$ 中, H_x 是一维谐振子的哈密顿算符; 在空间 $\mathscr{E}_y$ 与 $\mathscr{E}_z$ 中, H_y 与 H_z 也是这样的.

H_x, H_y 与 H_z 互相对易, 所以, 其中的每一个都与它们的总和 H 对易. 因此, 为了解出本征值方程 (6), 我们可寻求 H 的诸本征矢, 它们也是 H_x, H_y 及 H_z 的本征矢. 我们已经知道在空间 $\mathscr{E}_x$ 中 H_x 的本征矢和本征值, 以及在 $\mathscr{E}_y$、$\mathscr{E}_z$ 空间中 H_y、H_z 的本征矢和本征值:

$$H_x|\varphi_{n_x}\rangle = \left(n_x + \frac{1}{2}\right)\hbar\omega|\varphi_{n_x}\rangle; \quad |\varphi_{n_x}\rangle \in \mathscr{E}_x \tag{11–a}$$

$$H_y|\varphi_{n_y}\rangle = \left(n_y + \frac{1}{2}\right)\hbar\omega|\varphi_{n_y}\rangle; \quad |\varphi_{n_y}\rangle \in \mathscr{E}_y \tag{11-b}$$

$$H_z|\varphi_{n_z}\rangle = \left(n_z + \frac{1}{2}\right)\hbar\omega|\varphi_{n_z}\rangle; \quad |\varphi_{n_z}\rangle \in \mathscr{E}_z \tag{11-c}$$

(n_x、n_y 及 n_z 均为正整数或零). 由此推知 (参看第二章的 §F), H, H_x, H_y, H_z 的共同本征态具有下列形式:

$$|\psi_{n_x,n_y,n_z}\rangle = |\varphi_{n_x}\rangle|\varphi_{n_y}\rangle|\varphi_{n_z}\rangle \tag{12}$$

[549] 根据 (9) 式和 (11) 式

$$H|\psi_{n_x,n_y,n_z}\rangle = \left(n_x + n_y + n_z + \frac{3}{2}\right)\hbar\omega|\psi_{n_x,n_y,n_z}\rangle \tag{13}$$

这就是说, H 的本征矢就是 H_x, H_y, H_z 各自的本征矢的张量积, 而 H 的本征值就是这三个算符的本征值之和.

根据 (13) 式, 各向同性的三维谐振子的能级具有下列形式:

$$E_n = \left(n + \frac{3}{2}\right)\hbar\omega \tag{14}$$

其中

$$n = 0\text{或正整数} \tag{15}$$

这是因为, n 是三个数的总和 $n_x + n_y + n_z$, 其中每一个都可以在全体非负整数中取值.

此外, 利用公式 (12), 我们可以从第五章证明过的本征矢 $|\varphi_{n_x}\rangle$ 的性质 (对于 $|\varphi_{n_y}\rangle$ 与 $|\varphi_{n_z}\rangle$, 这些性质也成立) 导出 H, H_x, H_y 及 H_z 的共同本征矢 (即右矢 $|\psi_{n_x,n_y,n_z}\rangle$) 的性质.

现在, 我们引入三组产生、湮没算符:

$$a_x = \sqrt{\frac{m\omega}{2\hbar}}X + \frac{\mathrm{i}}{\sqrt{2m\hbar\omega}}P_x, \quad a_x^\dagger = \sqrt{\frac{m\omega}{2\hbar}}X - \frac{\mathrm{i}}{\sqrt{2m\hbar\omega}}P_x \tag{16-a}$$

$$a_y = \sqrt{\frac{m\omega}{2\hbar}}Y + \frac{\mathrm{i}}{\sqrt{2m\hbar\omega}}P_y, \quad a_y^\dagger = \sqrt{\frac{m\omega}{2\hbar}}Y - \frac{\mathrm{i}}{\sqrt{2m\hbar\omega}}P_y \tag{16-b}$$

$$a_z = \sqrt{\frac{m\omega}{2\hbar}}Z + \frac{\mathrm{i}}{\sqrt{2m\hbar\omega}}P_z, \quad a_z^\dagger = \sqrt{\frac{m\omega}{2\hbar}}Z - \frac{\mathrm{i}}{\sqrt{2m\hbar\omega}}P_z \tag{16-c}$$

它们是分别在 $\mathscr{E}_x, \mathscr{E}_y, \mathscr{E}_z$ 空间中起作用的算符在 $\mathscr{E}_{\boldsymbol{r}}$ 中的延伸. 从 $\boldsymbol{R}$ 与 $\boldsymbol{P}$ 的诸分量间的正则对易关系式可以推知, (16) 式所定义的六个算符之间的非零对易子只是:

$$[a_x, a_x^\dagger] = [a_y, a_y^\dagger] = [a_z, a_z^\dagger] = 1 \tag{17}$$

(注意, 下标不同的两个算符一定可以对易, 这是理所当然的, 因为这些算符实际上是在不同的空间中起作用的). 算符 a_x 与 $a_x^\dagger$ 对态矢量 $|\psi_{n_x,n_y,n_z}\rangle$ 的作用由下列公式给出:

$$\begin{aligned}a_x|\psi_{n_x,n_y,n_z}\rangle &= (a_x|\varphi_{n_x}\rangle)|\varphi_{n_y}\rangle|\varphi_{n_z}\rangle \\ &= \sqrt{n_x}|\varphi_{n_x-1}\rangle|\varphi_{n_y}\rangle|\varphi_{n_z}\rangle \\ &= \sqrt{n_x}|\psi_{n_x-1,n_y,n_z}\rangle \qquad (18\text{–a})\end{aligned}$$

$$\begin{aligned}a_x^\dagger|\psi_{n_x,n_y,n_z}\rangle &= (a_x^\dagger|\varphi_{n_x}\rangle)|\varphi_{n_y}\rangle|\varphi_{n_z}\rangle \\ &= \sqrt{n_x+1}|\varphi_{n_x+1}\rangle|\varphi_{n_y}\rangle|\varphi_{n_z}\rangle \\ &= \sqrt{n_x+1}|\psi_{n_x+1,n_y,n_z}\rangle \qquad (18\text{–b})\end{aligned}$$

关于 $a_y, a_y^\dagger$ 及 $a_z, a_z^\dagger$ 当然也有类似的公式.

此外, 我们又知道 [参看第五章的 (C–13) 式]: [550]

$$|\varphi_{n_x}\rangle = \frac{1}{\sqrt{n_x!}}(a_x^\dagger)^{n_x}|\varphi_0\rangle \qquad (19)$$

其中 $|\varphi_0\rangle$ 是空间 $\mathscr{E}_x$ 中的右矢, 它满足条件:

$$a_x|\varphi_0\rangle = 0 \qquad (20)$$

$|\varphi_{n_y}\rangle$ 和 $|\varphi_{n_z}\rangle$, 分别在空间 $\mathscr{E}_y$ 和 $\mathscr{E}_z$ 中, 也各有类似的关系式. 因此, 根据 (12) 式, 必有:

$$|\psi_{n_x,n_y,n_z}\rangle = \frac{1}{\sqrt{n_x!n_y!n_z!}}(a_x^\dagger)^{n_x}(a_y^\dagger)^{n_y}(a_z^\dagger)^{n_z}|\psi_{0,0,0}\rangle \qquad (21)$$

式中 $|\psi_{0,0,0}\rangle$ 是三个一维谐振子的基态的张量积, 因而, 它应满足关系:

$$a_x|\psi_{0,0,0}\rangle = a_y|\psi_{0,0,0}\rangle = a_z|\psi_{0,0,0}\rangle = 0 \qquad (22)$$

最后, 提醒一下, 由于 $|\psi_{n_x,n_y,n_z}\rangle$ 是一个张量积, 故与之相联系的波函数具有下列形式:

$$\langle \boldsymbol{r}|\psi_{n_x,n_y,n_z}\rangle = \varphi_{n_x}(x)\varphi_{n_y}(y)\varphi_{n_z}(z) \qquad (23)$$

式中 $\varphi_{n_x}, \varphi_{n_y}, \varphi_{n_z}$ 是一维谐振子的定态波函数 (参看第五章的 §C–2). 例如:

$$\langle \boldsymbol{r}|\psi_{0,0,0}\rangle = \left(\frac{m\omega}{\pi\hbar}\right)^{3/4} \mathrm{e}^{-\frac{m\omega}{2\hbar}(x^2+y^2+z^2)} \qquad (24)$$

3. 能级的简并度

在第五章的 §B–3 中我们曾证明, H_x 在空间 $\mathscr{E}_x$ 中构成一个 ECOC, H_y 在空间 $\mathscr{E}_y$ 中、H_z 在空间 $\mathscr{E}_z$ 中, 也是如此. 根据第二章的 §F, 集合 $\{H_x, H_y, H_z\}$ 在空间 $\mathscr{E}_{\boldsymbol{r}}$ 中也是一个 ECOC. 因而, 在空间 $\mathscr{E}_{\boldsymbol{r}}$ 中, 对应于 H_x, H_y, H_z 的本征值的一组给定值, 也就是说, 对应于 n_x, n_y, n_z 的一组给定的非负整数值, 除倍乘因子外, 只存在一个右矢 $|\psi_{n_x,n_y,n_z}\rangle$.

反之, H 不能单独构成一个 ECOC, 因为能级 E_n 是简并的. 实际上, 假设我们选定了 H 的一个本征值 $E_n = (n+3/2)\hbar\omega$; 这等于说已将 n 取定为某一个非负整数. 在基 $\{|\psi_{n_x,n_y,n_z}\rangle\}$ 中, 凡是满足条件

$$n_x + n_y + n_z = n \tag{25}$$

的所有右矢都是 H 的属于本征值 E_n 的本征矢.

由此可见, E 的简并度 g_n 应该等于满足条件 (25) 的互不相同的数组 $\{n_x, n_y, n_z\}$ 的个数, g_n 的求法如下, 由于 n 是固定的, 我们首先选定 n_x, 使它取下列各数中的一个:

$$n_x = 0, 1, 2, \cdots, n \tag{26}$$

[551] 如此选定了 n_x, 我们便有:

$$n_y + n_z = n - n_x \tag{27}$$

于是, 数组 $\{n_y, n_z\}$ 有 $(n - n_x + 1)$ 个可能的情况:

$$\{n_y, n_z\} = \{0, n-n_x\}, \{1, n-n_x-1\}, \cdots, \{n-n_x, 0\} \tag{28}$$

因此, E_n 的简并度 g_n 为:

$$g_n = \sum_{n_x=0}^{n} (n - n_x + 1) \tag{29}$$

不难算出这个和为:

$$g_n = (n+1)\sum_{n_x=0}^{n} 1 - \sum_{n_x=0}^{n} n_x = \frac{(n+1)(n+2)}{2} \tag{30}$$

由此可见, 只有基态能级 $E_0 = (3/2)\hbar\omega$ 是非简并的.

附注:

诸右矢 $|\psi_{n_x,n_y,n_z}\rangle$ 构成算符 H 的一个正交归一的本征矢集, 这个矢集就是空间 $\mathscr{E}_{\boldsymbol{r}}$ 中的一个基. 由于 H 的本征值 E_n 是简并的, 所以这个集

合并不是唯一的. 特别地, 在补充材料 B_{VII} 中, 我们将会看到, 为了解出方程 (6), 我们可以利用不同于 $\{H_x, H_y, H_z\}$ 的运动常量的集合; 于是我们便构成了空间 $\mathscr{E}_{\boldsymbol{r}}$ 中的这样一个基, 它与上述的基不一样, 但仍然由 H 的本征矢所构成. 这个新基中的右矢是这样一些 $|\psi_{n_x,n_y,n_z}\rangle$ 的正交归一的线性组合, 这些 $|\psi_{n_x,n_y,n_z}\rangle$ 属于 H 的每一个本征子空间, 也就是说, 对应于总和 $n_x + n_y + n_z$ 的一个固定值.

补充材料 F_V

[552]

匀强电场中的带电谐振子

1. 在 $\{|x\rangle\}$ 表象中 $H'(\mathscr{E})$ 的本征值方程
2. 讨论
   a. 受弹性束缚的电子的电极化率
   b. 对能量平移的解释
3. 平移算符的使用

第五章所讨论的一维谐振子是一个质量为 m 的粒子, 其势能为:

$$V(X) = \frac{1}{2}m\omega^2 X^2 \tag{1}$$

我们再假设这个粒子带有电荷 q, 并处在平行于 Ox 轴的匀强电场 $\mathscr{E}$ 中. 现在要求粒子的定态及对应的能量.

处在匀强电场 $\mathscr{E}$ 中的粒子的经典势能为①:

$$w(\mathscr{E}) = -q\mathscr{E}x \tag{2}$$

因此, 在量子力学中, 要得到有电场 $\mathscr{E}$ 时的哈密顿算符 $H'(\mathscr{E})$, 只需在 (1) 式表出的谐振子势能上增添一项:

$$W(\mathscr{E}) = -q\mathscr{E}X \tag{3}$$

这样便得到:

$$H'(\mathscr{E}) = \frac{P^2}{2m} + \frac{1}{2}m\omega^2 X^2 - q\mathscr{E}X \tag{4}$$

现在的问题就是要求出这个算符的本征值和本征矢. 为此, 我们可以采用两种不同的方法. 首先, 我们直接求解 $H'(\mathscr{E})$ 在 $\{|x\rangle\}$ 表象中的本征值方程, 所得结果具有简单的物理意义. 然后我们再看怎样利用算符运算来解决这个问题.

① 我们仍按惯例, 将粒子在 $x=0$ 处的势能作为零.

1. 在 $\{|x\rangle\}$ 表象中 $H'(\mathscr{E})$ 的本征值方程

假设 $|\varphi'\rangle$ 是 $H'(\mathscr{E})$ 的一个本征矢:

$$H'(\mathscr{E})|\varphi'\rangle = E'|\varphi'\rangle \tag{5}$$

利用(4) 式, 我们便可写出这个方程在 $\{|x\rangle\}$ 表象中的形式: [553]

$$\left[-\frac{\hbar^2}{2m}\frac{\mathrm{d}^2}{\mathrm{d}x^2} + \frac{1}{2}m\omega^2x^2 - q\mathscr{E}x\right]\varphi'(x) = E'\varphi'(x) \tag{6}$$

在此式左端, 将 x^2 项及 x 项凑成完全平方, 便有:

$$\left[-\frac{\hbar^2}{2m}\frac{\mathrm{d}^2}{\mathrm{d}x^2} + \frac{1}{2}m\omega^2\left(x - \frac{q\mathscr{E}}{m\omega^2}\right)^2 - \frac{q^2\mathscr{E}^2}{2m\omega^2}\right]\varphi'(x) = E'\varphi'(x) \tag{7}$$

将变量 x 换成新变量 u:

$$u = x - \frac{q\mathscr{E}}{m\omega^2} \tag{8}$$

于是 φ' 通过 x 而成为 u 的函数, (7) 式变为:

$$\left[-\frac{\hbar^2}{2m}\frac{\mathrm{d}^2}{\mathrm{d}u^2} + \frac{1}{2}m\omega^2u^2\right]\varphi'(u) = E''\varphi'(u) \tag{9}$$

其中

$$E'' = E' + \frac{q^2\mathscr{E}^2}{2m\omega^2} \tag{10}$$

现在我们看到, 方程 (9) 和没有电场时在 $\{|x\rangle\}$ 表象中用来计算谐振子的定态的那个方程是一样的 [参看第五章的 (A–17) 式]. 那个方程已经解出, 因而我们知道 E'' 的容许值为:

$$E''_n = \left(n + \frac{1}{2}\right)\hbar\omega \tag{11}$$

(其中 n 为零或正整数).

(10) 式和 (11) 式告诉我们, 有电场时, 谐振子的定态能量 E' 被修正为:

$$E'_n(\mathscr{E}) = \left(n + \frac{1}{2}\right)\hbar\omega - \frac{q^2\mathscr{E}^2}{2m\omega^2} \tag{12}$$

由此可见, 谐振子的能谱 “整个地” 平移了 $q^2\mathscr{E}^2/2m\omega^2$ 这样一个量.

至于和 (12) 式中的能量相联系的全体本征函数 $\varphi'_n(x)$, 经过同样的平移, 都可以从 $\varphi_n(x)$ 得出. 实际上, 方程 (9) 的对应于 n 的给定值的解是 $\varphi_n(u)$ [这里的函数 φ_n, 例如, 可以是补充材料 $\mathrm{B_V}$ 的公式 (35) 所给出的], 根据 (8) 式, 我们有:

$$\varphi'_n(x) = \varphi_n\left(x - \frac{q\mathscr{E}}{m\omega^2}\right) \tag{13}$$

从物理上看,这个平移是因粒子受到电场力的作用而引起的①.

[554] **附注**:

利用 (8) 式中的变量代换,我们将有任意电场的问题转化为没有电场的、已经解出的问题. 电场的影响不过是坐标 [见 (13) 式] 和能量 [见 (12) 式] 的原点的平移. 从曲线来看 [见图 5–21],这个结果是很容易理解的. 当 $\mathscr{E}$ 为零时,势能可以用顶点在 O 点抛物线来表示;当 $\mathscr{E}$ 不为零时,应该给这个势能增添一个量 $-q\mathscr{E}x$,这个量对应于图中的虚直线;表示 $V+W$ 的曲线仍然是一条抛物线,所以有电场时,这个体系仍然是一个谐振子. 这两条抛物线是可重合的,因此,它们对应于 ω 的同一数值,从而对应于能级间的相同间隔. 但是,它们的顶点 O 与 O' 并不相同,这样我们才会得到公式 (12) 和 (13).

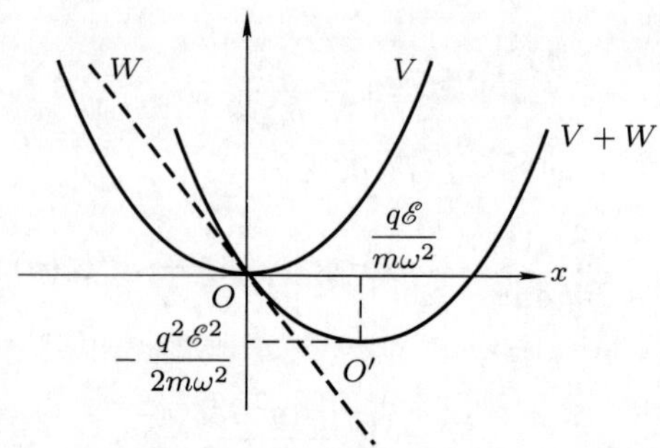

图 5–21 由于存在均匀电场 $\mathscr{E}$,谐振子的势能 V 增加了一个线性项 W,于是总势能 $V+W$ 要用经过平移的抛物线来表示.

2. 讨论

a. 受弹性束缚的电子的电极化率

在某些情况下,原子或分子中电子的行为非常近似于处在"弹性束缚"下的情况,也就是说,每一个电子都近似地表现为谐振子. 我们将在补充材料 A_{XIII} 中,利用与时间有关的微扰理论,就原子来证明这一点.

每一个电子对原子的电偶极矩的贡献,由下列算符表示:

$$D = qX \tag{14}$$

式中 q 是电子的电荷 ($q<0$),X 是对应的位置观察算符. 下面我们就利用受弹性束缚的电子的模型来计算 D 的平均值.

① 从 (13) 式可以看出,根据 $\varphi_n(x)$,经过 $q\mathscr{E}/m\omega^2$ 这样大的平移,就可得到函数 $\varphi'_n(x)$;若乘积 $q\mathscr{E}$ 是正的,应沿 Ox 轴的正向平移,这个方向正是电场 $\mathscr{E}$ 的作用力的方向.

没有电场时, 在谐振子的定态中, 电偶极矩的平均值为零: [555]

$$\langle D\rangle = q\langle\varphi_n|X|\varphi_n\rangle = 0 \tag{15}$$

[参看第五章的公式 (D–1)].

现在, 我们假设电场 $\mathscr{E}$ 的建立足够缓慢, 以致电子是逐渐地从 $|\varphi_n\rangle$ 态过渡到 $|\varphi'_n\rangle$ 态的 (n 始终保持为同一数值). 在这种情况下, 平均偶极矩并不为零; 这是因为:

$$\langle D\rangle' = q\langle\varphi'_n|X|\varphi'_n\rangle = q\int_{-\infty}^{+\infty}\mathrm{d}x x|\varphi'_n(x)|^2 \tag{16}$$

利用 (8) 式和 (13) 式, 我们得到:

$$\langle D\rangle' = q\int_{-\infty}^{+\infty}u|\varphi_n(u)|^2\mathrm{d}u + \frac{q^2\mathscr{E}}{m\omega^2}\int_{-\infty}^{+\infty}|\varphi_n(u)|^2\mathrm{d}u = \frac{q^2\mathscr{E}}{m\omega^2} \tag{17}$$

由于被积函数是奇函数, 式中第一个积分等于零. 由此可见, $\langle D\rangle'$ 是与 $\mathscr{E}$ 成正比的. 在这种模型中, 我们所考虑的原子中电子的电极化率为:

$$\chi = \frac{\langle D\rangle'}{\mathscr{E}} = \frac{q^2}{m\omega^2} \tag{18}$$

不论 q 的符号如何, 结果都是正的.

很容易从物理上解释 (18) 式的结果: 电场的效果就是挪动了电子的经典平衡位置, 也就是说, 变动了量子力学中电子位置的平均值 [参看公式 (13)], 这表现为感生偶极矩的出现; ω 增大时, χ 的减小, 则是由于恢复力 (正比于 ω^2) 越大, 谐振子就越难于变形.

b. 对能量平移的解释

在上述模型的框架内, 算出电子从态 $|\varphi_n\rangle$ 过渡到态 $|\varphi'_n\rangle$ 时, 其平均动能与平均势能的变化, 我们就可以解释公式 (12).

平均动能的变化实际上等于零 (例如, 从图 5–21 就可以直观地看出这一点), 根据 (13) 式:

$$\left\langle\frac{P^2}{2m}\right\rangle' - \left\langle\frac{P^2}{2m}\right\rangle = -\frac{\hbar^2}{2m}\left[\int_{-\infty}^{+\infty}\varphi'^*_n(x)\frac{\mathrm{d}^2}{\mathrm{d}x^2}\varphi'_n(x)\mathrm{d}x - \int_{-\infty}^{+\infty}\varphi^*_n(x)\frac{\mathrm{d}^2}{\mathrm{d}x^2}\varphi_n(x)\mathrm{d}x\right] = 0 \tag{19}$$

另一方面, 势能的变化可以分成两部分: [556]

第一部分 $\langle W(\mathscr{E})\rangle'$, 是偶极子在电场 $\mathscr{E}$ 中所具有的电势能; 由于偶极矩和电场平行, 根据 (17) 式, 有:

$$\langle W(\mathscr{E})\rangle' = -\mathscr{E}\langle D\rangle' = -\frac{q^2\mathscr{E}^2}{m\omega^2} \tag{20}$$

第二部分 $\langle V(X)\rangle' - \langle V(X)\rangle$, 来自电场对量子数为 n 的能级所对应的波函数的修正. 因此, 粒子的 "弹性" 势能的改变量为:

$$\langle V(X)\rangle' - \langle V(X)\rangle = \frac{1}{2}m\omega^2\left[\int_{-\infty}^{+\infty} x^2|\varphi_n'(x)|^2\mathrm{d}x - \int_{-\infty}^{+\infty} x^2|\varphi_n(x)|^2\mathrm{d}x\right] \tag{21}$$

第一个积分可以利用 (13) 式及变量代换关系 (8) 来计算:

$$\int_{-\infty}^{+\infty} x^2|\varphi_n'(x)|^2\mathrm{d}x = \int_{-\infty}^{+\infty} u^2|\varphi_n(u)|^2\mathrm{d}u + \frac{2q\mathscr{E}}{m\omega^2}\int_{-\infty}^{+\infty} u|\varphi_n(u)|^2\mathrm{d}u + \left(\frac{q\mathscr{E}}{m\omega^2}\right)^2\int_{-\infty}^{+\infty}|\varphi_n(u)|^2\mathrm{d}u \tag{22}$$

由于 $\varphi_n(u)$ 已归一化, 而且奇函数 $u|\varphi_n(u)|^2$ 的积分等于零, 最后, 我们得到:

$$\langle V(x)\rangle' - \langle V(x)\rangle = \frac{q^2\mathscr{E}^2}{2m\omega^2}. \tag{23}$$

可以料到这个结果应该是正的, 因为电场要将粒子从 O 点拉开并将它吸引到 "弹性" 势能 $V(x)$ 更大的区域.

将 (20) 式和 (23) 式加起来, 我们又一次看到, 态 $|\varphi_n'\rangle$ 的能量比态 $|\varphi_n\rangle$ 的能量小一个量 $q^2\mathscr{E}^2/2m\omega^2$.

3. 平移算符的使用

在这一段里我们将会看到, 不必像前面那样在 $\{|x\rangle\}$ 表象中求解, 我们可以根据 (4) 式给出的算符 $H'(\mathscr{E})$, 直接进行推算. 更具体地说, 我们将证明: 一个对应于波函数在 x 轴上的平移的幺正变换可以使算符 $H = H'(\mathscr{E}=0)$ (它的本征矢和本征值已在第五章求得) 过渡到算符 $H'(\mathscr{E})$ (只差一个不会改变本征矢的相加常数).

现在我们来考虑下列算符

$$U(\lambda) = \mathrm{e}^{-\lambda(a-a^\dagger)} \tag{24}$$

[557] 这里 λ 是一个实常数. 它的伴随算符 $U^\dagger(\lambda)$ 为:

$$U^\dagger(\lambda) = \mathrm{e}^{\lambda(a-a^\dagger)} \tag{25}$$

容易看出:

$$U(\lambda)U^\dagger(\lambda) = U^\dagger(\lambda)U(\lambda) = 1 \tag{26}$$

这就是说, $U(\lambda)$ 是一个幺正算符. 在对应的幺正变换下, H 变为:

$$\begin{aligned}\widetilde{H} &= U(\lambda)HU^\dagger(\lambda)\\ &= \hbar\omega\left[\frac{1}{2} + U(\lambda)a^\dagger aU^\dagger(\lambda)\right]\end{aligned} \tag{27}$$

现在我们必须算出下列算符:

$$U(\lambda)a^\dagger a U^\dagger(\lambda) = \widetilde{a}^\dagger \widetilde{a} \tag{28}$$

其中

$$\begin{aligned} \widetilde{a} &= U(\lambda) a U^\dagger(\lambda) \\ \widetilde{a}^\dagger &= U(\lambda) a^\dagger U^\dagger(\lambda) \end{aligned} \tag{29}$$

为了求得 $\widetilde{a}$ 和 $\widetilde{a}^\dagger$, 我们利用补充材料 $\mathrm{B_{II}}$ 中的公式 (63) (此公式在这里是适用的, 因为 a 与 $a^\dagger$ 的对易子等于 1), 这样便得到:

$$\begin{aligned} U(\lambda) &= \mathrm{e}^{-\lambda a + \lambda a^\dagger} = \mathrm{e}^{-\lambda a}\mathrm{e}^{\lambda a^\dagger}\mathrm{e}^{\lambda^2/2} \\ U^\dagger(\lambda) &= \mathrm{e}^{-\lambda a^\dagger + \lambda a} = \mathrm{e}^{-\lambda a^\dagger}\mathrm{e}^{\lambda a}\mathrm{e}^{-\lambda^2/2} \end{aligned} \tag{30}$$

另一方面, 根据补充材料 $\mathrm{B_{II}}$ 中的公式 (51), 可以写出:

$$\begin{cases} [\mathrm{e}^{-\lambda a}, a^\dagger] = -\lambda \mathrm{e}^{-\lambda a} \\ [\mathrm{e}^{\lambda a^\dagger}, a] = -\lambda \mathrm{e}^{\lambda a^\dagger} \end{cases} \tag{31}$$

这就是说:

$$\begin{aligned} \mathrm{e}^{-\lambda a} a^\dagger \mathrm{e}^{\lambda a} &= a^\dagger - \lambda \\ \mathrm{e}^{\lambda a^\dagger} a \mathrm{e}^{-\lambda a^\dagger} &= a - \lambda \end{aligned} \tag{32}$$

于是

$$\begin{aligned} \widetilde{a} &= \mathrm{e}^{-\lambda a}\mathrm{e}^{\lambda a^\dagger} a \mathrm{e}^{-\lambda a^\dagger}\mathrm{e}^{\lambda a} \\ &= \mathrm{e}^{-\lambda a}(a - \lambda)\mathrm{e}^{\lambda a} = a - \lambda \end{aligned} \tag{33}$$

类似地有:

$$\widetilde{a}^\dagger = a^\dagger - \lambda \tag{34}$$

因此, $\widetilde{H}$ 由下式给出:

$$\begin{aligned} \widetilde{H} &= \hbar\omega\left[\frac{1}{2} + (a^\dagger - \lambda)(a - \lambda)\right] \\ &= \hbar\omega\left[\frac{1}{2} + a^\dagger a - \lambda(a + a^\dagger) + \lambda^2\right] \\ &= H - \lambda\hbar\omega(a + a^\dagger) + \lambda^2\hbar\omega \end{aligned} \tag{35}$$

由于 $(a + a^\dagger)$ 正比于算符 X [参看第五章的公式 (B–1) 和 (B–7)], 我们只需令: [558]

$$\lambda = \frac{q\mathscr{E}}{\omega}\sqrt{\frac{1}{2m\hbar\omega}} \tag{36}$$

便可以得到:

$$\widetilde{H} = H - q\mathscr{E}X + \frac{q^2\mathscr{E}^2}{2m\omega^2} = H'(\mathscr{E}) + \frac{q^2\mathscr{E}^2}{2m\omega^2} \tag{37}$$

由此可见, $\widetilde{H}$ 和 $H'(\mathscr{E})$ 这两个算符具有相同的本征矢, 它们的本征值则相差一个量 $q^2\mathscr{E}^2/2m\omega^2$. 但是我们知道 (参看补充材料 $\mathrm{C_{II}}$ 的 §2), 如果算符 H 的本征矢为右矢 $|\varphi_n\rangle$, 则算符 $\widetilde{H}$ 的本征矢为下列右矢:

$$|\widetilde{\varphi}_n\rangle = U(\lambda)|\varphi_n\rangle \tag{38}$$

而且 H 与 $\widetilde{H}$ 的对应本征值相同. 因此, 有电场 $\mathscr{E}$ 时, 谐振子的定态 $|\varphi'_n\rangle$ 就是 (38) 式给出的态 $|\widetilde{\varphi}_n\rangle$; 根据 (37) 式, 算符 $H'(\mathscr{E})$ 的相应的本征值为:

$$E'_n(\mathscr{E}) = \left(n + \frac{1}{2}\right)\hbar\omega - \frac{q^2\mathscr{E}^2}{2m\omega^2} \tag{39}$$

这样我们又得到了前一段的公式 (12). 至于有关本征矢的 (38) 式, 利用 (24) 和 (36) 式, 以及第五章的公式 (B–1) 与 (B–7), 我们可将它写成下列形式:

$$|\varphi'_n\rangle = |\widetilde{\varphi}_n\rangle = \mathrm{e}^{-\mathrm{i}\frac{q\mathscr{E}}{m\hbar\omega^2}P}|\varphi_n\rangle \tag{40}$$

在补充材料 $\mathrm{E_{II}}$ 中, 我们曾将算符 $\mathrm{e}^{\mathrm{i}aP/\hbar}$ 解释为沿 Ox 轴平移一段距离 a (代数值) 的平移算符; 因此态 $|\varphi'_n\rangle$ 就是从态 $|\varphi_n\rangle$ 出发平移一个量 $q\mathscr{E}/m\omega^2$ 而得到的. 这正是公式 (13) 所表达的意思.

参考文献:

受弹性束缚的电子: 见补充材料 $\mathrm{A_{XIII}}$ 的参考文献.

补充材料 G_V

谐振子的相干“准经典”态 [559]

在第五章中, 我们研究过谐振子的定态 $|\varphi_n\rangle$ 的性质. 例如, 在 §D 中, 我们看到, 振子的位置与动量的平均值 $\langle X\rangle$ 与 $\langle P\rangle$ 都等于零. 但是在经典力学中, 众所周知, 位置 x 与动量 p 都是随时间振荡的函数, 它们不可能始终等于零, 除非运动的能量始终为零 [参看第五章的 (A–5) 和 (A–8) 式]. 此外, 我们又知道, 在谐振子的能量甚大于能量子 $\hbar\omega$ 的情况下 (即大量子数极限), 量子力学给出的结果应该与经典力学的一样.

既然如此, 我们就可以提出这样一个问题: 能不能构成这样一些量子态, 由这些态得到的物理预言, 至少对宏观振子而言, 实际上和经典预言完全相同? 在这篇材料里, 我们将会看到, 这样的量子态确实存在; 这种态是所有的态 $|\varphi_n\rangle$ 的相干的线性叠加, 我们称之为“准经典态”或“谐振子的相干态”.

我们提出的这个问题在量子力学中具有普遍的意义. 事实上, 正如我们在第五章的引言中以及在补充材料 A_V 中所看到的那样, 很多物理体系都可比拟为谐振子, 至少在一级近似下如此. 在量子力学中, 就所有这些体系而言, 弄清楚下述问题是有重要意义的: 怎样从经典近似结果已足够令人满意的情况逐渐过渡到量子效应占优势的情况. 电磁辐射就是这类体系的一个非常重要
[560] 的例子; 根据实验的情况, 电磁辐射有时呈现量子特性 (例如在第一章 §A–2–a 中所述的光通量非常微弱的实验中), 有时又可以接受经典方法的处理. 此外, 格劳伯 (Glauber) 最近引入了电磁辐射的 "相干态", 这个概念目前在量子光学中已经很流行了.

在量子力学中, 一个谐振子的位置、动量及能量是用不可对易的算符来描述的; 这些量是互不相容的物理量. 因此, 这三个量都可以完全确定的那种态是不可能构成的. 我们只限于寻找这样一个态矢量, 在这个态, 不论在任何时刻 t, 平均值 $\langle X\rangle$、$\langle P\rangle$ 及 $\langle H\rangle$ 都最接近对应各量的经典数值. 这就只能是一种折中态, 在其中这三个可观察量没有哪一个是完全确定的. 但是, 我们将会看到, 在宏观极限下, 方均根偏差 ΔX、ΔP 及 ΔH 都是完全可略的.

1. 寻找准经典态

a. 引入参变量 α_0 来描述经典运动的特征

质量为 m, 角频率为 ω 的一维谐振子的经典运动方程为:

$$\begin{cases}\dfrac{\mathrm{d}}{\mathrm{d}t}x(t)=\dfrac{1}{m}p(t) & \text{(1–a)}\\[2ex] \dfrac{\mathrm{d}}{\mathrm{d}t}p(t)=-m\omega^2x(t) & \text{(1–b)}\end{cases}$$

从现在起, 我们引入下面的无量纲的量:

$$\begin{cases}\widehat{x}(t)=\beta x(t)\\[1ex] \widehat{p}(t)=\dfrac{1}{\hbar\beta}p(t)\end{cases}\tag{2}$$

式中

$$\beta=\sqrt{\frac{m\omega}{\hbar}}\tag{3}$$

使用这些量会使以后的量子力学计算得到简化. 于是, (1) 式可写作:

$$\begin{cases}\dfrac{\mathrm{d}}{\mathrm{d}t}\widehat{x}(t)=\omega\widehat{p}(t) & \text{(4–a)}\\[2ex] \dfrac{\mathrm{d}}{\mathrm{d}t}\widehat{p}(t)=-\omega\widehat{x}(t) & \text{(4–b)}\end{cases}$$

如果知道谐振子在时刻 t 的位置 $x(t)$ 和动量 $p(t)$, 亦即知道 $\widehat{x}(t)$ 和 $\widehat{p}(t)$, 那么它在该时刻的经典态就被确定. 现在, 我们将这两个实数组合成一个没有量纲

的复数 $\alpha(t)$, 其定义为:

$$\alpha(t)=\frac{1}{\sqrt{2}}[\widehat{x}(t)+\mathrm{i}\widehat{p}(t)] \tag{5}$$

于是 (4) 式中的两个方程便相当于一个方程 [561]

$$\frac{\mathrm{d}}{\mathrm{d}t}\alpha(t)=-\mathrm{i}\omega\alpha(t) \tag{6}$$

它的解为:

$$\alpha(t)=\alpha_0\mathrm{e}^{-\mathrm{i}\omega t} \tag{7}$$

在这里, 我们已令

$$\alpha_0=\alpha(0)=\frac{1}{\sqrt{2}}[\widehat{x}(0)+\mathrm{i}\widehat{p}(0)] \tag{8}$$

现在我们来看, 在复平面上两个复数 α_0 与 $\alpha(t)$ 的像 M_0 与 M [见图 5–22]. 在 $t=0$ 时, M 点与 M_0 点重合; M 点以 $-\omega$ 为角速描出以 O 点为中心, OM_0 为半径的圆周. 根据 (5) 式, M 点的坐标等于 $\widehat{x}(t)/\sqrt{2}$ 与 $\widehat{p}(t)/\sqrt{2}$, 于是我们便得到表示体系的态随时间演变的非常简单的几何方法. 每一种与给定的初始条件相对应的可能的运动都完全由点 M_0 所描述 (α_0 的模给出振荡的振幅, α_0 的辐角给出其相位), 也就是由复数 α_0 所描述. 此外, 根据 (5) 式与 (7) 式, 我们有:

$$\begin{cases}\widehat{x}(t)=\dfrac{1}{\sqrt{2}}[\alpha_0\mathrm{e}^{-\mathrm{i}\omega t}+\alpha_0^*\mathrm{e}^{\mathrm{i}\omega t}] & \text{(9–a)}\\[2ex] \widehat{p}(t)=-\dfrac{\mathrm{i}}{\sqrt{2}}[\alpha_0\mathrm{e}^{-\mathrm{i}\omega t}-\alpha_0^*\mathrm{e}^{\mathrm{i}\omega t}] & \text{(9–b)}\end{cases}$$

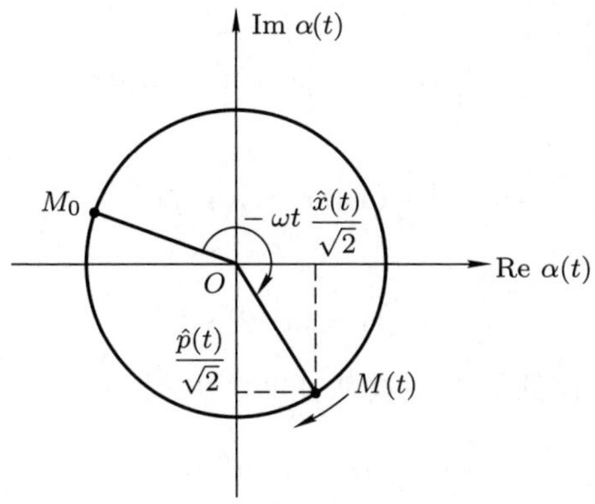

图 5–22 点 $M(t)$ (复数 $\alpha(t)$ 的像) 描述谐振子在每一时刻的态, 它以 $-\omega$ 为角速在圆周上运动. M 点的横坐标与纵坐标给出振子的位置与动量.

至于体系的经典能量 $\mathscr{H}$ 则是与时间无关的常量, 其值为:

$$\begin{aligned}\mathscr{H} &= \frac{1}{2m}[p(0)]^2 + \frac{1}{2}m\omega^2[x(0)]^2 \\ &= \frac{\hbar\omega}{2}\{[\widehat{x}(0)]^2 + [\widehat{p}(0)]^2\} \qquad (10)\end{aligned}$$

[562] 考虑到 (8) 式, 由此又可得到:

$$\mathscr{H} = \hbar\omega|\alpha_0|^2 \qquad (11)$$

对于一个宏观振子, 其能量 $\mathscr{H}$ 甚大于能量子 $\hbar\omega$, 从而:

$$|\alpha_0| \gg 1 \qquad (12)$$

b. 确定准经典态的条件

现在我们要寻找一个量子态, 在这个态, 不论在任何时刻, 平均值 $\langle X\rangle$, $\langle P\rangle$ 及 $\langle H\rangle$ 实际上等于在对应的已知经典运动中的 x、p 及 $\mathscr{H}$ 的数值.

为了计算 $\langle X\rangle$、$\langle P\rangle$ 及 $\langle H\rangle$, 我们利用下列关系式:

$$\begin{aligned}\widehat{X} &= \beta X = \frac{1}{\sqrt{2}}(a + a^\dagger) \qquad (13)\\ \widehat{P} &= \frac{1}{\hbar\beta}P = -\frac{\mathrm{i}}{\sqrt{2}}(a - a^\dagger)\end{aligned}$$

以及

$$H = \hbar\omega\left(a^\dagger a + \frac{1}{2}\right) \qquad (14)$$

对于一个任意的态 $|\psi(t)\rangle$, 矩阵元 $\langle a\rangle(t) = \langle\psi(t)|a|\psi(t)\rangle$ 随时间变化的规律 (参看第三章的 §D–1–d) 由下式给出:

$$\mathrm{i}\hbar\frac{\mathrm{d}}{\mathrm{d}t}\langle a\rangle(t) = \langle[a, H]\rangle(t) \qquad (15)$$

而

$$[a, H] = \hbar\omega[a, a^\dagger a] = \hbar\omega a \qquad (16)$$

由此两式便得到:

$$\mathrm{i}\frac{\mathrm{d}}{\mathrm{d}t}\langle a\rangle(t) = \omega\langle a\rangle(t) \qquad (17)$$

这就是说:

$$\langle a\rangle(t) = \langle a\rangle(0)\mathrm{e}^{-\mathrm{i}\omega t} \qquad (18)$$

$\langle a^\dagger\rangle(t) = \langle\psi(t)|a^\dagger|\psi(t)\rangle$ 的演变则遵从复共轭方程:

$$\begin{aligned}\langle a^\dagger(t)\rangle &= \langle a^\dagger\rangle(0)\mathrm{e}^{\mathrm{i}\omega t} \\ &= \langle a\rangle^*(0)\mathrm{e}^{\mathrm{i}\omega t} \qquad (19)\end{aligned}$$

(18) 式与 (19) 式都类似于经典方程 (7).

将 (18) 式和 (19) 式代入 (13) 式, 便得到: [563]

$$\begin{cases} \langle\widehat{X}\rangle(t) = \dfrac{1}{\sqrt{2}}[\langle a\rangle(0)\mathrm{e}^{-\mathrm{i}\omega t} + \langle a\rangle^*(0)\mathrm{e}^{\mathrm{i}\omega t}] \\ \langle\widehat{P}\rangle(t) = -\dfrac{\mathrm{i}}{\sqrt{2}}[\langle a\rangle(0)\mathrm{e}^{-\mathrm{i}\omega t} - \langle a\rangle^*(0)\mathrm{e}^{\mathrm{i}\omega t}] \end{cases} \tag{20}$$

将这些结果与 (9) 式相比较, 我们看出, 为了使下列关系在任意时刻 t 都成立:

$$\begin{cases} \langle\widehat{X}\rangle(t) = \widehat{x}(t) \\ \langle\widehat{P}\rangle(t) = \widehat{p}(t) \end{cases} \tag{21}$$

必须而且只须规定在 $t=0$ 时具备条件:

$$\langle a\rangle(0) = \alpha_0 \tag{22}$$

α_0 是一个复参量, 它所描述的经典运动是我们希望尽可能在量子力学中准确重现的运动. 因此, 振子的归一化的态矢量 $|\psi(t)\rangle$ 必须满足的第一个条件是

$$\langle\psi(0)|a|\psi(0)\rangle = \alpha_0 \tag{23}$$

其次, 我们还应要求平均值

$$\langle H\rangle = \hbar\omega\langle a^\dagger a\rangle(0) + \frac{1}{2}\hbar\omega \tag{24}$$

等于 (11) 式给出的经典能量 $\mathscr{H}$; 由于对经典振子来说 $|\alpha_0|$ 甚大于 1 [见 (12) 式], 和 $\hbar\omega|\alpha_0|$ 相比, 我们可以略去 $\hbar\omega/2$ 这一项 (它纯粹是量子力学的结果; 参看第五章的 §D–2), 这样一来, 态矢量所应满足的第二个条件可以写为:

$$\langle a^\dagger a\rangle(0) = |\alpha_0|^2 \tag{25}$$

或将它写作:

$$\langle\psi(0)|a^\dagger a|\psi(0)\rangle = |\alpha_0|^2 \tag{26}$$

我们将会看到, 条件 (23) 与 (26) 便足以确定归一化的态矢量 $|\psi(0)\rangle$ (可相差一个相位因子).

c. 准经典态是算符 a 的本征矢

我们引入一个算符 $b(\alpha_0)$, 其定义为:

$$b(\alpha_0) = a - \alpha_0 \tag{27}$$

于是便有:

$$b^\dagger(\alpha_0)b(\alpha_0) = a^\dagger a - \alpha_0 a^\dagger - \alpha_0^* a + \alpha_0^*\alpha_0 \tag{28}$$

右矢 $b(\alpha_0)|\psi(0)\rangle$ 的模平方为:

$$\langle\psi(0)|b^\dagger(\alpha_0)b(\alpha_0)|\psi(0)\rangle = \langle\psi(0)|a^\dagger a|\psi(0)\rangle - \alpha_0\langle\psi(0)|a^\dagger|\psi(0)\rangle - \alpha_0^*\langle\psi(0)|a|\psi(0)\rangle + \alpha_0^*\alpha_0 \tag{29}$$

[564] 将条件 (23) 及 (26) 代入此式, 我们得到

$$\langle\psi(0)|b^\dagger(\alpha_0)b(\alpha_0)|\psi(0)\rangle = \alpha_0^*\alpha_0 - \alpha_0\alpha_0^* - \alpha_0^*\alpha_0 + \alpha_0^*\alpha_0 = 0 \tag{30}$$

右矢 $b(\alpha_0)|\psi(0)\rangle$ 的模为零, 故它是一个零矢:

$$b(\alpha_0)|\psi(0)\rangle = 0 \tag{31}$$

这就是说:

$$a|\psi(0)\rangle = \alpha_0|\psi(0)\rangle \tag{32}$$

反之, 如果归一化的矢量 $|\psi(0)\rangle$ 适合这个等式, 那么条件 (23) 与 (26) 显然得到满足.

因此, 我们得到的结果是: 与经典运动 (其特征由参变量 α_0 描述) 相联系的准经典态是这样一个态 $|\psi(0)\rangle$, 它是算符 a 的本征矢, 属于本征值 α_0.

下面我们将用 $|\alpha\rangle$ 来表示 a 的属于本征值 α 的本征矢:

$$a|\alpha\rangle = \alpha|\alpha\rangle \tag{33}$$

[以后我们将证明, (33) 式的解, 除倍乘因子以外, 是唯一的].

2. 态 $|\alpha\rangle$ 的性质

a. $|\alpha\rangle$ 在定态 $|\varphi_n\rangle$ 组成的基中的展开式

现在来求右矢 $|\alpha\rangle$——(33) 式的解; 为此, 利用它在 $|\varphi_n\rangle$ 组成的基中的展开式:

$$|\alpha\rangle = \sum_n c_n(\alpha)|\varphi_n\rangle \tag{34}$$

于是我们便有:

$$a|\alpha\rangle = \sum_n c_n(\alpha)\sqrt{n}|\varphi_{n-1}\rangle \tag{35}$$

再将此式代入 (33) 式, 便得到:

$$c_{n+1}(\alpha) = \frac{\alpha}{\sqrt{n+1}}c_n(\alpha) \tag{36}$$

有了这个关系式, 利用它的递推性, 便可将全体系数 $c_n(\alpha)$ 表示为 $c_0(\alpha)$ 的函数

$$c_n(\alpha) = \frac{\alpha^n}{\sqrt{n!}} c_0(\alpha) \tag{37}$$

由此可见, 如果确定了 $c_0(\alpha)$, 全体系数 $c_n(\alpha)$ 也就随之而定; 从而, 除一个倍乘因子以外, 矢量 $|\alpha\rangle$ 是唯一的. 我们约定将 $c_0(\alpha)$ 选为正实数, 并将右矢 $|\alpha\rangle$ 归 [565]
一化, 于是这个矢量就完全确定. 在这种情况下, 诸系数 $c_n(\alpha)$ 满足关系:

$$\sum_n |c_n(\alpha)|^2 = 1 \tag{38}$$

也就是说:

$$|c_0(\alpha)|^2 \sum_n \frac{|\alpha|^{2n}}{n!} = |c_0(\alpha)|^2 \mathrm{e}^{|\alpha|^2} = 1 \tag{39}$$

我们刚才约定, 应该选取

$$c_0(\alpha) = \mathrm{e}^{-|\alpha|^2/2} \tag{40}$$

最后, 我们得到:

$$|\alpha\rangle = \mathrm{e}^{-|\alpha|^2/2} \sum_n \frac{\alpha^n}{\sqrt{n!}} |\varphi_n\rangle \tag{41}$$

b. 在态 $|\alpha\rangle$ 中能量的可能值

我们来考虑处在态 $|\alpha\rangle$ 的一个振子. 从 (41) 式可以看出, 测量能量可能得到结果 $F_n = (n + 1/2)\hbar\omega$ 的概率是:

$$\mathscr{P}_n(\alpha) = |c_n(\alpha)|^2 = \frac{|\alpha|^{2n}}{n!} \mathrm{e}^{-|\alpha|^2} \tag{42}$$

由此可见, 我们所得到的概率分布 $\mathscr{P}_n(\alpha)$ 是一种高斯分布. 由于

$$\mathscr{P}_n(\alpha) = \frac{|\alpha|^2}{n} \mathscr{P}_{n-1}(\alpha) \tag{43}$$

很容易证明, 当

$$n = |\alpha|^2 \text{ 的整数部分} \tag{44}$$

时, $\mathscr{P}_n(\alpha)$ 有极大值.

为了计算能量的平均值 $\langle H\rangle_\alpha$, 我们可以利用 (42) 式及下式:

$$\langle H\rangle_\alpha = \sum_n \mathscr{P}_n(\alpha) \left[n + \frac{1}{2}\right] \hbar\omega \tag{45}$$

但是利用 (33) 式的伴式:

$$\langle\alpha| a^\dagger = \alpha^* \langle\alpha| \tag{46}$$

将使计算更为简单, 这是因为

$$\langle\alpha|a^\dagger a|\alpha\rangle = \alpha^*\alpha \tag{47}$$

于是便有:

$$\langle H\rangle_\alpha = \hbar\omega\langle\alpha|\left[a^\dagger a + \frac{1}{2}\right]|\alpha\rangle = \hbar\omega\left[|\alpha|^2 + \frac{1}{2}\right] \tag{48}$$

[566] 将这个结果与 (44) 式比较, 可以看出, 当 $|\alpha| \gg 1$ 时, 就相对大小而言, $\langle H\rangle_\alpha$ 和对应于 $\mathscr{P}_n(\alpha)$ 的极大值的能量 E_n 的差异并不大.

我们再来计算平均值 $\langle H^2\rangle_\alpha$:

$$\langle H^2\rangle_\alpha = \hbar^2\omega^2\langle\alpha|\left(a^\dagger a + \frac{1}{2}\right)^2|\alpha\rangle \tag{49}$$

利用 (33) 式, 并注意到 $[a, a^\dagger] = 1$, 便很容易得到:

$$\langle H^2\rangle_\alpha = \hbar^2\omega^2\left[|\alpha|^4 + 2|\alpha|^2 + \frac{1}{4}\right] \tag{50}$$

由此可以导出:

$$\Delta H_\alpha = \hbar\omega|\alpha| \tag{51}$$

(48) 式和 (51) 式表明, 如果 $|\alpha|$ 很大, 便有:

$$\frac{\Delta H_\alpha}{\langle H\rangle_\alpha} \simeq \frac{1}{|\alpha|} \ll 1 \tag{52}$$

由此可见, 在态 $|\alpha\rangle$ 中的能量, 就相对大小而言, 几乎是确定的.

附注:

由于

$$H = \left(N + \frac{1}{2}\right)\hbar\omega \tag{53}$$

从 (48) 式和 (51) 式, 立即可以得到:

$$\begin{cases} \langle N\rangle_\alpha = |\alpha|^2 \\ \Delta N_\alpha = |\alpha| \end{cases} \tag{54}$$

由此可见, 因为 $\Delta N_\alpha \gg 1$, 要得到一个准经典态, 必须取极多的态 $|\varphi_n\rangle$ 作线性叠加. 但是

$$\frac{\Delta N_\alpha}{\langle N\rangle_\alpha} = \frac{1}{|\alpha|} \ll 1 \tag{55}$$

即 N 的弥散的相对值是很小的.

c. 在态 $|\alpha\rangle$ 中 $\langle X\rangle, \langle P\rangle, \Delta X$ 及 ΔP 的计算

将 X 和 P 表示为 a 与 $a^\dagger$ 的函数 [公式 (13)], 并利用 (33) 式和 (46) 式, 就可以算出平均值 $\langle X\rangle$ 和 $\langle P\rangle$, 结果是:

$$\begin{aligned}\langle X\rangle_\alpha &= \langle\alpha|X|\alpha\rangle = \sqrt{\frac{2\hbar}{m\omega}}\mathrm{Re}(\alpha)\\ \langle P\rangle_\alpha &= \langle\alpha|P|\alpha\rangle = \sqrt{2m\hbar\omega}\mathrm{Im}(\alpha)\end{aligned} \tag{56}$$

经过类似的计算不难得到: [567]

$$\begin{aligned}\langle X^2\rangle_\alpha &= \frac{\hbar}{2m\omega}[(\alpha+\alpha^*)^2+1]\\ \langle P^2\rangle_\alpha &= \frac{m\hbar\omega}{2}[1-(\alpha-\alpha^*)^2]\end{aligned} \tag{57}$$

从而得到:

$$\begin{aligned}\Delta X_\alpha &= \sqrt{\frac{\hbar}{2m\omega}}\\ \Delta P_\alpha &= \sqrt{\frac{m\hbar\omega}{2}}\end{aligned} \tag{58}$$

$\Delta X_\alpha, \Delta P_\alpha$ 都与 α 无关, 同时, 我们注意这时乘积 $\Delta X\cdot\Delta P$ 取极小值:

$$\Delta X_\alpha\cdot\Delta P_\alpha = \frac{\hbar}{2} \tag{59}$$

d. 算符 $D(\alpha)$; 波函数 $\psi_\alpha(x)$

我们考虑一个算符 $D(\alpha)$, 其定义为:

$$D(\alpha) = \mathrm{e}^{\alpha a^\dagger - \alpha^* a} \tag{60}$$

这个算符是幺正的, 这是因为, 由

$$D^\dagger(\alpha) = \mathrm{e}^{\alpha^* a - \alpha a^\dagger} \tag{61}$$

立即可以推知

$$D(\alpha)D^\dagger(\alpha) = D^\dagger(\alpha)D(\alpha) = 1 \tag{62}$$

算符 $\alpha a^\dagger$ 与算符 $-\alpha^* a$ 的对易子等于 $\alpha^*\alpha$, 这是一个数; 所以我们可以利用补充材料 B_{II} 中的 (63) 式将 $D(\alpha)$ 写作:

$$D(\alpha) = \mathrm{e}^{-|\alpha|^2/2}\mathrm{e}^{\alpha a^\dagger}\mathrm{e}^{-\alpha^* a} \tag{63}$$

现在我们来计算右矢 $D(\alpha)|\varphi_0\rangle$; 由于

$$\begin{aligned}\mathrm{e}^{-\alpha^* a}|\varphi_0\rangle &= \left[1-\alpha^* a+\frac{\alpha^{*2}}{2!}a^2+\cdots\right]|\varphi_0\rangle \\ &= |\varphi_0\rangle \end{aligned} \tag{64}$$

于是:

$$\begin{aligned}D(\alpha)|\varphi_0\rangle &= \mathrm{e}^{-|\alpha|^2/2}\mathrm{e}^{\alpha a^\dagger}|\varphi_0\rangle \\ &= \mathrm{e}^{-|\alpha|^2/2}\sum_n \frac{(\alpha a^\dagger)^n}{n!}|\varphi_0\rangle \\ &= \mathrm{e}^{-|\alpha|^2/2}\sum_n \frac{\alpha^n}{\sqrt{n!}}|\varphi_n\rangle \end{aligned} \tag{65}$$

[568] 比较(41) 式和 (65) 式, 我们看出:

$$|\alpha\rangle = D(\alpha)|\varphi_0\rangle \tag{66}$$

因此, $D(\alpha)$ 是一个幺正变换, 它把基态 $|\varphi_0\rangle$ 变换为准经典态 $|\alpha\rangle$.

利用公式 (66), 我们将能得到波函数:

$$\psi_\alpha(x) = \langle x|\alpha\rangle \tag{67}$$

它在 $\{|x\rangle\}$ 表象中表述准经典态 $|\alpha\rangle$, 为了算出

$$\psi_\alpha(x) = \langle x|D(\alpha)|\varphi_0\rangle \tag{68}$$

我们先将算符 $\alpha a^\dagger - \alpha^* a$ 表示为 X 和 P 的函数:

$$\alpha a^\dagger - \alpha^* a = \sqrt{\frac{m\omega}{\hbar}}\left(\frac{\alpha-\alpha^*}{\sqrt{2}}\right)X - \frac{\mathrm{i}}{\sqrt{m\hbar\omega}}\left(\frac{\alpha+\alpha^*}{\sqrt{2}}\right)P \tag{69}$$

再次利用补充材料 $\mathrm{B_{II}}$ 中的公式 (63), 得到:

$$D(\alpha) = \mathrm{e}^{\alpha a^\dagger - \alpha^* a} = \mathrm{e}^{\sqrt{\frac{m\omega}{\hbar}}\frac{\alpha-\alpha^*}{\sqrt{2}}X}\mathrm{e}^{-\frac{\mathrm{i}}{\sqrt{m\hbar\omega}}\frac{\alpha+\alpha^*}{\sqrt{2}}P}\mathrm{e}^{\frac{\alpha^{*2}-\alpha^2}{4}} \tag{70}$$

将这个结果代入 (68) 式, 则有

$$\begin{aligned}\psi_\alpha(x) &= \mathrm{e}^{\frac{\alpha^{*2}-\alpha^2}{4}}\langle x|\mathrm{e}^{\sqrt{\frac{m\omega}{\hbar}}\frac{\alpha-\alpha^*}{\sqrt{2}}X}\mathrm{e}^{-\frac{\mathrm{i}}{\sqrt{m\hbar\omega}}\frac{\alpha+\alpha^*}{\sqrt{2}}P}|\varphi_0\rangle \\ &= \mathrm{e}^{\frac{\alpha^{*2}-\alpha^2}{4}}\mathrm{e}^{\sqrt{\frac{m\omega}{\hbar}}\frac{\alpha-\alpha^*}{\sqrt{2}}x}\langle x|\mathrm{e}^{-\frac{\mathrm{i}}{\sqrt{m\hbar\omega}}\frac{\alpha+\alpha^*}{\sqrt{2}}P}|\varphi_0\rangle \end{aligned} \tag{71}$$

但是 $\mathrm{e}^{-\mathrm{i}\lambda P/\hbar}$ 表示沿 Ox 轴平移一个量 λ 的平移算符 (参看补充材料 $\mathrm{E_{II}}$):

$$\langle x|\mathrm{e}^{-\frac{\mathrm{i}}{\sqrt{m\hbar\omega}}\frac{\alpha+\alpha^*}{\sqrt{2}}P} = \langle x-\sqrt{\frac{\hbar}{2m\omega}}(\alpha+\alpha^*)| \tag{72}$$

于是从 (71) 式得到

$$\psi_\alpha(x) = \mathrm{e}^{\frac{\alpha^{*2}-\alpha^2}{4}} \mathrm{e}^{\sqrt{\frac{m\omega}{\hbar}}\frac{\alpha-\alpha^*}{\sqrt{2}}x} \varphi_0\left(x - \sqrt{\frac{\hbar}{2m\omega}}(\alpha+\alpha^*)\right) \tag{73}$$

如果将 α 和 α^* 表示为 $\langle X\rangle_\alpha$ 和 $\langle P\rangle_\alpha$ 的函数 [按公式 (56)], 便可将 $\psi_\alpha(x)$ 写作:

$$\psi_\alpha(x) = \mathrm{e}^{\mathrm{i}\theta_\alpha} \mathrm{e}^{\mathrm{i}\langle P\rangle_\alpha x/\hbar} \varphi_0(x - \langle X\rangle_\alpha) \tag{74}$$

其中总相位因子 $\mathrm{e}^{\mathrm{i}\theta_\alpha}$ 由下式确定:

$$\mathrm{e}^{\mathrm{i}\theta_\alpha} = \mathrm{e}^{\frac{\alpha^{*2}-\alpha^2}{4}} \tag{75}$$

(74) 式表明, 从振子的基态波函数 $\varphi_0(x)$ 很容易得到 $\psi_\alpha(x)$, 为此, 我们只需将 [569]
该函数沿 Ox 轴平移一个量 $\langle X\rangle_\alpha$, 再乘以一个振荡型指数函数 $\mathrm{e}^{\mathrm{i}\langle P\rangle_\alpha x/\hbar}$ (因子 $\mathrm{e}^{\mathrm{i}\theta_\alpha}$ 在物理上并无意义, 可略去)①.

如果将函数 φ_0 明显地写在 (74) 式中, 最后就得到:

$$\psi_\alpha(x) = \mathrm{e}^{\mathrm{i}\theta_\alpha}\left(\frac{m\omega}{\pi\hbar}\right)^{1/4} \exp\left\{-\left[\frac{x-\langle X\rangle_\alpha}{2\Delta X_\alpha}\right]^2 + \mathrm{i}\langle P\rangle_\alpha \frac{x}{\hbar}\right\} \tag{76}$$

于是, 与态 $|\alpha\rangle$ 相联系的波包的形状由下式给出:

$$|\psi_\alpha(x)|^2 = \sqrt{\frac{m\omega}{\pi\hbar}} \exp\left\{-\frac{1}{2}\left[\frac{x-\langle X\rangle_\alpha}{\Delta X_\alpha}\right]^2\right\} \tag{77}$$

不论 $|\alpha\rangle$ 是什么态, 我们得到的都是高斯型波包. 我们可将这个结果和乘积 $\Delta X_\alpha \cdot \Delta P_\alpha$ 恒为最小值的事实互相对比 (参看补充材料 C_{III}).

e. 两个态 $|\alpha\rangle$ 的标量积; 封闭性关系式

态 $|\alpha\rangle$ 是算符 a 的本征矢, 但 a 并非厄米算符. 因此, 我们没有任何理由认为这些态一定会满足正交归一关系式和封闭性关系式. 我们将在这一段里证实情况确实如此.

首先, 我们考虑算符 a 的两个本征右矢 $|\alpha\rangle$ 与 $|\alpha'\rangle$. 它们的标量积立即由 (41) 式给出, 因为:

$$\langle\alpha|\alpha'\rangle = \sum_n c_n^*(\alpha) c_n(\alpha') \tag{78}$$

于是我们便有:

$$\begin{aligned}\langle\alpha|\alpha'\rangle &= \mathrm{e}^{-|\alpha|^2/2}\mathrm{e}^{-|\alpha'|^2/2}\sum_n \frac{(\alpha^*\alpha')^n}{n!} \\ &= \mathrm{e}^{-|\alpha|^2/2}\mathrm{e}^{-|\alpha'|^2/2}\mathrm{e}^{\alpha^*\alpha'}\end{aligned} \tag{79}$$

① 指数函数 $\mathrm{e}^{\mathrm{i}\langle P\rangle_\alpha x/\hbar}$ 依赖于 x, 因此它显然不是总的相位因子. 这个指数函数出现在 (74) 式中, 保证了 P 在 $\psi_\alpha(x)$ 所描述的态中的平均值等于 $\langle P\rangle_\alpha$.

由此得到:

$$|\langle\alpha|\alpha'\rangle|^2 = \mathrm{e}^{-|\alpha-\alpha'|^2} \tag{80}$$

由此可见, 这个标量积永远不会等于零.

但是, 我们即将证明, 诸态 $|\alpha\rangle$ 确能满足一种封闭性关系式, 其形式为:

$$\frac{1}{\pi}\iint |\alpha\rangle\langle\alpha|\mathrm{d}\{\mathrm{Re}\alpha\}\mathrm{d}\{\mathrm{Im}\alpha\} = 1 \tag{81}$$

[570] 要证明此式, 我们将其左端的 $|\alpha\rangle$ 用 (41) 式来代替, 而有:

$$\frac{1}{\pi}\iint \mathrm{e}^{-|\alpha|^2}\sum_n \frac{\alpha^n}{\sqrt{n!}}|\varphi_n\rangle\sum_m \frac{\alpha^{*m}}{\sqrt{m!}}\langle\varphi_m|\mathrm{d}\{\mathrm{Re}\alpha\}\mathrm{d}\{\mathrm{Im}\alpha\} \tag{82}$$

换用复平面 α 上的极坐标 (就是令 $\alpha = \rho\mathrm{e}^{\mathrm{i}\varphi}$), 则它成为:

$$\frac{1}{\pi}\int_0^\infty \rho\mathrm{d}\rho\int_0^{2\pi}\mathrm{d}\varphi\mathrm{e}^{-\rho^2}\sum_{nm}\mathrm{e}^{\mathrm{i}(n-m)\varphi}\frac{\rho^{n+m}}{\sqrt{n!m!}}|\varphi_n\rangle\langle\varphi_m| \tag{83}$$

关于 φ 的积分很容易算出:

$$\int_0^{2\pi}\mathrm{e}^{\mathrm{i}(n-m)\varphi}\mathrm{d}\varphi = 2\pi\delta_{nm} \tag{84}$$

利用这个结果, (83) 式变为:

$$\sum_n I_n\frac{1}{n!}|\varphi_n\rangle\langle\varphi_n| \tag{85}$$

其中

$$I_n = 2\int_0^\infty \rho\mathrm{d}\rho\mathrm{e}^{-\rho^2}\rho^{2n} = \int_0^\infty \mathrm{d}u\mathrm{e}^{-u}u^n \tag{86}$$

再分部积分, 就得到关于 I_n 的一个递推关系式:

$$I_n = nI_{n-1} \tag{87}$$

由此可以求得:

$$I_n = n!I_0 = n! \tag{88}$$

将这个结果代入 (85) 式, 可以看出, (81) 式的左端最后变为:

$$\sum_n |\varphi_n\rangle\langle\varphi_n| \tag{89}$$

于是封闭性关系得证.

3. 准经典态随时间的演变

我们考虑一个谐振子, 在 $t=0$ 时, 它处于某一特定态 $|\alpha\rangle$, 即

$$|\psi(0)\rangle = |\alpha_0\rangle \tag{90}$$

那么, 它的物理性质将怎样随时间演变呢? 我们曾经见到 (参看 §1–b), 平均值 $\langle X\rangle(t)$ 和 $\langle P\rangle(t)$ 始终保持等于对应的经典量. 下面, 我们再看态矢量 $|\psi(t)\rangle$ 的其他重要性质.

a. 准经典态始终保持为 a 的本征矢 [571]

当哈密顿算符与时间无关时, 有一个普遍法则可以用来求 $|\psi(t)\rangle$ (参看第三章的 §D–2–a), 从 (41) 式出发, 利用这个法则, 便有:

$$\begin{aligned}|\psi(t)\rangle &= \mathrm{e}^{-|\alpha_0|^2/2}\sum_n \frac{\alpha_0^n}{\sqrt{n!}}\mathrm{e}^{-\mathrm{i}E_n t/\hbar}|\varphi_n\rangle \\ &= \mathrm{e}^{-\mathrm{i}\omega t/2}\mathrm{e}^{-|\alpha_0|^2/2}\sum_n \frac{\alpha_0^n \mathrm{e}^{-\mathrm{i}n\omega t}}{\sqrt{n!}}|\varphi_n\rangle\end{aligned} \tag{91}$$

将此式与 (41) 式比较, 可以看出, 要从 $|\psi(0)\rangle = |\alpha_0\rangle$ 过渡到 $|\psi(t)\rangle$, 我们只需将 α_0 换成 $\alpha_0\mathrm{e}^{-\mathrm{i}\omega t}$, 并对所得右矢乘以 $\mathrm{e}^{-\mathrm{i}\omega t/2}$ (这是对物理结果没有影响的总相位因子), 即

$$|\psi(t)\rangle = \mathrm{e}^{-\mathrm{i}\omega t/2}|\alpha = \alpha_0\mathrm{e}^{-\mathrm{i}\omega t}\rangle \tag{92}$$

换句话说, 我们看到, 一个准经典态, 不论在任何时刻, 总是保持为 a 的本征矢, 属于本征值 $\alpha_0\mathrm{e}^{-\mathrm{i}\omega t}$; 这其实就是图 5–22 中的 (对应于 M 点的) 参变量 $\alpha(t)$, 它描述经典振子 (其运动由态矢量 $|\psi(t)\rangle$ 所重现) 在每一时刻的情况.

b. 物理性质的演变

利用 (92) 式, 并在 (56) 式中将 α 换为 $\alpha_0\mathrm{e}^{-\mathrm{i}\omega t}$, 我们立即得到:

$$\begin{cases}\langle X\rangle(t) = \sqrt{\dfrac{2\hbar}{m\omega}}\mathrm{Re}[\alpha_0\mathrm{e}^{-\mathrm{i}\omega t}] \\ \langle P\rangle(t) = \sqrt{2m\hbar\omega}\,\mathrm{Im}[\alpha_0\mathrm{e}^{-\mathrm{i}\omega t}]\end{cases} \tag{93}$$

不出所料, 这些方程与经典方程 (9) 是相似的.

振子的平均能量与时间无关:

$$\langle H\rangle = \hbar\omega\left[|\alpha_0|^2 + \frac{1}{2}\right] \tag{94}$$

至于方均根偏差 $\Delta H, \Delta X$ 及 ΔP, 根据 (51) 式及 (58) 式, 有:

$$\Delta H = \hbar\omega|\alpha_0| \tag{95}$$

及

$$\begin{cases} \Delta X = \sqrt{\dfrac{\hbar}{2m\omega}} \\ \Delta P = \sqrt{\dfrac{m\hbar\omega}{2}} \end{cases} \tag{96}$$

由此可见,ΔX 和 ΔP 都与时间无关; 在每一时刻, 波包都保持为最小波包.

[572] c. 波包的运动

我们来计算 t 时刻的波函数:

$$\psi(x,t) = \langle x|\psi(t)\rangle \tag{97}$$

这里的 $|\psi(t)\rangle$ 由 (92) 式给出. 由 (76) 式得到:

$$\psi(x,t) = \mathrm{e}^{\mathrm{i}\theta_\alpha}\left(\frac{m\omega}{\pi\hbar}\right)^{1/4}\mathrm{e}^{-\mathrm{i}\omega t/2}\mathrm{e}^{\mathrm{i}\frac{x\langle P\rangle(t)}{\hbar}}\mathrm{e}^{-[\frac{x-\langle X\rangle(t)}{2\Delta X}]^2} \tag{98}$$

因此, 在任意时刻 t, 波包总是高斯型的; 它的形状不随时间而变, 这是因为:

$$|\psi(x,t)|^2 = |\varphi_0[x-\langle X\rangle(t)]|^2 \tag{99}$$

于是, 我们再次看到, 在每一时刻, 波包都保持为 "最小的" [参看 (96) 式].

图 5–23 表示波包运动的情况. 波包沿 Ox 轴作周期振荡 ($T = 2\pi/\omega$), 但

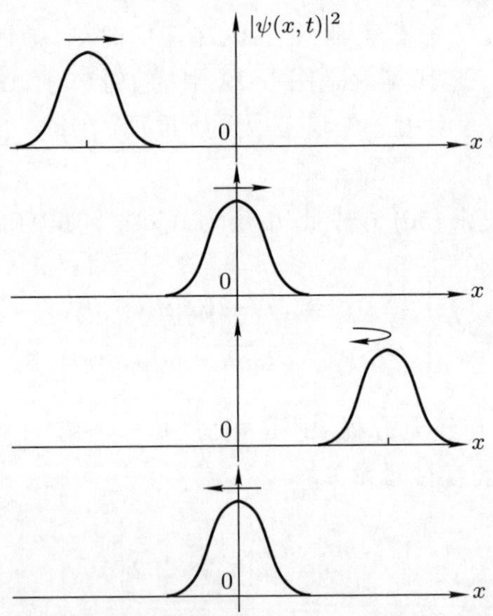

图 5–23 与态 $|\alpha\rangle$ 相联系的高斯型波包的运动: 在抛物型势场 $V(x)$ 的作用下, 波包振荡而无畸变.

保持其形状不变. 我们在补充材料 G_I 中曾经看到, 一个高斯型波包如果是自由的, 则它将在行进中变形, 这是因为它的宽度在变化 (波包的"扩展"). 现在我们可以断言, 对于处在抛物型势场作用下的波包而言, 上述情况是绝不会发生的. 从物理上看, 这个结果的原因在于: 波包扩展的趋势被势场的作用抵消了, 因为势场的作用总是将波包从 $V(x)$ 较大的区域推向原点.

当 $|\alpha|$ 很大时, 结果又如何呢? 正如 (96) 式所示, 偏差 ΔX 与 ΔP 并无变化. 反之, $\langle X\rangle(t)$和 $\langle P\rangle(t)$ 振荡的振幅将变得甚大于 ΔX 和 ΔP. 只要为 $|\alpha|$ [573]
选择一个足够大的值, 我们就可以得到这样一个量子性的运动, 在其中, 就相对数值而言, 振子的位置和动量都可以被确定到我们所期望的程度. 因此, 当 $|\alpha|\gg 1$ 时, 态 $|\alpha\rangle$ 精确地描述一个宏观谐振子的运动, 这个振子的位置、动量及能量都可视为经典量.

4. 应用举例: 宏观振子的量子力学处理

我们讨论一个具体的例子: 在重力场中 ($g\simeq 10\text{m/s}^2$), 用长度 $l=0.1\text{m}$ 的绳把质量为 $m=1\text{kg}$ 的物体悬挂起来. 我们知道, 就微小振动而言, 它的周期 T 由下式给出:

$$T=2\pi\sqrt{\frac{l}{g}} \tag{100}$$

按所给数据可以算出:

$$\begin{cases} T\simeq 0.63\text{s} \\ \omega=10\text{rad/s} \end{cases} \tag{101}$$

现在假定这个振子作振幅 $x_M=1\text{cm}$ 的周期运动, 我们要问能精确表示这种振动的量子态是什么?

在前面我们已经知道, 这个态就是态 $|\alpha\rangle$, 根据 (93) 式,α 满足下式:

$$|\alpha|=\sqrt{\frac{m\omega}{2\hbar}}x_M \tag{102}$$

这就是说, 现在

$$|\alpha|\simeq\sqrt{5}\times 10^{15}\simeq 2.2\times 10^{15}\gg 1 \tag{103}$$

(α 的辐角则由运动的初位相确定).

因而方均根偏差 ΔX 与 ΔP 为:

$$\begin{cases} \Delta X=\sqrt{\dfrac{\hbar}{2m\omega}}\simeq 2.2\times 10^{-18}\text{m}\ll x_M \\ \Delta P=\sqrt{\dfrac{m\hbar\omega}{2}}\simeq 2.2\times 10^{-17}\text{kg m/s} \end{cases} \tag{104}$$

至于速度的方均根偏差 ΔV 则为

$$\Delta V \simeq 2.2 \times 10^{-17}\mathrm{m/s} \tag{105}$$

振子的最大速率为 0.1m/s, 我们看到, 与这个问题中的各物理量相比, 位
[574] 置的不确定度和速度的不确定度完全可忽略不计. 例如, ΔX 小于一个费米 (10^{-15}m), 就是比原子核的近似线度还要小. 测量一个宏观长度要达到这样的精确度当然是不可能的.

最后, 确定振子的能量可以达到相当高的相对精确度, 这是因为根据 (52) 式有:

$$\frac{\Delta H}{\langle H\rangle} \simeq \frac{1}{|\alpha|} \simeq 0.4 \times 10^{-15} \ll 1 \tag{106}$$

由此可见, 要研究这类宏观振子的演变规律, 经典力学的定律是完全令人满意的.

参考文献和阅读建议:

文献 (15.2) 中 Glauber 的文章.

补充材料 H_V

两个耦合谐振子的简正振动模式

[575]

1. 经典力学中两个粒子的振动
   a. 求解运动方程
   b. 每一种模式的物理意义
   c. 一般情况下体系的运动
2. 量子力学中体系的振动态
   a. 对易关系
   b. 哈密顿算符的变换
   c. 体系的定态
   d. 平均值的演变

这篇材料专门讨论两个耦合着的一维谐振子的运动. 讨论这个问题的意义在于, 我们可以在一种很简单的情况下引入一个重要的物理概念: 简正振动模式. 我们不但在经典力学中而且在量子力学中都会遇到这个概念; 它出现在很多问题中. 譬如, 晶体中原子的振动 (参看补充材料 J_V), 电磁辐射的振动 (参看补充材料 K_V), 都涉及这个概念.

下面, 我们考虑质量都是 m 的两个粒子 (1) 和 (2), 它们在 Ox 轴上运动, 各自的坐标为 x_1 与 x_2. 首先, 我们假设它们的势能为:

$$U_0(x_1, x_2) = \frac{1}{2}m\omega^2(x_1 - a)^2 + \frac{1}{2}m\omega^2(x_2 + a)^2 \tag{1}$$

若 $x_1 = a$ 而且 $x_2 = -a$, 则势能 $U_0(x_1, x_2)$ 为最小值, 这时两个粒子处于稳定平衡. 如果使两粒子偏离平衡位置, 它们将分别受到力 F_1 与 F_2 的作用, 此两力的大小为:

$$\begin{cases} F_1 = -\dfrac{\partial}{\partial x_1}U_0(x_1, x_2) = -m\omega^2(x_1 - a) \\ F_2 = -\dfrac{\partial}{\partial x_2}U_0(x_1, x_2) = -m\omega^2(x_2 + a) \end{cases} \tag{2}$$

因而它们的运动由下列方程描述:

$$\begin{cases} m\dfrac{\mathrm{d}^2}{\mathrm{d}t^2}x_1(t) = -m\omega^2(x_1 - a) \\ m\dfrac{\mathrm{d}^2}{\mathrm{d}t^2}x_2(t) = -m\omega^2(x_2 + a) \end{cases} \tag{3}$$

[576] 由此可见, 两个粒子以各自的平衡位置为中心独立地进行正弦型运动, 两个运动的振幅都是任意的①, 因而选择适当的初始条件就可以随意确定其大小.

现在将两个粒子的势能 $U(x_1, x_2)$ 设为:

$$U(x_1, x_2) = U_0(x_1, x_2) + V(x_1, x_2) \tag{4}$$

其中

$$V(x_1, x_2) = \lambda m\omega^2(x_1 - x_2)^2 \tag{5}$$

(这里的 λ 是一个无量纲的正常数, 我们称它为耦合常数), 于是我们应该给 (2) 式中的力 F_1 和 F_2 分别加上一个力 F_1' 和 F_2', 这两个力由下式确定:

$$\begin{cases} F_1' = -\dfrac{\partial}{\partial x_1}V(x_1, x_2) = 2\lambda m\omega^2(x_2 - x_1) \\ F_2' = -\dfrac{\partial}{\partial x_2}V(x_1, x_2) = 2\lambda m\omega^2(x_1 - x_2) \end{cases} \tag{6}$$

我们可以看出, 引入 $V(x_1, x_2)$ 相当于将两个粒子间与距离成正比的吸引力考虑在内了. 这样一来, 粒子 (1) 和粒子 (2) 就不再是独立的了, 那么, 它们将怎样运动呢? 在对这个问题进行量子力学的处理之前, 我们先复习一下经典力学的一些结果.

1. 经典力学中两个粒子的振动

a. 求解运动方程

存在着耦合 $V(x_1, x_2)$ 时, (3) 式应由下列耦合微分方程组来代替:

$$\begin{cases} m\dfrac{\mathrm{d}^2}{\mathrm{d}t^2}x_1(t) = -m\omega^2(x_1 - a) + 2\lambda m\omega^2(x_2 - x_1) \\ m\dfrac{\mathrm{d}^2}{\mathrm{d}t^2}x_2(t) = -m\omega^2(x_2 + a) + 2\lambda m\omega^2(x_1 - x_2) \end{cases} \tag{7}$$

我们知道应如何求解这个微分方程组 (例如, 可参看第四章的 §C–3–a). 由 (7) 式右端的系数组成的矩阵为:

$$K = -m\omega^2 \begin{pmatrix} 1+2\lambda & -2\lambda \\ -2\lambda & 1+2\lambda \end{pmatrix} \tag{8}$$

① 当然, 我们选择形如 (1) 的势能, 就意味着并未考虑两粒子间的碰撞; 如果振幅取得足够大, 这种碰撞本来是可能发生的.

我们先将这个矩阵对角化, 然后, 取代 $x_1(t)$ 和 $x_2(t)$, 引入这两个函数的线性组合 (由 K 的本征矢给出), 它们随时间的变化遵从无耦合的 (以 K 的本征值为系数的) 线性微分方程组.

在本例中, 这些线性组合是: [577]

$$x_{\mathrm{G}}(t)=\frac{1}{2}[x_1(t)+x_2(t)] \tag{9}$$

(两个粒子的质心的坐标) 及:

$$x_{\mathrm{R}}(t)=x_1(t)-x_2(t) \tag{10}$$

(相对粒子的坐标). 实际上, 将 (9) 式和 (10) 式代入 (7) 式 (相加, 相减), 就得到:

$$\begin{aligned}&\frac{\mathrm{d}^2}{\mathrm{d}t^2}x_{\mathrm{G}}(t)=-\omega^2x_{\mathrm{G}}(t)\\&\frac{\mathrm{d}^2}{\mathrm{d}t^2}x_{\mathrm{R}}(t)=-\omega^2[x_{\mathrm{R}}(t)-2a]-4\lambda\omega^2x_{\mathrm{R}}(t)\end{aligned} \tag{11}$$

积分这两个方程, 立即可得:

$$\begin{cases}x_{\mathrm{G}}(t)=x_{\mathrm{G}}^0\cos(\omega_{\mathrm{G}}t+\theta_{\mathrm{G}})\\[2mm]x_{\mathrm{R}}(t)=\dfrac{2a}{1+4\lambda}+x_{\mathrm{R}}^0\cos(\omega_{\mathrm{R}}t+\theta_{\mathrm{R}})\end{cases} \tag{12}$$

式中

$$\begin{cases}\omega_{\mathrm{G}}=\omega\\ \omega_{\mathrm{R}}=\omega\sqrt{1+4\lambda}\end{cases} \tag{13}$$

x_{G}^0、x_{R}^0、θ_{G} 及 θ_{R} 都是积分常数, 由初始条件确定. 要得到粒子 (1) 和粒子 (2) 的运动, 只需从 (9) 式和 (10) 式解出 $x_1(t)$ 和 $x_2(t)$:

$$\begin{cases}x_1(t)=x_{\mathrm{G}}(t)+\dfrac{1}{2}x_{\mathrm{R}}(t)\\[2mm]x_2(t)=x_{\mathrm{G}}(t)-\dfrac{1}{2}x_{\mathrm{R}}(t)\end{cases} \tag{14}$$

再将 (12) 式代入 (14) 式即可.

b. 每一种模式的物理意义

通过 (9) 式和 (10) 式的函数代换, 有相互作用的两粒子的运动问题就解决了; 方法是给它们联系上两个无相互作用的假想粒子 (G) 和 (R), 坐标分别为 $x_{\mathrm{G}}(t)$ 和 $x_{\mathrm{R}}(t)$. 因为假想粒子的运动是独立的, 我们可以任意取定它们的振幅和相位, 为此只需选择适当的初始条件. 例如, 我们可以规定两个假想粒子之一是不动的,另一个是可动的;这时可以说,我们激发了体系的一种简正振动模式.但是我们应该懂得,在每一种简正振动模式中,实际粒子 (1) 和 (2) 都在振动着,而且角频率相同 (或为 ω_{R} 或为 ω_{G},视简正模式而异). 运动方程组没有任何解对应于这种情况: 实际粒子 (1) 和 (2) 中有一个保持不动,而另一个却在
[578] 振动. 这是因为,若在 $t=0$ 时,我们只给两粒子中的一个 [(1) 或 (2)] 以初速,那么,耦合力将迫使另一个粒子也作振动 (参看下面 §c 中的讨论).

最简单的情况当然是两种简正模式中的任何一种都没有被激发. 从公式 (12) 来看,这种情况相当于 $x_{\mathrm{G}}^0=x_{\mathrm{R}}^0=0$,而 $x_{\mathrm{G}}(t)$ 和 $x_{\mathrm{R}}(t)$ 则始终分别保持为零与 $2a/(1+4\lambda)$;根据这些条件,由 (14) 式得到:

$$x_1=-x_2=\frac{a}{1+4\lambda} \tag{15}$$

这就是说,体系并未振荡,粒子 (1) 和 (2) 将一直固定在 (15) 式给出的新的平衡位置上 (可以证明,当 x_1 与 x_2 取这样的数值时,作用于两粒子上的力等于零;耦合存在时,这两个平衡位置比 $\lambda=0$ 时更加靠近,从物理上看,这是由于两个粒子互相吸引).

为了只激发对应于 $x_{\mathrm{G}}(t)$ 的振动模式,我们只需在初始时刻将粒子 (1) 和 (2) 放在与上述情况相同的距离 $2a/(1+4\lambda)$ 上,并使两者获得同样的速度. 这样我们便会发现,$x_{\mathrm{R}}(t)$ 将始终保持为 $2a/(1+4\lambda)$ (上述初始条件将 x_{R}^0 限定为零);两粒子将 "作为一个整体" 地移动,所作运动相同,它们之间的距离始终不变. 在这种振动模式中,我们可以将这两个粒子的集合看成一个不会变形的体系,质量为 $2m$,它所受的力为 $F_1+F_2=-2m\omega^2x_{\mathrm{G}}(t)$. 现在就不难理解,为什么这种模式的角频率 $\omega_{\mathrm{G}}=\omega$ [参看第五章的公式 (A–3)].

为了只激发对应于 $x_{\mathrm{R}}(t)$ 的振动模式,只需把初态选择为: 两粒子的初始位置和初始速度都是相反的. 这样,我们便会发现,在此以后的任何时刻 $x_{\mathrm{G}}(t)=0$,从而两个粒子的运动对于原点 O 是对称的. 在这种振动模式中,距离 (x_2-x_1) 在变化,两粒子间的吸引力出现在运动方程中;由于这个原因,这种模式的角频率不是 ω 而是 $\omega_{\mathrm{R}}=\omega\sqrt{1+4\lambda}$.

力学变量 $x_{\mathrm{G}}(t)$ 和 $x_{\mathrm{R}}(t)$ 是与独立的简正振动模式相联系的,也就是与假想粒子 (G) 和 (R) 相联系的,我们称之为简正变量.

c. 一般情况下体系的运动

在一般情况下,两种振动模式都被激发起来,位置函数 $x_1(t)$ 和 $x_2(t)$ 都要由频率为 ω_{G} 与 ω_{R} 两种振动的叠加来决定 [参看公式 (14)];除非比值 $\omega_{\mathrm{G}}/\omega_{\mathrm{R}}$ 是有理数①,体系的运动将不再是周期性的.

① 如果 $\omega_{\mathrm{G}}/\omega_{\mathrm{R}}=1/\sqrt{1+4\lambda}$ 等于一个不可约的有理分数 p_1/p_2,则运动的周期为 $T=2\pi p_1/\omega_{\mathrm{G}}=2\pi p_2/\omega_{\mathrm{R}}$.

例如, 我们来考察在下述初始条件下发生的情况: 在初时刻 t_0, 粒子 (1) 固定在其平衡位置 $x_1 = a/(1+4\lambda)$ 处, 而粒子 (2) 的速度不为零 (在经典力学中, 这类似于第四章 §C–3–b 中讨论过的问题). 没有耦合时, 粒子 (2) 应当单独振动, 而粒子 (1) 则保持不动. 我们将要证明, 耦合将使粒子 (1) 也发生运动. [579]
这是因为, 在 $x_1(t)$ 和 $x_2(t)$ 随时间的演变中, 有两个不同的角频率 ω_G 和 ω_R; 与此对应的两种振荡将引起拍现象 (图 5–24), 拍频是:

$$\nu = \frac{\omega_\mathrm{R} - \omega_\mathrm{G}}{2\pi} = \frac{\omega}{2\pi}[\sqrt{1+4\lambda} - 1] \tag{16}$$

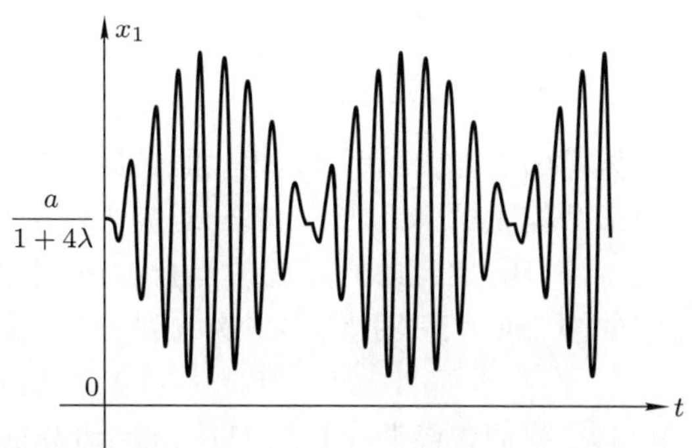

图 5–24 粒子 (1) 的位置函数的振荡; 这里已经假设 $t=0$ 时, 粒子 (1) 被固定在其平衡位置处, 粒子 (2) 具有初始速度. 这样就出现了两种简正振动模式之间的拍现象, 而且粒子 (1) 的振荡幅度随时间而变.

如果耦合很弱 ($\lambda \ll 1$), 则对于 ω_R 与 ω_G 而言, 这个频率 $\nu \simeq \lambda\omega/\pi$ 是可以忽略的. 在这种情况下, 只要 $(t-t_0) \ll 1/\nu$, 实际上只有粒子 (2) 在振动; 振动的能量将被缓缓地传递给粒子 (1), 它的振幅将逐渐增大, 而粒子 (2) 的振幅则逐渐减小. 过一段时间, 最初的情况就颠倒过来了: 剧烈振动的将是粒子 (1), 几乎不动的则是粒子 (2). 然后, (1) 的振幅慢慢减小, (2) 的振幅慢慢增大, 直到能量几乎重新聚集到粒子 (2) 上; 于是, 同样的过程再度开始, 并且不断继续下去. 由此可见, 弱耦合的作用就是以正比于耦合强度的频率使能量在粒子 (1) 形成的振子和粒子 (2) 形成的振子之间反复地传递下去.

附注:

(i) 如果用 p_1 与 p_2 表示粒子 (1) 与粒子 (2) 的动量, 那么, 这个体系的哈密顿函数应该写作下列形式:

$$\mathscr{H}(x_1, x_2, p_1, p_2) = \frac{p_1^2}{2m} + \frac{p_2^2}{2m} + U_0(x_1, x_2) + V(x_1, x_2) \tag{17}$$

如果我们令

$$\begin{cases} p_{\mathrm{G}}(t)=p_1(t)+p_2(t) \\ p_{\mathrm{R}}(t)=\dfrac{1}{2}[p_1(t)-p_2(t)] \end{cases} \tag{18}$$

[580] 以及

$$\begin{cases} \mu_{\mathrm{G}}=2m \\ \mu_{\mathrm{R}}=\dfrac{m}{2} \end{cases} \tag{19}$$

那么, 不难验证, $\mathscr{H}$ 具有下列形式:

$$\mathscr{H}=\frac{p_{\mathrm{G}}^2}{2\mu_{\mathrm{G}}}+\frac{1}{2}\mu_{\mathrm{G}}\omega_{\mathrm{G}}^2x_{\mathrm{G}}^2+\frac{p_{\mathrm{R}}^2}{2\mu_{\mathrm{R}}}+\frac{1}{2}\mu_{\mathrm{R}}\omega_{\mathrm{R}}^2\left(x_{\mathrm{R}}-\frac{2a}{1+4\lambda}\right)^2+ \\ m\omega^2a^2\frac{4\lambda}{1+4\lambda} \tag{20}$$

适当地变换计算能量的起点, 便可消去此式的最后一项 (常数项). 这样一来, $\mathscr{H}$ 就变成两部分能量的总和, 每一部分对应于一种振动模式. (17) 式的 $V(x_1,x_2)$ 含有 x_1x_2 项, 它反映粒子间的耦合. 与此相反, 在 (20) 式中并无振动模式之间的耦合项. 于是我们再一次看到, 这些振动模式是互相独立的.

(ii) 为简单起见, 我们曾经假设粒子 (1) 与粒子 (2) 的质量 (m_1 与 m_2) 是相等的. 这个限制很容易取消, 为此, 只需将 (9)、(10)、(18) 及 (19) 式换为:

$$\begin{cases} x_{\mathrm{G}}(t)=\dfrac{m_1x_1(t)+m_2x_2(t)}{m_1+m_2} \\ p_{\mathrm{G}}(t)=p_1(t)+p_2(t) \\ \mu_{\mathrm{G}}=m_1+m_2 \end{cases} \tag{21}$$

(即质心的位置、动量、质量) 及

$$\begin{cases} x_{\mathrm{R}}(t)=x_1(t)-x_2(t) \\ p_{\mathrm{R}}(t)=\dfrac{m_2p_1(t)-m_1p_2(t)}{m_1+m_2} \\ \mu_{\mathrm{R}}=\dfrac{m_1m_2}{m_1+m_2} \end{cases} \tag{22}$$

(即 "相对粒子" 的位置、动量、质量). 这样, 我们也可求得类似于 (20) 式的结果.

(iii) 没有耦合时, 两种振动模式的角频率 ω 相同; 有耦合时, 便出现两个不同的角频率 ω_{G} 与 ω_{R}. 在这里, 我们又看到了物理学上常见的结果: 在大多数情况下, 两种振荡之间的耦合的影响就是使它们的简正频率分开 (如果本文的两个振子的角频率本来就不相等, 这种现象也会发生).

如果不是两个振子, 而是无穷多个振子 (如果它们是彼此孤立的, 则它们的频率相同), 那么, 在补充材料 $\mathrm{J_V}$ 中, 我们将会看到, 耦合的影响将导致各种振动模式的无穷多个频率的出现.

2. 量子力学中体系的振动态 [581]

现在我们从量子的观点重新讨论这个问题. 这时, 粒子的位置 $x_1(t)$、$x_2(t)$, 动量 $p_1(t)$、$p_2(t)$ 都应换成算符, 我们将这些算符分别记作 X_1, X_2, P_1, P_2. 类似于 (9)、(10) 及 (18) 式, 引入下列观察算符:

$$\begin{cases} X_{\mathrm{G}} = \dfrac{1}{2}(X_1 + X_2) \\ P_{\mathrm{G}} = P_1 + P_2 \end{cases} \tag{23}$$

$$\begin{cases} X_{\mathrm{R}} = X_1 - X_2 \\ P_{\mathrm{R}} = \dfrac{1}{2}(P_1 - P_2) \end{cases} \tag{24}$$

要想看出体系的哈密顿算符 H 是否可以写成类似于 (20) 式的形式, 我们先从 X_{G}、P_{G}、X_{R}、P_{R} 之间的对易关系着手.

a. 对易关系

粒子 (1) 的所有观察算符都能与粒子 (2) 的所有观察算符对易, 因此, 涉及 X_1、X_2、P_1 及 P_2 的非零对易子只有:

$$\begin{aligned} [X_1, P_1] &= \mathrm{i}\hbar \\ [X_2, P_2] &= \mathrm{i}\hbar \end{aligned} \tag{25}$$

特别地, 由于 X_1 可以和 X_2 对易, 于是我们立即看出:

$$[X_{\mathrm{G}}, X_{\mathrm{R}}] = 0 \tag{26}$$

类似地还有:

$$[P_{\mathrm{G}}, P_{\mathrm{R}}] = 0 \tag{27}$$

我们来计算对易子 $[X_{\mathrm{G}}, P_{\mathrm{G}}]$

$$\begin{aligned} [X_{\mathrm{G}}, P_{\mathrm{G}}] &= \frac{1}{2}\{[X_1, P_1] + [X_1, P_2] + [X_2, P_1] + [X_2, P_2]\} \\ &= \frac{1}{2}\{\mathrm{i}\hbar + \mathrm{i}\hbar\} = \mathrm{i}\hbar \end{aligned} \tag{28}$$

同样可得

$$[X_R, P_R] = \mathrm{i}\hbar \tag{29}$$

最后还须考察两个对易子 $[X_G, P_R]$ 和 $[X_R, P_G]$, 我们有:

$$[X_G, P_R] = \frac{1}{4}\{[X_1, P_1] - [X_1, P_2] + [X_2, P_1] - [X_2, P_2]\}$$
$$= \frac{1}{4}\{i\hbar - i\hbar\} = 0 \tag{30}$$

[582] 同样可得

$$[X_R, P_G] = 0 \tag{31}$$

由此可见, 我们可以将 X_G 和 P_G 以及 X_R 和 P_R 看作两个不同的粒子的位置算符和动量算符; 而公式 (28) 和 (29) 则是这两个粒子各自的正则对易关系式. 此外, 关系式 (26)、(27)、(30) 及 (31) 表明, 一个粒子的所有观察算符与另一个粒子的所有观察算符都是对易的.

b. 哈密顿算符的变换

存在着耦合 $V(X_1, X_2)$ 时, 我们有:

$$H = T + U \tag{32}$$

其中

$$T = \frac{1}{2m}(P_1^2 + P_2^2) \tag{33}$$

(即动能算符)

$$U = \frac{1}{2}m\omega^2[(X_1 - a)^2 + (X_2 + a)^2 + 2\lambda(X_1 - X_2)^2] \tag{34}$$

(即势能算符). 由于 P_1 与 P_2 是可对易的, 变换 (33) 式时, 可以将这些算符看作数, 这样便得到:

$$T = \frac{1}{2\mu_G}P_G^2 + \frac{1}{2\mu_R}P_R^2 \tag{35}$$

这里的 μ_G 和 μ_R 由 (19) 式定义. 同样, 由于 X_1 与 X_2 是可对易的, 与前面相似 [公式 (20)], 我们得到:

$$U = \frac{1}{2}\mu_G\omega_G^2 X_G^2 + \frac{1}{2}\mu_R\omega_R^2\left(X_R - \frac{2a}{1+4\lambda}\right)^2 + m\omega^2a^2\frac{4\lambda}{1+4\lambda} \tag{36}$$

这里的 ω_G 与 ω_R 由 (13) 式给出.

现在我们看到, H 可以写成与 (20) 式相似的形式, 其中没有耦合项:

$$H = H_G + H_R + m\omega^2a^2\frac{4\lambda}{1+4\lambda} \tag{37}$$

其中

$$\begin{cases} H_{\text{G}} = \dfrac{P_{\text{G}}^2}{2\mu_{\text{G}}} + \dfrac{1}{2}\mu_{\text{G}}\omega_{\text{G}}^2 X_{\text{G}}^2 \\ H_{\text{R}} = \dfrac{P_{\text{R}}^2}{2\mu_{\text{R}}} + \dfrac{1}{2}\mu_{\text{R}}\omega_{\text{R}}^2 \left[X_{\text{R}} - \dfrac{2a}{1+4\lambda}\right]^2 \end{cases} \tag{38}$$

c. 体系的定态 [583]

体系的态空间是粒子 (1) 与粒子 (2) 各自的态空间的张量积 $\mathscr{E}(1)\otimes\mathscr{E}(2)$; 这也是与两种振动模式相联系的假想粒子 "质心" 与 "相对粒子" 的态空间的张量积 $\mathscr{E}(G)\otimes\mathscr{E}(R)$. 由于 H 是分别在 $\mathscr{E}(G)$ 空间与 $\mathscr{E}(R)$ 空间中起作用的算符 H_{G} 与 H_{R} 之和 (常数 $m\omega^2a^2\dfrac{4\lambda}{1+4\lambda}$ 只引起能量原点的偏移), 根据第二章 §F 中的原理, 我们可以找到由 H 的具有下列形式的本征矢

$$|\varphi\rangle = |\varphi^{\text{G}}\rangle|\varphi^{\text{R}}\rangle \tag{39}$$

所构成的一个基, 这里 $|\varphi^{\text{G}}\rangle$ 与 $|\varphi^{\text{R}}\rangle$ 分别表示空间 $\mathscr{E}(\text{G})$ 和 $\mathscr{E}(\text{R})$ 中算符 H_{G} 和 H_{R} 的本征矢. 但 H_{G} 与 H_{R} 都是一维谐振子的哈密顿算符, 它们的本征值和本征矢都是已知的. 如果 $a_{\text{G}}^\dagger$ 与 $a_{\text{R}}^\dagger$ 由下列公式定义:

$$\begin{cases} a_{\text{G}}^\dagger = \dfrac{1}{\sqrt{2}}\left[\sqrt{\dfrac{\mu_{\text{G}}\omega_{\text{G}}}{\hbar}}X_{\text{G}} - \text{i}\dfrac{P_{\text{G}}}{\sqrt{\mu_{\text{G}}\hbar\omega_{\text{G}}}}\right] \\ a_{\text{R}}^\dagger = \dfrac{1}{\sqrt{2}}\left[\sqrt{\dfrac{\mu_{\text{R}}\omega_{\text{R}}}{\hbar}}X'_{\text{R}} - \text{i}\dfrac{P_{\text{R}}}{\sqrt{\mu_{\text{R}}\hbar\omega_{\text{R}}}}\right] \end{cases} \tag{40-a}$$

其中

$$X'_{\text{R}} = X_{\text{R}} - \frac{2a}{1+4\lambda} \tag{40-b}$$

并且用 $|\varphi_0^{\text{G}}\rangle$ 与 $|\varphi_0^{\text{R}}\rangle$ 分别表示 H_{G} 与 H_{R} 的基态, 那么, H_{G} 的本征矢应为

$$|\varphi_n^{\text{G}}\rangle = \frac{1}{\sqrt{n!}}(a_{\text{G}}^\dagger)^n|\varphi_0^{\text{G}}\rangle \tag{41}$$

它们属于本征值

$$E_n^{\text{G}} = \left(n+\frac{1}{2}\right)\hbar\omega_{\text{G}} \tag{42}$$

而 H_R 的本征矢则为:

$$|\varphi_p^{\text{R}}\rangle = \frac{1}{\sqrt{p!}}(a_{\text{R}}^\dagger)^p|\varphi_0^{\text{R}}\rangle \tag{43}$$

它们属于本征值

$$E_p^{\text{R}} = \left(p+\frac{1}{2}\right)\hbar\omega_{\text{R}} \tag{44}$$

由此可见, 这里的情况类似于我们在讨论二维各向异性 (因为 $\omega_{\text{G}} \neq \omega_{\text{R}}$) [584]

谐振子时遇到的情况. 体系的定态由下式给出:

$$|\varphi_{n,p}\rangle = |\varphi_n^{\mathrm{G}}\rangle|\varphi_p^{\mathrm{R}}\rangle = \frac{1}{\sqrt{n!p!}}(a_{\mathrm{G}}^{\dagger})^n(a_{\mathrm{R}}^{\dagger})^p|\varphi_{0,0}\rangle \tag{45}$$

对应的能量为:

$$\begin{aligned} E_{n,p} &= E_n^{\mathrm{G}} + E_p^{\mathrm{R}} + m\omega^2a^2\frac{4\lambda}{1+4\lambda} \\ &= \left(n+\frac{1}{2}\right)\hbar\omega_{\mathrm{G}} + \left(p+\frac{1}{2}\right)\hbar\omega_{\mathrm{R}} + m\omega^2a^2\frac{4\lambda}{1+4\lambda} \end{aligned} \tag{46}$$

不难看出, 算符 a_{G} 与 $a_{\mathrm{G}}^{\dagger}$ (或 a_{R} 与 $a_{\mathrm{R}}^{\dagger}$) 就是对应于 (G) [或 (R)] 的振动模式的能量子的湮没算符与产生算符. 从 (45) 式可以看出, 重复应用算符 $a_{\mathrm{G}}^{\dagger}$ 和 $a_{\mathrm{R}}^{\dagger}$, 就可以得到体系的任意一种定态 (其中每一模式的量子数都是任意指定的). 算符 $a_{\mathrm{G}}^{\dagger}$、a_{G}、$a_{\mathrm{R}}^{\dagger}$ 或 a_{R} 对定态 $|\varphi_{n,p}\rangle$ 的作用非常简单:

$$\begin{aligned} a_{\mathrm{G}}^{\dagger}|\varphi_{n,p}\rangle &= \sqrt{n+1}|\varphi_{n+1,p}\rangle \\ a_{\mathrm{G}}|\varphi_{n,p}\rangle &= \sqrt{n}|\varphi_{n-1,p}\rangle \\ a_{\mathrm{R}}^{\dagger}|\varphi_{n,p}\rangle &= \sqrt{p+1}|\varphi_{n,p+1}\rangle \\ a_{\mathrm{R}}|\varphi_{n,p}\rangle &= \sqrt{p}|\varphi_{n,p-1}\rangle \end{aligned} \tag{47}$$

一般说来, 每个能级都没有简并, 这是因为: 除非比值 $\omega_{\mathrm{R}}/\omega_{\mathrm{G}} = \sqrt{1+4\lambda}$ 为有理数, 并不存在能使

$$n\omega_{\mathrm{G}} + p\omega_{\mathrm{R}} = n'\omega_{\mathrm{G}} + p'\omega_{\mathrm{R}} \tag{48}$$

的两个互异整数对 $\{n,p\}$ 和 $\{n',p'\}$.

d. 平均值的演变

体系的最普遍的态是诸定态 $|\varphi_{n,p}\rangle$ 的线性叠加:

$$|\varphi(t)\rangle = \sum_{n,p} c_{n,p}(t)|\varphi_{n,p}\rangle \tag{49}$$

其中

$$c_{n,p}(t) = c_{n,p}(0)\mathrm{e}^{-\mathrm{i}E_{n,p}t/\hbar} \tag{50}$$

根据 (40) 式和它们的伴式, X_{G} 是 a_{G} 与 $a_{\mathrm{G}}^{\dagger}$ 的线性组合 (X_{R} 是 a_{R} 与 $a_{\mathrm{R}}^{\dagger}$ 的线性组合). 于是, 利用 (47) 式, 可以证实, 只在满足条件 $n-n'=\pm1$, $p=p'$ 的两个态 $|\varphi_{n,p}\rangle$ 与 $|\varphi_{n',p'}\rangle$ 之间, X_{G} 的矩阵元才不等于零 (对于 X_{R}', 条件应为 $n=n', p-p'=\pm1$). 由此可以推知, 在 $\langle X_{\mathrm{G}}\rangle(t)$ 与 $\langle X_{\mathrm{R}}\rangle(t)$ 随时间演变的过程

中, 可以出现的玻尔频率分别只是[①]: [585]

$$\frac{E_{n\pm1,p}-E_{n,p}}{\hbar}=\pm\omega_{\rm G}$$
$$\frac{E_{n,p\pm1}-E_{n,p}}{\hbar}=\pm\omega_{\rm R} \tag{51}$$

于是我们再次看到 $\langle X_{\rm G}\rangle(t)$ 与 $\langle X_{\rm R}\rangle(t)$ 是以角频率 $\omega_{\rm G}$ 与 $\omega_{\rm R}$ 进行振荡的, 这使我们回想起在 §1–a 中得到的经典结果.

参考文献和阅读建议:

两个经典振子间的耦合: Berkeley 3(7.1), §1.4 和 §3.3; Alonso 和 Finn(6.1), 卷 I, §12.10.

① 为使这些频率确能出现, 还须具备一个条件, 即乘积 $c^*_{n\pm1,p}c_{n,p}$ 和 $c^*_{n,p\pm1}c_{n,p}$, 至少有一个不等于零.

补充材料 J_V

由耦合谐振子构成的无穷长直链的振动模式;
[586] 声子

1. 经典处理
   - a. 运动方程
   - b. 运动方程的简单解
   - c. 简正变量
   - d. 总能量和各种模式的能量
2. 量子力学的处理
   - a. 无耦合时的定态
   - b. 耦合的影响
   - c. 简正算符; 对易关系
   - d. 有耦合时的定态
3. 在晶体振动方面的应用: 声子
   - a. 问题的梗概
   - b. 简正模式; 晶体中的声速

在补充材料 H_V 中, 我们讨论过由两个耦合谐振子构成的体系的运动. 我们得到的基本概念是: 虽然每一个振子的各个力学变量并不独立地随时间演变, 但我们可以引入一些新的力学变量 (简正变量), 它们是原来那些力学变量的线性组合, 而且具有解除耦合这一重要性质. 这些变量描述具有确定频率的各种简正振动模式. 如果用这些新的变量来表示体系的哈密顿函数, 将使它成为一些独立的谐振子哈密顿函数的总和, 这样的哈密顿函数很容易量子化.

在这篇材料里, 我们将证明, 上述概念也适合这样一种体系: 它由无穷多个全同谐振子构成, 这些振子规则地排列在一条轴线上, 每一个振子都与近邻的振子互相耦合.

为此, 我们应该确定体系的各种简正振动模式, 并且要证明每一种模式都对应于粒子集合的一种集体振动, 其特征可以用一个角频率 Ω 和一个波矢 k 来描述. 体系的总能量等于各种简正振动模式的能量的总和, 因此, 量子力学的哈密顿算符的本征态和本征值的求法便可大大简化.

我们得到的结果可以用来说明晶体中的振动是怎样传播的, 还可以据此引入固体物理中的一个基本概念——声子. 当然, 这篇材料的重点在于简正模式的引入和量子化, 而不在于声子的种种性质, 这些性质属于固体物理学的内容.

1. 经典处理 [587]

a. 运动方程

现在我们考虑由全同一维谐振子排列而成的无穷长链, 每一个振子各用一个整数 q (正的、负的或零) 来标记. 振子 (q) 就是质量为 m 的粒子 M_q, 其平衡位置的坐标是 ql (图 5–25), l 是相邻振子间的距离. 我们用 x_q 表示振子 (q) 对其平衡位置的偏离 (代数值). 体系在 t 时刻的态决定于力学变量 $x_q(t)$ 及其对时间的导数 $\dot{x}_q(t)$ 在该时刻的值.

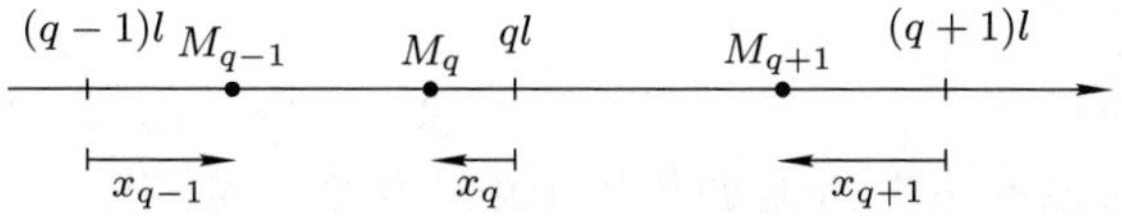

图 5–25 由振子组成的无穷长链; 第 q 个粒子对其平衡位置 ql 的位移用 x_q 表示.

当诸粒子之间没有相互作用时, 体系的势能为:

$$U(\cdots, x_{-1}, x_0, x_{+1}, \cdots) = \sum_{q=-\infty}^{+\infty} \frac{1}{2} m\omega^2 x_q^2 \tag{1}$$

式中 ω 是各振子的角频率. 于是体系随时间演变的规律可由下列诸方程表示:

$$m\frac{\mathrm{d}^2}{\mathrm{d}t^2}x_q(t) = -m\omega^2 x_q(t) \tag{2}$$

它们的解为:

$$x_q(t) = x_q^{\mathrm{M}} \cos(\omega t - \varphi_q) \tag{3}$$

其中积分常数 x_q^{M} 和 φ_q 由运动的初始条件决定. 从这里可以看出各振子是独立地振动的.

现在我们设想上述这些粒子之间存在着相互作用. 为简单起见, 我们假设一个粒子所受的力仅仅来自左右两个近邻粒子, 并假设这些力都是与距离成正比的吸引力. 于是粒子 (q) 受到两个新的吸引力的作用, 这两个力来自粒子 $(q+1)$ 和 $(q-1)$, 并分别正比于 $|M_q M_{q+1}|$ 和 $|M_q M_{q-1}|$ (两个比例系数是相同的). 因此粒子 (q) 所受的合力为:

$$\begin{aligned} F_q &= -m\omega^2 x_q - m\omega_1^2[ql + x_q - (q+1)l - x_{q+1}] - m\omega_1^2[ql + x_q - (q-1)l - x_{q-1}] \\ &= -m\omega^2 x_q - m\omega_1^2(x_q - x_{q+1}) - m\omega_1^2(x_q - x_{q-1}) \end{aligned} \tag{4}$$

[588] 式中 ω_1 是一常数, 其量纲是时间的倒数, 它标志着耦合的强度. 现在, 我们应将方程 (2) 换为:

$$m\frac{\mathrm{d}^2}{\mathrm{d}t^2}x_q(t)=-m\omega^2x_q(t)-m\omega_1^2[2x_q(t)-x_{q+1}(t)-x_{q-1}(t)] \tag{5}$$

此外, 很容易证明, 相互作用力 [(4) 式中的 ω_1^2 项] 可以导自下列耦合势能 V:

$$V(\cdots,x_{-1},x_0,x_{+1},\cdots)=\frac{1}{2}m\omega_1^2\sum_{q=-\infty}^{+\infty}(x_q-x_{q+1})^2 \tag{6}$$

从 (5) 式看来, x_q 的演变依赖于 x_{q+1} 和 x_{q-1}. 这样一来, 我们就必须求解包含无穷多个方程的微分方程组. 我们不妨试求方程 (5) 的简单解并说明其物理意义, 这是颇有意义的事. 然后, 再引入使这些方程解耦的新变量.

b. 运动方程的简单解

α. 简单解的存在性

我们所讨论的耦合振子的无穷长链类似于无限长的宏观弹簧. 我们知道, 在一条弹簧上可以有纵向行波的传播 (表现为弹簧的伸长和收缩); 在波矢为 k, 角频率为 Ω 的这种正弦型波的影响下, 弹簧中平衡位置为 x 的点在 t 时刻将偏离到 $x+u(x,t)$ 处, 函数 $u(x,t)$ 为:

$$u(x,t)=\mu\mathrm{e}^{\mathrm{i}(kx-\Omega t)}+\mu^*\mathrm{e}^{-\mathrm{i}(kx-\Omega t)} \tag{7}$$

运动方程 (5) 确实具有这种形式的解. 但是, 由谐振子组成的长链并非连续介质, 我们只能在坐标为 $x=ql$ 处的那些点观察到波的效应; 因此, 振子 (q) 在 t 时刻的位移应是 $u(ql,t)$:

$$x_q(t)=u(ql,t)=\mu\mathrm{e}^{\mathrm{i}(kql-\Omega t)}+\mu^*\mathrm{e}^{-\mathrm{i}(kql-\Omega t)} \tag{8}$$

很容易检验, 若 Ω 与 k 满足关系

$$-m\Omega^2=-m\omega^2-m\omega_1^2[2-\mathrm{e}^{\mathrm{i}kl}-\mathrm{e}^{-\mathrm{i}kl}] \tag{9}$$

则 (8) 式就是方程 (5) 的解. 由此可见, Ω 与 k 是通过 "色散关系"

$$\Omega(k)=\sqrt{\omega^2+4\omega_1^2\sin^2(kl/2)} \tag{10}$$

联系起来的. 我们将在 §1–b–δ 中再详细讨论这个问题.

β. 物理解释

从运动方程的解 [(8) 式] 可以看出, 所有的振子都以同样的频率 $\Omega/2\pi$ 振动, 振幅都是 $|2\mu|$, 但相位却周期性地依赖于各自的平衡位置的坐标. 这相当于说, 各个振子的位移由一个正弦型行波确定, 这个波的波矢为 k, 相速为:

$$v_\varphi = \frac{\Omega(k)}{k} \tag{11}$$ [589]

实际上, 利用 (8) 式很容易证明:

$$x_{[q_1+q_2]}(t) = x_{q_1}\left(t - \frac{q_2 l}{v_\varphi}\right) \tag{12}$$

这就是说, 振子 (q_1+q_2) 的振动与振子 (q_1) 的相同, 只不过延迟一段时间, 这就是波以速度 v_φ 通过此两振子间的距离 $q_2 l$ 所需的时间. 由于所有的振子都处在运动之中, 我们便称 (8) 式中的解为体系振动的 "集体模式".

γ. 波矢 k 的可能值

我们考虑波矢的这样两个值: k 与 k', 两者之差为 $2\pi/l$ 的整数倍:

$$k' = k + \frac{2n\pi}{l} \quad (n \text{ 为正、负整数}) \tag{13}$$

显然, 应有

$$\begin{cases} \mathrm{e}^{\mathrm{i}k'ql} = \mathrm{e}^{\mathrm{i}kql} \\ \Omega(k') = \Omega(k) \end{cases} \tag{14}$$

其中第二个关系直接来源于 (10) 式.

现在, 我们从 (8) 式可以看出, 波矢为 k 和 k' 的这两个行波使诸振子发生同样的运动, 因而它们是物理上不可区分的波. 因此, 在我们所讨论的问题中, 只需将 k 的变域限制在长度为 $2\pi/l$ 的区间内. 为了对称起见, 我们取

$$-\frac{\pi}{l} \leqslant k \leqslant \frac{\pi}{l} \tag{15}$$

这个区域通常叫做 "第一布里渊区".

δ. 色散关系

色散关系 (10) 给出了与 k 的每一个值相联系的角频率 $\Omega(k)$, 我们可以用它来探讨振动在体系中的传播. 譬如, 假设我们用波矢各不相同的一些波叠加成一个 "波包", 我们知道与此对应的群速由下式给出:

$$v_\mathrm{G} = \frac{\mathrm{d}\Omega(k)}{\mathrm{d}k} \tag{16}$$

其值不同于 v_φ.

图 5-26 示出当 k 在第一布里渊区内变化时, $\Omega(k)$ 随 k 变化的情况. 从这个图我们立即可以看到, $\Omega(k)$ 所取的值并不是任意的, 只有当振动频率 ν 的值处于下列 "容许频带" [590]

$$\frac{\omega}{2\pi} \leqslant \nu \leqslant \frac{\sqrt{\omega^2 + 4\omega_1^2}}{2\pi} \tag{17}$$

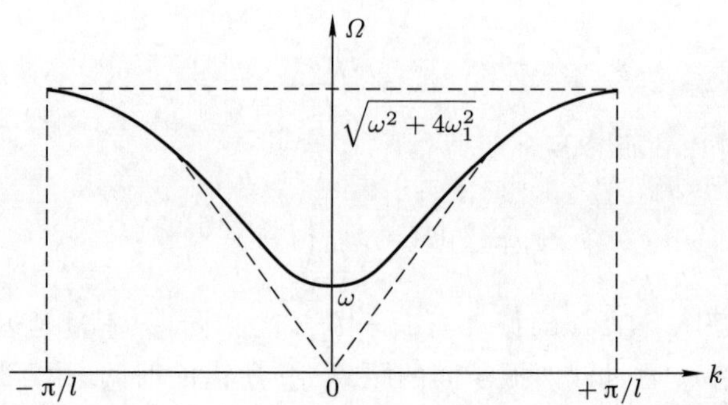

图 5–26 在第一布里渊区 $\left[-\dfrac{\pi}{l}, +\dfrac{\pi}{l}\right]$ 内, 表示简正振动模式的角频率随波数 k 变化的色散关系; 用虚线绘出的曲线对应于 $\omega = 0$ 的情况.

内时, 这种频率的振动才能在介质中自由传播. ν 的其他数值则属于 "禁戒频带". 区间 (17) 两端的频率通常叫做 "截止频率".

对应于最低角频率 $\Omega(0) = \omega$ 的振动模式, 其波矢 k 也等于零; 这种情况对应于全体振子的同相位振动, 诸粒子保持相对距离不变而 "整体地" 偏移 (图 5–27), 这样就说明了这种振动模式的角频率为什么会与没有耦合时的角频率相同 (参看补充材料 $\mathrm{H_V}$ 的 §1–b).

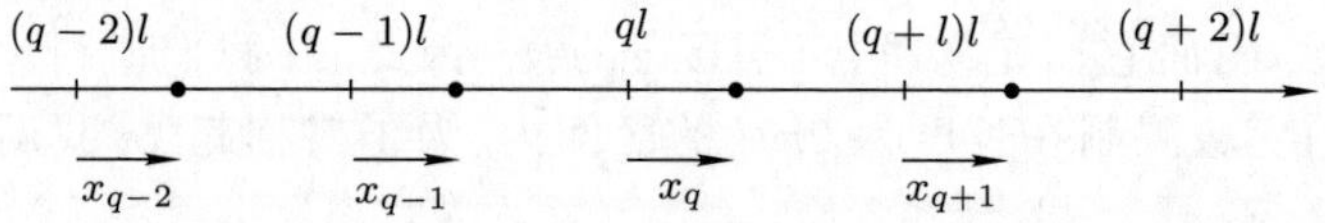

$(q-2)l$ $(q-1)l$ ql $(q+l)l$ $(q+2)l$

x_{q-2} x_{q-1} x_q x_{q+1}

图 5–27 频率最低 ($k = 0$; $\Omega = \omega$) 的振动模式对应于全体振子的 "整体的" 偏移; 这正是频率与耦合 V 无关的原因.

[591] 至于角频率最高 $\left[\Omega\left(\pm\dfrac{\pi}{l}\right) = \sqrt{\omega^2 + 4\omega_1^2}\right]$ 的振动模式, 则对应于这样一种情况: 任意两个相邻振子的相位总是相反的 (图 5–28); 这时由耦合 V 所产生的吸引力最强.

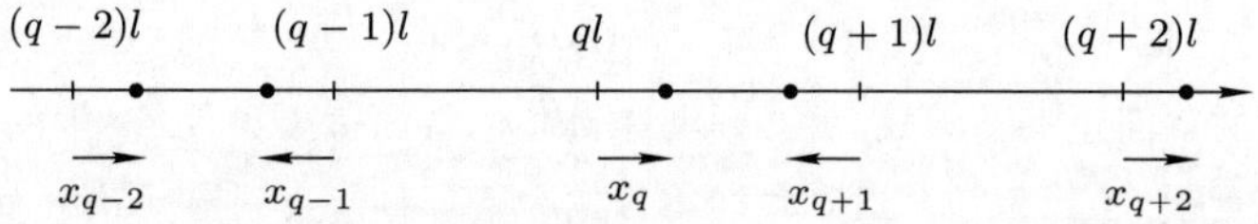

$(q-2)l$ $(q-1)l$ ql $(q+1)l$ $(q+2)l$

x_{q-2} x_{q-1} x_q x_{q+1} x_{q+2}

图 5–28 $k = \pm\dfrac{\pi}{l}$ 的振动模式对应于这样一种情况: 任意两个相邻振子的相位总是相反的; 此时耦合 V 对振动频率有强烈的影响.

c. 简正变量

α. 退耦方程的导出

现在回到运动方程 (5), 我们希望引入一些新的力学变量, 它们虽是诸 x_q 的线性组合, 但却彼此无关地随时间演变.

为此, 我们用 $\mathrm{e}^{-\mathrm{i}kql}$ 遍乘 (5) 式两端, 再对 q 求和. 如果注意到:

$$\begin{aligned}\sum_{q=-\infty}^{+\infty} x_{q\pm1}\mathrm{e}^{-\mathrm{i}qkl} &= \mathrm{e}^{\pm\mathrm{i}kl}\sum_{q=-\infty}^{+\infty} x_{q\pm1}\mathrm{e}^{-\mathrm{i}(q\pm1)kl}\\ &= \mathrm{e}^{\pm\mathrm{i}kl}\sum_{q=-\infty}^{+\infty} x_q\mathrm{e}^{-\mathrm{i}qkl}\end{aligned} \tag{18}$$

并且令

$$\sum_{q=-\infty}^{+\infty} x_q(t)\mathrm{e}^{-\mathrm{i}qkl} = \xi(k,t) \tag{19}$$

则可看出, (5) 式变为:

$$\frac{\partial^2}{\partial t^2}\xi(k,t) = -[\omega^2 + \omega_1^2(2 - \mathrm{e}^{\mathrm{i}kl} - \mathrm{e}^{-\mathrm{i}kl})]\xi(k,t) \tag{20}$$

再考虑到 (9) 式, 则上式变为:

$$\frac{\partial^2}{\partial t^2}\xi(k,t) = -\Omega^2(k)\xi(k,t) \tag{21}$$

这个方程表明, 如果 k' 与 k 的数值不同, 则 $\xi(k,t)$ 随时间的演变与 $\xi(k',t)$ 无关. 因此, 通过 (19) 式引入的诸变量 $\xi(k,t)$ 相互之间已完全没有耦合, 它们的演变规律要简单得多.

附注: [592]

(i) 方程 (5) 中的诸式之所以能这样简单地退耦, 原因在于当全体振子一起平移一个量 $\pm l$ (即用 $q\pm1$ 代替 q) 时, 问题的性质并无变化; 而这种不变性本身的根源又在于链条的结构是规则的、长度是无限的.

(ii) 实际上, 即使链条所含振子的数目 $\mathscr{N}$ 非常大, 它也总是有限长的. 要想求得它的各简正振动模式, 就必须考虑链条两端的边界条件, 这样一来, 问题就变得非常复杂 (边缘效应). 这时我们不是像上面那样求出对应于第一布里渊区中各 k 值的简正振动模式 (其数目为连续的无穷多个), 而是求出有限多个简正振动模式 (其个数等于振子数 $\mathscr{N}$). 如果我们感兴趣的只是远离边界处链条的行为, 那么, 通常可以引入人为的边界条件, 它们虽不同于实际的边界条件, 但却具有简化运算而同时又无损于物理实质的极大方便. 我们可以规定链条两端的两个振子的运动是相同的 ("周期性" 边界条件, 或叫做 "玻恩–冯卡曼条件"). 由于我们在讨论其他周期性结构时还有机会回到这个问题 (参看补充材料 F_{XI}; 还可参看补充材料 C_{XIV} 的 §1–c), 因此, 我们现在不过多地强调周期性边界条件而将讨论限制在无穷长链的简单情况.

通过 (19) 式引入的函数 $\xi(k,t)$ 是以位移 $x_q(t)$ 为系数的一个傅里叶级数的和. 这是一个以 $2\pi/l$ 为周期的函数, 因而只要给出它在区间 $-\pi/l \leqslant R \leqslant \pi/l$ [在这里我们又遇到了由 (15) 式定义的第一布里渊区] 中的值, 它便是完全确定的. $\xi(k,t)$ 依赖于全体振子在 t 时刻的位置. 反过来, 如果给出 t 时刻 ξ 在区间 (15) 中的数值, 便可唯一地确定全体振子的位置, 这是因为, 利用

$$\int_{-\pi/l}^{+\pi/l} \mathrm{d}k \mathrm{e}^{\mathrm{i}(q-q')kl} = \frac{2\pi}{l}\delta_{qq'} \tag{22}$$

可以倒过来解 (19) 式, 并得到:

$$x_q(t) = \frac{l}{2\pi}\int_{-\pi/l}^{+\pi/l} \mathrm{d}k \xi(k,t)\mathrm{e}^{\mathrm{i}qkl} \tag{23}$$

此外, 我们还要注意, 位移 $x_q(t)$ 是实数, 故函数 $\xi(k,t)$ 应满足:

$$\xi(-k,t) = \xi^*(k,t) \tag{24}$$

利用动量 $p_q(t) = m\dot{x}_q(t)$, 我们同样可以定义下列函数:

$$\pi(k,t) = \sum_q p_q(t)\mathrm{e}^{-\mathrm{i}kql} \tag{25}$$

从这个式子出发, 可以反过来解出 $p_q(t)$:

$$p_q(t) = \frac{l}{2\pi}\int_{-\pi/l}^{+\pi/l} \pi(k,t)\mathrm{e}^{\mathrm{i}kql}\mathrm{d}k \tag{26}$$

[593] 由于 $p_q(t)$ 是实数, 这就意味着:

$$\pi(-k,t) = \pi^*(k,t) \tag{27}$$

将 (19) 式两端逐项求导, 利用 (25) 式, 再利用 (21) 式, 最后我们得到:

$$\begin{cases} m\dfrac{\partial}{\partial t}\xi(k,t) = \pi(k,t) & \text{(28–a)} \\ \dfrac{\partial}{\partial t}\pi(k,t) = -m\Omega^2(k)\xi(k,t) & \text{(28–b)} \end{cases}$$

体系在 t 时刻的动力学状态, 不但可以用 "简正变量" $\xi(k,t)$ 和 $\pi(k,t)$ (k 遍取第一布里渊区中的一切数值) 来描述, 也可以用 $x_q(t)$ 和 $p_q(t)$ (q 遍取所有正、

负整数及零) 来描述. 与 k 的每一个数值对应的简正变量的方程组 (28) 式, 就是表示质量为 m, 角频率为 $\Omega(k)$ 的谐振子的位置与动量的演变规律的方程组; 但 ξ 和 π 都是复数. 这样一来, 由离散的耦合谐振子所构成的无穷长链的问题便转化为假想的连续分布 (以指标 k 为标记) 的独立谐振子集合的问题了.

附注:

严格说来, 这些假想振子也不是完全独立的; 这是因为, 根据实数条件 (24) 和 (27) 式, 初始值 $\xi(k,0)$ 与 $\pi(k,0)$ 应满足关系:

$$\begin{aligned} \xi(k,0) &= \xi^*(-k,0) \\ \pi(k,0) &= \pi^*(-k,0) \end{aligned} \tag{29}$$

β. 与行波相联系的简正变量 $\alpha(k,t)$

按下式将两个简正变量 $\xi(k,t)$ 和 $\pi(k,t)$ 结合成一个变量 $\alpha(k,t)$ 是比较方便的 (参看补充材料 G_V 的 §1–a):

$$\alpha(k,t) = \frac{1}{\sqrt{2}}[\widehat{\xi}(k,t) + \mathrm{i}\widehat{\pi}(k,t)] \tag{30}$$

上式中 $\widehat{\xi}(k,t)$ 和 $\widehat{\pi}(k,t)$ 是正比于 $\xi(k,t)$ 和 $\pi(k,t)$ 的无量纲函数:

$$\begin{cases} \widehat{\xi}(k,t) = \beta(k)\xi(k,t) \\ \widehat{\pi}(k,t) = \dfrac{1}{\hbar\beta(k)}\pi(k,t) \end{cases} \tag{31}$$

为简化以后的量子力学计算, 我们令

$$\beta(k) = \sqrt{\frac{m\Omega(k)}{\hbar}} \tag{32}$$

利用 (30) 式很容易证明, (28) 式中两个方程等价于下列的一个方程: [594]

$$\mathrm{i}\frac{\partial}{\partial t}\alpha(k,t) = \Omega(k)\alpha(k,t) \tag{33}$$

此式对 t 而言是一阶的 [$\alpha(k,t)$ 完全决定于 $\alpha(k,0)$ 的值, 而 $\xi(k,t)$ 则依赖于 $\xi(k,0)$ 和 $\pi(k,0)$]. (33) 式的通解为:

$$\alpha(k,t) = \alpha(k,0)\mathrm{e}^{-\mathrm{i}\Omega(k)t} \tag{34}$$

利用 (19) 式和 (25) 式, 我们很容易得到用 $x_q(t)$ 和 $p_q(t)$ 来表示 $\alpha(k,t)$ 的关系式:

$$\alpha(k,t) = \frac{1}{\sqrt{2}}\beta(k)\sum_q \mathrm{e}^{-\mathrm{i}qkl}\left[x_q(t) + \mathrm{i}\frac{p_q(t)}{m\Omega(k)}\right] \tag{35}$$

反过来, 我们要证明, $x_q(t)$ 和 $p_q(t)$ 也可以很简单地用 $\alpha(k,t)$ 来表示. 根据 (24) 式和 (27) 式, 有:

$$\begin{aligned}\alpha^*(-k,t) &= \frac{1}{\sqrt{2}}[\widehat{\xi}^*(-k,t)-\mathrm{i}\widehat{\pi}^*(-k,t)] \\ &= \frac{1}{\sqrt{2}}[\widehat{\xi}(k,t)-\mathrm{i}\widehat{\pi}(k,t)]\end{aligned} \tag{36}$$

由此可以推出:

$$\begin{cases}\widehat{\xi}(k,t)=\dfrac{1}{\sqrt{2}}[\alpha(k,t)+\alpha^*(-k,t)] & \text{(37–a)}\\ \widehat{\pi}(k,t)=-\dfrac{\mathrm{i}}{\sqrt{2}}[\alpha(k,t)-\alpha^*(-k,t)] & \text{(37–b)}\end{cases}$$

有了这些关系, 我们便可将公式 (23) 写成下列形式:

$$x_q(t)=\frac{l}{2\pi\sqrt{2}}\left\{\int_{-\frac{\pi}{l}}^{+\frac{\pi}{l}}\frac{\alpha(k,t)}{\beta(k)}\mathrm{e}^{\mathrm{i}qkl}\mathrm{d}k+\int_{-\frac{\pi}{l}}^{+\frac{\pi}{l}}\frac{\alpha^*(-k,t)}{\beta(k)}\mathrm{e}^{\mathrm{i}qkl}\mathrm{d}k\right\} \tag{38}$$

在第二个积分中, 将 k 换为 $-k$, 最后得到 [注意 $\beta(k)$ 是 k 的偶函数]:

$$x_q(t)=\frac{l}{2\pi\sqrt{2}}\left\{\int_{-\frac{\pi}{l}}^{+\frac{\pi}{l}}\frac{\alpha(k,t)}{\beta(k)}\mathrm{e}^{\mathrm{i}qkl}\mathrm{d}k+\int_{-\frac{\pi}{l}}^{+\frac{\pi}{l}}\frac{\alpha^*(k,t)}{\beta(k)}\mathrm{e}^{-\mathrm{i}qkl}\mathrm{d}k\right\} \tag{39}$$

从 (26) 式出发经过类似的计算, 可以得到:

$$p_q(t)=\frac{l}{2\pi\sqrt{2}}\frac{\hbar}{\mathrm{i}}\left\{\int_{-\frac{\pi}{l}}^{+\frac{\pi}{l}}\beta(k)\alpha(k,t)\mathrm{e}^{\mathrm{i}qkl}\mathrm{d}k-\int_{-\frac{\pi}{l}}^{+\frac{\pi}{l}}\beta(k)\alpha^*(k,t)\mathrm{e}^{-\mathrm{i}qkl}\mathrm{d}k\right\} \tag{40}$$

由此可见, 体系的态既可以用 $x_q(t)$ 与 $p_q(t)$ 的集合来描述, 也可以用函数 $\alpha(k,t)$ 来描述.

[595] 如果我们在 (39) 式中将 $\alpha(k,t)$ 换成它的普遍表达式 (34), 则 $x_q(t)$ 将变成下列形式:

$$x_q(t)=\frac{l}{2\pi\sqrt{2}}\left\{\int_{-\frac{\pi}{l}}^{+\frac{\pi}{l}}\mathrm{d}k\frac{\alpha(k,0)}{\beta(k)}\mathrm{e}^{\mathrm{i}[qkl-\varOmega(k)t]}+\text{c.c.}\right\} \tag{41}$$

由此可见, 耦合振子构成的无穷长链的问题的一般解就是如同前面的 §1–b 中已经引入的那种行波的线性叠加 $\left(\text{此线性组合的诸系数为 }\dfrac{1}{2\pi\sqrt{2}}\dfrac{\alpha(k,0)}{\beta(k)}\right)$. 这些行波便构成体系的各个简正振动模式①.

① 我们同样可以引入对应于体系中的驻波 (即速度相反而频率相同的两个行波之和) 的振动模式, 并得到等价的结果, 就这种结果来说, 体系的振动是按另一种 "基" 分解的. 在补充材料 $\mathrm{K_V}$ 中, 我们所用的分解法便属于这种类型.

附注:

对于 k 的每一个值, (39) 式和 (40) 式右端的两项互为共轭复数, 这样就保证了 $x_q(t)$ 和 $p_q(t)$ 为实数, 而不必再对 $\alpha(k,t)$ 提出任何条件. 因此, 诸 $\alpha(k,t)$ 才是真正独立的变量.

d. 总能量和各种模式的能量

我们所研究的体系的总能量是每个粒子 (q) 的动能和势能 [(1) 式和 (6) 式] 的总和:

$$\begin{aligned}&\mathscr{H}(\cdots,x_{-1},x_0,x_{+1},\cdots,p_{-1},p_0,p_1,\cdots)\\&=\sum_{q=-\infty}^{+\infty}\left[\frac{1}{2m}p_q^2+\frac{1}{2}m\omega^2x_q^2+\frac{1}{2}m\omega_1^2(x_q-x_{q+1})^2\right]\end{aligned}\tag{42}$$

在这一段里, 我们将会看到, 这个能量可以简单地用与每一种振动模式相联系的能量来表示.

现在我们来计算 (42) 式中的各个部分和. 由于诸偏移量 x_q 是定义函数 $\xi(k,t)$ 的傅里叶级数中的系数, 故帕塞瓦尔等式 [参看附录 I 的 (18) 式] 直接给出:

$$\sum_{q=-\infty}^{+\infty}(x_q)^2=\frac{l}{2\pi}\int_{-\frac{\pi}{l}}^{+\frac{\pi}{l}}|\xi(k,t)|^2\mathrm{d}k\tag{43}$$

$$\sum_{q=-\infty}^{+\infty}(p_q)^2=\frac{l}{2\pi}\int_{-\frac{\pi}{l}}^{+\frac{\pi}{l}}|\pi(k,t)|^2\mathrm{d}k\tag{44}$$

于是还需要计算的是 (42) 式中对应于耦合的那一部分和. 为此, 如在 (18) 式中 [596]
可以见到的那样, 既然 x_q 是 $\xi(k,t)$ 的傅里叶级数中的系数, 则 x_{q+1} 是 $\mathrm{e}^{\mathrm{i}kl}\xi(k,t)$ 的傅里叶级数中的系数, 从而 (x_q-x_{q+1}) 就应该是 $(1-\mathrm{e}^{\mathrm{i}kl})\xi(k,t)$ 的傅里叶级数中的系数; 于是, 由帕塞瓦尔等式得到:

$$\begin{aligned}\sum_{q=-\infty}^{+\infty}(x_q-x_{q+1})^2&=\frac{l}{2\pi}\int_{-\frac{\pi}{l}}^{+\frac{\pi}{l}}|(1-\mathrm{e}^{\mathrm{i}kl})\xi(k,t)|^2\mathrm{d}k\\&=\frac{l}{2\pi}\int_{-\frac{\pi}{l}}^{+\frac{\pi}{l}}4\sin^2\left(\frac{kl}{2}\right)|\xi(k,t)|^2\mathrm{d}k\end{aligned}\tag{45}$$

将 (43)、(44) 及 (45) 代入 (42) 式, 最后得到:

$$\mathscr{H}=\frac{l}{2\pi}\int_{-\frac{\pi}{l}}^{+\frac{\pi}{l}}\left\{\frac{m}{2}\left[\omega^2+4\omega_1^2\sin^2\left(\frac{kl}{2}\right)\right]|\xi(k,t)|^2+\frac{1}{2m}|\pi(k,t)|^2\right\}\mathrm{d}k\tag{46}$$

可将这个结果写成下列形式:

$$\mathscr{H} = \frac{l}{2\pi}\int_{-\frac{\pi}{l}}^{+\frac{\pi}{l}} h(k)\mathrm{d}k \tag{47}$$

式中

$$h(k) = \frac{1}{2}m\Omega^2(k)|\xi(k,t)|^2 + \frac{1}{2m}|\pi(k,t)|^2 \tag{48}$$

由此可见, $\mathscr{H}$ 就是与假想的无耦合谐振子相联系的能量的总和 (实际上是积分), $\xi(k,t)$ 给出这类振子的位置, $\pi(k,t)$ 给出它们的动量.

同样, 可以用与每一个简正振动模式相联系的变量 $\alpha(k,t)$ 来表示 $h(k)$. 实际上, 利用 (37) 式, 可将 (48) 式变为:

$$h(k) = \frac{1}{2}\hbar\Omega(k)[\alpha(k,t)\alpha^*(k,t) + \alpha^*(-k,t)\alpha(-k,t)] \tag{49}$$

考虑到 (34) 式, 还可将上式写作:

$$h(k) = \frac{1}{2}\hbar\Omega(k)[\alpha(k,0)\alpha^*(k,0) + \alpha^*(-k,0)\alpha(-k,0)] \tag{50}$$

可见 $h(k)$ 与时间无关, 这是不足为奇的, 因为 $h(k)$ 就是谐振子的能量. 此外从 (47) 式我们再次看到, 诸假想谐振子是彼此独立的, 因为总能量 $\mathscr{H}$ 其实就是各假想振子的能量之和.

将 (49) 式代入 (47) 式, 得到:

$$\mathscr{H} = \frac{l}{2\pi}\int_{-\frac{\pi}{l}}^{+\frac{\pi}{l}} \mathrm{d}k\frac{1}{2}\hbar\Omega(k)[\alpha(k,t)\alpha^*(k,t) + \alpha(-k,t)\alpha^*(-k,t)] \tag{51}$$

[597] 我们还可将第二项的积分中的 k 换成 $-k$, 于是便可将 $\mathscr{H}$ 看作由 $\alpha(k,t)$ 所描述的诸简正振动模式的能量 $h'(k)$ 的总和:

$$\mathscr{H} = \frac{l}{2\pi}\int_{-\frac{\pi}{l}}^{+\frac{\pi}{l}} \mathrm{d}kh'(k) \tag{52}$$

其中

$$\begin{aligned} h'(k) &= \hbar\Omega(k)\alpha^*(k,t)\alpha(k,t) \\ &= \hbar\Omega(k)\alpha^*(k,0)\alpha(k,0) \end{aligned} \tag{53}$$

2. 量子力学的处理

按照量子化的一般法则, 用量子力学来处理由耦合振子构成的无穷长链的问题, 其出发点是用观察算符 X_q、P_q 来代替经典量 $x_q(t)$、$p_q(t)$, 而且这些算符满足正则对易关系式:

$$[X_{q_1}, P_{q_2}] = \mathrm{i}\hbar\delta_{q_1 q_2} \tag{54}$$

a. 无耦合时的定态

没有耦合时 ($\omega_1 = 0$), 体系的哈密顿算符可以写作:

$$H(\omega_1 = 0) = \sum_q \left[\frac{1}{2}m\omega^2 X_q^2 + \frac{1}{2m}P_q^2\right]$$
$$= \sum_q H_q \tag{55}$$

式中 H_q 是一维谐振子的哈密顿算符, 它在粒子 (q) 的态空间中起作用.

我们引入一个算符 a_q, 其定义为:

$$a_q = \frac{1}{\sqrt{2}}\left[\sqrt{\frac{m\omega}{\hbar}}X_q + \frac{\mathrm{i}}{\sqrt{m\hbar\omega}}P_q\right] \tag{56}$$

于是可将 H_q 写作:

$$H_q = \frac{1}{2}(a_q a_q^\dagger + a_q^\dagger a_q)\hbar\omega = \left(a_q^\dagger a_q + \frac{1}{2}\right)\hbar\omega \tag{57}$$

a_q 与 $a_q^\dagger$ 分别为振子 (q) 的能量子的湮没算符与产生算符. 我们知道 (第五章的 §C–1–a), H_q 的本征态是:

$$|\varphi_{n_q}^q\rangle = \frac{1}{\sqrt{(n_q)!}}(a_q^\dagger)^{n_q}|\varphi_0^q\rangle \tag{58}$$

式中 $|\varphi_0^q\rangle$ 是振子 (q) 的基态, n_q 为零或正整数. 如果计算态 $|\varphi_{n_q}^q\rangle$ 的能量 $E_{n_q}^q$ [598]
是以基态能量为起点 [这相当于去掉 (57) 式中的 1/2 这一项], 我们就得到

$$E_{n_q}^q = n_q\hbar\omega \tag{59}$$

没有耦合时, 整个体系的定态是下列形式的张量积:

$$\cdots \otimes |\varphi_{n-1}^{-1}\rangle \otimes |\varphi_{n_0}^0\rangle \otimes |\varphi_{n_1}^1\rangle \otimes \cdots \tag{60}$$

这些定态的能量是①:

$$E = \sum_q E_{n_q}^q = [\cdots + n_{-1} + n_0 + n_1 + \cdots]\hbar\omega \tag{61}$$

基态 (我们已将其能量取作原点) 没有简并, 这是因为在 (61) 式中仅当

$$n_q = 0 \quad (\text{对任意的 } q) \tag{62}$$

① 如果我们不去掉 (57) 式中 1/2 这一项, 从而改变每一振子能量的起点, 那么, 不问量子数 n_q 之值如何, 求得的能量将是无穷大. 如果我们要讨论的体系是由数量极多但非无限多的振子组成的链条, 而不是无穷长链, 这个困难就不会发生. 但是, 那样一来又出现与 "边缘效应" 有关的问题.

时, 才会得到 $E=0$. 因而与此对应的态 (60) 是唯一的. 反之, 所有其他能级都是无穷多重简并的. 例如, 与第一激发能级 (能量为 $\hbar\omega$) 对应的态就是全部这样的态 (60), 这些态的量子数 n_q 除有一个等于 1 外, 其他的值都等于零; 因此, 除一个振子以外, 所有其他振子都处于基态, 因为受到激发的可以是所有振子中的任意一个, 从而能级 $E=\hbar\omega$ 便是无穷多重简并的.

b. 耦合的影响

当耦合不等于零时, 哈密顿算符变为:

$$H = H(\omega_1 = 0) + V \tag{63}$$

其中

$$V = \frac{1}{2}m\omega_1^2 \sum_q (X_q - X_{q+1})^2 \tag{64}$$

这时, 态 (60) 不再是体系的定态; 实际上, 这些态只是 $H(\omega_1=0)$ 的本征态, 但不是 V 的本征态. 为了证实这一点, 可以用 a_q 和 $a_q^\dagger$ 表示 V:

$$V = \frac{1}{4}\hbar\omega_1 \frac{\omega_1}{\omega} \sum_q (a_q + a_q^\dagger - a_{q+1} - a_{q+1}^\dagger)^2 \tag{65}$$

显然, V 作用于如 (60) 式中那样的态, 不会再得到那个态: n_q 不再是 “好量子数”, 因为 V 可传输激发, 例如从 (q) 处传输到 $(q+1)$ 处 ($a_{q+1}^\dagger a_q$ 项的作用).

[599] 有耦合时, 要想求得体系的定态, 比较方便的办法是像在经典力学中那样, 引入 “简正变量”, 即与体系的简正振动模式相联系的算符.

c. 简正算符; 对易关系

我们定义

$$\Xi(k) = \sum_q X_q \mathrm{e}^{-\mathrm{i}qkl} \tag{66–a}$$

$$\Pi(k) = \sum_q P_q \mathrm{e}^{-\mathrm{i}qkl} \tag{66–b}$$

算符 Ξ 与 Π 对应于简正变量 $\xi(k,t)$ 与 $\pi(k,t)$. 连续参量 k 的变域始终局限在第一布里渊区 (15) 中. 要注意, 简正变量 $\xi(k,t)$ 和 $\pi(k,t)$ 都是复函数, 故相应的 Ξ 和 Π 都不是厄米算符, 这与 X_q、P_q 不一样. 在这里, 对应于 (24) 式及 (27) 式的关系式为:

$$\Xi(-k) = \Xi^\dagger(k) \tag{67–a}$$

$$\Pi(-k) = \Pi^\dagger(k) \tag{67–b}$$

利用正则对易关系式 (54), 便可算出 $\Xi(k)$ 与 $\Pi(k)$ 之间的各个对易子. 我们可以直接看出 $\Xi(k)$ 与 $\Xi(k')$ 是对易的, $\Pi(k)$ 与 $\Pi(k')$ 也是对易的. 至于对易子 $[\Xi(k), \Pi^\dagger(k')]$, 我们可将它写作:

$$\begin{aligned}[\Xi(k), \Pi^\dagger(k')] &= \sum_q \sum_{q'} [X_q, P_{q'}] \mathrm{e}^{-\mathrm{i}qkl} \mathrm{e}^{+\mathrm{i}q'k'l} \\ &= \mathrm{i}\hbar \sum_q \mathrm{e}^{-\mathrm{i}q(k-k')l} \end{aligned} \tag{68}$$

根据附录 Ⅱ 中的公式 (31), 并注意 k 和 k' 都属于区间 (15), 这样便得到:

$$[\Xi(k), \Pi^\dagger(k')] = \mathrm{i}\hbar \frac{2\pi}{l} \delta(k - k') \tag{69}$$

在 §1-c-β 中, 我们已看到, 将两个简正变量 $\xi(k,t)$ 与 $\pi(k,t)$ 结合成一个变量 $\alpha(k,t)$ 是很方便的 [见公式 (30)]. 与 $\alpha(k,t)$ 相联系的算符则为:

$$a(k) = \frac{1}{\sqrt{2}} \left[\beta(k) \Xi(k) + \frac{\mathrm{i}}{\hbar \beta(k)} \Pi(k) \right] \tag{70}$$

式中 $\beta(k)$ 由 (32) 式定义. 要注意, $a(k)$ 的伴随算符是:

$$a^\dagger(k) = \frac{1}{\sqrt{2}} \left[\beta(k) \Xi^\dagger(k) - \frac{\mathrm{i}}{\hbar \beta(k)} \Pi^\dagger(k) \right] \tag{71}$$

利用 (69) 式及 (67) 式, 不难求得: [600]

$$[a(k), a(k')] = [a^\dagger(k), a^\dagger(k')] = 0 \tag{72-a}$$

$$[a(k), a^\dagger(k')] = \frac{2\pi}{l} \delta(k - k') \tag{72-b}$$

与 (48) 式所定义的经典量 $h(k)$ 对应的算符是:

$$H(k) = \frac{1}{2m} \Pi(k) \Pi^\dagger(k) + \frac{1}{2} m \Omega^2(k) \Xi(k) \Xi^\dagger(k) \tag{73}$$

这是因为 $\Xi(k)$ 与 $\Xi^\dagger(k)$ 对易, $\Pi(k)$ 与 $\Pi^\dagger(k)$ 也对易. 为了求得与经典公式 (49) 等价的关系式, 必须注意 $a(k)$ 与 $a^\dagger(k)$ 是不可对易的; 因此, 在运算时, 不能改变它们出现的顺序. 注意到 (67) 式, 则 (37) 式在这里成为:

$$\beta(k) \Xi(k) = \frac{1}{\sqrt{2}} [a(k) + a^\dagger(-k)] \tag{74-a}$$

$$\frac{1}{\hbar \beta(k)} \Pi(k) = -\frac{\mathrm{i}}{\sqrt{2}} [a(k) - a^\dagger(-k)] \tag{74-b}$$

将这些关系式代入 (73) 式, 则得:

$$H(k)=\frac{1}{2}\hbar\Omega(k)[a(k)a^{\dagger}(k)+a^{\dagger}(-k)a(-k)] \tag{75}$$

如在 (52) 式中那样, 可以将体系的总哈密顿算符写成下列形式:

$$H=\frac{l}{2\pi}\int_{-\frac{\pi}{l}}^{+\frac{\pi}{l}}\mathrm{d}kH'(k) \tag{76}$$

其中

$$H'(k)=\frac{1}{2}\hbar\Omega(k)[a(k)a^{\dagger}(k)+a^{\dagger}(k)a(k)] \tag{77}$$

由此可见, $a(k)$ 与 $a^{\dagger}(k)$ 相当于湮没算符与产生算符, 类似于谐振子的这类算符; 但 k 是一个连续指标, 所以在对易关系式 (72) 中应使用 $\delta(k-k')$ 而不用克罗内克的 δ 符号, 于是 $H'(k)$ 必须保持 (77) 式那样的对称形式. 很容易证明: 不同算符 $H'(k)$ 是彼此对易的:

$$[H'(k),H'(k')]=0 \tag{78}$$

d. 有耦合时的定态

根据 (76) 式和 (77) 式, 耦合振子体系的基态 $|0\rangle$ 由下列条件确定:

$$a(k)|0\rangle=0 \quad (\text{对于 } k \text{ 的一切值}) \tag{79}$$

[601] 将算符 $a^{\dagger}(k)$ 作用于态 $|0\rangle$ 便可得到其他定态, 它们的能量等于和每一种振动模式相联系的能量的积分. 由于简正振动模式的数目是连续的无穷大, 我们将会遇到一些困难, 特别是从 (76) 与 (77) 式得到的基态能量将为无穷大. 我们不在这里讨论这些困难; 此外, 对于实际的, 即有限长的链条来说 (参看 §2-a 的脚注), 并不存在这些困难.

公式 (10) 给出了与每一种振动模式相联系的能量子 $\hbar\Omega(k)$ 的值, 从而指出体系可以吸收或发射哪些能量子; 这些能量子一定对应于容许频带 (17) 中的频率.

3. 在晶体振动方面的应用: 声子

a. 问题的梗概

我们考虑由大量原子 (或离子) 构成的固体, 这些粒子的平衡位置规则地分布在空间中, 即位于晶格的格点处. 为简单起见, 假设晶格是一维的, 并可将它看作由原子构成的无穷长直链. 现在, 我们打算利用前面的结果来研究诸原子核在各自的平衡位置附近的运动.

为此, 我们将使用研究分子振动时所用的近似方法 (玻恩–奥本海默近似, 参看补充材料 A_V 中 §1–a 的附注). 我们假设可以将原子核的位置看作固定的参量 x_q, 先计算电子的运动, 即先求解对应的薛定谔方程 (实际上, 这个方程本身就很复杂, 不可能精确地解出; 在具体求解时, 我们仍满足于近似解). 下面, 我们将用 $E_{el}(\cdots, x_{-1}, x_0, x_1, \cdots)$ 表示电子体系的基态能量 [x_q 是原子核 q 相对于其平衡位置的偏离]. 可以证明, 如果将原子核的总势能 $U_N(\cdots, x_{-1}, x_0, x_1, \cdots)$ 看作它们的静电相互作用能与 $E_{el}(\cdots, x_{-1}, x_0, x_1, \cdots)$ 之和, 我们就能以很好的近似程度算出原子核的运动.

实际上, 为了进一步将问题简化, 还要对 U_N 提出一些合理的假设 (这是必不可少的, 因为 E_{el} 是未知的). 我们假设 U_N 所表示的实质上是每一个原子核与其紧邻原子核之间的相互作用能 (在无穷长直链中, 每一个原子核都有两个这样的紧邻原子核), 也就是说, 非紧邻原子核之间的作用力可以略去不计. 此外, 我们承认, 在各偏离量 x_q 可能达到的数值范围内, U_N 可以相当好地用下式表示:

$$U_N \simeq \frac{1}{2}m\omega_1^2\sum_q(x_q - x_{q+1})^2 \tag{80}$$

式中 m 是原子核的质量, ω_1 标志着一个核与其紧邻核之间的相互作用强度. 我们不考虑 $(x_q - x_{q+1})$ 的高次项 (即不考虑势的非谐性).

由于 (80) 式与 (6) 式全同, 我们可将前面几段的结果应用到刚才定义的 [602]
固体的简单模型. 但须注意, 现在必须取 $\omega = 0$, 因为 U_N 是原子核体系的总势能, 而这些核都与其紧邻的核相互作用着, 但它们并非弹性地被束缚于各自的平衡位置[①].

b. 简正模式; 晶体中的声速

晶体中的每一种简正模式可以用一个波矢 k 和一个角频率 $\Omega(k)$ 来描述. 在固体物理中, 与一种振动模式相联系的能量子叫做 “声子”. 我们可以将声子看作能量为 $\hbar\Omega(k)$、动量为 $\hbar k$ 的粒子. 实际上, 声子并非真实粒子, 因为它的存在反映构成晶体的实际粒子的集体振动状态. 因此, 我们有时称声子为 “赝粒子”, 它完全类似于我们在补充材料 H_V 中引入的位置为 $x_G(t)$ 与 $x_R(t)$ 的假想粒子. 此外, 向晶体提供或从晶体取出对应的振动能量, 便可以产生或湮没一个声子, 但是, 我们却不能产生或湮没诸如电子那样的粒子 (至少在本

① 在补充材料 A_V 中讲过的爱因斯坦模型是以另一种假设为基础的. 这个假设是: 由于每一个核都与所有其他核相互作用, 因此, 每一个核所 “看到” 的势是一个平均的势, 它与其他核的准确位置实际上并无关系; 在一级近似下, 可将这个平均势看作抛物型势; 在这种情况下, 我们得到一个独立谐振子的集合. 与上述假设不同, 在这里, 我们所讨论的模型稍微复杂一些, 因为我们要明显地 (虽然是近似地) 计入原子核之间的相互作用.

书所涉及的非相对论范畴内是这样的). 说到这一点, 我们顺便指出, 在一种特定的振动模式中, 声子的数目可以是任意的, 故声子是玻色子 (参看第十四章).

[603] 现在, 因为角频率 $\omega = 0$, 故对声子而言, 给出函数 $\Omega(k)$ 的色散关系便和 §1–b–δ 中讨论过的不一样; 在目前情况下, 在 (10) 式中取 $\omega = 0$, 我们得到:

$$\Omega(k) = 2\omega_1 \left|\sin\left(\frac{kl}{2}\right)\right| \tag{81}$$

表示 $\Omega(k)$ 的曲线绘在图 5–29 中; 它包含两支正弦型的半拱曲线. 与 ω 异于零的情况相反, 现在, 当 $k = 0$ 时 $\Omega(k)$ 也等于零, 而且当 k 很小时, $\Omega(k)$ 随 k 线性地变化. 因为, 只要

$$|k| \ll \frac{1}{l} \tag{82}$$

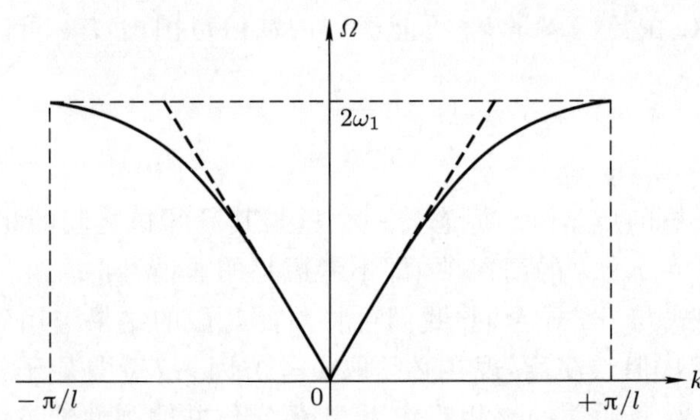

图 5–29 声子的色散关系 (即图 5–26 中 $\omega = 0$ 的曲线); 曲线在原点处的斜率给出晶体中的声速.

便有:

$$\Omega(k) \simeq \omega_1 |kl| = v_s |k| \tag{83}$$

其中

$$v_s = \omega_1 l \tag{84}$$

条件 (82) 表明, 与我们所考虑的模式相联系的波长 $2\pi/|k|$ 比晶格中的原子间距 l 大得多. 对于这样的波长, 链条的不连续结构消失了, 同时, 介质也成为非色散性的了, 就是说, 相速 $\Omega(k)/|k| \simeq v_s$ 与 k 无关了. 这意味着, 由符号相同、k 值很小的诸波所构成的波包可以无畸变地以速度 v_s 传播. 由于声波的波长满足 (82) 式, 故 v_s 就是晶体中的声速.

当 $|k|$ 与 $1/l$ 同数量级时, 链条结构上的不连续性就表现出来了, 角频率 $\Omega(k)$ 随 $|k|$ 增长的速度比 (83) 式所示的要缓慢一些 [在图 5–29 中, 曲线偏离

了虚线所表示的原点处的切线]. 这时, 介质是色散性的, 波包以下列的群速度运动.

$$v_G = \frac{d\Omega(k)}{dk} \neq \frac{\Omega(k)}{k} \tag{85}$$

最后, 当 k 逼近第一布里渊区的边界时 ($k \to \pm\pi/l$ 时), 从图 5–29 可以看出, 群速度趋于零. 如在电磁波的波导中那样, 达到截止频率 (其值现在为 $\omega_1/2\pi$) 时, 传播速度便等于零.

我们还可以将图 5–29 看作声子的能谱图, 它表示能量的可能值 $\hbar\Omega(k)$ 随动量 $\hbar k$ 变化的情况. 对于实际晶体来说, 有关这种能谱的知识是非常重要的. 有了能谱就可以确定晶体在与其他体系互相作用时能够放出或吸收的能量和动量. 例如, 晶体对光的非弹性散射 (布里渊效应), 就可以解释为入射光子的能量与动量变化时, 声子的湮没或产生所引起的现象 (在整个过程中, 总能量与总动量都是守恒的).

附注:

从上面建立的简单的一维模型, 我们可以引申出一些重要的物理概念, 它们对于实际晶体来说仍然是正确的. 诸如: 与简正振动模式相联系的能量子, 介质的色散, 容许频带 (和能带), 禁戒频带 (和能带). 在实际情 [604]
况中, 晶格是三维的, 因而一种简正振动模式要用一个真正的波矢量 $\boldsymbol{k}$ 来描述. 从而, 一般说来, Ω 不但依赖于 $\boldsymbol{k}$ 的数值, 也依赖于它的方向. 此外, 还会出现这种情况 (特别是在离子晶体中): 晶格中的格点并非都由同类粒子所占据, 例如, 可能是被两类不同的粒子所占据, 而且这两类粒子规则地交替出现①. 这样一来, 对于同一个波矢量 $\boldsymbol{k}$, 就会出现若干个角频率 $\Omega(k)$, 其中的一些, 当 $|\boldsymbol{k}| \to 0$ 时变为零, 它们构成我们在上面已经见到的 "声学支"; 另外的一些则属于所谓的 "光学支"②, 在其中, 动量为零的声子, 其能量却不为零. 这些都是固体物理学中极为重要的问题, 但却不是本书所要讨论的问题.

参考文献和阅读建议:

耦合的经典振子构成的直链: Berkeley 3(7.1), §2.4 和 §3.5; 参阅参考书目的第 13 节, 特别是 Kittel(13.2), 第 5 章.

集体振荡的其他例子: Feynman Ⅲ(1.2), 第 15 章.

---

① 实际晶体中还有随机分布的杂质和缺陷. 在这里, 我们只讨论理想晶体.

② 这个名称的来源如下: 在离子晶体中,"光学的" 声子是与波长甚大于晶体中原子间距的电磁波 (如可见光波) 相互耦合的.

补充材料 K_V

连续物理体系的振动模式. 在辐射方面的应用; 光子

[605]

1. 问题的梗概

在补充材料 H_V 和 J_V 中, 针对两个及可数的无穷多个耦合谐振子的体系, 我们提出了简正变量的概念. 这篇材料的目的是要说明, 这些概念也适用于电磁场, 而电磁场则是一个连续的物理体系 (辐射的波长没有任何自然的下限).

在讨论这个涉及很多方面的问题之前, 为了保证从前面的补充材料 H_V 和 J_V 逐渐过渡到本文的主题, 我们在 §2 里先讨论连续的力学体系 (弦线) 的振动模式. 从原子的尺度看, 这样的体系显然是不连续的, 因为弦线是由数目极多的原子构成的. 但是, 下面我们不考虑弦线的微观结构, 而把它当作真正连续的体系来处理, 因为下面的计算的基本目的是要阐明, 对于连续体系怎样引入简正变量. 此外, 由于要讨论的是力学体系, 我们就不难定义简正变量的共轭动量, 算出体系的哈密顿函数, 并证明它实际上就是诸独立的一维谐振子的哈密顿函数的总和. 同时, 我们还要详细讨论这种体系的量子化问题.

利用在 §2 中得到的结果, 我们就可以在 §3 中讨论辐射的振动模式. 我们将证实, 研究平行六面体形空腔中的辐射将导致与弦振动方程非常相似的方程; 利用同样的变换, 我们还可以引入辐射的简正变量 (与可以在空腔中存在的驻波相联系), 在这些变量之间完全没有耦合. 然后, 为了简捷地引申出光子的概念, 我们将满足于推广在 §2 中得到的结果 (实际上, 在这里不可能严格证明:对于像电磁场这样的非力学体系, 怎样才能引入共轭动量、拉格朗日函数 [606]
及哈密顿函数).

2. 连续力学体系的振动模式, 振动弦的例子

a. 符号. 体系的力学变量

弦的一端固定在 O 点 (图 5–30), 穿过障板上的小孔 P, 由一个重物给它施加张力 F. 为简单起见, 设弦始终位于通过 O、P 两点的同一平面内. 如果知道弦上各点 (以 OP 轴上的坐标 x 来标记) 在 t 时刻的偏移 $u(x,t)$ 和对应的速度 $\dfrac{\partial u(x,t)}{\partial t}$, 则弦线在该时刻的态便被确定. 弦线在 O 点与 P 点处所受的约束可以表示为下列的边界条件:

$$u(0,t)=u(L,t)=0 \tag{1}$$

0 与 L 分别为 O 点与 P 点的坐标.

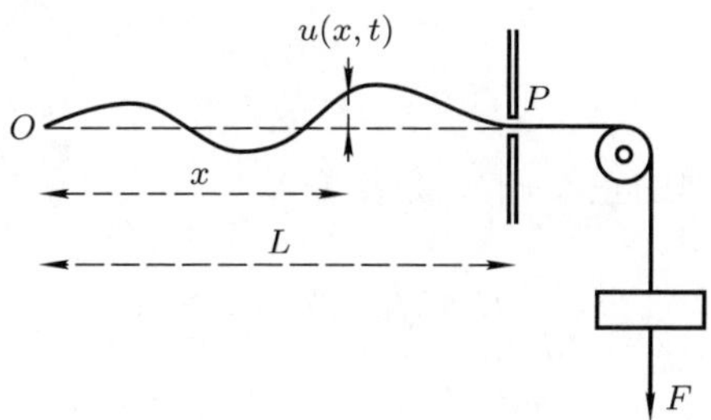

图 5–30　在定点 O 与 P 之间振动着的弦. 弦所受的张力为 F;$u(x,t)$ 表示弦上至 O 点的距离为 x 的质点对其平衡位置的偏移.

我们必须注意, 在这个问题中, 力学变量就是坐标为 x 的各点的偏移 $u(x,t)$, 因此, 力学变量的个数是连续的无穷大. 坐标 x 并不是力学变量, 而是一个连续指标, 可以用它来标记我们所要讨论的那个力学变量 (x 相当于补充材料 H_V 中的指标 1 与 2, 或补充材料 J_V 中的指标 q).

b. 经典运动方程

令 μ 为每单位长弦线的质量. 如果认为弦线是绝对柔顺的而且偏移很小, 那么, 运用经典计算就可以导出 u 所满足的偏微分方程. 我们得到:

$$\left(\frac{1}{v^2}\frac{\partial^2}{\partial t^2}-\frac{\partial^2}{\partial x^2}\right)u(x,t)=0 \tag{2}$$

[607] 式中

$$v=\sqrt{\frac{F}{\mu}} \tag{3}$$

是振动在弦上传播的速度.

这个方程表明, 点 x 处的变量 u 的演变依赖于无限邻近的诸点的 u [这种依赖性是通过 $\partial^2u/\partial x^2$ 引入的]. 由此可见, 诸变量 $u(x,t)$ 是逐点地相互耦合的. 于是, 我们可以提出这样一个问题: 是否可能像在补充材料 $\mathrm{H_V}$ 和 $\mathrm{J_V}$ 中那样, 引入由各点 x 处的变量 $u(x,t)$ 的线性组合构成的、退耦合的新变量?

c. 简正变量的引入

我们考虑 x 的函数的集合

$$f_k(x)=\sqrt{\frac{2}{L}}\sin\left(k\frac{\pi x}{L}\right) \tag{4}$$

其中 k 为正整数: $k=1,2,3,\cdots$. 函数 $f_k(x)$ 满足 $u(x,t)$ 所满足的那些边界条件:

$$f_k(0)=f_k(L)=0 \tag{5}$$

此外, 很容易验证下列的正交归一关系式:

$$\int_0^L f_k(x)f_{k'}(x)\mathrm{d}x=\delta_{kk'} \tag{6}$$

以及下列关系式:

$$\left(\frac{\mathrm{d}^2}{\mathrm{d}x^2}+\frac{k^2\pi^2}{L^2}\right)f_k(x)=0 \tag{7}$$

可以证明, 在 $x=0$ 及 $x=L$ 处其值为零的所有函数 [$u(x,t)$ 就属于这种情况] 都可以唯一地按 $f_k(x)$ 展开. 因此, 我们可以写出:

$$u(x,t)=\sum_{k=1}^{\infty}q_k(t)f_k(x) \tag{8}$$

式中 $q_k(t)$ 很容易用 (6) 式算出:

$$q_k(t)=\int_0^L u(x,t)f_k(x)\mathrm{d}x \tag{9}$$

弦线在 t 时刻的态可以由在各点 x 的函数值的集合 $\left\{u(x,t), \dfrac{\partial}{\partial t}u(x,t)\right\}$ 来确定, 也可以由函数值集合 $\{q_k(t), \dot{q}_k(t)\}$ 来确定. 我们刚才引入的新变量 $q_k(t)$, 如 (9) 式所示, 就是旧变量 $u(x,t)$ 的线性组合. 反过来说, 显然也是正确的 [参看公式 (8)].

为了导出 $q_k(t)$ 所满足的方程, 只需将展开式 (8) 代入运动方程 (2). 利用 [608]
(7) 式, 经过简单计算, 我们得到:

$$\sum_{k=1}^{\infty} f_k(x)\left[\frac{1}{v^2}\frac{\mathrm{d}^2}{\mathrm{d}t^2}q_k(t) + \frac{k^2\pi^2}{L^2}q_k(t)\right] = 0 \tag{10}$$

由于诸 f_k 是线性无关的, 此式成立就意味着:

$$\left[\frac{\mathrm{d}^2}{\mathrm{d}t^2} + \omega_k^2\right] q_k(t) = 0 \tag{11}$$

其中

$$\omega_k = \frac{k\pi v}{L} \tag{12}$$

于是我们看到, 这些新变量 $q_k(t)$ (仍叫做简正变量) 是彼此无关地演变的, 它们已经退耦合. 此外, 方程 (11) 和角频率为 ω_k 的一维谐振子的方程完全相同, 由此推知:

$$q_k(t) = A_k\cos(\omega_k t - \varphi_k) \tag{13}$$

因此, (8) 式右端的每一项 $q_k(t)f_k(x)$ 表示频率为 $\omega_k/2\pi$、半波长为 L/k 的驻波. 而每一个简正变量 q_k 则与弦线的一种简正振动模式相联系, 弦线的最普遍的运动就是这些简正振动模式的线性叠加.

附注:

在补充材料 J_V 中, 谐振子的个数是可数的无穷大, 而我们引入的简正变量的个数却是连续的无穷大. 在这里, 我们又处于相反的情况: $u(x,t)$ 构成以 x 为指标的连续集合, 但是由于边界条件的限制, 简正变量 $q_k(t)$ 却是以离散的 k 值为标记的.

d. 经典哈密顿函数

α. 动能

在 x 与 $x+\mathrm{d}x$ 之间的这一段弦线的动能是 $\dfrac{1}{2}\mu\mathrm{d}x\left[\dfrac{\partial}{\partial t}u(x,t)\right]^2$. 由此推知, 弦线的总动能 $\mathscr{T}$ 等于:

$$\mathscr{T} = \frac{\mu}{2}\int_0^L\left[\frac{\partial u(x,t)}{\partial t}\right]^2\mathrm{d}x \tag{14}$$

根据 (8) 式, 可以用诸 q_k 简单地将 $\mathscr{T}$ 表示为:

$$\mathscr{T}=\frac{\mu}{2}\sum_k\sum_{k'}\frac{\mathrm{d}q_k(t)}{\mathrm{d}t}\frac{\mathrm{d}q_{k'}(t)}{\mathrm{d}t}\int_0^L f_k(x)f_{k'}(x)\mathrm{d}x \tag{15}$$

[609] 利用 (6) 式, 还可将此式写作:

$$\mathscr{T}=\frac{\mu}{2}\sum_k\left(\frac{\mathrm{d}q_k}{\mathrm{d}t}\right)^2 \tag{16}$$

β. 势能

我们考虑在 x 与 $x+\mathrm{d}x$ 之间的一段弦线, 这一段与 Ox 轴的夹角 θ 应满足下列关系:

$$\tan\theta=\frac{\partial u(x,t)}{\partial x} \tag{17}$$

因而这一段的长度等于

$$\frac{\mathrm{d}x}{\cos\theta}=\mathrm{d}x[1+\tan^2\theta]^{1/2} \tag{18}$$

由于偏移很小, θ 也非常小, 因此, 可以写出:

$$\frac{\mathrm{d}x}{\cos\theta}\simeq\mathrm{d}x\left[1+\frac{1}{2}\left(\frac{\partial u(x,t)}{\partial x}\right)^2\right] \tag{19}$$

由此可以推知, 相对于平衡位置 (即对于 x 的一切值皆有 $u\equiv 0$ 的情况) 而言, 弦线长度的总增量等于:

$$\Delta L=\frac{1}{2}\int_0^L\left(\frac{\partial u(x,t)}{\partial x}\right)^2\mathrm{d}x \tag{20}$$

但是 ΔL 表示绷紧弦的重物上升的距离, 因而, 若以平衡位置作为计算势能的起点, 则弦线的势能 $\mathscr{V}$ 应等于:

$$\mathscr{V}=F\Delta L=\frac{1}{2}F\int_0^L\left(\frac{\partial u(x,t)}{\partial x}\right)^2\mathrm{d}x \tag{21}$$

我们还可以把 $\mathscr{V}$ 表示为简正变量 q_k 的函数. 利用 (8) 式和 (4) 式, 经过简单计算便可得到:

$$\mathscr{V}=\frac{F}{2}\sum_k\frac{k^2\pi^2}{L^2}q_k^2 \tag{22}$$

γ. q_k 的共轭动量; 哈密顿函数

体系的拉格朗日函数 $\mathscr{L}$ (参看附录 Ⅲ) 为:

$$\mathscr{L}=\mathscr{T}-\mathscr{V}=\frac{\mu}{2}\sum_k[\dot{q}_k^2-\omega_k^2q_k^2] \tag{23}$$

由此便可导出 q_k 的共轭动量 p_k 的表示式:

$$p_k = \frac{\partial \mathscr{L}}{\partial \dot{q}_k} = \mu \dot{q}_k \tag{24}$$

于是, 最后得到体系的哈密顿函数 $\mathscr{H}(q_k, p_k)$ 的表示式: [610]

$$\mathscr{H} = \mathscr{T} + \mathscr{V} = \sum_k \left[\frac{p_k^2}{2\mu} + \frac{1}{2}\mu\omega_k^2 q_k^2\right] \tag{25}$$

或改写作:

$$\mathscr{H} = \sum_k h_k \tag{26}$$

其中

$$h_k = \frac{p_k^2}{2\mu} + \frac{1}{2}\mu\omega_k^2 q_k^2 \tag{27}$$

由于 p_k 和 q_k 是共轭变量, 可以看出 h_k 就是角频率为 ω_k 的一维谐振子的哈密顿函数. 因而, $\mathscr{H}$ 就是独立的一维谐振子的哈密顿函数之和 (诸简正变量之间没有耦合, 故这些振子是独立的).

如在补充材料 B_V 和 C_V 中那样, 引入下列无量纲变量是方便的:

$$\widehat{q}_k = \beta_k q_k \tag{28–a}$$

$$\widehat{p}_k = \frac{1}{\beta_k \hbar} p_k \tag{28–b}$$

其中

$$\beta_k = \sqrt{\frac{\mu\omega_k}{\hbar}} \tag{29}$$

是一个有量纲的常量. 于是, $\mathscr{H}$ 可写为:

$$\mathscr{H} = \sum_k \frac{1}{2}\hbar\omega_k[\widehat{q}_k^2 + \widehat{p}_k^2] \tag{30}$$

e. 量子化

α. 前言

这一段中的计算, 当然不是用来揭示宏观振动弦线中的典型量子效应的, 在这样的弦线中, 可能被激发起来的振动频率 $\omega_k/2\pi$ 是如此之低 (最多属于 kHz 的数量级), 而基元能量 $\hbar\omega_k$ 与弦线的宏观能量相比又是如此之小, 以致采用经典描述已足够了. 我们可以认为, 既然 (12) 式中的 k 值并无上限, 那么 ω_k 就可以任意增大. 实际上, 如果波长 $2L/k$ 足够短, 弦线的刚性就不可忽视, 于是方程 (2) 也就不再成立. 此外, 正如我们在引言中曾经指出的那样, 弦线并非真正的连续体系, 考虑比原子间距更短的波长是毫无意义的.

[611] 辐射本身才是真正连续的体系 (波长没有任何的自然下限), 而且不论牵涉到的频率和波长如何, 辐射所满足的方程都和方程 (2) 类似[①]; 我们必须把下面介绍的计算看作是对辐射进行量子描述的简单的初步方法.

β. 哈密顿算符 H 的本征态和本征值

我们将每个振子量子化的方法, 是使与 $\widehat{q}_k$ 及 $\widehat{p}_k$ [参看公式 (28)] 相联系的观察算符 $\widehat{Q}_k$ 及 $\widehat{P}_k$ 满足下列关系:

$$[\widehat{Q}_k, \widehat{P}_k] = \mathrm{i} \tag{31}$$

由于诸简正变量之间没有耦合, 我们还可以假设与两个不同的振子相关的诸算符是可对易的. 因此, 一般地, 我们有:

$$[\widehat{Q}_k, \widehat{P}_{k'}] = \mathrm{i}\delta_{kk'} \tag{32}$$

令

$$H_k = \frac{1}{2}\hbar\omega_k(\widehat{Q}_k^2 + \widehat{P}_k^2) \tag{33}$$

为第 k 个振子的哈密顿算符. 根据第五章的结果, 我们已经知道它的本征态和本征值:

$$H_k|n_k\rangle = \left(n_k + \frac{1}{2}\right)\hbar\omega_k|n_k\rangle \tag{34}$$

其中 n_k 是一个非负整数 (为了简化, 我们用 $|n_k\rangle$ 代替 $|\varphi_{n_k}\rangle$).

由于诸 H_k 彼此对易, 我们可以将 H 的本征态写作诸 $|n_k\rangle$ 的张量积:

$$|n_1\rangle|n_2\rangle\cdots|n_k\rangle\cdots = |n_1, n_2, \cdots, n_k, \cdots\rangle \tag{35}$$

基态, 或称 "真空" 态, 对应于所有的 n_k 都为零的情况:

$$|0, 0, \cdots, 0, \cdots\rangle = |0\rangle \tag{36}$$

如果以 $|0\rangle$ 态的能量为起点, 那么, 态 (35) 的能量等于:

$$E_{n_1, n_2, \cdots, n_k, \cdots} = \sum_k n_k\hbar\omega_k \tag{37}$$

我们可以认为, 像 (35) 式中那样的态, 表示能量为 $\hbar\omega_1$ 的 n_1 个能量子, ……, 能量为 $\hbar\omega_k$ 的 n_k 个能量子, …… 的一个集合. 这些振动的能量子类似于补充材料 $\mathrm{J_V}$ 中讨论过的声子.

① 假若我们对微观的 "振动弦线"(例如线性大分子) 果真有兴趣, 那么, 比较现实的做法应该像在补充材料 $\mathrm{J_V}$ 中那样, 考虑一条由原子构成的链条, 不但研究它的纵向振动, 而且研究它的横向振动 (横向声子).

最后, 可以像在第五章 §B 中那样, 利用 $\widehat{P}_k$ 和 $\widehat{Q}_k$ 引入能量子 $\hbar\omega_k$ 的湮没算符和产生算符:

$$a_k = \frac{1}{\sqrt{2}}(\widehat{Q}_k + \mathrm{i}\widehat{P}_k) \tag{38}$$

a_k 的伴随算符是 $a_k^\dagger$.于是, 我们有: [612]

$$[a_k, a_{k'}^\dagger] = \delta_{kk'} \tag{39}$$

还有:

$$\begin{cases} a_k|n_1, n_2, \cdots, n_k, \cdots\rangle = \sqrt{n_k}|n_1, n_2, \cdots, n_k - 1, \cdots\rangle \\ a_k^\dagger|n_1, n_2, \cdots, n_k, \cdots\rangle = \sqrt{n_k + 1}|n_1, n_2, \cdots, n_k + 1, \cdots\rangle \end{cases} \tag{40}$$

所有诸如 (35) 式那样的态都可以通过真空态 $|0\rangle$ 来表示:

$$|n_1, n_2, \cdots, n_k, \cdots\rangle = \frac{(a_1^\dagger)^{n_1}}{\sqrt{n_1!}}\frac{(a_2^\dagger)^{n_2}}{\sqrt{n_2!}}\cdots\frac{(a_k^\dagger)^{n_k}}{\sqrt{n_k!}}\cdots|0\rangle \tag{41}$$

γ. 体系的量子态

体系的最普遍的量子态是各种态 $|n_1, n_2, \cdots, n_k, \cdots\rangle$ 的线性叠加:

$$|\psi(t)\rangle = \sum_{n_1, n_2, \cdots, n_k, \cdots} c_{n_1, n_2, \cdots, n_k, \cdots}(t)|n_1, n_2, \cdots, n_k, \cdots\rangle \tag{42}$$

$\psi(t)$ 随时间演变的规律就是薛定谔方程:

$$\mathrm{i}\hbar\frac{\mathrm{d}}{\mathrm{d}t}|\psi(t)\rangle = H|\psi(t)\rangle \tag{43}$$

利用 (37) 式和 (43) 式, 不难得到:

$$c_{n_1, n_2, \cdots, n_k, \cdots}(t) = c_{n_1, n_2, \cdots, n_k, \cdots}(0)\mathrm{e}^{-\mathrm{i}\sum\limits_k n_k\omega_k t} \tag{44}$$

δ. 与力学量 $u(x,t)$ 相联系的观察算符

进行量子化时, $u(x,t)$ 变成一个与时间 t 无关的观察算符 $U(x)$①, 在 (8) 式中用观察算符 Q_k 代替 $q_k(t)$, 便得到:

$$\begin{aligned} U(x) &= \sum_k f_k(x)Q_k \\ &= \sum_k \frac{1}{\beta_k\sqrt{2}}f_k(x)[a_k + a_k^\dagger] \end{aligned} \tag{45}$$

① 我们提醒一下, 在量子力学中, 对时间的依赖性通常包含在态矢量中而不是包含在算符中 (参看第三章 §D–1–d 中的讨论).

由此可见, 可以为 x 的每一个值定义一个位移算符 $U(x)$; 同时, 我们还看到, 这个算符线性地依赖于产生算符 $a_k^\dagger$ 和湮没算符 a_k.

将 $U(x)$ 的平均值 $\langle\psi(t)|U(x)|\psi(t)\rangle$ 与经典量 $u(x,t)$ 作一比较是很有意义的. 根据 (40) 式, a_k 与 $a_k^\dagger$ 所能联系的态只是能量差为 $\mp\hbar\omega_k$ 的那些态, 因此, 我们由 (45) 式可以推知, 在 $\langle U(x)\rangle(t)$ 的演变过程中可能出现的玻尔频率只有这样一些: $\omega_1/2\pi, \omega_2/2\pi, \cdots, \omega_k/2\pi, \cdots$, 它们分别对应于空间坐标的函数
[613] $f_1(x), f_2(x), \cdots, f_k(x), \cdots$. 现在我们看出, $\langle U(x)\rangle(t)$ 就是在弦线上可能存在的各种驻波的线性叠加. 这种类比还可以进一步推广. 我们来计算 $\dfrac{\partial^2}{\partial t^2}\langle U(x)\rangle(t)$; 利用

$$\frac{\mathrm{d}}{\mathrm{d}t}\langle a_k\rangle = -\mathrm{i}\omega_k\langle a_k\rangle \tag{46}$$

[参看补充材料 G_V 的方程 (17)]以及 (7) 式和 (12) 式, 很容易证实由 (45) 式给出的 $U(x)$ 的平均值满足下列微分方程:

$$\left(\frac{1}{v^2}\frac{\partial^2}{\partial t^2} - \frac{\partial^2}{\partial x^2}\right)\langle U(x)\rangle(t) = 0 \tag{47}$$

此式与 (2) 式相同.

最后, 要注意, Q_k 不能与 H_k 对易, 故 $U(x)$ 也不能和 H 对易. 这就是说, 在量子力学中, 位移和总能量是不相容的物理量.

3. 辐射的振动模式: 光子

a. 符号. 运动方程

在指定时刻 t, 如果我们知道空间各点 $\boldsymbol{r}$ 处的电场 $\boldsymbol{E}$ 和磁场 $\boldsymbol{B}$ 的诸分量的值, 那么, 电磁场在该时刻的经典态就完全确定. 如在上面的 §2 中那样, 现在的力学变量是每点 $\boldsymbol{r}$ 处的六个分量 E_x、E_y、E_z 及 B_x、B_y、B_z, 它们的总数也是连续的无穷大.

为了突出电磁场的简正变量 (或简正振动模式) 这个重要概念, 我们将作一种简化, 即暂不着眼于 $\boldsymbol{E}$ 和 $\boldsymbol{B}$ 的矢量特性, 而来计算标量场 $\mathscr{S}(\boldsymbol{r},t)$, 它 (如同 $\boldsymbol{E}$ 与 $\boldsymbol{B}$ 的诸分量那样) 满足下列方程:

$$\left(\frac{1}{c^2}\frac{\partial^2}{\partial t^2} - \Delta\right)\mathscr{S}(\boldsymbol{r},t) = 0 \tag{48}$$

式中 c 为光速.

我们假设电磁场被局限在一个平行六面体形空腔中, 空腔的内壁具有理想的导电性, 它沿 Ox, Oy, Oz 方向的棱长分别为 L_1, L_2, L_3. 作为边界条件, 我们令 $\mathscr{S}(\boldsymbol{r},t)$ 在空腔内壁上的值为零 (在实际问题中, 在内壁上必须等于零的,

例如, 是电场 $\boldsymbol{E}$ 的诸切向分量). 于是我们可以写出:

$$\begin{aligned}\mathscr{S}(x=0,y,z,t)&=\mathscr{S}(x=L_1,y,z,t)=\mathscr{S}(x,y=0,z,t)=\cdots\\&=\mathscr{S}(x,y,z=L_s,t)=0\end{aligned}\tag{49}$$

b. 简正变量的引入 [614]

我们来考虑 x, y, z 的函数的集合:

$$f_{klm}(x,y,z)=\sqrt{\frac{8}{L_1L_2L_3}}\sin\left(\frac{k\pi x}{L_1}\right)\sin\left(\frac{l\pi y}{L_2}\right)\sin\left(\frac{m\pi z}{L_3}\right)\tag{50}$$

其中的 k, l, m 都是正整数 $(k, l, m = 1, 2, 3, \cdots)$. 这些函数 $f_{klm}(x, y, z)$ 在空腔的内壁上等于零, 因此, 它们所满足的边界条件与 $\mathscr{S}(x, y, z, t)$ 所满足的相同:

$$f_{klm}(x=0,y,z)=f_{klm}(x=L_1,y,z)=\cdots=f_{klm}(x,y,z=L_3)=0\tag{51}$$

此外, 我们很容易验证下列关系式:

$$\int_0^{L_1}\mathrm{d}x\int_0^{L_2}\mathrm{d}y\int_0^{L_3}\mathrm{d}z f_{klm}(x,y,z)f_{k'l'm'}(x,y,z)=\delta_{kk'}\delta_{ll'}\delta_{mm'}\tag{52}$$

以及

$$\left[\Delta+\left(\frac{k^2}{L_1^2}+\frac{l^2}{L_2^2}+\frac{m^2}{L_3^2}\right)\pi^2\right]f_{klm}(x,y,z)=0\tag{53}$$

在空腔内壁上数值为零的任何函数, 例如 $\mathscr{S}(\boldsymbol{r}, t)$ 这个函数, 都可以唯一地按函数族 $f_{klm}(x, y, z)$ 展开. 于是, 我们有:

$$\mathscr{S}(x,y,z,t)=\sum_{k,l,m}q_{klm}(t)f_{klm}(x,y,z)=0\tag{54}$$

利用 (52) 式, 很容易求得系数:

$$q_{klm}(t)=\int_0^{L_1}\mathrm{d}x\int_0^{L_2}\mathrm{d}y\int_0^{L_3}\mathrm{d}z f_{klm}(x,y,z)\mathscr{S}(x,y,z,t)\tag{55}$$

于是我们看到, t 时刻的场不但可以用变量集合 $\mathscr{S}(x, y, z, t)$ 来描述, 也可以用变量集合 $q_{klm}(t)$ 来描述. 公式 (54) 和 (55), 使我们可以从一种集合过渡到另一种集合.

将 (54) 式代入 (48) 式, 并利用 (53) 式, 经过简单计算, 我们得到:

$$\left[\frac{\mathrm{d}^2}{\mathrm{d}t^2}+\omega_{klm}^2\right]q_{klm}(t)=0\tag{56}$$

其中

$$\omega_{klm}^2=c^2\pi^2\left[\frac{k^2}{L_1^2}+\frac{l^2}{L_2^2}+\frac{m^2}{L_3^2}\right]\tag{57}$$

由此可见, 简正变量 $q_{klm}(t)$ 彼此之间是没有耦合的. 根据 (56) 式, $q_{klm}(t)$ 的变化规律就是 $A\cos(\omega_{klm}t-\varphi)$. 因此, 级数 (54) 中的每一项 $q_{klm}(t)f_{klm}(x,y,z)$ 代
[615] 表一种驻波 (或空腔中场的一种简正振动模式), 它的特征是: 频率为 $\omega_{klm}/2\pi$, 在三个方向 Ox、Oy、Oz 上随空间而变化 (沿这三个方向上的半波长分别为 $L_1/k, L_2/l, L_3/m$).

这样一来, 我们便毫不困难地推广了前面 §2–c 中的结果. 但是, 要注意: 如果将电磁场的矢量特征考虑在内, 振动模式的结构将更为复杂. 当然, 一般的概念还是相同的, 因而得到的结论也是相似的.

c. 经典哈密顿函数

由于前面 §2–c 和 §3–b 中那些结果极其相似, 据此, 我们将不予证明就直接承认: 可以给场 $\mathscr{S}(\boldsymbol{r},t)$ 联系上一个拉格朗日函数 $\mathscr{L}$; 我们可以从它导出运动方程 (48)、简正变量的共轭动量 p_{klm} 以及体系的哈密顿函数 $\mathscr{H}$. 在这里, 最关紧要的只有一点, 即这个哈密顿函数与 (30) 式相似:

$$\mathscr{H}=\sum_{k,l,m}\frac{1}{2}\hbar\omega_{klm}[(\widehat{q}_{klm})^2+(\widehat{p}_{klm})^2] \tag{58}$$

式中 $\widehat{q}_{klm}$ 和 $\widehat{p}_{klm}$ 是与 q_{klm} 和 p_{klm} 成比例的无量纲变量:

$$\widehat{q}_{klm}=\beta_{klm}q_{klm}\quad \widehat{p}_{klm}=\frac{1}{\hbar\beta_{klm}}p_{klm} \tag{59}$$

式中 β_{klm} 是一个有量纲的常量, 和我们在 (29) 式中引入的相似.

附注:

(i) 各简正变量 q_{klm} 随时间演变的方程 [已在 (56) 式中建立] 类似于角频率为 ω_{klm} 的一维谐振子的方程. 因此, 不难理解, 我们得到的 $\mathscr{H}$ 是很多独立的一维谐振子的哈密顿函数之和. 我们也可以从 (58) 式出发得到 (56) 式. 其实, 考虑到 (59) 式, 便可将哈密顿–雅可比方程组 (参看附录 Ⅲ) 写作:

$$\begin{cases}\dfrac{\mathrm{d}\widehat{q}_{klm}}{\mathrm{d}t}=\dfrac{1}{\hbar}\dfrac{\partial\mathscr{H}}{\partial\widehat{p}_{klm}}\\[2mm]\dfrac{\mathrm{d}\widehat{p}_{klm}}{\mathrm{d}t}=-\dfrac{1}{\hbar}\dfrac{\partial\mathscr{H}}{\partial\widehat{q}_{klm}}\end{cases} \tag{60}$$

利用 (58) 式所表示的 $\mathscr{H}$, 则此方程组成为:

$$\begin{cases}\dfrac{\mathrm{d}\widehat{q}_{klm}}{\mathrm{d}t}=\omega_{klm}\widehat{p}_{klm} & \text{(61–a)}\\[2mm]\dfrac{\mathrm{d}\widehat{p}_{klm}}{\mathrm{d}t}=-\omega_{klm}\widehat{q}_{klm} & \text{(61–b)}\end{cases}$$

从这两个方程中消去 $\widehat{p}_{klm}$, 所得结果正是 (56) 式.

(ii) 对于由 $\boldsymbol{E}$ 和 $\boldsymbol{B}$ 两种场构成的实际电磁场, 不通过拉格朗日函数, 我们也可以直接建立表示 $\mathscr{H}$ 的 (58) 式. 为此, 我们只需将场的总能量写作空腔中的电场能和磁场能的总和:

$$\mathscr{H} = \frac{\varepsilon_0}{2}\int_0^{L_1}\mathrm{d}x\int_0^{L_2}\mathrm{d}y\int_0^{L_3}\mathrm{d}z[\boldsymbol{E}^2 + c^2\boldsymbol{B}^2] \tag{62}$$ [616]

并且对于 $\boldsymbol{E}$ 和 $\boldsymbol{B}$ 利用类似于 (54) 式的展开式. 于是我们将会发现, (58) 式中含有 $\widehat{p}^2_{klm}$ 与 $\widehat{q}^2_{klm}$ 的项分别对应于电场能与磁场能.

d. 量子化

现在从方程 (58) 出发, 我们就可以像 §2–e 中那样进行讨论.

α. H 的本征态和本征值

我们给 $\widehat{q}_{klm}$ 和 $\widehat{p}_{klm}$ 分别联系上观察算符 $\widehat{Q}_{klm}$ 和 $\widehat{P}_{klm}$, 它们的对易子等于 i. 由于和两种不同的振动模式对应的观察算符是可以对易的, 一般地, 我们有:

$$[\widehat{Q}_{klm}, \widehat{P}_{k'l'm'}] = \mathrm{i}\delta_{kk'}\delta_{ll'}\delta_{mm'} \tag{63}$$

用 H_{klm} 表示与振动模式 (klm) 相联系的哈密顿算符, 即

$$H_{klm} = \frac{\hbar\omega_{klm}}{2}[(\widehat{Q}_{klm})^2 + (\widehat{P}_{klm})^2] \tag{64}$$

我们知道它的本征态及本征值为:

$$H_{klm}|n_{klm}\rangle = \left(n_{klm} + \frac{1}{2}\right)\hbar\omega_{klm}|n_{klm}\rangle \tag{65}$$

式中 n_{klm} 为非负整数.

由于诸 H_{klm} 彼此对易, 我们可以将 $H = \sum\limits_{klm} H_{klm}$ 的本征态取作诸 $|n_{klm}\rangle$ 的张量积的形式:

$$|n_{111}, n_{211}, n_{121}, n_{112}, \cdots, n_{klm}, \cdots\rangle \tag{66}$$

基态, 即所谓 “真空” 态, 就是所有的 n_{klm} 均为零的态:

$$|0, 0, 0, 0, \cdots, 0, \cdots\rangle = |0\rangle \tag{67}$$

如果以真空态的能量作为计算的起点, 则 (66) 式中的态的能量等于:

$$E_{n_{111},\cdots,n_{klm},\cdots} = \sum_{klm} n_{klm}\hbar\omega_{klm} \tag{68}$$

我们可以认为诸如 (66) 式那样的态表示一个集合, 其中有 n_{111} 个能量子 $\hbar\omega_{111}, \cdots, n_{klm}$ 个能量子 $\hbar\omega_{klm}, \cdots$. 这些能量子其实就是**光子**. 于是我们看到, 空腔中的每一种简正振动模式都与某一种类型的光子相联系.

[617] 如同 (38) 式那样, 我们可以引入 (klm) 型的光子的湮没算符与产生算符:

$$\begin{cases} a_{klm} = \dfrac{1}{\sqrt{2}}(\widehat{Q}_{klm} + \mathrm{i}\widehat{P}_{klm}) \\ a_{klm}^{\dagger} = \dfrac{1}{\sqrt{2}}(\widehat{Q}_{klm} - \mathrm{i}\widehat{P}_{klm}) \end{cases} \tag{69}$$

并建立起与 (39)、(40) 及 (41) 完全相同的诸公式:

$$[a_{klm}, a_{klm}^{\dagger}] = \delta_{kk'}\delta_{ll'}\delta_{mm'} \tag{70}$$

$$\begin{cases} a_{klm}|n_{111}, \cdots, n_{klm}, \cdots\rangle = \sqrt{n_{klm}}|n_{111}, \cdots, n_{klm} - 1, \cdots\rangle \\ a_{klm}^{\dagger}|n_{111}, \cdots, n_{klm}, \cdots\rangle = \sqrt{n_{klm}+1}|n_{111}, \cdots, n_{klm} + 1, \cdots\rangle \end{cases} \tag{71}$$

$$|n_{111}, \cdots, n_{klm}, \cdots\rangle = \frac{(a_{111}^{\dagger})^{n_{111}}}{\sqrt{n_{111}!}} \cdots \frac{(a_{klm}^{\dagger})^{n_{klm}}}{\sqrt{n_{klm}!}} \cdots |0\rangle \tag{72}$$

β. 场的量子态

场的最普遍的态是 (66) 式那样的态的线性叠加:

$$|\psi(t)\rangle = \sum_{n_{111}, \cdots, n_{klm}, \cdots} c_{n_{111}, \cdots, n_{klm}, \cdots}(t)|n_{111}, \cdots, n_{klm}, \cdots\rangle \tag{73}$$

利用薛定谔方程:

$$\mathrm{i}\hbar\frac{\mathrm{d}}{\mathrm{d}t}|\psi(t)\rangle = H|\psi(t)\rangle \tag{74}$$

可以得到各系数的表达式如下:

$$c_{n_{111}, \cdots, n_{klm}, \cdots}(t) = c_{n_{111}, \cdots, n_{klm}, \cdots}(0)\mathrm{e}^{-\mathrm{i}\sum\limits_{klm} n_{klm}\omega_{klm}t} \tag{75}$$

γ. 场算符

进行量子化后, 场 $\mathscr{S}(\boldsymbol{r}, t)$ 就变成一个观察算符 $S(\boldsymbol{r})$, 它不再依赖于 t; 并且在 (54) 式中, 用 Q_{klm} 代替 $q_{klm}(t)$ 便可得到它:

$$S(\boldsymbol{r}) = \sum_{klm} \frac{1}{\beta_{klm}} f_{klm}(\boldsymbol{r})\widehat{Q}_{klm} \tag{76}$$

利用 (69) 式, 我们也可以用产生算符和湮没算符来表示 $S(\boldsymbol{r})$:

$$S(\boldsymbol{r}) = \frac{1}{\sqrt{2}}\sum_{klm} \frac{1}{\beta_{klm}} f_{klm}(\boldsymbol{r})[a_{klm} + a_{klm}^{\dagger}] \tag{77}$$

[618] 仿照 §2–e–δ 中的推理, 利用 (71) 和 (75) 式, 我们可以证明: 在场的平均值

$$\langle S(\boldsymbol{r})\rangle(t) = \langle\psi(t)|S(\boldsymbol{r})|\psi(t)\rangle$$

随时间演变的过程中, 可能出现的玻尔频率只有 $\omega_{111}/2\pi, \omega_{211}/2\pi, \cdots, \omega_{klm}/2\pi, \cdots$, 它们分别对应于坐标的函数 $f_{111}(\boldsymbol{r}), f_{211}(\boldsymbol{r}), \cdots, f_{klm}(\boldsymbol{r}), \cdots$. 于是, 我们看到, $\langle S(\boldsymbol{r})\rangle(t)$ 是在空腔内可能存在的各种经典驻波的线性叠加. 与 §2–e–δ 中完全相同的计算表明, $\langle S(\boldsymbol{r})\rangle$ 满足 (48) 式.

最后, 我们可以证实, $S(\boldsymbol{r})$ 与 H 是不可对易的. 因此, 在量子理论中, 我们不可能同时准确地知道光子数和空间某点的电磁场的数值.

附注:

对于电磁场, 我们也可以构成相干态, 这和我们在补充材料 G_V 中引入的类似, 而且这个概念可以在场和能量这两个不相容的物理量之间实现可能最好的折中.

δ. 真空的涨落

我们在第五章的 §D–1 中曾经看到, 在谐振子的基态中, $\langle X\rangle$ 为零, 但 $\langle X^2\rangle$ 却不为零, 而且我们曾对这种典型的量子效应的物理意义进行过讨论.

在现在所讨论的问题中, $S(\boldsymbol{r})$ 与第五章中的算符 X 有许多相似之处, 实际上从 (77) 式我们看到, $S(\boldsymbol{r})$ 是产生算符和湮没算符的线性组合. 下面我们来考查在场的基态 $|0\rangle$ 中, 即在对光子而言的 "真空" 态中, $S(\boldsymbol{r})$ 的平均值. 根据 (71) 式, a 与 $a^\dagger$ 的对角元等于零, 由此, 我们推知:

$$\langle 0|S(\boldsymbol{r})|0\rangle = 0 \tag{78}$$

反之, $[S(\boldsymbol{r})]^2$ 的对应矩阵元却不等于零, 这是因为: 根据 (71) 式, 有:

$$\begin{cases} a_{klm}|0\rangle = 0 \\ \langle 0|a^\dagger_{k'l'm'} = 0 \\ \langle 0|a_{k'l'm'}a^\dagger_{klm}|0\rangle = \delta_{kk'}\delta_{ll'}\delta_{mm'} \end{cases} \tag{79}$$

再利用 (77) 式, 经过简单的计算便得到:

$$\langle 0|[S(\boldsymbol{r})]^2|0\rangle = \frac{1}{2}\sum_{klm}\frac{1}{\beta^2_{klm}}[f_{klm}(\boldsymbol{r})]^2 \tag{80}$$

由此可以推知, 在真空中, 即不存在任何光子时, 空间中一点的电磁场 $S(\boldsymbol{r})$ 的平均值等于零, 但方均根偏差不等于零. 这就是说, 例如, 对 $S(\boldsymbol{r})$ 进行一次测量, 即使空间没有任何光子, 我们也可能得到异于零的结果 (当然另一次测量的结果很可能不同). 这个效应没有任何经典类比; 因为, 在经典理论中, 如果能量为零, 场就严格地等于零. 通常, 我们将上述结果表述为光子的 "真空" 就是场的涨落之所在, 这种涨落由 (78) 式和 (80) 式所描述, 并被称为真空的涨落.

在原子体系与电磁场相互作用的问题中, 这些涨落的存在导致了一些很有意义的物理后果. 例如, 我们来考虑一个处在能量为 E 的态 $|E\rangle$ 中的原子, 它受到 (按经典方式处理的) 电磁波的照射. 在补充材料 A_{XIII} 中, 利用依赖于时间的微扰理论 (参看第十三章), 我们将会看到, 在这种激发作用下, 原子可以跃迁到较高能态 (吸收) 或较低能态 [619]

(受激发射). 但是, 按照这种半经典的处理, 如果空间没有任何场, 原子应该永远停留在态 $|E\rangle$. 事实上, 我们刚才说过, 即使没有任何入射光子, 这个原子也应该 "感受到" 与电磁场的量子特性相联系的 "真空的涨落". 在这些涨落的影响下, 原子可以发射一个光子而落到较低的能态 (在这个过程中, 总体系的能量是守恒的), 这就是自发发射现象; 我们也可以说, 这种现象是 "真空的涨落所激发的发射" (使原子跃迁到较高能态的自发吸收是不会发生的, 因为从处于基态的场是不可能汲取出任何一点电磁能的).

我们还可以证明,"真空的涨落" 的另一种效应就是迫使原子中的电子发生漂移, 这种运动使各能级的能量值受到轻微的修正. 人们在氢原子光谱中观察到这种效应 ("兰姆移位"), 这已成为近代量子电动力学发展的起点.

附注:

在前面的讨论中, 我们一直以 "真空" 态的能量作为计算场的各态能量的起点. 实际上, 谐振子理论已给出了 "真空" 态的能量的绝对大小:

$$E_0 = \sum_{klm} \frac{1}{2} \hbar\omega_{klm} \tag{81}$$

显然, 在 E_0 和与 "真空的涨落" 相联系的电能和磁能之间必有密切的联系. 我们刚才简略提到过的量子电动力学的困难之一就在于: (81) 式中的和实际上是无穷大, 而且 (80) 式的情况也是这样! 但是, 通过所谓的 "重正化" 手续, 我们就可以克服这个困难. 这样, 我们便避免了无穷大的量, 并能以相当高的精确度计算出可以实际观察的效应 [诸如 "兰姆移位"]. 显然, 在这里不可能讨论这些广泛的问题.

参考文献和阅读建议:

经典力学中连续弦的振动模式: Berkeley 3 (7, 1), §2.1, §2.2 及 §2.3.

电磁场的量子化: Mandl (2.9); Schiff (1.18) 第 14 章; Messiah (1.17), 第 XXI 章; Bjorken 和 Drell (2.10), 第 11 章; Power (2.11); Heitler (2.13).

"兰姆移位": Lamb 和 Retherford (3.11); Frisch (3.13); Kuhn (11.1), 第 Ⅲ 章, §A–5–e; Series (11.7), 第 Ⅷ 章, Ⅸ 章和 X 章.

补充材料 L_V

处于温度为 T 的热力学平衡的一维谐振子 [620]

这篇补充材料专门讨论与温度为 T 的恒温器保持热力学平衡的一维谐振子的物理性质. 我们知道 (参看补充材料 $E_{\rm III}$), 这样的振子并不处于纯态 (不可能用一个右矢 $|\psi\rangle$ 去描述它的态). 根据已有的关于振子的部分知识以及统计力学中的结果, 我们可以用权重分别正比于 $e^{-E_n/kT}$ 的诸定态 $|\varphi_n\rangle$ 的统计混合来描述振子 (k 为玻尔兹曼常量, E_n 为 $|\varphi_n\rangle$ 态的能量). 在补充材料 $E_{\rm III}$ (§5–a) 中, 我们已经看到, 对应的密度算符可以写作:

$$\rho = Z^{-1}e^{-H/kT} \tag{1}$$

其中 H 为哈密顿算符, 而

$$Z = \mathrm{Tr}\, e^{-H/kT} \tag{2}$$

是一个归一化因子, 它保证:

$$\mathrm{Tr}\,\rho = 1 \tag{3}$$

(Z 就是配分函数).

下面我们要计算振子能量的平均值 $\langle H\rangle$, 解释所得结果的物理意义, 并说明它是怎样渗入很多物理问题的 (如黑体辐射、固体比热容, $\cdots\cdots$). 最后, 我们再建立关于可观察量 X (粒子的位置) 的概率密度的表示式, 并进行讨论.

[621]

1. 平均能量

a. 配分函数

根据第五章 §B 中的结果, 态 $|\varphi_n\rangle$ 的能量 E_n 等于 $(n+1/2)\hbar\omega$. 由于所有能级都是非简并的, 根据 (2) 式, 我们有:

$$\begin{aligned} Z &= \sum_{n=0}^{\infty}\langle\varphi_n|\mathrm{e}^{-H/kT}|\varphi_n\rangle \\ &= \sum_{n=0}^{\infty}\mathrm{e}^{-(n+1/2)\hbar\omega/kT} \\ &= \mathrm{e}^{-\hbar\omega/2kT}[1+\mathrm{e}^{-\hbar\omega/kT}+\mathrm{e}^{-2\hbar\omega/kT}+\cdots] \end{aligned} \tag{4}$$

不难看出, (4) 式的括号内是一个公比为 $\mathrm{e}^{-\hbar\omega/kT}$ 的几何级数, 于是便得:

$$Z=\frac{\mathrm{e}^{-\hbar\omega/2kT}}{1-\mathrm{e}^{-\hbar\omega/kT}} \tag{5}$$

b. $\langle H\rangle$ 的计算

根据补充材料 $\mathrm{E_{III}}$ 中的公式 (31) 和关于 ρ 的 (1) 式:

$$\langle H\rangle=\mathrm{Tr}\,(H\rho)=Z^{-1}\mathrm{Tr}\,(H\mathrm{e}^{-H/kT}) \tag{6}$$

将对于基 $\{|\varphi_n\rangle\}$ 的迹明显地写出来, 我们得到:

$$\langle H\rangle=Z^{-1}\sum_{n=0}^{\infty}(n+1/2)\hbar\omega\mathrm{e}^{-(n+1/2)\hbar\omega/kT} \tag{7}$$

为了计算这个量, 我们将 (4) 式两端对 T 求导:

$$\frac{\mathrm{d}Z}{\mathrm{d}T}=\frac{1}{kT^2}\sum_{n=0}^{\infty}(n+1/2)\hbar\omega\mathrm{e}^{-(n+1/2)\hbar\omega/kT} \tag{8}$$

可以看出:

$$\langle H\rangle=kT^2\frac{1}{Z}\frac{\mathrm{d}Z}{\mathrm{d}T} \tag{9}$$

于是利用 (5) 式, 经过简单的计算便得到:

$$\boxed{\langle H\rangle=\frac{\hbar\omega}{2}+\frac{\hbar\omega}{\mathrm{e}^{\hbar\omega/kT}-1}} \tag{10}$$

附注: [622]

(i) 各向同性的三维振子

利用补充材料 E_V 中的结果和符号, 我们可以写出:

$$\langle H\rangle = \langle H_x\rangle + \langle H_y\rangle + \langle H_z\rangle \tag{11}$$

其中 $\langle H_x\rangle$ 由下式给出:

$$\begin{aligned}\langle H_x\rangle &= Z^{-1}\mathrm{Tr}\left(H_x \mathrm{e}^{-H/kT}\right)\\ &= \frac{\displaystyle\sum_{n_x=0}^{\infty}\sum_{n_y=0}^{\infty}\sum_{n_z=0}^{\infty}(n_x+1/2)\hbar\omega \mathrm{e}^{-[(n_x+1/2)+(n_y+1/2)+(n_z+1/2)]\hbar\omega/kT}}{\displaystyle\sum_{n_x=0}^{\infty}\sum_{n_y=0}^{\infty}\sum_{n_z=0}^{\infty}\mathrm{e}^{-[(n_x+1/2)+(n_y+1/2)+(n_z+1/2)]\hbar\omega/kT}}\end{aligned} \tag{12}$$

对于 n_y 及 n_z 的求和可以分离出来, 由于分子和分母中的这两个和相等, 于是有:

$$\langle H_x\rangle = \frac{\displaystyle\sum_{n_x=0}^{\infty}(n_x+1/2)\hbar\omega \mathrm{e}^{-(n_x+1/2)\hbar\omega/kT}}{\displaystyle\sum_{n_x=0}^{\infty}\mathrm{e}^{-(n_x+1/2)\hbar\omega/kT}} \tag{13}$$

除了 n 被换成了 n_x 以外, 这里的结果和上一段中已经算出的结果完全相同; 因此, $\langle H_x\rangle$ 等于 (10) 式所给出的值. 不难证明, $\langle H_y\rangle$ 和 $\langle H_z\rangle$ 的情况也是这样. 于是, 我们便得到如下的结果: 在热力学平衡下, 各向同性的三维振子的平均能量等于同一频率的一维振子的平均能量的三倍.

(ii) 经典振子

经典的一维振子的能量 $\mathscr{H}(x,p)$ 等于:

$$\mathscr{H}(x,p) = \frac{p^2}{2m} + \frac{1}{2}m\omega^2 x^2 \tag{14}$$

此式中的 x 与 p 可以取 $-\infty$ 到 $+\infty$ 之间的任何数值. 根据经典统计力学的结果, 这种经典振子的平均能量由下式给出:

$$\langle\mathscr{H}\rangle = \frac{\displaystyle\int_{-\infty}^{+\infty}\int_{-\infty}^{+\infty}\mathscr{H}(x,p)\mathrm{e}^{-\mathscr{H}(x,p)/kT}\mathrm{d}x\mathrm{d}p}{\displaystyle\int_{-\infty}^{+\infty}\int_{-\infty}^{+\infty}\mathrm{e}^{-\mathscr{H}(x,p)/kT}\mathrm{d}x\mathrm{d}p} \tag{15}$$

将 (14) 式代入 (15) 式, 经过简单的计算便得到:

$$\langle\mathscr{H}\rangle = kT \tag{16}$$

仿照上面附注 (i) 中的推理, 可以证明, 从一维过渡到三维时, 应将 (16) 式中的结果乘以 3.

[623] ## 2. 讨论

a. 与经典振子的比较

在图 5–31 中, 实线表示一维量子振子的平均能量 $\langle H\rangle$ 随 T 变化的情况, 虚线表示经典振子的平均能量 $\langle\mathscr{H}\rangle$ 的变化情况.

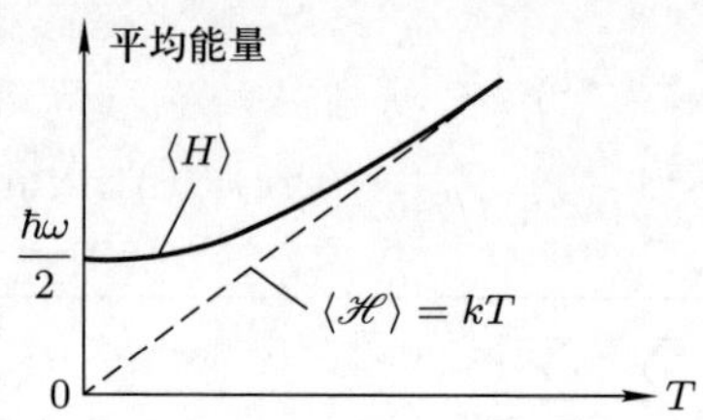

图 5–31 量子振子平均能量随温度变化的情况 (实曲线) 与经典情况 (虚直线) 的对比.

$T=0$ 时, $\langle H\rangle=\hbar\omega/2$. 这个结果对应于下述情况: 在绝对零度, 我们确认振子所处的态是基态 $|\varphi_0\rangle$, 其能量为 $\hbar\omega/2$ (由于这个原因, 有时我们称 $\hbar\omega/2$ 为 "零点能"). 至于经典振子, 则固定 $(p=0)$ 在稳定平衡位置 $(x=0)$ 处, 其能量为零 $\langle\mathscr{H}\rangle=0$.

只要 T 保持在很小的数值, 更精确地说, 只要 $kT\ll\hbar\omega$, 那么, 只有基态能级的布居数才是显著的, $\langle H\rangle$ 实际上保持为 $\hbar\omega/2$; 所以在图 5–31 中, 实曲线始端的切线是水平的. 从 (10) 式也可直接看出这一点, 当 T 很小时, 可将该式写作:

$$\langle H\rangle \simeq \frac{\hbar\omega}{2}+\hbar\omega\mathrm{e}^{-\hbar\omega/kT} \tag{17}$$

反之, 如果 T 很大, 即 $kT\gg\hbar\omega$, 则该式给出:

$$\langle H\rangle = \frac{\hbar\omega}{2}+kT\left(1-\frac{1}{2}\frac{\hbar\omega}{kT}+\cdots\right) \tag{18}$$

这就是说, 除了形如 $kT\left(\dfrac{\hbar\omega}{kT}\right)^2$ 的无穷小量以外,

$$\langle H\rangle \simeq kT \tag{19}$$

因此, 表示 $\langle H\rangle$ 随温度变化的曲线以直线 $\langle\mathscr{H}\rangle=kT$ 为渐近线.

总之, 在高温 $(kT\gg\hbar\omega)$ 下, 量子振子和经典振子具有相同的平均能量 kT. 两者的显著差别出现在低温 $(kT\ll\hbar\omega)$ 下: 一旦表征恒温器的能量 kT 接近振子的两相邻能级之间的间隔 $\hbar\omega$ 时, 就不能再忽视振子能量的量子化.

[624] b. 与双能级体系的比较

将前面的结果和我们在讨论双能级体系时得到的结果作一比较, 是很有意义的. 假设对应的态是 $|\psi_1\rangle$ 和 $|\psi_2\rangle$, 属于能量 E_1 和 E_2 (设 $E_1 < E_2$). 对于这样的体系, 普遍公式 (6) 给出

$$\langle H \rangle = \frac{E_1 e^{-E_1/kT} + E_2 e^{-E_2/kT}}{e^{-E_1/kT} + e^{-E_2/kT}} \tag{20}$$

图 5–32 的曲线表示由 (20) 式给出的双能级体系的平均能量. 对于小的 T 值 ($kT \ll E_2 - E_1$), 在 (20) 式的分子、分母中 $e^{-E_1/kT}$ 项占优势 (因为 $E_1 < E_2$), 于是:

$$\langle H \rangle \xrightarrow[T \to 0]{} E_1 \tag{21}$$

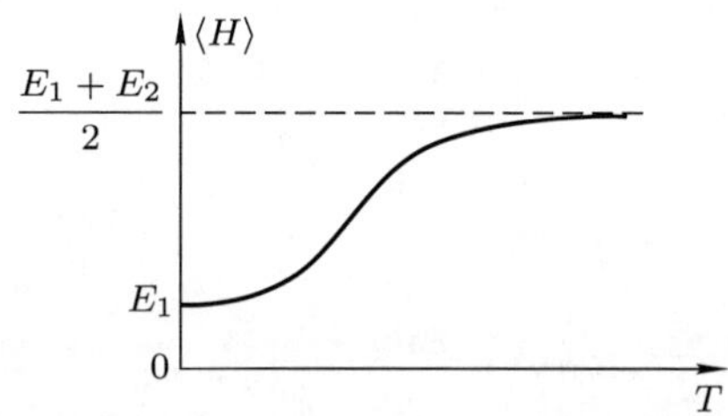

图 5–32 处于热力学平衡的双能级量子体系的平均能量 (能量为 E_1 和 E_2, 平衡温度为 T).

可以证实, 曲线始端的切线是水平的. 对于大的 T 值 ($kT \gg E_2 - E_1$), 曲线的渐近线将是纵坐标为 $(E_1 + E_2)/2$ 的平行于 T 轴的直线. 这些结果是不难理解的: $T = 0$ 时, 体系处于能量为 E_1 的基态 $|\psi_1\rangle$; 在高温下, 两个能级的布居数几乎相等, 因而 $\langle H \rangle$ 趋于两个能值 E_1 与 E_2 的总和的一半.

虽然在低温下图 5–31 与图 5–32 中实曲线的形状相同, 但在高温下两者就完全不同了: 对于谐振子, $\langle H \rangle$ 是无界的, 可随 T 线性地增大, 对于双能级体系, $\langle H \rangle$ 不能超过一定的限度. 这个差别的起因在于: 谐振子的能谱可以向高能区无限延伸, 如果温度 T 升高, 那么, 指标 n 较大和更大的那些能级都将被填充, 于是 $\langle H \rangle$ 的值就增大; 反之, 就双能级体系而言, 两个能级的布居数一旦相等, 温度继续上升就再也不能改变平均能量的大小.

3. 应用

a. 黑体辐射

在第五章的引言中曾经指出 (在补充材料 K_V 中又较精确地验证过), 空腔中的电磁场等价于独立的一维谐振子的集合; 其中每一个振子对应于空腔中可能存在的一种驻波 (一种简正振动模式), 振子的角频率与对应驻波的角频率相同. 我们要阐明, 将这 [625]

个结果和上面已经得到的关于 $\langle\mathscr{H}\rangle$ 与 $\langle H\rangle$ 的结果结合起来, 便很容易得到黑体辐射的瑞利–金斯定律及普朗克定律.

假设空腔的体积是 $\mathscr{V}$, 并设它具有完全反射的内壁. 空腔的头几个 (即频率最低的) 振动模式与空腔的形状紧密相关. 反之, 对于频率较高的振动模式 (即波长 $\lambda=c/\nu$ 小于空腔的线度的那些振动模式), 我们可以用经典电磁理论算出下述结果: 如果 $N(\nu)\mathrm{d}\nu$ 表示频率介于 ν 与 $\nu+\mathrm{d}\nu$ 之间的振动模式的个数, 那么, $N(\nu)$ 实际上与空腔的形状无关, 其值为:

$$N(\nu)=\frac{8\pi\nu^2}{c^3}\mathscr{V} \tag{22}$$

在空腔处于温度为 T 的热力学平衡时, 假设 $u(\nu)\mathrm{d}\nu$ 是腔内每单位体积中的、频率介于 ν 到 $\nu+\mathrm{d}\nu$ 的电磁能. 为了得到能量 $\mathscr{V}u(\nu)\mathrm{d}\nu$, 应以频率在 ν 到 $\nu+\mathrm{d}\nu$ 之间的各种振动模式的数目去乘对应的各谐振子的平均能量, 这个能量已在前面算出, 其值为 $\langle\mathscr{H}\rangle$ 或 $\langle H\rangle-\hbar\omega/2$①, 这要看我们对此问题作经典处理还是量子处理. 于是, 利用 (10)、(16) 及 (22) 式, 我们得到经典处理的结果是:

$$u_{cl}(\nu)=\frac{8\pi\nu^2}{c^3}kT \tag{23}$$

量子处理的结果是

$$u_Q(\nu)=\frac{8\pi h\nu^3}{c^3}\frac{1}{\mathrm{e}^{h\nu/kT}-1} \tag{24}$$

(23) 式就是瑞利–金斯定律, (24) 式就是普朗克定律. 在频率很低或温度很高 ($h\nu/kT\ll 1$) 的极限情况下, 后者就退化为前者. 这两个定律之间的差异正反映了图 5–31 中两条曲线之间的差异. 正是为了克服瑞利–金斯定律在高频区遇到的困难 [$\nu\to\infty$ 时, 由 (23) 式给出的 $u_{cl}(\nu)$ 将趋于无穷大, 这在物理上是不合理的], 普朗克才不得不假设每一个振子的能量都是不连续地跃变的, 每一次的跃变量都正比于 ν (即能量的量子化); 这样一来, 他就导出了公式 (24), 这个公式才完全反映了实验结果.

b. 玻色–爱因斯坦分布律

现在, 我们不像在前面 §1 中那样去计算能量的平均值 $\langle H\rangle$, 而是计算算符 N 的平均值. 根据第五章的公式 (B–15):

$$H=\left(N+\frac{1}{2}\right)\hbar\omega \tag{25}$$

[626] 从 (10) 式可以推出:

$$\langle N\rangle=\frac{1}{\mathrm{e}^{h\nu/kT}-1} \tag{26}$$

一维谐振子的能级是等间隔的, 据此, 我们可以把处在态 $|\varphi_n\rangle$ 的振子与 n 个能量为 $h\nu$ 的全同粒子 (量子) 联系起来. 按照这种解释, 使态 $|\varphi_n\rangle$ 过渡到态 $|\varphi_{n+1}\rangle$ 或

① 我们用 $\langle H\rangle-\hbar\omega/2$ 而不用 $\langle H\rangle$, 理由如下: $u(\nu)$ 表示我们可以从空腔汲取的电磁能. 在绝对零度, 所有的振子都处于自己的基态, 整个体系处于其能量最低的态, 没有一点能量可以辐射到外界. 因此, 在绝对零度, 正如实验所证实的那样, $u(\nu)$ 应该等于零. 这就要求我们应取 $T=0$ 时的能量作为计算空腔中场的平均能量的起点.

$|\varphi_{n-1}\rangle$ 的算符 $a^\dagger$ 和 a 的作用就是产生或湮没一个粒子. 于是 N 就是与粒子数相联系的算符 ($|\varphi_n\rangle$ 就是 N 的本征态, 属于本征值 n).

在电磁场这一特殊情况下, 与每一个谐振子相联系的能量子正是光子. 与前节讨论的空腔中的每一种振动模式对应的是某种类型的光子, 它们的特征决定于该模式的频率、偏振及空间分布. (26) 式给出, 在热力学平衡下, 与频率为 ν 的振动模式相联系的光子的平均数. (26) 式就是玻色–爱因斯坦分布律, 我们也可以以更普遍的方式导出这个定律; 在这里, 根据谐振子的理论以及对态 $|\varphi_n\rangle$ 的解释, 很简单地就建立了这个定律.

附注:

更严格地说, 对于能量为 ε 的玻色子, 玻色–爱因斯坦分布律应为:

$$\langle N\rangle = \frac{1}{\mathrm{e}^{(\varepsilon-\mu)/kT}-1} \tag{27}$$

这里 μ 为化学势. 在光子的情况下, $\mu=0$; 这是因为, 在辐射和恒温器组成的总体系中, 由于腔壁可能吸收或发射光子, 光子的总数并不是固定的.

c. 固体的定容比热容

在这里, 我们限于讨论爱因斯坦模型 (参看补充材料 A_V), 在这种模型中, 固体由 $\mathscr{N}$ 个原子构成, 它们以相同的角频率 ω_E 在各自的平衡位置附近彼此无关地振动. 因此, 当温度为 T 时, 固体的内能 U 应等于在此温度下处于热力学平衡的 $\mathscr{N}$ 个各向同性三维谐振子的平均能量之和. 参考前面 §1 中的附注 (i), 可以看出:

$$U = 3\mathscr{N}\langle H\rangle \tag{28}$$

这里 $\langle H\rangle$ 是角频率为 ω_E 的一维谐振子的平均能量. 此外, 我们知道, 定容比热容 c_V 就是内能 U 对温度的导数:

$$c_V = \frac{\mathrm{d}U}{\mathrm{d}T} = 3\mathscr{N}\frac{\mathrm{d}}{\mathrm{d}T}\langle H\rangle \tag{29}$$

考虑到 (10) 式, 即可得出:

$$c_V = 3\mathscr{N}k\frac{\left(\dfrac{\hbar\omega_E}{kT}\right)^2 \mathrm{e}^{\hbar\omega_E/kT}}{[\mathrm{e}^{\hbar\omega_E/kT}-1]^2} \tag{30}$$

c_V 随 T 变化的情况绘于图 5–33. 根据 (29) 式, c_V 应正比于图 5–31 中的实曲线 [627]
的斜率. 因此, 很容易推知比热容 c_V 随温度变化的情况. 在图 5–11 中, 我们看到, 在曲线 $\langle H\rangle$ 的始端, 切线是水平的, 而且曲线上升很慢. 反之, 若 T 的值很大 ($kT \gg \hbar\omega_E$), 则 $\langle H\rangle$ 趋于 kT; 由此可以推知, 不问 ω_E 的值如何, c_V 总是趋于一个常数 $3\mathscr{N}k$. 这两个区域之间的过渡则对应于 $\hbar\omega_E/kT \simeq 1$.

图 5–33 中的渐近线对应于杜隆–珀替定律. 就一克原子的任何固体而言, $\mathscr{N}$ 就是阿伏伽德罗常数, 故 c_V 的极限值等于 $3R$ (R 是理想气体常数), 也就是说, 大约为 $6\ \mathrm{cal}\cdot{}^\circ\mathrm{C}^{-1}\cdot\mathrm{mol}^{-1}$.

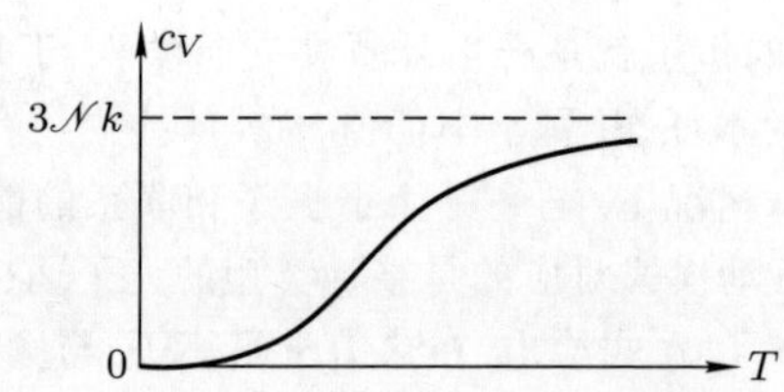

图 5–33 在爱因斯坦模型中, 固体的定容比热容. 高温极限对应于经典的杜隆–珀替定律.

正如我们在前面指出的那样, 当温度很低时, 也就是当 kT 与 $\hbar\omega_E$ 同数量级或更小时, 晶格振动的量子特征才表现出来. 就 c_V 而言, 这就表现在 T 趋于零时, 比热容也趋于零. 这似乎是说, 在某一温度以下, 对应于晶体振动的自由度就被 "冻结" 了, 就不再是影响比热容的因素了. 从物理上看, 这是很容易明白的: 在绝对零度下, 每一个振子都处于自己的基态 $|\varphi_0\rangle$, 只要 $kT \ll \hbar\omega_E$, 振子的第一激发能级的能量已经比 kT 大得多, 所以它不可能再吸收热能了.

附注:

(i) 与双能级体系的比热容进行比较

我们可以将类似的推理应用到双能级体系的集合 (例如, 含有 $\mathscr{N}$ 个自旋为 1/2 的粒子的顺磁性样品), 它的比热容 c_V, 除一个系数以外, 可以用图 5–32 中曲线的斜率表示. 对于这样一种体系, c_V 随 T 变化的情况如图 5–34 中的曲线所示.

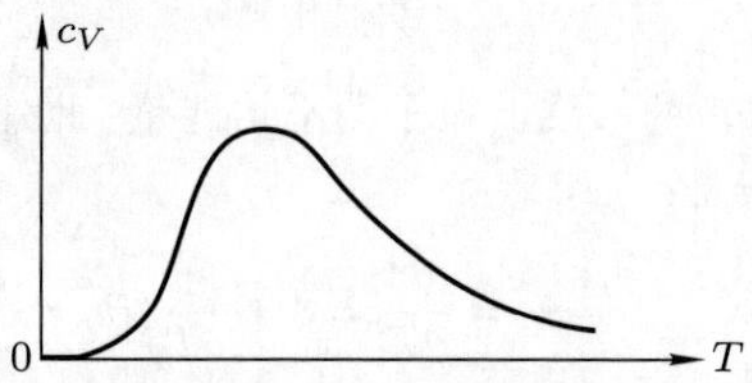

图 5–34 双能级体系的集合的比热容 c_V. 在高温下, c_V 之所以趋于零, 是因为能谱具有上界.

[628] $T \simeq 0$ 时的行为与图 5–33 中的情况相同, 反之, 我们看到, 当 $kT \gg E_2 - E_1$ 时, c_V 趋于零, 这是因为那时平均能量与 T 无关并等于 $(E_1+E_2)/2$ (参看图 5–32). 因此, 对于一个双能级体系, c_V 呈现一个极大值 (肖特基反常), 这种现象可以从物理上解释如下: 与谐振子的情况相似, 当温度很低, 以致 $E_2 - E_1 \gg kT$ 时, 双能级体系就不能再吸收热能了, 因此, 在原点附近 c_V 为零. 然后, 随着 T 的增大, 能级 E_2 逐渐被填充, c_V 也就随着增大. 当温度充分高, 以致两个能级的布居数几乎相等时, 由于布居数不能再变化, 体系也就不能再吸收热能了, 因此, 当 $T \to \infty$ 时, c_V 趋于零.

(ii) 爱因斯坦模型很简单地解释了为什么当温度 T 趋于零时, 比热容 c_V 会

趋近于零 (这是经典理论所不能解释的). 但是, 要说明低温下 c_V 的精确规律, 这个模型就过于粗糙了.

在实际晶体中, 众多的谐振子是互相耦合的, 于是便出现一系列简正振动模式 (即声子), 它们的频率从零开始到某一截止频率为止 (参看补充材料 J_V). 因此, 我们应将 (30) 式遍及各种可能的频率 ν 求和 (同时要考虑到频率在 ν 与 $\nu+\mathrm{d}\nu$ 之间的振动模式的数目依赖于 ν), 这样我们便可得到在低温下比热容与 T^3 成比例的公式 (此式已为实验所证实).

4. 可观察量 X 的概率分布

a. 概率密度 $\rho(x)$ 的定义

现在回到处于热力学平衡的一维谐振子. 我们要找出测量粒子的位置 X 所得结果介于 x 和 $x+\mathrm{d}x$ 之间的概率 $\rho(x)\mathrm{d}x$. 我们知道 $\rho(x)$ 在很多物理问题中都具有重要意义, 例如, 在以爱因斯坦模型来描述的固体中, 由 $\rho(x)$ 的宽度便可引申出原子振动幅度的概念; 研究这个宽度随 T 变化的规律, 便可以说明熔化现象 [当 $\rho(x)$ 的宽度与原子间距相比已不可忽略时, 这个现象就出现了].

当振子处在定态 $|\varphi_n\rangle$ 时, 对应的概率密度为:

$$\rho_n(x)=|\varphi_n(x)|^2=\langle x|\varphi_n\rangle\langle\varphi_n|x\rangle \tag{31}$$

在热力学平衡时, 振子是由诸 $|\varphi_n\rangle$ 态各自以权重 $Z^{-1}\mathrm{e}^{-E_n/kT}$ 参与构成的统计混合来描述的, 因而概率密度 $\rho(x)$ 为:

$$\rho(x)=Z^{-1}\sum_n \rho_n(x)\mathrm{e}^{-E_n/kT} \tag{32}$$

这就是说, $\rho(x)$ 等于与诸 $|\varphi_n\rangle$ 态相联系的概率密度 $\rho_n(x)$ 的加权总和. 图 5–5 和图 5–6 中绘出几个 $\rho_n(x)$ 的曲线. 以后我们会看到, 在这些图中函数 $\rho_n(x)$ 的振荡在对 n 求和时便消失了; 其实, 我们可以证明, $\rho(x)$ 就是高斯函数.

在 (32) 式所定义的概率密度 $\rho(x)$ 和处在热力学平衡的谐振子的密度算符 ρ 之间, 存在着简单的关系. 利用 (31) 式和 (32) 式, 我们得到: [629]

$$\rho(x)=Z^{-1}\sum_n \mathrm{e}^{-E_n/kT}\langle x|\varphi_n\rangle\langle\varphi_n|x\rangle \tag{33}$$

我们可在此式右端引入算符 $\mathrm{e}^{-H/kT}$, 利用关于诸态 $|\varphi_n\rangle$ 的封闭性关系式, 可以把这个算符写为:

$$\mathrm{e}^{-H/kT}=\mathrm{e}^{-H/kT}\sum_n|\varphi_n\rangle\langle\varphi_n|=\sum_n \mathrm{e}^{-E_n/kT}|\varphi_n\rangle\langle\varphi_n| \tag{34}$$

于是我们得到:

$$\rho(x) = Z^{-1}\langle x|\mathrm{e}^{-H/kT}|x\rangle = \langle x|\rho|x\rangle \tag{35}$$

式中密度算符 ρ 由公式 (1) 给出. 于是 $\rho(x)$ 表现为 ρ 的对应于右矢 $|x\rangle$ 的对角元.

b. $\rho(x)$ 的计算

我们知道

$$H = \hbar\omega\left(a^\dagger a + \frac{1}{2}\right) \tag{36}$$

于是 $\rho(x)$ 便可写成下列形式:

$$\rho(x) = Z^{-1}\mathrm{e}^{-\lambda/2}F_\lambda(x) \tag{37}$$

其中

$$\lambda = \frac{\hbar\omega}{kT} \tag{38}$$

而

$$F_\lambda(x) = \langle x|\mathrm{e}^{-\lambda a^\dagger a}|x\rangle \tag{39}$$

因此要知道 $\rho(x)$, 只需计算这个对角矩阵元.

为此, 我们来计算 x 变为 $x+\mathrm{d}x$ 时 $F_\lambda(x)$ 的对应值. 由于右矢 $|x+\mathrm{d}x\rangle$ 可用下式表示 [参看补充材料 $\mathrm{E_{II}}$ 中的 (20) 式]:

$$|x+\mathrm{d}x\rangle = \left(1 - \mathrm{i}\frac{\mathrm{d}x}{\hbar}P\right)|x\rangle \tag{40}$$

将此式与其伴式代入 (39) 式 (略去 $\mathrm{d}x$ 的二级微量), 便得到:

$$F_\lambda(x+\mathrm{d}x) = F_\lambda(x) + \mathrm{i}\frac{\mathrm{d}x}{\hbar}\langle x|[P, \mathrm{e}^{-\lambda a^\dagger a}]|x\rangle \tag{41}$$

(41) 式右端的矩阵元包含算符 P, 它与算符 $(a-a^\dagger)$ 成比例. 但是, 能以简单方式作用于右矢 $|x\rangle$ 的算符是与 $(a+a^\dagger)$ 成比例的算符 X. 因此, 我们要将 $[P, \mathrm{e}^{-\lambda a^\dagger a}]$ 变换
[630] 一下, 以便引出算符 X. 为此, 我们先推导 $a\mathrm{e}^{-\lambda a^\dagger a}$ 与 $\mathrm{e}^{-\lambda a^\dagger a}a$ 之间的一个关系式, 这在表象 $\{|\varphi_n\rangle\}$ 中是很容易导出的. 我们有:

$$a\mathrm{e}^{-\lambda a^\dagger a}|\varphi_n\rangle = \sqrt{n}\mathrm{e}^{-\lambda n}|\varphi_{n-1}\rangle \tag{42–a}$$

$$\mathrm{e}^{-\lambda a^\dagger a}a|\varphi_n\rangle = \sqrt{n}\mathrm{e}^{-\lambda(n-1)}|\varphi_{n-1}\rangle \tag{42–b}$$

由此可见:

$$\mathrm{e}^{-\lambda a^\dagger a}a = \mathrm{e}^{\lambda}a\mathrm{e}^{-\lambda a^\dagger a} \tag{43}$$

此式还可写作:

$$\left(1 - \tanh\frac{\lambda}{2}\right)\mathrm{e}^{-\lambda a^\dagger a}a = \left(1 + \tanh\frac{\lambda}{2}\right)a\mathrm{e}^{-\lambda a^\dagger a} \tag{44}$$

同理可证:

$$\mathrm{e}^{-\lambda a^\dagger a}a^\dagger = \mathrm{e}^{-\lambda}a^\dagger\mathrm{e}^{-\lambda a^\dagger a} \tag{45}$$

或将它写作:

$$\left(1+\tanh\frac{\lambda}{2}\right)\mathrm{e}^{-\lambda a^\dagger a}a^\dagger=\left(1-\tanh\frac{\lambda}{2}\right)a^\dagger\mathrm{e}^{-\lambda a^\dagger a} \tag{46}$$

现在, 取 (44) 与 (46) 式对应两端之差, 便得到:

$$[a-a^\dagger,\mathrm{e}^{-\lambda a^\dagger a}]=-\tanh\frac{\lambda}{2}[a+a^\dagger,\mathrm{e}^{-\lambda a^\dagger a}]_+ \tag{47}$$

在此式中形如 $[A,B]_+$ 的符号表示反对易子:

$$[A,B]_+=AB+BA \tag{48}$$

如果我们考虑到来自第五章公式 (B–1) 与 (B–7) 的数值因子, 则 (47) 式最终变为:

$$[P,\mathrm{e}^{-\lambda a^\dagger a}]=\mathrm{i}m\omega\tanh\frac{\lambda}{2}[X,\mathrm{e}^{-\lambda a^\dagger a}]_+ \tag{49}$$

将此结果代入 (41) 式, 便有:

$$\begin{aligned}F_\lambda(x+\mathrm{d}x)-F_\lambda(x)&=-\frac{m\omega}{\hbar}\mathrm{d}x\tanh\frac{\lambda}{2}\langle x|[X,\mathrm{e}^{-\lambda a^\dagger a}]_+|x\rangle\\&=-2x\frac{m\omega}{\hbar}\tanh\frac{\lambda}{2}F_\lambda(x)\mathrm{d}x\end{aligned} \tag{50}$$

由此可见, $F_\lambda(x)$ 应满足下列微分方程:

$$\frac{\mathrm{d}}{\mathrm{d}x}F_\lambda(x)+\frac{2x}{\xi^2}F_\lambda(x)=0 \tag{51}$$

式中 ξ 具有长度的量纲, 其定义为:

$$\xi=\sqrt{\frac{\hbar}{m\omega}\coth\frac{\lambda}{2}}=\sqrt{\frac{\hbar}{m\omega}\coth\left(\frac{\hbar\omega}{2kT}\right)} \tag{52}$$

由方程 (51) 立即可以解出:

$$F_\lambda(x)=F_\lambda(0)\mathrm{e}^{-x^2/\xi^2} \tag{53}$$

因此, 根据 (37) 式, 我们便求得了 $\rho(x)$ (一个常数因子除外): [631]

$$\rho(x)=Z^{-1}\mathrm{e}^{-\lambda/2}F_\lambda(0)\mathrm{e}^{-x^2/\xi^2} \tag{54}$$

我们知道 $\rho(x)$ 在整个 x 轴上的积分应等于 1, 因此, 最后得到:

$$\rho(x)=\frac{1}{\xi\sqrt{\pi}}\mathrm{e}^{-x^2/\xi^2} \tag{55}$$

因此, $\rho(x)$ 是一个高斯函数, 它的宽度由 (52) 式所定义的长度 ξ 确定.

c. 讨论

利用 (55) 式中的概率密度, 很容易算出:

$$\langle X\rangle = 0$$
$$\langle X^2\rangle = (\Delta X)^2 = \frac{\xi^2}{2} \tag{56}$$

图 5–35 给出了 $(\Delta X)^2$ 随 T 变化的情况. 从 (52) 式可以看出, $T=0$ 时, $(\Delta X)^2$ 等于 $\hbar/2m\omega$. 这个结果是不足为奇的, 因为 $T=0$ 时, 振子处于基态, $\rho(x)$ 就是 $|\varphi_0(x)|^2$; 我们看到, ΔX 就是算符 X 在基态的方均根偏差 [参看第五章的公式 (D–5–a)]. 然后 $(\Delta X)^2$ 便增大, 而当 $T \gg \hbar\omega$ 时

$$(\Delta X)^2 \underset{T\to\infty}{\sim} \frac{kT}{m\omega^2} \tag{57}$$

此外, 在这种情况下, $\rho(x)$ 与处在温度为 T 的热力学平衡中的经典振子的概率密度完全一致:

$$\rho_{cl}(x) = \frac{\mathrm{e}^{-V(x)/kT}}{\displaystyle\int_{-\infty}^{+\infty}\mathrm{e}^{-V(x)/kT}\mathrm{d}x} = \frac{1}{\sqrt{\dfrac{2\pi kT}{m\omega^2}}}\mathrm{e}^{-\frac{m\omega^2x^2}{2kT}} \tag{58}$$

此式导致 $(\Delta x_{cl})^2 = kT/m\omega^2$ (对应于图 5–35 中的虚直线). 在图中, 我们又看到, 当 $kT \gg \hbar\omega$ 时, 经典的预言与量子力学的预言一致.

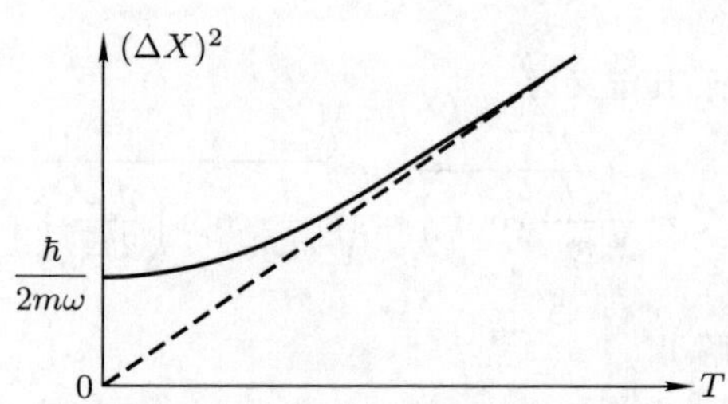

图 5–35 对于处在热力学平衡中的谐振子, 方均根偏差 ΔX 的平方随温度 T 变化的情况. 当 $T\to\infty$ 时, ΔX 与其经典值 (虚线) 一致; 在低温下, 量子效应 (海森伯不确定度关系式) 不容许 ΔX 趋于零.

[632] 现在, 我们将上面的结果应用于固体熔化的问题 (为简单起见, 仍然采用一维的爱因斯坦模型; 参看补充材料 $\mathrm{A_V}$). 实验表明, 当 ΔX 的数量级为原子间距 d 的分数 (η) 倍时, 固体就熔化了, 因此, 熔点 T_f 近似地由下式给出:

$$\frac{\xi^2}{2d^2} \simeq \eta^2 \tag{59}$$

式中 ξ 应代之以 $T=T_f$ 时的 (52) 式. 假设 T_f 足够大, 以至 $kT_f \gg \hbar\omega_E$, 则在 (59) 式中便可应用渐近形式 (57)①, 从而得到关于 T_f 的下列规律:

$$\frac{kT_f}{m\omega_{\mathrm{E}}^2} \simeq \eta^2 d^2 \tag{60}$$

如果我们令

$$\hbar\omega_E = k\Theta_{\mathrm{E}} \tag{61}$$

(Θ_{E} 叫做爱因斯坦温度), 并注意对不同物质而言 d 的差异并不大 (在任何情况下, d 的变化都比 ω_E、亦即比 Θ_{E} 的变化小得多), 我们便可得到如下的近似规律:

$$\frac{T_f}{m\Theta_{\mathrm{E}}^2} \simeq \text{常数} \tag{62}$$

由此可见, 晶体的熔点近似地正比于晶体的特征振动频率的平方.

d. 布洛赫定理

我们来考虑算符 $\mathrm{e}^{-\mathrm{i}qX}$, 这里的 q 是一个实变量. 此算符的平均值

$$\langle \mathrm{e}^{-\mathrm{i}qX} \rangle = \mathrm{Tr}\left[\rho \mathrm{e}^{-\mathrm{i}qX}\right] \tag{63}$$

是 q 的一个函数 [其中 ρ 则由 (1) 式给出], 我们可将它记作 $f(q)$:

$$f(q) = \langle \mathrm{e}^{-\mathrm{i}qX} \rangle \tag{64}$$

在概率论中, $f(q)$ 叫做随机变量 x 的特征函数.

在 $\{|x\rangle\}$ 表象中, $f(q)$ 是很容易计算的:

$$\begin{aligned} f(q) &= \int_{-\infty}^{+\infty} \mathrm{d}x \langle x|\rho \mathrm{e}^{-\mathrm{i}qX}|x\rangle \\ &= \int_{-\infty}^{+\infty} \mathrm{d}x \langle x|\rho|x\rangle \mathrm{e}^{-\mathrm{i}qx} \\ &= \int_{-\infty}^{+\infty} \mathrm{d}x \rho(x) \mathrm{e}^{-\mathrm{i}qx} \end{aligned} \tag{65}$$

可见, 除了常因子 $\sqrt{2\pi}$ 以外, $f(q)$ 就是上面 (§4–b) 已经算出的函数 $\rho(x)$ 的傅里叶变 [633]
换. 由于 $\rho(x)$ 是一个高斯型函数 [公式 (55)], 因而, $f(q)$ 也是一个高斯型函数 [参看附录 I 的 (50) 式]:

$$f(q) = \mathrm{e}^{-\xi^2 q^2/4} \tag{66}$$

根据公式 (56), 还可将上式写作:

$$\langle \mathrm{e}^{-\mathrm{i}qX} \rangle = \mathrm{e}^{-\frac{q^2}{2}\langle X^2 \rangle} \tag{67}$$

① 此法并不总是可行的. 我们只需提醒一下: 即使 $T \to 0$, 大气压下的氦仍保持为液态; 因此, 在任何温度下, 和 d 相比, ξ 永远是不可忽略的 (参看补充材料 A_V).

对于观察算符 P, 而不是对于观察算符 X, 我们可以进行类似于上面 §4–a 和 §4–b 中的那些计算, 为此, 可将概率密度 $\overline{\rho}(p)$ 定义如下:

$$\overline{\rho}(p) = Z^{-1} \sum_n \mathrm{e}^{-E_n/kT} |\overline{\varphi}_n(p)|^2 \tag{68}$$

补充材料 Dv 中的公式 (24) 表明:

$$\overline{\rho}(p) = \frac{1}{m\omega} \rho\left(x = \frac{p}{m\omega}\right) \tag{69}$$

于是

$$\overline{\rho}(p) = \frac{1}{m\omega\xi\sqrt{\pi}} \mathrm{e}^{-\frac{p^2}{m^2\omega^2\xi^2}} \tag{70}$$

因此, $\langle \mathrm{e}^{-\mathrm{i}qP} \rangle$ 的计算应导致与 (67) 式相同的结果:

$$\langle \mathrm{e}^{-\mathrm{i}qP} \rangle = \mathrm{e}^{-\frac{q^2}{2}\langle P^2 \rangle} \tag{71}$$

公式 (67) 与 (71) 的推广叫做布洛赫定理: 如果 $G(X, P)$ 是处在温度为 T 的热力学平衡中的一维谐振子的位置算符 X 和动量算符 P 的任意线性组合, 则有:

$$\langle \mathrm{e}^{-\mathrm{i}qG} \rangle = \mathrm{e}^{-\frac{q^2}{2}\langle G^2 \rangle} \tag{72}$$

在固体物理中这个定理, 例如, 可应用于晶格中的核无反冲地发射光子的理论 (穆斯堡尔效应).

参考文献和阅读建议:

比热: Kittel (8.2), 第 6 章, 第 91 和第 100 页; Kittel (13.2), 第 6 章; Seitz (13.4), 第 Ⅲ 章; Ziman (13.3), 第 2 章.

黑体辐射: Eisberg 和 Resnick (1.3), 第 1 章; Kittel (8.2), 第 15 章; Reif (8.4) §9–13 至 9–15; Bruhat (8.3), 第 XXII 章.

布洛赫定理: Messiah (1.17), 第 XII 章, §11–12.

补充材料 M_V

练习 [634]

1. 考虑一个质量为 m, 角频率为 ω 的谐振子. 已知在 $t=0$ 时, 振子的态为

$$|\psi(0)\rangle = \sum_n c_n|\varphi_n\rangle$$

式中诸 $|\varphi_n\rangle$ 都是定态, 对应的能量为 $(n+1/2)\hbar\omega$.

a. 在 $t>0$ 的任意时刻, 测量振子的能量所得结果大于 $2\hbar\omega$ 的概率 $\mathscr{P}$ 是多大? 若 $\mathscr{P}=0$, 试求非零的诸系数 c_n.

b. 从现在起, 我们假设只有 c_0 和 c_1 不等于零. 试用 c_0 和 c_1 来表示 $|\psi(0)\rangle$ 的归一化条件及能量的平均值 $\langle H\rangle$. 如果 $\langle H\rangle=\hbar\omega$, 试计算 $|c_0|^2$ 和 $|c_1|^2$.

c. 已归一化的态矢量 $|\psi(0)\rangle$ 只确定到差一个总相位因子, 我们取 c_0 为正实数, 这个相位因子便被确定了. 现令 $c_1=|c_1|\mathrm{e}^{\mathrm{i}\theta_1}$, 假设 $\langle H\rangle=\hbar\omega$ 以及

$$\langle X\rangle = \frac{1}{2}\sqrt{\frac{\hbar}{m\omega}}$$

试计算 θ_1.

d. $|\psi(0)\rangle$ 已如上题那样确定, 试写出 $t>0$ 时的 $|\psi(t)\rangle$ 并计算 t 时刻 θ_1 的值. 再由此导出 t 时刻位置的平均值 $\langle X\rangle(t)$.

2. 各向异性三维谐振子

我们考虑一个三维问题, 假设一个粒子的质量为 m, 势能为:

$$V(X,Y,Z) = \frac{1}{2}m\omega^2\left[\left(1+\frac{2}{3}\lambda\right)(X^2+Y^2)+\left(1-\frac{4\lambda}{3}\right)Z^2\right]$$

此式中的常数 ω 和 λ 满足条件

$$\omega \geqslant 0, \quad 0 \leqslant \lambda \leqslant \frac{3}{4}$$

a. 求哈密顿算符的本征态及对应的能量.

[635] b. 计算并讨论 (作为 λ 的函数) 能量的变化, 基态能级和前两个激发能级的简并度及宇称.

3. 包含两个粒子的谐振子

假设两个粒子的质量都是 m, 位置分别为 X_1 和 X_2, 动量分别为 P_1 和 P_2, 它们受到同一个势场

$$V(X) = \frac{1}{2}m\omega^2 X^2$$

的作用, 但彼此之间并无相互作用.

a. 试写出双粒子体系的哈密顿算符 H, 并证明可将它写为:

$$H = H_1 + H_2$$

这里 H_1 和 H_2 分别只在粒子 (1) 和粒子 (2) 的态空间中起作用. 试计算体系的能量, 其简并度, 以及对应的波函数.

b. H 是否构成一个 ECOC? 集合 $\{H_1, H_2\}$ 是否构成一个 ECOC? 用 $|\Phi_{n_1,n_2}\rangle$ 表示 H_1 和 H_2 的共同本征矢, 试写出关于诸态 $|\Phi_{n_1,n_2}\rangle$ 的正交归一关系式和封闭性关系式.

c. 试考虑这样一个体系, 它在 $t=0$ 时处于态:

$$|\psi(0)\rangle = \frac{1}{2}[|\Phi_{0,0}\rangle + |\Phi_{1,0}\rangle + |\Phi_{0,1}\rangle + |\Phi_{1,1}\rangle]$$

如果我们在此时刻测量:

—体系的总能量,

—粒子 (1) 的能量,

—此粒子的位置或速度,

所得结果如何? 得到这些结果的相应的概率又如何?

4. (承接上题, 并沿用其符号)

假设在 $t=0$ 时, 双粒子体系处于上题给出的态 $|\psi(0)\rangle$.

a. 如果在 $t=0$ 时, 测量总能量 H 得到的结果为 $2\hbar\omega$;

α. 试计算在 $t>0$ 的任意时刻粒子 (1) 的位置的平均值, 动量的平均值及能量的平均值再就粒子 (2) 计算这些量.

β. 在 $t>0$ 的时刻, 测量粒子 (1) 的能量, 所得结果如何? 对应的概率又如何? 如果测量粒子 (1) 的位置, 结果如何? 对应的概率又如何? 试绘出对应的概率密度的曲线.

[636] b. 在 $t=0$ 时, 所测量的量不是 H, 而是粒子 (2) 的能量 H_2, 得到的结果为 $\hbar\omega/2$. 试问 a 中的问题 α 与 β 的答案应如何改变?

5. (承接练习 3, 并沿用该题的符号)

我们用 $|\Phi_{n_1,n_2}\rangle$ 表示 H_1 和 H_2 的共同本征态, 对应于本征值 $(n_1+1/2)\hbar\omega$ 和 $(n_2+1/2)\hbar\omega$ 表示 "两粒子互换" 的算符 P_e 的定义是:

$$P_e|\Phi_{n_1,n_2}\rangle = |\Phi_{n_2,n_1}\rangle$$

a. 试证 $P_e^{-1} = P_e$, 并证 P_e 为幺正算符. 试求 P_e 的本征值. 将任意观察算符 B 经 P_e 变换之后所得的观察算符 $B' = P_eBP_e^\dagger$. 试证条件 $B' = B$ (表示 B 对两粒子互换是不变的) 等价于 $[B, P_e] = 0$.

b. 试证:

$$P_eH_1P_e^\dagger = H_2$$
$$P_eH_2P_e^\dagger = H_1$$

问 H 是否与 P_e 对易? 试求观察算符 X_1、P_1、X_2 及 P_2 经 P_e 变换之后的结果.

c. 试用 H 与 P_e 的共同本征矢构成一个基. 这两个算符是否构成一个 ECOC? 如果我们只保留算符 H 的满足条件 $P_e|\Phi\rangle = -|\Phi\rangle$ 的那些本征矢 $|\Phi\rangle$, 问 H 的谱及其本征值的简并度如何?

6. 可变电场中的荷电谐振子

一个质量为 m, 电荷为 q, 势能为 $V(X) = \dfrac{1}{2}m\omega^2X^2$ 的粒子构成一维谐振子, 在本题中, 我们假设它处在平行于 Ox 轴并随时间而变的电场 $\mathscr{E}(t)$ 中, 因此, 还要给 $V(X)$ 增添一个势能项:

$$W(t) = -q\mathscr{E}(t)X$$

a. 试用算符 a 和 $a^\dagger$ 表出粒子的哈密顿算符 $H(t)$. 试计算 a 与 $H(t)$ 及 $a^\dagger$ 与 $H(t)$ 的对易子.

b. 设数 $\alpha(t)$ 的定义为:

$$\alpha(t) = \langle\psi(t)|a|\psi(t)\rangle$$

其中 $|\psi(t)\rangle$ 是此粒子的已归一化的态矢量. 试根据上题的结果证明 $\alpha(t)$ 满足微分方程:

$$\frac{\mathrm{d}}{\mathrm{d}t}\alpha(t) = -\mathrm{i}\omega\alpha(t) + \mathrm{i}\lambda(t)$$

式中 $\lambda(t)$ 的定义为: [637]

$$\lambda(t) = \frac{q}{\sqrt{2m\hbar\omega}}\mathscr{E}(t)$$

再解出此微分方程. 试计算 t 时刻此粒子的位置平均值和动量平均值.

c. 右矢 $|\varphi(t)\rangle$ 的定义为:

$$|\varphi(t)\rangle = [a - \alpha(t)]|\psi(t)\rangle$$

式中 $\alpha(t)$ 具有题 b 中算得的数值. 利用题 a 与题 b 的结果, 试证 $|\varphi(t)\rangle$ 随时间演变的规律为:

$$\mathrm{i}\hbar\frac{\mathrm{d}}{\mathrm{d}t}|\varphi(t)\rangle = [H(t) + \hbar\omega]|\varphi(t)\rangle$$

试问 $|\varphi(t)\rangle$ 的模如何随时间变化?

d. 假设 $|\psi(0)\rangle$ 是算符 a 的本征矢, 属于本征值 $\alpha(0)$; 试证 $|\psi(t)\rangle$ 也是算符 a 的本征矢, 并计算对应的本征值.

利用上面的结果, 试用 $\alpha(0)$ 表出未微扰的哈密顿算符 $H_0 = H(t) - W(t)$ 在 t 时刻的平均值. 试求方均根偏差 ΔX、ΔP 及 ΔH_0, 这些量怎样随时间变化?

e. 假设在 $t = 0$ 时, 振子处在基态 $|\varphi_0\rangle$; 电场只出现在从 0 到 T 这段时间内, 以后便消失. 试问平均值 $\langle X\rangle(t)$ 和 $\langle P\rangle(t)$ 在 $t > T$ 以后如何随时间变化? 具体应用: 假设在从 0 到 T 这段时间内, 电场为 $\mathscr{E}(t) = \mathscr{E}_0\cos(\omega' t)$; 试以 $\Delta\omega = \omega' - \omega$ 为变量来讨论所观察到的现象 (共振). 如果我们在 $t > T$ 时测量能量, 可能得到什么结果, 对应的概率如何?

7. 试考虑一个一维谐振子, 其哈密顿算符为 H, 定态为 $|\varphi_n\rangle$:

$$H|\varphi_n\rangle = (n + 1/2)\hbar\omega|\varphi_n\rangle$$

算符 $U(k)$ 的定义为:

$$U(k) = \mathrm{e}^{\mathrm{i}kX}$$

这里的 k 为实数.

a. $U(k)$ 是不是幺正算符? 试证: 不论 n 如何? 它的矩阵元都满足关系:

$$\sum_{n'} |\langle\varphi_n|U(k)|\varphi_{n'}\rangle|^2 = 1$$

b. 试用 a 和 $a^\dagger$ 来表示 $U(k)$. 试用 Glauber 公式 [补充材料 $\mathrm{B_{II}}$ 的 (63) 式] 将 $U(k)$ 写成指数算符的乘积的形式.

[638] c. 证明下列关系式:

$$\mathrm{e}^{\lambda a}|\varphi_0\rangle = |\varphi_0\rangle$$

$$\langle\varphi_n|\mathrm{e}^{\lambda a^\dagger}|\varphi_0\rangle = \frac{\lambda^n}{\sqrt{n!}}$$

式中 λ 为任意复参数.

d. 利用以上结果, 试用 $E_k = \hbar^2k^2/2m$ 和 $E_\omega = \hbar\omega$ 来表出矩阵元

$$\langle\varphi_0|U(k)|\varphi_n\rangle$$

k 趋向于零时, 结果如何? 这个结果是否可以直接预言?

8. 一维谐振子的演变算符 $U(t,0)$ 可以写作:

$$U(t,0) = \mathrm{e}^{-\mathrm{i}Ht/\hbar}$$

其中

$$H = \hbar\omega\left(a^\dagger a + \frac{1}{2}\right)$$

a. 试考虑下列算符:

$$\widetilde{a}(t) = U^\dagger(t,0)aU(t,0)$$
$$\widetilde{a}^\dagger(t) = U^\dagger(t,0)a^\dagger U(t,0)$$

求出此两算符作用于 H 的本征右矢 $|\varphi_n\rangle$ 所得的结果, 再用 a 和 $a^\dagger$ 表出 $\widetilde{a}(t)$ 和 $\widetilde{a}^\dagger(t)$.

b. 试求对算符 X 与 P 进行如下幺正变换后所得算符 $\widetilde{X}(t)$ 和 $\widetilde{P}(t)$:

$$\widetilde{X}(t) = U^\dagger(t,0)XU(t,0)$$
$$\widetilde{P}(t) = U^\dagger(t,0)PU(t,0)$$

怎样解释所得结果?

c. 试证 $U^\dagger\left(\dfrac{\pi}{2\omega},0\right)|x\rangle$ 是 P 的本征矢, 确定对应的本征值. 再证明 $U^\dagger\left(\dfrac{\pi}{2\omega},0\right)|p\rangle$ 是 X 的本征矢.

d. 在 $t=0$ 时, 振子的波函数为 $\psi(x,0)$. 怎样从 $\psi(x,0)$ 导出振子在以后各时刻 $t_q = q\pi/2\omega$ (q 为正整数) 的波函数? [639]

e. 将 $\psi(x,0)$ 取作与某一定态相联系的波函数 $\varphi_n(x)$. 试从上题导出 $\varphi_n(x)$ 与其傅里叶变换 $\overline{\varphi}_n(p)$ 之间的关系.

f. 试定性地描述在下述情况下波函数如何随时间演变:

(i) $\psi(x,0) = \mathrm{e}^{\mathrm{i}kx}$, 这里的 k 是已知的实数.

(ii) $\psi(x,0) = \mathrm{e}^{-\rho x}$, 这里的 ρ 是正实数.

(iii) $\psi(x,0)\begin{cases}=\dfrac{1}{\sqrt{a}} & \left(-\dfrac{a}{2}\leqslant x\leqslant\dfrac{a}{2}\right)\\ =0 & (x\text{ 取其他值})\end{cases}$

(iv) $\psi(x,0)=\mathrm{e}^{-\rho^2x^2}$, 这里的 ρ 为实数.

第六章

量子力学中角动量的普遍性质

[641]

[642] 第六章提纲

§A. 引言: 角动量的重要性

§B. 角动量所特有的对易关系式

1. 轨道角动量
2. 推广: 角动量的定义
3. 问题的梗概

§C. 角动量的普遍理论

1. 定义和符号
   - a. 算符 J_+ 与 J_-
   - b. $\boldsymbol{J}^2$ 与 J_z 的本征值的记号
   - c. $\boldsymbol{J}^2$ 与 J_z 的本征值方程
2. $\boldsymbol{J}^2$ 与 J_z 的本征值
   - a. 引理
   - b. 确定 $\boldsymbol{J}^2$ 及 J_z 的谱
3. "标准表象" $\{|k,j,m\rangle\}$
   - a. 基右矢
   - b. 子空间 $\mathscr{E}(k,j)$
   - c. 表示角动量算符的矩阵

§D. 应用于轨道角动量

1. $\boldsymbol{L}^2$ 与 L_z 的本征值及本征函数
   - a. $\{|\boldsymbol{r}\rangle\}$ 表象中的本征值方程
   - b. l 与 m 的值
   - c. 球谐函数的主要性质
   - d. 一个无自旋粒子的波函数空间中的"标准基"
2. 物理上的考虑
   - a. 关于态 $|k,l,m\rangle$ 的讨论
   - b. 关于测量 $\boldsymbol{L}^2$ 与 L_z 的物理预言的计算

§A. 引言: 角动量的重要性 [643]

本书专门用四章 (第六、七、九、十章) 来研究量子力学中的角动量, 这是其中的头一章. 这里涉及的问题极为重要, 而且我们即将得到的那些结果已渗入到物理学的很多领域, 诸如: 原子光谱、分子光谱及核谱的分类, 基本粒子的自旋, 磁性等等.

角动量在经典力学中就已经是一个很重要的问题了. 我们知道, 孤立物理体系的总角动量是一个运动常量. 非孤立体系的某些情况也是如此. 例如, 如果一个质量为 m 的质点 P 处在有心势场中 (这种势只依赖于 P 点与空间某一定点 O 之间的距离), 则 P 所受的力总是指向 O 点; 因而该质点相对于 O 点的力矩等于零, 而且角动量定理表明:

$$\frac{\mathrm{d}}{\mathrm{d}t}\mathscr{L} = 0 \tag{A–1}$$

式中 $\mathscr{L}$ 就是质点 P 相对于 O 点的角动量. 这个事实导致重要的后果: 质点 P 的运动将局限在一个确定的平面 (经过 O 点并垂直于角动量 $\mathscr{L}$ 的平面) 内; 此外, 这种运动遵从面积速度不变这个规律.

所有这些性质在量子力学中都有等价的结果. 与一个经典体系的角动量 $\mathscr{L}$ 相联系的是一个可观察量 $\boldsymbol{L}$; 其实, 它是三个可观察量 L_x、L_y、L_z 的集合, 它们分别对应于 $\mathscr{L}$ 在直角坐标系中的三个分量. 如果被研究的物理体系是处于有心势场中的一个质点, 那么, 到第七章我们将会看到, L_x、L_y 及 L_z 都是量子力学意义下的运动常量, 也就是说, 它们可以和描述有心势场 $V(\boldsymbol{r})$ 中的粒子的哈密顿算符对易. 这个重要性质大大简化了确定 H 的本征态和将它们分类的工作.

另一方面, 在第四章中我们讲述过施特恩–格拉赫实验, 它显示了角动量的量子化, 即一个原子的内禀角动量在任一指定轴上的分量只能取一些离散的数值. 我们将会看到, 所有的角动量都是这样量子化的, 这一点特别有助于我们理解原子的磁性、塞曼效应等等. 此外, 对所有这些现象的分析需要我们引入典型量子性的, 也就是没有任何经典类比的角动量 (即基本粒子的内禀角动量, 见第九章).

从现在起, 凡有经典类比的一切角动量, 我们都称之为轨道角动量 (用 $\boldsymbol{L}$ 表示对应的可观察量), 凡属基本粒子的一切内禀角动量, 我们都称之为自旋角动量 (对此, 我们沿用符号 $\boldsymbol{S}$). 在一个复杂体系中, 例如在原子、原子核或分子中, 构成该体系的各个基本粒子 (电子、质子、中子、······) 的各轨道角动量 $\boldsymbol{L}_i$ 互相组合并且和这些粒子的自旋角动量 $\boldsymbol{S}_i$ 组合, 这样, 便构成了该体系 [644]
的总角动量 $\boldsymbol{J}$. 在量子力学中这些角动量组合的方式 (或称角动量的耦合), 将在第十章中讨论. 最后, 如果没有必要指明所涉及的是轨道角动量还是自旋, 还是若干角动量的组合, 我们就用符号 $\boldsymbol{J}$ 表示任意的角动量.

在研究前面提到的那些物理问题 (在有心势场中粒子的能级, 自旋, 塞曼效应, 角动量加法, $\cdots\cdots$) 之前, 在这一章里, 我们先研究一切角动量 (不论其本质如何) 都具备的普遍的量子性质.

这些性质导自三个可观察量 J_x、J_y 及 J_z (即任意角动量 $\boldsymbol{J}$ 的三个分量) 所满足的对易关系式. 在 §B 中, 我们将讨论这些对易关系式的来源. 就轨道角动量而言, 这些对易关系式不过是量子化规则 (第三章 §B–5) 和正则对易关系式 [第二章公式 (E–30)] 的直接结果; 对于没有经典类比的自旋角动量而言, 这些对易关系式实际上就是对应的可观察量的定义[①]. 在 §C 中我们讨论角动量所特有的这些对易关系式所带来的后果; 特别是, 我们将发现有空间量子化, 即这样一个事实: 角动量的任意一个分量都具有离散谱. 最后, 在 §D 中, 我们将把所得的普遍结果应用于一个粒子的轨道角动量.

§B. 角动量所特有的对易关系式

1. 轨道角动量

为了得到在量子力学中与一个无自旋粒子的角动量 $\mathscr{L}$ 的三个分量相联系的可观察量 L_x, L_y 及 L_z, 我们只需应用第三章 §B–5 中讲过的量子化规则, 在目前的问题中这是非常简单的. 我们来考虑经典角动量的分量 $\mathscr{L}_x$:

$$\mathscr{L}_x = yp_z - zp_y \tag{B–1}$$

与坐标 y, z 相联系的观察算符是 Y, Z; 与动量 p_y, p_z 相联系的观察算符是 P_y, P_z. 虽然 (B–1) 式含有两个经典变量的乘积, 但是用对应的观察算符来代替这些变量时我们不必有什么顾虑, 因为 Y 与 P_z, Z 与 P_y 都是可以对易的 [参看第二章的正则对易关系式 (E–30)]. 因此我们不必将 (B–1) 式对称化就可以得到算符 L_x:

$$L_x = YP_z - ZP_y \tag{B–2}$$

[645] 同理 (Y 与 P_z, Z 与 P_y 都是可对易的), 如此构成的算符是厄米算符.

---

①这些对易关系式的深刻渊源其实纯粹是几何上的. 我们将在补充材料 $\mathrm{B_{VI}}$ 中详细探讨这个问题, 在那篇材料里我们将建立体系相对于 O 点的角动量与体系围绕 O 点的几何上的旋转之间的密切联系.

按同样方式可以得到与经典角动量分量 $\mathscr{L}_y, \mathscr{L}_z$ 对应的算符 L_y, L_z; 于是我们可以写出

$$\boldsymbol{L} = \boldsymbol{R} \times \boldsymbol{P} \tag{B-3}$$

知道了坐标观察算符 $\boldsymbol{R}$ 与动量观察算符 $\boldsymbol{P}$ 的正则对易关系式, 我们就很容易计算算符 L_x, L_y 及 L_z 之间的对易子.

例如, 我们来求 $[L_x, L_y]$:

$$\begin{aligned}[L_x, L_y] &= [YP_z - ZP_y, ZP_x - XP_z] \\ &= [YP_z, ZP_x] + [ZP_y, XP_z]\end{aligned} \tag{B-4}$$

这是因为 YP_z 与 XP_z, ZP_y 与 ZP_x 都是可对易的. 于是我们有

$$\begin{aligned}[L_x, L_y] &= Y[P_z, Z]P_x + X[Z, P_z]P_y \\ &= -\mathrm{i}\hbar YP_x + \mathrm{i}\hbar XP_y \\ &= \mathrm{i}\hbar L_z\end{aligned} \tag{B-5}$$

类似的计算将给出另外两个对易子, 最后得到:

$$\begin{aligned}[L_x, L_y] &= \mathrm{i}\hbar L_z \\ [L_y, L_z] &= \mathrm{i}\hbar L_x \\ [L_z, L_x] &= \mathrm{i}\hbar L_y\end{aligned} \tag{B-6}$$

这样, 我们便建立了一个无自旋粒子的角动量诸分量之间的对易关系式.

上述结果立即可以推广到 N 个无自旋粒子的体系. 在量子力学中, 这个体系的总角动量就是:

$$\boldsymbol{L} = \sum_{i=1}^{N} \boldsymbol{L}_i \tag{B-7}$$

其中

$$\boldsymbol{L}_i = \boldsymbol{R}_i \times \boldsymbol{P}_i \tag{B-8}$$

每一个粒子的角动量 $\boldsymbol{L}_i$ 都满足对易关系式 (B–6), 而且只要 j 不同于 i, 它就可以和 $\boldsymbol{L}_j$ 对易 (因为 $\boldsymbol{L}_i$ 与 $\boldsymbol{L}_j$ 是在不同粒子的态空间中起作用的算符). 因此, 很容易看出, 关系式 (B–6) 对于总角动量 $\boldsymbol{L}$ 仍然成立.

2. 推广: 角动量的定义

与任意的经典角动量分量相联系的三个算符都满足对易关系式 (B–6). 此外, 我们还可以证明 (参看补充材料 $\mathrm{B_{VI}}$), 这些关系式的深刻渊源在于三维

空间中旋转的几何性质. 因此, 我们采取更普遍的观点: 如果任意三个观察算
[646] 符 J_x, J_y, J_z 满足如下关系式:

$$\boxed{\begin{aligned}[J_x, J_y] &= \mathrm{i}\hbar J_z \\ [J_y, J_z] &= \mathrm{i}\hbar J_x \\ [J_z, J_x] &= \mathrm{i}\hbar J_y\end{aligned}} \tag{B–9}$$

我们就称 J_x, J_y, J_z 的集合为角动量 $\boldsymbol{J}$.

现在我们引入角动量 $\boldsymbol{J}$ 的平方的算符:

$$\boldsymbol{J}^2 = J_x^2 + J_y^2 + J_z^2 \tag{B–10}$$

因为 J_x, J_y 及 J_z 都是厄米算符, 故 $\boldsymbol{J}^2$ 也是厄米算符. 我们承认它是一个观察算符. $\boldsymbol{J}^2$ 可以与 $\boldsymbol{J}$ 的三个分量对易:

$$\boxed{[\boldsymbol{J}^2, \boldsymbol{J}] = 0} \tag{B–11}$$

为了证明它, 我们以 J_x 为例, 计算如下:

$$\begin{aligned}[\boldsymbol{J}^2, J_x] &= [J_x^2 + J_y^2 + J_z^2, J_x] \\ &= [J_y^2, J_x] + [J_z^2, J_x]\end{aligned} \tag{B–12}$$

这是因为 J_x 显然可以和它本身对易, 当然就可以与它本身的平方对易. 根据 (B–9) 式, 很容易算出另外两个对易子:

$$\begin{aligned}[J_y^2, J_x] &= J_y[J_y, J_x] + [J_y, J_x]J_y \\ &= -\mathrm{i}\hbar J_y J_z - \mathrm{i}\hbar J_z J_y\end{aligned} \tag{B–13–a}$$

$$\begin{aligned}[J_z^2, J_x] &= J_z[J_z, J_x] + [J_z, J_x]J_z \\ &= \mathrm{i}\hbar J_z J_y + \mathrm{i}\hbar J_y J_z\end{aligned} \tag{B–13–b}$$

由此可见, (B–12) 式中的两个对易子之和等于零.

量子力学中的角动量理论完全建立在对易关系式 (B–9) 的基础上. 要注意, 这些关系式意味着: 角动量的三个分量是不可能同时测量的; 但是, $\boldsymbol{J}^2$ 和 $\boldsymbol{J}$ 的任意一个分量却都是相容的.

3. 问题的梗概

我们再来讨论在引言中讲过的例子——处在有心势场中的一个无自旋粒子. 到第七章, 我们将会看到, 在这种情况下, 粒子的角动量 $\boldsymbol{L}$ 的三个分量

可以和哈密顿算符 H 对易; 因而, $\boldsymbol{L}^2$ 也可以和 H 对易. 这样一来, 我们就具备了四个运动常量: $\boldsymbol{L}^2, L_x, L_y, L_z$. 但是这四个算符彼此并不都对易, 为了与 H 一起构成对易观察算符的完全集合, 我们只能取 $\boldsymbol{L}^2$ 和其他三个算符中的一个, 例如 L_z. 因此, 对于处在有心势场中的粒子来说, 我们可以寻求哈密顿算符 H 的这样一些本征态, 即同时为 $\boldsymbol{L}^2$ 和 L_z 所公有的那些本征态, 这样做不会限制问题的普遍性; 但是不可能得到由 $\boldsymbol{L}$ 的三个分量的共同本征矢构成 [647]
的态空间的一个基, 因为这三个观察算符是不可对易的.

在一般情况下, 也是这样: 任何角动量 $\boldsymbol{J}$ 的诸分量都是不可对易的, 不可能将它们同时对角化. 于是, 我们将去寻求 $\boldsymbol{J}^2$ 和 J_z 的共同本征矢的集合, 这两个算符分别对应于角动量的模平方和角动量在 Oz 轴上的分量.

§C. 角动量的普遍理论

在这一节里, 我们要确定在一般情况下 $\boldsymbol{J}^2$ 和 J_z 的谱, 然后寻求它们的共同本征矢. 推理方法和在第五章中的谐振子所建立的方法相似.

1. 定义和符号

a. 算符 J_+ 和 J_-

不使用角动量 $\boldsymbol{J}$ 的分量 J_x 和 J_y 而引入它们的下列线性组合, 将是方便的:

$$\boxed{\begin{aligned} J_+ &= J_x + \mathrm{i}J_y \\ J_- &= J_x - \mathrm{i}J_y \end{aligned}} \qquad \text{(C–1)}$$

与谐振子的算符 a 和 $a^\dagger$ 相似, J_+ 和 J_- 并不是厄米算符, 但它们互为伴随算符.

在这一节里, 我们只使用算符 J_+, J_-, J_z 和 $\boldsymbol{J}^2$. 根据 (B–9) 式和 (B–11) 式, 很容易证明这些算符满足下列对易关系:

$$[J_z, J_+] = \hbar J_+ \qquad \text{(C–2)}$$

$$[J_z, J_-] = -\hbar J_- \qquad \text{(C–3)}$$

$$[J_+, J_-] = 2\hbar J_z \qquad \text{(C–4)}$$

$$[\boldsymbol{J}^2, J_+] = [\boldsymbol{J}^2, J_-] = [\boldsymbol{J}^2, J_z] = 0 \qquad \text{(C–5)}$$

我们来计算乘积 J_+J_- 和 J_-J_+:

$$\begin{aligned} J_+J_- &= (J_x + \mathrm{i}J_y)(J_x - \mathrm{i}J_y) \\ &= J_x^2 + J_y^2 - \mathrm{i}[J_x, J_y] \\ &= J_x^2 + J_y^2 + \hbar J_z \end{aligned} \tag{C–6–a}$$

$$\begin{aligned} J_-J_+ &= (J_x - \mathrm{i}J_y)(J_x + \mathrm{i}J_y) \\ &= J_x^2 + J_y^2 + \mathrm{i}[J_x, J_y] \\ &= J_x^2 + J_y^2 - \hbar J_z \end{aligned} \tag{C–6–b}$$

[648] 应用定义 $\boldsymbol{J}^2$的 (B–10) 式, 还可将这些式子写成下列形式:

$$J_+J_- = \boldsymbol{J}^2 - J_z^2 + \hbar J_z \tag{C–7–a}$$

$$J_-J_+ = \boldsymbol{J}^2 - J_z^2 - \hbar J_z \tag{C–7–b}$$

将此两式的对应项相加, 便得到:

$$\boldsymbol{J}^2 = \frac{1}{2}(J_+J_- + J_-J_+) + J_z^2 \tag{C–8}$$

b. $\boldsymbol{J}^2$ 与 J_z 的本征值的符号

根据 (B–10) 式, $\boldsymbol{J}^2$ 是三个厄米算符的平方之和, 因而不论 $|\psi\rangle$ 是任何右矢, 矩阵元 $\langle\psi|\boldsymbol{J}^2|\psi\rangle$ 总是正数或零:

$$\begin{aligned} \langle\psi|\boldsymbol{J}^2|\psi\rangle &= \langle\psi|J_x^2|\psi\rangle + \langle\psi|J_y^2|\psi\rangle + \langle\psi|J_z^2|\psi\rangle \\ &= \|J_x|\psi\rangle\|^2 + \|J_y|\psi\rangle\|^2 + \|J_z|\psi\rangle\|^2 \geqslant 0 \end{aligned} \tag{C–9}$$

请注意, 这个性质在物理上也是可以得到满足的, 这是因为 $\boldsymbol{J}^2$ 对应于角动量 $\boldsymbol{J}$ 的模平方. 特别地, 我们可以由此推知: $\boldsymbol{J}^2$ 的全体本征值都是正数或零. 这是因为, 如果 $|\psi\rangle$ 是 $\boldsymbol{J}^2$ 的本征矢, 那么, $\langle\psi|\boldsymbol{J}^2|\psi\rangle$ 就是对应的本征值与 $|\psi\rangle$ 的模平方 (恒为正) 的乘积.

我们把 $\boldsymbol{J}^2$ 的本征值写成 $j(j+1)\hbar^2$ 的形式, 并且按照惯例取:

$$j \geqslant 0 \tag{C–10}$$

引入这个记号的目的在于简化以后的推证, 并不对结果有任何预示. 由于 $\boldsymbol{J}$ 具有 $\hbar$ 的量纲, 故 $\boldsymbol{J}^2$ 的任何本征值都具有 $\lambda\hbar^2$ 的形式, 其中的 λ 是一个无量纲的实数. 我们刚才看到, λ 一定是正数或零; 于是很容易证明关于 j 的二次方程

$$j(j+1) = \lambda \tag{C–11}$$

必有而且只有一个正的或等于零的根. 如果加上条件 (C–10) 的限制, 那么, λ 的值就唯一地确定了 j 的值; 因此, $\boldsymbol{J}^2$ 的任一本征值都可以写作 $j(j+1)\hbar^2$ 的形式, 其中的 j 是正数或零.

至于 J_z 的本征值, 其量纲和 $\hbar$ 的相同, 习惯上, 我们将这些本征值记作 $m\hbar$, 其中 m 是无量纲的数.

c. $\boldsymbol{J}^2$ 和 J_z 的本征值方程

我们将用确定 $\boldsymbol{J}^2$ 与 J_z 的本征值的指标 j 和 m 来标记此两算符的共同本征矢. 但是, 一般说来, $\boldsymbol{J}^2$ 和 J_z 并不构成一个 ECOC (譬如, 参看第七章 §A), 因而必须引入第三个指标, 用它来区别对应于 $\boldsymbol{J}^2$ 的同一本征值 $j(j+1)\hbar^2$ 和 J_z 的同一本征值 $m\hbar$ 的那些不同的本征矢 (这一点到下面的 §3–a 再作解释), 我们将这个指标记作 k (这并不意味着 k 一定是离散指标).

这样一来, 我们试图求解的本征值方程组便成为: [649]

$$\begin{aligned}\boldsymbol{J}^2|k,j,m\rangle &= j(j+1)\hbar^2|k,j,m\rangle \\ J_z|k,j,m\rangle &= m\hbar|k,j,m\rangle\end{aligned} \tag{C–12}$$

2. J^2 与 J_z 的本征值

就像在第五章 §B–2 中那样, 我们从三个引理的证明开始, 有了这些引理, 随后就可以确定 $\boldsymbol{J}^2$ 与 J_z 的谱.

a. 引理

α. 引理 I ($\boldsymbol{J}^2$ 与 J_z 的本征值的性质)

如果 $j(j+1)\hbar^2$ 与 $m\hbar$ 是 $\boldsymbol{J}^2$ 与 J_z 的对应于同一本征矢 $|k,j,m\rangle$ 的本征值, 则 j 与 m 满足下列不等式:

$$-j \leqslant m \leqslant j \tag{C–13}$$

我们来考虑矢量 $J_+|k,j,m\rangle$ 与 $J_-|k,j,m\rangle$, 它们的模平方为正值或零, 即

$$\|J_+|k,j,m\rangle\|^2 = \langle k,j,m|J_-J_+|k,j,m\rangle \geqslant 0 \tag{C–14–a}$$

$$\|J_-|k,j,m\rangle\|^2 = \langle k,j,m|J_+J_-|k,j,m\rangle \geqslant 0 \tag{C–14–b}$$

为了计算这些不等式的左端, 我们可以利用公式 (C–7), 并且假定 $|k,j,m\rangle$ 已归一化, 这样便有:

$$\begin{aligned}\langle k,j,m|J_-J_+|k,j,m\rangle &= \langle k,j,m|(\boldsymbol{J}^2 - J_z^2 - \hbar J_z)|k,j,m\rangle \\ &= j(j+1)\hbar^2 - m^2\hbar^2 - m\hbar^2\end{aligned} \tag{C–15–a}$$

$$\begin{aligned}\langle k,j,m|J_+J_-|k,j,m\rangle &= \langle k,j,m|(\boldsymbol{J}^2 - J_z^2 + \hbar J_z)|k,j,m\rangle \\ &= j(j+1)\hbar^2 - m^2\hbar^2 + m\hbar^2\end{aligned} \tag{C–15–b}$$

将这些结果代入不等式 (C–14), 得到:

$$j(j+1)-m(m+1)=(j-m)(j+m+1)\geqslant 0 \tag{C–16–a}$$

$$j(j+1)-m(m-1)=(j-m+1)(j+m)\geqslant 0 \tag{C–16–b}$$

亦即

$$-(j+1)\leqslant m\leqslant j \tag{C–17–a}$$

$$-j\leqslant m\leqslant j+1 \tag{C–17–b}$$

仅当 m 满足不等式 (C–13) 时, 这两个条件才能同时满足.

β. 引理 Ⅱ (矢量 $J_-|k,j,m\rangle$ 的性质)

设 $|k,j,m\rangle$ 是 $\boldsymbol{J}^2$ 与 J_z 的一个本征矢, 属于本征值 $j(j+1)\hbar^2$ 与 $m\hbar$;

(i) 如果 $m=-j$, 则 $J_-|k,j,-j\rangle=0$

(ii) 如果 $m>-j$, 则 $J_-|k,j,m\rangle$ 是 $\boldsymbol{J}^2$ 与 J_z 的一个非零本征矢, 属于本征值 $j(j+1)\hbar^2$ 与 $(m-1)\hbar$.

[650] (i) 根据 (C–15–b) 式, 矢量 $J_-|k,j,m\rangle$ 的模平方等于 $\hbar^2[j(j+1)-m(m-1)]$, 当 $m=-j$ 时, 其值为零. 因为当而且仅当一个矢量本身为零时, 它的模才等于零, 由此可以推知, 所有的矢量 $J_-|k,j,-j\rangle$ 都是零矢量:

$$m=-j\Longrightarrow J_-|k,j,-j\rangle=0 \tag{C–18}$$

我们也不难建立 (C–18) 式的逆命题:

$$J_-|k,j,m\rangle=0\Longrightarrow m=-j \tag{C–19}$$

实际上, 将算符 J_+ 作用在 (C–19) 中方程的两端, 并利用 (C–7–a) 式, 我们便得到:

$$\hbar^2[j(j+1)-m^2+m]|k,j,m\rangle=\hbar^2(j+m)(j-m+1)|k,j,m\rangle=0 \tag{C–20}$$

考虑到 (C–13) 式, 方程 (C–20) 只有一个解: $m=-j$.

(ii) 现在假设 m 严格大于 $-j$. 根据 (C–15–b) 式, 由于矢量 $J_-|k,j,m\rangle$ 的模平方不等于零, 所以这个矢量是一个非零矢量.

我们再来证明这个矢量是 $\boldsymbol{J}^2$ 和 J_z 的一个本征矢. 由于算符 $\boldsymbol{J}^2$ 和 J_- 可以对易, 因而

$$[\boldsymbol{J}^2,J_-]|k,j,m\rangle=0 \tag{C–21}$$

此式又可写作:

$$\begin{aligned}\boldsymbol{J}^2 J_-|k,j,m\rangle &= J_-\boldsymbol{J}^2|k,j,m\rangle \\ &= j(j+1)\hbar^2 J_-|k,j,m\rangle \end{aligned} \tag{C–22}$$

此式表示 $J_-|k,j,m\rangle$ 是 $\boldsymbol{J}^2$ 的本征矢, 属于本征值 $j(j+1)\hbar^2$.

另一方面, 再将算符关系式 (C–3) 作用于 $|k,j,m\rangle$, 便有:

$$[J_z, J_-]|k,j,m\rangle = -\hbar J_-|k,j,m\rangle \tag{C–23}$$

亦即

$$\begin{aligned}J_z J_-|k,j,m\rangle &= J_- J_z|k,j,m\rangle - \hbar J_-|k,j,m\rangle \\ &= m\hbar J_-|k,j,m\rangle - \hbar J_-|k,j,m\rangle \\ &= (m-1)\hbar J_-|k,j,m\rangle \end{aligned} \tag{C–24}$$

由此可见, $J_-|k,j,m\rangle$ 是 J_z 的本征矢, 属于本征值 $(m-1)\hbar$.

γ. 引理 Ⅲ (矢量 $J_+|k,j,m\rangle$ 的性质)

设 $|k,j,m\rangle$ 是 $\boldsymbol{J}^2$ 和 J_z 的一个本征矢, 属于本征值 $j(j+1)\hbar^2$ 与 $m\hbar$.

(i) 如果 $m=j$, 则 $J_+|k,j,j\rangle = 0$

(ii) 如果 $m<j$, 则 $J_+|k,j,m\rangle$ 是 $\boldsymbol{J}^2$ 与 J_z 的一个非零本征矢, 属于本征值 $j(j+1)\hbar^2$ 与 $(m+1)\hbar$.

(i) 推证的方法与前面的 (§C–2–a–β) 相似. 根据 (C–14–a 式), 如果 $m=j$, [651]
则 $J_+|k,j,m\rangle$ 的模平方为零. 因而有:

$$m=j \Longrightarrow J_+|k,j,m\rangle = 0 \tag{C–25}$$

还可同样证明它的逆命题:

$$J_+|k,j,m\rangle = 0 \Longrightarrow m=j \tag{C–26}$$

(ii) 如果 $m<j$, 仍用 §β– (ii) 中的方法, 根据 (C–5) 式和 (C–2) 式, 可以得到:

$$\boldsymbol{J}^2 J_+|k,j,m\rangle = j(j+1)\hbar^2 J_+|k,j,m\rangle \tag{C–27}$$

$$\boldsymbol{J}_z J_+|k,j,m\rangle = (m+1)\hbar J_+|k,j,m\rangle \tag{C–28}$$

b. 确定 $\boldsymbol{J}^2$ 及 J_z 的谱

下面我们将会看到, 具备了前面的三个引理, 便可以确定 j 及 m 的可能值.

设 $|k,j,m\rangle$ 是 $\boldsymbol{J}^2$ 和 J_z 的一个非零本征矢, 属于本征值 $j(j+1)\hbar^2$ 与 $m\hbar$. 那么, 根据上面的引理 I, 应有 $-j \leqslant m \leqslant j$. 因而, 一定存在着一个非负的整数 p 使得:

$$-j \leqslant m-p < -j+1 \tag{C–29}$$

我们来考虑下面的矢量序列:

$$|k,j,m\rangle, J_-|k,j,m\rangle, \cdots, (J_-)^p|k,j,m\rangle \tag{C–30}$$

根据引理 II, 此序列中的每一个矢量 $(J_-)^n|k,j,m\rangle(n=0,1,\cdots,p)$ 都是 $\boldsymbol{J}^2$ 和 J_z 的非零本征矢, 属于本征值 $j(j+1)\hbar^2$ 与 $(m-n)\hbar$.

我们逐步地证明: 根据假设, $|k,j,m\rangle$ 是一个非零矢量, 而且对应于本征值 $j(j+1)\hbar^2$ 与 $m\hbar$; 将算符 J_- 作用于矢量 $(J_-)^{n-1}|k,j,m\rangle$, 便得到矢量 $(J_-)^n|k,j,m\rangle$, 前一个矢量是 $\boldsymbol{J}^2$ 和 J_z 的本征矢, 属于本征值 $j(j+1)\hbar^2$ 与 $(m-n+1)\hbar$; 后面这个本征值是严格大于 $-j\hbar$ 的, 这是因为, 根据 (C–29) 式, 有:

$$m-n+1 \geqslant m-p+1 \geqslant -j+1 \tag{C–31}$$

根据引理 II 的第 (ii) 点, 可知 $(J_-)^n|k,j,m\rangle$ 是 $\boldsymbol{J}^2$ 和 J_z 的非零本征矢, 对应的本征值为 $j(j+1)\hbar^2$ 与 $(m-n)\hbar$.

现在将算符 J_- 作用于 $(J_-)^p|k,j,m\rangle$. 首先假设 J_z 的与矢量 $(J_-)^p|k,j,m\rangle$ 相联系的本征值 $(m-p)\hbar$ 严格地大于 $-j\hbar$, 也就是说:

$$m-p > -j \tag{C–32}$$

根据引理 II 的第 (ii) 点, $J_-(J_-)^p|k,j,m\rangle$ 就应该是一个非零矢量而且应该对应于本征值 $j(j+1)\hbar^2$ 与 $(m-p-1)\hbar$, 这就和引理 I 互相矛盾了; 这是因为, 根据 (C–29) 式, 有:

$$m-p-1 < -j \tag{C–33}$$

[652] 因而 $m-p$必须等于 $-j$. 在这个条件下, $(J_-)^p|k,j,m\rangle$ 实际上对应于 J_z 的本征值 $-j\hbar$, 而且, 根据引理 II 的第 (i) 点, $J_-(J_-)^p|k,j,m\rangle$ 是个零矢量; 因而, 通过算符 J_- 迭次作用于 $|k,j,m\rangle$ 而形成的矢量序列 (C–30) 是有限的, 而且与引理 I 的矛盾也消除了.

于是我们便证明了: 存在着这样一个整数 p, 它取正值或零, 使得:

$$m-p=-j \tag{C–34}$$

和上面完全相同的推理可以证明: 根据引理 Ⅲ, 存在着这样一个整数 q, 它取正值或零, 使得:

$$m+q=j \tag{C–35}$$

这是因为矢量序列

$$|k,j,m\rangle, J_+|k,j,m\rangle,\cdots,\ (J_+)^q|k,j,m\rangle \tag{C–36}$$

必须是有限的, 才不致和引理 I 矛盾.

将 (C–34) 式和 (C–35) 式结合起来, 我们得到

$$p+q=2j \tag{C–37}$$

因而 j 等于正整数的一半或零. 由此可以推知, j 必须是整数或半整数①. 此外, 如果存在着一个非零矢量 $|k,j,m\rangle$, 则序列 (C–30) 和 (C–36) 中的所有矢量也都是非零矢量; 而且都是 $\boldsymbol{J}^2$ 的属于本征值 $j(j+1)\hbar^2$ 的本征矢又都是 J_z 的属于本征值

$$-j\hbar,\ (-j+1)\hbar,\ (-j+2)\hbar,\cdots,\ (j-2)\hbar,\ (j-1)\hbar, j\hbar \tag{C–38}$$

的本征矢.

我们可将已得结果归纳如下:

> 假设 $\boldsymbol{J}$ 是满足对易关系 (B–9) 的任意角动量. 如果 $j(j+1)\hbar^2$ 与 $m\hbar$ 表示 $\boldsymbol{J}^2$ 与 J_z 的本征值, 那么:
>
> — j 只能取正的整数、半整数或零, 即 0, 1/2, 1, 3/2, 2, $\cdots$ (这些只是可能值; 并不是对于一切角动量而言, 所有这些值一定都能出现).
>
> —对于 j 的一个固定值, m 的可能值只有 $(2j+1)$ 个: $-j,-j+1,\cdots,j-1,j$. 因此, 若 j 是半整数, 则 m 也是半整数. 在 m 的这些值中, 只要有一个出现, 其他的值也会出现.

3. "标准表象"$\{|k,j,m\rangle\}$

我们已经假设 $\boldsymbol{J}^2$ 和 J_z 是观察算符, 现在我们来研究它们的共同本征矢, 这些矢量的集合构成态空间的一个基.

a. 基右矢 [653]

我们来考虑在态空间 $\mathscr{E}$ 中起作用的一个角动量 $\boldsymbol{J}$. 下面我们要说明怎样用 $\boldsymbol{J}^2$ 和 J_z 的共同本征矢构成 $\mathscr{E}$ 空间的一个正交归一基.

①习惯上, 我们称奇整数的一半为 "半整数".

我们取在所研究的情况下能够出现的一对本征值 $j(j+1)\hbar^2$ 与 $m\hbar$. 与这一对本征值相联系的本征矢的集合在 $\mathscr{E}$ 空间中张成一个矢量子空间, 我们将它记作 $\mathscr{E}(j,m)$; 可以预见它的维数 $g(j,m)$ 大于 1, 这是因为一般说来 $\boldsymbol{J}^2$ 和 J_z 并不构成一个 ECOC. 现在, 我们在子空间 $\mathscr{E}(j,m)$ 中选择一个任意的正交归一基 $\{|k,j,m\rangle; k=1,2,\cdots,g(j,m)\}$.

如果 m 不等于 j, 则在 $\mathscr{E}$ 空间中一定有另一个子空间 $\mathscr{E}(j,m+1)$, 它由 $\boldsymbol{J}^2$ 和 J_z 的属于本征值 $j(j+1)\hbar^2$ 与 $(m+1)\hbar$ 的本征矢所张成. 同样, 若 m 不等于 $-j$, 便存在着一个子空间 $\mathscr{E}(j,m-1)$. 我们从 $\mathscr{E}(j,m)$ 空间中已选定的基出发, 在 m 不等于 j 与 $-j$ 的情况下, 在 $\mathscr{E}(j,m+1)$ 空间和 $\mathscr{E}(j,m-1)$ 空间中各构造一个正交归一基.

首先, 我们证明, 若 k_1 不等于 k_2, 则 $J_+|k_1,j,m\rangle$ 与 $J_+|k_2,j,m\rangle$ 正交; $J_-|k_1,j,m\rangle$ 与 $J_-|k_2,j,m\rangle$ 也是正交的. 我们利用公式 (C–7) 来计算 $J_\pm|k_2,j,m\rangle$ 与 $J_\pm|k_1,j,m\rangle$ 的标量积:

$$\begin{aligned}\langle k_2,j,m|J_\mp J_\pm|k_1,j,m\rangle &= \langle k_2,j,m|(\boldsymbol{J}^2-J_z^2\mp\hbar J_z)|k_1,j,m\rangle \\ &= [j(j+1)-m(m\pm1)]\hbar^2\langle k_2,j,m|k_1,j,m\rangle\end{aligned} \quad \text{(C–39)}$$

由于 $\mathscr{E}(j,m)$ 空间中的基是正交归一的, 如果 $k_1\neq k_2$, 则这些标量积都是零. 如果 $k_1=k_2$, 便得到矢量 $J_\pm|k,j,m\rangle$ 的模平方 $[j(j+1)-m(m\pm1)]\hbar^2$.

现在, 我们来考虑由下式:

$$|k,j,m+1\rangle=\frac{1}{\hbar\sqrt{j(j+1)-m(m+1)}}J_+|k,j,m\rangle \quad \text{(C–40)}$$

定义的 $g(j,m)$ 个矢量的集合. 根据上面的论证, 这些矢量是正交归一的. 此外, 它们构成 $\mathscr{E}(j,m+1)$ 空间中的一个基. 这一点可证明如下: 我们假设在 $\mathscr{E}(j,m+1)$ 空间中存在一个矢量 $|\alpha,j,m+1\rangle$, 它正交于得自 (C–40) 式的全体矢量 $|k,j,m+1\rangle$. 因为 $m+1$ 不会等于 $-j$, 故矢量 $J_-|\alpha,j,m+1\rangle$ 不会是零矢量, 它应该属于 $\mathscr{E}(j,m)$ 空间, 并应正交于所有的矢量 $J_-|k,j,m+1\rangle$; 但根据 (C–40) 式, $J_-|k,j,m+1\rangle$ 正比于 $J_-J_+|k,j,m\rangle$, 即正比于 $|k,j,m\rangle$ [公式 (C–7–b)]; 于是 $J_-|\alpha,j,m+1\rangle$ 应是 $\mathscr{E}(j,m)$ 空间中的一个非零矢量, 它正交于基 $\{|k,j,m\rangle\}$ 中的所有矢量, 但这是不可能的. 因而矢量集合 (C–40) 构成 $\mathscr{E}(j,m+1)$ 空间中的一个基.

采用和上面完全相同的方法, 我们可以证明: 由下式定义的诸矢量 $|k,j,m-1\rangle$

$$|k,j,m-1\rangle=\frac{1}{\hbar\sqrt{j(j+1)-m(m-1)}}J_-|k,j,m\rangle \quad \text{(C–41)}$$

构成 $\mathscr{E}(j,m-1)$ 空间中的一个正交归一基.

特别地, 我们看到, 子空间 $\mathscr{E}(j,m+1)$ 和子空间 $\mathscr{E}(j,m-1)$ 的维数等于 [654]
$\mathscr{E}(j,m)$ 空间的维数. 换句话说, 它们的维数与 m 无关①:

$$g(j,m+1)=g(j,m-1)=g(j,m)=g(j) \tag{C–42}$$

现在我们按下列步骤进行. 对于在待研究的问题中实际出现的 j 的每一个数值, 我们取与 j 的该数值相联系的诸子空间中的一个, 譬如 $\mathscr{E}(j,j)$, 它对应于 $m=j$. 我们在这个子空间中任意取一个正交归一基 $\{|k,j,j\rangle;k=1,2,\cdots,g(j)\}$, 然后, 根据公式 (C–41), 我们可以顺序地为其余 $2j$ 个子空间 $\mathscr{E}(j,m)$ 中的每一个构成一个基. 表 (VI–1) 中的箭头概略地表示我们所用的方
法. 对于问题中实际出现的 j 的每一个数值, 我们都按同样的方法去做, 最后 [655]
构成的基叫做态空间 $\mathscr{E}$ 中的**标准基**. 对于这样一个基, 正交归一关系式及封闭

表 VI–1

这个表概略地表示对于 j 的一个固定值, 怎样构成 "标准基" 中的 $(2j+1)g(j)$ 个矢量. 从第一行的 $g(j)$ 个矢量 $|k,j,j\rangle$ 的每一个矢量开始, 通过算符 J_- 的作用, 便可构成同一列中的 $(2j+1)$ 个矢量.

每一个子空间 $\mathscr{E}(j,m)$ 都是由同一行中的 $g(j)$ 个矢量张成的. 反之, 为了张成子空间 $\mathscr{E}(k,j)$, 就须用同一列中的 $(2j+1)$ 个矢量.

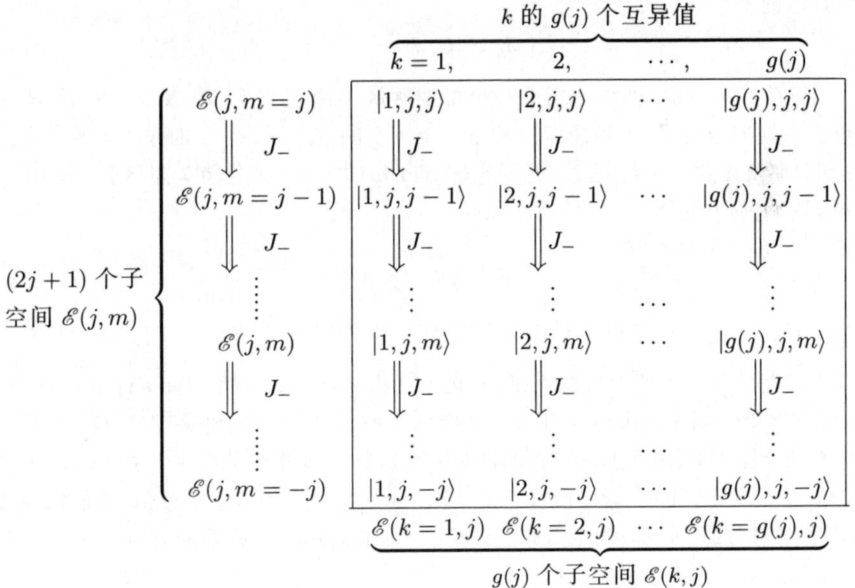

①如果这个维数为无穷大, 这个结果就应解释如下: 在与 j 的同一数值对应的两个子空间的基矢量之间存在着一一对应关系.

性关系式可以分别写作:

$$\langle k,j,m|k',j',m'\rangle = \delta_{kk'}\delta_{jj'}\delta_{mm'} \tag{C–43–a}$$

$$\sum_j \sum_{m=-j}^{+j} \sum_{k=1}^{g(j)} |k,j,m\rangle\langle k,j,m| = 1 \tag{C–43–b}$$

附注:

(i) 引用公式 (C–41) 还特别隐含着一种相位的选择, 即 $\mathscr{E}(j,m-1)$ 空间中的各基矢和将算符 J_- 作用于 $\mathscr{E}(j,m)$ 空间中的基矢而得到的那些矢量是成比例的, 比例系数是正实数.

(ii) 公式 (C–40) 和 (C–41) 是相容的. 事实上, 如果将算符 J_+ 作用于 (C–41) 式的两端, 并考虑到公式 (C–7–a), 我们便得到 (C–40) 式 [只是 m 换成了 $(m-1)$]. 这一点特别表明, 我们不一定要像上面所做的那样, 从极大值 $m=j$ 开始, 并用公式 (C–41) 来构成对应于 j 的指定值的子空间 $\mathscr{E}(j,m)$ 中的基矢.

在大多数情况下, 为了确定一个标准基, 我们使用与 $\boldsymbol{J}$ 的三个分量对易①并与 $\boldsymbol{J}^2$ 和 J_z 一起构成一个 ECOC 的若干个可观察量 $A,B,\cdots$ (在第七章 §A 中, 我们将看到一个具体例子):

$$[A,\boldsymbol{J}]=[B,\boldsymbol{J}]=\cdots=0 \tag{C–44}$$

为简单起见, 我们假设只需要一个可观察量 A 就足以和 $\boldsymbol{J}^2$ 及 J_z 一起构成一个 ECOC. 在这些条件下, 上面所定义的每一个子空间 $\mathscr{E}(j,m)$ 在 A 的作用下都具有总体不变性. 也就是说, 如果 $|\psi_{j,m}\rangle$ 是子空间 $\mathscr{E}(j,m)$ 中的一个任意矢量, 则矢量 $A|\psi_{j,m}\rangle$ [根据 (C–44) 式] 也是 $\boldsymbol{J}^2$ 和 J_z 的本征矢:

$$\begin{aligned}\boldsymbol{J}^2A|\psi_{j,m}\rangle &= A\boldsymbol{J}^2|\psi_{j,m}\rangle = j(j+1)\hbar^2A|\psi_{j,m}\rangle\\ J_zA|\psi_{j,m}\rangle &= AJ_z|\psi_{j,m}\rangle = m\hbar A|\psi_{j,m}\rangle\end{aligned} \tag{C–45}$$

而本征值就是 $|\psi_{j,m}\rangle$ 所对应的本征值; 因此, $A|\psi_{j,m}\rangle$ 仍属于子空间 $\mathscr{E}(j,m)$. 从而, 如果选定了 j 的一个值, 我们就可以在对应的子空间 $\mathscr{E}(j,j)$ 内部将 A 对角化. 我们将如此求得的各个本征值记作 $a_{k,j}$; 下标 j 指出这些本征值是在哪一个子空间 $\mathscr{E}(j,j)$ 中求得的, 下标 k (为简单起见, 假设它是离散的) 则用来区别这些本征值. 我们已经假设 $A,\boldsymbol{J}^2$ 和 J_z 构成一个 ECOC, 因此, 与每一个本征值 $a_{k,j}$ 相联系的只有 $\mathscr{E}(j,j)$ 空间中的一个矢量 (记作 $|k,j,j\rangle$):

$$A|k,j,j\rangle = a_{k,j}|k,j,j\rangle \tag{C–46}$$

①可以和一个物理体系的总角动量的三个分量对易的算符叫做 “标量” 算符 (参看补充材料 B_{VI}).

集合 $\{|k,j,j\rangle; j$ 值固定; $k=1,2,\cdots,g(j)\}$ 构成空间 $\mathscr{E}(j,j)$ 中的一个正交归一基. 从这个基出发, 利用上面所说的方法, 便能构成与 j 的指定值相关的其他子空间 $\mathscr{E}(j,m)$ 中的基. 对于 j 的每一个值顺次应用这个方法, 便可最终地构成态空间中的一个 "标准基" $\{|k,j,m\rangle\}$, 其中的基矢不仅是 $\boldsymbol{J}^2$ 和 J_z 的本征矢, 也是 A 的本征矢:

$$A|k,j,m\rangle = a_{k,j}|k,j,m\rangle \tag{C–47}$$

事实上, 如果 (C–44) 式中的条件得到满足, 则 A 也可以与 J_- 对易, 由此可以推知 [656]
$J_-|k,j,j\rangle$, 即 $|k,j,j-1\rangle$, 是 A 的本征矢, 并与 $|k,j,j\rangle$ 同属于一个本征值:

$$AJ_-|k,j,j\rangle = J_-A|k,j,j\rangle = a_{k,j}J_-|k,j,j\rangle \tag{C–48}$$

重复这样的推理, 便很容易证明等式 (C–47).

附注:

(i) 可以和 $\boldsymbol{J}^2$ 及 J_z 对易的观察算符不一定可以和 J_x 及 J_y 对易 (J_z 本身就是一个这样的例子). 因而, 为了和 $\boldsymbol{J}^2$ 及 J_z 一起构成一个 ECOC, 不一定要选用如 (C–44) 式所示的那种与 $\boldsymbol{J}$ 的三个分量都可对易的可观察量. 但是, 如果 A 不能和 J_+ 及 J_- 对易 (亦即不能和 J_x 及 J_y 对易), 那么 $J_\pm|k,j,m\rangle$ 就不一定是 A 的本征矢并与 $|k,j,m\rangle$ 同属于一个本征值.

(ii) 在与同一 j 值相联系的所有子空间 $\mathscr{E}(j,m)$ 中, A 的谱都是一样的. 但是, 一般地说, 本征值 $a_{k,j}$ 却是依赖于 j 的 (在第七章 §A 和 §C 的具体例子中将会看到这一点.)

b. 子空间 $\mathscr{E}(k,j)$

在上一段里, 我们从子空间 $\mathscr{E}(j,m=j)$ 中已选定的一个基出发, 构成子空间 $\mathscr{E}(j,m=j-1)$ 中的一个基, 然后构成子空间 $\mathscr{E}(j,m=j-2),\cdots,\mathscr{E}(j,m),\cdots$ 中的基, 最后便构成态空间中的一个 "标准基". 我们可以把态空间看作全体正交子空间 $\mathscr{E}(j,m)$ 的直和, 这里的 m 从 $-j$ 变到 $+j$, 每次改变一个单位, 而 j 则取遍待研究问题中实际出现的所有各数值. 这就是说, $\mathscr{E}$ 空间中的任一个矢量都可以唯一地分解为一系列矢量之和, 其中每一个矢量分别属于一个确定的子空间 $\mathscr{E}(j,m)$.

但是, 利用这些子空间 $\mathscr{E}(j,m)$ 也有不便之处. 首先, 它的维数 $g(j)$ 事先是不知道的, 而且是与待研究物理体系相关联的; 其次, 这些子空间 $\mathscr{E}(j,m)$ 在 $\boldsymbol{J}$ 的作用下并不是不变的, 这是因为, 按照矢量 $|k,j,m\rangle$ 的构成方法, 算符 J_+ 和 J_- 在子空间 $\mathscr{E}(j,m)$ 的矢量和 $\mathscr{E}(j,m\pm1)$ 的矢量之间的矩阵元并不等于零.

现在我们引入 $\mathscr{E}$ 空间中的另外一些子空间, 即子空间 $\mathscr{E}(k,j)$. 为此, 我们不再组合指标 j 和 m 都是固定数值的那些右矢 $|k,j,m\rangle$ [它们张成子空间 $\mathscr{E}(j,m)$], 而另行组成一个集合, 其中诸矢量的指标 k 和 j 都具有指定值, 我们

称这些矢量所张成的空间为子空间 $\mathscr{E}(k,j)$. 这种做法相当于将表 (Ⅵ–1) 中的同一列中的 $(2j+1)$ 个矢量 [而不是同一行中的 $g(j)$ 个矢量] 组合起来.

于是 $\mathscr{E}$ 空间就成为这些正交子空间 $\mathscr{E}(k,j)$ 的直和, 现在这些子空间具有如下简单性质:

—不论待研究的是什么物理体系, 也不论 k 的数值如何, 子空间 $\mathscr{E}(k,j)$ 的维数都是 $(2j+1)$.

—子空间 $\mathscr{E}(k,j)$ 在 $\boldsymbol{J}$ 的作用下具有整体不变性; 也就是说, 将 $\boldsymbol{J}$ 的任意一个分量 J_u [或 $\boldsymbol{J}$ 的一个函数 $F(\boldsymbol{J})$] 作用于子空间 $\mathscr{E}(k,j)$ 中的一个右矢,
[657] 所得的另一个右矢仍属于 $\mathscr{E}(k,j)$①. 这一点是不难证明的, 因为 J_u [或 $F(\boldsymbol{J})$] 总可以通过 J_z, J_+ 及 J_- 来表示; 但由 J_z 对 $|k,j,m\rangle$ 作用而得的右矢正比于 $|k,j,m\rangle$, 由 J_+ 的作用而得的右矢正比于 $|k,j,m+1\rangle$, 由 J_- 的作用而得的右矢正比于 $|k,j,m-1\rangle$; 因此, 根据构成 "标准基" $\{|k,j,m\rangle\}$ 的方法便可得出上述性质.

c. 表示角动量算符的矩阵

在一个 "标准基" 中, 表示 $\boldsymbol{J}$ 的某一分量 J_u [或任一函数 $F(\boldsymbol{J})$] 的矩阵的求法, 由于使用子空间 $\mathscr{E}(k,j)$ 而得到很大的简化. 实际上, 在分别属于互异子空间 $\mathscr{E}(k,j)$ 的两个基右矢之间的矩阵元都等于零. 因此, 这种矩阵的形式如下:

	$\mathscr{E}(k,j)$	$\mathscr{E}(k',j)$	$\mathscr{E}(k',j')$	
$\mathscr{E}(k,j)$	$(2j+1)\times(2j+1)$ 矩阵	0	0	0
$\mathscr{E}(k',j)$	0	$(2j+1)\times(2j+1)$ 矩阵	0	0
$\mathscr{E}(k',j')$	0	0	$(2j'+1)\times(2j'+1)$ 矩阵	0
$\vdots$	0	0	0	0

(C–49)

由此可见, 我们只需要计算有限阶的子矩阵, 在每一个子空间 $\mathscr{E}(k,j)$ 内部, 这些矩阵都表示我们所用的算符.

①此外, 也很容易证明 $\mathscr{E}(k,j)$ 对 $\boldsymbol{J}$ 而言是 "不可约的". 这就是说, 在 $\boldsymbol{J}$ 的各分量作用下具有整体不变性的 $\mathscr{E}(k,j)$ 的子空间 [除 $\mathscr{E}(k,j)$ 本身以外] 是不存在的.

第二个十分重要的简化在于: 每一个这样的有限阶子矩阵都不依赖于 k, 也不依赖于待研究的体系, 而只依赖于 j; 当然, 还依赖于我们所要表示的算符. 实际上, 由 $|k,j,m\rangle$ 的定义 [参看 (C–12), (C–40) 及 (C–41) 式] 可以推知:

$$\boxed{\begin{aligned}&J_z|k,j,m\rangle = m\hbar|k,j,m\rangle\\&J_+|k,j,m\rangle = \hbar\sqrt{j(j+1)-m(m+1)}|k,j,m+1\rangle\\&J_-|k,j,m\rangle = \hbar\sqrt{j(j+1)-m(m-1)}|k,j,m-1\rangle\end{aligned}} \tag{C–50}$$

这就是说: [658]

$$\begin{aligned}&\langle k,j,m|J_z|k',j',m'\rangle = m\hbar\delta_{kk'}\delta_{jj'}\delta_{mm'}\\&\langle k,j,m|J_\pm|k',j',m'\rangle = \hbar\sqrt{j(j+1)-m'(m'\pm 1)}\delta_{kk'}\delta_{jj'}\delta_{m,m'\pm 1}\end{aligned} \tag{C–51}$$

这些等式表明, 表示 $\boldsymbol{J}$ 的分量的那些矩阵元只依赖于 j 和 m, 不依赖于 k.

因此, 不论在什么情况下, 为了求得在一个标准基中与任意分量 J_u 相联系的矩阵, 我们只需对于 j 的所有可能值 $(j=0,1/2,1,3/2,\cdots)$ 一次算出所有的 “普适” 矩阵 $(J_u)^{(j)}$, 这些矩阵在子空间 $\mathscr{E}(k,j)$ 内都表示 J_u. 研究一个具体的物理体系和它的角动量 $\boldsymbol{J}$ 时, 我们应该确定这个问题中 j 实际上取哪些数值, 以及与 j 的每一个数值相联系的子空间 $\mathscr{E}(k,j)$ 的个数 $g(j)$ [这就是说, 它的维数为 $(2j+1)g(j)$]; 我们知道在这种特殊情况下, 表示 J_u 的矩阵具有 “分块对角” 的形式, 即 (C–49), 因而, 我们可以从刚才定义的普适矩阵出发构成这个矩阵; 对于 j 的每一个值, 将有 $g(j)$ 个与 $(J_u)^{(j)}$ 全同的 “子块”.

下面是矩阵 $(J_u)^{(j)}$ 的几个例子:

(i) $j=0$

子空间 $\mathscr{E}(k,j=0)$ 都是一维的, 这是因为 m 的唯一可能值就是零; 因此, 各矩阵 $(J_u)^{(0)}$ 不过是一些数, 而且, 根据 (C–51) 式, 这些数都是零.

(ii) $j=1/2$

子空间 $\mathscr{E}(k,j=1/2)$ 都是二维的 ($m=1/2$ 或 $-1/2$). 如果按这个顺序 $(m=1/2, m=-1/2)$ 来取基矢, 则根据 (C–51) 式可以求得:

$$(J_z)^{(1/2)} = \frac{\hbar}{2}\begin{pmatrix}1 & 0\\ 0 & -1\end{pmatrix} \tag{C–52}$$

及

$$(J_+)^{(1/2)} = \hbar\begin{pmatrix}0 & 1\\ 0 & 0\end{pmatrix}, \quad (J_-)^{(1/2)} = \hbar\begin{pmatrix}0 & 0\\ 1 & 0\end{pmatrix} \tag{C–53}$$

利用 (C–1) 式, 又可以得到:

$$(J_x)^{(1/2)} = \frac{\hbar}{2}\begin{pmatrix}0 & 1\\ 1 & 0\end{pmatrix}, \quad J_y^{(1/2)} = \frac{\hbar}{2}\begin{pmatrix}0 & -\mathrm{i}\\ \mathrm{i} & 0\end{pmatrix} \tag{C–54}$$

因而表示 $\boldsymbol{J}^2$ 的矩阵为:

$$(\boldsymbol{J}^2)^{(1/2)} = \frac{3}{4}\hbar^2 \begin{pmatrix} 1 & 0 \\ 0 & 1 \end{pmatrix} \tag{C–55}$$

这样, 我们便得到在第四章 §A–2 中未经证明就引用了的那些矩阵.

[659] (iii) $j = 1$

我们有 (基矢的顺序为: $m = 1, m = 0, m = -1$):

$$(J_z)^{(1)} = \hbar \begin{pmatrix} 1 & 0 & 0 \\ 0 & 0 & 0 \\ 0 & 0 & -1 \end{pmatrix} \tag{C–56}$$

$$(J_+)^{(1)} = \hbar \begin{pmatrix} 0 & \sqrt{2} & 0 \\ 0 & 0 & \sqrt{2} \\ 0 & 0 & 0 \end{pmatrix}, \quad (J_-)^{(1)} = \hbar \begin{pmatrix} 0 & 0 & 0 \\ \sqrt{2} & 0 & 0 \\ 0 & \sqrt{2} & 0 \end{pmatrix} \tag{C–57}$$

从而有:

$$(J_x)^{(1)} = \frac{\hbar}{\sqrt{2}} \begin{pmatrix} 0 & 1 & 0 \\ 1 & 0 & 1 \\ 0 & 1 & 0 \end{pmatrix}, \quad (J_y)^{(1)} = \frac{\hbar}{\sqrt{2}} \begin{pmatrix} 0 & -\mathrm{i} & 0 \\ \mathrm{i} & 0 & -\mathrm{i} \\ 0 & \mathrm{i} & 0 \end{pmatrix} \tag{C–58}$$

以及

$$(\boldsymbol{J}^2)^{(1)} = 2\hbar^2 \begin{pmatrix} 1 & 0 & 0 \\ 0 & 1 & 0 \\ 0 & 0 & 1 \end{pmatrix} \tag{C–59}$$

附注:

我们可以证明矩阵 (C–56) 和 (C–58) 确实满足对易关系式 (B–9).

(iv) j 取任意值

这时可以利用 (C–51) 式, 根据 (C–1) 式, 我们又可将它写作:

$$\langle k, j, m | J_x | k', j', m' \rangle = \frac{\hbar}{2} \delta_{kk'} \delta_{jj'} \times [\sqrt{j(j+1) - m'(m'+1)}\,\delta_{m,m'+1} + \sqrt{j(j+1) - m'(m'-1)}\,\delta_{m,m'-1}] \tag{C–60}$$

及

$$\langle k, j, m | J_y | k', j', m' \rangle = \frac{\hbar}{2\mathrm{i}} \delta_{kk'} \delta_{jj'} \times [\sqrt{j(j+1) - m'(m'+1)}\,\delta_{m,m'+1} - \sqrt{j(j+1) - m'(m'-1)}\,\delta_{m,m'-1}] \tag{C–61}$$

由此可见, 矩阵 $(J_z)^{(j)}$ 是对角的, 它的元是 $m\hbar$ 的 $(2j+1)$ 个值. 在矩阵 $(J_x)^{(j)}$ 和 $(J_y)^{(j)}$ 中, 只在紧邻主对角线的上下两侧, 才有非零元; $(J_x)^{(j)}$ 是实对称矩阵, $(J_y)^{(j)}$ 是纯虚反对称矩阵.

另一方面, 从构成的方法来看, 诸右矢 $|k,j,m\rangle$ 都是 $\boldsymbol{J}^2$ 的本征矢, 我们便有:

$$\langle k,j,m|\boldsymbol{J}^2|k',j',m'\rangle = j(j+1)\hbar^2\delta_{kk'}\delta_{jj'}\delta_{mm'} \tag{C–62}$$

因而, 矩阵 $(\boldsymbol{J}^2)^{(j)}$ 正比于 $(2j+1)\times(2j+1)$ 的单位矩阵, 其对角元都等于 $j(j+1)\hbar^2$. [660]

附注:

我们选作 "量子化轴" 的 Oz 轴是完全任意的: 空间的所有方向在物理上都是等价的; 我们可以预料到 J_x, J_y 的本征值都应该和 J_z 的本征值相同 (但它们的本征矢并不相同, 这是因为 J_x 和 J_y 都不能与 J_z 对易). 我们可以具体证明 $(J_x)^{(1/2)}$ 和 $(J_y)^{(1/2)}$ [公式 (C–54)] 的本征值为 $\pm\hbar/2$; 矩阵 $(J_x)^{(1)}$ 和 $(J_y)^{(1)}$ [公式 (C–58)] 的本征值为 $+\hbar, 0, -\hbar$. 普遍的结论是: 在一个确定的子空间 $\mathscr{E}(k,j)$ 内部, J_x 或 J_y 的本征值 (如同 $\boldsymbol{J}$ 在任意单位矢 $\boldsymbol{u}$ 方向上的分量 $J_u = \boldsymbol{J}\cdot\boldsymbol{u}$ 的本征值一样) 为 $j\hbar, (j-1)\hbar, \cdots, (-j+1)\hbar, -j\hbar$; 对应的本征矢 ($\boldsymbol{J}^2$ 和 J_x, 或 $\boldsymbol{J}^2$ 和 J_y, 或 $\boldsymbol{J}^2$ 和 J_z 的共同本征矢) 是在 k 和 j 固定的条件下诸 $|k,j,m\rangle$ 的线性组合.

最后, 我们把专门讨论 "标准表象" 的这一段的结论归纳为:

用 $|k,j,m\rangle$ 表示 $\boldsymbol{J}^2$ 和 J_z 的共同本征矢, 即:

$\boldsymbol{J}^2|k,j,m\rangle = j(j+1)\hbar^2|k,j,m\rangle$

$J_z|k,j,m\rangle = m\hbar|k,j,m\rangle$

这些矢量构成态空间的一个正交归一基 $\{|k,j,m\rangle\}$; 如果算符 J_+ 与 J_- 作用于基矢的结果为:

$J_+|k,j,m\rangle = \hbar\sqrt{j(j+1)-m(m+1)}|k,j,m+1\rangle$

$J_-|k,j,m\rangle = \hbar\sqrt{j(j+1)-m(m-1)}|k,j,m-1\rangle$

我们就称这个基是 "标准基".

§D. 应用于轨道角动量

在上面的 §C 中, 我们仅仅以对易关系式 (B–9) 为基础, 研究了角动量的普遍性质. 现在我们回到一个无自旋粒子的轨道角动量 $\boldsymbol{L}$ [公式 (B–3)], 看一看前面建立的普遍理论是怎样应用于这个特殊情况的. 我们将使用 $\{|\boldsymbol{r}\rangle\}$ 表

象, 并将证明, 算符 $\boldsymbol{L}^2$ 的本征值为 $l(l+1)\hbar^2$, 这里 l 取全体正整数或零; 在我们于 §C–2–b 中已求得的 j 的可能值中, 只有整数而且是所有那些整数, 才适于这种情况. 然后, 我们还要求出 $\boldsymbol{L}^2$ 和 L_z 的共同本征函数和它们的主要性质. 最后, 再从物理上探讨这些本征态.

[661]
1. $\boldsymbol{L}^2$ 与 L_z 的本征值及本征函数

a. $\{|\boldsymbol{r}\rangle\}$ 表象中的本征值方程

在 $\{|\boldsymbol{r}\rangle\}$ 表象中, 观察算符 $\boldsymbol{R}$ 与 $\boldsymbol{P}$ 分别相当于倍乘因子 $\boldsymbol{r}$ 和微分算符 $\frac{\hbar}{\mathrm{i}}\nabla$. 因而角动量 $\boldsymbol{L}$ 的三个分量可以写作:

$$L_x = \frac{\hbar}{\mathrm{i}}\left(y\frac{\partial}{\partial z} - z\frac{\partial}{\partial y}\right) \tag{D–1–a}$$

$$L_y = \frac{\hbar}{\mathrm{i}}\left(z\frac{\partial}{\partial x} - x\frac{\partial}{\partial z}\right) \tag{D–1–b}$$

$$L_z = \frac{\hbar}{\mathrm{i}}\left(x\frac{\partial}{\partial y} - y\frac{\partial}{\partial x}\right) \tag{D–1–c}$$

使用球坐标 (或极坐标) 将更方便. 这是因为, 我们将会看到, 各角动量算符只对角变量 θ 和 φ 起作用, 对变量 r 不起作用. 我们不再使用直角坐标系中的分量 x, y, z 来确定矢径 $\boldsymbol{r}$, 而使用球坐标 r, θ, φ 来表示空间中的对应点 M($\boldsymbol{OM} = \boldsymbol{r}$, 见图 6–1):

$$\begin{cases} x = r\sin\theta\cos\varphi \\ y = r\sin\theta\sin\varphi \\ z = r\cos\theta \end{cases} \tag{D–2}$$

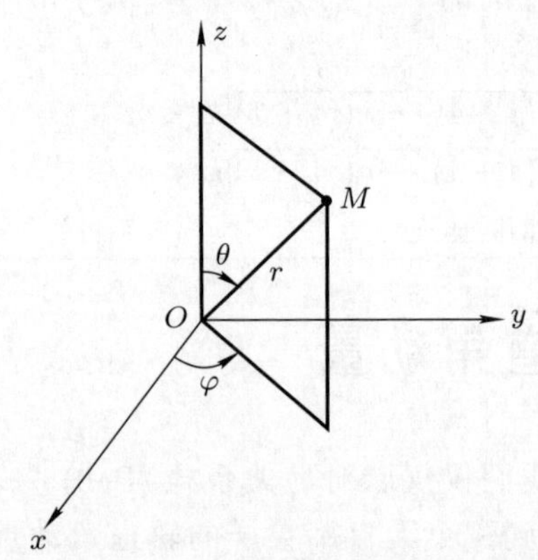

图 6–1 空间任意一点的球坐标 r, θ, φ 的定义.

其中

$$\begin{cases} r \geqslant 0 \\ 0 \leqslant \theta \leqslant \pi \\ 0 \leqslant \varphi \leqslant 2\pi \end{cases}$$

体积元 $\mathrm{d}^3r = \mathrm{d}x\mathrm{d}y\mathrm{d}z$ 在球坐标系中应为: [662]

$$\begin{aligned} \mathrm{d}^3r &= r^2 \sin\theta \mathrm{d}r\mathrm{d}\theta\mathrm{d}\varphi \\ &= r^2 \mathrm{d}r\mathrm{d}\Omega \end{aligned} \tag{D–3}$$

其中

$$\mathrm{d}\Omega = \sin\theta\mathrm{d}\theta\mathrm{d}\varphi \tag{D–4}$$

是围绕着极角为 θ 和 φ 的方向的立体角元.

从公式 (D–1) 及 (D–2) 出发, 利用变量变换的经典方法 (计算繁而不难) 可以得到下面的结果:

$$L_x = \mathrm{i}\hbar\left(\sin\varphi\frac{\partial}{\partial\theta} + \frac{\cos\varphi}{\tan\theta}\frac{\partial}{\partial\varphi}\right) \tag{D–5–a}$$

$$L_y = \mathrm{i}\hbar\left(-\cos\varphi\frac{\partial}{\partial\theta} + \frac{\sin\varphi}{\tan\theta}\frac{\partial}{\partial\varphi}\right) \tag{D–5–b}$$

$$L_z = \frac{\hbar}{\mathrm{i}}\frac{\partial}{\partial\varphi} \tag{D–5–c}$$

由这些公式又可以求得:

$$\boldsymbol{L}^2 = -\hbar^2\left(\frac{\partial^2}{\partial\theta^2} + \frac{1}{\tan\theta}\frac{\partial}{\partial\theta} + \frac{1}{\sin^2\theta}\frac{\partial^2}{\partial\varphi^2}\right) \tag{D–6–a}$$

$$L_+ = \hbar\mathrm{e}^{\mathrm{i}\varphi}\left(\frac{\partial}{\partial\theta} + \mathrm{i}\cot\theta\frac{\partial}{\partial\varphi}\right) \tag{D–6–b}$$

$$L_- = \hbar\mathrm{e}^{-\mathrm{i}\varphi}\left(-\frac{\partial}{\partial\theta} + \mathrm{i}\cot\theta\frac{\partial}{\partial\varphi}\right) \tag{D–6–c}$$

在 $\{|\boldsymbol{r}\rangle\}$ 表象中, 与 $\boldsymbol{L}^2$ 的本征值 $l(l+1)\hbar^2$ 及 L_z 的本征值 $m\hbar$ 相联系的本征函数是下列偏微分方程组的解:

$$\begin{cases} -\left\{\dfrac{\partial^2}{\partial\theta^2} + \dfrac{1}{\tan\theta}\dfrac{\partial}{\partial\theta} + \dfrac{1}{\sin^2\theta}\dfrac{\partial^2}{\partial\varphi^2}\right\}\psi(r,\theta,\varphi) = l(l+1)\psi(r,\theta,\varphi) & \text{(D–7–a)} \\ -\mathrm{i}\dfrac{\partial}{\partial\varphi}\psi(r,\theta,\varphi) = m\psi(r,\theta,\varphi) & \text{(D–7–b)} \end{cases}$$

此外, 根据 §C 中的普遍结果 (也适用于轨道角动量), 我们知道 l 是整数或半整数; 而且 l 的值一旦取定, m 就只能取值 $-l, -l+1, \cdots, l-1, l$.

在方程组 (D–7) 中 r 并未出现在任何微分算符中, 因此我们可以将它看作参变量而只需考虑 ψ 对 θ 及 φ 的依赖关系. 若将 $\boldsymbol{L}^2$ 和 L_z 的对应于本征值 $l(l+1)\hbar^2$ 与 $m\hbar$ 的共同本征函数记作 $\mathrm{Y}_l^m(\theta,\varphi)$, 则有:

$$\boldsymbol{L}^2\mathrm{Y}_l^m(\theta,\varphi)=l(l+1)\hbar^2\mathrm{Y}_l^m(\theta,\varphi) \tag{D–8–a}$$

$$L_z\mathrm{Y}_l^m(\theta,\varphi)=m\hbar\mathrm{Y}_l^m(\theta,\varphi) \tag{D–8–b}$$

[663] 更严格一些, 为了区别方程 (D–8) 的对应于同一对 l,m 值的各个解, 应该再使用一个辅助指标. 但是, 下面我们会看到, 事实上对于 l 和 m 的每一对容许值, 这些方程只有一个解 (除倍乘因子外), 所以只用指标 l 和 m 就够了.

附注:

(i) 方程 (D–8) 给出了 $\boldsymbol{L}^2$ 与 L_z 的本征函数对 θ 和 φ 的依赖关系. 一旦求得这些方程的解 $\mathrm{Y}_l^m(\theta,\varphi)$, 我们就可以得到下列形式的本征函数:

$$\psi_{l,m}(r,\theta,\varphi)=f(r)\mathrm{Y}_l^m(\theta,\varphi) \tag{D–9}$$

此处 $f(r)$ 是 r 的函数①, 它是作为偏微分方程 (D–7) 的积分常数而出现的. 既然 $f(r)$ 可以是任意函数, 这就表明, 在 $\boldsymbol{r}$ (或 r,θ,φ) 的函数所张的函数空间 $\mathscr{E}_{\boldsymbol{r}}$ 中, $\boldsymbol{L}^2$ 和 L_z 并不构成一个 ECOC.

(ii) 为了将 $\psi_{l,m}(r,\theta,\varphi)$ 归一化, 比较方便的办法 (也就是这里使用的办法) 是分别将 $\mathrm{Y}_l^m(\theta,\varphi)$ 及 $f(r)$ 归一化; 因而, 考虑到 (D–4) 式, 便有:

$$\int_0^{2\pi}\mathrm{d}\varphi\int_0^{\pi}\sin\theta|\mathrm{Y}_l^m(\theta,\varphi)|^2\mathrm{d}\theta=1 \tag{D–10}$$

以及

$$\int_0^{\infty}r^2|f(r)|^2\mathrm{d}r=1 \tag{D–11}$$

b. l 与 m 的值

α. l 和 m 只能是整数

利用 L_z 的表示式 (D–5–c), 可将 (D–8–b) 式写成下列形式:

$$\frac{\hbar}{\mathrm{i}}\frac{\partial}{\partial\varphi}\mathrm{Y}_l^m(\theta,\varphi)=m\hbar\mathrm{Y}_l^m(\theta,\varphi) \tag{D–12}$$

此式表明 $\mathrm{Y}_l^m(\theta,\varphi)$ 应为:

$$\mathrm{Y}_l^m(\theta,\varphi)=F_l^m(\theta)\mathrm{e}^{\mathrm{i}m\varphi} \tag{D–13}$$

①$f(r)$ 必须是这样一个函数, 它使 $\psi_{l,m}(r,\theta,\varphi)$ 平方可积.

φ 从 0 变到 2π 就覆盖整个空间. 波函数在空间的所有各点都应该是连续的[1], 因此, 特别地有:

$$Y_l^m(\theta, \varphi = 0) = Y_l^m(\theta, \varphi = 2\pi) \tag{D–14}$$

由此可以推知

$$e^{2im\pi} = 1 \tag{D–15}$$

根据 §C 中的结果, m 是整数或半整数. (D–15) 式表明, 就轨道角动量而言, m 只能是整数 (若 m 是半整数, 则 $e^{2im\pi}$ 将等于 -1). 但是, 我们又知道, m 与 l 或者都是整数或者都是半整数, 可见 l 也只能是整数. [664]

β. l 的全体整数值 (正的或零) 都会出现

我们将 l 固定于一个整数值 (正的或零). 根据 §C 中的普遍理论, 我们知道 $Y_l^l(\theta, \varphi)$ 必须满足:

$$L_+ Y_l^l(\theta, \varphi) = 0 \tag{D–16}$$

考虑到 (D–6–b) 和 (D–13) 式, 由上式得到:

$$\left\{\frac{\mathrm{d}}{\mathrm{d}\theta} - l\cot\theta\right\} F_l^l(\theta) = 0 \tag{D–17}$$

注意到

$$\cot\theta \mathrm{d}\theta = \frac{\mathrm{d}(\sin\theta)}{\sin\theta} \tag{D–18}$$

便可立即积分一阶方程 (D–17), 其通解为:

$$F_l^l(\theta) = c_l(\sin\theta)^l \tag{D–19}$$

其中的 c_l 是归一化常数. 反过来看, 我们刚才确定的函数正是 $\boldsymbol{L}^2$ 和 L_z 的共同本征函数, 对应于本征值 $l(l+1)\hbar^2$ 与 $l\hbar$. 这是因为, 根据前面的 §α 我们已有 $L_z Y_l^l(\theta, \varphi) = l\hbar Y_l^l(\theta, \varphi)$. 于是, 为了证明 $Y_l^l(\theta, \varphi)$ 是 $\boldsymbol{L}^2$ 的对应于我们所期望的本征值的本征函数, 只需将这个方程与 (D–16) 式结合起来, 并利用 (C–7–b) 式.

因而, 对于 l 的每一个正整数值或零值, 都存在一个唯一的函数 $Y_l^l(\theta, \varphi)$ (倍乘因子除外):

$$Y_l^l(\theta, \varphi) = c_l(\sin\theta)^l e^{il\varphi} \tag{D–20}$$

---

[1] 如果 $Y_l^m(\theta, \varphi)$ 在 $\varphi = 0$ 处是不连续的, 它就是不可求导的, 因而也不可能是微分算符 (D–5–c) 和 (D–6–a) 的本征函数. 例如, $\frac{\partial}{\partial\varphi} Y_l^m(\theta, \varphi)$ 将会引出一个函数 $\delta(\varphi)$, 这是与 (D–12) 式不相容的.

经过算符 L_- 的迭次作用, 我们可以构成 $\mathrm{Y}_l^{l-1},\cdots,\mathrm{Y}_l^m,\cdots,\mathrm{Y}_l^{-l}$. 于是, 我们看出, 对应于一对本征值 $l(l+1)\hbar^2$ 和 $m\hbar$ (这里 l 是一个任意的正整数或零; 而 m 是另一个整数, 它应适合 $-l\leqslant m\leqslant l$), 必有一个而且只有一个本征函数: $\mathrm{Y}_l^m(\theta,\varphi)$, 根据 (D–20) 式可以确切地算出这个函数. 这些本征函数 $\mathrm{Y}_l^m(\theta,\varphi)$ 叫做球谐函数.

c. 球谐函数的主要性质

球谐函数 $\mathrm{Y}_l^m(\theta,\varphi)$ 将在补充材料 $\mathrm{A_{VI}}$ 中更详细地讨论, 在这里我们只将这些讨论归纳一下并列出一些主要结果而不予证明.

α. 递推关系

根据 §C 中的普遍结果, 我们有:

$$L_\pm \mathrm{Y}_l^m(\theta,\varphi)=\hbar\sqrt{l(l+1)-m(m\pm1)}\,\mathrm{Y}_l^{m\pm1}(\theta,\varphi) \tag{D–21}$$

[665] 于是, 利用关于算符 L_+ 和 L_- 的表示式 (D–6–b) 和 (D–6–c), 并注意到 $\mathrm{Y}_l^m(\theta,\varphi)$ 是一个只含 θ 的函数与 $\mathrm{e}^{\mathrm{i}m\varphi}$ 的乘积, 便有:

$$\mathrm{e}^{\mathrm{i}\varphi}\left(\frac{\partial}{\partial\theta}-m\cot\theta\right)\mathrm{Y}_l^m(\theta,\varphi)=\sqrt{l(l+1)-m(m+1)}\,\mathrm{Y}_l^{m+1}(\theta,\varphi) \tag{D–22–a}$$

$$\mathrm{e}^{-\mathrm{i}\varphi}\left(-\frac{\partial}{\partial\theta}-m\cot\theta\right)\mathrm{Y}_l^m(\theta,\varphi)=\sqrt{l(l+1)-m(m-1)}\,\mathrm{Y}_l^{m-1}(\theta,\varphi) \tag{D–22–b}$$

β. 正交归一化关系式和封闭性关系式

方程组 (D–7) 所确定的球谐函数只有倍乘因子的差异. 以后, 我们这样选择倍乘因子: 将 $\mathrm{Y}_l^m(\theta,\varphi)$ 作为角变量 θ 和 φ 的函数进行正交归一化, 即

$$\int_0^{2\pi}\mathrm{d}\varphi\int_0^{\pi}\sin\theta\mathrm{d}\theta\,\mathrm{Y}_{l'}^{m'*}(\theta,\varphi)\mathrm{Y}_l^m(\theta,\varphi)=\delta_{l'l}\delta_{m'm} \tag{D–23}$$

此外, θ 与 φ 的任一函数 $f(\theta,\varphi)$ 都可以按球谐函数展开:

$$f(\theta,\varphi)=\sum_{l=0}^{\infty}\sum_{m=-l}^{+l}c_{l,m}\mathrm{Y}_l^m(\theta,\varphi) \tag{D–24}$$

其中

$$c_{l,m}=\int_0^{2\pi}\mathrm{d}\varphi\int_0^{\pi}\sin\theta\mathrm{d}\theta\,\mathrm{Y}_l^{m*}(\theta,\varphi)f(\theta,\varphi) \tag{D–25}$$

球谐函数在 θ 和 φ 的函数空间 $\mathscr{E}_\Omega$ 中构成一个正交归一基, 这一点可由下列封闭性关系式表达:

$$\begin{aligned}\sum_{l=0}^{\infty}\sum_{m=-l}^{+l}\mathrm{Y}_l^m(\theta,\varphi)\mathrm{Y}_l^{m*}(\theta',\varphi')&=\delta(\cos\theta-\cos\theta')\delta(\varphi-\varphi')\\&=\frac{1}{\sin\theta}\delta(\theta-\theta')\delta(\varphi-\varphi')\end{aligned} \tag{D–26}$$

[要注意, 出现在头一个等号右端的是 $\delta(\cos\theta-\cos\theta')$ 而不是 $\delta(\theta-\theta')$, 这是因为在对变量 θ 的积分中, 微分元是 $\sin\theta\mathrm{d}\theta=-\mathrm{d}(\cos\theta)$].

γ. 宇称和复数共轭

首先, 我们提醒一下, 从 $\boldsymbol{r}$ 到 $-\boldsymbol{r}$ 的变换 (关于坐标原点的对称性) 在球坐标中的情况由图 6–2 表示:

$$\begin{aligned} r &\Longrightarrow r \\ \theta &\Longrightarrow \pi-\theta \\ \varphi &\Longrightarrow \pi+\varphi \end{aligned} \tag{D–27}$$

容易证明 (参看补充材料 $\mathrm{A_{VI}}$): [666]

$$\mathrm{Y}_l^m(\pi-\theta,\pi+\varphi)=(-1)^l\mathrm{Y}_l^m(\theta,\varphi) \tag{D–28}$$

由此可见, 球谐函数是具有确定宇称的函数, 而且宇称与 m 无关, l 为偶数时具有偶宇称, l 为奇数时具有奇宇称.

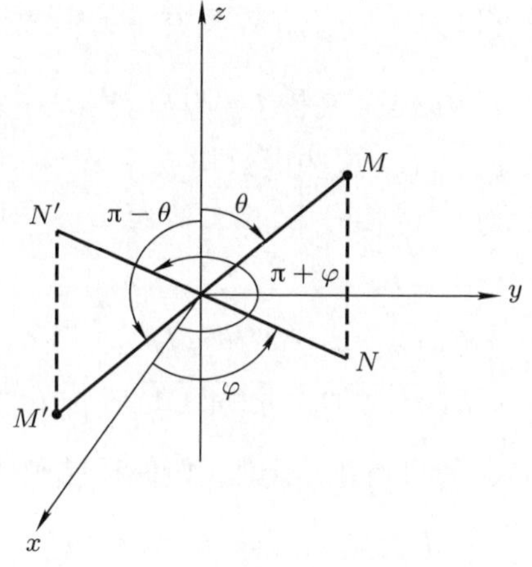

图 6–2 球坐标系中的任意一点关于原点的对称变换; r 没有变化, θ 变为 $\pi-\theta$, φ 变为 $\pi+\varphi$.

容易看出, 还有下列关系

$$[\mathrm{Y}_l^m(\theta,\varphi)]^*=(-1)^m\mathrm{Y}_l^{-m}(\theta,\varphi) \tag{D–29}$$

d. 一个无自旋粒子的波函数空间中的 “标准基”

在上面 [§D–1–a 的附注 (i)] 我们已经指出, $\boldsymbol{L}^2$ 和 L_z 并不构成一个无自旋粒子的波函数空间中的一个 ECOC. 下面我们将按照 §C 中的推理和结果来说明这种空间内的 “标准基” 应取什么形式.

现在设 $\mathscr{E}(l, m = l)$ 是 $\boldsymbol{L}^2$ 和 L_z 的共同本征函数的子空间, 对应于本征值 $l(l+1)\hbar^2$ 与 $l\hbar$, 这里的 l 是零或确定的正整数. 构成 "标准基" 的第一步 (参看 §C–3), 是在每一子空间 $\mathscr{E}(l, m = l)$ 中任意选定一个正交归一基; 我们用 $\psi_{k,l,l}(\boldsymbol{r})$ 表示构成空间 $\mathscr{E}(l, m = l)$ 中的已选定的基的那些函数, 指标 k (为简单起见, 假设它是离散的) 用来区别这个基中的各函数. 将算符 L_- 迭次作用于 $\psi_{k,l,l}(\boldsymbol{r})$, 便可构成诸函数 $\psi_{k,l,m}(\boldsymbol{r})$, 它们补足了 $m \neq l$ 的 "标准基"; 它们满足方程 (C–12) 和 (C–50), 此两式现在成为:

$$\begin{aligned} \boldsymbol{L}^2 \psi_{k,l,m}(\boldsymbol{r}) &= l(l+1)\hbar^2 \psi_{k,l,m}(\boldsymbol{r}) \\ L_z \psi_{k,l,m}(\boldsymbol{r}) &= m\hbar \psi_{k,l,m}(\boldsymbol{r}) \end{aligned} \tag{D–30}$$

[667] 以及

$$L_\pm \psi_{k,l,m}(\boldsymbol{r}) = \hbar\sqrt{l(l+1) - m(m \pm 1)}\,\psi_{k,l,m\pm1}(\boldsymbol{r}) \tag{D–31}$$

但是, 我们在 §D–1–a 中已经见到, $\boldsymbol{L}^2$ 和 L_z 的对应于指定的本征值 $l(l+1)\hbar^2$ 与 $m\hbar$ 的全体共同本征函数对角变量的依赖关系都一样 [就是 $\mathrm{Y}_l^m(\theta, \varphi)$ 对角变量的依赖关系], 它们的差别只在于对径向变量的依赖关系不同. 于是, 从方程 (D–30) 式我们可以推知 $\psi_{k,l,m}(\boldsymbol{r})$ 具有下列形式:

$$\psi_{k,l,m}(\boldsymbol{r}) = R_{k,l,m}(r)\mathrm{Y}_l^m(\theta, \varphi) \tag{D–32}$$

现在我们来证明, 如果 $\psi_{k,l,m}(\boldsymbol{r})$ 这些函数构成一个 "标准基", 那么, 各径向函数 $R_{k,l,m}(r)$ 都不依赖于 m. 这是因为, 微分算符 $L_\pm$ 并不作用于 r 的函数, 根据 (D–21) 式, 我们有:

$$\begin{aligned} L_\pm \psi_{k,l,m}(\boldsymbol{r}) &= R_{k,l,m}(r) L_\pm \mathrm{Y}_l^m(\theta, \varphi) \\ &= \hbar\sqrt{l(l+1) - m(m \pm 1)}\,R_{k,l,m}(r)\mathrm{Y}_l^{m\pm1}(\theta, \varphi) \end{aligned} \tag{D–33}$$

将此式与 (D–31) 式相较, 便可看出, 不论 r 如何径向函数都应满足:

$$R_{k,l,m\pm1}(r) = R_{k,l,m}(r) \tag{D–34}$$

所以这些函数与 m 无关. 从而在一个无自旋粒子的波函数空间中构成一个 "标准基" 的函数 $\psi_{k,l,m}(\boldsymbol{r})$ 一定具有下列形式:

$$\psi_{k,l,m}(\boldsymbol{r}) = R_{k,l}(r)\mathrm{Y}_l^m(\theta, \varphi) \tag{D–35}$$

这个基的正交归一关系式可以写作:

$$\begin{aligned} \int \mathrm{d}^3 r\, \psi_{k,l,m}^*(\boldsymbol{r}) \psi_{k',l',m'}(\boldsymbol{r}) &= \int_0^\infty r^2 \mathrm{d}r R_{k,l}^*(r) R_{k',l'}(r) \\ &\quad \times \int_0^{2\pi} \mathrm{d}\varphi \int_0^\pi \sin\theta \mathrm{d}\theta \mathrm{Y}_l^{m*}(\theta, \varphi)\mathrm{Y}_{l'}^{m'}(\theta, \varphi) \\ &= \delta_{kk'}\delta_{ll'}\delta_{mm'} \end{aligned} \tag{D–36}$$

由于球谐函数作为 θ 和 φ 的函数已经归一化 [公式 (D–23)], 所以, 我们最后得到:

$$\int_0^\infty r^2 \mathrm{d}r R_{k,l}^*(r) R_{k',l}(r) = \delta_{kk'} \tag{D–37}$$

由此可见, 径向函数 $R_{k,l}(r)$ 对变量 r 已经归一化; 此外, 对应于 l 的同一个值但指标 k 互异的两个径向函数是正交的.

附注:

(i) 公式 (D–37) 不过是下述事实的结果, 即在子空间 $\mathscr{E}(l, m=l)$ 中被选作基的那些函数 $\psi_{k,l,l}(\boldsymbol{r}) = R_{k,l} \mathrm{Y}_l^l(\theta, \varphi)$ 是正交归一的. 因而, 该公式左端的两个函数 $R_{k,l}$ 的指标 l 应该相同, 这一点是很重要的; 如果 $l \neq l'$, 则 [668]
$\psi_{k,l,m}(\boldsymbol{r})$ 与 $\psi_{k',l',m'}(\boldsymbol{r})$ 由于依赖于角变量而总是正交的 (它们是厄米算符 $\boldsymbol{L}^2$ 的属于互异本征值的本征函数), 这样一来, 积分

$$\int_0^\infty r^2 \mathrm{d}r R_{k,l}^*(r) R_{k',l'}(r) \tag{D–38}$$

就可以具有任意值.

(ii) 一般地说, 径向函数都与 l 有关. 这一点可以证实如下: $f(r)g(\theta, \varphi)$ 这种形式的函数在坐标原点 ($r = 0; \theta$ 与 φ 是任意的) 连续所需的条件是: $g(\theta, \varphi)$ 退化为一个常数, 或在 $r = 0$ 处 $f(r)$ 等于零 [这是因为, 如果 $g(\theta, \varphi)$ 确实依赖于 θ 和 φ, 而且 $f(0)$ 不为零, 则当 $r \to 0$ 时, $f(r)g(\theta, \varphi)$ 的极限将依赖于趋向原点所循的方向]; 因此, 如果我们希望基函数 $\psi_{k,l,m}(\boldsymbol{r})$ 连续, 那么只有对应于 $l = 0$ 的那些径向函数在 $r = 0$ 处可以不为零 [$\mathrm{Y}_0^0(\theta, \varphi)$ 实际上是个常数]. 同样, 如果我们规定 $\psi_{k,l,m}(\boldsymbol{r})$ 在 $r = 0$ 处是 (一次或多次) 可导的, 那么, 我们所得到的关于 $R_{k,l}(r)$ 的条件将依赖于 l 的值.

2. 物理上的考虑

a. 关于态 $|k, l, m\rangle$ 的讨论

我们讨论一个无自旋粒子, 它处于 $\boldsymbol{L}^2$ 和 L_z 的本征态 $|k, l, m\rangle$ [与它相联系的波函数是 $\psi_{k,l,m}(\boldsymbol{r})$], 也就是说, 在这个态中, 粒子的角动量的平方及角动量在 Oz 轴上的投影都具有完全确定的值 [分别为 $l(l+1)\hbar^2$ 及 $m\hbar$].

假设我们希望测量该粒子的角动量在 Ox 轴上或 Oy 轴上的分量. 由于 L_x 或 L_y 都不能与 L_z 对易, 态 $|k, l, m\rangle$ 既不是 L_x 的本征态也不是 L_y 的本征态; 因此, 关于这种测量的结果, 我们不能提出确切的预言. 于是, 我们应该算出 L_x 和 L_y 在态 $|k, l, m\rangle$ 中的平均值和方均根偏差.

将公式 (C–1) 反过来求解, 通过 L_+ 及 L_- 来表示 L_x 和 L_y:

$$L_x = \frac{1}{2}(L_+ + L_-)$$

$$L_y = \frac{1}{2\mathrm{i}}(L_+ - L_-) \tag{D–39}$$

这样, 上述计算就很简单了. 我们看出 $L_x|k,l,m\rangle$ 和 $L_y|k,l,m\rangle$ 都是 $|k,l,m+1\rangle$ 和 $|k,l,m-1\rangle$ 的线性组合, 由此可以推知:

$$\langle k,l,m|L_x|k,l,m\rangle = \langle k,l,m|L_y|k,l,m\rangle = 0 \tag{D–40}$$

[669] 此外还有:

$$\langle k,l,m|L_x^2|k,l,m\rangle = \frac{1}{4}\langle k,l,m|(L_+^2 + L_-^2 + L_+L_- + L_-L_+)|k,l,m\rangle \tag{D–41}$$

$$\langle k,l,m|L_y^2|k,l,m\rangle = -\frac{1}{4}\langle k,l,m|(L_+^2 + L_-^2 - L_+L_- - L_-L_+)|k,l,m\rangle$$

因为 $L_\pm^2|k,l,m\rangle$ 正比于 $|k,l,m\pm 2\rangle$, 所以 L_+^2 项和 L_-^2 项没有贡献. 此外, 公式 (C–8) 又给出:

$$L_+L_- + L_-L_+ = 2(\boldsymbol{L}^2 - L_z^2) \tag{D–42}$$

于是我们得到:

$$\begin{aligned}\langle k,l,m|L_x^2|k,l,m\rangle &= \langle k,l,m|L_y^2|k,l,m\rangle \\ &= \frac{1}{2}\langle k,l,m|(\boldsymbol{L}^2 - L_z^2)|k,l,m\rangle \\ &= \frac{\hbar^2}{2}[l(l+1) - m^2]\end{aligned} \tag{D–43}$$

最后, 在态 $|k,l,m\rangle$ 中, 我们得到:

$$\langle L_x\rangle = \langle L_y\rangle = 0 \tag{D–44–a}$$

$$\Delta L_x = \Delta L_y = \hbar\sqrt{\frac{1}{2}[l(l+1) - m^2]} \tag{D–44–b}$$

这些结果向我们提示如下的一幅图像. 假设有一个经典的角动量, 它的模是 $\hbar\sqrt{l(l+1)}$, 它在 Oz 轴上的投影是 $m\hbar$ (图 6–3):

$$|\boldsymbol{OL}| = \hbar\sqrt{l(l+1)}$$

$$\overline{OH} = m\hbar \tag{D–45}$$

[670] 我们用 Θ 和 Φ 表示这个角动量的方向的极角. 由于三角形 OLJ 是在 J

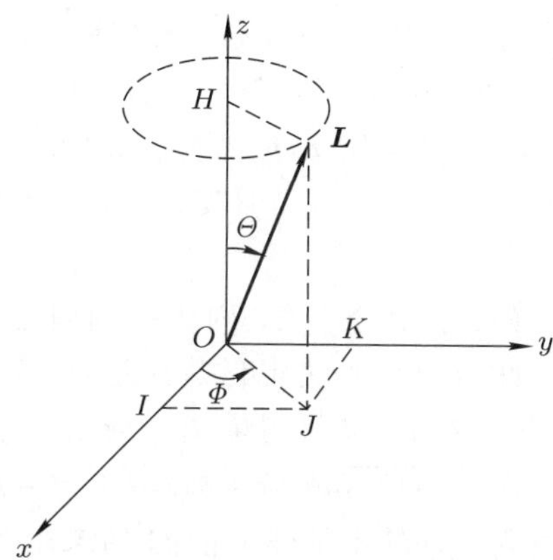

图 6–3 可以和态 $|l,m\rangle$ 中的一个粒子的轨道角动量相联系的经典模型. 我们假设长度 $|\boldsymbol{OL}|$ 与角度 $\varTheta$ 是已知的, 但 $\varPhi$ 是一个随机变量, 它的概率密度在区间 $[0,2\pi]$ 中为常数. 于是, $\boldsymbol{OL}$ 的诸分量以及它们的平方的经典平均值, 分别等于对应的量子力学平均值.

点成直角的三角形, 而且 $\overline{OH}=\overline{JL}$, 故有:

$$OJ=\sqrt{OL^2-OH^2}=\hbar\sqrt{l(l+1)-m^2} \tag{D–46}$$

因而这个经典角动量的诸分量为:

$$\begin{aligned}\overline{OI}&=\hbar\sqrt{l(l+1)-m^2}\cos\varPhi\\ \overline{OK}&=\hbar\sqrt{l(l+1)-m^2}\sin\varPhi\\ \overline{OH}&=\hbar\sqrt{l(l+1)}\cos\varTheta=m\hbar\end{aligned} \tag{D–47}$$

现在我们假设 $|\boldsymbol{OL}|$ 和 $\varTheta$ 是已知的, $\varPhi$ 是一个随机变量, 它可以在区间 $[0,2\pi]$ 中取任意值, 所有这些值都是等概率的 (即均匀分布的随机变量). 对 $\varPhi$ 取平均值, 便有:

$$\langle\overline{OI}\rangle\propto\int_0^{2\pi}\cos\varPhi\mathrm{d}\varPhi=0 \tag{D–48–a}$$

$$\langle\overline{OK}\rangle\propto\int_0^{2\pi}\sin\varPhi\mathrm{d}\varPhi=0 \tag{D–48–b}$$

这完全和 (D–44–a) 式对应. 此外:

$$\langle\overline{OI}^2\rangle=\frac{1}{2\pi}\hbar^2[l(l+1)-m^2]\int_0^{2\pi}\cos^2\varPhi\mathrm{d}\varPhi=\frac{\hbar^2}{2}[l(l+1)-m^2] \tag{D–49}$$

类似地, 还有:

$$\langle\overline{OK}^2\rangle=\frac{\hbar^2}{2}[l(l+1)-m^2] \tag{D–50}$$

这些平均值和我们已经求得的 (D–44) 式中的结果完全一样. 因而, 处于态 $|k,l,m\rangle$ 中的一个粒子的角动量的行为, 就其诸分量的平均值以及诸分量的平方的平均值而言, 与这样一个经典角动量的行为相同, 这个经典角动量的模为 $\hbar\sqrt{l(l+1)}$, 它在 Oz 轴上的投影为 $m\hbar$, 但其角变量 Φ 是在 0 与 2π 之间均匀分布的随机变量.

当然, 使用这个图像必须十分小心. 因为我们通过这一章的全部内容已经说明了角动量的量子性质与经典性质有哪些差异. 我们要特别强调这样一点: 对于处在 $|k,l,m\rangle$ 态的粒子, 单独测量 L_x (或 L_y), 并不如上述图像所预示的那样得到介于 $-\hbar\sqrt{l(l+1)-m^2}$ 与 $+\hbar\sqrt{l(l+1)-m^2}$ 之间的任何值; 可能得到的结果只是 L_x (或 L_y) 的本征值 (在 §C 的末尾我们已经看到, 这些本征值与 L_z 的相同), 也就是说, 在现在的场合下, 由于 l 是固定的, 结果只能是 $l\hbar$, $(l-1)\hbar, \cdots$, $(-l+1)\hbar, -l\hbar$ 这 $(2l+1)$ 个值中的某一个.

[671] b. 关于测量 $\boldsymbol{L}^2$ 与 L_z 的物理预言的计算

我们考虑一个粒子, 它的态由下面的 (已归一化的) 波函数描述:

$$\langle \boldsymbol{r}|\psi\rangle = \psi(\boldsymbol{r}) = \psi(r,\theta,\varphi) \tag{D–51}$$

我们已经知道, 测量 $\boldsymbol{L}^2$ 可能得到的结果是 $0, 2\hbar^2, 6\hbar^2, \cdots, l(l+1)\hbar^2, \cdots$, 测量 L_z 可能得到的结果是 $0, \pm\hbar, \pm 2\hbar, \cdots, m\hbar, \cdots$. 那么, 怎样利用波函数 $\psi(r,\theta,\varphi)$ 计算测得这些结果的概率呢?

α. 普遍公式

我们用 $\mathscr{P}_{\boldsymbol{L}^2,L_z}(l,m)$ 表示同时测量 $\boldsymbol{L}^2$ 和 L_z 得到结果 $l(l+1)\hbar^2$ 和 $m\hbar$ 的概率. 在用 $\boldsymbol{L}^2$ 和 L_z 的本征函数构成的基中, 将 $\psi(\boldsymbol{r})$ 展开, 便可求得这个概率. 实际上我们选用已在 §D–d 中引入的那种类型的 “标准基”:

$$\psi_{k,l,m}(\boldsymbol{r}) = R_{k,l}(r)\mathrm{Y}_l^m(\theta,\varphi) \tag{D–52}$$

从而可将 $\psi(\boldsymbol{r})$ 写作:

$$\psi(\boldsymbol{r}) = \sum_k\sum_l\sum_m c_{k,l,m}R_{k,l}(r)\mathrm{Y}_l^m(\theta,\varphi) \tag{D–53}$$

其中的系数 $c_{k,l,m}$ 可用通常的公式来计算:

$$\begin{aligned} c_{k,l,m} &= \int \mathrm{d}^3r\,\psi^*_{k,l,m}(\boldsymbol{r})\psi(\boldsymbol{r}) \\ &= \int_0^\infty r^2\mathrm{d}r R^*_{k,l}(r)\int_0^{2\pi}\mathrm{d}\varphi\int_0^\pi \sin\theta\mathrm{d}\theta\mathrm{Y}_l^{m*}(\theta,\varphi)\psi(r,\theta,\varphi) \end{aligned} \tag{D–54}$$

根据第三章的假定, 在上述条件下, 概率 $\mathscr{P}_{\boldsymbol{L}^2,L_z}(l,m)$ 由下式给出:

$$\mathscr{P}_{\boldsymbol{L}^2,L_z}(l,m) = \sum_k |c_{k,l,m}|^2 \tag{D–55}$$

如果我们只测量 $\boldsymbol{L}^2$, 那么, 得到结果 $l(l+1)\hbar^2$ 的概率为:

$$\mathscr{P}_{\boldsymbol{L}^2}(l) = \sum_{m=-l}^{+l} \mathscr{P}_{\boldsymbol{L}^2,L_z}(l,m) = \sum_k \sum_{m=-l}^{+l} |c_{k,l,m}|^2 \tag{D-56}$$

与此类似, 如果只测量 L_z, 那么, 得到 $m\hbar$ 的概率为:

$$\mathscr{P}_{L_z}(m) = \sum_{l\geqslant|m|} \mathscr{P}_{\boldsymbol{L}^2,L_z}(l,m) = \sum_k \sum_{l\geqslant|m|} |c_{k,l,m}|^2 \tag{D-57}$$

(其实, $l \geqslant m$ 这个条件是会自动满足的, 因为 $|m|$ 比 l 大的那种系数 $c_{k,l,m}$ 是不存在的).

由于算符 $\boldsymbol{L}^2$ 与 L_z 只作用于 θ 和 φ, 不难看出, 在上述概率的计算中重要的是波函数 $\psi(\boldsymbol{r})$ 对 θ 和 φ 的依赖关系. 为了更精确地说明这一点, 我们将 $\psi(r,\theta,\varphi)$ 看作 θ 与 φ 的函数, 而将 r 看作参变量. 于是, 和 θ 与 φ 的任何函数一样, ψ 也可以按球谐函数展开: [672]

$$\psi(r,\theta,\varphi) = \sum_l \sum_m a_{l,m}(r) \mathrm{Y}_l^m(\theta,\varphi) \tag{D-58}$$

这个展开式中的系数 $a_{l,m}$ 依赖于 "参变量"r, 并由下式给出:

$$a_{l,m}(r) = \int_0^{2\pi} \mathrm{d}\varphi \int_0^{\pi} \sin\theta \mathrm{d}\theta \mathrm{Y}_l^{m*}(\theta,\varphi)\psi(r,\theta,\varphi) \tag{D-59}$$

如果比较一下 (D–58) 式与 (D–53) 式, 我们就会发现, $c_{k,l,m}$ 就是 $a_{l,m}(r)$ 按 $R_{k,l}(r)$ 展开的级数中的系数:

$$a_{l,m}(r) = \sum_k c_{k,l,m} R_{k,l}(r) \tag{D-60}$$

考虑到 (D–54) 式及 (D–59) 式, 上式中的

$$c_{k,l,m} = \int_0^{\infty} r^2 \mathrm{d}r R_{k,l}^*(r) a_{l,m}(r) \tag{D-61}$$

利用 (D–37) 式及 (D–60) 式, 还可以得到:

$$\int_0^{\infty} r^2 \mathrm{d}r |a_{l,m}(r)|^2 = \sum_k |c_{k,l,m}|^2 \tag{D-62}$$

于是, 我们便可将概率 $\mathscr{P}_{\boldsymbol{L}^2,L_z}(l,m)$ [公式 (D–55)] 写成下列形式:

$$\mathscr{P}_{\boldsymbol{L}^2,L_z}(l,m) = \int_0^{\infty} r^2 \mathrm{d}r |a_{l,m}(r)|^2 \tag{D-63}$$

如同在 (D–56) 式和 (D–57) 式中一样, 我们可以由此式得出:

$$\mathscr{P}_{\boldsymbol{L}^2}(l)=\sum_{m=-l}^{+l}\int_0^{\infty}r^2\mathrm{d}r|a_{l,m}(r)|^2 \tag{D–64}$$

以及

$$\mathscr{P}_{L_z}(m)=\sum_{l\geqslant|m|}\int_0^{\infty}r^2\mathrm{d}r|a_{l,m}(r)|^2 \tag{D–65}$$

[在这里也一样, 只有当 $l\geqslant|m|$ 时, $a_{l,m}(r)$ 才存在]. 因而, 为了求得关于测量 $\boldsymbol{L}^2$ 与 L_z 的物理预言, 我们只需将波函数看作仅仅是 θ 和 φ 的函数而将它按球谐函数展开, 如 (D–58) 式; 然后再利用公式 (D–63), (D–64) 及 (D–65) 进行计算.

和上面的讨论相似, 由于 L_z 只对 φ 起作用, 所以在 $\mathscr{P}_{L_z}(m)$ 的计算中重要的是波函数 $\psi(\boldsymbol{r})$ 对 φ 的依赖关系. 为了说明这一点, 我们利用球谐函数的一个特点, 即它是只含 θ 的函数与只含 φ 的函数的乘积, 为使乘积中的每一个函数都是归一化的, 我们将此乘积写成下列形式:

[673]

$$\mathrm{Y}_l^m(\theta,\varphi)=Z_l^m(\theta)\frac{\mathrm{e}^{\mathrm{i}m\varphi}}{\sqrt{2\pi}} \tag{D–66}$$

实际上我们有:

$$\int_0^{2\pi}\mathrm{d}\varphi\frac{\mathrm{e}^{-\mathrm{i}m\varphi}}{\sqrt{2\pi}}\frac{\mathrm{e}^{\mathrm{i}m'\varphi}}{\sqrt{2\pi}}=\delta_{mm'} \tag{D–67}$$

再将这个公式代入球谐函数的正交归一关系式 (D–23), 便可得到:

$$\int_0^{\pi}\sin\theta\mathrm{d}\theta Z_l^{m*}(\theta)Z_{l'}^m(\theta)=\delta_{ll'} \tag{D–68}$$

[类似于我们在 §D–1–d 的附注 (i) 中说过的理由, 在此式左端的两个函数 Z_l^m 中, m 的值是相同的].

如果将 $\psi(r,\theta,\varphi)$ 看作 φ 的函数, 定义在 $[0,2\pi]$ 区间上, 而将 r 和 θ 看作"参变量", 就可以将这个函数展为傅里叶级数:

$$\psi(r,\theta,\varphi)=\sum_m b_m(r,\theta)\frac{\mathrm{e}^{\mathrm{i}m\varphi}}{\sqrt{2\pi}} \tag{D–69}$$

此式中的系数可由下列公式算出:

$$b_m(r,\theta)=\frac{1}{\sqrt{2\pi}}\int_0^{2\pi}\mathrm{d}\varphi\mathrm{e}^{-\mathrm{i}m\varphi}\psi(r,\theta,\varphi) \tag{D–70}$$

如果将 (D–69)、(D–70) 式与 (D–58)、(D–59) 式作一比较, 我们就可看出, 对于 m 的一个确定值, $a_{l,m}(r)$ 就是 $b_m(r,\theta)$ 按函数族 Z_l^m(m 取同一值) 展开的级数中的系数:

$$b_m(r,\theta)=\sum_l a_{l,m}(r)Z_l^m(\theta) \tag{D–71}$$

其中

$$a_{l,m}(r)=\int_0^{\pi}\sin\theta\mathrm{d}\theta Z_l^{m*}(\theta)b_m(r,\theta) \tag{D–72}$$

考虑到 (D–68) 式, 可以从展开式 (D–71) 推出:

$$\int_0^{\pi}\sin\theta\mathrm{d}\theta|b_m(r,\theta)|^2=\sum_l|a_{l,m}(r)|^2 \tag{D–73}$$

将这个公式代入 (D–65) 式, 便得到 $\mathscr{P}_{L_z}(m)$, 其形式为:

$$\mathscr{P}_{L_z}(m)=\int_0^{\infty}r^2\mathrm{d}r\int_0^{\pi}\sin\theta\mathrm{d}\theta|b_m(r,\theta)|^2 \tag{D–74}$$

这就是说, 对于只测量 L_z 的情况而言, 为了计算得到各种可能结果的概率, 我 [674]
们只需将波函数看作是只依赖于 φ 的函数, 并将它如 (D–69) 式那样展为傅里叶级数.

也许有人以为, 类似于上面的方法, 将 $\psi(r,\theta,\varphi)$ 仅仅按角变量 θ 展开, 便可求得 $\mathscr{P}_{\boldsymbol{L}^2}(l)$, 事实却完全不是这样. 关于单独测量 $\boldsymbol{L}^2$ 的预言涉及波函数对 θ 及 φ 的依赖性, 这一点与算符 $\boldsymbol{L}^2$ 同时对 θ 及 φ 起作用有关. 因此, 我们必须使用公式 (D–64).

β. 特殊情况与例子

我们假设表示粒子的态的波函数 $\psi(\boldsymbol{r})$ 是两个函数的乘积, 其中一个只是 r 的函数, 另一个是 θ 和 φ 的函数:

$$\psi(r,\theta,\varphi)=f(r)g(\theta,\varphi) \tag{D–75}$$

我们总可以假设 $f(r)$ 与 $g(\theta,\varphi)$ 都已分别归一化:

$$\int_0^{\infty}r^2\mathrm{d}r|f(r)|^2=1 \tag{D–76–a}$$

$$\int_0^{2\pi}\mathrm{d}\varphi\int_0^{\pi}\sin\theta\mathrm{d}\theta|g(\theta,\varphi)|^2=1 \tag{D–76–b}$$

为了得到这样一个波函数的展开式 (D–58), 我们只需将 $g(\theta,\varphi)$ 按球谐函数展开:

$$g(\theta,\varphi)=\sum_l\sum_m d_{l,m}\mathrm{Y}_l^m(\theta,\varphi) \tag{D–77}$$

其中

$$d_{l,m}=\int_0^{2\pi}\mathrm{d}\varphi\int_0^{\pi}\sin\theta\mathrm{d}\theta\mathrm{Y}_l^{m*}(\theta,\varphi)g(\theta,\varphi)\tag{D–78}$$

由此可见, 在这种情况下, 公式 (D–58) 中的系数 $a_{l,m}(r)$ 都与 $f(r)$ 成比例:

$$a_{l,m}(r)=d_{l,m}f(r)\tag{D–79}$$

考虑到 (D–76–a) 式, 概率 $\mathscr{P}_{\boldsymbol{L}^2,L_z}(l,m)$ 的表示式 (D–63) 现在简化为:

$$\mathscr{P}_{\boldsymbol{L}^2,L_z}(l,m)=|d_{l,m}|^2\tag{D–80}$$

这个概率与波函数的径向部分 $f(r)$ 完全无关.

与上面的情况相似, 我们再来看波函数为三个单元函数之积的情况:

$$\psi(r,\theta,\varphi)=f(r)h(\theta)k(\varphi)\tag{D–81}$$

[675] 我们假设这三个函数都已分别归一化:

$$\int_0^{\infty}r^2\mathrm{d}r|f(r)|^2=\int_0^{\pi}\sin\theta\mathrm{d}\theta|h(\theta)|^2=\int_0^{2\pi}\mathrm{d}\varphi|k(\varphi)|^2=1\tag{D–82}$$

当然, (D–81) 式是 (D–75) 式的特例, 因而我们刚才得到的结果也可以应用到现在的情况. 但是, 如果我们所关心的只是 L_z 的测量, 那么, 只需将 $k(\varphi)$ 展成下列形式:

$$k(\varphi)=\sum_m e_m\frac{\mathrm{e}^{\mathrm{i}m\varphi}}{\sqrt{2\pi}}\tag{D–83}$$

其中

$$e_m=\frac{1}{\sqrt{2\pi}}\int_0^{2\pi}\mathrm{d}\varphi\mathrm{e}^{-\mathrm{i}m\varphi}k(\varphi)\tag{D–84}$$

这样就能得到与 (D–69) 式相当的公式, 不过现在的

$$b_m(r,\theta)=e_mf(r)h(\theta)\tag{D–85}$$

根据 (D–74) 式利用 (D–82) 式, 便得到:

$$\mathscr{P}_{L_z}(m)=|e_m|^2\tag{D–86}$$

我们可以通过一些简单的例子来说明上面的想法. 首先, 我们假设波函数 $\psi(\boldsymbol{r})$ 并不依赖于 θ 与 φ, 并取

$$\begin{cases}h(\theta)=\dfrac{1}{\sqrt{2}}\\[2ex]k(\varphi)=\dfrac{1}{\sqrt{2\pi}}\end{cases}\tag{D–87}$$

于是有:

$$g(\theta,\varphi)=\frac{1}{\sqrt{4\pi}}=\mathrm{Y}_0^0(\theta,\varphi) \tag{D–88}$$

由此可见, 测量 $\boldsymbol{L}^2$ 或测量 L_z 所得结果只能为零.

现在仅仅修改一下函数对 θ 的依赖关系, 我们取:

$$\begin{cases} h(\theta)=\sqrt{\dfrac{3}{2}}\cos\theta \\ k(\varphi)=\dfrac{1}{\sqrt{2\pi}} \end{cases} \tag{D–89}$$

在这种情况下

$$g(\theta,\varphi)=\sqrt{\frac{3}{4\pi}}\cos\theta=\mathrm{Y}_1^0(\theta,\varphi) \tag{D–90}$$

我们仍然确知测量 $\boldsymbol{L}^2$ 或测量 L_z 的结果: 对于 $\boldsymbol{L}^2$, 我们只能得到 $2\hbar^2$; 对于 L_z, [676]
只能得到 0. 这样便证实了: 修改对 θ 的依赖关系并不会改变关于测量 L_z 的物理预言.

反之, 如果修改函数对 φ 的依赖关系, 例如, 我们取:

$$\begin{cases} h(\theta)=\dfrac{1}{\sqrt{2}} \\ k(\varphi)=\dfrac{\mathrm{e}^{\mathrm{i}\varphi}}{\sqrt{2\pi}} \end{cases} \tag{D–91}$$

现在 $g(\theta,\varphi)$ 不再等于一个单纯的球谐函数. 根据 (D–86) 式, 除了

$$\mathscr{P}_{L_z}(m=1)=1 \tag{D–92}$$

以外, 概率 $\mathscr{P}_{L_z}(m)$ 的其他值都等于零. 关于测量 $\boldsymbol{L}^2$ 的物理预言也发生了变化, 而与 (D–87) 式的情况有所不同. 实际上, 为了求得这些物理预言, 我们应将函数

$$g(\theta,\varphi)=\frac{\mathrm{e}^{\mathrm{i}\varphi}}{\sqrt{4\pi}} \tag{D–93}$$

按球谐函数展开. 我们可以证实, 这个函数的展开式包含 l 为奇整数而且 $m=1$ 的一切球谐函数 $\mathrm{Y}_l^m(\theta,\varphi)$; 这样一来, 我们就不能确知测量 $\boldsymbol{L}^2$ 可能得到的结果了 (各个可能结果出现的概率可以用球谐函数的表示式来计算). 通过这个具体例子, 我们看出, 正如在上面的 §α 的末尾已经指出的那样, 波函数对 φ 的依赖性也会出现在关于测量 $\boldsymbol{L}^2$ 的物理预言的计算中.

参考文献和阅读建议:

Dirac (1.13), §35 和 §36; Messiah(1.17), 第 XIII 章; Rose (2.19); Edmonds (2.21).

[677]

第六章补充材料　　阅读指南

$\mathrm{A_{VI}}$: 球谐函数	$\mathrm{A_{VI}}$: 球谐函数 $Y_l^m(\theta,\varphi)$ 的技术方面的讨论; 导出了在第六章以及后面的某些补充材料中需要用到的一些性质.
$\mathrm{B_{VI}}$: 角动量与旋转	$\mathrm{B_{VI}}$: 揭示了一个任意量子体系的角动量 $\boldsymbol{J}$ 和我们可能使该体系在空间发生的旋转之间的密切联系. 证明了角动量 $\boldsymbol{J}$ 的诸分量之间的对易关系反映着这些旋转的纯几何性质; 引入了标量性的及矢量性的观察算符的概念, 在其他地方 (主要是在补充材料 $\mathrm{D_X}$ 中) 我们还会遇到这些概念. 这篇材料在理论上是重要的, 但有些内容较难, 可以留待以后再学习.
$\mathrm{C_{VI}}$: 双原子分子的转动	$\mathrm{C_{VI}}$: 角动量的量子性质的直接的简单应用: 双原子异极分子的纯转动谱, 转动的拉曼谱. 这是一篇初等程度的材料. 鉴于所述现象在物理学和化学中的重要性, 我们建议读者在初读时就学习这篇材料.
$\mathrm{D_{VI}}$: 二维谐振子的定态的角动量	$\mathrm{D_{VI}}$: 可以看作是一个已经解出的练习. 本文讨论了二维谐振子的定态, 为了将定态按其角动量进行分类, 引入了 "圆量子" 的概念. 本文没有原则上的困难, 其中的一些结果将在补充材料 $\mathrm{E_{VI}}$ 中用到.
$\mathrm{E_{VI}}$: 磁场中的荷电粒子; 朗道能级	$\mathrm{E_{VI}}$: 对磁场中的荷电粒子的量子性质进行了一般的讨论, 接着又讨论了一个重要的特例, 即均匀磁场的情况 (引入了朗道能级). 本文没有原则上的困难, 我们建议读者在初读时就学习, 但可只限于学习 §1–a 和 b, §2–a 和 b, 以及 §3–a.
$\mathrm{F_{VI}}$: 练习	

补充材料 A_{VI}

球谐函数 [678]

这篇材料专用于介绍球谐函数的具体形式及主要性质; 我们将证明在第六章 §D–1–c 中引用过的一些结果.

1. 球谐函数的计算

为了计算各球谐函数 $Y_l^m(\theta,\varphi)$, 我们将应用在第六章 §D–1–c 中指出的方法: 从 $Y_l^l(\theta,\varphi)$ 的表示式开始, 将算符 L_- 作用于它, 以便逐步求得对应于同一个 l 值的 $(2l+1)$ 个不同 m 值的球谐函数. 我们提醒一下, 算符 L_+ 与 L_- 只作用于波函数中与极角有关的部分, 而且两个算符可以写作:

$$L_\pm=\hbar e^{\pm i\varphi}\left[\pm\frac{\partial}{\partial\theta}+i\cot\theta\frac{\partial}{\partial\varphi}\right] \tag{1}$$

a. $Y_l^l(\theta,\varphi)$ 的确定

我们已经看到 (第六章 §D–1–c), 可以从方程

$$L_+Y_l^l(\theta,\varphi)=0 \tag{2}$$

出发并利用下列关系

$$Y_l^l(\theta,\varphi)=F_l^l(\theta)e^{il\varphi} \tag{3}$$

来计算 $\mathrm{Y}_l^l(\theta,\varphi)$. 我们曾经得到

$$\mathrm{Y}_l^l(\theta,\varphi)=c_l(\sin\theta)^l\mathrm{e}^{\mathrm{i}l\varphi} \tag{4}$$

其中的 c_l 为任意常数.

[679] 首先, 设 $\mathrm{Y}_l^l(\theta,\varphi)$ 作为 θ,φ 的函数是已归一化的, 即

$$\int_0^{2\pi}\mathrm{d}\varphi\int_0^{\pi}\sin\theta\mathrm{d}\theta|\mathrm{Y}_l^l(\theta,\varphi)|^2=|c_l|^2\int_0^{2\pi}\mathrm{d}\varphi\int_0^{\pi}\sin\theta\mathrm{d}\theta(\sin\theta)^{2l}=1 \tag{5}$$

在这一条件下来确定 c_l 的模, 我们得到:

$$|c_l|^2=\frac{1}{2\pi I_l} \tag{6}$$

其中

$$I_l=\int_0^{\pi}\sin\theta\mathrm{d}\theta(\sin\theta)^{2l}=\int_{-1}^{+1}\mathrm{d}u(1-u^2)^l \tag{7}$$

(在此式中已令 $u=\cos\theta$), I_l 可以通过递推关系来计算. 我们有:

$$I_l=\int_{-1}^{+1}\mathrm{d}u(1-u^2)(1-u^2)^{l-1}=I_{l-1}-\int_{-1}^{+1}\mathrm{d}uu^2(1-u^2)^{l-1} \tag{8}$$

对最后一个积分进行分部积分, 便得到

$$I_l=I_{l-1}-\frac{1}{2l}I_l \tag{9}$$

于是

$$I_l=\frac{2l}{2l+1}I_{l-1} \tag{10}$$

而且显然有

$$I_0=\int_{-1}^{+1}\mathrm{d}u=2 \tag{11}$$

由此便可立即求得 I_l 的数值:

$$I_l=\frac{(2l)!!}{(2l+1)!!}I_0=\frac{2^{2l+1}(l!)^2}{(2l+1)!} \tag{12}$$

由此可见, 如果

$$|c_l|=\frac{1}{2^l l!}\sqrt{\frac{(2l+1)!}{4\pi}} \tag{13}$$

则 $\mathrm{Y}_l^l(\theta,\varphi)$ 便是归一化的.

要完全确定 c_l, 还须选择它的相位. 按惯例, 我们取

$$c_l=\frac{(-1)^l}{2^l l!}\sqrt{\frac{(2l+1)!}{4\pi}} \tag{14}$$

下面我们将会看到, 按照这个惯例, 对于 $\theta=0$, 函数 $Y_l^0(\theta,\varphi)$ (它与 φ 无关) 的值为正实数.

b. $Y_l^m(\theta,\varphi)$ 的一般表达式 [680]

将算符 L_- 迭次作用于刚才求得的函数 $Y_l^l(\theta,\varphi)$, 我们便可得到其他球谐函数 $Y_l^m(\theta,\varphi)$. 为此, 我们首先证明一个方便的公式, 它将使计算大为简化.

α. 算符 $(L_\pm)^p$ 对形如 $e^{in\varphi}F(\theta)$ 的函数的作用

算符 L_+ 和 L_- 对形如 $e^{in\varphi}F(\theta)$ 的函数 (其中 n 为任意整数) 的作用如下:

$$L_\pm[e^{in\varphi}F(\theta)]=\mp\hbar e^{i(n\pm1)\varphi}(\sin\theta)^{1\pm n}\frac{d}{d(\cos\theta)}[(\sin\theta)^{\mp n}F(\theta)] \tag{15}$$

更普遍的形式为:

$$(L_\pm)^p[e^{in\varphi}F(\theta)]=(\mp\hbar)^p e^{i(n\pm p)\varphi}(\sin\theta)^{p\pm n}\frac{d^p}{d(\cos\theta)^p}[(\sin\theta)^{\mp n}F(\theta)] \tag{16}$$

首先证明 (15) 式, 我们知道:

$$\frac{d}{d(\cos\theta)}=\frac{d\theta}{d(\cos\theta)}\frac{d}{d\theta}=-\frac{1}{\sin\theta}\frac{d}{d\theta} \tag{17}$$

由此可以推出:

$$\begin{aligned}&(\sin\theta)^{1\pm n}\frac{d}{d(\cos\theta)}[(\sin\theta)^{\mp n}F(\theta)]\\&=(\sin\theta)^{1\pm n}\left(-\frac{1}{\sin\theta}\right)\left[\mp n(\sin\theta)^{\mp n-1}\cos\theta F(\theta)+(\sin\theta)^{\mp n}\frac{dF(\theta)}{d\theta}\right]\\&=-\left[\mp n\cot\theta F(\theta)+\frac{dF(\theta)}{d\theta}\right]\end{aligned} \tag{18}$$

因而

$$\begin{aligned}&\mp e^{i(n\pm1)\varphi}(\sin\theta)^{1\pm n}\frac{d}{d(\cos\theta)}[(\sin\theta)^{\mp n}F(\theta)]\\&=\left[-n\cot\theta\pm\frac{\partial}{\partial\theta}\right]e^{i(n\pm1)\varphi}F(\theta)\\&=e^{\pm i\varphi}\left[\pm\frac{\partial}{\partial\theta}+i\cot\theta\frac{\partial}{\partial\varphi}\right]e^{in\varphi}F(\theta)\end{aligned} \tag{19}$$

我们见到这里有 L_+ 和 L_- 的表示式 (1), 因此, (19) 式就是 (15) 式.

现在, 我们可以用数学归纳法来建立公式 (16), 这是因为 $p=1$ 时, (16) 式退化为我们刚刚证明过的 (15) 式. 于是, 我们假设 (16) 式对于 $(p-1)$ 也是正确的, 即

$$(L_\pm)^{p-1}[e^{in\varphi}F(\theta)]=(\mp\hbar)^{p-1}e^{i(n\pm p\mp1)\varphi}(\sin\theta)^{p-1\pm n}\times\frac{d^{p-1}}{d(\cos\theta)^{p-1}}[(\sin\theta)^{\mp n}F(\theta)] \tag{20}$$

再从此式出发去证明它对于 p 也是正确的. 为了证明这一点, 我们将算符 $L_\pm$ 作用于 (20) 式的两端; 然后在右端利用 (15) 式, 但需在 (15) 式中进行下列替换:

$$\begin{aligned} n &\Longrightarrow n \pm p \mp 1 \\ F(\theta) &\Longrightarrow (\sin\theta)^{p-1\pm n} \frac{\mathrm{d}^{p-1}}{\mathrm{d}(\cos\theta)^{p-1}} [(\sin\theta)^{\mp n} F(\theta)] \end{aligned} \tag{21}$$

[681] 这样, 便得到:

$$\begin{aligned} (L_\pm)^p[\mathrm{e}^{\mathrm{i}n\varphi}F(\theta)] &= (\mp\hbar)^p \mathrm{e}^{\mathrm{i}(n\pm p)\varphi}(\sin\theta)^{\pm n+p} \\ &\times \frac{\mathrm{d}}{\mathrm{d}(\cos\theta)} \left\{ (\sin\theta)^{\mp n-p+1}(\sin\theta)^{p-1\pm n} \frac{\mathrm{d}^{p-1}}{\mathrm{d}(\cos\theta)^{p-1}}[(\sin\theta)^{\mp n}F(\theta)] \right\} \\ &= (\mp\hbar)^p \mathrm{e}^{\mathrm{i}(n\pm p)\varphi}(\sin\theta)^{p\pm n} \frac{\mathrm{d}^p}{\mathrm{d}(\cos\theta)^p}[(\sin\theta)^{\mp n}F(\theta)] \end{aligned} \tag{22}$$

于是我们便用归纳法证明了 (16) 式.

β. 根据 $\mathrm{Y}_l^l(\theta,\varphi)$ 去计算 $\mathrm{Y}_l^m(\theta,\varphi)$

正如我们在第六章 §D–1–α 中指出过的那样, 我们要求球谐函数 $\mathrm{Y}_l^m(\theta,\varphi)$ 满足关系:

$$\begin{aligned} L_\pm \mathrm{Y}_l^m(\theta,\varphi) &= \hbar\sqrt{l(l+1)-m(m\pm1)}\,\mathrm{Y}_l^{m\pm1}(\theta,\varphi) \\ &= \hbar\sqrt{(l\mp m)(l\pm m+1)}\,\mathrm{Y}_l^{m\pm1}(\theta,\varphi) \end{aligned} \tag{23}$$

这些关系式自动保证只要 $\mathrm{Y}_l^m(\theta,\varphi)$ 是归一化的则 $\mathrm{Y}_l^{m\pm1}(\theta,\varphi)$ 也是归一化的, 而且限定了 l 的值相同但 m 的值不同的诸球谐函数的相对相位.

特别是, 利用 (1) 式给出的算符 L_- 和公式 (23), 我们就可以根据 $\mathrm{Y}_l^l(\theta,\varphi)$ 算出 $\mathrm{Y}_l^m(\theta,\varphi)$; 这样我们将直接求得一个归一化的函数 $\mathrm{Y}_l^m(\theta,\varphi)$, 它的相位则由我们已经为 $\mathrm{Y}_l^l(\theta,\varphi)$ 规定的惯例 [公式 (14)] 来确定. 为了从 $\mathrm{Y}_l^l(\theta,\varphi)$ 得到 $\mathrm{Y}_l^m(\theta,\varphi)$, 我们应将算符 L_- 迭连应用 $(l-m)$ 次; 根据 (23) 式, 我们可以得到:

$$\begin{aligned} &(L_-)^{l-m}\mathrm{Y}_l^l(\theta,\varphi) \\ &= (\hbar)^{l-m}\sqrt{(2l)(1)\times(2l-1)(2)\times\cdots\times(l+m+1)(l-m)}\,\mathrm{Y}_l^m(\theta,\varphi) \end{aligned} \tag{24}$$

也就是

$$\mathrm{Y}_l^m(\theta,\varphi) = \sqrt{\frac{(l+m)!}{(2l)!(l-m)!}} \left(\frac{L_-}{\hbar}\right)^{l-m} \mathrm{Y}_l^l(\theta,\varphi) \tag{25}$$

最后, 利用 $\mathrm{Y}_l^l(\theta,\varphi)$ 的表示式 (4)[系数 c_l 由 (14) 式确定] 及公式 (16)(在其中应取 $n=l$ 与 $p=l-m$), 我们便可将 (25) 式明显地写为下列形式:

$$\mathrm{Y}_l^m(\theta,\varphi) = \frac{(-1)^l}{2^l l!}\sqrt{\frac{(2l+1)}{4\pi}\frac{(l+m)!}{(l-m)!}}\,\mathrm{e}^{\mathrm{i}m\varphi}(\sin\theta)^{-m}\frac{\mathrm{d}^{l-m}}{\mathrm{d}(\cos\theta)^{l-m}}(\sin\theta)^{2l} \tag{26}$$

γ. 根据 $Y_l^{-l}(\theta,\varphi)$ 去计算 $Y_l^m(\theta,\varphi)$

为了导出 (26) 式, 我们是从 §1–a 的结果出发的. 当然, 我们完全可以先计算 $Y_l^{-l}(\theta,\varphi)$, 然后再利用算符 L_+. 用这种方法得到的 Y_l^m 的表示式与 (26) 式虽然是等价的, 但却是不一样的.

现在我们就从 (26) 式来计算 $Y_l^{-l}(\theta,\varphi)$①. 由于 [682]

$$(\sin\theta)^{2l}=(1-\cos^2\theta)^l \tag{27}$$

是 $\cos\theta$ 的 $2l$ 次多项式, 只有其中的最高次项才对 $Y_l^{-l}(\theta,\varphi)$ 有贡献:

$$\frac{\mathrm{d}^{2l}}{\mathrm{d}(\cos\theta)^{2l}}(\sin\theta)^{2l}=(-1)^l(2l)! \tag{28}$$

于是我们直接得到:

$$Y_l^{-l}(\theta,\varphi)=\frac{1}{2^l l!}\sqrt{\frac{(2l+1)!}{4\pi}}\mathrm{e}^{-\mathrm{i}l\varphi}(\sin\theta)^l \tag{29}$$

然后, 将算符 L_+ 迭连 $(l+m)$ 次应用于 $Y_l^{-l}(\theta,\varphi)$, 我们便可得到 $Y_l^m(\theta,\varphi)$. 利用 (23) 式和 (16) 式, 我们最后得到:

$$Y_l^m(\theta,\varphi)=\frac{(-1)^{l+m}}{2^l l!}\sqrt{\frac{2l+1}{4\pi}\frac{(l-m)!}{(l+m)!}}\mathrm{e}^{\mathrm{i}m\varphi}(\sin\theta)^m\frac{\mathrm{d}^{l+m}}{\mathrm{d}(\cos\theta)^{l+m}}(\sin\theta)^{2l} \tag{30}$$

c. $l=0,1,2$ 的球谐函数的显式

从普遍公式 (26) 及 (30) 很容易得到对应于 l 的前几个数值的球谐函数:

$$Y_0^0=\frac{1}{\sqrt{4\pi}} \tag{31}$$

$$\begin{cases} Y_1^{\pm1}(\theta,\varphi)=\mp\sqrt{\dfrac{3}{8\pi}}\sin\theta\,\mathrm{e}^{\pm\mathrm{i}\varphi} \\ Y_1^0(\theta,\varphi)=\sqrt{\dfrac{3}{4\pi}}\cos\theta \end{cases} \tag{32}$$

$$\begin{cases} Y_2^{\pm2}(\theta,\varphi)=\sqrt{\dfrac{15}{32\pi}}\sin^2\theta\,\mathrm{e}^{\pm2\mathrm{i}\varphi} \\ Y_2^{\pm1}(\theta,\varphi)=\mp\sqrt{\dfrac{15}{8\pi}}\sin\theta\cos\theta\,\mathrm{e}^{\pm\mathrm{i}\varphi} \\ Y_2^0(\theta,\varphi)=\sqrt{\dfrac{5}{16\pi}}(3\cos^2\theta-1) \end{cases} \tag{33}$$

①显然, 我们也可以从方程 $L_-Y_l^{-l}(\theta,\varphi)=0$ 去计算 Y_l^{-l}. 但是, 它的相位仍然是任意的. 利用 (26) 式, 我们可以完全确定 $Y_l^{-l}(\theta,\varphi)$, 它的相位则是我们在 §1–a 中提出的惯例的结果.

[683] **2. 球谐函数的性质**

a. 递推关系

球谐函数按其结构应满足 (23) 式; 若应用 (1) 式, 便有:

$$\mathrm{e}^{\pm\mathrm{i}\varphi}\left[\pm\frac{\partial}{\partial\theta}-m\cot\theta\right]\mathrm{Y}_l^m(\theta,\varphi)=\sqrt{l(l+1)-m(m\pm1)}\mathrm{Y}_l^{m\pm1}(\theta,\varphi) \tag{34}$$

此外, 我们还应注意下面的常用公式:

$$\begin{aligned}\cos\theta\mathrm{Y}_l^m(\theta,\varphi)=&\sqrt{\frac{(l+m+1)(l-m+1)}{(2l+1)(2l+3)}}\mathrm{Y}_{l+1}^m(\theta,\varphi)\\&+\sqrt{\frac{(l+m)(l-m)}{(2l+1)(2l-1)}}\mathrm{Y}_{l-1}^m(\theta,\varphi)\end{aligned} \tag{35}$$

我们给出这个公式的一个初等的证明, 其主要步骤如下. 根据 (25) 式有:

$$\cos\theta\mathrm{Y}_l^m(\theta,\varphi)=\sqrt{\frac{(l+m)!}{(2l)!(l-m)!}}\cos\theta\left(\frac{L_-}{\hbar}\right)^{l-m}\mathrm{Y}_l^l(\theta,\varphi) \tag{36}$$

利用 L_- 的表示式 (1), 我们很容易证明:

$$[L_-,\cos\theta]=\hbar\mathrm{e}^{-\mathrm{i}\varphi}\sin\theta \tag{37}$$

及

$$[L_-,\mathrm{e}^{-\mathrm{i}\varphi}\sin\theta]=0 \tag{38}$$

于是利用归纳法, 我们便可求得 $(L_-/\hbar)^k$ 与 $\cos\theta$ 的对易子. 实际上, 如果假设:

$$\left[\left(\frac{L_-}{\hbar}\right)^{k-1},\cos\theta\right]=(k-1)\mathrm{e}^{-\mathrm{i}\varphi}\sin\theta\left(\frac{L_-}{\hbar}\right)^{k-2} \tag{39}$$

便得到:

$$\begin{aligned}\left[\left(\frac{L_-}{\hbar}\right)^{k},\cos\theta\right]&=\left(\frac{L_-}{\hbar}\right)^{k-1}\left[\frac{L_-}{\hbar},\cos\theta\right]+\left[\left(\frac{L_-}{\hbar}\right)^{k-1},\cos\theta\right]\frac{L_-}{\hbar}\\&=\left(\frac{L_-}{\hbar}\right)^{k-1}\mathrm{e}^{-\mathrm{i}\varphi}\sin\theta+(k-1)\mathrm{e}^{-\mathrm{i}\varphi}\sin\theta\left(\frac{L_-}{\hbar}\right)^{k-1}\end{aligned} \tag{40}$$

也就是

$$\begin{aligned}\left[\left(\frac{L_-}{\hbar}\right)^{k},\cos\theta\right]&=k\mathrm{e}^{-\mathrm{i}\varphi}\sin\theta\left(\frac{L_-}{\hbar}\right)^{k-1}\\&=k\left(\frac{L_-}{\hbar}\right)^{k-1}\mathrm{e}^{-\mathrm{i}\varphi}\sin\theta\end{aligned} \tag{41}$$

[684] 这样, 我们就用归纳法建立了这个关系. 利用它可将 (36) 式写成下列形式:

$$\cos\theta \mathrm{Y}_l^m(\theta,\varphi) = \sqrt{\frac{(l+m)!}{(2l)!(l-m)!}}\left[\left(\frac{L_-}{\hbar}\right)^{l-m}\cos\theta\mathrm{Y}_l^l-(l-m)\left(\frac{L_-}{\hbar}\right)^{l-m-1}\mathrm{e}^{-\mathrm{i}\varphi}\sin\theta\mathrm{Y}_l^l\right] \quad (42)$$

利用 (4) 式和 (14) 式, 很容易证明:

$$\mathrm{e}^{-\mathrm{i}\varphi}\sin\theta\mathrm{Y}_l^l(\theta,\varphi) = -\sqrt{\frac{2l+1}{2l}}(1-\cos^2\theta)\mathrm{Y}_{l-1}^{l-1} \quad (43)$$

于是, 如果利用普遍公式 (26) 来计算 Y_{l+1}^l 及 Y_{l+1}^{l-1} 的显式, 便可得到:

$$\cos\theta\mathrm{Y}_l^l = \frac{1}{\sqrt{2l+3}}\mathrm{Y}_{l+1}^l \quad (44\text{–a})$$

$$\cos^2\theta\mathrm{Y}_{l-1}^{l-1} = \frac{2}{2l+1}\sqrt{\frac{l}{2l+3}}\mathrm{Y}_{l+1}^{l-1}+\frac{1}{2l+1}\mathrm{Y}_{l-1}^{l-1} \quad (44\text{–b})$$

现在只需将 (43) 和 (44) 式代入 (42) 式, 并利用 (23) 式, 最后便得到 (35) 式.

b. 正交归一关系式和封闭性关系式

从球谐函数构成的过程来看, 它们显然组成一个归一化的函数集合, 而且, 它们也是正交的, 这是因为它们都是厄米算符 $\boldsymbol{L}^2$ 和 L_z 的属于互异本征值的本征函数. 对应的正交归一化关系式可以写作:

$$\int_0^{2\pi}\mathrm{d}\varphi\int_0^{\pi}\sin\theta\mathrm{d}\theta\mathrm{Y}_l^{m*}(\theta,\varphi)\mathrm{Y}_{l'}^{m'}(\theta,\varphi) = \delta_{ll'}\delta_{mm'} \quad (45)$$

我们可以证明 (但在这里不予证明): 凡是 θ 和 φ 的平方可积函数都可唯一地按球谐函数展开:

$$f(\theta,\varphi) = \sum_l\sum_m c_{l,m}\mathrm{Y}_l^m(\theta,\varphi) \quad (46)$$

其中

$$c_{l,m} = \int_0^{2\pi}\mathrm{d}\varphi\int_0^{\pi}\sin\theta\mathrm{d}\theta\mathrm{Y}_l^{m*}(\theta,\varphi)f(\theta,\varphi) \quad (47)$$

由此可见, 在 θ 与 φ 的平方可积函数空间中, 球谐函数的集合构成一个正交归一基. 这一点可以用下面的封闭性关系来表达:

$$\sum_l\sum_m \mathrm{Y}_l^m(\theta,\varphi)\mathrm{Y}_l^{m*}(\theta',\varphi') = \delta(\cos\theta-\cos\theta')\delta(\varphi-\varphi') \quad (48)$$

c. 宇称 [685]

在普通空间中, 对一个确定的函数所进行的宇称运算 (参看补充材料 $\mathrm{F_{II}}$) 就是在该函数中将变动点的坐标换成与该点相对于坐标原点对称的点的坐标:

$$\boldsymbol{r} \Longrightarrow -\boldsymbol{r} \quad (49)$$

在球坐标系中, 宇称运算可用下列代换来表示 (参看图 6–2):

$$\begin{aligned} r &\Longrightarrow r \\ \theta &\Longrightarrow \pi - \theta \\ \varphi &\Longrightarrow \pi + \varphi \end{aligned} \tag{50}$$

因此, 在一个无自旋粒子的波函数空间中, 如果我们使用标准基 (参看第六章的 §D–1–d), 则诸基函数 $\psi_{k,l,m}(\boldsymbol{r})$ 的径向部分在宇称运算中并无变化, 它们的变化仅仅归之于球谐函数的变化. 现在我们就具体讨论这种变化.

首先我们注意, 在进行 (50) 式中的变换时, 有:

$$\begin{aligned} \sin\theta &\Longrightarrow \sin\theta \\ \cos\theta &\Longrightarrow -\cos\theta \\ \mathrm{e}^{im\varphi} &\Longrightarrow (-1)^m \mathrm{e}^{im\varphi} \end{aligned} \tag{51}$$

按照这些条件, 我们在 §1–a 中计算过的函数 $\mathrm{Y}_l^l(\theta,\varphi)$ 应变换为:

$$\mathrm{Y}_l^l(\pi-\theta,\pi+\varphi) = (-1)^l \mathrm{Y}_l^l(\theta,\varphi) \tag{52}$$

此外, 还有

$$\begin{aligned} \frac{\partial}{\partial\theta} &\Longrightarrow -\frac{\partial}{\partial\theta} \\ \frac{\partial}{\partial\varphi} &\Longrightarrow \frac{\partial}{\partial\varphi} \end{aligned} \tag{53}$$

(51) 和 (53) 式表明, 算符 L_+ 和 L_- [公式 (1)] 仍然保持不变 [这就是说, 按照我们在补充材料 $\mathrm{F_{II}}$(§2–a) 中所阐述的意义, 算符 L_+ 和 L_- 都是偶算符]. 因此, 根据 (52) 式中的结果和据以计算 $\mathrm{Y}_l^m(\theta,\varphi)$ 的公式 (25), 可以得到:

$$\mathrm{Y}_l^m(\pi-\theta,\pi+\varphi) = (-1)^l \mathrm{Y}_l^m(\theta,\varphi) \tag{54}$$

由此可见, 球谐函数具有确定宇称, 且其宇称与 m 无关. l 为偶数时, 它具有偶宇称, l 为奇数时, 它具有奇宇称.

d. 复共轭

由于球谐函数依赖于 φ, 所以它们是具有复数值的函数, 比较 (26) 式与 (30) 式, 可以直接看出:

$$[\mathrm{Y}_l^m(\theta,\varphi)]^* = (-1)^m \mathrm{Y}_l^{-m}(\theta,\varphi) \tag{55}$$

e. 球谐函数与勒让德多项式及缔合勒让德函数的关系 [686]

球谐函数对 θ 的依赖关系就是勒让德多项式及缔合勒让德函数这两种已知函数对 θ 的依赖关系. 我们不准备在这里证明和列举这些函数的全部性质, 只是简单地提出它们与球谐函数之间的关系.

α. $Y_l^0(\theta)$ 与勒让德多项式成比例

$m=0$ 时, 公式 (26) 与 (30) 给出:

$$Y_l^0(\theta)=\frac{(-1)^l}{2^l l!}\sqrt{\frac{(2l+1)}{4\pi}}\frac{d^l}{d(\cos\theta)^l}(\sin\theta)^{2l} \tag{56}$$

我们还可将此式写成下列形式:

$$Y_l^0(\theta)=\sqrt{\frac{2l+1}{4\pi}}P_l(\cos\theta) \tag{57}$$

在这里已令:

$$P_l(u)=\frac{(-1)^l}{2^l l!}\frac{d^l}{du^l}(1-u^2)^l \tag{58}$$

根据 $P_l(u)$ 的定义式 (58), 可以看出它是 u 的 l 次多项式, 宇称为 $(-1)^l$①:

$$P_l(-u)=(-1)^l P(u) \tag{59}$$

$P_l(u)$ 是 l 阶的勒让德多项式. 我们很容易证明, 在区间 $[-1,+1]$ 内它有 l 个零点, 而且 (58) 式中的数字系数保证了:

$$P_l(1)=1 \tag{60}$$

还可以证明, 勒让德多项式构成一个正交函数族:

$$\int_{-1}^{+1}du P_l(u)P_{l'}(u)=\int_0^{\pi}\sin\theta d\theta P_l(\cos\theta)P_{l'}(\cos\theta)=\frac{2}{2l+1}\delta_{ll'} \tag{61}$$

只依赖于 θ 的函数可以按此函数族唯一地展开:

$$f(\theta)=\sum_l c_l P_l(\cos\theta) \tag{62}$$

式中 [687]

①这里是指关于变量 u 的宇称. 但是, 我们应该注意, 空间的宇称运算 [公式 (50)] 归结为将 $\cos\theta$ 换为 $-\cos\theta$; 因此, (59) 式中的性质可以表述为:

$$Y_l^0(\pi-\theta)=(-1)^l Y_l^0(\theta)$$

这是 (54) 式的一个特例.

$$c_l = \frac{2l+1}{2}\int_0^{\pi}\sin\theta\mathrm{d}\theta\mathrm{P}_l(\cos\theta)f(\theta) \tag{63}$$

附注:

根据 (57) 式和 (60) 式, 有:

$$\mathrm{Y}_l^0(0) = \sqrt{\frac{2l+1}{4\pi}} \tag{64}$$

正如我们在 §1–a 中所指出的那样, 我们为 $\mathrm{Y}_l^l(\theta,\varphi)$ 的相位所选定的惯例, 使得 $\mathrm{Y}_l^0(0)$ 具有正实数值.

β. $\mathrm{Y}_l^m(\theta,\varphi)$ 正比于缔合勒让德函数

对于正的 m, 我们可将算符 L_+ 作用于 $\mathrm{Y}_l^0(\theta)$ 以求得 $\mathrm{Y}_l^m(\theta,\varphi)$, 注意到 (23) 式, 则有:

$$\mathrm{Y}_l^m(\theta,\varphi) = \sqrt{\frac{(l-m)!}{(l+m)!}}\left(\frac{L_+}{\hbar}\right)^m \mathrm{Y}_l^0(\theta) \quad (m \geqslant 0) \tag{65}$$

利用公式 (1) 和 (16), 便得到:

$$\mathrm{Y}_l^m(\theta,\varphi) = (-1)^m\sqrt{\frac{(2l+1)}{4\pi}\frac{(l-m)!}{(l+m)!}}\mathrm{P}_l^m(\cos\theta)\mathrm{e}^{\mathrm{i}m\varphi} \quad (m \geqslant 0) \tag{66}$$

这里 P_l^m 是缔合勒让德函数, 其定义为:

$$\mathrm{P}_l^m(u) = \sqrt{(1-u^2)^m}\frac{\mathrm{d}^m}{\mathrm{d}u^m}\mathrm{P}_l(u) \quad (-1 \leqslant u \leqslant +1) \tag{67}$$

$\mathrm{P}_l^m(u)$ 是 $\sqrt{(1-u^2)^m}$ 与阶数为 $(l-m)$、宇称为 $(-1)^{l-m}$ 的多项式的乘积; $\mathrm{P}_l^0(u)$ 与勒让德多项式 $\mathrm{P}_l(u)$ 完全一致. m 为固定值的全体 P_l^m 构成一个正交函数族:

$$\int_{-1}^{+1}\mathrm{d}u\mathrm{P}_l^m(u)\mathrm{P}_{l'}^m(u) = \int_0^{\pi}\sin\theta\mathrm{d}\theta\mathrm{P}_l^m(\cos\theta)\mathrm{P}_{l'}^m(\cos\theta) = \frac{2}{2l+1}\frac{(l+m)!}{(l-m)!}\delta_{ll'} \tag{68}$$

只依赖于 θ 的函数可以按此函数族唯一地展开.

公式 (66) 适用于 m 取正值 (或零) 的情况; 若 m 取负值, 只需用 (55) 式便可得到:

$$\mathrm{Y}_l^m(\theta,\varphi) = \sqrt{\frac{2l+1}{4\pi}\frac{(l+m)!}{(l-m)!}}\mathrm{P}_l^{-m}(\cos\theta)\mathrm{e}^{\mathrm{i}m\varphi} \quad (m < 0) \tag{69}$$

γ. 球谐函数的加法定理 [688]

我们考虑空间中任意两个方向 Ou' 和 Ou'', 它们的极角分别为 (θ',φ') 与 (θ'',φ''), 再用 α 表示此两方向间的夹角. 可以证明下列关系式:

$$\frac{2l+1}{4\pi}\mathrm{P}_l(\cos\alpha)=\sum_{m=-l}^{+l}(-1)^m\mathrm{Y}_l^m(\theta',\varphi')\mathrm{Y}_l^{-m}(\theta'',\varphi'') \tag{70}$$

(式中的 P_l 是 l 阶勒让德多项式), 这个关系叫做 "球谐函数的加法定理".

我们将 (70) 式的基本证法的主要步骤说明如下: 首先注意, 如果 $\cos\alpha$ 可以通过极角 (θ',φ') 和 (θ'',φ'') 来表示, 则 (70) 式的左端就可以视为 θ' 和 φ' 的函数, 于是, 我们可将这个函数按球谐函数 $\mathrm{Y}_{l'}^{m'}(\theta',\varphi')$ 展开. 展开式中的系数当然是另外两个变量 θ'' 和 φ'' 的函数, 这些函数又可以按球谐函数 $\mathrm{Y}_{l''}^{m''}(\theta'',\varphi'')$ 展开. 这样, 我们应该得到:

$$\frac{2l+1}{4\pi}\mathrm{P}_l(\cos\alpha)=\sum_{l',m'}\sum_{l'',m''}c_{l',m';l'',m''}\mathrm{Y}_{l'}^{m'}(\theta',\varphi')\mathrm{Y}_{l''}^{m''}(\theta'',\varphi'') \tag{71}$$

于是问题只在于计算诸系数 $c_{l',m';l'',m''}$. 我们可按下述方法求得这些系数:

(i) 首先, 只有当

$$l'=l''=l \tag{72}$$

时, 对应的系数才不等于零. 为证明这一点, 我们先将方向 Ou'' 固定, 于是 $\mathrm{P}_l(\cos\alpha)$ 将仅仅依赖于 θ' 和 φ'. 若将 Oz 轴取在 Ou'' 方向上, 则 $\cos\alpha=\cos\theta'$ 而 $\mathrm{P}_l(\cos\alpha)$ 将正比于 $\mathrm{Y}_l^0(\theta')$ [参看 (57) 式]. 为了过渡到 Ou'' 为任意方向的一般情况, 我们进行一次旋转, 将 Oz 轴旋转到这个方向上; 这样, $\cos\alpha$ 并无变化, 从而 $\mathrm{P}_l(\cos\alpha)$ 也无变化; 由于旋转算符 (参看补充材料 $\mathrm{B_{VI}}$ 的 §3-c-γ) 可以和 $\boldsymbol{L}^2$ 对易, 因此, $\mathrm{Y}_l^0(\theta')$ 经变换之后仍然是 $\boldsymbol{L}^2$ 的属于本征值 $l(l+1)\hbar^2$ 的本征函数, 也就是球谐函数 $\mathrm{Y}_{l'}^{m'}(\theta',\varphi')$ 的一个线性组合; 于是我们便知 $l'=l$. 用同样的方法也可以证明 $l''=l$.

(ii) 现在使 Ou' 与 Ou'' 这两个方向一起围绕 Oz 轴旋转一个角度 β, 则角 α 并无变化, θ' 与 θ'' 也无变化, 但 φ' 与 φ'' 则分别变为 $\varphi'+\beta$ 与 $\varphi''+\beta$. 于是 (71) 式左端的数值不变, 而右端的每一项都应乘以 $\mathrm{e}^{\mathrm{i}(m'+m'')\beta}$, 因此, 在右端的总和中, 只有满足条件

$$m'+m''=0 \tag{73}$$

的那些系数才不等于零.

(iii) 将 (72) 式和 (73) 式的结果结合起来, 便可将 (71) 式写成下列形式:

$$\frac{2l+1}{4\pi}\mathrm{P}_l(\cos\alpha)=\sum_{m=-l}^{+l}(-1)^m c_m\mathrm{Y}_l^m(\theta',\varphi')\mathrm{Y}_l^{-m}(\theta'',\varphi'') \tag{74}$$

若令 $\theta'=\theta'',\varphi'=\varphi''$, 则根据 (60) 式, 我们得到:

$$\frac{2l+1}{4\pi}=\sum_{m=-l}^{+l}(-1)^m c_m\mathrm{Y}_l^m(\theta',\varphi')\mathrm{Y}_l^{-m}(\theta',\varphi') \tag{75}$$

[689] 由于 $(-1)^m \mathrm{Y}_l^{-m}(\theta',\varphi')$ 就是 $\mathrm{Y}_l^{m*}(\theta',\varphi')$, 将 (75) 式两端对 $\mathrm{d}\Omega' = \sin\theta'\mathrm{d}\theta'\mathrm{d}\varphi'$ 积分, 并利用正交归一关系式 (45), 得到:

$$2l+1 = \sum_{m=-l}^{+l} c_m \tag{76}$$

我们再取 (74) 式两端的模平方, 并对 $\mathrm{d}\Omega'$ 和 $\mathrm{d}\Omega''$ 进行积分. 利用 (45) 式, 很容易看出右端将变为 $\sum\limits_{m=l}^{+l} |c_m|^2$; 至于左端, 仍可利用角度 α 相对于旋转的不变性来证明 $\int \mathrm{d}\Omega' |\mathrm{P}_l(\cos\alpha)|^2$ 实际上与 (θ'',φ'') 无关; 为了计算这个积分, 我们如果将方向 Ou'' 取在 Oz 轴上, 则根据 (61) 式, 可以得到:

$$\int \mathrm{d}\Omega' |\mathrm{P}_l(\cos\alpha)|^2 = \int \mathrm{d}\Omega |\mathrm{P}_l(\cos\theta)|^2 = 2\pi \times \frac{2}{2l+1} \tag{77}$$

对 $\mathrm{d}\Omega''$ 的积分可以直接看出结果. 这样, 我们便得到诸系数 c_m 之间的第二个关系:

$$2l+1 = \sum_{m=l}^{+l} |c_m|^2 \tag{78}$$

(iv) 方程 (76) 和 (78) 已足以用来确定 $(2l+1)$ 个系数 c_m; 其实它们都等于 1, 为了证明这一点, 在 $(2l+1)$ 维的已归一化的矢量空间中, 我们考虑分量为 $x_m = c_m/\sqrt{2l+1}$ 的矢量 $\boldsymbol{X}$ 及分量为 $y_m = 1/\sqrt{2l+1}$ 的矢量 $\boldsymbol{Y}$. 施瓦茨不等式表明:

$$(\boldsymbol{X}^* \cdot \boldsymbol{X})(\boldsymbol{Y}^* \cdot \boldsymbol{Y}) \geqslant |\boldsymbol{Y}^* \cdot \boldsymbol{X}|^2 \tag{79}$$

当而且仅当 $\boldsymbol{X}$ 与 $\boldsymbol{Y}$ 成比例时, 式中的等号才成立. 但是 (76) 式和 (78) 式表明等号确实成立; 因此, 和 y_m 一样, x_m 和 c_m 都与 m 无关, 从而我们必然得到 $c_m = 1$. 公式 (70) 证毕.

参考文献和阅读建议:

Messiah (1.17), 附录 B, §Ⅳ;Arfken(10.4), 第 12 章; Edmonds (2.21), 表 1; Butkov (10.8), 第 9 章, §5 和 §8; Whittaker 和 Watson (10.12), 第 XV 章, Bateman (10.39), 第 Ⅲ 章; Bass(10.1) 第一卷, §17–7.

补充材料 B_{VI}

角动量与旋转 [690]

1. 引言

在第六章 (§B–2) 中曾经指出, 一个角动量的诸分量之间的对易关系, 实际上表达了普通三维空间中旋转的几何性质. 这正是我们打算在本文中予以表明的. 为此, 必须确定角动量算符与旋转之间的关系.

我们考虑一个物理体系 (S), 它在指定时刻的量子态由态空间 $\mathscr{E}$ 中的右矢 $|\psi\rangle$ 描述. 我们使这个体系经受一个旋转 $\mathscr{R}$; 在新的位置, 体系的态由不同于 $|\psi\rangle$ 的另一个右矢 $|\psi'\rangle$ 描述. 现在的问题是, 知道了几何变换 $\mathscr{R}$, 怎样由 $|\psi\rangle$ 去确定 $|\psi'\rangle$. 我们将会看到问题的解是这样的; 对于每一个几何旋转 $\mathscr{R}$, 我们

都可以给它联系上一个线性算符 R, 它在态空间 $\mathscr{E}$ 中起作用, 并使得:

$$|\psi'\rangle = R|\psi\rangle \tag{1}$$

我们随即强调, 必须严格区分几何旋转 $\mathscr{R}$ 和它的 "像" R, 前者是在普通空间中的一个操作, 后者是在态空间中起作用的算符:

$$\mathscr{R} \Longrightarrow R \tag{2}$$

[691] 我们首先 (在 §2 中) 回顾几何旋转 $\mathscr{R}$ 的一些主要性质. 我们不准备在这里详细研究这些性质, 而只列举以后要用到的一些结果. 然后, 在 §3 中, 通过一个无自旋粒子的简例来精确地定义旋转算符 R, 研究其最重要的性质, 并阐明这种算符与角动量算符 $\boldsymbol{L}$ 之间的关系; 这样, 我们就可以将角动量 $\boldsymbol{L}$ 诸分量之间的对易关系式解释为旋转 $\mathscr{R}$ 的纯几何特征在空间 $\mathscr{E}_{\boldsymbol{r}}$ 中的像. 接着 (§4), 我们将把这些概念推广到任意的量子体系. 在 §5 中, 我们将考察, 在所考虑的体系经受一次旋转时, 描述该体系的各种可观测的物理量的观察算符的行为. 这样, 当体系经受一旋转时, 我们就可以将观察算符按它们的变换方式分类 (标量性的、矢量性的或张量性的观察算符). 最后, 在 §6 中, 我们将简要讨论旋转不变性问题, 并列举这种不变性的一些重要结果.

2. 对几何旋转 $\mathscr{R}$ 的简要讨论

a. 定义和参数化

旋转 $\mathscr{R}$ 是三维空间中的一种一一对应的变换, 经历这种变换时, 空间中的点、角度、距离以及坐标轴之间的相对取向都保持不变①. 在这里我们感兴趣的是可以保持已被选作坐标原点的定点 O 不变的一切旋转. 于是, 我们可以用旋转轴 (以轴上的单位矢 $\boldsymbol{u}$ 或它的极角 θ 和 φ 来表示) 和旋转角 $\alpha(0 \leqslant \alpha < 2\pi)$ 来描述旋转的特征. 因此, 为了确定一个旋转, 我们必须使用三个参量, 有时可将它们取作矢量

$$\boldsymbol{\alpha} = \alpha \boldsymbol{u} \tag{3}$$

的诸分量, 这个矢量的模等于旋转角, 它的方位和指向则决定旋转轴 (顺便指出, 也可以用三个角——欧拉角的大小来表示一个旋转). 我们将以 $\mathscr{R}_{\boldsymbol{u}}(\alpha)$ 表示以单位矢 $\boldsymbol{u}$ 为轴转过角度 α 的几何旋转.

诸旋转 $\mathscr{R}$ 的集合构成一个群, 这就是说, 两个旋转的乘积 (即相继施行这两个旋转所得的变换) 仍然是一个旋转; 还存在着一个恒等旋转 (围绕任意轴

①我们提出最后这个性质是为了排除相对于一个点或一个平面的对称性.

转过的角度等于零的那种旋转); 对于每一个旋转, 我们都可以给它联系上一个逆旋转, 即 $\mathscr{R}_{-\boldsymbol{u}}(\alpha)$. 旋转群是不可对易的, 一般说来, 两次旋转的乘积和施行旋转的先后次序有关, 即①:

$$\mathscr{R}_{\boldsymbol{u}}(\alpha)\mathscr{R}_{\boldsymbol{u}'}(\alpha') \neq \mathscr{R}_{\boldsymbol{u}'}(\alpha')\mathscr{R}_{\boldsymbol{u}}(\alpha) \tag{4}$$

但是, 我们提醒一下, 围绕同一轴施行的两个旋转总是可以对易的: [692]

$$\mathscr{R}_u(\alpha)\mathscr{R}_u(\alpha') = \mathscr{R}_u(\alpha')\mathscr{R}_u(\alpha) = \mathscr{R}_u(\alpha+\alpha') \tag{5}$$

b. 无限小旋转

无限接近恒等旋转的旋转叫做无限小旋转, 也就是围绕任意轴 $\boldsymbol{u}$ 转过一个无限小角度 $\mathrm{d}\alpha$ 的旋转 $\mathscr{R}_{\boldsymbol{u}}(\mathrm{d}\alpha)$. 很容易看出, 一个矢量 $\boldsymbol{OM}$ 经过一次无限小旋转 $\mathscr{R}_{\boldsymbol{u}}(\mathrm{d}\alpha)$ 变换后而成的矢量, 若只限于一级微量 $\mathrm{d}\alpha$, 可以表示为:

$$\mathscr{R}_{\boldsymbol{u}}(\mathrm{d}\alpha)\boldsymbol{OM} = \boldsymbol{OM} + \mathrm{d}\alpha\boldsymbol{u}\times\boldsymbol{OM} \tag{6}$$

任何有限的旋转都可以被分解为无限多个无限小旋转, 这是因为旋转角是可以连续改变的, 而且根据 (5) 式, 有:

$$\mathscr{R}_{\boldsymbol{u}}(\alpha+\mathrm{d}\alpha) = \mathscr{R}_{\boldsymbol{u}}(\alpha)\mathscr{R}_{\boldsymbol{u}}(\mathrm{d}\alpha) = \mathscr{R}_{\boldsymbol{u}}(\mathrm{d}\alpha)\mathscr{R}_{\boldsymbol{u}}(\alpha) \tag{7}$$

其中的 $\mathscr{R}_{\boldsymbol{u}}(\mathrm{d}\alpha)$ 是一个无限小旋转. 因此, 对旋转群的研究可以归结为对无限小旋转的研究②.

在结束关于几何旋转的性质的简要概述之前, 我们提出今后颇为有用的一个等式:

$$\mathscr{R}_{\boldsymbol{e}_y}(-\mathrm{d}\alpha')\mathscr{R}_{\boldsymbol{e}_x}(\mathrm{d}\alpha)\mathscr{R}_{\boldsymbol{e}_y}(\mathrm{d}\alpha')\mathscr{R}_{\boldsymbol{e}_x}(-\mathrm{d}\alpha) = \mathscr{R}_{\boldsymbol{e}_z}(\mathrm{d}\alpha\mathrm{d}\alpha') \tag{8}$$

其中 $\boldsymbol{e}_x, \boldsymbol{e}_y, \boldsymbol{e}_z$ 分别表示坐标轴 Ox, Oy, Oz 上的单位矢. 如果角度 $\mathrm{d}\alpha$ 和 $\mathrm{d}\alpha'$ 是一级无限小量, 那么, 这个等式精确到二级无限小量. 在一特殊情况下, 这个等式就是旋转群的非对易结构的一种表述.

为了证明 (8) 式, 我们可将它的左端作用于一个任意矢量 $\boldsymbol{OM}$, 然后利用公式 (6) 去求矢量 $\boldsymbol{OM}$ 经过四次相继的无限小旋转之后而成的矢量 $\boldsymbol{OM}'$. 我们可以一眼就看出, 如果 $\mathrm{d}\alpha$ 等于零, 则 (8) 式左端变为一个乘积 $\mathscr{R}e_y(-\mathrm{d}\alpha')\mathscr{R}_{\boldsymbol{e}_y}(\mathrm{d}\alpha')$, 而这是一个恒

①$\mathscr{R}_2\mathscr{R}_1$ 这种写法表示, 先施行旋转 $\mathscr{R}_1$, 对所得结果再施行旋转 $\mathscr{R}_2$.

②但是, 既然只限于无限小旋转, 我们便会遗漏有限旋转群的 "全局" 的性质, 即角度为 2π 的旋转就是恒等变换. 这样一来, 由无限小旋转的算符构成的旋转算符 (参看 §3 和 §4) 就不一定具有这个全局的性质: 在某些情况下 (参看补充材料 A_{IX}), 与角度为 2π 的旋转相联系的算符并不是恒等算符, 而是与之反号的算符.

等旋转 [参看 (5) 式]; 可见矢量 $\boldsymbol{OM}'-\boldsymbol{OM}$ 应该正比于 $\mathrm{d}\alpha$, 根据同样的理由, 它也应该正比于 $\mathrm{d}\alpha'$; 因此; 矢量差 $\boldsymbol{OM}'-\boldsymbol{OM}$ 正比于 $\mathrm{d}\alpha\mathrm{d}\alpha'$.

于是, 为了计算 $\boldsymbol{OM}'$, 在涉及两个无限小角度 $\mathrm{d}\alpha$ 与 $\mathrm{d}\alpha'$ 中的任一个时, 我们只需分别取其一次方. 首先, 根据 (6) 式有:

$$\mathscr{R}_{\boldsymbol{e}_x}(-\mathrm{d}\alpha)\boldsymbol{OM}=\boldsymbol{OM}-\mathrm{d}\alpha\boldsymbol{e}_x\times\boldsymbol{OM} \tag{9}$$

然后将 $\mathscr{R}_{\boldsymbol{e}_y}(\mathrm{d}\alpha')$ 作用于这个矢量, 这需要再次应用公式 (6), 于是便有:

$$\begin{aligned}&\mathscr{R}_{\boldsymbol{e}_y}(\mathrm{d}\alpha')\mathscr{R}_{\boldsymbol{e}_x}(-\mathrm{d}\alpha)\boldsymbol{OM}\\&=(\boldsymbol{OM}-\mathrm{d}\alpha\boldsymbol{e}_x\times\boldsymbol{OM})+\mathrm{d}\alpha'\boldsymbol{e}_y\times(\boldsymbol{OM}-\mathrm{d}\alpha\boldsymbol{e}_x\times\boldsymbol{OM})\\&=\boldsymbol{OM}-\mathrm{d}\alpha\boldsymbol{e}_x\times\boldsymbol{OM}+\mathrm{d}\alpha'\boldsymbol{e}_y\times\boldsymbol{OM}-\mathrm{d}\alpha\mathrm{d}\alpha'\boldsymbol{e}_y\times(\boldsymbol{e}_x\times\boldsymbol{OM})\end{aligned} \tag{10}$$

[693] 将 $\mathscr{R}_{\boldsymbol{e}_x}(\mathrm{d}\alpha)$ 施行于 (10) 式右端的矢量, 归结为给这个矢量加上下列无限小项:

$$\mathrm{d}\alpha\boldsymbol{e}_x\times\boldsymbol{OM}+\mathrm{d}\alpha\mathrm{d}\alpha'\boldsymbol{e}_x\times(\boldsymbol{e}_y\times\boldsymbol{OM}) \tag{11}$$

这些项是这样得来的: 用 $\mathrm{d}\alpha\boldsymbol{e}_x$ 按矢量法则乘 (10) 式的右端, 并只保留 $\mathrm{d}\alpha$ 的一次项. 于是:

$$\begin{aligned}&\mathscr{R}_{\boldsymbol{e}_x}(\mathrm{d}\alpha)\mathscr{R}_{\boldsymbol{e}_y}(\mathrm{d}\alpha')\mathscr{R}_{\boldsymbol{e}_x}(-\mathrm{d}\alpha)\boldsymbol{OM}\\&=\boldsymbol{OM}+\mathrm{d}\alpha'\boldsymbol{e}_y\times\boldsymbol{OM}+\mathrm{d}\alpha\mathrm{d}\alpha'[\boldsymbol{e}_x\times(\boldsymbol{e}_y\times\boldsymbol{OM})-\boldsymbol{e}_y\times(\boldsymbol{e}_x\times\boldsymbol{OM})]\end{aligned} \tag{12}$$

最后, $\boldsymbol{OM}'$ 便等于刚才得到的这个矢量加上 $-\mathrm{d}\alpha'\boldsymbol{e}_y$ 与它的矢量积, 若只取 $\mathrm{d}\alpha'$ 的一次项, 便可将这个矢量积简单地写作:

$$-\mathrm{d}\alpha'\boldsymbol{e}_y\times\boldsymbol{OM} \tag{13}$$

于是得到:

$$\begin{aligned}&\mathscr{R}_{\boldsymbol{e}_y}(-\mathrm{d}\alpha')\mathscr{R}_{\boldsymbol{e}_x}(\mathrm{d}\alpha)\mathscr{R}_{\boldsymbol{e}_y}(\mathrm{d}\alpha')\mathscr{R}_{\boldsymbol{e}_x}(-\mathrm{d}\alpha)\boldsymbol{OM}\\&=\boldsymbol{OM}+\mathrm{d}\alpha\mathrm{d}\alpha'[\boldsymbol{e}_x\times(\boldsymbol{e}_y\times\boldsymbol{OM})-\boldsymbol{e}_y\times(\boldsymbol{e}_x\times\boldsymbol{OM})]\end{aligned} \tag{14}$$

式中的两重矢积易于变换而得到:

$$\begin{aligned}\mathscr{R}_{\boldsymbol{e}_y}(-\mathrm{d}\alpha')\mathscr{R}_{\boldsymbol{e}_x}(\mathrm{d}\alpha)\mathscr{R}_{\boldsymbol{e}_y}(\mathrm{d}\alpha')\mathscr{R}_{\boldsymbol{e}_x}(-\mathrm{d}\alpha)\boldsymbol{OM}&=\boldsymbol{OM}+\mathrm{d}\alpha\mathrm{d}\alpha'\boldsymbol{e}_z\times\boldsymbol{OM}\\&=\mathscr{R}_{\boldsymbol{e}_z}(\mathrm{d}\alpha\mathrm{d}\alpha')\boldsymbol{OM}\end{aligned} \tag{15}$$

这个式子对任意矢量 $\boldsymbol{OM}$ 都成立, 于是公式 (8) 得证.

3. 态空间中的旋转算符; 无自旋粒子的例子

在这一节里, 我们将考虑这样的物理体系, 即在三维空间中运动的一个无自旋粒子.

a. 旋转算符的存在性和定义

在一个确定的时刻,粒子的量子态是由态空间 $\mathscr{E}_{\boldsymbol{r}}$ 中的右矢 $|\psi\rangle$ 来描述的,与这个右矢相联系的波函数 $\psi(\boldsymbol{r})=\langle\boldsymbol{r}|\psi\rangle$. 我们对这个体系施行一个旋转 $\mathscr{R}$,这个旋转使得空间中的点 $\boldsymbol{r}_0'(x_0',y_0',z_0')$ 对应于点 $\boldsymbol{r}_0(x_0,y_0,z_0)$:

$$\boldsymbol{r}_0'=\mathscr{R}\boldsymbol{r}_0 \tag{16}$$

假设 $|\psi'\rangle$ 是旋转后体系的态矢量, $\psi'(\boldsymbol{r})=\langle\boldsymbol{r}|\psi'\rangle$ 是对应的波函数. 我们自然可以假设初态波函数 $\psi(\boldsymbol{r})$ 在点 $\boldsymbol{r}_0$ 处的值经旋转之后变为末态波函数 $\psi'(\boldsymbol{r})$ 在由 (16) 式所确定的点 $\boldsymbol{r}_0'$ 处的值, 即

$$\psi'(\boldsymbol{r}_0')=\psi(\boldsymbol{r}_0) \tag{17}$$

亦即

$$\psi'(\boldsymbol{r}_0')=\psi(\mathscr{R}^{-1}\boldsymbol{r}_0') \tag{18}$$

由于这个等式对空间的任意点 $\boldsymbol{r}_0'$ 都能成立, 因此, 可将它写成下列形式 [694]

$$\psi'(\boldsymbol{r})=\psi(\mathscr{R}^{-1}\boldsymbol{r}) \tag{19}$$

我们定义: 在态空间 $\mathscr{E}_{\boldsymbol{r}}$ 中与上面所指的几何旋转 $\mathscr{R}$ 相联系的算符 R 是这样一个算符, 将它作用在实施旋转前的态矢量 $|\psi\rangle$ 上便给出旋转 $\mathscr{R}$ 后的态矢量 $|\psi'\rangle$, 即

$$|\psi'\rangle=R|\psi\rangle \tag{20}$$

我们称 R 为"旋转算符".(19) 式表示这个算符在 $\{|\boldsymbol{r}\rangle\}$ 表象中的作用:

$$\langle\boldsymbol{r}|R|\psi\rangle=\langle\mathscr{R}^{-1}\boldsymbol{r}|\psi\rangle \tag{21}$$

式中 $|\mathscr{R}^{-1}\boldsymbol{r}\rangle$ 是这个表象中的基右矢, 由矢量 $\mathscr{R}^{-1}\boldsymbol{r}$ 的诸分量所确定.

附注:

旋转之后, 粒子的态也许不是 $|\psi'\rangle$ 而是 $\mathrm{e}^{\mathrm{i}\theta}|\psi'\rangle$ (θ 为任意实数), 粒子的物理性质并不因此而有所改变. 换句话说, (17) 式可以代之以下式:

$$\psi'(\boldsymbol{r}_0')=\mathrm{e}^{\mathrm{i}\theta}\psi(\boldsymbol{r}_0) \tag{22}$$

θ 显然与 $\boldsymbol{r}_0$ 无关, 但可能与所指的旋转 $\mathscr{R}$ 有关; 在这里, 我们不讨论这个困难.

b. 旋转算符 R 的性质

α. R 是一个线性算符

旋转算符的这个基本性质直接来自它的定义. 实际上, 如果旋转前的态 $|\psi\rangle$ 是若干个态的线性叠加, 例如:

$$|\psi\rangle = \lambda_1|\psi_1\rangle + \lambda_2|\psi_2\rangle \tag{23}$$

则由公式 (21) 可知:

$$\begin{aligned}\langle \boldsymbol{r}|R|\psi\rangle &= \lambda_1\langle \mathscr{R}^{-1}\boldsymbol{r}|\psi_1\rangle + \lambda_2\langle \mathscr{R}^{-1}\boldsymbol{r}|\psi_2\rangle \\ &= \lambda_1\langle \boldsymbol{r}|R|\psi_1\rangle + \lambda_2\langle \boldsymbol{r}|R|\psi_2\rangle\end{aligned} \tag{24}$$

对于基 $\{|\boldsymbol{r}\rangle\}$ 中的任意右矢, 这个等式都成立, 由此可知 R 是一个线性算符:

$$R|\psi\rangle = R[\lambda_1|\psi_1\rangle + \lambda_2|\psi_2\rangle] = \lambda_1 R|\psi_1\rangle + \lambda_2 R|\psi_2\rangle \tag{25}$$

β. R 是幺正算符

在公式 (21) 中, 右矢 $|\psi\rangle$ 可以是任意的, 因此, 算符 R 对左矢 $\langle \boldsymbol{r}|$ 的作用由下式确定:

$$\langle \boldsymbol{r}|R = \langle \mathscr{R}^{-1}\boldsymbol{r}| \tag{26}$$

[695] 取 (26) 式两端的厄米共轭式, 便得到:

$$R^\dagger|\boldsymbol{r}\rangle = |\mathscr{R}^{-1}\boldsymbol{r}\rangle \tag{27}$$

此外, 如果我们回想起右矢 $|\boldsymbol{r}\rangle$ 所表示的态就是粒子完全定域在点 $\boldsymbol{r}$ 处的态, 便可看出:

$$R|\boldsymbol{r}\rangle = |\mathscr{R}\boldsymbol{r}\rangle \tag{28}$$

这个等式仅仅表示: 如果粒子在旋转前位于点 $\boldsymbol{r}$ 处, 则旋转后它将位于点 $\boldsymbol{r}' = \mathscr{R}\boldsymbol{r}$ 处. 为了利用公式 (21) 来建立 (28) 式, 我们将 $|\psi\rangle$ 取作由基矢 $|\boldsymbol{r}_0\rangle$ 所表示的态, 并且应用基 $\{|\boldsymbol{r}\rangle\}$ 的正交归一关系式, 便有:

$$\langle \boldsymbol{r}|R|\boldsymbol{r}_0\rangle = \langle \mathscr{R}^{-1}\boldsymbol{r}|\boldsymbol{r}_0\rangle = \delta[(\mathscr{R}^{-1}\boldsymbol{r}) - \boldsymbol{r}_0] \tag{29}$$

此外, 我们又有①:

$$\delta[(\mathscr{R}^{-1}\boldsymbol{r}) - \boldsymbol{r}_0] = \delta[\boldsymbol{r} - (\mathscr{R}\boldsymbol{r}_0)] \tag{30}$$

①根据 δ 函数的定义并利用无限小体积元在旋转中的不变性, 就很容易证明 (30) 式.

将 (30) 式代入 (29) 式, 我们便得到:

$$\langle \boldsymbol{r}|R|\boldsymbol{r}_0\rangle = \delta[\boldsymbol{r} - (\mathscr{R}\boldsymbol{r}_0)] = \langle \boldsymbol{r}|\mathscr{R}\boldsymbol{r}_0\rangle \tag{31}$$

因为 $\{|\boldsymbol{r}\rangle\}$ 是空间 $\mathscr{E}_{\boldsymbol{r}}$ 中的一个基, 故又可将此式写作:

$$R|\boldsymbol{r}_0\rangle = |\mathscr{R}\boldsymbol{r}_0\rangle \tag{32}$$

从 (27) 式与 (28) 式出发, 我们很容易证明:

$$RR^\dagger = R^\dagger R = 1 \tag{33}$$

实际上, 将 $RR^\dagger$ 或 $R^\dagger R$ 作用在基 $\{|\boldsymbol{r}\rangle\}$ 中的任意矢量上, 结果还是该矢量; 例如:

$$RR^\dagger|\boldsymbol{r}\rangle = R|\mathscr{R}^{-1}\boldsymbol{r}\rangle = |\mathscr{R}\mathscr{R}^{-1}\boldsymbol{r}\rangle = |\boldsymbol{r}\rangle \tag{34}$$

可见 R 是幺正算符.

附注:

算符 R 使标量积和受它作用的矢量之模保持不变:

$$\left.\begin{array}{l}|\psi'\rangle = R|\psi\rangle \\ |\varphi'\rangle = R|\varphi\rangle\end{array}\right\} \Longrightarrow \langle\varphi'|\psi'\rangle = \langle\varphi|\psi\rangle \tag{35}$$

从物理上看, 这个性质是十分重要的, 这是因为, 给出物理预言的概率幅具有两右矢标量积的形式.

γ. 算符 R 的集合构成一个旋转群表示 [696]

我们曾指出 (§2), 几何旋转构成一个群, 特别地, 两个旋转 $\mathscr{R}_1$ 与 $\mathscr{R}_2$ 的乘积仍是一个旋转:

$$\mathscr{R}_2\mathscr{R}_1 = \mathscr{R}_3 \tag{36}$$

对于三个几何旋转 $\mathscr{R}_1, \mathscr{R}_2$ 及 $\mathscr{R}_3$, 在态空间 $\mathscr{E}_{\boldsymbol{r}}$ 中有三个旋转算符 R_1, R_2 及 R_3 分别和它们相联系. 如果这三个几何旋转满足 (36) 式, 我们就可以证明, 对应的算符应该满足关系:

$$R_2R_1 = R_3 \tag{37}$$

(这里的 R_2R_1 是空间 $\mathscr{E}_{\boldsymbol{r}}$ 中的算符之积, 如我们在第二章 §B–3–a 中曾定义过的那样).

我们来讨论一个粒子, 它的态由 $\{|\boldsymbol{r}\rangle\}$ 表象中的任意基右矢 $|\boldsymbol{r}\rangle$ 所描述. 如果我们对此粒子施行旋转 $\mathscr{R}_1$, 则根据 R_1 的定义, 它的态变为:

$$R_1|\boldsymbol{r}\rangle = |\mathscr{R}_1\boldsymbol{r}\rangle \tag{38}$$

从刚才得到的这个新态出发, 接着施行旋转 $\mathscr{R}_2$, 根据 (38) 式及 R_2 的定义, 经过第二个旋转, 粒子的态将是:

$$R_2R_1|\boldsymbol{r}\rangle = R_2|\mathscr{R}_1\boldsymbol{r}\rangle = |\mathscr{R}_2\mathscr{R}_1\boldsymbol{r}\rangle \tag{39}$$

如果注意到 (36) 式, 便可看出 (39) 式等价于:

$$R_2R_1|\boldsymbol{r}\rangle = |\mathscr{R}_3\boldsymbol{r}\rangle \tag{40}$$

但是, 与旋转 $\mathscr{R}_3$ 相联系的算符 R_3 应符合下式:

$$R_3|\boldsymbol{r}\rangle = |\mathscr{R}_3\boldsymbol{r}\rangle \tag{41}$$

由于右矢 $|\boldsymbol{r}\rangle$ 可以在基 $\{|\boldsymbol{r}\rangle\}$ 中任意选择, 于是我们便证明了 (37) 式.

为了表述刚才得到的这一重要结果, 我们说几何旋转与旋转算符间的对应关系 $\mathscr{R} \Longrightarrow R$ 保持群的规律不变, 或者说, 算符 R 的集合构成旋转群的一个 "表示". 当然, 与恒等旋转相联系的是空间 $\mathscr{E}_{\boldsymbol{r}}$ 中的恒等算符, 与旋转 $\mathscr{R}$ 的逆旋转 $\mathscr{R}^{-1}$ 相联系的是与 $\mathscr{R}$ 对应的算符的逆算符 R^{-1} (在 §3–b–β 中, 我们已经证明 $R^{-1} = R^\dagger$).

c. 通过角动量的观察算符来表示旋转算符

α. 无限小旋转算符

我们首先考虑围绕 Oz 轴的无限小旋转 $\mathscr{R}_{\boldsymbol{e}_z}(\mathrm{d}\alpha)$. 如果将这个旋转施于其状态由波函数 $\psi(\boldsymbol{r})$ 所描述的粒子, 那么, 根据 (19) 式, 我们知道, 与旋转之后粒子的态相联系的波函数 $\psi'(\boldsymbol{r})$ 应满足:

[697]

$$\psi'(\boldsymbol{r}) = \psi[\mathscr{R}_{e_z}^{-1}(\mathrm{d}\alpha)\boldsymbol{r}] \tag{42}$$

如果 $\boldsymbol{r}$ 的分量为 (x, y, z), 则 $\mathscr{R}_{e_z}^{-1}(\mathrm{d}\alpha)\boldsymbol{r}$ 的诸分量很容易用 (6) 式算出:

$$\mathscr{R}_{\boldsymbol{e}_z}^{-1}(\mathrm{d}\alpha)\boldsymbol{r} = \mathscr{R}_{-\boldsymbol{e}_z}(\mathrm{d}\alpha)\boldsymbol{r} = (\boldsymbol{r} - \mathrm{d}\alpha\boldsymbol{e}_z \times \boldsymbol{r})\begin{cases} x + y\mathrm{d}\alpha \\ y - x\mathrm{d}\alpha \\ z \end{cases} \tag{43}$$

于是我们可将方程 (42) 写成下列形式:

$$\psi'(x, y, z) = \psi(x + y\mathrm{d}\alpha, y - x\mathrm{d}\alpha, z) \tag{44}$$

由此可以导出 (只限于 $\mathrm{d}\alpha$ 的一次方):

$$\begin{aligned}\psi'(x, y, z) &= \psi(x, y, z) + \mathrm{d}\alpha\left[y\frac{\partial\psi}{\partial x} - x\frac{\partial\psi}{\partial y}\right] \\ &= \psi(x, y, z) - \mathrm{d}\alpha\left[x\frac{\partial}{\partial y} - y\frac{\partial}{\partial x}\right]\psi(x, y, z)\end{aligned} \tag{45}$$

不难看出, 括号里面的式子, 除了缺一个因子 $\hbar/\mathrm{i}$ 以外, 就是算符 $L_z = XP_y - YP_x$ 在 $\{|\boldsymbol{r}\rangle\}$ 表象中的表示式. 于是我们得到下面的结果:

$$\psi'(\boldsymbol{r}) = \langle\boldsymbol{r}|\psi'\rangle = \langle\boldsymbol{r}|\left(1 - \frac{\mathrm{i}}{\hbar}\mathrm{d}\alpha L_z\right)|\psi\rangle \tag{46}$$

但是, 根据与旋转 $\mathscr{R}_{\boldsymbol{e}_z}(\mathrm{d}\alpha)$ 相联系的算符 $R_{\boldsymbol{e}_z}(\mathrm{d}\alpha)$ 的定义, 又有:

$$|\psi'\rangle = R_{\boldsymbol{e}_z}(\mathrm{d}\alpha)|\psi\rangle \tag{47}$$

由于初态 $|\psi\rangle$ 是任意的, 因此我们最后得到:

$$\boxed{R_{\boldsymbol{e}_z}(\mathrm{d}\alpha) = 1 - \frac{\mathrm{i}}{\hbar}\mathrm{d}\alpha L_z} \tag{48}$$

上面的推证很容易推广到围绕任意轴的无限小旋转; 从而, 在一般情况下, 我们有:

$$\boxed{R_{\boldsymbol{u}}(\mathrm{d}\alpha) = 1 - \frac{\mathrm{i}}{\hbar}\mathrm{d}\alpha \boldsymbol{L}\cdot\boldsymbol{u}} \tag{49}$$

附注:

利用球坐标 (r,θ,φ), 也很容易建立 (46) 式, 因为 L_z 相当于一个微分算符 $\dfrac{\hbar}{\mathrm{i}}\dfrac{\partial}{\partial\varphi}$.

β. 角动量 $\boldsymbol{L}$ 的诸分量之间的对易关系的意义 [698]

现在我们要问: (8) 式在态空间 $\mathscr{E}_{\boldsymbol{r}}$ 中应具有什么样的 "像"? 根据 §3-b-γ 的结果以及我们刚才得到的公式, (8) 式相当于 (只取角度 $\mathrm{d}\alpha$ 与 $\mathrm{d}\alpha'$ 的一次方):

$$\left[1 + \frac{\mathrm{i}}{\hbar}\mathrm{d}\alpha' L_y\right]\left[1 - \frac{\mathrm{i}}{\hbar}\mathrm{d}\alpha L_x\right]\left[1 - \frac{\mathrm{i}}{\hbar}\mathrm{d}\alpha' L_y\right]\left[1 + \frac{\mathrm{i}}{\hbar}\mathrm{d}\alpha L_x\right] = 1 - \frac{\mathrm{i}}{\hbar}\mathrm{d}\alpha\mathrm{d}\alpha' L_z \tag{50}$$

展开此式的左端并令两端的 $\mathrm{d}\alpha\mathrm{d}\alpha'$ 项的系数相等, 很容易看出 (50) 式变为:

$$[L_x, L_y] = \mathrm{i}\hbar L_z \tag{51}$$

在 (8) 式中循环置换矢量 $\boldsymbol{e}_x, \boldsymbol{e}_y$ 和 $\boldsymbol{e}_z$, 并从如此得到的公式出发, 用同样的方法, 当然也可导出 $\boldsymbol{L}$ 的诸分量之间的另外两个对易关系式.

于是, 一个粒子的轨道角动量的对易关系式可以看成是几何旋转群的非对易性结构的结果.

γ. 有限旋转算符

现在, 我们来考虑围绕 Oz 轴转过任意角度 α 的一个旋转 $\mathscr{R}_{\boldsymbol{e}_z}(\alpha)$. 根据公式 (17), 与这样的旋转相联系的算符 $R_{\boldsymbol{e}_z}(\alpha)$ 应该满足下列关系 (我们再次利用 §3–b–γ 中的结果):

$$R_{\boldsymbol{e}_z}(\alpha+\mathrm{d}\alpha)=R_{\boldsymbol{e}_z}(\alpha)R_{\boldsymbol{e}_z}(\mathrm{d}\alpha) \tag{52}$$

此式右端的两个算符是可以对易的. 现在, 我们已知 $R_{\boldsymbol{e}_z}(\mathrm{d}\alpha)$ 的表示式, 于是有:

$$R_{\boldsymbol{e}_z}(\alpha+\mathrm{d}\alpha)=R_{\boldsymbol{e}_z}(\alpha)\left[1-\frac{\mathrm{i}}{\hbar}\mathrm{d}\alpha L_z\right] \tag{53}$$

此式也就是

$$R_{\boldsymbol{e}_z}(\alpha+\mathrm{d}\alpha)-R_{\boldsymbol{e}_z}(\alpha)=-\frac{\mathrm{i}}{\hbar}\mathrm{d}\alpha R_{\boldsymbol{e}_z}(\alpha)L_z \tag{54}$$

在这里, $R_{\boldsymbol{e}_z}(\alpha)$ 和 L_z 也必须是可对易的.(54) 式虽是算符的方程, 但形式上我们可将它当作关于变量 α 的函数的方程来求解, 从而有:

$$\boxed{R_{\boldsymbol{e}_z}(\alpha)=\mathrm{e}^{-\frac{\mathrm{i}}{\hbar}\alpha L_z}} \tag{55}$$

事实上, 如果我们回想起 (参看补充材料 $\mathrm{B_{II}}$ 的 §4) 一个算符的指数函数是由对应的幂级数来定义的, 就很容易证明, (55) 式确为方程 (54) 的解. 此外,"积分常数" 应该等于 1, 因为我们知道:

$$R_{\boldsymbol{e}_z}(0)=1 \tag{56}$$

[699] 正如在 §3–c–α 中那样, 很容易将上面的结果推广到围绕任意轴的有限旋转, 而有:

$$\boxed{R_{\boldsymbol{u}}(\alpha)=\mathrm{e}^{-\frac{\mathrm{i}}{\hbar}\alpha\boldsymbol{L}\cdot\boldsymbol{u}}} \tag{57}$$

附注:

(i) 公式 (57) 可以明显地写成下列形式:

$$R_{\boldsymbol{u}}(\alpha)=\mathrm{e}^{-\frac{\mathrm{i}}{\hbar}\alpha(L_xu_x+L_yu_y+L_zu_z)} \tag{58}$$

式中 u_x,u_y 及 u_z 是单位矢 $\boldsymbol{u}$ 的分量. 但是, 我们要注意, 由于 L_x,L_y,L_z 是彼此不可对易的, 故

$$R_{\boldsymbol{u}}(\alpha)\neq\mathrm{e}^{-\frac{\mathrm{i}}{\hbar}\alpha L_xu_x}\cdot\mathrm{e}^{-\frac{\mathrm{i}}{\hbar}\alpha L_yu_y}\cdot\mathrm{e}^{-\frac{\mathrm{i}}{\hbar}\alpha L_zu_z} \tag{59}$$

(ii) 利用 (57) 式, 可以证实 $R_{\boldsymbol{u}}(\alpha)$ 是一个幺正算符. 事实上, 由于 $\boldsymbol{L}$ 的诸分量都是厄米算符, 故有:

$$[R_{\boldsymbol{u}}(\alpha)]^{\dagger}=\mathrm{e}^{\frac{\mathrm{i}}{\hbar}\alpha\boldsymbol{L}\cdot\boldsymbol{u}} \tag{60}$$

由此可以推知 ($\boldsymbol{L}\cdot\boldsymbol{u}$ 显然与其自身对易):

$$[R_{\boldsymbol{u}}(\alpha)]^{\dagger}R_{\boldsymbol{u}}(\alpha)=R_{\boldsymbol{u}}(\alpha)[R_{\boldsymbol{u}}(\alpha)]^{\dagger}=1 \tag{61}$$

(iii) 在本节所研究的特殊情况下, 可以推知:

$$R_{\boldsymbol{u}}(2\pi)=1 \tag{62}$$

我们只就围绕 Oz 轴转过角度 2π 的情况来证明这个式子 (不难将这个证明推广到一般情况). 为此, 我们来考虑一个任意的右矢 $|\psi\rangle$, 并以观察算符 L_z 的本征矢为基将这个右矢展开, 即:

$$|\psi\rangle=\sum_{m,\tau}c_{m,\tau}|m,\tau\rangle \tag{63}$$

其中 $|m,\tau\rangle$ 满足下列关系:

$$L_z|m,\tau\rangle=m\hbar|m,\tau\rangle \tag{64}$$

(τ 用来表示为了确定所用的基矢所需的除 m 而外的那些指标; 例如, 这个基可以是我们在第六章 §C–3 中引入的 "标准基"$\{|k,l,m\rangle\}$). 算符 $R_{\boldsymbol{e}_z}(\alpha)$ 对 $|\psi\rangle$ 的作用立即给出:

$$\begin{aligned}R_{\boldsymbol{e}_z}(\alpha)|\psi\rangle&=\sum_{m,\tau}c_{m,\tau}\mathrm{e}^{-\frac{\mathrm{i}}{\hbar}\alpha L_z}|m,\tau\rangle\\&=\sum_{m,\tau}c_{m,\tau}\mathrm{e}^{-\mathrm{i}\alpha m}|m,\tau\rangle\end{aligned} \tag{65}$$

但是我们知道, 对于一个粒子的轨道角动量来说, m 恒为整数. 因此, 当 α [700]
的数值等于 2π 时, 所有的因子 $\mathrm{e}^{-\mathrm{i}\alpha m}$ 都变为 1, 从而

$$R_{\boldsymbol{e}_z}(2\pi)|\psi\rangle=\sum_{m,\tau}c_{m,\tau}|m,\tau\rangle=|\psi\rangle \tag{66}$$

这个等式对任意的 $|\psi\rangle$ 都成立, 于是我们推知 $R_{\boldsymbol{e}_z}(2\pi)$ 是一个恒等算符.

上面的推理明显指出: 如果不排除 m 取半整数的情况, 公式 (62) 就不能成立. 实际上, 在补充材料 A_{IX} 中我们将会看到, 对于自旋 1/2, 与转角为 2π 的旋转相联系的算符等于 -1 而不等于 1; 这个结果与下述事实有关: 我们是从无限小旋转出发来构成有限旋转的 (参看 §2–b 中的脚注).

4. 任意体系的态空间中的旋转算符

现在我们要将在 §3 的特殊情况下所引入的那些概念及已经得到的那些结果推广到任意的体系.

a. 多个无自旋粒子构成的体系

首先, 我们不难将 §3 中的论证扩展到多个无自旋粒子构成的体系. 我们以含有两个无自旋粒子 (1) 和 (2) 的体系为例, 立即来证实这一点.

这个体系的态空间 $\mathscr{E}$ 是两个粒子的态空间 $\mathscr{E}_{\boldsymbol{r}_1}$ 和 $\mathscr{E}_{\boldsymbol{r}_2}$ 的张量积:

$$\mathscr{E} = \mathscr{E}_{\boldsymbol{r}_1} \otimes \mathscr{E}_{\boldsymbol{r}_2} \tag{67}$$

下面所用的符号和第二章 §F–4–b 中的相同. 利用位置观察算符和动量观察算符 (对一个粒子有 $\boldsymbol{R}_1, \boldsymbol{P}_1$; 对另一个粒子有 $\boldsymbol{R}_2, \boldsymbol{P}_2$), 我们可以给每一个粒子定义一个轨道角动量:

$$\begin{aligned} \boldsymbol{L}_1 &= \boldsymbol{R}_1 \times \boldsymbol{P}_1 \\ \boldsymbol{L}_2 &= \boldsymbol{R}_2 \times \boldsymbol{P}_2 \end{aligned} \tag{68}$$

$\boldsymbol{L}_1$ 与 $\boldsymbol{L}_2$ 的诸分量都满足角动量的特征对易关系式.

我们来考虑由 $\mathscr{E}_{\boldsymbol{r}_1}$ 中的一个矢量和 $\mathscr{E}_{\boldsymbol{r}_2}$ 中的一个矢量构成的张量积矢量:

$$|\psi\rangle = |\varphi(1)\rangle \otimes |\chi(2)\rangle \tag{69}$$

$|\psi\rangle$ 表示由处在态 $|\varphi(1)\rangle$ 的粒子 (1) 和处在态 $|\chi(2)\rangle$ 的粒子 (2) 所组成的体系的态. 如果我们对这个二粒子体系施行一个围绕 $\boldsymbol{u}$ 轴的角度为 α 的旋转, 则旋转后两个粒子分别处于 "旋后态" $|\varphi'(1)\rangle$ 与 $|\chi'(2)\rangle$, 故体系的态变为:

[701]
$$|\psi'\rangle = |\varphi_1'(1)\rangle \otimes |\chi'(2)\rangle = [R_{\boldsymbol{u}}^1(\alpha)|\varphi(1)\rangle] \otimes [R_{\boldsymbol{u}}^2(\alpha)|\chi(2)\rangle] \tag{70}$$

这里的 $R_{\boldsymbol{u}}^1$ 与 $R_{\boldsymbol{u}}^2$ 是空间 $\mathscr{E}_{\boldsymbol{r}_1}$ 与 $\mathscr{E}_{\boldsymbol{r}_2}$ 中的旋转算符, 即:

$$R_{\boldsymbol{u}}^1(\alpha) = \mathrm{e}^{-\frac{\mathrm{i}}{\hbar}\alpha \boldsymbol{L}_1\cdot\boldsymbol{u}} \tag{71–a}$$

$$R_{\boldsymbol{u}}^2(\alpha) = \mathrm{e}^{-\frac{\mathrm{i}}{\hbar}\alpha \boldsymbol{L}_2\cdot\boldsymbol{u}} \tag{71–b}$$

根据两个算符的张量积的定义 (第二章 §F–2–b), (70) 式还可写作:

$$|\psi'\rangle = [R_{\boldsymbol{u}}^1(\alpha) \otimes R_{\boldsymbol{u}}^2(\alpha)]|\varphi(1)\rangle \otimes |\chi(2)\rangle \tag{72}$$

由于空间 $\mathscr{E}$ 中的一切矢量都是形如 (69) 式的诸张量积的线性组合, 故空间 $\mathscr{E}$ 中的任意矢量 $|\psi\rangle$ 经旋转后而变成的矢量 $|\psi'\rangle$ 可以写作:

$$|\psi'\rangle = [R_{\boldsymbol{u}}^1(\alpha) \otimes R_{\boldsymbol{u}}^2(\alpha)]|\psi\rangle \tag{73}$$

利用第二章的公式 (F–14) 并注意 $\boldsymbol{L}_1$ 与 $\boldsymbol{L}_2$ 是可对易的 (两者是不同粒子的算符), 便得到空间 $\mathscr{E}$ 中的旋转算符:

$$R_{\boldsymbol{u}}^1(\alpha) \otimes R_{\boldsymbol{u}}^2(\alpha) = \mathrm{e}^{-\frac{\mathrm{i}}{\hbar}\alpha \boldsymbol{L}_1\cdot\boldsymbol{u}}\mathrm{e}^{-\frac{\mathrm{i}}{\hbar}\alpha \boldsymbol{L}_2\cdot\boldsymbol{u}} = \mathrm{e}^{-\frac{\mathrm{i}}{\hbar}\alpha \boldsymbol{L}\cdot\boldsymbol{u}} \tag{74}$$

其中

$$\boldsymbol{L} = \boldsymbol{L}_1 + \boldsymbol{L}_2 \tag{75}$$

是二粒子体系的总角动量.由此可见,在前节的所有公式中, 只要 $\boldsymbol{L}$ 表示总角动量, 这些公式现在也都能成立.

附注:

(i) $\boldsymbol{L}$ 是在空间 $\mathscr{E}$ 中起作用的算符. 严格说来, (75) 式的 $\boldsymbol{L}_1$ 应是在空间 $\mathscr{E}_{\boldsymbol{r}_1}$ 中起作用的算符 $\boldsymbol{L}_1$ 在空间 $\mathscr{E}$ 中的延伸 (对于 $\boldsymbol{L}_2$ 也应附上类似的注解). 为了简化符号, 我们用同一个符号来表示 $\boldsymbol{L}_1$ 及其在空间 $\mathscr{E}$ 中的延伸 (参看第二章的 §F–2–c).

(ii) 我们也可以设想只对两粒子中的某一个 [例如, 粒子 (1)] 施行一个旋转. 经过这个 "部分旋转", 形如 (69) 式的矢量将被变换为:

$$[R^1_{\boldsymbol{u}}(\alpha)|\varphi(1)\rangle] \otimes |\chi(2)\rangle \tag{76}$$

在这里, 只有粒子 (1) 的态发生变化. 和上面相似, 我们可以证明, 只施行于粒子 (1) 的一个旋转对空间 $\mathscr{E}$ 中的任意态 $|\psi\rangle$ 的影响可用下列算符来描述:

$$R^1_{\boldsymbol{u}}(\alpha) \otimes \mathbb{1}(2) = \mathrm{e}^{-\frac{\mathrm{i}}{\hbar}\alpha \boldsymbol{L}_1 \cdot \boldsymbol{u}} \tag{77}$$

式中的 $\mathbb{1}$ 是空间 $\mathscr{E}_{\boldsymbol{r}_2}$ 中的恒等算符 [(77) 式中的 $\boldsymbol{L}_1$ 则在空间 $\mathscr{E}$ 中起作用].

b. 任意体系 [702]

到现在为止, 已经建立的理论都是以公式 (19) 为起点的, 它给出从体系波函数的变换规律出发得到态矢量的变换规律. 对于一个任意的量子体系 (它不一定有经典类比), 我们就不能使用同样的方法了; 例如, 对于一个有自旋的粒子, X、Y 和 Z 不再构成一个 ECOC, 粒子的态也不再能由波函数 $\psi(x, y, z)$ 确定 (参看第九章). 于是我们必须在体系的态空间 $\mathscr{E}$ 中直接进行推证. 在这里, 撇开细节不谈, 我们直接假定: 对于每一个几何旋转 $\mathscr{R}$, 都可以给它联系上一个在空间 $\mathscr{E}$ 中起作用的算符 R; 如果体系的初态是 $|\psi\rangle$, 则旋转 $\mathscr{R}$ 将使它进入态

$$|\psi'\rangle = R|\psi\rangle \tag{78}$$

式中 R 是一个线性幺正算符 (参看 §3–b–β 的附注).

至于旋转 $\mathscr{R}$ 的群的规律, 则仍然为算符 R 所保持, 但只是局部地保持; 这就是说, 两个几何旋转 (其中至少有一个是无限小旋转) 的乘积在态空间 $\mathscr{E}$ 中由对应算符 R 的乘积来表示 (特别地, 这意味着转角为零的旋转的 "像" 是恒

等算符); 但是, 与转角为 2π 的几何旋转相联系的算符不一定是恒等算符 [参看 §3–c–γ 的附注 (iii) 及补充材料 A_{IX}].

现在我们来考虑围绕 Oz 轴的一个无限小旋转 $\mathscr{R}_{\boldsymbol{e}_z}(\mathrm{d}\alpha)$. 由于群的规律对无限小旋转仍然成立, 算符 $R_{\boldsymbol{e}_z}(\mathrm{d}\alpha)$ 一定具有下列形式:

$$R_{\boldsymbol{e}_z}(\mathrm{d}\alpha)=1-\frac{\mathrm{i}}{\hbar}\mathrm{d}\alpha J_z \tag{79}$$

式中 J_z 是一厄米算符, 因为算符 $R_{\boldsymbol{e}_z}(\mathrm{d}\alpha)$ 是幺正的 (参看补充材料 C_{II} 的 §3); 这个等式就是 J_z 的定义. 按同样的方式, 利用围绕 Ox 轴及 Oy 轴的无限小旋转, 我们还可以引入厄米算符 J_x 及 J_y; 体系的总角动量 $\boldsymbol{J}$ 则由它的三个分量 J_x、J_y、J_z 来定义.

现在, 我们可以再次进行 §3–c–β 的论证: 由几何关系式 (8) 可以推知, $\boldsymbol{J}$ 的诸分量所满足的对易关系式与轨道角动量所满足的完全相同. 由此可见: 任何一个量子体系的总角动量都与对应的旋转算符相联系; 由此即可直接导出角动量的诸分量之间的对易关系式; 于是, 就像在第六章 (§B–2) 中做过的那样, 我们可以利用这些对易关系式来定义任何一个角动量.

最后我们指出, 像刚才指出的那样定义了 J_x, J_y 和 J_z, 我们便可将与任意无限小旋转相联系的算符 $R_{\boldsymbol{u}}(\mathrm{d}\alpha)$ 写作:

$$R_{\boldsymbol{u}}(\mathrm{d}\alpha)=1-\frac{\mathrm{i}}{\hbar}\mathrm{d}\alpha(J_x u_x+J_y u_y+J_z u_z) \tag{80}$$

其中 u_x、u_y、u_z 是单位矢 $\boldsymbol{u}$ 的分量. 此式还可简写为下列形式

$$R_{\boldsymbol{u}}(\mathrm{d}\alpha)=1-\frac{\mathrm{i}}{\hbar}\mathrm{d}\alpha\boldsymbol{J}\cdot\boldsymbol{u} \tag{81}$$

[703] 其实, 公式 (80) 不过是下述准确到 $\mathrm{d}\alpha$ 的一次方时能成立的几何关系式

$$\mathscr{R}_{\boldsymbol{u}}(\mathrm{d}\alpha)=\mathscr{R}_{\boldsymbol{e}_x}(u_x\mathrm{d}\alpha)\mathscr{R}_{\boldsymbol{e}_y}(u_y\mathrm{d}\alpha)\mathscr{R}_{\boldsymbol{e}_z}(u_z\mathrm{d}\alpha) \tag{82}$$

的推论; 而这个关系式可以直接得自公式 (6).

这样一来, 我们便推广了无限小旋转算符的表示式 (48) 和 (49). 由于群的规律仍然局部地成立 (参看上面的说明), 等式 (52) 及由此得到的推论仍保持有效, 因此, 有限旋转算符具有类似于 (55) 式与 (57) 式的表示式:

$$R_{\boldsymbol{u}}(\alpha)=\mathrm{e}^{-\frac{\mathrm{i}}{\hbar}\alpha\boldsymbol{J}\cdot\boldsymbol{u}} \tag{83}$$

5. 可观察量的旋转

现在我们已经知道, 在旋转的影响下, 量子体系的态矢量是怎样变换的. 但是在量子力学中, 体系的态与物理量是用独立的方式来描述的. 因此, 我们将说明旋转时可观察量怎样变换.

a. 一般的变换规律

我们来考虑和某一物理体系相关联的可观察量 A. 为简化符号起见, 我们假设 A 具有非简并的离散谱:

$$A|u_n\rangle = a_n|u_n\rangle \tag{84}$$

为了理解旋转对这个可观察量的影响, 我们设想已制成一种仪器, 可用它来测量所研究物理体系的可观察量 A. 于是, 按定义, 由 A 经过几何旋转 $\mathscr{R}$ 变换成的可观察量 A', 就是仪器经历旋转 $\mathscr{R}$ 时所测得的量.

假设体系处于观察算符 A 的本征态 $|u_n\rangle$, 那么, 用来对该体系测量 A 的仪器给出的结果一定是 a_n. 但在刚要进行测量之前, 我们对物理体系, 同时也对测量仪器施行一个旋转 $\mathscr{R}$, 而两者的相对位置则无变化. 这样一来, 如果所考虑的那个观察算符 A 所描述的物理量仅仅属于我们刚刚旋转过的那个体系 (也就是说, 与其他我们没有旋转的体系或仪器无关), 那么, 处于新位置上的测量仪器仍将确切地给出同一结果 a_n. 但旋转之后, 按定义, 仪器测量的是 A', 而体系的态则是:

$$|u_n'\rangle = R|u_n\rangle \tag{85}$$

于是我们应有:

$$A|u_n\rangle = a_n|u_n\rangle \Longrightarrow A'|u_n'\rangle = a_n|u_n'\rangle \tag{86}$$

将 (85) 式和 (86) 式结合起来, 则得:

$$A'R|u_n\rangle = a_nR|u_n\rangle \tag{87}$$

这也就是: [704]

$$R^\dagger A'R|u_n\rangle = a_n|u_n\rangle \tag{88}$$

这是因为 R 的逆算符就是 $R^\dagger$. 由于矢量 $|u_n\rangle$ 的集合构成态空间的一个基 (注意 A 是一个观察算符), 于是我们有:

$$R^\dagger A'R = A \tag{89}$$

也就是说

$$\boxed{A' = RAR^\dagger} \tag{90}$$

在无限小旋转 $\mathscr{R}_{\boldsymbol{u}}(\mathrm{d}\alpha)$ 的特殊情况下, 将一般表示式 (81) 代入 (90) 式, 便得到 (对于 $\mathrm{d}\alpha$ 的一次方):

$$\begin{aligned} A' &= \left(1 - \frac{\mathrm{i}}{\hbar}\mathrm{d}\alpha\boldsymbol{J}\cdot\boldsymbol{u}\right)A\left(1 + \frac{\mathrm{i}}{\hbar}\mathrm{d}\alpha\boldsymbol{J}\cdot\boldsymbol{u}\right) \\ &= A - \frac{\mathrm{i}}{\hbar}\mathrm{d}\alpha[\boldsymbol{J}\cdot\boldsymbol{u}, A] \end{aligned} \tag{91}$$

附注:

(i) 在一个无自旋粒子的情况下, 由 (90) 式可以推知:

$$\langle \boldsymbol{r}|A'|\boldsymbol{r}'\rangle = \langle \boldsymbol{r}|RAR^{\dagger}|\boldsymbol{r}'\rangle \tag{92}$$

于是, 利用 (26) 式和 (27) 式, 我们得到

$$\langle \boldsymbol{r}|A'|\boldsymbol{r}'\rangle = \langle \mathscr{R}^{-1}\boldsymbol{r}|A|\mathscr{R}^{-1}\boldsymbol{r}'\rangle \tag{93}$$

因此, 由算符 A 求得算符 A' 的变换完全类似于由 $|\psi\rangle$ 求得 $|\psi'\rangle$ 的变换 [见 (1) 式].

(ii) 我们再来考虑观察算符 A 与一个经典物理量 $\mathscr{A}$ 相联系的情况. $\mathscr{A}$ 是构成体系的诸粒子的位置 $\boldsymbol{r}_i$ 和动量 $\boldsymbol{p}_i$ 的函数. 应用第三章的量子化规则, 便可由该函数得到算符 A. 我们知道在经典力学中怎样去求经旋转 $\mathscr{R}$ 后与 $\mathscr{A}$ 对应的物理量 $\mathscr{A}'$. 例如, 假设 $\mathscr{A}$ 是一个标量, 则 $\mathscr{A}'$ 与 $\mathscr{A}$ 本身全同; 假设 $\mathscr{A}$ 是一个矢量在 Ou 轴上的分量, $\mathscr{A}'$ 就是该矢量在 Ou 轴经旋转 $\mathscr{R}$ 变换成的新轴上的分量. 利用上面所说的量子化规则, 我们也可以构成对应于 $\mathscr{A}'$ 的量子力学算符. 可以证明, 这个算符全同于 (90) 式给出的算符 A'; 图 6–4 便表示这种情况.

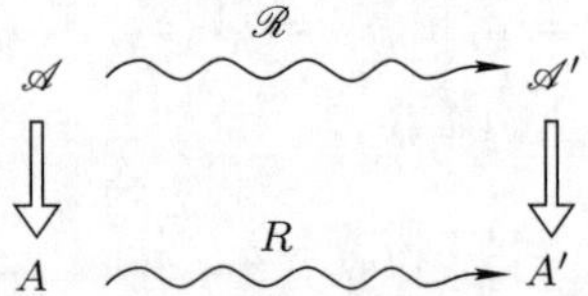

图 6–4 在旋转 $\mathscr{R}$ 中, 经典物理量 $\mathscr{A}$ 和与之相联系的观察算符 A 的变换.

[705] b. 标量观察算符

若对于任何 R, 皆有

$$A' = A \tag{94}$$

我们就称 A 为标量观察算符. 根据 (91) 式, 这就是说:

$$[A, \boldsymbol{J}] = \boldsymbol{0} \tag{95}$$

即一个标量观察算符可以和总角动量的三个分量算符对易.

我们可以举出标量观察算符的几个例子: $\boldsymbol{J}^2$ 永远是标量的 (正如我们在第六章 §B–2 中看到的那样, 这是角动量的特征对易关系式的结果); 就一个无自旋粒子而言, 与经典标量对应的 $\boldsymbol{R}^2, \boldsymbol{P}^2$ 及 $\boldsymbol{R}\cdot\boldsymbol{P}$ 都是标量性算符; 此外, 很容易证明 (参看下面的 §5–c), $\boldsymbol{R}^2, \boldsymbol{P}^2$ 及 $\boldsymbol{R}\cdot\boldsymbol{P}$ 都满足 (95) 式, 下面 (§6) 我们将会看到, 一个孤立物理体系的哈密顿算符也是标量的.

c. 矢量观察算符

矢量观察算符 $\boldsymbol{V}$ 是三个观察算符 V_x, V_y, V_z 的集合, 这三个算符是 $\boldsymbol{V}$ 在直角坐标系中的分量; 旋转时, 它们按矢量所特有的规律进行变换. 这就是说, 矢量算符 $\boldsymbol{V}$ 在单位矢为 $\boldsymbol{u}$ 的 Ou 轴上的分量 $V_u = \boldsymbol{V}\cdot\boldsymbol{u}$ 被变换为 $\boldsymbol{V}$ 在 Ou' 轴上的分量 $V_{u'} = \boldsymbol{V}\cdot\boldsymbol{u}'$, Ou' 轴是 Ou 轴经旋转 $\mathscr{R}$ 后形成的新轴.

现在以这种观察算符的分量 V_x 为例, 考察它在围绕每一个坐标轴的无限小旋转中的行为. V_x 在围绕 Ox 轴的旋转中显然保持不变, 根据 (91) 式, 可将这一性质写成下列形式:

$$[J_x, V_x] = 0 \tag{96}$$

如果我们施行围绕 Oy 轴的一个旋转 $\mathscr{R}_{\boldsymbol{e}_y}(\mathrm{d}\alpha)$, 则 V_x 被变换为观察算符 $(V_x)'$, 根据 (91) 式:

$$(V_x)' = V_x - \frac{\mathrm{i}}{\hbar}\mathrm{d}\alpha[J_y, V_x] \tag{97}$$

但 V_x 是 $\boldsymbol{V}$ 在单位矢为 $\boldsymbol{e}_x$ 的 Ox 轴上的分量, 而旋转 $\mathscr{R}_{\boldsymbol{e}_y}(\mathrm{d}\alpha)$ 将 $\boldsymbol{e}_x$ 变成 $\boldsymbol{e}'_x$, 而且 [参看公式 (6)]:

$$\begin{aligned}\boldsymbol{e}'_x &= \boldsymbol{e}_x + \mathrm{d}\alpha\boldsymbol{e}_y \times \boldsymbol{e}_x \\ &= \boldsymbol{e}_x - \mathrm{d}\alpha\boldsymbol{e}_z\end{aligned} \tag{98}$$

所以, 如果 $\boldsymbol{V}$ 是一个矢量性观察算符, 则 $(V_x)'$ 应该全同于 $\boldsymbol{V}\cdot\boldsymbol{e}'_x$:

$$\begin{aligned}(V_x)' &= \boldsymbol{V}\cdot\boldsymbol{e}_x - \mathrm{d}\alpha\boldsymbol{V}\cdot\boldsymbol{e}_z \\ &= V_x - \mathrm{d}\alpha V_z\end{aligned} \tag{99}$$

比较 (97) 与 (99) 式, 可以看出:

$$[V_x, J_y] = \mathrm{i}\hbar V_z \tag{100}$$

对于围绕 Oz 轴的一个无限小旋转 $\mathscr{R}_{\boldsymbol{e}_z}(\mathrm{d}\alpha)$, 根据和前面相似的推理, 可以导 [706]
出下列关系式:

$$[J_z, V_x] = \mathrm{i}\hbar V_y \tag{101}$$

当然, 考察 V_y 和 V_z 在无限小旋转中的行为, 就能够证明只要在 (96), (100) 和 (101) 式中循环置换指标 x, y, z 就可得到的那些公式. 如此得到的全体关系式是矢量算符的特征; 它们的含义是, 经过任意的无限小旋转, $\boldsymbol{V}\cdot\boldsymbol{u}$ 被变换为 $\boldsymbol{V}\cdot\boldsymbol{u}'$, 这里的 $\boldsymbol{u}'$ 是 $\boldsymbol{u}$ 被该旋转变换而成的单位矢.

我们可以直接看出, 角动量 $\boldsymbol{J}$ 本身就是一个矢量性观察算符; (96), (100) 及 (101) 式都可从角动量的特征对易关系式得出. 对于只含一个无自旋粒子的体系, $\boldsymbol{R}$ 和 $\boldsymbol{P}$ 都是矢量性观察算符, 这一点很容易用正则对易关系式证明. 从而证实我们对算符 $\boldsymbol{R}, \boldsymbol{P}, \boldsymbol{L}$ 及 $\boldsymbol{J}$ 采用矢量符号是合理的.

附注:

(i) 两个矢量性观察算符的标量积 $\boldsymbol{V}\cdot\boldsymbol{W}$, 即按通常公式

$$\boldsymbol{V}\cdot\boldsymbol{W} = V_xW_x + V_yW_y + V_zW_z \tag{102}$$

来定义的标量积, 是一个标量性算符. 为证明这一点, 作为例子, 我们来计算 $\boldsymbol{V}\cdot\boldsymbol{W}$ 与 J_x 的对易子:

$$\begin{aligned}
[\boldsymbol{V}\cdot\boldsymbol{W}, J_x] &= [V_yW_y, J_x] + [V_zW_z, J_x] \\
&= V_y[W_y, J_x] + [V_y, J_x]W_y + V_z[W_z, J_x] + [V_z, J_x]W_z \\
&= -\mathrm{i}\hbar V_yW_z - \mathrm{i}\hbar V_zW_y + \mathrm{i}\hbar V_zW_y + \mathrm{i}\hbar V_yW_z \\
&= 0
\end{aligned} \tag{103}$$

实际上, 我们已在前面指出, $\boldsymbol{J}^2, \boldsymbol{R}^2, \boldsymbol{P}^2$ 及 $\boldsymbol{R}\cdot\boldsymbol{P}$ 都是标量性观察算符.

(ii) (96)、(100) 及 (101) 式中的角动量是所研究的体系的总角动量, 这个事实的重要性可用下面的例子来说明: 对于一个二粒子体系, 如果我们用 $\boldsymbol{L}_1$ 来代替 $\boldsymbol{L} = \boldsymbol{L}_1 + \boldsymbol{L}_2$, 那么, $\boldsymbol{R}_2$ 将成为三个标量性观察算符的集合, 而不再是一个矢量性观察算符.

6. 旋转不变性

在前面几节里我们所进行的讨论的意义, 并不仅仅在于通过对易关系式去检验角动量的定义. 旋转在物理上的重要性, 实质上关联着这样一个事实, 即物理定律对于旋转具有不变性. 在这一节里, 我们将确切地阐明这种提法的含义并且举出这个基本性质的一些后果.

[707] a. 物理定律的不变性

我们来考虑一个物理体系 (S) (它可以是经典的或量子的), 假设在某一给定时刻对它施行一个旋转 $\mathscr{R}$. 如果在该体系 (S) 旋转时, 我们驱使可能影响该体系的一切其他体系或测量仪器一起转动, 则 (S) 的物理性质和行为都不会有所改变. 这就意味着, 支配该体系的各项物理定律仍然保持不变; 所以我们说, 物理定律对于旋转具有不变性. 要注意, 这个性质绝不是不证自明的; 这是因为还存在着一些变换, 例如相似变换①, 物理定律对于这些变换并不具有不变

①以氢原子为例, 如果用一个常数 $\lambda \neq 1$ 去乘质子与电子之间的距离 (但不改变粒子的电荷和质量), 那么, 如此得到的体系的演变将不再遵循经典的或量子的物理定律.

性①. 因此, 我们应将旋转不变性看作一个假设, 这个假设由于它的推论得到实验的证实而被认为是合理的.

一个体系的物理性质和行为对于发生在时刻 t_0 的旋转保持不变, 这种提法有两层含义:

(i) 在该时刻体系的性质并未受到修正 (虽然对体系的态的描述及物理量有所改变, 参看前节). 在量子力学中, 这就意味着: 由任意观察算符 A 变换而成的算符 A' 具有与 A 相同的谱, 而且在旋转后对此体系测量 A' 得到谱中的某一本征值的概率, 等于在旋转前对此体系测量 A 得到该本征值的概率. 由此, 我们可以推知, 描述态空间中的旋转的算符 R 是线性而且幺正的或反线性而且幺正的 (即反幺正的)②.

(ii) 体系随时间的演变不受影响. 为了更精确地表述这一点, 我们用 $|\psi(t_0)\rangle$ 来表示体系的态, 在发生于时刻 t_0 的旋转中, 这个态变为:

$$|\psi'(t_0)\rangle = R|\psi(t_0)\rangle \tag{104}$$

然后, 任凭体系自由演变. 现在来比较体系在此后某时刻 t 的态 $|\psi'(t)\rangle$ 与体系从态 $|\psi(t_0)\rangle$ 开始经自由演变而应达到的态 $|\psi(t)\rangle$. 如果体系的行为没有受到修正, 则应该有:

$$|\psi'(t)\rangle = R|\psi(t)\rangle \tag{105}$$

这就是说, 不论 t 的值如何, 从态 $|\psi(t)\rangle$ 开始经过与 (104) 式中的旋转相同的旋转就应该得到态 $|\psi'(t)\rangle$. 于是, 如果 $|\psi(t)\rangle$ 是薛定谔方程的解, 那么, $R|\psi(t)\rangle$ 就是该方程的另一个解, 这就是说: 体系的一个可能的运动的变换就是另一个可能的运动. 在 §b 中我们将会看到, 这意味着体系的哈密顿算符 H 是一个标量性观察算符.

物理定律在旋转中的不变性表现为在数学上表述这些定律的方程的对称 [708]
性. 为了理解这种对称性的起源, 作为例子, 我们来考虑由一个无自旋粒子构成的体系. 支配这个体系的物理定律的表示式明显地含有表示粒子位置及动量的参量 $\boldsymbol{r}(x,y,z)$ 及 $\boldsymbol{p}(p_x,p_y,p_z)$; 在经典力学中, $\boldsymbol{r}$ 和 $\boldsymbol{p}$ 在每一时刻确定着粒子的态; 在量子力学中, 虽然这些参量的意义较为复杂, 但它们仍出现在波函数 $\psi(\boldsymbol{r})$ 及其傅里叶变换 $\overline{\psi}(\boldsymbol{p})$ 中. 如果我们对粒子施行一个瞬时旋转 $\mathscr{R}$, 则此

①我们还可以举出, 实验已经证明, 相对于一个平面反射时, 原子核的 β 衰变定律也不是不变的 (即宇称不守恒).

②与时间反演相联系的算符是反幺正的, 除此例外, 保持物理定律不变的一切变换都是用幺正算符来表示的.

旋转便将 $\boldsymbol{r}$ 与 $\boldsymbol{p}$ 变换为 $\boldsymbol{r}'$ 与 $\boldsymbol{p}'$, 使得:

$$\begin{aligned}\boldsymbol{r}' &= \mathscr{R}\boldsymbol{r}\\ \boldsymbol{p}' &= \mathscr{R}\boldsymbol{p}\end{aligned} \tag{106}$$

如果在表示物理定律的方程中, 我们将 $\boldsymbol{r}$ 换成 $\mathscr{R}^{-1}\boldsymbol{r}'$, 将 $\boldsymbol{p}$ 换成 $\mathscr{R}^{-1}\boldsymbol{p}'$, 那么, 所得结果将是包含 $\boldsymbol{r}'$ 和 $\boldsymbol{p}'$ 的关系式. 于是, 物理定律在旋转 $\mathscr{R}$ 中的不变性告诉我们: 关于 $\boldsymbol{r}'$ 和 $\boldsymbol{p}'$ 的方程的形式与关于 $\boldsymbol{r}$ 和 $\boldsymbol{p}$ 的方程的形式相同. 这就是说, 如果将标志新参量的撇号去掉, 我们就应该得到原来的方程. 可以理解, 这样一来, 这些方程的可能形式将受到相当大的限制.

附注:

(i) 如果我们对非孤立体系施行一个旋转, 情况又怎样呢? 例如, 我们来考虑处在外界势场中的一个粒子. 如果我们对此体系施行一个旋转, 但与此同时保持外界势场的场源不要转动, 那么, 此后体系的演变一般说来将受到修正①; 这是因为: 在经典力学中, 粒子在新位置上所受的外力和原来的不相同; 在量子力学中, $\psi'(\boldsymbol{r},t) = \psi(\mathscr{R}^{-1}\boldsymbol{r},t)$ 是将势 $V(\boldsymbol{r})$ 变换为势 $V(\mathscr{R}^{-1}\boldsymbol{r})$ 后的薛定谔方程的一个解, 一般说来这两个势是不相同的, 因此, 一个可能运动的变换不再是一个可能的运动. 可以说, 外界势场的存在破坏了所研究的体系在其中进行演变的那个空间的均匀性.

但是外界势场也可能呈现某些对称性, 由于这种对称性, 我们可以对物理体系施行某些旋转而保持其行为不受修正. 如果存在一些特殊的旋转 $\mathscr{R}_0$, 在这种旋转中 $V(\mathscr{R}_0^{-1}\boldsymbol{r})$ 全同于 $V(\boldsymbol{r})$, 那么, 在任何一个这样的旋转中, 体系的性质都没有变化. 例如中心势场 (它只依赖于从定点 O 算起的距离) 就属于这种情况, 而 $\mathscr{R}_0$ 就是保持 O 点不变的一切旋转 (参看第七章).

[709] (ii) 我们再回到孤立的物理体系. 至此, 我们所采用的是一种 "主动" 的观点: 即观察者保持不动, 而物理体系发生旋转. 我们也可以采用一种 "被动" 的观点, 即发生旋转的是观察者, 他使用从原坐标系经指定的旋转导出的新坐标系而不触及所研究的体系. 于是, 旋转不变性便表现为下述方式: 在观察者的新位置上 (即应用了新坐标系), 他用以描述物理现象的定律和旧坐标系中的定律具有相同的形式. 没有任何因素可以使他判断哪一个位置比其他位置更为基本; 也就是说, 对任何物理现象的研究都不能使我们在空间确定一个绝对取向. 此外, 容易看出, 就一

①如果粒子处在一个矢量势场中, 那么, 它的性质在刚旋转之后就可能受到重大的修正. 例如, 我们来考虑处在外磁场中的一个无自旋粒子. 如果我们应用变换定律 (19), 那么, 由第三章公式 (D–20) 给出的概率流一般不可能导自初始概率流的旋转, 这是因为概率流依赖于描述外磁场的矢势.

此现象的物理解释如下. 假设我们不旋转粒子, 而是迅速地沿相反方向旋转磁场. 波函数来不及改变, (19) 式清楚地表明了这一点. 如果物理性质受到修正, 那是因为出现了一个作用于上粒子的感生电场, 只要旋转足够迅速, 那么, 它的作用就不依赖于使磁场旋转的具体方式.

个孤立体系而言, 一个 “被动” 的旋转等价于围绕反向轴线转过同等角度的一个 “主动” 的旋转.

b. 结果: 角动量守恒

在 §6–a 中, 我们曾经指出, 旋转不变性表现为描述物理定律的方程的对称性. 现在来讨论薛定谔方程, 我们将证明: 一个孤立的物理体系的哈密顿算符是一个标量性观察算符.

我们来考虑处在态 $|\psi(t_0)\rangle$ 的一个孤立体系, 并在时刻 t_0 对它施行任意的旋转 $\mathscr{R}$; 体系的态将变为:

$$|\psi'(t_0)\rangle = R|\psi(t_0)\rangle \tag{107}$$

式中 R 是旋转 $\mathscr{R}$ 的 “像”. 此后, 如果我们让体系从态 $|\psi'(t_0)\rangle$ 开始自由演变, 则根据薛定谔方程, 体系在 $t_0 + \mathrm{d}t$ 时刻的态将为:

$$|\psi'(t_0 + \mathrm{d}t)\rangle = |\psi'(t_0)\rangle + \frac{\mathrm{d}t}{\mathrm{i}\hbar} H|\psi'(t_0)\rangle \tag{108}$$

但是, 如果我们未曾对体系施行旋转, 则它在 $t_0 + \mathrm{d}t$ 时刻的态应为:

$$|\psi(t_0 + \mathrm{d}t)\rangle = |\psi(t_0)\rangle + \frac{\mathrm{d}t}{\mathrm{i}\hbar} H|\psi(t_0)\rangle \tag{109}$$

旋转不变性告诉我们 (参看 §6–a), 应有:

$$|\psi'(t_0 + \mathrm{d}t)\rangle = R|\psi(t_0 + \mathrm{d}t)\rangle \tag{110}$$

这里的 R 与 (107) 式中的相同. 根据前面的两个方程, 便可推出:

$$RH|\psi(t_0)\rangle = H|\psi'(t_0)\rangle \tag{111}$$

或

$$RH|\psi(t_0)\rangle = HR|\psi(t_0)\rangle \tag{112}$$

由于 $|\psi(t_0)\rangle$ 是任意的, 可知 H 和一切旋转算符对易. 为了实现这一点, H 必须而且只需与无限小旋转算符对易, 也就是与体系的总角动量 $\boldsymbol{J}$ 的三个分量对易:

$$[H, \boldsymbol{J}] = 0 \tag{113}$$

可见 H 是一个标量性观察算符.

从而, 旋转不变性表现为: 一个孤立体系的总角动量是一个运动常量; 换句话 [710]
说, 角动量守恒乃是旋转不变性的结果.

附注:

(i) 一般说来, 一个非孤立体系的哈密顿算符并不是标量性的. 但是, 如果存在保持体系不变 [参看 §6–a 的附注 (i)] 的一些特殊旋转, 则哈密顿算符可以与对应的算符对易. 因而, 处在中心势场中的一个粒子的哈密顿算符可以与 $\boldsymbol{L}$ (和粒子对力心的角动量相联系的算符) 对易.

(ii) 对于包含若干个有相互作用的粒子的孤立体系, 哈密顿算符可以与总角动量算符对易, 但是一般说来, 不能与每个粒子各自的角动量算符对易. 这是因为, 为了使一种可能的运动的变换仍是一种可能的运动, 必须对粒子集合整体地施行旋转, 而不是只对其中的某几个粒子施行旋转.

c. 应用

刚才已证明, 由旋转不变性可以推知: 孤立体系的总角动量 $\boldsymbol{J}$ 是量子力学意义下的一个运动常量. 因此, 找出这种体系的定态 (哈密顿算符的本征态, 同时又是 $\boldsymbol{J}^2$ 和 J_z 的本征态) 将是很有用的. 我们可以用 $H, \boldsymbol{J}^2$ 和 J_z 的共同本征矢组成态空间的标准基 $\{|k,j,m\rangle\}$; 矢量 $|k,j,m\rangle$ 满足关系:

$$\begin{aligned} H|k,j,m\rangle &= E|k,j,m\rangle \\ \boldsymbol{J}^2|k,j,m\rangle &= j(j+1)\hbar^2|k,j,m\rangle \\ J_z|k,j,m\rangle &= m\hbar|k,j,m\rangle \end{aligned} \tag{114}$$

α. 旋转下的实质性简并

哈密顿算符 H, 既然是一个标量性观察算符, 它就可以与算符 J_+ 及 J_- 对易. 由此可以推知, 分别正比于 $J_+|k,j,m\rangle$ 及 $J_-|k,j,m\rangle$ 的右矢 $|k,j,m+1\rangle$ 及 $|k,j,m-1\rangle$ 都是 H 的本征矢, 与右矢 $|k,j,m\rangle$ 属于同一本征值 [推理和第六章公式 (C–48) 的情况相同]. 于是, 用迭代法可以证明, 由 k 和 j 的给定数值所确定的标准基中的 $(2j+1)$ 个矢量对应于同一个能量值. 算符 H 的本征值的这种简并叫做 "实质性" 简并, 这是因为它起源于旋转不变性, 而且它的出现与哈密顿算符的具体形式无关. 当然, 在某些情况下, 各能级可能呈现额外的简并, 叫做 "偶然性" 简并. 在第七章 §C 中, 我们将会见到这种简并的一个例子.

β. 观察算符在标准基中的矩阵元

在我们研究一个孤立体系的某一确定的物理量时, 只要知道了对应的观察算符在旋转中的行为, 就可以查明它的某些性质, 而不必考虑它的具体形式. 我们可以预知在 $\{|k,j,m\rangle\}$ 这样的标准基中, 它只有某些矩阵元不等于零. 并可以给出这些矩阵元之间的关系式. 于是, 一个标量性观察算符仅在这样两个基矢之间有矩阵元, 即在这两个基矢中, 不但指标 m 相等, 而且 j 也相等
[711] [这是因为这个观察算符可以与 $\boldsymbol{J}^2$ 及 J_z 对易; 参看第二章 §D–3–a, 关于对易

观察算符的定理]; 而且这些非零矩阵元都与 m 无关 (这是因为标量性观察算符也可以与 J_+ 及 J_- 对易). 对于矢量性及张量性观察算符, 这些性质都包含在维格纳–埃卡特定理中; 以后, 我们将就一种特例来证明这个定理 (参看补充材料 E_X). 在应用量子力学处理各种现象的物理学领域 (原子物理, 分子物理, 核物理, 基本粒子物理, 等等) 中经常要用到这个定理.

参考文献和阅读建议:

对称性与守恒律: Feynman Ⅲ (1.2), 第 17 章; Schiff (1.18), 第 7 章; Messiah (1.17), 第 XV 章; 还可参看下列作者的文章: Morrisson (2.28), Feinberg 和 Goldhaber (2.29), Wigner (2.30).

与群论的关系: Messiah (1.17), 附录 D; Meijer 和 Bauer (2.18), 第 5 与第 6 章; Bacry (10.31), 第 6 章; Wigner (2.23), 第 14 与第 15 章. 还可参看 Omnès (16.13), 特别是第 Ⅲ 章.

补充材料 C_{VI}

[712] 双原子分子的转动

1. 引言

在补充材料 A_V 的 §1 中, 我们讨论过一个双原子分子中的两个核围绕它们的平衡位置的振动, 但并未涉及这两个核围绕它们的质心的转动. 这样, 我们求得能量为 E_v 的振动的定态, 其波函数 $\varphi_v(r)$ 只依赖于两核之间距 r.

在这篇材料里, 我们将采取一种与上述互补的观点: 研究两个核围绕质心的转动, 但不涉及它们的振动. 也就是说, 我们假设两核之间的距离 r 保持不变并等于 r_e(r_e 表示在分子的稳定平衡位置上两个核的间距; 参看补充材料 A_V 的图 5–8). 于是转动的定态波函数只依赖于标志分子轴线方向的极角 θ 和 φ. 我们将会看到, 这些波函数正是球谐函数 $Y_l^m(\theta,\varphi)$ [这些函数已在第六章 (§D–1) 及补充材料 A_{VI} 中讨论过], 并且, 这些波函数对应于只与 l 有关的转动能 E_l.

实际上, 在质心坐标系中, 分子同时有转动和振动, 它的定态波函数应该是三个变量 r,θ,φ 的函数. 我们将在补充材料 F_{VII} 中证明, 在一级近似下, 这些波函数的形式为 $(1/r)\varphi_v(r)Y_l^m(\theta,\varphi)$, 它们对应于能量 E_v+E_l. 这个结果将证实这里所用的方法 (每次只考虑一个自由度, 或是转动的或是振动的①) 是正确的. 在 §2 中, 我们先介绍关于间距固定的两个质量构成的体系 (刚性转 [713]
子) 的经典讨论. 这个问题的量子力学处理将放在 §3 中讲述, 在那里, 我们将利用第六章中关于轨道角动量的结果. 最后, 在 §4 中, 我们介绍双原子分子的转动的实验显示 (纯转动谱和转动的拉曼谱).

2. 刚性转子: 经典的讨论

a. 符号

设有两个粒子, 质量为 m_1 和 m_2, 两者之间的距离 r_e 是固定的. 取两者的质心 O 为坐标系 $Oxyz$ 的原点, 在此坐标系中连接两质点的轴线的方向用极角 θ 和 φ 来标记 (图 6–5). 距离 OM_1 和 OM_2 分别用 r_1 和 r_2 来表示; 根据质心的定义, 我们有:

$$m_1 r_1 = m_2 r_2 \tag{1}$$

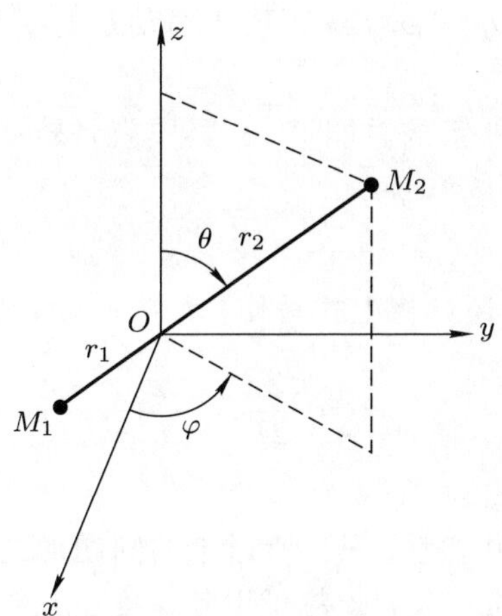

图 6–5 在以质心 O 为原点的坐标系中, 确定刚性转子 M_1M_2 的位置的参变量. 距离 r_1 和 r_2 都是固定的, 只有极角 θ 和 φ 可以变化.

此式又可写作

$$\frac{r_1}{m_2} = \frac{r_2}{m_1} = \frac{r_e}{m_1 + m_2} \tag{2}$$

此体系相对于 O 点的转动惯量 I 为:

$$I = m_1 r_1^2 + m_2 r_2^2 \tag{3}$$

①在补充材料 F_{VII} 中, 我们还要研究振动自由度和转动自由度之间的耦合所引起的校正.

引入约化质量

$$\mu = \frac{m_1 m_2}{m_1 + m_2} \tag{4}$$

[714] 并利用 (2) 式, 可将 I 写成下列形式:

$$I = \mu r_{\mathrm{e}}^2 \tag{5}$$

b. 转子的运动; 角动量和能量

如果没有任何外力作用于转子上, 则此体系相对于 O 点的总角动量 $\mathscr{L}$ 是一个运动常量. 这时, 转子在垂直于恒矢 $\mathscr{L}$ 的平面上绕 O 点以恒定角速 ω_R 转动. $\mathscr{L}$ 的模与 ω_R 之间有下列关系:

$$|\mathscr{L}| = m_1 r_1 r_1 \omega_R + m_2 r_2 r_2 \omega_R = I\omega_R \tag{6}$$

注意到 (5) 式, 即得

$$|\mathscr{L}| = \mu r_{\mathrm{e}}^2 \omega_R \tag{7}$$

因此, 体系的转动频率 $\nu_R = \omega_R/2\pi$ 正比于角动量的模 $|\mathscr{L}|$ 而反比于转动惯量 I.

在质心坐标系中, 体系的总能量 $\mathscr{H}$ 其实就是转动能:

$$\mathscr{H} = \frac{1}{2} I\omega_R^2 \tag{8}$$

考虑到 (6) 式及 (5) 式, 还可将上式写作

$$\mathscr{H} = \frac{\mathscr{L}^2}{2I} = \frac{\mathscr{L}^2}{2\mu r_{\mathrm{e}}^2} \tag{9}$$

c. 与转子相联系的假想粒子

公式 (5)、(7) 和 (9) 表明, 现在所讨论的问题形式上相当于质量为 μ, 与 O 点保持固定距离 r_{e} 的一个假想粒子以角速度 ω_R 围绕 O 点转动的问题. $\mathscr{L}$ 是这个假想粒子相对于 O 点的角动量.

3. 刚性转子的量子化

a. 转子的量子态和观察算符

由于 r_{e} 是固定的, 所以确定转子 (或与之相联系的假想粒子) 位置的参量就是图 6–5 中的极角 θ 和 φ. 从而, 转子的量子态将由只依赖于这两个变量的波函数 $\psi(\theta,\varphi)$ 来描述. $\psi(\theta,\varphi)$ 是平方可积的, 我们假定它已归一化:

$$\int_0^{2\pi} \mathrm{d}\varphi \int_0^{\pi} \sin\theta \mathrm{d}\theta |\psi(\theta,\varphi)|^2 = 1 \tag{10}$$

$\psi(\theta,\varphi)$ 的物理意义如下: $|\psi(\theta,\varphi)|^2\sin\theta\mathrm{d}\theta\mathrm{d}\varphi$ 表示转子轴线的取向位于围绕极 [715]
角为 θ,φ 的方向的立体角元 $\mathrm{d}\Omega=\sin\theta\mathrm{d}\theta\mathrm{d}\varphi$ 中的概率.

为了便于采用狄拉克符号, 我们给每一个平方可积函数 $\psi(\theta,\varphi)$ 联系上态空间 $\mathscr{E}_\Omega$ 中的一个右矢 $|\psi\rangle$:

$$\psi(\theta,\varphi)\longleftrightarrow|\psi\rangle\in\mathscr{E}_\Omega \tag{11}$$

按定义, 用 $|\chi\rangle$ 去和 $|\psi\rangle$ 构成的标量积是:

$$\langle\chi|\psi\rangle=\int\mathrm{d}\Omega\chi^*(\theta,\varphi)\psi(\theta,\varphi) \tag{12}$$

式中 $\chi(\theta,\varphi)$ 和 $\psi(\theta,\varphi)$ 是分别与 $|\chi\rangle$ 和 $|\psi\rangle$ 相联系的波函数.

在表示经典能量的 (9) 式中, 用第六章 §D 中研究过的算符 $\boldsymbol{L}^2$ 去代替 $\mathscr{L}^2$, 我们便得到转子 (或与之相联系的假想粒子) 在量子力学中的哈密顿算符:

$$H=\frac{\boldsymbol{L}^2}{2\mu r_\mathrm{e}^2} \tag{13}$$

H 是在空间 $\mathscr{E}_\Omega$ 中起作用的算符. 根据第六章的公式 (D–6–a), 如果 $|\psi\rangle$ 由波函数 $\psi(\theta,\varphi)$ 表示, 则 $H|\psi\rangle$ 应由下式表示:

$$H|\psi\rangle\longleftrightarrow-\frac{\hbar^2}{2\mu r_\mathrm{e}^2}\left[\frac{\partial^2}{\partial\theta^2}+\frac{1}{\tan\theta}\frac{\partial}{\partial\theta}+\frac{1}{\sin^2\theta}\frac{\partial^2}{\partial\varphi^2}\right]\psi(\theta,\varphi) \tag{14}$$

后面要研究的其他观察算符是对应于线段 M_1M_2 的三个代数投影 x,y,z 的算符 (x,y,z 也是假想粒子的坐标); 这些投影可写为:

$$\begin{aligned}x&=r_\mathrm{e}\sin\theta\cos\varphi\\y&=r_\mathrm{e}\sin\theta\sin\varphi\\z&=r_\mathrm{e}\cos\theta\end{aligned} \tag{15}$$

这些变量的重要性将见于 §4–a. 与 x,y,z 对应的观察算符 X,Y,Z 在 $\mathscr{E}_\Omega$ 中起作用. 与右矢 $X|\psi\rangle,Y|\psi\rangle,Z|\psi\rangle$ 相联系的函数分别为:

$$\begin{aligned}X|\psi\rangle&\longleftrightarrow r_\mathrm{e}\sin\theta\cos\varphi\psi(\theta,\varphi)\\Y|\psi\rangle&\longleftrightarrow r_\mathrm{e}\sin\theta\sin\varphi\psi(\theta,\varphi)\\Z|\psi\rangle&\longleftrightarrow r_\mathrm{e}\cos\theta\psi(\theta,\varphi)\end{aligned} \tag{16}$$

附注:

正如我们在引言中已指出的那样, 分子的实际波函数是依赖于 r,θ,φ 的. 同样, 按第三章的量子化规则, 从该分子的各经典量得到的对应的观察符, 也应该作用于这三个变量的函数上, 而不是只作用于 θ 和 φ 的函数上. 在这里我们采用一个简单的观点, 即不考虑波函数的径向部分, 并将 r 看作是不变的参量, 等于 r_e [参看公式 (14) 和 (16)]; 在补充材料 F_{VII} 中, 我们将证实这个观点的合理性.

[716] b. 哈密顿算符的本征态和本征值

在第六章的 §D 中, 我们已经确定了算符 $\boldsymbol{L}^2$ 的本征值, 它们的形式为 $l(l+1)\hbar^2$, 其中 l 是任意的非负整数. 此外, 我们还知道算符 $\boldsymbol{L}^2$ 的一个正交归一的本征函数族, 就是球谐函数 $Y_l^m(\theta,\varphi)$, 它们构成 θ 和 φ 的平方可积函数的函数空间中的一个基 (参看第六章的 §D–1–c–β). 我们用 $|l,m\rangle$ 表示空间 $\mathscr{E}_\Omega$ 中与 $Y_l^m(\theta,\varphi)$ 相联系的右矢:

$$Y_l^m(\theta,\varphi) \longleftrightarrow |l,m\rangle \tag{17}$$

我们可以从 (13) 式导出:

$$H|l,m\rangle = \frac{l(l+1)\hbar^2}{2\mu r_e^2}|l,m\rangle \tag{18}$$

通常令

$$B = \frac{\hbar}{4\pi I} = \frac{\hbar}{4\pi\mu r_e^2} \tag{19}$$

B 叫做 "转动常数", 它具有频率的量纲①. 于是, H 的本征值便具有下列形式:

$$E_l = Bhl(l+1) \tag{20}$$

由于对于 l 的一个给定值, 存在着 $(2l+1)$ 个球谐函数 $Y_l^m(\theta,\varphi)(m=-l,-l+1,\cdots,l)$, 可以看出, 每一个本征值 E_l 都是 $(2l+1)$ 重简并的. 图 6–6 表示转子的前几个能级. 对应于 l 与 $l-1$ 的两个相邻能级的间隔等于:

$$E_l - E_{l-1} = Bh[l(l+1) - l(l-1)] = 2Bhl \tag{21}$$

这个量线性地随 l 增大.

[717] H 的本征态满足下列正交归一关系式和封闭性关系式 (导自球谐函数所满足的对应关系式, 参看第六章的 §D–1–c–β):

$$\langle l,m|l',m'\rangle = \delta_{ll'}\delta_{mm'}$$
$$\sum_{l=0}^{\infty}\sum_{m=-l}^{+l}|l,m\rangle\langle l,m| = 1 \tag{22}$$

①有时, 人们在 (19) 式右端的分母中引入光速 c, 于是 B 的量纲便成为长度的倒数, 并被记作 cm^{-1} (CGS 制).

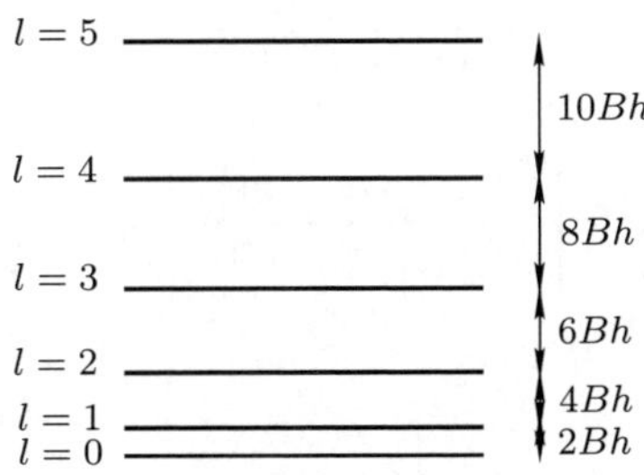

图 6–6　刚性转子的前几个能级. 其能量为:

$$E_l = Bhl(l+1), l=0,1,2,\cdots$$

每一个能级 $E_l(l\geqslant 1)$ 与其紧邻的低能级之间的间隔都等于能量 $2Bhl$.

转子的最一般的量子态可按各态 $|l,m\rangle$ 展开:

$$|\psi(t)\rangle = \sum_{l=0}^{\infty}\sum_{m=-l}^{+l} c_{l,m}(t)|l,m\rangle \tag{23}$$

其中任一分量

$$c_{l,m}(t) = \langle l,m|\psi(t)\rangle = \int \mathrm{d}\Omega \mathrm{Y}_l^{m^*}(\theta,\varphi)\psi(\theta,\varphi,t) \tag{24}$$

按下列方程

$$c_{l,m}(t) = c_{l,m}(0)\mathrm{e}^{-\frac{\mathrm{i}}{\hbar}E_l t} \tag{25}$$

随时间演变.

c. 对可观察量 Z 的讨论

前面我们已引入对应于线段 M_1M_2 在三个轴上的投影的观察算符 X, Y, Z. 在这一段里, 我们将考察这些可观察量的平均值的演变, 并将所得结果与经典力学的预言作比较. 我们只计算 $\langle Z\rangle(t)$, 因为 $\langle X\rangle(t)$ 及 $\langle Y\rangle(t)$ 都具有和它相似的性质.

如果算符 Z 在能量为 E_l 的态 $|l,m\rangle$ 与能量为 $E_{l'}$ 的态 $|l',m'\rangle$ 之间的矩阵元不等于零, 则在函数 $\langle Z\rangle(t)$ 中便会出现玻尔频率 $(E_l-E_{l'})/h$. 因此, 第一个问题就是求 Z 的非零矩阵元. 为了解决这个问题, 我们要引用下列关系式 [利用补充材料 A_{VI} 中公式 (35) 所表示的球谐函数的数学性质, 即可以建立这个关系式]:

$$\cos\theta \mathrm{Y}_l^m(\theta,\varphi) = \sqrt{\frac{l^2-m^2}{4l^2-1}}\mathrm{Y}_{l-1}^m(\theta,\varphi) + \sqrt{\frac{(l+1)^2-m^2}{4(l+1)^2-1}}\mathrm{Y}_{l+1}^m(\theta,\varphi) \tag{26}$$

再利用 (16), (17) 和 (22) 式, 便可从上式导出:

$$\langle l', m'|Z|l, m\rangle = r_e \delta_{mm'} \left[\delta_{l',l-1}\sqrt{\frac{l^2-m^2}{4l^2-1}} + \delta_{l',l+1}\sqrt{\frac{(l+1)^2-m^2}{4(l+1)^2-1}}\right] \tag{27}$$

附注:

根据 (27) 式, Z 所满足的选择定则是: $\Delta l = \pm 1, \Delta m = 0$. 我们可以证明, 对于 X 和 Y, 则有: $\Delta l = \pm 1, \Delta m = \pm 1$. 由于能量只与 l 有关, 故对 $\langle X\rangle, \langle Y\rangle, \langle Z\rangle$ 而言, 玻尔频率都一样.

[718] 因此, 算符 Z 只能联系对应于图 6–6 中的相邻能级的两个态 (在图 6–6 中用垂直的箭头表示对应的跃迁), 在 $\langle Z\rangle(t)$ 的演变中, 仅有的玻尔频率的形式如下:

$$\nu_{l,l-1} = \frac{E_l - E_{l-1}}{h} = 2Bl \tag{28}$$

这些值组成一个等间隔的频率序列, 间隔为 $2B$ (图 6–7)

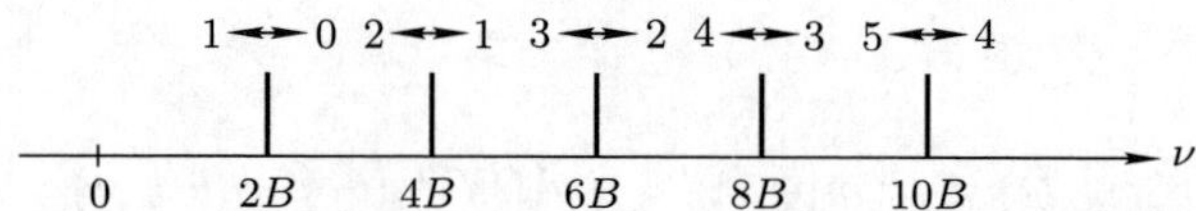

图 6–7 在观察算符 Z 的平均值的演变中出现的频率. 由于选择定则 $\Delta l = \pm 1$ 的限制, 只能出现对应于图 6–6 中两相邻能级 E_l 与 E_{l-1} 的玻尔频率 $2Bl(l \geqslant 1)$.

由此可见, 平均值 $\langle Z\rangle(t)$ 只能以一系列确定的频率进行演变, 这与经典情况不一样; 在经典力学中, 转子的转动频率 ν_R 可以取任意值.

若体系处于某一定态 $|l, m\rangle$, 则根据 (27) 式, 即使 l 的值很大, $\langle Z\rangle(t)$ 也总是等于零. 为了得到 $\langle Z\rangle$ 在其中的行为类似于对应的经典变量 z 这样一个量子态, 我们必须将很多态 $|l, m\rangle$ 叠加起来. 实际上我们假定体系的态由公式 (23) 给出, 并且假定各 $|c_{l,m}(0)|^2$ 所取的值随变化的情况如图 6–8 所示: l 的最概然值 l_M 很大, l 的各个值的离散度 Δl 的绝对值也很大, 但相对值却很小:

$$l_M, \Delta l \gg 1 \tag{29–a}$$

$$\frac{\Delta l}{l_M} \ll 1 \tag{29–b}$$

[719] 于是我们可以证明, 在这样的态中,

$$\langle \boldsymbol{L}\rangle^2 \simeq \langle \boldsymbol{L}^2\rangle \simeq l_M(l_M+1)\hbar^2 \simeq l_M^2\hbar^2 \tag{30}$$

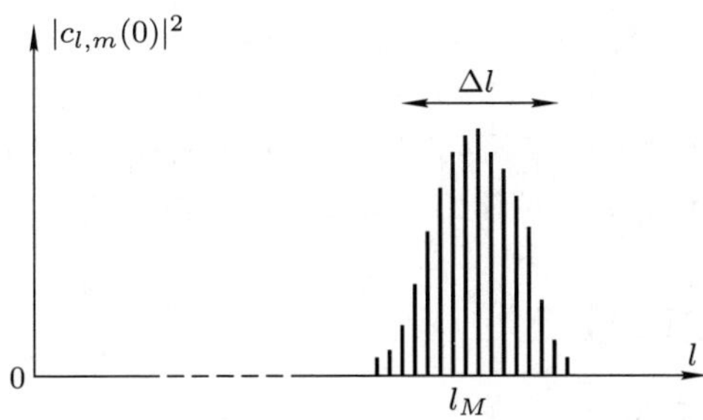

图 6–8 “准经典” 态的展开系数的模平方与刚性转子的定态 $|l,m\rangle$ 之间的关系. 离散度 Δl 相当大, 但因 l 的最概然值 l_M 很大, 故 $\Delta l/l_M \ll 1$, 因而相对于 l 的相对精度是很好的.

此外, 在 $\langle Z\rangle(t)$ 的演变中出现的那些玻尔频率 (就相对值而言) 都将非常接近于

$$\nu_M = 2Bl_M \tag{31}$$

由 (30) 式和 (31) 式消去 l_M, 根据 (19) 式, 我们得到.

$$\nu_M \simeq \frac{2B|\langle \boldsymbol{L}\rangle|}{\hbar} = \frac{|\langle \boldsymbol{L}\rangle|}{2\pi I} \tag{32}$$

此式等价于经典关系式 (6).

附注:

较详细地研究一下与图 6–8 的态对应的波包的运动是很有意义的. 波包由 θ 和 φ 的函数来表示, 而且我们可以认为它在一个单位球面上演变. 前面的讨论表明, 这个波包以平均频率 ν_M 在球面上旋转. l 的离散度 Δl, 以及在 $\langle X\rangle, \langle Y\rangle, \langle Z\rangle$ 中出现的玻尔频率的对应离散度 $2B\Delta l$, 将使波包逐渐变形, 经过数量级为

$$\tau \simeq \frac{1}{2B\Delta l} \tag{33}$$

的一段时间, 形变已很显著. 因为 l 的离散度的相对数值很小, 故

$$\nu_M \tau \simeq \frac{l_M}{\Delta l} \gg 1 \tag{34}$$

由此可见, 波包的形变相对于它的旋转来说是较为缓慢的.

事实上, 体系的诸玻尔频率构成一个离散的等间隔为 $2B$ 的频率序列. 因而, 由这些频率的运动叠加而得到的运动是周期性的, 其周期为:

$$T = \frac{1}{2B} \tag{35}$$

根据 (29–a) 式, 还有下列关系:

$$T \gg \tau \gg \frac{1}{\nu_M} \tag{36}$$

由此可见, 波包的形变不是不可逆的, 而是周期性重复的循环形变. 这一点与下述事实相关: 波包是在单位球面上演变的, 而单位球面是有界的曲面. 我们可以将这种行为与自由波包的行为 (不可逆的扩展, 见补充材料 G_I) 以及谐振子的准经典态的行为 (无畸变的振荡, 见补充材料 G_V) 作一番比较.

[720] 4. 分子转动的实验显示

a. 异极分子; 纯转动谱

α. 对谱的描述

如果分子由两个不同的原子组成, 则电子将被电负性较强的原子所吸引, 于是, 一般说来, 分子将具有沿其轴线的永久的电偶极矩 d_0. 电偶极矩在 Oz 轴上的投影在量子力学中成为一个正比于 Z 的观察算符. 在前面我们已看到, $\langle Z\rangle(t)$ 以图 6–7 所示的所有玻尔频率 $2Bl(l=1,2,3,\cdots)$ 演变. 这样, 我们就能理解分子怎样与电磁场耦合并能吸收或发射这样的辐射, 其偏振方向平行于 Oz 轴①, 其频率等于某一玻尔频率 $2Bl$.

分子的这种吸收谱或发射谱叫做 "纯转动谱", 它由频率间隔相等的一系列谱线所组成, 相邻两线间的间隔等于 $2B$, 如图 6–7 所示. 在吸收谱 (或发射谱) 中, 频率为 $2Bl$ 的谱线对应于分子从能级 $l-1$ 到能级 l (或从能级 l 到能级 $l-1$) 的跃迁, 与此同时, 吸收 (或发射) 一个频率为 $2Bl$ 的光子; 图 6–9 是这个过程的示意图 [图 6–9–a 表示吸收一个频率为 $2Bl$ 的光子, 图 6–9–b 表示发射一个这样的光子].

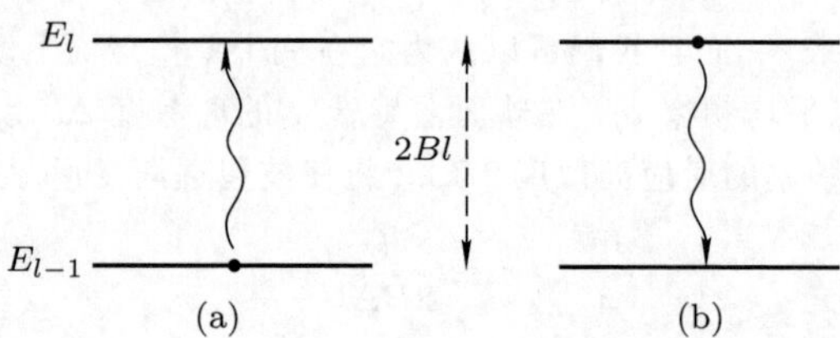

图 6–9　分子吸收 (图 a) 或发射 (图 b) 一个光子, 而从一个转动能级跃迁到紧邻能级的示意图.

由此可见, 双原子分子的纯转动谱对可观察量 $\boldsymbol{L}^2$ 的量子化结果提供了一个直接的实验证明.

β. 与 "纯振动" 谱的比较

在补充材料 A_V 的 §1–c–α 中, 我们讨论了一个异极双原子分子的 "纯振动" 谱. 将这种谱与上述纯转动谱加以比较, 是很有意义的.

---

①如果考察 $\langle X\rangle(t)$ 和 $\langle Y\rangle(t)$ 的演变, 便可看出分子也可吸收或发射沿 Ox 轴或 Oy 轴偏振的辐射.

(i) 一般地说, 一个双原子分子的转动频率要比其振动频率低得多. 两条转动谱线之间的间隔 $2B/c$ 大约为十分之几 cm^{-1} 到几十 cm^{-1}. 因此, 对于 l 的较小值而言, 转动频率 $2Bl$ 对应于 cm 或 mm 数量级的波长. 以 HCl 为例, 间隔 $2B/c$ 等于 $20.8cm^{-1}$, 而振动频率 (对应于 $2886cm^{-1}$) 则比前者大百倍以上.

因此, 纯转动谱位于远红外波段或微波波段. [721]

附注:

我们将在补充材料 F_{VII} 中证明, 分子的转动也可以由振动谱的精细结构 (振动–转动光谱) 显示出来. 于是, 我们可以在其中测量 $2B$ 的波段就不再是微波波段了. 这个注解也适用于转动的拉曼效应 (见下面的 §4–b), 这种效应表现为光谱线的转动结构.

(ii) 我们在补充材料 A_V 中研究过的 "纯振动" 谱只包含一条谱线. 这是因为, 诸振动能级是等间隔的 (如果略去势场的非谐性), 因此, 在偶极运动中只出现一个玻尔频率 (选择定则是 $\Delta v = \pm 1$). 反之, 纯转动谱则包含一系列等间隔的谱线.

(iii) 我们在补充材料 A_V 中曾指出, 异极分子的永久电偶极矩可以在分子的稳定平衡位置附近按 $r - r_e$ 展开成幂级数:

$$D(r) = d_0 + d_1(r - r_e) + \cdots \tag{37}$$

如果出现纯振动谱, 那只是由于 $D(r)$ 随 r 而改变, 因此 d_1 必不为零. 反之, 即使 r 保持不变并等于 r_e, 分子的转动仍可以使电偶极矩在一个轴上的投影受到调制, 但这时 d_0 必须不为零. 由此可见, 研究振动谱线和转动谱线的强度就可以分别求得 (37) 式中的系数 d_1 与 d_0.

γ. 应用

纯转动谱的研究有一些重要应用, 我们举出三个例子.

(i) 根据 (19) 式, 测得相邻两条线的间隔 $2B$, 就可以求得分子的转动惯量 I. 如果知道了 m_1 和 m_2, 还可以推知在分子的稳定平衡位置上两核之间的距离 r_e [在补充材料 A_V 的图 5–8 中, r_e 就是曲线 $V(r)$ 的极小值的横坐标]. 我们提醒一下, 测得振动的频率, 就可以求得曲线 $V(r)$ 在 $r = r_e$ 处的曲率.

(ii) 我们考虑两个双原子分子 N—M 和 N—M', 这表示同一元素的两种同位素 M 和 M' 分别与另一种原子 N 结合在一起. 由于在这两种分子中, 两个核之间的距离 r_e 相等, 所以测得对应的系数 B 的比值 (这种测量的精确度可以很高), 就可得到两种同位素 M 与 M' 的质量比.

本来, 也可以比较这两种分子的振动频率, 但我们宁肯利用转动谱, 这是

因为转动频率随 $1/\mu$ 变化 [公式 (19)], 而振动频率则随 $1/\sqrt{\mu}$ 变化 [A_V 的公式 (5)].

[722] (iii) 当我们研究包含大量全同分子的样品时, 从纯转动谱 (吸收谱或发射谱) 的谱线的相对强度, 可以了解到分子在各简并能级 E_l 之间的分布情况. 和振动谱的情况相反, 在给定的两个相邻能级之间的跃迁 (图 6–6 中的箭头) 是以表征该两能级的特定频率实现的; 于是我们可以想见, 对应谱线的强度应该依赖于处在对应于此两能级的量子态中的分子数.

利用这些知识, 可以确定一种介质的温度①. 如果已经达到热力学平衡, 那么, 我们知道, 一个给定的分子处在能量为 E_l 的特定状态的概率正比于 $\mathrm{e}^{-E_l/kT}$; 因为转动能级 E_l 的简并度是 $(2l+1)$, 所以, 我们所考虑的那个分子处在能量为 E_l 的任何一个态的总概率 $\mathscr{P}_l$ (能级 E_l 的 "布居数") 可以写作:

$$\begin{aligned}\mathscr{P}_l &= \frac{1}{Z}(2l+1)\mathrm{e}^{-E_l/kT} \\ &= \frac{1}{Z}(2l+1)\mathrm{e}^{-l(l+1)hB/kT}\end{aligned} \tag{38}$$

其中

$$Z = \sum_{l=0}^{\infty}(2l+1)\mathrm{e}^{-l(l+1)hB/kT} \tag{39}$$

是配分函数. 如果我们所研究的体系包含数目极多的、相互作用可以忽略的分子, 则 $\mathscr{P}_l$ 的数值就给出能量为 E_l 的分子所占的比例.

[723] 在常温下, hB 甚小于 kT, 所以很多转动能级都被填充; 此外要注意, 由于存在因子 $(2l+1)$, 布居数最大的那些能级并不是最低的能级. 图 6–10 表示在 hB/kT 约为 1/10 的温度下, $\mathscr{P}_l$ 随 l 变化的情况. 我们应当还记得, 与这里的情况相反, 振动能级是非简并的, 而且它们之间的间隔比 hB 大得多; 因此, 如果分子在各转动能级之间的分布属于图 6–10 所示的情况, 则它们实际上都处在振动的基态 $(v=0)$.

b. 同极分子; 转动的拉曼谱

在补充材料 A_V 的 §1–c–β 中曾指出, 一个同极分子 (即由两个全同原子构成的分子) 没有永久的电偶极矩; 因此在上面的 (37) 式中, 应有 $d_0 = d_1 = \cdots = 0$. 分子的振动和转动都不会引起与电磁场的任何耦合, 因此, 分子在近红外波段 (与振动有关) 和微波波段 (与转动有关) 都是 "不活泼的". 但是, 如同在振动的情况那样 (参看 A_V 的 §1–c–β), 我们可以通过光波的非弹性散射来观察分子的转动 (拉曼效应).

①实际上, 我们宁可使用振动–转动谱或转动的拉曼谱, 这种谱的频率范围比纯转动谱的更方便.

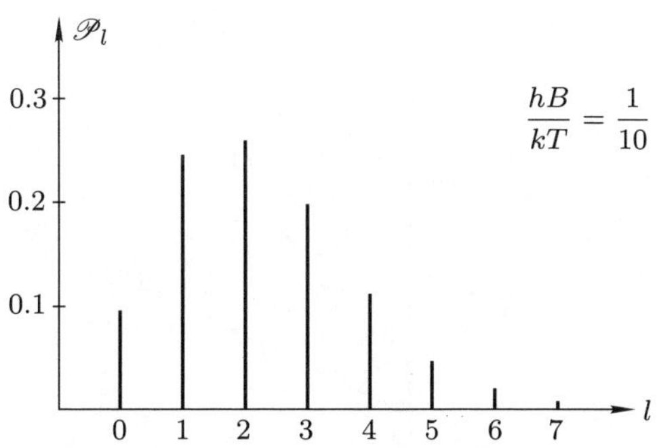

图 6–10　在热力学平衡下, 各转动能级 E_l 的布居数 $\mathscr{P}_l$. 在开始阶段, $\mathscr{P}_l$ 随着 l 增大, 这是因为能级 E_l 具有 $(2l+1)$ 重的简并; 当 l 足够大时, 玻尔兹曼因子 $\mathrm{e}^{-E_l/kT}$ 占优势, 于是导致 $\mathscr{P}_l$ 的减小.

α. 转动的拉曼效应; 经典处理

在补充材料 A_V 中, 我们曾引入光学中的分子极化率 χ. 电场为 $\boldsymbol{E}\mathrm{e}^{\mathrm{i}\Omega t}$ 的入射光波使分子中的电子发生受迫振动, 从而出现了一个电偶极矩 $\boldsymbol{D}\mathrm{e}^{\mathrm{i}\Omega t}$, 它的振荡频率与入射光波的相同. $\boldsymbol{D}$ 对 $\boldsymbol{E}$ 的比例系数就是 χ. 若 $\boldsymbol{E}$ 平行于分子的轴线, 则 χ 将依赖于两个核的间距 r; 当分子振动时, χ 以同样频率振荡; 这就是我们在 A_V 的 §1–c–β 中所述的振动的拉曼效应的起因.

实际上, 双原子分子是一个各向异性的体系. 如果对于 $\boldsymbol{E}$ 而言, 分子轴线的取向是任意的, 则一般说来, $\boldsymbol{D}$ 并不平行于 $\boldsymbol{E}$, 故 $\boldsymbol{D}$ 与 $\boldsymbol{E}$ 之间的关系是张量关系 (χ 则是 "极化率张量"). 仅在下述两种简单情况下 $\boldsymbol{D}$ 才平行于 $\boldsymbol{E}$: $\boldsymbol{E}$ 平行于分子的轴线 (这时有 $\chi=\chi_{/\!/}$) 或 $\boldsymbol{E}$ 垂直于分子的轴线 (这时 $\chi=\chi_{\perp}$). [724]
在一般情况下, 我们取光波 (假设是偏振的) 中电场 $\boldsymbol{E}$ 的方向为 Oz 轴. 设有一个分子, 其轴线在极角为 θ 和 φ 的方向上, 我们来计算电场 $\boldsymbol{E}$ 在该分子中感生的电偶极矩在 Oz 轴上的分量. 在 Oz 轴和 M_1M_2 所定的平面上, 我们可将 $\boldsymbol{E}$ 分解为平行于分子轴线的分量 $\boldsymbol{E}_{/\!/}$ 和垂直于 M_1M_2 的分量 $\boldsymbol{E}_{\perp}$ (图 6–11). 于是, 电场 $\boldsymbol{E}\cos\Omega t$ 在分子中感生的电偶极矩为:

$$\boldsymbol{D}=(\chi_{/\!/}\boldsymbol{E}_{/\!/}+\chi_{\perp}\boldsymbol{E}_{\perp})\cos\Omega t \tag{40}$$

我们立即可以算出 $\boldsymbol{D}$ 在 Oz 轴上的投影:

$$\begin{aligned}D_z&=(\cos\theta\chi_{/\!/}|\boldsymbol{E}_{/\!/}|+\sin\theta\chi_{\perp}|\boldsymbol{E}_{\perp}|)\cos\Omega t\\&=(\cos^2\theta\chi_{/\!/}+\sin^2\theta\chi_{\perp})E\cos\Omega t\\&=[\chi_{\perp}+(\chi_{/\!/}-\chi_{\perp})\cos^2\theta]E\cos\Omega t\end{aligned} \tag{41}$$

可以看出, 由于 $\chi_{/\!/}$ 与 $\chi_{\perp}$ 并不相等 (分子的各向异性), D_z 是与 θ 有关的.

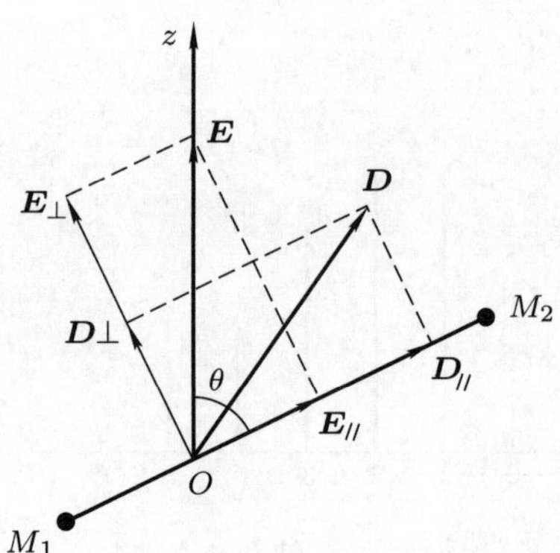

图 6–11 将电场 $\boldsymbol{E}$ 分解为平行于分子轴线的分量 $\boldsymbol{E}_{//}$ 和垂直于该轴线的分量 $\boldsymbol{E}_\perp$, 这两部分电场在分子中感生出电偶极矩 $\chi_{//}\boldsymbol{E}_{//}$ 和 $\chi_\perp\boldsymbol{E}_\perp$, 它们分别与这两部分电场共线; 但因 $\chi_{//}$ 与 $\chi_\perp$ 具有不同的数值 (分子的各向异性), 感生电偶极矩 $\boldsymbol{D}=\chi_{//}\boldsymbol{E}_{//}+\chi_\perp\boldsymbol{E}_\perp$ 并不和 $\boldsymbol{E}$ 共线.

为了考察分子转动时发生的情况, 我们先作经典的处理. 分子以频率 $\omega_R/2\pi$ 进行的转动使得 $\cos\theta$ 以同样的频率进行振荡:

$$\cos\theta=\alpha\cos(\omega_R t-\beta) \tag{42}$$

式中 α 和 β 依赖于初始条件和角动量 $\mathscr{L}$ (它是固定的) 的取向. 于是, 我们可以看出, 在 (41) 式中, 除了频率为 $\Omega/2\pi$ 的振荡部分以外, $\cos^2\theta$ 项又引起 D_z 的以频率 $(\Omega\pm2\omega_R)/2\pi$ 进行振荡的部分 (分子的频率为 $\omega_R/2\pi$ 的转动使它们的极化受到倍频的调制, 这个事实是很容易理解的: 因为经历了半个周期, 分子刚好转过半圈, 这时相对于入射光波而言, 分子又处于同样的几何位置). 重新发射的、平行于 z 轴偏振的光, 是 D_z 所辐射的光. 可以看出, 这种光包含一条没有偏移的谱线, 其频率为 $\Omega/2\pi$ (瑞利线), 以及两条偏移到瑞利线两侧的谱线, 其频率分别为 $(\Omega-2\omega_R)/2\pi$ (拉曼–斯托克斯线) 及 $(\Omega+2\omega_R)/2\pi$ (拉曼–反斯托克斯线).

β. 量子力学的选择定则; 拉曼谱的情况

从量子力学的观点看来, 拉曼散射对应于一种非弹性散射, 在这种过程中, 分子从能级 E_l 跃迁到能级 $E_{l'}$, 而光子的能量 $\hbar\Omega$ 则变为 $\hbar\Omega+E_l-E_{l'}$ (在此过程中体系的总能量是守恒的).

拉曼效应的量子理论 (我们不在这里论述) 表明, 上述过程发生的概率牵
[725] 涉到函数 $(\chi_{//}-\chi_\perp)\cos^2\theta+\chi_\perp$ 在分子的初态 $\mathrm{Y}_l^m(\theta,\varphi)$ 与末态 $\mathrm{Y}_{l'}^{m'}(\theta,\varphi)$ 之间的矩阵元:

$$\int \mathrm{d}\Omega\mathrm{Y}_{l'}^{m'*}(\theta,\varphi)[(\chi_{//}-\chi_\perp)\cos^2\theta+\chi_\perp]\mathrm{Y}_l^m(\theta,\varphi) \tag{43}$$

利用球谐函数的性质, 可以证明, 只有当①

$$l' - l = 0, +2, -2 \tag{44}$$

时, 这样的矩阵元才不等于零.

瑞利线 (对应于 $l = l'$) 只有一条. 但是, 各转动能级并不是等间隔的, 故拉曼–反斯托克斯线 (对应于 $l' = l - 2$) 就有很多条, 它们的频率是:

$$\frac{\Omega}{2\pi} + \frac{E_{l'+2} - E_{l'}}{h} = \frac{\Omega}{2\pi} + 4B\left(l' + \frac{3}{2}\right), \quad l' = 0, 1, 2, \cdots \tag{45}$$

拉曼–斯托克斯线 (对应于 $l' = l + 2$) 也有很多条, 它们的频率是:

$$\frac{\Omega}{2\pi} + \frac{E_l - E_{l+2}}{h} = \frac{\Omega}{2\pi} - 4B\left(l + \frac{3}{2}\right), \quad l = 0, 1, 2, \cdots \tag{46}$$

转动的拉曼谱的情况绘于图 6–12. 斯托克斯线与反斯托克斯线对称地分布在 [726]
瑞利线的两侧. 相邻的两条斯托克斯线 (或反斯托克斯线) 之间的间隔等于 $4B$, 也就是纯转动谱中相邻两线的间隔的二倍 (如果纯转动谱存在的话). 另一方面, 由于振动频率甚大于 B, 因此, 与转动的拉曼谱线相比, 振动的拉曼–斯托克斯线和拉曼–反斯托克斯线都分布在瑞利线的远左侧及远右侧, 这是它们未出现在图中的原因 (此外, 这些振动的拉曼线本身也有与图 6–12 相似的转动结构).

附注:

(i) 我们来研究在上面 §3–c 中讨论过的那种类型的波包. 对于这种波包. l 的各值集中在一个很大的值 l_M 附近 (图 6–8). 根据 (45) 与 (46) 式, 各条斯托克斯线和反斯托克斯线的频率 (就相对值而言) 将非常靠近下列数值:

$$\frac{\Omega}{2\pi} \pm 4Bl_M \tag{47}$$

根据 (31) 式, 这也就是

$$\frac{\Omega}{2\pi} \pm 2\nu_M \tag{48}$$

式中 ν_M 是分子的平均转动频率. 因此, 量子力学的处理使我们在经典极限下再次得到前面 §4–b–α 中的结果.

(ii) 在转动的拉曼谱中, 斯托克斯线的强度与反斯托克斯线的强度大致相当, 这是因为, 既然 hB 甚小于 kT, 则 l 值大的那些能级具有很大的布居数, 这是观察反斯托克斯线所必需的, 而且分子的初态至少应该对应

①若 $m \neq m'$, 积分 (43) 也等于零. 如果我们考虑重新发射出来而偏振态不同于入射光波的光, 那么, 我们可以求得关于 m 的选择定制; $\Delta m = 0, \pm 1, \pm 2$.

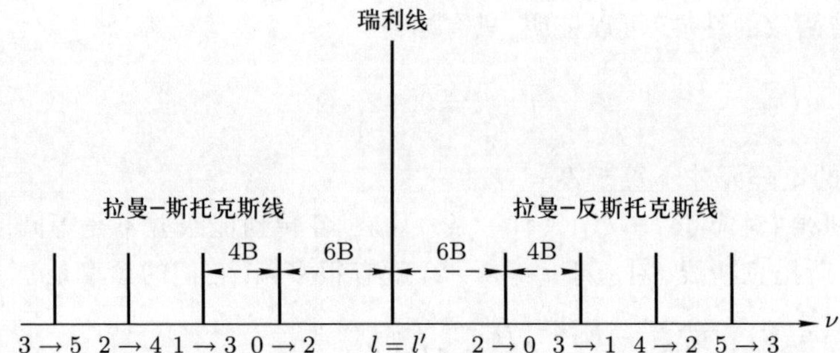

图 6–12　一个分子的转动拉曼谱. 原来处于转动能级 E_l 的这个分子非弹性地散射一个能量为 $\hbar\Omega$ 的入射光子; 散射之后, 此分子便跃迁到转动能级 $E_{l'}$, 而光子的能量则为 $\hbar\Omega + E_l - E_{l'}$ (能量守恒).

若 $l = l'$, 散射光子具有与入射光子相同的频率 $\nu = \Omega/2\pi$, 这时便出现瑞利线. 但是 $l' - l = \pm 2$ 的情况也同样可能; 若 $l' = l + 2$, 则散射光子的频率较低 (斯托克斯散射); 若 $l' = l - 2$, 则其频率较高 (反斯托克斯散射). 由于各转动能级 E_l 并不是等间隔的 (参看图 6–6), 因此, l 可以取多少个数值, 就有多少条斯托克斯线或反斯托克斯线; 这些线在图中附有标记 $l \to l'(l' = l \pm 2)$.

于 $l = 2$. 反之, 在振动谱中, 反斯托克斯线的强度却比斯托克斯线的微弱得多. 这是因为, 振动的能量甚大于 kT; 振动的基态 $v = 0$ 的能级的布居数比其他能级大得多, 斯托克斯过程 $(v = 0 \to v = 1)$ 比反斯托克斯过程 $(v = 1 \to v = 0)$ 频繁得多.

(iii) 对于异极分子, 同样存在转动的拉曼效应

参考文献和阅读建议:

Karplus 和 Porter (12.1), §7.4; Herzberg (12.4), 卷 I, 第 Ⅲ 章, §1 和 §2; Landau 和 Lifshitz (1.19), 第 XI 章和 XIII 章; Townes 和 Schawlow (12.10), 第 1 至第 4 章.

补充材料 D_{VI}

二维谐振子的定态的角动量 [727]

在这篇材料里, 我们感兴趣的是一个二维谐振子的量子性质. 这项研究的意义不仅仅在于提出了一个不需复杂计算即可精确求解的量子力学问题; 它还提供了应用轨道角动量 $\boldsymbol{L}$ 的性质的一个简例. 这是因为, 正如我们即将看到的, 这种振子的诸定态可以按可观察量 L_z 所取的值来分类; 此外, 在后面的补充材料 E_{VII} 中要使用我们在这里得到的结果.

1. 引言

a. 对经典处理的回顾

一个物理的粒子总是在三维空间中运动的. 但是, 如果它的势能只依赖于 x 和 y, 这种情况就退化为二维问题. 下面, 我们假设这个势能可以写作:

$$V(x,y) = \frac{\mu}{2}\omega^2(x^2+y^2) \tag{1}$$

式中 μ 是粒子的质量, ω 是一常量. 于是, 体系的哈密顿函数可以写作:

$$\mathscr{H} = \mathscr{H}_{xy} + \mathscr{H}_z \tag{2}$$

[728] 其中

$$\mathscr{H}_{xy} = \frac{1}{2\mu}(p_x^2 + p_y^2) + \frac{1}{2}\mu\omega^2(x^2 + y^2)$$

$$\mathscr{H}_z = \frac{1}{2\mu}p_z^2 \tag{3}$$

p_x, p_y, p_z 是粒子的动量 $\boldsymbol{p}$ 的三个分量. $\mathscr{H}_{xy}$ 就是一个二维谐振子的哈密顿函数.

运动方程很容易积分, 结果得到:

$$\begin{cases} p_z(t) = p_0 \\ z(t) = \dfrac{p_0}{\mu}t + z_0 \end{cases} \tag{4}$$

$$\begin{cases} x(t) = x_M \cos(\omega t - \varphi_x) \\ p_x(t) = -\mu\omega x_M \sin(\omega t - \varphi_x) \end{cases} \tag{5}$$

$$\begin{cases} y(t) = y_M \cos(\omega t - \varphi_y) \\ p_y(t) = -\mu\omega y_M \sin(\omega t - \varphi_y) \end{cases} \tag{6}$$

式中 $p_0, z_0, x_M, \varphi_x, y_M, \varphi_y$ 都是决定于初始条件的常量 (我们设 x_M 和 y_M 都是正的).

我们可以看出粒子在 Oz 轴上的投影以速度 p_0/μ 作匀速运动; 在 xOy 平面上的投影描绘一个椭圆, 即内接于图 6–13 的矩形 $ABCD$ 的椭圆. 动点沿什么方向描绘椭圆则依赖于相位差 $\varphi_y - \varphi_x$: 若 $\varphi_y - \varphi_x = \pm\pi$, 则椭圆退化为线段 AC; 若 $\varphi_y - \varphi_x$ 在 $-\pi$ 与 0 之间, 则动点沿顺时针方向描绘椭圆 ("左旋" 运
[729] 动), 当 $\varphi_y - \varphi_x = -\pi/2$ 时, 椭圆的轴平行于 Ox 轴及 Oy 轴; 若 $\varphi_y - \varphi_x = 0$, 椭圆退化为线段 BD; 最后, 若 $\varphi_y - \varphi_x$ 在 0 与 π 之间, 动点沿逆时针方向描绘椭圆 ("右旋" 运动), 当 $\varphi_y - \varphi_x = +\pi/2$ 时, 椭圆的轴平行于 Ox 轴和 Oy 轴. 注意, 若 $\varphi_y - \varphi_x = \pm\pi/2$ 而且 $x_M = y_M$, 则椭圆退化为圆.

不难确定与运动在 xOy 平面上的投影有关的几个运动常量:

—总能量 $\mathscr{H}_{xy}$, 根据 (3)、(5) 及 (6) 式, 它应等于

$$\mathscr{H}_{xy} = \frac{1}{2}\mu\omega^2(x_M^2 + y_M^2) \tag{7}$$

—运动在 Ox 轴与 Oy 轴上的投影的能量为:

$$\mathscr{H}_x = \frac{1}{2}\mu\omega^2 x_M^2 \tag{8–a}$$

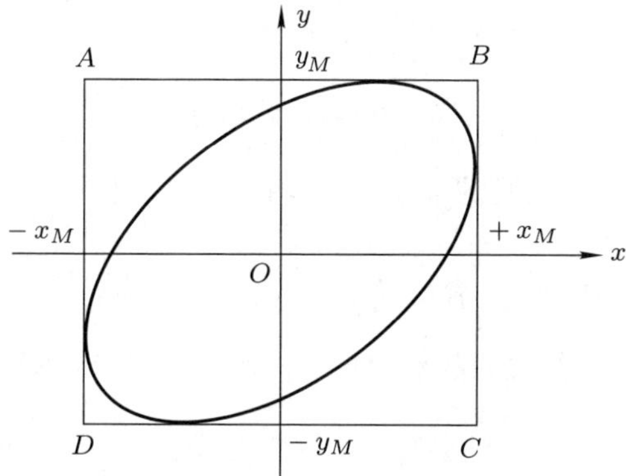

图 6–13　处在二维谐和势场中的一个粒子的经典径迹在 xOy 平面上的投影. 所得结果是内接于矩形 $ABCD$ 中的一个椭圆.

$$\mathscr{H}_y = \frac{1}{2}\mu\omega^2 y_M^2 \tag{8–b}$$

—粒子的轨道角动量 $\mathscr{L}$ 在 Oz 轴上的分量为:

$$\mathscr{L}_z = xp_y - yp_x \tag{9}$$

根据 (5) 式和 (6) 式, 它又等于

$$\mathscr{L}_z = \mu\omega x_M y_M \sin(\varphi_y - \varphi_x) \tag{10}$$

可以看出, 根据运动是右旋的 $(0 < \varphi_y - \varphi_x < \pi)$ 还是左旋的 $(-\pi < \varphi_y - \varphi_x < 0)$, $\mathscr{L}_z$ 可以是正的或负的. 对于两种直线运动 ($\varphi_y - \varphi_x = \pm\pi$ 和 $\varphi_y - \varphi_x = 0$), $\mathscr{L}_z$ 等于零. 最后, 对于能量已经给定的运动, 按 (7) 式, 这就是说, 对于 $x_M^2 + y_M^2$ 的一个确定值, 如果 $\varphi_y - \varphi_x = \pm\pi/2$, 而且乘积 $x_M y_M$ 达到最大可能值, 亦即当 $x_M = y_M$ 时, $|\mathscr{L}_z|$ 的值为极大. 因此, 在具有同一确定能量的所有运动中, 只有右 (或左) 旋圆运动才对应于 $\mathscr{L}_z$ 的代数值的极大 (或极小) 值.

b. 在量子力学中问题的梗概

利用第三章中的量子化规则, 我们就可以从 $\mathscr{H}, \mathscr{H}_{xy}, \mathscr{H}_z$ 得到 H, H_{xy}, H_z. 粒子的定态 $|\varphi\rangle$ 由下式给出:

$$H|\varphi\rangle = (H_{xy} + H_z)|\varphi\rangle = E|\varphi\rangle \tag{11}$$

其中

$$H_{xy} = \frac{P_x^2 + P_y^2}{2\mu} + \frac{1}{2}\mu\omega^2(X^2 + Y^2) \tag{12–a}$$

$$H_z = \frac{P_z^2}{2\mu} \tag{12–b}$$

[730] 根据补充材料 F_I 的结果, 我们知道, 可以选择一个由 H 的形如

$$|\varphi\rangle = |\varphi_{xy}\rangle \otimes |\varphi_z\rangle \tag{13}$$

的本征矢所构成的基; 这里的 $|\varphi_{xy}\rangle$ 是与变量 x、y 相联系的态空间 $\mathscr{E}_{xy}$ 中算符 H_{xy} 的本征矢:

$$H_{xy}|\varphi_{xy}\rangle = E_{xy}|\varphi_{xy}\rangle \tag{14}$$

而 $|\varphi_z\rangle$ 则是与变量 z 相联系的态空间 $\mathscr{E}_z$ 中算符 H_z 的本征矢:

$$H_z|\varphi_z\rangle = E_z|\varphi_z\rangle \tag{15}$$

因而, 与 (13) 式中的态相联系的总能量为:

$$E = E_{xy} + E_z \tag{16}$$

但是, 方程 (15) 所确定的态就是一维问题中一个自由粒子的定态, 此方程立即可以解出而得到:

$$\langle z|\varphi_z\rangle = \frac{1}{\sqrt{2\pi\hbar}}\mathrm{e}^{\mathrm{i}p_z z/\hbar} \tag{17}$$

(其中 p_z 是一个任意实常量) 而且:

$$E_z = \frac{p_z^2}{2\mu} \tag{18}$$

于是问题归结为求方程 (14) 的解, 即求一个二维谐振子的诸定态及对应的能量. 在下文中我们所要解决的正是这个问题.

我们将会看到, H_{xy} 的本征值 E_{xy} 是简并的, 所以, 在空间 $\mathscr{E}_{xy}$ 中 H_{xy} 不能单独构成一个 ECOC. 于是, 除 H_{xy} 以外, 我们不得不增添一个或若干个观察算符, 以便构成一个 ECOC. 实际上, 在量子力学中, 我们将重新求出已在经典力学中求出的那些运动常量. 即运动在 Ox 轴与 Oy 轴上的投影的能量 H_x 与 H_y, 以及轨道角动量 $\boldsymbol{L}$ 在 Oz 轴上的分量 L_z. 由于 L_z 既不能和 H_x 对易又不能和 H_y 对易, 我们将会看到, 可以用 H_{xy}、H_x 和 H_y 构成一个 ECOC(§2), 或用 H_{xy} 和 L_z 构成一个 ECOC(§3).

附注:

(i) 公式 (18) 表明, 在空间 $\mathscr{E}_z$ 中, H_z 的本征值 E_z 都是二重简并的. 此外, 在空间 $\mathscr{E} = \mathscr{E}_{xy} \otimes \mathscr{E}_z$ 中, 总哈密顿算符 H 的本征值 [(16) 式] 的简并并不仅仅来源于空间 $\mathscr{E}_{xy}$ 中的本征值 E_{xy} 的简并和空间 $\mathscr{E}_z$ 中的本征值 E_z 的简并; 实际上, H 的形如 (13) 式的两个本征矢可能具有相同的总能量 E, 而 E_{xy} 的 (及 E_z 的) 对应值却并不相等.

(ii) H 可以和 $\boldsymbol{L}$ 的分量 L_z 对易, 但不能与 L_x 及 L_y 对易; 这是因为, (1) 式中的势能只在围绕 Oz 轴的旋转中才保持不变. 此外, 在三个算符 L_x、L_y 及 L_z 中, 只有 L_z 仅在空间 $\mathscr{E}_{xy}$ 中起作用. 因此, 研究二维谐振子时, 将只用到观察算符 L_z. 在补充材料 B_{VII} 中, 还要讨论各向同性的三维谐振子, 它的势能对于围绕 [731]
通过原点的轴线的任意旋转都保持不变; 我们将会看到, 这时 $\boldsymbol{L}$ 的每一个分量都可以和哈密顿算符对易.

2. 将定态按量子数 n_x 与 n_y 分类

a. 能量; 定态

求本征值方程 (14) 的解时, 我们注意到算符 H_{xy} 可以写作:

$$H_{xy} = H_x + H_y \tag{19}$$

这里 H_x 与 H_y 都是一维谐振子的哈密顿算符:

$$\begin{aligned} H_x &= \frac{P_x^2}{2\mu} + \frac{1}{2}\mu\omega^2 X^2 \\ H_y &= \frac{P_y^2}{2\mu} + \frac{1}{2}\mu\omega^2 Y^2 \end{aligned} \tag{20}$$

我们已经知道空间 $\mathscr{E}_x$ 中算符 H_x 的属于能量 $E_x = \left(n_x + \frac{1}{2}\right)\hbar\omega$ 的本征态 $|\varphi_{n_x}\rangle$, 以及空间 $\mathscr{E}_y$ 中算符 H_y 的属于能量 $E_y = (n_y + 1/2)\hbar\omega$ 的本征态 $|\varphi_{n_y}\rangle$(这里的 n_x, n_y 都是正整数或零). 因此, 我们可将 H_{xy} 的本征态取作下列形式:

$$|\varphi_{n_x,n_y}\rangle = |\varphi_{n_x}\rangle \otimes |\varphi_{n_y}\rangle \tag{21}$$

对应的能量 E_{xy} 由下式给出:

$$\begin{aligned} E_{xy} &= \left(n_x + \frac{1}{2}\right)\hbar\omega + \left(n_y + \frac{1}{2}\right)\hbar\omega \\ &= (n_x + n_y + 1)\hbar\omega \end{aligned} \tag{22}$$

根据一维谐振子的性质, 在空间 $\mathscr{E}_x$ 中 E_x 是非简并的; 在空间 $\mathscr{E}_y$ 中 E_y 是非简并的. 因此, 对于每一对数 $\{n_x, n_y\}$, 在空间 $\mathscr{E}_{xy}$ 中都有一个唯一的 (常因子除外) 矢量 $|\varphi_{n_x,n_y}\rangle$ 与之对应; 这就是说, H_x 和 H_y 构成 $\mathscr{E}_{xy}$ 空间中的一个 ECOC.

为了以后的方便, 我们要使用算符 a_x 和 a_y (分别表示相对于 Ox 轴与 Oy

轴的一个量子的湮没算符), 它们的定义是:

$$a_x = \frac{1}{\sqrt{2}}\left(\beta X + \mathrm{i}\frac{P_x}{\beta\hbar}\right)$$

$$a_y = \frac{1}{\sqrt{2}}\left(\beta Y + \mathrm{i}\frac{P_y}{\beta\hbar}\right) \tag{23}$$

[732] 此两式中的

$$\beta = \sqrt{\frac{\mu\omega}{\hbar}} \tag{24}$$

因为 a_x 与 a_y 在不同的空间 $\mathscr{E}_x$ 与 $\mathscr{E}_y$ 中起作用, 所以 $a_x, a_y, a_x^\dagger, a_y^\dagger$ 这四个算符之间的不为零的对易子只有:

$$[a_x, a_x^\dagger] = [a_y, a_y^\dagger] = 1 \tag{25}$$

此外, 算符 N_x(相对 Ox 轴的量子数目) 和 N_y(相对 Oy 轴的量子数目) 由下列两式给出:

$$N_x = a_x^\dagger a_x$$

$$N_y = a_y^\dagger a_y \tag{26}$$

利用这两个算符, 可将 H_{xy} 写成下列形式:

$$H_{xy} = H_x + H_y = (N_x + N_y + 1)\hbar\omega \tag{27}$$

显然有:

$$N_x|\varphi_{n_x,n_y}\rangle = n_x|\varphi_{n_x,n_y}\rangle \tag{28}$$

$$N_y|\varphi_{n_x,n_y}\rangle = n_y|\varphi_{n_x,n_y}\rangle$$

基态 $|\varphi_{0,0}\rangle$ 由下式给出:

$$|\varphi_{0,0}\rangle = |\varphi_{n_x=0}\rangle \otimes |\varphi_{n_y=0}\rangle \tag{29}$$

将算符 $a_x^\dagger$ 和 $a_y^\dagger$ 相继应用于 $|\varphi_{0,0}\rangle$, 便可得到由 (21) 式定义的态 $|\varphi_{n_x,n_y}\rangle$:

$$|\varphi_{n_x,n_y}\rangle = \frac{1}{\sqrt{n_x!n_y!}}(a_x^\dagger)^{n_x}(a_y^\dagger)^{n_y}|\varphi_{0,0}\rangle \tag{30}$$

用 $\varphi_{n_y}(y)$ 乘 $\varphi_{n_x}(x)$, 所得之积就是对应的波函数 [参看补充材料 $\mathrm{B_V}$ 的公式 (35)]:

$$\varphi_{n_x,n_y}(x,y) = \frac{\beta}{\sqrt{\pi(2)^{n_x+n_y}(n_x)!(n_y)!}}\mathrm{e}^{-\beta^2(x^2+y^2)/2}H_{n_x}(\beta x)H_{n_y}(\beta y) \tag{31}$$

b. H_{xy} 并不构成空间 $\mathscr{E}_{xy}$ 中的 ECOC

由 (22) 式可以看出, H_{xy} 的本征值具有下列形式:

$$E_{xy} = E_n = (n+1)\hbar\omega \tag{32}$$

其中

$$n = n_x + n_y \tag{33}$$

是任意的正整数或零. 对应于这个能量值的不同的正交本征矢为:

$$|\varphi_{n_x=n,n_y=0}\rangle, |\varphi_{n_x=n-1,n_y=1}\rangle, \cdots, |\varphi_{n_x=0,n_y=n}\rangle \tag{34}$$

这些矢量共有 $(n+1)$ 个, 可见在空间 $\mathscr{E}_{xy}$ 中本征值 E_n 是 $(n+1)$ 重简并的. [733]
因此, 算符 H_{xy} 本身不能单独构成一个 ECOC. 另一方面, 前面我们已看到, $\{H_x, H_y\}$ 却是一个 ECOC; 显然, $\{H_{xy}, H_x\}$ 及 $\{H_{xy}, H_y\}$ 也都是 ECOC.

3. 将定态按它们的角动量的值分类

a. 算符 L_z 的意义及性质

在上一段中, 我们已将定态按量子数 n_x 和 n_y 分类. 但是, 在这个问题中, Ox 轴和 Oy 轴并没有什么优越性. 这是因为, 既然势能在围绕 Oz 轴的旋转中是不变的, 那么, 我们未尝不可以在 xOy 平面上另取一个直角坐标系 Ox' 和 Oy'; 这样一来, 我们所求得的定态就与前面的不一样了.

为了更好地利用这个问题的对称性, 我们现在考虑由

$$L_z = XP_y - YP_x \tag{35}$$

所定义的角动量分量 L_z. 用 a_x 和 $a_x^\dagger$ 表示 X 和 P_x, 用 a_y 和 $a_y^\dagger$ 表示 Y 和 P_y 不难得到:

$$L_z = \mathrm{i}\hbar(a_x a_y^\dagger - a_x^\dagger a_y) \tag{36}$$

利用这些算符, 可将 H_{xy} 表示为:

$$H_{xy} = (a_x^\dagger a_x + a_y^\dagger a_y + 1)\hbar\omega \tag{37}$$

由于

$$\begin{aligned}[a_x a_y^\dagger, a_x^\dagger a_x + a_y^\dagger a_y] &= a_x a_y^\dagger - a_x a_y^\dagger = 0 \\ [a_x^\dagger a_y, a_x^\dagger a_x + a_y^\dagger a_y] &= -a_x^\dagger a_y + a_x^\dagger a_y = 0\end{aligned} \tag{38}$$

从而可以推出:

$$[H_{xy}, L_z] = 0 \tag{39}$$

因此, 我们要去寻找由 H_{xy} 和 L_z 的共同本征矢所构成的基.

b. 右旋圆量子和左旋圆量子

我们引入两个算符: a_d 和 a_g, 定义如下:

$$a_d = \frac{1}{\sqrt{2}}(a_x - \mathrm{i}a_y) \tag{40}$$

$$a_g = \frac{1}{\sqrt{2}}(a_x + \mathrm{i}a_y)$$

[734] 从这个定义可以看出, 将算符 a_d (或 a_g) 作用于矢量 $|\varphi_{n_x,n_y}\rangle$ 所得的态是 $|\varphi_{n_x-1,n_y}\rangle$ 和 $|\varphi_{n_x,n_y-1}\rangle$ 的一个线性组合, 也就是少了一个能量子 $\hbar\omega$ 的定态. 同样, 将算符 $a_d^\dagger$(或 $a_g^\dagger$) 作用于矢量 $|\varphi_{n_x,n_y}\rangle$ 便得到多了一个能量子的另一定态. 实际上, 我们将会看到, 算符 a_d (或 a_g) 非常类似于算符 a_x (或 a_y), 而且我们可以将 a_d 与 a_g 分别解释为一个 "右旋圆量子" 与一个 "左旋圆量子" 的湮没算符.

首先, 利用 (40) 式和 (25) 式, 很容易证明, a_d, a_g, $a_d^\dagger$, $a_g^\dagger$ 这四个算符之间的不为零的对易子只有:

$$[a_d, a_d^\dagger] = [a_g, a_g^\dagger] = 1 \tag{41}$$

这个关系与 (25) 式非常相似. 此外, 我们可以用这些算符将 H_{xy} 写成类似于 (37) 式的形式; 由于:

$$a_d^\dagger a_d = \frac{1}{2}(a_x^\dagger a_x + a_y^\dagger a_y - \mathrm{i}a_x^\dagger a_y + \mathrm{i}a_x a_y^\dagger) \tag{42}$$

$$a_g^\dagger a_g = \frac{1}{2}(a_x^\dagger a_x + a_y^\dagger a_y + \mathrm{i}a_x^\dagger a_y - \mathrm{i}a_x a_y^\dagger)$$

从而便有

$$H_{xy} = (a_d^\dagger a_d + a_g^\dagger a_g + 1)\hbar\omega \tag{43}$$

此外, 考虑到 (36) 式, 还可看出:

$$L_z = \hbar(a_d^\dagger a_d - a_g^\dagger a_g) \tag{44}$$

如果引入算符 N_d 和 N_g ("右旋圆量子" 数目和 "左旋圆量子" 数目):

$$N_d = a_d^\dagger a_d \tag{45}$$

$$N_g = a_g^\dagger a_g$$

则公式 (43) 和 (44) 就变为:

$$H_{xy} = (N_d + N_g + 1)\hbar\omega \tag{46}$$

$$L_z = \hbar(N_d - N_g)$$

这样, 既保持 H 的表示式像 (27) 式那样简单, 又简化了 L_z 的表示式.

c. 具有完全确定的角动量的定态

现在, 我们可以使用算符 a_d 和 a_g 来进行类似于上面使用 a_x 和 a_y 所作的推理. 这样便可推知: 算符 N_d 和 N_g 的谱由全体正整数或零构成; 此外, 给出了这样的一对整数 $\{n_d, n_g\}$ 便唯一地 (常因子除外) 决定了算符 N_d 和 N_g 的属于这组本征值的共同本征矢, 即:

$$|\chi_{n_d,n_g}\rangle = \frac{1}{\sqrt{(n_d)!(n_g)!}}(a_d^\dagger)^{n_d}(a_g^\dagger)^{n_g}|\varphi_{0,0}\rangle \tag{47}$$

因此N_d 和 N_g 在空间 $\mathscr{E}_{xy}$ 中构成一个 ECOC. 利用 (46) 式, 可以看出, 矢量 [735]
$|\chi_{n_d,n_g}\rangle$ 也是算符 H_{xy} 和 L_z 的本征矢, 属于本征值 $(n+1)\hbar\omega$ 和 $m\hbar$, 这里的 n 和 m 由下式给出:

$$\begin{aligned} n &= n_d + n_g \\ m &= n_d - n_g \end{aligned} \tag{48}$$

这两个式子有助于我们理解 "右旋圆量子" 和 "左旋圆量子" 这两个名称的由来. 实际上, 算符 $a_d^\dagger$ 对矢量 $|\chi_{n_d,n_g}\rangle$ 的作用所给出的态多了一个量子, 由于 m 的值已经增大了 1, 我们便须给这个态增添一个角动量 $+\hbar$ (这对应于绕 Oz 轴沿逆时针方向的旋转); 同样地, 算符 $a_g^\dagger$ 所给出的态也多了一个量子, 角动量的改变为 $-\hbar$ (这对应于顺时针方向的旋转).

由于 n_d 和 n_g 都是任意正整数 (或零), 于是我们又得到了前一段的结果: H_{xy} 的本征值的形式为 $(n+1)\hbar\omega$, 其中 n 为正整数或零; 这些本征值的简并度为 $(n+1)$, 这是因为, n 的值取定之后, 可以有:

$$\begin{aligned} n_d = n; &\quad n_g = 0 \\ n_d = n-1; &\quad n_g = 1 \\ \vdots \qquad &\qquad \vdots \\ n_d = 0; &\quad n_g = n \end{aligned} \tag{49}$$

另一方面, 我们看到算符 L_z 的本征值的形式为 $m\hbar$, 这里 m 为正的或负的整数或零, 这是我们在第六章中已经普遍证明过的结果. 此外, 从 (49) 式可以推知 m 的哪些值与 n 的一个给定值相联系. 例如, 对于基态, $n_d = n_g = 0$, 于是必有 $m = 0$; 对于第一激发态: $n_d = 1, n_g = 0$, 或 $n_d = 0, n_g = 1$, 这就决定了 $m = +1$ 或 $m = -1$. 公式 (48) 和 (49) 表明, 在一般情况下, 对于一个给定的能级 $(n+1)\hbar\omega, m$ 的可能值为:

$$m = n, n-2, n-4, \cdots, -n+2, -n \tag{50}$$

由此可以推知, 对于 n 和 m 的一对值, 对应着一个唯一的 (常数因子除外) 矢量:

$$\left|\chi_{n_d=\frac{n+m}{2},n_g=\frac{n-m}{2}}\right\rangle$$

因此, H 和 L_z 在空间 $\mathscr{E}_{xy}$ 中构成一个 ECOC.

附注:

对于总能量 (以 n 为标志) 的一个给定值, 态 $|\chi_{n_d=n,n_g=0}\rangle$ 与态 $|\chi_{n_d=0,n_g=n}\rangle$ 对应于 L_z 的最大值 $(n\hbar)$ 与最小值 $(-n\hbar)$. 因此, 这些态使我们回想起与一个给定的总能量值相联系的经典的右旋圆运动和左旋圆运动, 在这些运动中, $\mathscr{L}_z$ 达到其最大值和最小值 (参看 §1–a).

[736] d. 与 H_{xy} 和 L_z 的共同本征态相联系的波函数

为了保持所述问题对于绕 Oz 轴的旋转的对称性, 我们使用极坐标:

$$\begin{aligned} x &= \rho\cos\varphi \qquad \rho \geqslant 0 \\ y &= \rho\sin\varphi \qquad 0 \leqslant \varphi < 2\pi \end{aligned} \tag{51}$$

现在我们要问: 算符 a_d 和 a_g 对于 ρ 和 φ 的函数的作用如何? 我们先确定这些算符对 x 和 y 的函数的作用. 既然知道了 X 以及 P_x 的作用, 从而就知道了 a_x 的作用 (而且, 根据类似的推理, 也就知道了 a_y 的作用); 于是我们可以利用 (40) 式, 得出:

$$a_d \Longrightarrow \frac{1}{2}\left[\beta(x-\mathrm{i}y)+\frac{1}{\beta}\left(\frac{\partial}{\partial x}-\mathrm{i}\frac{\partial}{\partial y}\right)\right] \tag{52}$$

按照多元函数的求导公式, 我们得到:

$$a_d \Longrightarrow \frac{\mathrm{e}^{-\mathrm{i}\varphi}}{2}\left[\beta\rho+\frac{1}{\beta}\frac{\partial}{\partial\rho}-\frac{\mathrm{i}}{\beta\rho}\frac{\partial}{\partial\varphi}\right] \tag{53}$$

同样可以求得:

$$a_d^\dagger \Longrightarrow \frac{\mathrm{e}^{\mathrm{i}\varphi}}{2}\left[\beta\rho-\frac{1}{\beta}\frac{\partial}{\partial\rho}-\frac{\mathrm{i}}{\beta\rho}\frac{\partial}{\partial\varphi}\right] \tag{54}$$

以及

$$a_g \Longrightarrow \frac{\mathrm{e}^{\mathrm{i}\varphi}}{2}\left[\beta\rho+\frac{1}{\beta}\frac{\partial}{\partial\rho}+\frac{\mathrm{i}}{\beta\rho}\frac{\partial}{\partial\varphi}\right]$$

$$a_g^\dagger \Longrightarrow \frac{\mathrm{e}^{-\mathrm{i}\varphi}}{2}\left[\beta\rho-\frac{1}{\beta}\frac{\partial}{\partial\rho}+\frac{\mathrm{i}}{\beta\rho}\frac{\partial}{\partial\varphi}\right] \tag{55}$$

为了计算波函数 $\chi_{n_d,n_g}(\rho,\varphi)$, 只需将代表 $a_d^\dagger$ 与 $a_g^\dagger$ 的微分算符应用于函数 $\chi_{0,0}(\rho,\varphi)$ 根据 (31) 式, 此函数可以写作

$$\chi_{0,0}(\rho,\varphi)=\frac{\beta}{\sqrt{\pi}}\mathrm{e}^{-\beta^2\rho^2/2} \tag{56}$$

从 (54) 式和 (55) 式, 我们不难看出, 将算符 $a_d^\dagger$(或 $a_g^\dagger$) 作用于形如 $\mathrm{e}^{\mathrm{i}m\varphi}F(\rho)$ 的函数, 便得到:

$$a_d^\dagger[\mathrm{e}^{\mathrm{i}m\varphi}F(\rho)] = \frac{\mathrm{e}^{\mathrm{i}(m+1)\varphi}}{2}\left[\left(\beta\rho + \frac{m}{\beta\rho}\right)F(\rho) - \frac{1}{\beta}\frac{\mathrm{d}F}{\mathrm{d}\rho}\right]$$

$$a_g^\dagger[\mathrm{e}^{\mathrm{i}m\varphi}F(\rho)] = \frac{\mathrm{e}^{\mathrm{i}(m-1)\varphi}}{2}\left[\left(\beta\rho - \frac{m}{\beta\rho}\right)F(\rho) - \frac{1}{\beta}\frac{\mathrm{d}F}{\mathrm{d}\rho}\right] \tag{57}$$

将这些等式迭次应用于 (56) 式, 便可看出, 函数 $\chi_{n_d,n_g}(\rho,\varphi)$ 对 φ 的依赖关系可以简单地表示为 $\mathrm{e}^{\mathrm{i}(n_d-n_g)\varphi}$; 这样一来, 就又得到在第六章中证明过的普遍结果, 即算符 L_z 的属于本征值 $m\hbar$ 的本征函数对 φ 的依赖关系就是 $\mathrm{e}^{\mathrm{i}m\varphi}$.

假设在 (57) 式中, 我们取 $F(\rho) = \rho^m\mathrm{e}^{-\beta^2\rho^2/2}$, 则有: [737]

$$a_d^\dagger[\mathrm{e}^{\mathrm{i}m\varphi}\rho^m\mathrm{e}^{-\beta^2\rho^2/2}] = \beta\mathrm{e}^{\mathrm{i}(m+1)\varphi}\rho^{m+1}\mathrm{e}^{-\beta^2\rho^2/2} \tag{58}$$

将算符 $a_d^\dagger$ 迭连 n_d 次作用于函数 $\chi_{0,0}(\rho)$ 上, 便得到:

$$\chi_{n_d,0}(\rho,\varphi) = \frac{\beta}{\sqrt{\pi(n_d)!}}\mathrm{e}^{\mathrm{i}n_d\varphi}(\beta\rho)^{n_d}\mathrm{e}^{-\beta^2\rho^2/2} \tag{59}$$

由类似的计算可以得到

$$\chi_{0,n_g}(\rho,\varphi) = \frac{\beta}{\sqrt{\pi(n_g)!}}\mathrm{e}^{-\mathrm{i}n_g\varphi}(\beta\rho)^{n_g}\mathrm{e}^{-\beta^2\rho^2/2} \tag{60}$$

根据这些波函数的结构,很容易验证它们都是归一化的. 对于一个给定的能级 $(n+1)\hbar\omega$, 波函数 (59) 和 (60) 对应于量子数 m 的两个极端值 $+n$ 与 $-n$. 这些函数对 ρ 的依赖关系特别简单: 它们的模在 $\rho = \sqrt{n}/\beta$ 时呈现极大值; 于是 (如同一维谐振子那样), 这些波函数的空间展延度随着它们所对应的能量 $(n+1)\hbar\omega$ 的增大而增大.

同理, 将算符 $a_d^\dagger$(或 $a_g^\dagger$) 应用于 (59) 式和 (60) 式, 可以构成函数 $\chi_{n_d,n_g}(\rho,\varphi)$(对任意的 n_d, n_g), 我们将关于前几个激发态所得的结果列于表 D_{VI}–1.

表 D_{VI}–1

在二维谐振子的前几个能级中, 哈密顿算符 H_{xy} 和观察算符 L_z 的共同本征函数.

n	m	本征函数
$n=0$	$m=0$	$\chi_{0,0}(\rho) = \dfrac{\beta}{\sqrt{\pi}}\mathrm{e}^{-\beta^2\rho^2/2}$
$n=1$	$m=1$	$\chi_{1,0}(\rho,\varphi) = \dfrac{\beta}{\sqrt{\pi}}\beta\rho\mathrm{e}^{-\beta^2\rho^2/2}\mathrm{e}^{\mathrm{i}\varphi}$
	$m=-1$	$\chi_{0,1}(\rho,\varphi) = \dfrac{\beta}{\sqrt{\pi}}\beta\rho\mathrm{e}^{-\beta^2\rho^2/2}\mathrm{e}^{-\mathrm{i}\varphi}$
$n=2$	$m=2$	$\chi_{2,0}(\rho,\varphi) = \dfrac{\beta}{\sqrt{2\pi}}(\beta\rho)^2\mathrm{e}^{-\beta^2\rho^2/2}\mathrm{e}^{2\mathrm{i}\varphi}$
	$m=0$	$\chi_{1,1}(\rho,\varphi) = \dfrac{\beta}{\sqrt{\pi}}[(\beta\rho)^2-1]\mathrm{e}^{-\beta^2\rho^2/2}$
	$m=-2$	$\chi_{0,2}(\rho,\varphi) = \dfrac{\beta}{\sqrt{2\pi}}(\beta\rho)^2\mathrm{e}^{-\beta^2\rho^2/2}\mathrm{e}^{-2\mathrm{i}\varphi}$

[738] **附注:**

(59) 式给出的函数 $\chi_{n_d,0}(\rho,\varphi)$ 正比于 $\mathrm{e}^{-\beta^2\rho^2/2}(\beta\rho\mathrm{e}^{\mathrm{i}\varphi})^{n_d}$, 在一般情况下, 它们的一切线性组合都具有下列形式:

$$F(\rho,\varphi)=\mathrm{e}^{-\beta^2\rho^2/2}f(\beta\rho\mathrm{e}^{\mathrm{i}\varphi}) \tag{61}$$

(其中 f 是任意的单元函数), 而且都是算符 N_g 的属于本征值零的本征函数. 利用 (55) 式, 很容易证实:

$$a_gF(\rho,\varphi)=0 \tag{62}$$

同样, 算符 N_d 的对应于本征值零的本征函数子空间包含下列形式的函数:

$$G(\rho,\varphi)=\mathrm{e}^{-\beta^2\rho^2/2}g(\beta\rho\mathrm{e}^{-\mathrm{i}\varphi}) \tag{63}$$

4. 准经典态

利用一维谐振子的各种性质很容易推知二维谐振子的态矢量和各可观察量的平均值是怎样随时间演变的. 例如, 不难证明, 在平均值 $\langle X\rangle(t)$ 和 $\langle Y\rangle(t)$ 以及 $\langle P_x\rangle(t)$ 和 $\langle P_y\rangle(t)$ 的演变中只出现一个玻尔频率 ω; 此外, 我们还可以证明这些平均值都严格遵循经典的演变规律. 在这一段里, 我们着重讨论二维谐振子的性质及其准经典态的演变.

a. 态 $|\alpha_x,\alpha_y\rangle$ 与态 $|\alpha_d,\alpha_g\rangle$ 的定义

为了构成二维谐振子的一个准经典态, 我们只需以过去建立的一维振子的理论为依据 (参看补充材料 $\mathrm{G_V}$). 提醒一下, 在一个与给定的经典运动相联系的准经典态中, 平均值 $\langle X\rangle(t)$ 和 $\langle P\rangle(t)$ 在每一时刻都分别与 $x(t)$ 和 $p(t)$ 一致; 同样, 哈密顿算符 H 的平均值则等于经典能量 (半能量子 $\hbar\omega/2$ 除外). 在补充材料 $\mathrm{G_V}$ 中, 我们已经证明, 在每一时刻, 诸准经典态都是湮没算符 a 的本征态, 并可写作:

$$|\alpha\rangle=\sum_n c_n(\alpha)|\varphi_n\rangle \tag{64}$$

式中 α 是算符 a 的本征值, 而系数

$$c_n(\alpha)=\frac{\alpha^n}{\sqrt{n!}}\mathrm{e}^{-|\alpha|^2/2} \tag{65}$$

在我们目前所讨论的情况下, 可以利用关于张量积的法则求得形式为

$$|\alpha_x,\alpha_y\rangle=|\alpha_x\rangle\otimes|\alpha_y\rangle=\sum_{n_x=0}^{\infty}\sum_{n_y=0}^{\infty}c_{n_x}(\alpha_x)c_{n_y}(\alpha_y)|\varphi_{n_x,n_y}\rangle \tag{66}$$

的准经典态, 并有下列关系: [739]

$$a_x|\alpha_x,\alpha_y\rangle=\alpha_x|\alpha_x,\alpha_y\rangle \tag{67}$$
$$a_y|\alpha_x,\alpha_y\rangle=\alpha_y|\alpha_x,\alpha_y\rangle$$

于是我们可以确信 $\langle X\rangle,\langle P_x\rangle,\langle H_x\rangle,\langle Y\rangle,\langle P_y\rangle,\langle H_y\rangle$ 分别与对应的经典量一致. 再回到 (40) 式中的定义, 并利用 (67) 式, 我们可以看出:

$$a_d|\alpha_x,\alpha_y\rangle=\alpha_d|\alpha_x,\alpha_y\rangle \tag{68}$$
$$a_g|\alpha_x,\alpha_y\rangle=\alpha_g|\alpha_x,\alpha_y\rangle$$

其中

$$\alpha_d=\frac{1}{\sqrt{2}}(\alpha_x-\mathrm{i}\alpha_y) \tag{69}$$
$$\alpha_g=\frac{1}{\sqrt{2}}(\alpha_x+\mathrm{i}\alpha_y)$$

由此可见, 态 $|\alpha_x,\alpha_y\rangle$ 也是算符 a_d 和 a_g 的本征矢, 属于 (69) 式给出的本征值. 我们用 $|\alpha_d,\alpha_g\rangle$ 表示算符 a_d 和 a_g 的属于本征值 α_d 和 α_g 的共同本征矢. 很容易证明, 态 $|\alpha_d,\alpha_g\rangle$ 在基 $\{|\chi_{n_d,n_g}\rangle\}$ 中的展开式与态 $|\alpha_x,\alpha_y\rangle$ 在基 $\{|\varphi_{n_x,n_y}\rangle\}$ 中的展开式具有相同的形式:

$$|\alpha_d,\alpha_g\rangle=\sum_{n_d=0}^{\infty}\sum_{n_g=0}^{\infty}c_{n_d}(\alpha_d)c_{n_g}(\alpha_g)|\chi_{n_d,n_g}\rangle \tag{70}$$

其中诸系数 c_n 由 (65) 式给出. 从 (68) 式和 (69) 式可以推出:

$$|\alpha_x,\alpha_y\rangle=\left|\alpha_d=\frac{\alpha_x-\mathrm{i}\alpha_y}{\sqrt{2}},\alpha_g=\frac{\alpha_x+\mathrm{i}\alpha_y}{\sqrt{2}}\right\rangle \tag{71}$$

根据态 $|\alpha\rangle$ 的性质 (参看补充材料 G_V 的 §3–a), 可以看出, 若

$$|\psi(0)\rangle=|\alpha_x,\alpha_y\rangle=|\alpha_d,\alpha_g\rangle \tag{72}$$

则 t 时刻的态矢量应为:

$$\begin{aligned}|\psi(t)\rangle&=\mathrm{e}^{-\mathrm{i}\omega t}|\mathrm{e}^{-\mathrm{i}\omega t}\alpha_x,\mathrm{e}^{-\mathrm{i}\omega t}\alpha_y\rangle\\&=\mathrm{e}^{-\mathrm{i}\omega t}|\mathrm{e}^{-\mathrm{i}\omega t}\alpha_d,\mathrm{e}^{-\mathrm{i}\omega t}\alpha_g\rangle\end{aligned} \tag{73}$$

b. 各可观察量的平均值和方均根偏差

现在, 我们令:

$$\alpha_x = |\alpha_x|\mathrm{e}^{\mathrm{i}\varphi_x} \tag{74}$$
$$\alpha_y = |\alpha_y|\mathrm{e}^{\mathrm{i}\varphi_y}$$

[740] 利用补充材料 G_V 中的公式 (93), 我们得到:

$$\begin{cases} \langle X\rangle(t) = \dfrac{\sqrt{2}}{\beta}|\alpha_x|\cos(\omega t-\varphi_x) \\ \langle Y\rangle(t) = \dfrac{\sqrt{2}}{\beta}|\alpha_y|\cos(\omega t-\varphi_y) \end{cases} \tag{75}$$

$$\begin{cases} \langle P_x\rangle(t) = -\mu\omega\dfrac{\sqrt{2}}{\beta}|\alpha_x|\sin(\omega t-\varphi_x) \\ \langle P_y\rangle(t) = -\mu\omega\dfrac{\sqrt{2}}{\beta}|\alpha_y|\sin(\omega t-\varphi_y) \end{cases} \tag{76}$$

将 (75)、(76) 两式与 (5)、(6) 两式进行比较, 可以看出:

$$\alpha_x = \frac{\beta x_M}{\sqrt{2}}\mathrm{e}^{\mathrm{i}\varphi_x}$$
$$\alpha_y = \frac{\beta y_M}{\sqrt{2}}\mathrm{e}^{\mathrm{i}\varphi_y} \tag{77}$$

其中 $x_M, \varphi_x, y_M, \varphi_y$ 是决定性态 $|\alpha_x, \alpha_y\rangle$ 中可以准确重现的经典运动的参变量.

另一方面:

$$\langle N_x\rangle = |\alpha_x|^2$$
$$\langle N_y\rangle = |\alpha_y|^2 \tag{78}$$

并且

$$\langle N_d\rangle = |\alpha_d|^2 = \frac{1}{2}[|\alpha_x|^2+|\alpha_y|^2+\mathrm{i}(\alpha_x\alpha_y^*-\alpha_x^*\alpha_y)]$$
$$\langle N_g\rangle = |\alpha_g|^2 = \frac{1}{2}[|\alpha_x|^2+|\alpha_y|^2-\mathrm{i}(\alpha_x\alpha_y^*-\alpha_x^*\alpha_y)] \tag{79}$$

这就是说, 根据 (46) 式, 应有:

$$\langle H_{xy}\rangle = \hbar\omega(|\alpha_x|^2+|\alpha_y|^2+1) = \hbar\omega(|\alpha_d|^2+|\alpha_g|^2+1) \tag{80}$$

以及

$$\langle L_z\rangle = 2\hbar|\alpha_x||\alpha_y|\sin(\varphi_y-\varphi_x) = \hbar(|\alpha_d|^2-|\alpha_g|^2) \tag{81}$$

根据 (77) 式, 平均值 $\langle L_z\rangle$ 也是与 $\mathscr{L}_z$ 的经典值一致的 [见公式 (10)]

下面, 我们来看位置、动量、能量及角动量在态 $|\alpha_x,\alpha_y\rangle$ 中的方均根偏差. 直接应用补充材料 G_V 中的结果, 可以得到:

$$\begin{aligned}\Delta X=\Delta Y&=\frac{1}{\beta\sqrt{2}}\\ \Delta P_x=\Delta P_y&=\frac{\mu\omega}{\beta\sqrt{2}}\end{aligned}\tag{82}$$

位置和动量的方均根偏差都是与 α_x 和 α_y 无关的; 如果 $|\alpha_x|$ 和 $|\alpha_y|$ 都大于 1, [741]
则振子的位置和动量在平均值 $\langle X\rangle,\langle Y\rangle$ 和 $\langle P_x\rangle,\langle P_y\rangle$ 附近的离差是很小的.

最后, 我们来计算能量的方均根偏差 ΔH_{xy} 及角动量的方均根偏差 ΔL_z. 如同在补充材料 G_V 中那样, 有:

$$\begin{aligned}\Delta N_x&=|\alpha_x|\\ \Delta N_y&=|\alpha_y|\\ \Delta N_d&=|\alpha_d|\\ \Delta N_g&=|\alpha_g|\end{aligned}\tag{83}$$

但是哈密顿算符 H_{xy} 包含 $N=N_x+N_y$ 而 L_z 正比于 N_d-N_g. 因此, 我们必须计算它们的方均根偏差, 例如:

$$\begin{aligned}(\Delta N)^2&=\langle(N_x+N_y)^2\rangle-\langle(N_x+N_y)\rangle^2\\ &=(\Delta N_x)^2+(\Delta N_y)^2+2[\langle N_xN_y\rangle-\langle N_x\rangle\langle N_y\rangle]\end{aligned}\tag{84}$$

根据 (66) 式, 体系的态是一个张量积, 因而可以推知, 观察算符 N_x 与 N_y 是互不相关的:

$$\langle N_xN_y\rangle=\langle N_x\rangle\langle N_y\rangle\tag{85}$$

因此,

$$(\Delta N)^2=(\Delta N_x)^2+(\Delta N_y)^2\tag{86}$$

也就是说:

$$\Delta H_{xy}=\hbar\omega\sqrt{|\alpha_x|^2+|\alpha_y|^2}=\hbar\omega\sqrt{|\alpha_d|^2+|\alpha_g|^2}\tag{87}$$

同样地, 还可求得:

$$\Delta L_z=\hbar\sqrt{|\alpha_d|^2+|\alpha_g|^2}=\hbar\sqrt{|\alpha_x|^2+|\alpha_y|^2}\tag{88}$$

补充材料 E_{VI}

[742]
磁场中的荷电粒子; 朗道能级

从第一章起, 我们就在一些特殊情况下研究过一个受标势 $V(\boldsymbol{r})$ 作用 (例如, 对荷电粒子而言, 这种作用表现为电场的影响) 的粒子的性质. 第五章 (谐振子) 和第七章 (在中心势场中的粒子) 又讨论了标势的另一些例子. 在这篇材料里我们讨论另一方面的问题, 即在矢势 $A(\boldsymbol{r})$ 作用下粒子的性质, 也就是处在磁场中的荷电粒子的性质. 我们将发现一些纯量子的效应, 例如, 在均匀磁场中, 等间隔能级 (朗道能级) 的存在①. 在用量子力学的观点探讨这个问题之前, 我们先概略地复习一些经典的结论.

① 这个等间隔性还表现为谐振子性质的一个后果, 对此问题的讨论本来应该放在第五章之后. 但是, 我们又将看到, 角动量的性质有助于对粒子的定态的研究和分类, 所以, 我们还是将这篇材料放在第六章之后.

1. 经典处理的复习

a. 粒子的运动

设坐标为 $\boldsymbol{r}$, 电荷为 q 的一个粒子处在磁场 $\boldsymbol{B}(\boldsymbol{r})$ 的作用下, 则粒子所受的力 $\boldsymbol{f}$ 由拉普拉斯定律给出:

$$\boldsymbol{f} = q\boldsymbol{v} \times \boldsymbol{B}(\boldsymbol{r}) \tag{1}$$

式中

$$\boldsymbol{v} = \frac{\mathrm{d}\boldsymbol{r}}{\mathrm{d}t} \tag{2}$$

是粒子的速度. 粒子的运动遵从动力学的基本定律 [743]

$$\mu\frac{\mathrm{d}\boldsymbol{v}}{\mathrm{d}t} = \boldsymbol{f} \tag{3}$$

(μ 是粒子的质量).

在下面, 我们常常要考虑均匀磁场的情况, 这时, 我们将磁场的方向取作 Oz 轴. 通过求解运动方程 (3), 可以证明, 在这种情况下, 粒子的三个坐标 $x(t), y(t)$ 及 $z(t)$ 由下列三式给出:

$$\begin{aligned} x(t) &= x_0 + \sigma\cos(\omega_c t - \varphi_0) \\ y(t) &= y_0 + \sigma\sin(\omega_c t - \varphi_0) \\ z(t) &= v_{0z}t + z_0 \end{aligned} \tag{4}$$

式中六个积分常数 x_0, y_0, z_0, σ, φ_0 及 v_{0z} 是依赖于初始条件的参量."回旋频率"ω_c 由下式给出:

$$\omega_c = -q\frac{B}{\mu} \tag{5}$$

方程组 (4) 表明, 粒子所在点 M 在 xOy 平面上的投影以角速度 ω_c 作匀速圆周运动, 初位相是 φ_0, 圆的半径为 σ, 圆心在坐标为 x_0 和 y_0 的点 C_0 处. 至于点 M 在 Oz 轴上的投影的运动则为匀速直线运动. 由此可见, 粒子在空间中沿一条圆螺旋线作匀速运动 (参看图 6–14), 此螺旋线的轴通过 C_0 而且平行于 Oz 轴.

如果只考虑点 M 在 xOy 平面上的投影 Q 的运动, 则我们只需讨论矢量 [744]

$$\boldsymbol{\rho} = x\boldsymbol{e}_x + y\boldsymbol{e}_y \tag{6}$$

随时间的变化 (式中的 $\boldsymbol{e}_x$ 和 $\boldsymbol{e}_y$ 是 Ox 轴和 Oy 轴上的单位矢). 点 Q 的速度为:

$$\boldsymbol{v}_\perp = \frac{\mathrm{d}\boldsymbol{\rho}}{\mathrm{d}t} \tag{7}$$

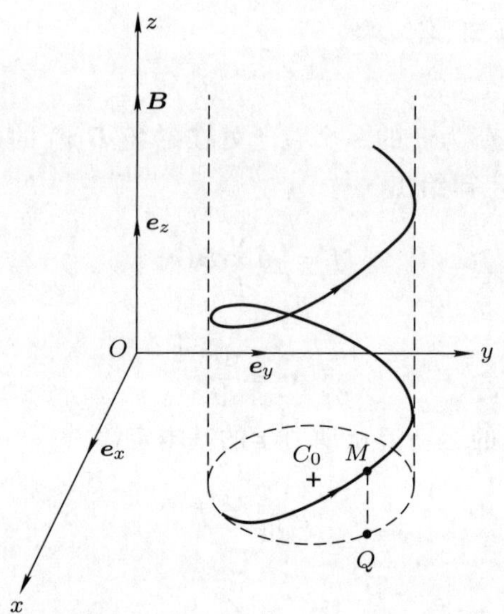

图 6-14 一个荷电粒子在平行于 Oz 轴的均匀磁场中的经典径迹: 粒子在圆螺旋线上以恒定速率移动; 螺旋线的轴通过点 C_0 平行于 Oz 轴. 此图对应于 $q<0$ (即电子) 的情况, 也就是 $\omega_c>0$ 的情况.

为方便起见, 引入矢量 $\boldsymbol{C_0Q}$ 的分量 x' 和 y':

$$\begin{aligned} x' &= x - x_0 \\ y' &= y - y_0 \end{aligned} \tag{8}$$

由于点 Q 绕点 C_0 作匀速圆周运动, 故有:

$$\boldsymbol{v}_\perp = \omega_c \boldsymbol{e}_z \times \boldsymbol{C_0Q} \tag{9}$$

($\boldsymbol{e}_z$ 是 Oz 轴上的单位矢), 由此可以推出, 点 C_0 的坐标 x_0 和 y_0 与点 Q 的坐标以及 $\boldsymbol{v}_\perp$ 的分量之间的关系为:

$$\begin{aligned} x_0 &= x - \frac{1}{\omega_c} v_y \\ y_0 &= y + \frac{1}{\omega_c} v_x \end{aligned} \tag{10}$$

b. 矢势. 拉格朗日函数与哈密顿函数

为了描述磁场 $\boldsymbol{B}(\boldsymbol{r})$, 可以利用矢势 $\boldsymbol{A}(\boldsymbol{r})$, 按定义, 它和 $\boldsymbol{B}(\boldsymbol{r})$ 的关系为:

$$\boldsymbol{B}(\boldsymbol{r}) = \nabla \times \boldsymbol{A}(\boldsymbol{r}) \tag{11}$$

例如, 若场 $\boldsymbol{B}$ 是均匀的, 我们就可以取:

$$\boldsymbol{A}(\boldsymbol{r}) = -\frac{1}{2}\boldsymbol{r} \times \boldsymbol{B} \tag{12}$$

此外, 我们知道, 当 $\boldsymbol{B}(\boldsymbol{r})$ 给定时, 条件 (11) 并不能唯一地确定 $\boldsymbol{A}(\boldsymbol{r})$, 这是因为, 我们可以给 $\boldsymbol{A}(\boldsymbol{r})$ 加上 $\boldsymbol{r}$ 的任意函数的梯度而不改变 $\boldsymbol{B}(\boldsymbol{r})$①.

可以证明 (参看附录 Ⅲ 的 §4–b), 粒子的拉格朗日函数 $\mathscr{L}(\boldsymbol{r}, \boldsymbol{v})$ 为:

$$\mathscr{L}(\boldsymbol{r}, \boldsymbol{v}) = \frac{1}{2}\mu \boldsymbol{v}^2 + q\boldsymbol{v} \cdot \boldsymbol{A}(\boldsymbol{r}) \tag{13}$$

从而, 位置 $\boldsymbol{r}$ 的共轭动量 $\boldsymbol{p}$ 与 $\boldsymbol{v}$ 及 $\boldsymbol{A}(\boldsymbol{r})$ 之间的关系为:

$$\boldsymbol{p} = \nabla_{\boldsymbol{v}} \mathscr{L}(\boldsymbol{r}, \boldsymbol{v}) = \mu \boldsymbol{v} + q\boldsymbol{A}(\boldsymbol{r}) \tag{14}$$

于是哈密顿函数 $\mathscr{H}(\boldsymbol{r}, \boldsymbol{p})$ 为: [745]

$$\mathscr{H}(\boldsymbol{r}, \boldsymbol{p}) = \frac{1}{2\mu}[\boldsymbol{p} - \boldsymbol{q}\boldsymbol{A}(\boldsymbol{r})]^2 \tag{15}$$

为了以后的方便, 我们令:

$$\mathscr{H}(\boldsymbol{r}, \boldsymbol{p}) = \mathscr{H}_{\perp}(\boldsymbol{r}, \boldsymbol{p}) + \mathscr{H}_{//}(\boldsymbol{r}, \boldsymbol{p}) \tag{16}$$

其中

$$\begin{aligned} \mathscr{H}_{\perp}(\boldsymbol{r}, \boldsymbol{p}) &= \frac{1}{2\mu}\{[p_x - qA_x(\boldsymbol{r})]^2 + [p_y - qA_y(\boldsymbol{r})]^2\} \\ \mathscr{H}_{//}(\boldsymbol{r}, \boldsymbol{p}) &= \frac{1}{2\mu}[p_z - qA_z(\boldsymbol{r})]^2 \end{aligned} \tag{17}$$

附注:

(14) 式表明, 与处在标势 $V(\boldsymbol{r})$ 作用下的粒子的情况不一样, 在这里 $\boldsymbol{p}$ 并不等于机械动量 $\mu\boldsymbol{v}$. 此外, 比较 (14) 式和 (15) 式, 可以看出, $\mathscr{H}$ 等于粒子的动能 $\mu\boldsymbol{v}^2/2$, 这是因为 (1) 式中的拉普拉斯力在任何时刻都垂直于 $\boldsymbol{v}$, 故在运动过程中始终不作功. 同样地, 还必须注意, 角动量

$$\boldsymbol{\mathscr{L}} = \boldsymbol{r} \times \boldsymbol{p} \tag{18}$$

与机械动量的矩

$$\boldsymbol{\lambda} = \boldsymbol{r} \times \mu\boldsymbol{v} \tag{19}$$

并不相等.

① 例如, 对于平行于 Oz 轴的均匀磁场, 我们也可以选用分量 $A_x = 0, A_y = xB, A_z = 0$ 的矢量去代替 (12) 式所给出的 $\boldsymbol{A}(\boldsymbol{r})$.

c. 均匀场中的运动常量

我们考虑 $\boldsymbol{B}$ 为均匀磁场这个特殊情况. 从粒子运动的特征 (§1–a) 可以推知, (17) 式所定义的 $\mathscr{H}_{\perp}$ 和 $\mathscr{H}_{//}$ 都是运动常量①.

将 (14) 式代入 (10) 式, 我们便得到:

$$\begin{aligned} x_0 &= x - \frac{1}{\mu\omega_{\mathrm{c}}}[p_y - qA_y(\boldsymbol{r})] \\ y_0 &= y + \frac{1}{\mu\omega_{\mathrm{c}}}[p_x - qA_x(\boldsymbol{r})] \end{aligned} \tag{20}$$

从而可知, 径迹围绕于其上的圆柱的半径 σ 满足下式:

$$\begin{aligned} \sigma^2 &= (x-x_0)^2 + (y-y_0)^2 \\ &= \left[\frac{1}{\mu\omega_{\mathrm{c}}}\right]^2 \{[p_y - qA_y(\boldsymbol{r})]^2 + [p_x - qA_x(\boldsymbol{r})]^2\} \\ &= \frac{2}{\mu\omega_{\mathrm{c}}^2}\mathscr{H}_{\perp} \end{aligned} \tag{21}$$

可见 σ^2 正比于哈密顿函数 $\mathscr{H}_{\perp}$.

[746] 同样地, 若用 $\boldsymbol{\theta}$ 表示机械动量 $\mu\boldsymbol{v}$ 对于圆心 C_0 的矩, 则有

$$\boldsymbol{\theta} = \boldsymbol{C}_0\boldsymbol{M} \times \mu\boldsymbol{v} \tag{22}$$

注意到 (20) 式, 可将这个矩的分量 θ_z 写作:

$$\begin{aligned} \theta_z &= \mu[(x-x_0)v_y - (y-y_0)v_x] \\ &= \frac{1}{\mu\omega_{\mathrm{c}}}\{[p_y - qA_y(\boldsymbol{r})]^2 + [p_x - qA_x(\boldsymbol{r})]^2\} \\ &= \frac{2}{\omega_{\mathrm{c}}}\mathscr{H}_{\perp} \end{aligned} \tag{23}$$

果然不出所料, θ_z 也是一个运动常量. 反之, $\mu\boldsymbol{v}$ 相对于 O 点的矩的分量 λ_z 一般却并非常量, 这是因为:

$$\lambda_z = \theta_z + \mu[x_0 v_y(t) - y_0 v_x(t)] \tag{24}$$

根据 (4) 式, 可以看出, λ_z 按正弦型规律随时间变化.

最后, 我们来看角动量 $\boldsymbol{\mathscr{L}}$ 在 Oz 轴上的投影 $\mathscr{L}_z$:

$$\mathscr{L}_z = xp_y - yp_x \tag{25}$$

根据 (14) 式, 又可将它写作:

$$\mathscr{L}_z = x[\mu v_y + qA_y(\boldsymbol{r})] - y[\mu v_x + qA_x(\boldsymbol{r})] \tag{26}$$

---

① 这是因为, 根据 (14) 式和 (17) 式, $\mathscr{H}_{\perp}$ 就是和垂直于 Oz 轴的运动相联系的动能 $\mu v_{\perp}^2/2$; $\mathscr{P}_{//}$ 则是和平行于 Oz 轴的运动相联系的动能 $\mu v_z^2/2$.

由此可见, $\mathscr{L}_z$ 明显地依赖于我们所选用的规范, 也就是说, 依赖于我们用来描述磁场的矢势 $\boldsymbol{A}(\boldsymbol{r})$. 在大多数情况下, $\mathscr{L}_z$ 并不是运动常量. 但是, 如果我们选用 (12) 式给出的规范, 则由 (4) 式可得到:

$$\mathscr{L}_z = \frac{qB}{2}(x_0^2 + y_0^2 - \sigma^2) \tag{27}$$

在这种情况下, $\mathscr{L}_z$ 是一个运动常量.

(27) 式没有简单的物理意义, 因为它仅在特殊的规范中才能成立; 但在下面几段中, 当我们对问题进行量子力学的处理时, 这个等式却是有用的.

2. 磁场中粒子的一般量子特性

a. 量子化; 哈密顿算符

我们考虑处在矢势为 $\boldsymbol{A}(x,y,z)$ 的任意磁场中的一个粒子. 在量子力学中, 矢势变为一个算符, 它是三个观察算符 X, Y, Z 的函数; 利用 (15) 式, 我们可将粒子的哈密顿算符写作:

$$H = \frac{1}{2\mu}[\boldsymbol{P} - q\boldsymbol{A}(X,Y,Z)]^2 \tag{28}$$

根据 (14) 式, 与粒子的速度相联系的算符 $\boldsymbol{V}$ 由下式给出:

$$\boldsymbol{V} = \frac{1}{\mu}[\boldsymbol{P} - q\boldsymbol{A}(X,Y,Z)] \tag{29}$$

利用这个算符, 可将 H 写成下列形式: [747]

$$H = \frac{\mu}{2}\boldsymbol{V}^2 \tag{30}$$

b. 对易关系式

观察算符 $\boldsymbol{R}$ 和 $\boldsymbol{P}$ 满足下列正则对易关系式:

$$[X, P_x] = [Y, P_y] = [Z, P_z] = \mathrm{i}\hbar \tag{31}$$

$\boldsymbol{R}$ 的诸分量和 $\boldsymbol{P}$ 的诸分量之间的其他对易子都等于零. 因此, $\boldsymbol{P}$ 的两个分量是彼此对易的; 反之, 从 (29) 式可以看出, $\boldsymbol{V}$ 的情况并不如此; 例如,

$$[V_x, V_y] = -\frac{q}{\mu^2}\{[P_x, A_y(\boldsymbol{R})] + [A_x(\boldsymbol{R}), P_y]\} \tag{32}$$

这个对易子很容易算出, 根据补充材料 B_{II} 中给出的法则 [参看公式 (48)] 有:

$$[V_x, V_y] = \frac{\mathrm{i}q\hbar}{\mu^2}\left\{\frac{\partial A_y}{\partial X} - \frac{\partial A_x}{\partial Y}\right\} = \frac{\mathrm{i}q\hbar}{\mu^2}B_z(\boldsymbol{R}) \tag{33-a}$$

同样地, 还可证明:

$$[V_y, V_z] = \frac{\mathrm{i}q\hbar}{\mu^2} B_x(\boldsymbol{R}) \tag{33–b}$$

$$[V_z, V_x] = \frac{\mathrm{i}q\hbar}{\mu^2} B_y(\boldsymbol{R}) \tag{33–c}$$

由此可见, 速度的对易关系式明显地含有磁场.

但是, 由于 $\boldsymbol{A}(\boldsymbol{R})$ 与 X, Y, Z 对易, 故由 (29) 式可以推知:

$$[X, V_x] = \frac{1}{\mu}[X, P_x] = \frac{\mathrm{i}\hbar}{\mu} \tag{34–a}$$

以及类似的关系式:

$$[Y, V_y] = [Z, V_z] = \frac{\mathrm{i}\hbar}{\mu} \tag{34–b}$$

($\boldsymbol{R}$ 的一个分量与 $\boldsymbol{V}$ 的一个分量之间的其他对易子都等于零). 从这些关系式可以导出 (参看补充材料 $\mathrm{C_{III}}$):

$$\Delta X \cdot \Delta V_x \geqslant \frac{\hbar}{2\mu} \tag{35}$$

(对于 Oy 轴与 Oz 轴上的分量, 有类似的不等式); 因此, 海森伯不确定度关系式的物理后果并不因磁场的存在而受到修正.

[748] 最后, 我们计算与机械动量相对于 O 点的矩相联系的算符

$$\boldsymbol{\Lambda} = \mu \boldsymbol{R} \times \boldsymbol{V} \tag{36}$$

的诸分量之间的对易关系式①. 我们得到:

$$\begin{aligned}[\Lambda_x, \Lambda_y] &= \mu^2[YV_z - ZV_y, ZV_x - XV_z] \\ &= \mu^2 Y\{[V_z, Z]V_x + Z[V_z, V_x]\} - \mu^2 Z^2[V_y, V_x] + \\ &\quad \mu^2 X\{Z[V_y, V_z] + [Z, V_z]V_y\}\end{aligned} \tag{37}$$

考虑到 (33) 式和 (34) 式, 这也就是:

$$[\Lambda_x, \Lambda_y] = \mathrm{i}\hbar\{-\mu YV_x + qYZB_y + qZ^2B_z + qXZB_x + \mu XV_y\} \tag{38}$$

由此可知:

$$[\Lambda_x, \Lambda_y] = \mathrm{i}\hbar\{\Lambda_z + qZ\boldsymbol{R} \cdot \boldsymbol{B}(\boldsymbol{R})\} \tag{39}$$

(其他对易子可以通过指标 x, y, z 的循环置换而得到). 若磁场 $\boldsymbol{B}$ 不等于零, 则 $\boldsymbol{\Lambda}$ 的诸分量之间的对易关系完全不同于算符 $\boldsymbol{L}$ 的诸分量之间的对易关系. 由此可以料到, 算符 $\boldsymbol{\Lambda}$ 并不具有我们在第六章中证明过的角动量的那些性质.

① 当然, 角动量 $\boldsymbol{L} = \boldsymbol{R} \times \boldsymbol{P}$ 的诸分量永远满足通常的那些对易关系式.

c. 物理上的结果

α. $\langle \boldsymbol{R} \rangle$ 的演变

粒子的平均位置随时间变化的规律由埃伦费斯特定理给出:

$$\mathrm{i}\hbar\frac{\mathrm{d}}{\mathrm{d}t}\langle \boldsymbol{R} \rangle = \langle [\boldsymbol{R}, H] \rangle = \left\langle \left[\boldsymbol{R}, \frac{\mu}{2}\boldsymbol{V}^2\right] \right\rangle \tag{40}$$

[根据公式 (30)]. 因此, (34) 式中的诸关系是不难解释的; 实际上, 将这些关系代入 (40) 式, 便得到:

$$\frac{\mathrm{d}}{\mathrm{d}t}\langle \boldsymbol{R} \rangle = \langle \boldsymbol{V} \rangle \tag{41}$$

因此和没有磁场的情况一样, 平均速度等于 $\langle \boldsymbol{R} \rangle$ 的导数. (41) 式就是 (2) 式的量子力学类比.

β. $\langle \boldsymbol{V} \rangle$ 的演变; 拉普拉斯定律

我们还可以计算速度平均值 $\langle \boldsymbol{V} \rangle$ 对时间的导数:

$$\mathrm{i}\hbar\frac{\mathrm{d}}{\mathrm{d}t}\langle \boldsymbol{V} \rangle = \left\langle \left[\boldsymbol{V}, \frac{\mu}{2}\boldsymbol{V}^2\right] \right\rangle \tag{42}$$

根据 (33) 式, 由于 [749]

$$\begin{aligned}[V^2, V_x] &= [V_x^2 + V_y^2 + V_z^2, V_x] \\ &= V_y[V_y, V_x] + [V_y, V_x]V_y + V_z[V_z, V_x] + [V_z, V_x]V_z \\ &= \frac{\mathrm{i}q\hbar}{\mu^2}\{-V_y B_z(\boldsymbol{R}) - B_z(\boldsymbol{R})V_y + V_z B_y(\boldsymbol{R}) + B_y(\boldsymbol{R})V_z\}\end{aligned} \tag{43}$$

容易看出:

$$\mu\frac{\mathrm{d}}{\mathrm{d}t}\langle \boldsymbol{V} \rangle = \langle \boldsymbol{F}(\boldsymbol{R}, \boldsymbol{V}) \rangle \tag{44}$$

此式中的算符 $\boldsymbol{F}(\boldsymbol{R}, \boldsymbol{V})$ 的定义是:

$$\boldsymbol{F}(\boldsymbol{R}, \boldsymbol{V}) = \frac{q}{2}\{\boldsymbol{V} \times \boldsymbol{B}(\boldsymbol{R}) - \boldsymbol{B}(\boldsymbol{R}) \times \boldsymbol{V}\} \tag{45}$$

最后这两个等式就是经典关系式 (1) 和 (3) 的量子力学类比; 由于 $\boldsymbol{R}$ 和 $\boldsymbol{V}$ 不对易, 我们在这里得到 $\boldsymbol{F}(\boldsymbol{R}, \boldsymbol{V})$ 的对称化表示式 [参看第三章的 §B–5]. 因此, 对易关系式 (33) 对应于拉普拉斯定律.

γ. $\langle \boldsymbol{\Lambda} \rangle$ 的演变

现在我们来探讨下式:

$$\mathrm{i}\hbar\frac{\mathrm{d}}{\mathrm{d}t}\langle \boldsymbol{\Lambda} \rangle = \langle [\boldsymbol{\Lambda}, H] \rangle \tag{46}$$

为此, 作为例子, 我们来计算对易子 $[XV_y - YV_x, H]$:

$$\begin{aligned}[XV_y - YV_x, H] &= X[V_y, H] + [X, H]V_y - Y[V_x, H] - [Y, H]V_x \\ &= \frac{\mathrm{i}\hbar}{\mu}(XF_y - YF_x) + \mathrm{i}\hbar(V_xV_y - V_yV_x)\end{aligned} \tag{47}$$

但 X 与 V_y 对易, Y 与 V_x 对易, 因此, 我们所计算的这个对易子等于:

$$\begin{aligned}[V_yX - V_xY, H] &= V_y[X, H] + [V_y, H]X - V_x[Y, H] - [V_x, H]Y \\ &= \frac{\mathrm{i}\hbar}{\mu}(F_yX - F_xY) + \mathrm{i}\hbar(V_yV_x - V_xV_y)\end{aligned} \tag{48}$$

取上面两个表示式的半和, 求得 $\frac{\mathrm{d}}{\mathrm{d}t}\langle \Lambda_z\rangle$ 的表示式如下:

$$\frac{\mathrm{d}}{\mathrm{d}t}\langle \Lambda_z\rangle = \frac{1}{2}\langle XF_y - YF_x - F_xY + F_yX\rangle \tag{49}$$

用同样的方法可以算出 $\langle \Lambda_x\rangle$ 和 $\langle \Lambda_y\rangle$ 的导数, 最后得到:

$$\frac{\mathrm{d}}{\mathrm{d}t}\langle \boldsymbol{\Lambda}\rangle = \frac{1}{2}\langle \boldsymbol{R}\times\boldsymbol{F}(\boldsymbol{R},\boldsymbol{V}) - \boldsymbol{F}(\boldsymbol{R},\boldsymbol{V})\times\boldsymbol{R}\rangle \tag{50}$$

[750] 这个关系式的经典类比是:

$$\frac{\mathrm{d}}{\mathrm{d}t}\boldsymbol{\lambda} = \boldsymbol{r}\times\boldsymbol{f}(\boldsymbol{r},\boldsymbol{v}) \tag{51}$$

它表达一个人们熟知的定理: 机械动量相对于一固定点的矩对时间的导数, 等于粒子所受的力相对于该点的矩.

3. 均匀磁场的情况

若磁场是均匀的, 就很容易将前面的一般讨论继续向前推进. 我们将磁场 $\boldsymbol{B}$ 的方向取作 Oz 轴. 考虑到 (5) 式中的定义, 对易关系 (33) 变为:

$$[V_x, V_y] = -\mathrm{i}\frac{\hbar\omega_{\mathrm{c}}}{\mu} \tag{52–a}$$

$$[V_y, V_z] = [V_z, V_x] = 0 \tag{52–b}$$

附注:

将补充材料 $\mathrm{C_{III}}$ 中的结果应用于 V_x 和 V_y, 我们便可以从 (52–a) 式推知它们的方均根偏差满足下式:

$$\Delta V_x\cdot\Delta V_y \geqslant \frac{\hbar|\omega_{\mathrm{c}}|}{2\mu} \tag{53}$$

由此可见, 速度 $\boldsymbol{V}_\perp$ 的分量是不相容的物理量.

a. 哈密顿算符的本征值

与 (16) 式相似, 我们可将算符 H 写成下列形式:

$$H = H_{\perp} + H_{//} \tag{54}$$

其中

$$H_{\perp} = \frac{\mu}{2}(V_x^2 + V_y^2) \tag{55–a}$$

$$H_{//} = \frac{\mu}{2}V_z^2 \tag{55–b}$$

根据 (52–b) 式, 有:

$$[H_{\perp}, H_{//}] = 0 \tag{56}$$

因此, 我们可以寻找一个由 $H_{\perp}$ (本征值为 $E_{\perp}$) 和 $H_{//}$ (本征值为 $E_{//}$) 的共同本征矢所构成的基; 这些共同本征矢自然也是 H 的本征矢, 属于本征值:

$$E = E_{\perp} + E_{//} \tag{57}$$

α. $H_{//}$ 的本征值 [751]

算符 V_z 的本征矢也是算符 $H_{//}$ 的本征矢. 但 Z 和 V_z 是两个厄米算符, 它们满足关系式:

$$[Z, V_z] = \frac{\mathrm{i}\hbar}{\mu} \tag{58}$$

因此, 可以将补充材料 E_{II} 的结果应用于它们; 特别是, V_z 的谱包含全体实数.

因而, $H_{//}$ 的本征值具有下列形式:

$$E_{//} = \frac{\mu}{2}v_z^2 \tag{59}$$

这里的 v_z 是一个任意实常数. 可见 $H_{//}$ 的谱是连续谱, 这就是说, 能量 $E_{//}$ 可取任意正值或零.

这个结果的物理意义是很明显的: $H_{//}$ 所代表的是沿 Oz 轴运动的自由粒子的动能 (与经典力学中的情况相同; §1–a).

β. $H_{\perp}$ 的本征值

作为例子, 我们假设所研究的粒子的电荷 q 是负的; 因此回旋角频率 ω_c 是正的 [见公式 (5)]①.

我们令:

$$\begin{aligned}\widehat{Q} &= \sqrt{\frac{\mu}{\hbar\omega_c}}V_y \\ \hat{S} &= \sqrt{\frac{\mu}{\hbar\omega_c}}V_x\end{aligned} \tag{60}$$

① 对于正的电荷 q, 我们可以保持 ω_c 为正的惯例, 但应取 Oz 轴的方向与磁场的方向相反.

于是 (52–a) 式可改写为:

$$[\widehat{Q},\widehat{S}]=\mathrm{i} \tag{61}$$

而 $H_\perp$ 则变为:

$$H_\perp=\frac{\hbar\omega_\mathrm{c}}{2}(\widehat{Q}^2+\widehat{S}^2) \tag{62}$$

这样一来, $H_\perp$ 的形式就与一维谐振子的哈密顿算符的形式一样了 [参看第五章的 (B–4) 式]; 满足 (61) 式的 $\widehat{Q}$ 和 $\widehat{S}$ 相当于一维谐振子的位置 $\widehat{X}$ 和动量 $\widehat{P}$.

在第五章 §B–2 中关于算符 $\widehat{X}$ 和 $\widehat{P}$ 所作的那些论证都可以应用于这里的算符 $\widehat{Q}$ 和 $\widehat{S}$. 例如, 我们很容易证明, 如果 $|\varphi_\perp\rangle$ 是 $H_\perp$ 的本征矢:

$$H_\perp|\varphi_\perp\rangle=E_\perp|\varphi_\perp\rangle \tag{63}$$

[752] 则右矢

$$|\varphi'_\perp\rangle=\frac{1}{\sqrt{2}}(\widehat{Q}+\mathrm{i}\widehat{S})|\varphi_\perp\rangle \tag{64–a}$$

$$|\varphi''_\perp\rangle=\frac{1}{\sqrt{2}}(\widehat{Q}-\mathrm{i}\widehat{S})|\varphi_\perp\rangle \tag{64–b}$$

也是 $H_\perp$ 的本征矢:

$$H_\perp|\varphi'_\perp\rangle=(E_\perp-\hbar\omega_\mathrm{c})|\varphi'_\perp\rangle \tag{65–a}$$

$$H_\perp|\varphi''_\perp\rangle=(E_\perp+\hbar\omega_\mathrm{c})|\varphi''_\perp\rangle \tag{65–b}$$

由此可以推知, $E_\perp$ 的可能值应由下式给出:

$$E_\perp=\left(n+\frac{1}{2}\right)\hbar\omega_\mathrm{c} \tag{66}$$

式中 n 为正整数或零.

γ. H 的本征值

根据前面的结果, 总哈密顿算符 H 的本征值应具有下列形式

$$E(n,v_z)=\left(n+\frac{1}{2}\right)\hbar\omega_\mathrm{c}+\frac{1}{2}\mu v_z^2 \tag{67}$$

与此对应的能级叫做**朗道能级**.

对于 v_z 的一个给定值, n 的一切可能值 (正整数或零) 都是允许的. 实际上, 将算符 $(\widehat{Q}\pm\mathrm{i}\widehat{S})/\sqrt{2}$ 迭次作用于 H 的属于本征值 $E(n,v_z)$ 的一个本征矢上, 根据 (65) 式, 我们可以得到能量为 $E(n',v_z)$ 的态, 这里的 n' 是一个任意的整数, 但 v_z 并无变化 (因为 $\widehat{Q}$ 和 $\widehat{S}$ 都可与 $H_{/\!/}$ 对易). 由此可见, 虽然沿 Oz 轴运动的能量不是量子化的, 但在 xOy 平面上的投影的运动能量却是量子化的.

附注:

我们在第五章 (§B–3) 中曾证明, 在空间 $\mathscr{E}_x$ 中, 一维谐振子的诸能级都是非简并的. 现在的情况却不相同, 这是因为我们所讨论的粒子在三维空间中运动. 由于 $(\widehat{Q}+\mathrm{i}\widehat{S})/\sqrt{2}=\sqrt{\mu/2\hbar\omega_{\mathrm{c}}}(V_y+\mathrm{i}V_x)$ 是一个能量子 $\hbar\omega_{\mathrm{c}}$ 的湮没算符, 故 $H_\perp$ 的对应于 $n=0$ 的那些本征矢是方程

$$(V_y+\mathrm{i}V_x)|\varphi\rangle=0 \tag{68}$$

的解. 一方面, 作为 (68) 式的解的矢量可能是 $H_{/\!/}$ 的属于一个任意的正本征值的本征矢; 另一方面, 即使对于 v_z 的一个固定值, 方程 (68) 也是关于 x 和 y 的偏微分方程, 它具有无穷多个解. 因此, 能量 $E(n=0,v_z)$ 是无穷多重简并的. 利用一个量子的产生算符, 很容易证明, 对于所有的能级 $E(n,v_z)$ (其中 n 为非负的任意整数) 情况都是这样的. [753]

b. 在一特定规范中对观察算符的研究

为了把前面得到的结果陈述得更加明确, 我们来计算所研究的体系的定态. 这使我们能够研究它们的物理性质. 为此, 我们必须选择一种规范, 往后, 我们就选用 (12) 式所给出的那种规范. 于是, 我们可以将速度的分量写作:

$$\begin{aligned}V_x&=\frac{P_x}{\mu}-\frac{\omega_{\mathrm{c}}}{2}Y\\V_y&=\frac{P_y}{\mu}+\frac{\omega_{\mathrm{c}}}{2}X\\V_z&=\frac{P_z}{\mu}\end{aligned} \tag{69}$$

α. 哈密顿算符 $H_\perp$ 和 $H_{/\!/}$; 本问题与二维谐振子的关系

将 (69) 式代入 (55) 式, 我们得到:

$$H_\perp=\frac{P_x^2+P_y^2}{2\mu}+\frac{\omega_{\mathrm{c}}}{2}L_z+\frac{\mu\omega_{\mathrm{c}}^2}{8}(X^2+Y^2) \tag{70–a}$$

$$H_{/\!/}=\frac{P_z^2}{2\mu} \tag{70–b}$$

式中 L_z 是角动量 $\boldsymbol{L}=\boldsymbol{R}\times\boldsymbol{P}$ 在 Oz 轴上的分量.

在 $\{|\boldsymbol{r}\rangle\}$ 表象中, 算符 $H_{/\!/}$ 只作用于变量 z, 而算符 $H_\perp$ 则只作用于变量 x 和 y. 于是我们可以在空间 $\mathscr{E}_z$ 中解出 $H_{/\!/}$ 的本征值方程, 然后在空间 $\mathscr{E}_{xy}$ 中解出 $H_\perp$ 的本征值方程, 这样, 就可以找到由 H 的本征矢构成的一个基. 然后取所得诸矢量的张量积就可以了.

实际上, $H_{//}$ 的本征值方程的解就是下列波函数:

$$\varphi(z)=\frac{1}{\sqrt{2\pi\hbar}}\mathrm{e}^{\mathrm{i}p_z z/\hbar} \tag{71}$$

其本征值为:

$$E_{//}=\frac{p_z^2}{2\mu} \tag{72}$$

[754] [我们又得到了 (59) 式]. 下面我们把注意力集中于如何在空间 $\mathscr{E}_{xy}$ 中求解 $H_\perp$ 的本征值方程; 我们要寻找的波函数将依赖于 x 和 y, 但不依赖于 z.

将 (70–a) 式与补充材料 $\mathrm{D_{VI}}$ 的 (12–a) 式进行比较, 便可看出, 可以用二维谐振子的哈密顿算符 H_{xy} 把 $H_\perp$ 简单地表示出来:

$$H_\perp=H_{xy}+\frac{\omega_c}{2}L_z \tag{73}$$

在这里, 已将 H_{xy} 中的常数 ω 取作:

$$\omega=\frac{\omega_c}{2} \tag{74}$$

但在补充材料 $\mathrm{D_{VI}}$ 中我们已经看到, H_{xy} 与 L_z 在空间 $\mathscr{E}_{xy}$ 中构成一个 ECOC, 而且我们已经用这两个算符的共同本征矢 $|\chi_{n_d,n_g}\rangle$ 构成一个基 [参看 $\mathrm{D_{VI}}$ 的公式 (47)]. 诸矢量 $|\chi_{n_d,n_g}\rangle$ 也是 $H_\perp$ 的本征矢; 因此, 补充材料 $\mathrm{D_{VI}}$ 已为我们直接提供了 $H_\perp$ 的本征值方程的解.

附注:

(i) 在 §3–a 中, 我们已经看到, 可以将 $H_\perp$ 表示为与一维谐振子的哈密顿算符相似的形式. 在这里我们发现, 在一种特殊规范中, 同一个算符 $H_\perp$ 与二维谐振子的哈密顿算符 H_{xy} 之间也存在着简单的关系. 这两种结果并不矛盾, 因为问题仅仅涉及同一哈密顿算符的两种不同的分解方式, 它们显然应该导致同样的物理结论.

(ii) 我们不应忘记: 哈密顿算符 $H_\perp$ 所涉及的物理问题完全不同于一个二维谐振子; 这是因为, 所研究的荷电粒子是处在矢势 (描述均匀磁场的矢势) 的作用下, 而不是处在谐和型标势 (例如, 描写非均匀电场的标势) 的作用下. 凑巧的是, 在我们所选择的规范中, 磁场的效应可以当作假想的谐和型标势的效应来计算.

β. 用圆量子的产生算符和湮没算符来表示观察算符

首先, 我们用算符 a_d 和 a_g [由补充材料 $\mathrm{D_{VI}}$ 的公式 (40) 定义] 以及它们的伴随算符 $a_d^\dagger$ 和 $a_g^\dagger$ 来表示用以描述粒子的各物理量的观察算符 (同时也要使用算符 $N_d=a_d^\dagger a_d$ 和 $N_g=a_g^\dagger a_g$).

将 D_{VI} 的 (46) 式代入 (73) 式, 便有①:

$$H_\perp = \left(N_d + \frac{1}{2}\right)\hbar\omega_c \tag{75}$$

因而, 与态 $|\chi_{n_d,n_g}\rangle$ 相联的能量为: [755]

$$E_\perp = \left(n_d + \frac{1}{2}\right)\hbar\omega_c \tag{76}$$

这正是 (66) 式给出的结果. 此外, 由于 $E_\perp$ 与 n_g 无关, 我们立即可以看出, $H_\perp$ 的一切本征值都是无穷多重简并的.

利用 D_{VI} 中的 (23) 式和 (40) 式, 可以证明:

$$\begin{aligned} X &= \frac{1}{2\beta}(a_d + a_d^\dagger + a_g + a_g^\dagger) \\ Y &= \frac{\mathrm{i}}{2\beta}(a_d - a_d^\dagger - a_g + a_g^\dagger) \end{aligned} \tag{77}$$

在这里, 注意到 (74) 式, β 的定义为:

$$\beta = \sqrt{\frac{\mu\omega_c}{2\hbar}} \tag{78}$$

类似地, 还有

$$\begin{aligned} P_x &= \frac{\mathrm{i}\hbar\beta}{2}(-a_d + a_d^\dagger - a_g + a_g^\dagger) \\ P_y &= \frac{\hbar\beta}{2}(a_d + a_d^\dagger - a_g - a_g^\dagger) \end{aligned} \tag{79}$$

将这些关系式代入 (69) 式, 便得到:

$$\begin{aligned} V_x &= -\frac{\mathrm{i}\omega_c}{2\beta}(a_d - a_d^\dagger) \\ V_y &= \frac{\omega_c}{2\beta}(a_d + a_d^\dagger) \end{aligned} \tag{80}$$

由于 a_d 和 $a_d^\dagger$ 都不与 N_d 对易, 利用 (75) 式, 可以看出, 如同在经典力学中那样, V_x 和 V_y 都不是运动常量; 此外, 利用 a_d 和 $a_d^\dagger$ 的对易关系式, 便可重新得到 (52–a) 式.

在对运动的经典描述中 (§1), 曾引入一些变量, 如经典径迹的中心 C_0 的坐标 (x_0, y_0), 矢量 $\boldsymbol{C_0Q}$ 的分量 (x', y') 等等. 考察一下量子力学中与这些变量

① 提醒一下, 我们已假设 ω_c 是正的. 如果 ω_c 是负的, 那么, 在下面的某些公式中就应调换指标 d 与 g; 例如 (75) 式将变为 $H_\perp = \left(N_g + \frac{1}{2}\right)\hbar|\omega_c|$.

相联系的算符也是很有意义的. 仍像上面那样, 我们用小写字母表示经典变量, 用对应的大写字母表示算符. 于是, 与 (10) 式类比, 我们令

$$X_0 = X - \frac{1}{\omega_c} V_y = \frac{1}{2\beta}(a_g + a_g^\dagger) \tag{81-a}$$

$$Y_0 = Y + \frac{1}{\omega_c} V_x = \frac{\mathrm{i}}{2\beta}(a_g^\dagger - a_g) \tag{81-b}$$

[756] 算符 a_g 和 $a_g^\dagger$ 可以和算符 N_d 对易; 由此可知, X_0 和 Y_0 都是运动常量. 此外, 由公式 (81) 可以推知:

$$[X_0, Y_0] = \frac{\mathrm{i}}{2\beta^2} = \frac{\mathrm{i}\hbar}{\mu\omega_c} \tag{82}$$

因而, X_0 和 Y_0 都是不相容的物理量, 它们的方均根偏差之间的关系为:

$$\Delta X_0 \cdot \Delta Y_0 \geqslant \frac{\hbar}{2\mu\omega_c} \tag{83}$$

我们还定义:

$$\begin{aligned} X' &= X - X_0 = \frac{1}{2\beta}(a_d + a_d^\dagger) \\ Y' &= Y - Y_0 = \frac{\mathrm{i}}{2\beta}(a_d - a_d^\dagger) \end{aligned} \tag{84}$$

立即可以看出, 如同在经典力学中那样, X' 和 Y' 都不是运动常量; 此外, X' 和 Y' 分别正比于 V_y 与 V_x:

$$\begin{aligned} V_x &= -\omega_c Y' \\ V_y &= \omega_c X' \end{aligned} \tag{85}$$

这一点与对应的经典变量相似 [见公式 (10)]. 根据 (53) 式, 可由 (85) 式推出:

$$\Delta X' \cdot \Delta Y' \geqslant \frac{\hbar}{2\mu\omega_c} \tag{86}$$

此外, 用 $\varSigma^2$ 表示对应于 σ^2 (经典径迹的半径的平方) 的算符:

$$\varSigma^2 = (X - X_0)^2 + (Y - Y_0)^2 \tag{87}$$

根据 (81) 式, 我们有:

$$\varSigma^2 = \left(\frac{1}{\omega_c}\right)^2 (V_x^2 + V_y^2) = \frac{2}{\mu\omega_c^2} H_\perp \tag{88}$$

可见 $\varSigma^2$ 是一个运动常量, 这和 σ^2 在经典力学中的情况一样.

最后, 与机械动量 $\mu \boldsymbol{v}$ 相对于点 O 的矩相联系的算符是

$$\varTheta_z = \mu[(X - X_0)V_y - (Y - Y_0)V_x] \tag{89}$$

利用公式 (81), 便有:

$$\Theta_z = \frac{2}{\omega_c} H_\perp \tag{90}$$

这与 (23) 式相似, 也就是说, Θ_z 是一个运动常量. 但是, $\mu\boldsymbol{R} \times \boldsymbol{V}$ 在 Oz 轴上的分量即 [757]
算符 Λ_z 的表示式则为:

$$\Lambda_z = \frac{2}{\omega_c} H_\perp + \hbar(a_d a_g + a_d^\dagger a_g^\dagger) \tag{91}$$

可见它不能和 $H_\perp$ 对易.

c. 定态的研究

我们已在上面指出, 在空间 $\mathscr{E}_{xy}$ 中, 哈密顿算符 $H_\perp$ 的全体本征值都是无穷多重简并的. 因而, 在空间 $\mathscr{E}_{xy}$ 中, 对于每一个正整数 (或零) n, 都存在一个无穷多维的子空间 $\mathscr{E}_{xy}^{(n)}$, 其中的全体右矢都是算符 $H_\perp$ 的属于同一个本征值 $(n+1/2)\hbar\omega_c$ 的本征矢. 在这一段中, 我们要研究在每一个这样的子空间中可能选择的各种基. 我们首先指出定态的普遍性质, 这些性质在 $H_\perp$ 的本征矢所构成的任意一个基中都成立.

α. 普遍性质

(88) 式和 (90) 式表明, 任何一个定态都一定是算符 Σ^2 和 Θ_z 的本征矢; 因而, 在这样一个态中, 此两算符所对应的物理量总是完全确定的, 其值为:

$$\begin{aligned} &(2n+1)\frac{\hbar}{\mu\omega_c} \quad (\text{对于 } \Sigma^2) \\ &(2n+1)\hbar \quad (\text{对于 } \Theta_z) \end{aligned} \tag{92}$$

Σ^2 和 Θ_z 的值都与能量成正比, 这完全对应于运动的经典描述 (参看 §1).

从 (80) 式和 (84) 式可以推知, 在给定的子空间 $\mathscr{E}_{xy}^{(n)}$ 中, X'、Y'、V_x、V_y 的矩阵元都等于零; 从而可以推知, 对于定态, 有:

$$\begin{aligned} \langle V_x \rangle = \langle V_y \rangle = 0 \\ \langle X' \rangle = \langle Y' \rangle = 0 \end{aligned} \tag{93}$$

但因 V_x 和 V_y (因而 X' 和 Y') 都不是运动常量, 所以它们所对应的物理量在定态中没有完全确定的值. 实际上, 利用 (80) 和 (84) 式以及一维谐振子的性质 [参看第五章的 (D–5) 式], 可以证明:

$$\begin{aligned} \Delta V_x = \omega_c \Delta Y' = \sqrt{\left(n+\frac{1}{2}\right)\frac{\hbar\omega_c}{\mu}} \\ \Delta V_y = \omega_c \Delta X' = \sqrt{\left(n+\frac{1}{2}\right)\frac{\hbar\omega_c}{\mu}} \end{aligned} \tag{94}$$

两式之积就是 (53) 式, 而且我们还可以看出, 乘积 $\Delta V_x \cdot \Delta V_y$ (或 $\Delta X' \cdot \Delta Y'$) 在其中取极小值的那些定态只能是基态 ($n=0$).

附注: [758]

各个基态都是方程

$$a_d|\varphi\rangle = 0 \tag{95–a}$$

的解; 注意到 (80) 式, 即可将上式写作

$$(V_y + \mathrm{i}V_x)|\varphi\rangle = 0 \tag{95–b}$$

于是我们又得到 (68) 式.

β. 态 $|\chi_{n_d,n_g}\rangle$

在补充材料 $\mathrm{D_{VI}}$ 中我们已见到, 根据 $H_\perp$ 和 L_z 构成 $\mathscr{E}_{xy}$ 空间中的一个 ECOC 这一事实, 可以用它们的共同本征矢来构成一个基. 这个基由诸矢量 $|\chi_{n_d,n_g}\rangle$ 构成, 这是因为, 根据 (75) 式和补充材料 $\mathrm{D_{VI}}$ 的公式 (46), 我们有:

$$H_\perp|\chi_{n_d,n_g}\rangle = (n_d + 1/2)\hbar\omega_\mathrm{c}|\chi_{n_d,n_g}\rangle \tag{96–a}$$

$$L_z|\chi_{n_d,n_g}\rangle = (n_d - n_g)\hbar|\chi_{n_d,n_g}\rangle \tag{96–b}$$

因此, 由非负整数 n 的给定值所确定的子空间 $\mathscr{E}_{xy}^{(n)}$ 是由 $n_d = n$ 的诸矢量 $|\chi_{n_d,n_g}\rangle$ 所张成; 与这些矢量相联系的 L_z 的本征值具有 $m\hbar$ 的形式, 而且对于固定的 n, m 是一个整数, 其值可以在 $-\infty$ 与 n 之间变化 (例如, 所有的基态都对应于 m 的负值, 这与我们在前面提出的假设 $\omega_\mathrm{c} > 0$ 有关).

在补充材料 $\mathrm{D_{VI}}$ (§3–d) 中, 我们已算出与态 $|\chi_{n_d,n_g}\rangle$ 相联系的波函数.

必须注意, 态 $|\chi_{n_d,n_g}\rangle$ 都是算符 L_z 的本征态; 但不是与机械动量的矩相联系的算符 Λ_z 的本征态. 从公式 (91) 就可直接看出这一点.

在态 $|\chi_{n_d,n_g}\rangle$ 中, 根据 (81) 式, 平均值 $\langle X_0\rangle$ 和 $\langle Y_0\rangle$ 都等于零. 但是, X_0 和 Y_0 都不对应于完全确定的物理量; 实际上, 利用一维谐振子的性质, 很容易证明, 在态 $|\chi_{n_d,n_g}\rangle$ 中:

$$\begin{aligned}\Delta X_0 &= \sqrt{\left(n_g + \frac{1}{2}\right)\frac{\hbar}{\mu\omega_\mathrm{c}}}\\ \Delta Y_0 &= \sqrt{\left(n_g + \frac{1}{2}\right)\frac{\hbar}{\mu\omega_\mathrm{c}}}\end{aligned} \tag{97}$$

由此可见, 乘积 $\Delta X_0 \cdot \Delta Y_0$ 在态 $|\chi_{n_d,n_g=0}\rangle$ 中达到极小值, 这些态对应于 L_z 取极大值 $n\hbar$ 的那些能级 $E_\perp = (n + 1/2)\hbar\omega_\mathrm{c}$ [参看 (96) 式].

现在, 我们定义一个算符:

$$\Gamma^2 = X_0^2 + Y_0^2 \tag{98}$$

它对应于径迹中心 C_0 与原点间距离的平方. 利用 (81) 式, 很容易求得:

$$\begin{aligned}\Gamma^2 &= \frac{\hbar}{\mu\omega_\mathrm{c}}(a_g a_g^\dagger + a_g^\dagger a_g)\\ &= \frac{\hbar}{\mu\omega_\mathrm{c}}(2N_g + 1)\end{aligned} \tag{99}$$

[759] 可见态 $|\chi_{n_d,n_g}\rangle$ 是算符 Γ^2 的属于本征值 $\dfrac{\hbar}{\mu\omega_\mathrm{c}}(2n_g + 1)$ 的本征态; 这个本征值永远不为零, 原因在于算符 X_0 和 Y_0 的不可对易性.

附注:

根据 (75) 式和 (99) 式, 算符 L_z 由下式给出:

$$L_z = \hbar(N_d - N_g) = \hbar\left[\frac{H_\perp}{\hbar\omega_c} - \frac{1}{2} - \frac{\mu\omega_c}{2\hbar}\Gamma^2 + \frac{1}{2}\right] \tag{100}$$

根据 (88) 式, 上式即

$$L_z = \frac{\mu\omega_c}{2}(\Sigma^2 - \Gamma^2) = \frac{qB}{2}(\Gamma^2 - \Sigma^2) \tag{101}$$

此式对应于经典关系式 (27).

γ. 其他类型的定态

与 n_d 的同一值相联系的诸矢量 $|\chi_{n_d,n_g}\rangle$ 的所有线性组合都是 $H_\perp$ 的本征态, 因而都具有在 §3–c–α 中陈述过的那些性质. 适当选择线性组合中的系数, 可以得到还具有其他一些有意义的性质的定态.

例如 (§3–b–β), 我们已知道 X_0 和 Y_0 都是运动常量. 但因 X_0 和 Y_0 彼此不对易, 所以这两个算符没有共同本征态. 这就是说, 在量子力学中, 我们不可能得到这样一种态, 在此态中点 C_0 的两个坐标都具有确定值.

为了构成算符 $H_\perp$ 和 X_0 的共同本征态, 我们可以利用一维谐振子的性质; 实际上, 公式 (81–a) 表明, X_0 的表示式, 除常数因子以外, 和一维谐振子 (其湮没算符为 a_g) 的位置算符 X_g 的表示式一样:

$$X_0 = \frac{1}{\beta\sqrt{2}}\widehat{X}_g \tag{102}$$

我们已经知道与一维谐振子的定态 $|\widehat{\varphi}_k\rangle$ 对应的波函数 $\widehat{\varphi}_k(\widehat{x})$ (参看补充材料 $\mathrm{B_V}$ 的 §2–b), 因此, 我们可以将位置算符的本征矢 $|\widehat{x}\rangle$ 写作诸右矢 $|\widehat{\varphi}_k\rangle$ 的线性组合:

$$\begin{aligned}|\widehat{x}\rangle &= \sum_{k=0}^{\infty}|\widehat{\varphi}_k\rangle\langle\widehat{\varphi}_k|\widehat{x}\rangle \\ &= \sum_{k=0}^{\infty}\widehat{\varphi}_k^*(\widehat{x})|\widehat{\varphi}_k\rangle\end{aligned} \tag{103}$$

要得到算符 $H_\perp$ 和 X_0 的共同本征态, 我们只需将这个结果应用于态 $|\chi_{n_d,n_g=k}\rangle$; 矢量

$$|\xi_{n,x_0}\rangle = \sum_{k=0}^{\infty}\widehat{\varphi}_k^*(\beta\sqrt{2}x_0)|\chi_{n_d=n,n_g=k}\rangle \tag{104}$$

是算符 $H_\perp$ 和 X_0 的属于本征值 $(n+1/2)\hbar\omega_c$ 与 x_0 的共同本征矢.

用类似的方法可以求得算符 $H_\perp$ 和 Y_0 的共同本征矢 $|\eta_{n,y_0}\rangle$; (81–b) 式表明, Y_0 正 [760]
比于刚才用过的假想的一维谐振子的动量算符 P_g:

$$Y_0 = \frac{1}{\beta\sqrt{2}}\widehat{P}_g \tag{105}$$

因此 [参看补充材料 $\mathrm{D_V}$ 的公式 (20)], 我们有:

$$|\eta_{n,y_0}\rangle = \sum_{k=0}^{\infty}\mathrm{i}^k\widehat{\varphi}_k^*(\beta\sqrt{2}y_0)|\chi_{n_d=n,n_g=k}\rangle \tag{106}$$

刚才我们构成了这样的一些态, 在其中 X_0 或 Y_0 是完全确定的. 我们还可找出这样一些定态, 在其中乘积 $\Delta X_0 \cdot \Delta Y_0$ 达到 (83) 式中的极小值. 对于一个一维谐振子, 我们曾在补充材料 $\mathrm{G_V}$ 中求出这样一些态, 在其中乘积 $\Delta\widehat{X}\cdot\Delta\widehat{P}$ 达到极小值; 这些态就是准经典态, 由下式给出:

$$|\alpha\rangle = \sum_{k=0}^{\infty} c_k(\alpha)|\varphi_k\rangle \tag{107}$$

其中

$$c_k(\alpha) = \frac{\alpha^k}{\sqrt{k!}}\mathrm{e}^{-|\alpha|^2/2} \tag{108}$$

在这些态中

$$\Delta\widehat{X} = \Delta\widehat{P} = \frac{1}{\sqrt{2}} \tag{109}$$

由此可知, 在现在所讨论的情况下, 态

$$|\theta_{n,\alpha_0}\rangle = \sum_{k=0}^{\infty} c_k(\alpha_0)|\chi_{n_d=n,n_g=k}\rangle \tag{110}$$

决定 X_0 和 Y_0 的方均根偏差为:

$$\Delta X_0 = \Delta Y_0 = \frac{1}{2\beta} \tag{111}$$

因此乘积 $\Delta X_0 \cdot \Delta Y_0$ 取极小值.

附注:

由于磁场是均匀的. 因此, 我们所讨论的物理问题具有平移不变性. 在前面, 这种对称性已被我们所选用的特殊规范 (12) 式 (这种规范使坐标原点 O 比空间其他各点更特殊) 所掩盖; 因此, 不论哈密顿算符 H 还是它的本征态都不具备平移不变性. 但是, 我们知道 (参看补充材料 $\mathrm{H_{III}}$), 量子力学的物理预言具有规范不变性; 由此可见, 如果通过规范的变换, 使 O 点以外的另一点具有特殊的地位, 物理预言仍然不变; 因此, 在我们研究一个给定态的物理性质时, 平移对称性一定会重新表现出来.

为了比较精确地证实这一点, 我们假定, 在 (12) 式的规范中, 粒子在某一指定时刻的态由右矢 $|\psi\rangle$ 来描述, 对应于这个态的波函数是 $\langle \boldsymbol{r}|\psi\rangle = \psi(\boldsymbol{r})$. 现在我们施行由矢量 $\boldsymbol{a}$ 所表示的一次平移 $\mathscr{T}$, 并考虑由下式定义的右矢 $|\psi_T\rangle$:

[761]
$$|\psi_T\rangle = \mathrm{e}^{-\frac{\mathrm{i}}{\hbar}\boldsymbol{P}\cdot\boldsymbol{a}}|\psi\rangle \tag{112}$$

根据补充材料 $\mathrm{E_{II}}$ 中的结果, 与这个右矢相联系的波函数是:

$$\psi_T(\boldsymbol{r}) = \langle\boldsymbol{r}|\psi_T\rangle = \psi(\boldsymbol{r}-\boldsymbol{a}) \tag{113}$$

对于矢势也可以施行同样的平移, 于是矢势变为:

$$\boldsymbol{A}_T(\boldsymbol{r}) = \boldsymbol{A}(\boldsymbol{r}-\boldsymbol{a}) = -\frac{1}{2}(\boldsymbol{r}-\boldsymbol{a})\times\boldsymbol{B} \tag{114}$$

$\boldsymbol{A}_T(\boldsymbol{r})$ 与 $\boldsymbol{A}(\boldsymbol{r})$ 所描述的当然是同一个磁场. 与一个给定的态矢量有关的那些物理性质只依赖于这个态矢量本身以及已经选定的矢势 $\boldsymbol{A}$, 因此, 在用 (113) 式和 (114) 式去代替 $\psi(\boldsymbol{r})$ 和 $\boldsymbol{A}(\boldsymbol{r})$ 时, 那些物理性质也必然经历了平移 $\mathscr{T}$. 很容易利用这些关系式求得与 $|\psi_T\rangle$ 相联系的概率密度的表示式:

$$\rho_T(\boldsymbol{r}) = |\psi_T(\boldsymbol{r})|^2 = |\psi(\boldsymbol{r}-\boldsymbol{a})|^2 = \rho(\boldsymbol{r}-\boldsymbol{a}) \tag{115}$$

以及用矢势 $A_T(\boldsymbol{r})$ 算出的概率流 $\boldsymbol{J}_T(\boldsymbol{r})$ 的表示式:

$$\begin{aligned}\boldsymbol{J}_T(\boldsymbol{r}) &= \frac{1}{2\mu}\left\{\psi_T^*(\boldsymbol{r})\left[\frac{\hbar}{\mathrm{i}}\nabla + \frac{q}{2}(\boldsymbol{r}-\boldsymbol{a})\times\boldsymbol{B}\right]\psi_T(\boldsymbol{r}) + c.c.\right\}\\ &= \frac{1}{2\mu}\left\{\psi^*(\boldsymbol{r}-\boldsymbol{a})\left[\frac{\hbar}{\mathrm{i}}\nabla + \frac{q}{2}(\boldsymbol{r}-\boldsymbol{a})\times\boldsymbol{B}\right]\psi(\boldsymbol{r}-\boldsymbol{a}) + c.c.\right\}\\ &= \boldsymbol{J}(\boldsymbol{r}-\boldsymbol{a})\end{aligned} \tag{116}$$

[这里的 $\boldsymbol{J}(\boldsymbol{r})$ 是在 (12) 式的规范中与 $\psi(\boldsymbol{r})$ 相联系的概率流]. 由此可见, 右矢 $|\psi_T\rangle$ 描述新规范 $\boldsymbol{A}_T(\boldsymbol{r})$ 中的一个态, 这个态的物理性质可以通过平移 $\mathscr{T}$ 得自规范 $\boldsymbol{A}(\boldsymbol{r})$ 中的对应于右矢 $|\psi\rangle$ 的物理性质.

此外, 我们还要证明, 一种可能的运动经过平移变换后成为另一种可能的运动; 这样一来, 关于这个问题的平移不变性的证明即告完成. 为此, 我们在规范 $\boldsymbol{A}(\boldsymbol{r})$ 中考虑 $\{|\boldsymbol{r}\rangle\}$ 表象中的薛定谔方程:

$$\mathrm{i}\hbar\frac{\partial}{\partial t}\psi(\boldsymbol{r},t) = \frac{1}{2\mu}\left[\frac{\hbar}{\mathrm{i}}\nabla - q\boldsymbol{A}(\boldsymbol{r})\right]^2\psi(\boldsymbol{r},t) \tag{117}$$

在这个方程中将 $\boldsymbol{r}$ 换成 $\boldsymbol{r}-\boldsymbol{a}$, 利用 (113) 式和 (114) 式, 很容易得到:

$$\mathrm{i}\hbar\frac{\partial}{\partial t}\psi_T(\boldsymbol{r},t) = \frac{1}{2\mu}\left[\frac{\hbar}{\mathrm{i}}\nabla - q\boldsymbol{A}_T(\boldsymbol{r})\right]^2\psi_T(\boldsymbol{r},t) \tag{118}$$

出现在 (118) 式右端的算符其实就是规范 $\boldsymbol{A}_T(\boldsymbol{r})$ 中的哈密顿算符; 因此, 如果 $\psi(\boldsymbol{r},t)$ 在规范 $\boldsymbol{A}(\boldsymbol{r})$ 中所描述的是体系的一种可能的运动, 那么, $\psi_T(\boldsymbol{r},t)$ 在等价的规范 $\boldsymbol{A}_T(\boldsymbol{r})$ 中所描述的便是另一种可能的运动, 根据上面的证明, 后者正是前者的平移变换. 特别地, 如果

$$\psi(\boldsymbol{r},t) = \varphi(\boldsymbol{r})\mathrm{e}^{-\mathrm{i}Et/\hbar}$$

是一个定态 [在规范 $\boldsymbol{A}(\boldsymbol{r})$中], 那么, [762]

$$\psi_T(\boldsymbol{r},t) = \varphi_T(\boldsymbol{r})\mathrm{e}^{-\mathrm{i}Et/\hbar}$$

就是属于同一能量值的另一个定态 [在规范 $\boldsymbol{A}_T(\boldsymbol{r})$ 中].

在对粒子的物理状态施行平移 $\mathscr{T}$ 之后, 如果还要继续使用规范 (12), 那么, 就必须用一个不同于 $|\psi_T\rangle$ 的数学上的右矢 $|\psi'_T\rangle$ 来描述平移后的态. 根据补充材料 H_{III} 的 §3-b-α, 经过一次幺正变换就可以从右矢 $|\psi_T\rangle$ 得到右矢 $|\psi'_T\rangle$:

$$|\psi'_T\rangle = T_\chi|\psi_T\rangle \tag{119}$$

算符 T_χ 由下式所定义:

$$T_\chi = \mathrm{e}^{\frac{\mathrm{i}}{\hbar}q\chi(\boldsymbol{R})} \tag{120}$$

这里的 $\chi(\boldsymbol{R})$ 是描述我们所进行的规范变换的算符函数. 现在可将经过规范变换之后的势写作:

$$\boldsymbol{A}(\boldsymbol{r}) = -\frac{1}{2}\boldsymbol{r}\times\boldsymbol{B} = A_T(\boldsymbol{r}) - \frac{1}{2}\boldsymbol{a}\times\boldsymbol{B} \tag{121}$$

于是便有:

$$\chi(\boldsymbol{r}) = -\frac{1}{2}\boldsymbol{r}\cdot(\boldsymbol{a}\times\boldsymbol{B}) \tag{122}$$

将 (112), (120) 及 (122) 式代入 (119) 式, 最后得到:

$$|\psi_T'\rangle = U(\boldsymbol{a})|\psi\rangle \tag{123}$$

其中

$$U(\boldsymbol{a}) = \mathrm{e}^{-\mathrm{i}\frac{q}{2\hbar}\boldsymbol{R}\cdot(\boldsymbol{a}\times\boldsymbol{B})}\mathrm{e}^{-\frac{\mathrm{i}}{\hbar}\boldsymbol{P}\cdot\boldsymbol{a}} \tag{124}$$

由此可见, 如果继续使用规范 $\boldsymbol{A}(\boldsymbol{r})$, 平移算符就是 (124) 式给出的 $U(\boldsymbol{a})$.

出现在公式 (124) 中的是 $\boldsymbol{R}$ 和 $\boldsymbol{P}$ 在两个互相正交的轴线上的分量, 因此, 它们是可对易的, 于是可以写出:

$$U(\boldsymbol{a}) = \mathrm{e}^{-\mathrm{i}\frac{q}{2\hbar}\boldsymbol{R}\cdot(\boldsymbol{a}\times\boldsymbol{B})-\frac{\mathrm{i}}{\hbar}\boldsymbol{P}\cdot\boldsymbol{a}} \tag{125}$$

若 $\boldsymbol{a}$ 是 xOy 平面上的一个矢量, 则利用公式 (10) 和 (69), 经过简单计算即得:

$$U(\boldsymbol{a}) = \mathrm{e}^{\mathrm{i}\frac{q}{\hbar}(\boldsymbol{a}\times\boldsymbol{R}_0)\cdot\boldsymbol{B}} \tag{126}$$

其中

$$\boldsymbol{R}_0 = X_0\boldsymbol{e}_x + Y_0\boldsymbol{e}_y \tag{127}$$

因此, 算符 X_0 和 Y_0 (即圆心的坐标) 分别与沿 Oy 轴和 Ox 轴的无限小平移相联系.

d. 随时间的演变

α. 可观察量的平均值

我们已研究过一些表现为运动常量的物理量: X_0, Y_0, Θ_z 及 Σ^2. 不论体系处于什么态, 它们的平均值都与时间无关.

[763] 现在我们来考察平均值 $\langle X\rangle, \langle Y\rangle, \langle V_x\rangle, \langle V_y\rangle$ 及 $\langle X'\rangle, \langle Y'\rangle$ 随时间的演变. 从 §3-b 中的那些表示式, 立即可以看出, 对应的那些算符仅在 n_d 之值不等于 ±1 或零的那些态 $|\chi_{n_d,n_g}\rangle$ 之间才有非零矩阵元. 因此, 在这些平均值的演变过程中只出现一个玻尔频率, 这就是 (5) 式所定义的回旋频率 $\omega_c/2\pi$.

这个结果完全类似于得自经典力学的结果.

β. 准经典态

假设在 $t=0$ 时, 粒子的态为:

$$|\psi_\perp(0)\rangle = |\alpha_d, \alpha_g\rangle \tag{128}$$

这里的右矢 $|\alpha_d, \alpha_g\rangle$ 由补充材料 D_{VI} 的 (70) 式定义. 由于表示 $H_\perp$ 的 (75) 式含有 N_d, 但不含 N_g, 因此, 我们将 α_d 换成 $\alpha_d e^{-i\omega_c t}$, 便可得到 t 时刻的态矢量 $|\psi_\perp(t)\rangle$:

$$|\psi_\perp(t)\rangle = e^{-i\omega_c t/2}|\alpha_d e^{-i\omega_c t}, \alpha_g\rangle \tag{129}$$

[参看补充材料 G_V 的 (92) 式].

现在令:

$$\begin{aligned}\alpha_d &= |\alpha_d|e^{i\varphi_d}\\ \alpha_g &= |\alpha_g|e^{i\varphi_g}\end{aligned} \tag{130}$$

于是 (80)、(81) 及 (84) 式表明, 应有:

$$\begin{cases}\langle X_0\rangle = \dfrac{1}{2\beta}(\alpha_g + \alpha_g^*) = \dfrac{|\alpha_g|}{\beta}\cos\varphi_g\\ \langle Y_0\rangle = \dfrac{i}{2\beta}(\alpha_g^* - \alpha_g) = \dfrac{|\alpha_g|}{\beta}\sin\varphi_g\end{cases} \tag{131}$$

$$\begin{cases}\langle X'\rangle(t) = \dfrac{1}{2\beta}(\alpha_d e^{-i\omega_c t} + \alpha_d^* e^{i\omega_c t}) = \dfrac{|\alpha_d|}{\beta}\cos(\omega_c t - \varphi_d)\\ \langle Y'\rangle(t) = \dfrac{i}{2\beta}(\alpha_d e^{-i\omega_c t} - \alpha_d^* e^{i\omega_c t}) = \dfrac{|\alpha_d|}{\beta}\sin(\omega_c t - \varphi_d)\end{cases} \tag{132}$$

以及

$$\begin{cases}\langle V_x\rangle(t) = -\dfrac{|\alpha_d|}{\beta}\omega_c\sin(\omega_c t - \varphi_d)\\ \langle V_y\rangle(t) = \dfrac{|\alpha_d|}{\beta}\omega_c\cos(\omega_c t - \varphi_d)\end{cases} \tag{133}$$

此外, 由态 $|\alpha\rangle$ 的性质可以推知:

$$\begin{aligned}\langle H_\perp\rangle &= \hbar\omega_c\left(|\alpha_d|^2 + \frac{1}{2}\right)\\ \langle \Theta_z\rangle &= 2\hbar\left(|\alpha_d|^2 + \frac{1}{2}\right)\\ \langle \Sigma^2\rangle &= \frac{1}{\beta^2}\left(|\alpha_d|^2 + \frac{1}{2}\right)\end{aligned} \tag{134}$$

所有这些结果都非常接近经典力学给出的结果 [参看 (4) 式]; 可以看出, $|\alpha_d|$ 与经典径 [764]
迹的半径 σ 相联系, φ_d 与初位相 φ_0 相联系, 而 $|\alpha_g|$ 则与距离 OC_0 相联系, φ_g 则对应于矢量 $\boldsymbol{OC}_0$ 的极角.

此外, 我们可以利用态 $|\alpha\rangle$ 的性质来证明:

$$\Delta X_0 = \Delta Y_0 = \Delta X' = \Delta Y' = \frac{1}{2\beta} \tag{135–a}$$

$$\Delta V_x = \Delta V_y = \frac{\omega_c}{2\beta} \tag{135–b}$$

(因而, 乘积 $\Delta X_0 \cdot \Delta Y_0, \Delta X' \cdot \Delta Y'$ 及 $\Delta V_x \cdot \Delta V_y$ 都取各自的极小值), 和:

$$\begin{aligned}\Delta H_{\perp} &= \hbar\omega_{\mathrm{c}}|\alpha_d| \\ \Delta \Theta_z &= 2\hbar|\alpha_d| \\ \Delta \Sigma^2 &= \frac{1}{\beta^2}|\alpha_d|\end{aligned} \tag{136}$$

至于 ΔX 和 ΔY, 它们的计算要用到下列关系:

$$|\psi_{\perp}(t)\rangle = \mathrm{e}^{-\mathrm{i}\omega_{\mathrm{c}}t/2}\left|\alpha_x = \frac{\alpha_d \mathrm{e}^{-\mathrm{i}\omega_{\mathrm{c}}t} + \alpha_g}{\sqrt{2}}, \alpha_y = \frac{\mathrm{i}\alpha_d \mathrm{e}^{-\mathrm{i}\omega_{\mathrm{c}}t} - \mathrm{i}\alpha_g}{\sqrt{2}}\right\rangle \tag{137}$$

[这里的 $|\alpha_x, \alpha_y\rangle$ 由 $\mathrm{D_{VI}}$ 中的 (66) 式定义], 由此可以得到:

$$\Delta X = \Delta Y = \sqrt{\frac{\hbar}{\mu\omega_{\mathrm{c}}}} = \frac{1}{\beta\sqrt{2}} \tag{138}$$

(ΔP_x 和 ΔP_y 很容易按同样的方法求得).

若能满足下列条件:

$$|\alpha_d| \gg 1, \quad |\alpha_g| \gg 1 \tag{139}$$

那么, 我们就可以认为: 各物理量如位置、速度、能量等 (就相对值而言) 是完全确定的. 因此, (129) 式中的态表示一个荷电粒子在均匀磁场作用下的 "准经典" 态.

附注:

若 $\alpha_d = 0$, 则得:

$$\begin{cases}\langle H_{\perp}\rangle = \dfrac{1}{2}\hbar\omega_{\mathrm{c}} \\ \Delta H_{\perp} = 0\end{cases} \tag{140}$$

于是, 态:

$$|\alpha_x, \alpha_y = -\mathrm{i}\alpha_x\rangle \tag{141}$$

对应于基态能级.

参考文献和阅读建议:

Landau 和 Lifshitz (1.19), 第 XVI 章, §124 和 §125; Ter Haar (1.23), 第 6 章.

在固体物理中的应用: Mott 和 Jones (13.7), 第 VI 章, §6; Kittel (13.2), 第 8 章, 第 239 页及第 9 章, 第 290 页.

补充材料 F_{VI}

练习

[765]

1. 设有角动量量子数 $j=1$ 的体系, 其态空间的基是 $\boldsymbol{J}^2$ (本征值为 $2\hbar^2$) 和 J_z (本征值为 $+\hbar, 0, -\hbar$) 的三个共同本征矢的集合 $\{|+1\rangle, |0\rangle, |-1\rangle\}$、体系的态为:

$$|\psi\rangle = \alpha|+1\rangle + \beta|0\rangle + \gamma|-1\rangle$$

其中 α、β、γ 是三个给定的复参数.

a. 试计算角动量的平均值 $\langle \boldsymbol{J} \rangle$, 用 α, β, γ 将它表示出来.

b. 试求三个平均值 $\langle J_x^2 \rangle, \langle J_y^2 \rangle$ 及 $\langle J_z^2 \rangle$ 的表示式 (用 α, β, γ 表出).

2. 考虑一个任意的物理体系, 它的四维态空间的基是 $\boldsymbol{J}^2$ 和 J_z 的四个共同本征矢 $|j, m_z\rangle$, 属于本征值 $j(j+1)\hbar^2$ 和 $m_z\hbar$ ($j=0$ 或 $1, -j \leqslant m_z \leqslant +j$), 而且:

$$J_\pm|j, m_z\rangle = \hbar\sqrt{j(j+1) - m_z(m_z \pm 1)}|j, m_z \pm 1\rangle$$
$$J_+|j, j\rangle = J_-|j, -j\rangle = 0$$

a. 通过右矢 $|j, m_z\rangle$ 来表示 $\boldsymbol{J}^2$ 和 J_x 的共同本征矢 $|j, m_x\rangle$.

b. 考虑这样一个体系, 它处于已归一化的态;

$$|\psi\rangle = \alpha|j=1, m_z=1\rangle + \beta|j=1, m_z=0\rangle + \gamma|j=1, m_z=-1\rangle + \delta|j=0, m_z=0\rangle$$

(i) 若同时测量 $\boldsymbol{J}^2$ 和 J_x, 试求得到的结果为 $2\hbar^2$ 和 $\hbar$ 的概率.

(ii) 设体系处于态 $|\psi\rangle$, 试求 J_z 的平均值以及单独测量这个可观察量时, 各种可能结果出现的概率.

(iii) 对于可观察量 $\boldsymbol{J}^2$、J_x, 分别解答上面的问题.

(iv) 如果测量 J_z^2, 试求可能的结果, 每一个结果出现的概率及其平均值.

3. 一个体系的角动量为 $\boldsymbol{L}=\boldsymbol{R}\times\boldsymbol{P}$, 态空间为 $\mathscr{E}_{\boldsymbol{r}}$, 试证对易关系式:

$$[L_i, R_j]=\mathrm{i}\hbar\varepsilon_{ijk}R_k$$
$$[L_i, P_j]=\mathrm{i}\hbar\varepsilon_{ijk}P_k$$
$$[L_i, \boldsymbol{P}^2]=[L_i, \boldsymbol{R}^2]=[L_i, \boldsymbol{R}\cdot\boldsymbol{P}]=0$$

[766] 这里的 L_i, R_j, P_j 表示 $\boldsymbol{L}, \boldsymbol{R}, \boldsymbol{P}$ 在正交坐标系中的任意分量, ε_{ijk} 的定义为:

$$\varepsilon_{ijk}\begin{cases}=0 & \text{若在指标 } i,j,k \text{ 中有两个 (或三个) 相等.}\\ =1 & \text{若三个指标构成 } x,y,z \text{ 的偶排列.}\\ =-1 & \text{若三个指标构成 } x,y,z \text{ 的奇排列.}\end{cases}$$

4. 一个多原子分子的转动

我们来考虑由 N 个互异粒子组成的体系, 这些粒子的位置各为 $\boldsymbol{R}_1, \boldsymbol{R}_2, \cdots, \boldsymbol{R}_m, \cdots, \boldsymbol{R}_N$, 动量各为 $\boldsymbol{P}_1, \cdots, \boldsymbol{P}_m, \cdots, \boldsymbol{P}_N$. 令

$$\boldsymbol{J}=\sum_m \boldsymbol{L}_m$$

其中

$$\boldsymbol{L}_m=\boldsymbol{R}_m\times\boldsymbol{P}_m$$

a. 试证算符 $\boldsymbol{J}$ 满足用来定义角动量的对易关系式; 再由此证明: 若 $\boldsymbol{V}$ 和 $\boldsymbol{V}'$ 是三维空间中的普通矢量, 则有:

$$[\boldsymbol{J}\cdot\boldsymbol{V}, \boldsymbol{J}\cdot\boldsymbol{V}']=\mathrm{i}\hbar(\boldsymbol{V}\times\boldsymbol{V}')\cdot\boldsymbol{J}$$

b. 求 $\boldsymbol{J}$ 与 $\boldsymbol{R}_m$ 的三个分量的对易子以及 $\boldsymbol{J}$ 与 $\boldsymbol{P}_m$ 的三个分量的对易子. 试证:

$$[\boldsymbol{J}, \boldsymbol{R}_m\cdot\boldsymbol{R}_p]=0$$

c. 试证:

$$[\boldsymbol{J}, \boldsymbol{J}\cdot\boldsymbol{R}_m]=0$$

并由此导出下列关系式:

$$[\boldsymbol{J}\cdot\boldsymbol{R}_m, \boldsymbol{J}\cdot\boldsymbol{R}_{m'}]=\mathrm{i}\hbar(\boldsymbol{R}_{m'}\times\boldsymbol{R}_m)\cdot\boldsymbol{J}=\mathrm{i}\hbar\boldsymbol{J}\cdot(\boldsymbol{R}_{m'}\times\boldsymbol{R}_m)$$

我们再令

$$\boldsymbol{W}=\sum_m a_m\boldsymbol{R}_m$$
$$\boldsymbol{W}'=\sum_m a'_m\boldsymbol{R}_m$$

其中 a_m 和 a'_m 是给定的系数. 试证:

$$[\boldsymbol{J}\cdot\boldsymbol{W},\boldsymbol{J}\cdot\boldsymbol{W}'] = -\mathrm{i}\hbar(\boldsymbol{W}\times\boldsymbol{W}')\cdot\boldsymbol{J}$$

试回答: 下述两类对易关系式有什么区别? 一类是 $\boldsymbol{J}$ 在固定坐标轴上的诸分量之间的对易关系式, 另一类是 $\boldsymbol{J}$ 在固定于体系上的运动坐标轴上的诸分量之间的对易关系式.

d. 我们来考虑由 N 个不共线的原子组成的一个分子, 假设原子间的距离是不变的 (即刚性转子). 分子的质心位于固定点 O 处, 坐标轴 $Oxyz$ 构成一个正交归一基, 我们用 $\boldsymbol{J}$ 表示诸原子对于分子质心的角动量的总和. 将体系的三个惯性主轴记作 $O\alpha, O\beta, O\gamma$, 并设惯性椭球是相对于 $O\gamma$ 轴的旋转椭球 (即对称转子). 于是, 分子的转动能可以写作: [767]

$$H = \frac{1}{2}\left[\frac{J_\gamma^2}{I_{/\!/}} + \frac{J_\alpha^2 + J_\beta}{I_\perp}\right]$$

式中 J_α、J_β 及 J_γ 分别是 $\boldsymbol{J}$ 在 $\boldsymbol{W}_\alpha$、$\boldsymbol{W}_\beta$ 及 $\boldsymbol{W}_\gamma$ 方向上的分量, 这三个矢量则是缚于分子上的运动坐标轴 $O\alpha$、$O\beta$ 及 $O\gamma$ 上的单位矢. $I_{/\!/}$ 与 $I_\perp$ 是对应的转动惯量. 我们假定:

$$J_\alpha^2 + J_\beta^2 + J_\gamma^2 = J_x^2 + J_y^2 + J_z^2 = \boldsymbol{J}^2$$

(i) 从题 c 的结果导出 $J_\alpha, J_\beta, J_\gamma$ 之间的对易关系式.

(ii) 我们引入算符 $N_\pm = J_\alpha \pm \mathrm{i}J_\beta$. 仿照第六章中的一般分析方法, 证明: 我们可以找到 $\boldsymbol{J}^2$ 和 J_γ 的属于本征值 $J(J+1)\hbar^2$ 与 $K\hbar$ 的共同本征矢, 这里的 $K = -J, -J+1, \cdots, J-1, J$.

(iii) 试用 $\boldsymbol{J}^2$ 和 J_γ^2 表出转子的哈密顿算符 H 并计算其本征值.

(iv) 试证: 我们可以找到 $\boldsymbol{J}^2$, J_z, J_γ 的共同本征态, 这个态可以记作 $|J,M,K\rangle$ [本征值分别为 $J(J+1)\hbar^2, M\hbar, K\hbar$]. 试证: 这些态也是 H 的本征态.

(v) 试计算 $J_\pm$ 及 $N_\pm$ 分别与 $\boldsymbol{J}^2, J_z, J_\gamma$ 的对易子, 并由此导出 $J_\pm$ 和 $N_\pm$ 对 $|J,M,K\rangle$ 的作用结果. 证明: 若 $K\neq 0$, 则 H 的本征值至少是 $2(2J+1)$ 重简并的, 若 $K=0$, 则其简并度为 $(2J+1)$.

(vi) 试画出这个刚性转子的能级图 (因为 $\boldsymbol{J}$ 是轨道角动量的总和, 故 J 为整数, 参看第十章). 若 $I_{/\!/} = I_\perp$ (球对称转子) 此图有何变化?

5. 一个体系的态空间为 $\mathscr{E}_r$, 波函数为:

$$\psi(x,y,z) = N(x+y+z)\mathrm{e}^{-r^2/\alpha^2}$$

其中 α 是给定的实数, N 是归一化常数.

a. 对此体系测量 L_z 和 $\boldsymbol{L}^2$, 问测得的结果为 0 和 $2\hbar^2$ 的概率为若干? 提示:

$$\mathrm{Y}_l^0(\theta,\varphi)=\sqrt{\frac{3}{4\pi}}\cos\theta$$

b. 如果再知道

$$\mathrm{Y}_l^{\pm1}(\theta,\varphi)=\mp\sqrt{\frac{3}{8\pi}}\sin\theta\mathrm{e}^{\pm\mathrm{i}\varphi}$$

我们能不能直接预言对波函数为 $\psi(x,y,z)$ 的这个体系测量 $\boldsymbol{L}^2$ 和 L_z 时, 每一个可能结果出现的概率?

[768] **6.** 设体系的角量子数 $l=1$, 其态空间的基由 L_z 的三个本征矢 $|+1\rangle,|0\rangle$, $|-1\rangle$ 构成, 三者分别属于本征值 $+\hbar,0,-\hbar$; 而且

$$L_\pm|m\rangle=\hbar\sqrt{2}|m\pm1\rangle$$
$$L_+|1\rangle=L_-|-1\rangle=0$$

具有电四极矩的这个体系受到电场梯度的作用, 因而其哈密顿算符为:

$$H=\frac{\omega_0}{\hbar}(L_u^2-L_v^2)$$

其中 L_u 和 L_v 是算符 $\boldsymbol{L}$ 在 xOz 平面上两个方向 Ou 及 Ov 上的分量, 而 Ou 与 Ov 分别与 Ox 轴及 Oz 轴交成 45° 角. ω_0 是一个实常数.

a. 试写出算符 H 在基 $\{|+1\rangle,|0\rangle,|-1\rangle\}$ 中的矩阵. 试求体系的定态及对应的能量 (我们可按能量递减的顺序将这些态记作 $|E_1\rangle,|E_2\rangle,|E_3\rangle$).

b. 在 $t=0$ 时, 体系处在态

$$|\psi(0)\rangle=\frac{1}{\sqrt{2}}[|+1\rangle-|-1\rangle]$$

试求 t 时刻的态矢量 $|\psi(t)\rangle$; 若我们在此时刻测量 L_z, 每种可能结果出现的概率如何?

c. 试计算 t 时刻的平均值 $\langle L_x\rangle(t),\langle L_y\rangle(t)$ 及 $\langle L_z\rangle(t)$. 矢量 $\langle\boldsymbol{L}\rangle$ 是怎样运动的?

d. 设我们在 t 时刻对 L_z^2 进行一次测量.

(i) 是否存在这样的时刻, 在该时刻只有一个结果是可能的?

(ii) 假设测量结果为 $\hbar^2$, 那么, 刚测量之后体系处于什么态? 试说明 (不必计算) 此后态的演变.

7. 考虑普通三维空间中的转动 $\mathscr{R}_{\boldsymbol{u}}(\alpha)$, 这里 $\boldsymbol{u}$ 是确定旋转轴的单位矢, α 是转过的角度.

a. 如果 M 经过无限小角度 ε 的旋转之后变换为 M', 试证:

$$\boldsymbol{OM}' = \boldsymbol{OM} + \varepsilon \boldsymbol{u} \times \boldsymbol{OM}$$

b. 我们用列矢量 $\begin{pmatrix} x \\ y \\ z \end{pmatrix}$ 来表示 $\boldsymbol{OM}$; 试求与 $\mathscr{R}_{\boldsymbol{u}}(\varepsilon)$ 相联系的矩阵. 再由此导出表示算符 $\boldsymbol{\mathscr{M}}$ 的诸分量的矩阵, 算符 $\boldsymbol{\mathscr{M}}$ 由下式确定:

$$\mathscr{R}_{\boldsymbol{u}}(\varepsilon) = 1 + \varepsilon \boldsymbol{\mathscr{M}} \cdot \boldsymbol{u}$$

c. 试计算下列对易子: [769]

$$[\mathscr{M}_x, \mathscr{M}_y]; \quad [\mathscr{M}_y, \mathscr{M}_z]; \quad [\mathscr{M}_z, \mathscr{M}_x]$$

如此得到的纯几何关系式的量子类比是什么?

d. 利用表示 $\mathscr{M}_z$ 的矩阵, 试计算表示 $\mathrm{e}^{\alpha \mathscr{M}_z}$ 的矩阵; 并证明 $\mathscr{R}_z(\alpha) = \mathrm{e}^{\alpha \mathscr{M}_z}$; 这个关系式的量子力学类比是什么?

8. 在三维问题中, 一个粒子的态矢量是 $|\psi\rangle$, 波函数是 $\psi(\boldsymbol{r}) = \langle \boldsymbol{r}|\psi\rangle$. 假设观察算符 A 可以和粒子的轨道角动量 $\boldsymbol{L} = \boldsymbol{R} \times \boldsymbol{P}$ 对易; 并设 $A, \boldsymbol{L}^2$ 及 L_z 在空间 $\mathscr{E}_{\boldsymbol{r}}$ 中构成一个 ECOC; 它们的共同本征矢可以记作 $|n, l, m\rangle$, 这个矢量属于本征值 a_n (设 n 是离散指标), $l(l+1)\hbar^2$ 及 $m\hbar$.

再设 $U(\varphi)$ 是一个幺正算符, 它的定义是:

$$U(\varphi) = \mathrm{e}^{-\mathrm{i}\varphi L_z/\hbar}$$

其中 φ 是一个无量纲的实参数. 用 K 表示一个任意算符, K 经过幺正算符 $U(\varphi)$ 变换后成为 $\widetilde{K}$, 即:

$$\widetilde{K} = U(\varphi) K U^\dagger(\varphi)$$

a. 令 $L_+ = L_x + \mathrm{i}L_y, L_- = L_x - \mathrm{i}L_y$; 试计算 $\widetilde{L}_+|n, l, m\rangle$, 并由此证明 L_+ 与 $\widetilde{L}_+$ 成比例; 试求出比例常数. 对于 L_- 和 $\widetilde{L}_-$ 求解同样的问题.

b. 试用 L_x, L_y, L_z 表出 $\widetilde{L}_x, \widetilde{L}_y, \widetilde{L}_z$. 从 $\boldsymbol{L}$ 到 $\widetilde{\boldsymbol{L}}$ 的过渡可以和什么几何变换相联系?

c. 试计算对易子 $[X \pm \mathrm{i}Y, L_z]$ 和 $[Z, L_z]$; 再由所得结果证明: 右矢 $(X \pm \mathrm{i}Y)|n, l, m\rangle$ 和 $Z|n, l, m\rangle$ 都是 L_z 的本征矢, 并求对应的本征值. 为使矩阵元

$\langle n', l', m', |X \pm \mathrm{i}Y| n, l, m\rangle$ 不等于零, m 与 m' 之间必须存在什么关系? 对于 $\langle n', l', m'|Z|n, l, m\rangle$, 解答同样的问题.

d. 将 $\widetilde{X \pm \mathrm{i}Y}$ 和 $\widetilde{Z}$ 的矩阵元与 $X \pm \mathrm{i}Y$ 和 Z 的矩阵元进行比较, 从而通过 X, Y, Z 来表示 $\widetilde{X}, \widetilde{Y}, \widetilde{Z}$. 对所得结果作几何上的解释.

9. 设一个物理体系的角量子数 l 是确定的, 其态空间为 $\mathscr{E}_l$, 态矢量为 $|\psi\rangle$; 将它的轨道角动量算符记作 $\boldsymbol{L}$. 假设空间 $\mathscr{E}_l$ 的一个基由 L_z 的 $(2l+1)$ 个本征矢 $|l, m\rangle$ 所构成 $(-l \leqslant m \leqslant +l)\mathscr{E}_l$, 与这些本征矢相联系的波函数是 $f(r)\mathrm{Y}_l^m(\theta, \varphi)$. 我们用 $\langle \boldsymbol{L}\rangle = \langle\psi|\boldsymbol{L}|\psi\rangle$ 表示 $\boldsymbol{L}$ 的平均值.

a. 我们先假定

$$\langle L_x\rangle = \langle L_y\rangle = 0$$

[770] 在体系的一切可能的态中, 对哪一些态而言, 总和 $(\Delta L_x)^2 + (\Delta L_y)^2 + (\Delta L_z)^2$ 取极小值; 试证: 在这些态中

$$\Delta L_\alpha = \hbar\sqrt{\frac{l}{2}}\sin\alpha$$

其中 ΔL_α 表示 $\boldsymbol{L}$ 在与 Oz 轴成角 α 的方向上的分量的方均根偏差.

b. 我们现在假设, $\langle \boldsymbol{L}\rangle$ 在坐标系 $Oxyz$ 中的方向是任意的;$OXYZ$ 是另一个直角坐标系, 其 OZ 轴的方位及指向均与 $\langle \boldsymbol{L}\rangle$ 相同, 其 OY 轴在 xOy 平面上.

(i) 试证: 总和 $(\Delta L_x)^2 + (\Delta L_y)^2 + (\Delta L_z)^2$ 在其中取极小值的态 $|\psi_0\rangle$ 满足下列关系

$$(L_x + \mathrm{i}L_y)|\psi_0\rangle = 0$$
$$L_z|\psi_0\rangle = l\hbar|\psi_0\rangle$$

(ii) 设 Oz 轴与 OZ 轴之间的夹角是 θ_0, Oy 轴与 OY 轴之间的夹角是 φ_0; 试证下列关系式:

$$L_X + \mathrm{i}L_Y = \cos^2\frac{\theta_0}{2}\mathrm{e}^{-\mathrm{i}\varphi_0}L_+ - \sin^2\frac{\theta_0}{2}\mathrm{e}^{\mathrm{i}\varphi_0}L_- - \sin\theta_0 L_Z$$

$$L_Z = \sin\frac{\theta_0}{2}\cos\frac{\theta_0}{2}\mathrm{e}^{-\mathrm{i}\varphi_0}L_+ + \sin\frac{\theta_0}{2}\cos\frac{\theta_0}{2}\mathrm{e}^{\mathrm{i}\varphi_0}L_- + \cos\theta_0 L_Z$$

若令

$$|\psi_0\rangle = \sum_m d_m|l, m\rangle$$

试利用上面已得到的关系式证明:

$$d_m = \tan\frac{\theta_0}{2}\mathrm{e}^{\mathrm{i}\varphi_0}\sqrt{\frac{l+m+1}{l-m}}d_{m+1}$$

并用 d_l, θ_0, φ_0 及 l 来表出 d_m.

(iii) 为了计算 d_l, 注意到与 $|l,l\rangle$ 相联系的波函数是 $c_l(x+\mathrm{i}y)^l f(r)/r^l$, 试证: 与 $|\psi_0\rangle$ 相联系的波函数是 $\psi_0(X,Y,Z) = c_l(X+\mathrm{i}Y)^l f(r)/r^l$ [这里的 c_l 由第六章的方程 (D–20) 定义]. 在 $\psi_0(X,Y,Z)$ 的表示式中, 将 X,Y,Z 都通过 x,y,z 来表示, 从而导出 d_l 的值及下列等式:

$$d_m = \left(\sin\frac{\theta_0}{2}\right)^{l-m}\left(\cos\frac{\theta_0}{2}\right)^{l+m}\mathrm{e}^{-\mathrm{i}m\varphi_0}\sqrt{\frac{(2l)!}{(l+m)!(l-m)!}}$$

(iv) 设当体系处于态 $|\psi_0\rangle$ 时我们来测量 L_z, 问各种可能的结果出现的概 [771]
率如何? 最概然的结果是什么? 试证: 若 l 甚大于 1, 则得到对应于经典极限的结果.

10. 设 $\boldsymbol{J}$ 是态矢量为 $|\psi\rangle$ 的任意物理体系的角动量算符.

a. 我们是否能找到体系的这样一些态, 在其中方均根偏差 $\Delta J_x, \Delta J_y$ 及 ΔJ_z 同时等于零?

b. 试证:

$$\Delta J_x \cdot \Delta J_y \geqslant \frac{\hbar}{2}|\langle J_z\rangle|$$

以及通过 x,y,z 的循环置换而出现的其他关系式.

体系的角动量的平均值为 $\langle\boldsymbol{J}\rangle$, 假设我们这样选择坐标系 $Oxyz$, 使得 $\langle J_x\rangle = \langle J_y\rangle = 0$, 试证:

$$(\Delta J_x)^2 + (\Delta J_y)^2 \geqslant \hbar|\langle J_z\rangle|$$

c. 试证: 当而且仅当 $J_+|\psi\rangle = 0$ 或 $J_-|\psi\rangle = 0$ 时, 在题 b 中已经建立的两个不等式才能同时变为等式.

d. 设我们所讨论的体系是一个无自旋粒子, 它的 $\boldsymbol{J} = \boldsymbol{L} = \boldsymbol{R}\times\boldsymbol{P}$. 试证: 只有当体系的波函数的形式为:

$$\psi(r,\theta,\varphi) = F(r, \sin\theta\,\mathrm{e}^{\pm\mathrm{i}\varphi})$$

时, $\Delta L_x \cdot \Delta L_y = \dfrac{\hbar}{2}|\langle L_z\rangle|$ 和 $(\Delta L_x)^2 + (\Delta L_y)^2 = \hbar|\langle L_z\rangle|$ 才能同时成立.

11. 我们考虑一个三维谐振子, 其态矢量 $|\psi\rangle$ 为:

$$|\psi\rangle = |\alpha_x\rangle \otimes |\alpha_y\rangle \otimes |\alpha_z\rangle$$

式中 $|\alpha_x\rangle$, $|\alpha_y\rangle$ 及 $|\alpha_z\rangle$ 分别为沿 Ox 轴、Oy 轴及 Oz 轴运动的一维谐振子的准经典态 (参看补充材料 $\mathrm{G_V}$). 设 $\boldsymbol{L} = \boldsymbol{R}\times\boldsymbol{P}$ 是三维谐振子的轨道角动量.

a. 试证:

$$\langle L_z \rangle = \mathrm{i}\hbar(\alpha_x\alpha_y^* - \alpha_x^*\alpha_y)$$
$$\Delta L_z = \hbar\sqrt{|\alpha_x|^2 + |\alpha_y|^2}$$

以及关于 $\boldsymbol{L}$ 在 Ox 及 Oy 轴上的分量的类似关系式.

b. 现设

$$\langle L_x \rangle = \langle L_y \rangle = 0, \quad \langle L_z \rangle = \lambda\hbar > 0$$

[772] 据此证明 α_z 一定为零. 现将 λ 的值固定, 试证: 为了使 $\Delta L_x + \Delta L_y$ 取极小值, 我们必须选择:

$$\alpha_x = -\mathrm{i}\alpha_y = \sqrt{\frac{\lambda}{2}}\mathrm{e}^{\mathrm{i}\varphi_0}$$

(其中 φ_0 为任意实数). 在此情况下, 表示式 $\Delta L_x \cdot \Delta L_y$ 和 $(\Delta L_x)^2 + (\Delta L_y)^2$ 是否具有与前一练习的题 b 中已经得到的不等式相容的极小值?

c. 试证: 如果前述的条件都能实现, 则体系的态一定具有下列形式:

$$|\psi\rangle = \sum_k c_k(\alpha_d)|\chi_{n_d=k,n_g=0,n_z=0}\rangle$$

式中

$$|\chi_{n_d=k,n_g=0,n_z=0}\rangle = \frac{(a_x^\dagger + \mathrm{i}a_y^\dagger)^k}{\sqrt{2^k k!}}|\varphi_{n_x=0,n_y=0,n_z=0}\rangle$$
$$c_k(\alpha) = \frac{\alpha^k}{\sqrt{k!}}\mathrm{e}^{-|\alpha|^2/2}; \quad \alpha_d = \mathrm{e}^{\mathrm{i}\varphi_0}\sqrt{\lambda}$$

(可以利用补充材料 $\mathrm{G_V}$ 和补充材料 $\mathrm{D_{VI}}$ 的 §4 中的结果).

试证: $|\chi_{n_d=k,n_g=0,n_z=0}\rangle$ 对角度的依赖性表现为 $(\sin\theta\mathrm{e}^{\mathrm{i}\varphi})^k$.

对处于态 $|\psi\rangle$ 的体系, 我们测量 $\boldsymbol{L}^2$. 试证: 各种可能结果出现的概率由泊松分布给出. 在测量 $\boldsymbol{L}^2$ 得到结果为 $l(l+1)\hbar^2$ 之后, 紧接着测量 L_z, 将得到什么结果?

练习 4 的参考文献:

Landau 和 Lifshitz (1.19), §101; Ter Haar (1.23), §8.13 和 §8.14.

第七章

中心势场中的粒子; 氢原子 [773]

[774]

第七章提纲

§A. 中心势场中粒子的定态

1. 问题的梗概
   a. 复习经典力学中的有关知识
   b. 量子力学中的哈密顿算符
2. 变量的分离
   a. 本征函数对角度的依赖关系
   b. 径向方程
   c. 径向方程的解在原点的行为
3. 中心势场中粒子的定态
   a. 量子数
   b. 能级的简并度

§B. 在有相互作用的双粒子体系中质心的运动和相对运动

1. 经典力学中的质心运动和相对运动
2. 量子力学中变量的分离
   a. 与质心及相对粒子相联系的观察算符
   b. 哈密顿算符的本征值和本征函数

§C. 氢原子

1. 引言
2. 玻尔模型
3. 氢原子的量子力学理论
   a. 变量的变换
   b. 求解径向方程
   c. 能量的量子化. 径向函数
4. 结果的讨论
   a. 原子参量的数量级
   b. 能级
   c. 波函数

在这一章里，我们讨论处在中心势场 [其势 $V(r)$ 只依赖于从原点算起的距离 r] 中的粒子的量子性质. 这里所涉及的问题和我们在前一章中论述过的角动量紧密相关. 如同我们将在 §A 中见到的那样, 在围绕坐标原点的任意旋转中 $V(r)$ 都保持不变, 由此可以推知, 粒子的哈密顿算符 H 和轨道角动量算符 $\boldsymbol{L}$ 的三个分量都是可以对易的. 这就大大简化了确定 H 的本征函数和本征值的工作, 因为我们可以要求这些函数也是 $\boldsymbol{L}^2$ 和 L_z 的本征函数, 据此立即可以决定这些函数对极角的依赖关系; 知道了这个关系, 就可以将 H 的本征值方程换成单变量 r 的微分方程. [775]

这个问题在物理上的重要意义在于将在 §B 中论述的一个重要性质: 若两个粒子的相互作用可由只依赖于它们的相对位置的势能来描述, 我们就可以将这个两粒子体系的问题归结为只含一个假想粒子的较为简单的问题; 此外, 若相互作用势只依赖于两粒子间的距离, 那么, 假想粒子将在中心势的影响下运动. 由此可以看出, 本章中要讨论的问题具有非常普遍的意义, 这是因为, 在量子力学中, 每当我们涉及由两个相互作用的粒子构成的孤立体系的行为时, 就会遇到这个问题.

在 §C 中, 我们要将前面已经建立的普遍方法应用于 $V(r)$ 为库仑势这一特殊情况. 这类体系的最简单的例子就是氢原子, 它由彼此以静电力互相吸引的一个电子和一个质子构成. 但这并不是唯一的例子, 除了氢的同位素 (氘, 氚) 以外, 我们还可以举出类氢离子, 即由一个电子和一个核组成的体系, 诸如 He^+, Li^{++} 等 (在补充材料 $\mathrm{A_{VII}}$ 中还有其他例子). 对于这些体系, 我们可以精确地算出束缚态的能量及对应的波函数. 我们再回顾一下历史, 量子力学正是为了解释经典力学所不能解释的各种原子性质 (特别是其中最简单的氢原子的性质) 才建立起来的. 理论预言和实验观测之间高度一致是物理学的这个分支的最卓越的成就之一. 最后, 我们还要指出, 关于氢原子的精确计算结果又是关于复杂原子 (即多电子原子) 的一切近似计算的出发点.

§A. 中心势场中粒子的定态 [776]

在这一节里, 我们讨论一个质量为 μ 的无自旋粒子, 施于粒子上的中心力导自势 $V(r)$ (我们取力心为坐标原点).

1. 问题的梗概

a. 复习经典力学中的有关知识

位于 M 点 (径矢 $\boldsymbol{OM}=\boldsymbol{r}$) 的经典粒子所受的力为:

$$\boldsymbol{F} = -\nabla V(r) = -\frac{\mathrm{d}V}{\mathrm{d}r}\frac{\boldsymbol{r}}{r} \tag{A–1}$$

因此, 力 $\boldsymbol{F}$ 恒指向 O 点, 从而, 它对该点的矩等于零. 如果

$$\boldsymbol{\mathscr{L}} = \boldsymbol{r} \times \boldsymbol{p} \tag{A–2}$$

是粒子相对于 O 点的角动量, 则角动量定理告诉我们:

$$\frac{\mathrm{d}\boldsymbol{\mathscr{L}}}{\mathrm{d}t} = 0 \tag{A–3}$$

由此可见, $\boldsymbol{\mathscr{L}}$ 是一个运动常量, 而且粒子的径迹一定在通过 O 点并垂直于 $\boldsymbol{\mathscr{L}}$ 的平面上.

现在我们来考察粒子在 t 时刻的位置 (以径矢 $\boldsymbol{OM} = \boldsymbol{r}$ 表示) 和速度 $\boldsymbol{v}$ (图 7–1). 矢量 $\boldsymbol{r}$ 和 $\boldsymbol{v}$ 都位于径迹所在的平面上, 我们可以将速度 $\boldsymbol{v}$ 分解为沿 $\boldsymbol{r}$ 方向的径向分量 $\boldsymbol{v}_r$ 和在垂直于 $\boldsymbol{r}$ 方向上的垂直分量 $\boldsymbol{v}_\perp$. 径向速率, 即 $\boldsymbol{v}_r$ 的代数值, 就是粒子与 O 点间的距离对时间的导数:

[777]

$$v_r = \frac{\mathrm{d}r}{\mathrm{d}t} \tag{A–4}$$

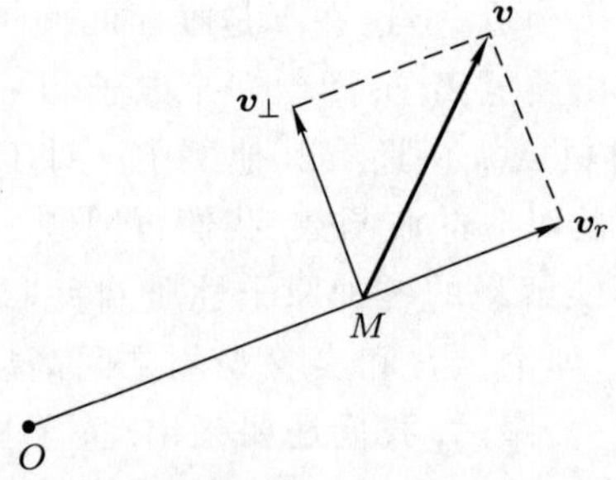

图 7–1 粒子速度的径向分量 $\boldsymbol{v}_r$ 和垂直分量 $\boldsymbol{v}_\perp$

至于垂直速率则可通过 r 和角动量 $\boldsymbol{\mathscr{L}}$ 来表示, 事实上, 由于:

$$|\boldsymbol{r} \times \boldsymbol{v}| = r|\boldsymbol{v}_\perp| \tag{A–5}$$

所以角动量 $\boldsymbol{\mathscr{L}}$ 的模为:

$$|\boldsymbol{\mathscr{L}}| = |\boldsymbol{r} \times \mu\boldsymbol{v}| = \mu r|\boldsymbol{v}_\perp| \tag{A–6}$$

现在, 我们可将粒子的总能量

$$E = \frac{1}{2}\mu\boldsymbol{v}^2 + V(r) = \frac{1}{2}\mu\boldsymbol{v}_r^2 + \frac{1}{2}\mu\boldsymbol{v}_\perp^2 + V(r) \tag{A–7}$$

写作

$$E=\frac{1}{2}\mu v_r^2+\frac{\mathscr{L}^2}{2\mu r^2}+V(r) \tag{A–8}$$

于是体系的哈密顿函数为:

$$\mathscr{H}=\frac{p_r^2}{2\mu}+\frac{\mathscr{L}^2}{2\mu r^2}+V(r) \tag{A–9}$$

其中

$$p_r=\mu\frac{\mathrm{d}r}{\mathrm{d}t} \tag{A–10}$$

是 r 的共轭动量, 而 $\mathscr{L}^2$ 应该通过变量 r,θ,φ 及它们的共轭动量 p_r,p_θ,p_φ 来表示. 实际上, 我们有 (参看附录 Ⅲ 的 §4–a):

$$\mathscr{L}^2=p_\theta^2+\frac{1}{\sin^2\theta}p_\varphi^2 \tag{A–11}$$

在 (A–9) 式中, 动能已被分成两项: 一项是径向动能, 另一项是围绕 O 点转动的动能. 这种分解的意义如下: 在我们所讨论的情况下, $V(r)$ 与 θ,φ 无关, 因此, 角变量和它们的共轭动量只出现在 $\mathscr{L}^2$ 这一项中; 实际上, 如果我们只讨论随 r 的变化, 那么, $\mathscr{L}$ 既是运动常量, 我们就可以将 (A–9) 式中的 $\mathscr{L}^2$ 换成一个常数. 这样一来, 哈密顿函数 $\mathscr{H}$ 就变成了只含径向变量 r 和 p_r 的函数 ($\mathscr{L}^2$ 则为参变量), 最后我们得到一个关于单变量 r 的微分方程:

$$\frac{\mathrm{d}p_r}{\mathrm{d}t}=\mu\frac{\mathrm{d}^2r}{\mathrm{d}t^2}=-\frac{\partial\mathscr{H}}{\partial r}=\frac{\mathscr{L}^2}{\mu r^3}-\frac{\mathrm{d}V}{\mathrm{d}r} \tag{A–12}$$

现在的情况就相当于这样一个一维问题 (变量 r 从 0 变至 $+\infty$), 即质量为 μ [778]
的粒子在一个 “有效势场”

$$V_{\text{eff}}(r)=V(r)+\frac{\mathscr{L}^2}{2\mu r^2} \tag{A–13}$$

中运动的问题. 我们将会看到, 量子力学中的情况与此相似.

b. 量子力学中的哈密顿算符

在量子力学中, 我们试图解出与总能量相联系的观察算符 (即哈密顿算符 H) 的本征值方程. 在 $\{|\boldsymbol{r}\rangle\}$ 表象中, 此方程可以写作:

$$\left[-\frac{\hbar^2}{2\mu}\Delta+V(r)\right]\varphi(\boldsymbol{r})=E\varphi(\boldsymbol{r}) \tag{A–14}$$

由于势 V 只依赖于粒子和原点之间的距离 r, 因此, 在这个问题中最适于采用球坐标系 (参看第六章的 §D–1–a). 球坐标中的拉普拉斯算符 Δ 为①:

$$\Delta = \frac{1}{r}\frac{\partial^2}{\partial r^2}r + \frac{1}{r^2}\left(\frac{\partial^2}{\partial \theta^2} + \frac{1}{\tan\theta}\frac{\partial}{\partial\theta} + \frac{1}{\sin^2\theta}\frac{\partial^2}{\partial\varphi^2}\right) \tag{A–15}$$

本征函数 $\varphi(\boldsymbol{r})$ 应作为 r, θ, φ 的函数由此解出.

现在只需将 (A–15) 式和算符 $\boldsymbol{L}^2$ 的表示式 [第六章的公式 (D–6–a)] 比较一下, 就可以看出, 量子力学中的哈密顿算符 H 可以写成完全类似于 (A–9) 式的形式:

$$\boxed{H = -\frac{\hbar^2}{2\mu}\frac{1}{r}\frac{\partial^2}{\partial r^2}r + \frac{1}{2\mu r^2}\boldsymbol{L}^2 + V(r)} \tag{A–16}$$

哈密顿算符对角度的依赖关系完全包含在 $\boldsymbol{L}^2$ 这一项中, 这里的 $\boldsymbol{L}^2$ 也是算符. 此外, 定义一个算符 P_r, 以便将 (A–16) 式中的第一项写成 (A–9) 中的形式, 这样就实现了完全的类比.

下面, 我们来讨论怎样解出下列的本征值方程

$$\left[-\frac{\hbar^2}{2\mu}\frac{1}{r}\frac{\partial^2}{\partial r^2}r + \frac{1}{2\mu r^2}\boldsymbol{L}^2 + V(r)\right]\varphi(r,\theta,\varphi) = E\varphi(r,\theta,\varphi) \tag{A–17}$$

[779] 2. 变量的分离

a. 本征函数对角度的依赖关系

我们已经知道 [参看第六章的公式 (D–5)], 角动量算符 $\boldsymbol{L}$ 的三个分量只作用于角度量 θ 和 φ; 因此, 它们与一切只作用于 r 的函数的算符都可以对易. 此外, 它们都可以与 $\boldsymbol{L}^2$ 对易. 从哈密顿算符的表示式 (A–16) 可以看出, 在量子力学的意义下, $\boldsymbol{L}$ 的三个分量都是运动常量②, 即:

$$[H, \boldsymbol{L}] = \boldsymbol{0} \tag{A–18}$$

显然 H 与 $\boldsymbol{L}^2$ 也可以对易.

虽然我们已经具备四个运动常量 (L_x、L_y、L_z 和 $\boldsymbol{L}^2$), 但因它们并不完全两两对易, 故这四个算符不可能都用来求解方程 (A–17), 我们将只使用 $\boldsymbol{L}^2$ 和 L_z. 由于三个观察算符 H、$\boldsymbol{L}^2$ 和 L_z 是彼此对易的, 我们可以在粒子的态空间 $\mathscr{E}_{\boldsymbol{r}}$ 中利用这三个观察算符的共同本征函数构成一个基. 因此, 我们可以规

① (A–15) 式只给出 r 不为零时的拉普拉斯算符, 这是因为采用了原点具有特殊地位的球坐标系; 此外, 我们可以看出在 $r = 0$ 处, (A–15) 式没有定义.

② 等式 (A–18) 表明, 对于围绕 O 点的旋转来说, H 是一个标量性算符 (参看补充材料 $\mathrm{B_{VI}}$), 这是因为, 在围绕 O 点的旋转中, 势能是不变量.

定方程 (A–17) 的解 $\varphi(r,\theta,\varphi)$ 同时又是 $\boldsymbol{L}^2$ 和 L_z 的本征函数, 而不丧失在上面的 §1 中所提问题的普遍性. 于是, 有待求解的微分方程组为:

$$H\varphi(\boldsymbol{r}) = E\varphi(\boldsymbol{r}) \tag{A–19–a}$$

$$\boldsymbol{L}^2\varphi(\boldsymbol{r}) = l(l+1)\hbar^2\varphi(\boldsymbol{r}) \tag{A–19–b}$$

$$L_z\varphi(\boldsymbol{r}) = m\hbar\varphi(\boldsymbol{r}) \tag{A–19–c}$$

但是, $\boldsymbol{L}^2$ 和 L_z 的共同本征函数的一般形式是已知的 (第六章 §D–1–b–β), 因此, 在方程组 (19) 的解 $\varphi(\boldsymbol{r})$ 中, 与 l 及 m 的固定值对应的, 一定是单变量 r 的一个函数和一个球谐函数 $\mathrm{Y}_l^m(\theta,\varphi)$ 的乘积:

$$\varphi(\boldsymbol{r}) = R(r)\mathrm{Y}_l^m(\theta,\varphi) \tag{A–20}$$

不论径向函数 $R(r)$ 如何, $\varphi(\boldsymbol{r})$ 都是方程 (A–19–b) 和 (A–19–c) 的解. 于是, 有待解决的唯一问题就是确定 $R(r)$, 使得 $\varphi(\boldsymbol{r})$ 也是 H 的本征函数 [即方程 (A–19–a) 的解].

b. 径向方程

现在我们将 (A–16) 式和 (A–20) 式代入方程 (A–19–a). 由于 $\varphi(\boldsymbol{r})$ 是 $\boldsymbol{L}^2$ 的本征函数, 属于本征值 $l(l+1)\hbar^2$, 我们可以看出, $\mathrm{Y}_l^m(\theta,\varphi)$ 将作为一个共同的因子出现在方程的两端; 经过简化, 我们便得到径向方程:

$$\left[-\frac{\hbar^2}{2\mu}\frac{1}{r}\frac{\mathrm{d}^2}{\mathrm{d}r^2}r + \frac{l(l+1)\hbar^2}{2\mu r^2} + V(r)\right]R(r) = ER(r) \tag{A–21}$$

其实,方程 (A–21) 的一个解在并入 (A–20) 式以后不一定就是哈密顿算符的本征值方程 (A–14) 的解. 这是因为, 如我们曾经指出的 (参看 784 页的注①), (A–15) 式中的拉普拉斯算符在 $r=0$ 处不能成立. 因此, 我们必须保证方程 (A–21) 的解 $R(r)$ 在原点的行为是充分正规的, 以使 (A–20) 式实际成为方程 (A–14) 的解. [780]

我们已将关于三个变量 r,θ,φ 的偏微分方程 (A–17) 的解转化为只含一个变量 r 但依赖于参变量 l 的一个常微分方程的解; 现在, 我们要求出和每一个 l 值对应的算符 H_l 的本征值和本征函数.

换句话说, 在态空间 $\mathscr{E}_{\boldsymbol{r}}$ 中, 我们将分别考虑对应于确定的 l 值和 m 值的各个子空间 $\mathscr{E}(l,m)$ (参看第六章的 §C–3–a), 并将研究在每一个这样的子空间中 H 的本征值方程 (这是可行的, 因为 H 和 $\boldsymbol{L}^2$ 及 L_z 对易). 待解的方程依赖于 l, 但不依赖于 m, 因此, 在与 l 的一个给定值相联系的 $(2l+1)$ 个子空间 $\mathscr{E}(l,m)$ 中, 该方程是一样的. 我们用 $E_{k,l}$ 来表示 H_l 的本征值, 即哈密顿算符

H 在一个确定的子空间 $\mathscr{E}(l,m)$ 中的本征值; 指标 k (它可以是离散的或连续的) 用来标记和 l 的同一个值相联系的各个本征值. 至于 H_l 的本征函数, 我们仍然采用和本征值相同的两个指标: $R_{k,l}(r)$; 用两个指标就够了, 这在目前还不是明显的, 也许存在着若干个径向函数, 它们都是同一个算符 H_l 的属于同一个本征值 $E_{k,l}$ 的本征函数; 但在 §3–b 中我们将会看到, 情况并非如此, 因而, 用两个指标 k 和 l 就足以标记不同的径向函数了. 于是, 我们可将方程 (A–21) 重写成如下的形式:

$$\left[-\frac{\hbar^2}{2\mu}\frac{1}{r}\frac{\mathrm{d}^2}{\mathrm{d}r^2}r+\frac{l(l+1)\hbar^2}{2\mu r^2}+V(r)\right]R_{k,l}(r)=E_{k,l}R_{k,l}(r) \tag{A–22}$$

这个待研究的微分算符可以通过函数变换而化简. 为此, 我们令

$$R_{k,l}(r)=\frac{1}{r}u_{k,l}(r) \tag{A–23}$$

用 r 乘 (A–22) 式的两端, 我们便得到关于函数 $u_{k,l}(r)$ 的下列微分方程

$$\boxed{\left[-\frac{\hbar^2}{2\mu}\frac{\mathrm{d}^2}{\mathrm{d}r^2}+\frac{l(l+1)\hbar^2}{2\mu r^2}+V(r)\right]u_{k,l}(r)=E_{k,l}u_{k,l}(r)} \tag{A–24}$$

设想一个质量为 μ 的粒子在有效势为:

$$V_{\text{eff}}(r)=V(r)+\frac{l(l+1)\hbar^2}{2\mu r^2} \tag{A–25}$$

的势场中运动, 那么, 在这个一维问题中需要求解的方程就类似于方程 (A–24). 但是, 我们不能忘记, 变量 r 只能取正实数或零. 添加在势函数 $V(r)$ 上的项
[781] $l(l+1)\hbar^2/2\mu r^2$ 永远为正或为零;与它对应的力 (等于这一项的梯度冠以负号) 总是倾向于使粒子远离力心 O; 因此, 人们常称这一项为离心势 (或离心势垒). 图 7–2 表示与 l 的不同数值相对应的各有效势 $V_{\text{eff}}(r)$ 的曲线. 这个势中的 $V(r)$ 部分是吸引性的库仑势 $[V(r)=-e^2/r]$; 若 $l\geqslant 1$, 离心项 (它在 r 的数值很小时占优势) 的存在使得 $V_{\text{eff}}(r)$ 在短距离上起排斥的作用.

c. 径向方程的解在原点的行为

我们在前面曾指出, 对径向方程 (A–21) 的解 $R(r)$ 在原点的行为必须进行考察, 以便判明它是否确为方程 (A–14) 的解.

下面, 我们假设, 当 r 趋向于零时, 势 $V(r)$ 保持有限值, 至少是不比 $1/r$ 趋向无穷大更快 (在物理学中遇到的多数情况下, 特别是在我们将于 §C 中研究的库仑场的情况下, 这个假设是合乎实际的). 现在我们来考察 (A–22) 式的一个解, 并设它在原点的行为类似于 r^s:

$$R_{k,l}(r)\underset{r\to 0}{\sim}Cr^s \tag{A–26}$$

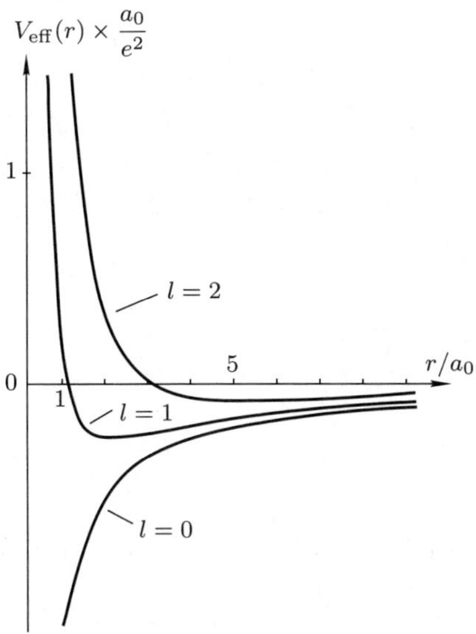

图 7–2 在 $V(r)=-e^2/r$ 的情况下, 对于 l 的前几个数值, 有效势 $V_{\text{eff}}(r)$ 的形状. 在 $l=0$ 时, $V_{\text{eff}}(r)$ 实际上就是 $V(r)$. 若 l 的值为 $1,2,\cdots$, 则在 $V(r)$ 上增添一个随 r 的趋向于零而趋向 $+\infty$ 的离心势 $l(l+1)\hbar^2/2\mu r^2$ 便得到 $V_{\text{eff}}(r)$.

将 (A–26) 式代入 (A–22) 式, 并令主项的系数等于零, 我们便得到方程:

$$-s(s+1)+l(l+1)=0 \tag{A–27}$$

从而可知 [782]

$$\begin{cases}\text{或 } s=l & \text{(A–28–a)}\\ \text{或 } s=-(l+1) & \text{(A–28–b)}\end{cases}$$

于是, 对于 $E_{k,l}$ 的一个给定值, 我们可以得到二阶方程 (A–22) 的两个线性无关的解, 它们在原点的行为分别类似于 r^l 和 $1/r^{l+1}$. 形如 $1/r^{l+1}$ 的一切解都应舍弃; 这是因为, 我们可以证明, $Y_l^m(\theta,\varphi)/r^{l+1}$ 在 $r=0$ 处并不是本征值方程 (A–14) 的解①. 由此可以推知, 无论 l 的值如何, 方程 (A–24) 的合理的解在原点处都等于零, 这是因为:

$$u_{k,l}(r)\underset{r\to 0}{\sim} Cr^{l+1} \tag{A–29}$$

因此, 我们还应给方程 (A–24) 附加一个条件:

$$\boxed{u_{k,l}(0)=0} \tag{A–30}$$

① 这是因为, 将拉普拉斯算符作用于 $Y_l^m(\theta,\varphi)/r^{l+1}$, 便会出现 $\delta(\boldsymbol{r})$ 的 l 阶导数 (参看附录 Ⅱ 的 §4 的末尾).

附注:

在方程 (A–24) 中, 从粒子到原点的距离 r 只在 0 和 $+\infty$ 之间变化. 但是, 由于提出了条件 (A–30), 我们不妨认为此问题实际上是一维的, 在这个问题中, 粒子原则上可在整条轴上运动, 但对于变量的一切负值, 有效势都等于无穷大. 实际上, 我们知道在这种情况下, 波函数在负半轴上应恒等于零; 条件 (A–30) 便保证了波函数在 $r=0$ 处的连续性.

3. 中心势场中粒子的定态

a. 量子数

我们可以将 §2 中的结果归纳如下: 由于势 $V(r)$ 不依赖于 θ 和 φ, 从而我们可以

(i) 规定 H 的本征函数同时又是 $\boldsymbol{L}^2$ 和 L_z 的本征函数, 这样便确定了这些函数的角依赖性为:

$$\varphi_{k,l,m}(\boldsymbol{r})=R_{k,l}(r)\mathrm{Y}_l^m(\theta,\varphi)=\frac{1}{r}u_{k,l}(r)\mathrm{Y}_l^m(\theta,\varphi) \tag{A–31}$$

(ii) 将 H 的本征值方程 (关于 r,θ,φ 的偏微分方程) 代换为只含变量 r 的微分方程, 但这个方程还依赖于参变量 l [方程 (A–24)], 并附有条件 (A–30).

[783] 我们可以将这些结果和在 §1–a 中复习过的那些结果进行比较, 显然前者就是后者的量子力学类比.

函数 $\varphi_{k,l,m}(r,\theta,\varphi)$ 原则上应该是平方可积的, 也就是可以归一化的:

$$\int|\varphi_{k,l,m}(r,\theta,\varphi)|^2r^2\mathrm{d}r\mathrm{d}\Omega=1 \tag{A–32}$$

这些函数的结构 [(A–31) 式], 使我们可将径向积分和角向积分分开:

$$\int|\varphi_{k,l,m}(r,\theta,\varphi)|^2r^2\mathrm{d}r\mathrm{d}\Omega=\int_0^\infty r^2\mathrm{d}r|R_{k,l}(r)|^2\int\mathrm{d}\Omega|\mathrm{Y}_l^m(\theta,\varphi)|^2 \tag{A–33}$$

但是球谐函数 $\mathrm{Y}_l^m(\theta,\varphi)$ 作为 θ 和 φ 的函数已经归一化, 于是条件 (A–32) 变为:

$$\int_0^\infty r^2\mathrm{d}r|R_{k,l}(r)|^2=\int_0^\infty\mathrm{d}r|u_{k,l}(r)|^2=1 \tag{A–34}$$

实际上, 我们知道, 接受哈密顿算符的非平方可积的本征函数往往是很方便的. 如果 H 的谱含有连续的部分, 则我们只规定对应的本征函数是广义正交归一的, 即满足下列形式的条件:

$$\int_0^\infty r^2\mathrm{d}rR_{k',l}^*(r)R_{k,l}(r)=\int_0^\infty\mathrm{d}ru_{k',l}^*(r)u_{k,l}(r)=\delta(k'-k) \tag{A–35}$$

式中 k 是一个连续指标.

(A–34) 式和 (A–35) 式中的积分在下限 $r=0$ 处是收敛的 [条件 (A–30)]. 在物理上这样要求就够了, 因为这样在有限大的任意区域中找到粒子的概率总是有限的. 因此, 在连续谱的情况下, 当 $k=k'$ 时, 归一化积分 (A–35) 发散, 就完全归因于波函数在 $r\to\infty$ 时的行为了.

最后, 就中心势场 $V(r)$ 中的一个粒子而言, 它的哈密顿算符 H 的本征函数至少依赖于三个指标 [公式 (A–31)]; 函数 $\varphi_{k,l,m}(r,\theta,\varphi)=R_{k,l}(r)\mathrm{Y}_l^m(\theta,\varphi)$ 同时是 $H, \boldsymbol{L}^2, L_z$ 的本征函数, 对应的本征值为 $E_{k,l}, l(l+1)\hbar^2, m\hbar$; k 叫做**径向**量子数, l 叫做角量子数, m 叫做磁量子数. H 的本征函数的径向部分 $R_{k,l}(r)=u_{k,l}(r)/r$ 和本征值 $E_{k,l}$ 并不依赖于磁量子数, 它们是由径向方程 (A–24) 解出的. 本征函数的角向部分只依赖于 l 和 m, 并不依赖于 k, 而且不论势 $V(r)$ 如何, 这部分函数都一样.

b. 能级的简并度

最后, 我们讨论一下能级的简并度, 亦即哈密顿算符 H 的本征值的简并度. 将 k 和 l 的值固定, m 的值可以从 $-l$ 变到 $+l$, 与此对应的 $(2l+1)$ 个函数 $\varphi_{k,l,m}(r,\theta,\varphi)$ 都是算符 H 的属于同一本征值 $E_{k,l}$ 的本征函数 [这 $(2l+1)$ 个函 [784]
数当然是互相正交的, 因为它们对应于 L_z 的互异本征值]. 因此, 能级 $E_{k,l}$ 至少是 $(2l+1)$ 重简并的. 不论势函数 $V(r)$ 如何, 这种简并总是存在的, 我们称它为**实质性简并**, 它的起因在于哈密顿算符 H 包含着 $\boldsymbol{L}^2$ 但不含 L_z①, 由此可以想见, m 不会出现在径向方程中, 此外, 对应于 l 的一个给定值的径向方程中的本征值 $E_{k,l}$ 中的某一个, 可能与 $l'\neq l$ 的另一个径向方程中的某一个本征值 $E_{k',l'}$ 相等. 这种情况只在 $V(r)$ 为某些特殊的势时, 才会发生, 我们称这种情况引起的简并为**偶然性简并** (在 §C 中我们将会看到, 氢原子的能级便具有偶然性简并).

还有一点需要说明, 对于 l 的一个固定值, 径向方程对于每一个本征值 $E_{k,l}$ 最多只有一个物理上合理的解, 其原因就在于条件 (A–30). 其实径向方程既然是一个二阶微分方程, 对于 $E_{k,l}$ 的每一个值, 本来就有两个线性无关的解; 但条件 (A–30) 排除了其中的一个, 因此, 对于 $E_{k,l}$ 的每一个值, 最多只有一个合理的解. 此外, 我们还必须注意在 r 趋向无穷大时, 解的行为如何; 当 $r\to\infty$ 时, 若 $V(r)\to 0$, 则 $E_{k,l}$ 的这样一些负值构成一个离散的集合 (参看下面 §C 中的例以及补充材料 $\mathrm{B_{VII}}$), 对应于这些负值, 我们刚才选出的解在无穷远处也是合理的 (就是说, 是有界的).

---

① 只要哈密顿算符具有旋转不变性 (参看补充材料 $\mathrm{B_{VI}}$) 这种实质性简并就一定会出现. 因此, 在很多物理问题中都会遇到这种简并.

从上面的讨论可以推知, $H, \boldsymbol{L}^2, L_z$构成一个 ECOC[①]. 实际上, 如果我们固定这些算符的本征值 $E_{k,l}, l(l+1)\hbar^2, m\hbar$, 则对应的函数 $\varphi_{k,l,m}(\boldsymbol{r})$ 只有一个; $\boldsymbol{L}^2$ 的本征值指明哪一个方程给出径向函数; 而 H 的本征值则唯一地确定了这个径向函数 $R_{k,l}(r)$, 这一点刚才我们已经看到; 最后, 对于给定的 l 和 m, 只有一个球谐函数 $\mathrm{Y}_l^m(\theta,\varphi)$.

§B. 在有相互作用的双粒子体系中质心的运动和相对运动

现在我们来考虑两个无自旋粒子构成的体系, 粒子的质量分别为 m_1 与 m_2, 位置分别为 $\boldsymbol{r}_1$ 与 $\boldsymbol{r}_2$. 假设作用于两粒子的力导自只依赖于 $\boldsymbol{r}_1-\boldsymbol{r}_2$ 的势能 $V(\boldsymbol{r}_1-\boldsymbol{r}_2)$. 为了满足这个条件, 应该没有来自体系之外的力 (换句话说, 这个体系是孤立的), 而且两粒子间的相互作用导自一个势, 这个势只会依赖于 $\boldsymbol{r}_1-\boldsymbol{r}_2$, 因为这里只涉及两粒子的相对位置. 我们即将证明, 对这种体系的研究可以归结为对于处在势场 $V(\boldsymbol{r})$ 中的单粒子的研究.

[785] 1. 经典力学中的质心运动和相对运动

在经典力学中, 两粒子体系由拉格朗日函数 (参看附录 Ⅲ):

$$\mathscr{L}(\boldsymbol{r}_1,\dot{\boldsymbol{r}}_1,\boldsymbol{r}_2,\dot{\boldsymbol{r}}_2)=T-V=\frac{1}{2}m_1\dot{\boldsymbol{r}}_1^2+\frac{1}{2}m_2\dot{\boldsymbol{r}}_2^2-V(\boldsymbol{r}_1-\boldsymbol{r}_2) \tag{B–1}$$

来描述. 此两粒子的六个坐标的共轭动量就是机械动量:

$$\begin{aligned}\boldsymbol{p}_1&=m_1\dot{\boldsymbol{r}}_1\\ \boldsymbol{p}_2&=m_2\dot{\boldsymbol{r}}_2\end{aligned} \tag{B–2}$$

的分量.

如果取代矢径 $\boldsymbol{r}_i$, 我们引入质心坐标 (或重心坐标)

$$\boldsymbol{r}_G=\frac{m_1\boldsymbol{r}_1+m_2\boldsymbol{r}_2}{m_1+m_2} \tag{B–3}$$

的三个分量和相对坐标[②]

$$\boldsymbol{r}=\boldsymbol{r}_1-\boldsymbol{r}_2 \tag{B–4}$$

---

① 其实, 我们并未证明这些算符是观察算符; 也就是说, 并未证明 $\varphi_{k,l,m}(\boldsymbol{r})$ 的集合构成态空间 $\mathscr{E}_{\boldsymbol{r}}$ 中的一个基.

② (B–4) 式中的定义在两粒子之间引起了轻微的不对称.

的三个分量, 那么, 两粒子运动的问题就可以简化. 我们很容易将 (B–3) 和 (B–4) 式反过来求解, 这样便得到:

$$\begin{aligned} \boldsymbol{r}_1 &= \boldsymbol{r}_G + \frac{m_2}{m_1+m_2}\boldsymbol{r} \\ \boldsymbol{r}_2 &= \boldsymbol{r}_G - \frac{m_1}{m_1+m_2}\boldsymbol{r} \end{aligned} \tag{B–5}$$

于是, 可以利用新变量 $\boldsymbol{r}_G$ 和 $\boldsymbol{r}$ 将体系的拉格朗日函数改写为:

$$\begin{aligned} \mathscr{L}(\boldsymbol{r}_G,\dot{\boldsymbol{r}}_G;\boldsymbol{r},\dot{\boldsymbol{r}}) &= \frac{1}{2}m_1\left[\dot{\boldsymbol{r}}_G + \frac{m_2}{m_1+m_2}\dot{\boldsymbol{r}}\right]^2 + \frac{1}{2}m_2\left[\dot{\boldsymbol{r}}_G - \frac{m_1}{m_1+m_2}\dot{\boldsymbol{r}}\right]^2 - V(\boldsymbol{r}) \\ &= \frac{1}{2}M\dot{\boldsymbol{r}}_G^2 + \frac{1}{2}\mu\dot{\boldsymbol{r}}^2 - V(\boldsymbol{r}) \end{aligned} \tag{B–6}$$

其中

$$M = m_1 + m_2 \tag{B–7}$$

是体系的总质量, 而

$$\mu = \frac{m_1 m_2}{m_1+m_2} \tag{B–8–a}$$

是体系的约化质量 (两质量 m_1 和 m_2 的几何平均值), 它还可表示为: [786]

$$\frac{1}{\mu} = \frac{1}{m_1} + \frac{1}{m_2} \tag{B–8–b}$$

将 (B–6) 式对 $\dot{\boldsymbol{r}}_G$ 和 $\dot{\boldsymbol{r}}$ 的诸分量求导便可得到变量 $\boldsymbol{r}_G$ 和 $\boldsymbol{r}$ 的共轭动量. 再利用 (B–3)、(B–4) 和 (B–2) 式, 我们得到:

$$\boldsymbol{p}_G = M\dot{\boldsymbol{r}}_G = m_1\dot{\boldsymbol{r}}_1 + m_2\dot{\boldsymbol{r}}_2 = \boldsymbol{p}_1 + \boldsymbol{p}_2 \tag{B–9–a}$$

$$\boldsymbol{p} = \mu\dot{\boldsymbol{r}} = \frac{m_2\boldsymbol{p}_1 - m_1\boldsymbol{p}_2}{m_1+m_2} \tag{B–9–b}$$

或

$$\frac{\boldsymbol{p}}{\mu} = \frac{\boldsymbol{p}_1}{m_1} - \frac{\boldsymbol{p}_2}{m_2} \tag{B–9–c}$$

$\boldsymbol{p}_G$ 是体系的总动量, $\boldsymbol{p}$ 则叫做两粒子的相对动量.

现在, 我们就可以用刚才引入的新力学变量将体系的哈密顿函数表示为:

$$\mathscr{H}(\boldsymbol{r}_G,\boldsymbol{p}_G;\boldsymbol{r},\boldsymbol{p}) = \frac{\boldsymbol{p}_G^2}{2M} + \frac{\boldsymbol{p}^2}{2\mu} + V(\boldsymbol{r}) \tag{B–10}$$

由此立即可以导出运动方程 [参看附录 Ⅲ 的公式 (27)]:

$$\dot{\boldsymbol{p}}_G = 0 \tag{B–11}$$

$$\dot{\boldsymbol{p}} = -\nabla V(\boldsymbol{r}) \tag{B–12}$$

(B–10) 式的第一项表示一个假想粒子的动能, 此假想粒子的质量 M 等于两个实际粒子的质量之和 $(m_1 + m_2)$, 它的位置就是体系质心的位置 [公式 (B–3)], 而它的动量 $\boldsymbol{p}_G$ 就是体系的总动量 $\boldsymbol{p}_1 + \boldsymbol{p}_2$. 方程 (B–11) 表明, 这个假想粒子的运动是匀速直线运动 (即自由粒子). 这个结果在经典力学中是人们熟知的: 一个粒子系的质心的运动就像这样一个粒子的运动, 这个粒子的质量等于体系的总质量, 它所受的力等于诸粒子所受力的合力; 现在, 这个合力为零, 因为只有遵从作用与反作用定律的内力.

由于质心相对于最初选定的坐标系作匀速直线运动, 所以质心在其中静止不动 $(\boldsymbol{p}_G = 0)$ 的坐标系也是一个惯性系. 在这个质心坐标系中, (B–10) 式的第一项等于零. 于是哈密顿函数, 即体系的总能量, 变为:

$$\mathscr{H}_r = \frac{\boldsymbol{p}^2}{2\mu} + V(\boldsymbol{r}) \tag{B–13}$$

$\mathscr{H}_r$ 是与两粒子的相对运动相联系的能量. 显然, 在有相互作用的两个粒子的
[787] 物理问题中, 最重要的就是这种相对运动. 为了描述这种运动, 我们引入一个假想粒子, 叫做相对粒子, 它的质量是两个实际粒子的约化质量 μ, 它的位置由相对坐标 $\boldsymbol{r}$ 来标记, 它的动量等于相对动量 $\boldsymbol{p}$. 由于它的运动遵从方程 (B–12), 因此, 它像处在势场 $V(\boldsymbol{r})$ 中的粒子那样运动, 这个势等于两个实际粒子之间的相互作用势能.

这样一来, 对有相互作用的两个粒子的相对运动的研究便归结为对单个假想粒子的运动的研究, 这个假想粒子的特征由公式 (B–4)、(B–8) 及 (B–9–c) 所描述. 最后这个方程表示, 相对粒子的速度 $\boldsymbol{p}/\mu$ 实际上就是两个粒子的速度之差, 也就是说, 这正是我们通常所说的相对速度.

2. 量子力学中变量的分离

我们即将证实, 前节中的那些想法很容易转移到量子力学中去.

a. 与质心及相对粒子相联系的观察算符

描述体系中两个粒子的位置和动量的算符 $\boldsymbol{R}_1$, $\boldsymbol{P}_1$ 及 $\boldsymbol{R}_2$, $\boldsymbol{P}_2$ 满足下列正则对易关系式:

$$\begin{aligned} [X_1, P_{1x}] &= \mathrm{i}\hbar \\ [X_2, P_{2x}] &= \mathrm{i}\hbar \end{aligned} \tag{B–14}$$

以及关于沿 Oy 轴和 Oz 轴的诸分量之间的类似公式. 指标为 1 的所有观察算符与所有指标为 2 的观察算符都是可对易的. 在 Ox, Oy 或 Oz 这三个轴中, 关于某一个轴的所有观察算符和关于另一个轴的所有观察算符也都是可对易的.

现在, 我们利用类似于 (B–3) 式的公式来定义观察算符 $\boldsymbol{R}_G$ 和 $\boldsymbol{R}$:

$$\boldsymbol{R}_G = \frac{m_1\boldsymbol{R}_1 + m_2\boldsymbol{R}_2}{m_1 + m_2} \tag{B–15–a}$$

$$\boldsymbol{R} = \boldsymbol{R}_1 - \boldsymbol{R}_2 \tag{B–15–b}$$

并用类似于 (B–9) 式的公式来定义 $\boldsymbol{P}_G$ 和 $\boldsymbol{P}$:

$$\boldsymbol{P}_G = \boldsymbol{P}_1 + \boldsymbol{P}_2 \tag{B–16–a}$$

$$\boldsymbol{P} = \frac{m_2\boldsymbol{P}_1 - m_1\boldsymbol{P}_2}{m_1 + m_2} \tag{B–16–b}$$

这些新的观察算符的各对易子是不难计算的, 所得结果如下:

$$[X_G, P_{Gx}] = \mathrm{i}\hbar \tag{B–17–a}$$

$$[X, P_x] = \mathrm{i}\hbar \tag{B–17–b}$$

以及关于沿 Oy 轴和 Oz 轴的诸分量的类似关系式; 所有其他的对易子都等于 [788]
零. 因此, $\boldsymbol{R}$ 和 $\boldsymbol{P}$, 如同 $\boldsymbol{R}_G$ 和 $\boldsymbol{P}_G$, 都满足正则对易关系式; 此外, 集合 $\{\boldsymbol{R}, \boldsymbol{P}\}$ 中所有的观察算符和集合 $\{\boldsymbol{R}_G, \boldsymbol{P}_G\}$ 中所有的观察算符都是可对易的.

于是, 我们现在也可以将 $\boldsymbol{R}$ 和 $\boldsymbol{P}$ 这一对以及 $\boldsymbol{R}_G$ 和 $\boldsymbol{P}_G$ 这一对观察算符解释为两个不同的假想粒子的位置和动量观察算符.

b. 哈密顿算符的本征值和本征函数

体系的哈密顿算符可以得自公式 (B–1), (B–2) 和第三章的量子化规则:

$$H = \frac{\boldsymbol{P}_1^2}{2m_1} + \frac{\boldsymbol{P}_2^2}{2m_2} + V(\boldsymbol{R}_1 - \boldsymbol{R}_2) \tag{B–18}$$

由于 (B–15) 式和 (B–16) 式中的定义形式上全同于 (B–3), (B–4) 及 (B–9) 式, 而且所有的动量观察算符彼此对易, 故经过简单的代数运算, 便可以得到与 (B–10) 式等价的关系式:

$$H = \frac{\boldsymbol{P}_G^2}{2M} + \frac{\boldsymbol{P}^2}{2\mu} + V(\boldsymbol{R}) \tag{B–19}$$

于是哈密顿算符就表现为两项之和:

$$H = H_G + H_r \tag{B–20}$$

其中

$$H_G = \frac{\boldsymbol{P}_G^2}{2M} \tag{B–21–a}$$

$$H_r = \frac{\boldsymbol{P}^2}{2\mu} + V(\boldsymbol{R}) \tag{B–21–b}$$

根据前面 §a 中的结果, 这两个算符是可对易的:

$$[H_G, H_r] = 0 \tag{B–22}$$

因此, H_G 和 H_r 都与 H 对易. 我们知道, 这时存在着由 H、H_G 及 H_r 的共同本征矢构成的一个基; 因此, 我们希望解出下面的方程组:

$$\begin{aligned} H_G|\varphi\rangle &= E_G|\varphi\rangle \\ H_r|\varphi\rangle &= E_r|\varphi\rangle \end{aligned} \tag{B–23}$$

根据 (B–20) 式, 由此立即可以推出:

$$H|\varphi\rangle = E|\varphi\rangle \tag{B–24}$$

式中

$$E = E_G + E_r \tag{B–25}$$

我们来考虑表象 $\{|\boldsymbol{r}_G, \boldsymbol{r}\rangle\}$, 其中的基矢都是观察算符 $\boldsymbol{R}_G$ 和 $\boldsymbol{R}$ 的共同本
[789] 征矢. 在这种表象中, 一个态是由六个变量的波函数 $\varphi(\boldsymbol{r}_G, \boldsymbol{r})$ 来描述的; 算符 $\boldsymbol{R}_G$ 和 $\boldsymbol{R}$ 的作用分别相当于用变量 $\boldsymbol{r}_G$ 和 $\boldsymbol{r}$ 去乘波函数, 而 $\boldsymbol{P}_G$ 和 $\boldsymbol{P}$ 则变成微分算符 $\frac{\hbar}{\mathrm{i}}\nabla_G$ 和 $\frac{\hbar}{\mathrm{i}}\nabla$ (这里的 ∇_G 表示三个算符 $\partial/\partial x_G, \partial/\partial y_G$ 和 $\partial/\partial z_G$ 的集合). 于是, 我们可以将体系的态空间 $\mathscr{E}$ 看作是与观察算符 $\boldsymbol{R}_G$ 相联系的态空间 $\mathscr{E}_{\boldsymbol{r}_G}$ 和与观察算符 $\boldsymbol{R}$ 相联系的态空间 $\mathscr{E}_{\boldsymbol{r}}$ 的张量积 $\mathscr{E}_{\boldsymbol{r}_G} \otimes \mathscr{E}_{\boldsymbol{r}}$; 这样一来, H_G 和 H_r 就成了实际上只分别在空间 $\mathscr{E}_{\boldsymbol{r}_G}$ 和 $\mathscr{E}_{\boldsymbol{r}}$ 中起作用的算符在空间 $\mathscr{E}$ 中的延伸算符. 如同我们在第二章 §**F** 中曾见到的那样, 现在我们可以去寻找由形如

$$|\varphi\rangle = |\chi_G\rangle \otimes |\omega_r\rangle \tag{B–26}$$

的满足 (B–23) 式的本征矢所构成的一个基, 而且有:

$$\begin{cases} H_G|\chi_G\rangle = E_G|\chi_G\rangle \\ |\chi_G\rangle \in \mathscr{E}_{\boldsymbol{r}_G} \end{cases} \tag{B–27–a}$$

$$\begin{cases} H_r|\omega_r\rangle = E_r|\omega_r\rangle \\ |\omega_r\rangle \in \mathscr{E}_{\boldsymbol{r}} \end{cases} \tag{B–27–b}$$

分别在表象 $\{|\boldsymbol{r}_G\rangle\}$ 和 $\{|\boldsymbol{r}\rangle\}$ 中写出这些方程式, 我们得到:

$$-\frac{\hbar^2}{2M}\Delta_G \chi_G(\boldsymbol{r}_G) = E_G \chi_G(\boldsymbol{r}_G) \tag{B–28–a}$$

$$\left[-\frac{\hbar^2}{2\mu}\Delta + V(r)\right]\omega_r(\boldsymbol{r}) = E_r\omega_r(\boldsymbol{r}) \tag{B–28–b}$$

(B–28–a) 式表明, 与经典力学中的情况相似, 与体系质心相联系的粒子是一个自由粒子; 此式的解是已知的, 即平面波, 例如:

$$\chi_G(\boldsymbol{r}_G) = \frac{1}{(2\pi\hbar)^{3/2}}\mathrm{e}^{\frac{\mathrm{i}}{\hbar}\boldsymbol{p}_G\cdot\boldsymbol{r}_G} \tag{B–29}$$

对应的能量为:

$$E_G = \frac{\boldsymbol{p}_G^2}{2M} \tag{B–30}$$

E_G 可以取任意正值或零; 它就是和体系的整体平移相对应的动能.

从物理上看, 更有意义的是关于相对粒子的第二个方程 [即 (B–28–b) 式], 它所描述的是有相互作用的两个粒子的体系在质心坐标系中的行为. 如果两个实际粒子间的相互作用势只依赖于它们之间的距离 $|\boldsymbol{r}_1 - \boldsymbol{r}_2|$ 而不依赖于矢量 $\boldsymbol{r}_1 - \boldsymbol{r}_2$ 的方向, 则相对粒子便是处在中心势场 $V(r)$ 中; 这样一来, 我们便又回到了在 §A 中处理过的问题.

附注: [790]

两个实际粒子的体系的总角动量为:

$$\boldsymbol{J} = \boldsymbol{L}_1 + \boldsymbol{L}_2 \tag{B–31}$$

其中

$$\begin{aligned}\boldsymbol{L}_1 &= \boldsymbol{R}_1 \times \boldsymbol{P}_1\\ \boldsymbol{L}_2 &= \boldsymbol{R}_2 \times \boldsymbol{P}_2\end{aligned} \tag{B–32}$$

很容易证明, 还可以将 $\boldsymbol{J}$ 写作:

$$\boldsymbol{J} = \boldsymbol{L}_G + \boldsymbol{L} \tag{B–33}$$

其中

$$\begin{aligned}\boldsymbol{L}_G &= \boldsymbol{R}_G \times \boldsymbol{P}_G\\ \boldsymbol{L} &= \boldsymbol{R} \times \boldsymbol{P}\end{aligned} \tag{B–34}$$

都是假想粒子的角动量 (根据 §a 的结果, $\boldsymbol{L}_G$ 和 $\boldsymbol{L}$ 都满足角动量所特有的对易关系式, 而且 $\boldsymbol{L}$ 的诸分量和 $\boldsymbol{L}_G$ 的诸分量是可对易的).

§C. 氢原子

1. 引言

氢原子含有一个质子, 其质量为:

$$m_p = 1.7 \times 10^{-27}\text{kg} \tag{C–1}$$

其电荷为:

$$q = 1.6 \times 10^{-19}\text{C} \tag{C–2}$$

还含有一个电子, 其质量为:

$$m_e = 0.91 \times 10^{-30}\text{kg} \tag{C–3}$$

其电荷为 $-q$. 这两个粒子之间的相互作用基本上是静电性质的, 对应的势能为:

$$V(r) = -\frac{q^2}{4\pi\varepsilon_0}\frac{1}{r} = -\frac{e^2}{r} \tag{C–4}$$

其中的 r 是两粒子间的距离, 而

$$\frac{q^2}{4\pi\varepsilon_0} = e^2 \tag{C–5}$$

[791] 为了利用上面 §B 中的结果,我们在质心坐标系中研究这个体系. 于是, 对此两粒子的相对运动作经典描述的哈密顿函数为①:

$$\mathscr{H}(\boldsymbol{r}, \boldsymbol{p}) = \frac{\boldsymbol{p}^2}{2\mu} - \frac{e^2}{r} \tag{C–6}$$

由于 $m_p \gg m_e$ [见公式 (C–1) 和 (C–3)], 体系的约化质量 μ 非常接近于 m_e:

$$\mu = \frac{m_e m_p}{m_e + m_p} \simeq m_e\left(1 - \frac{m_e}{m_p}\right) \tag{C–7}$$

(改正项 m_e/m_p 约为 1/1800). 这就是说, 体系的质心实际上与质子重合, 从而可以足够准确地认为相对粒子全同于电子. 因此, 措词上稍微随便一点, 今后就称相对粒子为电子, 称质心为质子.

① 在 §B 中用来标志相对运动的有关各量的下标 r, 今后一律省去.

2. 玻尔模型

现在, 我们简略地复习一下关于氢原子的玻尔模型的结果. 以轨道概念为基础的这个模型与量子力学的概念是不相容的. 但是, 它却能很简单地给出一些基本的物理量, 诸如氢原子的电离能 E_I 和描述原子大小的参量 (玻尔半径 a_0), 此外, 凑巧的是, 玻尔理论给出的能量 E_n 与我们将在 §3 中确定的哈密顿算符的本征值相符. 最后, 量子力学理论也可以给出玻尔模型的某些图像 (参看下面的 §4–c–β).

这个半经典模型是以下述假设为基础的: 电子在以质子为中心, 以 r 为半径的圆形轨道上运动, 并遵从下列各方程:

$$E = \frac{1}{2}\mu v^2 - \frac{e^2}{r} \tag{C–8}$$

$$\frac{\mu v^2}{r} = \frac{e^2}{r^2} \tag{C–9}$$

$$\mu v r = n\hbar;\ n \text{ 为正整数} \tag{C–10}$$

其中前两个是经典方程: (C–8) 式表示电子的总能量 E 等于其动能 $\mu v^2/2$ 与其势能 $-e^2/r$ 之和; (C–9) 式其实就是牛顿力学的基本方程 (e^2/r^2 是作用于电子的库仑力, 而 v^2/r 就是电子作匀速圆周运动的加速度). 第三个方程表示量子化条件, 这是玻尔为了解释离散能级的存在把它作为经验公式提出的; 他假 [792]
设, 只有满足这个条件的那些圆形轨道才是电子的可能的轨道. 当然, 不同的轨道以及各物理量的对应值可以用和这些轨道相联系的整数 n 来标志.

经过简单的代数运算, 我们就可以得到 E_n, r_n 及 v_n 的表示式:

$$E_n = -\frac{1}{n^2}E_I \tag{C–11–a}$$

$$r_n = n^2 a_0 \tag{C–11–b}$$

$$v_n = \frac{1}{n}v_0 \tag{C–11–c}$$

在这些等式中:

$$E_I = \frac{\mu e^4}{2\hbar^2} \tag{C–12–a}$$

$$a_0 = \frac{\hbar^2}{\mu e^2} \tag{C–12–b}$$

$$v_0 = \frac{e^2}{\hbar} \tag{C–12–c}$$

在玻尔提出其理论的时代, 上述模型标志着人们对原子现象的认识迈出了有重大意义的一步, 因为这个模型正确地给出了氢原子各能级的位置. 实际上, 这些能级果然遵从 (C–11–a) 式所示的 $1/n^2$ 的规律 (巴尔末公式), 此外, 实验上测得的电离能 (为剥夺一个电子而须供给基态氢原子的能量) 与 E_I 的数值相符:

$$E_I \simeq 13.6 \text{ eV} \tag{C–13}$$

最后,玻尔半径 a_0 较好地反映了原子的大小, 其数值为:

$$a_0 \simeq 0.52\text{Å} \tag{C–14}$$

附注:

在补充材料 C_I 中曾说明, 在应用于氢原子的时候不确定性原理怎样解释了稳定基态的存在, 并算出了基态能量的数量级和基态波函数的空间展延度.

3. 氢原子的量子力学理论

现在, 我们来计算描述质子和电子在质心坐标系中的相对运动 [公式 (C–6)] 的哈密顿算符 H 的本征值和本征函数. 在 $\{|\boldsymbol{r}\rangle\}$ 表象中, 哈密顿算符 H 的本征值方程可以写作:

$$\left[-\frac{\hbar^2}{2\mu}\Delta - \frac{e^2}{r}\right]\varphi(\boldsymbol{r}) = E\varphi(\boldsymbol{r}) \tag{C–15}$$

[793] 由于 $-e^2/r$ 是中心势, 我们可以应用上面 §A 中的结果: 本征函数 $\varphi(\boldsymbol{r})$ 的形式如下:

$$\varphi_{k,l,m}(\boldsymbol{r}) = \frac{1}{r}u_{k,l}(r)\text{Y}_l^m(\theta,\varphi) \tag{C–16}$$

其中的 $u_{k,l}(r)$ 由径向方程 (A–24) 给出, 现在, 该方程为:

$$\left[-\frac{\hbar^2}{2\mu}\frac{\mathrm{d}^2}{\mathrm{d}r^2} + \frac{l(l+1)\hbar^2}{2\mu r^2} - \frac{e^2}{r}\right]u_{k,l}(r) = E_{k,l}u_{k,l}(r) \tag{C–17}$$

对此方程我们还要附加条件 (A–30):

$$u_{k,l}(0) = 0 \tag{C–18}$$

我们可以证明, H 的谱包含离散的部分 (负的本征值) 和连续的部分 (正的本征值). 下面我们来考察图 7–3, 图中画出的是对应于 l 的一个给定值的有效势 (该曲线对应于 $l \neq 0$ 的情况, 但在 $l = 0$ 时, 推理仍然有效).

对于 E 的一个正值, 经典运动在空间是不受限制的; 就图 7–3 中已经选定的值 $E > 0$ 而言, 在左端, 运动被点 A 的横坐标所限制, 但在右端则不受限制①. 由此可知

① 对于形如 $-1/r$ 的势, 经典径迹是圆锥曲线; 一个不受限制的运动是沿双曲线或抛物线进行的.

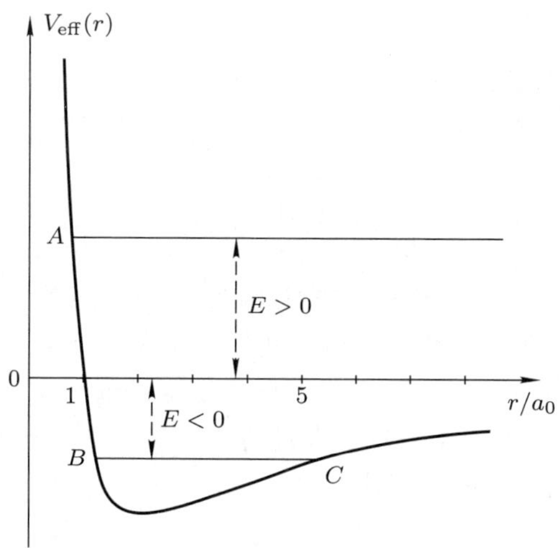

图 7–3 对于能量 E 的一个正值, 经典运动是不受限制的; 因而, 在 $E > 0$ 时, 哈密顿算符 H 的谱是连续的, 对应的本征函数不可能归一化. 反之, 若 E 取负值, 经典运动就局限于 BC 区段上; 因而, 在 $E < 0$ 时, H 的谱是离散的, 对应的本征函数是可归一化的.

(参看补充材料 M_{III}), 不论 E 取任何正值, 方程 (C–17) 都有合理的解. 因此在 $E > 0$ 时, H 的谱是连续的, 而且对应的本征函数并不是平方可积的.

反之, 若 $E < 0$, 则经典运动是受限制的, 它局限在 B, C 两点的横坐标之间[①]. 我们在后面将会看到, 这时只有当 E 取某些离散值的时候, 方程 (C–17) 才有合理的解. 因此, 在 $E < 0$ 时, H 的谱是离散的, 而且对应的本征函数是平方可积的.

a. 变量的变换 [794]

为使推证简单起见, 我们将以 a_0 和 E_I [公式 (C–12)] 分别作为长度和能量的单位; 这就是说, 引入无量纲的量:

$$\rho = r/a_0 \tag{C–19}$$

$$\lambda_{k,l} = \sqrt{-E_{k,l}/E_I} \tag{C–20}$$

(因为我们研究的是束缚态, 根号内的数仍是正的).

考虑到 E_I 和 a_0 的表示式 (C–12–a) 和 (C–12–b), 便可将径向方程 (C–17) 化简为:

$$\left[\frac{\mathrm{d}^2}{\mathrm{d}\rho^2} - \frac{l(l+1)}{\rho^2} + \frac{2}{\rho} - \lambda_{k,l}^2\right] u_{k,l}(\rho) = 0 \tag{C–21}$$

b. 求解径向方程

为了解出方程 (C–21), 我们将利用在补充材料 C_{V} 中说明过的方法, 将 $u_{k,l}(\rho)$ 展为幂级数.

① 因而经典径迹为一椭圆或圆.

α. 渐近行为

我们通过定性的分析来探讨 $u_{k,l}(\rho)$ 的渐近行为. 当 ρ 趋向无穷大时, $1/\rho$ 的项和 $1/\rho^2$ 的项与常数项 $\lambda_{k,l}^2$ 相比可以忽略, 于是方程 (C–21) 实际上变为:

$$\left[\frac{\mathrm{d}^2}{\mathrm{d}\rho^2}-\lambda_{k,l}^2\right]u_{k,l}(\rho)=0 \tag{C–22}$$

它的解是 $\mathrm{e}^{\pm\rho\lambda_{k,l}}$. 这样的分析并不严格, 因为我们完全没有考虑含 $1/\rho$ 和 $1/\rho^2$ 的项; 实际上, 我们可以证明, $u_{k,l}(\rho)$ 等价于 ρ 的某一次幂与 $\mathrm{e}^{\pm\rho\lambda_{k,l}}$ 的乘积.

出于物理上的考虑, 往后, 我们不得不规定函数 $u_{k,l}(\rho)$ 在无限远处是有界的, 从而应该舍弃方程 (C–21) 的渐近行为决定于 $\mathrm{e}^{+\rho\lambda_{k,l}}$ 的那些解. 由于这个原因, 我们进行下面的函数变换:

$$u_{k,l}(\rho)=\mathrm{e}^{-\rho\lambda_{k,l}}y_{k,l}(\rho) \tag{C–23}$$

虽然这样的函数变换突出了 $\mathrm{e}^{-\rho\lambda_{k,l}}$, 但并未消除形状为 $\mathrm{e}^{+\rho\lambda_{k,l}}$ 的解, 因此我们应该将它辨认清楚, 并在最后的运算步骤中舍弃它. 从 (C–21) 式很容易导出 $y_{k,l}(\rho)$ 所应满足的微分方程:

$$\left\{\frac{\mathrm{d}^2}{\mathrm{d}\rho^2}-2\lambda_{k,l}\frac{\mathrm{d}}{\mathrm{d}\rho}+\left[\frac{2}{\rho}-\frac{l(l+1)}{\rho^2}\right]\right\}y_{k,l}(\rho)=0 \tag{C–24}$$

[795] 对这个方程应该附加条件 (C–18), 这就是说, 应有:

$$y_{k,l}(0)=0 \tag{C–25}$$

β. 寻找幂级数形式的解

现将 $y_{k,l}(\rho)$ 展为 ρ 的幂级数:

$$y_{k,l}(\rho)=\rho^s\sum_{q=0}^{\infty}c_q\rho^q \tag{C–26}$$

按定义, c_0 是展开式中第一个非零系数:

$$c_0\neq 0 \tag{C–27}$$

条件 (C–25) 表明, s 一定是正数.

现在我们用 (C–26) 式来计算 $\frac{\mathrm{d}}{\mathrm{d}\rho}y_{k,l}(\rho)$ 和 $\frac{\mathrm{d}^2}{\mathrm{d}\rho^2}y_{k,l}(\rho)$:

$$\frac{\mathrm{d}}{\mathrm{d}\rho}y_{k,l}(\rho)=\sum_{q=0}^{\infty}(q+s)c_q\rho^{q+s-1} \tag{C–28–a}$$

$$\frac{\mathrm{d}^2}{\mathrm{d}\rho^2}y_{k,l}(\rho)=\sum_{q=0}^{\infty}(q+s)(q+s-1)c_q\rho^{q+s-2} \tag{C–28–b}$$

为了得到 (C–24) 式的左端, 我们用因子 $\left[\frac{2}{\rho}-\frac{l(l+1)}{\rho^2}\right]$, $-2\lambda_{k,l}$ 及 1 分别去乘 (C–26), (C–28–a), (C–28–b) 式. 根据 (C–24) 式, 如此构成的幂级数应恒等于零, 也就是说, 级数的全体系数均为零.

最低幂次项为 ρ^{s-2} 的项, 令它的系数为零, 我们得到:

$$[-l(l+1)+s(s-1)]c_0=0 \tag{C–29}$$

考虑到 (C–27) 式, 我们看出, s 可以取下列两值之一:

$$\begin{cases} s=l+1 & \text{(C–30–a)} \\ s=-l & \text{(C–30–b)} \end{cases}$$

(这与 §A–2–c 中的普遍结果相符). 我们在上面已经看到, 根据级数在原点附近的行为 [条件 (C–25)], 只有取 (C–30–a) 式才能导致一个合理的解. 于是, 令一般项 ρ^{q+s-2} 的系数等于零, 并取 $s=l+1$, 我们便得到下面的递推关系:

$$q(q+2l+1)c_q=2[(q+l)\lambda_{k,l}-1]c_{q-1} \tag{C–31}$$

如果取定 c_0, 就可利用这个关系式计算 c_1, 然后计算 c_2, 这样顺次算出全体系数 c_q. 由于当 $q\to\infty$ 时, c_q/c_{q-1} 趋向于零, 故不论 ρ 的值如何, 对应的级数都是收敛的. 这样一来, 对于 $\lambda_{k,l}$ 的一个任意值, 我们便确定了方程 (C–24) 的一个解, 它是满足条件 (C–25) 的.

c. 能量的量子化. 径向函数 [796]

现在, 我们还须使上面的解具备物理上合理的渐近行为 (参看前面的 §b–α). 这样便会导致 $\lambda_{k,l}$ 的可能值的量子化.

如果 (C–31) 式右端的括号对于 q 的任意整数值都不等于零, 则展开式 (C–26) 便真正成为一个无穷级数, 对于这个级数, 有:

$$\frac{c_q}{c_{q-1}}\underset{q\to\infty}{\sim}\frac{2\lambda_{k,l}}{q} \tag{C–32}$$

但函数 $\mathrm{e}^{2\rho\lambda_{k,l}}$ 的幂级数可以写作:

$$\begin{cases} \mathrm{e}^{2\rho\lambda_{k,l}}=\displaystyle\sum_{q=0}^{\infty}d_q\rho^q \\ d_q=\dfrac{(2\lambda_{k,l})^q}{q!} \end{cases} \tag{C–33}$$

由此可以推出:

$$\frac{d_q}{d_{q-1}} = \frac{2\lambda_{k,l}}{q} \tag{C–34}$$

对比 (C–32) 式和 (C–34) 式, 我们很容易看出①, 在 ρ 的值很大时, 所讨论的级数的行为类似于 $\mathrm{e}^{2\rho\lambda_{k,l}}$; 于是对应的函数 $u_{k,l}$ [公式 (C–23)] 将正比于 $\mathrm{e}^{+\rho\lambda_{k,l}}$, 这在物理上是不能接受的.

因此, 我们应该舍弃使展开式 (C–26) 成为无穷级数的各种情况, 从而 $\lambda_{k,l}$ 只能取使 (C–26) 式只含有限多个项的那些可能值, 也就是说, 只能取使 $y_{k,l}$ 退化为多项式的那些可能值; 这样一来, 对应的函数 $u_{k,l}$ 在物理上就是合理的了, 因为这时它的渐近行为主要决定于 $\mathrm{e}^{-\rho\lambda_{k,l}}$. 于是, 只需存在一个这样的整数 k, 它可以使 (C–31) 式右端的括号在 $q = k$ 时成为零; 这样一来, 对应的系数 c_k 便等于零, 从而所有高次项的系数也都为零; 这是因为, c_k 等于零必然导致 c_{k+1} 以及其他系数均为零. 现在, 我们就用这个整数 k 来标记在 l 的值已固定时 $\lambda_{k,l}$ 的各对应值 (注意, c_0 永远不为零, 故 k 总是大于或等于 1); 于是, 根据 (C–31) 式, 我们有:

$$\lambda_{k,l} = \frac{1}{k+l} \tag{C–35}$$

因而, 对于 l 的给定值, 可能的负能量只有下面这些值 [参看公式 (C–20)]:

$$E_{k,l} = \frac{-E_I}{(k+l)^2}; \quad k = 1, 2, 3, \cdots \tag{C–36}$$

我们将在下面的 §4 中讨论这个结果.

[797] 现在 $y_{k,l}$ 是一个多项式, 它的最低次项是 ρ^{l+1} 项, 最高次项是 ρ^{k+l} 项; 利用 (C–35) 式可将递推关系 (C–31) 式写成下列形式:

$$c_q = -\frac{2(k-q)}{q(q+2l+1)(k+l)} c_{q-1} \tag{C–37}$$

从这个关系式可以求得以 c_0 表出的全体系数, 我们不难得到:

$$c_q = (-1)^q \left(\frac{2}{k+l}\right)^q \frac{(k-1)!}{(k-q-1)!} \frac{(2l+1)!}{q!(q+2l+1)!} c_0 \tag{C–38}$$

然后, $u_{k,l}(\rho)$ 便可由公式 (C–23) 给出, 而 c_0 (除一个相位因子以外) 则由归一化条件 (A–34) 式确定 [当然, 首先应通过 (C–19) 式回到变量 r]. 最后, 以 r 去除 $u_{k,l}(r)$, 我们便得到真正的径向函数 $R_{k,l}(r)$. 下面三个例子可以对径向函数的形式提供一个印象:

$$R_{k=1,l=0}(r) = 2(a_0)^{-3/2}\mathrm{e}^{-r/a_0} \tag{C–39–a}$$

---

① 在补充材料 $\mathrm{C_V}$ 中, 我们可以看到对于一个与此非常相似的问题的比较完整的讨论.

$$R_{k=2,l=0}(r) = 2(2a_0)^{-3/2}\left(1 - \frac{r}{2a_0}\right)\mathrm{e}^{-r/2a_0} \tag{C–39–b}$$

$$R_{k=1,l=1}(r) = (2a_0)^{-3/2}\frac{1}{\sqrt{3}}\frac{r}{a_0}\mathrm{e}^{-r/2a_0} \tag{C–39–c}$$

4. 结果的讨论

a. 原子参量的数量级

公式 (C–36) 和 (C–39) 表明, 就氢原子而言, (C–12–a) 式所定义的电离能 E_I 和 (C–12–b) 式给出的玻尔半径是很重要的物理量. 这两个量给出了能量的数量级和与氢原子的束缚态相联系的波函数的空间展延度.

我们可将 (C–12–a) 式和 (C–12–b) 式写成下列形式:

$$E_I = \frac{1}{2}\alpha^2\mu c^2 \tag{C–40–a}$$

$$a_0 = \frac{1}{\alpha}\lambda\!\!\!^{-}_c \tag{C–40–b}$$

这里的 α 是精细结构常数, 这是一个在物理学中非常重要的无量纲的常量:

$$\alpha = \frac{e^2}{\hbar c} = \frac{q^2}{4\pi\varepsilon_0\hbar c} \simeq \frac{1}{137} \tag{C–41}$$

而 $\lambda\!\!\!^{-}_c$ 的定义为:

$$\lambda\!\!\!^{-}_c = \frac{\hbar}{\mu c} \tag{C–42}$$

由于 μ与电子的静止质量 m_e 的差异不大, 故 $\lambda\!\!\!^{-}_c$ 实际上等于电子的康普顿波长, [798]
其值由下式给出:

$$\frac{\hbar}{m_e c} \simeq 3.8 \times 10^{-3}\text{Å} \tag{C–43}$$

于是, (C–40–b) 式表明, a_0 的值约百倍于电子的康普顿波长. 至于 (C–40–a) 式则表明, 电子的结合能的数量级介于 $10^{-4}\mu c^2$ 和 $10^{-5}\mu c^2$ 之间, 而 μc^2 实际上等于电子的静止能量:

$$m_e c^2 \simeq 0.51 \times 10^6\text{eV} \tag{C–44}$$

由此可知:

$$E_I \ll m_e c^2 \tag{C–45}$$

这就证实了我们采用非相对论的薛定谔方程来描述氢原子是合理的. 当然, 相对论效应虽然很小, 但总是存在的; 正因为这种效应很小, 我们才可以采用微扰理论来研究它 (参看第十一章和第十二章).

b. 能级

α. 量子数的可能值; 简并度

对于 l 的固定值, 存在着能量的无穷多个可能值 [见公式 (C–36)], 它们对应于 $k=1,2,3,\cdots$. 能量的每一个可能值至少是 $(2l+1)$ 重简并的; 由于径向
[799] 方程只依赖于量子数 l 而不依赖于 m, 因此, 这是一种实质性简并 (§A–3). 但是, 除此之外, 还存在着偶然性简并; 公式 (C–36) 表明, 与不同的 (即 $l' \neq l$ 的) 径向方程对应的两个本征值 $E_{k,l}$ 和 $E_{k',l'}$, 在 $k+l=k'+l'$ 时, 是相等的. 在图 7–4 中, 与 $l=0,1,2,3$ 相联系的前四个本征值是安置在能量的同一标尺上的, 从这个图上, 可以明显地看到若干个偶然性简并的情况.

在氢原子这一特殊情况下, $E_{k,l}$ 并不单独地依赖于 k 和 l, 而是依赖于两者之和. 我们令:

$$n=k+l \tag{C–46}$$

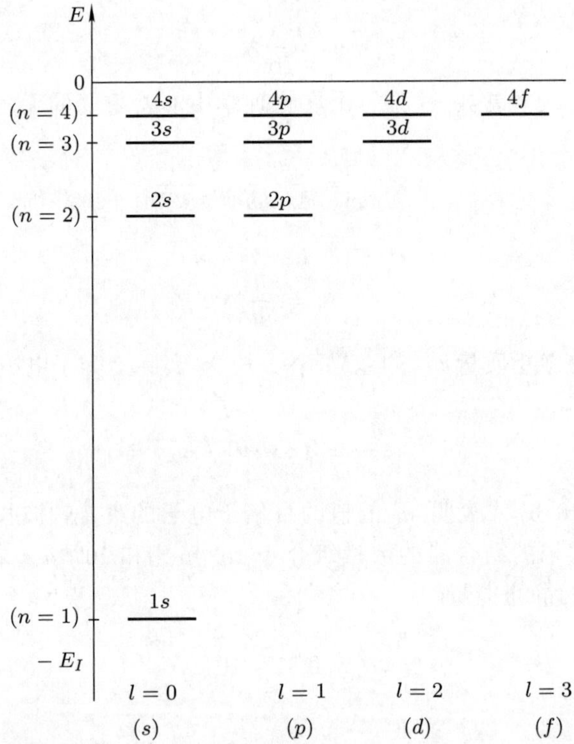

图 7–4 氢原子的能级; 每一个能级上的能量值 E_n 只依赖于 n. 对于 n 的一个确定值, l 有若干个可能值: $l=0,1,2,\cdots,(n-1)$; 对应于 l 的每一个值, m 的可能值有 $(2l+1)$ 个:

$$m=-l,-l+1,\cdots,l.$$

因此, 能级 E_n 的简并度为 n^2.

不同的能级是以整数 n (其值大于或等于 1) 来标记的, 于是, 公式 (C–36) 变为:

$$E_n = -\frac{1}{n^2} E_I \tag{C–47}$$

根据 (C–46) 式, 为了标记本征函数, 我们给出 k 和 l 的值, 或者给出 n 和 l 的值都一样. 按照惯例, 我们今后使用量子数 n 和 l; 并且称标记能量的整数 n 为主量子数, n 的一个给定值确定一个所谓的电子壳层.

由于 k 一定是大于或等于 1 的整数 (参看上面的 §3–c), 故与 n 的同一个值相联系的 l 只有有限多个值; 根据 (C–46) 式, 若 n 的值已给定, 便有:

$$l = 0, 1, 2, \cdots, n-1 \tag{C–48}$$

因此, 我们说由 n 所确定的壳层包含 n 个支壳层①, 每一个支壳层对应于 (C–48) 式中 l 的一个值. 最后, 对应于 l 为某一确定值的支壳层又包含 $(2l+1)$ 个不同的态, 它们对应于 m 的 $(2l+1)$ 个可能值.

因此, 能级 E_n 的总简并度为:

$$g_n = \sum_{l=0}^{n-1} (2l+1) = 2\frac{(n-1)n}{2} + n = n^2 \tag{C–49}$$

事实上, 到第九章我们将会看到, 由于电子具有自旋, 这个数还应乘以 2 (如果再将质子的自旋考虑在内, 由于其自旋态的个数与电子的相同, 还要再乘一个因子 2).

β. 光谱学符号

由于历史的原因 (早在量子力学建立之前的一个时期中, 光谱方面的研究已将所观察到的很多谱线按经典进行了分类), 形成了以字母来表示 l 的各个值的惯例; 其间的对应关系如下:

$$\begin{aligned} l = 0 &\longleftrightarrow s \\ l = 1 &\longleftrightarrow p \\ l = 2 &\longleftrightarrow d \\ l = 3 &\longleftrightarrow f \\ l = 4 &\longleftrightarrow g \\ \vdots\ &\ \ \vdots \end{aligned} \tag{C–50}$$ [800]

以下按字母顺序

① 在索末菲的半经典模型中就已有支壳层的概念. 在这个模型中, 玻尔量子数 n 的每一个值对应于能量相同而角动量不同的 n 个椭圆轨道. 在这些轨道中, 有一个是圆, 这就是与角动量的最大值对应的轨道.

用来标记支壳层的光谱学符号就是在对应的数 n 后面再附加一个与 l 值对应的字母. 因此, 基态能级 [根据 (C–49) 式, 这是非简并的], 有时称之为 “K 壳层”, 就只包含一个支壳层 $1s$; 第一激发能级 (或 “L 壳层”), 包含支壳层 $2s$ 和 $2p$; 第二激发能级 (或 “M 壳层”) 包含支壳层 $3s$, $3p$ 和 $3d$; 等等 (有时用来标记相继诸壳层的大写字母, 从 K 开始, 按字母顺序向下编排).

c. 波函数

对于氢原子, 与算符 $\boldsymbol{L}^2, L_z$ 和哈密顿算符 H 的共同本征态相联系的波函数, 通常是用 n, l, m 来标记的, 而不是像上面那样用三个量子数 k, l, m 来标记 [只需使用 (C–46) 式, 就可以从一组指标换成另一组指标]. 由于算符 $H, \boldsymbol{L}^2$ 和 L_z 构成一个 ECOC(参看 §A–3), 故整数 n, l, m 这三个数据 (它们分别相当于算符 $H, \boldsymbol{L}^2$ 及 L_z 的本征值), 就毫不含混地确定了对应的本征函数 $\varphi_{n,l,m}(\boldsymbol{r})$.

α. 角依赖性

与任意中心势场的情况相似, 函数 $\varphi_{n,l,m}(\boldsymbol{r})$ 是一个径向函数和一个球谐函数 $\mathrm{Y}_l^m(\theta,\varphi)$ 的乘积. 为了形象地看出这些函数对极角的依赖关系, 我们可以在极角为 θ, φ 的轴上截取一线段, 使其长度与 r 为任意固定值时的 $|\varphi_{n,l,m}(r,\theta,\varphi)|^2$ 成比例, 也就是和 $|\mathrm{Y}_l^m(\theta,\varphi)|^2$ 成比例. 如此得到的曲面是一个绕 Oz 轴的旋转曲面; 因为我们知道, $\mathrm{Y}_l^m(\theta,\varphi)$ 只是通过 $\mathrm{e}^{\mathrm{i}m\varphi}$ 这个因子而依赖于 φ 的 (见第六章的 §D–1–b), 因而, $|\mathrm{Y}_l^m(\theta,\varphi)|^2$ 是与 φ 无关的. 于是, 我们只需作出旋转曲面在通过 Oz 轴的平面上的截口就可以了. 图 7–5 就是这样作出的, 它对应于 $m=0$, $l=0,1,2$ 的情况 [对应的球谐函数由补充材料 $\mathrm{A_{VI}}$ 的公式 (31)、(32) 及 (33) 给出]; Y_0^0 是一个常数, 因此, 它具有球对称性; $|\mathrm{Y}_1^0|^2$ 正比于 $\cos^2\theta$; $|\mathrm{Y}_2^0|^2$ 则正比于 $(3\cos^2\theta-1)^2$.

[801] β. 径向依赖性

确定支壳层的诸径向函数 $R_{n,l}(r)$ 可以从 §3–c 的结果计算出来 [但须注意由公式 (C–46) 引入的符号改变]. 由 (C–39) 式给出的三个径向函数:

$$R_{k=1,l=0} \equiv R_{n=1,l=0}; \quad R_{k=2,l=0} \equiv R_{n=2,l=0}; \quad R_{k=1,l=1} \equiv R_{n=2,l=1} \qquad \text{(C–51)}$$

随 r 变化的情况绘于图 7–6.

函数 $R_{n,l}(r)$ 在点 $r=0$ 附近的行为与 r^l 的相同 (参看 §A–2–c 中的讨论). 因此,只有在属于支壳层 s $(l=0)$ 的那些态, 在原点邻域发现电子的概率才不等于零. 随着 l 的增大, 电子在质子周围出现的概率可以忽略的范围将逐渐扩大. 在某些核俘获电子的现象中, 和在谱线的超精细结构中, 这个事实都会产生一些物理效应 (参看第十二章的 §B–2).

[802] 最后, 我们还可以重新导出表示各玻尔轨道的半径的公式 (C–11–b). 为

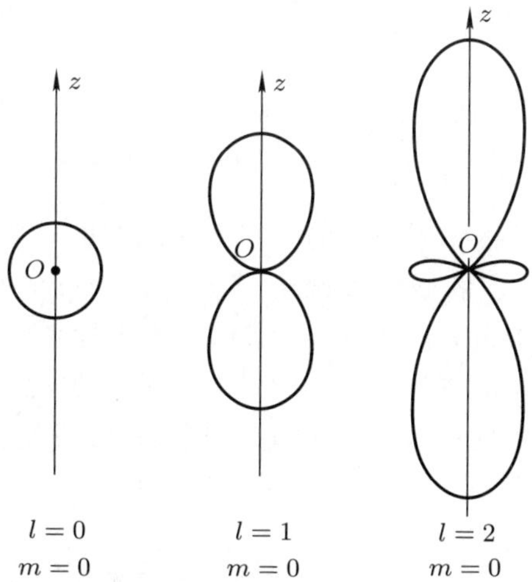

图 7-5 氢原子的与 l,m 的几组确定值对应的定态波函数对极角的依赖关系 $Y_l^m(\theta,\varphi)$. 在极角为 θ,φ 的方向上截取长度等于 $|Y_l^m(\theta,\varphi)|^2$ 的线段. 这样, 我们便得到一个绕 Oz 轴的旋转曲面. 当 $l=0$ 时, 这种曲面是以 O 点为中心的球面; l 的值越大, 曲面就越复杂.

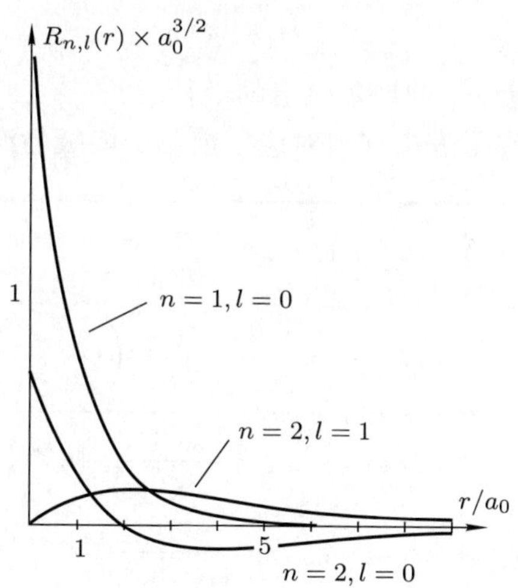

图 7-6 与氢原子的前几个能级相联系的波函数的径向依赖关系 $R_{n,l}(r)$. 当 $r\to 0$ 时, $R_{n,l}(r)$ 的行为与 r^l 的相同; 只在各 s 态 $(l=0)$, 在原点找到电子的概率才不等于零.

此, 我们来考虑 $l=n-1$ 的那些态①. 在极角为 θ,φ 的某一确定方向的周围, 取一个无限小的立体角 $\mathrm{d}\Omega$, 我们来计算在上述的每一个态中此立体角内的概率密度随 r 变化的规律. 一般地说, 电子出现在点 (r,θ,φ) 处的体积元

① 这些态对应于索末菲理论中的圆形轨道 (参看第 805 页的注 ①).

$\mathrm{d}^3r = r^2\mathrm{d}r\mathrm{d}\Omega$ 中的概率为:

$$\begin{aligned}\mathrm{d}\mathscr{P}_{n,l,m}(r,\theta,\varphi) &= |\varphi_{n,l,m}(r,\theta,\varphi)|^2 r^2\mathrm{d}r\mathrm{d}\Omega \\ &= |R_{n,l}(r)|^2 r^2\mathrm{d}r \times |\mathrm{Y}_l^m(\theta,\varphi)|^2\mathrm{d}\Omega \end{aligned} \tag{C–52}$$

在这里, 我们已将 θ,φ 的值及 $\mathrm{d}\Omega$ 的大小固定, 因此, 在指定的立体角内, 在 r 和 $r+\mathrm{d}r$ 之间找到电子的概率正比于 $r^2|R_{n,l}(r)|^2\mathrm{d}r$; 于是, 对应的概率密度, 除常因子外, 就是 $r^2|R_{n,l}(r)|^2$ (因子 r^2 来源于球坐标系中的体积元的表示式). 我们感兴趣的是 $l=n-1$ (即 $k=n-l=1$) 的那些情况; 对此, 按 §3–c 中的论证, $R_{n,l}(r)$ 中的多项式只有 $(r/a_0)^{n-1}$ 这一项. 因此, 我们所求的概率密度正比于:

$$\begin{aligned} f_n(r) &= \frac{r^2}{a_0^2}\left[\left(\frac{r}{a_0}\right)^{n-1}\mathrm{e}^{-r/na_0}\right]^2 \\ &= \left(\frac{r}{a_0}\right)^{2n}\mathrm{e}^{-2r/na_0} \end{aligned} \tag{C–53}$$

这个函数的极大值出现在

$$r = r_n = n^2 a_0 \tag{C–54}$$

处, 这就是对应于能量 E_n 的玻尔轨道的半径.

作为结尾, 我们在下表中列出对应于前几个能级的波函数:

$1s$ 能级	$\varphi_{n=1,l=0,m=0} = \dfrac{1}{\sqrt{\pi a_0^3}}\mathrm{e}^{-r/a_0}$
$2s$ 能级	$\varphi_{n=2,l=0,m=0} = \dfrac{1}{\sqrt{8\pi a_0^3}}\left(1-\dfrac{r}{2a_0}\right)\mathrm{e}^{-r/2a_0}$
$2p$ 能级	$\varphi_{n=2,l=1,m=1} = -\dfrac{1}{8\sqrt{\pi a_0^3}}\dfrac{r}{a_0}\mathrm{e}^{-r/2a_0}\sin\theta\mathrm{e}^{\mathrm{i}\varphi}$ $\varphi_{n=2,l=1,m=0} = \dfrac{1}{4\sqrt{2\pi a_0^3}}\dfrac{r}{a_0}\mathrm{e}^{-r/2a_0}\cos\theta$ $\varphi_{n=2,l=1,m=-1} = \dfrac{1}{8\sqrt{\pi a_0^3}}\dfrac{r}{a_0}\mathrm{e}^{-r/2a_0}\sin\theta\mathrm{e}^{-\mathrm{i}\varphi}$

[803] **参考文献和阅读建议:**

中心势场中的粒子: Messiah (1.17), 第 IX 章; Schiff (1.18), §16.

玻尔–索末菲原子和旧量子论: Cagnac 和 Pebay–Peyroula (11.2), 第 V、VI 及 XIII 章; Born (11.4), 第 V 章, §1 和 §2; Pauling 和 Wilson (1.9), 第 II 章, Tomonaga (1.8), 卷 I; Eisberg 和 Resnik (1.3), 第 4 章.

类氢体系的波函数: Levine (12.3), §6.5; Karplus 和 Porter (12.1), §3.8 和 §3.10; Eisberg 和 Resnik (1.3), §7.6 和 §7.7.

与 $1/r$ 型的势相关的简并 (动力学群): Borowitz (1.7), §13.7; Schiff (1.18), §30; Bacry (10.31), §6.11.

微分方程的数学问题: Morse 和 Feshbach (10.13), 第 5、6 章; Courant 和 Hilbert (10.11), 卷 I, §V–11.

[804]

# 第七章补充材料	阅读指南
$A_{\rm VII}$: 类氢体系	$A_{\rm VII}$: 介绍几种类氢体系; 第七章中的那些计算可以直接应用于这些体系. 重点在于物理意义的讨论及体系中各粒子的质量的影响. 本文较浅显, 建议先学习.
$B_{\rm VII}$: 中心势的一个可以解出的例子: 各向同性的三维谐振子	$B_{\rm VII}$: 这是另一个例子 (三维谐振子), 对此仍可应用第七章的方法 (求解径向方程) 来计算中心势场中粒子的能级. 本文没有原则上的困难, 可以看作是一个已经解出的练习.
$C_{\rm VII}$: 与氢原子的定态相联系的概率流	$C_{\rm VII}$: 以概率流的计算来补充第七章 §C–4–c 中已得到的氢原子定态的性质. 本文简短易读, 其内容在补充材料 $D_{\rm VII}$ 中要用到.
$D_{\rm VII}$: 均匀磁场中的氢原子; 顺磁性与反磁性; 塞曼效应	$D_{\rm VII}$, $E_{\rm VII}$, $F_{\rm VII}$: 都是利用第七章的结果去探讨一些物理现象. $D_{\rm VII}$: 研究磁场中原子的性质 (反磁性、顺磁性; 塞曼效应). 本文属于中等难度, 因有许多应用而显得比较重要.
$E_{\rm VII}$: 对一些原子轨道的探讨; 杂化轨道	$E_{\rm VII}$: 本文的目的是引入原子杂化轨道的概念, 这个概念对于理解化学键的一些性质是很重要的. 本文没有原则上的困难, 重点在于波函数的几何表示.
$F_{\rm VII}$: 双原子分子的振动–转动能级	$F_{\rm VII}$: 直接应用第七章的理论来研究异极双原子分子的振动–转动光谱. 本文是补充材料 $A_{\rm V}$ (§1) 和 $C_{\rm VI}$ 的续篇, 属于中等难度.
$G_{\rm VII}$: 练习	$G_{\rm VII}$: 练习 2 的内容是研究均匀磁场对简单物理体系能级的影响, 这是一个可以准确求解的问题. 通过这个例子可以具体说明补充材料 $C_{\rm VII}$ 和 $D_{\rm VII}$ 中关于哈密顿算符的顺磁项和反磁项的影响的一般论述.

补充材料 A_{VII}

类氢体系 [805]

1. 含有一个电子的类氢体系
   a. 电中性体系
      α. 氢的重同位素
      β. μ 子素
      γ. 电子偶素
      δ. 固体物理中的类氢体系
   b. 类氢离子
2. 无电子的类氢体系
   a. μ 原子
   b. 强子原子

通过第七章的计算, 我们求得了氢原子的若干物理性质 (能级, 波函数的展延情况, 等等), 这些计算是以下述事实为基础的, 即我们所研究的体系包含两个粒子 (电子和质子), 它们之间相互吸引的能量反比于它们之间的距离. 实际上, 在物理学中还有很多其他体系也满足这个条件, 诸如: 氘原子或氚原子, μ 子素, 电子偶素, μ 原子等. 因此, 在第七章中已经得到的那些结果, 可以直接应用到这些体系; 为此, 只需改变一下在计算中引入的有关常数 (两个粒子的电荷和质量). 这就是我们将在这篇材料里讨论的问题. 在这里, 我们要着重研究的, 是如何修正上述每一种体系中的玻尔半径和电离能 E_I; 在第七章的公式 (C–39) 和 (C–47) 中, 将 a_0 和 E_I 换成新的数据, 就可以得到这些体系的定态波函数和对应的能量; 这两个新的数据给出这些体系的波函数的空间展延度及其结合能的数量级.

我们再把 a_0 和 E_I 的公式列出如下:

$$a_0 = \lambda\!\!\!^{-}_c \frac{1}{\alpha} = \frac{\hbar^2}{\mu e^2} \tag{1}$$

$$E_I = \frac{1}{2}\mu c^2 \alpha^2 = \frac{\mu e^4}{2\hbar^2} \tag{2}$$

式中 μ 是电子–质子体系的约化质量:

$$\mu = \mu(\mathrm{H}) = \frac{m_e m_p}{m_e + m_p} = m_e \left(\frac{1}{1 + \dfrac{m_e}{m_p}} \right) \simeq m_e \left(1 - \frac{m_e}{m_p} \right) \tag{3}$$

而 e^2 标志着吸引势

$$V(r) = -\frac{e^2}{|\boldsymbol{r}_1 - \boldsymbol{r}_2|} \tag{4}$$

[806] 的强度.对于氢原子, 已知:

$$a_0(\mathrm{H}) \simeq 0.52\text{Å} \tag{5–a}$$

$$E_I(\mathrm{H}) = 13.6\mathrm{eV} \simeq 2.2 \times 10^{-18}\mathrm{J} \tag{5–b}$$

设任意两个粒子的质量为 m_1 和 m_2, 吸引势能为:

$$V'(r) = -\frac{Ze^2}{|\boldsymbol{r}_1 - \boldsymbol{r}_2|} \tag{6}$$

(其中 Z 是一个无量纲参数), 怎样才能得到这个体系的 a_0 和 E_I 呢? 为此, 我们只需将 (3) 式中的 m_e, m_p 换成 m_1, m_2, 算出体系的约化质量 μ:

$$\mu = \frac{m_1 m_2}{m_1 + m_2} \tag{7–a}$$

再将所得结果代入 (1) 式和 (2) 式, 并注意进行下列代换:

$$e^2 \Longrightarrow Ze^2 \tag{7–b}$$

这就是我们在几个物理体系中将要进行的工作.

1. 含有一个电子的类氢体系

a. 电中性体系

α. 氢的重同位素

最接近氢原子的物理体系是它的两个同位素氘和氚的原子. 在这些原子中, 质子被一个具有同样电荷的核所代替, 但这个核中除质子外还有一个或两个中子. 氘核的质量约为 $2m_p$, 氚核的质量约为 $3m_p$; 因而这两种原子的约化质量分别为:

$$\mu(\text{氘}) \simeq m_e \left(1 - \frac{m_e}{2m_p} \right) \tag{8–a}$$

$$\mu(氚) \simeq m_e \left(1 - \frac{m_e}{3m_p}\right) \tag{8–b}$$

由于

$$\frac{m_e}{m_p} \simeq \frac{1}{1836} \ll 1 \tag{9}$$

显然, 氢、氘、氚的约化质量非常接近, 我们可以用 m_e 来代替它们而不致引起大的误差.

若将 (3) 式或 (8–a) 式或 (8–b) 式, 代入公式 (1) 和 (2), 我们将会看到, 氢、氘、氚三种原子的玻尔半径及能量几乎相同; 可是它们仍有相对值为千分之几的微小差异; 而这些差异很容易在实验上显示出来, 例如, 利用分辨率足够高的光谱仪,我们可以证实氢原子发射的谱线的波长略大于氘原子的对应谱线的波长, 而后者又略大于氚原子的对应谱线的波长. 发射谱线波长的这种微小移动的原因, 在于核的质量并非无限大, 因而当电子运动时, 核并不是固定不动的. 这种现象叫做 "核的有限质量效应". 实验表明, 公式 (7–a), (1) 及 (2) 很精确地说明了这种效应. [807]

β. μ 子素

μ 子的基本性质和电子的相同, 两者只有质量的差别 (μ 子的质量 m_μ 等于 $207m_\mathrm{e}$). 特别是, μ 子对核力 (一种强相互作用) 不敏感. μ 子有两种, μ^- 子和 μ^+ 子, 它们的电荷分别等于电子 e^- 与正电子 e^+ 的电荷①. 与一切荷电粒子一样, μ 子对电磁相互作用是敏感的.

现在我们来考虑由一个 μ^+ 子和一个电子 e^- 构成的物理体系, 两者之间的静电吸引力和质子与电子之间的相同, 这将导致束缚态的存在. 我们可以说, 这是氢的一种轻同位素, 在这里, μ^+ 子取代了质子; 这种 "同位素" 叫做 μ 子素 (其原子量的数量级为 $m_\mu/m_\mathrm{p} \simeq 0.1$).

利用第七章的结果, 我们不难看出 μ 子素的电离能和玻尔半径. 公式 (1), (2) 和 (7) 给出:

$$a_0(\mu\text{ 子素}) = a_0(\mathrm{H})\frac{1 + m_\mathrm{e}/m_\mu}{1 + m_\mathrm{e}/m_\mathrm{p}} \simeq a_0(\mathrm{H})\left(1 + \frac{1}{200}\right) \tag{10–a}$$

$$E_I(\mu\text{ 子素}) = E_I(\mathrm{H})\frac{1 + m_\mathrm{e}/m_\mathrm{p}}{1 + m_\mathrm{e}/m_\mu} \simeq E_I(\mathrm{H})\left(1 - \frac{1}{200}\right) \tag{10–b}$$

由于 μ^+ 子的质量约为质子的十分之一, 所以就 μ 子素而言, 核的有限质量效应约比氢的强十倍; 但因电子比 μ^+ 子轻得多, 这个效应仍然很弱, 约为 0.5%. 例如, μ 子素的发射谱线的波长应该接近氢的对应谱线的波长. 但是现在尚未观察到 μ 子素的发射光谱.

---

① 此外, 如同 e^- 和 e^+ 那样, μ^- 和 μ^+ 互为反粒子.

在实验上已经利用 μ 子素的不稳定性揭示了这种 “原子” 的存在. μ^+ 子在衰变时放出一个正电子和两个中微子, μ 子素的寿命则为 2.2×10^{-6}s. 人们能够探测在这种衰变中放出的正电子, 它射出时的优势方向是 μ^+ 子自旋①的方向 (在弱相互作用中宇称不守恒); 因此, 对此种正电子的探测便可以在实验上确定这个方向. 此外, 在 μ 子素中, μ^+ 子的自旋是与电子的自旋互相耦合的 (超精细结构耦合; 参看第十二章及其后的补充材料), 它在磁场中的进动频率与自由 μ^+ 子的不一样, 测出这个频率, 就揭示了 μ 子素的存在.

[808] 对 μ 子素的研究, 无论在理论上或在实验上, 都具有重大的意义: 这个体系中的两个粒子都不受强相互作用的影响, 所以, 我们能够以很高的精确度来计算它的能级 (特别是基态 $1s$ 的超精细结构), 而不必进行任何 “核校正”(但是对于氢原子, 就必须考虑其内部结构和质子的可极化性, 这些都是由强相互作用引起的). 理论预言与实验结果是否符合, 将是对量子电动力学的一个严峻检验. 对 μ 子素的超精细结构的最近一次测量导致精细结构常数 $\alpha = \dfrac{e^2}{\hbar c}$ 的迄今最好的结果之一.

γ. 电子偶素

电子偶素是电子 e^- 和正电子 e^+ 构成的受束缚的体系. 和 μ 子素相似, 推而广之, 我们可以说这个体系也是氢的一种同位素; 在这里, 质子被正电子取代了. 但是, 我们必须注意, 氢原子中的质子 (比电子重得多) 几乎是保持不动的. 电子偶素中的情况则显然不是这样. 实际上, 正电子具有与其反粒子 (电子) 相同的质量. 因此, 当电子偶素的质心固定时, 正电子的速率与电子相同 (参看图 7–7–b).

根据 (7–a) 式, 电子偶素的约化质量是:

$$\mu(\text{电子偶素}) = \frac{m_e}{2} \tag{11}$$

于是有:

$$a_0(\text{电子偶素}) \simeq 2a_0(\text{H}) \tag{12–a}$$

$$E_I(\text{电子偶素}) \simeq \frac{1}{2}E_I(\text{H}) \tag{12–b}$$

由此可见, 就电子偶素的一个特定态而言, 电子与正电子之间的平均距离是处在对应态的氢原子中电子与质子间平均距离的两倍 (参看图 7–7); 反之, 两定态能量之间的差值却是氢原子的对应差值的二分之一, 因而把氢的发射谱线的波长乘以 2, 就得到电子偶素的发射谱.

[809] **附注**:

我们不应该从公式 (12–a) 得出如下结论: 电子偶素的半径是氢原子的二倍. 实际上, 玻尔半径所反映的是与 “相对粒子” 相联系的波函数的

① 和电子一样, μ 子具有自旋 1/2, 与之相联系的磁矩为 $\boldsymbol{M}_\mu = \dfrac{q_\mu}{m_\mu}\boldsymbol{S}$.

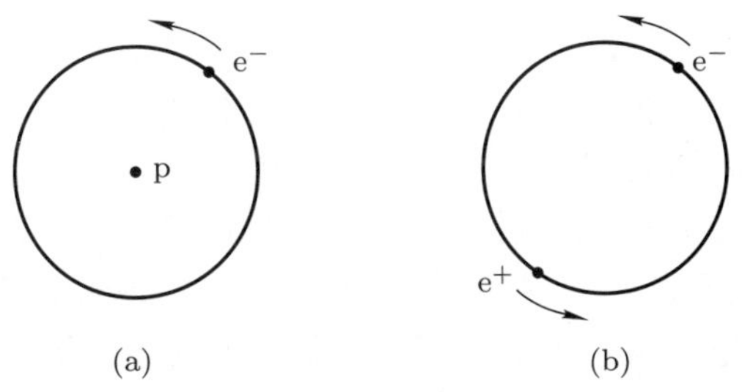

图 7-7　氢原子 (电子和质子构成的体系) 和电子偶素 (电子和正电子构成的体系) 的示意图. 在氢原子中, 质子比电子重得多, 故质子实际上处在质心的位置上, 电子在 a_0(H) 远处围绕质子 "旋转". 与此相反, 正电子的质量和电子的相同, 因此, 两个粒子都围绕着它们的质心旋转, 它们之间的距离为: a_0 (电子偶素) $= 2a_0$(H).

展延度 (参看第七章的 §B), 相对粒子的位置 $\boldsymbol{r}_1 - \boldsymbol{r}_2$ 与两粒子之间的距离有关, 而不是与它们到质心 G 的距离有关. 此外, 图 7-7 明显表示, 氢原子与电子偶素具有同样的线度. 一般地说, 所有的类氢体系 [它们的吸引势由 (6) 式给出, 但须令 $Z = 1$] 都准确地具有同样的半径. 实际上, 第七章的公式 (B-5) 表明:

$$\boldsymbol{r}_1 - \boldsymbol{r}_G = \frac{m_2}{m_1 + m_2}\boldsymbol{r} = \frac{\mu}{m_1}\boldsymbol{r} \tag{13}$$

利用 (1) 式 [它给出基态波函数 $\varphi_{100}(\boldsymbol{r})$ 的空间展延度的数量级] 我们可以看出, 原子 "半径" ρ 可以定义如下:

$$\rho = \frac{\hbar^2}{m_1 Z e^2} \tag{14}$$

式中 m_1 是较轻的那个粒子的质量 (较重的粒子在质心附近运动). 在以上所讨论的各种体系中, $Z = 1, m_1 = m_e$; 因此, 它们的半径都一样. 在后面我们将会看到这样的情况: 或因 $m_1 \neq m_e$, 或因 $Z \neq 1$, 以致半径 ρ 较小.

只是在晚近才观察到电子偶素的光谱 [见参考文献 (11.25)]. 此外, 人们以很高的精确度测定了由于电子磁矩与正电子磁矩间的相互作用而产生的基态超精细结构 (参看补充材料 C_{XII}).

与 μ 子素相似, 电子偶素也是一个纯粹的电磁相互作用体系 (电子和正电子对强相互作用都不敏感), 根据这一点, 我们就可以理解对此体系进行理论研究和实验研究的重要性.

还要指出, 电子偶素是一个不稳定的体系. 由于基态是 $1s$ 态, 电子和正电子会因偶然接触而湮没, 同时产生两个或三个光子 (这取决于它们当时处在哪一个超精细结构能级), 研究对应的衰变率, 对量子电动力学来说, 也具有重大意义.

δ. 固体物理中的类氢体系

第七章中建立的理论的应用范围并不限于原子物理. 例如, 半导体中的"施主原子" 就是固体物理中的近似的类氢体系. 我们来考虑一块硅晶体, 在它的晶格中, 每一个原子均以其四个价电子按四面体结构与最邻近的原子键合. 如果一个五价原子, 例如磷原子 (即施主原子), 进入晶格并占据了某一硅原子的位置, 它就会失去一个价电子, 从而其总电荷变为正的, 于是它成为一
[810] 个中心, 牵制住一个电子, 两者便构成一个类氢体系.实际上, 电子所受的力不能直接用真空中的库仑定理计算, 这是因为硅具有较大的介电常数 $\varepsilon \simeq 12$, 所以 (4) 式变换为:

$$V(r) = -\frac{e^2}{\varepsilon|\boldsymbol{r}_1 - \boldsymbol{r}_2|} \tag{15}$$

严格说来, 还应将电子的质量换成它在硅中的 "有效质量"m^*, 其值不同于自由电子的质量, 这是因为电子和晶体中诸核之间都有相互作用. 但这里只限于定性的讨论. 注意, ε 的较大值的影响, 在于使 (15) 式中的 e^2 减小; 从 (1) 式看来, 这就是说, 使玻尔半径约扩大十倍; 因此, 由施主原子形成的杂质相当于一个很大的氢原子, 它的波函数的展延度大大超过硅的晶格常数.

我们再简略地讲一下固体物理中的另一种类氢体系 —— 激子. 我们考虑一块半导体晶体. 没有外界干扰时, 构成晶体的原子的外层电子都处在 "价带" 中的态 (我们假设温度足够低, 参看补充材料 $\mathrm{C_{XIV}}$). 用适当的方法照射晶体, 晶体吸收了一个光子, 便使一个电子进入 "导带" (其中包含很多比价带能级更高的能级), 于是在价带中就少了一个电子. 我们可设想价带含有一个电荷与电子相反的粒子, 称之为 "空穴". 空穴可以吸引住价带中的一个电子, 两者便形成一个束缚体系, 这就是激子. 和氢原子相似, 激子也有一系列能级, 它也可以在这些能级之间跃迁, 测量晶体对光辐射的吸收, 就可以显示激子的存在.

b. 类氢离子

中性氦原子含有两个电子和一个带正电荷 $-2q_e$ 的核. 这样的体系含有三个粒子, 对它的研究已经不能沿用第七章的理论了. 但是, 若用某种手段夺去氦原子中的一个电子, 那么就剩下一个类似氢原子的离子 He^+; 两者的差别在于核电荷不同, 后者的核电荷为质子电荷的两倍 (离子具有总的正电荷 $-q_e$), 而且质量不同 (以 $^4\mathrm{He}$ 而言, 其质量约为质子的四倍). 当然, 还有一些其他的类氢离子, 如 Li^{++} 离子 (中性锂原子中的电子数为 $Z=3$), Be^{+++} 离子 $(Z=4)$, 等等.

现在考虑由质量为 M, 正电荷为 $-Zq_e$ 的核和一个电子组成的体系. 在

(1) 式和 (2) 式中, 进行 (7–b) 式中的代换, 便有:

$$a_0(Z) \simeq \frac{a_0(\mathrm{H})}{Z} \tag{16}$$

$$E_I(Z) \simeq Z^2 E_I(\mathrm{H}) \tag{17}$$

(由于 $M \gg m_e$, 我们不计较氢的约化质量与所研究的类氢离子的约化质量之 [811]
间的差异; 核的有限质量效应对 a_0 和 E_I 的影响与电荷的改变所产生的影响相比是可以忽略的). 由此可见, 所有的类氢离子都比氢原子小, 从物理上看, 这是不难理解的, 因为核和电子互相束缚得更为紧密了. 此外, 类氢离子的能量很快地 (按平方规律) 随 Z 增大; 例如, 为了剥夺 Li^{++} 离子中最后一个电子所需提供的能量超过 100eV. 这就说明类氢离子所发射或吸收的电磁频率为什么会处在紫外波段, 当 Z 足够大时, 甚至会处在 X 射线波段.

2. 无电子的类氢体系

到此为止, 我们所讨论过的体系都包含一个电子. 但是还有很多其他粒子, 电荷也是 q_e, 它们也可以和电荷为 $-Zq_e$ 的核构成一个类氢体系. 我们将列举这种体系的几个例子. 下面将要讨论的这些 "原子", 比起门捷列夫周期表中的 "通常" 原子来, 当然是罕见的. 它们都是不稳定的, 为了研究这些体系, 必须利用高能粒子加速器来产生为构成这些体系所需要的粒子. 正因为这样, 有时我们又称它们为 "奇特原子".

a. μ 原子

我们已在前面介绍过 μ 子的一些基本特征, 并指出 μ^- 子的存在. 当 μ^- 子受到带正电的核的吸引时, 两者就可以构成一个受束缚的体系, 我们称它为 "μ 原子"①.

现在, 作为例子, 我们来考虑一个最简单的 μ 原子, 即由 μ^- 子和质子所构成的体系. 这是一个电中性体系, 它的玻尔半径为:

$$a_0(\mu^-, \mathrm{p}^+) \simeq \frac{\hbar^2}{m_\mu e^2} \simeq \frac{a_0(\mathrm{H})}{200} \tag{18}$$

它的电离能为

$$E_I(\mu^-, \mathrm{p}^+) \simeq \frac{m_\mu e^4}{2\hbar^2} \simeq 200 E_I(\mathrm{H}) \tag{19}$$

由此可见, 这种 μ 原子的半径约为千分之几 Å; 将氢光谱中各谱线的波长除以 200, 便可得到这种原子的光谱, 它落在软 X 射线波段内.

如果 μ^- 子不是围绕一个质子旋转而是被一个具有 Z 倍电荷的核 N (例 [812]

① 我们也可以设想这样一种受束缚的体系, 例如, 它由 μ^+ 子和 μ^- 子所构成; 但由于我们所能实现的 μ 子束强度很弱, 这样的原子很难构成, 也从来没有被观察到.

如 $Z=82$ 的铅[①]) 所俘获, 情况将会怎样呢? 这时公式 (1) 和 (2) 给出:

$$a_0(\mu^-,N)\simeq\frac{a_0(\mathrm{H})}{200Z} \tag{20}$$

$$E_I(\mu^-,N)\simeq 200Z^2E_I(\mathrm{H}) \tag{21}$$

在这些公式中, 令 $Z=82$, 我们求得为使具有铅核的 μ 原子发生态的跃迁所需提供的能量约为几个 MeV(1 MeV=10^6eV); 但是, 必须注意, 在这种情况下, 公式 (1) 和 (2) 不再成立, 因为此时 (20) 式给出:

$$a_0(\mu^-,\mathrm{Pb})\simeq 3\times 10^{-5}\mathrm{\AA}=3\ \mathrm{fm} \tag{22}$$

这就是说, 这个距离略小于铅核的半径. 由此可见, 第七章中的计算已经失效. 失效的原因在于, 这些计算是以形如公式 (6) 中的势 $V(r)$ 为基础的, 只有当所研究的那些粒子彼此间的距离甚大于它们自身的线度, 从而可被视为质点时, 这个公式才是精确的[②]. 这个假设对氢原子来说是切合实际的, 现在却并不如此.

但是, 公式 (20) 和 (21) 正确地给出了铅核 μ 原子的能量及半径的数量级. 在补充材料 $\mathrm{D_{XI}}$ 中, 我们再详细探讨由于核所占据的空间范围不等于零所产生的物理效应 ("体积效应"). 不过, 现在应该提到一点, μ 原子的重要意义之一正关系到这种效应; 我们不妨说, μ^- 子可以 "探索" 核的内部结构[③]; 而且, μ 原子的能级依赖于核内的电荷分布和磁性 (提醒一下, μ 子对核力并不敏感). 对这些能级的研究可以为核物理提供极为有用的知识.

b. 强子原子

"强子" 是对强相互作用敏感的粒子, 它们和 "轻子" 不同, 轻子对强相互作用是不敏感的. 电子和 μ 子 (我们已在上面讨论过它们在库仑势场中的束缚态) 都是轻子. 质子、中子和 π 介子之类的介子, 等等, 都是强子. 带负电荷的强子可以和原子核结合成为受束缚的类氢体系, 我们称这类体系为 "强子
[813] 原子". 例如, 核和 π^- 介子构成一个 "π 介子原子", 核和 Σ^- 粒子构成一个 "Σ 超子原子"[④], 核和 K^- 介子构成一个 "K 介子原子", 核和反质子构成一个 "反

① 用 μ^- 子轰击铅靶, 就可以构成这样的体系. 当一个 μ^- 子被铅核俘获时, 它将在这样的一个距离上绕核旋转, 这个距离约为原子中最深壳层中的电子到核的距离的 200 分之一. 它实际上只受核电荷的影响; 因此, 研究 μ 原子的态时, 可以不考虑所有的电子.

② 核内的势近似地为抛物型函数 (参看补充材料 $\mathrm{A_V}$ 的 §4 和补充材料 $\mathrm{D_{XI}}$).

③ 两个固体彼此不可穿透, 这是宏观的概念; 在量子力学中, 不可能排除性质不同的两个粒子的波函数显著地互相覆盖.

④ 有时, 我们称含有一个介子的体系为 "介子原子". 仿此, 由于 Σ^- 是一个超子 (比质子重得多的粒子), 有时我们又称 Σ 超子原子为 "超子原子".

质子原子", 等等. 人们实际上已经观察到并研究过刚才列举的这些体系. 它们都是不稳定的, 但都具有足够长的寿命, 以致人们还可以观察到它们的某些谱线. 只涉及两粒子间的静电相互作用的氢原子理论, 当然不再适用于这类体系, 因为现在重要的是强相互作用. 但由于强相互作用是短程的, 在研究强子原子的激发态时, 我们可以忽略这种作用 (s 态除外), 因为这时两个粒子相距较远. 这样一来, 第七章中的理论仍然适用, 从而公式 (1) 和 (2) 也是适用的. 对于上述各种体系, 由这两个公式算出的玻尔半径比氢原子的小得多, 而算出的能量则比氢原子的大得多. 正是对 π 介子原子的发射谱的频率测量, 才使我们极其精确地确定了 π^- 介子的质量.

参考文献和阅读建议:

奇特原子: 见参考书目中第 11 节的小标题 "奇特原子"; 还可参看 Cagnac 和 Pebay–Peyroula (11.2), 第 XIX 章, §7; Weissenberg (16.19), 第四章, §2 和第六章.

激子: Kittel (13.2), 第 17 章, 第 538 页; Ziman (13.3), §6.7.

补充材料 $\mathrm{B_{VII}}$

[814] 中心势的一个可以解出的例子: 各向同性的三维谐振子

1. 解径向方程
2. 能级和定态波函数

在本文中, 我们要考察中心势的一个特殊情况, 在此情况下径向方程是可以精确解出的, 这就是各向同性的三维谐振子. 我们曾处理过这个问题 (补充材料 $\mathrm{E_V}$), 那时, 我们将态空间 $\mathscr{E}_{\boldsymbol{r}}$ 看作张量积 $\mathscr{E}_x \otimes \mathscr{E}_y \otimes \mathscr{E}_z$, 这在表象 $\{|\boldsymbol{r}\rangle\}$ 中就归结为对直角坐标进行变量分离, 于是我们得到关于 x 的, 关于 y 的以及关于 z 的三个微分方程. 现在我们打算通过极坐标中的变量分离去求定态, 这些态也是 $\boldsymbol{L}^2$ 和 L_z 的本征态. 然后, 我们要说明, 由这两种不同方法得到的空间 $\mathscr{E}_{\boldsymbol{r}}$ 中的两个基是怎样相互联系的.

在补充材料 $\mathrm{A_{VIII}}$ 中, 我们还将研究一个自由粒子的具有确定角动量的定态; 这个问题是中心势的另一个特殊情况 $[V(r) \equiv 0]$, 在此情况下径向方程也是可以精确解出的.

三维谐振子就是处在下列势场中的一个质量为 μ 的无自旋粒子, 势场为:

$$V(x,y,z) = \frac{1}{2}\mu[\omega_x^2 x^2 + \omega_y^2 y^2 + \omega_z^2 z^2] \tag{1}$$

其中 $\omega_x, \omega_y, \omega_z$ 都是正的实常数. 如果

$$\omega_x = \omega_y = \omega_z = \omega \tag{2}$$

我们就说, 这个三维谐振子是各向同性的.

势 (1) 是 x 的单元函数、y 的单元函数、z 的单元函数之和, 因此, 我们可在 $\{|\boldsymbol{r}\rangle\}$ 表象中, 用分离变量 x, y, z 的办法去解哈密顿算符

$$H = \frac{\boldsymbol{P}^2}{2\mu} + V(\boldsymbol{R}) \tag{3}$$

的本征值方程. 这一步我们已在补充材料 $\mathrm{E_V}$ 中完成了. 我们知道一个各向同性的谐振子的能级具有下列形式:

$$E_n = \left(n + \frac{3}{2}\right)\hbar\omega \tag{4}$$

其中 n 是任意正整数或零; 能级 E_n 的简并度 g_n 为: [815]

$$g_n = \frac{1}{2}(n+1)(n+2) \tag{5}$$

与 E_n 能级对应的本征函数可以写作:

$$\varphi_{n_x,n_y,n_z}(x,y,z) = \left(\frac{\beta^2}{\pi}\right)^{3/4} \frac{1}{\sqrt{2^{n_x+n_y+n_z} n_x! n_y! n_z!}} \mathrm{e}^{-\frac{\beta^2}{2}(x^2+y^2+z^2)} \times H_{n_x}(\beta x) H_{n_y}(\beta y) H_{n_z}(\beta z) \tag{6}$$

其中

$$\beta = \sqrt{\frac{\mu\omega}{\hbar}} \tag{7}$$

[$H_p(u)$ 表示 p 次厄米多项式, 参看补充材料 B_V]. φ_{n_x,n_y,n_z} 是哈密顿算符 H 的本征函数, 属于本征值 E_n, 而且 n 应满足关系

$$n = n_x + n_y + n_z \tag{8}$$

如果所要讨论的谐振子是各向同性的①, 则势 (1) 只是粒子到坐标原点的距离 r 的函数, 即

$$V(r) = \frac{1}{2}\mu\omega^2 r^2 \tag{9}$$

因此轨道角动量 $\boldsymbol{L}$ 的三个分量都是运动常量. 下面, 我们试图去求算符 H, $\boldsymbol{L}^2$, L_z 的共同本征态. 本来, 我们也可以仿照补充材料 D_{VI} 中的做法: 对应于右旋圆量子、左旋圆量子及对应于 Oz 轴的第三个自由度的 "纵向" 量子, 给它们分别联系上一个算符 (在本文的末尾我们再介绍这种做法的要点). 但是, 我们还是宁可通过这个问题来说明第七章 (§A) 中所建立的方法, 并用多项式方法去求解径向方程.

1. 解径向方程

对于量子数 l 的一个固定值, 径向函数 $R_{k,l}(r)$ 及能量 $E_{k,l}$ 由下列方程给出:

$$\left[-\frac{\hbar^2}{2\mu}\frac{1}{r}\frac{\mathrm{d}^2}{\mathrm{d}r^2}r + \frac{1}{2}\mu\omega^2 r^2 + \frac{l(l+1)\hbar^2}{2\mu r^2}\right] R_{k,l}(r) = E_{k,l} R_{k,l}(r) \tag{10}$$

现令 [816]

$$R_{k,l}(r) = \frac{1}{r} u_{k,l}(r) \tag{11–a}$$

$$\varepsilon_{k,l} = \frac{2\mu E_{k,l}}{\hbar^2} \tag{11–b}$$

① 只有对各向同性的谐振子, 才能实现极坐标变量 r, θ, φ 的分离.

于是方程 (10) 变为:

$$\left[\frac{\mathrm{d}^2}{\mathrm{d}r^2} - \beta^4 r^2 - \frac{l(l+1)}{r^2} + \varepsilon_{k,l}\right] u_{k,l}(r) = 0 \tag{12}$$

[其中 β 是由 (7) 式定义的常数]; 对此方程还须附加一个在原点处的条件:

$$u_{k,l}(0) = 0 \tag{13}$$

当 r 的值很大时, (12) 式实际上变为:

$$\left[\frac{\mathrm{d}^2}{\mathrm{d}r^2} - \beta^4 r^2\right] u_{k,l}(r) \underset{r\to\infty}{\simeq} 0 \tag{14}$$

由此可见, 方程 (12) 的解的渐近行为决定于 $\mathrm{e}^{\beta^2 r^2/2}$ 或 $\mathrm{e}^{-\beta^2 r^2/2}$, 只有第二个可能性在物理上才是合理的. 这一点引导我们进行下面的函数变换:

$$u_{k,l}(r) = \mathrm{e}^{-\beta^2 r^2/2} y_{k,l}(r) \tag{15}$$

不难证实, $y_{k,l}(r)$ 应满足下式:

$$\frac{\mathrm{d}^2}{\mathrm{d}r^2} y_{k,l} - 2\beta^2 r \frac{\mathrm{d}}{\mathrm{d}r} y_{k,l} + \left[\varepsilon_{k,l} - \beta^2 - \frac{l(l+1)}{r^2}\right] y_{k,l} = 0 \tag{16–a}$$

$$y_{k,l}(0) = 0 \tag{16–b}$$

现在我们来求 $y_{k,l}(r)$ 的形式为 r 的幂级数的解, 设

$$y_{k,l}(r) = r^s \sum_{q=0}^{\infty} a_q r^q \tag{17}$$

在这里, 按定义, a_0 是第一个非零项的系数:

$$a_0 \neq 0 \tag{18}$$

若将级数 (17) 代入方程 (16–a) 则最低次项是 r^{s-2} 的项; 如果

$$[s(s-1) - l(l+1)]a_0 = 0 \tag{19}$$

则这一项的系数等于零. 考虑到条件 (18) 和 (16–b), 要满足 (19) 式, 唯一的办法是取

$$s = l + 1 \tag{20}$$

[817] (这个结果是可以预见到的,参看第七章的 §A–2–c). 在方程 (16–a) 的展开式中,

下一项是 r^{s-1} 的项, 其系数为:

$$[s(s+1)-l(l+1)]a_1 \tag{21}$$

由于 s 已由 (20) 式确定, 故只有当

$$a_1=0 \tag{22}$$

时, 上面的系数才等于零. 最后, 我们令普遍项 r^{q+s} 的系数等于零:

$$[(q+s+2)(q+s+1)-l(l+1)]a_{q+2}+[\varepsilon_{k,l}-\beta^2-2\beta^2(q+s)]a_q=0 \tag{23}$$

考虑到 (20) 式, 这也就是:

$$(q+2)(q+2l+3)a_{q+2}=[(2q+2l+3)\beta^2-\varepsilon_{k,l}]a_q \tag{24}$$

于是, 我们就得到级数 (17) 中诸系数 a_q 之间的递推关系式.

首先注意, 将这个递推关系与 (22) 式的结果结合起来, 我们就可以看出: 指标 q 为奇数的全体系数 a_q 都等于零. 至于指标为偶数的那些系数, 则都正比于 a_0. 如果 $\varepsilon_{k,l}$ 具有这样的值, 以致任何整数 q 都不能使 (24) 式右端的括号等于零, 我们便得到方程 (16) 的幂级数形式的解 $y_{k,l}$, 对于这样的解, 有:

$$\frac{a_{q+2}}{a_q}\underset{q\to\infty}{\sim}\frac{2\beta^2}{q} \tag{25}$$

这种行为和函数 $\mathrm{e}^{\beta^2r^2}$ 的展开式中系数的行为是一致的. 因为:

$$\mathrm{e}^{\beta^2r^2}=\sum_{p=0}^{\infty}c_{2p}r^{2p} \tag{26}$$

其中

$$c_{2p}=\frac{\beta^{2p}}{p!} \tag{27}$$

因而便有:

$$\frac{c_{2p+2}}{c_{2p}}\underset{p\to\infty}{\sim}\frac{\beta^2}{p} \tag{28}$$

这里的 $2p$ 相当于 $y_{k,l}$ 的展开式中的偶整数 q, 所以 (28) 式和 (25) 式完全一致. 由此可以推知, 如果公式 (17) 实际上含有无限多项, 则 $y_{k,l}$ 的渐近行为将决定于 $\mathrm{e}^{\beta^2r^2}$, 于是所得的函数在物理上就是不合理的了 [参看 (15) 式].

因此, 从物理上看, 有意义的仅仅是这种情况, 即存在着一个 k, 其值为正偶数或零, 它使得

$$\varepsilon_{k,l}=(2k+2l+3)\beta^2 \tag{29}$$

递推关系 (24) 式表明,超过 k 的偶幂项的系数通统为零; 又由于任何奇幂项的 [818]
系数都等于零, 故展开式 (17) 退化为一个多项式; 从而 (15) 式给出的径向函数 $u_{k,l}(r)$ 在无限远处按指数律减小.

2. 能级和定态波函数

注意到 (7) 式和 (11–b) 式的定义, 与 l 的一个给定值相联系的能量 $E_{k,l}$ 可由 (29) 式给出:

$$E_{k,l} = \hbar\omega\left(k + l + \frac{3}{2}\right) \tag{30}$$

其中 k 为任意的正偶整数或零. 由于 $E_{k,l}$ 实际上只依赖于和

$$n = k + l \tag{31}$$

因此, 在这个问题中出现偶然性简并: 各向同性三维谐振子的能量具有下列形式:

$$E_n = \left(n + \frac{3}{2}\right)\hbar\omega \tag{32}$$

l 是任意正整数或零, k 是任意的正偶整数或零, 故 n 可以取任意正整数值或零; 这样一来, 我们就又得到了 (4) 式中的结果.

我们考察一个确定的能级 E_n, 就是说, 将 n 取为某一正整数或零. 根据 (31) 式, 和这个能级相联系的 k 与 l 可取下列一些值:

若 n 为偶数: $(k,l) = (0,n), (2,n-2), \cdots, (n-2,2), (n,0)$ (33–a)

若 n 为奇数: $(k,l) = (0,n), (2,n-2), \cdots, (n-3,3), (n-1,1)$ (33–b)

由此, 我们立即可以推知, 与 n 的前几个值相联系的 l 为:

$$\begin{aligned} n = 0 \quad & l = 0 \\ n = 1 \quad & l = 1 \\ n = 2 \quad & l = 0, 2 \\ n = 3 \quad & l = 1, 3 \\ n = 4 \quad & l = 0, 2, 4 \end{aligned} \tag{34}$$

图 7–8 表示各向同性的三维谐振子的前几个能级, 此图仍按研究氢原子时的惯例作出 (参看图 7–4).

对应于每一对数 (k,l), 都有一个而且只有一个径向函数 $u_{k,l}(r)$, 也就是说, 算符 H, $\boldsymbol{L}^2$, L_z 的对应的共同本征函数有 $(2l+1)$ 个, 即:

$$\varphi_{k,l,m}(\boldsymbol{r}) = \frac{1}{r}u_{k,l}(r)\mathrm{Y}_l^m(\theta,\varphi) \tag{35}$$

[819] 因此,我们所考虑的那个能级 E_n 的简并度为:

$$\text{若 } n \text{ 为偶数, } g_n = \sum_{l=0,2,\cdots,n} (2l+1) \tag{36–a}$$

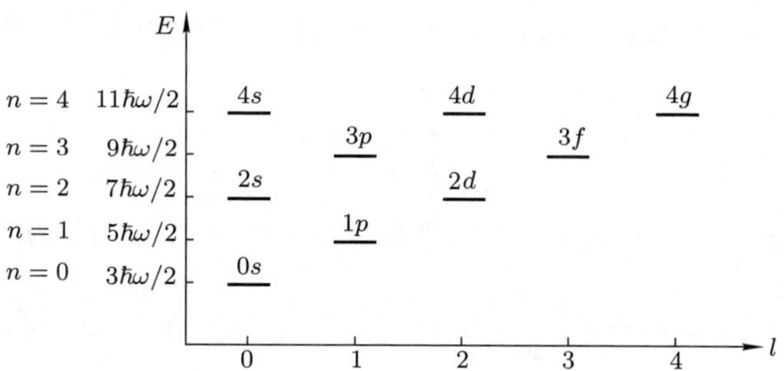

图 7–8　三维谐振子的前几个能级. 当 n 为偶数时, l 可以取 $n/2+1$ 个值: $l=n,n-2,\cdots,0$. 当 n 为奇数时, l 可以取 $(n+1)/2$ 个值: $l=n,n-2,\cdots,1$. 考虑到 m 的可能值的个数 $(-l\leqslant m\leqslant l)$, 能级的简并度为 $(n+1)(n+2)/2$.

$$\text{若 } n \text{ 为奇数},\ g_n=\sum_{l=1,3,\cdots,n}(2l+1) \tag{36–b}$$

这些和是不难计算的, 我们得到的仍是 (5) 式的结果:

$$n \text{ 为偶数时},\ g_n=\sum_{p=0}^{n/2}(4p+1)=\frac{1}{2}(n+1)(n+2) \tag{37–a}$$

$$n \text{ 为奇数时},\ g_n=\sum_{p=0}^{(n-1)/2}(4p+3)=\frac{1}{2}(n+1)(n+2) \tag{37–b}$$

对于 (33) 式中的每一对数 (k,l), 我们可以用 §1 中的结果来确定 (除常因子 a_0 以外) 对应的径向函数 $u_{k,l}(r)$, 从而得到算符 H 和 $\boldsymbol{L}^2$ 的属于本征值 E_n 和 $l(l+1)\hbar^2$ 的 $(2l+1)$ 个共同本征函数. 作为例子, 我们来计算与最低的三个能级相联系的波函数.

对于基态能级 $E_0=3\hbar\omega/2$, 必有:

$$k=l=0 \tag{38}$$

于是 $y_{0,0}(r)$ 退化为 a_0r. 若将 a_0 取作正实数, 则归一化的函数 $\varphi_{k=l=m=0}$ 可以写作:

$$\varphi_{0,0,0}(\boldsymbol{r})=\left(\frac{\beta^2}{\pi}\right)^{3/4}\mathrm{e}^{-\beta^2r^2/2} \tag{39}$$

由于基态能级没有简并 $(g_0=1)$,因此, 函数 $\varphi_{0,0,0}$ 与我们在直角坐标系中分离 [820]
变量 x, y, z 所得的函数 $\varphi_{n_x=n_y=n_z=0}$ 是一致的 [参看公式 (6)].

第一激发能级 $E_1 = 5\hbar\omega/2$, 它是三重简并的, 与它相联系的数对 (k,l) 只有一组值;

$$\begin{cases} k=0 \\ l=1 \end{cases} \tag{40}$$

于是 $y_{0,1} = a_0 r^2$, 从而, 在 $\boldsymbol{L}^2$ 和 L_z 所确定的基中, 三个基函数为:

$$\varphi_{0,1,m}(\boldsymbol{r}) = \sqrt{\frac{8}{3}}\frac{\beta^{3/2}}{\pi^{1/4}}\beta r\mathrm{e}^{-\beta^2 r^2/2}\mathrm{Y}_1^m(\theta,\varphi) \quad m=1,0,-1 \tag{41}$$

我们知道 [参看补充材料 $\mathrm{A_{VI}}$ 的公式 (32)], 球谐函数 Y_1^m 满足下面这些关系:

$$\begin{aligned} r\mathrm{Y}_1^0(\theta,\varphi) &= \sqrt{\frac{3}{4\pi}}z \\ \frac{r}{\sqrt{2}}[\mathrm{Y}_1^{-1} - \mathrm{Y}_1^1] &= \sqrt{\frac{3}{4\pi}}x \\ \frac{r}{\sqrt{2}}[\mathrm{Y}_1^{-1} + \mathrm{Y}_1^1] &= -\mathrm{i}\sqrt{\frac{3}{4\pi}}y \end{aligned} \tag{42}$$

又知道一次厄米多项式可以写作 [参看补充材料 $\mathrm{B_V}$ 的公式 (18)]:

$$H_1(u) = 2u \tag{43}$$

因此不难看出, 三个函数 $\varphi_{0,1,m}$ 与 (16) 式所给出的基函数 φ_{n_x,n_y,n_z} 是通过下列关系式互相联系起来的:

$$\begin{aligned} \varphi_{n_x=0,n_y=0,n_z=1} &= \varphi_{k=0,l=1,m=0} \\ \varphi_{n_x=1,n_y=0,n_z=0} &= \frac{1}{\sqrt{2}}[\varphi_{k=0,l=1,m=-1} - \varphi_{k=0,l=1,m=1}] \\ \varphi_{n_x=0,n_y=1,n_z=0} &= \frac{\mathrm{i}}{\sqrt{2}}[\varphi_{k=0,l=1,m=-1} + \varphi_{k=0,l=1,m=1}] \end{aligned} \tag{44}$$

最后, 我们考虑第二激发能级, 能量 $E_2 = 7\hbar\omega/2$, 它是六重简并的, 量子数 k 和 l 可以取下面的值:

$$k=0, \quad l=2 \tag{45–a}$$

$$k=2, \quad l=0 \tag{45–b}$$

与 (45–a) 式中的值对应的函数 $y_{0,2}(r)$ 就是 $a_0 r^3$. 与 (45–b) 式中的值对应的函数 $y_{2,0}$ 包含两项; 利用 (24) 式和 (29) 式, 不难求得:

$$y_{2,0}(r) = a_0 r\left[1 - \frac{2}{3}\beta^2 r^2\right] \tag{46}$$

由此还可求得在与 E_2 相联系的本征子空间中的六个基函数为: [821]

$$\varphi_{0,2,m}(\boldsymbol{r})=\sqrt{\frac{16}{15}\frac{\beta^{3/2}}{\pi^{1/4}}}\beta^2r^2\mathrm{e}^{-\beta^2r^2/2}\mathrm{Y}_2^m(\theta,\varphi)\quad m=2,1,0,-1,-2 \tag{47–a}$$

$$\varphi_{2,0,0}(\boldsymbol{r})=\sqrt{\frac{3}{2}\frac{\beta^{3/2}}{\pi^{3/4}}}\left(1-\frac{2}{3}\beta^2r^2\right)\mathrm{e}^{-\beta^2r^2/2} \tag{47–b}$$

知道了球谐函数的显式 [参看补充材料 A_{VI} 的公式 (33)] 及厄米多项式 [参看补充材料 B_V 的公式 (18)], 我们不难证明下列关系式:

$$\begin{aligned}
\varphi_{k=2,l=0,m=0} &= -\frac{1}{\sqrt{3}}[\varphi_{n_x=2,n_y=0,n_z=0}+\varphi_{n_x=0,n_y=2,n_z=0}+\varphi_{n_x=0,n_y=0,n_z=2}]\\
&\frac{1}{\sqrt{2}}[\varphi_{k=0,l=2,m=2}+\varphi_{k=0,l=2,m=-2}]\\
&=\frac{1}{\sqrt{2}}[\varphi_{n_x=2,n_y=0,n_z=0}-\varphi_{n_x=0,n_y=2,n_z=0}]\\
&\frac{1}{\sqrt{2}}[\varphi_{k=0,l=2,m=2}-\varphi_{k=0,l=2,m=-2}]=\mathrm{i}\varphi_{n_x=1,n_y=1,n_z=0}\\
&\frac{1}{\sqrt{2}}[\varphi_{k=0,l=2,m=1}-\varphi_{k=0,l=2,m=-1}]=-\varphi_{n_x=1,n_y=0,n_z=1}\\
&\frac{1}{\sqrt{2}}[\varphi_{k=0,l=2,m=1}+\varphi_{k=0,l=2,m=-1}]=-\mathrm{i}\varphi_{n_x=0,n_y=1,n_z=1}\\
\varphi_{k=0,l=2,m=0} &= \sqrt{\frac{2}{3}}\left[\varphi_{n_x=0,n_y=0,n_z=2}-\frac{1}{2}\varphi_{n_x=2,n_y=0,n_z=0}-\frac{1}{2}\varphi_{n_x=0,n_y=2,n_z=0}\right]
\end{aligned} \tag{48}$$

附注:

如在本文开始时已经指出的, 类似于在补充材料 D_{VI} 中所建立的那种方法也可以应用于各向同性的三维谐振子. 设 a_x, a_y, a_z 分别为在态空间 $\mathscr{E}_x$, $\mathscr{E}_y$, $\mathscr{E}_z$ 中起作用的湮没算符, 我们定义:

$$a_d=\frac{1}{\sqrt{2}}(a_x-\mathrm{i}a_y) \tag{49–a}$$

$$a_g=\frac{1}{\sqrt{2}}(a_x+\mathrm{i}a_y) \tag{49–b}$$

并可证明, 算符 a_d 和 a_g 的作用与独立的湮没算符相同 (参看补充材料 [822]
D_{VI} 的 §3–b). 于是我们可以通过 a_d, a_g, a_z 以及它们的伴随算符来表示哈密顿算符 H 和角动量算符:

$$H=\hbar\omega\left(N_d+N_g+N_z+\frac{3}{2}\right) \tag{50–a}$$

$$L_z=\hbar(N_d-N_g) \tag{50–b}$$

$$L_+ = \hbar\sqrt{2}(a_z^\dagger a_g - a_d^\dagger a_z) \tag{50–c}$$

$$L_- = \hbar\sqrt{2}(a_g^\dagger a_z - a_z^\dagger a_d) \tag{50–d}$$

观察算符 N_d, N_g 和 N_z 的共同本征矢 $|\chi_{n_d,n_g,n_z}\rangle$ 可以得自产生算符 $a_d^\dagger$, $a_g^\dagger$, $a_z^\dagger$ 对哈密顿算符的基态 $|0,0,0\rangle$ 作用的结果 [除常因子外, 这个态是唯一的; 参看公式 (6) 及 (39)]:

$$|\chi_{n_d,n_g,n_z}\rangle = \frac{1}{\sqrt{n_d!n_g!n_z!}}(a_d^\dagger)^{n_d}(a_g^\dagger)^{n_g}(a_z^\dagger)^{n_z}|0,0,0\rangle \tag{51}$$

根据 (50–a) 和 (50–b) 式, $|\chi_{n_d,n_g,n_z}\rangle$ 是算符 H 和 L_z 的属于本征值 $(n_d + n_g + n_z + 3/2)\hbar\omega$ 与 $(n_d - n_g)\hbar$ 的本征矢. 于是, 与能量的一个给定值 E_n 相联系的本征子空间 $\mathscr{E}_n$ 可以由矢量 $|\chi_{n_d,n_g,n_z}\rangle$ 的集合所张成, 此集合中诸矢量的下标应满足下列关系式:

$$n_d + n_g + n_z = n \tag{52}$$

在这些矢量中, 右矢 $|\chi_{n,0,0}\rangle$ 是 L_z 的本征矢, 属于本征值 $n\hbar$, 这是与 E_n 相容的最大的本征值; 根据 (50–c) 式, 这个右矢满足关系:

$$L_+|\chi_{n,0,0}\rangle = 0 \tag{53}$$

因而①, 它是 $\boldsymbol{L}^2$ 的本征矢, 属于本征值 $n(n+1)\hbar^2$, 而且我们可以使它全同于基 $\{|\varphi_{k,l,m}\rangle\}$ 中的右矢, 不过要使

$$\begin{aligned} k + l &= n \\ l = m &= n \end{aligned} \tag{54}$$

于是:

$$|\varphi_{k=0,l=n,m=n}\rangle = |\chi_{n_d=n,n_g=0,n_z=0}\rangle \tag{55}$$

将算符 L_- [公式 (50–d)] 作用于 (55) 式的两端, 很容易得到:

$$|\varphi_{0,n,n-1}\rangle = -|\chi_{n-1,0,1}\rangle \tag{56}$$

[823] 算符 L_z 的本征值 $(n-2)\hbar$, 与前面两个不同, 它在空间 $\mathscr{E}_n$ 中是二重简并

① 这个结果可以直接得自第六章的 (C–7–b) 式, 将此式应用于 $|\chi_{n,0,0}\rangle$ 便得到:

$$\boldsymbol{L}^2|\chi_{n,0,0}\rangle = \hbar^2(n^2+n)|\chi_{n,0,0}\rangle.$$

的; 与它对应的正交矢量有两个: $|\chi_{n-2,0,2}\rangle$ 和 $|\chi_{n-1,1,0}\rangle$; 为将算符 L_- 应用于 (56) 式, 可再次利用 (50–d), 我们得到:

$$|\varphi_{0,n,n-2}\rangle = \sqrt{\frac{2(n-1)}{2n-1}}|\chi_{n-2,0,2}\rangle - \frac{1}{\sqrt{2n-1}}|\chi_{n-1,1,0}\rangle \tag{57}$$

我们可以证明, 将算符 L_+ 作用于和 (57) 式正交的线性组合, 将得到一个零矢量; 因此, 这个线性组合一定是 $\boldsymbol{L}^2$ 的本征矢, 属于本征值 $(n-2)(n-1)\hbar^2$, 由此可以推知 (除一个相位因子外):

$$|\varphi_{2,n-2,n-2}\rangle = \frac{1}{\sqrt{2n-1}}|\chi_{n-2,0,2}\rangle + \sqrt{\frac{2(n-1)}{2n-1}}|\chi_{n-1,1,0}\rangle \tag{58}$$

如此顺序迭代①, 便将两个基 $\{|\chi_{n_d,n_g,n_z}\rangle\}$ 和 $\{|\varphi_{k,l,m}\rangle\}$ 联系起来了. 当然, 在 (51) 式中, 通过 $a_x^\dagger$ 和 $a_y^\dagger$ 来表示 $a_d^\dagger$ 和 $a_g^\dagger$, 我们就可以将矢量 $|\chi_{n_d,n_g,n_z}\rangle$ 表示为矢量 $|\varphi_{n_x,n_y,n_z}\rangle$ 的线性组合; 后者的波函数由 (6) 式给出.

参考文献和阅读建议:

可以解出的其他例子 ("球形方势阱" 等): Messiah (1.17), 第 IX 章, §10; Schiff (1.18), §15; 还可参看 Flügge (1.24), §58 至 §79.

① 在第十章中, 为了合成两个角动量, 我们还将利用类似于这里扼要介绍的方法.

补充材料 C_{VII}

[824] 与氢原子的定态相联系的概率流

1. 概率流的一般表示式
2. 在氢原子定态中的应用
   a. 概率流的结构
   b. 磁场的影响

在第七章中, 我们已经确定了与氢原子的定态相联系的、归一化的波函数 $\varphi_{n,l,m}(\boldsymbol{r})$; 它是球谐函数 $Y_l^m(\theta,\varphi)$ 与在本章 §C-3 中算出的函数 $R_{n,l}(r)$ 的乘积:

$$\varphi_{n,l,m}(\boldsymbol{r}) = R_{n,l}(r) Y_l^m(\theta,\varphi) \tag{1}$$

随后, 我们至少是对最低能级讨论了电子的概率密度

$$\rho_{n,l,m}(\boldsymbol{r}) = |\varphi_{n,l,m}(\boldsymbol{r})|^2 \tag{2}$$

在空间中变化的情况.

但重要的是, 我们必须懂得, 一个定态并不是单独由概率密度 $\rho_{n,l,m}(\boldsymbol{r})$ 在空间各点的值来描述的, 还必须给这个态联系上一个概率流, 它的表示式为:

$$\boldsymbol{J}_{n,l,m}(\boldsymbol{r}) = \frac{\hbar}{2\mu\mathrm{i}}\varphi_{n,l,m}^*(\boldsymbol{r})\nabla\varphi_{n,l,m}(\boldsymbol{r}) + c.c. \tag{3}$$

[在这里, 我们假设矢势 $\boldsymbol{A}(\boldsymbol{r},t)$ 等于零; μ 表示粒子的质量].

这就是说, 我们可以给一个粒子的量子态联系上一种流体 (叫做 "概率流体"), 它在空间各点的密度为 $\rho(\boldsymbol{r})$; 这种流体不会凝固, 而是在流动之中, 我们可以用流密度 $\boldsymbol{J}$ 来描述这种流动. 在一个定态中, ρ 和 $\boldsymbol{J}$ 都不依赖于时间, 即流动是稳恒的.

为了补充第七章中关于氢原子定态的物理性质的结果, 我们将在这篇材料里讨论概率流 $\boldsymbol{J}_{n,l,m}(\boldsymbol{r})$.

1. 概率流的一般表达式

我们来考虑一个任意的归一化波函数 $\psi(\boldsymbol{r})$, 现在引入实数 $\alpha(\boldsymbol{r})$ [$\psi(\boldsymbol{r})$ 的模] 和实数 $\xi(\boldsymbol{r})$ [$\psi(\boldsymbol{r})$ 的幅角], 而将波函数写作:

$$\psi(\boldsymbol{r})=\alpha(\boldsymbol{r})\mathrm{e}^{\mathrm{i}\xi(\boldsymbol{r})} \tag{4}$$

其中 [825]

$$\alpha(\boldsymbol{r})\geqslant 0;\quad 0\leqslant\xi(\boldsymbol{r})<2\pi \tag{5}$$

若将 (4) 式代入概率密度 $\rho(\boldsymbol{r})$ 和概率流 $\boldsymbol{J}(\boldsymbol{r})$ 的表示式中, 则得 [仍假设矢势 $\boldsymbol{A}(\boldsymbol{r})$ 为零]:

$$\rho(\boldsymbol{r})=\alpha^2(\boldsymbol{r}) \tag{6}$$

$$\boldsymbol{J}(\boldsymbol{r})=\frac{\hbar}{\mu}\alpha^2(\boldsymbol{r})\nabla\xi(\boldsymbol{r}) \tag{7}$$

由此可见, $\rho(\boldsymbol{r})$ 只依赖于波函数的模, 而 $\boldsymbol{J}(\boldsymbol{r})$ 则与波函数的相位有关 [例如, 若相位在空间各处都相同, 则 $\boldsymbol{J}(\boldsymbol{r})$ 为零].

附注:

若波函数 $\psi(\boldsymbol{r})$ 已经给出, 则 $\rho(\boldsymbol{r})$ 和 $\boldsymbol{J}(\boldsymbol{r})$ 显然都是完全确定的. 反过来, 如果 $\rho(\boldsymbol{r})$ 和 $\boldsymbol{J}(\boldsymbol{r})$ 的值已经给出, 是否总有一个而且只有一个 $\psi(\boldsymbol{r})$ 与它们对应呢?

根据 (6) 式, 波函数的模 $\alpha(\boldsymbol{r})$ 可以立即从 $\rho(\boldsymbol{r})$ 得出[①]; 至于幅角 $\xi(\boldsymbol{r})$, 则应满足下列方程:

$$\nabla\xi(\boldsymbol{r})=\frac{\mu}{\hbar}\frac{\boldsymbol{J}(\boldsymbol{r})}{\rho(\boldsymbol{r})} \tag{8}$$

我们知道, 这样的方程仅在

$$\nabla\times\frac{\boldsymbol{J}(\boldsymbol{r})}{\rho(\boldsymbol{r})}=0 \tag{9}$$

时才有解. 在这种情况下, 这样的方程有无穷多个解, 它们彼此相差一个常数. 这个常数对应于一个总的相位因子, 由此可以推知, 若条件 (9) 得以满足, 粒子的波函数就完全决定于给定的 $\rho(\boldsymbol{r})$ 和 $\boldsymbol{J}(\boldsymbol{r})$, 若条件 (9) 不能满足, 则与 $\rho(\boldsymbol{r})$ 和 $\boldsymbol{J}(\boldsymbol{r})$ 的给定值对应的波函数是不存在的.

① 当然, 为了确能表示概率密度, $\rho(\boldsymbol{r})$ 必须处处为正.

2. 在氢原子定态中的应用

a. 概率流的结构

现在波函数具有 (1) 式的形式, 其中 $R_{n,l}(\boldsymbol{r})$ 是一个实函数, $\mathrm{Y}_l^m(\theta,\varphi)$ 是 $\mathrm{e}^{\mathrm{i}m\varphi}$ 与一个实函数的乘积. 这时, 我们有:

$$\alpha_{n,l,m}(\boldsymbol{r}) = |R_{n,l}(r)||\mathrm{Y}_l^m(\theta,\varphi)|$$
$$\xi_{n,l,m}(\boldsymbol{r}) = m\varphi \tag{10}$$

[826] 应用公式 (7) 和极坐标系中梯度的表示式, 我们得到:

$$\boldsymbol{J}_{n,l,m}(\boldsymbol{r}) = \frac{\hbar}{\mu} m \frac{\rho_{n,l,m}(\boldsymbol{r})}{r\sin\theta} \boldsymbol{e}_\varphi(\boldsymbol{r}) \tag{11}$$

式中 $\boldsymbol{e}_\varphi(\boldsymbol{r})$ 是垂直于 Oz 与 $\boldsymbol{r}$ 的单位矢 (它与 Oz 及 $\boldsymbol{r}$ 构成一个正三面角.

在垂直于 Oz 轴的平面上概率流变化的情况绘于图 7–9.

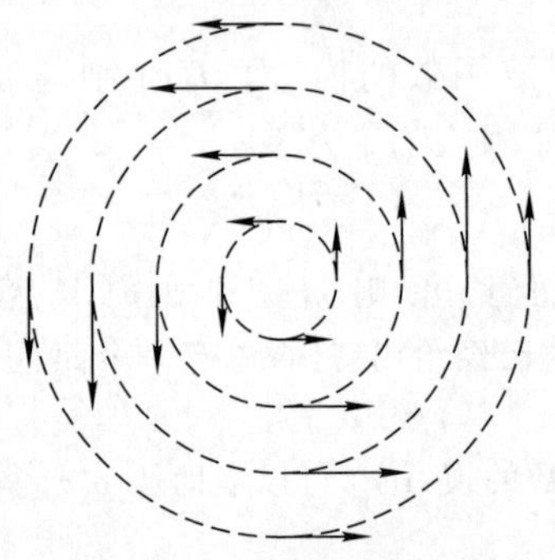

图 7–9 与氢原子的某一定态 $|\varphi_{n,l,m}\rangle$ 相联系的概率流在垂于 Oz 轴的平面上的结构. 指标 m 用来标记 L_z 的本征值 $m\hbar$; 若 $m > 0$, 则概率流绕着 Oz 轴沿逆时针方向旋转; 若 $m < 0$, 则沿顺时针方向旋转; 若 $m = 0$, 则概率流在空间各点均为零.

根据 (11) 式, 任意点 M 处的概率流垂直于 M 点和 Oz 轴所确定的平面, 故概率流体是围绕 Oz 轴旋转的. 由于 $|\boldsymbol{J}|$ 并不正比于 $r\sin\theta\rho(\boldsymbol{r})$, 所以这并非 "整体旋转". 我们可以将观察算符 L_z 的本征值 $m\hbar$ 解释为与概率流体的这种旋转运动相联系的经典角动量. 实际上, 点 $\boldsymbol{r}$ 处的体积元 d^3r 对相对于原点的角动量的贡献可以写作:

$$\mathrm{d}\mathscr{L} = \mu\boldsymbol{r} \times \boldsymbol{J}_{n,l,m}(\boldsymbol{r})\mathrm{d}^3r \tag{12}$$

由于对称性, 所有这些元角动量的总和的指向是沿 Oz 轴的, 其代数值为:

$$\mathscr{L}_z = \mu\int \mathrm{d}^3r\boldsymbol{e}_z \cdot [\boldsymbol{r} \times \boldsymbol{J}_{n,l,m}(\boldsymbol{r})] \tag{13}$$

利用 $\boldsymbol{J}_{n,l,m}(\boldsymbol{r})$ 的表示式 (11), 不难求出:

$$\begin{aligned}\mathscr{L}_z &= \mu\int \mathrm{d}^3 r r|\boldsymbol{J}_{n,l,m}(\boldsymbol{r})|\sin\theta \\ &= m\hbar\int \mathrm{d}^3 r\rho_{n,l,m}(\boldsymbol{r}) \\ &= m\hbar\end{aligned} \tag{14}$$

b. 磁场的影响 [827]

至此所得到的结果仅在矢势 $\boldsymbol{A}(\boldsymbol{r})$ 为零的情况下才能成立. 现在我们来看如果不是这种情况, 结果又如何? 例如, 我们假设将氢原子放在均匀磁场 $\boldsymbol{B}$ 中; 这个磁场可以用下面的矢势来描述:

$$\boldsymbol{A}(\boldsymbol{r}) = -\frac{1}{2}\boldsymbol{r}\times\boldsymbol{B} \tag{15}$$

现在我们来求与基态相联系的概率流.

为简单起见, 我们还要假设磁场 $\boldsymbol{B}$ 不会使基态波函数受到修正[①]. 于是, 我们就可以利用 $\boldsymbol{J}$ 的一般公式 [参看第三章的 (D–20) 式] 来计算概率流, 在现在的问题中该式给出:

$$\begin{aligned}J_{n,l,m}(\boldsymbol{r}) &= \frac{1}{2\mu}\left\{\varphi^*_{n,l,m}\left[\frac{\hbar}{\mathrm{i}}\nabla - q\boldsymbol{A}(\boldsymbol{r})\right]\varphi_{n,l,m}(\boldsymbol{r}) + c.c.\right\} \\ &= \frac{1}{\mu}\rho_{n,l,m}(\boldsymbol{r})[\hbar\nabla\xi_{n,l,m}(\boldsymbol{r}) - q\boldsymbol{A}(\boldsymbol{r})]\end{aligned} \tag{16}$$

对于基态和沿 Oz 轴方向的磁场 $\boldsymbol{B}$, 利用 (15) 式, 我们得到:

$$\boldsymbol{J}_{1,0,0}(\boldsymbol{r}) = \frac{\omega_{\mathrm{c}}}{2}\rho_{1,0,0}(\boldsymbol{r})\boldsymbol{e}_z\times\boldsymbol{r} \tag{17}$$

其中回旋频率 ω_{c} 由下式定义:

$$\omega_{\mathrm{c}} = -\frac{qB}{\mu} \tag{18}$$

由此可见, 和 $\boldsymbol{B}=0$ 时的情况不一样, 存在着磁场时, 基态的概率流并不为零; (17) 式表示, 概率流体 “整体地” 以角速度 $\omega_{\mathrm{c}}/2$ 绕着 $\boldsymbol{B}$ 的方向旋转. 从物理上看, 这个结果的原因在于, 在建立磁场 $\boldsymbol{B}$ 的时候, 必然存在一个瞬变电

① 由于哈密顿算符 H 依赖于 $\boldsymbol{B}$, 这个假设显然并不严格精确. 但是, 考察 H 的表示式 [参看补充材料 D_{VII} 的公式 (6) 和 (7)], 我们可以确信, 对于在 (15) 式中已选定的规范及指向沿 Oz 轴的磁场 $\boldsymbol{B}$ 而言, 函数 $\varphi_{n,l,m}(\boldsymbol{r})$ 除了 $\boldsymbol{B}$ 的二次项以外, 确为 H 的本征函数. 利用第十一章中的微扰理论, 可以证明, 就通常在实验室中可以实现的磁场而言, 这个二次项完全可以略去.

场 $\boldsymbol{E}(t)$; 在这个电场的影响下, 处在基态能级上的电子就绕质子转动, 其角速度只依赖于 $\boldsymbol{B}$ 的数值 (而不依赖于过渡期间建立这个场的具体方式).

附注:

在 (15) 式那样的特别选定的规范中, 我们可以沿用无磁场时的波函数, 而所引起的误差小到可以忽略 [参看第 833 页的脚注]. 换一种规范, 波函数就不一样了 (参看补充材料 H_{III}), 而且, 在 (16) 式中, 对 $\boldsymbol{J}(\boldsymbol{r})$ 的值有贡献的项就不仅仅是显含 $\boldsymbol{A}(\boldsymbol{r})$ 的项了 (只考虑到 $\boldsymbol{B}$ 的一次方); 但是, 计算到最后, 我们还是得到 (17) 式, 这是因为物理结果不应该依赖于规范.

补充材料 D_{VII}

均匀磁场中的氢原子; 顺磁性与抗磁性; 塞曼效应 [828]

在第七章中, 我们研究过一个自由氢原子的量子性质, 这个体系由电子和质子组成, 它们以静电力互相吸引, 但不与任何外场相互作用. 这篇材料则是讨论将氢原子放在静磁场中时出现的新效应. 我们只考虑均匀磁场, 这在实际上总是可以实现的; 这是因为, 我们在实验室中所能实现的磁场, 在与原子的线度相当的距离上, 其相对值的变化十分微小.

以前, 我们曾讨论过一个电子仅在电场作用下的行为 (例如, 参看第七章) 或只在磁场作用下的行为 (参看补充材料 E_{VI}); 在这里, 我们将通过计算一个电子在原子的内电场和外磁场共同作用下的能级, 来推广上述两方面的结果. 在现在的问题中, 要准确求解薛定谔方程似乎是很复杂的事情. 但是我们将会看到, 通过某些近似处理, 可使问题大大简化. 首先, 我们完全不考虑核的有限质量效应①. 其次, 我们要利用这样一个事实, 即在实际情况下, 外磁场的效应比原子的内电场的效应要弱得多: 与没有磁场时能级间的间隔相比, 磁场所引起的原子能级的偏移是十分微小的.

① 就氢原子而言, 这种近似是合理的, 因为质子比电子重得多; 就 μ 子素而言 (参看补充材料 A_{VII}), 这种近似已经不太好了; 就电子偶素而言, 这种近似就变得完全不适用了. 我们还要指出, 存在着磁场时, 要分离出质量中心的运动 (参看第七章的 §B), 严格说来是不可能的. 如果在本文中, 我们希望将核的有限质量效应考虑在内, 那么, 用电子–质子体系的约化质量 μ 去代替电子的质量 m_e 还是不够的.

[829] 这篇材料介绍并解释了原子物理学中的一些重要现象. 尤其是, 我们将会看到, 在量子力学的理论体系中, 原子的顺磁性与抗磁性是怎样出现的; 我们还将预言当氢原子处在静磁场中时, 其发射光谱所受的修正 (塞曼效应).

1. 本问题中的哈密顿算符; 顺磁项与抗磁项

a. 哈密顿算符的表示式

我们考虑一下无自旋粒子, 它的质量为 m_e, 电荷为 q, 它处在中心标势 $V(r)$ 和矢势 $\boldsymbol{A}(\boldsymbol{r})$ 的共同作用下. 它的哈密顿算符可以写作:

$$H = \frac{1}{2m_e}[\boldsymbol{P} - q\boldsymbol{A}(\boldsymbol{R})]^2 + V(\boldsymbol{R}) \tag{1}$$

设磁场 $\boldsymbol{B} = \nabla \times \boldsymbol{A}(\boldsymbol{r})$ 是均匀的, 我们可将矢势 $\boldsymbol{A}$ 取作下列形式:

$$\boldsymbol{A}(\boldsymbol{r}) = -\frac{1}{2}\boldsymbol{r} \times \boldsymbol{B} \tag{2}$$

为了将这个式子代入 (1) 式, 我们先计算下面这个量:

$$[\boldsymbol{P} - q\boldsymbol{A}(\boldsymbol{R})]^2 = \boldsymbol{P}^2 + \frac{q}{2}[\boldsymbol{P} \cdot (\boldsymbol{R} \times \boldsymbol{B}) + (\boldsymbol{R} \times \boldsymbol{B}) \cdot \boldsymbol{P}] + \frac{q^2}{4}(\boldsymbol{R} \times \boldsymbol{B})^2 \tag{3}$$

但 $\boldsymbol{B}$ 实际上是一个常量而不是算符. 因此, 所有的算符都与它对易, 于是, 利用矢量运算法则, 我们可以写出:

$$[\boldsymbol{P} - q\boldsymbol{A}(\boldsymbol{R})]^2 = \boldsymbol{P}^2 + \frac{q}{2}[\boldsymbol{B} \cdot (\boldsymbol{P} \times \boldsymbol{R}) - (\boldsymbol{R} \times \boldsymbol{P}) \cdot \boldsymbol{B}] + \frac{q^2}{4}[\boldsymbol{R}^2\boldsymbol{B}^2 - (\boldsymbol{R} \cdot \boldsymbol{B})^2] \tag{4}$$

此式右端出现了粒子的角动量 $\boldsymbol{L}$:

$$\boldsymbol{L} = \boldsymbol{R} \times \boldsymbol{P} = -\boldsymbol{P} \times \boldsymbol{R} \tag{5}$$

于是, 我们可将 H 写成下列形式:

$$H = H_0 + H_1 + H_2 \tag{6}$$

其中 H_0, H_1, H_2 的定义分别为:

$$H_0 = \frac{\boldsymbol{P}^2}{2m_e} + V(\boldsymbol{R}) \tag{7–a}$$

$$H_1 = -\frac{\mu_{\mathrm{B}}}{\hbar}\boldsymbol{L} \cdot \boldsymbol{B} \tag{7–b}$$

$$H_2 = \frac{q^2\boldsymbol{B}^2}{8m_e}\boldsymbol{R}_\perp^2 \tag{7–c}$$

在这些关系式中, μ_B 表示玻尔磁子 (它具有磁矩的量纲): [830]

$$\mu_B = \frac{q\hbar}{2m_e} \tag{8}$$

而算符 $\boldsymbol{R}_\perp$ 则是 $\boldsymbol{R}$ 在垂于 $\boldsymbol{B}$ 的平面上的投影:

$$\boldsymbol{R}_\perp^2 = \boldsymbol{R}^2 - \frac{(\boldsymbol{R}\cdot\boldsymbol{B})^2}{\boldsymbol{B}^2} \tag{9}$$

如果我们选择一个直角坐标系 $Oxyz$, 使其 Oz 轴平行于 $\boldsymbol{B}$, 则有:

$$\boldsymbol{R}_\perp^2 = X^2 + Y^2 \tag{10}$$

附注:

若磁场 $\boldsymbol{B}$ 等于零, 则 H 将等于 H_0, 后者是动能 $\boldsymbol{P}^2/2m_e$ 与势能 $V(\boldsymbol{R})$ 之和. 但不能由此认为, 当磁场 $\boldsymbol{B}$ 不为零时, $\boldsymbol{P}^2/2m_e$ 还表示电子的动能. 实际上, 我们在前面已看到 (参看补充材料 H_{III}), 当矢势不为零时, 在态空间中起作用的算符的物理意义已有变化. 例如, $\boldsymbol{P}$ 不再表示机械动量 $\boldsymbol{\Pi} = m_e\boldsymbol{V}$, 而动能变为:

$$\frac{\boldsymbol{\Pi}^2}{2m_e} = \frac{1}{2m_e}[\boldsymbol{P} - q\boldsymbol{A}(\boldsymbol{R})]^2 \tag{11}$$

将 $\boldsymbol{P}^2/2m_e$ 这一项孤立出来之后, 它的意义将依赖于我们所选择的规范. 在由 (2) 式所确定的规范中, 我们不难证明, 这一项对应于 “相对” 动能 $\Pi_R^2/2m_e$, 其中 Π_R 是粒子对于以角速度 $\omega_L = -qB/2m_e$ 围绕 $\boldsymbol{B}$ 旋转的 “拉莫尔参照系” 的机械动量; 因此, H_2 这一项表示与该参照系的牵引速度相联系的动能 $\Pi_E^2/2m_e$; 而 H_1 则对应于交叉相乘项 $\Pi_E\cdot\Pi_R/m_e$.

b. 各项的数量级

存在着磁场 $\boldsymbol{B}$ 时, 在算符 H 中出现两个新的项 H_1 和 H_2. 在详细考察它们的物理意义之前, 我们先来计算与它们相联系的能量差 ΔE (或频率差 $\Delta E/h$) 的数量级.

关于 H_0, 对应的能量差 ΔE_0 是已知的 (参看第七章); 与之相联系的频率的数量级为:

$$\frac{\Delta E_0}{h} \simeq (10^{14} \to 10^{15})\text{Hz} \tag{12}$$

另一方面, 利用 (7–b) 式, 可以看出 ΔE_1 近似地由下式给出:

$$\frac{\Delta E_1}{h} \simeq \frac{1}{h}\left(\frac{\mu_B}{\hbar}\hbar B\right) = \frac{\omega_L}{2\pi} \tag{13}$$

[831] 其中 ω_{L} 是拉莫尔角频率①:

$$\omega_{\mathrm{L}} = -\frac{qB}{2\mu} \tag{14}$$

简单的数值计算表明, 对于电子, 拉莫尔频率的数值如下:

$$\frac{\nu_{\mathrm{L}}}{B} = \frac{\omega_{\mathrm{L}}}{2\pi B} \simeq 1.40 \times 10^{10}\mathrm{Hz/T} = 1.40\ \mathrm{MHz/Gs} \tag{15}$$

但就实验室中通常可以实现的磁场而言 (很少能超过 10 万 Gs), 我们有:

$$\frac{\omega_{\mathrm{L}}}{2\pi} \lesssim 10^{11}\mathrm{Hz} \tag{16}$$

比较 (12) 式和 (16) 式, 可以看出:

$$\Delta E_1 \ll \Delta E_0 \tag{17}$$

同样地, 可以证明:

$$\Delta E_2 \ll \Delta E_1 \tag{18}$$

为此, 我们来计算与 H_2 相联系的能量 ΔE_2 的数量级. 算符 $\boldsymbol{R}_{\perp}^2 = X^2 + Y^2$ 的矩阵元的数量级为 a_0^2, 这里 a_0 是描述原子线度的量; 于是得到:

$$\Delta E_2 \simeq \frac{q^2 B^2}{m_e} a_0^2 \tag{19}$$

我们再来计算下面的比值:

$$\frac{\Delta E_2}{\Delta E_1} \simeq \frac{q^2 B^2}{m_e} a_0^2 \frac{1}{\hbar\omega_{\mathrm{L}}} = 2\hbar\frac{qB}{m_e}\frac{m_e a_0^2}{\hbar^2} \tag{20}$$

但根据第七章的公式 (C–12–a) 和 (C–12–b), 有:

$$\Delta E_0 \simeq \frac{\hbar^2}{m_e a_0^2} \tag{21}$$

注意到 (13) 式, 便可由 (20) 式得到:

$$\frac{\Delta E_2}{\Delta E_1} \simeq \frac{\Delta E_1}{\Delta E_0} \tag{22}$$

由此式及 (17) 式, 可知 (18) 式是成立的.

[832] 由此可见, 磁场的效应实际上总是甚小于原子内电场的效应. 此外, 为了研究磁场的效应, 我们一般只需保留 H_1 这一项, 和它相比, H_2 是可以忽略的 (只有在 H_1 的贡献为零的特殊情况下, 我们才考虑 H_2)②.

---

① 注意, 拉莫尔频率是 $\omega_{\mathrm{L}}/2\pi$, 它是回旋频率的一半.

② 三维谐振子的塞曼效应是可以精确计算的 (参看补充材料 $\mathrm{G_{VII}}$ 的问题 2). 这是因为 $V(\boldsymbol{R})$ 和 H_2 具有相似的形式. 这个例子的意义在于, 它使我们能够在一种可以精确解出的情况下, 来分析 H_1 和 H_2 的贡献.

c. 对顺磁项的解释

首先, 我们来考虑 (7–b) 式中的 H_1 项. 我们将会看到, 可以将这一项解释为与电子的轨道旋转相联系的磁矩 $\boldsymbol{M}_1$ 和磁场 $\boldsymbol{B}$ 之间的耦合能量 $-\boldsymbol{M}_1 \cdot \boldsymbol{B}$.

为了证明这一点, 我们先计算电荷 q 在半径为 r 的圆形轨道上旋转时的经典磁矩 $\mathscr{M}$ (图 7–10). 若粒子的速率为 v, 则它的运动形成一个电流 i:

$$i = q\frac{v}{2\pi r} \tag{23}$$

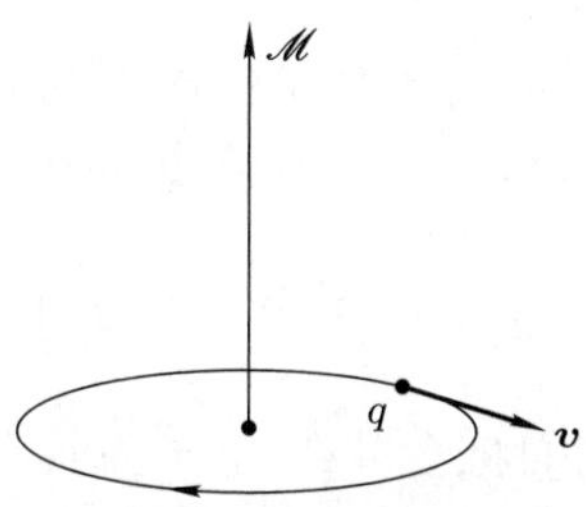

图 7–10 在经典意义下, 我们可以将电子沿轨道的旋转比拟为磁矩等于 $\mathscr{M}$ 的环形电流.

这个电流所限定的面积为:

$$S = \pi r^2 \tag{24}$$

故磁矩 $\mathscr{M}$ 的值由下式给出:

$$|\mathscr{M}| = i \times S = \frac{q}{2}rv \tag{25}$$

现在引入角动量 $\mathscr{L}$, 由于速度沿着切线方向, 故 $\mathscr{L}$ 的模为:

$$|\mathscr{L}| = m_e rv \tag{26}$$

于是我们可将 (25) 式写作下列形式:

$$\mathscr{M} = \frac{q}{2m_e}\mathscr{L} \tag{27}$$

(这是一个矢量关系式,因为 $\mathscr{L}$ 和 $\mathscr{M}$ 都垂直于经典轨道所在的平面, 故两者是平行的.) [833]

(27) 式的量子力学类比是算符之间的关系式:

$$\boldsymbol{M}_1 = \frac{q}{2m_e}\boldsymbol{L} \tag{28}$$

于是我们可将 H_1 写成下列形式:

$$H_1 = -\boldsymbol{M}_1 \cdot \boldsymbol{B} \tag{29}$$

这就完全证实了上面的解释: H_1 对应于磁场 $\boldsymbol{B}$ 和原子磁矩之间的耦合, 这个磁矩是在磁场建立之前原子就已具有的 ($\boldsymbol{M}_1$ 并不依赖于 $\boldsymbol{B}$). H_1 叫做顺磁性耦合项.

附注:

(i) 根据 (28) 式, 磁矩 $\boldsymbol{M}_1$ 的任何一个分量的本征值都具有下列形式:

$$\left(\frac{q}{2m_e}\right) \times (m\hbar) = m\mu_{\mathrm{B}} \tag{30}$$

式中 m 为一整数; 由此可见, 就数量级而言, μ_{B} 就是与电子的轨道角动量相联系的磁矩; 用 (8) 式定义 μ_{B}, 原因就在于此. 在 MKSA 制中:

$$\mu_{\mathrm{B}} = -9.27 \times 10^{-24}\mathrm{J/T} \tag{31}$$

(ii) 在第九章中我们将会看到, 电子除具有轨道角动量 $\boldsymbol{L}$ 以外, 还具有自旋角动量 $\boldsymbol{S}$. 与这个可观察量联系着一个正比于 $\boldsymbol{S}$ 的磁矩 $\boldsymbol{M}_S$:

$$\boldsymbol{M}_S = 2\frac{\mu_{\mathrm{B}}}{\hbar}\boldsymbol{S} \tag{32}$$

虽然自旋的磁效应非常重要, 但我们暂时不予考虑 (在补充材料 $\mathrm{D_{XII}}$ 中, 我们再回到这个问题上来).

(iii) 上面介绍的经典的论证并不完全正确. 因为我们没有区分角动量

$$\boldsymbol{\mathscr{L}} = \boldsymbol{r} \times \boldsymbol{p} \tag{33}$$

与机械动量的矩

$$\boldsymbol{\lambda} = \boldsymbol{r} \times m\boldsymbol{v} = \boldsymbol{\mathscr{L}} - q\boldsymbol{r} \times \boldsymbol{A}(\boldsymbol{r}) \tag{34}$$

但实际上, 前面的做法所引起的误差是很小的; 在下一段中我们将会看到, 这个误差就是与 H_1 相较, 略去了 H_2.

[834] d. 对抗磁项的解释

我们来考虑氢原子的轨道角动量为零的一个能级 (例如基态能级). 由 H_1 引起的对这个能级的改正也等于零. 为了知道磁场 $\boldsymbol{B}$ 的影响, 我们便应该考虑 H_2 的存在. 我们将怎样解释对应的能量呢?

在上面 (参看补充材料 $\mathrm{C_{VII}}$ 的 §2–b), 我们已经看到, 存在着均匀磁场时, 与电子相联系的概率流要受到修正; 这个概率流的结构是绕磁场 $\boldsymbol{B}$ 的旋转. 它对应于概率流体的匀速转动; 若 q 为正, 转动沿顺时针方向, 若 q 为负, 则沿反时针方向. 因此, 对应的电流联系着一个与 $\boldsymbol{B}$ 反向平行的磁矩 $\langle\boldsymbol{M}_2\rangle$, 这相当于联系着一个正的耦合能量; 这样就从物理上解释了 H_2 这一项的起源.

为了定量地证实这一点, 我们仍然采用前一段中的经典论证, 同时考虑到这样一个事实 [参看 §c 的附注 (iii)], 即磁矩 $\mathscr{M}$ 实际上正比于 $\boldsymbol{\lambda}=\boldsymbol{r}\times m_e\boldsymbol{v}$ (而不是正比于 $\mathscr{L}=\boldsymbol{r}\times\boldsymbol{p}$):

$$\mathscr{M}=\frac{q}{2m_e}\boldsymbol{\lambda}=\frac{q}{2m_e}[\mathscr{L}-q\boldsymbol{r}\times\boldsymbol{A}(\boldsymbol{r})] \tag{35}$$

当 $\mathscr{L}=0$ 时, 在 (2) 式的规范中 $\mathscr{M}$ 变为:

$$\mathscr{M}_2=\frac{q^2}{4m_e}\boldsymbol{r}\times(\boldsymbol{r}\times\boldsymbol{B})=\frac{q^2}{4m_e}[(\boldsymbol{r}\cdot\boldsymbol{B})\boldsymbol{r}-\boldsymbol{r}^2\boldsymbol{B}] \tag{36}$$

$\mathscr{M}_2$ 与磁场的值成比例①. 因此, 它表示磁场 $\boldsymbol{B}$ 对原子的作用所引起的感生磁矩. 它与 $\boldsymbol{B}$ 之间的耦合能量可以写作:

$$\begin{aligned}W_2&=-\int_0^{\boldsymbol{B}}\mathscr{M}_2(\boldsymbol{B}')\cdot\mathrm{d}\boldsymbol{B}'=-\frac{1}{2}\mathscr{M}_2(\boldsymbol{B})\cdot\boldsymbol{B}\\&=\frac{q^2}{8m_e}[\boldsymbol{r}^2\boldsymbol{B}^2-(\boldsymbol{r}\cdot\boldsymbol{B})^2]=\frac{q^2}{8m_e}\boldsymbol{r}_\perp^2\boldsymbol{B}^2\end{aligned} \tag{37}$$

这正是 (7–c) 式. 于是, 我们证实了上面的解释: H_2 描述磁场 $\boldsymbol{B}$ 与原子的感生磁矩 $\boldsymbol{M}_2$ 之间的耦合. 根据楞次定则, 感生磁矩的效应是反抗外场的, 因此耦合能量是正的; H_2 叫做哈密顿算符中的抗磁项.

附注: [835]

我们曾指出 [参看 (18) 式], 原子的抗磁性是一个很微弱的现象, 当它和顺磁性并存时, 就被后者所掩盖了. 正如 (37) 式 (以及 §1–b 的计算) 所表明的, 这个结果与原子半径非常微小有关系, 对于通常可以实现的磁场来说, 一个原子所截割的磁通量是非常之少的. 但是不能由此得出结论说, 不论所讨论的物理问题如何, H_2 与 H_1 相比都是可以略去的. 例如, 在自由电子的情况下 (如果没有磁场, 它的经典轨道半径是无限大的), 我们在补充材料 E_{VI} 中已经见到, 抗磁项的贡献与顺磁项的贡献是同等重要的.

2. 塞曼效应

说明了哈密顿算符中各项的物理意义之后, 我们再详细探讨它们对氢原子光谱的影响. 更准确地说, 我们所要考察的是: 当氢原子处在静磁场中时, 称

① $\mathscr{M}_2$ 并不与 $\boldsymbol{B}$ 共线. 但是我们可以证明, 在氢原子的基态, 与 $\mathscr{M}_2$ 相联系的可观察量的平均值 $\langle\boldsymbol{M}_2\rangle$ 是与 $\boldsymbol{B}$ 反向平行的; 这个结论与我们在前面利用概率流的结构已经得到的结果相符.

为“共振线”($\lambda \simeq 1200$Å) 的这条谱线的发射应受到怎样的修正. 我们将会看到, 磁场不仅改变了原子谱线的频率, 而且改变了它的偏振; 这就是人们通常所说的“塞曼效应”.

重要注解: 实际上, 由于存在着电子的自旋和质子的自旋, 氢的共振线包含若干邻近成分 (精细和超精细结构; 参看第十二章). 此外, 自旋自由度使磁场对共振线的各种成分的影响受到深刻的修正 (有时, 我们说氢原子的塞曼效应是“反常”的). 由于我们在这里不考虑自旋的影响, 下面的计算并不真正符合物理实际. 不过, 我们很容易将这些计算推广到考虑自旋的情形 (见补充材料 D_{XII}). 此外, 我们将获得的结果 (出现几个频率和偏振都不同的成分) 定性地看仍是正确的.

a. 有磁场时原子的能级

氢的共振线对应于原子在基态能级 $1s(n=1, l=m=0)$ 和激发态能级 $2p(n=2, l=1, m=+1, 0, -1)$ 之间的跃迁. 如果在基态中角动量等于零, 则在激发态中就不是这样; 因此, 为了计算有磁场 $\boldsymbol{B}$ 时谱线受到的修正, 我们略去抗磁项 H_2 的影响, 即将哈密顿算符取作 H_0+H_1, 这样会带来微小误差.

[836] 我们用 $|\varphi_{n,l,m}\rangle$ 表示 H_0 (本征值为 $E_n=-E_{\rm I}/n^2$), $\boldsymbol{L}^2$ (本征值为 $l(l+1)\hbar^2$) 和 L_z (本征值为 $m\hbar$) 的共同本征态; 这些态的波函数就是在第七章中已经算出的那些函数:

$$\varphi_{n,l,m}(r,\theta,\varphi)=R_{n,l}(r)\mathrm{Y}_l^m(\theta,\varphi) \tag{38}$$

我们选定 Oz 轴平行于 $\boldsymbol{B}$, 于是, 不难看出, 态 $|\varphi_{n,l,m}\rangle$ 也是 H_0+H_1 的本征矢:

$$\begin{aligned}(H_0+H_1)|\varphi_{n,l,m}\rangle&=\left(H_0-\frac{\mu_{\rm B}}{\hbar}BL_z\right)|\varphi_{n,l,m}\rangle\\&=(E_n-m\mu_{\rm B}B)|\varphi_{n,l,m}\rangle\end{aligned} \tag{39}$$

如果我们略去抗磁项, 则处在磁场 $\boldsymbol{B}$ 中的原子的定态就永远是 $|\varphi_{n,l,m}\rangle$, 受到修正的仅仅是对应的能量.

特别地, 对于共振线所涉及的那些态, 我们可以看出:

$$(H_0+H_1)|\varphi_{1,0,0}\rangle=-E_I|\varphi_{1,0,0}\rangle \tag{40-a}$$

$$(H_0+H_1)|\varphi_{2,1,m}\rangle=[-E_I+\hbar(\Omega+m\omega_{\rm L})]|\varphi_{2,1,m}\rangle \tag{40-b}$$

式中

$$\Omega=\frac{E_2-E_1}{\hbar}=\frac{3E_I}{4\hbar} \tag{41}$$

是没有磁场时共振线的角频率.

b. 电偶极振荡

α. 与电偶极矩相联系的矩阵元

设

$$\boldsymbol{D} = q\boldsymbol{R} \tag{42}$$

为原子的电偶极矩算符. 为了计算这个偶极矩的平均值 $\langle \boldsymbol{D} \rangle$, 我们先来计算 $\boldsymbol{D}$ 的矩阵元.

对原点进行反演, $\boldsymbol{D}$ 就变为 $-\boldsymbol{D}$, 可见电偶极矩是一个奇算符 (参看补充材料 F_{II}). 但是, 态 $|\varphi_{n,l,m}\rangle$ 同样具有确定的宇称; 它们的角依赖性决定于 $Y_l^m(\theta, \varphi)$; 若 l 为偶数, 它们的宇称等于 $+1$; 若 l 为奇数, 它们的宇称等于 -1 (参看补充材料 A_{VI}). 特别地, 由此可以推知, 不论 m 与 m' 如何, 皆有:

$$\begin{cases} \langle \varphi_{1,0,0} | \boldsymbol{D} | \varphi_{1,0,0} \rangle = \boldsymbol{0} \\ \langle \varphi_{2,1,m'} | \boldsymbol{D} | \varphi_{2,1,m} \rangle = \boldsymbol{0} \end{cases} \tag{43}$$

由此可见, $\boldsymbol{D}$ 的非零矩阵元一定是非对角元. 为了计算矩阵元 $\langle \varphi_{2,1,m} | \boldsymbol{D} | \varphi_{1,0,0} \rangle$, 注意到下述这一点是很有用的, 即 x, y, z 很容易通过球谐函数来表示:

$$\begin{cases} x = \sqrt{\dfrac{2\pi}{3}} r [Y_1^{-1}(\theta, \varphi) - Y_1^1(\theta, \varphi)] \\ y = \mathrm{i}\sqrt{\dfrac{2\pi}{3}} r [Y_1^{-1}(\theta, \varphi) + Y_1^1(\theta, \varphi)] \\ z = \sqrt{\dfrac{4\pi}{3}} r Y_1^0(\theta, \varphi) \end{cases} \tag{44}$$ [837]

于是在我们所要计算的矩阵元中, 将会出现:

——一方面是径向积分, 我们令它等于 χ:

$$\chi = \int_0^\infty R_{2,1}(r) R_{1,0}(r) r^3 \mathrm{d}r \tag{45}$$

—另一方面是角向积分, 由于关系式 (44), 这个积分可以化为球谐函数的标量积, 利用球谐函数的正交性便可直接算出这个标量积, 最后, 我们得到:

$$\begin{cases} \langle \varphi_{2,1,1} | D_x | \varphi_{1,0,0} \rangle = -\langle \varphi_{2,1,-1} | D_x | \varphi_{1,0,0} \rangle = -\dfrac{q\chi}{\sqrt{6}} \\ \langle \varphi_{2,1,0} | D_x | \varphi_{1,0,0} \rangle = 0 \end{cases} \tag{46–a}$$

$$\begin{cases} \langle \varphi_{2,1,1} | D_y | \varphi_{1,0,0} \rangle = \langle \varphi_{2,1,-1} | D_y | \varphi_{1,0,0} \rangle = \dfrac{\mathrm{i}q\chi}{\sqrt{6}} \\ \langle \varphi_{2,1,0} | D_y | \varphi_{1,0,0} \rangle = 0 \end{cases} \tag{46–b}$$

$$\begin{cases} \langle \varphi_{2,1,1} | D_z | \varphi_{1,0,0} \rangle = \langle \varphi_{2,1,-1} | D_z | \varphi_{1,0,0} \rangle = 0 \\ \langle \varphi_{2,1,0} | D_z | \varphi_{1,0,0} \rangle = \dfrac{q\chi}{\sqrt{3}} \end{cases} \tag{46–c}$$

β. 偶极矩的平均值的计算

前面 §α 中的结果表明, 如果体系处于定态, 则算符 $\boldsymbol{D}$ 的平均值为零. 如果我们假设体系的态矢量在初始时刻是基态 $1s$ 和某一个 $2p$ 态的线性叠加:

$$|\psi_m(0)\rangle = \cos\alpha|\varphi_{1,0,0}\rangle + \sin\alpha|\varphi_{2,1,m}\rangle \tag{47}$$

其中 $m = +1, 0$ 或 -1 (α 是一个实参数), 那么, 我们立即得到 t 时刻的态矢量:

$$|\psi_m(t)\rangle = \cos\alpha|\varphi_{1,0,0}\rangle + \sin\alpha \mathrm{e}^{-\mathrm{i}(\Omega+m\omega_\mathrm{L})t}|\varphi_{2,1,m}\rangle \tag{48}$$

(我们删除了总相位因子 $\mathrm{e}^{\mathrm{i}E_I t/\hbar}$, 这在物理上并无影响).

[838] 为了计算电偶极矩的平均值:

$$\langle \boldsymbol{D}\rangle_m(t) = \langle\psi_m(t)|\boldsymbol{D}|\psi_m(t)\rangle \tag{49}$$

我们可以利用 (46) 及 (48) 式的结果, 并区分三种情况如下:

(i) 若 $m = 1$, 我们得到:

$$\begin{cases} \langle D_x\rangle_1 = -\dfrac{q\chi}{\sqrt{6}}\sin 2\alpha\cos[(\Omega+\omega_\mathrm{L})t] \\ \langle D_y\rangle_1 = -\dfrac{q\chi}{\sqrt{6}}\sin 2\alpha\sin[(\Omega+\omega_\mathrm{L})t] \\ \langle D_z\rangle_1 = 0 \end{cases} \tag{50}$$

由此可见, 矢量 $\langle \boldsymbol{D}\rangle_1(t)$ 在 xOy 平面上以角速度 $\Omega+\omega_\mathrm{L}$ 沿逆时针方向绕 Oz 轴旋转.

(ii) 若 $m = 0$, 则得:

$$\begin{cases} \langle D_x\rangle_0 = \langle D_y\rangle_0 = 0 \\ \langle D_z\rangle_0 = \dfrac{q\chi}{\sqrt{3}}\sin 2\alpha\cos\Omega t \end{cases} \tag{51}$$

这时 $\langle \boldsymbol{D}\rangle_0(t)$ 以角频率 Ω 在 Oz 轴上作线性振荡.

(iii) 若 $m = -1$, 则得:

$$\begin{cases} \langle D_x\rangle_{-1} = \dfrac{q\chi}{\sqrt{6}}\sin 2\alpha\cos[(\Omega-\omega_\mathrm{L})t] \\ \langle D_y\rangle_{-1} = -\dfrac{q\chi}{\sqrt{6}}\sin 2\alpha\sin[(\Omega-\omega_\mathrm{L})t] \\ \langle D_z\rangle_{-1} = 0 \end{cases} \tag{52}$$

在这种情况下, 矢量 $\langle \boldsymbol{D}\rangle_{-1}(t)$ 仍然在 xOy 平面上绕 Oz 轴旋转, 但是, 转向是沿顺时针方向的, 角速度则为 $\Omega-\omega_\mathrm{L}$.

c. 发出的辐射的频率和偏振

在这三种情况下 $(m=+1,0,-1)$, 电偶极矩的平均值都是随着时间振荡的函数; 我们知道, 这样的偶极子要辐射电磁能量.

原子的线度与光波的波长相比是可以忽略的, 因此, 我们可将原子的辐射类比于远距离处的偶极辐射. 以量子力学的平均值 $\langle \boldsymbol{D}\rangle_m(t)$ 作为电偶极矩, 我们假设按经典理论来计算其偶极辐射①可以正确给出原子在态 $|\varphi_{2,1,m}\rangle$ 和基态之间跃迁时所发射 (或吸收) 的光的特性.

为了把问题叙述得明确一点, 我们假设所要研究的辐射发自含有大量氢原 [839]
子的样品; 某种适当的激发过程可使这些氢原子跃迁到 $2p$ 态. 在实际上能够实现的大多数实验中, 原子的激发是各向均匀的, 三个态 $|\varphi_{2,1,1}\rangle$、$|\varphi_{2,1,0}\rangle$、$|\varphi_{2,1,-1}\rangle$ 出现的概率是相同的. 下面, 我们先探讨前一段所列举的各种情况下的辐射图案; 然后再求原子集合所发射的有效辐射, 这时, 对于空间的每一个方向, 我们都要考虑在上述每种情况下发出的光强的总和.

(i) 若 $m=1$, 则发出的辐射的角频率为 $(\Omega+\omega_L)$; 由于磁场的影响, 谱线的频率有轻微的偏移. 根据经典电磁理论对于 $\langle \boldsymbol{D}\rangle_1(t)$ 这样的旋转偶极矩的分析结果, 沿 Oz 方向发出的辐射是圆偏振的 (这种偏振叫 σ_+ 偏振); 但是, 沿 xOy 平面上的一个方向发出的辐射却是线偏振的 (平行于该平面); 在其他任意方向上, 辐射是椭圆偏振的.

(ii) 若 $m=0$, 我们就应该考虑角频率为 Ω, 沿 Oz 轴进行线性振荡的偶极子, 也就是说, 和没有磁场时的情况相同. 因此, 辐射的波长并不为磁场 $\boldsymbol{B}$ 所改变; 不论我们所考虑的是哪一个传播方向, 辐射总是线偏振的; 例如, 沿 xOy 平面上的某一传播方向, 偏振平行于 Oz 轴 (π 偏振). 在 Oz 方向上没有任何辐射 (一个线性振荡的偶极子沿其自身轴线的方向没有辐射).

(iii) 若 $m=-1$, 则结果与 $m=1$ 时类似. 仅有的差别在于, 辐射的角频率是 $(\Omega-\omega_L)$, 而不是 $(\Omega+\omega_L)$; 再者, 偶极矩沿反方向旋转; 这样就改变了例如圆偏振的方向而成为 σ_- 偏振.

下面, 我们假设在 $m=+1,0,-1$ 的三个态中, 受激原子数相等, 则我们可以看出:

—在空间的任意方向上, 都有三种频率的辐射, 它们的频率为 $\Omega/2\pi$, $(\Omega\pm\omega_L)/2\pi$. 第一种辐射是线偏振的, 其他两种一般是椭圆偏振的.

—在垂于磁场 $\boldsymbol{B}$ 的方向上, 三种辐射都是线偏振的 (参看图 7–11); 第一

① 如果我们希望按量子力学原理彻底解决这个问题, 那就必须使用辐射的量子理论. 尤其是, 只有在这种理论的范畴内, 我们才能理解原子自发地发射出一个光子而返回基态这一现象. 但是, 在本文中我们用半经典方法所得结果的要点, 在辐射问题中仍然有效.

种平行于 $\boldsymbol{B}$, 其他两种则垂直于 $\boldsymbol{B}$. 中心谱线的强度是每一条偏移谱线的两倍 [参看公式 (50)、(51) 及 (52)]. 在平行于 $\boldsymbol{B}$ 的方向上, 只有两种频率已偏移为 $(\Omega \pm \omega_{\rm L})/2\pi$ 的辐射, 这两种辐射都是圆偏振的, 但方向相反 (参看图 7–12).

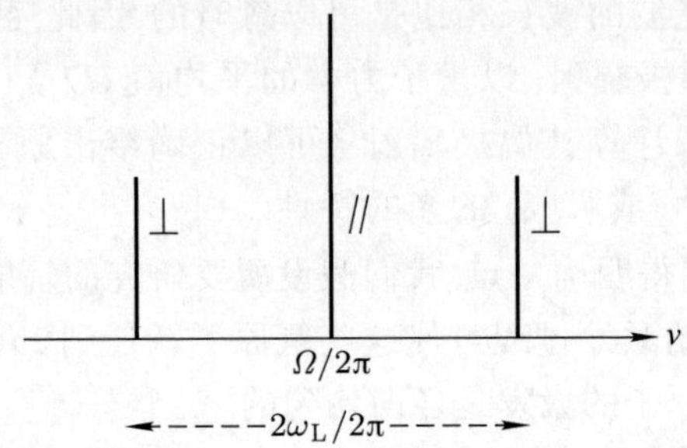

图 7–11 在垂直于磁场 $\boldsymbol{B}$ 的方向上观察到的氢的共振线的塞曼成分 (不考虑电子的自旋). 我们观察到一个无偏移的频率为 ν 的成分, 它平行于 $\boldsymbol{B}$ 而偏振, 还有偏移了 $\pm\omega_{\rm L}/2\pi$ 的两个成分, 它们垂直于 $\boldsymbol{B}$ 而偏振.

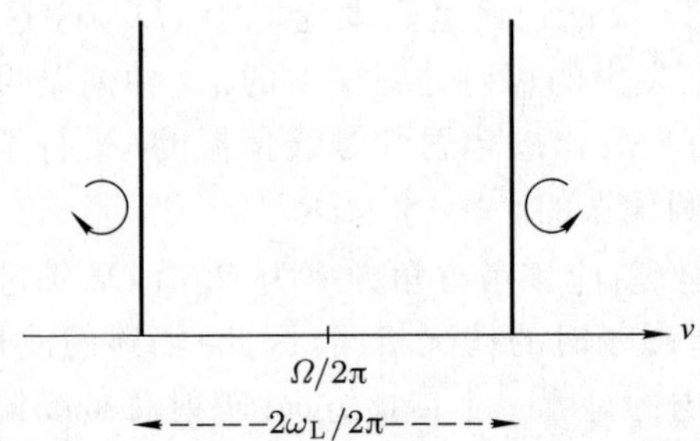

图 7–12 如果沿磁场 $\boldsymbol{B}$ 的方向观察, 我们只看到两个塞曼成分, 它们是方向相反的圆偏振光, 频率偏移为 $\pm\omega_{\rm L}/2\pi$.

[840] **附注:**

从上面的分析可知, 原子从态 $|\varphi_{2,1,1}\rangle$ 过渡到态 $|\varphi_{1,0,0}\rangle$, 发出的辐射是 σ_+ 偏振的; 从态 $|\varphi_{2,1,-1}\rangle$ 过渡到态 $|\varphi_{1,0,0}\rangle$, 发出的辐射是 σ_- 偏振的; 从态 $|\varphi_{2,1,0}\rangle$ 过渡到态 $|\varphi_{1,0,0}\rangle$, 发出的辐射是 π 偏振的. (46) 式中各公式为我们提供了可以立即确定偏振情况的一个简单法则. 我们来考虑算符 $D_x + {\rm i}D_y, D_x - {\rm i}D_y, D_z$, 这些算符在顺序如上的 $2p$ 态和 $1s$ 态之间的非零矩阵元只有:

$$\langle\varphi_{2,1,1}|D_x + {\rm i}D_y|\varphi_{1,0,0}\rangle$$
$$\langle\varphi_{2,1,-1}|D_x - {\rm i}D_y|\varphi_{1,0,0}\rangle$$
$$\langle\varphi_{2,1,0}|D_z|\varphi_{1,0,0}\rangle$$

由此可见, 算符 $D_x + \mathrm{i}D_y, D_x - \mathrm{i}D_y$ 及 D_z 分别对应于 σ_+, σ_- 及 π 偏振. 这个法则是普遍的: 如果算符 $\boldsymbol{D}$ 在原子的初态与末态之间有非零矩阵元, 原子就会发射偶极辐射. 这时的辐射为 σ_+, σ_-, 或 π 偏振, 取决于算符 $D_x + \mathrm{i}D_y, D_x - \mathrm{i}D_y$, 还是 D_z 的矩阵元不等于零①.

参考文献和阅读建议:

顺磁性与抗磁性: Feynman Ⅱ(7.2), 第 34 和第 35 章; Cagnac 和 Pebay–Peyroula (11.2), 第 Ⅷ 和第 Ⅸ 章; Kittel(13.2), 第 14 章; Slater(1.6), 第 14 章; Flügge(1.24), §128 和 §160.

偶极辐射: Cagnac 和 Pebay–Peyroula (11.2), 附录 Ⅲ; Panofsky 和 Phillips (7.6), §14–7; Jackson (7.5), §9–2.

辐射的角动量和选择定则: Cagnac 和 Pebay–Peyroula (11.2), 第 XI 章.

① 必须注意矩阵元中态的顺序, 否则就会颠倒 σ_+ 和 σ_-.

补充材料 E_{VII}

[841] 对一些原子轨道的探讨; 杂化轨道

1. 引言

在第七章的 §C 中, 我们确定了由氢原子的电子的定态组成的一个正交归一基; 对应的波函数为:

$$\varphi_{n,l,m}(\boldsymbol{r}) = R_{n,l}(r)Y_l^m(\theta,\varphi) \tag{1}$$

量子数 n, l, m 则分别标记能量 $E_n = -E_I/n^2$, 角动量的平方 $l(l+1)\hbar^2$ 及角动量在 Oz 方向上的分量 $m\hbar$.

将同一能量的, 即量子数 n 相同的诸定态线性地叠加起来, 我们便可构成新的定态, 这些态不一定再对应于 l 和 m 的确定值. 在这篇材料里, 我们打算研究几个这种新定态的性质, 特别是与它们相联系的波函数的角依赖性.

我们通常称 (1) 式中的波函数为原子轨道. n 的值相同但 l 与 m 的值不同的诸轨道的线性组合, 叫做杂化轨道. 我们将会看到, 在空间的某些方向上, 杂化轨道可能比构成它的那些 (纯) 轨道展延得更远. 正是这个性质 (它在化学键的形成中至为紧要) 证实了杂化轨道的引入是正确的.

虽然, 下文介绍的计算只对氢原子才是严格成立的, 但我们仍然要定性地指出这些计算如何说明具有多个价电子的原子所构成的各种键的几何结构.

2. 与实波函数相联系的原子轨道 [842]

(1) 式中的径向函数 $R_{n,l}(r)$ 是实函数; 但是, 除非 $m=0, \mathrm{Y}_l^m(\theta,\varphi)$ 却是 φ 的复函数, 这是因为:

$$\mathrm{Y}_l^m(\theta,\varphi)=F_l^m(\theta)\mathrm{e}^{\mathrm{i}m\varphi} \tag{2}$$

其中 $F_l^m(\theta)$ 是 θ 的实函数.

由此可见, 在一般情况下, 原子轨道是复函数. 但是, 若将轨道 $\varphi_{n,l,m}(\boldsymbol{r})$ 和轨道 $\varphi_{n,l,-m}(\boldsymbol{r})$ 叠加起来, 我们就可以构成一些实轨道, 其方便之处在于它们具有简单的角依赖关系, 我们可以用图形来表示这些关系, 而不必 (像在第七章的 §C–4–c–α 中所做的那样) 取波函数的模平方.

a. s 轨道 ($l=0$)

若 $l=m=0$, 则波函数 $\varphi_{n,0,0}(\boldsymbol{r})$ 是一实函数, 我们称它为 "s 轨道", 并将对应的定态记作 $|\varphi_{n,s}\rangle$. 为了表示 ns 轨道的角依赖性, 我们将 r 的值固定, 并在极角 θ,φ 的每一个方向上截取长度等于 $\varphi_{n,s}(r,\theta,\varphi)$ 的线段. 当 θ,φ 变化时, 我们所得的曲面是以 O 点为中心的一个球面 (图 7–13).

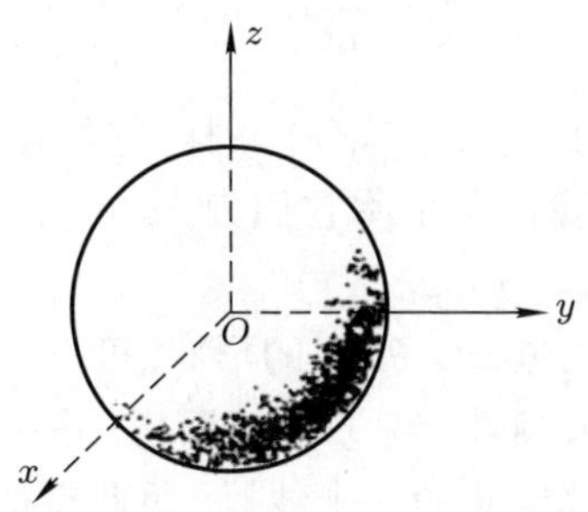

图 7–13　s 轨道具有球对称性; 波函数既与 θ 无关又与 φ 无关.

b. p 轨道 $(l=1)$

α. p_z, p_x, p_y 轨道

如果利用补充材料 A_{VI} [公式 (32)] 中给出的三个球谐函数 $\mathrm{Y}_l^m(\theta,\varphi)$ 的表示式, 我们便可得到对应于 $l=1$ 的三个原子轨道 $\varphi_{n,1,m}(\boldsymbol{r})$:

$$\begin{cases}\varphi_{n,1,1}(\boldsymbol{r}) = -\sqrt{\dfrac{3}{8\pi}}R_{n,1}(r)\sin\theta\mathrm{e}^{\mathrm{i}\varphi} & \text{(3–a)}\\ \varphi_{n,1,0}(\boldsymbol{r}) = \sqrt{\dfrac{3}{4\pi}}R_{n,1}(r)\cos\theta & \text{(3–b)}\\ \varphi_{n,1,-1}(\boldsymbol{r}) = \sqrt{\dfrac{3}{8\pi}}R_{n,1}(r)\sin\theta\mathrm{e}^{-\mathrm{i}\varphi} & \text{(3–c)}\end{cases}$$

[843] 现在我们再做下面三个线性组合:

$$\begin{cases}\varphi_{n,1,0}(\boldsymbol{r}) & \text{(4–a)}\\ -\dfrac{1}{\sqrt{2}}[\varphi_{n,1,1}(\boldsymbol{r})-\varphi_{n,1,-1}(\boldsymbol{r})] & \text{(4–b)}\\ \dfrac{\mathrm{i}}{\sqrt{2}}[\varphi_{n,1,1}(\boldsymbol{r})+\varphi_{n,1,-1}(\boldsymbol{r})] & \text{(4–c)}\end{cases}$$

不难看出, 这三个波函数还可以写作:

$$\begin{cases}\sqrt{\dfrac{3}{4\pi}}R_{n,1}(r)\dfrac{z}{r} & \text{(5–a)}\\ \sqrt{\dfrac{3}{4\pi}}R_{n,1}(r)\dfrac{x}{r} & \text{(5–b)}\\ \sqrt{\dfrac{3}{4\pi}}R_{n,1}(r)\dfrac{y}{r} & \text{(5–c)}\end{cases}$$

[844] 它们都是 r, θ, φ 的实函数, 像 $\varphi_{n,1,m}(\boldsymbol{r})$ 一样, 它们是正交归一化的, 并构成子空间 $\mathscr{E}_{n,l=1}$ 中的一个基. 我们分别称它们为 "p_z, p_x, p_y 轨道". 我们将 (5) 式中的波函数记作 $\varphi_{np_z}(\boldsymbol{r}), \varphi_{np_x}(\boldsymbol{r}), \varphi_{np_y}(\boldsymbol{r})$.

要形象地看出一个轨道 $\psi(r,\theta,\varphi)$ 的形状, 可以有两种不同的几何表示法. 我们首先考察轨道的角依赖性: 将 r 的值固定, 并在极角为 θ, φ 的每一个方向上, 截取长度等于 $|\psi(r,\theta,\varphi)|$ 的一个线段. 照此做法, $2p_z$ 轨道的角依赖关系与 $z/r=\cos\theta$ 的角依赖关系相同. 若 φ 在 0 与 2π 之间变化, θ 在 0 与 π 之间变化, 那么, 在极角为 θ, φ 的方向上所截取的长度为 $|\cos\theta|$ 的线段的终端就描绘出两个球面, 它们的中心在 Oz 轴上, 它们对于 xOy 平面对称并在 xOy 平面上相切于 O 点 (图 7–14–a). 图中标出的正负号就是实波函数的正负符号. 轨道 $\psi(r,\theta,\varphi)$ 的另一种可能的图示法就是作出对应于 $|\psi(r,\theta,\varphi)|$ 的一系列给

定值的曲面族 (即等概率密度曲面族). 图 7–14–b 就是以 $2p_z$ 轨道为例作出的这种曲面族 (图中标出的正负号仍然是实波函数的正负号). 在本文的后面, 我们有时用这种, 有时用那种图示法.

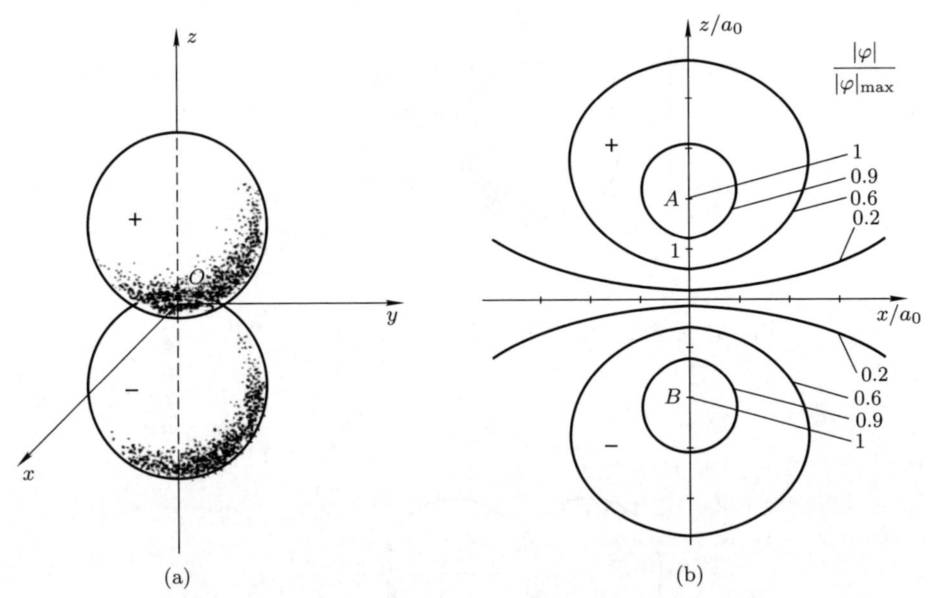

图 7–14　一个 p_z 轨道 $(l=1, m=0)$ 的两种可能的表示法.

图 (a): 这个轨道的角依赖关系. 在极角为 θ, φ 的每一个方向上, 我们截取长为 $|\varphi_{n,l=1,m=0}(r,\theta,\varphi)|$ 的线段, 其中 r 已固定. 这样, 我们便得到两个球面, 它们在 xOy 平面上的 O 点处相切, 球面上标出的正负号就是波函数 (它是实函数) 的正号符号.

图 (b): $|\varphi_{n,l=1,m=0}(r,\theta,\varphi)|$ 为给定的常数值的曲面族在 xOz 平面上的截口 [在图中我们取 $|\varphi|$ 在 A、B 两点所达到的极大值的 0.2 倍, 0.6 倍及 0.9 倍]. 这些曲面是绕 Oz 轴的旋转曲面; 图中标出的正负号就是波函数 (它是实函数) 的正负号. 与图 a 不同的是, 图 b 的表示法依赖于波函数的径向部分 (这里所选用的是氢原子的 $n=2$ 这一能级的径向函数).

使 p_z 轨道的图形分别绕 Oy 轴及 Ox 轴旋转一个角度 $+\pi/2$ 及 $-\pi/2$, 便得到 p_x 轨道及 p_y 轨道的图形 (参看图 7–15 及图 7–16, 这是用图 7–14–a 中的几何表示作出的).

由此可见, 与具有球对称性的 s 轨道不同, p_z, p_x, p_y 轨道分别在 Oz, Ox, Oy 轴上向外扩展.

β. p_u 轨道 [845]

轴 Ox, Oy, Oz 的选择显然是任意的. 将前面的 p_x, p_y, p_z 轨道线性地叠加起来, 我们就可以得到一个 p_u 轨道, 它的形式和以前的相同, 不过是沿任意轴 Ou 的方向.

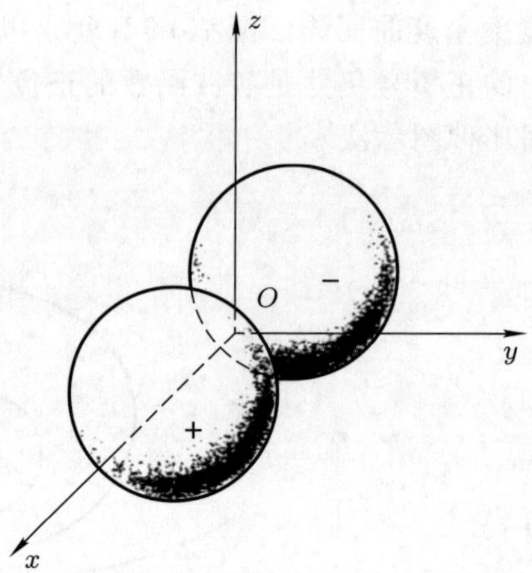

图 7–15 p_x 轨道的角依赖关系 (采用图 7–14–a 中的表示法).

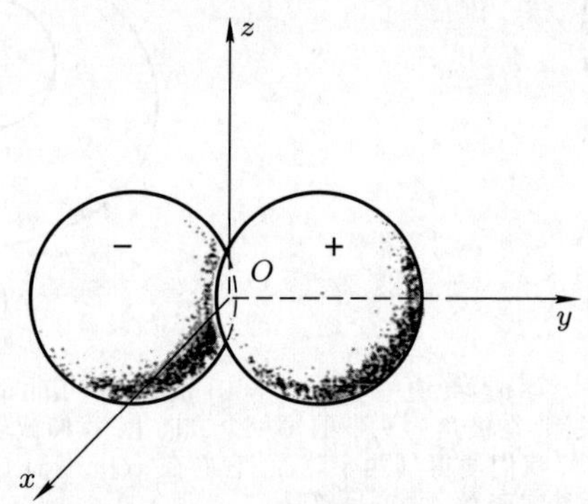

图 7–16 p_y 轨道的角依赖关系.

假设 Ou 轴与 Ox 轴、Oy 轴及 Oz 轴的夹角顺次为 α, β, γ, 则显然有:

$$\cos^2\alpha + \cos^2\beta + \cos^2\gamma = 1 \tag{6}$$

我们考虑下面的态:

$$\cos\alpha|np_x\rangle + \cos\beta|np_y\rangle + \cos\gamma|np_z\rangle \tag{7}$$

从 (6) 式可以推知, 这个矢量是归一化的. 利用公式 (5), 我们可以将对应的波函数写成下列形式:

$$\sqrt{\frac{3}{4\pi}}R_{n,1}(r)\frac{x\cos\alpha + y\cos\beta + z\cos\gamma}{r} = \sqrt{\frac{3}{4\pi}}R_{n,1}(r)\frac{u}{r} \tag{8}$$

其中

$$u = x\cos\alpha + y\cos\beta + z\cos\gamma \tag{9}$$

是动点 M 对于 Ou 轴的坐标; 与 (5) 式相比较, 便可看出, 如此构成的轨道确是一个 p_u 轨道.

因此, p_x, p_y, p_z 的一切实的已归一化的线性组合

$$\lambda\varphi_{np_x}(\boldsymbol{r})+\mu\varphi_{np_y}(\boldsymbol{r})+\nu\varphi_{np_z}(\boldsymbol{r}) \tag{10}$$

都可以看作一个 p_u 轨道, 它沿 Ou 轴的方向扩展，此轴的方向余弦是：

$$\begin{cases}\cos\alpha=\lambda\\ \cos\beta=\mu\\ \cos\gamma=\nu\end{cases} \tag{11}$$

γ. 应用:H_2O 分子和 NH_3 分子的结构

在一级近似下 (参看补充材料 A_{XIV}), 我们可以认为: 在一个多电子原子中, 每一个电子都独立于其他电子而在中心势场 $V_c(r)$ 中运动, 这个势等于核的吸引势与其他电子的斥力所产生的 "平均势" 的总和. 因此, 每一个电子所处的态都可以用三个量子数 n, l, m 来描述. 但因势函数 $V_c(r)$ 不再严格地像 $1/r$ 那样变化, 故能量不再只依赖于 n, 而且还依赖于 l. 在补充材料 A_{XIV} 中我们将会看到, 态 $2s$ 的能量稍低于 $2p$ 态的能量; $3s$ 态低于 $3p$ 态, $3p$ 态又低于 $3d$ 态, $\cdots$.

由自旋的存在及泡利原理 (将在第九章和第十四章中讲述) 可以推知: 支壳层 $1s, 2s, \cdots$ 只能容纳两个电子; 支壳层 $2p, 3p, \cdots$ 只能容纳六个电子; $\cdots$; 支壳层 nl 只能容纳 $2(2l+1)$ 个电子 ($2l+1$ 这个因子来自 L_z 的简并度, 2 这个因子来自电子的自旋).

因此,在含有八个电子的氧原子中, 支壳层 $1s$ 和 $2s$ 都是满的, 共容纳四个电子; 剩 [846]
下的四个电子处在支壳层 $2p$ 中, 其中两个 (自旋相反的) 电子可能填充三个 $2p$ 轨道中的某一个, 例如 $2p_z$; 其他两个则分配在剩下的 $2p_x$ 和 $2p_y$ 轨道上. 最后这两个电子就是价电子, 它们都是 "没有配对的", 这意思是说, 它们所在的轨道可能再接纳一个电子. 可见氧的价电子的波函数 $2p_x$ 和 $2p_y$ 是沿两个互相正交的轴线扩展的. 可以证明, 参与构成化学键的两个电子的波函数交叠得越多, 该化学键就越稳定. 于是, 和一个氧原子一起构成一个水分子的那两个氢原子的中心就应该分别位于 Ox 轴和 Oy 轴上; 这样一来, 每个氢原子的价电子的球形轨道 $1s$ 与氧的价电子的 $2p_x$ 及 $2p_y$ 轨道之间的交叠便达到最大的程度. 图 7–17 表示与水分子中氧和氢的价电子相联系的概率云的分布情况. 我们在这里采用了类似于图 7–14–b 的图示法. 对于每一个电子, 我们作一个曲面, 其定义如下: 此曲面上所有各点的概率密度的值都相等, 而这个值是这样选择的, 即使得曲面内的总概率具有接近于 1 (例如 0.9) 的定值.

上面的分析可使我们理解 H_2O 分子的形态: 两个 OH 键之间的夹角应该接近 90°. 实际上, 实验上得到的是 104°. 这个值偏离 90° 的部分原因是, 两个氢原子的质子之间的静电排斥力, 这个力倾向于扩大两个 OH 键之间的夹角①.

① 我们也可以将两个 OH 键之间的夹角的扩大解释为 $2p$ 与 $2s$ 轨道之间轻微的 sp^3 杂化的结果 (参看 §5).

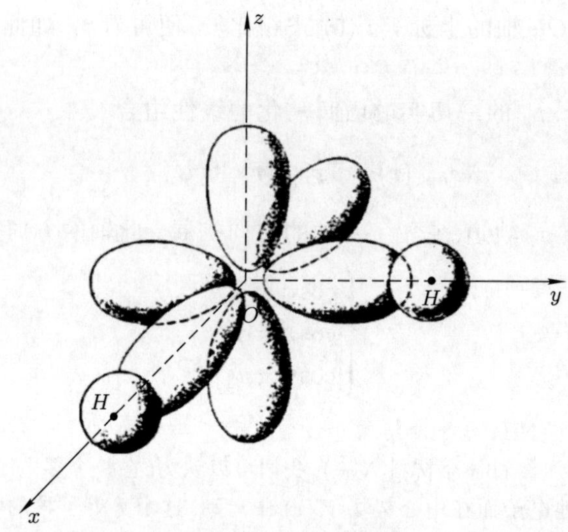

图 7–17 水分子 H_2O 的结构示意图 $2p_x$ 和 $2p_y$ 轨道产生了夹角近似地等于 90° 的两个键 (由于两个质子间的静电斥力, 实际夹角约为 104°).

采用类似的分析, 我们就可以解释 NH_3 分子的金字塔形态: 氮的三个价电子占据了 $2p_x$, $2p_y$, $2p_z$ 轨道, 这些轨道是分别沿着三个互成直角的方向扩展的. 在这种分子中, 三个氢原子的质子之间的静电斥力仍然使得键角从 90° 增大到 108° (由于 $2s$ 与 $2p$ 轨道间的轻微杂化).

[847] c. l 的其他值

至此, 我们都只限于讨论 s 轨道和 p 轨道. 实际上, 对于 l 的每一个值, 我们都可以用实轨道构成一个正交归一基. 这是因为, 如果我们注意到 [参看第六章的 (D–29) 式]:

$$[\mathrm{Y}_l^m(\theta,\varphi)]^* = (-1)^m \mathrm{Y}_l^{-m}(\theta,\varphi) \tag{12}$$

那么, 立即可以看出, 在 $m \neq 0$ 时, 可以将两个复函数 $\varphi_{n,l,m}(\boldsymbol{r})$ 和 $\varphi_{n,l,-m}(\boldsymbol{r})$ 换成下面两个正交归一的实函数:

$$\frac{1}{\sqrt{2}}[\varphi_{n,l,m}(\boldsymbol{r}) + (-1)^m \varphi_{n,l,-m}(\boldsymbol{r})] \tag{13–a}$$

$$\frac{\mathrm{i}}{\sqrt{2}}[\varphi_{n,l,m}(\boldsymbol{r}) - (-1)^m \varphi_{n,l,-m}(\boldsymbol{r})] \tag{13–b}$$

于是, 对于 $l=2$ ("d 轨道"), 可以构成五个实轨道, 它们的角依赖关系为:

$$\begin{gathered}\sqrt{\frac{1}{2}}(3\cos^2\theta-1),\\ \sqrt{6}\sin\theta\cos\theta\cos\varphi,\\ \sqrt{6}\sin\theta\cos\theta\sin\varphi,\\ \sqrt{\frac{3}{2}}\sin^2\theta\cos 2\varphi,\\ \sqrt{\frac{3}{2}}\sin^2\theta\sin 2\varphi,\end{gathered}$$

(对应的轨道是 $d_{3z^2-r^2}, d_{zx}, d_{zy}, d_{x^2-y^2}, d_{xy}$). 这些轨道的形态比 s 轨道和 p 轨道 (下面仍只讨论这两种) 的形态稍微复杂一些, 但是, 我们也可以应用类似于下面即将建立的分析方法来讨论 d 轨道.

3. sp 杂化

a. sp 杂化轨道的引入

我们再回到氢原子, 并考虑四个实轨道 $\varphi_{ns}(\boldsymbol{r}), \varphi_{np_x}(\boldsymbol{r}), \varphi_{np_y}(\boldsymbol{r}), \varphi_{np_z}(\boldsymbol{r})$ (它们对应于同一能量) 所张成的子空间 $\mathscr{E}_{ns}\oplus\mathscr{E}_{np}$. 我们将证明, 将 ns 轨道和 np 轨道线性叠加, 就可以作出其他的实轨道, 它们构成空间 $\mathscr{E}_{ns}\oplus\mathscr{E}_{np}$ 中的一个正交归一基, 并具有一些重要性质.

我们先不用 $\varphi_{np_x}(\boldsymbol{r})$ 和 $\varphi_{np_y}(\boldsymbol{r})$, 只将两个轨道 $\varphi_{ns}(\boldsymbol{r})$ 和 $\varphi_{np_z}(\boldsymbol{r})$ 线性叠加. 为此, 我们将 $\varphi_{ns}(\boldsymbol{r})$ 和 $\varphi_{np_z}(\boldsymbol{r})$ 这两个函数换为两个实的、正交归一的线性组合:

$$\begin{cases}\cos\alpha\varphi_{ns}(\boldsymbol{r})+\sin\alpha\varphi_{np_z}(\boldsymbol{r}) & \text{(14–a)}\\ \sin\alpha\varphi_{ns}(\boldsymbol{r})-\cos\alpha\varphi_{np_z}(\boldsymbol{r}) & \text{(14–b)}\end{cases}$$

此外, 我们还要求两个轨道 (14–a) 和 (14–b) 须具有同样的几何形式. 由于这个形式只依赖于 s 轨道与 p 轨道在线性叠加中所占的相对比例, 我们立即可以看出, 应该取 $\sin\alpha=\cos\alpha$, 即取 $\alpha=\pi/4$. 于是, 我们所引入的两个新轨道便具有下列形式: [848]

$$\begin{cases}\varphi_{n,s,p_z}(\boldsymbol{r})=\dfrac{1}{\sqrt{2}}[\varphi_{ns}(\boldsymbol{r})+\varphi_{np_z}(\boldsymbol{r})] & \text{(15–a)}\\[2ex] \varphi'_{n,s,p_z}(\boldsymbol{r})=\dfrac{1}{\sqrt{2}}[\varphi_{ns}(\boldsymbol{r})-\varphi_{np_z}(\boldsymbol{r})] & \text{(15–b)}\end{cases}$$

它们就是所谓的 "sp 杂化" 轨道. 像这样, 我们便作出了空间 $\mathscr{E}_{ns}\oplus\mathscr{E}_{np}$ 中的一个新的正交归一基, 它由 $\varphi_{n,s,p_z}(\boldsymbol{r})$、$\varphi'_{n,s,p_z}(\boldsymbol{r})$、$\varphi_{np_x}(\boldsymbol{r})$ 和 $\varphi_{np_y}(\boldsymbol{r})$ 构成.

b. sp 杂化轨道的性质

为了研究杂化轨道 $\varphi_{n,s,p_z}(\boldsymbol{r})$ 和 $\varphi'_{n,s,p_z}(\boldsymbol{r})$ 的角依赖关系, 我们将 r 固定在一个给定值 r_0, 并令:

$$\begin{aligned}\lambda &= \sqrt{\frac{1}{4\pi}}R_{n,0}(r_0)\\ \mu &= \sqrt{\frac{3}{4\pi}}R_{n,1}(r_0)\end{aligned} \tag{16}$$

于是利用 (5) 式和 (15) 式, 便得到角函数:

$$\begin{cases}\dfrac{1}{\sqrt{2}}(\lambda+\mu\cos\theta)\\ \dfrac{1}{\sqrt{2}}(\lambda-\mu\cos\theta)\end{cases} \tag{17}$$

我们仍然采用前面 §2 中的方法 (参看图 7–14–a) 来表示这些函数, 即在极角为 θ,φ 的每一个方向上, 截取长度为 $\dfrac{1}{\sqrt{2}}|\lambda+\mu\cos\theta|$ 或 $\dfrac{1}{\sqrt{2}}|\lambda-\mu\cos\theta|$ 的线段, 并视波函数为正或为负, 在图形上标以正号或负号. 这样得到的曲面是绕 Oz 轴的旋转曲面 (我们已经假设 $\mu>\lambda>0$), 它们在 xOz 平面上的截口见图 7–18. 根据图形对于点 O 的对称性, 我们可以从 $\varphi_{n,s,p_z}(\boldsymbol{r})$ 轨道过渡到 $\varphi'_{n,s,p_z}(\boldsymbol{r})$ 轨道. 我们看到, 轨道 $\varphi_{n,s,p_z}(\boldsymbol{r})$ 并不具有相对于点 O 的简单对称性. 这种不对称的原因在于: 构成这个轨道的那两个轨道 $\varphi_{np_z}(\boldsymbol{r})$ 和 $\varphi_{ns}(\boldsymbol{r})$ (见图 7–18–c) 具有相反的宇称; 在 $z>0$ 的区域中, $\varphi_{ns}(\boldsymbol{r})$ 和 $\varphi_{np_z}(\boldsymbol{r})$ 同号, 彼此相加; 但在 $z<0$ 的区域中, $\varphi_{ns}(\boldsymbol{r})$ 与 $\varphi_{np_z}(\boldsymbol{r})$ 异号, 彼此削弱. 对于 $\varphi'_{n,s,p_z}(\boldsymbol{r})$ 则得到相反的结论.

[849] 轨道 $\varphi_{n,s,p_z}(\boldsymbol{r})$ 在 Oz 轴的正方向上比在其负方向上扩展得更远, 这是因为, 对于固定的 r 值来说, 该轨道在 $\theta=0$ 时的函数值 (就绝对值而言) 比它在 $\theta=\pi$ 时的函数值更大. 在一般情况下, 我们发现在 r 的值很大时, λ 和 μ 的大小可以使轨道 $\varphi_{n,s,p_z}(\boldsymbol{r})$ 在 Oz 轴的正方向上的函数值大于轨道 $\varphi_{ns}(\boldsymbol{r})$ 和轨道 $\varphi_{np_z}(\boldsymbol{r})$ 各自的函数值 [对于轨道 $\varphi'_{n,s,p_z}(\boldsymbol{r})$ 以及 Oz 轴的负方向, 同样的结论也成立].

这个性质对于化学键的研究是很重要的. 为了定性地说明这一点, 我们假设在一个特定的原子 A 中, 价电子之一可以处在 ns 轨道上, 或处在某一个 np 轨道上. 我们再设想在这个原子的近邻还有另一个原子 B, 并将联结 A 与 B 的轴线为 Oz. 在原子 A 的轨道中, 与 $\varphi_{ns}(\boldsymbol{r})$ 或 $\varphi_{np_z}(\boldsymbol{r})$ 相比, $\varphi_{n,s,p_z}(\boldsymbol{r})$ 与 B 原子中诸价电子轨道的交叠要更大一些. 于是我们可以看出, A 原子的轨道的杂化将给化学键带来更高的稳定性, 正如我们已经指出的, 这是因为, 原子 A 和 B 中成键电子的轨道交叠得越多, 稳定性就越高.

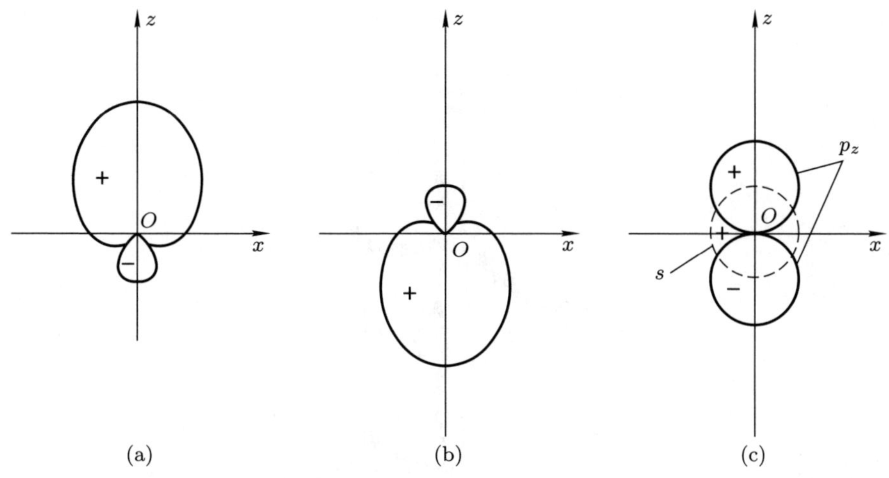

图 7–18　杂化轨道 $\varphi_{n,s,p_z}(\boldsymbol{r})$ (图 a) 和 $\varphi'_{n,s,p_z}(\boldsymbol{r})$ (图 b) 的角依赖关系. 这两种轨道来自宇称相反的轨道 $\varphi_{ns}(\boldsymbol{r})$ 和 $\varphi_{np_z}(\boldsymbol{r})$ (图 c). 在某些方向上, 一个杂化轨道可能比构成它的纯轨道扩展得更远.

c. 应用: 乙炔的结构

碳原子有六个电子; 当此原子自由时, 它的两个电子处在支壳层 $1s$, 两个处在支壳层 $2s$, 两个处在支壳层 $2p$. 只有最后这两个电子是尚未配对的; 因此, 我们预期碳是二价的. 这确是我们在碳的某些化合物中所观察到的. 但是, 在多数情况下, 碳却表现出四价的构型; 这是因为, 当一个碳原子与其他原子结合时, 它的一个 $2s$ 电子可以脱离 [850]
这个支壳层而迁移到在自由原子中未被占据的第三个 $2p$ 轨道上去. 这样便出现了四个尚未配对的电子, 它们的波函数可以得自四个轨道 $2s$, $2p_x$, $2p_y$, $2p_z$ 之间的杂化.

因此, 在乙炔分子 C_2H_2 中, 每个碳原子的四个价电子分布如下: 两个电子处于我们刚才引入的杂化轨道 $\varphi_{2,s,p_z}(\boldsymbol{r})$ 和 $\varphi'_{2,s,p_z}(\boldsymbol{r})$ 上, 其他两个电子处于我们在 §2–b 中讨论过的轨道 $\varphi_{2p_x}(\boldsymbol{r})$ 和 $\varphi_{2p_y}(\boldsymbol{r})$ 上. 根据图 7–18–a 和图 7–18–b, 每个碳原子中占据了杂化轨道 $\varphi_{2,s,p_z}(\boldsymbol{r})$ 和 $\varphi'_{2,s,p_z}(\boldsymbol{r})$ 的两个电子参与构成了互成 180° 角的两个键; 第一个键联系着另一个碳原子, 第二个键联系着两个氢原子中的一个 (其中的价电子占据着 $1s$ 轨道). 这样, 我们就理解了 C_2H_2 分子为什么是线性的 (参看图 7–19, 这里用的是图 7–17 那种类型的表示法).

至于以每个碳原子为中心的那些 $2p_x$ 轨道, 它们只在侧面部分地交叠, 两个 $2p_y$ 轨道也是如此, 如图 7–19 中的实线概略所示. 它们有助于加强分子的化学稳定性. 由此可见, 两个碳原子在它们自身之间形成了一个三键: 其中一个键是由分别以两个原子为中心的两个杂化轨道 $\varphi_{2,s,p_z}(\boldsymbol{r})$ 和 $\varphi'_{2,s,p_z}(\boldsymbol{r})$ 造成的, 这些轨道具有绕 Oz 轴的旋转对称性 (即 σ 键); 另外两个键则来自轨道 $\varphi_{2p_x}(\boldsymbol{r})$ 和 $\varphi_{2p_y}(\boldsymbol{r})$, 这些轨道以 xOz 平面和 yOz 平面为对称面 (即 π 键).

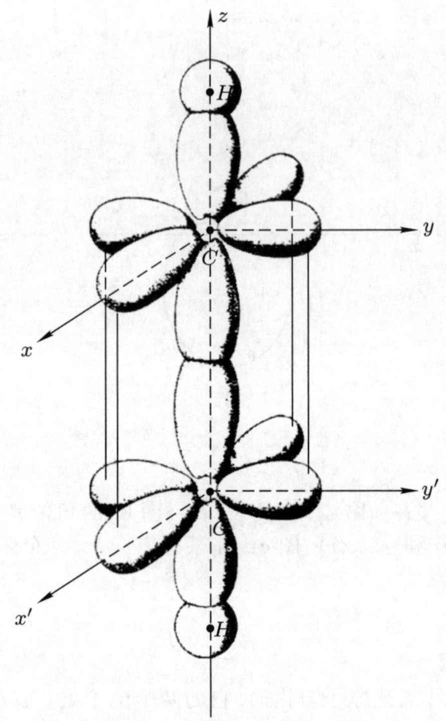

图 7–19 乙炔分子 C_2H_2 的结构示意图. 就每一个碳原子而言, 两个电子处在 sp_z 杂化轨道 (参看图 7–18), 并参与构成 C—H 键和 C—C 键 (σ 键); 另外两个电子处在 p_x 和 p_y 轨道, 并在两个碳原子之间形成补充键 (π 键, 较弱于 σ 键), 图中的垂直线就是这种键的示意符号. 因此, C—C 键是一个 "三键".

[851] **附注:**

我们在上面已指出, 在一个多电子原子中, 支壳层 $2p$ 所对应的能量大于支壳层 $2s$ 所对应的能量. 因此, 从能量上看, 一个电子从支壳层 $2s$ 到支壳层 $2p$ 的跃迁是不顺利的. 但是, 参与构成 C—H 键和 C—C 键的杂化轨道提高了稳定性, 从而充分补偿了这种激发所需的能量.

4. sp^2 杂化

a. sp^2 杂化轨道的引入

现在我们还是考虑 $\varphi_{ns}(\boldsymbol{r})$, $\varphi_{np_x}(\boldsymbol{r})$, $\varphi_{np_y}(\boldsymbol{r})$, $\varphi_{np_z}(\boldsymbol{r})$ 这四个轨道, 并将前三个换成下列三个实线性组合:

$$\begin{cases} \varphi_{n,s,p_x,p_y}(\boldsymbol{r}) = a\varphi_{ns}(\boldsymbol{r}) + b\varphi_{np_x}(\boldsymbol{r}) + c\varphi_{np_y}(\boldsymbol{r}) & \text{(18–a)} \\ \varphi'_{n,s,p_x,p_y}(\boldsymbol{r}) = a'\varphi_{ns}(\boldsymbol{r}) + b'\varphi_{np_x}(\boldsymbol{r}) + c'\varphi_{np_y}(\boldsymbol{r}) & \text{(18–b)} \\ \varphi''_{n,s,p_x,p_y}(\boldsymbol{r}) = a''\varphi_{ns}(\boldsymbol{r}) + b''\varphi_{np_x}(\boldsymbol{r}) + c''\varphi_{np_y}(\boldsymbol{r}) & \text{(18–c)} \end{cases}$$

我们要求 (18) 式中的三个波函数彼此等价, 这就是说, 通过绕 Oz 轴的旋转, 就可以从一个函数得到另一个函数; 既然如此, $\varphi_{ns}(\boldsymbol{r})$ 轨道 (在这种旋转中保持不变的轨道) 在这些线性组合中所占的比例应该是相同的, 故:

$$a = a' = a'' \tag{19}$$

我们总可以这样选择坐标轴, 使得第一轨道 (18–a) 相对于 xOz 平面对称. 因此, 可以取:

$$c = 0 \tag{20}$$

使 (18) 式中的三个轨道归一化和正交化, 便得到六个关系式, 这些式子可以用来确定六个系数 a, b, b', b'', c' 和 c''①. 简单的计算给出:

$$\begin{cases} \varphi_{n,s,p_x,p_y}(\boldsymbol{r}) = \dfrac{1}{\sqrt{3}}\varphi_{ns}(\boldsymbol{r}) + \sqrt{\dfrac{2}{3}}\varphi_{np_x}(\boldsymbol{r}) & \text{(21–a)} \\ \varphi'_{n,s,p_x,p_y}(\boldsymbol{r}) = \dfrac{1}{\sqrt{3}}\varphi_{ns}(\boldsymbol{r}) - \dfrac{1}{\sqrt{6}}\varphi_{np_x}(\boldsymbol{r}) + \dfrac{1}{\sqrt{2}}\varphi_{np_y}(\boldsymbol{r}) & \text{(21–b)} \\ \varphi''_{n,s,p_x,p_y}(\boldsymbol{r}) = \dfrac{1}{\sqrt{3}}\varphi_{ns}(\boldsymbol{r}) - \dfrac{1}{\sqrt{6}}\varphi_{np_x}(\boldsymbol{r}) - \dfrac{1}{\sqrt{2}}\varphi_{np_y}(\boldsymbol{r}) & \text{(21–c)} \end{cases}$$

这样, 我们就实现了所谓的 “sp^2 杂化”. (21) 式中的三个杂化轨道和 $\varphi_{np_z}(\boldsymbol{r})$ 轨道一起构成了空间 $\mathscr{E}_{ns} \oplus \mathscr{E}_{np}$ 中的一个新的正交归一基.

b. sp^2 杂化轨道的性质 [852]

下面, 我们采用与图 7–18 一样的图示法.

轨道 $\varphi_{n,s,p_x,p_y}(\boldsymbol{r})$ 具有相对于 Ox 轴的旋转对称性; 图 7–20–a 所表示的是

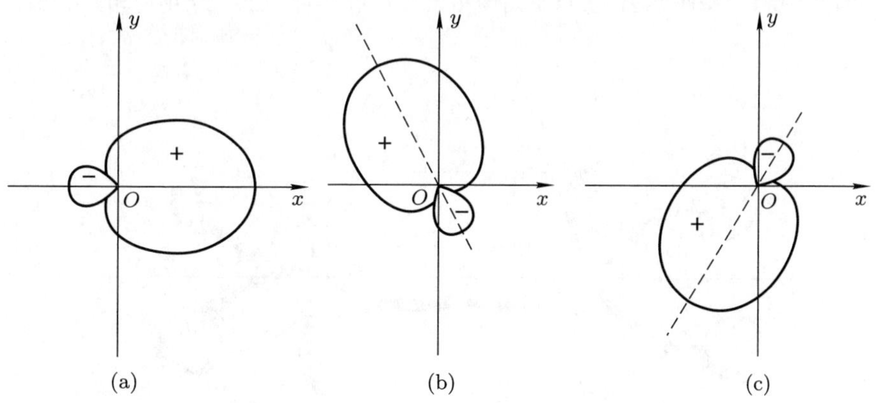

图 7–20　三个 sp^2 正交轨道的角依赖关系. 只需绕 Oz 轴旋转 120°, 三个轨道 φ_{n,s,p_x,p_y}, φ'_{n,s,p_x,p_y} 及 φ''_{n,s,p_x,p_y} 便可以互相导出.

① 实际上, a、b 及 c' 的符号可任意选择.

r 固定时, 描述该轨道的角依赖关系的曲面在 xOy 平面上的截口. 所得曲线和图 7–18–a 中的非常相似, 这个轨道在 Ox 轴的正方向上扩展.

利用表示 $\varphi_{np_x}(\boldsymbol{r})$ 的 (4–b) 式, 不难求得绕 Oz 轴转过角度 α 的旋转算符 $e^{-i\alpha L_z/\hbar}$ 作用于右矢 $|\varphi_{np_x}\rangle$ 的结果:

$$e^{-i\alpha L_z/\hbar}|\varphi_{np_x}\rangle = \cos\alpha|\varphi_{np_x}\rangle + \sin\alpha|\varphi_{np_y}\rangle \tag{22}$$

此外, 下式显然成立:

$$e^{-i\alpha L_z/\hbar}|\varphi_{ns}\rangle = |\varphi_{ns}\rangle \tag{23}$$

因此, 公式 (21) 就表示:

$$|\varphi'_{n,s,p_x,p_y}\rangle = e^{-2i\frac{\pi}{3}L_z/\hbar}|\varphi_{n,s,p_x,p_y}\rangle \tag{24–a}$$

$$|\varphi''_{n,s,p_x,p_y}\rangle = e^{2i\frac{\pi}{3}L_z/\hbar}|\varphi_{n,s,p_x,p_y}\rangle \tag{24–b}$$

[853] 由此可见, 只需绕 Oz 轴旋转角度 $2\pi/3$ 和 $-2\pi/3$, 就可以从轨道 (21–a) 得到两个轨道 (21–b) 和 (21–c). 图 7–20–b 和图 7–20–c 就是描述这些轨道的角依赖关系的曲面在 xOy 平面上的截口.

c. 应用: 乙烯的结构

与乙炔分子的情况一样, 乙烯分子 C_2H_4 中的每一个碳原子都有四个价电子 (一个属于支壳层 $2s$, 三个属于支壳层 $2p$).

四个电子中有三个占据了我们刚才讨论过的那种 sp^2 杂化轨道. 就每个碳原子而言, 正是这些轨道形成了联系邻近碳原子的键和联系原子团 CH_2 中两个氢原子的键. 这样便说明了从每个碳原子伸出的三个键 C—C, C—H, C—H 是共面的, 而且彼此互成 120° 角 (参考图 7–21, 这里采用的图示法和图 7–17、图 7–19 中的相同). 每个碳

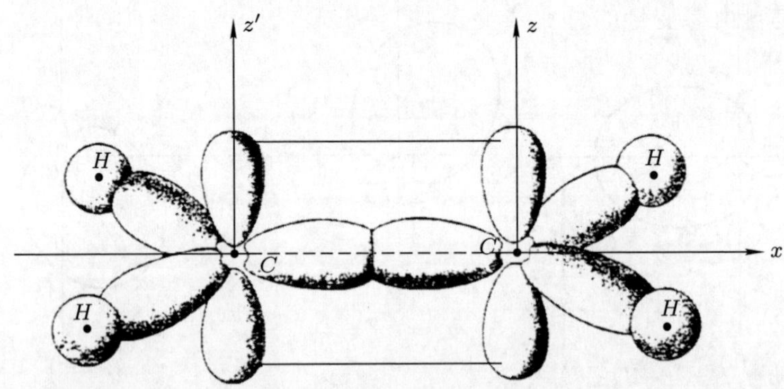

图 7–21 乙烯分子结构的示意图. 两个碳原子之间形成一个双键: 图 7–20 所示的那种 sp^2 轨道形成 σ 键 (与这个键互成 120° 角的其他两个 sp^2 杂化轨道形成 C—H 键) 两个 p_z 轨道的交叠形成 π 键.

原子中剩下的那个电子占据着 $2p_z$ 轨道. 两个碳原子中的 $2p_z$ 轨道以侧面部分地交叠, 在图 7–21 中的实线概略地示出这种交叠.

由此可见, 乙烯分子中的两个碳原子是由一个双键联系起来的: 具有对 Ox 轴 (在两个碳原子的联线上) 的旋转对称性的两个 sp^2 型杂化轨道形成一个键 (即 σ 键), 以 xOy 平面为对称面的两个 $2p_z$ 轨道形成另一个键 (即 π 键). 正是后一个键禁止一个原子团 CH_2 相对于另一个原子团的旋转. 这是因为, 如果使一个原子团 CH_2 相对于另一个原子团绕两个碳原子的连线旋转, 那么, $2p_z$ 轨道的轴和 $2p_{z'}$ 轨道的轴 (图 7–21) 就不可能再平行, 这些轨道的侧向交叠程度因此而减小, 整个集体的稳定性也随之减小. 这样, 我们就理解了为什么乙烯分子中的六个原子位于同一平面上.

5. sp^3 杂化 [854]

a. sp^3 杂化轨道的引入

现在我们将 $\varphi_{ns}(\boldsymbol{r})$, $\varphi_{np_x}(\boldsymbol{r})$, $\varphi_{np_y}(\boldsymbol{r})$, $\varphi_{np_z}(\boldsymbol{r})$ 这四个轨道叠加起来, 以便构成下列四个杂化轨道:

$$
\begin{cases}
\varphi_{n,s,p_x,p_y,p_z}(\boldsymbol{r}) = a\varphi_{ns}(\boldsymbol{r}) + b\varphi_{np_x}(\boldsymbol{r}) + c\varphi_{np_y}(\boldsymbol{r}) + d\varphi_{np_z}(\boldsymbol{r}) & \text{(25–a)}\\
\varphi'_{n,s,p_x,p_y,p_z}(\boldsymbol{r}) = a'\varphi_{ns}(\boldsymbol{r}) + b'\varphi_{np_x}(\boldsymbol{r}) + c'\varphi_{np_y}(\boldsymbol{r}) + d'\varphi_{np_z}(\boldsymbol{r}) & \text{(25–b)}\\
\varphi''_{n,s,p_x,p_y,p_z}(\boldsymbol{r}) = a''\varphi_{ns}(\boldsymbol{r}) + b''\varphi_{np_x}(\boldsymbol{r}) + c''\varphi_{np_y}(\boldsymbol{r}) + d''\varphi_{np_z}(\boldsymbol{r}) & \text{(25–c)}\\
\varphi'''_{n,s,p_x,p_y,p_z}(\boldsymbol{r}) = a'''\varphi_{ns}(\boldsymbol{r}) + b'''\varphi_{np_x}(\boldsymbol{r}) + c'''\varphi_{np_y}(\boldsymbol{r}) + d'''\varphi_{np_z}(\boldsymbol{r}) & \text{(25–d)}
\end{cases}
$$

在这里我们仍然要求四个轨道具有同样的几何形式, 这就是说, 应取:

$$a = a' = a'' = a''' \tag{26}$$

轨道之一的对称轴以及包含这个轴与另一轨道的轴的平面是可以任意选择的, 于是自由参变量的总数减少到 10. 使 (25) 式中四个轨道正交归一化, 我们就可以算出这些参变量.

在这里我们只给出这些杂化轨道的一个可能的集合, 它决定于参变量的下列数据:

$$
\begin{cases}
a = b = c = d = \dfrac{1}{2}\\
a' = -b' = -c' = d' = \dfrac{1}{2}\\
a'' = -b'' = c'' = -d'' = \dfrac{1}{2}\\
a''' = b''' = -c''' = -d''' = \dfrac{1}{2}
\end{cases} \tag{27}
$$

根据这些数据, 我们立即可以验证这些轨道是正交归一的, 并且具有相同的几何形式. 所有其他可能的集合可以通过旋转来导出.

这样, 我们就实现了所谓的 “sp^3 杂化”: 与 (27) 式中诸系数对应的四个轨道 [(25) 式] 在空间 $\mathscr{E}_{ns} \oplus \mathscr{E}_{np}$ 中构成一个新的正交归一基.

b. sp^3 杂化轨道的性质

在上面的 §5–a 中构成的四个轨道的形式类似于我们在 §3 和 §4 中研究过的那些轨道的形式. 它们的指向就是具有如下分量的各矢量的方向:

$$\begin{cases}(1,1,1)\\(-1,-1,1)\\(-1,1,-1)\\(1,-1,-1)\end{cases} \tag{28}$$

[855] 因此, 四个 sp^3 轨道的轴线的配置类似于正四面体的中心与其四个顶点之间的四条联线; 在这四条联线中, 任意两条之间的角度都是 $109°28'$.

c. 应用: 甲烷的结构

在甲烷分子 CH_4 中, 碳原子中的四个价电子各自占据了上面引入的四个 sp^3 杂化轨道中的一个. 根据这一点, 我们立即就可解释为什么四个氢原子形成了以碳原子为中心的正四面体的顶点 (图 7–22).

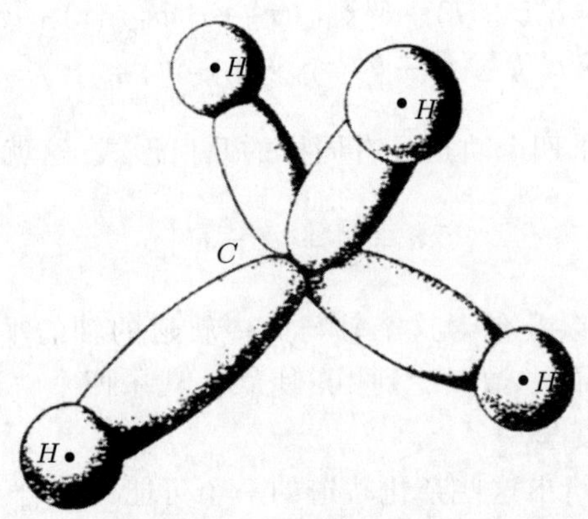

图 7–22 甲烷分子结构的示意图. 由 sp^3 轨道形成的那些键在空间的取向和正四面体的中心与其顶点的联线一样 (两条联线间的角度为 $109°28'$).

将甲烷中的一个氢换成一个原子团 CH_3 便得到乙烷分子 C_2H_6. 因此, 两个碳原子是由单键来联系的, 而这个单键是由相对于两个碳原子的联线具有旋转对称性的两个 sp^3 杂化轨道所形成的. 因为没有双键, 所以一个原子团 CH_3 可以近乎自由地相对于另一个原子团旋转.

参考文献和阅读建议:

轨道的各种几何表示法: Levine(12.3), §6.6; Karplus 和 Porter(12.1), §3.10.

杂化轨道: Karplus 和 Porter (12.1), §6.3; Alonso 和 Finn Ⅲ (1.4), §5–5; Eyring 等 (12.5), 第 Ⅻ 章, §12b; Coulson (12.6), 第 Ⅷ 章; Pauling (12.2), 第 Ⅲ 章, §13 和 §14.

补充材料 F_{VII}

[856] 双原子分子的振动–转动能级

1. 引言

在这篇材料中, 我们将利用第七章的结果, 从量子力学的角度来研究一个双原子分子中两个核所构成的体系的定态. 我们将同时考虑该体系的所有自由度: 两个核在各自的平衡位置附近的振动和整个体系绕质心的转动. 在补充材料 A_V 和 C_{VI} 中, 我们只分别考虑了一种有关的自由度; 可以证明, 该两文中所得的结果作为一级近似, 仍然是成立的. 此外, 我们还要计算并从物理上解释由于分子的"离心畸变"和振动–转动耦合所引起的若干改正量.

在补充材料 A_V 的 §1–a (玻恩–奥本海默近似) 中, 我们已经看到, 两核之间的相互作用势能 $V(r)$ 只依赖于它们之间的距离 r, 并具有图 7–23 所示的形
[857] 式: $V(r)$ 在远距离处是吸引势, 在近距离处是排斥势, 而在 $r = r_e$ 处达到极小值, 其深度为 V_0. 设两个核的质量各为 m_1、m_2, 由于 $V(r)$ 只依赖于 r, 根据第七章的 §B, 我们可以分别研究质心 (质量为 $M = m_1 + m_2$ 的自由粒子) 的运动和质心系中的相对运动, 这个运动等价于处在图 7–23 所示势场 $V(r)$ 中质量为

$$\mu = \frac{m_1 m_2}{m_1 + m_2} \tag{1}$$

的假想粒子的运动.

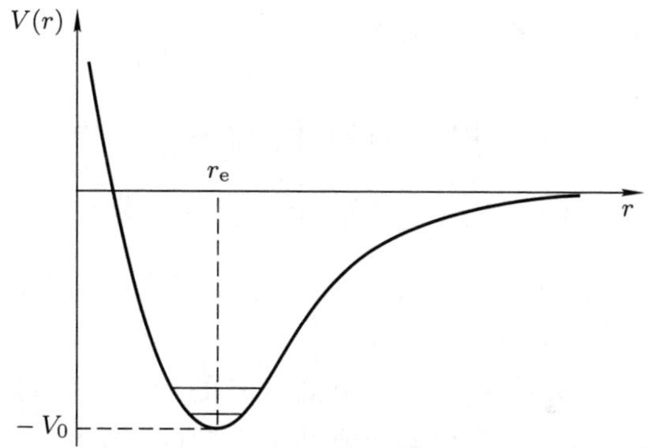

图 7–23 一个双原子分子的两核之间的相互作用势能 $V(r)$ 随它们之间的距离 r 变化的情况. 在 $r = r_e$ 处, $V(r)$ 达到极小值 $-V_0$. 势阱中的水平线概略地表示前几个振动能级.

如果我们只考虑相对运动, 则根据第七章 §A 中的结果, 描述体系的定态的波函数是:

$$\varphi_{v,l,m}(r,\theta,\varphi) = \frac{1}{r}u_{v,l}(r)\mathrm{Y}_l^m(\theta,\varphi) \tag{2}$$

对应的能量 $E_{v,l}$ 和径向函数 $u_{v,l}(r)$ 由下列方程给出:

$$\left[-\frac{\hbar^2}{2\mu}\frac{\mathrm{d}^2}{\mathrm{d}r^2} + V(r) + \frac{l(l+1)\hbar^2}{2\mu r^2}\right]u_{v,l}(r) = E_{v,l}u_{v,l}(r) \tag{3}$$

附注:

严格说来, 在本文中 (如在 A_V 和 C_{VI} 中一样), 我们始终暗自假设全体电子的轨道角动量在两核间轴线上的投影等于零, 全体电子的总自旋也是这样. 因此, 分子的总角动量仅仅来源于两个核的转动. 对于处在基态的几乎所有的双原子分子, 这种情况都是切合实际的. 在一般情况下, 在两核之间的相互作用能量中还会出现不仅仅依赖于核间距离 r 的项.

2. 径向方程的近似解

径向方程的形式和下述一维问题中的哈密顿算符的本征值方程的形式相同; 这个问题是质量为 μ 的粒子在有效势场

$$V_{\text{有效}}(r) = V(r) + \frac{l(l+1)\hbar^2}{2\mu r^2} \tag{4}$$

中运动的问题.

a. 对角动量为零的态 $(l=0)$ 的研究

在 $l=0$ 时,"离心势"$l(l+1)\hbar^2/2\mu r^2$ 等于零, 从而 $V_{有效}(r)$ 便与 $V(r)$ 一致. 在极小值出现的点 $r=r_e$ 的附近, 我们可以将 $V(r)$ 展为 $r-r_e$ 的幂级数:

$$V(r)=-V_0+f(r-r_e)^2-g(r-r_e)^3+\cdots \tag{5}$$

[858] 其中 f 和 g 都是正的, 因为 $r=r_e$ 是一个极小值点, 而且势在 $r<r_e$ 处比在 $r>r_e$ 处增长得更快.

我们先略去 $(r-r_e)^3$ 的项以及更高次幂的项. 于是, 势便纯粹是抛物型的, 而且哈密顿算符的本征态和本征值都是已知的. 若令

$$\omega=\sqrt{\frac{2f}{\mu}} \tag{6}$$

便得到能量为:

$$E_{v,0}=-V_0+\left(v+\frac{1}{2}\right)\hbar\omega \quad (v=0,1,2,\cdots) \tag{7}$$

的诸能级, 与它们相联系的波函数为 (参看第五章补充材料 $\mathrm{B_V}$):

$$u_v(r)=\left(\frac{\beta^2}{\pi}\right)^{1/4}\frac{1}{\sqrt{2^v v!}}\mathrm{e}^{-\beta^2(r-r_e)^2/2}H_v[\beta(r-r_e)] \tag{8}$$

其中

$$\beta=\sqrt{\frac{\mu\omega}{\hbar}} \tag{9}$$

(H_v 是厄米多项式). 在图 7–23 中, 我们用水平线表示前两个能级. 这些线段的长度粗略地标志着对应于这些能级的波函数的展延度 $(\Delta r)_v$. 我们提示一下 [第五章的公式 (D–5–a)]:

$$(\Delta r)_v\simeq\sqrt{\left(v+\frac{1}{2}\right)\frac{\hbar}{\mu\omega}} \tag{10}$$

为了使上面的结果保持有效, 在点 $r=r_e$ 附近宽度为 $(\Delta r)_v$ 的区间内, (5) 式中的 $(r-r_e)^3$ 项对于 $(r-r_e)^2$ 项而言显然必须微小到可以忽略的程度. 所以, 我们应有:

$$f\gg g(\Delta r)_v=g(\Delta r)_0\sqrt{v+\frac{1}{2}} \tag{11}$$

式中 $(\Delta r)_0$ 是基态波函数的展延度:

$$(\Delta r)_0=\sqrt{\frac{\hbar}{\mu\omega}} \tag{12}$$

特别地, 这意味着:

$$f \gg g(\Delta r)_0 \tag{13}$$

条件 (13) 实际上总是可以得到满足的. 为了同时满足 (11) 式, 下面, 我们只限于考虑量子数 v 足够小的情况. [859]

附注:

在 $V(r)$ 为无穷大的点 $r=0$ 处, 展开式 (5) 显然不能成立. 因此在前面的推证中, 我们暗自假设了:

$$(\Delta r)_v \ll r_e \tag{14}$$

在这种情况下, (8) 式中的波函数在原点处实际上等于零, 而且它们和径向方程 (3) 的精确解的差异小到可以忽略; 精确解在 $r=0$ 处应该是严格等于零的 (参看第七章的 §A–2–c).

b. 一般情况 (l 为任意正整数)

α. 对离心势的影响的估算

在 $r=r_e$ 处, 离心势为

$$\frac{l(l+1)\hbar^2}{2\mu r_e^2} = Bhl(l+1) \tag{15}$$

其中

$$B = \frac{\hbar}{4\pi\mu r_e^2} \tag{16}$$

是在补充材料 C_{VI} 中引入的旋转常量. 我们在该文 (§4–a–β) 中曾指出, 能量 $2Bh$ (纯转动谱中相邻两线的间隔) 永远甚小于 $\hbar\omega$ (振动能量子):

$$2Bh \ll \hbar\omega \tag{17}$$

为了使下列条件:

$$Bhl(l+1) \ll \hbar\omega \tag{18}$$

也能成立, 我们在这里只考虑足够小的转动量子数 l.

在点 $r=r_e$ 周围宽度 Δr 很小的区间中, 离心势的改变量约为

$$\frac{l(l+1)\hbar^2}{\mu r_e^3}\Delta r = 2Bhl(l+1)\frac{\Delta r}{r_e} \tag{19}$$

而势 $V(r)$ 的改变量则近似地为:

$$f(\Delta r)^2 = \frac{1}{2}\mu\omega^2(\Delta r)^2 = \frac{1}{2}\hbar\omega\frac{(\Delta r)^2}{(\Delta r)_0^2} \tag{20}$$

[860] 在这里我们利用了 (12) 式. 由上面的 §2–a 可知, 我们将要考虑的波函数的展延度 Δr, 与 $r_{\rm e}$ 相比可以略去, 但其数量级肯定至少与 $(\Delta r)_0$ 相同. 因此, 在波函数具有显著幅度的空间区域中, 根据 (18) 式, (19) 式中的离心势的改变量将甚小于 (20) 式中的 $V(r)$ 的改变量. 因此, 在一级近似下, 在方程 (4) 中, 我们可将离心势换成它在 $r = r_{\rm e}$ 处的值 (15) 式, 有效势随即变为:

$$V_{有效}(r) \simeq V(r) + Bhl(l+1) \tag{21}$$

β. 定态能级和波函数

利用 (21) 式, 并在展开式 (5) 中略去二次以上的各项, 我们便可将径向方程 (3) 写成下列形式:

$$\left[-\frac{\hbar^2}{2\mu}\frac{\mathrm{d}^2}{\mathrm{d}r^2} + \frac{1}{2}\mu\omega^2(r-r_{\rm e})^2\right]u_{v,l}(r) = [E_{v,l} + V_0 - Bhl(l+1)]u_{v,l}(r) \tag{22}$$

这完全类似于一维谐振子的本征值方程.

由此, 我们立即可以推知, 上式右端的方括号只能等于 $\left(v+\dfrac{1}{2}\right)\hbar\omega, v = 0,1,2,\cdots$. 这个结果告诉我们, 分子的可能的能量 $E_{v,l}$ 为:

$$E_{v,l} = -V_0 + \left(v+\frac{1}{2}\right)\hbar\omega + Bhl(l+1) \tag{23}$$

其中

$$\begin{cases} v = 0,1,2,\cdots \\ l = 0,1,2,\cdots \end{cases}$$

至于径向函数则与 l 无关, 这是因为 (22) 式左端的微分算符并不依赖于 l. 从而, 我们便有:

$$u_{v,l}(r) = u_v(r) \tag{24}$$

其中 $u_v(r)$ 已由 (8) 式给出. 于是, 在这种近似下, 定态波函数的表示式 (2) 可以写作:

$$\varphi_{v,l,m}(r,\theta,\varphi) = \frac{1}{r}u_v(r)\mathrm{Y}_l^m(\theta,\varphi) \tag{25}$$

由此可见, 定态能量是在补充材料 $\mathrm{A_V}$ 和 $\mathrm{C_{VI}}$ 中已经得到的能量的总和, 在该两文中, 我们分别只考虑一种 (振动或转动) 自由度. 此外, 除因子 $1/r$ 之外, 现在的波函数等于该两文中所得波函数的乘积.

图 7–24 表示 $v=0$ 和 $v=1$ 的两个振动能级, 并显示了由于 $Bhl(l+1)$ 这个项所引起的转动结构.

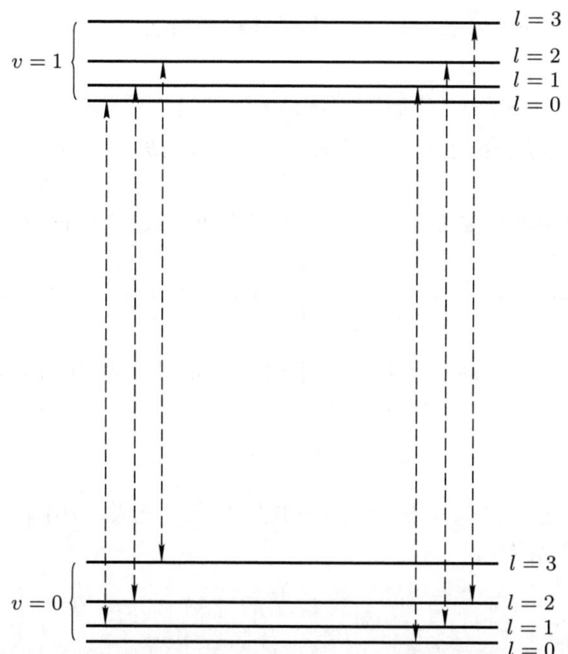

图 7–24 一个双原子分子的前两个 ($v = 0, v = 1$) 振动能级以及它们的转动结构 ($l = 0, 1, 2, \cdots$). 在我们限定的近似下, 这种转动结构对各振动能级都一样. 对于异极分子而言, 图中带箭头的垂线所表示的跃迁给出分子的振动转动谱线. 它们的波长处在红外波段; 这些跃迁遵从选择定则 $\Delta l = l' - l = \pm 1$.

c. 振动–转动谱 [861]

在这里我们只限于讨论红外吸收或发射谱, 因此, 我们涉及的是异极分子 (类似于 A_V 的 §1–c–β 与 C_{VI} 的 §4–b 的那些计算方法, 也可以应用于同极分子和拉曼效应的研究).

α. 选择定则

我们提醒一下, 分子的偶极矩 $D(r)$ 沿联结两个核的直线, 我们可以在 r_e 附近将它展开为 $r - r_e$ 的幂级数:

$$D(r) = d_0 + d_1(r - r_e) + \cdots \tag{26}$$

偶极矩在 Oz 轴上的投影等于 $D(r)\cos\theta$ (θ 是分子的轴线与 Oz 轴的夹角).

我们希望确定分子由于其电偶极矩的变化而吸收或发射的沿 Oz 方向偏振的电磁波的频谱. 正如我们已经多次做过的那样, 为此, 我们应该去求 $D(r)\cos\theta$ 的平均值在随时间演变的过程中出现的玻尔频率. 既然如此, 我们

就只需确定 v', l', m' 和 v, l, m 应取哪些值, 矩阵元

$$\begin{aligned}&\langle\varphi_{v',l',m'}|D(r)\cos\theta|\varphi_{v,l,m}\rangle\\&=\int r^2\mathrm{d}r\mathrm{d}\Omega\varphi^*_{v',l',m'}(r,\theta,\varphi)D(r)\cos\theta\varphi_{v,l,m}(r,\theta,\varphi)\end{aligned}\tag{27}$$

[862] 才不等于零. 利用波函数的表示式 (25), 我们可将这个矩阵元写成下列形式:

$$\left[\int_0^\infty \mathrm{d}ru^*_{v'}(r)D(r)u_v(r)\right]\times\left[\int\mathrm{d}\Omega\mathrm{Y}_{l'}^{m'*}(\theta,\varphi)\cos\theta\mathrm{Y}_l^m(\theta,\varphi)\right]\tag{28}$$

于是, 出现了在补充材料 $\mathrm{A_V}$ 和 $\mathrm{C_{VI}}$ 中讨论过的两个积分的乘积. 其中第二个积分, 只在

$$l'-l=+1,-1\tag{29}$$

时才不等于零. 至于第一个积分, 如果我们只限于考虑 (26) 式中的 d_0 项和 d_1 项, 那么, 这个积分只在

$$v'-v=0,+1,-1\tag{30}$$

时才不等于零.

对应于 $v'-v=0$ 的全体谱线构成补充材料 $\mathrm{C_{VI}}$ 讨论过的纯转动谱 (它们的强度正比于 d_0^2). 对应于 $v'-v=\pm1, l'-l=\pm1$, 而且强度正比于 d_1^2 的那些谱线构成振动–转动谱, 下面我们将对它进行扼要的描述.

附注:

选择定则 $l'-l=\pm1$ 来源于波函数的角依赖关系. 因此, 这个定则与我们求解径向方程 (3) 时所作的近似并无关系; 但 (30) 式却只在谐和近似的范围内成立.

β. 谱的形状

我们用 v' 表示所要考虑的两个振动量子数中较大的一个 $(v'=v+1)$. 振动–转动谱线可以分为两组:

——一组谱线对应于 $v'=v+1, l'=l+1\leftrightarrow v,l$, 频率是:

$$\frac{\omega}{2\pi}+B(l+1)(l+2)-Bl(l+1)=\frac{\omega}{2\pi}+2B(l+1)\tag{31}$$

其中 $l=0,1,2,\cdots$

(图 7–24 右侧用箭头表示的跃迁便与这些谱线对应).

——一组谱线对应于 $v'=v+1, l'=l-1\leftrightarrow v,l$, 频率是:

$$\frac{\omega}{2\pi}+Bl'(l'+1)-B(l'+1)(l'+2)=\frac{\omega}{2\pi}-2B(l'+1)\tag{32}$$

其中 $l'=0,1,2,\cdots$

(图 7–24 左侧用箭头表示的跃迁便与这些谱线对应).

由此可以推知, 振动–转动谱具有图 7–25 所示的形状. 它包含两组等间隔的谱线, 这两组谱线对称地分布在振动频率 $\omega/2\pi$ 的两侧. 这些谱线的集合构成一个 "谱带". 频率由 (31) 式给出的那些谱线组成所谓的 "R 支", 频率由 (32) 式给出的那些谱线组成所谓的 "P 支". 在每一支中, 相邻两谱线的间隔都是 $2B$. 隔开两支的中心区间的宽度为 $4B$, 故人们常说光谱中有一条 "缺线", [863]
即在纯振动频率 $\omega/2\pi$ 处没有谱线.

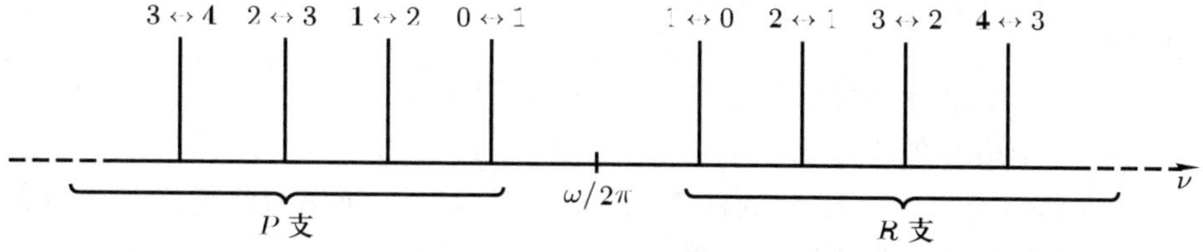

图 7–25 一个异极分子的振动–转动谱. 在图 7–24 中 l 值相同的那些能级之间的跃迁被选择定则禁止, 因此, 任何谱线的频率都不等于纯振动频率 $\omega/2\pi$. 分子从能级 (v', l') 到能级 $(v = v' - 1, l = l' - 1)$ 的跃迁对应着频率 $\omega/2\pi + 2B(l + 1)$ (即 "R 支" 中的谱线). 分子从能级 (v', l') 到能级 $(v = v' - 1, l = l' + 1)$ 的跃迁对应着频率 $\omega/2\pi - 2B(l' + 1)$ (即 "P 支" 中的谱线). 在此图中用 $l' \leftrightarrow l$ 来标志不同的谱线).

附注:

在 $\mathrm{A_V}$ 中讨论过的, 由 $\omega/2\pi$ 处的一条孤立谱线所构成的 "纯振动" 谱, 实际上是不存在的. 只有在使用分辨率很低的光谱仪时, 我们才能忽略振动–转动谱线的转动结构, 并将图 7–25 中的谱带视为中心在 $\omega/2\pi$ 处的一条谱线 (注意: $\omega/2\pi \gg 2B$).

3. 对一些改正量的估算

前节的计算是以下述近似条件为基础的, 即我们在径向方程中将离心势换成了它在 $r = r_\mathrm{e}$ 处的值. 于是, 经过简单的垂直平移, 便可从 $V(r)$ 导出有效势 $V_{有效}(r)$ [公式 (21)].

在这一节里, 我们要研究: 如果将离心势在 $r = r_\mathrm{e}$ 附近的缓慢变化考虑在内, 应该怎样改正 §2 中的结果. 为此, 我们将离心势展开为 $(r - r_\mathrm{e})$ 的幂级数:

$$\frac{l(l+1)\hbar^2}{2\mu r^2} = \frac{l(l+1)\hbar^2}{2\mu r_\mathrm{e}^2} - \frac{l(l+1)\hbar^2}{\mu r_\mathrm{e}^3}(r - r_\mathrm{e}) + \frac{3l(l+1)\hbar^2}{2\mu r_\mathrm{e}^4}(r - r_\mathrm{e})^2 + \cdots \quad (33)$$

[864] a. 更精确地研究有效势 $V_{有效}(r)$ 的形式

考虑到 (5) 式和 (33) 式, 我们可将有效势 (4) 在 $r = r_e$ 的近邻的展开式写作:

$$\begin{aligned} V_{有效}(r) = & -V_0 + f(r - r_e)^2 - g(r - r_e)^3 + \cdots \\ & + \frac{l(l+1)\hbar^2}{2\mu r_e} - \frac{l(l+1)\hbar^2}{\mu r_e^3}(r - r_e) + \frac{3l(l+1)\hbar^2}{2\mu r_e^4}(r - r_e)^2 + \cdots \end{aligned} \tag{34}$$

我们即将看到, 若 l 不等于零, 则离心势在 $r = r_e$ 的近邻的变化将产生下述影响:

(i) $V_{有效}(r)$ 的极小值的位置 $\widetilde{r}_e$ 不与 r_e 精确重合.

(ii) 这个极小值 $V_{有效}(\widetilde{r}_e)$ 与 $-V_0 + Bhl(l+1)$ 有微小差异.

(iii) $V_{有效}(r)$ 在 $r = \widetilde{r}_e$ 处的曲率 [如公式 (6) 所示, 曲率的值确定了等效谐振子的角频率] 不再严格地由系数 f 给出.

我们将从展开式 (34) 出发来估算这些影响. 就前两种影响而言, 我们可以略去 $V(r)$ 中高于二次的项和离心势中高于一次的项; 这是因为, 我们所要确定的距离 $\widetilde{r}_e - r_e$ 是非常微小的量 [它甚至小于 $(\Delta r)_0$], 而且事后我们可以检验下列条件是成立的:

$$g(\widetilde{r}_e - r_e) \ll f \tag{35-a}$$

$$\frac{3l(l+1)\hbar^2}{2\mu r_e^4}(\widetilde{r}_e - r_e) \ll \frac{l(l+1)\hbar^2}{\mu r_e^3} \tag{35-b}$$

α. $V_{有效}(r)$ 的极小值的位置和数值

在展开式 (34) 中, 如果我们只保留 $V(r)$ 中的前两项和离心势中的前两项, 则 $\widetilde{r}_e$ 便由下式给出:

$$2f(\widetilde{r}_e - r_e) \simeq \frac{l(l+1)\hbar^2}{\mu r_e^3} \tag{36}$$

即

$$\widetilde{r}_e - r_e \simeq \frac{l(l+1)\hbar^2}{2\mu f r_e^3} = \frac{Bhl(l+1)}{f r_e} \tag{37}$$

根据 (6) 式和 (12) 式, 我们便有:

$$\frac{\widetilde{r}_e - r_e}{(\Delta r)_0} \simeq \frac{2Bhl(l+1)}{\hbar\omega} \frac{(\Delta r)_0}{r_e} \ll 1 \tag{38}$$

考虑到 (13) 和 (14) 式, 这个结果便证明了 (35–a) 和 (35–b) 式.

[865] 将 $\widetilde{r}_e$ 的这个值代入 $V_{有效}(r)$ 的展开式, 我们求得:

$$V_{有效}(\widetilde{r}_e) \simeq -V_0 + Bhl(l+1) - Gh[l(l+1)]^2 \tag{39}$$

其中

$$G=\frac{\hbar^3}{8\pi\mu^2 r_{\mathrm{e}}^6 f} \tag{40}$$

β. $V_{有效}(r)$ 在它的极小值处的曲率

在 $r=\widetilde{r}_{\mathrm{e}}$ 的近邻, 我们可将 $V_{有效}(r)$ 写成下列形式:

$$V_{有效}(r)=V_{有效}(\widetilde{r}_{\mathrm{e}})+f'(r-\widetilde{r}_{\mathrm{e}})^2-g'(r-\widetilde{r}_{\mathrm{e}})^3+\cdots \tag{41}$$

系数 f' 与 $V_{有效}(r)$ 在 $r=\widetilde{r}_{\mathrm{e}}$ 处的曲率有下列关系:

$$f'=\frac{1}{2}\left[\frac{\mathrm{d}^2}{\mathrm{d}r^2}V_{有效}(r)\right]_{r=\widetilde{r}_{\mathrm{e}}} \tag{42}$$

为了估算 f' 与 f 之间的差异, 在展开式 (34) 中, 我们必须考虑 $V(r)$ 中的 $(r-r_{\mathrm{e}})^3$ 项, 从而又必须考虑离心势中的 $(r-r_{\mathrm{e}})^2$ 项. 利用 (34) 式, 经过简单的计算便得到:

$$2f'\simeq 2f+\frac{3l(l+1)\hbar^2}{\mu r_{\mathrm{e}}^4}-\frac{3gl(l+1)\hbar^2}{\mu r_{\mathrm{e}}^3 f} \tag{43}$$

因此, 由 (6) 式所定义的角频率 ω 应该换成:

$$\omega'=\sqrt{\frac{2f'}{\mu}} \tag{44}$$

将根式展开, 不难求得:

$$\omega'=\omega-2\pi\alpha_{\mathrm{e}}l(l+1) \tag{45}$$

式中

$$\alpha_{\mathrm{e}}=\frac{3\hbar^2\omega}{8\pi\mu r_{\mathrm{e}}^3 f}\left[\frac{g}{f}-\frac{1}{r_{\mathrm{e}}}\right] \tag{46}$$

为了确定 g', 我们也可以进行类似的计算. 事实上, 由于 (41) 式中的 $(r-\widetilde{r}_{\mathrm{e}})^3$ 项只给由前两项所得的结果带来很小的改正, 所以, 从 r_{e} 过渡到 $\widetilde{r}_{\mathrm{e}}$ 时, 我们可以略去 $\dfrac{\mathrm{d}^3}{\mathrm{d}r^3}V_{有效}(r)$ 的变化, 而取 $g'\simeq g$.

归结起来, 在极小值的近邻, 我们可将 $V_{有效}(r)$ 写成下列形式

$$V_{有效}(r)\simeq V_{有效}(\widetilde{r}_{\mathrm{e}})+\frac{1}{2}\mu\omega'^2(r-\widetilde{r}_{\mathrm{e}})^2-g(r-\widetilde{r}_{\mathrm{e}})^3 \tag{47}$$

式中 $\widetilde{r}_{\mathrm{e}}$、$V_{有效}(\widetilde{r}_{\mathrm{e}})$ 及 ω' 分别由 (37)、(39) 及 (45) 式给出.

b. 定态的能级和波函数 [866]

引用 $V_{有效}(r)$ 的表示式 (47), 径向方程变为:

$$\begin{aligned}&\left[-\frac{\hbar^2}{2\mu}\frac{\mathrm{d}^2}{\mathrm{d}r^2}+\frac{1}{2}\mu\omega'^2(r-\widetilde{r}_{\mathrm{e}})^2-g(r-\widetilde{r}_{\mathrm{e}})^3\right]u_{v,l}(r)\\&=[E_{v,l}-V_{有效}(\widetilde{r}_{\mathrm{e}})]u_{v,l}(r)\end{aligned} \tag{48}$$

如果我们像在 §2 中那样略去 $g(r-\widetilde{r}_e)^3$, 那么, 不难看出这就是一维谐振子 (角频率为 ω', 平衡位置在 $r=\widetilde{r}_e$ 处) 的本征值方程. 由此可以推知, 方程右端括号中的量的可能值只有 $\left(v+\dfrac{1}{2}\right)\hbar\omega'$, 其中 $v=0,1,2,\cdots$. 于是根据 (39) 式, 我们便有:

$$E_{v,l}=-V_0+\left(v+\frac{1}{2}\right)\hbar\omega'+Bhl(l+1)-Gh[l(l+1)]^2 \tag{49}$$

至于定态波函数, 它们的形式和 (25) 式中的相同. 我们只需在径向函数的表示式 (8) 中, 将 r_e 换成 $\widetilde{r}_e$, 将 β 换成:

$$\beta'=\sqrt{\frac{\mu\omega'}{\hbar}} \tag{50}$$

为了计算新的角频率 ω', 我们曾考虑过 $g(r-r_e)^3$ 的项; 因此, 为了计算上的前后一致, 我们有必要估算 (48) 式左端的三次项给径向方程的本征值和本征函数带来的改正量. 我们将在补充材料 A_{XI} 中应用微扰理论来进行这项工作. 在这里, 我们只说明与本征值有关的结果: 我们应给能量表示式 (49) 加上下面的项:

$$\xi\hbar\omega'\left(v+\frac{1}{2}\right)^2+\frac{7}{60}\xi\hbar\omega' \tag{51}$$

其中

$$\xi=-\frac{15}{4}\frac{g^2\hbar}{\mu^3\omega'^5} \tag{52}$$

是一个无量纲的量, 其值甚小于 1 (因此, 在这个改正量中, ω' 可换成 ω).

c. 对各改正量的物理解释

α. 分子的离心畸变

§3–a–α 中的讨论表明, 当分子旋转时, 两核间的距离有所增大; 而且根据 (37) 式, $l(l+1)$ 的值越大, 也就是说, 分子转动得越快, 距离的增量也就越大. 这是很容易理解的: 用经典术语来说, 就是 “离心力” 倾向于拉开两个核, 直到由势 $V(r)$ 所产生的回复力 $2f(\widetilde{r}_e-r_e)$ 和它相抵时为止.

[867] 由此可见, 分子实际上并不是一个 “刚性转子”. 两核间的平均距离的改变量 $\widetilde{r}_e-r_e$ 引起分子转动惯量的增大, 从而引起转动能的减小 (假设角动量不变). 这项减小量只是部分地被势能的增加 $V(\widetilde{r}_e)-V(r_e)$ 所抵偿. 这就是出现在 (49) 式中的能量改正量 $-Ghl^2(l+1)^2$ 的物理原因. 随着 l 的增大, 带负号的这个改正量的增长比转动能 $Bhl(l+1)$ 的增长快得多. 这一点在实验上表现为纯转动谱线并不是严格等间隔的, 谱线间隔随着 l 的增大而缩小.

β. 振动–转动耦合

我们归并一下 (49) 式中的第二、三两项, 并将其中的 ω' 代之以 (45) 式, 于是便有:

$$\left(v+\frac{1}{2}\right)\hbar\omega'+Bhl(l+1)=\left(v+\frac{1}{2}\right)\hbar\omega+Bhl(l+1)-\alpha_{\mathrm{e}}hl(l+1)\left(v+\frac{1}{2}\right) \quad (53)$$

此式右端的前两项是在补充材料 $\mathrm{A_V}$ 和 $\mathrm{C_{VI}}$ 中计算过的振动能和转动能. 同时依赖于量子数 v 和 l 的第三项表示振动自由度和转动自由度之间的耦合效应.

我们可以将 (53) 式改写为下列形式:

$$\left(v+\frac{1}{2}\right)\hbar\omega+B_v hl(l+1) \quad (54)$$

其中

$$B_v=B-\alpha_{\mathrm{e}}\left(v+\frac{1}{2}\right) \quad (55)$$

这相当于给每一个振动能级联系上一个依赖于 v 的有效转动常量 B_v.

为了从物理上解释分子的振动与转动之间的耦合, 我们将采用经典的术语. 转动常量 B 正比于 $1/r^2$ [见公式 (16)]. 当分子振动时, r 发生变化, 从而 B 也有变化. 由于振动频率比转动频率高得多, 我们可以为处在一个给定的振动态的分子定义一个有效转动常量: 它是 B 在比振动周期长得多的时间间隔中的平均值. 因此, 我们应在指定的振动态中取 $1/r^2$ 对时间的平均值.

于是, 我们可以将 α_{e} 的表示式 (46) 中符号相反的两项解释如下. 在这 [868]
两项中正比于 g 的第一项来源于势 $V(r)$ 的非谐性; 振动的幅度越大 (实际上也就是说 v 的值越大), 非谐性就越突出. 对于已经给出的 $V(r)$ 的不对称形式 (图 7–23), 分子在 $r>r_{\mathrm{e}}$ 的区域中比在 $r<r_{\mathrm{e}}$ 的区域中要 "停留更长的时间". 由此可以推知, $1/r^2$ 的平均值应小于 $1/r_{\mathrm{e}}^2$, 这就是说, 非谐性使有效转动常数减小. 这可以通过公式 (55) 和 (46) 来证实. 实际上, 即使振动相对于 r_{e} 是完全对称的 (也就是说, 如果 g 为零), $1/r^2$ 的平均值也不会等于 $1/r_{\mathrm{e}}^2$, 因为

$$\left\langle\frac{1}{r^2}\right\rangle\neq\frac{1}{\langle r\rangle^2} \quad (56)$$

这就是 (46) 式中第二项的来源: 由于我们取 $1/r^2$ 的平均值, r 的那些较小的值便占了优势, 所以 $\langle 1/r^2\rangle$ 大于 $1/\langle r\rangle^2$; 从而确定了第二个改正量的符号.

上述两种效应竞争的结果便决定了 α_{e} 的最后的符号. 在一般情况下, 非谐项占优势, 因此 α_{e} 是正的, 而 B_v 则小于 B.

附注:

(i) 即使在振动的基态 ($v=0$), 也存在着振动–转动耦合:

$$B_0 = B - \frac{1}{2}\alpha_e \tag{57}$$

这是能级 $v=0$ 的波函数的有限展延度 $(\Delta r)_0$ 的另一种表示.

(ii) 在实验上, 振动–转动耦合的表现形式如下: 若 α_e 是正的, 则转动结构在较高振动能级 v' 中比在较低振动能级 $v=v'-1$ 中稍微密集一些. 不难证明, 图 7-25 中的 P 支与 R 支所受的影响是不同的: 相邻各谱线不再是完全等间隔的; 平均说来, R 支中的线比 P 支中的线靠得更近一些.

归结一下, 用量子数 v 和 l 来标记时, 一个双原子分子的振动–转动能级由下式给出:

$$E_{v,l} = -V_0 + \left(v+\frac{1}{2}\right)\hbar\omega + \left[B - \alpha_e\left(v+\frac{1}{2}\right)\right]hl(l+1) - Ghl^2(l+1)^2 + \xi\left(v+\frac{1}{2}\right)^2\hbar\omega + \frac{7}{60}\xi\hbar\omega \tag{58}$$

其中:

V_0 是分子的离解能;

$\omega/2\pi$ 是振动频率;

B 是转动常量, 由 (16) 式给出;

G、α_e、ξ 都是无量纲的常量, 分别由 (40)、(46)、(52) 式给出.

[869] **参考文献和阅读建议**:

分子光谱: Eisberg 和 Resnik (1.3), 第 12 章; Pauling 和 Wilson (1.9), 第 X 章; Karplus 和 Porter (12.1), 第七章; Herzberg (12.4), 第 I 卷, 第 Ⅲ 章, §2b 和 §2c; Landau 和 Lifshitz (1.19), 第 XI 章和第 Ⅷ 章.

核的振动与转动: Valentin (16.1), §Ⅶ-2.

补充材料 G_{VII}

练习 [870]

1. 在柱对称势场中的粒子

用 ρ, φ, z 表示一个无自旋粒子的柱坐标 ($x = \rho\cos\varphi, y = \rho\sin\varphi, \rho \geqslant 0, 0 \leqslant \varphi \leqslant 2\pi$). 假设粒子的势能只依赖于 ρ, 不依赖于 φ 和 z. 我们提示一下:

$$\frac{\partial^2}{\partial x^2} + \frac{\partial^2}{\partial y^2} = \frac{\partial^2}{\partial \rho^2} + \frac{1}{\rho}\frac{\partial}{\partial \rho} + \frac{1}{\rho^2}\frac{\partial^2}{\partial \varphi^2}$$

a. 试用柱坐标写出与哈密顿算符相联系的微分算符. 试证 H 与 L_z 及 P_z 对易. 再由此推证. 粒子的定态波函数可以写成下列形式:

$$\varphi_{n,m,k}(\rho, \varphi, z) = f_{n,m}(\rho)\mathrm{e}^{\mathrm{i}m\varphi}\mathrm{e}^{\mathrm{i}kz}$$

并确定式中的指标 m, k 所能取的值.

b. 试写出粒子的哈密顿算符 H 在柱坐标中的本征值方程, 并由此推出用以确定函数 $f_{n,m}(\rho)$ 的微分方程.

c. 用 Σ_y 表示一种算符, 它在表象 $\{|\boldsymbol{r}\rangle\}$ 中的作用是将 y 换成 $-y$ (即相对于 xOz 平面的反射); 问 Σ_y 是否与 H 对易? 试证: Σ_y 与 L_z 反对易; 并由此推证 $\Sigma_y|\varphi_{n,m,k}\rangle$ 是 L_z 的本征矢; 试求对应的本征值; 根据所得结果, 关于粒子的能级的简并度可以得到什么结论? 能否从题 b 中已建立的微分方程直接预言这个结论?

2. 均匀磁场中的三维谐振子

说明: 这个练习的目的是要研究一个简单的物理体系, 均匀磁场对它的影响是可以精确计算的. 因此, 在这个问题中, 我们可以精确地比较 “顺磁” 项与 “抗磁” 项各自的重要性, 并且可以较详细地探讨在抗磁项的影响下, 基态波函数受到的修正 (我们可以从补充材料 D_{VI} 和 B_{VII} 得到启发).

设质量为 μ 的粒子的哈密顿算符为:

$$H_0 = \frac{\boldsymbol{P}^2}{2\mu} + \frac{1}{2}\mu\omega_0^2\boldsymbol{R}^2$$

(即各向同性的三维谐振子), 其中 ω_0 是一个给定的正常量.

[871] a. 试求粒子的能级和它们的简并度. 试问: H_0, $\boldsymbol{L}^2$, L_z 的共同本征态能不能构成一个基?

b. 假设带有电荷 q 的这个粒子处在平行于 Oz 轴的均匀磁场 $\boldsymbol{B}$ 中. 令 $\omega_{\mathrm{L}}=-qB/2\mu$. 如果选用规范 $\boldsymbol{A}=-\dfrac{1}{2}\boldsymbol{r}\times\boldsymbol{B}$, 我们就可以将粒子的哈密顿算符写作:

$$H=H_0+H_1(\omega_{\mathrm{L}})$$

其中 H_1 是两个算符之和, 一个算符线性地依赖于 ω_{L} (即顺磁项), 另一个算符依赖于 ω_{L} 的平方 (即抗磁项). 试证: 我们可以精确地确定体系的新定态和它们的简并度.

c. 试证: 若 ω_{L} 比 ω_0 小得多, 则相对于顺磁项而言, 抗磁项的影响可以忽略.

d. 现在我们来考虑振子的第一激发态, 也就是 $\omega_{\mathrm{L}}\to 0$ 时能量趋向于 $5\hbar\omega_0/2$ 的那些态. 磁场 $\boldsymbol{B}$ 存在时, 到 $\omega_{\mathrm{L}}/\omega_0$ 的一次幂为止, 有哪些能级? 它们的简并度是多少 (三维谐振子的塞曼效应)? 对于第二激发态, 回答同样的问题.

e. 现在考虑基态. 基态能量怎样随 ω_{L} 变化 (基态的抗磁性效应)? 试计算这个能级的磁化率 χ. 磁场 $\boldsymbol{B}$ 存在时, 基态是不是 $\boldsymbol{L}^2$ 的本征态? 是不是 L_z 的本征态? 是不是 L_x 的本征态? 试给出基态波函数和对应的概率流的变化情况; 试说明: 磁场 $\boldsymbol{B}$ 的影响表现为波函数 (以 $[1+(\omega_{\mathrm{L}}/\omega_0)^2]^{1/4}$ 的比例) 向 Oz 轴收缩, 并出现感生电流.

参考文献目录

[873]

1. 量子力学: 一般参考

导论性著作

量子物理

(1.1) E. H. WICHMANN, *Berkeley Physics Course, Vol. 4: Quantum Physics*, McGraw-Hill, New York (1971).

中译本:《量子物理学》, 伯克利物理学教程第四卷, 复旦大学物理系译, 科学出版社 (1978 年).

(1.2) R. P. FEYNMAN, R. B. LEIGHTON and M. SANDS, *The Feynman Lectures on Physics, Vol. III: Quantum Mechanics*, Addison–Wesley, Reading, Mass. (1965).

(1.3) R. EISBERG and R. RESNICK, *Quantum Physics of Atoms, Molecules, Solids, Nuclei and Particules*, Wiley, New York (1974).

(1.4) M. ALONSO and E. J. FINN, *Fundamental University Physics, Vol.III: Quantum and Statistical Physics*, Addison–Wesley, Reading, Mass. (1968). 中译本:《大学物理学基础》第三卷: 量子物理学与统计物理学, 梁宝洪译, 人民教育出版社 (1981 年).

(1.5) U. FANO and L. FANO, *Basic Physics of Atoms and Molecule*, Wiley, New York (1959).

(1.6) J. G. SLATER, *Quantum Theory of Matter*, McGraw–Hill, New York (1968).

量子力学

(1.7) S. BOROWITZ, *Fundamentals of Quantum Mechanics*, Benjamin, New York (1967).

(1.8) S. I. TOMONAGA, *Quantum Mechanics, Vol. I: Old Quantum Theory*, North Holland, Amsterdam (1962).

(1.9) L. PAULING and E. B. WILSON JR., *Introduction to Quantum Mechanics*, McGraw-Hill, New York (1935).

(1.10) Y. AYANT et E. BELORIZKY, *Cours de Mécanique Quantique*, Dunod, Paris (1969).

(1.11) P. T. MATTHEWS, *Introduction to Quantum Mechanics*, McGraw-Hill, New York (1963).

(1.12) J. AVERY, *The Quantum Theory of Atoms, Molecules and Photons*, McGraw-Hill, London (1972).

较深著作

(1.13) P. A. M. DIRAC, *The Principles of Quantum Mechanics*, Oxford University Press (1958).
中译本:《量子力学原理》, 陈咸亨译、喀兴林校, 科学出版社 (1979年).

(1.14) R. H. DICKE and J. P. WITTKE, *Introduction to Quantum Mechanics*, Addison-Wesley, Reading, Mass. (1966).

(1.15) D. I. BLOKHINTSEV, *Quantum Mechanics*, D. Reidel, Dordrecht (1964). 中译本:《量子力学原理》, 吴伯泽译, 人民教育出版社 (1981年).

(1.16) E. MERZBACHER, *Quantum Mechanics*, Wiley, New York (1970).

[874] (1.17) A. MESSIAH, *Mécanique Quantique*, Vols 1 et 2, Dunod, Paris (1964). 英译本: *Quantum Mechanics*, North Holland, Amsterdam (1961).

(1.18) L. I. SCHIFF, *Quantum Mechanics*, McGraw-Hill, New York (1968).

(1.19) L. D. LANDAU and E. M. LIFSHITZ, *Quantum Mechanics, Nonrelativistic Theory*, Pergamon Press, Oxford (1965). 中译本:《量子力学》(非相对论理论), 严肃译、喀兴林校, 高等教育出版社 (2008年).

(1.20) A. S. DAVYDOV, *Quantum Mechanics*, Translated, edited and with additions by D. Ter HAAR, Pergamon Press, Oxford (1965).

(1.21) H. A. BETHE and R. W. JACKIW, *Intermediate Quantum Mechanics*, Benjamin, New York (1968).

(1.22) H. A. KRAMERS, *Quantum Mechanics*, North Holland, Amsterdam (1958).

量子力学习题

(1.23) *Selected Problems in Quantum Mechanics*, Collected and edited by D. Ter HAAR, Infosearch, London (1964). 中译本:《量子力学习题集》, 王正清, 刘弘度译, 人民教育出版社 (1965年).

(1.24) S. FLÜGGE, *Practical Quantum Mechanics*, I and Ⅱ, Springer-Verlag, Berlin (1971). 中译本:《实用量子力学》, 上、下册, 宋孝同、高琴、梁仙翠译, 人民教育出版社 (1981).

论文

(1.25) E. SCHRÖDINGER, "What is Matter?", *Scientific American*, 189, 52 (Sept. 1953).

(1.26) G. GAMOW, "The Principle of Uncertainty", *Scientific American*, 198, 51 (Jan. 1958).

(1.27) G. GAMOW, "The Exclusion Principle", *Scientific American*, 201, 74 (July 1959).

(1.28) M. BORN and W. BIEM, "Dualism in Quantum Theory", *Physics Today*, 21, p. 51 (Aug. 1968).

(1.29) W. E. LAMB JR., "An Operational Interpretation of Nonrelativistic Quantum Mechanics", *Physics Today*, 22, 23 (April 1969).

(1.30) M. O. SCULLY and M. SARGENT Ⅲ, "The Concept of the Photon", *Physics Today*, 25, 38 (March 1972).

(1.31) A. EINSTEIN, "Zur Quantentheorie der Strahlung", *Physik. Z.*, 18, 121 (1917).

(1.32) A. GOLDBERG, H. M. SCHEY and J. L. SCHWARTZ, "Computer-Generated Motion Pictures of One-Dimensional Quantum-Mechanical Transmission and Reflection Phenomena", *Am. J. Phys.*, 35, 177 (1967).

(1.33) R. P. FEYNMAN, F. L. VERNON JR. and R. W. HELLWARTH, "Geometrical Representation of the Schrödinger Equation for Solving Maser Problems", *J. Appl. Phys.*, 28, 49 (1957).

(1.34) A. A. VUYLSTEKE, "Maser States in Ammonia-Inversion", *Am. J. Phys.*, 27, 554 (1959).

2. 量子力学: 较专门的参考书

碰撞

(2.1) T. Y. WU and T. OHMURA, *Quantum Theory of Scattering*, Prentice Hall, Englewood Cliffs (1962).

(2.2) R. G. NEWTON, *Scattering Theory of Waves and Particles*, McGraw-Hill, New York (1966).

(2.3) P. ROMAN, *Advanced Quantum Theory*, Addison-Wesley, Reading, Mass. (1965).

(2.4) M. L. GOLDBERGER and K. M. WATSON, *Collision Theory*, Wiley, New York (1964).

(2.5) N. F. MOTT and H. S. W. MASSEY, *The Theory of Atomic Collisions*, Oxford University Press (1965).

[875] **相对论量子力学**

(2.6) J. D. BJORKEN and S. D. DRELL, *Relativistic Quantum Mechanics*, McGraw-Hill, New York (1964). 中译本:《相对论量子力学》, 纪哲锐等译, 科学出版社 (1984年).

(2.7) J. J. SAKURAI, *Advanced Quantum Mechanics*, Addison-Wesley, Reading, Mass. (1967).

(2.8) V. B. BERESTETSKII, E. M. LIFSHITZ and L. P. PITAEVSKII, *Relativistic Quantum Theory*, Pergamon Press, Oxford (1971).

场论. 量子电动力学

(2.9) F. MANDL, *Introduction to Quantum Field Theory*, Wiley Interscience, New York (1959).

(2.10) J. D. BJORKEN and S. D. DRELL, *Relativistic Quantum Fields*, McGraw-Hill, New York (1965). 中译本:《相对论量子场论》, 汪克林等译, 科学出版社 (1984年).

(2.11) E. A. POWER, *Introductory Quantum Electrodynamics*, Longmans, London (1964).

(2.12) R. P. FEYNMAN, *Quantum Electrodynamics*, Benjamin, New York (1961).

(2.13) W. HEITLER, *The Quantum Theory of Radiation*, Clarendon Press, Oxford (1954).

(2.14) A. I. AKHIEZER and V. B. BERESTETSKII, *Quantum Electrodynamics*, Wiley Interscience, New York (1965).

(2.15) N. N. BOGOLIUBOV and D. V. SHIRKOV. *Introduction to the Theory of Quantized Fields*, Interscience Publishers, New York (1959) ;*Introduction à la Théorie des Champs*, Dunod, Paris (1960).

(2.16) S. S. SCHWEBER, *An Introduction to Relativistic Quantum Field Theory*, Harper and Row, New York (1961).

(2.17) M. M. STERNHEIM, "Resource Letter TQE-1: Tests of Quantum Electrodynamics", *Am. J. Phys.*, 40, 1363 (1972).

对称性. 群论

(2.18) P. H. E. MEIJER and E. BAUER, *Group Theory*, North Holland, Amsterdam (1962).

(2.19) M. E. ROSE, *Elementary Theory of Angular Momentum*, Wiley, New York (1957).

(2.20) M. E. ROSE, *Multipole Fields*, Wiley, New York (1955).

(2.21) A. R. EDMONDS, *Angular Momentum in Quantum Mechanics*, Princeton University Press (1957).

(2.22) M. TINKHAM, *Group Theory and Quantum Mechanics*, McGraw-Hill, New York (1964).

(2.23) E. P. WIGNER, *Group Theory and its Application to the Quantum Mechanics of Atomic Spectra*, Academic Press, New York (1959).

(2.24) D. PARK, "Resource Letter SP-I on Symmetry in Physics", *Am. J. Phys.*, 36, 577 (1968).

其他

(2.25) R. P. FEYNMAN and A. R. HIBBS, *Quantum Mechanics and Path Integrals*, McGraw-Hill, New York (1965).

(2.26) J. M. ZIMAN, *Elements of Advanced Quantum Theory*, Cambridge University Press (1969).

(2.27) F. A. KAEMPFFER, *Concepts in Quantum Mechanics*, Academic Press, New York (1965).

论文

(2.28) P. MORRISON, "The Overthrow of Parity", *Scientific American*, 196, 45 (April 1957).

(2.29) G. FEINBERG and M. GOLDHABER, "The Conservation Laws of Physics", *Scientific American*, 209, 36 (Oct. 1963).

(2.30) E. P. WIGNER, "Violations of Symmetry in Physics", *Scientific American*, [876]
213, 28 (Dec. 1965).

(2.31) U. FANO, "Description of States in Quantum Mechanics by Density Matrix and Operator Techniques", *Rev. Mod. Phys.*, 29, 74 (1957).

(2.32) D. Ter HAAR, "Theory and Applications of the Density Matrix", *Rept. Progr. Phys.*, 24. 304 (1961).

(2.33) V. F. WEISSKOPF and E. WIGNER, "Berechnung der Natürlichen Linienbreite auf Grund der Diracschen Lichttheorie", *Z. Physik*, 63, 54 (1930).

(2.34) A. DALGARNO and J. T. LEWIS, "The Exact Calculation of Long-Range Forces between Atoms by Perturbation Theory", *Proc. Roy. Soc.*, A233, 70 (1955).

(2.35) A. DALGARNO and A. L. STEWART, "On the Perturbation Theory of Small Disturbances", *Proc. Roy. Soc.*, A238, 269 (1957).

(2.36) C. SCHWARTZ, "Calculations in Schrödinger Perturbation Theory", *Annals of Physics* (New York) , 6, 156 (1959).

(2.37) J. O. HIRSCHFELDER, W. BYERS BROWN and S. T. EPSTEIN, "Recent Developments in Perturbation Theory", in *Advances in Quantum Chemistry*, P. O. LOWDIN ed., Vol. I, Academic Press, New York (1964).

(2.38) R. P. FEYNMAN, "Space Time Approach to Nonrelativistic Quantum Mechanics", *Rev. Mod. Phys.*, 20, 367 (1948).

(2.39) L. VAN HOVE, "Correlations in Space and Time and Born Approximation Scattering in Systems of Interacting Particles", *Phys. Rev.*, 95, 249 (1954).

3. 量子力学: 基础实验

弱光的干涉效应:

(3.1) G. I. TAYLOR, "Interference Fringes with Feeble Light", *Proc. Camb. Phil. Soc.*, 15, 114 (1909).

(3.2) G. T. REYNOLDS, K. SPARTALIAN and D. B. SCARL, "Interference Effects Produced by Single Photons", *Nuovo Cimento*, 61 **B**, 355 (1969).

爱因斯坦光电效应定律的实验验证; *h*的测量:

(3.3) A. L. HUGHES, "On the Emission Velocities of Photoelectrons", *Phil. Trans. Roy. Soc.*, 212, 205 (1912).

(3.4) R. A. MILLIKAN, "A Direct Photoelectric Determination of Planck's h", *Phys. Rev.* 7, 355 (1916).

弗兰克–赫兹实验:

(3.5) J. FRANCK und G. HERTZ, "Über ZusammenstöBe Zwischen Elecktronen und den Molekülen des Quecksilberdampfes und die Ionisierungsspannung desselben", *Verhandlungen der Deutschen Physikalischen Gesellschaft*, 16, 457 (1914).

"Über Kinetik von Elektronen und Ionen in Gasen", *Physikalische Zeitschrift*, 17, 409 (1916).

磁矩与角动量之间的比例关系

(3.6) A. EINSTEIN und J. W. DE HAAS, "Experimenteller Nachweis der Ampereschen Molekularströme", *Verhandlungen der Deutschen Physikalischen Gesellschaft*, 17, 152 (1915).

(3.7) E. BECK, "Zum Experimentellen Nachweis der Ampereschen Molekularströme", *Annalen der Physik* (Leipzig), 60, 109 (1919). [877]

施特恩–格拉赫实验:

(3.8) W. GERLACH und O. STERN, "Der Experimentelle Nachweis der Richtungsquantelung im Magnetfeld", *Zeitschrift für Physik*, 9, 349 (1922).

康普顿效应:

(3.9) A. H. COMPTON, "A Quantum Theory of the Scattering of X-Rays by Light Elements", *Phys. Rev.*, 21, 483 (1923).

"Wavelength Measurements of Scattered X-Rays", *Phys. Rev.*, 21, 715 (1923).

电子衍射:

(3.10) C. DAVISSON and L. H. GERMER, "Diffraction of Electrons by a Crystal of Nickel", *Phys. Rev.*, 30, 705 (1927).

兰姆移位:

(3.11) W. E. LAMB JR. and R. C. RETHERFORD, "Fine Structure of the Hydrogen Atom",

I–*Phys. Rev.*, 79, 549 (1950).

Ⅱ–*Phys. Rev.*, 81, 222 (1951).

氢原子基态的超精细结构:

(3.12) S. B. CRAMPTON, D. KLEPPNER and N. F. RAMSEY, "Hyperfine Separation of Ground State Atomic Hydrogen", *Phys. Rev. Letters*, 11, 338 (1963).

几个基础实验见:

(3.13) O. R. FRISCH, "Molecular Beams", *Scientific American*, 212, 58 (May 1965).

4. 量子力学:历史

(4.1) L. DE BROGLIE, "Recherches sur la Théorie des Quanta", *Annales de Physique*, 3, 22, Paris (1925).

(4.2) N. BOHR, "The Solvay Meetings and the Development of Quantum Mechanics", *Essays* 1958—1962 *on Atomic Physics and Human Knowledge*, Vintage,

New York (1966).

(4.3) W. HEISENBERG, *Physics and Beyond: Encounters and Conversations*, Harper and Row, New York (1971).

La Partie et le Tout, Albin Michel, Paris (1972).

(4.4) *Niels Bohr, His life and work as seen by his friends and colleagues*, S. ROZENTAL, ed., North Holland, Amsterdam (1967).

(4.5) A. EINSTEIN, M. and H. BORN, *Correspondance* 1916—1955, Editions du Seuil, Paris (1972). 又见 *La Recherche*, 3, 137 (Feb. 1972).

(4.6) *Theoretical Physics in the Twentieth Century*, M. FIERZ and V. F. WEISSKOPF eds., Wiley Interscience, New York (1960).

(4.7) *Sources of Quantum Mechanics*, B. L. VAN DER WAERDEN ed., North Holland, Amsterdam (1967) ;Dover, New York (1968).

(4.8) M. JAMMER, *The Conceptual Development of Quantum Mechanics*, McGraw-Hill, New York (1966). 这本书追溯了量子力学的历史发展. 书中的许多脚注提供了大量的参考文献. 见 (5.12).

[878] **论文**

(4.9) K. K. DARROW, "The Quantum Theory", *Scientific American*, 186, 47 (March 1952).

(4.10) M. J. KLEIN, "Thermodynamics and Quanta in Planck's work", *Physics Today*, 19, 23 (Nov. 1966).

(4.11) H. A. MEDICUS, "Fifty Years of Matter Waves", *Physics Today*, 27, 38 (Feb. 1974).

(5.11) 中包含大量关于原始著作的参考文献.

5. 量子力学: 关于其基础的讨论

一般问题

(5.1) D. BOHM, *Quantum Theory*, Constable, London (1954).

(5.2) J. M. JAUCH, *Foundations of Quantum Mechanics*, Addison-Wesley, Reading, Mass. (1968).

(5.3) B. D'ESPAGNAT, *Conceptual Foundations of Quantum Mechanics*, Benjamin, New York (1971).

(5.4) Proceedings of the International School of Physics "Enrico Fermi" (Varenna), Course IL; *Foundations of Quantum Mechanics*, B. D'ESPAGNAT ed., Academic Press, New York (1971).

(5.5) B. S. DEWITT, "Quantum Mechanics and Reality", *Physics Today*, 23, 30, (Sept. 1970).

(5.6) "Quantum Mechanics debate", *Physics Today*, 24, 36 (April 1971).

另见 (1.28).

各种解释

(5.7) N. BOHR, "Discussion with Einstein on Epistemological Problems in Atomic Physics", in *A. Einstein: Philosopher-Scientist*, P. A. SCHILPP ed., Harper and Row, New York (1959).

(5.8) M. BORN. *Natural Philosophy of Cause and Chance*, Oxford University Press, London (1951) ;Clarendon Press, Oxford (1949).

(5.9) L. DE BROGLIE, *Une Tentative d'Interprétation Causale et Non Linéaire de la Mécanique Ondulatoire: la Théorie de la Double Solution*, Gauthier-Villars. Paris (1956) ;*Etude Critique des Bases de l'Interprétation Actuelle de la Mécanique Ondulatoire*, Gauthier-Villars, Paris (1963).

(5.10) *The Many-Worlds Interpretation of Quantum Mechanics*, B. S. DEWITT and N. GRAHAM eds., Princeton University Press (1973).

(5.11) B. S. DEWITT and R. N. GRAHAM, "Resource Letter IQM-l on the Interpretation of Quantum Mechanics", *Am. J. Phys.* 39, 724 (1971). 这篇文章中有一套相当完整的、分类并加注释的参考文献.

(5.12) M. JAMMER, *The Philosophy of Quantum Mechanics*, Wiley-interscience, New York (1974). 此书对量子力学的不同解释作了一般评述, 并给出大量参考文献.

测量理论

(5.13) K. GOTTFRIED, *Quantum Mechanics.* Vol. I, Benjamin, New York (1966).

(5.14) D. I. BLOKHINTSEV, *Principes Essentiels de la Mécanique Quantique*, Dunod, Paris (1968).

(5.15) A. SHIMONY, "Role of the Observer in Quantum Theory" *Am. J. Phys.,* 31, 755 (1963).

另见 (5.12) , chap. 11.

[879] **隐变量和“佯谬”**

(5.16) A. EINSTEIN, B. PODOLSKY and N. ROSEN, “Can Quantum-Mechanical Description of Physical Reality Be Considered Complete?”, *Phys. Rev.* 47, 777 (1935).

N. BOHR, “Can Quantum Mechanical Description of Physical Reality Be Considered Complete?”, *Phys. Rev.* 48. 696 (1935).

(5.17) *Paradigms and Paradoxes, the Philosophical Challenge of the Quantum Domain,* R. G. COLODNY ed., University of Pittsburg Press (1972).

(5.18) J. S. BELL, “On the Problem of Hidden Variables in Quantum Mechanics”, *Rev. Mod. Phys.* 38, 447 (1966).

又见参考文献 (4.8) 、(5.11) 和 (5.12) 的第七章.

6. 经典力学

引论性著作

(6.1) M. ALONSO and E. J. FINN, *Fundamental University Physics, Vol. I: Mechanics,* Addison-Wesley, Reading, Mass. (1967). 中译本:《大学物理学基础》第一卷力学与热力学, 梁宝洪译, 高等教育出版社 (1983年).

(6.2) C. KITTEL, W. D. KNIGHT and M. A. RUDERMAN, *Berkeley Physics Course, Vol. I: Mechanics,* McGraw-Hill, New York (1962). 中译本:《力学》, 伯克利物理学教程第一卷, 陈秉乾等译, 科学出版社 (1979年).

(6.3) R. P. FEYNMAN, R. B. LEIGHTON and M. SANDS, *The Feynman Lectures on Physics, Vol. I: Mechanics, Padiation, and Heat,* Addison-Wesley, Reading, Mass. (1966). 中译本:《费恩曼物理学讲义》第一卷, 郑永令等译, 上海科技出版社 (2013年).

(6.4) J. B. MARION, *Classical Dynamics of Particles and Systems,* Academic Press, New York (1965).

较深著作

(6.5) A. SOMMERFELD, *Lectures on Theoretical Physics, Vol. I: Mechanics,* Academic Press, New York (1964).

(6.6) H. GOLDSTEIN, *Classical Mechanics,* Addison-Wesley, Reading, Mass. (1959). 中译本:《经典力学》, 汤家镛等译, 科学出版社 (1981年).

(6.7) L. D. LANDAU and E. M. LIFSHITZ, *Mechanics,* Pergamon Press, Oxford (1960). 中译本:《力学》, 李俊峰、鞠国兴译校, 高等教育出版社 (2010).

7. 电磁学和光学

引论性著作

(7.1) E. M. PURCELL, *Berkeley Physics Course, Vol.* 2: *Electricity and Magnetism*, McGraw-Hill, New York (1965). 中译本:《电磁学》, 伯克利物理学教程第二卷.

F. S. CRAWFORD JR., *Berkeley Physics Course, Vol.* 3: *Waves*, McGraw-Hill, New York (1968). 中译本:《波动学》, 伯克利物理学教程第三卷, 卢鹤绂等译, 科学出版社 (1981年).

(7.2) R. P. FEYNMAN, R. B. LEIGHTON and M. SANDS, *The Feynman Lectures on Physics, Vol. II: Electromagnetism and Matter,* Addison-Wesley, Reading, Mass. (1966). 中译本:《费恩曼物理学讲义》第二卷, 李洪芳等译, 上海科技出版社 (2013年).

(7.3) M. ALONSO and E. J. FINN, *Fundamental University Physics, Vol. II: Fields and Waves,* Addison-Wesley, Reading, Mass. (1967). 中译本:《大学物理学基础》第二卷场与波, 梁宝洪译, 高等教育出版社 (1986年).

(7.4) E. HECHT and A. ZAJAC, *Optics,* Addison-Wesley, Reading, Mass. (1974). 中译本:《光学》, 上、下册, 詹达三等译, 人民教育出版社 (1980年).

较深著作 [880]

(7.5) J. D. JACKSON, *Classical Electrodynamics,* 2^d ed. Wiley, New York (1975). 中译本:《经典电动力学》, 上、下册, 朱培豫译, 人民教育出版社 (1978年).

(7.6) W. K. H. PANOFSKY and M. PHILLIPS, *Classical Electricity and Magnetism*, Addison-Wesley, Reading, Mass. (1964).

(7.7) J. A. STRATTON, *Electromagnetic Theory,* McGraw-Hill, New York (1941).

(7.8) M. BORN and E. WOLF, *Principles of Optics,* Pergamon Press, London (1964). 中译本:《光学原理》, 杨葭荪译, 电子工业出版社 (2011年).

(7.9) A. SOMMERFELD, *Lectures on Theoretical Physics, Vol. IV: Optics,* Academic Press, New York (1964).

(7.10) G. BRUHAT, *Optique*, 5e édition revue et complétée par A. KASTLER, Masson, Paris (1954).

(7.11) L. LANDAU and E. LIFSHITZ, *The Classical Theory of Fields*, Addison-Wesley, Reading, Mass. (1951) ;Pergamon Press, London (1951). 中译本:《场论》, 鲁欣, 任朗等译, 高等教育出版社 (2012年).

(7.12) L. D. LANDAU and E. M. LIFSHITZ, *Electrodynamics of Condinuous Media,*

Pergamon Press, Oxford (1960). 中译本:《连续介质电动力学》, 周奇译, 人民教育出版社 (1963年, 新译本即将出版).

(7.13) L. BRILLOUIN, *Wave Propagation and Group Velocity.* Academic Press, New York (1960).

8. 热力学. 统计力学

引论性著作

(8.1) F. REIF, *Berkeley Physics Course, Vol. 5: Statistical Physics,* McGraw-Hill, New York (1967). 中译本:《统计物理学》, 伯克利物理学教程第五卷, 周世勋等译, 科学出版社 (1979年).

(8.2) C. KITTEL, *Thermal Physics,* Wiley, New York (1969). 中译本:《热物理学》, 张福初等译, 人民教育出版社 (1981年).

(8.3) G. BRUHAT, *Thermodynamique,* 5e édition remaniée par A. KASTLER, Masson, Paris (1962). 又见参考文献 (1.4) 第二部分及 (6.3).

较深著作

(8.4) F. REIF, *Fundamentals of Statistical and Thermal Physics,* McGraw-Hill, New York (1965).

(8.5) R. CASTAING, *Thermodynamique Statistique,* Masson, Paris (1970).

(8.6) P. M. MORSE, *Thermal Physics*, Benjamin, New York (1964).

(8.7) R. KUBO, *Statistical Mechanics,* North Holland, Amsterdam and Wiley, New York (1965).

(8.8) L. D. LANDAU and E. M. LIFSHITZ, *Course of Theoretical Physics, Vol.* 5: *Statistical Physics*, Pergamon Press, London (1963). 中译本:《统计物理学》, 束仁贵等译, 高等教育出版社 (2011年).

(8.9) H. B. CALLEN, *Thermodynamics,* Wiley, New York (1961).

(8.10) A. B. PIPPARD, *The Elements of Classical Thermodynamics,* Cambridge University Press (1957).

(8.11) R. C. TOLMAN, *The Principles of Statistical Mechanics,* Oxford University Press (1950).

9. 相对论

引论性著作

(9.1) J. H. SMITH, *Introduction to Special Relativity,* Benjamin, New York (1965).

又见参考文献 (6.2) 和 (6.3).

较深著作

(9.2) J. L. SYNGE, *Relativity: The Special Theory,* North Holland, Amsterdam (1965). [881]

(9.3) R. D. SARD, *Relativistic Mechanics,* Benjamin, New York (1970).

(9.4) J. AHARONI, *The Special Theory of Relativity,* Oxford University Press, London (1959).

(9.5) C. MϕLLER, *The Theory of Relativity,* Oxford University Press, London (1972).

(9.6) P. G. BERGMANN, *Introduction to the Theory of Relativity,* Prentice Hall, Englewood Cliffs (1960). 中译本:《相对论导论》, 周奇等译, 人民教育出版社 (1961年).

(9.7) C. W. MISNER, K. S. THORNE and J. A. WHEELER, *Gravitation*, Freeman, San Francisco (1973).

见电磁学的参考文献, 特别是 (7.5) 和 (7.11).

(9.8) A. EINSTEIN, *Quatre Conférences sur la Théorie de la Relativité,* Gauthier-Villars, Paris (1971).

(9.9) A. EINSTEIN, *La Théorie de la Relativité Restreinte et Générale. La Relativité et le Probléme de l'Espace,* Gauthier-Villars, Paris (1971).

(9.10) A. EINSTEIN, *The Meaning of Relativity,* Methuen, London (1950).

(9.11) A. EINSTEIN, *Relativity, the Special and General Theory, a Popular Exposition,* Methuen, London (1920) ;H. Holt, New York (1967).

(9.12) G. HOLTON, Resource Letter SRT-1 on Special Relativity Theory, *Am. J. Phys.* 30, 462 (1962). 这篇文章中有一个相当完整的参考文献目录.

10. 数学方法

初等的一般著作

(10.1) J. BASS, *Cours de Mathématiques,* Vols. I, II et III, Masson, Paris (1961).

(10.2) A. ANGOT, *Compléments de Mathématiques,* Revue d'Optique, Paris (1961).

(10.3) T. A. BAK and J. LICHTENBERG. *Mathematics for Scientists,* Benjamin, New York (1966).

(10.4) G. ARFKEN, *Mathematical Methods for Physicists,* Academic Press, New York (1966).

(10.5) J. D. JACKSON, *Mathematics for Quantum Mechanics,* Benjamin, New York (1962).

高等的一般著作

(10.6) J. MATHEWS and R. L. WALKER, *Mathematical Methods of Physics,* Benjamin, New York (1970).

(10.7) L. SCHWARTZ, *Méthodes mathématiques pour les sciences Physiques,* Hermann, Paris (1965). *Mathematics for the Physical Sciences,* Hermann, Paris (1968).

(10.8) E. BUTKOV, *Mathematical Physics,* Addison-Wesley, Reading, Mass. (1968).

(10.9) H. CARTAN, *Théorie élémentaire des fonctions analytiques d'une ou plusieurs variables complexes,* Hermann, Paris (1961). *Elementary Theory of Analytic Functions of One or Several Complex Variables,* Addison-Wesley, Reading, Mass. (1966).

(10.10) J. VON NEUMANN, *Mathematical Foundations of Quantum Mechanics,* Princeton University Press (1955).

(10.11) R. COURANT and D. HILBERT, *Methods of Mathematical Physics,* Vols. I and Ⅱ, Wiley, Interscience, New York (1966).

[882] (10.12) E. T. WHITTAKER and G. N. WATSON, *A Course of Modern Analysis,* Cambridge University Press (1965).

(10.13) P. M. MORSE and H. FESHBACH, *Methods of Theoretical Physics,* McGraw-Hill, New York (1953).

线性代数. 希尔伯特空间

(10.14) A. C. AITKEN, *Determinants and Matrices,* Oliver and Boyd, Edinburgh (1956).

(10.15) R. K. EISENSCHITZ, *Matrix Algebra for Physicists,* Plenum Press, New York (1966).

(10.16) M. C. PEASE Ⅲ, *Methods of Matrix Algebra,* Academic Press, New York (1965).

(10.17) J. L. SOULE, *Linear Operators in Hilbert Space,* Gordon and Breach, New York (1967).

(10.18) W. SCHMEIDLER, *Linear Operators in Hilbert Space*, Academic Press, New York (1965).

(10.19) N. I. AKHIEZER and I. M. GLAZMAN, *Theory of Linear Operators in Hilbert Space,* Ungar, New York (1961).

傅里叶变换. 广义函数

(10.20) R. STUART, *Introduction to Fourier Analysis,* Chapman and Hall, London (1969).

(10.21) M. J. LIGHTHILL, *Introduction to Fourier Analysis and Generalized Functions,* Cambridge University Press (1964).

(10.22) L. SCHWARTZ, *Théorie des Distributions,* Hermann, Paris (1967).

(10.23) I. M. GEL'FAND and G. E. SHILOV, *Generalized Functions,* Academic Press, New York (1964).

(10.24) F. OBERHETTINGER, *Tabellen zur Fourier Transformation,* Springer-Verlag, Berlin (1957).

概率和统计

(10.25) J. BASS, *Éléments de Calcul des Probabilités,* Masson, Paris (1974). *Elements of Probability Theory,* Academic Press, New York (1966).

(10.26) P. G. HOEL, S. C. PORT and C. J. STONE, *Introduction to Probability Theory,* Houghton-Mifflin, Boston (1971).

(10.27) H. G. TUCKER, *An Introduction to Probability and Mathematical Statistics,* Academic Press, New York (1965).

(10.28) J. LAMPERTI, *Probability,* Benjamin, New York (1966).

(10.29) W. FELLER, *An Introduction to Probability Theory and its Applications,* Wiley, New York (1968).

(10.30) L. BREIMAN, *Probability,* Addison-Wesley, Reading, Mass. (1968).

群论

物理学上的应用

(10.31) H. BACRY, *Lectures on Group Theory,* Gordon and Breach, New York (1967).

(10.32) M. HAMERMESH, *Group Theory and its Application to Physical Problems,* Addison-Wesley, Reading, Mass. (1962).

又见 (2.18) 、(2.22) 、(2.23) 或 (16.13) ; (16.13) 中给出连续群在物理学中的应用的简单介绍.

偏重数学的

(10.33) G. PAPY, *Groupes*, Presses Universitaires de Bruxelles, Bruxelles (1961) ; *Groups*, Macmillan, New York (1964).

(10.34) A. G. KUROSH, *The Theory of Groups*, Chelsea, New York (1960).

(10.35) L. S. PONTRYAGIN, *Topological Groups*, Gordon and Breach, New York (1966).

[883] **特殊函数和数表**

(10.36) A. GRAY and G. B. MATHEWS, *A Treatise on Bessel Functions and their Applications to Physics*, Dover, New York (1966).

(10.37) E. D. RAINVILLE, *Special Functions*, Macmillan, New York (1965).

(10.38) W. MAGNUS, F. OBERHETTINGER and R. P. SONI, *Formulas and Theorems for the Special Functions of Mathematical Physics*, Springer-Verlag, Berlin (1966).

(10.39) BATEMAN MANUSCRIPT PROJECT, *Higher Transcendental Functions*, Vols. I, Ⅱ and Ⅲ, A. ERDELYI ed., McGraw-Hill, New York (1953).

(10.40) M. ABRAMOWITZ and I. A. STEGUN, *Handbook of Mathematical Functions*, Dover, New York (1965).

(10.41) L. J. COMRIE, *Chambers's Shorter Six-Figure Mathematical Tables*, Chambers, London (1966).

(10.42) E. JAHNKE and F. EMDE, *Tables of Functions*, Dover, New York (1945).

(10.43) V. S. AIZENSHTADT, V. I. KRYLOV and A. S. METEL'SKII, *Tables of Laguerre Polynomials and Functions*, Pergamon Press, Oxford (1966).

(10.44) H. B. DWIGHT, *Tables of Integrals and Other Mathematical Data*, Macmillan, New York (1965).

(10.45) D. BIERENS DE HAAN, *Nouvelles Tables d'Intégrales Définies*, Hafner, New York (1957).

(10.46) F. OBERHETTINGER and L. BADII, *Tables of Laplace Transforms*, Springer-Verlag, Berlin (1973).

(10.47) BATEMAN MANUSCRIPT PROJECT, *Tables of Integral Transforms*, Vols. I and Ⅱ, A. ERDELYI ed., McGraw-Hill, New York (1954).

(10.48) M. ROTENBERG, R. BIVINS, N. METROPOLIS and J. K. WOOTEN JR., *The 3-j and 6-j symbols*, M. I. T. Technology Press (1959); Crosby Lockwood and Sons, London.

11. 原子物理

引论性著作

(11.1) H. G. KUHN, *Atomic Spectra,* Longman, London (1969).

(11.2) B. CAGNAC and J. C. PEBAY-PEYROULA, *Physique Atomique*, Vols 1 et 2. Dunod, Paris (1971). Traduction en anglais: *Modern Atomic Physics,* Vol 1: *Fundamental Principles*, and 2: *Quantum Theory and its Application,* Macmillan, London (1975). 中译本:《近代原子物理学》, 上下册, 张怿慈等译, 科学出版社 (1980年).

(11.3) A. G. MITCHELL and M. W. ZEMANSKY, *Resonance Radiation and Excited Atoms,* Cambridge University Press, London (1961).

(11.4) M. BORN, *Atomic Physics,* Blackie and Son, London (1951).

(11.5) H. E. WHITE, *Introduction to Atomic Spectra*, McGraw-Hill, New York (1934).

(11.6) V. N. KONDRATIEV, *La Structure des Atomes et des Molécules*, Masson, Paris (1964). 又见 (1.3) 和 (12.1).

较深著作

(11.7) G. W. SERIES, *The Spectrum of Atomic Hydrogen,* Oxford University Press, London (1957).

(11.8) J. C. SLATER, *Quantum Theory of Atomic Structure,* Vols. I and Ⅱ, McGraw-Hill, New York (1960).

(11.9) A. E. RUARK and H. C. UREY, *Atoms, Molecules and Quanta*, Vols. I and [884]
Ⅱ, Dover, New York (1964).

(11.10) *Handbuch der Physik, Vols. XXXV and XXXVI, Atoms*, s. FLÜGGE ed., Springer-Verlag Berlin (1956 and 1957).

(11.11) N. F. RAMSEY, *Molecular Beams*, Oxford University Press, London (1956).

(11.12) I. I. SOBEL'MAN, *Introduction to the Theory of Atomic Spectra,* Pergamon Press, Oxford (1972).

(11.13) E. U. CONDON and G. H. SHORTLEY, *The Theory of Atomic Spectra,* Cambridge University Press (1953).

论文

(11.14) J. C. ZORN, "Resource Letter MB-1 on Experiments with Molecular Beams", *Am. J. Phys.* 32, 721 (1964).

另见: (3.13).

(11.15) V. F. WEISSKOPF, "How Light Interacts with Matter", *Scientific American*, 219, 60 (Sept. 1968).

(11.16) H. R. CRANE, "The g Factor of the Electron", *Scientific American*, 218, 72 (Jan. 1968).

(11.17) M. S. ROBERTS, "Hydrogen in Galaxies", *Scientific American*, 208, 94 (June 1963).

(11.18) S. A. WERNER, R. COLELLA, A. W. OVERHAUSER and C. F. EAGEN, "Observation of the Phase Shift of a Neutron due to Precession in a Magnetic Field", *Phys. Rev. Letters*, 35, 1053 (1975).

奇异原子

(11.19) H. C. CORBEN and S. DE BENEDETTI, "The Ultimate Atom", *Scientific American*, 191, 88 (Dec. 1954).

(11.20) V. W. HUGHES, "The Muonium Atom", *Scientific American*, 214, 93, (April 1966). "Muonium", *Physics Today*, 20, 29 (Dec. 1967).

(11.21) S. DE BENEDETTI, "Mesonic Atoms", *Scientific American*, 195, 93 (Oct. 1956).

(11.22) C. E. WIEGAND, "Exotic Atoms", *Scientific American*, 227, 102. (Nov. 1972).

(11.23) V. W. HUGHES, "Quantum Electrodynamics: experiment", in *Atomic Physics*, B. Bederson, V. W. Cohen and F. M. Pichanick eds., Plenum Press, New York (1969).

(11.24) R. DE VOE, P. M. MC INTYRE, A. MAGNON, D, Y. STOWELL, R. A. SWANSON and V. L. TELEGDI, "Measurement of the muonium Hfs Splitting and of the muon moment by double resonance, and new value of α", *Phys. Rev. Letters*, 25, 1779 (1970).

(11.25) K. F. CANTER, A. P. MILLS JR. and S. BERKO, "Observations of Positronium Lyman-Radiation", *Phys. Rev. Letters*, 34, 177 (1975). "Fine-Structure Measurement in the First Excited State of Positronium", *Phys. Rev. Letters*, 34, 1541 (1975).

12. 分子物理

引论性著作

(12.1) M. KARPLUS and R. N. PORTER, *Atoms and Molecules,* Benjamin, New York (1970).

(12.2) L. PAULING, *The Nature of the Chemical Bond,* Cornell University Press (1948). 见 (1.3) , 第十二章; (1.5) 和 (11.6).

较深著作 [885]

(12.3) I. N. LEVINE, *Quantum Chemistry,* Allyn and Bacon, Boston (1970).

(12.4) G. HERZBERG, *Molecular Spectra and Molecular Structure,* Vol. I: *Spectra of Diatomic Molecules,* and Vol. II: *Infrared and Raman Spectra of Polyatomic Molecules,* D. Van Nostrand Company, Princeton (1963 and 1964).

(12.5) H. EYRING, J. WALTER and G. E. KIMBALL, *Quantum Chemistry,* Wiley, New York (1963). 中译本:《量子化学》, 石宝林译, 科学出版社 (1981年).

(12.6) C. A. COULSON, *Valence,* Oxford at the Clarendon Press (1952).

(12.7) J. C. SLATER, *Quantum Theory of Molecules and Solids,* Vol. 1: *Electronic Structure of Molecules,* McGraw-Hill, New York (1963).

(12.8) *Handbuch der Physik, Vol.* XXXVII, 1 *and* 2, *Molecules,* S. FLÜGGE, ed., Springer Verlag, Berlin (1961).

(12.9) D. LANGBEIN, *Theory of Van der Waals Attraction,* Springer Tracts in Modern Physics, Vol. 72. Springer Verlag, Berlin (1974).

(12.10) C. H. TOWNES and A. L. SCHAWLOW, *Microwave Spectroscopy,* McGraw-Hill, New York (1955).

(12.11) P. ENCRENAZ, *Les Molécules interstellaires,* Delachaux et Niestlé, Neuchâtel (1974).

又见 (11.9) , (11.11)和 (11.14).

论文

(12.12) B. V. DERJAGUIN, "The Force Between Molecules", *Scientific American*, 203, 47 (July 1960).

(12.13) A. C. WAHL, "Chemistry by Computer", *Scientific American*, 222, 54 (April 1970).

(12.14) B. E. TURNER, "Interstellar Molecules", *Scientific American*, 228, 51 (March 1973).

(12.15) P. M. SOLOMON, "Interstellar Molecules", *Physics Today*, 26, 32 (March 1973).

又见 (16.25).

13. 固体物理

引论性著作

(13.1) C. KITTEL, *Elementary Solid State Physics*, Wiley, New York (1962).

(13.2) C. KITTEL, *Introduction to Solid State Physics*, 3^e ed., Wiley, New York (1966). 中译本:《固体物理导论》, 第五版, 杨顺华等译, 科学出版社 (1979年).

(13.3) J. M. ZIMAN, *Principles of the Theory of Solids*, Cambridge University Press, London (1972).

(13.4) F. SEITZ, *Modern Theory of Solids*, McGraw-Hill, New York (1940).

较深著作

一般著作

(13.5) C. KITTEL, *Quantum Theory of Solids*, Wiley, New York (1963).

(13.6) R. E. PEIERLS, *Quantum Theory of Solids*, Oxford University Press. London (1964).

(13.7) N. F. MOTT and H. JONES, *The Theory of the Properties of Metals and Alloys*, Clarendon Press, Oxford (1936) ;Dover, New York (1958).

专门著作

(13.8) M. BORN and K. HUANG, *Dynamical Theory of Crystal Lattices,* Oxford University Press, London (1954).

[886] (13.9) J. M. ZIMAN, *Electrons and Phonons*, Oxford University Press, London (1960).

(13.10) H. JONES, *The Theory of Brillouin Zones and Electronic States in Crystals*, North Holland, Amsterdam (1962).

(13.11) J. CALLAWAY, *Energy Band Theory*, Academic Press, New York (1964).

(13.12) R. A. SMITH, *Wave Mechanics of Crystalline Solids*, Chapman and Hall, London (1967).

(13.13) D. PINES and P. NOZIERES, *The Theory of Quantum Liquids*, Benjamin, New York (1966).

(13.14) D. A. WRIGHT, *Semi-Conductors*, Associated Book Publishers, London (1966).

(13.15) R. A. SMITH, *Semi-Conductors*, Cambridge University Press, London (1964).

论文

(13.16) R. L. SPROULL, "The Conduction of Heat in Solids", *Scientific American*, 207. 92 (Dec. 1962).

(13.17) A. R. MACKINTOSH, "The Fermi Surface of Metals", *Scientific American*, 209, 110 (July 1963).

(13.18) D. N. LANGENBERG, D. J. SCALAPINO and B. N. TAYLOR, "The Josephson Effects", *Scientific American* 214, 30 (May 1966).

(13.19) G. L. POLLACK, "Solid Noble Gases", *Scientific American*, 215, 64 (Oct. 1966).

(13.20) B. BERTMAN and R. A. GUYER, "Solid Helium", *Scientific American*, 217, 85 (Aug. 1967).

(13.21) N. MOTT, "The Solid State", *Scientific American*, 217, 80 (Sept. 1967).

(13.22) M. Ya. AZBEL', M. I. KAGANOV and I. M. LIFSHITZ, "Conduction Electrons in Metals", *Scientific American*, 228, 88 (Jan. 1973).

(13.23) W. A. HARRISON, "Electrons in Metals", *Physics Today*, 22, 23 (Oct. 1969).

14. 磁共振

(14.1) A. ABRAGAM, *The Principles of Nuclear Magnetism*, Clarendon Press, Oxford (1961).

(14.2) C. P. SLICHTER, *Principles of Magnetic Resonance*, Harper and Row, New York (1963).

(14.3) G. E. PAKE, *Paramagnetic Resonance*, Benjamin, New York (1962).

又见Ramsey (11. 11)，第V, VI和VII章.

论文

(14.4) G. E. PAKE, "Fundamentals of Nuclear Magnetic Resonance Absorption, I and Ⅱ, *Am. J. Phys.*, 18, 438 and 473 (1950).

(14.5) E. M. PURCELL, "Nuclear Magnetism", *Am. J. Phys.*, 22, 1 (1954).

(14.6) G. E. PAKE, "Magnetic Resonance", *Scientific American*, 199, 58 (Aug. 1958).

(14.7) K. WÜTHRICH and R. C. SHULMAN, "Magnetic Resonance in Biology", *Physics Today*, 23, 43 (April 1970).

(14.8) F. BLOCH, "Nuclear Induction", *Phys. Rev.* 70, 460 (1946).

在下列文章中能找到许多其他参考文献, 特别是原始文章:

(14.9) R. E. NORBERG, "Resource Letter NMR-EPR-1 on Nuclear Magnetic Resonance and Electron Paramagnetic Resonance", *Am. J. Phys.*, 33, 71 (1965).

[887] 15. 量子光学. 微波激射器和激光器

光学抽运. 微波激射器和激光器

(15.1) R. A. BERNHEIM, *Optical Pumping: An Introduction*, Benjamin, New York (1965).

此书中包含许多参考文献, 而且转载了几篇重要原始论文.

(15.2) *Quantum Optics and Electronics, Les Houches Lectures 1964*, C. DE WITT, A. BLANDIN and C. COHEN-TANNOUDJI eds., Gordon and Breach, New York (1965).

(15.3) *Quantum Optics, Proceedings of the Scottish Universities Summer School 1969*, S. M. KAY and A. MAITLAND eds., Academic Press, London (1970).

这两本暑期学校的书中包含几个有关光抽运和量子电子学的课题.

(15.4) W. E. LAMB JR., *Quantum Mechanical Amplifiers*, in *Lectures in Theoretical Physics*, Vol. Ⅱ, W. BRITTIN and D. DOWNS eds., Interscience Publishers. New York (1960).

(15.5) M. SARGENT Ⅲ, M. O. SCULLY and W. E. LAMB JR., *Laser Physics*, Addison-Wesley, New York (1974). 中译本: 《激光物理学》, 杨顺华等译, 科学出版社 (1982年).

(15.6) A. E. SIEGMAN, *An Introduction to Lasers and Masers*, McGraw-Hill, New York (1971).

(15.7) L. ALLEN, *Essentials of Lasers*, Pergamon Press, Oxford (1969). 这本书中转载了几篇关于激光器的原始论文.

(15.8) L. ALLEN and J. H. EBERLY, *Optical Resonance and Two-Level Atoms*, Wiley Interscience, New York (1975).

(15.9) A. YARIV, *Quantum Electronics*, Wiley, New York (1967).

(15.10) H. M. NUSSENZVEIG, *Introduction to Quantum Optics*, Gordon and Breach, London (1973).

论文

下面两篇文章中给出了大量的分类的参考文献.

(15.11) H. W. MOOS, "Resource Letter MOP-1 on Masers (Microwave through Optical) and on Optical Pumping", *Am. J. Phys.*, 32, 589 (1964).

(15.12) P. CARRUTHERS, "Resource Letter QSL-1 on Quantum and Statistical Aspects of Light", *Am. J. Phys.*, 31, 321 (1963).

(15.13) *Laser Theory,* F. S. BARNES ed., I. E. E. E. Press, New York (1972). 此书中包含几篇关于激光器的重要论文.

(15.14) H. LYONS, "Atomic Clocks", *Scientific American*, 196, 71 (Feb. 1957).

(15.15) J. P. GORDON, "The Maser", *Scientific American*, 199, 42 (Dec. 1958).

(15.16) A. L. BLOOM. "Optical Pumping", *Scientific American*, 203, 72 (Oct. 1960).

(15.17) A. L. SCHAWLOW, "Optical Masers", *Scientific American*, 204, 52 (June 1961).

"Advances in Optical Masers", *Scientific American*, 209, 34 (July 1963). "Laser Light", *Scientific American*, 219, 120 (Sept. 1968).

(15.18) M. S. FELD and V. S. LETOKHOV, "Laser Spectroscopy", *Scientific American,* 229, 69 (Dec. 1973).

非线性光学

(15.19) G. C. BALDWIN, *An Introduction to Non-Linear Optics,* Plenum Press, New York (1969).

(15.20) F. ZERNIKE and J. E. MIDWINTER, *Applied Non-Linear Optics,* Wiley Interscience, New York (1973).

(15.21) N. BLOEMBERGEN, *Non-Linear Optics*, Benjamin, New York (1965). [888]

又见 (15.2) 和 (15.3) 中本书作者的讲演.

论文

(15.22) J. A. GIORDMAINE, "The Interaction of Light with Light", *Scientific American,* 210, 38 (Apr. 1964).

"Non-Linear Optics", *Physics Today*, 22, 39 (Jan. 1969).

16. 核物理和粒子物理

核物理引论

(16.1) L. VALENTIN, *Physique Subatomique: Noyaux et Particules*, Hermann, Paris (1975).

(16.2) D. HALLIDAY, *Introductory Nuclear Physics*, Wiley, New York (1960).

(16.3) R. D. EVANS, *The Atomic Nucleus*, McGraw-Hill, New York (1955).

(16.4) M. A. PRESTON, *Physics of the Nucleus*, Addison-Wesley, Reading, Mass. (1962).

(16.5) E. SEGRE, *Nuclei and Particles*, Benjamin, New York (1965).

较深的核物理著作

(16.6) A. DESHALIT and H. FESHBACH, *Theoretical Nuclear Physics, Vol.* 1: *Nuclear Structure*, Wiley, New York (1974).

(16.7) J. M. BLATT and V. F. WEISSKOPF, *Theoretical Nuclear Physics*, Wiley, New York (1963).

(16.8) E. FEENBERG, *Shell Theory of the Nucleus,* Princeton University Press (1955).

(16.9) A. BOHR and B. R. MOTTELSON, *Nuclear Structure*, Benjamin, New York (1969).

粒子物理引论

(16.10) D. H. FRISCH and A. M. THORNDIKE, *Elementary Particles*, , Van Nostrand, Princeton (1964).

(16.11) C. E. SWARTZ, *The Fundamental Particles*, Addison-Wesley, Reading, Mass. (1965).

(16.12) R. P. FEYNMAN, *Theory of Fundamental Processes*, Benjamin, New York (1962).

(16.13) R. OMNES, *Introduction à l'Etude des Particules Elémentaires*, Ediscience, Paris (1970).

(16.14) K. NISHIJIMA, *Fundamental Particles*, Benjamin, New York (1964).

较深的粒子物理著作

(16.15) B. DIU, *Qu'est-ce qu'une Particule Elémentaire?* Masson, Paris (1965).

(16.16) J. J. SAKURAI, *Invariance Principles and Elementary Particles*, Princeton University Press (1964).

(16.17) G. KÄLLEN, *Elementary Particle Physics*, Addison-Wesley, Reading, Mass. (1964).

(16.18) A. D. MARTIN and T. D. SPEARMAN, *Elementary Particle Theory*, North Holland, Amsterdam (1970).

(16.19) A. O. WEISSENBERG, *Muons*, North Holland, Amsterdam (1967).

论文

(16.20) M. G. MAYER, "The Structure of the Nucleus", *Scientific American*, 184, 22 (March 1951).

(16.21) R. E. PEIERLS, "The Atomic Nucleus", *Scientific American*, 200, 75 (Jan. 1959).

(16.22) E. U. BARANGER, "The present status of the nuclear shell model", *Physics Today*, 26, 34 (June 1973).

(16.23) S. DE BENEDETTI, "Mesonic Atoms", *Scientific American*, 195, 93 (Oct. [889]
1956).

(16.24) S. DE BENEDETTI, "The Mössbauer Effect", *Scientific American*, 202, 72 (April 1960).

(16.25) R. H. HERBER, "Mössbauer Spectroscopy", *Scientific American*, 225, 86 (Oct. 1971).

(16.26) S. PENMAN, "The Muon", *Scientific American*, 205, 46 (July. 1961).

(16.27) R. E. MARSHAK, "The Nuclear Force", *Scientific American*, 202, 98 (March 1960).

(16.28) M. GELL-MANN and E. P. ROSENBAUM, "Elementary Particles", *Scientific American*, 197, 72 (July 1957).

(16.29) G. F. CHEW, M. GELL-MANN and A. H. ROSENFELD, "Strongly Interacting Particles", *Scientific American*, 210, 74 (Feb. 1964).

(16.30) V. F. WEISSKOPF, "The Three Spectroscopies", *Scientific American*, 218, 15 (May 1968).

(16.31) U. AMALDI, "Proton Interactions at High Energies", *Scientific American*, 229, 36 (Nov. 1973).

(16.32) S. WEINBERG, "Unified Theories of Elementary-Particle Interaction", *Scientific American*, 231, 50 (July 1974).

(16.33) S. D. DRELL, "Electron-Positron Annihilation and the New Particles", *Scientific American*, 232, 50 (June 1975).

(16.34) R. WILSON, "Form Factors of Elementary Particles", *Physics Today*, 22, 47 (Jan. 1969).

(16.35) E. S. ABERS and B. W. LEE, "Gauge Theories", *Physics Reports* (Amsterdam) 9C, 1, (1973).

英文索引

索引页码为本书页边方括号中的页码, 对应英文版的页码.
页码后加 (e) 的, 表示该索引在练习中

诺贝尔物理学奖获得者著作选译

ISBN: 978-7-04-036886-4

1991年诺贝尔物理学奖获得者
P. G. DE GENNES 著作选译 第三辑
SCALING CONCEPTS IN POLYMER PHYSICS
高分子物理学中的标度概念
德热纳

ISBN: 978-7-04-038291-4

ISBN: 978-7-04-038693-6

1991年诺贝尔物理学奖获得者
P. G. DE GENNES 著作选译 第六辑
INTRODUCTION TO POLYMER DYNAMICS
高分子动力学导引
德热纳

ISBN: 978-7-04-038562-5

ISBN: 978-7-04-039670-6

有ISBN号的截至本书出版时已出版